T0224534

VORLESUNGEN ÜBER VERGLEICHENDE ANATOMIE

VON

OTTO BÜTSCHLI

PROFESSOR DER ZOOLOGIE IN HEIDELBERG

ERSTER BAND

EINLEITUNG; VERGLEICHENDE ANATOMIE DER PROTOZOEN
INTEGUMENT UND SKELET DER METAZOEN; ALLGEMEINE
KÖRPER- UND BEWEGUNGSMUSKULATUR; ELEKTRISCHE
ORGANE; NERVENSYSTEM, SINNESORGANE
UND LEUCHTORGANE

MIT DEN TEXTFIGUREN 1—722

SPRINGER-VERLAG BERLIN HEIDELBERG GMBH

1921

ISBN 978-3-662-01847-7   ISBN 978-3-662-02142-2 (eBook)
DOI 10.1007/978-3-662-02142-2

Alle Rechte, insbesondere das der Übersetzung in fremde Sprachen, vorbehalten.

Copyright 1921 by Springer-Verlag Berlin Heidelberg
Ursprünglich erschienen bei Julius Springer in Berlin 1921
Softcover reprint of the hardcover 1st edition 1921

Inhaltsverzeichnis.

Inhaltsverzeichnis.

Berichtigungen.

Seite 148 Zeile 3 v. o. lies »vascularisierten« statt »muskularisierten«.
» 156 » 3, 4 v. o. setze »2. Kapitel, Skeletbildungen«.
» 156 » 12 setze »A« vor »Skeletbildungen«.
» 161 » 19 v. o. lies »Tunicaten« statt »Tunciaten«.
» 162 Fig. 68 lies »Pannychia« statt »Pananychia«.
» 165 Zeile 19 v. o. »Lepidoteuthis« statt »Lepidotheutis«.
» 165 » 22 v. o. lies »B« statt »C«.
» 166 Fig. 71 hinter »Ersatzschüppchen« ist einzuschieben »(e)«.
» 169 Zeile 2 v. u. lies »(Fig. 74)« statt »(Fig. 74a)«.
» 170 Fig. 74 streiche »a« über der Fig. und in der Legende.
» 175 » 79 setze hinter »Schepotieff« »1906«.
» 177 » 81 » » »Lankester« »1889«.
» 177 » 82 lies »Lig. dors. inf.« statt »Ligd. ors. inf.«
» 177 Zeile 12 v. u. ist »Myocommata« zu streichen.
» 183 » 11 v. o. lies »S. 234« statt »S. 232«.
» 184 Fig. 89,2 lies »Intercalare« statt »Neuralbogen«.
» 184 » 89,3 lies »Neuralbogen« statt »Intercalare«.
» 189 » 93 lies »Lig. longit. *dors.* sup.«
» 201 Zeile 19 v. o. lies »Dipnoern, den Knorpel- und Knochenganoiden«.
» 203 » 10 v. u. lies »Fig. 99 D«.
» 203 » 1 v. u. lies »Fig. 99 D« statt »Fig. 99 d«.
» 204 » 8 v. u. lies »der dorsale Gabelast« statt »das proximale Gabelende«.
» 227 » 5 v. u. lies »unpaaren« statt »paarigen«.
» 236 » 16 v. o. lies »*sog.* Musculus temporalis«.
» 241 » 3 v. o. lies »(Fig. 136, W)« statt »(Fig. 136)«.
» 241 Fig. 138 füge in der Legende (Z. 2) hinter Dorsalseite ein: »Die punktierten
Linien geben den Verlauf der Schleimkanäle in den Schädel-
knochen an.«
» 244 Zeile 18 v. u. lies »Chondropterygier«.
» 246 » 20 v. u. lies »(Fig. 139)« statt »(Fig. 140)«.
» 253 » 7 v. o. lies »nach innen vom Zwischenkiefer« statt »unter dem Zw.«
» 255 » 19 v. u. lies »Hypobranchiale« statt »Hypobranchilia«.
» 258 » 1 v. o. lies »1. bis 4. Kiemenbogen dreigliedrig«.
» 260 Fig. 146 füge zur Legende als Zeichner »E. W.«
» 264 » 149 lies »Ichthyophis« statt »Ichthryophis«.
» 267 Zeile 7 v. o. lies »ebenso« statt »also«.
» 269 » 17 v. o. setze hinter »Figur« — »147 C, S. 261«.
» 294 » 13 v. u. lies »(Fig. 173)« statt »(Fig. 174)«.
» 303 » 2 v. u. lies »(. . S. 298)« statt »(. . S. 299)«.
» 316 » 6 v. o. lies »(. . Fig. 187 B)« statt »(. . Fig. 188 B)«.
» 317 » 6 v. u. lies »(Fig. 188 B)« statt »(Fig. 189 B)«.
» 318 » 1 v. u. lies »(Fig. 188 B)« statt »(Fig. 189 B)«.
» 321 » 13 v. o. lies »(Fig. 189,« statt »(Fig. 190)«.
» 332 » 4 v. o. lies »Supraclaviculare« statt »Suprascapulare«.
» 333 » 1 v. o. lies »(Fig. 203 4)« statt »(Fig. 204 4)«.
» 334 » 2 v. o. lies »(Fig. 204 2)« statt »(Fig. 204 4)«.
» 339 » 13 v. u. lies »Fig. 207« statt »Fig. 208«.
» 341 » 2 v. o. lies »Fig. 208 C« statt »Fig. 209 C«.
» 361 » 2 v. o. lies »die Verkümmerung des Distalteils des eigentlichen Pubisastes«.
» 363 » 3 v. u. lies »proximal« statt »anfänglich«.

Seite 365 Zeile 21 v. o. lies »Fig. 231a und 232b« statt »233b«.
  » 376 Fig. 239 1 u. 2 lies »Metac.« statt »Metat.«
  » 379   » 244 lies »Metac.« statt »Metat.«
  » 383   » 247 füge zur Legende als Zeichner »C. H.«
  » 393 Zeile 7 v. o. lies »Metatarsus V« statt »Metacarpus V«.
  » 393   » 18 v. u. lies »Die 5. Zehe« statt »Der 5. Finger«.
  » 393   »   5 v. u. lies »fibularen« statt »ulnaren«.
  » 397   »   4 v. o. lies »Epicondylus fibularis« statt »Condylus fib.«
  » 399   » 19 v. o. lies »Calcaneus« statt »Talus«.
  » 399   » 13 v. u. lies »Didelphyiden« statt »Didelphiden«.
  » 400   »   2 v. u. lies »Macroscelididen« statt »Macrosceliden«.
  » 451   »   4 v. u. lies »Hypobranchialmuskulatur« statt »Hyobranchialmusku-
                    latur«.
  » 452   » 11 v. u. lies »Fig. 294, S. 431« statt »Fig. 234, S. 431«.
  » 457   »   6 v. o. lies »Torpedinidae« statt »Torpedinida«.
  » 513 Zeile 21 v. u. lies »Fig. 366« statt »Fig. 361«.
  » 530 Fig. 384 vor »C. H.« füge ein »präp. u. gez.«
  » 545 Zeile 7 v. o. lies »Fig. 287, S. 423« statt »Fig. 287, S. 422«.
  » 545   » 10 v. u. lies »Fig. 287, S. 423« statt »Fig. 287, S. 422«.
  » 547   » 12 v. u. lies »S. 422« statt »S. 421«.
  » 550   »   6 v. o. lies »Fig. 398« statt »Fig. 389«.
  » 550   »   1 v. u. lies »Fig. 399« statt »Fig. 398«.
  » 571   » 11 v. u. lies »die eigentlichen«.
  » 575   » 12 v. u. lies »Fig. 407 C« statt »Fig. 406 C«.
  » 576   »   3 v. u. lies »Rautenohr« statt »Rautenrohr«.
  » 581 Fig. 415 lies stets »Ram.« statt »Rad.«
  » 587   » 15 v. o. lies »Rautenohr« statt »Rautenrohr«.
  » 597   »   1 v. u. lies »Fig. 428 u. 430« statt »Fig. 427—429«.
  » 604   » 14 v. u. lies »Fig. 433 1 u.2 « statt »433 1—3«.
  » 615   » 18/17 v. u. lies »N. obturatorius« statt »N. opturatorius«.
  » 621   »   5 v. o. lies »Fig. 447, S. 629« statt »Fig. 446, S. 628«.
  » 635   » 16 v. o. lies »superficialis« statt »superfacialis«.
  » 642   » 18 v. o. lies »Fig. 451 A« statt »Fig. 450 A«.
  » 643   »   9 v. u. lies »Fig. 451 B, C« statt »Fig. 450 B, C«.
  » 644   » 12 v. o. lies »Fig. 451 C« statt »Fig. 450 C«.

Mitten aus der angestrengtesten Arbeit an dem Werke, dem seit Jahren der größte Teil seiner Tätigkeit gewidmet war, wurde Otto Bütschli abgerufen. Er durfte nicht einmal mehr die Vollendung der Drucklegung des I. Bandes seiner vergleichenden Anatomie erleben, der mit der jetzt vorliegenden dritten Lieferung abgeschlossen ist. Unermüdlich hat er bis zum Tage seiner Erkrankung an der Fortführung dieses ihm ganz besonders am Herzen liegenden Werkes gearbeitet.

Bütschli hat das im großen und ganzen druckfertige Manuskript für die noch fehlenden Kapitel bis einschließlich des Abschnittes über das Blutgefäßsystem hinterlassen, so daß nur noch die Darstellung der Exkretions- und Geschlechtsorgane fehlt.

Daß von diesem umfangreichen Manuskript bisher nichts weiter erschien, hängt mit allerlei Schwierigkeiten zusammen, die zum Teil in den Kriegsverhältnissen lagen, zum Teil auch dadurch bedingt wurden, daß das Werk aus Gründen, die hier nicht zu erörtern sind, in den Verlag von Julius Springer überging.

Unter der durch diese Verhältnisse bedingten Verzögerung des Druckes litt Bütschli schwer, und es war für ihn die letzte Freude, als am Tage vor seiner Erkrankung von Julius Springer die Nachricht eintraf, daß sichere Aussicht für die baldige Wiederaufnahme des 1917 unterbrochenen Druckes der dritten Lieferung bestehe, von welcher Bütschli die ersten 11 (bei Engelmann gedruckten) Bogen noch selbst durchkorrigiert hatte.

Nach dem Tode des unvergeßlichen Lehrers und Freundes leiten die Unterzeichneten die weitere Herausgabe des Werkes. Während Blochmann, wie auch früher die sachliche Durcharbeitung des Manuskriptes übernahm, wobei ihm Clara Hamburger nur helfend zur Seite steht, hat diese die Vorbereitung und Überwachung des Druckes unter sich. — Herr Dr. Loeser ist bei der Durchsicht der Korrekturen behilflich und hat, z. T. in Gemeinschaft mit O. Bütschli, Berichtigungen zu den zwei ersten Lieferungen zusammengestellt. Er bearbeitet ferner ein ausführliches Sachregister des ganzen Werkes, welches den zweiten Band abschließen wird.

Das Manuskript soll soweit als möglich so, wie es von dem Verfasser hinterlassen wurde, zum Abdruck kommen. Ganz auszuschließen sind Änderungen in Text und Abbildungen nicht, wie ja auch Bütschli selbst bei der Korrektur noch allerlei geändert hätte. Genaueres in dieser Hinsicht zu berichten mag einer späteren Gelegenheit vorbehalten bleiben.

Abbildungen, die von Blochmann herrühren, sind mit Blo bezeichnet.

Die noch fehlenden Abschnitte über Exkretions- und Geschlechtsorgane wird Blochmann bearbeiten.

Tübingen und Heidelberg.   **F. Blochmann, C. Hamburger.**

Vorwort.

Der hiermit in die Öffentlichkeit tretenden 1. Lieferung der »Vorlesungen über vergleichende Anatomie« sende ich einige einleitende Worte voraus. Die Anregung zur Ausarbeitung der Vorlesungen entsprang dem öfter wiederholten Wunsche einiger meiner Schüler, welche die Vorträge über Vergl. Anatomie, die ich nun seit fast 30 Jahren im Sommersemester gehalten habe, gerne veröffentlicht sehen wollten. Die großen Schwierigkeiten einer solchen Aufgabe ließen mich lange zaudern, diesem Gedanken näher zu treten. Wenn ich mich endlich doch dazu entschloß, so war ich mir voll bewußt, daß dieser Versuch, wenn seine Ausführung auch einem einzelnen gelingen sollte, weit hinter dem gesteckten Ziele zurückbleiben müsse, und daß er der Kritik jedes genaueren Kenners eines Spezialgebiets Angriffspunkte genug darbieten werde. — Wie es bei ähnlichen Unternehmen meist der Fall, konnte nur eine gewisse Nichtachtung der im Laufe der Arbeit sich häufenden Schwierigkeiten den Entschluß zeitigen, der nie ins Leben getreten wäre, wenn dem Verfasser die Hindernisse und Zweifel sofort gegenwärtig gewesen wären, die ihm im Laufe der Arbeit begegneten.

Die Vorlesungen schließen sich im allgemeinen den Vorträgen über vergl. Anatomie an, die ich seit 1884 hielt. In diesem Jahre überließ mir der unvergeßliche Meister der vergleichenden Anatomie, C. Gegenbaur, die seither von ihm in Heidelberg gehaltenen Vorlesungen über dieses Gebiet, die ihm bei vorrückendem Alter beschwerlich wurden. Ich bin meinem hochverehrten ehemaligen Kollegen, und, wie ich sagen darf, auch Lehrer — obgleich ich nur aus seinen Schriften lernte — für das ehrende Vertrauen, das er mir s. Z. hierdurch erwies, und für das schöne Arbeitsgebiet, welches er mir damit eröffnete, stets zu aufrichtigstem Danke verpflichtet geblieben.

Natürlich mußten die zu veröffentlichenden Vorlesungen etwas mehr bieten, als sich in einer fünfstündigen Vorlesung darlegen läßt. Eine vollständig neue Durcharbeitung war daher notwendig. — An der Verfolgung der einzelnen Organsysteme durch die gesamte Reihe der Metazoen, wie es Gegenbaur in seinen Vorlesungen und auch ich in den meinigen durchführte, glaubte ich festhalten zu sollen, obgleich ich nicht verkenne, daß damit auch gewisse Unzuträglichkeiten verknüpft sind; so namentlich ein nicht unerhebliches Zurücktreten der Wirbellosen gegenüber den Wirbeltieren. Doch hat dies auch seine

Berechtigung, einmal wegen der Wichtigkeit der letzteren und ihrer großen Komplikation, weiter aber auch wegen ihrer weitgehenden vergleichend-anatomischen Durchforschung, indem sich ja die vergl. Anatomie aus dem Studium der Vertebraten allmählich entwickelt hat.

Das Ziel, welches ich erstrebte, war eine kurze Darlegung der wichtigsten Errungenschaften der vergleichenden Anatomie in möglichst klarer und objektiver Form, was bei dem großen Widerstreit der subjektiven Meinungen auf fast sämtlichen Einzelgebieten nicht ohne erhebliche Schwierigkeiten sein konnte. Immerhin ist die Darstellung etwas breiter ausgefallen, als anfänglich beabsichtigt war, trotz der Bemühung so knapp zu sein, wie es die Verständlichkeit erlaubte. — Neues zu bieten, konnte nicht in meinem Plan liegen, und ist auch nicht die Aufgabe eines derartigen Werkes. Nur in einzelnen Fällen habe ich eigene, etwas abweichende Ansichten vorgetragen, wo mir dies begründet erschien; ob mit Recht, steht dahin.

Ich bin mir wohl bewußt, daß ich mein Ziel nur sehr unvollkommen erreicht habe. Sollte sich das Vorliegende, trotz seiner Mängel, als eine Einleitung in das Studium der vergl. Anatomie nützlich erweisen, so wäre sein Zweck mehr wie erfüllt.

Auf Autoren- und Literaturhinweise im Text mußte verzichtet werden; dagegen soll am Schlusse des Ganzen eine Übersicht der wichtigsten Literatur gegeben werden.

Die beigefügten Abbildungen sind fast durchweg neu hergestellt, und zahlreiche nach eigenen Präparaten angefertigt worden. Nicht wenige habe ich selbst gezeichnet; andre wurden in freundlichster Weise von einer Anzahl ehemaliger Schüler ausgeführt. Bei den einzelnen Figuren ist dies angegeben; so bedeutet O. B. den Verfasser, v. Bu. Dr. W. v. Buddenbrock, C. H. Frl. Dr. Clara Hamburger, P. He. Dr. P. Heyder, Schr. Dr. O. Schröder, E. W. Dr. E. Widmann. Ich danke meinen verehrten Mitarbeitern auch an dieser Stelle herzlichst; im besondern aber Frl. Dr. Hamburger, deren freundliche, vielfache Unterstützung meine Arbeit in hohem Maße förderte. Mein verehrter Freund, Herr Prof. Blochmann hatte die große Güte, die Korrekturbogen dieser Lieferung durchzusehen und mir auf Grund seiner reichen Erfahrungen vielfache Verbesserungen vorzuschlagen, sowie Mängel im Text und den Figuren zu berichtigen. Ich bin ihm für die recht erhebliche Mühe, die er auf die Durchsicht verwendete, zu ganz besonderem Danke verpflichtet. Auch den verehrten Herren Kollegen Prof. Fürbringer und Prof. Salomon bin ich für gütige Unterstützung mit Literatur und Präparaten aufrichtig dankbar. Möge es mir vergönnt sein, die folgenden Lieferungen möglichst bald zu vollenden, was jedoch wegen der umfangreichen Berufstätigkeit, die mir nur verhältnismäßig wenig Zeit übrig läßt, recht schwierig sein wird.

Heidelberg, Oktober 1910.

O. Bütschli.

Inhaltsverzeichnis.

Einleitung.

A. Aufgabe der vergl. Anatomie. Phylogenie. Homologie und Analogie. Funktionswechsel. Differenzierung. Bedeutung der Ontogenie und Paläontologie.

Die vergleichende Anatomie ist ein Teil der Morphologie, der Lehre vom Bau der tierischen Organismen, und zwar ein sehr wesentlicher und wichtiger Teil. Lehren uns die systematische Beschreibung und die Zootomie den äußeren und inneren Aufbau des Körpers der unzähligen Tierformen kennen, seine Zusammensetzung aus dem Ganzen untergeordneten Bestandteilen oder Organen, so fällt der vergleichenden Anatomie die bedeutsame Aufgabe zu, jene, bei den verschiedenen Tierformen gefundenen Organe zu vergleichen hinsichtlich ihrer Ähnlichkeit oder Verschiedenheit; die übereinstimmenden zusammenzufassen, die verschiedenen voneinander zu sondern. Auf diesem Wege muß die vergleichende Anatomie schließlich auch dazu gelangen, ein Urteil zu fällen über die morphologische Übereinstimmung oder Verschiedenheit der einzelnen Tierformen, d. h. über ihre nähere oder entferntere Verwandtschaft.

Nun erhebt sich jedoch sofort die Frage: welche Berechtigung haben wir denn, die bei den verschiedenen Tieren gefundenen Organe, auch wenn sie sich sehr gleichen, für etwas wirklich Übereinstimmendes zu erklären, d. h. für etwas, dem Gemeinsames zugrunde liegt. A priori ist dies doch keineswegs zulässig und selbstverständlich. Wir gründen aber diese Berechtigung heutzutage auf unsere Überzeugung von der überaus großen Wahrscheinlichkeit der allmählichen Entwicklung der zahlreichen tierischen Formen aus einfacheren, ihnen vorausgegangenen, auf die Überzeugung von der Gültigkeit der Descendenz- oder Abstammungslehre. Die gefundene morphologische Übereinstimmung der Organe bei verschiedenen Tieren, sowohl nach Bau als Entwicklung, findet nach dieser Ansicht ihre materielle Ursache darin, daß sie sich aus dem Organ einer früheren gemeinschaftlichen Ausgangsform heraus entwickelten, daß ihnen also bei den verschiedenen Tieren, soweit die Hypothese zutrifft, wirklich etwas Gemeinsames zugrunde liegt. — Nun hat jedoch die vergleichende Anatomie schon lange bestanden, bevor die eben erörterte Ansicht über die Descendenz der Tierwelt, über ihre allmähliche phylogenetische Entwicklung im Laufe langer Zeiträume, sich Geltung erwarb. Dies rührt aber daher, daß man bei der Betrachtung der Tierwelt sofort eine verhältnismäßig nahe

Übereinstimmung im Bau zahlreicher Formen wahrnimmt, welche daher leicht, als zu zusammengehörigen Gruppen vereinbar, erkannt werden. Die innigere Übereinstimmung der Organisation innerhalb dieser einzelnen Gruppen mußte aber notwendig den Gedanken aufdrängen, daß diese Ähnlichkeit auch die Folge eines gemeinsamen Grundes sein müsse. Auch nach dieser Auffassung war also die Ähnlichkeit der Organe, welche die vergleichende Anatomie feststellte, die Folge von etwas ihnen Gemeinschaftlichem, d. h. eben die Folge dieses hypothetischen gemeinsamen Grundes, welcher das Hervorgehen entsprechender Organe bedingte. Jetzt erblicken wir diesen gemeinsamen Grund, wie vorhin hervorgehoben wurde, in einer ehemaligen gemeinsamen Ursache, nämlich dem oder den identischen Vorfahren. Früher galt als ein solcher Grund ein gemeinsamer Organisationsplan oder eine Gesetzlichkeit, welche der letzten Ursache (dem Urheber) der Tierwelt oder ihrer einzelnen Gruppen eigen gewesen sei, bzw. von ihr jedem Individuum in irgend einer Weise eingeprägt werde.

Wie aus dem Bemerkten hervorgeht, hat es die vergleichende Anatomie zunächst ausschließlich mit der Vergleichung des morphologischen Baues und der Entwicklung der Organe zu tun; sie abstrahiert von deren Funktion oder physiologischen Tätigkeit. Ihre spezielle Aufgabe ist es eben, die morphologischen Übereinstimmungen oder die sog. *Homologien* festzustellen und sie von den nur physiologischen Übereinstimmungen oder den *Analogien* scharf zu scheiden. Da sich hierin die Haupttätigkeit der vergleichenden Anatomie konzentriert, so haben für sie diese Begriffe der Homologie und Analogie eine besonders wichtige Bedeutung. Ein etwas eindringenderes Studium der Organe verschiedener Tiergruppen mußte nämlich bald ergeben, daß bei verschiedenen Gruppen die Organe von gleicher physiologischer Tätigkeit durchaus nicht immer auch morphologisch und genetisch übereinstimmen; und daß umgekehrt morphologisch gleichwertige Organe häufig physiologisch recht verschiedenes leisten. Hierauf basiert eben die Unterscheidung *analoger* und *homologer* Organe.

Verfolgen wir beispielsweise das wichtige bauchständige Kriechorgan der Schnecken (Gastropoden), den sog. Fuß, bei den Mollusken, so finden wir, daß er in der Gruppe der Cephalopoden durch ein ganz anders funktionierendes, zwar ebenfalls zur Bewegung dienendes Organ, den sog. Trichter, wahrscheinlich aber auch gleichzeitig durch die auf den Kopf gerückten, eigenartig ausgebildeten Kopfarme repräsentiert wird. — Bei niederen Wirbeltieren (gewissen Fischen) finden wir in der Haut knöcherne Schutzgebilde, sog. Schuppen, welche einen über die Hautoberfläche vorspringenden Zahnfortsatz tragen. Diese Placoidschuppengebilde breiten sich auch auf die Mundhöhle aus, wo ihre Zahnfortsätze sich zu den eigentlichen Zähnen entwickeln, die bei den höheren Wirbeltieren als alleiniger Rest jenes ursprünglich über die gesamte Oberfläche verbreiteten Schuppenkleides übrig bleiben. — Bei niederen Wirbeltieren (Fischen) findet sich ferner ein ansehnliches gaserfülltes Organ über dem Darm, die sog. Schwimmblase, deren Funktion im allgemeinen eine hydrostatische ist, d. h. mit der Veränderung des specifischen Gewichts des Fisches und dem Schwimmen in Beziehung steht. Bei den höheren Wirbeltieren begegnen wir etwa an gleicher Stelle ebenfalls einem lufterfüllten Organ, der Lunge, welche jedoch der Atmung dient. Es läßt sich nun recht wahrscheinlich machen, daß die Schwimmblase und die Lunge morphologisch identische, homologe Organe sind. Die mitgeteilten Beispiele lehren also, daß homologe Organe häufig physiologisch sehr ungleichwertig geworden sind.

Andrerseits finden wir oft genug Organe gleicher Funktion, die morphogenetisch ohne jede Vergleichbarkeit erscheinen. Um dies zu belegen genügt es, auf die Flügel der Insekten und der Vögel hinzuweisen, oder auf die Kiefer der Arthropoden und jene der Wirbeltiere.

Die verschiedene Funktion homologer Organe bei verschiedenen Gruppen erweist, daß in der phylogenetischen Geschichte dieser Organe eine Veränderung der Funktion, ein *Funktionswechsel* eingetreten sein muß. Gerade diese Funktionsänderung aber muß auch für die morphologische Abänderung jener Organe von größter Bedeutung erscheinen, obwohl natürlich die Änderung in beiden Richtungen gleichzeitig und parallel laufend eingetreten sein muß. Hieraus folgt, daß die physiologische Tätigkeit der Organe für die vergleichende Anatomie dennoch von größter Wichtigkeit sein muß, um die Abänderung homologer Organe durch ihre Funktionsänderung zu verstehen und zu erklären. Man darf daher wohl sagen, daß wir die Morphologie der homologen Organe erst dann wirklich verstehen, wenn wir sie in jedem Einzelfall mit ihrer besonderen Funktion in Einklang zu bringen vermögen.

Es ist verständlich, daß der Grad der Übereinstimmung sich entsprechender, homologer Organe ein recht verschiedener sein muß; so wird er naturgemäß bei Tierformen, die sich verwandtschaftlich sehr nahe stehen, d. h. die sich von einer Ausgangsform relativ wenig entfernt haben, viel inniger sein, als bei solchen, die sich nach verschiedenen Richtungen in verschiedenen Entwicklungsbahnen von einem gemeinsamen Vorfahren weit entfernten. Man hat für diese verschiedenen Grade der Homologie zuweilen besondere begriffliche Kategorien aufzustellen versucht, so von *kompletter* und *inkompletter*, von *defektiver* und *augmentativer* Homologie gesprochen, Begriffe, die sich z. T. schon aus den Bezeichnungen verstehen lassen und denen wir keine sehr erhebliche Bedeutung zuzuschreiben vermögen, da sie doch nur gewisse Grenzpunkte hervorheben, welche nicht durch scharfe Unterschiede gesondert, sondern durch sehr allmähliche Übergänge verknüpft sind.

Ebenso häufig finden wir jedoch, daß ein Organ bei fortschreitender Komplizierung des Tierkörpers seine Funktion nicht eigentlich ändert, sondern dieselbe in verschiedenen seiner Teile gewissermaßen spezialisiert, d. h. daß seinen einzelnen Teilen spezielle Leistungen übertragen werden, welche in ihrem Zusammenwirken die Gesamtfunktion des früher einheitlichen Organs repräsentieren. Ein solcher Vorgang läßt sich beispielsweise am Ernährungsapparat gut verfolgen, der von sehr einfachen Zuständen aus zu einem aus zahlreichen Abschnitten zusammengesetzten und mit vielen Anhangsorganen (Drüsen) versehenen Apparat werden kann. Wir finden hier also eine verschiedenartige funktionelle und morphologische Ausgestaltung eines Organs in seinen verschiedenen Abschnitten, ein *different* werden einzelner Abschnitte, eine sog. *Differenzierung*. Eine solche Differenzierung, d. h. das Hervorgehen verschieden gestalteter Unterteile aus einem ursprünglich

einheitlich gebauten Organ oder Organismus, spielt in der aufsteigenden Komplizierung des tierischen Körpers eine sehr wichtige Rolle und muß daher von der
vergleichenden Anatomie eingehendst berücksichtigt werden.

Der vergleichenden Anatomie bietet sich zur Lösung ihrer Aufgabe, d. h. der
Feststellung der wahrscheinlichen Homologien der Organe, sowohl durch die zahlreichen Tiergruppen hindurch als innerhalb derselben, zunächst die sorgfältige
Vergleichung der Gesamtbauverhältnisse wie der der Einzelorgane bei den verschiedenen Gruppen. Je größer der Grad der Übereinstimmung der verglichenen
Organe im gröberen wie feineren Bau ist, um so größer ist auch die Wahrscheinlichkeit ihrer genetischen Identität. Wenn aber diese Identität der Organe auf
gleicher Abstammung beruhen soll, so erfordert dies auch ihre übereinstimmende
ontogenetische Entwicklung, oder falls diese durch die Untersuchung nicht bestätigt
werden sollte, eine plausible Erklärung für die Abweichungen. Ergibt daher die
Ontogenie eine übereinstimmende Entwicklung der nach ihrem fertigen Bau als
homolog angesprochenen Organe, so wird dadurch diese Auffassung sehr wesentlich
verstärkt. Andrerseits kann jedoch auch der Bau der fertigen Organe durch den
erlittenen Funktionswechsel so verschiedenartig geworden sein, daß die anatomische
Vergleichung kaum sichere Anhaltspunkte für ihre Homologie zu bieten vermag.
Erweist nun aber die Ontogenie einen übereinstimmenden Entwicklungsgang der
Organe, der erst in seinen späteren Stadien verschiedene Bahnen einschlägt und
so zu stark differierenden Endergebnissen führt, so wird die Ontogenie zu dem aus-
schlaggebenden Beweis der Homologie.

Der Fall kann jedoch auch so liegen, daß die ausgebildete Tierform ein gewisses Organ, wie es den Verwandten zukommt, überhaupt nicht mehr besitzt, die
Ontogenie jedoch lehrt, daß bei der betreffenden Form das fragliche Organ auf einem
gewissen Stadium der Ontogenese auftritt, um sich später völlig zurückzubilden.
In diesem Fall lehrt uns demnach die Ontogenie, daß der Verwandtschaftsgrad jener
Tierformen ein innigerer ist, als vor dieser Kenntnis zu vermuten war. Andrerseits
läßt sich aber aus dieser Erfahrung auch der sehr wahrscheinliche Schluß ziehen,
daß die Form, welcher das betreffende Organ jetzt fehlt, aus Vorfahren hervorgegangen ist, denen es zukam; denn ohne daß wir hier tiefer in die mögliche Begründung des sog. *biogenetischen Grundgesetzes* und seiner Tragweite eingehen, d. h.
der Regel: daß in der Ontogenese einer Tierform ihre phylogenetischen Entwicklungsstadien durchlaufen werden, ist der obige Schluß schon deshalb sehr ein-
leuchtend, weil sich schwer angeben läßt, auf welch anderem Wege das später sich
rückbildende Organ in die Ontogenese dieser Tierform gelangen konnte. Aus diesen
Erwägungen folgt schon die hohe Bedeutung, welche die Ontogenie für die Aufklärung der vergleichend-anatomischen Probleme besitzt.

Das tiefere Studium der Ontogenie und die Vergleichung ihrer Ergebnisse mit
denen der anatomischen ·Vergleichung hat jedoch gelehrt, daß die Entwicklung
zweifellos homologer Organe in nahe verwandten Gruppen nicht stets ganz übereinstimmend verläuft. Eine eingehendere Erwägung läßt erkennen, daß auch der
ontogenetische Entwicklungsgang Abänderungen seines ursprünglichen Verlaufs

erfahren kann. In solchen Fällen treten demnach die Schlüsse der anatomischen Vergleichung und die Folgerungen der Ontogenie in Widerspruch, und es muß entschieden werden, auf welcher Seite das Übergewicht der Gründe liegt; was natürlich nicht selten bedeutende Schwierigkeiten bietet.

Erheblichen Gewinn und Förderung wird die vergleichende Anatomie weiterhin aus den Ergebnissen der paläontologischen Forschung, der Morphologie der Reste ausgestorbener Tierformen ziehen. Die paläontologischen Funde bieten uns ja das einzig Tatsächliche, was wir über die Vorläufer der heutigen Tierwelt erfahren können. Das, was sie uns über das phylogenetische Auftreten, über die Umbildung, event. auch das Schwinden von Organen lehren, muß daher für die vergleichende Anatomie von größtem Wert sein.

So wichtig die paläontologischen Erfahrungen nun auch sind, so wenig Aufschluß können sie häufig doch geben, schon aus dem Umstand, daß so zahlreiche und wichtige Tiergruppen überhaupt keinerlei fossile Reste zu hinterlassen imstande waren. Von anderen, bei denen dies der Fall ist, sind es vielfach nur Reste, welche wenig über die eigentliche Organisation besagen, äußere Schalen oder innere Hartteile, die sich mit recht verschiedenartiger Organisation vertragen; selten so bedeutsame Skeletteile wie die der Wirbeltiere. Im ganzen, abgesehen von gewissen sehr belehrenden und aufklärenden Fällen, darf man daher wohl sagen, daß die vergleichende Anatomie mehr zum Verständnis dieser fossilen Reste beigetragen hat, als umgekehrt letztere zur Aufklärung der vergleichend-anatomischen Probleme. Dazu gesellt sich, daß bis jetzt noch ein überaus großer Teil der außereuropäischen Erdschichten unvollkommen oder nicht durchforscht ist; sowie daß es zweifellos erscheint, daß die verschiedenen Tierstämme sich schon in einer sehr frühen Zeit gesondert haben, in welcher erhaltbare Teile noch nicht existierten oder aus der Reste nicht erhalten sind. Im allgemeinen bestätigt jedoch das zeitliche paläontologische Auftreten der verschiedenen tierischen Gruppen, besonders in gewissen Phylen, die ausgiebigere Reste hinterlassen könnten, die Schlüsse der vergleichenden Anatomie über die wahrscheinliche phylogenetische Aufeinanderfolge dieser Gruppen.

Obgleich den Ausgangspunkt beider organischen Reiche Organismen von so einfachem Bau bilden, daß ihr Körper eine Zusammensetzung aus untergeordneten Bestandteilen oder Organen kaum verrät, so gilt dies doch bei den übrigen Formen durchaus. Im allgemeinen bezeichnet man jeden untergeordneten Bestandteil, insofern er einen gewissen Grad von Abgrenzung, d. h. morphologischer Selbständigkeit und namentlich auch eine besondere physiologische Leistung, also eine gewisse physiologische Selbständigkeit besitzt, als ein Organ. Bei einer solchen Definition des Begriffs können und müssen die Einzelorgane natürlich von sehr verschiedener morphologischer Komplikation und Wertigkeit sein. Während wir einerseits den Bestandteil einer einfachen Zelle, insofern er der aufgestellten Forderung entspricht, als ein Organ bezeichnen, nennen wir beispielsweise die Extremität eines Wirbeltieres ebenso, obwohl sie aus zahllosen Zellen besteht, die selbst wieder zu untergeordneten Organen oder Suborganen zusammentreten. Die im obigen Sinne

definierten Organe sind also von morphologisch sehr verschiedener Dignität. Dennoch
dürfte es sich kaum empfehlen, die Organe nach dem Grad ihrer morphologischen
Komplikation in verschiedene Kategorien zu sondern, da dies bei der sehr allmählichen Steigerung ihrer Komplikation notwendig zu morphologischen Spitzfindig-
keiten, ohne scharfe Grenzbestimmungen und ohne erheblichen praktischen Wert,
führen muß. Nur *eine* solche Kategorie hat sich allgemeinerer Anerkennung erfreut,
nämlich diejenige, welche die Organe der Einzelligen, also die untergeordneten
Bestandteile einer einfachen Zelle umgreift. Diese Organe werden daher häufig
als *Organula* oder *Organellen* von den zelligen Organen der Metazoa unterschieden.

B. Allgemeiner Aufbau des tierischen Organismus und seine allmähliche Komplizierung in den Hauptgruppen.

Nach dem einzelligen oder mehrzelligen Aufbau scheidet sich die Tierwelt in
die beiden Unterreiche der *Protozoa* und *Metazoa*. Soeben wurde auf die fundamentale Verschiedenheit der Organe in diesen beiden Unterreichen hingewiesen.
Hieraus folgt, daß auch ihre vergleichende Anatomie selbständig behandelt werden
muß; denn die Organellen der Protozoen können, als Bestandteile einer einzigen
Zelle, mit den Organen der Metazoen morphologisch nicht verglichen werden, wohl
aber physiologisch.

Die morphologische Ausgestaltung des einzelligen Protozoenkörpers, so mannigfaltig sie auch ist, interessiert uns hier nicht näher und wird, soweit nötig, im
Kapitel über die vergleichende Anatomie der Protozoen geschildert werden. Was
uns dagegen hier besonders angeht, ist die mögliche Entstehung der Metazoen
aus einzelligen, protozoenartigen Urformen. Natürlich kann alles, was sich hierüber sagen läßt, nicht mehr als eine mehr oder weniger wahrscheinliche Hypothese
sein, wie denn überhaupt die Schlüsse der vergleichenden Anatomie diesen hypothetischen Charakter sämtlich besitzen, wenn auch in sehr verschiedenem Grade
der Wahrscheinlichkeit.

Nicht wenige Protozoen aus verschiedenen Abteilungen, besonders zahlreiche
Formen des umfangreichen Stammes der Mastigophora (insbesondere der Flagellaten), haben eine Weiterbildung über die ursprüngliche Einzelligkeit insofern erfahren, als sie aus successiver Teilung hervorgehende Zellgruppen, sog. *Stöcke* oder
Kolonien, bilden, deren Einzelzellen oder -Individuen sogar häufig plasmatische Verbindungen untereinander aufweisen. Die Einzelzellen sind fast stets alle gleich und
auch fähig isoliert weiterzuleben, was die Zugehörigkeit solcher Kolonien zu den
nicht koloniebildenden Formen bedingt, abgesehen von dem sonstigen nahen verwandtschaftlichen Bau der Individuen. Die Möglichkeit des Hervorgehens der Metazoen aus Protozoenvorfahren wird daher naturgemäß an solche koloniebildende
Protozoenformen, insbesondere flagellatenartige, anzuknüpfen sein. Der Bau solcher
Flagellatenkolonien (s. Fig. 1) ist selbst wieder recht verschiedenartig, indem sie
teils auf Stielen festsitzende, teils freischwimmende und dann gewöhnlich kugelig
geformte Zellgruppen sind. Sie bestehen entweder aus kugeligen Gruppen von

Zellen, die sämtlich bis zum Centrum reichen (*A*), oder aus Zellen, welche der Oberflächenregion einer kugeligen Gallertmasse eingelagert sind (*B*). Nicht unwichtig erscheint aber, daß sich auch tafelförmige Kolonien finden, deren Zellen eine einschichtige, frei umherschwimmende Platte bilden (s. Fig. 1, *C*).

Hinsichtlich ihrer Ernährung sind die heute lebenden Flagellatenkolonien von der geschilderten Bauweise fast ausnahmslos pflanzlicher Natur, d. h. sie ernähren sich wie die grünen Pflanzen. Da jedoch der Ernährungs- und Stoffwechselcharakter gerade bei den Flagellaten ungemein wechselnd ist, so steht der Annahme nichts im Wege, daß zu gewissen Zeiten auch ähnliche flagellatenartige Kolonien existierten, die sich tierisch ernährten, d. h. deren Einzelzellen sämtlich befähigt waren, feste Nahrungskörper aufzunehmen.

Fig. 1.

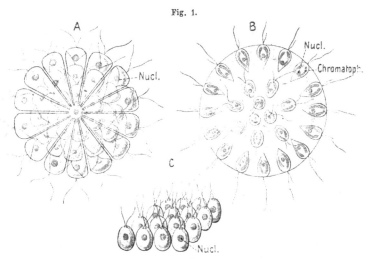

Schematische Darstellung dreier Flagellatenkolonien. *A* Synura mit im Centrum vereinigten Zellen; sowohl Oberflächenansicht als optischer Äquatorialschnitt eingezeichnet. *B* Uroglena, Oberflächenbild. *C* Gonium, schiefseitliche Ansicht der viereckigen Platte. C. H.

Die mögliche Ableitung der Metazoen von solch flagellatenartigen Kolonien mit tierischer Ernährung weist nun auf zwei verschiedene Ausgangspunkte mit verschiedener Entwicklungsrichtung hin. Eine Gruppe der niedersten Metazoen nämlich, die sog. *Spongien* (tierische Schwämme), verraten sowohl in ihrem Bau als in ihrer Ontogenie viel Besonderes, und dabei gleichzeitig nahe Beziehungen zu einer besonderen Gruppe der Mastigophoren, den sog. *Choanoflagellaten*, weshalb es recht wahrscheinlich ist, daß sie gesondert von den übrigen Metazoen aus choanoflagellatenartigen Kolonien hervorgingen. Diese Ansicht basiert vornehmlich darauf, daß die nahrungsaufnehmenden Zellen der Spongien (sog. Kragenzellen) ganz den typischen Bau der Choanoflagellatenzelle besitzen, speziell den charakteristischen, die Geißel umscheidenden Kragen (vgl. später Fig. 9 *A*), wie er sich bei Zellen der übrigen Metazoen nie findet. Es würde hier zu weit führen, die mögliche Ableitung der Spongien von choanoflagellatenartigen Kolonien spezieller zu erörtern. Es sei nur bemerkt, daß sie jedenfalls aus freischwimmenden Kolonien entstanden sind, die sich festhefteten und früher oder später eine Differenzierung ihrer ursprünglich gleichartigen Zellen erfuhren, wobei sich die äußeren zu einem stützenden und skeletbildenden Gewebe entwickelten, die inneren dagegen, unter Bewahrung ihres ursprünglichen Baus, eine Höhle auskleideten, die mit der Außenwelt durch eine größere und zahlreiche feine Öffnungen in Verbindung trat. Mancherlei in der Ontogenie der Spongien deutet vielleicht darauf hin, daß eine solch einfachste Schwammform in nicht unähnlicher Weise entstand wie die einfachste Form der übrigen Metazoen.

Letztere traten ursprünglich jedenfalls in einer sehr einfachen Form auf, wie sowohl die primitivsten Zustände der niedersten Gruppe, der Cölenteraten, erweisen, als auch die Übereinstimmung der Anfangsstadien in der Ontogenese der verschiedensten Metazoengruppen es ergibt. Man hat diese wahrscheinliche Urform der eigentlichen Metazoen (Eumetazoa), wie sie unter den Cölenteraten noch am wenigsten verändert erhalten blieb, als *Gastraea* bezeichnet und das ihr entsprechende Stadium in der Ontogenese als *Gastrula*. Der Bau einer solch einfachen Gastraea ist folgender (s. Fig. 2, *C*): der etwa kugelige bis ellipsoidische Körper enthält einen weiten Hohlraum, die verdauende oder Gastralhöhle, welche an dem einen Pol durch eine Öffnung, die Urmundöffnung (Prostoma, Blastoporus) nach außen mündet. Die Körperwand setzt sich aus zwei Zelllagen zusammen, einer äußeren, dem sog. *Ectoderm*, und einer inneren, dem *Entoderm*. Letzteres ist die nahrungsaufnehmende Zellschicht, die daher auch samt der von ihr umschlossenen Gastralhöhle als Urdarm bezeichnet wird. Das Ectoderm dagegen dient einerseits zum Schutz des Innern, andrerseits kann es sich jedoch an der Bewegung, Atmung und sonstigen Stoffwechselvorgängen beteiligen, namentlich aber auch die Beziehungen zur Außenwelt vermitteln.

Das Problem der möglichen Ableitung solch einer hypothetischen Urform der Metazoen von flagellatenartigen Protozoenkolonien wurde nun in verschiedener Weise zu lösen gesucht. — Die verbreitetste Ansicht sucht die Gastraea aus einer hohlkugeligen Flagellatenkolonie mit einschichtiger Zellwand abzuleiten, mittels der Annahme, daß zunächst eine Differenzierung der Zellen der entgegengesetzten Kugelhemisphären eintrat, indem die der einen Hemisphäre ausschließlich nahrungsaufnehmend wurden, die der anderen dagegen diese Betätigung verloren und vornehmlich als Bewegungszellen funktionierten (Fig. 2, b^1). Allmählich trat dann eine Einsenkung oder Einstülpung der nahrungsaufnehmenden Hemisphäre in die andere auf (b^2), so daß letztere zum Ectoderm, erstere zum Entoderm wurde. Unter Verengerung der Einstülpungsöffnung zur Urmundöffnung bildete sich die typische Gastraeaform hervor. Dieser Ableitungsmodus stützt sich hauptsächlich darauf, daß die Gastrulaform in der Ontogenese häufig auf solche Weise entsteht. Er begegnet jedoch einer gewissen Schwierigkeit, da, die Differenzierung der beiden Hemisphären der kugeligen Ausgangsform vorausgesetzt, nicht recht einzusehen ist, welcher Vorteil einem solchen Organismus durch die allmähliche Einstülpung der von den Ernährungszellen gebildeten Hemisphäre erwachsen sein sollte; ein solcher Vorteil konnte doch wohl erst hervortreten, wenn die Einsenkung schon zu einer wirklichen Höhle geworden war, in welche Nahrungskörper eingeführt und darin festgehalten werden konnten.

Eine zweite Ansicht sucht diese Schwierigkeit zu überwinden, indem sie nicht von einer kugeligen, sondern einer tafelförmigen einschichtigen Kolonie ausgeht, wie sie bei Flagellaten gelegentlich vorkommt. Diese Hypothese nimmt an, daß eine solche Urform zunächst durch Querteilung ihrer Zellen zweischichtig wurde und daß die eine der so gebildeten Zelllagen sich zur ernährenden, die andere

Fig. 2.

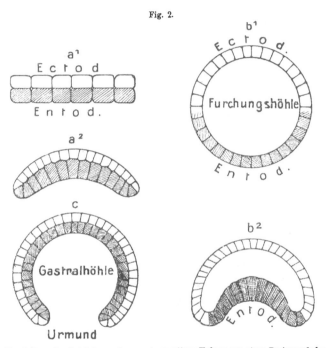

Schematische Darstellung der Entstehung einer gastraeaartigen Urform aus einer Protozoenkolonie. a^1, a^2—c durch Einkrümmung einer zweischichtigen plattenförmigen Kolonie; b^1, b^2—c durch Einstülpung einer kugelförmigen. Die ernährenden Zellen (späteres Entoderm) schraffiert.   O. B.

zur schützenden und bewegenden differenzierte (s. Fig. 2, a^1). Ein ähnliches plattenartiges Stadium kann vorübergehend in der Ontogenese einzelner Metazoengruppen auftreten. Wenn nun eine derart gebaute zweischichtige, plattenartige Form sich so bewegte, daß die ernährende Zelllage gegen den Boden gerichtet war und hier ihre Nahrung suchte, so mußte es von Vorteil sein, wenn der Organismus sich allmählich zu einer uhrglasartigen Form mit nach unten gerichteter Konkavität einkrümmte (Fig. 2 a^2). Jetzt vermochte er sich über auf dem Boden liegende Nahrungskörper herabzusenken, sie einzufangen und in seiner Höhle festzuhalten. Eine stärkere Einkrümmung konnte dann zur typischen Gastraeaform (c) führen, in deren Gastralhöhle die Nahrungskörper durch den Urmund eingeführt und worin sie weiter verarbeitet wurden.

Eine dritte Meinung ging, wie die erste, von einer einschichtigen kugeligen Urform aus, ließ aber die spätere Entodermschicht nicht durch Einstülpung, sondern durch Einwanderung von Zellen der einschichtigen Wand ins Innere entstehen; worauf der Urmund sich erst nachträglich als Durchbruch nach außen bildete. Gegen diese Meinung spricht aber sehr bestimmt, daß die einwandernden Entodermzellen sich durch die Einwanderung ihrer späteren Bestimmung eigentlich entzögen, was es unbegreiflich macht, daß gerade sie im weiteren Verlauf zu den ernährenden Zellen werden sollen. Auch für den Durchbruch des Urmunds läßt sich auf diesem Wege keine vorteilhafte Bedingung erkennen.

Möge nun aber die phylogenetische Entstehung der Gastraeaform so oder so verlaufen sein, so scheint doch sicher, daß eine ihrem Bau entsprechende Urform den Ausgangspunkt der typischen Metazoen (mit Ausschluß der Spongien) bildete.

Gewisse einfach gebaute, isoliert stehende Metazoengruppen, wie der sog. *Trichoplax*, die *Dicyemiden, Orthonectiden* und einige andere, wurden manchmal als Übergangsformen zur Gastraea aufgefaßt, und daher gelegentlich auch als Mesozoa bezeichnet. Die beiden letzterwähnten Gruppen sind parasitische und daher wohl eher als durch Parasitismus vereinfachte, einst höher organisierte anzusehen. Der sog. Trichoplax ist recht unsicher geworden und neuerdings sogar als Umbildungszustand einer Hydromedusenlarve gedeutet worden. Jedenfalls aber lehrten uns diese Formen, selbst wenn man ihnen eine Stellung zwischen Protozoenkolonien und den Cölenteraten zuerkennen möchte, nichts Positives über die mögliche Entstehung der gastraeaartigen Urformen.

Es wurde schon oben hervorgehoben, daß das große Phylum der *Cölenteraten* in seiner einfachsten Ausbildung den gastraeaartigen Bau noch recht wohlerhalten darbietet. Immerhin machte jedoch die Organisation innerhalb dieses Phylums bedeutende Fortschritte, welche im wesentlichen mit der Hervorbildung eines mehr oder weniger ausgesprochenen strahligen oder radiärsymmetrischen Baus zusammenhängen. Die vorausgesetzte Gastraea-Ausgangsform zeigt hiervon nichts; ihr Bau ist, wie man sagt, monaxon, d. h. er läßt eine Hauptachse erkennen, welche den Urmund mit dem entgegenstehenden Pol verbindet, und um welche alles gleich ist, so daß beliebige, durch die Hauptachse gelegte Längsschnitte völlig gleich sind.

Das Entstehen der strahligen Symmetrie aus einer freischwimmenden monaxonen Gastraeaform wird am begreiflichsten, wenn wir annehmen, daß es durch den Übergang zur festsitzenden Lebensweise bedingt wurde, und daß daher die Ausgangsformen aller Cölenteraten, auch der jetzt freischwimmenden, festsitzende gastraeaartige Organismen waren, wie sie sich heute noch in den Hydroid- und Korallenpolypen erhalten haben. Die Festheftung geschah mit dem dem Urmund entgegenstehenden Pol, und die Körperform wurde schlauch- bis becherförmig oder cylindrisch. Für einen festsitzenden Organismus dieser Art mußte es von großem Vorteil werden, wenn er um den Urmund Greif- und Fangorgane, Tentakel, hervorbildete, welche ihm bei der mangelnden Beweglichkeit den Nahrungserwerb ermöglichten. Ebenso ist aber auch einzusehen, daß eine gleichmäßige Verteilung dieser Tentakel nach allen Richtungen im Umkreis des Urmunds von Vorteil war, indem sie sich dann nach allen Seiten gleichmäßig betätigen konnten. Hiermit war die Grundlage des radiärsymmetrischen Baues gegeben. — Wegen der in regelmäßigen Abständen um den Urmund stehenden Tentakel sind nun nicht mehr alle Längsschnitte durch die Hauptachse untereinander gleich, sondern nach der Zahl der Tentakel läßt sich der Körper durch einige solche Längsschnitte in eine Anzahl unter sich kongruenter sog. Strahlstücke (Antimeren) zerlegen (s. S. 17, Fig. 4 a). Der auf solche Weise in erster Anlage gegebene strahlige Bau, dem bei den Cölenteraten gewöhnlich die Vier- oder Sechszahl, bzw. ein Vielfaches dieser Zahlen, zugrunde liegt, kann nun durch weitere, in entsprechender Weise sich wiederholende und strahlig gruppierende Organbildungen noch verstärkt werden.

Die Erscheinung, daß gleichartige Organe sich in größerer Zahl an dem Körper wiederholen, finden wir auch bei anders gebauten Metazoen recht häufig, ja wenn man auch die einfachen und einfachsten Organe berücksichtigt, ist dies eine allgemein verbreitete Erscheinung. Diese an einem Individuum sich wiederholenden homologen Organe hat man auch als *homonome* bezeichnet.

Wir verwenden diesen Ausdruck hier für jegliche sich an einem Tierkörper mehrfach wiederholenden Organe derselben Art, also für alle homologen Organe eines Individuums, wie man auch sagen könnte, ohne Rücksicht auf ihre besondere Anordnung an dem betreffenden Tierkörper. Im Hinblick auf die letztere Beziehung hat man versucht, verschiedene Kategorien solcher Organe zu unterscheiden. So hat man die sich strahlig, oder bei den bilateralen Metazoen rechts- und linkseitig gegenüberstehenden als *homotype* bezeichnet, die bei den metameren Bilateralia sich hintereinander wiederholenden als *homodyname*, und endlich die gewissermaßen als Unterteile eines Organs auftretenden gleichwertigen Abschnitte, so z. B. Finger und Zehen der Wirbeltiere, speziell als *homonome*. Auch diesen morphologischen Subtilitäten dürfte für das tiefere Verständnis kein großer Wert zukommen, so daß wir uns hier in obigem Sinne auf den gemeinsamen Begriff der Homonomie beschränken.

Wenn wir uns Rechenschaft darüber zu geben versuchten, was wohl der Grund der Übereinstimmung solch homonomer Organe des Individuums sein könnte, so werden wir auf die schwer zu umgehende Annahme geführt, daß dieser Grund, ebenso wie der der homologen Organe verschiedener Individuen, ihr Hervorgehen aus einer gemeinsamen oder übereinstimmenden Uranlage sein muß. Obgleich sich dies ontogenetisch bis jetzt noch wenig sicher nachweisen ließ, müssen wir es doch gewissermaßen als notwendig voraussetzen, daß die homonomen Organe eines Individuums sich aus übereinstimmender materieller Anlage herleiten und eben diesem Umstand ihre Übereinstimmung verdanken; sei es daß diese übereinstimmenden Grundlagen schon in der Eizelle selbst gegeben waren, sei es, daß sie durch die Zerlegung einer späteren gemeinsamen Anlage in die Einzelanlagen der homonomen Organe während der Ontogenese entstanden.

Die radiärsymmetrische Bildung dehnte sich bei den Cölenteraten namentlich auch auf die Gastralhöhle aus, wie es bei den polypenförmigen Korallentieren (Anthozoa) in steigender Komplikation hervortritt. Dies geschieht so, daß die Gastralhöhle radiär gestellte taschenförmige Aussackungen (Gastraltaschen oder -Kammern) bildet, welche durch radiäre Scheidewände (Gastralsepten) gesondert werden (s. Fig. 4, a). Die physiologische Bedeutung dieser Einrichtung ist in erster Linie wohl eine Vergrößerung der ernährenden Fläche der Gastralhöhle.

Aus festsitzenden polypenartigen Organismen sind aber sicher die freischwimmenden medusenartigen Cölenteraten hervorgegangen, was bei der Gruppe der Hydromedusa durch das gemeinsame Auftreten beider Formen im Lebenscyclus einer Species (Generationswechsel) besonders klar hervortritt. Als Beweis dieser Ableitung darf auch der stets ausgesprochene Strahlenbau der Medusenformen

angesehen werden, welcher nach dem oben dargelegten auf festsitzende Ausgangsformen bestimmt hinweist. Daß die radiäre Symmetrie durch den Übergang
der Medusen zum freischwimmenden Leben nicht beeinträchtigt wurde, hängt mit
der Art ihrer Bewegung zusammen, die stets in der Richtung der Hauptachse erfolgt.
Der Radiärbau der Medusenformen ist namentlich dadurch so scharf ausgeprägt,
daß ihre Gastralhöhle stets solch taschenartige Ausbuchtungen bildet, die sehr
häufig durch Verengerung kanalartig werden (Gastrovascularsystem).

Eine eigenartige Ausbildung erlangte der im Prinzip vierstrahlige cölenteratenartige
Bau in der Klasse der freischwimmenden, sich jedoch durch besondere Wimperapparate bewegenden *Ctenophoren* (Kammquallen). Obgleich diese Gruppe die abweichendste der
Cölenteraten ist und daher jetzt häufig abgesondert wird, dürfte ihr Zusammenhang mit ihnen
doch zweifellos sein. Ebenso scheint es mir, trotz mancher Einwendungen, wohl möglich,
daß sie aus sehr ursprünglichen vierstrahligen hydromedusenartigen Formen hervorgingen, ihr
Strahlenbau daher wie der der übrigen Cölenteraten von der ursprünglich festsitzenden Lebensweise herrührt. Eine besondere Bedeutung besitzen gerade die Ctenophoren für die Ableitung
der bilateralen Eumetazoen, weil sich mancherlei dafür anführen läßt, daß es event. cteno-
phorenartige Formen gewesen sein könnten, welche sich zu den ursprünglichsten Bilaterien
entwickelten.

Der Körper der einfachsten Cölenteraten besteht, wie bemerkt, nur aus den
beiden Zelllagen der Gastraea, dem Ecto- und Entoderm. Die geringe Verschiedenheit dieser beiden Zellblätter spricht sich noch darin aus, daß beide, abgesehen von ihren specifischen Leistungen, imstande sind, Muskelzellen- und
Nervenelemente hervorzubringen. Bei den primitivsten Cölenteraten (Hydroidea)
findet sich zwischen dem Ecto- und Entoderm nur ein dünnes nichtzelliges
Häutchen, ein Produkt des einen oder der beiden Blätter, welches als Stützgebilde
fungiert, die sog. *Stützlamelle*. Bei den komplizierteren Cölenteraten wird durch
Abscheidung der Blätter eine gallertige bis feste Stützsubstanz zwischen sie ab-
gelagert, in welche bei vielen (Acalepha, Anthozoa, Ctenophora) auch Zellen des
Ectoderms (zum Teil wohl auch des Entoderms) einwandern und sie in ein wirkliches stützendes Zwischengewebe oder *Mesenchym* überführen. Wie wir später
sehen werden, kann die stützende Funktion dieses Zwischengewebes durch die
Bildung fester, ihm eingelagerter Fasern und Skeletgebilde noch gesteigert werden.

Sahen wir im vorhergehenden den monaxonen Bau der gastraeaartigen Urform
durch Festheftung sich radiär symmetrisch ausgestalten, so mußte andrerseits
eine bewegliche, mit der Mundöffnung auf dem Boden kriechende Lebensweise zu
einer wesentlich verschiedenen Weiterbildung führen [1]. Ein solches Verhalten mußte
zunächst zu einer Abplattung der gegen den Boden schauenden, den Urmund tragenden Region, zu einer ventralen Kriechfläche oder Bauchseite führen, welche sich von
der mehr gewölbten Rückenfläche unterschied. Für einen solchen Organismus, der

---

[1] Indem wir bei unseren Betrachtungen über die Entstehung der bilateralen Metazoen
von der Gastraea ausgehen, wollen wir damit nicht behaupten, daß die Bilaterien direkt aus
einer ursprünglichen Gastraea hervorgingen. Vielmehr sollen hier nur die wesentlichen Bedingungen für die Ausbildung des Bilateralbaues erörtert werden. Im weiteren Verlauf
unserer Besprechung wird sich ergeben, daß wir es für wahrscheinlicher erachten, daß die
existierenden einfachsten Bilaterien an wenigstrahlige, cölenteratenartige Formen anknüpfen.

sich in einer zur ursprünglichen Gastraeahauptachse senkrechten Richtung durch
das Wasser bewegte, mußte es ferner vorteilhaft werden, wenn er sich in einer zu
dieser Achse senkrechten Richtung verlängerte, also eine längliche, mehr wurmförmige Gestalt erlangte, indem er dann das umgebende Wasser mit geringerem
Widerstand durchschnitt (siehe Fig. 3 a—b). Fernerhin erkennen wir unschwer,
daß es einer so gestalteten und sich bewegenden Tierform erheblichen Vorteil
bieten mußte, wenn der Urmund, der anfänglich die Mitte der Bauchfläche einnahm, an eins der beiden Enden verlagert wurde. Da ja die Enden bei der Bewegung zunächst auf eine Beute stoßen, so war es sicher vorteilhaft, wenn der
Mund, der diese Beute festzuhalten und in die Gastralhöhle zu führen hatte, sich
an einem Ende fand, bzw. sich auch eventuell schlitzartig bis zu den Enden ausdehnte. Nehmen wir nun an, daß eine solch vorteilhafte Verlagerung des Ur-
mundes an eines der Enden eingetreten war, so war damit eine Körperform erreicht, wie sie für sämtliche über den Cölenteraten stehende Metazoen gilt, die

Fig. 3.

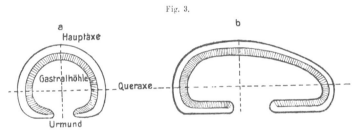

Schemata zum Hervorgehen der Bilateralität aus der monaxonen Gastraea (*a*); *b* Auswachsen in einer
Querachse.   O. B.

sog. bilaterale Bauweise, die auch dem menschlichen Körper zukommt. Wie bei
jeder bilateralen Form können wir jetzt eine Bauch- und Rückenfläche, ein vorderes
und hinteres Körperende und damit auch eine rechte und linke Seite unterscheiden. Der Körper ist durch eine Mittelebene (Sagittalebene), welche durch die
Vornhintenachse (die senkrecht zur ursprünglichen Gastralachse steht) geht, in eine
rechte und linke Hälfte zerlegbar, welche nicht kongruent, sondern symmetrisch
gleich sind; d. h. jede Hälfte erscheint wie das Spiegelbild der andern. — War einmal eine Verlagerung des Urmunds an ein Körperende gegeben, so mußte es auch
von großem Vorteil werden, daß dies Ende bei der Bewegung in der Regel voraus-
ging, da ja dann der Mund stets für die Beuteaufnahme bereit war. Andrerseits
aber mußte es für einen so beschaffenen Organismus von großem Gewinn werden,
wenn Sinnesorgane, die eine Witterung naher Beute ermöglichten, sich an dem
Vorderende entwickelten oder konzentrierten, während sie bei den radiärsymmetrischen Cölenteraten sich vorteilhafterweise gleichmäßig im Umkreis der Hauptachse verteilten. Die besondere Ausbildung von Sinnesorganen am Vorderende
hatte aber zur Folge, daß auch das Nervensystem, welches wir uns ursprünglich wohl ziemlich gleichmäßig und in sehr primitiver Ausbildung über die gesamte Körperfläche verbreitet denken müssen, sich im Zusammenhang mit jenen

Sinnesorganen stärker entwickelte, und daher im Vorderende ein Centralteil des Nervensystems hervorgebildet wurde, in welchem die verschiedenen Reflexbahnen zusammenliefen, ein primitives Gehirn- oder Cerebralganglienpaar.

Hiermit wäre eine Stufe der Ausbildung erreicht, wie sie etwa bei den primitivsten Bilaterien, den Plathelminthen, noch jetzt besteht; abgesehen von den besonderen Einrichtungen des Mesenchymgewebes, auf das wir später zurückkommen. Auffallend erscheint, daß bei vielen der primitivsten Plathelminthen (Turbellaria) der Urmund noch in der Mitte der Bauchseite, ja hinter ihr liegt. Da damit jedoch stets ein vorderständiges Cerebralganglienpaar vereint ist, so könnte diese Mundlage möglicherweise auch das Ergebnis einer aus gewissen Gründen später wieder eingetretenen Rückwärtsverlagerung sein.

Ein weiterer Fortschritt, der schon bei den nächsten Verwandten der Plattwürmer erzielt wurde, war die Ausbildung eines Afters, d. h. einer besonderen Öffnung, welche (neben der Einfuhröffnung oder dem Mund) zur Ausstoßung der unverdauten Nahrungsreste aus der Gastralhöhle dient. Sowohl bei den Cölenteraten als den meisten Plathelminthen verrichtet der Urmund diese beiden Tätigkeiten, wenn auch bei gewissen Cölenteraten zuweilen außerdem noch feinere porenartige Öffnungen der Gastralhöhle existieren, welche jedoch nicht als Afteröffnung dienen. Die gewöhnliche Vorstellung ist nun, daß eine solche Afteröffnung, wie sie schon bei den, an die typischen Plathelminthen sich nahe anschließenden *Nemertinen* besteht und allen übrigen Bilateralia zukommt (wenn auch zuweilen rückgebildet), durch einen Durchbruch der Gastralhöhle nach außen entstand. Doch halte ich die Möglichkeit nicht für ausgeschlossen, daß die Afteröffnung anderer Entstehung ist, d. h. daß sie wie die Mundöffnung aus dem ursprünglichen Urmund hervorging. Hierfür sprechen einzelne Ergebnisse der Ontogenie, welche einen solchen Vorgang in der Tat zeigen (Protracheata), ferner auch das häufige Hervorgehen des Afters aus dem Blastoporus der ursprünglichen Gastrula, andrerseits aber auch die besondere Gestaltung des schlitzförmigen Urmunds gewisser Korallenpolypen (Anthozoa), der schon eine Art Differenzierung in einen einführenden und ausführenden Abschnitt zeigt. Man kann sich vorstellen, daß der Urmund der primitivsten Bilaterien sich lang spaltförmig über die Bauchseite erstreckte und sich vorn zu einer Einfuhr- hinten zu einer Ausfuhröffnung etwas erweiterte. Eine mittlere Verwachsung dieses schlitzförmigen Urmunds führte dann direkt zu seiner Sonderung in Mund und After. Diese Möglichkeit, obwohl bis jetzt noch wenig sicher, böte dem Verständnis den erheblichen Gewinn, daß die Afteröffnung nicht als völlige und schwerverständliche Neubildung, sondern als die Umformung eines früher bestandenen Organs erschiene.

Neuerdings will man dem verschiedenen Verhalten des Urmunds (Blastoporus) in der Ontogenie der Bilaterien eine tiefgehende Bedeutung für die Unterscheidung zweier, von ihrer Wurzel an in divergierender Richtung fortgeschrittener Stämme der Bilaterien zuschreiben. Während bei dem einen Stamm, den sog. *Protostomia* (Würmer, Arthropoden, Mollusken, Brachiopoda, Bryozoa mit Ausnahme der Entoprocta) der Urmund zum Mund geworden sei, habe er sich bei dem zweiten Stamm, den Deuterostomia (Enteropneusta, Echinoderma, Chaetognatha, Chordata) zum After entwickelt. Im ersteren Falle sei also der

After, im zweiten der Mund eine sekundäre Bildung. Nun läßt sich zwar nicht leugnen, daß die sog. Deuterostomia sehr wahrscheinlich eine gewisse nähere Verwandtschaft untereinander besitzen und daher eine solche Zusammenfassung vielleicht verdienen. Was aber den Unterschied der Protostomia und der Deuterostomia hinsichtlich des Urmundschicksals angeht, so halte ich dieses Merkmal für verfehlt, da unter den Protostomia sich Formen finden, deren Blastoporus zum After wird (z. B. die Schnecke Paludina und vielleicht auch andere Mollusken), ferner solche, wo sich Mund und After auf den Blastoporus zurückführen lassen (Protracheata, wahrscheinlich auch Insekten) und weil das Schicksal des Blastoporus überhaupt in vielen Fällen noch recht zweifelhaft ist. Die von mir schon 1876 geäußerte Ansicht, daß Mund oder After der Metazoen wahrscheinlich aus einem ursprünglich lang schlitzförmigen Urmund hervorgingen, scheint mir auch jetzt noch die tatsächlichen Verhältnisse am ehesten zu erklären. Dazu kommt, daß sich die sekundäre Bildung eines Afters zwar einigermaßen begreifen läßt, dagegen die einer Mundöffnung, des für den tierischen Organismus wichtigsten Organs, schwerlich. Die Gruppe der Deuterostomia (zu der jedoch die Brachiopoden und Bryozoen ebenfalls nahe Beziehungen haben) für einen von den Protostomia von Anfang am gesonderten Stamm der sog. Coelomata oder Bilateria zu halten, scheint mir also unwahrscheinlich. Ich kann in ihnen nur einen Stamm erblicken, der sich von einfachen wurmartigen Vorfahren, also Protostomia, abzweigte und dessen ursprünglichere Formen recht wohl noch zu den Würmern gerechnet werden können.

Auf der jetzt erreichten Ausbildungsstufe der bilateralen Tierformen verharren im allgemeinen die sog. *Nemathelminthen,* insbesondere die *Rotatorien* und *Nematoden.* Bei ihnen begegnet uns jedoch noch eine Einrichtung, welche den Plathelminthen im allgemeinen fehlt, nämlich das Vorhandensein einer sog. Leibeshöhle, eines mit Flüssigkeit erfüllten Raumes zwischen der Körperwand und dem die Darmwand bildenden Entoderm. Diese Leibeshöhle der Nemathelminthen wird in der Regel als eine sog. primäre oder ursprüngliche aufgefaßt. Man versteht darunter einen Hohlraum, welcher zwischen dem Ecto- und Entoderm der ursprünglichen Gastraea durch Auseinanderweichen ihrer beiden Zelllagen entstanden sei, ein Hohlraum, welcher in der ontogenetischen Entwicklung in der Tat weit verbreitet ist und als Furchungshöhle bezeichnet wird. Daß eine solche primäre Leibeshöhle wirklich bei den Larven vieler Bilaterien auftritt, unterliegt keinem Zweifel. Vom Entoderm aus, vielleicht auch zum Teil vom Ectoderm, wandern dann frühzeitig Zellen in diese Höhle hinein, welche sich teils an das Ectoderm, teils an das Entoderm anlegen, sich jedoch auch durch die Höhle ausspannend, muskulöse oder stützende Bedeutung erlangen und ein Mesenchym darstellen. So sicher demnach auch das Auftreten einer primären Leibeshöhle in der Ontogenese und deshalb wohl auch bei den Vorfahren der Bilaterien erscheint, so ist es doch zweifelhaft, ob in der Tat die definitive Leibeshöhle der Nemathelminthen eine solch primäre ist. — Bei den Plathelminthen existiert im ausgebildeten Zustande gewöhnlich keine solche Höhle, vielmehr findet sich eine ansehnliche Gewebsmasse, aus Muskel- und Bindegewebszellen bestehend (sog. Parenchym), zwischen Ecto- und Entoderm. Das Entstehen dieser Gewebsmasse bei den Turbellarien aber deutet auf Beziehungen zu den bei den höheren gegliederten Bilaterien zwischen Ectoderm und Entoderm sich entwickelnden Gewebsmassen hin, welche sich in innigem Zusammenhang mit der sog. sekundären Leibeshöhle bilden. Hieraus wäre event. zu schließen, daß die Vorläufer der Plathelminthen schon vorübergehend eine sekundäre

Leibeshöhle besaßen, was denn auch die Leibeshöhle der Nemathelminthen eher
auf eine sekundäre zurückführbar erscheinen ließe, um so mehr, als die Ontogenese
der Leibeshöhle der ihnen verwandten Acanthocephalen an die der sekundären
lebhaft erinnert. Wir werden später nochmals auf dies Problem zurückkommen
müssen.

Die Bildung einer solchen sekundären Leibeshöhle tritt am ausgeprägtesten
bei denjenigen Bilaterien hervor, welche durch die sog. Gliederung oder Segmentation ihres Körpers eine bedeutend höhere Ausbildungsstufe erreichen als die
seither besprochenen. Es dürfte daher angezeigt erscheinen, zunächst diese Komplizierung des Körperbaues etwas näher zu betrachten. — Im allgemeinen spricht
sich die Gliederung oder Metamerie in einer paarweisen Wiederholung homonomer
(homodynamer) Organe oder Organteile hintereinander in der Längsrichtung des
Körpers aus. Ursprünglich kann dieser Bau allein durch eine solche Wiederholung
einzelner Organe angedeutet sein, ohne sich auch in der Bildung entsprechender
Körperabschnitte auszusprechen. Schon bei gewissen Turbellarien, namentlich
aber den verwandten Nemertinen, tritt dergleichen hervor.

Bei höherer Entwicklung der Metamerie wiederholen sich gleichzeitig ein
großer Teil der Organe oder Organabschnitte; sowohl äußere Anhänge (Bewegungsorgane, Atemorgane), als innere Teile (Abschnitte und Anhänge des Darmes, Excretionsorgane, Geschlechtsorgane, Abschnitte des Nervensystems, Sinnesorgane,
Abschnitte der Muskulatur und so fort) treten in Mehrzahl auf, so daß die Gesamt-
organisation aufs deutlichste der Metamerie unterliegt. Auch der Gesamtkörper
wird dann, wie es besonders deutlich bei den Anneliden, Arthropoden und Wirbeltieren sich zeigt, aus mehr oder weniger zahlreichen, hintereinander gereihten Abschnitten (Metameren) aufgebaut, deren Organisation in gewissem Grade an die
der nicht segmentierten verwandten Bilaterien erinnert. Dies hat früher die Ansicht hervorgerufen, daß die typische Metamerie durch einen ungeschlechtlichen
Vermehrungsvorgang, eine Art Kolonie- oder Stockbildung ursprünglich unsegmen-
tierter Vorfahren entstanden sei, eine Ansicht, welche durch die sehr allmählichen
Übergänge zu Formen, bei welchen die Wiederholung nur auf wenige Organe
beschränkt ist, widerlegt erscheint.

Durch jede Wiederholung eines Organs, welches bei der Ursprungsform nur in der
Einzahl vorkommt, ist eigentlich schon eine Hinneigung zur Verdoppelung des Individuums
gegeben. Je nach der Wichtigkeit und Bedeutung, die wir diesem Organ für das Individuum
zuschreiben, prägt sich diese Hinneigung zur Verdoppelung schärfer oder schwächer aus.
Verdoppelung eines wenig bedeutsamen Tentakels oder Sinnesorgans wird das Bild der
Einheitlichkeit des Individuums wenig stören, wogegen wir bei Verdoppelung des Darm-
apparats uns schwer der Vorstellung zweier, teilweis zur Einheit verbundener Individuen
erwehren können. Ein Wirbeltier mit zwei Köpfen wird uns in große Verlegenheit setzen,
speziell wenn wir uns den Menschen in dieser Verfassung vorstellen, dessen morphologische
Individualität wir besonders geneigt sind, mit seiner psychischen zu indentifizieren. Hieraus
geht aber hervor, daß keine scharfe Grenze zwischen einfacher Vermehrung von Organen und
Individualitätsvermehrung zu ziehen ist. Was die Metamerie angeht, so spricht für die oben
vorgetragene Auffassung hauptsächlich der Umstand, daß sich nichts dafür anführen läßt,
daß die Metamerie etwa durch Herabsinken von dem früheren Zustand einer Kolonie, mit

vollständiger ausgebildeten, durch ungeschlechtliche Fortpflanzung hervorgegangenen Individuen, auf den eines einheitlich gewordenen Individuums mit unvollständigeren Metameren entstanden sei. Im Gegenteil spricht alles dafür, daß die metameren Bilaterien durch successive gesteigerte Wiederholung eines größeren Komplexes von Organen allmählich erst die an Individualität erinnernde Ausbildung ihrer Metameren erlangten. Bei der Cestodenkette, die häufig mit den metameren Bilaterien verglichen wird, liegt übrigens die Proglottidenentstehung wohl ebenso wie die Metamerenbildung bei den letzteren. Auch hier ist der Ausgangszustand, aller Wahrscheinlichkeit nach, nicht ein ungeschlechtlicher Vermehrungsakt, sondern die Wiederholung eines Organs, nämlich des komplizierten Geschlechtsapparates, ohne gleichzeitige äußere Sonderung einzelner Körperabschnitte. Erst später trat dazu die Befähigung der reifen Glieder des Hinterendes, sich abzulösen; womit die Möglichkeit gegeben war, viel größere Mengen solcher Geschlechtsapparate und Glieder zu bilden. Die Berechtigung, diese durch Ablösung selbständig werdenden Glieder mit einem einfachen Bandwurmindividuum von unvollständiger Ausbildung, d. h. mit mangelndem Vorderende (Scolex) zu vergleichen, ist nun nicht zu bestreiten, wohl aber ihre Auffassung als eine besondere, vom Scolex hervorgebrachte Geschlechtsgeneration; es sind vielmehr Teile, welche einem einfachen Bandwurm, d. h. einem mit einfachen Geschlechtsapparat ausgerüsteten Scolex entsprechen.

Die Wiederholung der Organe, welche zur Metamerie führt, darf mit Recht jener verglichen werden welche bei den Cölenteraten den radiären Bau bedingt.

Fig. 4.

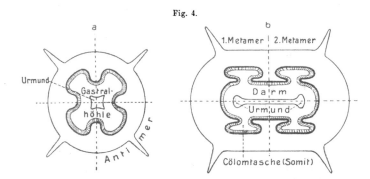

a Schema einer vierstrahligen einfachen Cölenteratenform, Ansicht auf den Urmund. *b* Entsprechende Form in einer Querachse ausgewachsen, zur Erläuterung der Beziehung zwischen Radiärbau und Metamerie. O. B.

Wenn wir uns erinnern, daß die Hauptachse der Bilaterien senkrecht zu der der Cölenteraten sich entfaltete, so bedingt dies, daß Organwiederholungen, welche bei den Cölenteraten radiär, im Umkreis der Hauptachse auftreten, bei den Bilaterien zu beiden Seiten der neuen Hauptachse in regelmäßiger Folge hintereinander geordnet sein müssen (s. Fig. 4). Jedes sog. Metamer der gegliederten Bilaterien entspricht also einem Paar Antimeren der Cölenteraten.

Wenn die Metamerie die gesamte Organisation ergreift, so gilt dies namentlich auch für einen Teil des Körpers, den wir hier eingehender betrachten müssen, nämlich die schon erwähnte sekundäre Leibeshöhle oder das sog. Cölom. Das Cölom zeigt bei den typischen metameren Bilaterien selbst eine Gliederung, indem es durch Querscheidewände (Dissepimente), die sich zwischen dem Darm und der Körperwand ausspannen, in einzelne, den Metameren entsprechende Kammern

gesondert ist. Ontogenetisch entsteht das Cölom innerhalb einer embryonalen Gewebsmasse, die hauptsächlich vom ursprünglichen Entoderm ausgeht und sich zwischen Ecto- und Entoderm einlagert, weshalb sie als *Mesoderm* bezeichnet wird.
Am häufigsten erfolgt die Cölombildung derart, daß dies embryonale Mesoderm,
von vorn beginnend, sich in paare Anteile (sog. Somiten) für die späteren Segmente
sondert, in welchen dann durch Auseinanderweichen der Zellen die Cölomhöhlen
der Einzelsegmente angelegt werden. Viele Morphologen sind der Meinung, daß
dieser oder ein ähnlicher Entwicklungsgang der Cölomhöhle der primitive sei.
Trotz seiner ontogenetischen Häufigkeit, erachten wir ihn jedoch nicht für den
ursprünglichen. Bei gewissen Bilaterien entwickeln sich nämlich die Somitenpaare
in anderer Weise, d. h. durch Bildung einer rechts- und linkseitigen taschenförmigen Ausstülpung des Urdarms in jedem Segmente (s. Fig. 4b). Diese paarigen
Ausstülpungen oder Cölomtaschen schnüren sich schließlich vom Urdarm völlig ab
und stellen die Somiten dar, welche also in diesem Fall von Anfang an eine Höhle
enthalten, einen Teil der Gastralhöhle des Urdarms. In ihrer weiteren Entwicklung verhalten sich die, auf die eine oder andere Weise entstandenen Somiten
gleich, d. h. sie liegen anfänglich mehr ventral oder seitlich, umwachsen hierauf
dorsal und ventral den Darm, bis ihre Wände zur Bildung des späteren dorsalen
und ventralen Mesenteriums, die sich zwischen Darm und Körperwand ausspannen,
zusammenstoßen. Die äußere Wand jedes Somites legt sich dem Ectoderm innen
an, die innere dem Entoderm des Darmes außen. So verdrängt die sich entwickelnde Cölomhöhle die frühere Furchungshöhle oder primäre Leibeshöhle und
setzt sich gewissermaßen an ihre Stelle.

Wie gesagt, erachten wir die Entstehung der Somiten durch Ausstülpung
des Urdarmes und damit die des sog. Mesoderms, welches in ihrer Gesamtheit besteht, für die primäre. Hierzu veranlaßt uns, trotz des selteneren Auftretens dieses
Modus, der Umstand, daß die Cölomhöhle bei dieser Entstehung nicht als eine
Neubildung, sondern als ein Abkömmling der ursprünglichen Gastralhöhle erscheint, was den Vorgang begreiflicher macht; und daß ferner, wenn dies der ursprüngliche Bildungsvorgang ist, die als taschenförmige Ausstülpungen des Urdarms auftretenden Somiten von den Einrichtungen der Cölenteraten abgeleitet
werden können. Sie erscheinen dann etwa als Homologa der Taschen der Gastralhöhle bei den Anthozoen die bei den Bilaterien entsprechend bilateral angeordnet
sind, wie wir für die bei den Cölenteraten radiären Organe überhaupt fanden.
Ist diese Ansicht begründet, so folgt aus ihr natürlich, daß das sog. Mesoderm
der cölomaten Bilaterien, wenigstens ursprünglich, von rein entodermaler Entstehung gewesen sein muß. Der Umstand, daß die Anlage der Somiten jeder Seite
häufig eine gemeinschaftliche ist und die Abschnürung in Einzelsomiten erst
später erfolgt, kann dann nur als eine Modifikation angesehen werden, sei es von
ursprünglicherer oder sekundärer Natur.

Wie wir später sehen werden, sind die Geschlechtsorgane der Cölenteraten
gewöhnlich Wucherungen an den Wänden der Gastraltaschen oder -kanäle. Wenn
dies bei den Urformen jener cölomaten Bilaterien ebenso war, so läßt sich viel-

leicht auch ein Grund angeben für die Abtrennung der Cölomtaschen vom Urdarm als Somiten. Bei den Cölenteraten entleeren die Geschlechtsorgane ihre
Produkte in der Regel in die Gastraltaschen, sie gelangen daher durch die Gastralhöhle und den Urmund nach außen. Ein solcher Zustand kann gewiß nicht als
sehr vorteilhaft angesehen werden, wenigstens dann nicht, wenn die Gastralhöhle
sich zu einer wirklich verdauenden, mit Secretion verdauender Säfte, entwickelte.
In diesem Fall mußte eine Abtrennung der Taschen, welche die Geschlechtsprodukte aufnahmen, vom Centralteil der Gastralhöhle, der als Darm verblieb, vorteilhaft werden, weshalb hierin vielleicht das bedingende Moment für die Abtrennung
gesucht werden darf. — Schon öfter wurde versucht, die erste Entstehung der
Somiten von den Geschlechtsorganen (Gonaden) herzuleiten (Gonocöltheorie); der
eben geschilderte Weg scheint uns dagegen der wahrscheinlichere.

Bei den gegliederten Würmern und Arthropoden liegt das vorderste Somitenpaar dicht hinter dem Mund. In dem davor befindlichen zapfenartigen vordersten
Körperende tritt kein Somitenpaar auf. Erst später wachsen Zellen des ersten
Somitenpaars in dies sog. *Prostomium* (Kopfzapfen, Acron) hinein und bilden Muskulatur und Bindegewebe. Die Frage, ob das Prostomium stets ohne besondere Mesodermanlage (Somitenpaar) war, ist schwer zu beantworten; um so mehr, als bei
den Hirudineen eine besondere paarige Mesodermanlage für diesen Kopfteil vorkommt und bei Bryozoen, Brachiopoden, Chätognathen, Echinodermen, Pterobranchiern, Enteropneusten und Acraniern ein vorderstes Somitenpaar in einen wohl
entsprechenden Kopfteil eingeht. Auffallend ist ferner, daß in der Entwicklung der
Nemertinen und Turbellarien das Mesoderm in zwei Paar gesonderten Anlagen auftritt, von welchen bei den Nemertinen das vorderste Paar für den vor
dem Mund gelegenen Kopfteil, das hintere für den gesamten übrigen Körper
(Rumpf) bestimmt ist. Diese Verhältnisse machen es doch erwägenswert, ob nicht
das Prostomium der Anneliden und Arthropoden ursprünglich ein besonderes Meso-
dermtaschenpaar besessen hat und daher anfänglich dem Rumpfteil gleichwertig
war, dessen ursprüngliches Taschenpaar sich späterhin zu den Rumpfsomiten
vermehrte. Bei der Reduktion des Taschenpaares des Prostomiums wäre dessen
sekundäre Leibeshöhle wohl mit der primären zusammengeflossen. Die Möglichkeit einer solchen Anschauung vorausgesetzt, würden uns die ursprünglichen
Bilaterien als zweigliedrige Tiere mit zwei Cölomtaschenpaaren (Somiten) erscheinen, von welchen das erste, wie der gesamte Kopfabschnitt, bald rudimentär
wurde, während das hintere mit dem Rumpfabschnitt stark auswuchs. Die Anknüpfung solcher Formen an cölenteratenartige Vorfahren hätte keine große
Schwierigkeit. Bei der Beobachtung der einzelnen Organsysteme soll später erwogen werden, ob auch der fertige Bau der ursprünglichen Bilaterien etwaige
Anzeichen erkennen läßt, welche für eine solche Auffassung sprechen.

Jene Gonocöltheorie, welche die sekundäre Leibeshöhle von dem inneren Hohlraum
säckchenartiger Geschlechtsorgane abzuleiten sucht, steht eigentlich der oben vorgetragenen
Ansicht prinzipiell nicht gegenüber. Denn auch die letztere bringt ja die Abtrennung der zur sekundären Leibeshöhle werdenden Gastraltaschen in innige Beziehung mit

ihrer Funktion als Räume, in welche die Geschlechtsprodukte entleert werden. Gleichzeitig berücksichtigt · sie aber die für eine Reihe von Bilaterien sichere Tatsache, daß die Anlagen des Cöloms, der Somiten des sog. Mesoderms, als Ausstülpungen der Urdarmwand auftreten. Abgesehen davon, däß letztere Bildungsweise des Mesoderms eine Anknüpfung an den Cölenteratenbau gestattet und daher ein gewisses Recht hat, als die primitive angesehen zu werden, läßt sich letzteres auch deshalb annehmen, weil sowohl die solide Anlage des Mesoderms, als auch sein Hervorgehen aus einer oder wenigen Zellen, die sich aus dem Verband des Entoderms, bzw. auf der Grenze von Ento- und Ectoderm, ablösen, sich wohl von seiner Entstehung durch Ausstülpungen des Urdarmes durch Vereinfachung des Vorganges und frühzeitigere Absonderung ableiten lassen, umgekehrt dagegen die Ableitung der Ausstülpungen aus einer ursprünglich soliden Zellenanlage, einer Ansammlung von Propagationszellen etwa zwischen Ecto- und Entoderm, kaum möglich erscheint. Dazu gesellt sich die gewiß recht schwierige Vorstellung, daß ein ursprünglich nur als Geschlechtsapparat funktionierendes Organ, indem es sich zur sekundären Leibeshöhle eines Segments erweiterte, in seiner größten Ausdehnung ganz andere Funktionen erlangte, sich an der Excretion und vor allem an der Muskelbildung innigst beteiligte, indem es zum mindesten einen ansehnlichen Teil der Körper- und Darmmuskulatur lieferte. Besonders der letztere Umstand dürfte für eine ursprünglich nur als Geschlechtsorgan funktionierende Anlage der Somiten wenig wahrscheinlich sein. Dazu gesellt sich, daß von den Somiten der gegliederten Tiere doch stets nur ein relativ kleiner Teil zum Aufbau der Geschlechtsorgane verwendet wird (wenn die Gonaden nicht überhaupt schon vor den Somiten angelegt werden), der größere Teil anderweitig verwertet wird; und daß vielfach nur wenige Somiten Geschlechtsprodukte bilden, bzw. die Geschlechtsorgane auch ohne jede Beziehung zur Segmentation sind (Arthropoda, Vertrebrata mit Ausnahme der Acrania). Auch hieraus dürfte eher zu folgern sein, daß schon vom Anfang an nur ein kleinerer Anteil der Somiten zur Produktion von Geschlechtszellen in Beziehung stand, der größere dagegen eine andere Funktion besaß, die späterhin weiter ausgebildet wurde. Schon bei den Cölenteraten finden wir, daß das Entoderm der Gastralhöhle und ihrer Taschen starke Muskulatur hervorzubringen vermag (z. B. an den Septen der Anthozoa und weiterhin), so daß wir bei eventueller Ablösung solcher Taschen als Anlagen der sekundären Leibeshöhle uns von vornherein ihre wesentliche Beteiligung an der Bewegung, als Muskelfasern hervorbringende Teile, wohl vorstellen können. Ich erachte daher die oben vorgetragene Ableitung der Somiten für die wahrscheinlichere und bin geneigter, die Verhältnisse der Geschlechtsorgane bei den Plathelminthen und speziell den Nemertinen nicht den ersten Anlagen einer sekundären Leibeshöhle entsprechend zu betrachten, sondern eher umgekehrt als durch Rückbildung einer solchen entstanden.

Oben wurde hervorgehoben, daß die äußere Wand der hohlen Somiten (sog. Somatopleura) sich an das Ectoderm anlegt, die innere (sog. Splanchnopleura) an das Entoderm des Darms. Hier bilden sie ein das Cölom auskleidendes Epithel (Peritonealepithel, Cölothel), ferner jedoch Bindegewebe nebst Muskulatur und tragen zum Aufbau noch vieler besonderer Organe bei. Indem durch die Ausbreitung der Cölomanlagen die primäre Leibeshöhle verdrängt wird, können deren Mesenchymzellen, die ja häufig vom Ectoderm herkommen, sich dem sog. Mesoderm zugesellen; vielleicht mag hierin ein Grund dafür liegen, daß in der Ontogenie dem Mesoderm zum Teil auch ectodermale Zellen zugeführt werden.

Die Verdrängung der primären Leibeshöhle durch das Cölom gibt uns jedoch noch Aufschluß über die wahrscheinliche Entstehung eines Organsystems, welches nur bei einem Teil der Würmer vorkommt, aber den meisten cölomaten Bilaterien eigen ist, des *Blutgefäßsystems* nämlich. Bei der Verdrängung der primären Leibeshöhle durch das Cölom konnten sich Reste der ersteren erhalten, als ein von Anfang an zusammenhängendes Gefäßwerk, ein Blutgefäßsystem einfachster Art. Da die ontogenetische Entstehung der Bluträume dieser Voraussetzung vielfach völlig entspricht, so halte ich sie für recht wahrscheinlich. Vom Mesodermgewebe aus wurden die ursprünglich nur als Lücken sich darstellenden Gefäßräume mit Wandungen bindegewebiger bis muskulöser Natur versehen. — Für diese Ableitung des Blutgefäßsystems spricht vor allem, daß es so von Anfang an als ein in sich geschlossenes, zusammenhängendes Lücken- oder Kanalsystem auftritt und von einem präexistierenden Hohlraum seinen Ursprung nimmt; die verbreitete Ansicht, daß das Blutgefäßsystem aus Lücken oder Aushöhlungen, die im bindegewebigen Mesoderm zerstreut auftraten, hervorgegangen sei, ist unwahrscheinlicher, da es sich dabei einmal um wirkliche Neubildungen handeln würde und weiterhin um ein Organsystem, welches erst in dem Maße allmählich funktionsfähig wurde, als sich die ursprünglich fehlenden Zusammenhänge der Bluträume herstellten. Für die ersterwähnte Ableitung spricht ferner die Erfahrung, daß sich auch aus der sekundären Leibeshöhle unter Umständen ein sekundäres Blutgefäßsystem neben dem eigentlichen hervorbilden kann (Hirudineen). Immerhin erscheint die Entstehung eines Blutgefäßsystems aus der primären Leibeshöhle nicht unbedingt an die Ausbildung einer sekundären gebunden. Es könnte sich auch bei Bilaterien hervorgebildet haben, die keine solche besaßen, durch starke Entwicklung eines Mesenchyms, welches die primäre Leibeshöhle zu einem Kanalsystem einengte, ähnlich wie dies mit der Cölomhöhle der Hirudineen geschah. Es fragt sich nur, ob solche Formen existieren?

Dies führt uns wieder zu dem Problem der Leibeshöhle bei den sog. ungegliederten Würmern zurück.

Im Gegensatz zu der eben erörterten Ansicht über die wahrscheinliche Herleitung des Blutgefäßsystems, die auch als *Blastocöltheorie* bezeichnet wurde, steht eine zweite, welche sich zwar in dem eigentlichen Kardinalpunkt von der ersten kaum prinzipiell unterscheidet, jedoch von anderen Anschauungen über den wahrscheinlichen Bau der Vorfahren der blutgefäßführenden Metazoen ausgeht, und deshalb auch das Blutgefäßsystem etwas anders entstehen läßt. Es ist dies die sog. *Hämocöltheorie.* Nach ihr sind die segmentierten Metazoen aus plattwurmähnlichen Vorfahren entsprungen, die gar keine primäre Leibeshöhle besaßen, sondern ein Mesenchym, welches den ganzen Raum zwischen Ecto- und Entoderm erfüllte; insbesondere wurden dabei nemertinenartige Formen als Vorläufer der Anneliden ins Auge gefaßt. Die Blutgefäße aber seien derart entstanden, daß durch Zurückziehung der Urdarmwand Lückenräume zwischen Mesenchym und Entoderm aufgetreten seien, die sich mit ernährender Blutflüssigeit füllten.

Man erkennt, daß diese Lehre prinzipiell eigentlich mit der ersteren übereinstimmt, da sie die Blutgefäße gleichfalls als Räume auffaßt, die der Furchungshöhle (primären Leibeshöhle) entsprechen. Sie unterscheidet sich jedoch insofern, als sie die Existenz einer primären Leibeshöhle bei den Vorfahren der segmentierten Metazoen leugnet, und daher auch das Blutgefäßsystem nicht von ihr abzuleiten vermag. Die zweifellos primäre Leibeshöhle vieler Larven (insbesondere der Anneliden) gilt der Hämocöltheorie nicht als Beweis einer ehemaligen Existenz einer solchen bei den Ahnen der Bilaterien; im Gegenteil faßt sie alle diese Larven als später erworbene auf, welche also kein phylogenetisches Vorfahrenstadium darstellen. Ebenso gelten ihr auch jene Rundwürmer (speziell die Rotatorien, aber wohl auch die

Nematoden), welche anscheinend und nach der gewöhnlichen Ansicht eine primäre Leibeshöhle besitzen, für geschlechtsreif gewordene Larvenformen, also für Formen, welche den abweichenden Larvenbau im fertigen, geschlechtsreifen Zustand bewahrten, und die daher ebenfalls keine phylogenetische Bedeutung besäßen. Immerhin müßte die Hämocöltheorie doch wohl die sog. primäre Leibeshöhle der erwähnten Larven und der ungegliederten Rundwürmer als den Bluträumen der gegliederten Metazoen entsprechend auffassen; was wieder die prinzipielle Übereinstimmung der beiden Lehren erwiese.

Ob die gegliederten Metazoen aus leibeshöhlenlosen Vorfahren hervorgingen, wie sie die Plattwürmer darstellen, ist ein Problem, das, wie schon erwähnt, äußerst schwierig mit unseren heutigen Kenntnissen zu lösen ist. Jedenfalls läßt sich demgegenüber die Möglichkeit, daß sie aus Formen mit primärer Leibeshöhle entstanden, d. h. mit einem zwischen Ecto- und Entoderm gelegenen Hohlraum, der nur von einer mäßigen Menge von Mesenchymzellen durchsetzt war, mit ebenso großem Recht vertreten. Wenn wir eine so beschaffene primäre Leibeshöhle bei vielen Larven der verschiedensten Stämme (gewisse Plathelminthen, Anneliden, Mollusken, Echinodermen usw.) auftreten sehen, so spricht dies schon für die Wahrscheinlichkeit, daß diese Einrichtung nicht ein besonderer, erst von den Larven erworbener Charakter ist, sondern ein phylogenetisch begründeter, d. h. einer, der bei den Vorfahren bestanden hat. Selbst wenn wir zugeben, daß jene Larvenformen erst nachträglich entstanden seien, daß ihre Vorfahren sich direkt entwickelten, so spricht doch die Wahrscheinlichkeit dafür, daß ihr gemeinsamer Grundcharakter ein solcher ist, der sich bei ihrem frühzeitigeren Austritt aus dem Ei erhielt, weil er eben schon in der phylogenetisch-ontogenetischen Entwicklung bestand; nicht aber ein solcher, den diese Larven erst in Anpassung an die schwimmende Lebensweise erwarben. Dazu kommt, daß die Auffassung der Nemathelminthen, als auf der Larvenstufe stehen gebliebener Formen, doch sehr wenig begründet erscheint, wie weiter unten noch dargelegt werden soll.

Auf Grund dieser Erwägungen halten wir vorerst die Meinung, daß den Vorfahren der blutgefäßführenden, höher organisierten Metazoen eine primäre Leibeshöhle zukam, für wahrscheinlicher, ja sind eher geneigt, die Leibeshöhlenlosigkeit der Plathelminthen, ähnlich wie die der Hirudineen, auf eine nachträgliche Ausfüllung der Höhle zurückzuführen; wir halten es sogar nicht für unmöglich, daß den Vorfahren dieser niederen Würmer einmal ein Cölom zukam. Die bedenklichste Schwäche dieser, mit der sog. Gonocöltheorie eng verknüpften Hämocöltheorie liegt jedoch darin, daß sie über das Blutgefäßsystem der Nemertinen keinen genügenden Aufschluß zu geben weiß, gerade jener Formen, auf die sie sich für die Ableitung der Verhältnisse der gegliederten Würmer hauptsächlich stützt und die daher der Lehre nach eigentlich kein Blutgefäßsystem besitzen dürften. Wir sind überzeugt, daß das Blutgefäßsystem der Nemertinen ebenso ein Leibeshöhlenrest ist wie das der übrigen Würmer, und wenn nicht der Rest einer ehemaligen primären Leibeshöhle, dann der einer früher bestandenen sekundären, dann also vergleichbar dem sekundären Blutgefäßsystem der Hirudineen, was um so weniger ausgeschlossen erscheint, als in der Ontogenie dieser Abteilung Anzeichen der früheren Existenz einer sekundären Leibeshöhle aufzutreten scheinen.

Zunächst wollen wir einen Blick auf gewisse cölomate Bilaterien werfen, die eine Art Metamerie, jedoch eine solche von sehr geringer Ausbildung, zeigen.

Eine Anzahl äußerlich recht verschiedener Bilateriengruppen nämlich: die *Brachiopoden*, die ihnen wohl nahe verwandten *Bryozoen*, die äußerlich ganz different erscheinenden *Chätognathen*, die *Enteropneusten*, sowie die ihnen verwandten, nur in wenigen Formen vertretenen *Pterobranchier* und schließlich die in ihrer Jugend rein bilateralen, später jedoch sich radiär umgestaltenden *Echinodermen* besitzen ein Cölom, welches durch quere Scheidewände in drei (vielleicht zum Teil auch nur zwei) Räume zerlegt erscheint, was also einer sehr geringen

Segmentzahl entsprechen würde. Wahrscheinlich dürfte diese Eigentümlichkeit
der genannten Formen auf eine alte Vorfahrengruppe hinweisen, welche nur wenige
Segmente besaß, aber möglicherweise durch Reduktion schon vereinfacht worden
war. Nun tritt in der Ontogenie der ungegliederten Würmer (Plat- wie Nemathelminthen), andrerseits aber auch der ebenfalls ungegliederten Mollusken, eine embryonale paarige Mesodermanlage auf, welche mit der der segmentierten Cölomaten die größte Ähnlichkeit besitzt, ja bei den Turbellarien sogar eine Sonderung in zwei Paar hintereinander gelegene, somitenartige Partien erfährt. Diese
Eigentümlichkeit läßt erwägen, ob die letzterwähnten Gruppen nicht ursprünglich
auch ein cölomatisches Mesoderm besaßen, wie es für die Mollusken auch aus
vergleichend-anatomischen Gründen fast zweifellos erscheint, und ob daher die
anscheinend primäre Leibeshöhle der ungegliederten Würmer ·nicht doch auf
ein ursprüngliches Cölom hinweist. Da auch bei cölomatischen segmentierten Bilaterien (speziell Arthropoden) ein Wiederzusammenfluß der beiden ursprünglich
gesonderten Leibeshöhlen vorzukommen scheint, so ließe sich erwägen, ob nicht
etwas dieser Art auch bei jenen ungegliederten Würmern eingetreten sei. Ferner
drängt sich die Erwägung auf, ob nicht jene jetzt, scheinbar ungegliederten Würmer
und Mollusken vielleicht ihren Ausgangspunkt von ähnlichen weniggegliederten
Urformen genommen haben, wie sie als Vorfahren der oben aufgezählten Gruppen
anzunehmen sind. Einzelnes in der Organisation jener Würmer und der Mollusken
ließe sich wohl in dieser Richtung aufführen und soll später hervorgehoben werden.
Hier möge es genügen, auf die Schwierigkeiten und Unsicherheiten hinzuweisen,
welche in dieser Hinsicht und insbesondere bei der Beurteilung der Leibeshöhle
der ungegliederten Rundwürmer noch bestehen.

Die von uns im Gegensatz zu den Radiaten (Cölenteraten) als Bilaterien bezeichneten
Metazoen wurden in neuerer Zeit auch häufig als Coelomata zusammengefaßt. Der maßgebende
Gesichtspunkt ist dabei, daß ihnen sämtlich ein Cölom, eine sekundäre Leibeshöhle, wenigstens
ursprünglich eigen gewesen sei: In den Fällen, wo eine solche Höhle nicht vorzukommen
scheint und auch zugegeben wird, daß die bestehende Leibeshöhle -eine primäre ist
(Nemathelminthen), oder wo eine Leibeshöhle überhaupt fehlt (Plathelminthen), sucht man
dann den Rest des angenommenen. Cöloms in den Höhlen der Gonaden, die jedoch zuweilen
überhaupt nicht existieren, oder deren Herleitung von einer ursprünglichen Cölomhöhle doch
sehr unsicher ist. Wie aus unseren Darlegungen hervorgeht, halten auch wir es für wahrscheinlich,
daß das Mesoderm sämtlicher Bilaterien aus ursprünglichen Cölomtaschen hervorging, daß sie
daher sämtlich ursprünglich cölomatisch waren. Dagegen erachten wir es für recht unsicher, daß die Gonadenhöhle aller Bilaterien stets einem ursprünglichen Cölomhöhlenteil
entspricht, da die Aushöhlung einer ursprünglich soliden Gonade auch leicht selbständig auftreten konnte. Hieraus folgt, daß die Erhaltung von Cölomräumen bei den Plathelminthen
doch recht unsicher erscheint. Aus diesem Grund und auch deshalb, weil unter Coelomata
früher gerade die Würmer mit typischer sekundärer Leibeshöhle verstanden wurden, scheint
uns die Bezeichnung Bilateria sachgemäßer, wenn auch nicht ganz typisch, da ja Andeutungen von Bilateralität schon bei den Cölenteraten auftreten und die Echinodermen
eine so tiefgehende Umformung ihrer ursprünglichen Bilateralität erfuhren.

Die besondere und recht verschiedenartige Ausgestaltung in den verschiedenen
aufgezählten Gruppen der weniggliedrigen Formen sowie der Mollusken, welche

Abteilungen fast alle etwa auf dem in unserer Schilderung zuletzt erwähnten Stadium verbleiben, kann hier nicht näher erörtert werden. Nur die ganz eigenartige Richtung, welche die Körperentwicklung im Stamm der *Echinodermen* einschlug, muß in Kürze besprochen werden. Wie schon hervorgehoben, sind die Jugendformen oder Larven aller Echinodermen streng bilateral gebaut, mit drei Paar Somiten vergleichbaren Cölomsäcken, von welchen der mittlere der linken Seite eine ganz eigenartige Weiterentwicklung einschlägt, indem er zu einem besonderen Gefäßapparat, dem sog. Ambulacralgefäßsystem wird, das mit eigentümlichen Bewegungsorganen in Beziehung tritt. Späterhin bildet sich dieser typisch bilaterale und segmentierte Bau der Jugendformen in besonderer Weise zu einem radiärsymmetrischen um, welchem die Fünfzahl zugrunde liegt, im Gegensatz zu dem der Cölenteraten. Dieses schwer verständliche und bis jetzt auch noch ungenügend erforschte Hervorgehen eines radiärsymmetrischen Baus aus dem bilateralen dürfte jedoch wahrscheinlich, wie schon für die Radiärsymmetrie der Cölenteraten dargelegt wurde, in ursächlichem Zusammenhang mit einer festsitzenden Lebensweise gestanden haben, zu welcher die bilateralen Vorfahren der Echinodermen übergingen. Diese Annahme ist um so möglicher, als die älteste Echinodermenklasse (die Pelmatozoa) fast ausschließlich noch diese Lebensweise zeigt. Wir dürfen es deshalb als wahrscheinlich erachten, daß die übrigen freilebenden Echinodermenklassen den Strahlenbau jenen ursprünglich festgehefteten Vorfahren verdanken. Daß sie ihn nicht wieder verloren haben, hängt einerseits damit zusammen, daß er den Gesamtbau schon zu intensiv beherrschte, um völlig rückgängig gemacht zu werden, andrerseits jedoch auch mit der relativ geringen Beweglichkeit dieser Tiere. Dennoch wurde er bei den freibeweglichen Echinodermen zum Teil wieder sekundär bilateral modifiziert, wie die irregulären Seeigel und zahlreiche Holothurien zeigen.

Bevor wir auf die typische Metamerie der höheren Bilaterien etwas genauer eingehen, wäre zunächst das Problem kurz zu erörtern, welche Vorteile wohl die Veranlassung zu der allmählich immer reicher sich ausbildenden Metamerie gegeben haben dürften. Vielleicht liegen ihre ersten Anfänge so weit zurück, wie die Entstehung der radiären Symmetrie der Cölenteraten, denn auch bei diesen kann in der Ontogenie schon eine vorübergehende bilaterale Anordnung der Antimeren auftreten, ja es kann sich auch im ausgebildeten Zustand durch besondere Anordnung gewisser Organe eine bilaterale Bildung mit der radiärsymmetrischen kombinieren (Octocorallia).—Immerhin muß jedoch die scharfe Ausprägung der Metamerie in den Gruppen der Anneliden, Arthropoden und Wirbeltiere besonderen, damit verknüpften Vorteilen ihre höhere und reichere Entfaltung verdanken. Eine genügende Beantwortung hat dies Problem noch nicht gefunden. Man hat darauf hingewiesen, daß der metamere Bau, der eine reiche Wiederholung vieler und wichtiger Organe im Körper bedingt, einen Vorteil bei Verlusten von Körperpartien biete, indem ja hierbei stets ein Teil jener metameren Organe erhalten bliebe. Obgleich dies gewiß nicht außer acht zu lassen ist, so scheint doch, daß die typische Metamerie der cölomatischen Bilaterien hauptsächlich mit vorteilhafteren

Bewegungsverhältnissen, welche mit dem metameren Bau sich ausbilden konnten, näher zusammenhängt. Besonders die Wirbeltiere, deren Metamerie sich ursprünglich vorwiegend in der Muskulatur ausprägte, scheinen für diese Auffassung zu sprechen.

Die Entwicklung der reichen Metamerie bei Anneliden, Arthropoden und Vertebraten blieb nicht ohne Einfluß auf die gesamte Körpergestalt. Bei Anneliden und Arthropoden sind die Metameren meist auch äußerlich durch ringförmige Körpereinschnürungen deutlich kenntlich, was die Gesamtgestalt wesentlich bestimmt. Bei den Vertebraten fehlt dagegen jede äußere derartige Auszeichnung der Segmente; die Metamerie spricht sich nur im inneren Bau, vor allem in der Muskulatur, dem von dieser bedingten Skelet, dem Nervensystem und sonstigen Organen aus.

Bei den Anneliden sind die Segmente meist alle nahezu gleich gebaut, es herrscht eine *homonome* Gliederung. Dennoch finden sich auch Formen, bei welchen sie in verschiedenen Körperregionen erheblich differieren, so daß eine *heteronome* Gliederung des Gesamtkörpers in zwei oder mehr Regionen hervortritt. Diese bei den Gliederwürmern wenig verbreitete Heteronomie und die damit zusammenhängende Regionenbildung des Gesamtkörpers beherrscht dagegen die Organisation der Arthropoden fast stets in hohem Maße. Die Segmente werden nicht nur in den einzelnen Regionen verschieden, sondern sie vereinigen sich auch innerhalb dieser inniger, so daß letztere sich schärfer von einander absetzen. Die Bildung solcher Körperregionen wird von besonderen physiologischen Leistungen bedingt, welche sich auf sie lokalisieren. — Die vorderste oder Kopfregion trägt den Mund und daher auch die zur Nahrungsaufnahme dienenden Mundwerkzeuge oder Kiefergebilde; andrerseits ist sie aber auch der Sitz der hauptsächlichsten Sinnesorgane, der Fühler und Augen, sowie des Cerebralganglienpaares. — Die mittlere, oder Brustregion, fungiert als Sitz der Hauptbewegungswerkzeuge. — Die hintere Region, der Hinterleib oder das Abdomen, wirkt teils bei der Bewegung mit, teils ist sie der Sitz der wichtigsten Eingeweide; sie verhält sich also etwas verschieden, wie denn überhaupt die Regionenbildung bei den Arthropoden vielen Modifikationen unterliegt.

Unter ähnlichen Bedingungen hat sich eine analoge Regionenbildung der Vertebraten allmählich und selbständig herausgebildet. Auch hier führte die Lokalisierung des Mundes und der Hauptsinnesorgane am Vorderende zur Differenzierung einer Kopfregion, welche sich durch die stetige ansehnliche Vergrößerung des in ihr liegenden Hirnteils des Centralnervensystems, andrerseits aber auch durch die Lokalisation der Kiemenatmungsorgane der ursprünglichen Wirbeltiere auf die hintere Kopfregion noch schärfer abgrenzte. Bei den neogenen Vertebraten wird diese Abgrenzung durch die Sonderung einer Halsregion noch schärfer. Die mittlere und ansehnlichste Region, der *Rumpf*, ist auch bei den Vertebraten der Sitz der Bewegungsorgane, umschließt aber, im Gegensatz zu vielen Arthropoden, auch stets die Ernährungs- und Fortpflanzungsorgane. Die hinterste oder *Schwanzregion* dagegen, welche auf den After folgt, funktioniert bei den ursprüng-

lichen wasserlebenden Wirbeltieren als das Hauptbewegungsorgan und erhält sich
in dieser Bedeutung auch bei den höheren, wenn auch nur als Hilfsorgan bei der
Bewegung, nicht mehr als eigentlich bewegender Apparat.

Bei der eben kurz erwähnten Regionenbildung der höheren Bilaterien wurde
schon mehrfach auf die *Bewegungsorgane* als bedingende Momente hingewiesen.
Die Bildung besonderer Bewegungsorgane hat natürlich überhaupt großen Einfluß
auf die äußere Körperform. und soll deshalb, aber auch ihrer selbständigen Bedeutung wegen, kurz betrachtet werden. Den ursprünglichsten Metazoen, Cölenteraten und Plathelminthen, fehlen besondere Bewegungsorgane völlig, der Körper
bewegt sich als Ganzes, höchstens daß sich in die Bewegung eingreifende Haft-
organe, Saugnäpfe und dergleichen (Plathelminthen) vorfinden, oder daß die abgeplattete Ventralfläche als Kriechfläche (Turbellaria zum Teil) eine gewisse Rolle
bei der Bewegung spielt. Ganz eigenartige Bewegungseinrichtungen herrschen in dem großen Phylum
der *Mollusken.* Obgleich hier bei den einfachsten und ursprünglichsten Formen,
ähnlich wie bei manchen Plattwürmern, anscheinend die ganze Ventralfläche zu
einer vom übrigen Körper etwas abgesetzten muskulösen Kriechfläche, dem sog.
Fuß, entwickelt ist, scheint doch die ontogenetische Bildung dieses Fußes, namentlich bei den Gastropoden, darauf hinzuweisen, daß er seinen Ursprung nicht
der ganzen Bauchfläche verdankt, sondern anfänglich als ein besonderes, aus einem
mittleren Teil der Ventralfläche hervorwachsendes Organ entsteht, das sich erst
später häufig so ausdehnen kann, daß. es fast über die ganze Bauchseite ausgebreitet ist. Bei den, im übrigen recht umgebildeten Muscheln (Lamellibranchiata,
ebenso den Scaphopoden s. Fig. 35, 36, 50) erhält sich der Fuß häufig in dieser ursprünglicheren Form, als ein zum Kriechen dienendes muskulöses Anhangsorgan
der mittleren Bauchregion. Bei den Schnecken (Gastropoden s. Fig. 29) wird er
dagegen viel ansehnlicher, dehnt sich über den größten Teil der Bauchfläche
aus und erhält eine umfangreiche abgeplattete Kriechfläche, auch nicht selten
seitliche lappenartige Anhänge (Epipodien und Parapodien), kann sich jedoch bei
Formen, die zum Schwimmen übergegangen sind (Heteropoda), eigentümlich um-
gestalten, indem sich sein vorderer Teil zu einer vertikalen Schwimmflosse entwickelt. — Bei den gleichfalls schwimmenden *Pteropoden* wurde der Fuß in anderer
Weise zu einem Schwimmorgan umgebildet. Während sich der eigentliche Fuß stark
rückbildete, wuchsen die oben erwähnten Parapodiallappen zu zwei flügelartigen
Flossengebilden aus, welche durch ihr Schlagen das Schwimmen ermöglichen.

Noch eigentümlicher endlich verhalten sich die *Cephalopoden,* deren Ontogenie
jedoch nur für die Dibranchiaten bekannt ist. Die sich flügelartig entwickelnden
Epipodiallappen bilden durch Zusammenkrümmen nach der Ventralseite ein vorn
und hinten offenes, trichterartiges Gebilde, den sog. Trichter, der bei Nautilus (Tetrabranchiata) noch ohne Verwachsung der beiden Lappen, geschlitzt offen ist (s.
Fig. 31), bei den Dibranchiaten dagegen durch Verwachsung der beiden Lappen
ein trichterförmiges Rohr wurde (Fig. 32). Dieses Organ dient den Cephalopoden
auch zum Schwimmen, indem das Wasser der Mantelhöhle durch den Trichter mit

Gewalt ausgespritzt wird, wobei sich der Tierkörper durch den Rückstoß fortbewegt. Der eigentliche Fuß der Cephalopoden dagegen wird in den um den Mund entspringenden 8 oder 10 großen, bei Nautilus dagegen viel zahlreicheren, jedoch kleineren Tentakeln (s. Fig. 31 und 34) gesucht, hauptsächlich wegen ihrer Innervierung durch dieselben Centralteile des Nervensystems, welche sonst den Fuß versorgen. Es müßte demnach hier eine eigentümliche Verschiebung des Fußes an den Kopf, bzw. auch des Mundes nach hinten auf die Fußfläche, eingetreten sein.

Unter den Nemathelminthen treten bei vereinzelten Rotatorien zum erstenmal extremitätenartige seitliche Körperanhänge als bewegliche Ausstülpungen der Körperwand in verschiedener Form auf (s. Fig. 23). Dazu gesellt sich aber fast regelmäßig auch ein unpaarer ventraler Anhang, der in mancher Hinsicht an die einfachste Fußbildung der Mollusken erinnert.

Daß die Extremitäten, welche bei den marinen Anneliden (Polychäten) in so großer Zahl auftreten, möglicherweise an die eben erwähnten einfacheren Bildungen rotatorienartiger Vorfahren anknüpfen, ist wohl möglich. Von diesen Fußstummeln oder Parapodien der Polychäten trägt jedes Segment ein Paar. Es sind seitliche, kürzere oder mäßig lange, gelappte, borstentragende Gebilde, die, von Muskeln bewegt, bei den schwimmenden Formen als Ruderorgane dienen und verschiedene weitere Anhänge (Cirren, Kiemen) tragen können. Ihre zuweilen verschiedenartige Ausbildung an den verschiedenen Segmenten bewirkt hauptsächlich die Differenzierung der bei gewissen Polychäten unterscheidbaren Körperregionen.

Viel höhere Ausbildung erlangen dagegen die im allgemeinen ähnlichen Gliedmaßenbildungen der Arthropoden. Obgleich sie bei einzelnen Formen noch kurz und stummelartig sind, werden sie bei der Mehrzahl recht lang, wobei ihre Beweglichkeit durch ihre Gliederung in zahlreiche gegeneinander bewegliche Abschnitte viel größer und mannigfaltiger wird. Wie die Parapodien der Anneliden können sie sich an sämtlichen Segmenten hervorbilden, wenn sie auch häufig gewissen Segmenten oder selbst ganzen Regionen fehlen. Viel mehr als bei den Anneliden differenzieren sie sich an den verschiedenen Körperregionen zu besonderen physiologischen Leistungen. Das vorderste oder die beiden vordersten Extremitätenpaare werden häufig, unter Aufgabe ihrer Bewegungsfunktion, zu Trägern besonderer Sinnesorgane (Fühler, Antennen). Die hierauf folgenden, den Mund umstehenden Gliedmaßen der Kopfregion werden, unter Verkürzung und eigentümlicher morphologischer Umbildung, zu Kiefergebilden (Gnathiten), während sich am hinteren Kopfabschnitt oder dem Thorax die Bewegungsextremitäten als lange Anhänge finden. Die Segmente des Abdomens tragen ebenfalls häufig, wenn auch kleinere Bewegungsextremitäten, die jedoch zuweilen teilweise oder sämtlich weitere Funktionen erlangen können.

Im größten Gegensatz zu den Arthropoden stehen die Gliedmaßen der Wirbeltiere. Sie zeigen nie Beziehung zur Segmentation, sondern treten unabhängig von ihr in zwei Paaren auf, von welchen das vordere die vorderste, das hintere die hinterste Rumpfregion einnimmt. Daß diese Extremitäten sich erst in der Reihe der Wirbeltiere entwickelten, scheint sicher. Wie wir schon oben sahen, bildet ja der Schwanz das eigentliche Vorwärtsbewegungsorgan der ursprünglichen schwimmenden Formen. Die mögliche erste Entstehungsweise der Vertrebratenextremitäten soll später bei ihrer Skeletbildung erwogen werden; hier sei nur bemerkt, daß die Gliedmaßen ursprünglich als einheitliche ruderartige Gebilde, zum Schwimmen eingerichtete sog. Flossen, auftreten. Der Übergang zum Landleben und zur Bewegung auf festem Untergrund bedingte eine ansehnliche Verlängerung der Extremitäten und ihre Gliederung in hebelartig gegeneinander bewegliche Abschnitte, wie es in analoger Weise auch bei den Arthropoden eintrat. Beide Extremitätenpaare differenzierten sich so in übereinstimmender Weise in Oberarm (Oberschenkel), Unterarm (Unterschenkel) und Hand (Fuß). Daß sich bei verschiedenen Vertebratengruppen die Extremitäten wieder teilweis bis völlig rückbilden, ist hinreichend bekannt.

Wenn wir in der Tierreihe im allgemeinen eine sich fortgesetzt steigernde Entfaltung vom Einfacheren zum Komplizierteren finden, so darf doch nicht übersehen werden, daß in zahlreichen Gruppen auch ein rückläufiger Bildungsgang einsetzen konnte, eine Rückkehr zu einfacherer Organisation. Es ist keineswegs immer ganz leicht, derartig vereinfachte Formen als solche zu erkennen, weshalb sie auch häufig, manche vielleicht noch heute, irrtümlich als primitivere Ausgangsformen in das System eingeordnet wurden. Die Bedingungen für das Eintreten einer solchen Vereinfachung sind vor allem zweierlei. Einmal der Parasitismus, dessen Einfluß auf die Rückbildung der Ernährungsorgane, des Sinnes-, Bewegungs- und Muskelapparats sich häufig in ganz erstaunlicher Weise äußert. Die Beeinflussung durch Parasitismus ist jedoch meist leicht festzustellen und daher in ihren Wirkungen unschwer zu erkennen. Andrerseits hat jedoch auch die Größe der Tiere einen erheblichen Einfluß. Eine beträchtliche Größe kann ohne relativ hohe Organisation nicht bestehen, was aus den allgemeinen Größenverhältnissen, die in den verschiedenen Gruppen erreicht werden, hervorgeht. Dagegen kann die Größenabnahme innerhalb einer gewissen Gruppe von einer Vereinfachung der Organisation begleitet sein, indem die Stoffwechselprozesse bei verringertem Körpervolum auch durch die vereinfachte Organisation ausreichend vollzogen werden können. Beispiele einer solchen Vereinfachung finden sich in verschiedenen Tiergruppen, so z. B. bei den Arthropoden, wo sowohl bei Krebsen als Tracheaten Atmungs- und Blutgefäßsystem mit der Reduktion der Körpergröße ganz schwinden können. Auch weitere, zum Teil wenig ermittelte Bedingungen müssen Reduktionen einzelner Organe oder Organteile hier und dort hervorrufen, so z. B. des Afters in manchen Gruppen oder bei einzelnen Formen, ferner namentlich auffallende Rückbildung der früher bestandenen Segmentation in geringerem oder höherem Grad, der Bewegungswerkzeuge und noch vieler anderer Organe. Ja es dürfte kaum eine Gruppe geben, wo nicht einzelne solche Rückbildungen die typische Charakteristik der Gruppe erschweren. Ferner kommt auch die Beschränkung der Rückbildung auf das eine Geschlecht vor bei Kurzlebigkeit desselben (Männchen der Rotatorien) oder bei der Entwicklung der Weibchen zu Hermaphroditen (Nematoden, Cirripedien). Jedenfalls ist die Möglichkeit von Rückbildung und Vereinfachung stets im Auge zu behalten, da sie nicht selten auftritt und auch zuweilen wohl da, wo die Ontogenie über die stattgefundene Reduktion nichts Sicheres mehr aussagt.

In neuerer Zeit hat man auch auf eine weitere Quelle nachträglicher Vereinfachung des tierischen Organismus hingewiesen und ihr zum Teil eine besondere Bedeutung für die Entstehung ganzer Gruppen einfacher Tiere erteilt. Gestützt auf gewisse Erfahrungen über gelegentliche Reife der Geschlechtsorgane vor endgültiger Entwicklung der übrigen Organe bei einzelnen Tierformen, hat man die Hypothese aufgestellt, daß in gewissen Fällen Larvenformen schon auf frühzeitiger Stufe ihrer Ausbildung geschlechtsreif werden konnten, und daß sie damit die, bei ihren Vorfahren folgenden späteren Stadien höherer morphologischer Ausbildung wieder allmählich oder event. auch plötzlich verloren hätten. Dieser, *Neotenie* benannte Vorgang führte also zu der Hypothese, daß gewisse Tiergruppen, die früher stets als ursprüngliche, vorfahrenähnliche anderer betrachtet wurden, so die Rotatorien unter den Würmern, die Copelaten unter den Tunicaten, geschlechtsreif gewordene Larvenformen wären, die phylogenetisch aus den höher organisierten Gruppen durch Vereinfachung hervorgegangen seien; die Rotatorien aus Annelidenlarven, die Copelaten aus Ascidienlarven. Diese etwas paradox erscheinende Lehre, die ja in einzelnen Fällen zutrifft, wie bei der gelegentlich geschlechtsreif werdenden Tritonlarve, die sich vom erwachsenen Tier durch sehr geringfügige Larvencharaktere unterscheidet, bedürfte doch für ihre Ausdehnung auf ganze Gruppen noch eigentlicher Beweise. Wenn sich etwa zeigen ließe, daß bei den, als neotenisch vereinfacht angesprochenen Formen gelegentlich ein Rückschlag auf die höher entwickelten Stammformen vorkommt, dann könnte dies als ein solcher Beweis gelten. Ebenso erforderte diese Lehre zunächst eine Erklärung des Larvenbaues, wobei zu berücksichtigen sein wird, daß die Larven, wenn sie auch zum Teil besondere Anpassungscharaktere ausbilden, die erst durch ihre eigentümlichen Lebensverhältnisse entstanden, doch im Grundbau ihres Körpers auf einem gewissen ontogenetischen Stadium stehen geblieben sind, und daß diesem Stadium und daher auch dem Bau der Larven stets eine gewisse phylogenetische Bedeutung zukommt.

2. Abschnitt.

Übersicht des Systems der Tiere mit Charakteristik der größeren Gruppen.

Im Interesse des leichteren Gebrauchs dieses Buches und wegen der immerhin noch recht erheblichen Verschiedenheiten in der Abgrenzung der systematischen Gruppen ist es angezeigt, an dieser Stelle eine Übersicht der systematischen Einteilung einzuschalten, welche wir in den folgenden Kapiteln zugrunde legen. Hierdurch werden Mißverständnisse verhütet und die Orientierung erleichtert. Wie leicht begreiflich, können in einer linearen Aneinanderreihung der Gruppen ihre verwandtschaftlichen Beziehungen nicht zu korrektem Ausdruck gebracht werden; dies ist nur möglich in der Form eines sich verzweigenden Stammbaums. Ebenso muß es stets in gewissem Grade dem Belieben, bzw. dem Takt des einzelnen anheimgegeben bleiben, wo er die Grenzlinien höherer Abteilungen ziehen, und auch welchen systematischen Rang er einzelnen Seitenzweigen des Stammbaumes beilegen will. Z. B. wäre es jedenfalls phylogenetisch durchaus korrekt, sämtliche vierfüßigen Wirbeltiere zu einer großen Abteilung der Tetrapoda zu vereinigen, da sie zweifellos gemeinsamen Ursprungs sind. Ebenso korrekt erscheint es aber auch, die Anamnia (Pisces und Amphibia) zu einer Gruppe zu vereinigen, im Gegensatz zu den Amniota; es hängt eben hier von dem Belieben ab, ob man die Grenzlinien tiefer oder höher zieht. Auch für die zweite Eventualität lassen sich viele Beispiele aufführen. So kann man die Gruppe der Pteropoden unter den Mollusken

den Opisthobranchiaten, aus denen sie hervorgingen, unterordnen, oder kann sie auch unter
höherer Bewertung ihrer besonderen Charaktere als eine neben den Opisthobranchiata stehende
Gruppe ansprechen. Das gleiche gilt für das Verhältnis der Heteropoda zu den Prosobranchiata. — Eine befriedigende Übersicht des natürlichen Systems wird noch dadurch sehr erschwert, daß namentlich in neuerer Zeit die Tendenz besteht, selbst in Lehrbüchern, welche
doch vor allem den derzeitigen festen Bestand der Wissenschaft darlegen sollen, durch
Reformen, unter Aufstellung vieler neuer ungebräuchlicher Namen, Neues zu bieten. Ebenso
wird in den Spezialarbeiten durch beständige Aufstellung neuer Namen eine große Erschwerung herbeigeführt. Auch für die größeren systematischen Gruppen sollte man das für
die Species adoptierte System konservativer Bewahrung der älteren Bezeichnungen mehr festhalten, da sonst eine verwirrende Zersplitterung unausbleiblich ist.

1. Unterreich (Subregnum): Protozoa.

Einzellige, sich tierisch (ausnahmsweise auch zugleich pflanzlich, bis ganz pflanzlich)
ernährende Formen; seltener zu Kolonien gleichartiger Individuen vereinigt.

1. Phylum: Sarcodina.

Bewegung und Nahrungsaufnahme durch Pseudopodien. Geißeln nur vorübergehend
bei Fortpflanzungszuständen auftretend.

1. Klasse: Rhizopoda. Wurzelfüßer. Fig. 6, 7, 16.

Teils nackt, teils beschalt. Schale von monaxonem Typus, einfach bis sehr kompliziert;
teils häutig, meist kalkig, selten kieselig oder aus verkitteten Fremdkörpern bestehend.
Pseudopodien lobos bis reticulos. *Amoeba, Arcella, Difflugia, Miliola, Peneroplis, Orbitolites, Lagena, Nodosaria, Rotalia, Operculina, Nummulites* usw. Süßwasser und Meer.
Seit Cambrium.

2. Klasse: Heliozoa. Sonnentierchen. Fig. 18.

Meist kugelig. Pseudopodien fädig, unverzweigt, häufig mit Achsenfaden. Keine Centralkapsel. Skelet fehlend, oder lose Kieselgebilde, selten Gitterkugel. *Actinophrys, Actinosphaerium, Acanthocystis, Clathrulina* usw. Meist Süßwasser.

3. Klasse: Radiolaria, Strahlfüßer. Fig. 19, 20.

Urform kugelig, jedoch häufig abweichend. Hauptcharakter: Centralkapsel, welche den
Hauptteil des Körpers mit den Kernen umschließt. Pseudopodien feinfädig bis schwach
reticulos. Gallerthülle. Skelet meist vorhanden und sehr mannigfaltig. Lose Kieselgebilde, kieselige Gitterkugeln oder Gitterschalen bis poröse Schalen usw. Bei einer Gruppe
aus radiären Stacheln von Strontiumsulfat bestehend (Acantharia). Sehr umfangreiche marine
Gruppe. Seit Silur.

2. Phylum: Mastigophora (Flagellata). Geißelinfusorien.

Bewegung und Aufnahme fester Nahrung mit Hilfe von Geißeln. Fast stets einkernig.
Vermehrung in der Regel durch Längsteilung.

1. Klasse: Flagellata (Euflagellata). Eigentliche Flagellaten. Fig. 8.

Ohne Kragen oder Bandgeißel. Zahl der Geißeln sehr verschieden. Körper teils nackt,
teils mit häutiger, schaliger oder gehäuseartiger Umhüllung aus Cellulose oder Albuminoid,
selten kieselig oder kalkig. Holozoisch bis holophytisch. *Monas, Trichomonas, Trypanosoma, Petalomonas, Euglena, Chilomonas. Chlamydomonas, Volvox* usw. Süßwasser,
Meer und parasitisch.

2. Klasse: Choanoflagellata (Craspedomonadina). Fig. 9 A.

Mit sog. Kragen um die Geißelbasis. Nackt oder mit gehäuseartiger häutiger Umhüllung. Holozoisch. *Codonosiga, Salpingoeca* usw. Süßwasser und Meer.

3. Klasse: Dinoflagellata (Peridinea), Bandgeißler. Fig. 9 B.

Mit einer nach hinten gerichteten Schleppgeißel und einer in Ringfurche den Körper
umziehenden Bandgeißel. Nackt oder mit komplizierter Cellulosehülle. Meist holophytisch.
Peridinium, Ceratium usw. Meist Meer.

4. Klasse: Cystoflagellata, Blasengeißler.

Groß. Blasig-kugelig bis scheibenartig Ansehnliches Cytostom. Mit tentakelartiger Bandgeißel und kleiner gewöhnlicher Geißel. Keine Hülle. Holozoisch. Besonders *Noctiluca*. Meer.

3. Phylum: Sporozoa.

Geißeln nur bei Fortpflanzungsstadien. Meist keine Pseudopodien Weder Cytostom noch feste Nahrungsaufnahme. Bildung sporenartiger Fortpflanzungskörper. Parasitisch.

1. Klasse: Gregarinaria. (Telosporidia.) (Gregarinida, Coccidiida und Haemosporidia.) Fig. 13 c.

Klein bis ansehnlich. Kugelig bis langgestreckt schlauchförmig. Fast stets einkernig. Keine Pseudopodien oder Geißeln. Intracelluläre oder extracelluläre Schmarotzer. Bei geschlechtlicher Fortpflanzung treten zum Teil geißeltragende spermoide Individuen auf. *Coccidium, Plasmodium, Gregarina* usw.

2. Klasse:. Sarcosporaria.

(Diese und die zwei folgenden Klassen auch als Neosporidia zusammengefaßt.)

Ansehnliche schlauchförmige bis unregelmäßige Formen. Zahlreiche Kerne; mit fortdauernder Bildung einkerniger, nicht umhüllter kleiner Sprößlinge (Sporozoiten). *Sarcocystis*.

3. Klasse: Myxosporaria und 4. Klasse: Microsporaria.

Unregelmäßige nicht umhüllte Protoplasmakörper mit zahlreichen Kernen. Zum Teil Pseudopodienbildung. Bildung zahlreicher endogener Sporen mit Nesselkapseln (Polkapseln). Sehr fraglich, ob mit den typischen Gregarinaria näher verwandt und ob daher hierhergehörig. *Myxobolus, Myxidium, Nosema* usw.

4. Phylum: Infusoria. Infusorien.

Bewegung und Nahrungsaufnahme gewöhnlich mit Hilfe von Cilien, oder doch während der Fortpflanzung Cilien vorübergehend auftretend. Meist zweierlei verschiedene Kerne (Macro- und Micronucleus). Fortpflanzung durch Querteilung oder Knospung.

1. Klasse: Ciliata. Wimperinfusorien. Fig. 11.

Im freien, nicht encystierten Zustand Bewegung und Nahrungsaufnahme stets mit Hilfe von Cilien. Cytostom selten rückgebildet. Bewimperung teils total, teils sehr verschiedenartig differenziert und reduziert. Macronucleus meist ansehnlich und recht verschiedenartig ausgebildet, selten mehrfach bis sehr fein zerteilt. Micronuclei ein- bis mehrfach. Selten nur eine Art von Kernen. Fortpflanzung fast stets Zweiteilung, selten Knospung. *Prorodon, Amphileptus, Chilodon, Paramaecium, Opalina, Stentor, Stylonychia, Oxytricha, Vorticella* usw.

2. Klasse: Suctoria. Sauginfusorien (Acineten). Fig. 14.

Festsitzend. Bewimperung rückgebildet, nur während der Fortpflanzung auftretend. Ernährung durch ein bis zahlreiche hohle Saugtentakel. Fortpflanzung durch einfache Querteilung oder äußere bis innere Ein- bis Mehrknospung. *Podophrya, Acineta, Dendrocometes, Ophryodendron* usw.

2. Unterreich (Subregnum): Metazoa.

Vielzellige Tiere mit differenten Geweben und Bildung· von sich ablösenden Propagations-(Geschlechts-)zellen für die geschlechtliche Fortpflanzung.

1. Kreis: Spongiae. Tierische Schwämme.

Fast stets aufgewachsen. Einfachster Bau etwa becher- bis schlauchförmig; mit zwei Gewebslagen. Innere Lage, welche die Centralhöhle auskleidet, einfache Kragenzellenschicht. Äußere Lage (Epiblast) mesenchym-bindegewebsartig; fast stets mit Skeletelementen. Centralhöhle mündet am Apicalpol durch sog. Osculum aus (zuweilen rückgebildet). Körperwand mit zahlreichen Einlaßporen für das Wasser und die Nahrung. Bei entwickelteren Spongien die Centralhöhle sehr kompliziert umgebildet; die Kragenzellen dann nur in zahlreichen Auswüchsen derselben, Syconröhren oder Geißelkämmerchen, die durch ein kompliziertes, mit den

Poren und dem Rest der Centralhöhle zusammenhängendes Kanalsystem in Verbindung stehen. Keine eigentlichen Gonaden; Propagationszellen einzeln im Epiblast zerstreut. Getrenntgeschlechtlich oder hermaphroditisch. Entwicklung stets mit frei beweglichen Larven.

1. Klasse: Calcaria. Kalkschwämme.

Hierher einfachste bis komplizierter gebaute Schwämme. Skelet aus einfachen bis 3- und 4-strahligen Kalknadeln (Spicula) bestehend. Meer. Seit Devon.

2. Klasse: Silicosa. Kieselschwämme.

Einfacher bis sehr kompliziert gebaute Schwämme mit aus sechs- bis einstrahligen Kieselnadeln bestehendem Skelet (selten Nadeln rückgebildet). Spicula entweder lose oder durch Kieselsäure oder Spongin zu zusammenhängendem Skeletwerk vereinigt. *Euplectella, Hyalonema, Geodia, Spongilla* usw. Meist Meer. Seit Cambrium.

3. Klasse: Ceratosa. Hornschwämme.

Ohne Kieselnadeln. Mit Sponginfaserskelet. *Euspongia* (Badeschwamm) usw. Meer.

2. Kreis: Eumetazoa.

Metazoen, die sich von typisch gastraeaartigen Urformen herleiten.

1. Unterkreis: *Radiata*.

1. Phylum: Coelenterata.

Primitive Eumetazoenformen, welche den typischen Gasträabau bewahren. Kein After, nur Urmund. Fast durchaus regulär radiärsymmetrisch. Ohne primäre oder sekundäre Leibeshöhle. Mesenchym sehr verschiedengradig entwickelt. Einfache Gonaden, in Ecto- oder Entoderm entstehend und in der Regel sich in die Gastralhöhle entleerend. Fast nur marin.

1. Subphylum: Cnidaria. Nesseltiere.

Mit Nesselkapseln im Ectoderm (zum Teil auch im Entoderm).

1. Klasse: Hydrozoa.

Individuen entweder polypenartig und festsitzend bis festgewachsen, oder medusenartig und freischwimmend. Gastralhöhle der Hydropolypen einheitlich, ohne regelmäßige Septenbildung. Um den Mund fast stets zahlreiche, meist solide radiär geordnete Tentakel. Medusen glocken- bis schirmförmig mit muskulösem Hautsaum am Schirmrand (Velum) und nach der 4 bis 6-Zahl geordneten taschenförmigen oder kanalartigen peripheren Ausläufern des centralen Gastralraums (Magen), ohne Gastralfilamente. Urmund der Meduse auf sog. Manubrium = Rüssel des Polypen. Mesenchym bei den Hydropolypen einfache Stützlamelle, bei den Hydromedusen Gallerte ohne Zellen. Gonaden, soweit bekannt, aus Ectodermzellen hervorgehend.

1. Unterklasse: Hydroidea.

Sämtliche Individuen der Art entweder Hydropolypen oder Hydromedusen (kein Generationswechsel). Oder die ungeschlechtlich durch Knospung sich fortpflanzenden und in der Regel stockbildenden Individuen Hydropolypen, die geschlechtlich sich vermehrenden Individuen entweder freie Hydromedusen, oder an den sie hervorbringenden Polypen dauernd festsitzende Gonophoren (Geschlechtsgemmen).

1. Ordnung: Hydraridae.

Sämtliche Individuen Polypen, ohne Periderm- und ohne Stockbildung. Keine Gonophoren; Polypen hermaphroditisch.

Hydra, Süßwasserpolyp.

2. Ordnung: Tubularidae (Anthomedusae).

Polypen mit cuticularem Stielperiderm, ohne cuticulares Gehäuse (Hydrotheca) des Polypenkörpers. Meist stockbildend. Mit Gonophoren oder freien Hydromedusen (sog. Ocellatae oder Anthomedusae, meist mit Ocellen des Randes und mit Gonaden am Manubrium). Generationswechsel. *Syncoryne, Eudendrium, Tubularia* usw.

3. Ordnung: Campanularidae (Leptomedusae). Fig. 27.

Hydropolypen mit sog. Hydrotheca um den Körper. Stockbildend. Gonophoren teils festsitzend, teils sich ablösend, gewöhnlich an besonderen reduzierten Polypen (Blastostylen) entstehend. Hydromedusen (sog. Vesiculatae oder Leptomedusae) ohne Ocellen, mit Stato-cysten; Gonaden an Radiärkanälen. *Campanularia, Sertularia, Plumularia* usw.

4. Ordnung: Hydrocorallina (Milleporen).

Hydroidpolypenstöcke mit Ausscheidung ansehnlicher, zusammenhängender, feinnetziger Kalkskeletmasse zwischen den Zweigen der Kolonie. Polypen ohne Hydrotheca, teils mit Mund (Gastrozoid), teils ohne solchen (Dactylozoid). Medusoide Gonophoren; zum Teil auch sich ablösende Medusen. *Millepora* usw. Seit Tertiär (wenn die Stromatoporiden hierher ge-hören seit Silur).

5. Ordnung: Trachymedusae (+ Narcomedusae).

Sämtliche Individuen medusenartig (kein Generationswechsel). Mit aus Tentakeln her-vorgegangenen Statocysten des Randes. Gonaden an Radiärkanälen oder -taschen.

2. Unterklasse: Siphonophora. Röhrenpolypen.

Freischwimmende, von hydromedusenartigen Vorfahren sich ableitende, meist mehr oder weniger ausgesprochen koloniebildende Formen. Stets medusoide, zuweilen sich ablösende Gonophoren hervorbringend. Marin.

1. Ordnung: Disconanthae.

Mit kreisrunder, bis vierseitiger medusenschirmartiger Scheibe, die im Centrum der Unterseite ein ansehnliches Manubrium trägt (Sipho). Um dieses einige mundlose Siphonen (Taster, Palponen), oder außerdem noch weitere kleinere Siphonen. Rand der Scheibe mit Fangfäden. Im Dorsalteil der Scheibe ein ansehnlicher sog. Luftsack (Pneumatophore), der meist aus zahlreichen konzentrischen Ringkammern besteht, die durch Poren auf der Ober-seite ausmünden. Gonophoren an Palponen entstehend, sich ablösend. *Porpita, Velella* usw.

2. Ordnung: Siphonanthae.

Kein schirmförmiger Stammteil mehr, sondern dieser nur durch blasen- bis flaschen-artige Pneumatophore mit einfacher Öffnung (selten reduziert) gebildet. Der zuerst entstehende Sipho an seiner Basis stark auswachsend zu kürzerem oder längerem Stamm, an dem successiv weitere Siphonen, Palponen, Gonophoren und auch zum Teil medusenartige Anhänge gebildet werden. Siphonen an ihrer Basis gewöhnlich mit Tentakel; Palponen mit sog. Palpakel (ohne Seitenzweige). Diese verschiedenartigen Anhänge häufig in regelmäßigen Gruppen ange-ordnet (Cormidien).

1. Unterordnung: Cystonectae.

Die Anhänge bestehen nur aus Siphonen, Palponen sowie Gonophorentrauben. Pneu-matophore sehr groß bis klein; im ersteren Fall (*Physalia*) bilateral symmetrisch mit seitlich verschobener Öffnung. Stamm teils sehr kurz (Physalia), teils sehr lang (*Rhizophysa*). Gono-phoren sich selten ablösend (♀ Physalia).

2. Unterordnung: Auronectae.

Pneumatophore sehr groß blasenartig, mit seitlichem eigentümlichem Anhang (Auro-phore), der die Öffnung trägt. Stamm sehr kurz, mit einem Kranz sog. Schwimmglocken (Nectones), d. h. rudimentärer Medusen ohne Manubrium und Mund.

3. Unterordnung: Physonectae.

Mäßig große Pneumatophore mit apicaler Öffnung. Apicales Stammende (Nectosom) mit mehrreihiger Säule von Schwimmglocken (Nectones); seltener statt ihrer sog. Deckstücke (Bracteen, sehr rückgebildete Medusen ohne Glockenhöhle). Übriger Stamm kurz bis sehr lang. Häufig Deckstücke zum Schutz der Gruppen von Anhängen. *Physophora, Apolemia* usw.

4. Unterordnung: Calyconectae.

Pneumatophore rückgebildet. Apicales Stammende mit zahlreichen, zwei oder nur einem Necton. Palponen fehlen. *Hippopodius, Diphyes, Monophyes.* usw

2. Klasse: Scyphozoa.

Individuen entweder polypenartig (sog. Scyphopolypen) oder medusenartig. Scypho-polypen mit vier bis mehr Gastralsepten. Medusen ohne eigentliches Velum, dagegen meist mit Randlappen, zum Teil mit Velarium. Gonaden aus Entodermzellen hervorgehend.

1. Unterklasse: Acalephae (Acraspedae). Scheibenquallen.

Erwachsene Formen von Medusenbau, jedoch zuweilen in festsitzenden Zustand übergegangen. Gestalt glocken-, becher- bis schirmförmig. Mesenchymgallerte in der Regel mit
Fibrillen und Zellen. Ursprünglich vier Hauptsepten der Gastralhöhle und vier Gastraltaschen.
An diesen Septen (interradial) Gastralfilamente. Gonaden 4 (selten 8) in den Interradien;
meist mit sog. Trichter- oder Subgenitalhöhlen unter den Gonaden. Marin. Seit Cambrium.

1. Ordnung: Tesseroniae.

Größe mäßig. Kegel-, glocken- bis becherförmig; zum Teil mit stielförmig ausgewachsenem
Apicalpol festgeheftet (speziell. Lucernaridae). Manubrium schwach, ohne Mundarme.
Gastralhöhle mit vier Gastraltaschen, die meist nur durch kleine Verwachsungsstelle getrennt sind,
seltener durch langes Septum (jedoch stets Ringkanal). Rand mit vier bis zahlreichen Tentakeln; teils ohne, teils mit zahlreichen Lappen. Zuweilen velumartiger Randsaum (Cubomedusae). Randkörper teils fehlend (Stauromedusae), teils vier. Hufeisenförmige Gonaden
interradial, zum Teil (Peromedusae, Lucernaridae und Cubomedusae) zu acht geteilt.
Trichterhöhlen schwach bis ansehnlich entwickelt. Entwicklung wohl meist ohne Strobilation.
Tessera, Lucernaria, Peromedusae, Charybdaea usw.

2. Ordnung: Ephyroniae (Discomedusae). Scheibenquallen im engeren Sinne.

Mäßig bis sehr groß. Flach schirmförmig. Die vier ursprünglichen Septen der vier
Gastraltaschen völlig rückgebildet, die peripherische Gastralhöhle in der Schirmregion in
acht bis zahlreiche, nach der Vierzahl angeordnete radiäre Taschen oder Kanäle zerlegt. Peripherer Ringkanal häufig. Manubrium einfach (Cannostomeae) oder in 4—8 ansehnliche Mundarme ausgewachsen. Mund offen (Cannostomeae und Semaeostomeae) oder verwachsen und dafür
zahlreiche sekundäre Saugöffnungen an den Armen (Rhizostomeae). Randlappen und Tentakel
ursprünglich acht, häufig viel zahlreicher (die Tentakel zuweilen rückgebildet). Gonaden 4—8.
Subgenitalhöhlen meist ansehnlich. Entwicklung gewöhnlich durch Scyphopolyp und Strobilation; selten direkt. *Nausithoë, Medusa, Rhizostoma* usw.

2. Unterklasse Anthozoa. Korallenpolypen.

Sämtliche Individuen stets scyphopolypenartig, von etwa cylindrischer Gestalt. Mit
breiter Fußfläche festsitzend oder aufgewachsen. Mund schlitzartig; führt in Schlundrohr,
das eine Einstülpung der Mundfläche, und sich in Gastralhöhle öffnet. Letztere mit nach der
Vier- oder Sechszahl angeordneten, meist starken Septen, deren freier Rand sich zu sog. Mesen-
terialfilamenten verdickt. Um den Mund acht bis zahlreiche hohle Tentakel. An diesen und
der Körperwand zuweilen feine Poren, die in Gastralhöhle führen. Skelet häufig. Ungeschlechtliche Fortpflanzung fast stets; sehr häufig Koloniebildung. Gonaden an den Septen.
Kein Generationswechsel. Marin.

1. Ordnung: Octocorallia. Achtstrahlige Korallen.

Acht Septen und acht gefiederte Tentakel. Mit innerer Bilateralität, da sämtliche Längsmuskeln (Muskelfahnen) der Septen in jeder Körperhälfte nach derselben Seite gerichtet sind.
Ein Richtungsseptenpaar und eine Schlundrinne (Siphonoglyphe). Im Mesenchym fast
stets freie Kalkskeletgebilde (Sclerodermiten).

1. Unterordnung: Alcyonaria (+ Pseudaxonia v. Koch).

Selten einzellebend. Kolonien teils aufgewachsen, teils frei. Kein horniges Achsenskelet (z. T. ein kalkiges bei Pseudaxonia, Corallium). *Alcyonium, Corallium* usw.

2. Unterordnung: Gorgonaria (Axifera v. Koch). Hornkorallen. Fig. 66.

Meist verzweigte, aufgewachsene Kolonien mit hornigem, oder hornig-kalkigem Achsenskelet, welches die ganze Kolonie durchzieht. *Gorgonia* usw.

3. Unterordnung: Pennatularia. Seefedern.

Kolonien meist nicht aufgewachsen. Stamm der Kolonie von ansehnlichem erstem Polyp
gebildet, von dem die späteren seitlich hervorsprossen. Stamm häufig mit zwei Reihen seitlicher
Zweige, an denen die Individuen sitzen. Meist horniges bis verkalktes Achsenskelet. Individuen zum Teil tentakellos. *Pennatula* usw.

4. Unterordnung: Tubiporaria (Stolonifera). Orgelkorallen und Verw.

Kein massiges Cönenchym der Kolonie, sondern die Einzelpolypen durch Stolonen oder durch plattenartige Ausbreitungen verbunden. Einzelpolypen zum Teil mit röhrenförmigem Kalkskelet in der Körperwand. *Cornularia, Clavularia, Tubipora.* Zahlr. fossile Genera.

5. Unterordnung: Helioporaria (Coenothecalia).

Massige Kolonien mit reichem Cönenchym, das von fein tubulärem Kalkskelet röhrig durchzogen ist. Die weiteren Röhren, welche den Einzelpolypen entsprechen, mit septenartigen radiären Vorsprüngen. Keine Sclerodermiten. *Heliopora* und zahlr. fossile Genera.

6. Unterordnung: Tabulata.

Nur fossil, von Paläozoicum bis Mesozoicum. Teils mehr den Tubiporiden, teils den Helioporiden ähnlich.

3. Ordnung: Hexacorallia (Zoantharia). Sechsstrahlige Korallen.

Mit zwei Systemen ineinander geschachtelter Gastralsepten, deren Muskelfahnen nach entgegengesetzten Richtungen schauen. Die Septen in der Regel ein Vielfaches von sechs (häufig jedoch auch Abweichungen von dieser Regel). Die Septen der beiden Systeme meist paarweise zusammengeordnet, so daß die Muskelfahnen jedes Paares einander zugewendet sind; ausgenommen die beiden in die Mittelebene fallenden Paare, sog. Richtungsseptenpaare, deren Fahnen voneinander abgewendet sind. Sechs bis zahlreiche nicht gefiederte Tentakel. Ein oder zwei sog. Siphonoglyphen. Zum Teil mit Skelet; keine Sclerodermiten. Einzellebend oder koloniebildend.

1. Unterordnung; Antipatharia.

Individuen klein und jedenfalls mehr oder weniger rückgebildet. Stockbildend, gorgonienartig, mit Hornachse ähnlich Gorgonaria. Sechs Tentakel, zwei Siphonoglyphen, sechs stärkere Septen, von denen nur zwei mit Gonaden; dazu noch 4—6 schwächere und kürzere Septen. Ohne Muskelfahnen, *Antipathes* usw.

2. Unterordnung: Ceriantharia.

Einzellebend, actinienartig, skeletlos. Eine Siphonoglyphe. Zahlreiche völlig bilateral geordnete Septen ohne Muskelfahnen. Von dem achten Paar an entstehen die neuen Septenpaare successive in dem an der Siphonoglyphe gelegenen Binnenfach. *Cerianthus* usw.

3. Unterordnung: Zoantharia.

Meist stockbildend. Skeletlos. Eine Siphonoglyphe. Septenpaare bilateral angeordnet, da die sekundären Paare successive nur in den neben dem einen Richtungsseptenpaar gelegenen beiden Binnenfächern auftreten. *Zoanthus* usw.

4. Unterordnung: Hexactinaria (Cryptoparamera).

Typisch mit sechs ursprünglichen Septenpaaren, in deren Zwischenfächern successive neue Paare 2., 3. und weiterer Ordnung auftreten. Daher im allgemeinen sekundär zweistrahlig. Abweichungen treten auf durch noch nicht völlige Ausbildung der ursprünglichen sechs Paare, oder dadurch, daß gewisse Paare der zweiten und folgenden Ordnungen sich stärker entwickeln.

1. Actinaria (einschließlich Edwardsida und Goniactida).

Mit Fußscheibe festgeheftet, nicht aufgewachsen. Ohne Skelet und Koloniebildung. *Actinia* usw.

2. Madreporaria. Steinkorallen, Fig. 67.

Mit zusammenhängendem kristallinischem Kalkskelet, das sich im Bau dem Einzelpolyp anschließt. Einzellebend, meist stockbildend. *Madrepora, Fungia, Astraea, Maeandrina, Oculina, Caryophyllia* usw. Seit Paläozoicum.

5. Ordnung: Tetracorallia (Rugosa).

Nur fossil (Silur bis Perm). Meist aufgewachsen. Skelette sehr ähnlich denen der Madreporaria, meist stockbildend, ohne Cönenchym. Skeletsepten der Einzelkelche mehr oder weniger deutlich in vier Gruppen geordnet, welche von einem Haupt-, einem Gegenseptum und zwei Seitensepten geschieden werden. In den durch diese vier Septen gebildeten Räumen treten die sekundären Septen successive in bilateraler Folge auf. Zahlreiche Gattungen.

Der bilaterale Bau wird häufig undeutlich und in einen strahligen umgewandelt. (Die
Selbständigkeit dieser Gruppe wird heute vielfach angezweifelt und vermutet, daß sie richtiger
den Madreporaria unterzuordnen sei, sich aus solchen durch Modifikation der Septenanordnung
herleitete. Für die typischen Tetrakorallen scheint mir dies wenig wahrscheinlich, doch
wäre ihr Bau auch bei dieser Auffassung so eigentümlich, um eine besondere Ordnung zu
rechtfertigen.)

2. Subphylum: Acnidaria.

Nesselkapseln sehr selten.

3. Klasse: Ctenophora: Rippenquallen. Fig. 22.

Freischwimmend, mäßig bis recht groß. Vierstrahliger Bau, der jedoch durch Auftreten
paariger Organe sekundär zweistrahlig. Wahrscheinlich von primitiven hydromedusenartigen Formen
ableitbar. Schirmhöhle der Meduse stark verengert zu sog. Schlundrohr, das in den Centralteil des Gastralapparates (sog. Trichter) führt. Von diesem gehen vier Radialgefäße aus, die sich
gabeln und unter der Körperoberfläche in acht meridionale Rippengefäße übergehen. Über diesen
auf der Körperoberfläche acht Reihen von Ruderplättchen. Vom Trichter steigen zum Apicalpol zwei Gefäße auf, die hier ausmünden. Meist jederseits vom Mund ein Tentakel. Auf dem
Apicalpol eigentümliche Statocyste. Körpergestalt kugelig (*Cydippe, Eucharis*), bis finger-
hutförmig (*Beroë*). Zuweilen in der Mittelebene etwas abgeplattet bis lang bandförmig ausgewachsen (*Cestus*). Hermaphroditisch. Entwicklung direkt. Marin.

Anhang zu Coelenterata.

Planuloidea (Mesozoa, Moruloidea).

Kleine bis sehr kleine, wahrscheinlich durch Parasitismus stark rückgebildete Metazoen,
ohne Gastralhöhle und Urmund. Mit solider innerer Zellmasse, die nur der Fortpflanzung
dient (sog. Entoderm) und äußerer, gewöhnlich bewimperter einfacher Zelllage (sog. Ectoderm)
ohne Nesselkapseln. Fortpflanzung sowohl durch befruchtete Eier als durch unbefruchtete
Propagationszellen. Generationswechsel. Meist getrenntgeschlechtlich.

Die systematische Stellung dieser Formen ist sehr unsicher, da sie ebensowohl aus ein-
fachen cölenteratenartigen Formen als aus plathelminthenartigen hervorgegangen sein könnten.
Zuweilen werden sie auch als besondere Mittelstufe zwischen Protozoen und Metazoen (sog.
Mesozoa) aufgefaßt.

1. Klasse: Orthonectida.

Körper der geschlechtlichen Generation wurmähnlich bis etwas abgeplattet. Äußere
einschichtige, größtenteils bewimperte Zellschicht, deren Zellen in Gürteln angeordnet sind.
Das Innere von einer Masse kleiner Zellen erfüllt, welche als Geschlechtszellen funktionieren.
Unter der äußeren Zellschicht zum Teil (besonders bei ♂) zarte Längsmuskelfasern oder
fibrillen. Geschlechter getrennt oder zwitterig. Die ungeschlechtliche, durch Teilung sich
vermehrende Generation tritt in Form sog. Plasmodien auf: unregelmäßigen Protoplasmamassen
mit Zellkernen. Die Geschlechtsgeneration bildet sich aus endogen in diesen Plasmodien
auftretenden Propagationszellen. Parasitisch in Ophiuren (Bursae), Turbellarien und Nemertinen
(in Gonaden und an anderen Orten), sowie Polychäten (Cölom und an a. O.) *Rhopalura* usw.

2. Klasse: Rhombozoa (Dicyemida).

Gestalt der sich ungeschlechtlich (parthenogenetisch?) fortpflanzenden Generation
(sog. Agamozoen) wurmartig. Äußere Zellschicht mit Cilien, die bei den Erwachsenen zuweilen rückgebildet. Vorderende gewöhnlich besonders differenziert (sog. Kopfkappe). Das
Innere von einer einzigen großen einkernigen Axialzelle gebildet, in welcher die Propagationszellen (Agameten) endogen entstehen. Männchen klein kugelförmig, nur hinterer Teil bewimpert. Innerlich mehrere Zellen, von denen sich vier zu Spermatozoen weiter vermehren.
Die Weibchen bleiben auf früher Entwicklungsstufe stehen und verweilen in der Axialzelle des
Muttertieres, indem ihre Zellen sich sämtlich zu Eizellen ausbilden. Die ♂ werden dagegen
frei. Generationswechsel. In den sog. Venenanhängen verschiedener dibranchiater Cephalopoden. *Dicyema* usw.

Gewisse, ebenfalls parasitische Formen, wie *Amoebophrya*, *Lohmanella* usw., die man zuweilen dieser Gruppe anschließt, sind zu unsicher, um ihre Beziehungen genügend zu beurteilen.

2. Unterkreis: *Bilateria*.

Bilateraler Grundbau.

1. Phylum: **Vermes**. Würmer.

Typische, meist langgestreckte (»wurmförmige«) Bilaterien. Mit Protonephridien oder Nephridien, Cerebralganglien und Bauchnervensträngen.

Die hier aufgestellten Subphylen, ja einzelne Klassen, sind zuweilen auch als selbständige Phylen bezeichnet worden. Es ist dies, wie schon oben betont, mehr eine Nomenklaturfrage, da ja kaum Zweifel darüber bestehen, daß die hier unter dem alten Namen Vermes belassenen Gruppen gemeinsamer Herkunft sind.

1. Subphylum: **Amera**.

Unsegmentiert. Mit Protonephridien.

1. Klasse: Plathelminthes. Plattwürmer.

Meist dorsoventral stark abgeplattet. Unsegmentiert, doch zum Teil mit Wiederholung innerer Organe. Leibeshöhle fehlt (wohl rückgebildet). Dorsoventralmuskeln gut entwickelt. Keine Bauchganglienkette. Protonephridien.

A. Aprocta.

Ohne After und Blutgefäße. Fast stets hermaphroditisch.

1. Unterklasse: Turbellaria. Strudelwürmer.

Meist stark abgeplattet, oval bis langgestreckt. Oberfläche total bewimpert. Mund auf Ventralseite etwa in Mitte, oder weiter hinten, bei einem Teil auch weit nach vorn gerückt; fast stets mit vorstülpbarem Rüssel. Saugnäpfe selten. Geschlechtsorgane meist sehr kompliziert, zum Teil mit Dotterstöcken. Freilebend. Süßwasser und Meer, selten Erde.

1. Ordnung: Rhabdocoela. Fig. 48.

Meist klein. Darm sackartig, ohne Verzweigungen, höchstens gelappt (Alloiocoela). Zum Teil ohne Darmhöhle, nur mit entodermaler Zellenmasse (Acoela). Meist Dotterstöcke. Geschlechtsöffnung einfach. *Convoluta*, *Microstomum*, *Mesostomum* usw.

2. Ordnung: Dendrocoela.

Meist größer. Darm mit zahlreichen seitlichen Zweigen.

1. Unterordnung: Triclades.

Der vordere und die beiden hinteren Darmäste gleich gut entwickelt. Dotterstöcke. Geschlechtsöffnung einfach. *Planaria*, *Geodesmus*, *Gunda* usw.

2. Unterordnung: Polyclades.

Die beiden hinteren Darmäste kurz und schwach, ♀ und ♂ Öffnung meist getrennt. Dotterstöcke fehlen. *Thysanozoon*, *Eurylepta*, *Leptoplana* usw.

2. Unterklasse: Trematodes. Saugwürmer.

Mäßig bis mittelgroß. Meist stark abgeplattet, oval bis länger gestreckt. Mund am Vorderende, zum Teil im Grund von Mundsaugnapf, zum Teil Saugnäpfe neben ihm. Weiterhin ein bis mehrere Saugnäpfe auf der Bauchseite bis Hinterende. Vorderer Darmast fehlt; Darm meist zweigabelig, Äste einfach bis verzweigt. Dotterstöcke stets. Geschlechtsöffnung einfach bis gesondert. Parasitisch.

1. Unterordnung: Polystomeae (Monogenea).

Ventralfläche des Hinterendes meist mit mehreren zu Haftscheibe vereinigten Saugnäpfen, häufig auch cuticulare Haken. Vorderende meist mit zwei kleinen Saugnäpfen neben dem Mund. Meist ectoparasitisch. Ohne Heterogonie. *Polystomum*, *Tristomum*, *Diplozoon* usw

2. Unterordnung: Distomeae (Digenea).

Vorderende mit Mundsaugnapf. Ventralfläche meist noch mit einem Bauchsaugnapf. Entoparasitisch. Entwicklung mit Heterogonie und Wirtswechsel. *Monostomum*, *Distomum* usw.

3. Unterklasse: O e s t o d e s. Bandwürmer.

Mund und Darm völlig rückgebildet. Einfachste Formen trematodenähnlich, mit
e i n e m Geschlechtsapparat. Vorderende fast stets mit Saugnäpfen und zum Teil auch Hafthaken.
Bei den späteren Formen Vermehrung der Geschlechtsapparate und starkes Auswachsen in
die Länge; endlich Sonderung der Körperstrecken mit den einzelnen Geschlechtsapparaten als
sog. Proglottiden. Entwicklung fast stets mit Wirtswechsel und eigentümlicher Metamorphose; auch Vermehrung im Larvenzustand. *Archigetes, Caryophyllaeus, Ligula, Bothrioce-
phalus, Taenia* usw.

B. Proctucha.

Mit After und Blutgefäßen.

4. Unterklasse: N e m e r t i n a. Schnurwürmer.

Mäßig bis sehr groß. Langgestreckt, meist abgeplattet, selten rund. Oberfläche total
bewimpert. Mund ventral, dicht hinter Kopfende; feine Afteröffnung hinten, endständig bis
etwas dorsal. Über Darm ein langer ausstülpbarer Rüsselschlauch, der nahe an Kopfspitze
ausmündet, oder mit dem Mund zusammen. Darm einfach, mit regelmäßig sich wiederholenden seitlichen Ausbuchtungen. Ansehnliche Cerebralganglien und darunter gelegene
Ventralganglien, von denen zwei starke Bauchnerven nach hinten abgehen. Zwei seitliche Bauch-
gefäße und meist auch ein Dorsalgefäß. Zwei Protonephridien, meist auf Vorderregion beschränkt, mit ein bis mehreren Öffnungspaaren. Getrenntes Geschlecht. Einfache Gonadenpaare,
die sich mehrfach wiederholen. Hierin und in anderem eine Hinneigung zu metamerer Ausbildung. *Carinella, Cerebratulus, Nemertes, Malacobdella* usw. Meist Meer, doch auch
Süßwasser und Land.

2. Klasse: N e m a t h e l m i n t h e s. Rundwürmer.

Querschnitt meist rundlich bis völlig kreisrund. Unsegmentiert. After selten rückgebildet. Meist ein Paar Protonephridien. Leibeshöhle fast stets vorhanden, selten nachträglich ausgefüllt. Dorsoventralmuskeln fehlend bis wenig entwickelt. Ohne Blutgefäße. Getrenntgeschlechtlich.

1. Unterklasse: R o t a t o r i a. Rädertierchen. Fig. 23.

Klein bis sehr klein. Querschnitt meist rundlich, seltener abgeplattet. Zweireihiger
Wimperkranz (Räderorgan) in der Mundgegend. Mund selten in der Mitte der Bauchseite,
sonst stets mit dem Räderorgan an das Vorderende gerückt. In der Regel fußartiger Anhang an der
hinteren Bauchfläche, daher der After (der selten rückgebildet) dorsal gerückt. Die Protonephridien sowie die unpaare oder paarige Gonade münden fast stets in Enddarm (Cloake).
Getrenntgeschlechtlich. ♂ fast stets sehr klein und stark verkümmert. *Trochosphaera,
Brachionus, Lacinularia, Asplanchna, Hexarthra, Rotifer, Floscularia* usw.

2. Unterklasse: N e m a t o r h y n c h a.

Sehr klein. Langgestreckt. Bauchfläche mehr oder weniger abgeplattet. Mund termi-
nal, mit vorstülpbarem Borstenkranz in der Mundhöhle. After nahezu terminal zwischen zwei
Furcalfortsätzen oder -borsten des Hinterendes, die selten rückgebildet. Wimperkranz fehlt.
Cloake nicht. Ein Paar Gonaden, die am Hinterende münden.

1. Ordnung: Gastrot'richa.

Abgeplattete Ventralfläche von zwei Längscilienstreifen durchzogen; am Kopfende
stärkere Cilien. Körpercuticula nicht geringelt, sondern fast stets zu Schuppen mit Stachel-
fortsatz entwickelt. After etwas dorsal gerückt. Furcalfortsätze selten rückgebildet. Ein Paar
Protonephridien mit schwacher innerer Bewimperung. *Chaetonotus, Ichthydium.* Süßwasser.

2. Ordnung: Echinoderida.

Körperquerschnitt nahezu rund, Bauchfläche etwas abgeplattet. Cuticula dick und in
eine Anzahl Ringe gegliedert; borstig. Vorderende mit Kränzen von Cuticularstacheln,
kopfartig abgesetzt und rüsselartig aus- und einstülpbar. After terminal. Protonephridien
münden hinten im vorletzten Körperring, die Geschlechtsöffnungen im letzten Körperring.
Echinoderes. Marin.

3. Unterklasse: Nematodes. Fadenwürmer.

Klein bis ziemlich groß. Körper fast stets sehr langgestreckt, drehrund. After ventral, fast stets ziemlich weit vor Hinterende, selten terminal; daher mehr oder weniger langer Schwanz, der gewöhnlich einfach zugespitzt. Cuticula dick. Äußere und innere Wimperung fehlt völlig. After und Darm selten rückgebildet. Nur einfache Längsmuskellage. Protonephridien mehr oder weniger, zum Teil völlig rückgebildet; ihre Öffnung einfach, auf vorderer Bauchfläche. Gonaden einfach bis paarig; bei ♀ fast stets durch einfache Öffnung auf Bauchseite mündend, bei ♂ stets durch Enddarm. Selten hermaphroditisch von ♀ Charakter.

1. Ordnung: Eunematodes.

Leibeshöhle nicht durch Zellgewebe ausgefüllt. Die ♀ Gonaden mit besonderer bauchständiger Mündung. ♂ Gonaden in Enddarm mündend. Freilebend oder parasitisch. *Desmoscolex, Tylenchus, Rhabditis, Sclerostomum, Ascaris, Oxyuris, Trichocephalus, Trichina, Filaria, Mermis* usw.

2. Ordnung: Gordiida. (Nematomorpha.)

Darm stark rückgebildet. Leibeshöhle durch Zellgewebe ausgefüllt. Gonaden beider Geschlechter in Enddarm führend. Geschlechtsreif freilebend, frühere Entwicklung parasitisch. *Gordius* usw. Süßwasser.

4. Unterklasse: Acanthocephala. Kratzer.

Ziemlich groß; langgestreckt, drehrund. Darm völlig rückgebildet. Vordere Körperregion zu einstülpbarem, mit Kränzen von Cuticularhaken bewaffnetem Rüssel verschmälert. Ring- und Längsmuskulatur. Eigentümliches Gefäßsystem der Haut und der in die Leibeshöhle hängenden sog. Lemnisken. Leibeshöhle weit. Protonephridien meist rückgebildet. Gonaden ursprünglich paarig; mit paarigen Leitern, die am Hinterende durch einfache Öffnung münden. Bei ♀ hängen die Gonaden mit den Leitern nicht direkt zusammen. *Echinorhynchus.* Parasitisch.

2. Subphylum: **Annelida** (Annulata, Polymera). Gliederwürmer.

Typisch segmentiert, jedoch die Metamerie zum Teil wieder stark rückgebildet. Cölom, das jedoch ebenfalls zum Teil wieder sehr rückgebildet. Blutgefäßsystem (selten reduziert). After stets. Nephridien. Geschlechtsverhältnisse verschieden.

1. Klasse: Chaetopoda. Borstenwürmer.

Klein bis sehr groß. Meist drehrund, äußere Gliederung deutlich. Borstentaschen mit Cuticularborsten an den Segmenten (selten rückgebildet). Cölom nicht reduziert; Dorsoventralmuskeln wenig. Blutgefäße meist reich entwickelt, selten reduziert. Entleerung der Geschlechtsprodukte meist durch Nephridien.

1. Ordnung: Oligochaeta.

Ohne Parapodien der Segmente und ohne besondere Auszeichnungen des Kopfendes. Hermaphroditisch. *Nais, Chaetogaster, Tubifex, Criodrilus, Lumbricus* usw. Süßwasser und Land.

2. Ordnung: Polychaeta.

Mit Parapodien (selten rückgebildet). Kopfbildung häufig kompliziert. Kiemen häufig. Meist getrenntes Geschlecht. Sehr große Ordnung. *Nereis, Alciope, Aphrodite, Arenicola, Terebella, Serpula* usw. Fast nur marin.

2. Klasse: Hirudinea. Blutegel.

Äußere Metamerie stark rückgebildet. Bauchseite abgeplattet. Ohne Parapodien, Borsten meist völlig reduziert. Mundsaugnapf und hinterer Saugnapf. Cölom zu sekundärem Blutgefäßsystem reduziert. Dorsoventralmuskeln reich entwickelt. Hermaphroditisch, Geschlechtsprodukte durch eigenartige Leiter entleert. *Piscicola, Clepsine, Nephelis, Haemopis* (*Aulastomum*), *Hirudo* usw. Süßwasser und Meer.

3. Klasse: Gephyrea. Sternwürmer.

Äußere Metamerie stark rückgebildet. Cölom gut entwickelt, jedoch Dissepimente völlig reduziert. Blutgefäße mäßig ausgebildet; vielleicht bis völlig reduziert. Borsten nahezu bis völlig geschwunden. Nervöser Bauchstrang ungegliedert. Nephridien auf wenige, bis ein Paar reduziert. Getrenntgeschlechtlich. Ausleitung der Geschlechtsprodukte durch Nephridien. Marin.

1. Unterklasse: Chaetiferi.

Kopfzapfen (Rüssel) meist sehr ansehnlich (selten rückgebildet). Einige Borsten gewöhnlich erhalten. After terminal. Echte Blutgefäße. 1—2 Paar vordere Nephridien (selten unpaar); eigentümliches hinteres Nephridienpaar in Verbindung mit Enddarm. *Echiurus Thalassonema*, *Bonellia* usw.

2. Unterklasse: Achaeta (Inermes).

Kopfzapfen ganz rückgebildet, Mund daher terminal, auf ein- und ausstülpbarem vorderem Körperabschnitt (Rüssel). Borsten fehlen. Echte Blutgefäße wohl fehlend. After terminal oder auf Rücken weit nach vorn gerückt. Höchstens ein Nephridienpaar.

1. Ordnung: Sipunculida.

Mund von Tentakeln umstellt. After auf Rücken weit vorn. Ein typisches Nephridienpaar. *Sipunculus*, *Phascolosoma* usw.

2. Ordnung: Priapulida.

Ohne Tentakel. After terminal, etwas rückständig. Keine typischen Nephridien, dagegen ein hinteres Paar meist mit Gonaden in inniger Verbindung; Öffnung neben After. *Halicryptus*, *Priapulus*.

3. Subphylum: Oligomera.

Zwei bis drei wenig deutliche Segmente.

1. Klasse: Tentaculata (Oligomera, Prosopygia).

Bilateral, mit zum Teil stielförmig ausgewachsener hinterer Bauchfläche festgeheftet. Wenig deutlich segmentiert (wahrscheinlich mehr oder weniger reduziert); 2—3 Segmente, äußerlich nicht kenntlich. Mund im 2. Segment ventral, bis terminal verschoben, von wimpernden Tentakelcirren umstellt. After auf Dorsalseite oder seitlich nach vorn verschoben. Blutgefäße bei einem Teil. Cerebralganglien und Schlundring. 1—2 Paar Gonaden an Cölomwand, durch Nephridien entleert.

1. Ordnung: Phoronida.

Mäßig groß. Körper langgestreckt wurmförmig, in aufgewachsener cuticularer Röhre. 1. Segment zu sog. Epistom verkümmert, 2. sehr kurz, hinteres sehr lang. Mund etwas ventral; Tentakelcirren jederseits vom Mund in spiral eingerollter Doppelreihe (auf nur schwach erhobenen zwei Lophophorarmen), wovon die äußeren ventral vom Mund ineinander übergehen. After dorsal, dicht hinter Lophophor. Cölom weit; ein Dissepiment hinter dem Mund; Längsmesenterium im Rumpfsegment (3.) erhalten. Ein Paar Nephridien. Hermaphroditisch. Ungeschl. Fortpflanzung fehlt. Marin.

2. Ordnung: Bryozoa. Moostierchen.

Klein, festsitzend bis aufgewachsen; meist mit starker, häufig verkalkter Cuticula (sog. Ectocyste). Um den Mund ein Kranz von Tentakelcirren. Erstes Segment zu Epistom oder ganz rückgebildet. After dorsal, weit vorn. Ein Dissepiment wie Phoronida; Längsmesenterium rückgebildet. Ein Paar Nephridien bei Teil erhalten. Meist hermaphroditisch. Ungeschlechtliche Fortpflanzung durch Knospung, daher fast stets reiche Koloniebildung. Seit Silur.

1. Unterordnung: Ectoprocta.

After außerhalb des Tentakelcirrenkranzes. Cölomhöhle erhalten. Vorderende mit Tentakelcirren einstülpbar. Stets Kolonien.

1. *Lophopoda.*

Tentakelcirrenkranz zu hufeisenförmigem Lophophor nach der Dorsalseite ausgewachsen. Epistom. *Plumatella*, *Cristatella* usw. Süßwasser.

2. *Stelmatopoda.*

Kein Lophophor, Tentakelcirren im Kreis um den Mund. Epistom fehlt. Zahlreiche Gattungen. Fast nur marin.

2. Unterordnung: Entoprocta.

Tentakelcirren im Kreis um den Mund. Epistom fehlt. After ins Innere des Cirrenkranzes gerückt. Vorderende nicht einstülpbar. Cölom von Zellgewebe erfüllt. Zum Teil Kolonien. Marin. *Pedicellina* usw.

2. Klasse: Brachiopoda. Armfüßer. Fig. 28.

Mäßig große Tiere, mit stielförmig, ausgewachsener, hinterer ventraler Körperfläche sich festheftend (Stiel selten rudimentär). Körper breit; dorsoventral, mehr oder weniger abgeplattet. Wahrscheinlich drei Segmente und zwei Dissepimente. Von der Vorderregion des 2. Segments erhebt sich ventral und dorsal je ein ansehnlicher Hautlappen (Mantel). Beide Mantellappen, samt der hinteren Körperfläche, scheiden je eine verkalkte Schalenklappe ab. Mund ventral schauend; jederseits von ihm ein meist langer, spiral aufgerollter Mundarm, der zwei (selten nur eine) Reihen von Tentakelcirren trägt. Selten statt frei sich erhebender Arme nur Tentakelcirrenkranz. Das zu einer sog. Mundfalte ausgewachsene Epistom setzt sich als Armfalte auf die Arme fort. Mantelränder mit cuticularen, chätopodenartigen Borsten besetzt. Paarige Leberdrüse stets. After meist rückgebildet (Testicardines); wenn vorhanden auf rechter Seite, oder bei fehlendem Stiel am Hinterende. Blutgefäßsystem mit dorsalem Herz. Cerebral- und Ventralganglien. 1 bis 2 Paar Nephridien und Gonaden. Erstere funktionieren als Geschlechtsleiter. Getrenntgeschlechtlich. Ohne ungeschlechtliche Fortpflanzung. *Lingula, Crania, Terebratula, Rhynchonella* usw. Marin. Seit Cambrium.

3. Klasse: Chaetognatha. Pfeilwürmer.

Typisch bilateral. Langgestreckt; Querschnitt rund. Drei Segmente; mäßiges Kopf-, langes Rumpf- und mäßiges Schwanzsegment. Mund ventral auf Kopf oder nahezu terminal; jederseits mit Gruppen kieferartiger Haken (event. aus Tentakelcirren hervorgegangen). Mantelartige, nach vorn gerichtete Hautduplicatur am Kopf. After ventral, auf Grenze von Rumpf- und Schwanzsegment. Nur Längsmuskellage. Cerebral- und ansehnliches Ventralganglion im Rumpf. Cölom mit zwei Dissepimenten; Längsmesenterien in Rumpf. Blutgefäße fehlen. Nephridien fehlen oder eventuell zu Geschlechtsleitern geworden. Ein Paar Ovarien in Rumpf, ein Paar Hoden in Schwanz. Marin. *Sagitta* usw.

4. Klasse: Branchiotremata (Willey).

Bilateral. Drei Segmente. Vorderdarm mit einem Paar Kiemenrinnen oder ein bis zahlreichen Kiemenspalten. Vorderes Ende des Mitteldarms mit nach vorn gerichtetem solidem Divertikel (Chorda?). Marin.

1. Unterklasse: Pterobranchia (Diplochorda, Discocephala). Fig. 79.

Sehr klein, festsitzend oder festgewachsen. Mit lophophorartigen, zwei Reihen bewimperte Tentakelcirren tragenden Mundarmen, die vom 2. Segment entspringen. Drei Segmente, Kopfschild, Kragen (Hals) und Rumpf. Hintere Bauchfläche des Rumpfes zu contractilem Stiel ausgewachsen. Ein Paar Kiemenrinnen oder Kiemenspalten führen in vorderen Darmabschnitt. Kopfschild- und Kragencölom je mit einem Paar Poren (Nephridien?). Vorderende des Mitteldarms mit nach vorn gerichtetem solidem Divertikel (Chorda?). After weit vorn, dorsal. Blutgefäßsystem rudimentär. Eine paarige oder unpaare Gonade im Rumpf, in Aftergegend ausmündend. Getrenntgeschlechtlich. Ungeschlechtliche Fortpflanzung durch Knospung.

1. Ordnung: Rhabdopleurida.

Zwei lophophorartige, Tentakelcirren tragende Arme. Zwei in den Mund führende Kiemenrinnen; keine Kiemenspalten. Koloniebildend. Starke cuticulare Röhren der Einzeltiere, die durch einen eigentümlichen sog. Stolo, der in die Wand der Gehäuseröhren aufgenommen ist, sämtlich zusammenhängen.

2. Ordnung: Cephalodiscida.

Mit zwei Tentakelcirren tragenden Armen. Ein Paar Kiemenspalten. Koloniebildend, doch die Einzeltiere nicht durch Stolo verbunden, in unregelmäßig verzweigten, zusammenhängenden Röhren.

2. Unterklasse: Graptolithida. Graptolithen.

Eigentümliche, nur auf die Silurformation beschränkte Gruppe, die gewöhnlich zu Hydroida gestellt wird, jedoch sehr wahrscheinlich mit den Rhabdopleurida nahe verwandt war. Nur die cuticularen Gehäuse der kleinen, meist festgewachsenen Kolonien bekannt. Von recht mannigfaltigem Bau. Die wichtigste Übereinstimmung mit den Rhabdopleurida ist das Vorhandensein einer, dem Stolo der letzteren vergleichbaren Achse (Virgula) in der gemeinsamen Gehäusewand.

3. Unterklasse: Enteropneusta (Hemichorda). Fig. 78.

Klein bis groß. Freilebend. Kopfsegment zu ansehnlicher sog. Eichel entwickelt, ohne Arme und Tentakelcirren. Hierauf folgt kurzes Kragensegment; dann langes, wurmartiges Rumpfsegment, das mehrere Abschnitte unterscheiden läßt. Mund ventral, auf Grenze von Kopf- und Kragensegment. After terminal. Mundhöhle mit Divertikel (Chorda?), das in Eichel hineinragt. Vorderdarm mit zahlreichen paarigen Kiemenspalten, die auf Dorsalseite des Rumpfsegments sich öffnen. Eichelsegment mit 1 bis 2 Poren, Kragensegment mit 2 Poren. Blutgefäßsystem vorhanden. Gonaden in vielen Paaren im Rumpf. Getrenntes Geschlecht. Entwicklung mit sog. Tornarialarve oder direkter. *Balanoglossus* usw.

3. Phylum: **Arthropoda.** Gliederfüßler.

Stets typisch bilateral. Segmentiert, mit fast immer scharfer Ausprägung der äußeren Segmentation (selten stark rückgebildet). Cuticula chitinös, meist dick. Segmente mit je einem Paar meist ansehnlicher und dann gegliederter Extremitäten. Heteronomie der Extremitäten und damit Regionenbildung des Körpers gewöhnlich sehr ausgeprägt. Blutgefäßsystem typisch; zuweilen jedoch reduziert und dann mit Cölom zusammengeflossen, oder dies eventuell auch stark reduziert. Nephridien gewöhnlich nur in wenigen Segmenten oder ganz fehlend. Cilienbildung fehlt stets. Fast nie geschlossener Hautmuskelschlauch. Muskelzellen fast stets sämtlich quergestreift. Getrenntgeschlechtlich (ausnahmsweise sekundär hermaphroditisch). Gonaden nicht segmentiert, stets mit besonderen Leitern. Entsprangen wahrscheinlich nicht von typischen Anneliden, sondern von rundwurmartigen Ausgangsformen derselben.

1. Subphylum: **Tardigrada.** Bärtierchen.

Sehr kleine, jedenfalls etwas verkümmerte Formen, mit nur vier Segmenten; ohne Regionenbildung, Gnathiten, Nephridien, Atemorganen und Blutgefäßen. Gonaden münden in Enddarm (Cloake). Land und Wasser (auch Meer).

2. Subphylum: **Tracheata.** Tracheenatmer.

Gnathiten (Kiefer) und Körperregionen stets entwickelt. Keine Cloake. Atmung durch Luftröhren (Tracheen), wenn nicht rückgebildet. Malpighische Gefäße i. d. R. — Blutgefäße selten ganz rückgebildet. Keine Statocysten.

1. Klasse: Protracheata (Onychophora).

Nur Kopf und vielgliedriger langer Rumpf. Gliederung äußerlich undeutlich. Cuticula dünn. Kopf mit ein Paar Fühlern und zwei Paar reduzierten Gnathiten, sowie ein Paar eigentümlicher Augen. Extremitäten kurz stummelförmig, mit Coxaldrüsen. Geschlossener Hautmuskelschlauch aus glatten Muskelfasern. Nephridien in fast allen Segmenten. Zahlreiche feine Tracheenöffnungen auf jedem Rumpfsegment. Malpighische Gefäße fehlen. Bauchnervenstränge nicht zu Bauchmark vereinigt. Einfache Geschlechtsöffnung dicht vor After. *Peripatus* usw. Land.

Gruppe: *Eutracheata.*

An den Rumpfsegmenten nicht mehr wie je ein Paar Tracheenöffnungen (Stigmen). Kein geschlossener Hautmuskelschlauch, Muskeln quergestreift. Nephridien in geringer Zahl, stark reduziert bis fehlend. Meist Malpighische Gefäße (Excretionsorgane).

2. Klasse: Arachnoidea (Chelicerata). Spinnenartige.

Körper in Kopf (Cephalosom, früher sog. Cephalothorax) und Rumpf (früher Abdomen), oder in Rumpf und Abdomen (früher Postabdomen) differenziert. Kopf ohne dorsalständige Antennen, gewöhnlich mit sechs Extremitätenpaaren (jedoch wahrscheinlich überall ursprünglich 7 Segmenten). 1. und 2. Extremitätenpaar gnathitenartig, 3. bis 6. lange Bewegungsbeine. Rumpf (sog. Abdomen) bei Teil mit wenigen rudimentären Extremitätenpaaren. Ein bis mehrere Paare Ocellen, keine Komplexaugen. Darm meist mit seitlichen Drüsenanhängen (zum Teil leberartig). Malpigh. Gefäße meist, Coxaldrüsen (Nephridien) zuweilen.

1. Tribus: *Euarachnoidea.*

Nur sechs Extremitätenpaare am Cephalosom. Geschlechtsöffnung unpaar, an Ventralfläche der Vorderregion des Rumpfes, bis weiter vorgerückt.

1. Unterklasse: Arthrogastres.

Mit äußerlich deutlich segmentiertem Rumpf.

1. Ordnung: Scorpionida. Skorpione.

Groß. Rumpf in vorderen Abschnitt (sog. Präabdomen) und hinteren (sog. Postabdomen) differenziert. Endsegment des letzteren mit Giftstachel. 1. Gnathiten klein scherenförmig, 2. Gnathiten sehr lang, mit Schere. Vier Paar Stigmen mit Tracheenlungen an 3. bis 6. Rumpfsegment. Land. *Scorpio* usw. Seit Silur.

2. Ordnung: Pseudoscorpionida. Bücherskorpione.

Klein; ähnlich Scorpionida, jedoch ohne Differenzierung des Rumpfs in zwei Abschnitte und ohne Giftstachel. Zwei Paar Stigmen (2. und 3. Rumpfsegment), Tracheen. *Chelifer* usw. Land.

3. Ordnung: Pedipalpi. Geißelskorpione.

Groß. 1. Gnathiten klauenförmig, 2. klauen- bis scherenförmig, mittellang. 1. Beinpaar lang geißelartig. Rumpf einfach bis Hinterregion etwas differenziert. Zwei Paar Tracheenlungen am 2. bis 3. Rumpfsegment. *Telyphonus, Phrynus* usw. Land. Seit Karbon.

4. Ordnung: Solifugae (Solpugida). Wüstenspinnen.

Groß. Die drei hinteren Segmente vom Cephalosom abgegliedert. 1. Gnathiten scherenförmig; 2. Gnathiten lang beinartig. Rumpf einheitlich. Tracheen mit vier Paar Stigmen. *Galeodes, Solpuga* usw. Land.

5. Ordnung: Opilionida (Phalangida). Weberknechte.

Mäßig groß. Rumpf einheitlich, klein. 1. Gnathiten scherenförmig; 2. klein palpenförmig. Beine bei Teil sehr lang. Tracheen. Ein Paar Stigmen. *Phalangium, Trogulus* usw. Land.

2. Unterklasse: Hologastres.

Rumpf einheitlich, äußerlich nicht segmentiert.

1. Ordnung: Araneida. Webespinnen.

1. Gnathiten klauenförmig mit Giftdrüse, 2. Gnathiten kurz palpenförmig. Zwei Stigmenpaare am Rumpf, beide mit Lungen oder das hintere, häufig in unpaare Spalte zusammengerückte, mit Tracheen. Spinnwarzen mit Spinndrüsen am ventralen Rumpfende. *Epeira, Avicula* usw. Land und Süßwasser. Seit Karbon.

2. Ordnung: Acarina. Milben.

Klein; häufig parasitisch. Rumpf mit Cephalosom verschmolzen. Gnathiten häufig zu Stechrüssel umgebildet. Ein Paar Stigmen mit Tracheen (bei Teil ebenso wie Blutgefäße verkümmert). *Ixodes* (Zecke), *Gamasus* (Käfermilbe), *Hydrachna* (Wassermilbe), *Sarcoptes* (Krätzmilbe) usw.

2. Tribus: *Linguatulida.* Zungenwürmer.

Endoparasitisch und daher stark rückgebildet und umgestaltet. Äußere Segmentation geschwunden; Körper langgestreckt, abgeplattet bis rund. Extremitäten rückgebildet bis auf zwei Klammerhaken in der Mundgegend. Blutgefäße und Respirationsorgane fehlend. Einfache Geschlechtsöffnung bei ♀ am Hinterende, bei ♂ in Mundgegend. *Pentastomum* usw.

3. Tribus: *Pantopoda*. Asselspinnen.

Spinnenartige, marine, mäßig große Tiere. Cephalosom mit 2 bis 3 Paar gnathitenartigen Extremitäten, die jedoch bei Teil rudimentär werden bis auf das eiertragende 3. Paar der ♂. 1. Gnathiten scherenförmig, 2. bis 3. tasterförmig, 4. bis 7. Extremitäten beinförmig. Coeca des Darmes sehr lang, die Beine durchziehend. Atmungsorgane fehlen. Herz vorhanden. Paarige Geschlechtsöffnungen an einem bis sämtlichen Beinpaaren. Meer.

3. Klasse: Myriopoda. Tausendfüßer.

Klein bis groß. Nur Kopf und Rumpf; Kopf ursprünglich wohl mit sechs Segmenten. Rumpf meist sehr segmentreich, und fast sämtliche Segmente mit mäßig langen, gutgegliederten Extremitäten. Kopf mit einem dorsalen Antennenpaar. Cuticula stark, zum Teil verkalkt. Ocellen zahlreich, selten komplexaugenartig zusammengedrängt. Leberdrüsen fehlen. Land. Seit Devon.

1. Ordnung: Diplopoda (einschließlich Scolopendrella und Pauropus).

Kopf fast stets mit nur zwei Paar Gnathiten. Querschnitt meist rund. Cuticulare Rückenplatten (Tergite) der Rumpfsegmente paarweise verwachsen, so daß die Segmente scheinbar zwei Paar Extremitäten tragen. Paarige Geschlechtsöffnungen weit vorn.

Iulus, Polydesmus, Glomeris usw.

2. Ordnung: Chilopoda.

Querschnitt abgeplattet. Kopf mit drei Paar Gnathiten; die 3. zu einer Unterlippe verwachsen. 1. Rumpfextremitäten zu sog. Raubfüßen mit Giftdrüse entwickelt. Keine Verwachsungen der Tergita. Einfache Geschlechtsöffnung hinten, dicht vor After. *Scolopendra, Lithobius, Geophilus, Scutigera* usw.

4. Klasse: Insecta (Hexapoda). Insekten, Kerfe.

Kopf (fünf Segmente); Thorax (drei Segmente) und Abdomen (wohl ursprünglich zwölf Segmente). Kopf mit Antennen und drei Paar Gnathiten; die 3. zu Unterlippe verwachsen. Thorax mit drei Paar ansehnlichen Bewegungsextremitäten und häufig am 2. und 3. Segment zwei dorsalen Flügelpaaren. Abdomen zum Teil mit einigen rudimentären Extremitäten. Meist ein Paar sehr ansehnliche Komplexaugen; dazu häufig Scheitelocellen. Einfache Geschlechtsöffnung dicht vor After. Land, Wasser und parasitisch. Seit Karbon.

1. Unterklasse: Apterygota.

Klein. Stets flügellos. Ametabol. *Campodea, Podura* (Springschwänze), *Lepisma* (Zuckergast) usw.

2. Unterklasse: Pterygota.

Geflügelt, jedoch Flügel zuweilen teilweise bis völlig rückgebildet.

1. Ordnung: Orthoptera. Geradflügler.

Beißende Mundwerkzeuge. Zwei gleiche bis wenig ungleiche Flügelpaare, die entweder nicht oder fächerartig einfaltbar sind (zuweilen rückgebildet). Ametabol bis hemimetabol. Die frühere Ordnung wird jetzt häufig in zahlreiche zerlegt; so: eigentl. Orthoptera (Schaben, Heuschrecken, Grillen); Dermaptera (Ohrwürmer); Thysanoptera (Blasenfüßer); Corrodentia (Bücherläuse, Termiten, Pelzfresser); Embidaria; Plecoptera (Afterfrühlingsfliegen); Ephemeroidea (Eintagsfliegen); Odonata (Libellen).

2. Ordnung: Neuroptera. Netzflügler.

Beißende Mundwerkzeuge. Zwei gleiche feinnetzig geäderte, nicht einfaltbare Flügelpaare. Holometabol. Auch diese frühere Ordnung wird jetzt häufig in mehrere zerlegt, so: die Neuroptera im engeren Sinne (Ameisenlöwen und Verw.); Panorpatae (Skorpionsfliegen); Trichoptera (Köcherfliegen).

3. Ordnung: Strepsiptera. Fächerflügler.

Kleine Gruppe, deren ♀ Endoparasiten sind und daher auf Larvenstadium verweilen. Bei ♂ die Vorderflügel rudimentär, die Hinterflügel groß, fächerartig faltbar wie die der Orthoptera. Metabol.

4. Ordnung: Coleoptera. Käfer.

Beißende Mundwerkzeuge. Das vordere Flügelpaar zu Flügeldecken (Elytren) verdickt; das hintere auch von hinten nach vorn einfaltbar. Metabol. Ungemein große Gruppe.

5. Ordnung: Hymenoptera. Hautflügler.

Mundwerkzeuge beißend bis leckend, durch Umgestaltung und Verlängerung der Unterlippe zu Leckapparat. Die beiden Flügelpaare gleich, spärlich geädert. Metabol. Blattwespen, Holzwespen, Gallwespen, Schlupfwespen, Ameisen, Grabwespen, Bienen, Hummeln.

6. Ordnung: Rhynchota. Schnabelkerfe.

Mundwerkzeuge saugend und stechend; Unterlippe zu gegliederter Rüsselröhre ausgewachsen. Mandibeln und 1. Maxille Stechborsten. Flügel gleich bis ungleich, spärlich geädert (zuweilen verkümmert). Metamorphose der Geflügelten unvollkommen. Cicaden, Blattläuse, Schildläuse, Landwanzen, Wasserwanzen, Läuse.

7. Ordnung: Diptera. Zweiflügler.

Mundwerkzeuge saugend bis stechend; Unterlippe zu fleischiger ungegliederter Rüsselröhre ausgewachsen. Mandibeln und 1. Maxillen zu Stechborsten oder rudimentär. Hinteres Flügelpaar zu sog. Schwingkölbchen (Halteren) rückgebildet (selten beide Paare). Metabol. Sehr große Gruppe: Stechmücken, Gallmücken, Bremsen, Schwebfliegen, Fliegen, Dasselfliegen, Lausfliegen.

8. Ordnung: Aphaniptera (Siphonaptera). Flöhe.

Flügellos, parasitierend. Schließen sich den Diptera am nächsten an; wie diese metabol. *Pulex* (Floh), *Sarcopsylla* (Sandfloh).

9. Ordnung: Lepidoptera. Schmetterlinge.

Mundwerkzeuge saugend. 2. Gnathitenpaar (1. Maxille) zu zweihälftigem spiralem Saugrohr (Rüssel) ausgewachsen. 1. und 3. Gnathiten stark reduziert. Die beiden gleichen Flügelpaare groß und mit Schuppen bedeckt. Metabol. Sehr große Gruppe.

3. Subphylum: **Branchiata.** Kiemenatmer.

Atmungsorgane Kiemen, welche Anhänge der Beine sind. Leberdrüsen des Darmes häufig. Malpighische Gefäße fehlen; dagegen wenige Nephridienpaare in der Kopfregion gewöhnlich vorhanden.

1. Klasse: Palaeostraca.

Kopf (Cephalosom) und Rumpf in arachnoideenartiger Weise ausgebildet. Cuticula stark. Das große Cephalosom aus 6 bis 7 Segmenten bestehend. Keine dorsalen Antennen. 5 bis 6 Paar Kopfextremitäten; das 1. Paar fühlerartig vor dem Mund, die übrigen Bewegungsextremitäten, die jedoch sämtlich mit ihrem Basalglied als Gnathiten fungieren. Rumpf mit zahlreichen gespaltenen Extremitäten, die zur Atmung oder auch gleichzeitig zur Bewegung dienen. Ein Paar mittlerer Ocellen und ein Paar Komplexaugen gewöhnlich. Geschlechtsöffnungen paarig, am ventralen Vorderende des Rumpfes. Marin.

1. Ordnung: Merostomea (Gigantostraca).

Nur fossil (Paläozoicum). Cephalosom mäßig groß mit sechs Extremitätenpaaren. Rumpf langgestreckt (12 gliederig), Endsegment häufig lang stachelförmig. Rumpfgliedmaßen wahrscheinlich ähnlich denen der Poecilopoda.

2. Ordnung: Poecilopoda (Xiphosura). Pfeilschwänze, Molukkenkrebse.

Kleine Gruppe (einzige lebende Gatt. Limulus). Cephalosom groß, mit sechs Extremitätenpaaren. Rumpf verkürzt, ohne deutliche äußere Gliederung, mit langem Schwanzstachel und sechs Paar blattförmigen gespaltenen Extremitäten, von denen 2. bis 5. dichte Büschel von Kiemenblättern tragen. Ansehnliches Leberdrüsenpaar. Coxaldrüsen vorhanden. Seit Trias.

3. Ordnung: Trilobita.

Nur fossil (Paläozoicum). Cephalosom mäßig groß mit fünf Paar Extremitäten. Komplexaugen meist ansehnlich. Rumpf groß und meist sehr segmentreich; in größeren Vorderteil (Thorax) und kleineren Hinterteil (Pygidium, Abdomen) gesondert. Kein Schwanzstachel. Beide Regionen des Rumpfs mit zahlreichen gespaltenen, nicht blattförmigen Extremitäten, die wahrscheinlich je einen Kiemenanhang trugen.

2. Klasse: Crustacea. Krebstiere.

Körper in Kopf (Cephalosom), Thorax und Abdomen gesondert. Zu Kopfabschnitt werden gewöhnlich die fünf vordersten Segmente gerechnet; häufig sind damit jedoch mehr oder weniger zahlreiche bis sämtliche Segmente des Thorax vereinigt. Die beiden vordersten Extremitäten als Antennen vor dem Mund und mehr oder weniger dorsal gerückt. Extremitäten meist gespalten. Abdomen mit oder ohne Extremitäten. Kiemen (wenn nicht rückgebildet) an der Basis der Rumpfextremitäten, oder Abdominalbeine zu Kiemen umgebildet. Meist ein bis mehrere Paare Leberdrüsen bei Teil wohl rückgebildet). Kopfständige nephridienartige Excretionsorgane (Antennen- oder Maxillendrüse) gewöhnlich vorhanden. Paarige Geschlechtsöffnungen am Thorax bis Vorderende des Abdomens.

1. Unterklasse: Entomostraca.

Größe gering, häufig stark rückgebildet. Abdomen ohne Extremitäten. Komplexaugen mäßig groß oder fehlend. Einfache Augen gewöhnlich vorhanden. Häufig Naupliuslarven, wenn nicht direkte Entwicklung.

1. Ordnung: Phyllopoda. Blattfüßer.

Klein bis mäßig groß. Langgestreckt und sehr segmentreich oder kürzer. Häufig mit von der Dorsalseite der hinteren Kopfregion ausgehender, den Körper mehr oder weniger einschließender Schalenduplicatur. 1. Gnathite (Mandibel) ohne Taster. Innenast der Thoraxbeine mit blattförmigen Lappen. Gewöhnlich blatt- bis sackförmige Kieme an der Basis der Beine. Komplexaugen vorhanden. Entwicklung direkt oder durch Nauplius. *Branchipus*, *Apus, Limnadia, Daphnia* usw. Süßwasser und Meer. Seit Devon.

2. Ordnung: Ostracoda. Muschelkrebse.

Klein. Stets mit ansehnlicher, den Körper völlig umschließender, meist verkalkter Schalenduplicatur. Körper stark verkürzt und segmentarm. Regionen wenig deutlich; nur sieben Paar Extremitäten überhaupt. Mandibel mit ansehnlichem beinförmigem Taster. Keine eigentlichen Kiemen. Komplexaugen zum Teil vorhanden. Entwicklung mit oder ohne Naupliuslarve. *Cypris* usw. Süßwasser und Meer. Seit Cambrium.

3. Ordnung: Copepoda.

Klein bis mäßig groß. Freilebende (Natantia) oder ectoparasitische Formen (Suctoria). Jedenfalls stark rückgebildet. Stets ohne Schalenduplicatur. Körper ziemlich langgestreckt. Vier Paar Gnathiten (sog. Mandibel, Maxille und zwei Paar Maxillarfüße. Brustfüße gespalten, ohne Kiemenanhänge (nicht mehr wie fünf Paar). Komplexaugen fast stets fehlend. Parasitische Formen, zum Teil stark um- und rückgebildet. Entwicklung gewöhnlich mit Naupliuslarve. *Cyclops, Ergasilus, Chondracanthus, Caligus, Lernaea, Achtheres, Argulus* usw. Süßwasser und Meer.

4. Ordnung: Cirripedia Rankenfüßer.

Marin. Klein bis ziemlich groß. Von ostracoden- bis copepodenartigen Formen ableitbar, die zu festsitzender bis parasitischer Lebensweise übergingen. Befestigung mit der Dorsalseite des Kopfes (mit vorderen Antennen). Ansehnliche, häufig durch Kalkplatten verstärkte Schalen- (Mantel-) Duplicaturen, die den gesamten Körper einschließen. Bei den ursprünglichsten, den sog. *Thoracica*, sechs Paar lange, tief gespaltene sog. Ranken- oder Strudelfüße; bei den übrigen zum Teil sehr stark rückgebildeten parasitierenden Abteilungen die Beine mehr oder weniger bis völlig (auch zum Teil die Kopfanhänge) verkümmert. Bei *Rhizocephala* Darm völlig rückgebildet. Zum Teil mit zwittrigen Weibchen und die Männchen rudimentär. *Lepas, Balanus, Alcippe, Peltogaster* usw. Marin. Seit Silur.

2. Unterklasse: Malacostraca.

Kopf (5), Thorax (8), Abdomen fast stets 7 Segmente (ausgen. Leptostraca). Häufig mehrere vordere bis sämtliche Thoracalsegmente mit dem Kopf vereinigt (Cephalothorax). Abdomen in der Regel mit gespaltenen Extremitäten. Komplexaugen ansehnlich. Ocellen fehlen. Weibliche Geschlechtsöffnungen am drittletzten, männliche am letzten Thoracal- oder 1. Abdominalsegment. Entwicklung in der Regel ohne Naupliuslarve.

1. Ordnung: Leptostraca.

Mit phyllopodenähnlicher zweiklappiger Schalenduplicatur, die bis über Anfang des Abdomens reicht. Brustfüße etwas phyllopodenähnlich, mit Kiemenanhängen. Abdomen mit acht Segmenten. Entwicklung direkt. Marin. *Nebalia.* usw.

2. Ordnung. Arthrostraca. Ringelkrebse.

Kopf nur mit 1 bis 2 vorderen Thoracalsegmenten vereinigt, daher der Thorax gegliedert. Schalenduplicatur nur bei Ahisopoda schwach entwickelt. Abdomen länger (Amphipoda) oder kürzer (Isopoden). Brustfüße ungespalten; bei Amphipoda mit basaler blattförmiger Kieme; bei Isopoda die Abdominalfüße zu Kiemen ausgebildet. Komplexaugen nicht gestielt. Entwicklung direkt. Seit Karbon.

1. Unterordnung: Amphipoda. Flohkrebse.

Gammarus usw. Süßwasser und Meer.

2. Unterordnung. Isopoda. Asseln.

Asellus (Süßwasserasseln) und zahlreiche marine. *Oniscus* usw. (Landasseln) *Tanais Bopyrus* usw. (parasitische marine Asseln).

3. Ordnung: Thoracostraca (Podophthalmata).

Schalenduplicatur von hinterer Kopfregion nach hinten über den Thorax wachsend, so daß eine verschiedene Zahl von Thoraxsegmenten (drei bis alle) mit Kopf zu Cephalothorax vereinigt sind. 1—5 vordere Thoraxbeinpaare zu Kieferfüßen umgestaltet. Das sechste Abdominalfußpaar bildet mit dem 7. Segment meist eine Schwanzflosse. Kiemen gewöhnlich an der Basis der Brustfüße. Komplexaugen meist gestielt. Meist Statocysten. Entwicklung direkt oder mit Metamorphose.

1. Unterordnung: Schizopoda Spaltfüßer.

Klein, langgestreckt. Kopfschild über den ganzen Thorax nach hinten ausgedehnt. Brustfüße gespalten, Außenast kurz. 1 bis 2 Paar Kieferfüße. Kiemenanhänge zuweilen an Brustfüßen. Komplexaugen gestielt. Bei Teil Statocysten in letzten Abdominalfüßen. Entwicklung direkt oder mit Nauplius. *Euphausia, Mysis* usw. Marin und Süßwasser.

2. Unterordnung: Cumacea.

Klein. Fünf freie Thoracalsegmente. Zwei Kieferfußpaare. Brustfüße zum Teil gespalten, ohne Kiemen. Keine Schwanzflosse. Komplexaugen nicht gestielt. Statocysten fehlen. Entwicklung direkt. *Diastylis* (Cuma) usw. Marin.

3. Unterordnung: Stomatopoda. Heuschreckenkrebse.

Ansehnlich; langgestreckt. Drei Toraxsegmente frei. Fünf Paar ansehnliche ungespaltene Kieferfüße, die sich jedoch auch an der Bewegung beteiligen. Abdomen groß, mit blattförmigen Spaltfüßen, welche die Kiemenbüschel tragen. Schwanzflosse. Podophthalm. Metamorphose mit eigentümlichen Larven. *Squilla* usw. Marin.

4. Unterordnung: Decapoda. Zehnfüßige Krebse.

Fast stets einheitlicher Cephalothorax. Drei Paar Kieferfüße, fünf Paar Gehfüße der Brust, die zum Teil mit Scheren endigen. Kiemen an Thoraxbeinen jederseits unter Cephalothoraxschild in Atemhöhle. Abdomen lang bis stark verkürzt. Komplexaugen meist gestielt. Statocyste in 1. Antennen. Metamorphose gewöhnlich, häufig mit Zoëalarve. *Crangon, Palaemon, Palinurus* (Languste), *Homarus* (Hummer), *Astacus* (Flußkrebs), *Pagurus, Maja, Cancer, Carcinus* usw. Süßwasser, Land und Meer. Seit Perm.

4. Phylum Mollusca. Weichtiere.

Bilateral, zum Teil mit ausgesprochener Asymmetrie. Körperhaut ohne stärkere Cuticula, dagegen sehr häufig mit Schalenbildung. Segmentation wenn je vorhanden gewesen, undeutlich. Muskulöses Fußorgan von Bauchseite entspringend und sich in verschiedener Weise ausgestaltend. Verkalkte Schale auf Dorsalseite abgesondert, ursprünglich meist einheitlich; ihr Rand wird von einer die Rückenfläche umziehenden Hautfalte unterlagert (Mantelfalte). Unter dieser die Mantelrinne bis -höhle. Ursprünglich jederseits in dieser eine Kieme neben After. Mundhöhle wohl ursprünglich stets mit cuticularer sog. Zunge (Radula). Schale, Mantelfalte und Kiemen in verschiedenen Gruppen mehr oder weniger rudimentär bis völlig rückgebildet. Mitteldarm fast stets mit paariger ansehnlicher Leberdrüse. Cölom, sowie ein Nephridienpaar vorhanden. Ersteres jedoch meist stark rückgebildet und zu Pericardialsinus und Gonadenhöhle geworden. Blutgefäßsystem stets, jedoch häufig fast völlig lacunär, mit dorsal auf hinterem Darm gelegenem Herz und ein Paar seitlicher Vorhöfe. Gonaden ursprünglich wohl paarig; Geschlechtsleiter von Nephridien sich herleitend. Häufig Zwitter. Entwicklung häufig mit Trochophoralarve. — Die Mollusken weisen auf rotatorien- bis plathelminthenartige Vorfahren hin, die frühzeitig eine besondere Entwicklungsrichtung einschlugen.

1. Subphylum: **Amphineura.**

Langgestreckt und völlig symmetrisch. Gleichmäßige, den ganzen Rücken umziehende Mantelfalte, wenn nicht rückgebildet; unter der Mantelfalte die Kiemen, wenn vorhanden. Kriechfuß über ganze Bauchfläche ausgedehnt, oder reduziert. Kopf nicht deutlich. Manteloberfläche mit verkalkten Stacheln. Keine einheitliche Schale. Nervensystem primitiv: Cerebralganglien nebst Pedal- und Palliovisceralsträngen. Statocysten fehlen.

1. Klasse: Placophora (Polyplacophora). Käferschnecken.

Ansehnlicher Kriechfuß (selten stark verschmälert.) Schale aus acht queren Rückenplatten bestehend. Gefiederte Kiemen in Mantelrinne, stark vermehrt zu einer Reihe zahlreicher jederseits (4—80). Radula kräftig. Leber ansehnlich. Getrenntes Geschlecht. Gonade einfach (selten paarig) mit 2 Ausführgängen in die Mantelrinne. *Chiton, Chitonellus* usw. Marin.

2. Klasse: Solenogastres (Aplacophora).

In mancher Hinsicht ursprünglicher als die Placophora, jedoch auch sicher stark rückgebildet. Fuß sehr verkümmert, zu schmaler Längsfalte auf Bauchfläche oder ganz reduziert; ebenso auch die Mantelfalte. Bei Teil noch ein Paar Kiemen am After. Keine Schale, sondern nur Kalkstacheln auf der Rückseite. Radula rudimentär. Leber fehlt meist. 1 bis 2 Gonaden, die in Pericard münden; die beiden Nephridien dienen als Ausführgänge und münden hinten neben After. Zum Teil Zwitter. *Neomenia, Chaetoderma* usw. Marin.

2. Subphylum: **Ganglioneura** (Conchifera).

Nicht selten Störung der ursprünglichen bilateralen Symmetrie. Einheitliche, zuweilen jedoch verkümmerte Schale. Nervensystem mit Cerebral- Pedal- und Visceralganglien; letztere in einer den Darm ventral umgreifenden Schlinge der ursprünglichen Palliovisceralstränge gelagert, die im übrigen zu Pallialnerven reduziert. Statocysten. Leber stets.

1. Klasse: Gastropoda. Schnecken. Fig. 29.

Asymmetrisch mit nach vorn und in der Regel rechts verlagertem After, dem die beiderseits vor ihm stehenden Kiemen, das Herz, sowie die Mündungen der Nephridien und der Gonade gefolgt sind. Bei gewissen Formen jedoch wieder starke Rückbildung der Asymmetrie. Kopfbildung meist gut, mit 1 bis 2 Paar Fühlern. Einheitliche Schale (zum Teil jedoch rückgebildet) bedeckt den Rücken, der häufig zu ansehnlichem Eingeweidesack auswächst und dann samt der Schale sich schraubig aufrollt. Kriechfuß mit ansehnlicher Kriechsohle. Radula meist stark ausgebildet (selten verkümmert). Gonade unpaar. Seit Cambrium.

1. Ordnung: Prosobranchiata (Streptoneura). Vorderkiemer.

Asymmetrie stets stark ausgeprägt. Schale und Eingeweidesack meist ansehnlich, erstere gewöhnlich mit Deckel. Fuß gut entwickelt. Mantelrinne zu kopfwärts gewendeter Kiemenhöhle vertieft; darin liegen die Kiemen, der After, die Öffnungen der Nephridien und der Gonade. Vorhöfe vor der Herzkammer und hinter den Kiemen. Visceralcommissur lang, asymmetrisch achterförmig. Geschlecht fast stets getrennt. Seit Cambrium.

1. Unterordnung: Aspidobranchiata (Diotocardia).

Ursprünglichere Formen. Entweder beide oder nur die linke vordere gefiederte Kieme vorhanden (selten beide reduziert). Meist zwei Vorhöfe und die beiden Nephridien erhalten. Gewöhnlich kein besonderer Ausführgang der Gonade, sondern Entleerung durch die rechte Niere. Marin (selten Süßwasser). *Fissurella, Haliotis, Pleurotomaria, Trochus, Neritina, Patella* usw.

2. **Unterordnung: Ctenobranchia** (Monotocardia, Pectinibranchia). **Kammkiemer.** Kriechfuß. Nur die linke (vordere) Kieme erhalten und nicht fiederartig, sondern fast stets aus einer Reihe Kammblättchen bestehend. Nur ein Vorhof. Rechte Niere rückgebildet. Gonade mit besonderem Ausführgang. Sehr große Gruppe. Süßwasser und Meer.

3. **Unterordnung: Heteropoda. Kielfüßer.** Jedenfalls durch Anpassung ctenobranchiatenartiger Vorfahren an die pelagische Lebensweise hervorgegangen. Vorderer Fußteil in sagittale Flosse umgebildet, meist mit Saugnapf. Schale und Mantelfalte zum Teil ganz reduziert. Marin. *Atlanta, Carinaria, Pterotrachea* usw.

2. **Ordnung: Opisthobranchiata. Hinterkiemer.** Asymmetrie meist mehr oder weniger stark rückgebildet. After und Kieme (wenn nicht rückgebildet) daher meist rechtseitig; doch stets nur die linke (vordere) gefiederte Kieme nebst Vorhof und Nephridium erhalten. Kriechfuß, dessen Basalrand häufig in zwei starke Lappen (Parapodien) ausgewachsen. Visceralcommissur meist stark verkürzt und dann wieder symmetrisch. Der Vorhof fast stets hinter der Herzkammer und dahinter die Kieme. Hermaphroditisch. Marin.

1. **Unterordnung: Tectibranchiata.** Die ursprüngliche gefiederte Kieme vorhanden, in rechtseitiger, selten vorderständiger schwacher Kiemenhöhle. Schale und Eingeweidesack gewöhnlich stark rückgebildet, jedoch meist noch vorhanden. *Actaeon, Aplysia* usw.

2. **Unterordnung: Nudibranchiata.** Ursprüngliche Kieme, Kiemenhöhle, Mantelfalte und Schale reduziert; Fußfläche nicht abgesetzt, so daß eigentlicher Fuß nicht unterscheidbar. Asymmetrie noch weiter rückgebildet, so daß After wieder nahezu oder ganz symmetrisch auf hinterer Dorsalfläche. Meist sekundäre Kiemenbildungen in verschiedener Gestalt und Anordnung auf der Dorsalseite. Radula häufig mehr oder weniger rudimentär. *Thetys, Phyllirhoe, Doris, Aeolis* usw.

3. **Unterordnung: Pteropoda. Flossenfüßer.** Eigentlicher Fuß stark reduziert, dagegen die beiden Parapodiallappen zu großen flügelartigen Schwimmflossen entwickelt. Kiemen meist ganz rückgebildet. Schale und Eingeweidesack selten schraubenförmig, meist gerade entwickelt. Zuweilen Schale und Mantelfalte völlig rückgebildet. Hermaphroditisch. Sind jedenfalls durch Anpassung an die rein pelagische Lebensweise aus tectibranchiatenähnlichen Vorfahren entstanden. Marin. *Limacina, Cymbulia, Clio, Pneumodermon* usw. Sicher seit Kreide (? ob paläozoisch).

3. **Ordnung: Pulmonata. Lungenschnecken.** Beschalt bis unbeschalt, mit teilweis starker Rückbildung der ursprünglichen Asymmetrie. Kieme fehlt (selten accessorische Kiemengebilde in der Mantelrinne oder sogar der Lungenhöhle entwickelt); dagegen besondere Lungenhöhle, die in der Nähe des Afters aus der Mantelrinne ins Körperinnere hereingewachsen ist. Vorhof und Niere asymmetrisch einfach, Lage des Vorhofes zur Herzkammer meist prosobranchiat. Visceralcommissur fast stets symmetrisch rückgeformt. Hermaphroditisch. Süßwasser und Land. Seit Carbon.

1. **Unterordnung: Basommatophora.** Ein Paar nicht retractiler Fühler ähnlich Prosobranchiata. Schale stets; meist ohne Deckel. *Limnaea, Planorbis, Physa* usw. Süßwasser.

2. **Unterordnung: Stylommatophora.** Meist zwei (selten ein) Paar retractiler Fühler. Schale und Asymmetrie zum Teil rückgebildet. Land, selten Meer. *Helix, Arion, Vaginula, Oncidium* usw.

2. **Klasse: Cephalopoda. Kopffüßer.** Symmetrisch, nur Ausführgänge der Gonade häufig asymmetrisch. Kopf und Augen sehr ansehnlich. Kopf mit zahlreichen, häufig sehr kräftigen Tentakeln (Armen), die vom Rand des kopfwärts verschobenen Fußes abgeleitet werden. Epipodiallappen des Fußes zu Trichter zusammengekrümmt oder verwachsen, durch den das Wasser der Mantelhöhle ausgestoßen wird. Schale vorhanden bis fehlend. Eingeweidesack fast stets hoch ausgewachsen und Mantelrinne

an seiner Hinterseite zu tiefer Kiemenhöhle eingesenkt. Darin symmetrisch der After, zu
dessen Seiten die Kiemen, die Nieren- und die Geschlechtsöffnungen. Kiefer und Radula
kräftig (letztere selten rückgebildet). Vorhöfe symmetrisch. Gonade einfach; besondere Ausleiter teils paarig, teils unpaar. Getrenntes Geschlecht: Marin. Seit Cambrium.

1. Ordnung: Tetrabranchiata. Vierkiemer. Fig. 31.

Zwei Paar Kiemen, Vorhöfe und Nephridien. Zahlreiche retractile Tentakel ohne
Saugnäpfe. Trichterfalten nicht verwachsen. Äußere gekammerte, gerade bis spiral aufgerollte
Schale. *Nautilus, Orthoceras, Ammoniten* usw. Seit Cambrium.

2. Ordnung: Dibranchiata. Zweikiemer.

8 oder 10 Tentakel mit kräftigen Saugnäpfen oder Haken. Ein Paar Kiemen, Vorhöfe
und Nieren. Nur die zwei Fangtentakel der Decapoda retractil. Trichter geschlossen. Äußere
Schale selten und dann klein; häufig innere. Tintensack gewöhnlich. Seit Trias.

1. Unterordnung: Decapoda. Tintenfische. Fig. 32, 34.

Acht nicht retractile Tentakel und zwei retractile Fangtentakel. Schale fast stets zu innerem
Schulp geworden. *Belemnites* (fossil), *Spirula, Loligo, Sepia* (Tintenfisch) usw.

2. Unterordnung: Octopoda. Kraken.

Acht Tentakel, ohne Fangtentakel. Innere Schale fast bis völlig rudimentär; selten Weibchen
(Argonauta) mit äußerer, nicht gekammerter Schale. *Octopus, Argonauta* usw.

3. Klasse: Solenoconcha (Scaphopoda).

Symmetrisch. Mantelfalte jederseits gegen die Ventralseite herabgewachsen und mit der
der anderen Seite zu röhrenförmigem Mantel verwachsen, der den ganzen Körper umgibt und
vorn, wie hinten geöffnet ist. Die einheitliche Schale dementsprechend ebenso gestaltet.
Fuß ein langer cylindrischer Anhang mit meist etwa kleeblattförmigem Ende. Kiemen rückgebildet. Cirrenartige Anhänge an zwei Vorsprüngen über dem Munde. Radula vorhanden.
Blutgefäßsystem fast ganz lacunär. After auf Ventralseite nach vorn geschoben. Nephridien
paarig. Getrenntes Geschlecht. Gonade unpaar durch das rechte Nephridium mündend. *Dentalium* usw. Marin. Seit Silur.

4. Klasse: Lamellibranchiata. (Pelecypoda, Acephala). Muscheln. Fig. 35, 36, 50.

Stark einseitig umgebildet. Meist ganz symmetrisch. Mantelfalte jederseits zu Mantellappen herabgewachsen, die den Körper ganz umschließen und auch häufig mehr oder weniger
verwachsen. Die ursprünglich einheitliche Schale entsprechend zweiklappig ausgewachsen.
Kopf und Radula rückgebildet. Jederseits vom Mund ein Paar Mundlappen. Die beiden
ursprünglichen, gefiederten Kiemen zu einer Doppelreihe von Kiemenfäden jederseits zwischen
Mantel und Körper ausgewachsen, die sich meist zu zwei Paar zusammenhängender Kiemen-
blätter weiterentwickeln. Fuß ein keilförmiger bis cylindrischer Anhang ohne eigentliche
Kriechfläche (bei Teil rückgebildet). Nephridien und Gonaden paarig. Getrenntgeschlechtlich
oder hermaphroditisch. Seit Cambrium. Marin und Süßwasser. *Nucula*, *Mytilus* (Miesmuschel), *Pecten* (Kammmuschel), *Ostrea* (Auster), *Anodonta, Unio* (Flußmuscheln), *Cardium*
(Herzmuschel), *Pholas* (Bohrmuschel), *Teredo* (Bohrwurm) usw.

6. Phylum: **Echinodermata.** Stachelhäuter.

Von bilateralen, wahrscheinlich dreisegmentierten Formen ableitbar, die durch Festheftung zum radiären Bau übergingen (meist fünfstrahlig). Die Cölomhöhle des 2. Segments,
unter Verkümmerung der rechten Hälfte, zu einem eigentümlichen Gefäßapparat (sog. Ambulacralgefäßsystem) entwickelt, das durch Vermittelung der vorderen rechten Cölomhöhle, zum Teil
auch der Cölomhöhlen des 3. Segments, die zu der eigentlichen Leibeshöhle werden, nach
außen mündet. Das Ambulacralgefäßsystem dient zur Anschwellung von füßchen- oder
tentakelartigen Hautfortsätzen, die zur Ernährung oder auch zur Bewegung und Atmung
dienen können. Blutgefäße stets vorhanden. Stets reiches Kalkskelet im Bindegewebe, namentlich der Haut. Geschlechter meist getrennt. Gonaden, dem strahligen Bau entsprechend, mehrfach geworden. Entwicklung durch bilaterale freischwimmende bewimperte Larven. Seit Silur.
(Die typischen Charaktere werden in einzelnen Gruppen durch Reduktionen etwas verändert.)

1. Subphylum: Semiambulacrata.

Das ambulacrale Gefäßsystem breitet sich nur über die orale oder ambulacrale (ventrale) Fläche aus, der eine meist ebenso große oder sogar größere antiambulacrale Fläche entgegensteht. Radien bei Teil in freivorspringende Arme ausgewachsen.

Gruppe der **Pelmatozoa** (umfaßt die drei folgenden Klassen): Körper kugel- bis kelchartig; fast stets mit dem Antiambulacralpol aufgewachsen, der häufig in Stiel verlängert ist. Körperwand mit dicht zusammenschließenden Skeletplatten. Ambulacralfüßchen, wenn vorhanden, nicht locomotorisch. Mund im Centrum der Ambulacralfläche; After dem Mund stets genähert, nicht apical.

1. Klasse: Cystoidea. Blasenstrahler (einschließlich Edrioasteridae).

Schon im Silur höchstentwickelte und in der Kohlenformation erlöschende paläozoische Gruppe der zweifellos ursprünglichsten Echinodermen.

Mit Antioralpol festgeheftet, selten frei; häufig kurzer bis mäßiger Stiel. Körper unregelmäßig sackartig bis kugelig oder kelchartig. Bei ursprünglicheren Formen mit ganz unregelmäßig angeordneten zahlreichen Skeletplatten, die bei späteren in geringerer Zahl und mehr oder weniger regelmäßig radiär, ähnlich Crinoideen. Skeletplatten meist mit eigentümlichen Strukturen (Poren, Doppelporen oder Porenrauten), die jedoch keine wirklichen Durchbrechungen der Platten sind. Entweder ganz ohne Ambulacralrinnen um Mund, oder mit 1 bis 5, die sich nach kurzem oder längerem Verlauf in kurze freie Arme fortsetzen. Die Ambulacralrinnen selten mit armartigen sog. Pinnulae gesäumt. Die Rinnen sowie der Mund häufig von Skeletplättchen überdeckt. Eigentliche Ambulacralporen und Füßchen scheinen sich jedoch nur bei Edrioasteridae gefunden zu haben. After mit Skeletplättchen versehen, seitlich oder dem Mund mehr genähert; zwischen After und Mund teils zwei Öffnungen, die dann als Öffnung des Ambulacralsystems und der Geschlechtsorgane angesehen, oder nur eine, die dann als gemeinsame beider Organsysteme gedeutet wird.

2. Klasse: Blastoidea. Knospenstrahler.

Von Silur bis Kohlenformation. Meist mit kurzem Stiel festgeheftet. Körper etwa kelch- bis eiförmig. Skeletplatten des Körpers unregelmäßiger, bis sehr regelmäßig 5 strahlig angeordnet, ähnlich Crinoideen. Stets fünf sog. Ambulacralfelder mit Rinnen (Pseudambulacralfelder), die, vom centralen Mund ausgehend, einen kleineren oder größeren Teil der Oberfläche überziehen, und jederseits von einer Reihe ansehnlicher Pinnulae (Brachiolae) gesäumt werden. After interradial, nahe bei Mund. Mund, After und Ambulacralrinnen meist von Skeletplättchen überdeckt. Längs jeder Seite der Ambulacralrinnen meist ein System innerer Längsfalten der Skeletwand, die in die Kelchhöhle hineinragen (Hydrospiren) und entweder frei auf Oberfläche münden oder durch Poren längs der Ambulacralrinnen, oder durch je zwei größere Öffnungen (Spiren) in jedem Interradius, dicht bei Mund. Die Hydrospiren haben Ähnlichkeit mit den Bursae der Ophiuroiden.

3. Klasse: Crinoidea. Haarsterne.

Körper kelchartig, meist mit langem Stiel aufgewachsen, selten sich von diesem später ablösend. After auf Ambulacralfläche interradial. Ambulacral- und Antiambulacralfläche scharf geschieden; die letztere mit strahlig angeordneten Kelchskeletplatten, die auf der Grenze beider Flächen in die fünf (selten weniger) Arme auswachsen. Arme meist mehr oder weniger reich verzweigt; gewöhnlich mit Pinnulae. Mit Ambulacralrinnen, die vom Mund ausgehen und sich über alle Verzweigungen der Arme fortsetzen. Diese Rinnen sowie die Ambulacralfläche nackt oder mit Skeletplättchen überdacht, die dann auch den Mund überdecken. Ambulacralsystem durch Vermittlung des Cöloms ausmündend. Gonaden erstrecken sich bis in die Pinnulae, wo sie allein reifen. Seit Silur. *Pentacrinus, Antedon* usw.

4. Klasse: Asteroidea (Stelleroidea). Seesternartige.

Freilebend; meist mit fünf, selten bis zahlreichen Radien und Armen. Körper scheibenartig abgeflacht. After, wenn nicht rückgebildet, dicht bei Antiambulacralpol. Ambulacralsystem durch Steinkanal direkt ausmündend.

1. Unterklasse: Asteriae. Seesterne.

Arme stets unverzweigt, meist groß und von Scheibe nicht scharf abgesetzt; mit zwei Reihen sog. Skeletwirbel und weiter Leibeshöhle. Ambulacralrinnen offen und ansehnlich. Füßchen groß, locomotorisch, mit Ampullen. Steinkanal mündet interradial auf Apicalfläche. Fast stets ansehnliche radiale Leberdrüsen. Meist feiner After. Pedicellarien meist. Gonaden münden auf Apicalfläche. *Asterias, Solaster, Astropecten* usw. Seit Silur.

2. Unterklasse: Ophiuroidea. Schlangensterne.

Arme ansehnlich, selten verzweigt (Euryaleae), von der mäßig großen Scheibe scharf abgesetzt; mit einer Reihe von Skeletwirbeln und sehr reduzierter Leibeshöhle. Ambulacralrinnen geschlossen. Füßchen klein, nicht oder wenig locomotorisch, ohne Ampullen. Steinkanal mündet auf Ambulacralfläche. Pedicellarien fehlen. Gonaden münden durch die sog. Bursae auf Ambulacralfläche. Leberdrüsen und After fehlen. *Ophioglypha, Gorgonocephalus* (Euryale) usw. Seit Silur.

2. Subphylum: **Totiambulacrata.**

Antiambulacralfläche sehr reduziert, bildet nur ein kleines Feld am Apicalpol. Radien nicht in Arme verlängert. Ambulacralrinnen geschlossen. Stets 5 strahlig.

1. Klasse: Echinoidea. Seeigel.

Körper kugelig bis stark abgeplattet; zum Teil (Irregularia) mit sekundärer bilateraler Umbildung. Körperoberfläche stets reich bestachelt. Pedicellarien vorhanden. Mäßig weiter bis feiner After im Apicalfeld, oder (Irregularia) in den hinteren Interradius gerückt. Steinkanal mündet im Apicalfeld. Füßchen meist ansehnlich, sämtlich oder zum Teil locomotorisch. Starkes, aus (bei den Recenten) stets 20 Plattenreihen bestehendes Hautskelet. Gonaden fünf bis weniger im Apicalfeld ausmündend.

1. Unterklasse: Regularia. Regelmäßige.

After im Apicalfeld. Körper meist annähernd kugelig. Stacheln häufig groß. Füßchen meist sämtlich locomotorisch. Ohne petaloide Ambulacren. Mit Kauapparat. *Cidaris* (Turbanigel), *Echinus* usw. Seit Silur.

2. Unterklasse: Irregularia. Unregelmäßige.

Bilateral umgebildet. Stacheln meist klein. After in hinteren Interradius verschoben. Füßchen im Apicalfeld häufig zu Kiemen entwickelt; häufig petaloide Ambulacren.

1. Ordnung: Clypeastroidea (Gnathostomata). Schildigel.

Meist stark abgeplattet. Mund central, mit Kauapparat. Die Ambulacralfüßchen der Oralseite auf die Interambulacren ausgebreitet. *Clypeaster* usw. Seit Mesozoicum.

2. Ordnung: Spatangoidea (Atelostomata). Herzigel.

Mund meist gegen vorderen Radius verschoben. Vorderes Ambulacrum meist vertieft und dann Umriß herzförmig. Wenig abgeplattet. Kauapparat fehlt. Gonadenzahl häufig verringert. *Spatangus* usw. Seit Mesozoicum.

2. Klasse: Holothurioidea. Seewalzen.

Körper in der Hauptachse verlängert, daher walzenförmig oder seitlich abgeplattet und dann häufig stark bilateral modifiziert. Mund von fünf bis mehr ansehnlichen, zu Tentakeln entwickelten Ambulacralfüßchen umstellt. After groß, apical. Übrige Füßchen sämtlich oder nur zum Teil locomotorisch; zuweilen (Apodes) völlig rückgebildet. Meist kein Hautplattenskelet, sondern eine Lage kleiner Kalkkörperchen in der lederartigen Haut (zuweilen ganz reduziert). Steinkanal selten direkt ausmündend, meist mit Cölom in Verbindung. Zum Teil mit sog. Wasserlungen, die vom Enddarm entspringen. Nur eine Gonade, die bei Teil hermaphroditisch, und dicht hinter Mund ausmündet. Seit Carbon.

7. Phylum: **Chordata.** Chordatiere.

Bilateralia, welche sich durch Besitz paariger Kiemenspalten des entodermalen Vorderdarms an die Branchiotremata anschließen. Dauernd oder vorübergehend mit einer, aus der dorsalen Urdarmwand hervorgehenden, zelligen stabartigen Skeletachse (Rückenseite, Chorda). Dorsal von dieser das durch Einstülpung des Ectoderms entstehende, ursprünglich stets hohle, lange Centralnervensystem. Blutgefäßsystem stets mit ventral vom Darm gelegenem Herz.

1. Subphylum: **Tunicata** (Urochorda). Manteltiere.

Chorda nur selten dauernd erhalten, meist eingehend. Stets mit respiratorischem Vorderdarm und Kiemenspalten. Keine deutliche Segmentation. Nervenrohr mit vorderer Gehirnanschwellung; meist stark reduziert. Blutgefäßsystem zum Teil stark reduziert und dann größtenteils lacunär; Herz stets. Körperoberfläche meist. mit starker, eigentümlicher, zellulosehaltiger, sog. Mantelschicht. Hermaphroditisch, meist mit je einer männlichen und weiblichen Gonade. Nephridien fehlen. Häufig ungeschlechtliche Fortpflanzung. Marin.

1. Klasse: Copelatae. Appendicularien. Fig. 77.

Klein und in manchen Teilen wohl ziemlich rückgebildet. Vorderdarm mit einem Paar nach außen geöffneter Kiemenspalten (Spiracula). After auf der Ventralseite. Dahinter entspringt ein ansehnlicher, nach vorn gerichteter platter Ruderschwanz, den die Chorda durchzieht. Centralnervensystem in ganzer Ausdehnung erhalten. Zellulosemantel fehlt. *Appendicularia* usw.

2. Klasse: Thaliaceae. Salpen.

Mäßig groß. Schwanz und Chorda rückgebildet. Die beiden Spiracula (Kiemenspalten) sind an das hintere Körperende gerückt und samt dem After und den Mündungen der Gonadenleiter in den Grund einer hinteren Einstülpung (Cloake) verlagert. Die beiden Spiracula so stark erweitert, daß zwischen ihnen und dem respiratorischen Vorderdarm nur ein blutgefäßreicher, schief herabsteigender Kiemenbalken bleibt, oder auch zwei vertikale Reihen sekundärer Kiemenspalten (Doliolum). Nutritorischer Darm schwach. Generationswechsel sehr ausgeprägt. *Salpa, Doliolum* usw.

3. Klasse: Ascidiae. Seescheiden.

Gewöhnlich aufgewachsen und mit dickem Zellulosemantel. Schwanz und Chorda reduziert. Die Cloacalhöhle, deren Eingang fast stets mehr oder weniger dorsal nach vorn verschoben ist, umwächst den ganzen respiratorischen Vorderdarm als Peribranchialhöhle. Zu den zwei ursprünglichen Spiracula, die in die Peribranchialhöhle führen, treten zahlreiche sekundäre hinzu, so daß die respiratorische Darmwand gitterförmig durchbrochen erscheint. Die Gonaden münden dicht neben After in die Cloacalhöhle. Ungeschlechtliche Fortpflanzung häufig.

1. Ordnung: Monascidiae.

Ziemlich groß; aufgewachsen. Ohne ungeschlechtliche Fortpflanzung; keine Stockbildung. *Ascidia, Cynthia* usw.

2. Ordnung: Aggregatae.

Individuen mäßig groß. Aufgewachsen. Mit ungeschlechtlicher Fortpflanzung; Stöcke ohne gemeinsame Mantelmasse; die Individuen sind durch Ausläufer verbunden. *Clavellina* usw.

3. Ordnung: Synascidiae.

Individuen klein. Aufgewachsen. Mit ungeschlechtlicher Fortpflanzung. Stöcke mit gemeinsamer Mantelmasse und die Individuen häufig in Gruppen mit gemeinsamer Cloacalhöhle vereinigt. *Botryllus* usw.

4. Ordnung: Salpaeformes (Luciae).

Freischwimmende, etwa fingerhutförmige, synascidienartige Stöcke. Sämtliche Individuen mit zu gemeinsamem weiten Cloacalraum zusammengeflossenen Cloacalhöhlen. *Pyrosoma* (Feuerwalze).

2. Subphylum: **Vertebrata.** Wirbeltiere.

Freibewegliche Chordata mit langgestrecktem, stets bilateralem, reich segmentiertem Körper. Respiratorischer Vorderdarm mit ursprünglich sehr zahlreichen, segmental angeordneten, nach außen geöffneten Kiemenspalten. Mund ventral, dicht hinter Kopfende; führt stets in ectodermale Mundhöhle. After ventral, typisch auf Grenze von Schwanz und Rumpf. Die Chorda erstreckt sich fast durch den gesamten Körper. Segmentierte Längsmuskulatur ursprünglich längs der ganzen Chorda. Centralnervensystem stets hohles Rohr, das sich durch den ganzen Rücken hinzieht (Rückenmark); vorderster Abschnitt zu Gehirn differenziert. Ausgebildetes Cölom stets ohne· Dissepimente. Nephridienartige Excretionsorgane zahlreich, ursprünglich segmental. Blutgefäßsystem stets; ventrales Herz, ursprünglich weit vorn (selten reduziert). Stets (mit seltenen Ausnahmen) getrenntgeschlechtlich. Ungeschlechtliche Fortpflanzung fehlt.

1. Tribus: *Acrania* (Leptocardii). Lanzettfischchen. Fig. 80.

Chorda ansehnlich und bleibend, ohne accessorisches Achsenskelet. Eigentliche Extremitäten fehlen, aber wohl durch zwei ventrale längsgerichtete Hautsäume (Seitenfalten) repräsentiert. Unpaare Flosse über die ganze Dorsalseite und die Ventralseite bis zum Porus nach vorn ziehend. Respiratorischer Vorderdarm sehr lang, mit zahlreichen, auch sekundär vermehrten Kiemenspalten. Dieselben führen nicht direkt·nach außen, sondern in Peribranchialraum, der durch Einsenkung zweier ventraler seitlicher Längseinstülpungen der Körperoberfläche entstand und etwas vor dem After durch einen Porus branchialis nach außen mündet. Zahlreiche nephridienartige, segmentale Excretionsorgane, die einzeln in Peribranchialraum münden. Herz reduziert. Centralnervensystem, speziell Gehirn und Sinnesorgane, jedenfalls stark reduziert. Gonaden zahlreich, sich segmental paarig längs des respiratorischen Darms wiederholend; in den Peribranchialraum sich öffnend. *Branchiostoma* (Amphioxus) und wenige weitere Genera. Marin.

2. Tribus: *Craniota.*

Meist zwei Paar Extremitäten. Stets accessorisches Achsenskelet, das die Chorda i. d. R. stark bis völlig verdrängt, und sich in Kopf zu Schädelkapsel (Cranium) entwickelt; unter und hinter diesem Skeletbogen (Visceralbogen), die den respiratorischen Darm umgreifen. Die Kiemenspalten münden (wenn vorhanden) direkt nach außen. Gehirn stets gut entwickelt. Sinnesorgane und damit Kopfabschnitt gut entwickelt. Herz stets. Die zahlreichen nephridienartigen Excretionsorgane münden jederseits in einen besonderen Längskanal (Vornierengang) (vielleicht ein Rest der Peribranchialhöhle der Acrania), der hinten in Enddarm (Cloake) führt und aus dem gewöhnlich auch die Ausleiter der beiden Gonaden hervorgehen.

1. Subtribus: *Cyclostomata.* Rundmäuler.

Klasse: Marsipobranchii.

Wohl mehr oder weniger reduziert. Langgestreckt, drehrund. Unpaare Flosse stark entwickelt. Extremitäten fehlen (vielleicht rückgebildet). Starke Chorda bleibend erhalten, mit geringer Ausbildung von knorpeligem Achsenskelet und knorpeliger Schädelkapsel. 1. Visceralbogen (Kieferbogen) verkümmert. Großer runder Saugmund am vorderen Körperende. Keine echten Zähne. Kiemenspalten zahlreich (sechs bis mehr). Cloake verkümmert. Riechorgan unpaar, dorsal. Labyrinth mit 1—2 Bogengängen. Gonaden ohne besondere Leiter. Sonstige Organisation fischähnlich. Süßwasser und Meer.

1. Ordnung: Petromyzontida. Neunaugen. Fig. 186.

Geruchsorgan auf Scheitel, ohne Verbindung mit Mundhöhle. Unpaare Flosse in Rücken-Schwanz- und Analflosse differenziert. Keine Barteln am Mund. Sieben Kiementaschen, die innerlich von einem besonderen Kiemengang entspringen. *Petromyzon.* Süßwasser und Meer.

2. Ordnung: Myxinoidea.

Geruchsorgan vorn, mit Mundhöhle in Verbindung. Unpaare Flosse einheitlich. Kiementaschen (6—14) direkt von Darm entspringend. Barteln vorhanden. *Myxine*, *Bdellostoma* usw. Marin.

2. Subtribus: *Gnathostomata.* Kiefermäuler.

Kieferbogen stets gut entwickelt, den Mund, der ventral etwas hinter Kopfspitze liegt, umgreifend. Extremitäten selten rückgebildet. Echte Zähne (wenn nicht rückgebildet). Kiemenspalten höchstens sieben Paar. Geruchsorgane stets paarig. Labyrinth stets mit drei Bogengängen.

1. Gruppe: Anamnia.

Amnion und Allantois in der Ontogenie fehlend. Excretionsorgane die sog. Urnieren. Herzkammer einfach. Begattungsorgane selten und dann von anderem Typus als bei Amniota.

1. Klasse: Pisces. Fische.

Unpaare Flosse stets, und Caudalflosse meist ansehnlich. Paarige Extremitäten ruderartige, einheitliche Flossen (zuweilen reduziert). Haut in der Regel mit knöchernen Schuppengebilden. Chorda meist stark reduziert, doch stets ansehnliche Reste erhalten. Achsenskelet gut entwickelt, meist mit geschlossenen Wirbelkörpern, die fast ausnahmslos amphicöl.
Kiemenspalten stets vorhanden (selten mehr wie 5, höchstens 7). Geruchsorgane paarige
Gruben, fast stets ohne Verbindung mit Mundhöhle. Herzvorhof fast stets einfach. Vena cava
inferior fehlt oder nur angedeutet.

1. Unterklasse: Chondropterygii. Knorpelfische.

Bauchflossen stets auf Grenze von Rumpf und Schwanz. Caudalflosse heterocerk. Flossen
mit Hornfäden. Haut mit Placoidschuppen oder nackt. Skelet knorpelig. Erste Visceralspalte
(Spritzloch) häufig erhalten. Fünf (selten 6—7) Kiemenspalten; meist frei, ohne wirklichen
Kiemendeckel. Spiralklappe des Darms und Conus arteriosus des Herzens stets. Cloake.
Schwimmblase fehlt. Geschlechtsprodukte wie bei höheren Vertebraten durch Müllerschen
Gang (♀) und Urnierengang (♂) in Cloake geleitet. Marin.

1. Ordnung: Plagiostomi (Selachii).

Palatoquadrat nicht mit Schädel vereinigt. Wirbelkörper fast stets gut ausgebildet.
Ohne Andeutung von Kiemendeckel. Zahlreiche Zähne. Seit ob. Silur.

1. Unterordnung: Squalidae. Haie. Fig. 186².

Körper nicht dorsoventral abgeplattet. Kiemenspalten seitlich. Brustflossen nicht besonders vergrößert. *Hexanchus, Cestracion, Scyllium, Acanthias* usw.

2. Unterordnung: Rajidae. Rochen.

Körper dorsoventral meist stark abgeplattet. Kiemenspalten ventral. ~~Bauchflossen~~ vergrößert bis sehr groß. *Raja, Torpedo* usw. Seit Carbon.

2. Ordnung: Holocephala. Chimären (Seekatzen).

Palatoquadrat mit Schädel verwachsen. Keine geschlossenen Wirbelkörper. Kiemenspalten zusammengedrängt, mit Andeutung eines Kiemendeckels. Wenige große Zahnplatten.
Cloake rückgebildet. *Chimaera* usw. Seit Juraformation (? ob Devon).

Ausgestorbene Ordnungen: Pleuracanthodei. Devon bis Perm. (Pleuracanthus,
Xenacanthus, Cladodus.) — Cladoselachii. Devon bis Carbon. (Cladoselache.) — Acan-
thodei. Devon bis Perm. (Acanthodes, Diplacanthus.)

2. Unterklasse: Operculata (Osteichthyes).

Fünf Kiemenspalten (hier und da die hinteren etwas rückgebildet), stark zusammengedrängt in Kiemenhöhle, die vom Kiemendeckel überlagert wird. Skelet teilweise oder ganz
knöchern. Knöcherne Flossenstrahlen mit Ausnahme der Dipnoi. Schwimmblase stets (wenn
nicht rückgebildet).

A. *Archioperculata.*

Bauchflossen in ursprünglicher Stellung. Mit Spiralklappe im Darm, Conus arteriosus und
Müllerschem Gang.

1. Ordnung: Ganoidei. Ganoiden (Schmelzschupper).

Ganoidschuppen oder Knochenplatten in der Haut, wenn nicht nackt. Skelet in verschiedenem Grad verknöchert. Schwanzflosse heterocerk, selten diphycerk. Spritzlöcher zum
Teil. Schwimmblase stets. Cloake rückgebildet. Seit oberem Silur.

1. Unterordnung: Chondrostei. Knorpelganoiden.

Chorda voll erhalten; keine geschlossenen Wirbelkörper. Skelet wenig verknöchert.
Haut mit Knochenplatten oder nackt. *Acipenser* (Störe); *Polyodon* (Löffelstör) usw. Süßwasser und Meer.

2. Unterordnung: Holostei. Knochenganoiden.

Ganoidschuppen. Skelet stark verknöchert. Die recenten Formen mit geschlossenen,
meist amphicölen Wirbelkörpern. *Polypterus* (Flösselhecht), *Lepidosteus* (Knochenhecht),
Amia (Kahlhecht) usw. Süßwasser. —

In neuerer Zeit wurde vorgeschlagen, die Gruppe der Ganoiden völlig aufzulösen; namentlich die Gattung Polypterus, samt den sich ihr nähernden fossilen Formen von den übrigen sog. Ganoiden als eine besondere Gruppe abzusondern, neben welche noch die fossilen Gruppen der *Osteolepidoti* und *Coelacanthini* gestellt werden. Die *Chondrostei* (einschließlich der fossilen *Palaeoniscidei* und *Platysomidae*) sowie die übrigen *Holostei* dagegen werden mit den Teleostei zu einer umfangreichen Gruppe der *Actinopterygii* vereinigt. — Gewöhnlich werden zu den Ganoiden auch jene höchst merkwürdigen ältesten fischartigen Vertebraten gestellt, die in der Silur- und Devonzeit lebten, und sich durch einen knöchernen Panzer des Kopfes und Vorderkörpers auszeichneten, dagegen kaum Spuren eines inneren erhaltungsfähigen Skelets besaßen, die *Ostracodermi* (Pteraspis, Cephalaspis, Pterichthys usw.), denen gewöhnlich auch die *Coccosteidae* angeschlossen werden, die dorsale und ventrale knorpelige Wirbelbogen besaßen. Andere wollen letztere den Dipnoi zurechnen. Die allgemeinen Gestaltsverhältnisse, sowie die Schuppenbildung machen die Zugehörigkeit dieser uralten Wirbeltierformen zu den Fischen sehr wahrscheinlich; doch lassen die sehr wenig bekannten Kiemenverhältnisse und anderes ihre wahre Stellung etwas zweifelhaft. Auch die gelegentlich geäußerte Vermutung, daß sie nähere Beziehungen zu den *Cyclostomen* besäßen (COPE), ist nicht unmöglich, um so mehr, da letztere, heutzutage sehr spärliche und jedenfalls verkümmerte Abteilung einmal eine reichere und wahrscheinlich fischähnlichere Entfaltung besessen haben muß.

2. Ordnung: Dipnoi (Dipneusta). Doppelatmer, Lurchfische.

Charaktere der Recenten: Schwanzflosse diphycerk (bei fossilen zum Teil heterocerk). Paarige Flossen lang, eigentümlich beschuppt. Flossen mit hornfädenartigen Strahlen (bei fossilen zum Teil knöchern). Große Cycloidschuppen ohne Ganoinschicht. Chorda völlig erhalten, keine geschlossenen Wirbelkörper. Palatoquadrat mit Schädel vereinigt. Spritzlöcher fehlen; zum Teil äußere Hautkiemen. Wenige große Zahnplatten. Cloake. Schwimmblase ansehnlich, zu Lunge entwickelt. Nasengruben münden in Mundhöhle. Vorhof mit Anfang von Längsteilung. Süßwasser. Seit Devon.

1. Unterordnung: Monopneumona.

Lunge einfach. Paarige Flossen ansehnlich, keine äußeren Hautkiemen. *Ceratodus.*

2. Unterordnung: Dipneumona.

Lunge paarig. Paarige Flossen sehr schmal, fadenartig. Zum Teil (Protopterus) äußere Hautkiemen. *Lepidosiren, Protopterus.*

B. *Teleostei.* Knochenfische.

Skelet stark verknöchert; stets geschlossene amphicöle Wirbelkörper. Schuppen ohne Ganoin; cycloid oder ctenoid (doch auch zuweilen rückgebildet, bis eigentümlich modifiziert). Spritzlöcher, Cloake, Spiralklappe und Conus arteriosus rückgebildet. Schwanzflosse homocerk. Schwimmblase einfach bis kompliziert (wenn nicht reduziert). Gonaden mit besonderen eigentümlichen Ausführgängen, die hinter dem After münden (die ♀ jedoch selten ohne Leiter). Seit Trias. Süßwasser und Meer. — Die Teleostei werden neuerdings in eine größere Zahl von Untergruppen zerlegt. Wir ziehen es hier vor, die ältere Gruppierung beizubehalten, auch wenn sie nicht völlig natürlich sein dürfte.

1. Ordnung: Physostomi.

Paarige Flossen in ursprünglicher Stellung. Schwimmblase (wenn nicht rückgebildet) mit Ductus pneumaticus. Flossenstrahlen sämtlich (mit Ausnahme des vordersten) gegliedert (weich). *Anguilla* (Aale), *Clupea* (Heringe), *Esox* (Hecht), *Salmo* (Lachs, Forellen), *Carpio* (Karpfen, Weißfische), *Silurus* (Welse) usw.

2. Ordnung: Physoclysti.

Schwimmblase ohne Ductus. Bauchflossen fast stets nach vorn verschoben.

1. Unterordnung: Anacanthini. Weichflosser.

Mit weichen Flossenstrahlen. Bauchflossen stark nach vorn gerückt, in der Regel kehlständig. *Gadus* (Dorsch, Kabeljau, Schellfisch), *Pleuronectes* usw. (Flunder, Scholle, Sole) usw.

2. Unterordnung: Acanthopterygii. Stachelflosser. Fig. 186 3-4.
Vordere Flossenstrahlen der Dorsalflossen hart, ungegliedert. *Perca* (Barsch), *Gasterosteus* (Stichling) und ungemein zahlreiche Vertreter. Marin und Süßwasser.

3. Unterordnung: Lophobranchii. Büschelkiemer.
Kiemenblättchen kolbig verdickt. Haut mit Reihen von Knochenplatten. Schnauze stark röhrig verlängert. Zahnlos. Brustflossen klein, Bauchflossen rückgebildet. *Syngnathus*, *Hippocampus* usw. Marin.

4. Unterordnung: Plectognathi. Haftkiefer.
Prämaxille und Maxille jederseits verwachsen. Gestalt zum Teil sehr abweichend. Beschuppung und Bezahnung häufig eigentümlich modifiziert. Marin. *Balistes*, *Ostracion* (Kofferfisch), *Orthagoriscus* (Mondfisch), *Diodon* (Igelfisch) usw.

Die beiden letzten Unterordnungen werden neuerdings häufig unter gewisse Gruppen der übrigen Knochenfische eingeschaltet, ihre systematische Wertung in obigem Sinne also herabgesetzt.

Die folgenden vier Vertebratenklassen könnten mit Recht als eine phylogenetisch aus gemeinsamer Wurzel entsprungene Gruppe der *Tetrapoda* zusammengefaßt werden mit folgenden Charakteren:

Paarige, zur Bewegung auf dem Land eingerichtete gegliederte Extremitäten (zuweilen reduziert). Palatoquadrat mit Schädel vereinigt. Lungenatmung. Cloake selten rückgebildet. Untere Hohlvene stets. Geruchsorgane in Mundhöhle mündend. Fenestra ovalis und mindestens ein Gehörknöchelchen stets vorhanden. Zwei Vorhöfe des Herzens. Ausleiter der Gonaden wie bei Chondropterygii und Archioperculata.

Da die gleichfalls natürliche Gruppe der Anamnia bei dieser Einteilung zerrissen würde, so weisen wir nur auf diese ebenso berechtigte Gruppierung hin.

2. Klasse: Amphibia. Lurche.

Beinartige Extremitäten wie bei den Höheren (wenn nicht rückgebildet). Haut sehr drüsenreich, bei Recenten fast stets ohne Verknöcherungen. Kiemenspalten und äußere Kiemen zum Teil bleibend erhalten (im Larvenzustand stets). Bei den Recenten stets geschlossene Wirbelkörper. Chorda bei Teil ansehnlich erhalten. Ein Kreuzbeinwirbel. Rippen schwach, ohne Verbindung mit Sternum. Doppelter Occipitalcondylus. Einfache Lungen (selten rückgebildet). Herzkammer einfach. Cloake stets; mit Harnblase. Urniere bleibend. Ausleiteapparat der Gonaden wie bei Chordopterygii.

1. Ordnung: Stegocephala.

Fossil, von Kohlenformation bis Trias. Gestalt urodelenartig mit langem Schwanz; zuweilen (Aistopoda) langgestreckt und Extremitäten rückgebildet. Wirbelkörper teils ungeschlossen, teils geschlossen und amphicöl; Chorda jedenfalls meist stark erhalten. Rippen stets. Zusammenhängende knöcherne Schädeldecke, ähnlich paläogenen Dipnoi und Ganoidei, mit zwei Hautknochen in der Occipitalgegend (sog. Supraoccipitalia). Parietalloch stets. Scleroticalring häufig. Reiche Bezahnung. Zähne kegelförmig, häufig mit tiefgefaltetem Dentin (labyrinthodont). Haut mit mehr oder weniger reichen schuppenartigen Verknöcherungen von verschiedener Form. In der Brustgegend der Bauchseite drei Hautknochenplatten, die dem Schultergürtel angeschlossen sind. *Branchiosaurus*, *Archegosaurus*, *Mastodonsaurus* usw.

2. Ordnung: Urodela. Schwanzlurche.

Ansehnlicher Schwanz. Ohne Hautverknöcherungen. Mit freien Rippen. Paukenhöhle und Paukenfell fehlen.

1. Unterordnung: Ichthyoidea. Fischlurche.

Mit 1 bis 4 Kiemenspalten (selten ganz rückgebildet) und bei Teil mit äußeren Hautkiemenpaaren (Perennibranchiata). Extremitäten zuweilen ziemlich verkümmert. Wirbel meist amphicöl. *Proteus* (Olm), *Siren*, *Necturus* (Menobranchus), *Amphiuma*, *Megalobatrachus* (Cryptobranchus). Süßwasser.

2. Unterordnung: Salamandrina. Salamander. Fig. 110.

Kiemen und Kiemenspalten nur im Larvenzustand. Zähne an oberer und unterer Kinnlade. Extremitäten gut ausgebildet. Wirbel opisthocöl. *Salamandra* (Salamander), *Triton* (Molge, Molche) und viele andere. Süßwasser und Land. Seit Beginn der Kreideformation.

3. Ordnung: Anura. Froschartige.

Kiemen und Kiemenspalten nur im Larvenzustand. Schwanz verkümmert. Extremitäten stärker entwickelt, hintere häufig mit Schwimmhäuten. Wirbel im allgemeinen procöl. Freie Rippen fehlen. Paukenhöhle und Paukenfell meist (zuweilen rückgebildet). Zähne häufig stark bis ganz rückgebildet, am Unterkiefer stets fehlend. *Pipa, Rana* (Frösche), *Bombinator* (Unken), *Bufo* (Kröten), *Hyla* (Laubfrosch) usw. Süßwasser und Land. Seit Eocän.

4. Ordnung: Gymnophiona (Coeciliae, Apoda). Blindwühler.

Langgestreckt, schlangenförmig. Extremitäten und Schwanz ganz rückgebildet. Körper regenwurmartig geringelt. Kiemenspalten und Kiemen nur im Larvenzustand. In der Haut zum Teil knöcherne Schüppchen. Paukenhöhle und Paukenfell fehlen. Bezahnung vollständig. *Coecilia* und andere. Land.

2. Gruppe der Gnathostomata: *Amniota*. Amnioten.

In der Ontogenie treten Amnion und Allantois auf. Urniere (Mesonephros) durch bleibende Niere (Metanephros) ersetzt. Kiemenspalten und Kiemen völlig rückgebildet, nur die ersteren treten ontogenetisch noch auf. Schneckenorgan des Labyrinths besser entwickelt und stets eine Fenestra rotunda neben der F. ovalis. Herzkammer stets teilweise bis völlig geteilt. Begattungsorgane (zuweilen rückgebildet). Rippen mit Sternum verbunden (wo letzteres nicht rückgebildet). Kreuzbein mindestens aus zwei Wirbeln bestehend.

1. Kreis: **Sauropsida.** Sauropsiden.

Haut sehr drüsenarm (keine Mammardrüsen), mit stark verhornten Integumentalanhängen. Einfacher Occipitalcondylus. Quadrat ansehnlich, den Unterkiefer tragend. Gehörknöchelchen (Columella) meist einfach. Cloake stets.

3. Klasse: Reptilia. Reptilien.

Integument mit Hornschuppen oder Hornplatten. Bezahnung meist reich und gewöhnlich annähernd homodont. Stets mindestens ein Paar Aortenwurzeln.

Über die systematische Gruppierung der ausgestorbenen Reptilien bestehen noch viele Meinungsverschiedenheiten. Sogar eine Auflösung der Klasse wird zum Teil vorgeschlagen.

1. Unterklasse: Rhynchocephala.

Gestalt eidechsenartig. Beschuppt. Extremitäten gut entwickelt, zuweilen zum Schwimmen umgebildet. Quadrat und Kiefer-Gaumenapparat fest mit Schädel verbunden. Bezahnung reich. Zähne acrodont; auch an Gaumen. Wirbel amphicöl. Bauchrippen. Cloakenöffnung ein Querspalt. Ohne Begattungsorgane. Jedenfalls sehr alte Gruppe (seit Dyas). *Sphenodon* (recent). Land.

2. Unterklasse: Squamata (Lepidosauria, Streptostylica Stann.).

Beschuppt. Quadrat stets beweglich am Schädel und bei Teil der ganze Kiefer-Gaumenapparat; letzterer meist mit Columella cranii. Zähne bei Teil auch an Gaumen. Wirbel fast stets procöl (Ausn. Ascalabotae, amphicöl). Cloakenöffnung ein Querspalt. Begattungsorgane zwei ausstülpbare Schläuche der hinteren Cloakenwand. Bezahnung meist reich, Zähne nicht in Alveolen.

1. Ordnung: Sauria (Lacertilia). Eidechsen.

Extremitäten meist gut, zuweilen jedoch ganz rückgebildet; Reste von Brustgürtel jedoch stets. Schwanz gewöhnlich ansehnlich. Nur Quadrat beweglich am Schädel. Parietalloch meist. Unterkieferhälften fest verbunden. Paukenhöhle selten rückgebildet. Harnblase fast immer. *Ascalabotae, Varanus, Lacerta* (einheim. Eidechsen), *Anguis* (Blindschleiche), *Iguana, Amphisbaena, Chamaeleo* usw. Land und Süßwasser. Seit oberem Jura.

2. Ordnung: Ophidia. Schlangen.

Extremitäten bis auf seltene Reste der hinteren rückgebildet. Brustgürtel und Sternum stets ganz rückgebildet. Kiefer-Gaumenapparat meist sehr beweglich am Schädel. Unterkieferäste nicht fest verbunden. Parietalloch fehlt. Paukenhöhle und Harnblase stets fehlend. Giftdrüse in Verbindung mit Oberkieferzähnen (Giftzähnen) häufig. *Boa*, *Python* (Riesenschlangen); *Tropidonotus* (Ringelnatter), *Naja* (Brillenschlange), *Crotalus* (Klapperschlangen). *Pelias* (Kreuzotter) usw. Land, Süßwasser und Meer. Seit Kreide.

3. Ordnung: Pythonomorpha.

Fossil (ob. Kreide). Große Meeresbewohner. Extremitäten zu Flossen verkürzt. Schädel eidechsenartig. Unterkieferäste nicht erweiterbar. Bezahnung reich. Parietalloch vorhanden. Brust- und Beckengürtel, jedoch letzterer meist ohne Verbindung mit einem Sacrum. Mesosaurus usw.

3. Unterklasse: Placoidea (Momimostylica Stann.).

Mit Hornplatten und Hautverknöcherungen darunter. Quadrat fest mit Schädel verbunden und Gaumendach mehr oder weniger geschlossen. Parietalloch fehlt. Schädel ohne Columella cranii. Cloakenöffnung ein Längsspalt. Paukenhöhle und Paukenfell stets. Einheitliches Begattungsorgan an vorderer Cloakenwand.

1. Ordnung Crocodilia. Krokodile.

Langgestreckt, eidechsenförmig. Schnauze lang bis sehr lang. Hautverknöcherungen ohne Verbindung mit Achsenskelet. Wirbel der Recenten procöl, der Älteren amphicöl. Bauchrippen vorhanden. Gaumendach mehr oder weniger geschlossen. Clavicula rückgebildet. Zähne nur in Zwischen-, Ober- und Unterkiefer, in Alveolen; bei Recenten etwas heterodont. Sekundärer Nasen-Rachengang wenig bis sehr ausgebildet. Herzkammer völlig geteilt. Harnblase fehlt. *Alligator*, *Crocodilus*, *Gavialis* usw. Süßwasser. Seit Trias.

2. Ordnung: Cheloniae (Testudinata). Schildkröten.

Rumpf verbreitert, mit meist starkem dorsalen und ventralen Hautknochenpanzer; der erstere fast stets mit Achsenskelet vereinigt. Extremitäten bei Teil flossenartig. Schnauze kurz. Sekundärer Nasen-Rachengang wenig entwickelt. Zähne fehlen; dagegen häufig Hornschnabel. Harnblase stets. *Sphargis*, *Chelone*, *Trionyx*, *Chelydra*, *Emys*, *Testudo* usw. Süßwasser, Meer und Land. Seit oberer Trias.

4. Unterklasse: Ichthyopterygia.

An das Meerleben angepaßte Formen von fischartiger Gestalt, mit Caudal- und Rückenflosse, zwei Paar flossenartigen Extremitäten, ohne Schuppen oder Hautverknöcherungen. Schnauze lang ausgezogen. Schädel squamatenähnlich; Quadrat fest. Parietalloch. Zähne (homodont) nur in Kieferknochen, in einer Rinne eingepflanzt. Hals kurz. Wirbel amphicöl. Sacrum nicht ausgebildet. Bauchrippen. *Ichthyosaurus* usw. Trias bis Kreide..

5. Unterklasse: Sauropterygia.

An das Meerleben angepaßte Formen. Mit meist flossenartigen Extremitäten. Hals meist sehr verlängert. Schnauze mäßig. Schädel etwas schildkrötenartig, ein Jochbogen. Parietalloch. Quadrat fest. Sacrum ausgebildet. Zähne ziemlich homodont, nur an Kieferknochen, in Alveolen. Wirbel amphicöl bis platycöl. Bauchrippen. *Nothosaurus*, *Plesiosaurus* usw. Dyas bis Kreide.

6. Unterklasse: Theromorpha.

Fossil, von Dyas bis Trias. Große Landtiere, mit starken, zum Gehen eingerichteten Extremitäten. Wirbel amphicöl, Sacralwirbel häufig vermehrt, bis auf sechs. Quadrat fest; Gaumen geschlossen. Schnauze mäßig bis kurz. Zähne in Alveolen, homodont bis säugetierähnlich heterodont, zuweilen sehr stark reduziert bis ganz fehlend; meist nur in Kieferknochen (selten am Gaumen, Placodus). Becken amphibien- bis säugetierähnlich; Pubis und Ischium nach hinten gerichtet, wenig gesondert. For. obturatum klein bis fehlend. Parietalloch zum Teil vorhanden. *Pareiosaurus*, *Dicynodon*, *Placodus*, *Clepsydrops*, *Galesaurus* usw.

7. Unterklasse: Dinosauria (Ornithoscelidae).

Fossil, von Trias bis Kreide. Meist große bis sehr große Landtiere mit kräftigen Extremitäten, von denen die hinteren etwas bis viel länger als die vorderen. Im ersteren Falle

Gestalt eidechsenartig, im letzteren känguruhartig, auf den Hinterbeinen aufgerichtet. Schwanz lang. Haut ohne oder mit Verknöcherungen. Wirbel amphicöl, bis opistho- und platycöl. Sacralwirbel häufig vermehrt bis auf sechs und mehr. Bauchrippen bei Teil. Schnauze mäßig bis etwas verlängert. Quadrat unbeweglich. Bezahnung reich, homodont, nur an den Kieferknochen; in Alveolen. Becken krokodil- bis vogelartig; Ileum stets lang bis sehr lang. *Brontosaurus, Morosaurus, Diplodocus, Megalosaurus, Scelidosaurus, Triceratops, Iguanodon* usw.

8. Unterklasse: Pterosauria.

Fossil: von oberer Trias bis Kreide. Bis mäßig groß. Ohne Hautverknöcherungen. Vordere Extremität zu Flugorgan entwickelt durch Flughaut, die sich zwischen Körper und dem stark verlängerten fünften Finger ausspannt. Schwanz kurz bis lang. Bauchrippen. Wirbel amphi- bis procöl. Sacralwirbel drei bis fünf. Schnauze stark verlängert. Quadrat unbeweglich. Schädel mehr squamatenartig. Gaumen meist geschlossen. Parietalloch nicht. Alveolarzähne in Kieferknochen, homodont; auch zahnlos (Pteranodon). *Pterodactylus, Rhamphorhynchus, Pteranodon.*

4. Klasse: Aves. Vögel.

Integument mit besonderen verhornten Anhängen, Federn. Vorderextremität in besonderer Weise zu Flügel umgebildet, dessen Fläche wesentlich von den langen Schwungfedern gebildet wird. Hand stark verkümmert, jedoch zuweilen lang. Hinterextremität meist sehr kräftig entwickelt; fünfte Zehe stets verkümmert. Quadrat sehr beweglich und Kiefer-Gaumenapparat etwas. Kreuzbein sehr wirbelreich. Beckensymphyse fast stets rückgebildet. Zähne bei recenten völlig reduziert; dagegen Hornschnabel. Herzkammern völlig geteilt. Nur eine rechte Aortenwurzel. Harnblase fehlt. Begattungsorgan ähnlich dem der placoiden Reptilien bei Teil vorhanden; meist jedoch rückgebildet. Rechtes Ovarium und Eileiter rückgebildet. Seit Juraformation bekannt.

1. Unterklasse: Saururae. Urvögel.

Fossil (Oberer Jura). Mit langem, zweireihig befiedertem Schwanz. Zähnchen in Zwischen-, Ober- und Unterkiefer. Drei freie Finger der Hand mit Krallen. Metacarpalia nicht verwachsen. Wirbel amphicöl. Bauchrippen. *Archaeopteryx.*

2. Unterklasse: Ornithurae.

Schwanz äußerlich verkümmert. Nur gewisse fossile Formen noch mit Zähnen. Hals- und Rumpfwirbel mit Sattelgelenken. Metacarpalia verwachsen und die Finger (bis drei) sehr verkümmert. Höchstens der erste, seltener noch der zweite mit Kralle.

1. Ordnung: Ratitae. Straußartige Vögel.

Sternum ohne Carina; mit verkümmerten Flügeln. Federn ohne feste geschlossene Fahne. Begattungsorgan stets vorhanden. *Apteryx, Rhea, Dromaeus, Casuarius, Struthio.* Bei den zuweilen hierhergezogenen fossilen (Kreide) Odontolcae (Odonthornithes) noch Zähne.

2. Ordnung: Carinatae.

Mit Carina des Sternums. Flügel nur ausnahmsweise verkümmert. Konturfedern mit geschlossener Fahne. Begattungsorgan meist verkümmert. Sehr große Abteilung. Bei fossilen Odontornae Zähne.

Wir gehen hier auf die schwierige Systematik dieser Ordnung nicht ein, die jetzt gewöhnlich in eine große Anzahl kleiner Gruppen zersplittert wird, ein Zeichen, daß die richtige Erkenntnis der Zusammenhänge noch fehlt.

5. Klasse: Mammalia. Säugetiere.

Integument sehr drüsenreich (wo nicht Rückbildung), und bei den Weibchen auf der Bauchseite stets Mammardrüsen zur Ernährung der Jungen. Integumentale verhornte Anhänge in Form von Haaren (selten verkümmert). Wirbel meist ohne Gelenke, mit Zwischenwirbelscheiben. Doppelter Occipitalcondylus. Quadrat beweglich, zu einem Gehörknöchelchen reduziert, dazu noch die Columella, sowie ein drittes. Der Unterkiefer gelenkt daher am Squamosum. Schnecke des Gehörorgans ansehnlich entwickelt. Äußeres Ohr meist ansehnlich. Alveolarzähne (wo nicht rückgebildet) nur in Zwischen-, Ober- und Unterkiefer; Heterodontie (zuweilen rückgebildet). Einmaliger Zahnwechsel (wenn nicht rückgebildet). Cloake meist rückgebildet; dann die Urogenitalöffnung vor After. Aorta mit einfacher linker Wurzel. Harnblase und Urogenitalsinus stets. Begattungsorgan nach Typus der placoiden Reptilien stets; bei Rückbildung der Cloake äußerlich.

1. Unterklasse: Aplacentalia.

Entwicklung ohne Placenta, oder diese doch nur bei einzelnen Marsupialia schwach angedeutet. Beutelknochen vorhanden. Vaginae nicht verwachsen, oder doch nur teilweise.

1. Ordnung: Monotremata. Cloakentiere.

Cloake vorhanden, das Begattungsorgan einschließend. Schultergürtel mit Coracoid, das das Sternum erreicht, und ansehnlichem Episternum. Zähne bei recenten Formen rückgebildet. Zwei obere Hohlvenen. Ein Paar Milchdrüsen ohne Zitzen. Beutel bei ♀ zuweilen temporär gebildet. MÜLLERsche Gänge ganz getrennt. Vaginen nicht deutlich. Scrotum fehlt. Eierlegend. *Ornithorhynchus* (Schnabeltier), *Echidna* (Ameisenigel).

2. Ordnung: Marsupialia (Didelphia). Beuteltiere.

Cloake rückgebildet, höchstens ganz schwach angedeutet. Zahnbildung gut und mit sehr verschiedenen Anpassungen, ähnlich wie bei den Ordnungen der Placentalia. Zahnwechsel fast oder völlig rückgebildet. Coracoid rückgebildet. Beutelknochen stets. Beutel bei ♀ fast stets, darin ein bis zahlreiche Mammardrüsenpaare mit Zitzen. Fast immer zwei obere Hohlvenen. Vaginen gut entwickelt; ganz getrennt oder nur ihre proximalen Enden verwachsen. Uteri ganz gesondert. Scrotum vor Peniswurzel. Peniseichel häufig gabelig. Junge frühzeitig geboren. *Phascolomys* (Wombat), *Macropus* (Känguruh), *Phalangista*, *Perameles* (Beuteldachse), *Dasyurus* (Beutelmarder), *Thylacinus* (Beutelwolf), *Didelphys* (Beutelratten) usw.

Die ältesten Säuger treten (soweit bekannt) in der oberen Trias auf. Leider geben jedoch die mesozoischen Säugerreste nur wenig Aufschluß, da sie sich fast ausschließlich auf Zähne und Unterkiefer beschränken; ja sogar hinsichtlich ihrer Säugernatur z. T. noch zweifelhaft sind. Bei einem Teil der ältesten (sog. Microtuberculata oder Allotheria), von denen sich noch Ausläufer bis ins Tertiär erhielten, waren die zwei- bis dreiwurzeligen Backzähne mit meist zahlreichen Höckern ihrer Krone versehen, die in zwei bis drei Längsreihen angeordnet waren. Das übrige Gebiß war ziemlich spezialisiert. Mancherlei spricht dafür, daß diese Formen mit den heutigen Monotremen näher verwandt waren.

Bei einer zweiten Reihe alter Säuger, die ebenfalls schon in der oberen Trias begann, und deren vordere Gebißregion weniger spezialisiert war, waren die Kronen der häufig sehr zahlreichen Backzähne mit drei Zacken versehen, die entweder in einer Längsreihe standen (triconodont), oder in einem Dreieck angeordnet waren (trigonodont). Ursprünglich einwurzelig, wurden die Backzähne der späteren zwei- bis dreiwurzelig und ihre Krone komplizierter. Man erachtet die Formen der zweiten Reihe teils für Vorläufer der heutigen Marsupialia, teils für solche der Insectivora.

2. Unterklasse: Placentalia (Monodelphia).

Mit Placenta, die recht verschieden gebaut. Beutel und Beutelknochen fehlen. Coracoid reduziert. Die beiden Vaginen stets ganz verwachsen. Uteri nicht, teilweise (U. bicornis) bis ganz verwachsen (U. simplex). Scrotum, wenn ausgebildet, hinter Peniswurzel. Glans penis nicht gegabelt.

1. Ordnung: Ungulata. Huftiere.

Mäßig bis sehr groß. Extremitäten lang und stark, nur zum Gehen eingerichtet. Unguligrad (auf den Endphalangen gehend); selten digitigrad. Endphalangen zu Hufen verbreitert, die von dem Hornnagel schuhartig umgeben. Die Zehenzahl meist stark reduziert. Clavicula reduziet. Gebiß vollständig bis unvollständig. Backzähne mit breiter, höckeriger bis faltiger Krone, zum Zermalmen eingerichtet. Zahnwechsel stets gut. Darm meist sehr lang; Blinddarm ebenso, selten kurz oder fehlend. Gewöhnlich nur rechte obere Hohlvene. Zitzen meist inguinal. Uterus zweihörnig. Placenta adeciduat. Scrotum meist.

Die Gruppe der Ungulata wird häufig viel weiter gefaßt, als eine Überordnung, die unsere drei ersten Ordnungen umgreift. Wir führen letztere gesondert auf, da der Beweis, daß sie einem gemeinsamen Stamm entsprangen, doch wohl noch nicht scharf genug geführt ist.

1. Unterordnung: Perissodactylia. Unpaarzehige Huftiere.

Dritte Zehe stark entwickelt, als Mittelstamm der Füße. Die äußeren Zehen mehr oder weniger bis völlig verkümmert. Hintere Prämolaren von den Molaren wenig scharf unterschieden. Thoracolumbarwirbel 22 und mehr. Keine Geweihe oder Hörner auf Stirnbein. Magen stets einfach. Zwei Zitzen. Scrotum nur bei Equus. Placenta diffus. *Tapirus* (Tapire), *Rhinoceros* (Nashörner), *Equus* (Pferde). Fossile Vorläufer seit Eocän.

2. Unterordnung: Artiodactylia. Paarzehige Huftiere.

Dritte und vierte Zehe symmetrisch gleich entwickelt; die Mittelebene des Fußes fällt zwischen sie. Äußere Zehen mehr oder weniger, bis völlig verkümmert. Hintere Prämolaren von den Molaren schärfer unterschieden. Eckzähne und obere Schneidezähne häufig reduziert. Thoracolumbalwirbel 19. Placenta diffus bis cotyledonär. Magen einfach bis zusammengesetzt. Geweihe oder Hörner häufig. Zitzen ein bis zahlreiche Paare; inguinal bis abdominal. Fossil seit Eocän.

1. *Nonruminantia*, Schweineartige. *Hippopotamus* (Nilpferd), *Sus* (Schweine) usw.

2. *Ruminantia* (Wiederkäuer). *Tragulus* (Zwerghirsch), *Moschus* (Moschustier), *Cervus* (Hirsche), *Camelopardalis* (Giraffe), *Ovis* (Schafe), *Capra* (Ziegen), *Antilope* usw. (Antilopen), *Bos* (Rinder), *Camelus* (Kamele), *Auchenia* (Lama) usw.

Eine große Anzahl fossiler, hier nicht näher zu charakterisierender Ordnungen schließen sich an die typischen Ungulata an, so die *Condylarthra*, *Ancylopoda*, *Lipopterna*, *Amblypoda* und *Toxodontia*.

2. Ordnung: Hyracoidea. Klippschliefer.

Klein. Mäßig hohe Extremitäten. Zehen 4/3. Plantigrad. Krallen nagelartig. Gebiß erwachsen $\frac{1\ 0\ 4\ 3}{2\ 0\ 4\ 3}$. Vordere Prämolaren allmählich ausfallend. Oberer Schneidezahn wurzellos, nagezahnähnlich. Backzähne ungulatenähnlich. Thoracolumbarwirbel 28—29. Magen einfach. Scrotum fehlt. Penis hängend. Uterus bicornis. Zitzen ein bis mehrere Paare. Placenta deciduat, gürtelförmig. *Hyrax* usw.

3. Ordnung: Proboscidea. Elefanten.

Bis sehr groß. Körper plump. Schädel sehr aufgetrieben. Nase zu langem Greifrüssel verlängert. Extremitäten sehr plump, mit fünf fest verwachsenen Zehen, typisch unguligrad mit starkem Fußballen. Krallen mehr nagel- als hufartig. Schneidezähne bei Recenten auf einen Stoßzahn im Zwischenkiefer reduziert, bei fossilen zum Teil noch ein unterer Stoßzahn. Eckzähne fehlen. Backzähne sehr groß, bei den Recenten reich querfaltig, successive hintereinander hervortretend, daher nicht eigentlich gewechselt. Magen einfach; Blinddarm sehr lang. Zwei obere Hohlvenen. Ein Paar brustständige Zitzen. Uterus zweihörnig. Scrotum fehlt. Placenta deciduat gürtelförmig. *Elephas*. Fossil: *Mastodon*, *Dinotherium* usw. Seit Mitteleocän.

4. Ordnung: Sirenia. Seekühe.

Groß. An das Meeresleben völlig angepaßte, von elefantenartigen Vorfahren herleitbare Säuger. Hintere Extremitäten bei Recenten völlig reduziert; vordere flossenartig, ohne freie Finger. Schwanz zu dorsoventral abgeplatteter Schwanzflosse verbreitert. Haare fast völlig, äußeres Ohr ganz reduziert. Schneidezähne und Eckzähne fast völlig rückgebildet (Ausnahme Halicore ♂, ein großer oberer Schneidezahn). Backzähne zahlreich, huftierartig. Clavicula fehlt. Magen etwas kompliziert, Coecum kurz. Zwei obere Hohlvenen. Uterus zweihörnig; ein Paar brustständige Zitzen. Placenta adeciduat, gürtelförmig. Scrotum fehlt. *Manatus*. *Halicore* usw. Seit Mitteleocän.

5. Ordnung: Rodentia. Nagetiere.

Klein bis mäßig groß. Extremitäten mäßig. Zehen meist 5/5 (nicht unter 3/3); plantigrad bis semiplantigrad; mit stumpfen bis hufartigen Krallen. Schneidezähne oben und unten auf ein Paar sehr langer wurzelloser Nagezähne reduziert (selten hinter dem oberen ein kleines zweites Paar). Eckzähne fehlen. Backzähne mit flacher ansehnlicher Krone, meist reich querfaltig; ihr Wechsel zum Teil unvollständig. Magen meist einfach, selten etaws zweiteilig. Coecum fast stets sehr lang (selten zwei oder fehlend). Meist zwei obere Hohlvenen. Zitzen meist zahlreich (ein bis neun Paare) über die ganze Bauchseite. Uterus doppelt bis zweihörnig. Placenta deciduat, discoidal. Scrotum schwach bis fehlend. Penisknochen häufig. Herbi- bis omnivor. Seit Eocän.

Lepus (Hase), *Cavia* (Meerschwein), *Hystrix* (Stachelschwein), *Dipus* (Springhase), *Castor* (Biber), *Mus* (Mäuse), *Arvicola* (Wühlmäuse), *Myoxus* (Siebenschläfer), *Sciurus* (Eichhorn), *Arctomys* (Murmeltier) usw.

6. Ordnung: Insectivora. Insektenfresser.

Klein bis mäßig groß. In mancher Hinsicht Parallelgruppe zu Rodentia. Extremitäten mäßig; meist plantigrad. Zehen gewöhnlich fünf (nicht unter vier), mit Krallen. Schneidezähne oben stets mehr wie ein Paar, nicht nagezahnartig. Kleine Eckzähne stets, jedoch wenig hervortretend. Backzähne spitzhöckerig. Clavicula fast stets. Magen einfach; Coecum selten vorhanden. Zum Teil zwei obere Hohlvenen. Zitzen ähnlich Nagetiere (ein bis zehn Paare). Uterus zweihörnig. Scrotum meist fehlend. Penisknorpel selten. Placenta deciduat und discoidal. *Erinaceus* (Igel), *Sorex* (Spitzmaus), *Talpa* (Maulwurf). *Galeopithecus* (Fliegender Maki), auch als besondere Ordnung der Galeopithecidae aufgestellt, usw. Seit Eocän.

7. Ordnung: Chiroptera. Fledermäuse.

Vorderextremitäten zu großen Flügeln entwickelt, durch Flughaut, die sich zwischen den stark verlängerten Fingern 2 bis 5, den Körperseiten und den hinteren Extremitäten ausspannt und z. T. auch den Schwanz einschließt. Clavicula stets. Schneidezähne klein (im Maximum $\frac{2}{3}$, häufig Reduktion); Eckzähne ansehnlich, raubtierartig; Backzähne spitzhöckerig. Magen einfach bis mit Anhang. Kleiner Blinddarm selten. Ein Paar brustständige Zitzen. Uterus doppelt bis einfach. Placenta deciduat, scheibenförmig. Penis hängend; Scrotum fehlt. *Rhinolophus* (Hufeisennase), *Plecotus*, *Vesperugo*, *Vespertilio*, *Pteropus* (Fliegender Hund) usw. Seit Eocän.

8. Ordnung: Edentata (Bruta). Zahnarme.

Klein bis mäßig groß (fossile zum Teil sehr groß). Extremitäten mäßig bis ansehnlich, plantigrad. Zehen wenig reduziert (meist fünf, selten unter vier). Endphalangen ansehnlich, mit starken bis sehr starken, zum Graben oder Klettern dienenden gekrümmten Krallen. Gebiß stets stark vereinfacht. Schneidezähne und Eckzähne meist ganz reduziert; Backzähne fast immer völlig homodont, schmelzlos und meist wurzellos, einfach cylindrisch mit flacher Krone. Zahnwechsel mehr oder weniger rudimentär. Scrotum fehlt. ·Placenta verschieden.

1. Unterordnung: Tubulidentata (Orycteropodidae).

Schnauze verlängert. Extremitäten mäßig lang. Zehen 4/5, zum Graben eingerichtet, mit langen Krallen. Schwanz lang. Behaarung spärlich. Erwachsenes Gebiß ziemlich homodont, mit vier bis fünf Backzähnen, die statt einfacher Pulpa von zahlreichen aufsteigenuen sekundären Pulpen durchsetzt werden (tubulidentat). Insektenfressend, Zunge lang. Thoracolümbarwirbel ohne accessorische Gelenkfortsätze. Clavicula vorhanden. Magen einfach. Cöcum lang. Uterus doppelt. Ein Paar abdominale und ein Paar inguinale Zitzen. Placenta adeciduat (?) gürtelförmig. *Orycteropus* (Erdschwein).

2. Unterordnung: Pholidota (Squamata, Manidae). Schuppentiere.

Körpergestalt, Extremitäten und Lebensweise ähnlich Tubulidentata. Zehen 5/5 mit starken Grabkrallen. Rücken mit großen Hornschuppen und spärlicher Behaarung. Wirbel wie bei der 1. Unterordnung. Clavicula reduziert. Zunge lang. Magen einfach. Ein Paar achselständige Zitzen. Uterus zweihörnig. Placenta adeciduat, diffus. *Manis*.

3. Unterordnung: Xenarthra.

Schnauze mäßig verlängert (Gürteltiere und Ameisenfresser) bis kurz (Faultiere). Entweder dichtes Haarkleid (Ameisenfresser und Faultiere) oder Behaarung sehr spärlich und der Rücken mit Hornplatten, unter denen Hautverknöcherungen liegen (Gürteltiere). Extremitäten mäßig lang, mit Grabkrallen und meist fünf Zehen, oder sehr lang bei Faultieren, deren Zehen bis auf zwei und drei reduziert und mit langen Kletterkrallen versehen sind. Schwanz lang bis mäßig oder ganz reduziert (Faultiere). Zähne teils ganz rückgebildet (Ameisenfresser), teils auf wurzellose homodonte Backzähne $\left(\text{bis}\ \frac{9}{9}\right)$ beschränkt, selten der erste obere Zahn im Zwischenkiefer. Bei Faultieren zum Teil die vordersten Zähne abweichend eckzahnartig. Clavicula vorhanden. Magen einfach bis kompliziert (Faultiere). Uterus einfach, jedoch nicht scharf von Vaginalabschnitt geschieden. *Myrmecophaga* (Ameisenfresser); *Dasypus* (Gürteltiere); *Bradypus* (Faultiere) usw. Zahlreiche und zum Teil recht große fossile Formen seit älterem Tertiär.

9. Ordnung: Carnivora. Raubtiere.

Mäßig bis groß. Extremitäten verschieden; bei *Fissipedia* ansehnlich mit mindestens vier Zehen, die meist mit stark gekrümmten, großen und spitzigen, häufig retractilen Krallen versehen sind. Plantigrad bis digitigrad. Bei *Pinnipedia* stark verkürzt flossenartig, mit Schwimmhäuten. Schneidezähne klein $\left(\text{meist}\ \frac{3}{3}\ \text{jederseits}\right)$. Eckzähne groß, spitz und gekrümmt. Backzähne mit Ausnahme der hintersten stark komprimiert, mit schneidender mehrspitziger Krone, seltener plumper. Clavicula rudimentär bis fehlend. Magen stets einfach. Blinddarm meist, aber klein. Nur rechte obere Hohlvene. Zitzen in der Regel zahlreich (ein bis sieben Paar), abdominal. Uterus zweihörnig. Scrotum meist. Penisknochen häufig. Placenta deciduat, gürtelförmig.

1. Unterordnung: Fissipedia.

Klein bis groß. Extremitäten ansehnlich, zum Gehen eingerichtet. Nur selten schwache Schwimmhäute. Schwanz lang bis kurz. Backzähne nicht gleichmäßig, sondern stark differenziert; meist mit stark hervortretenden sog. Reißzähnen. Äußeres Ohr gut. Scrotum. *Viverra* (Zibethkatze), *Hyaena* (Hyänen), *Felis* (Katzen), *Canis* (Hunde), *Mustela* (Marder), *Procyon* (Waschbär), *Ursus* (Bären) usw. Seit Oligocän.

2. Unterordnung: Pinnipedia. Robben.

Mittel bis sehr groß. Extremitäten flossenartig verkürzt, mit Schwimmhäuten, hintere nach hinten gerückt und gerichtet. Nägel mehr oder weniger rudimentär. Schwanz stark verkümmert. Haarkleid kurz. Äußeres Ohr meist ganz verkümmert. Eckzähne meist wenig hervortretend. Backzähne gleichartig. Ein bis zwei Paar abdominale Zitzen. Scrotum fehlt. Marin. *Phoca* (Seehund), *Otaria* (Ohrrobben), *Trichechus* (Walroß) usw. Seit Miocän.

3. Unterordnung: Creodonta.

Eocän bis Miocän. Die ältesten carnivorenartigen Säuger werden häufig unter dem obigen Namen zusammengefaßt. Es waren plantigrade Formen mit mäßig langen Extremitäten und einem primitiven Gebiß von der Formel $\frac{3\ 1\ 4\ 3}{3\ 1\ 4\ 3}$. Backzähne von carnivorem Bau, jedoch ohne Reißzähne und ohne Verkümmerung hinterer Molaren. Sie standen in Beziehung zu den ältesten Huftieren und den carnivoren Marsupialia.

10. Ordnung: Cetacea. Waltiere.

Groß bis sehr groß. An das Meerleben völlig angepaßte, wohl aus raubtierartigen Vorfahren hervorgegangene Säugetiere. Hintere Extremitäten rückgebildet. Vordere völlig flossenartig, ohne freie Finger und Nägel, sowie ohne jegliche Beweglichkeit der Abschnitte gegeneinander. Horizontale Schwanzflosse und meist unpaare Rückenflosse entwickelt. Kopf groß, mit stark verlängerter Schnauze. Haarkleid und Hautdrüsen ganz rückgebildet. Nasenöffnungen stark nach hinten, gegen den Scheitel emporgerückt. Äußeres Ohr fehlt stets völlig. Clavicula fehlt. Zähne sämtlich wieder gleichmäßig kegelförmig (homodont), oder ganz verkümmert. Magen kompliziert zusammengesetzt. Cöcum bei Teil, kurz. Nur rechte obere Hohlvene. Uterus zweihörnig. Ein Paar inguinale Zitzen. Scrotum fehlt. Placenta adeciduat und diffus. Seit Mitteleocän.

1. Ordnung: Denticeti (Odontoceti). Zahnwale.

Kopf mäßig bis sehr groß. Sehr zahlreiche bis wenige Zähne vorhanden. Sog. Barten fehlen. Nasenöffnungen zu einer zusammengeflossen (Spritzloch). *Zeuglodon* usw. (fossil), *Physeter* (Pottwal), *Delphinus, Phocaena* (Delphine, Meerschweine), *Monodon* (Narwal) usw.

2. Ordnung: Mysticeti (Mystacoceti). Bartenwale.

Zahnlos. Kopf sehr groß. Nasenlöcher gesondert. Barten jederseits längs des harten Gaumens. *Balaena, Balaenoptera* usw.

Überordnung: Primates. Primaten.

Extremitäten ansehnlich, zum Gehen, Klettern und Greifen eingerichtet; plantigrad; Zehen 5/5, die größtenteils (mit vereinzelten Ausnahmen) oder sämtlich. mit Plattnägeln versehen sind. Daumen meist, häufig auch große Zehe opponierbar. Gebiß vollständig. Zahnwechsel vollkommen. Schneidezähne nicht mehr wie $\frac{2}{2}$ jederseits; Eckzähne meist ansehnlich. Backzähne mehrhöckerig mit flachen Kronen. Augenhöhlen mehr oder weniger stark nach vorn gerichtet. Clavicula stets. Magen einfach. Coecum stets. Nur rechte obere Hohlvene. Penis hängend Scrotum meist.

1. Ordnung: Prosimiae. Halbaffen.

Habitus teils mehr raubtierartig, teils mehr affenartig. Gebiß gewöhnlich $\frac{2\ 1\ 3\ 3}{2\ 1\ 3\ 3}$; Schneidezähne bei manchen mehr oder weniger rudimentär; Eckzähne ansehnlich (selten rudimentär). Extremitäten lang (Klettertiere); die hinteren meist etwas länger als die vorderen. Daumen und große Zehe meist opponierbar (Chiromys nur große Zehe). Plattnägel, mit Ausnahme der zweiten Zehe, die bekrallt (Ausnahme Chiromys, wo nur erste Zehe mit Plattnagel). Schwanz sehr verschieden. Augenhöhlen gegen die Schläfengruben nicht knöchern abgeschlossen. Unterkieferhälften meist nicht verwachsen. Uterus zweihörnig. Zitzen ein bis drei Paare, inguinal bis pectoral. Scrotum mäßig; Peniskochen meist. Clitoris durchbohrt. Placenta meist diffus und adeciduat bis discoidal (Tarsius). Vorläufer seit Eocän. *Tarsius* (Gespenstmaki), *Lemur* (Lemuren), *Nycticebus, Chiromys* (Fingertier) usw. Seit Eocän.

2. Ordnung: Simiae. Affen.

Augenhöhlen gegen die Schläfengruben knöchern abgeschlossen. Gebiß $\frac{2\ 1\ 2\ (3)\ 3\ (2)}{2\ 1\ 2\ (3)\ 3\ (2)}$. Schneidezähne in geschlossener Reihe. Eckzähne fast stets stark hervorragend. Vordere Extremitäten in der Regel länger als hintere. Schwanz sehr verschieden. Daumen und große Zehe opponierbar. Unterkieferäste verwachsen. Uterus einfach. Ein Paar brustständige Zitzen. Scrotum stets. Penis hängend, mit Knochen. Placenta deciduat, discoidal.

1. Unterordnung: Arctopitheci. Krallenaffen.

Sämtliche Finger und Zehen mit Krallen, außer der großen Zehe, die mit Plattnagel. Daumen nicht opponierbar. Gebiß $\frac{2\ 1\ 3\ 2}{2\ 1\ 3\ 2}$. Schwanz lang (kein Greifschwanz). Nase wie bei Platyrrhina. *Hapale.*

2. Unterordnung: Platyrrhina. Affen der neuen Welt.

Gebiß $\frac{2\ 1\ 3\ 3}{2\ 1\ 3\ 3}$. Nasenscheidewand breit, daher Nasenlöcher seitlich schauend. Sämtliche Zehen mit Plattnägeln. Daumen mäßig opponierbar. Schwanz lang, häufig zum Greifen eingerichtet. Weder Backentaschen noch Gesäßschwielen. Keine seitlichen Kehlsäcke; zum Teil unpaarer. *Cebus* (Kapuzineraffe), *Mycetes* (Brüllaffe) usw. Seit Oligocän.

3. Unterordnung: Catarrhina. Affen der alten Welt.

Gebiß $\dfrac{2\ 1\ 2\ 3}{2\ 1\ 2\ 3}$. Nasenscheidewand schmal, Nasenlöcher nach vorn schauend. Backen-taschen und Gesäßschwielen häufig. Daumen stets opponierbar (selten rudimentär). Schwanz sehr verschieden, nie Greifschwanz. Seitliche Kehlsäcke bei Teil.

1. Cynomorpha. Paviane.

Vordere Extremitäten nicht, oder wenig länger als die hinteren. Mit der ganzen Hand- und Fußfläche auftretend; sich nicht aufrichten'd. Gesäßschwielen stets, Backentaschen meist. Schnauze meist stark vorspringend. Unpaarer Kehlsack. *Cynocephalus* (Paviane), *Macacus Cercopithecus* usw. Seit Miocän.

2. Anthropomorpha. Menschenähnliche Affen.

Vorderextremitäten sehr stark verlängert. Mit dem Außenrand des Fußes auftretend (Ausnahme Hylobates). Sich häufig aufrichtend. Schwanz verkümmert. Ohne Backentaschen. Kleine Gesäßschwielen. nur bei Hylobates. Meist seitliche Kehlsäcke. Coecum mit Processus vermicularis. *Hylobates* (Siamang), *Simia* (Orang), *Anthropopithecus* (Troglodytes, Schim-panse), *Gorilla* (Gorilla). Vorläufer seit Miocän.

3. Bimana. Menschen.

Die Unterschiede von den Anthropomorpha sind ausschließlich quantitative. Gebiß wie Catarrhina. Eckzähne nicht oder wenig vorspringend. Schwanzlos. Vorderextremität nicht verlängert. Bewegung nur auf Hinterextremität. Auftreten mit der ganzen Fußsohle; große Zehe nicht oder sehr wenig opponierbar. Körperbehaarung stark reduziert. Mammar-drüsen zu Brüsten entwickelt. Homo.

3. Abschnitt.
Vergleichende Anatomie der Protozoa.
Einleitung.

Die Gründe, welche eine gesonderte Behandlung der vergleichenden Anatomie der *Protozoen* erfordern, wurden schon in der Einleitung kurz erörtert. Die unter-geordneten Teile oder Organe, aus welchen sich der Protozoenkörper aufbaut, sind Teile einer einfachen Zelle und daher morphologisch unvergleichbar mit den Organen des Metazoenkörpers, die zum mindesten selbst eine einfache Zelle sind, in der Regel aber Komplexe zahlreicher, ja ungeheuer vieler Einzelzellen. So viel berechtigte Vergleichspunkte die Organe der Protozoen und Metazoen daher auch in physiologischer Hinsicht darbieten, so scharf müssen sie morphologisch ausein-ander gehalten werden. Man hat deshalb auch häufig vorgeschlagen, die Protozoen-organe durch eine besondere Bezeichnung, als Organula, Organoide oder Organellen, von den Metazoenorganen zu unterscheiden.

Eine Übersicht der Protozoenorgane läßt leicht erkennen, daß sie morpholo-gisch nicht gleichwertig sind; nach ihrer Entstehung können sie vielmehr in zwei Kategorien gesondert werden. Eine Reihe der Organellen erweist sich nämlich bei genauerer Untersuchung als Erzeugnisse des Protoplasmas; sei es, daß sie direkt durch Umbildung gewisser Anteile des Zellplasmas entstehen, sei es, daß sie mehr als Produkte des Protoplasmas aufgefaßt werden müssen. Diese Organellen können daher auch eventuell nach ihrem Verlust oder ihrer Rückbildung, ebenso auch bei der Vermehrung vom Protoplasma neu hervorgebracht werden. Wir können sie daher als die *plasmatischen* bezeichnen. Die *plasmatischen Organellen* selbst lassen sich jedoch wieder unterscheiden, insofern sie nämlich nach ihrer Beschaffenheit als relativ wenig verändertes, in besonderer Weise modifiziertes Plasma anzusehen, und daher auch wie das übrige Plasma als eigentlich lebendig, d. h. an der Hervorbringung der Lebenserscheinungen direkt beteiligt, zu beurteilen sind. Solche plasmatische Organellen können wir daher als *lebendige* oder *euplasmatische* von denen der zweiten Gruppe unterscheiden. Letztere sind, obgleich für die Erhaltung des Lebens der Zellen häufig sehr wertvoll, dennoch nicht eigentlich lebendig, d. h. sie nehmen keinen direkten Anteil an deren eigentlichen Lebensprozessen. Wir können sie daher als *nichtlebendige*, oder besser als *alloplasmatische* von den *euplasmatischen* trennen. Es liegt übrigens auf der Hand, daß diese Unterscheidung im einzelnen häufig bedeutende Schwierigkeiten bietet, da die Lebensvorgänge sehr verwickelt ineinander greifen und das Leben des Zellindividuums sich nicht wohl in einzelne Anteile zerlegen läßt. Auch ist die Herkunft und Entstehung vieler Organellen noch wenig sicher. Andrerseits wird sich jedoch ergeben, daß die Unterscheidung der beiderlei plasmatischen Organe von Wert ist.

Den *plasmatischen Organellen* steht eine zweite Gruppe gegenüber, die wir als *autonome* bezeichnen wollen, insofern sie hinsichtlich ihrer Entstehung auf sich selbst angewiesen sind, d. h. nur auf die Weise neugebildet werden können, daß die schon vorhandenen sich vermehren. Wie wir finden werden, sind es hauptsächlich die *Kerne* (Nuclei), welche diesen autonomen Charakter besitzen; ebenso oder doch prinzipiell ähnlich verhält sich das sog. *Centrosom*, wo es sich findet; endlich gehören zu dieser Kategorie auch die sog. *Chromoplasten* (Farbstoffkörper, Chlorophyllkörper), die jedoch bei tierischen Einzelligen selten vorkommen. Obgleich die Organellen der letzterwähnten Art autonom sind, weil sie, soweit bekannt, nie von dem Plasma hervorgebracht werden, sondern nur durch Selbstvermehrung neu entstehen, so sind sie doch hinsichtlich ihrer Ernährung auf das Plasma angewiesen.

Der folgenden Übersicht der Organellen legen wir eine physiologische Einteilung zugrunde, wie dies ja in der vergl. Anatomie, trotz der Betonung ihres rein morphologischen Standpunktes, noch gewöhnlich geschieht. Eine rein morphologisch-genetische Gruppierung wäre bei dem heutigen Stand unserer Kenntnisse schwerlich durchführbar.

A. Euplasmatische Organellen.
1. Bewegungsorganellen.

Pseudopodien. Die Angehörigen der umfangreichen Abteilung der *Sarcodinen* bewegen sich ohne bleibende, dauernde Organe. Ja es gibt darunter sogar einfache Formen (gewisse Amöben), welche dabei nicht einmal vorübergehend organartige Bildungen hervorbringen. Die charakteristische Bewegungsart der Sarcodinen ist die sog. Plasmabewegung oder amöboide Bewegung, die sich in Strömungsvorgängen des Plasmas äußert, deren Ursachen hier nicht näher erörtert werden können. Im einfachsten Fall strömt das Plasma in der Achse des einzelligen Wesens vor, um,

wenn es die Oberfläche erreicht hat, nach allen Seiten rückwärts umzubiegen
(s. Fig. 5); da diese Rückströmung des peripherischen Plasmas fast immer sehr
bald stockt, so führt der Axialstrom fortgesetzt einen Überschuß von Plasma nach
vorn. Infolgedessen wächst das Vorderende andauernd vor, während das Hinterende gewissermaßen einschrumpft. Es ist ersichtlich, daß die ganze Zelle sich so
allmählich vorwärts bewegt, ohne ihre Gestalt
wesentlich zu verändern. Da jedoch der ursprüngliche Plasmastrom erlöschen und dafür
ein anders gerichteter auftreten kann, so ist mit
dieser einfachsten Art der plasmatischen Ortsbewegung dennoch ein zeitweiliger Gestalts-
wechsel verbunden.

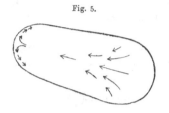

Fig. 5.

Schema der Protoplasmaströmung einer einfachen Amöbe. Die Pfeile geben die Richtung des Stromes an.

Tritt ein solcher Vorstrom des Plasmas
mehr lokal am Zellkörper auf, so ruft er an
dem Punkt der Oberfläche, gegen welchen er
gerichtet ist, das Hervorwachsen eines lappen- bis fingerartigen Plasmafortsatzes
hervor, eines sog. Scheinfüßchens oder *Pseudopodiums.* Treten gleichzeitig mehrere
solche Ströme gegen die Oberfläche, so bilden sich mehrere Pseudopodien (s. Fig. 6).

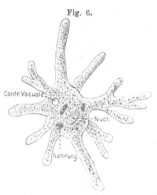

Fig. 6.

Contr. Vacuole

Nucl.

Nahrung

Amoeba proteus. Nach Leidy (1879).
C. H.

Da sich der Strom innerhalb eines solchen Pseudopodiums selbst wieder verteilen und gegen verschiedene Punkte seiner Oberfläche richten kann,
so vermögen sich auf diese Weise auch mehr oder
weniger verzweigte fingerartige Pseudopodien (Lo-
bopodien) zu bilden. Erlischt die Zuströmung des
Plasmas, so hört natürlich das Wachsen des Pseudopodiums auf; treten dann an anderen Stellen des
Körpers stärkere Strömungen auf, so wird das
Plasma des Pseudopodiums wieder in das allgemeine Körperplasma rückströmen. Natürlich ist
mit diesem wechselnden Vor- und Rückströmen von
Pseudopodien ein mehr oder weniger energischer
amöboider Gestaltwechsel der Zelle verbunden. —

Da die Pseudopodien aus dem vorströmenden Körperplasma hervorgehen, so wird
der Körper, wenn die Pseudopodien vorwiegend nach einer gewissen Richtung auswachsen, bzw. hervorströmen, in dieser Richtung fortschreiten.

Aus dem Bemerkten folgt, daß die Pseudopodien keine bleibenden Organellen
sind, sondern vorübergehende organartige Bildungen, die, wie wir finden werden,
auch noch zu anderen Lebensverrichtungen dienen können.

Viele Sarcodinen entwickeln in ähnlicher Weise feinere, mehr fadenförmige,
gegen ihr Ende zugespitzte Pseudopodien (Filipodien), die auch häufig mannigfaltig
verzweigt sind (s. Fig. 7 und die Fig. 18 u. 19 auf S. 85, 87). Es finden sich alle Ab-
stufungen zwischen den lappig-fingerartigen und den fädigen Pseudopodien. Die
Mehrzahl der Sarcodinen, insbesondere die marinen, bilden meist große Mengen

äußerst feiner fadenförmiger Pseudopodien, die sich reich verzweigen und untereinander netzartig verbinden, indem sie sich auf eine weite Strecke im Umkreis der Zelle ausbreiten. Die Ortsbewegung beruht auch hier auf dem lebhaften Strömen solcher Pseudopodiennetze nach einer gewissen Richtung. — Während die fädigen Pseudopodien der Rhizopoden sich meist auf einer Unterlage ausbreiten, strahlen dagegen die ähnlichen der schwimmenden *Radiolarien* allseitig von der Oberfläche des Körpers in das umgebende Wasser aus (s. Fig. 19 S. 87). Auch sie zeigen häufig Netzbildung, wenn auch weniger entwickelt als die der Rhizopoden.

Etwas anders geartet sind die Pseudopodien der gleichfalls meist schwimmenden Sonnentierchen oder *Heliozoen* des süßen Wassers, welche unverzweigte, feinstrahlige Scheinfüßchen allseitig sonnenartig aussenden. Diese Pseudopodien verdanken ihre relative Starrheit, wenigstens bei den größeren Formen, welche eindringendere Untersuchung gestatten, der Anwesenheit eines besonderen Plasmafadens, der ihre Achse durchzieht (Achsenfaden) und sich mehr oder weniger tief in den Zellkörper hinein erstreckt. Bei vielen Heliozoen können die Achsenfäden bis zu einem im Centrum des Körpers gelegenen Körnchen (Achsenkorn, Centrosom) verfolgt werden (s. Fig. 18, S. 85). Da jedoch die Pseudopodien der Heliozoen rückgebildet werden können, wenngleich sie dauerhafter sind als die rasch wechselnden

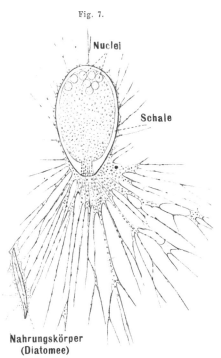

Fig. 7.

Nuclei

Schale

Nahrungskörper
(Diatomee)

Gromia oviformis (Rhizopoda). (Nach M. Schultze 1854). C. H.

der Rhizopoden, so wird bei der Einziehung auch der Achsenfaden rückgebildet, d. h. verschwindet, anscheinend durch Auflösung im Plasma. Bei der Entwicklung neuer Pseudopodien differenziert er sich, soviel man weiß, von neuem. Ähnliche Achsenfäden wurden auch bei den fadenförmigen Pseudopodien gewisser Radiolarien beobachtet und selbst für die der Rhizopoden als wahrscheinlich vermutet.

Undulipodien. Die Bewegungsorganellen, welche wir unter diesem Namen zusammenfassen, verdienen die Bezeichnung echter Organellen in dem Sinne, als sie im allgemeinen dauerhaftere Bildungen sind; hieraus folgt jedoch kein durchgreifender Unterschied gegen die Pseudopodien, weil sich einmal auch die Undulipodien zuweilen rückbilden und neu hervorwachsen können, und weil andrerseits manche Pseudopodien etwas dauerhaftere Gebilde sind. Wichtiger scheint daher der Unterschied, welcher sich in der Bewegungsweise dieser Organellen ausspricht. Es sind im allgemeinen feinfadenförmige Plasmagebilde, die sich teils hin- und herschwingend, teils eigentümlich schraubenförmig bewegen und dadurch den Zellkörper in Bewegung setzen können. Auch dieser Charakter begründet keine völlige Verschiedenheit von den Pseudopodien, da man an den Pseudopodien gewisser Rhizopoden zuweilen auch schwache schwingende oder pendelnde Bewegungen beobachtet hat. Hieraus wäre wohl zu schließen, daß beiderlei Organe sich aus gleicher Grundlage entwickelten, so verschieden sie auch in ihrer typischen Ausgestaltung erscheinen.

Als bleibende Bewegungsorganellen finden wir die Undulipodien in der Klasse der *Mastigophora* und der Unterklasse der *Ciliata* (der Infusoria). Die Undulipodien der Mastigophoren treten in der Regel in beschränkter Zahl, jedoch in relativ ansehnlicher Länge auf und werden daher seit alter Zeit als Geißeln oder *Flagellen* bezeichnet. Im Gegensatz dazu besitzen die Ciliaten stets sehr zahlreiche, aber kürzere Undulipodien, die man deshalb Wimperhaare oder *Cilien* nennt.

Den *Sarcodinen* und *Sporozoen* fehlen jedoch solche Organellen nicht völlig. Abgesehen von einzelnen sarcodinenartigen Formen, welche ein Flagellum dauernd neben Pseudopodienentwicklung besitzen, treten Flagellen bei gewissen Vermehrungsvorgängen der Sarcodinen und Sporozoen als vorübergehende Bewegungsorganellen auf. Dies dürfte beweisen, daß die Ausgangsformen aller dieser Gruppen die Befähigung zur Pseudopodien- und Undulipodienbildung besaßen.

Analog verhalten sich unter den Infusorien die Suctorien (s. Fig. 14 S. 77) zu den Ciliaten. Die festsitzenden Suctorien haben ihre Cilien verloren und bilden sie nur während der Vermehrung auf kurze Zeit vorübergehend wieder aus.

Die *Flagellen der Mastigophoren* sind feine bis sehr feine, nahezu gleichdicke Fädchen, die fast stets von dem bei der Bewegung vorangehenden Körperende entspringen (s. Fig. 8). Ihre Zahl ist meist gering (1, 2, 3, 4 u. mehr); ihre Länge, in bezug auf die der Zelle, dagegen häufig recht ansehnlich. Der Querschnitt der Flagellen erscheint in der Regel kreisrund bis oval; doch finden sich auch bandförmige Geißeln in der Abteilung der *Dinoflagellaten*. Bei Anwesenheit mehrerer Geißeln begegnen wir interessanterweise zuweilen einer morphologischen Differenzierung derselben, womit wohl stets auch ein verschiedenartiges Funktionieren verbunden ist. So kann sich neben einer langen Hauptgeißel eine kleine Nebengeißel finden (Fig. 8²). Die eine Geißel gewisser zweigeißeliger Formen (Fig. 8³) kann als eigentliche Bewegungsgeißel nach vorn gerichtet sein, während die zweite ansehnlichere sog. Schleppgeißel nach hinten läuft und zur Änderung der Bewegungsrichtung, aber auch zu gelegentlichem Anheften dienen kann. Eigentümlich ist die Differenzierung zweier Geißeln bei den Dinoflagellaten (Fig. 9 B, S. 72), von welchen die eine bandförmig ist und, in eine äquatoriale Furche der Körperoberfläche eingelagert, den Körper ringförmig umzieht; die kleinere Geißel, von gewöhnlichem Bau, ist dagegen wie eine Schleppgeißel nach hinten gerichtet. — Ein eigentümliches Organ steht mit der Geißel der sog. Choanoflagellaten in Beziehung. Hier (Fig. 9 A) erhebt sich nämlich eine äußerst zarte plasmatische Membran um die Geißelbasis und bildet eine Art Kelch oder

Kragen. Dieses Organell dient zum Einfangen kleinster Nahrungskörperchen, die an seiner Außenseite festkleben und an ihr zum Körper herabgleiten.

Wie erwähnt, ist das Flagellum ein fast in seiner ganzen Ausdehnung gleich dicker, feiner Faden; nur das äußerste Endstück erscheint bei größeren Geißeln

Fig. 8.

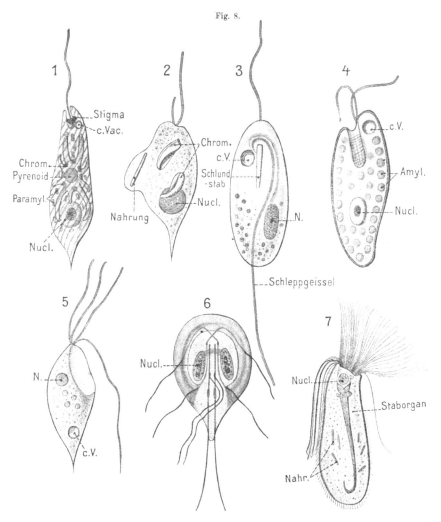

Verschiedene Flagellaten. *1*. Euglena viridis. *2*. Ochromonas mutabilis (nach Senn 1900). *3*. Anisonéma acinus (n. Bütschli) v. Rückseite. *4*. Chilomonas paramaecium. *5*. Tetramitus descissus (n. Klebs 1892). *6*. Lamblia intestinalis (n. Wenyon). *7*. Joenia annectens (n. Bütschli und Blochmann).
C. H.

etwas dünner. Die dauernde Erhaltung eines solch feinen Geißelfadens ist nur denkbar, wenn er fest ist, oder doch einen festen Faden einschließt. Die neueren Beobachtungen machen es denn auch sehr wahrscheinlich, daß das oben erwähnte Endstück das freie Ende eines solchen Achsenfadens ist, der die Geißel durchzieht, umhüllt von wenig eigentlichem Plasma (s. Fig. 10 b). — An der Geißelbasis läßt sich in der Regel ein kleines dichteres und stärker färbbares Körperchen nachweisen, das sog. Basalkörperchen (Basalkorn, Blepharoplast), welches wohl dem Achsenfaden angehört und oberflächlich oder tiefer im Zellkörper liegt. Von ihm ist zuweilen noch ein feiner Faden ins Plasma der Zelle zu verfolgen, manchmal bis zur Kernoberfläche, ja bis in den Kern hinein. Auch diese morphologischen Ergebnisse verstärken die Beziehungen zwischen Flagellen und Pseudopodien, besonders denjenigen mit Achsenfaden. Die möglichen Beziehungen, welche die neuere Forschung zwischen dem Achsenfaden der Flagellen und dem Nucleus oder gewissen Bestandteilen desselben (Centrosom) wahrscheinlich gemacht

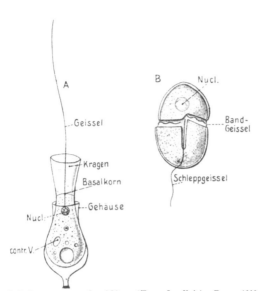

Salpingoeca amphoridium (Choanoflagellate) n. Burck 1909. — Glenodinium pulvisculus (Dinoflagellate, nach Stein). C. H.

haben, sind bis jetzt noch zu unaufgeklärt, um hier genauer erörtert zu werden.

Cilien. Die kürzeren *Wimpern der Ciliaten* zeigen bei genauer Untersuchung

Fig. 10.

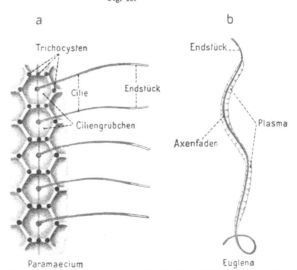

a Kleiner Teil der Oberfläche von Paramaecium aurelia mit einer Reihe von Cilien, die in Grübchen entspringen. In den Ecken der Grübchen und in der Mitte der Kanten, die in die Cilienreihe fallen, je eine Trichocyste. Nach Schuberg (1905) und nach Hainsky verändert. *b* Euglena: Isolierte Geißel mit Achsenfaden und Plasma, welches ersteren schraubig umhüllt. Original von 1895. Trockenpräparat, Löfflerfärbung. E. W.

ganz dieselben feineren Bauverhältnisse wie die Geißeln, so daß die morphologische Identität beider Organellen sicher erscheint (s. Fig. 10a). Nur selten hat man jedoch bis jetzt an den Cilien fadenförmige Verlängerungen des Achsenfadens in das Zellplasma beobachtet, obgleich Basalkörperchen gewöhnlich vorhanden sind. Dagegen ließen sich an den, genetisch wohl Cilienreihen entsprechenden, sog. Membranellen,

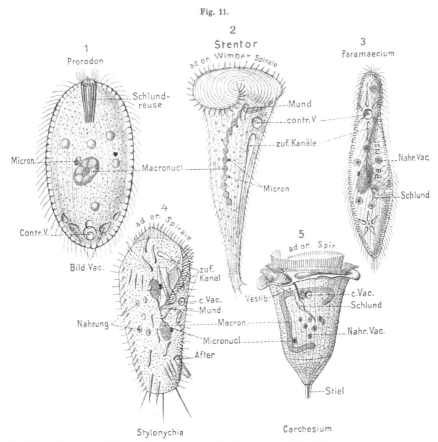

Fig. 11.

Verschiedene Formen von Ciliata. *1.* Prorodon teres (n. SCHEWIAKOFF 1889). *2.* Stentor polymorphus (Heterotricha) von der Ventralseite. *3.* Paramaecium aurelia (Holotricha). *4.* Stylonychia mytilus (Hypotricha, n. STEIN). *5.* Carchesium polypinum (Peritricha, nach BÜTSCHLI u. SCHEWIAKOFF). C. H.

von welchen weiter unten die Rede sein wird, blättchenartige Verlängerungen in das Plasma deutlich wahrnehmen, die sogar sämtlich durch einen Faden oder ein Band verbunden sind (s. Fig. 12). Vermutlich handelt es sich funktionell um eine Stützeinrichtung für diese Organellen.

Die äußerst reichhaltige morphologische Verteilung und Anordnung der Cilien der Ciliaten kann hier nur in den Grundzügen kurz berührt werden. Der ursprünglichste Zustand ist wohl sicher der einer gleichmäßigen Bedeckung der Körperoberfläche mit Wimperhaaren (Holotricha, Fig. 11[1,3]); dabei stehen jedoch die Cilien

iŋ der Regel deutlich in Längsreihen, die in Meridianen oder häufig auch etwas
schraubig vom vorderen zum hinteren Körperpol ziehen. Aus solchen Zuständen
können sich jedoch durch teilweise Rückbildung der Wimperhaare auf gewissen
Körperstrecken recht mannigfaltige Bewimperungsverhältnisse ableiten.

Bei den hypotrichen Ciliaten (s. Fig. 11[4]) beschränkt sich die Bewimperung
auf die Bauchseite, indem sich gleichzeitig die Wimpergebilde häufig zu dickeren,
griffel- bis borstenartigen Organellen entwickeln. Eine solche Differenzierung der
Ciliengebilde kann sich bei gewissen Ciliaten auch im Vorkommen einzelner geißel-
artiger, längerer Cilien neben gewöhnlichen aussprechen; ebenso im Auftreten
steifer unbeweglicher Härchen zwischen den
beweglichen, oder auf der sonst cilienlosen
Dorsalseite der Hypotrichen.

Die wichtigste und interessanteste Differenzierung von Ciliengebilden findet sich jedoch bei der Mehrzahl der Ciliaten (Spiro-
tricha) in Verbindung mit der Mundöffnung
und Nahrungsaufnahme. Eine bandförmige,
meist etwas spiral verlaufende Zone eigentümlicher Ciliengebilde umzieht hier einen
Teil des Vorderendes und führt direkt in den
Mund und Schlund. Diese adorale Wimperzone (oder Spirale) wird von einer Reihe drei-
bis viereckiger schwingender, plasmatischer
Blättchen, sog. *Membranellen*, gebildet (Figur 11[2, 4, 5]). Wahrscheinlich dürfen wir diese

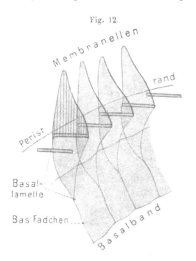

Fig. 12.

Kleiner Teil der adoralen Spirale von Stentor. Die
Membranellen setzen sich mit ihren sog. Basallamellen ins Innere fort und verschmälern sich zu
den sog. Basalfädchen, die sich, sowie die inneren Partien der Lamellen, an das sog. Basalband
heften. Schematisch. (Nach Schröder 1906). Schr.

Membranellen (s. Fig. 12) als aus einer oder
zwei Reihen Cilien entstanden auffassen, deren Plasma verschmolzen oder doch nicht gesondert ist, während sich ihre Achsenfäden
erhalten haben und die feine Längsstreifung der Membranellen bilden. Auch die
dicken Cilienborsten der Hypotrichen können vielleicht als Bündel vereinigter Cilien
aufgefaßt werden, da sie sich sehr leicht zerfasern.

Daß sich die adorale Zone an der Körperbewegung beteiligt, ist selbstver-
ständlich, und deshalb auch begreiflich, daß sich bei gewissen Ciliaten die gesamte
Bewimperung fast oder ganz auf diese Zone reduziert (Fig. 11[5]). Häufiger ist diese
Reduktion jedoch mit dauernder Festheftung verbunden (bei den meisten Peritrichen).

Eine an die Membranellen anschließende besondere Art beweglicher Organellen sind endlich die sog. undulierenden Membranen, welche bei gewissen Ciliaten in Verbindung mit der Mundöffnung vorkommen, jedoch auch schon bei einigen
Flagellaten neben Geißeln entwickelt sind.

2. Ecto- und Entoplasma, Pellicula, Myoneme.

Der gestaltsveränderliche, Pseudopodien aussendende Zellkörper der Sarcodinen besitzt in der Regel kein festeres, plasmatisches Häutchen der Körperoberfläche, obgleich anzunehmen ist, daß die äußerste Grenzschicht des Plasmas zäh-
flüssiger ist als das Innere. Diejenigen Protozoen aber, die eine von der Kugelgestalt abweichende dauerhafte Form haben, besitzen ein, wenn auch häufig sehr
zartes solches Häutchen, eine sog. *Pellicula* (Cuticula), deren Entstehung durch
Erhärtung und Veränderung der äußeren Grenze sicher erscheint. Dennoch tritt
auch bei den Sarcodinen zuweilen eine Differenzierung der oberflächlichen Plasma-
region auf. Manche Rhizopoden besitzen eine äußerste Plasmazone von hyaliner

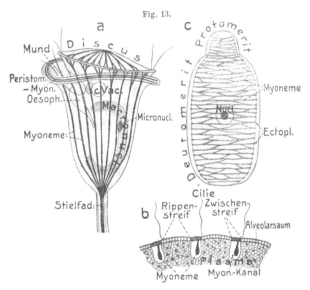

Fig. 13.

Myoneme von Protozoen. Schematisch. *a* Vorticella (nach O. Schröder 1906). *b* Stentor,
Querschnitt durch Körperoberfläche. Myoneme, im Querschnitt in besonderen Kanälen. *c* Clepsidrina
munieri (Gregarine) nach Aimé Schneider. Schr.

Beschaffenheit, ein sog. Ectoplasma, das sich dauernd oder auch nur vorübergehend
von dem körnigen und wahrscheinlich auch flüssigeren Entoplasma sondert. Sehr
charakteristisch tritt eine solche Differenzierung zweier Plasmazonen meist bei den
Heliozoen hervor (s. Fig. 18, S. 85). Bei gestaltsbeständigen Mastigophoren, Sporozoen und Infusorien finden wir überall die vorhin erwähnte Pellicula von bald
äußerst feiner, bald etwas dickerer und resistenterer Beschaffenheit. Bei größeren
Formen (speziell Gregarinen, Ciliaten) erlangt auch das die Pellicula unterlagernde
äußerste Plasma eine besondere, von dem Entoplasma abweichende und starrere
Beschaffenheit, und wird dann als Ectoplasma oder Corticalplasma unterschieden.
Bei gewissen Ciliaten kann man sogar verschiedene Schichten dieses Ectoplasmas
erkennen.

Das Ectoplasma vermag außer den schon besprochenen Undulipodien besondere
Bewegungsorganellen hervorzubringen, welche befähigt sind, sich wie die contrac-

tilen Elemente der Muskelzellen zu verkürzen (kontrahieren) und so Gestaltsveränderungen der Zelle zu bewirken. Bei den Ciliaten, welche solche *Myoneme* besitzen, verlaufen sie in der Regel als zarte Fädchen dicht unter den längsgerichteten Cilienreihen in dem äußersten Ectoplasma (s. Fig. 13), und bewirken daher bei ihrer Kontraktion eine Zusammenziehung des Körpers in der Längsrichtung. Bei den Peritrichen (Glockentierchen) finden sich außer solch längsgerichteten Myonemen noch verschiedene anders verlaufende im Bereich der adoralen Zone und deren Umgebung (s. Fig. 13 a). Ferner ist bei gewissen festsitzenden Formen dieser Gruppe das hintere Körperende zu einem fadenförmigen contractilen Fortsatz ausgewachsen, der in steilen Schraubenwindungen einen hohlen cuticularen Stiel durchzieht, auf dem die Zelle sitzt (s. Fig. 13 a). Die Kontraktionen dieses sog. Stielmuskels bringen den Stiel zum Zurückschnellen; die Elastizität seiner cuticularen Wand streckt ihn wieder aus.

Unter der Pellicula größerer Gregarinen findet sich im Ectoplasma gleichfalls ein System feiner Myoneme (s. Fig. 13 c), die jedoch den Zellkörper quer umgürten und daher bei der Kontraktion ringförmige Einschnürungen erzeugen. Diese Myoneme sind netzartig verbunden, eine Erscheinung, die auch bei den Peritrichen vorkommt.

Die genaue Untersuchung dickerer Myonemfäden ließ Andeutungen von Querstreifung an ihnen wahrnehmen.

3. Einrichtungen zur Nahrungsaufnahme.

Parasitische Protozoen (z. B. Sporozoen, Opaliniden) nehmen häufig keinerlei feste Nahrung auf und besitzen daher auch keine Einrichtungen zur Nahrungsaufnahme, oder haben die ehemals vorhandenen rückgebildet. Den pseudopodienbildenden Sarcodinen dienen die Scheinfüßchen auch zur Nahrungsaufnahme. Nahrungskörper können hier im allgemeinen an jeder beliebigen Stelle der Körperoberfläche eingeführt werden. Gröbere, lappige Pseudopodien umfließen den Nahrungskörper und verschmelzen endlich um ihn, wodurch er in das Plasma gelangt. — Feine reticuläre Pseudopodien heften sich in größerer Zahl an einen Nahrungskörper (s. Fig. 7, S. 69), fließen um ihn zu einer Plasmapartie zusammen, oder führen ihn auch in den Zellkörper selbst, indem sie eingezogen werden.

Bei den von einer festen Pellicula umschlossenen Einzelligen lokalisiert sich die Nahrungsaufnahme notwendigerweise auf eine bestimmte Stelle der Körperoberfläche (Cytostom), die dazu besonders eingerichtet ist, indem hier die Pellicula fehlt, also die Einführung von Nahrung in das zähflüssige innere Plasma möglich ist. Bei kleineren Mastigophoren kann sich ein solches Cytostom als eine nicht weiter ausgezeichnete Stelle an der Geißelbasis finden. Zuweilen besteht auch die Einrichtung, daß sich an dieser Stelle zeitweise eine kleine Vacuole, ein Flüssigkeitstropfen, im Plasma bildet, in den kleinste Nahrungskörperchen durch die Geißel geschleudert werden können. Wie schon oben erwähnt, dient bei den Choanoflagellaten der zarte plasmatische Kragen um die Geißelbasis zum Fang kleinster Nahrungskörper, welche dann an der Kragenbasis in das Körperplasma eindringen. — Selten kann sich an der Mundstelle gewisser Flagellaten auch eine röhrenförmige Einstülpung der Pellicula in das Zellinnere bilden, eine Art Zellschlund zur Einfuhr der Nahrung. Zuweilen steht mit der Mundstelle ein eigentümliches Stütz- oder Staborgan in Verbindung (Fig. 8 [3], S. 71).

Viel komplizierter entwickelt sich das Cytostom der Ciliaten (s. Fig. 11, S. 73). Bei den ursprünglichsten Formen lag es wohl am vorderen Körperpol; sehr häufig wird es jedoch mehr oder weniger auf der Bauchseite nach hinten verlagert. Im einfachsten Fall ist es eine rundliche bis schlitzförmige Unterbrechung der Pellicula und des Ectoplasmas, so daß an dieser Stelle Nahrungskörper in das freiliegende Entoplasma eingeführt werden können. Bei höherer Entwicklung bildet sich eine besondere, mehr oder weniger lange, röhrenförmige Plasmamasse, welche sich schlundartig dem Cytostom anschließt und auch wie ein Schlund funktioniert. Wahrscheinlich ist sie ectoplasmatischer Herkunft. Häufig findet sich um diesen Schlund eine Art Schlundreuse (Fig. 11 [1]), die aus längsgerichteten Stäbchen besteht, die den später zu erwähnenden Trichiten wohl verwandt sind. Im untätigen Zustand ist die Mundstelle solcher Ciliaten meist nahezu geschlossen und öffnet sich erst bei der Nahrungsaufnahme. Die Schlundreuse dürfte vorwiegend als Stützapparat dienen.

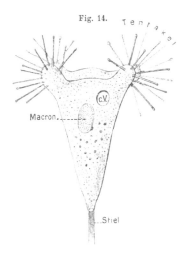

Fig. 14.

Tokophrya quadripartita (Suctoria) nach Bütschli. C. H.

Bei den meisten Ciliaten ist der an das Cytostom anschließende Schlund nach einem andern Plan gebaut. Indem sich nämlich das Ectoplasma, samt der Pellicula, von der Mundstelle aus röhrenförmig ins Zellinnere einsenkt, bildet sich ein kürzerer bis längerer Schlund (Fig. 11 [2-5]). Seiner Entstehung entsprechend ist er stets mit einer inneren Bewimperung ausgerüstet, der Fortsetzung der Körperbewimperung, die zur Einstrudelung der Nahrung in den stets offen stehenden Mund dient, oder zu ihrer Weiterbewegung in der Schlundröhre. Bei den Spirotrichen ist es die oben erwähnte adorale Zone, welche sich in den Schlund fortsetzt. Doch können auch noch mancherlei besondere Wimpergebilde als Hilfsorgane zur Nahrungsaufnahme in der Mundgegend entwickelt sein. Ansehnlich lange Schlundbildungen können sich sogar in verschiedene Abschnitte differenzieren (Peritricha, Fig. 11 [5]).

Ganz isoliert stehen die nahrungsaufnehmenden Organellen der Suctorien. Es sind lange fadenförmige Fortsätze des Vorderendes (Saugtentakel) oder auch der gesamten Körperoberfläche (Fig. 14). Jeder Tentakel ist ein feines hohles Röhrchen, dessen Achsenkanal sich zuweilen noch selbständig in das innere Körperplasma fortsetzt. Das distale Tentakelende erscheint häufig knopfartig verdickt. Im einfachsten Fall findet sich nur ein einziger Saugtentakel; gewöhnlich sind jedoch zahlreiche vorhanden, die dann häufig auf lappenförmigen Vorsprüngen zu

Gruppen vereinigt stehen. Sie funktionieren in der Tat als Organellen, welche das
Plasma kleiner Ciliaten aussaugen. Morphologisch könnte man daran denken, den
einfachen Saugtentakel aus der besonderen Umbildung eines ursprünglichen Cyto-
stoms herzuleiten, und eine successive Vermehrung solcher Cytostombildungen annehmen. Die genetische Ableitung der Suctorient011entakel von Pseudopodien, die
häufig versucht wurde, erscheint dagegen aus verschiedenen Gründen wenig wahrscheinlich.

4. Einrichtungen zur Ausstoßung unverdauter Nahrungsreste.

Während die Nahrungsreste bei den Sarcodinen im allgemeinen an beliebigen
Stellen der Körperoberfläche austreten können, dient hierzu bei den mit Pellicula
versehenen Mastigophoren und Infusorien in der Regel eine besonders vorgebildete Stelle der Oberfläche, ein *Zellenafter* oder *Cytoproct*. Bei den Mastigophoren ist Näheres hierüber wenig bekannt; das Cytoproct der Ciliaten dagegen
wurde vielfach beobachtet. Da man es gewöhnlich nur im Moment der Ausstoßung
der Nahrungsreste bemerkt, so kann es sich nur um eine minutiöse Unterbrechung der Pellicula und des Ectoplasmas handeln. Das Cytoproct kann an
sehr verschiedenen Stellen vorkommen (Fig. 11⁴, S. 73), ja selbst (Peritricha) in
den Eingang des Schlundes (Vestibulum) rücken.

5. Stoffwechselorgane.

Das Auftreten und Verschwinden von wässerigen Flüssigkeitstropfen (Vacuolen) im Entoplasma der Protozoen ist eine sehr gewöhnliche Erscheinung. Da
es sich dabei meist um vorübergehende Abscheidung wässeriger Flüssigkeit handelt,
so können solche Vacuolen, ähnlich den Pseudopodien, nicht als wirkliche Organellen
angesprochen werden, sondern nur als temporäre Abscheidungen des Plasma
Manchmal kann die Vacuolisation so reichlich werden, daß das gesamte Plasma,
oder auch nur gewisse Regionen desselben, grobblasig oder alveolär erscheinen.
Auf dieselben Vorgänge ist auch das netzig-vacuoläre Entoplasma mancher Ciliaten
und der Noctiluca zurückzuführen.

Ein sehr verbreitetes Vorkommen ist der Einschluß der aufgenommenen
Nahrungskörper in einen Tropfen wässeriger Flüssigkeit, eine sogenannte *Nah-
rungsvacuole* (s. Fig. 11³,⁵). Häufig geschieht dies so, daß zugleich mit dem
Nahrungskörper etwas Wasser aufgenommen wird. Doch können sich Nahrungsvacuolen auch sekundär, durch Abscheidung von Flüssigkeit um den Nahrungskörper bilden. So wichtig die Nahrungsvacuolen physiologisch als verdauende
Höhlen sind, so wenig morphologische Beständigkeit haben sie dagegen im Sinne
bleibender Organellen. Sie führen direkt über zu den im Verlauf des Plasma-Stoff-
wechsels gebildeten mannigfaltigen Produkten organischer und anorganischer Natur:
Fetttropfen, Pigmentkörnchen, Stärkekörnern, Kristallen, Excretkörnern, Concre-
tionen u. dgl., die hier keine Besprechung verdienen.

Contractile oder pulsierende Vacuolen. Unter den vacuolären Bildungen des Plasmas begegnen wir jedoch einer besonderen Art, welche größere

Ansprüche besitzt, als wirkliche Organellen bezeichnet zu werden. Dies sind die contractilen oder pulsierenden Vacuolen; im allgemeinen Tropfen wässeriger Flüssigkeit, die sich durch Abscheidung des Plasmas bilden, um an der Körperoberfläche entleert zu werden, nachdem sie eine gewisse Größe erreicht haben. So verbreitet solche Bildungen bei den Protozoen auch sind, so fehlen sie doch den marinen Sarcodinen, den Sporozoen und einzelnen Infusorien. — Die physiologische Funktion der contractilen Vacuolen ist jedenfalls eine sehr wichtige, indem sie nicht nur dem Wasserwechsel des Plasmas dienen, sondern zweifellos auch Stoffwechselprodukte in gelöstem Zustand entfernen.

Die contractilen Vacuolen der einfacheren Sarcodinen (z. B. Fig. 6, S. 68) zeigen ein primitives Verhalten, indem sie bei lebhaft strömendem Plasma in demselben umhergeführt werden können und erst bei der Entleerung an die Oberfläche treten, wo sie platzen. In anderen Fällen bilden sie sich schon direkt unter der Körperoberfläche und springen sogar im Zustand stärkster Anschwellung (Diastole) über sie vor (Fig. 18, S. 85). Bei den *Mastigophoren* (Fig. 8, S. 71) und *Ciliaten* (Fig. 11, S. 73) sind die Vacuolen im Zusammenhang mit der bestimmteren und bleibenden Differenzierung der Körperregionen auch örtlich fest lokalisiert. Ihrer Funktion gemäß bilden sie sich stets nahe unter der Körperoberfläche, etwa im Grenzbereich von Ecto- und Entoplasma. Sowohl ihre Zahl als Lage bietet jedoch die größten Verschiedenheiten. Von der Einzahl bis zur Vielzahl finden wir die mannigfaltigsten Übergänge; ebenso ist ihre Lage bald vorn, bald hinten, bald seitlich eine äußerst verschiedene. Die größeren Infusorien lassen bestimmt erkennen, daß die Pellicula über der contractilen Vacuole stets eine oder mehrere feinste Öffnungen besitzt, durch welche die Entleerung der Vacuolenflüssigkeit geschieht. Bei einzelnen Formen kann diese Öffnung sogar zu einem feinen Kanälchen auswachsen, welches zu der tiefer im Körper liegenden Vacuole führt.

Obgleich die contractilen Vacuolen in hohem Maße den Eindruck wirklicher dauernder Organellen hervorrufen, so gilt dies doch nur in beschränktem Grad, wenn man ihr Entstehen genauer verfolgt. Gewöhnlich treten schon vor der Entleerung (Systole) in ihrer nächsten Umgebung einige kleine Vacuolen auf, die allmählich heranwachsen und während der Systole der contractilen Vacuole an deren Stelle rücken (Fig. 11 1, S. 73). Während und nach der Systole fließen diese Bildungsvacuolen zu einer neuen Vacuole zusammen. Hieraus folgt, daß es sich nicht etwa um die Wiederfüllung eines bleibenden Organells handelt, sondern daß die neue Vacuole ein ganz neuer Flüssigkeitstropfen ist. Jedenfalls ist jedoch die Stelle des Körperplasmas, wo die contractile Vacuole entsteht, in besonderer Weise differenziert, was ihr eben die Fähigkeit zu fortdauernder Vacuolenbildung verleiht, wenn sich diese Differenzierung auch nicht sichtbar ausspricht. In diesem Sinne also können wir wenigstens die bestimmt lokalisierten contractilen Vacuolen als bleibende Organellen ansprechen.

Der Vorgang der Vacuolenbildung kann bei gewissen Ciliaten in eigentümlicher Weise modifiziert sein, indem statt Bildungsvacuolen flüssigkeitserfüllte Kanälchen in verschiedener, aber konstanter Zahl und Lage um die alte Vacuole auftreten,

welche nach deren Systole zur neuen Vacuole zusammenfließen (Fig. 11 ²⁻⁴, S. 73).
Es würde zu weit führen, diese interessanten Komplikationen näher zu erörtern.

6. Stigmata oder Augenflecke.

Bei den Mastigophoren, insbesondere den mit Chromatophoren versehenen
Flagellaten, seltener bei farblosen, findet man häufig ein intensiv rot gefärbtes
Körperchen an der Körperoberfläche, dicht unter der Pellicula (Fig. 8 ¹, S. 73).
In der Regel enthält jede Zelle nur ein solches Stigma (früher Augenfleck), selten
mehrere. Meist liegt das Stigma dem Vorderende näher, nicht weit von der Geißel-
basis. Es besteht aus einer plasmatischen Grundsubstanz, der zahlreiche rote Farb-
stoffkügelchen (Hämatochrom) dicht eingelagert sind. Die stark lichtbrechenden
Körperchen, die gewissen Stigmata auf- oder eingelagert sein sollen (Amylum oder
Paramylum) bedürfen genauerer Untersuchung. — Die in älterer Zeit verbreitete
Ansicht, daß die Stigmata lichtpercipierende Organellen (Augenflecke) seien, wurde
in neuerer Zeit wieder aufgenommen, ohne jedoch experimentell gesichert zu werden.
Daß Beziehungen zwischen der Lichtreizung und den Stigmata bestehen, ist nicht
unwahrscheinlich, vermutlich aber nicht in dem Sinne einer direkten Reizbarkeit
dieser Organellen. Da eine gewisse Abhängigkeit der Stigmata von den Chromatophoren zu bestehen scheint, die sicher zu den autonomen Organellen gehören, so
ließe sich eventuell ähnliches auch für erstere vermuten, doch hat die Verfolgung
ihrer Vermehrungserscheinungen bis jetzt eher das Gegenteil wahrscheinlich gemacht.

Alloplasmatische Organellen.

1. Trichiten, Trichocysten, echte Nematocysten.

Im Plasma einzelner Ciliaten können sich zarte stäbchenartige Gebilde entwickeln, denen vermutlich meist eine Art Stützfunktion zukommt. Selten tritt ein
stäbchenartiges, offenbar stützendes, achsenartiges Gebilde auch im Zellkörper gewisser Flagellaten auf (Fig. 8 ⁷, S. 71). Die sogenannten Trichiten der Ciliaten
haben eine gewisse Ähnlichkeit mit den oben erwähnten Stäbchen der Schlundreuse. Sie können bei einzelnen auch beim Fang der Beute aus dem Mund hervor-
geschleudert werden und diese lähmen.

Ähnliche stäbchenartige Gebilde finden sich jedoch häufiger an verschiedenen
Stellen der Körperoberfläche der Ciliaten (besonders der Holotricha), vorzugsweise
in der vorderen Region, jedoch auch an anderen Stellen; zuweilen auch über die
gesamte Oberfläche gleichmäßig verteilt (s. Fig. 11 ³ u. 10a) Sie liegen dann
natürlich im Corticalplasma. Diese Gebilde (Fig. 15, 1a) besitzen die Fähigkeit,
bei Druck und anderweitigen Einwirkungen plötzlich zu einem vielfach längeren
Faden gewissermaßen auszuschnellen (Fig. 15, 1b), wobei sie gleichzeitig meist aus
der Oberfläche der Zelle herausgeschleudert werden. Die Explosion dieser sogenannten *Trichocysten* findet wahrscheinlich auch spontan zur Abwehr von An-
griffen, eventuell auch zur Bewältigung von Beute statt. In anderen Fällen, wo ein
Ausschnellen der Trichocysten nicht nachzuweisen ist, wurde dagegen ihr Hervor-

schnellen beim Fang der Beute vielfach angegeben. — Von einer feineren Struktur, welche die Explosion der ausschnellbaren Trichocysten verständlich machen könnte, ist nichts sicheres bekannt. Es ist wahrscheinlich, daß zwischen den Trichiten und den explosibeln Trichocysten Übergänge existieren.

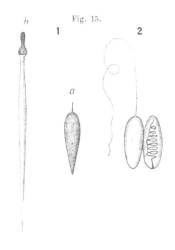

Bei einer peritrichen Ciliate (Umbellaria) finden sich unter der Pellicula zuweilen kleine hohle bläschenartige Körperchen paarweise vereint, die einen feinen, schraubenförmig aufge-
rollten Faden einschließen (Fig. 15, 2). Durch gewisse Manipulationen gelingt es, diesen lan-
gen Faden zum Ausschnellen aus dem Bläschen zu bringen. Letztere Gebilde sind demnach ebenso gebaut wie die in den Zellen gewisser Metazoen auftretenden Nesselkapseln oder Nematocysten. Ob sie bei Umbellaria als Schutz-
gebilde funktionieren, ist unbekannt. Interessant ist das vereinzelte Vorkommen ähnlicher Nesselkapseln bei Protozoen anderer Abteilungen, so bei der Gattung Polycricos unter den Dinoflagellaten und regelmäßig in den Sporen der Myxo-

Fig. 15.

1. Trichocysten von Paramaecium aurelia; *a* unexplodiert, *b* explodiert (nach Schuberg 1905 und Hainsky). 2. Nematocystenpaar von Umbellaria, eine der Kapseln explodiert (nach Bütschli, Bronn).   E. W.

und Microsporidien. In letzterem Falle dürften die ausschnellbaren Fäden als Haft-
organe dienen.

2. Schutzhüllen, Gehäuse- und Schalengebilde.

Es gibt zahlreiche Protozoen der verschiedensten Abteilungen, welche außer der Pellicula keinerlei Zellhüllen bilden. Andrerseits finden wir in allen Gruppen, mit Ausnahme der parasitierenden Sporozoa, vereinzelter oder regelmäßiger, die Entwicklung schützender Hüllen. Während die Pellicula sich durch ihren innigen Zusammenhang mit dem Plasma, sowie ihre sonstigen Eigenschaften als ein direktes Differenzierungsprodukt des Ectoplasmas erweist, sind die Hüllgebilde morphologisch und chemisch vom Plasma schärfer geschieden. Erstens dadurch, daß sie häufig nicht mehr direkt mit dem Plasmakörper zusammenhängen, letzterer viel-
mehr von der Hülle zurückgezogen ist; zweitens dadurch, daß die Hüllen aus einer vom Plasma wesentlich verschiedenen chemischen Substanz bestehen, die an den Stoffwechselvorgängen der Zelle keinen Anteil mehr nimmt, und daher auch nicht mehr als eigentlich lebendig gelten kann. — Trotz mancherlei Schwierigkeiten, welche der sicheren Beurteilung der Bildung solcher Hüllen aus dem Plasma entgegenstehen, dürfte ihre Auffassung als Abscheidungen der Plasmaoberfläche die gerechtfertigteste sein, wenngleich ja Abscheidung und Umbildung nicht ganz scharf unterscheidbar sind. Solche Hüllen zeigen daher auch den allgemeinen Charakter der Zellmembranen, wie sie insbesondere den Pflanzenzellen zukommen.

Die einfachste Hüllbildung ist wohl eine wasserreiche Gallertmasse organischer

Natur, die den ganzen Zellkörper umgibt. Dergleichen findet sich regelmäßig bei
den marinen Radiolarien (Fig. 19 c, S. 87), jedoch auch bei gewissen Heliozoen
und vereinzelten Rhizopoden. Zu einer solchen Gallerthülle können sich außerdem
noch weitere Hüllen oder Schalen gesellen. — Bei sehr vielen Formen wird die
Hülle membranös und fest, ja ist sogar häufig mit anorganischer Substanz reich im-
prägniert. Dann verdient sie die Bezeichnung eines *Gehäuses* oder einer *Schale.*
Als unterscheidendes Merkmal von den später zu erörternden Skeletgebilden wäre
hervorzuheben, daß Gehäuse oder Schalen von Anfang an als zusammenhängende
membranöse Bildungen auftreten und so verbleiben.

Die Substanz der gallertigen Hüllen, sowie die vieler Schalen ist eine stickstoffhaltige organische, wohl meist von albuminoidähnlichem Charakter. Bei den
holophytisch sich ernährenden Flagellaten dagegen und Dinoflagellaten ist die
Schalensubstanz meist Cellulose und verrät dadurch auch chemisch ihre Identität
mit den Zellmembranen der Protophyten und höheren Pflanzen. In der Abteilung
der Sarcodinen jedoch, deren Mehrzahl Schalen bilden, tritt meist anorganisches
Material an Stelle des organischen, das dann nur noch in geringer Menge beigemischt ist. Die anorganische Schalensubstanz der Rhizopoden ist fast ausschließlich Calciumcarbonat, selten amorphe Kieselsäure (Fig. 16, S. 83, Euglypha). Bei
nicht wenig Rhizopoden kann aber die Festigkeit der Schale auch dadurch erzielt
werden, daß Fremdkörperchen, Sandkörnchen, Schalengebilde anderer Einzelliger
u. dgl. durch eine organische oder anorganische Kittmasse zu einer Schale ver-
backen (agglutinierte Schalen, Fig. 16, Difflugia).

Eine erstaunliche Reichhaltigkeit und eine überraschende Höhe der Komplikation erreichen die Schalen der *Rhizopoden.* Vereinzelter und einfacher finden
sie sich bei den Mastigophoren (Fig. 9 A, S. 72) und Infusorien. Der morphologische
Grundbau aller solcher Schalen ist jedoch ziemlich übereinstimmend ein *monaxoner,*
etwa becher- bis beutelförmiger, indem der eine Schalenpol eine weitere bis engere
Mündung besitzt, durch welche die Zelle mit der Umgebung in Beziehung tritt,
während der Gegenpol geschlossen ist (Fig. 7, 9 u. 16). Beiderseits geöffnete
Schalen sind sehr selten.

Während die Schalen oder Gehäuse der Süßwasserrhizopoden, der Magisto-
phoren und der Infusorien sich nicht wesentlich über diesen Grundbau erheben,
entfalten dagegen die Kalkschalen der marinen Rhizopoden (sog. Foraminiferen)
eine Mannigfaltigkeit der Ausgestaltung und Komplikation, welche die analogen
Bildungen der Metazoen weit übertrifft. Ein genaueres Eingehen auf die Einzelheiten würde die hier gestellte Aufgabe weit überschreiten; es kann sich allein
darum handeln, einige Grundzüge des Baues darzulegen.

Die Komplizierung der Rhizopodenschalen (s Fig. 16) spricht sich zunächst
in einer verschiedenen Beschaffenheit der verkalkten Schalenwand aus. Diese ist
entweder solid, oder von gröberen bis äußerst feinen, dicht gesäten Poren durchsetzt (Imperforata und Perforata). In letzterem Fall kann das Protoplasma auch
durch die poröse Wand auf die Schalenoberfläche treten und allseitig Pseudopodien
entwickeln. Ein zweiter Charakter, welcher zur Komplikation der Schalengebilde

führt, hängt mit dem meist fortdauernden Wachstum der Zelle und Schale zusammen. Die seither besprochenen einfachen Schalen (Fig. 7, 16, Difflugia, Euglypha, Lagena) können sich in der Regel durch weiteres Wachsen nicht vergrößern;
nur selten findet dies bei vereinzelten statt, deren Schalenmündung etwas seitlich
verschoben ist, und führt dann zu einer spiralen Aufrollung der an der Mündung
fortwachsenden Schale (Fig. 16, Cornuspira). Der innere Hohlraum aller seither
besprochenen Schalen ist demnach einheitlich, eine einfache Kammer (monothalame

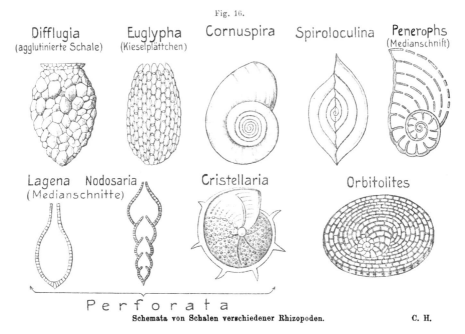

Fig. 16.

Schemata von Schalen verschiedener Rhizopoden.   C. H.

Schalen). Bei andauernd fortwachsenden Schalen, deren Vergrößerung natürlich
auch die Folge einer fortdauernden Volumzunahme des Plasmakörpers ist, geschieht
das Wachstum in der Regel nicht stetig, sondern periodisch und mehr oder weniger
plötzlich. Das Ergebnis hiervon ist, daß sich in den Wachstumsepochen um das
aus der Mündung hervorgequollene Plasma rasch ein neuer Schalenabschnitt bildet.
Der neue Abschnitt wiederholt etwa die Form der ursprünglichen (ersten) Schale,
übertrifft sie jedoch etwas an Größe und ist der Mündung der ersten Schale (Em-
bryonalkammer) als eine zweite Kammer aufgesetzt (Fig. 16, Nodosaria). Das
weitere Wachstum führt in entsprechender Weise zur Entstehung zahlreicher folgender Kammern, die successive an Größe zunehmen, und deren Hohlräume sämtlich untereinander kommunizieren. Auf diesem Wege bilden sich die polythalamen
Schalen, die sowohl bei den imperforaten wie perforaten kalkschaligen Rhizopoden
die Mehrzahl bilden. Die Reichhaltigkeit der Gestaltung und der Art der Zu-
sammenfügung der Kammern bei solch polythalamen Schalen ist so groß, daß von
einer Einzelbeschreibung hier nicht die Rede sein kann. Die Wachstumstypen,

6*

welche sich dabei ergeben, sind etwa folgende: Aneinanderreihung der successive sich bildenden Kammern in gerader Linie (Nodosaria, Fig. 16). Weiterhin Krümmung dieser Wachstumslinie in verschiedenem Grade bis zu völlig spiraler Aufrollung der Kammern (Spiroloculina, Peneroplis, Cristellaria, Fig. 16). Dabei können die Kammern sich nur wenig umfassen, so daß sie äußerlich alle sichtbar sind, oder sich teilweise bis völlig umschließen, so daß äußerlich nur eine, oder nur die Kammern des letzten Umgangs der spiraligen Schale zu sehen sind. Häufig werden die spiral aufgerollten Schalen auch asymmetrisch schraubenförmig nach Analogie der Schneckenschalen. — Endlich entwickeln sich auch Schalen, deren Kammern sich so ausdehnen, daß sie zu ringförmig in sich geschlossenen Röhren werden, die sich, in einer Ebene angeordnet, successive umfassen (cyclisches Wachstum, Orbitolites, Fig. 16). Hiermit ist ferner eine sekundäre Teilung der ringförmigen Kammern durch radiäre Scheidewände in kleine Kämmerchen verbunden. Auch sehr unregelmäßige Zusammenhäufung der Kämmerchen polythalamer Schalen kommt vor. — Unsere Schilderung konnte, wie gesagt, nur einige Grundzüge der Vielgestaltigkeit der marinen Rhizopodenschalen andeutend hervorheben. — Die Schalenoberfläche bietet ebenfalls

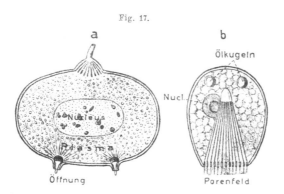

Fig. 17.

Centralkapseln von Radiolarien. *a* einer **Phaeodarie** (Tripylea).
b einer **Monopylarie**. (Nach R. Hertwig 1879). C. H.

mancherlei Komplikationen dar; so ist sie teils glatt, warzig, gerieft oder bestachelt.

Ihrem Wesen nach mit den Schalenbildungen identisch sind auch die sog. Stielbildungen mancher festgehefteter Heliozoen, Mastigophoren und Infusorien (speziell Peritricha und Suctoria, Fig. 11 [5] und 14). Ein Stiel entsteht durch fortdauernde Ausscheidung organischen Schalenmaterials an dem festsitzenden Zellpol. Er kann solid oder hohl sein und erlangt bei einem Teil der peritrichen Ciliaten eine höhere Entwicklung durch den schon oben (S. 76) erwähnten Stielmuskel, welcher ihn zu einem contractilen Organell macht. Bei gleichzeitiger Entwicklung einer Schale sitzt letztere dem apicalen Stielende auf, bildet gewissermaßen dessen Krönung.

Bei der großen Abteilung der *Radiolarien* findet sich anscheinend nichts von einer Schale, wie sie den Rhizopoden eigentümlich ist. Dennoch läßt sich die sog. *Centralkapsel* der Radiolarien mit einer gewissen Berechtigung als morphologisch entsprechende Bildung betrachten; wenn es auch wahrscheinlich ist, daß sie selbständig entstand, nicht aus einer Rhizopodenschale hervorging. Der wesentliche Charakter dieser Kapsel ist, daß sie nur einen centralen, aber den ansehnlichsten Teil des Plasmakörpers einschließt und ihn von dem peripheren oder extrakapsulären Plasma scheidet (Fig. 19, *a, c, d*, S. 87). Die Nuclei liegen stets im intra-

kapsulären Plasma. Bei den ursprünglichsten Radiolarien war diese äußerst dünnwandige, aus organischer Substanz bestehende Kapsel wohl regulär kugelig und
wie die Schalenwand zahlreicher perforater Rhizopoden, von sehr feinen Poren
allseitig dicht durchsetzt (Peripylaria). Durch die Poren stehen intra- und extra-
kapsuläres Plasma im Zusammenhang, ja das extrakapsuläre kann nach Heraus-
schälen der Kapsel von dem intrakapsulären völlig restituiert werden. — Bei einer
anderen großen Abteilung der Radiolarien wurde die Kapsel monaxon, was sich
in der Regel schon in ihrer äußeren Form ausspricht, vor allem aber darin, daß
die feinen Poren auf ein sog. Porenfeld an einem Kapselpol beschränkt sind (Monopylaria, Fig. 17*b* u. 19*d*). Die Abteilung der Phaeodaria schließlich (Fig. 17*a*)
zeigt überhaupt keine feinen Poren ihrer doppelwandigen Kapsel, sondern nur 1—2,
meist jedoch drei, seltener auch zahlreichere größere Öffnungen.

3. Skeletgebilde.

Im Gegensatz zu den besprochenen zusammenhängenden Schalen- oder Gehäusebildungen bringen gewisse Sarcodinen große Mengen nicht zusammenhängender

Fig. 18.

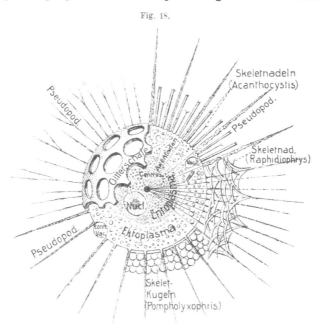

Schema von Heliozoe mit Andeutung der verschiedenartigen Skeletgebilde und Pseudopodien.   C. H.

Hartgebilde hervor, welche, in eine Gallertmasse eingebettet, den Plasmakörper umlagern, und sowohl als Schutz-, wie als Stütz- und Festigungsgebilde dienen. Derartige Skeletgebilde sind in den Gruppen der *Heliozoen* und *Radiolarien* sehr verbreitet und bestehen fast immer aus amorpher Kieselsäure nebst sehr wenig

organischer Substanz. Eine eigentümliche Abweichung bietet allein die Radio-
larien-Gruppe der Acantharia, da ihre Skeletnadeln aus Strontiumsulfat bestehen.

Da es jedoch sowohl nackte, skeletlose Heliozoen als auch ebensolche Formen
in den verschiedenen Hauptgruppen der Radiolarien gibt, so dürfte dies anzeigen,
daß sich die Skelete dieser verschiedenen Gruppen selbständig entwickelt haben.
Dafür spricht auch ihr morphologischer Aufbau in den einzelnen Gruppen.

Die Skeletgebilde der Heliozoen und gewisser peripylarer Radiolarien sind isolierte, in keinem Zusammenhang untereinander stehende Kieselnädelchen (Spicula)
von einfacher bis verzweigter Bildung, die sich regelmäßiger oder unregelmäßiger
um die Zelle herumlagern, von der Gallerte zusammengehalten (s. Fig. 18, Acanthocystis, Raphidiophrys). Bei gewissen Heliozoen können auch kleine Kieselkügel-
chen statt der Spicula entwickelt sein (Fig. 18, Pompholyxophrys). Nur in einem
Fall begegnen wir bei den Heliozoen statt der losen Nadelhülle einer gitterförmig
gebauten kugeligen Kieselhülle (Clathrulina, Fig. 18). — Bei den peripylaren Radiolarien sind solche Gitterkugeln dagegen häufiger als lose Kieselgebilde. Der gittrige,
weitlöcherige Charakter solcher Skelete macht es wahrscheinlich, daß sie ursprünglich aus der Vereinigung loser Gebilde hervorgingen, d. h., daß ihre Gitterstäbe den
losen Spicula gleichwertig sind.

Die überaus große Mannigfaltigkeit und Kompliziertheit, welche die Skeletgebilde der *Peripylaria*, von solch einfachen Gitterkugeln ausgehend, erreichen,
verbietet das nähere Eingehen, weshalb wir uns hier darauf beschränken,
einige Grundzüge der weiteren Ausgestaltung hervorzuheben. — Zunächst tritt
häufig eine mit dem Wachstum der Zelle fortschreitende successive Neubildung
solcher Gitterkugeln auf, so daß der ausgebildete Organismus zwei bis viele ineinander geschachtelte besitzt, welche durch radiäre Kieselstäbe untereinander verbunden sind (Fig. 19 a). Bemerkenswert ist, daß in solchen Fällen die centralen
Gitterkugeln durch eigentümliche Wachstumsprozesse ins Innere des Zellkörpers
selbst, die innerste sogar in den Zellkern aufgenommen werden. Eine linsenförmige Abplattung der äußeren Gitterkugeln führt zu mehr scheibenartigen Skeleten; ja, indem die zahlreichen äußeren Kugeln unvollständig werden, sich nur
noch als Ringe umeinander legen, zu scheibenförmigen Skeleten von sehr eigentümlichem Bau (Fig. 19 b). Eine besondere Weiterbildung können derartige Skelete dadurch erfahren, daß sie von einem gewissen Stadium ab keine Gitterkugeln mehr
bilden, sondern ein äußeres schwammiges Kieselwerk, das die inneren Skeletteile
völlig oder teilweise umhüllt.

Ein ganz anderer Skelettypus entwickelte sich in der großen Abteilung der
Monopylaria, über den hier ebenfalls einige Andeutungen folgen mögen. Wahrscheinlich ausgehend von Formen, bei welchen die Centralkapsel durch drei central
verwachsene Kieselstacheln getragen wird, trat bei der Weiterentwicklung, von
dem Centrum der Stacheln emporwachsend, zunächst ein Kieselring auf, der in der
Ebene des einen Stachels liegt (Fig. 20 B, a, S. 88). Zu diesem Ring gesellt sich ein
zweiter (b) in der auf dem ersten senkrechten Ebene hinzu. Durch Fortsatzbildung
beider Ringe entstand um den erstgebildeten eine gitterförmige, köpfchenartige

monaxone Schale, in deren Wand der zweite Ring einging (s. Fig. 20 B, links). Bei
den komplizierteren Formen fügen sich an die Basis dieses Köpfchens successive
ringförmige Schalenglieder in verschiedener Zahl an, so daß sich mehrgliederige monaxone Skelete entwickelten von helm- bis vogelkäfigartiger, häufig sehr zierlicher
Form (Fig. 19 d). — Wohl die größte Reichhaltigkeit erlangte die Skeletbildung in

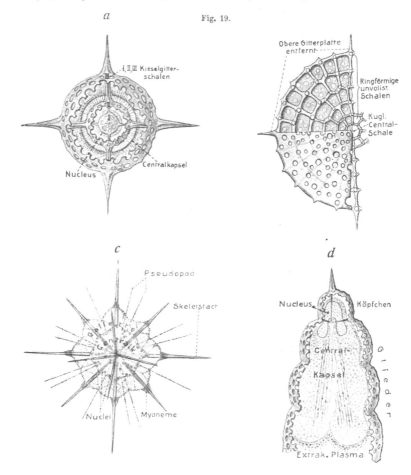

Fig. 19.

Verschiedene Radiolarien. *a—c.* Peripylarien: *a* Actinomma astracanthion; die beiden äußeren Gitter-
skeletschalen aufgebrochen. *b* Stylodyctia quadrispira. (Nach Haeckel.) Hälfte des Kieselskelets.
c Acanthometra elastica (Acantharia). *d* Eucyrtidium galea. (Monopylaria), das Skelet aufgebrochen, um die Centralkapsel zu zeigen. Fig. *a*, *c*, *d* nach Hertwig 1879.   C. H.

der großen Abteilung der *Phaeodaria*. Dieser Formenreichtum zwingt uns zur
Beschränkung auf wenige Bemerkungen. In dieser Abteilung begegnen wir neben
Formen mit losen nadelartigen, zum Teil hohlen Skeletgebilden, solchen mit ein
bis zwei Gitterkugeln, deren Stäbe zuweilen ebenfalls hohl sind; ferner Formen
mit monaxoner, an die monothalamen perforierten Rhizopodengehäuse erinnernden Skeletschalen (Fig. 20 A); schließlich Skeleten, die aus zwei muschelartig

zusammengelagerten Gitterklappen bestehen, von denen zuweilen sehr lange und reichverzweigte Stacheln ausgehen.

In mancher Hinsicht eigentümlich sind die Skelete der zu den Peripylaria gehörigen *Acantharien*, welche ja auch durch ihre besondere chemische Natur auffallen. Der von den seither erwähnten Skeletbildungen völlig abweichende Grundcharakter besteht darin, daß sich das Skelet aus radiär angeordneten Stacheln

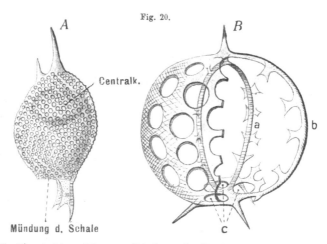

Fig. 20.

A Protocystis (Phaeodarie). *B* Schema zur Erläuterung des Skelets der Monopylarien. *a* der primäre Skeletring um die Centralkapsel. *b* der hierauf senkrechte sekundäre Ring. In der rechten Hälfte das Skelet so gezeichnet, wie es sich bei den primitiveren Formen erhält, wo es nur aus diesen beiden Ringen besteht. Aus der Bestachelung der Ringe geht bei den komplizierteren Formen die Gitterwand des Köpfchens hervor, wie auf der linken Hälfte gezeichnet. *c* die charakteristischen drei Basallöcher, aus denen bei den mehrgliedrigen Formen die Centralkapsel hervorwachsen kann. An die Basis des Köpfchens setzen sich dann die Glieder an (s. Fig. 19 *d*).

C. H.

aufbaut, die bis zum Centrum der Centralkapsel reichen und hier entweder nur fest zusammengestemmt oder verwachsen sind (Fig. 19 *c*). Durch verschiedene Zahlen-, Gestalts- und Größenverhältnisse dieser Stacheln sowohl, als auch durch Fortsatzbildungen, die von ihnen ausgehen, entwickelt sich auch bei den Acantharien ein sehr großer Formenreichtum.

B. Autonome Organellen.

1. Chromatophoren (Chromoplasten, Leucoplasten).

Organellen dieser Art kommen unter den Protozoen fast ausschließlich nur den Mastigophoren zu (Flagellaten und Dinoflagellaten; ganz vereinzelt bei Rhizopoden). Auch unter diesen finden sie sich nur bei den Formen, welche sich pflanzlich (holophytisch) ernähren. Die Chromatophoren sind grün bis braun oder gelb gefärbte Körper, welche dem Plasma eingelagert sind. Sie bestehen selbst aus einer plasmatischen Substanz, welche entweder einen rein grünen Farbstoff (Chlorophyll) oder daneben noch einen gelben bis braunen enthält. Ihre Form sowohl als ihre Zahlenverhältnisse sind sehr mannigfaltig. Es gibt Flagellaten mit einem einzigen, relativ sehr ansehnlichen Chromatophor (z. B. Fig. 8 [1], S. 71, Euglena), solche mit zwei und mehr (Fig. 8 [2], Ochromonas), endlich solche mit sehr vielen, verhältnismäßig kleinen. In letzterem Fall liegen sie gewöhnlich oberflächlich unter der Pellicula. Auf die Mannigfaltigkeit ihrer Form, die von scheibenförmiger bis bandförmiger, auch zerschlitzter bis verzweigter Gestalt variiert, sei hier kurz hingewiesen. Häufig finden sich in der Substanz des Chromatophors 1–2, eventuell auch mehr kleine, kugelige ungefärbte, jedoch intensiv tingierbare Einlagerungen, die sog. *Pyrenoide* (Fig. 8 [1]), um welche sich meist feine Stärkekörnchen oder eine zarte zusammenhängende Hülle von Amylum (oder Paramylum bei Euglenoidinen) finden. — Die physiologische Bedeutung der Chromatophoren ist dieselbe wie die der Chlorophyllkörner der echten Pflanzen. Daß sich auch farblose ähnliche Körper (Leucoplasten) bei gewissen farblosen stärkebildenden Flagellaten finden, ist möglich.

Neue Chromatophoren entstehen stets durch Teilung der schon vorhandenen. Hierin äußert sich ihr autonomer Charakter. Diese Erscheinung, in Verbindung mit den Bauverhältnissen, speziell dem Pyrenoid, das eine gewisse Ähnlichkeit mit dem kernartigen Centralkörper der Cyanophyceen besitzt, ließ die Möglichkeit erwägen, daß die Chromatophoren ursprünglich von selbständig lebenden Organismen abstammen, welche zu einer engen Symbiose (Ineinanderleben) mit ursprünglich farblosen Protozoen übergegangen sind.

Nicht zu verwechseln mit den Chromatophoren sind die grünen oder gelben kleinen Zellen (Zoochlorellen und Zooxanthellen), die im Plasma zahlreicher Protozoen (Rhizopoden, Radiolarien, Ciliaten) recht häufig, vielfach sogar regelmäßig vorkommen. Sie wurden deshalb früher für Organellen des Protozoenkörpers gehalten, bis ihr Fortleben und Vermehren nach der Isolierung ihre selbständige Natur als einzellige, wahrscheinlich flagellatenartige Organismen erwies, die in den Protozoenzellen, aber auch manchen Metazoenzellen symbiotisch leben.

2. Nuclei und Centrosom, Chromidien (Chromidialnetze).

Daß diejenigen einzelligen Organismen, welche im Unterreich der Protozoa zusammengefaßt werden, stets Zellkerne (Nuclei) in ihrem Plasma enthalten, dürfte heutzutage kaum mehr ernstlich angezweifelt werden. Unsicher dagegen liegt dies Problem noch für die sog. *Schizophyceen* (*Cyanophyceen* und *Bacteriaceen*), welche zweifellos phylogenetisch tiefer stehen als die eigentlichen Protozoen und Protophyten. Die neuere Forschung ist jedoch darin ziemlich einig, daß auch den Zellen dieser Protisten kernartige Bestandteile zukommen, wenngleich die Ansichten noch sehr auseinander gehen über die Form, in welcher diese Bestandteile auftreten, sowie über den Umfang des Körperanteils der Schizophyceenzelle, der als kernartig aufzufassen ist. Eine genauere Erörterung dieser Frage überschreitet den Rahmen dieses Buches.

Ebenso müssen wir darauf verzichten, die feineren Bau- und Strukturverhältnisse der Nuclei der Protozoenzellen in ihrer Mannigfaltigkeit zu erörtern; hier interessieren uns nur die vergleichend anatomischen Verhältnisse näher, welche sich in der Zahl, der Gestalt und den eventuellen Differenzierungserscheinungen der Kerne aussprechen. Ebensowenig kann auch, abgesehen von kurzen

Hinweisen, die fundamentale physiologische Bedeutung der Kerngebilde für das Gesamtleben der Zelle berücksichtigt werden.

Zahlenverhältnisse der Nuclei. Bei gewissen Abteilungen (Mastigophoren, den typischen Sporozoen) findet sich, abgesehen von gewissen Fortpflanzungszuständen, ein einziger Zellkern so regelmäßig, daß wohl die Frage aufgeworfen werden darf, ob ein solcher Zustand nicht der phylogenetische Ausgangspunkt für die Protozoen überhaupt ist. Die eventuelle Bejahung dieser Frage würde auch darin eine wesentliche Stütze finden, daß der einkernige Zustand der Zelle in der höheren Organismenwelt der weit vorherrschende ist.

In anderen Protozoenabteilungen ist dies wesentlich verschieden. So finden wir zwar in allen Abteilungen der Sarcodinen einkernige Formen; sehr gewöhnlich jedoch auch mehrkernige bis solche, welche eine sehr große Zahl von Kernen enthalten. Da jedoch auch diese Protozoen, wenigstens bei gewissen Vermehrungsvorgängen, stets einkernige Ausgangsformen bilden, so darf man im allgemeinen wohl behaupten, daß die Vielkernigkeit erst allmählich mit dem Wachstum der Zelle eingetreten ist. Damit stimmt überein, daß sich sehr zahlreiche Kerne gewöhnlich nur bei großem Plasmakörper finden. Im einzelnen bestehen jedoch in dieser Hinsicht viele Verschiedenheiten, insofern die Kernvermehrung bei gewissen Formen sehr frühzeitig im vegetativen Leben eintritt, bei anderen erst kurz vor oder während der Reproduktion; ja es können in dieser Beziehung sogar bei verschiedenen Generationen einer und derselben Art Verschiedenheiten bestehen.

Mehrkernigkeit darf auch als der charakteristische Zustand der *Infusorien* (vor allem der besser bekannten Ciliaten) bezeichnet werden. Die Verhältnisse liegen hier nur insofern komplizierter, als mit dieser Mehrkernigkeit auch eine Differenzierung der Kerne in zwei verschiedene Arten (Macro- und Micronucleus) verbunden ist, wovon sogleich genauer die Rede sein soll. Der einfachste Zustand ist demnach bei den Ciliaten der zweikernige, mit je einem Kern jeder Sorte. Hieraus entwickelten sich andere Formen, wo bald nur die eine Kernsorte (Micronucleus) in Mehrzahl auftritt, bald jedoch auch die andere (Macronucleus). Es finden sich schließlich auch hier Formen mit sehr zahlreichen Kernen, wenn auch selten. Wichtig und bezeichnend für die Ciliaten ist jedoch ebenfalls, daß auf einem gewissen Stadium ihres Lebenscyclus *einkernige* Zustände gebildet werden, aus welchen die mehrkernigen erst durch Kernteilung hervorgehen.

Differenzierung der Kerne mehrkerniger Protozoen. Wie soeben angedeutet wurde, begegnen wir einem solchen Differenzierungsprozeß am ausgeprägtesten und besten erkannt bei den ciliaten Infusorien. Aus den Teilprodukten eines ursprünglichen Kerns bilden sich hier im einfachsten Fall ein größerer Kern (Macronucleus) und ein viel kleinerer (Micronucleus), die beide auch in ihrem feineren Bau recht verschieden sind. Ebenso grundverschieden sind sie auch physiologisch, indem der Macronucleus wesentlich vegetative Bedeutung für die Stoffwechselvorgänge hat und bei der Conjugation zugrunde geht; wogegen der Micronucleus bei der Conjugation die beiden Kernsorten aus sich neu hervorbringt und daher reproduktiv oder generativ wirksam ist. Wie schon angedeutet, begegnen wir bei den Ciliaten den verschiedensten Zahlenverhältnissen für die beiderlei Nuclei. Neben einem einzigen Macronucleus können sich ein (Fig. 11, S. 73, Prorodon, Paramäcium, Carchesium) bis zahlreiche Micronuclei finden (Stentor). Selten sind auch die Macronuclei vermehrt, und in vereinzelten Fällen läßt sich dann kein Unterschied zwischen beiden Kernsorten erkennen.

Eine solche Differenzierung der Zellkerne, wie sie die Infusorien zeigen, findet sich in anderen Protozoenabteilungen in entsprechender Weise kaum wieder. Immerhin konnte die neuere Forschung auch hier zum Teil Verhältnisse aufdecken, welche gewisse Analogien erkennen lassen. Da jedoch die Untersuchungen noch keine befriedigende Übereinstimmung erlangten, so können hier nur einige Andeutungen über die Verhältnisse gegeben werden. Ein zweiter Kern von abweichendem Bau und besonderer physiologischer Bedeutung findet sich bei gewissen Flagellaten (Trypanosoma und Herpetomonas); ein kernartiges Gebilde neben dem eigentlichen Kern bei einem amöbenartigen Organismus (Paramoeba). In beiden Fällen ist jedoch die physiologische Bedeutung dieses Kleinkerns nicht diejenige des Micronucleus der Infusorien, vielmehr tritt bei der Copulation der ersterwähnten Flagellaten eine Wiedervereinigung der beiden Kerne auf, indem der Kleinkern (auch Blepharoplast genannt) ins Centrum des Großkerns aufgenommen wird. Aus solch einkernigen Zuständen entstehen die beiden Kerne wie bei den Infusorien wieder durch Teilung.

Chromidien. Bei anderen Protozoen (insbesondere Sarcodinen) tritt früher oder später im Leben eine Differenzierung der Kerne in verschiedener Weise hervor. Einmal in der Art, daß bei mehr- bis vielkernigen Formen während der Vorbereitung zur Copulation ein Teil der Kerne zugrunde geht, die übrigen sich dagegen erhalten. Obgleich also hier keine äußeren Verschiedenheiten der beiderlei Kerne erkennbar sind, so müssen sie doch in gewissem Grade innerlich vorhanden sein und das verschiedene Verhalten der Kerne bedingen. Die Vermehrung des Kerns und seine Differenzierung in sich erhaltende generative und zugrunde gehende Kerne kann auch erst mit dem Eintritt in die Copulation oder geschlechtliche Fortpflanzungsperiode auftreten, oder sich sogar darauf beschränken, daß ein großer Anteil des Kerns zugrunde geht (Sporozoa). — Bei manchen Sarcodinen (besonders Rhizopoden) tritt früher oder später im Leben eine Ablösung oder Ausstoßung gewisser Kernsubstanzen (Chromatin) aus dem Kern auf. Die ins Plasma übergetretene Kernsubstanz ist darin bald mehr als körnige (Chromidien) oder bald mehr als netzig zusammenhängende Einlagerung (Chromidialnetz) verteilt, ohne jedoch vom Plasma scharf abgegrenzte, kernartig umhüllte Gebilde zu formieren. Aus diesen Chromidien aber, die sich auch zuweilen erst beim Eintritt in die Epoche der geschlechtlichen Fortpflanzung bilden, können sich wieder typische generative Kerne entwickeln, während die früheren Kerne zugrunde gehen. Die Chromidiensubstanz spielt daher hier im allgemeinen die Rolle der Micronuclei der Infusorien, während die zugrunde gehenden ursprünglichen Kerne die Natur der Macronuclei angenommen haben. Es sind jedoch auch Fälle bekannt geworden, in welchen die von den Kernen abgesonderte Chromidialsubstanz allmählich zugrunde zu gehen scheint, wogegen die restierenden Kerne nach

dieser Absonderung den Charakter generativer erlangen. Ebenso soll Chromidien-
bildung auch pathologisch auftreten.

Aus alledem scheint hervorzugehen, daß in den gewöhnlichen Zellkernen
zwei Substanzen nebeneinander vorkommen, die physiologisch verschieden wirksam
sein müssen, und die sich früher oder später im Lebenscyclus der Protozoen auch
räumlich voneinander sondern können, in Form wirklicher Kerne oder in Form der
Chromidien. Die eine dieser Substanzen, welche sich in dem generativen Kern
(Micronucleus oder generativen Chromidien, Sporetien) findet, besitzt jedoch die
Fähigkeit, die andere wieder hervorzubringen; woraus folgen dürfte, daß letztere
Substanz nur ein Derivat oder Umbildungsprodukt der ersteren sein muß.

Centrosom. Wenn damit die Kernverhältnisse der Protozoen bedeutend
komplizierter erscheinen, als dies früher vermutet wurde, so wird die Verwicklung
noch größer durch ein weiteres kernartiges Gebilde, das sich bei einigen Protozoen
und sonstigen Einzelligen (Diatomeen) neben dem Kern findet. Es ist dies ein sehr
kleines Körperchen, welches sich, ähnlich gewissen Kernbestandteilen, stark färben
läßt. Dies sog. *Centrosom* wurde zuerst bei Metazoenzellen gefunden und spielt
bei der karyokinetischen Kernteilung eine wichtige Rolle. Ein dem Centrosom der
Metazoenzelle sicher vergleichbares Organell wurde aber bis jetzt nur bei zahlreichen Heliozoen beobachtet und bildet hier in der Regel das Centrum des Plasmakörpers, an das die früher beschriebenen Achsenfäden der Pseudopodien herantreten
(s. Fig. 18, S. 85). Bei der gewöhnlichen Teilung des Kerns spielt es dieselbe Rolle
wie das Centrosom der Metazoenzelle. Daß das Centrosom der Heliozoen jedoch
ein aus dem Kern herstammendes Organell ist, scheint sicher erwiesen, da es bei
der Fortpflanzung durch Knospung aus dem Kern neu gebildet wird. — Dies läßt es
verständlich erscheinen, daß bei gewissen anderen Protozoen ein centrosomähnliches
Gebilde erst während der Kernteilung auftreten kann (Actinosphaerium, Noctiluca,
Sporozoen) und später wieder verschwindet. — Nun finden sich jedoch auch Fälle,
wo der Kern ein kleines Körperchen enthält (früher Nucleolus, jetzt Nucleolocentrosom, auch Caryosom, Centralkorn usw. genannt), das bei der Kernteilung eine
Rolle spielt, welche an ein echtes, außerhalb des Kerns befindliches Centrosom erinnert. Aus diesem Grunde hat man es einem dauernd im Kern befindlichen Centrosom mit einer gewissen Berechtigung verglichen. Während nun eine Ansicht
dahin geht, in dem eigentlichen freien Centrosom einen dem Kern entstammenden,
von ihm gewissermaßen emanzipierten, ursprünglichen Kernbestandteil zu erblicken,
sucht eine andere Meinung das Verhältnis gerade umzukehren und das Centrosom
als einen zweiten, besonders differenzierten und speziell bei den Teilungsvorgängen
funktionierenden Kern zu deuten, der bei gewissen Protozoen in den anderen Kern
eingedrungen sei und hier das sog. Nucleolocentrosom bilde. Es wäre jedoch
meiner Ansicht nach auch eine dritte Möglichkeit zu erwägen, die nämlich, daß
das Centrosom ursprünglich gar nichts mit einem eigentlichen Kern zu tun gehabt
hätte, sondern ein plasmatisches Gebilde sei, welches aber bei der Bildung mem-
branumhüllter Kerne, wie sie den ursprünglichsten Einzelligen noch nicht zukamen,
in den umhüllten Kern aufgenommen wurde, ähnlich wie es die zweite Ansicht

annimmt. Die eigentümlichen bis jetzt noch nicht genügend aufgeklärten Beziehungen zwischen Centrosom und Achsenfäden der Geißeln und Cilien lassen eine solche Möglichkeit erwägenswert erscheinen.

Die Gestaltsverhältnisse der Protozoen-Zellkerne verdienen noch einige vergleichende Bemerkungen. Bei der Mehrzahl der Protozoen sind die Kerne in der Regel kugelige bis ellipsoidische Gebilde (s. Fig. 6—9). Viel mannigfaltiger ist der Macronucleus der Infusorien gestaltet, während die Micronuclei sehr kleine kugelige bis spindelförmige Gebilde sind. Bei den kleineren Infusorien bewahrt der Macronucleus in der Regel eine ursprünglichere Form. Bei den größeren dagegen wird er häufig mehr oder weniger lang wurst- bis bandförmig (Fig. 11 [5]), ja zuweilen (Suctoria) auch verschiedenartig verzweigt. Der bandförmige Macronucleus ist nicht selten durch eine bis zahlreiche Einschnürungen in zwei bis viele rundliche oder ellipsoidische Glieder geteilt, die nur durch einen feinen Verbindungsfaden zusammenhängen (Fig. 11 [2 u. 4]); solche Macronuclei gleichen dann einem Rosenkranz oder einer Perlenschnur. In gewissen Fällen schreitet die Zergliederung des Macronucleus noch weiter, so daß er in sehr zahlreiche kleine Fragmente zerlegt erscheint, deren Zusammenhang neuerdings bestimmt geleugnet wird. — Alle diese besonderen Ausgestaltungen der Macronuclei finden ihre Bedeutung wohl in einer relativen Vergrößerung der Grenzfläche zwischen Kern und Plasma und damit einer Erleichterung und Steigerung des Stoffwechselaustauschs beider.

Organellen, welche analog den Geschlechtsorganen der Metazoen die Funktion haben, neue Individuen hervorzubringen, gibt es bei Protozoen nicht. Da ihre Vermehrung durch einfache Zwei- oder simultane Mehrteilung (bzw. Knospung) geschieht, so kann ja von solchen Organellen nicht die Rede sein. Wenn sich etwas im Lebenslauf der Protozoen mit den in den Geschlechtsorganen der Metazoen gebildeten sog. Geschlechts- oder Propagationszellen vergleichen läßt, so können dies eben nur besondere Generationen der einzelligen Protozoen selbst sein.

So ist es denn auch in der Tat, wie wir später bei den Generationsorganen der Metazoen noch klarer sehen werden. Bei Protozoen aller Abteilungen wurde nachgewiesen, daß in gewissen Epochen des Lebenscyclus Individuen auftreten, die ebenso wie die weibliche Eizelle und die männliche Samenzelle der Metazoen sich durch einen sog. Copulationsakt zu einer einzigen Zelle vereinigen. Diese Individuen nennt man daher auch Gamonten (Gameten). Sie können völlig gleich sein, und dies ist wohl sicher der ursprüngliche Zustand, oder können in Größe und sonstigem Bau mehr oder weniger differieren, ähnlich wie die Ei- und Samenzelle der Metazoen. In letzterem Fall lassen sie sich auch als Oonten (entsprechend der Eizelle) und als Spermonten (entsprechend der Samenzelle) unterscheiden. — Die Differenzierung zweier Kernsorten bei den Infusorien läßt sich im allgemeinen mit der Differenzierung des Körpers der Metazoen in Körperzellen (Somazellen) und Propagations- (Generations-)Zellen vergleichen, nur daß sich diese Differenzierung hier auf die Kerne beschränkt. Der Macronucleus entspricht den Kernen der Somazellen der Metazoen, der Micronucleus denen der Propagationszellen.

4. Abschnitt.
Vergleichende Anatomie der Metazoen.

I. Kapitel: Integument.

Als *Integument* bezeichnet man die äußere Lage oder Bedeckung des Körpers, die mehr oder weniger scharf von dem Innern abgegrenzt und in verschiedenem Grad ablösbar sein kann. Als einfachste oder Urform eines solchen Integuments lernten wir in der Einleitung das Ectoderm, die äußere Zelllage der zweischichtigen Gasträaform, kennen. Dies primitive Integument oder Ectoderm mußte oder konnte eine ganze Anzahl physiologischer Leistungen erfüllen: 1. Schutz des inneren Körpers (des Entoderms), 2. Bildung besonderer Einrichtungen zur Körperbewegung, 3. Beteiligung am Stoffwechsel, durch Lieferung von Secreten sowie durch den Wasser- und Gaswechsel an der Körperoberfläche (Respiration), 4. die Reize, welche von außen auf den Organismus treffen, aufzunehmen und weiterzugeben, also im allgemeinen die Beziehungen zur Außenwelt zu vermitteln. Von diesen verschiedenen Leistungen verbleibt die des Schutzes dauernd dem Integument und entfaltet sich allmählich zu seiner Hauptfunktion; die übrigen Leistungen können dem Integument noch in verschiedenem Grad verbleiben, werden jedoch bei den höheren Metazoen meist besonderen Organsystemen übertragen, welche aber, wenigstens zum Teil, aus dem Ectoderm hervorgehen.

Bei größeren und komplizierteren Metazoen mit erhöhtem Schutzbedürfnis kann sich das Integument verstärken, indem zu dem äußeren Epithel (Epidermis), das vom ursprünglichen Ectoderm abstammt, eine tiefere mesodermale Gewebslage (Bindegewebe) hinzutritt (Lederhaut, Cutis oder Corium).

A. Epidermis.

Wir müssen hier zunächst den ectodermalen Teil des Integuments, die sog. *Epidermis*, besprechen, die man, wenn sie noch von einer äußeren, nichtzelligen Lage überkleidet wird, zuweilen auch *Hypodermis* nennt. Die Epidermis ist also stets eine epitheliale Zelllage, welche direkt aus dem embryonalen Ectoderm hervorgeht, also gewissermaßen dessen Rest vorstellt, nach Absonderung sonstiger Organe, die etwa noch aus ihm entstanden. Sie ist bei den Wirbellosen fast stets ein einschichtiges Epithel und erhält sich auch bei den primitivsten Wirbeltieren (Acrania) noch in dieser Form. Bei den übrigen Vertebraten wird sie dagegen durch Zellvermehrung mehrschichtig, was mit erhöhter Schutzleistung zusammenhängt.

1. Einschichtige Epidermis der Wirbellosen und die von ihr ausgehenden Schutzeinrichtungen.

In ihrer besonderen Ausbildung bei den vielen Gruppen der Wirbellosen zeigt die einschichtige Epidermis große Mannigfaltigkeit, was hier nur durch Hinweis auf einige hervorstechende Typen gekennzeichnet werden kann (Fig. 21). Die Epithelzellen können äußerst niedrig, flach sein (Plattenepithel, Spongien, manche

Coelenterata usw.); sie können von mittlerer Höhe sein (Cylinderepithel, ein sehr häufiger Fall); sie werden sehr langgestreckt, fadenförmig bis faserig (Actinien, manche Würmer usw.). Je nach seinen besonderen Leistungen zeigt jedoch auch das Epithel einer und derselben Tierform an verschiedenen Körperstellen häufig große Verschiedenheiten.

Bei Wirbellosen scheint es ziemlich oft vorzukommen, daß die Epidermiszellen sich nur äußerlich ganz dicht berühren, während sie in ihrem tieferen Verlauf etwas voneinander abstehen, ja durch dazwischen gedrungenes Bindegewebe mehr oder weniger getrennt werden. Auf diesem Wege können auch Pigmentzellen, Nervenfasern, Blutgefäße und Muskelzellen tief zwischen die Epidermiszellen eindringen (gewisse Hirudineen, Chätopoden, Gastropoden).

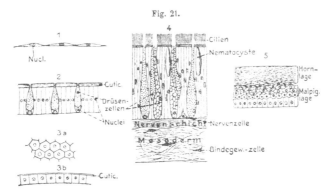

Fig. 21.

Schemata verschiedenen Epidermisepithels. *1* Ganz niederes Plattenepithel. *2* Cylinderepithel mit eingestreuten Drüsenzellen und Cuticula im Durchschnitt (etwa Lumbricus). *3* Pflasterepithel mit Cuticula.
(*a* Flächenbild; *b* Durchschnitt.) *4* Sehr hohes wimperndes Fadenepithel mit Drüsen- und Nesselzellen.
Durchschnitt (Actinie). Nach O. und R. HERTWIG (1878). *5* Geschichtetes Epithel eines Säugetiers. Durchschnitt. E. W.

Auch die eigentümlichen Epidermisverhältnisse der parasitischen *Plathel-minthen* (*Trematoden* und *Cestoden*) erklären sich wohl zum Teil auf diese Weise, indem die spindelförmigen Epithelzellen durch zwischengerücktes Bindegewebe und Muskulatur ganz auseinander geschoben wurden; wobei sie sich noch dadurch eigentümlich gestalteten, daß sie sich meist nach außen zu in mehr oder weniger feine Ausläufer verzweigen. Da jedoch in der sog. Cuticula, welche die Epidermiszellen außen bedeckt, zuweilen Zellkerne vorkommen sollen, so wäre es möglich, daß die beschriebene Epidermisschicht jener Plattwürmer nicht die gesamte ursprüngliche Epidermis repräsentiert.

Eine besondere Modifikation erfährt die Epidermis zuweilen dadurch, daß ihre Zellen unter Verschwinden der ursprünglichen Grenzen zu einem sog. Syncytium zusammenfließen (Nematoden, Acanthocephalen).

Einrichtungen zur Bewegung mittels der Epidermis. Bei einfachen, kleinen Metazoen kann das Schwimmen dadurch geschehen, daß die Epidermiszellen Cilien tragen, deren Schlagen den Gesamtkörper fortbewegt (kleinere Turbellaria). Obgleich diese gleichmäßige Bewimperung der Epidermis auch den größeren Turbellarien und den Nemertinen allgemein zukommt, so dient sie ihnen doch nicht mehr zur Ortsbewegung; hier blieb sie wohl aus anderen physiologischen Gründen erhalten. — Daß die totale Bewimperung der Epidermis eine phylogenetisch alte und weitverbreitete Einrichtung war, spricht sich darin aus, daß sie bei den Larven der Cölenteraten sehr allgemein vorkommt, ähnlich auch vereinzelt bei den Larven von Würmern und Bryozoen; selbst unter den Wirbeltieren besitzt die Amphioxuslarve noch ein totales Wimperkleid, und die Körperoberfläche ganz junger Knochenfische und Anurenlarven (Kaulquappen) ist ebenfalls noch reichlich bewimpert.

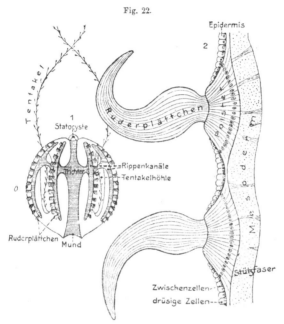

Fig. 22.

Ctenophore (Pleurobrachia). *1* Schematische Totalansicht in der Sagittalebene. *2* Zwei Ruderplättchen von Callianira und die darunter liegende Epidermis im Längsschnitt. Das obere Plättchen in aufwärts gekrümmter Stellung, das untere herabgeschlagen. Mit Benutzung von Figuren Samassas (1892).   E. W.

Die Cilienbekleidung der Epidermis kann sich im Dienste der Ortsbewegung in verschiedenster Weise spezialisieren und lokalisieren, indem sich gleichzeitig meist stärkere Ciliengebilde oder ansehnlichere Wimperzellen hervorbilden. Ein interessantes derartiges Beispiel bieten die sog. *Kammquallen* (Ctenophora). Über den Körper dieser meist annähernd kugelig gestalteten Tiere ziehen acht längere oder kürzere meridionale Reihen eigentümlicher sog. Ruderplättchen (s. Fig. 22). Dies sind die Bewegungsorgane, welche durch ihr Schlagen gegen das Wasser den Organismus schwimmend erhalten. Jedes Ruderplättchen entspringt von einem Polster höherer Epidermiszellen und erweist sich als ein Verwachsungsprodukt zahlreicher Cilien dieser Zellen.

Unter den Würmern sind es die *Rädertierchen* (Rotatorien), welche ein meist ansehnliches sog. Wimperorgan (Räderorgan) am Kopfe besitzen. Ursprünglich ging es aus einem doppelten Wimperkranz hervor, der den etwa kugeligen Körper in der Gegend der Mundöffnung äquatorial umgürtete (Trochosphaera). Bei den übrigen Formen (Fig. 23) wurde es durch stärkeres Hervorwachsen der hinteren Körperhälfte kopfständig. Der hintere der beiden Wimperkränze dient auch zur Nahrungszufuhr in den Mund. — Die Larven vieler mariner Chätopoden, Gephyreen, Bryozoen und Mollusken wiederholen durch die vorübergehende Entwicklung zweier entsprechender Wimperkränze (Trochophoralarven, Fig. 24) die bei den Rotatorien vorgezeichnete Bildung. — Auch die Larven der Echinodermen bewegen sich mittels eines solchen Wimperkranzes (Wimperschnur), der jedoch dem der Trochophoralarve nicht direkt homolog ist. Diese Wimperschnur erlangt bei den verschiedenen Echinodermenklassen eine recht mannigfaltige Ausgestaltung und Differenzierung, im Zusammenhang mit den besonderen Gestaltsverhältnissen der Larven.

Wie wir fanden, erhält sich die Cilienbekleidung auch in vielen Fällen, wo sie zur Ortsbewegung nicht mehr beiträgt. Sie kann dann andere Leistungen übernehmen. So dient sie an den Mundtentakeln der Bryozoen und den Cirren der Brachiopodenarme der Nahrungszufuhr zum Munde. — Häufig erhält sich auch die Cilienbekleidung der Epidermis auf den Kiemen, den Geruchsorganen und an andern Körperstellen, indem sie sich besonderen Leistungen anpaßt.

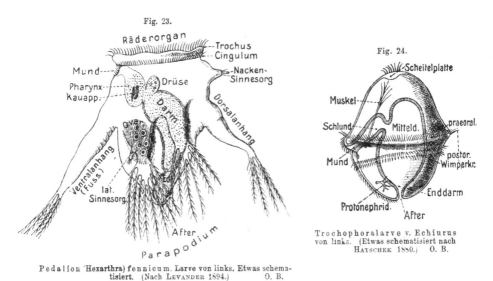

Fig. 23.

Pedalion Hexarthra) fennicum. Larve von links. Etwas schematisiert. (Nach LEVANDER 1894.) O. B.

Fig. 24.

Trochophoralarve v. Echiurus von links. (Etwas schematisiert nach HATSCHEK 1880.) O. B.

Besondere Schutzeinrichtungen der einschichtigen Epidermis der Wirbellosen (Cuticula). — Ein stärkerer Schutz, als ihn die einfache Epidermis zu gewähren vermag, wird bei Wirbellosen dadurch erreicht, daß die Epidermiszellen eine nichtzellige äußere Lage hervorbringen, eine *Cuticula*, welche durch ihre Widerstandsfähigkeit schützend wirkt (s. Fig. 21 [2], 25). Eine stärkere Entwicklung dieser Cuticula ist natürlich nur bei nichtbewimperter Epidermis möglich; an bewimperten Stellen fehlt sie daher ganz oder bleibt sehr zart. Das Hervorgehen der Cuticula aus den Epidermiszellen, ob durch Secretion oder durch Umbildung des äußersten Plasmas der Epidermiszellen, ist ebenso schwer sicher zu entscheiden, wie die Entstehung der Zellhüllen der Protozoen. Chemisch sind die Cuticulae recht verschieden, indem sie sich teils wie Albuminoide verhalten, teils aus Chitin bestehen (speziell Arthropoden). Bei den Wirbellosen sind solche Cuticulae

ungemein verbreitet, mit Ausnahme der Mollusken, wo nur bei Placophoren und
sonst zuweilen·lokale Cuticularbildungen vorkommen (Saugnäpfe und Haken bei
Cephalopoden). Ihre Dicke ist im allgemeinen mäßig, wird jedoch in gewissen
Gruppen ansehnlicher bis sehr bedeutend. Unter den Würmern besitzen namentlich die Nematoden, zum Teil auch die Rotatorien, recht dicke Cuticulae; vor allem
erreicht aber die Chitincuticula der Arthropoden meist eine bedeutende Stärke,
weshalb sie mit Recht als ein Panzer bezeichnet wurde. Die Widerstandsfähigkeit
dieses Cuticularpanzers wird bei vielen Krebsen und gewissen Myriopoden
(Diplopoda) durch Einlagerung von kohlensaurem und phosphorsaurem Kalk bedeutend verstärkt.

In gewissem Zusammenhang mit dieser Dicke der Cuticula steht jedenfalls
die bei den Arthropoden und Nematoden allgemein verbreitete Erscheinung, daß
die Cuticula zu gewissen Zeiten durch Flüssig-
keitsabscheidung zwischen ihr und der Epidermis (Hypodermis) abgehoben und schließlich abgeworfen wird, nachdem sich unter ihr
eine neue angelegt hat (Häutung). In gewissem Grad steht diese Erscheinung mit
dem Wachstum in Beziehung, dem die dicke
Cuticula nicht zu folgen vermag. Aber auch
sehr dünne Cuticulae können periodisch ge-
häutet werden (Hirudineen).

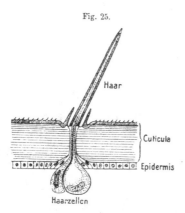

Fig. 25.

Haar

Cuticula

Epidermis

Haarzellen

Schematischer Längsschnitt durch Epidermis,
Cuticula und Haar einer Raupe. O. B.

Bei dicker und fester Cuticularbildung
und mannigfaltigeren Körperbewegungen sind
besondere Einrichtungen erforderlich, um die
Bewegungen zu ermöglichen. Schon bei gewissen Rotatorien und an die Nematoden sich
anschließenden kleinen Rundwürmern (Echinoderen), viel besser jedoch bei den
Arthropoden, werden die Körperbewegungen dadurch ermöglicht, daß festere und
dickere ringförmige Abschnitte der Cuticula, welche bei den Arthropoden den
Segmenten entsprechen, durch dünnere biegsamere und eingefaltete Zwischen-
ringe (Gelenkhäute) verbunden sind. Dieselbe Einrichtung besteht auch an den
gegliederten Extremitäten der Arthropoden und bedingt deren ausgiebige Beweglichkeit.

Dickere Cuticulae sind stets mehr oder weniger deutlich geschichtet und lassen
gewöhnlich auch verschieden strukturierte Lagen unterscheiden, deren feinerer
Bau sehr verwickelt sein kann (Fig. 25).

Weitere Komplizierungen können besonders bei den Arthropoden in mannig-
faltigster Weise durch Fortsatz- und Anhangsbildungen entstehen, die sich auf der
Oberfläche der Cuticula erheben. Dornen, Borsten, Haare und Schuppen (Fig. 25
u. 26) sind die Haupttypen solcher Erzeugnisse, deren gemeinsames Bildungsprinzip
darin besteht, daß sich eine Epidermiszelle oder eine Gruppe solcher, über die Oberfläche auswachsend, verlängert und durch ihre eigene Abscheidungstätigkeit einen

cuticularen Überzug erhält. So ähnlich daher das Haarkleid vieler Arachnoideen und Insekten (Bienen, Fliegen) äußerlich mit dem der Säugetiere, auch in seiner Bedeutung als Schutz gegen Nässe erscheint, so fundamental verschieden sind beiderlei Bildungen morphologisch und genetisch. Gleichzeitig kann jedoch die äußerste Lage der Cuticula häufig ein dichtes feines Börstchen- oder Haarkleid bilden, das, ohne Beziehung zu den Epidermiszellen, rein cuticular erscheint.

Schalen und Gehäusebildungen der Metazoen. — Wenn sich eine Cuticularabscheidung von der Epidermis abhebt und isoliert, jedoch den Tierkörper als schützende Hülle dauernd umgibt, so nennen wir sie eine Schale oder ein Gehäuse. Schalen oder Gehäuse traten bei den verschiedensten Abteilungen selbständig auf; ihre Homologie reicht daher nicht über die größeren Gruppen hinaus. Chemisch bestehen sie zum Teil wie die Cuticulae nur aus organischer Substanz. Bei stärkerer Entwicklung werden sie dagegen meist aus wenig oder sehr wenig organischer Substanz und großen Mengen von Calciumkarbonat (Brachiopoden, Mollusken) gebildet, seltener mit erheblicher Beimischung von Calciumphosphat (gewisse Brachiopoden).

Schon unter den Cölenteraten begegnen wir bei einem Teil der *Hydroidpolypen* (Campanulariden) Gehäusebildungen, die ihre nahe Beziehung zur Cuticula, welche bei den übrigen Hydroiden die Stiele der Einzeltiere und der Kolonie als sog. Periderm überzieht, deutlich zeigen. Bei den Campanulariden hebt sich dies

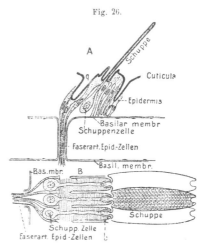

Fig. 26.

Schuppen vom Schmetterlingsflügel nach A. G. MAYER (1896). *A* Kleiner Teil eines Längsschnitts durch Flügel der Puppe (7 Tage vor Ausschlüpfen). Die Querfalten *q* der beiden Flügelflächen verstreichen nach Ausschlüpfen. Nur die Epidermis der oberen Flügelfläche dargestellt. Die verlängerten Epidermiszellen treten durch den Blutraum des Flügels bis zur Unterfläche hindurch. *B* Schiefer Querschnitt in d. Schuppenebene (6 Tage vor Ausschlüpfen). 3 Schuppen mit ihren Zellen sowie die faserartigen Epidermiszellen dargestellt. Die Längsfalten *b* der Flügelfläche verstreichen nach dem Ausschlüpfen. O. B.

Periderm als becherförmiges Gehäuse (Hydrotheca) vom Körper des Einzelpolypen ab (Fig. 27). — In die Kategorie der Gehäusebildungen haben wir auch die von der Oberfläche der koloniebildendenden Hydrocorallinen unter den Hydroiden abgeschiedene Kalkmasse zu rechnen, welche eine gemeinsame Stockmasse bildet, in der die Einzeltiere eingeschlossen sind.

Gehäusebildungen sind bei marinen *Polychäten* (besonders Sedentaria) ziemlich verbreitet. Die Abscheidung solcher Wurmröhren, deren Form die der Tiere mehr oder weniger nachahmt, hängt zusammen mit der reichlichen Schleimabsonderung, welche dem Integument vieler Gliederwürmer zukommt. Solche Wurmröhren können aus abgeschiedener organischer Substanz, aus Calciumkarbonat, aber auch aus verkitteten Fremdkörpern (z. B. Sandkörnern) bestehen.

Die reichste Verbreitung, Mannigfaltigkeit und Komplikation erlangen die

Schalengebilde aber bei den *Brachiopoden* und dem großen Stamm der *Mollusken*. Die auffallende Übereinstimmung der Schalen in beiden Abteilungen wurde früher als ein Zeichen näherer Verwandtschaft gedeutet; dennoch handelt es sich nur um analoge Bildungen. In beiden Gruppen findet sich eine eigentümliche Beziehung der Schale zum Körper; dieselbe wird nämlich nur von einem beschränkten Teil der eigentlichen Körperoberfläche hervorgebracht. Um jedoch den Körper dennoch allseitig zu umhüllen, oder um seine Zurückziehung in die Schale zu ermöglichen, wächst das Integument der schalenbildenden Körperregion zu einer Hautfalte aus, welche als sog. *Mantel* den Körper umgibt. Indem sich die Schalenbildung bis zum Rande dieses Mantels fortsetzt, umhüllt sie also gleichfalls den Körper in größerer Ausdehnung. Dabei bewahrt der Hauptteil des Tierkörpers innerhalb des die Schale tragenden Mantels eine gewisse Beweglichkeit, kann sich mehr oder weniger aus der Schale hervorstrecken und wieder zurückziehen.

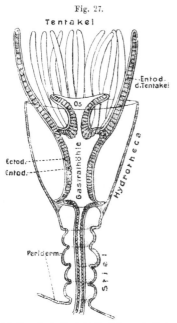

Fig. 27.

Obelia flabellata. Ein Polyp mit Hydrotheca; die Tentakel der dem Beschauer zugewendeten Seite nicht gezeichnet. Entoderm dunkel. Etwas schematisch.   O. B.

Bei den *Brachiopoden* (Fig. 28) wachsen die Dorsal- und Ventralfläche des etwa eiförmigen Körpers nach vorn zu je einem ansehnlich langen Mantellappen aus, während das hintere Körperende stielförmig verlängert ist und zur Befestigung dient. Jeder Mantellappen scheidet auf seiner ganzen Oberfläche eine ihm genau entsprechende Schalenklappe aus, die sich auch über die beiden Körperflächen bis zum Stielursprung fortsetzt. Der Stiel tritt daher ursprünglich zwischen den Hinterrändern der beiden Schalenklappen (Schloßregion) heraus. Bei den *Testicardinen* verlängert sich das Hinterende der größeren Ventralklappe rinnenförmig zur Aufnahme des Stiels in einen sog. Schnabel. — Die beiden Schalenklappen der Brachiopoden sind also völlig getrennte Bildungen und in sich symmetrisch gebildet, wie es ihrer Lage auf der Ventral- und Dorsalseite entspricht. Dies sei betont im Gegensatz zu den Schalenklappen der Muscheln, welche als seitlich liegende Gebilde in der Regel in sich asymmetrisch sind. — Bei den Testicardinen gelenken die Schalen mit ihren Hinterrändern (Schloßränder) am Ursprung des Stiels aufeinander, indem diese Ränder mit ineinander greifenden Zähnchen versehen sein können. Vom Schloßrand der dorsalen Klappe entspringen bei einem Teil der Testicardinen zwei bandartige, in die Körperwand eingelagerte Fortsätze, die gewöhnlich schleifenartig miteinander verbunden sind und ins Körperinnere hineinragen, die sog. Armstützen. Bei manchen Formen können diese Armstützen sehr groß und

kompliziert werden. — Den feineren Bau der Brachiopodenschale werden wir gemeinsam mit dem der Mollusken besprechen.

Mollusken. Die ursprünglichsten Schalen finden wir bei den einfachsten Kiemenschnecken (Prosobranchiata); doch ist es nicht unmöglich, daß sie sich durch
Rückbildung vereinfacht haben. Jedenfalls darf aber als sicher erachtet werden,
daß die ältesten Gastropoden eine ähnliche Schale besaßen. Der äußerlich bilaterale Körper einer primitiven Gastropodenform (wie der Urmollusken überhaupt)
besitzt, etwas über dem zur Bewegung dienenden ventralen Fuß, eine, die ganze
Rückenfläche umziehende ringförmige Hautfalte, die sog. Mantelfalte (Fig. 29 [2]).
Die Rückenfläche, welche von dieser Falte umgrenzt wird, steigt mehr oder weniger
kegelförmig auf und bildet den sog. *Eingeweidesack* (häufig auch samt der Mantelfalte Mantel genannt, obgleich es angemessener scheint,
nur die vorspringende Hautfalte so zu bezeichnen). Der
von der Mantelfalte überdachte Raum wird Mantelrinne
oder -höhle genannt. — Die ursprünglichste Gastropodenschale ist nun eine kegel- bis mützenförmige Bedeckung
des Eingeweidesacks, die bis zum äußersten Rand der
Mantelfalte reicht; ihre Form entspricht daher auch ganz
der des Eingeweidesacks (s. Fig. 29 [2,3]); letzterer erscheint
also wie ein Ausguß der Schalenhöhle. Die Vergrößerung der Schale geschieht zunächst am Mantelrand; in
dem Maße als dieser auswächst, wächst auch die Schale.

Eigenartig vollzieht sich die erste embryonale Anlage
der Schale, welche bei allen Mollusken im wesentlichen
dieselbe zu sein scheint. Die erste Anlage wird nämlich
auf dem Rücken des Embryo gebildet, da wo später der
älteste Teil der Schale, ihre Spitze (Apex) liegt. Die Anlage tritt jedoch nicht frei auf dem Ectoderm des Rückens

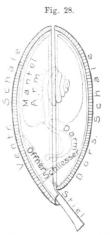

Fig. 28.

Schemat. Figur einer testicardinen Brachiopoden. Ansicht von links. C. H.

auf; vielmehr stülpt sich dieses an der angegebenen Stelle zunächst zu einem
drüsenartig gestalteten Säckchen ein, der sog. Schalendrüse (s. Fig. 29 [1]). Auf dem
Boden dieser Schalendrüse tritt die erste Schalenanlage als ein unverkalktes Con-
chiolinblättchen, also gewissermaßen als eine innere Bildung auf. Beim weiteren
Wachstum des Rückens und der Schale weitet sich die Öffnung der Schalendrüse
aus, wodurch die Schale frei auf dem Rücken hervortritt. Ihr äußerster Rand aber
bleibt stets von dem Einstülpungsrand der ehemaligen Schalendrüse umfaßt, der
sich am Mantelrand erhält (Schalenfalz). In dieser Hauteinsenkung erfolgt das
Weiterwachstum des primären äußeren Schalenhäutchens, wie dies bei Gastropoden
und Lamellibranchiaten (Fig. 35, S. 108) überall deutlich nachweisbar ist. Die
Verdickung der Schale durch die Abscheidung von Kalkschichten geschieht dann
durch die Oberfläche des Mantels und des Eingeweidesacks.

Aus diesem Entwicklungsprozeß scheint zu folgen, daß eine solche, ins Integument großenteils eingesenkte Schale bei den Urmollusken die Regel war. Auch
der Umstand, daß die zahlreichen Schalenplatten der *Placophoren* (Käferschnecken)

an ihren Seitenrändern noch tief im Integument stecken, scheint für die Richtigkeit dieser Vermutung zu sprechen.

Über die Schale der *Placophoren*, deren Ableitung von der der übrigen Mollusken bis jetzt noch unaufgeklärt ist, sei hier nur weniges bemerkt. Die Schale besteht aus acht queren Platten, welche den Rücken (Eingeweidesack) dicht hintereinander liegend bedecken, und in der oben angegebenen Weise seitlich in das Integument eingesenkt sind. Jede Platte überdeckt den vorderen Rand der darauffolgenden etwas. Bei gewissen Formen sind die Schalenplatten sehr verkümmert (Chitonellus), ja sogar vollständig vom Integument überwachsen (Cryptochiton), nach Analogie mit inneren Schalengebilden anderer Molluskenklassen.

Fig. 29.

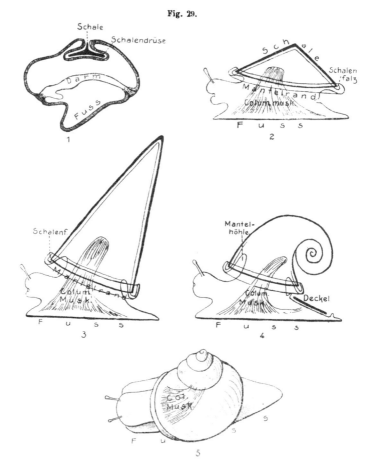

Schematische Darstellungen zur allmählichen Ausbildung der Gastropodenschale. *1—4* von links. *5* von der Dorsalseite. *1* Embryo von links mit Schalendrüse und Schalenanlage.   C. H.

Die periphere, von den Schalenplatten freie Rückseite trägt, in eine dicke Cuticula eingebettet, zahlreiche Kalkgebilde in Form von Stacheln oder Schuppen, die von einer unterliegenden Epitheleinsenkung abgeschieden werden.

Gastropoden. Wie bemerkt, wird die Form der Gastropodenschale von der des Eingeweidesacks bedingt. Bei den meisten Prosobranchiaten und Pulmonaten wächst derselbe nun sehr stark dorsal und etwas nach hinten geneigt empor (Fig. 29 [3]), so daß er, wenn er gerade ausgestreckt bliebe, einen hohen, schief aufsteigenden Kegel bilden würde. Eine solche Form des Eingeweidesacks und der Schale wäre für kriechende Tiere, wie es die allermeisten Gastropoden sind, eine sehr unzweckmäßige. Nur bei schwimmenden Formen könnte ein solcher Eingeweidesack ohne Beeinträchtigung der Locomotion bestehen. In der Tat finden wir denn auch, daß bei schwimmenden Pteropoden und ausgestorbenen alten Cephalopoden (Orthoceratiden) ein solch langer gerader Eingeweidesack tatsächlich vorkommt. Für kriechende Gastropoden wäre er dagegen, wie gesagt, direkt schädlich; einmal wegen der starken Rückwärtsverlegung des Schwerpunkts, was die Stabilität beeinträchtigte, und dann auch deshalb, weil der hohe Turm des Eingeweidesacks durch Anstoßen und leichte Beschädigung ein Hindernis bildete. Wir begreifen daher, daß eine Einrollung des langen Sacks und seine Konzentrierung zu einer kompakteren Form erhaltungsgemäß sein mußte. Diese Einrollung geschah durch besondere Wachstumsverhältnisse. Indem die vordere Region der Mantelfalte und des Eingeweidesacks stärker wuchs als die hintere, wurde letzterer in der Mittelebene des Tiers nach hinten zu spiral eingerollt, womit die Schale natürlich dieselbe Ausgestaltung erfuhr (Fig. 29 [4]). Solche annähernd oder fast vollkommen spiralig eingerollte Schalen finden sich denn auch bei einigen Gastropoden. — Dennoch konnten derart eingerollte Schalen nicht sehr stabil sein, da sie auf dem Rücken des Tieres gewissermaßen balanciert werden mußten. Wir begreifen daher wieder in gewissem Grad, daß durch gleichzeitiges, etwas stärkeres Wachstum der linken Mantelregion der Eingeweidesack und die Schale zu einer schraubigen Spirale (Kegelschraube) wurden, die dann mit ihrer ganzen Basis dem Rücken des Tiers auflag und so viel stabiler war (Fig. 29 [5]). Die schraubige Gastropodenschale wurde so zu einer sog. läotropen (rechtsgewundenen der Conchiologen); doch gibt es auch einzelne Formen und Abnormitäten mit dexiotroper Schale.

Auf die große Mannigfaltigkeit in der Gestaltung der Gastropodenschalen kann hier nicht näher eingegangen werden. Sie beruht teils auf dem verschiedenen Grad der Steilheit der Schraube, dem langsameren oder rascheren Anwachsen des Umfangs der Windungen und den Besonderheiten der Schalenöffnung oder -mündung; abgesehen von äußeren Verzierungen und Färbungen der Schalenoberfläche. — Eine Besonderheit der meisten Kiemenschnecken ist die Bildung eines Deckels zum Verschluß der Schalenmündung beim Zurückziehen des Tiers. Dieser Deckel entsteht ganz unabhängig von der Schale auf der Dorsalseite des hinteren Fußabschnitts (s. Fig. 29 [4]). In seiner Entwicklung und Beschaffenheit erinnert er fast etwas an eine zweite rudimentäre Schale.

Bei gewissen Prosobranchiaten (Heteropoden), Opisthobranchiaten, Pteropoden und Pulmonaten wird die Schale nicht selten stark oder ganz rückgebildet. Auch bei den beschalten Opisthobranchiaten (Tectibranchiata) ist sie meist schon recht rudimentär; bei den schalenlosen Opisthobranchiaten (speziell Nudibranchiata) wird sie frühzeitig ganz abgeworfen und die Mantelfalte rückgebildet. Die schalenlosen Heteropoden und Pulmonaten zeigen dagegen die Mantelfalte gewöhnlich

erhalten, wenn auch samt dem Eingeweidesack sehr verkleinert. Ein Teil der
äußerlich schalenlosen Pulmonaten besitzt jedoch ein Rudiment der Schale, indem
sich die Schalendrüse durch Verwachsung ihrer Öffnung vom äußeren Epithel ganz
abschließt. Die rudimentäre Schale wurde so zu einer inneren, unter der Rückenhaut liegenden.

Cephalopoden. Eigenartige interessante Bildungswege schlug die Schale in der
Klasse der Cephalopoden ein. Es unterliegt keinem Zweifel, daß sie von einer Urform
ausging, wie wir sie bei den Gastropoden besprachen. Bei den ältesten Formen der
Tetrabranchiaten (von welchen jetzt nur noch die Gattung *Nautilus* erhalten ist)
wuchs die Schale samt dem Eingeweidesack zu einer schiefkegelförmig aufsteigenden aus, wie wir es bei den Gastropoden schilderten und wie sie bei schwimmenden
Pteropoden heute noch vorkommt. Ohne Zweifel waren diese alten Tetrabranchiaten

Fig. 30.

Schemat. Längsschnitt d.
Schale eines Orthoceras.
C. H.

gleichfalls schwimmende Tiere, welche jedoch zur Verstärkung des Schwimmvermögens ihre Schale in sehr eigentümlicher Weise weiterbildeten (Fig. 30). Indem nämlich der
apicale Teil des Eingeweidesacks zu einem strangförmigen
Gebilde (Sipho) verkümmerte, wurde der Gipfel der Schale
leer, d, h. durch Abscheidung des Eingeweidesacks mit Gas
erfüllt. Die gegen diesen Gasraum schauende Fläche des Eingeweidesacks schied nun Schalensubstanz aus, welche als
eine quere Scheidewand (Septum) den apicalen Gasraum von
der übrigen Schalenhöhle abschloß. Durch dies Septum
trat der zum Sipho verkümmerte apicale Teil des Eingeweidesacks. Beim Weiterwachsen des Tiers und der Schale wiederholt sich der gleiche Vorgang successive in gewissen Perioden,
so daß zahlreiche Septen und durch sie geschiedene Gaskammern gebildet werden, während der Sipho immer länger
wird und von dem Eingeweidesack des Tiers, das nur die
letzte ansehnlichste Kammer (Wohnkammer) erfüllt, bis zur ersten Anfangskammer
alle Gaskammern durchzieht. Die Erfüllung der Kammern mit Gas machte aus
dem größten Teil der Schale einen wirksamen, über dem Rücken des Tiers liegenden Schwimmapparat.

Schon sehr frühzeitig traten neben solch uralten Tetrabranchiaten mit
gerader gekammerter Schale (Orthoceratiden) auch solche auf, deren gekammerte
Schalen mehr oder weniger gebogen bis symmetrisch spiral aufgerollt waren, wie
die gekammerte Schale des lebenden Nautilus es noch zeigt (s. Fig. 31). Letztere
Form läßt ferner feststellen, daß die spiralige Aufrollung dieser gekammerten
Schalen genau umgekehrt erfolgt wie bei den Gastropoden, nämlich durch stärkeres
Wachstum der hinteren Mantelregion, so daß der Apex der Schale kopfwärts ein-
gerollt wird. Daß dies für eine Schale, welche als Schwimmsack dient, leistungs-
gemäß ist, ist leicht begreiflich, indem der Schwimmsack so über den Rücken des
Tiers zusammengedrängt wird.

Die Mannigfaltigkeit der geraden und der spiral aufgerollten, gekammerten

Tetrabranchiatenschalen ist eine ungeheure, so daß ein näheres Eingehen hierauf unmöglich ist. Betont werde nur, daß, abgesehen von äußeren Verzierungen, die Mannigfaltigkeit besonders auch auf der Lage des Siphos und der Siphonalöffnungen in den Septen beruht, indem der Sipho die Septen bald central, bald exzentrisch, d. h. mehr kopf- oder analständig durchzieht. Ferner bieten auch die Scheidewände selbst große Mannigfaltigkeit; indem sie sich ursprünglich in geschwungener Linie an die äußere Schalenwand ansetzen, bei den phylogenetisch jüngeren Formen dagegen in ihrer Ansatzregion mehr oder weniger gezackt verlaufen und ihre Ansatzlinien sich daher sehr komplizieren.

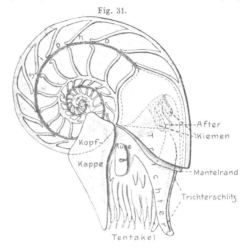

Fig. 31.

Nautilus. Schematische Ansicht von der linken Seite. Die Schale ist im Medianschnitt dargestellt. Die Mantelhöhle etwas dunkler gehalten.   C. H.

Die Schalen der erst viel später aufgetretenen *dibranchiaten* Cephalopoden gingen jedenfalls von Formen aus, die wie die Tetrabranchiaten eine gekammerte Schale besaßen. Den Beweis hierfür liefert die noch lebende *Spirula* aus der Gruppe der Decapoden. Sie ist gleichzeitig diejenige Dibranchiatenform, deren Schale der der Tetrabranchiaten am nächsten steht. Es ist eine (Fig. 32) an Größe sehr zurückgetretene, spiral aufgerollte gekammerte Schale mit Sipho, welche sich aber dadurch von der Nautilusschale wesentlich unterscheidet, daß sie nach hinten zu aufgerollt ist wie die Gastropodenschale. Sie ist ferner so klein, daß nur die äußerste Spitze des Eingeweidesacks in der Wohnkammer Raum findet. Ferner wird sie von zwei seitlichen Integumentlappen fast vollständig umwachsen, so daß sie nur auf der Vorder- und Hinterseite ein wenig unbedeckt frei liegt. Ob diese beiden Integumentlappen etwa auf Auswüchse des ursprünglichen Schalendrüsensaums zurückzuführen, oder ob sie besondere integumentale Fortsätze der freien Oberfläche des Eingeweidesackes sind, ist unsicher. Da die stark reduzierte Spirula-

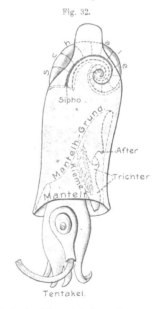

Fig. 32.

Spirula. Schematische Darstellung von der linken Seite.   C. H.

schale jedenfalls keine besondere Bedeutung als Schwimmsack mehr besitzt, so erklärt dies wohl zum Teil ihre Aufrollung nach hinten.

Die ausgestorbene mesozoische Abteilung der *Belemnitiden* unter den Decapoden besaß ebenfalls noch eine kleine gekammerte Schale wie Spirula und von ähnlichem Verhältnis zum Tierkörper (s. Fig. 33). Diese Schale (Phragmoconus) war jedoch gerade kegelförmig wie die der Orthoceratiden und durch einen eigentümlichen accessorischen Teil verstärkt. Dies sog. Rostrum war ein aus radiärfaseriger Kalkmasse bestehender, dorsal zugespitzter Stab, von gewöhnlich viel größerer Länge als der Phragmoconus; es gab jedoch auch Formen, wo es sehr

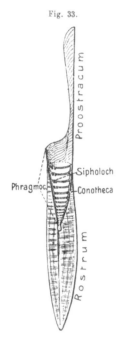

Fig. 33.

Belemnites. Schema der inneren Schale, die in der Median-ebene längs durchschnitten, so daß auf die Schnittfläche der rechten Hälfte gesehen wird. (Nach Zittels Handbuch konstruiert.) O. B.

wenig entwickelt war. In der unteren Aushöhlung des Rostrums stak der Phragmoconus. Diese beiden Gebilde waren wie die Spirulaschale von Integumentallappen des Eingeweidesackes wahrscheinlich völlig umwachsen und so zu einer ganz inneren Schale, einer Art innerem Skelet geworden. Der vordere, nach dem Kopf des Tiers gerichtete Rand des kegelförmigen Phragmoconus war in ein dünnes Kalkblatt ausgewachsen (Proostracum), das sich unter dem Integument der vorderen Rückenseite des Tiers bis gegen den Kopf ausbreitete. — Die jetzt *lebenden Decapoden* leiten sich wohl von belemnitenähnlichen Formen mit sehr schwach entwickeltem Rostrum ab. Ihre innere blattförmige Schale, der sog. Schulp der Sepien (s. Fig. 34), entwickelte sich hauptsächlich aus dem sehr groß werdenden Proostracum des Phragmoconus, während das Rostrum (Fig. 34 b) dem Apicalende dieses Proostracum nur noch als ein kleines Spitzchen angewachsen ist. Die zahlreichen, successive abgelagerten Kalklamellen auf der Hinterseite (Innenseite) des blattförmigen Proostracum (s. den Längsschnitt des Schulps b) werden neuerdings gewöhnlich als die rudimentären Septen, und die zwischen ihnen liegenden, von Kalkpfeilerchen durchzogenen Schichten als den Kammerräumen des Phragmoconus entsprechende unvollständige Kammern gedeutet. Meiner Meinung nach ist dies insofern unrichtig, als diese Lamellen wahrscheinlich nur diejenigen Teile der Septen der gekammerten Schalen repräsentieren, welche sich als sog. Siphonalscheiden oder -tüten um den Sipho fortsetzen, und auch diese nur zu einem Teil. — Bei gewissen Decapoden bleibt der Schulp ganz unverkalkt und entbehrt auch der lamellösen Auflagerung des Sepiaschulpes; er entspricht hier wohl ausschließlich dem ursprünglichen Proostracum, vielleicht noch mit einem Rudiment des Phragmoconus an der Spitze.

Die *Octopoden* besitzen nur noch in einigen Fällen geringe Rudimente der inneren Schale, welche erweisen, daß auch die Ausgangsformen dieser Abteilung beschalt waren. — Als eine Bildung ganz abweichender Art, die mit den Schalen der übrigen Cephalopoden genetisch nicht zusammenhängt, ist die der Weibchen der Octopode *Argonauta* zu erachten. Sie ist ungekammert, nach vorn spiral aufgerollt, wie jene von Nautilus, und steht also völlig isoliert unter den übrigen Cephalopoden.

Lamellibranchiaten. Eine sehr eigenartige Entwicklung schlugen Mantel und Schale bei den Lamellibranchiata (Muscheln) ein. Die ursprünglich ringförmige Mantelfalte wuchs an jeder Seite ventralwärts in einen Lappen aus, so daß der Körper zwischen den beiden, sich ventral berührenden Mantellappen, die auch häufig streckenweise verwachsen, eingeschlossen wird (Fig. 35). Dieser Mantelbildung entsprechend, wird auch die ursprünglich einheitliche Schale zweiklappig, indem sie, von den beiden Mantellappen ausgeschieden, deren Form genau wiederholt. Die ursprüngliche Einheitlichkeit der Schale zeigt sich jedoch noch darin, daß beide Schalenklappen an einer mittleren Partie ihrer Rückenkante durch einen weniger verkalkten Schalenteil zusammenhängen, d. h. hier direkt ineinander übergehen. Dies ist das sog. Schalenband oder Ligament (s. die Fig.), welches durch seine Elastizität die Schale öffnet, wenn die Schließmuskeln erschlaffen. Da die beiden Schalenklappen den bilateralen Muschelkörper seitlich bedecken,

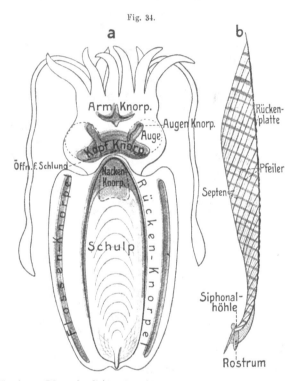

Fig. 34.

Sepia. *a* Schema für die Anordnung des Knorpelskelets und des Schulps im Körper; sog. Dorsalansicht; (Ansicht auf die vordere Hälfte der Dorsalseite). *b* Längsdurchschnitt des Schulps in der Medianebene. Sch.

so sind sie in sich gewöhnlich nicht symmetrisch, sondern vorn und hinten verschieden. Die älteste, an der Rückenwand liegende Schalenregion erhebt sich in der Regel mehr oder weniger und bildet den sog. Nabel jeder Klappe (Fig. 36). — Auf die überraschende Mannigfaltigkeit der Muschelschalen einzugehen, ist hier nicht der Ort. Es werde nur betont, daß sie teils bedingt wird durch die besondere Ausgestaltung des Muschelkörpers, speziell auch der sie erzeugenden Mantellappen; durch die verschiedene Lage des Nabels und des Ligaments, bei gewissen Formen namentlich auch durch ungleiche Ausbildung der beiden Schalenklappen, was besonders bei den einseitig festgewachsenen Muscheln stark hervortritt und bei gewissen fossilen (Rudisten) dazu führte, daß die eine Klappe wie ein Deckel der hoch ausgewachsenen anderen auflag.— Auch die innere Fläche beider Schalen kann durch das Anwachsen des Mantelrandes, der Schließ- und Fußmuskeln in

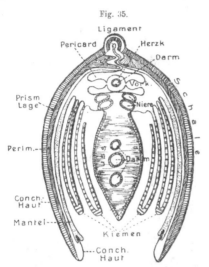

Fig. 35.

Schematischer Querschnitt einer Flußmuschel (Unio) in
der Herzgegend.   C. H.

verschiedener Weise mit Eindrücken versehen sein, deren genaue Schilderung zu weit führen würde (s. Fig. 36).

Mit den Mantel- und Schalenverhältnissen der Muscheln zeigen die der kleinen Klasse der *Scaphopoden* mancherlei Übereinstimmung. Ihr Mantel ist wie bei den Muscheln beiderseits ventral herabgewachsen und bildet, indem beide Lappen ventral vollständig verwachsen, eine vorn und hinten geöffnete Röhre. Dementsprechend besitzt auch die Schale die Form einer vorn und hinten offenen Röhre, die langkegelförmig oder stoßzahnartig (Dentalium) erscheint, vorn etwas weiter als hinten.

Feinerer Schalenbau bei Brachiopoden und Mollusken. Die kurze Übersicht der Schalenmorphologie beider Abteilungen müssen wir noch durch einige Bemerkungen über den feineren Bau der Schalen ergänzen. Bei beiden Gruppen

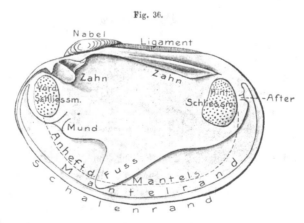

Fig. 36.

Flußmuschel (Unio ligamentosa, N. Amerika) nach Entfernung der linken Schale, des Mantels, der Kiemen
und Mundsegel. Ansicht von links.   C. H.

wird die äußere Schalenfläche durch ein unverkalktes Häutchen (Periostracum) gebildet, das namentlich bei den Molluskenschalen manchmal recht stark ist. Dies Periostracum ist der erstgebildete Schalenteil, was sich bei den Mollusken auch am erwachsenen Tier noch deutlich erkennen läßt, da der fortwachsende äußerste Schalenrand nur aus ihm besteht und in dem Schalenfalz des Mantelrandes abgesondert wird (s. Fig. 35). Unter dem Periostracum scheidet hierauf die Oberfläche des Mantel-, bzw. des Eingeweidesacks, die Kalklagen aus, die entweder Aragonit oder Kalkspat sind, ja auch zum Teil beides in einer Schale. Dickere Molluskenschalen bestehen wohl immer aus mehreren successiven Lagen von Kalkmasse, die häufig recht verschieden gebaut sein können. Dies tritt besonders bei vielen Muscheln hervor, bei welchen unter dem Periostracum eine äußere Schalenlage folgt, die aus senkrecht oder etwas schief zur Schalenoberfläche stehenden Prismen aufgebaut ist (Prismenlage, Fig. 35). Darunter folgt eine Lage, die äußerst fein parallel der Oberfläche geschichtet ist, das sog. Perlmutter. Die Prismenlage wird von der peripheren Mantelregion abgesondert, die Perlmutterlage von der übrigen Oberfläche des Mantels. Eigentlich sind daher die beiden Lagen nicht etwa nacheinander gebildet, sondern gleichzeitig. Das Dickenverhältnis beider Lagen ist sehr verschieden, bald kann die Prismen-, bald die Perlmutterlage sehr zurücktreten; ja es gibt auch Schalen, die fast nur aus Perlmutter oder aus Prismenlage bestehen. Gewisse Muschelschalen besitzen auch mehr den feineren Bau der *Gastropodenschalen.* — Letztere zeigen im allgemeinen selten eine innere Perlmutterlage. Ihre Schalenwand ist in der Regel aus drei Kalklagen zusammengesetzt, die aus dünnen, zur Schalenoberfläche senkrechten Lamellen bestehen. Diese Lamellen verlaufen in den abwechselnden Lagen verschieden, sich senkrecht kreuzend. Jede Lamelle zeigt einen feinfaserigen Bau, wobei die Faserung in den alternierenden Lamellen einer Lage etwa rechtwinkelig zueinander verläuft und schief gegen die Schalenoberfläche. — Die Schale von Nautilus (und der Tetrabranchiaten überhaupt) wird von einer äußeren weißen Porzellanlage und einer inneren dickeren Perlmutterlage aufgebaut; letztere bildet auch die Septen. Die Spirulaschale besteht aus Perlmutter.

Die *Brachiopodenschalen* gleichen den Muschelschalen gewöhnlich darin, daß die auf das Periostracum folgende Kalksubstanz aus Prismen zusammengesetzt ist, die jedoch häufig recht schief zur Schalenoberfläche verlaufen. Eine Perlmutterlage fehlt stets. Die meisten Brachiopodenschalen sind von feinen oder etwas gröberen Poren durchsetzt, welche bis zur Oberfläche reichen und sich unter dieser auch manchmal verzweigen. Diese Porenkanäle sind von einem Bündel faseriger Epithelzellen der Manteloberfläche erfüllt. Die physiologische Bedeutung der Einrichtung ist wenig bekannt. — Bei den *Lamellibranchiaten* kommen ähnliche Bildungen nur vereinzelt vor (Cycladidae; Larvenschale von Flußmuscheln), indem eine lang ausgewachsene Epithelzelle die Kanälchen bis zum Periostracum durchzieht. — Analoge Bildungen finden wir auch in den Schalenplatten der *Placophoren* in großer Menge. Die Platten werden von vielen senkrecht aufsteigenden Kanälen durchsetzt, welche bis zum Periostracum reichen und unter der Oberfläche zahlreiche sekundäre feinere Kanälchen abgeben. In die größeren Kanälchen (Megalästhetes) dringt auch hier ein Bündel von Epithelzellen ein; in die von ihnen entspringenden kleineren dagegen je nur eine Zelle (Micrästhetes). Die größeren

Kanälchen enthalten auch Sinneszellen und sind daher jedenfalls Sinnesorgane, deren
Enden sich bei gewissen Formen sogar zu einfachen Augen entwickeln können;
die sog. Micrästheten dagegen sind wahrscheinlich nur Schutzorgane.

Epidermis der Tunicaten. Die Tunicata zeigen recht eigentümliche Verhältnisse ihres Integuments, welche an dieser Stelle kurz erwähnt werden mögen. Bei
den primitivsten Formen (Copelatae) erscheint es noch als eine einschichtige Epidermis, welche ein gallertiges, häufig erneutes Gehäuse auszuscheiden vermag. Bei
den Ascidien und Salpen (Thaliadae) scheidet das einschichtige Epithel eine cellulosehaltige äußere Schutzlage aus, in welche aus der tieferen Körperschicht frühzeitig Mesodermzellen (Blutzellen) einwandern, indem sie durch die Epidermis treten.
Auf solche Weise bildet sich der sog. »*Mantel*« dieser Formen als eine äußere
Schutzlage des Integuments und erlangt namentlich bei den Ascidien häufig eine
recht bedeutende Dicke und Festigkeit. Die in die cellulosehaltige Grundsubstanz
des Mantels eingelagerten Zellen betrachtet man jetzt gewöhnlich sämtlich als
eingewanderte Mesodermzellen, nur die basale einschichtige Zelllage als die eigentliche Epidermis. Die Mantelzellen differenzieren sich allmählich in reich verästelte,
netzartig zusammenhängende, in blasige unverzweigte und häufig auch Pigmentzellen. Sie beteiligen sich wohl auch an der Abscheidung der Grundsubstanz. Der
histologische Charakter dieses Mantelgewebes ist der eines Bindegewebes mit cellu-
losehaltiger, häufig auch mehr oder weniger fibrillär differenzierter Grundsubstanz,
abgesehen von der basalen flachen einschichtigen Epidermis. Daß letztere gar keine
Zellen liefere, die in das Mantelgewebe einwandern, scheint mir noch nicht völlig
erwiesen. — Diese merkwürdige Bildung einer bindegewebsartigen Hülle außerhalb der Epidermis scheint etwas weniger auffallend, wenn wir berücksichtigen,
daß auch in die Epidermis und die Schleimhautepithelien der Vertebraten häufig
mesodermale Zellen (Lymph- und Pigmentzellen) einwandern, ja sie auch durch-
wandern und auf ihrer Oberfläche frei heraustreten. — Der Ascidienmantel wird
schließlich häufig noch dadurch kompliziert, daß aus dem unterliegenden Körper
Blutgefäße in ihn hineinwachsen und ihn reichlich durchziehen.

2. Geschichtete Epidermis der Vertebrata und ihre Schutzeinrichtungen.

Wie wir schon sahen, ist die Epidermis der *Acranier* noch ein einschichtiges
Cylinderepithel. Bei sämtlichen übrigen Wirbeltieren entwickelt sich dagegen die
einschichtig angelegte Epidermis durch Teilung ihrer Zellen zu einer mehr- bis
vielschichtigen. Die Zahl der Schichten kann sehr verschieden sein, von relativ
wenigen bei dünner Epidermis (Amphibien zum Teil nur 5 bis 10 Schichten) bis zu
sehr vielen. Im allgemeinen wird schon durch diese Dickenzunahme der Epidermis
ihre Schutzleistung ansehnlich gesteigert. Bei einem und demselben Tier variiert
jedoch die Epidermisdicke an verschiedenen Körperstellen erheblich; ebenso kann
auch durch besondere Verhältnisse (Häutung) eine Dickenschwankung zu verschiedenen Zeiten hervortreten. Die basale Zellschicht, in welcher sich gewissermaßen
die embryonale Ausgangsschicht erhält, besitzt zeitlebens die Fähigkeit, durch
Teilung neue Zellschichten zu bilden. Dies steht im Zusammenhang mit der weit

verbreiteten Erscheinung, daß die oberflächlichen Zellen der mehrschichtigen Epidermis fortdauernd zugrunde gehen und abgestoßen oder abgerieben werden, was einen stetigen Ersatz bedingt.

Die basale oder Keimschicht der Epidermis bewahrt überall dauernd den ursprünglichen Bau eines Cylinderepithels (s. Fig. 21⁵, S. 95); die Zellen der aus ihr hervorgegangenen distalen Schichten dagegen nehmen gegen die Oberfläche zu eine mehr rundliche bis polygonale Form an; die der äußersten Schicht platten sich häufig auch etwas mehr ab. Eine solche Bildung zeigt im allgemeinen die Epidermis der Cyclostomen und mancher Fische (Fig. 45, 46), wogegen bei den meisten Fischen und den Amphibien die Abplattung in der äußersten oder einigen äußersten Schichten zu flachen bis schüppchenartigen Zellen schon schärfer ausgeprägt ist. Bei den wasserlebenden *Cyclostomen* (Fig. 45, S. 126) und *Fischen* (Fig. 46, S. 127) bewahren sämtliche Zellen der mehrschichtigen Epidermis in der Regel den ursprünglichen plasmatischen Charakter, wenn sie sich nicht zum Teil zu besonderen Drüsenzellen umbilden, wovon später die Rede sein wird. Die Zellen der äußersten Schichten bilden bei den myxinoiden Cyclostomen sogar sämtlich oder großenteils in ihrem Innern Schleim, werden daher blasig drüsig. Die äußerste Zellschicht der beiden Gruppen entwickelt auf ihrer Außenfläche einen dünnen Saum, der gewöhnlich als Cuticularsaum bezeichnet und auch wohl richtig mit der Cuticula der Wirbellosen verglichen wird. Den Amphibien kommt ein solcher Cuticularsaum nur noch im Larvenzustand zu; den übrigen Wirbeltieren fehlt er überhaupt.

Von den Amphibien an erfahren die äußerste oder einige der äußersten Epidermisschichten, deren Zellen stark abgeplattet sind, eine chemische Veränderung ihres Plasmas, das sich in sog. Hornsubstanz (Keratin) umwandelt, wobei die Zellen absterben. So entsteht eine äußere, aus verhornten Zellen bestehende Epidermislage, welche als *Stratum corneum* oder Hornlage von der tiefen Epidermislage, deren Zellen lebendig sind, der Schleimlage oder dem *Stratum malpighii* (Str. germinativum) unterschieden wird (Fig. 21⁵). Die Ausbildung einer widerstandsfähigeren Hornlage, wie sie den höheren Wirbeltieren zukommt, erhöht natürlich sehr erheblich den Schutz, welchen die Epidermis zu bieten vermag, und zwar nicht nur gegen mechanische Verletzungen, sondern namentlich auch gegen die Austrocknung bei den luftlebenden Formen. Wenn daher auch die stärkere Entwicklung der Hornlage der höheren Wirbeltiere (Amnioten) sicher von ihrem Luftleben bedingt ist, so wurde das erste Auftreten von Verhornungen doch nicht durch das Luftleben verursacht. Dies beweisen die Cyclostomen und Fische, bei denen schon lokal oder sogar in etwas weiterer Ausdehnung über den Körper Verhornung der äußeren Epidermisschichten eintreten kann (Cyclostomen: Flossen, Hornzähne der Mundhöhle; Perlausschlag der Männchen von Cyprinoiden). Es scheint daher auch nicht nötig, aus der Hornlage der wasserlebenden Amphibien auf ihr ursprüngliches Luftleben zu schließen.

Bei den *Amphibien* bleibt das Stratum corneum gewöhnlich noch recht dünn, beschränkt sich zuweilen sogar nur auf die äußerste Zellschicht, kann jedoch auch bis 8 und 10 Zellschichtendicke erreichen (besonders bei Perennibranchiaten). Die luftlebenden *Amnioten* dagegen bilden eine viel dickere Hornlage mit viel mehr Zellschichten. Die verhornten Zellen selbst werden zu ganz flachen Schüppchen, deren Kern meist nicht mehr deutlich ist; auch die Zellen selbst sind wenigstens in den äußeren Schichten nur mit besonderen Hilfsmitteln zu unterscheiden. Natürlich variiert die Stärke der Hornlage auch bei diesen Formen lokal sehr, wie wir gleich genauer erfahren werden.

Eine ganz allgemeine Erscheinung ist, daß die verhornte Epidermis eine fortdauernde Erneuerung erfährt, was durch die Zellneubildung der malpighischen Lage bewirkt wird. Dabei wird die alte Hornlage entweder langsam durch Abschilferung kleiner Anteile der Oberfläche entfernt, wie es bei Säugern und Vögeln, auch den placoiden Reptilien, soweit hier Abstoßung stattfindet, geschieht; oder der Erneuerungsprozeß verläuft periodisch als sog. *Häutung.* Schon die Hornzähne der Cyclostomen werden auf solche Weise periodisch erneuert. Bei den Amphibien löst sich die Hornschicht zeitweise in Fetzen oder gelegentlich auch

Fig. 37.

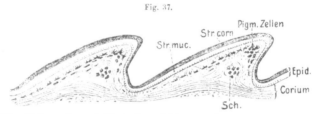

Lacerta agilis. Medianer Längsschnitt durch zwei Schuppen. *Sch.* wird als Rudiment einer Knochenschuppe gedeutet. (Nach MAURER 1895.)   O. B.

zusammenhängend ab. Bei den beschuppten Reptilien findet sich letzteres regelmäßig und ist namentlich bei Schlangen schön zu verfolgen. Hier löst sich die Hornlage an den Kieferrändern ab, worauf die Schlange aus dem alten Hornschlauche hervorkriecht, indem sie ihn gleichzeitig hervorzieht und umstülpt, so daß seine Innenseite zur äußeren wird. — Die Häutung wird durch die Bildung einer neuen Hornlage aus der Schleimlage eingeleitet (manchmal sind auch schon mehrere solcher Anlagen untereinander vorhanden); hierauf erfolgt durch Verschleimung gewisser Zellschichten zwischen der alten und neuen Lage eine Abhebung des alten Stratum corneum und schließlich seine Abstreifung.

In der Verhornung der Epidermis hat sich eine Einrichtung entwickelt, welche durch Forddauer des Prozesses, d. h. Bildung neuer Zellschichten und ihre Verhornung, eine weitgehende Verstärkung erfahren kann, wodurch der Organismus sich erhöhtem allgemeinem oder lokalem Schutzbedürfnis anzupassen vermag.

Hornschuppen und -Platten. Schon die Amphibien (z. B. Kröten) zeigen zuweilen lokal stärkere Verhornung auf Warzen der Hautoberfläche. Bei den Reptilien, deren Hornlage überhaupt sehr dick wird, erlangen solch lokale stärkere Verhornungen auf dem gesamten Integument eine besondere Bedeutung. Die Haut der *Squamata* (Eidechsen und Schlangen) ist in der Regel dicht mit Längsreihen alternierender, sich dachziegelartig nach hinten deckender Schuppen bekleidet. Jede Schuppe ist ein nach hinten gerichteter abgeplatteter Auswuchs des gesamten Integuments, in den also auch das Corium einen Fortsatz sendet (Papille). Die Hornlage der Epidermis wird auf der Oberseite der Schuppen besonders dick, auf ihrer Unterseite und zwischen den Schuppen bleibt sie dünner (Fig. 37). Auf Grundlage dieses allgemeinen Bauprinzips können sich die Hornschuppen in der mannigfaltigsten Weise weiter ausgestalten, indem sie zu dorn- bis stachelartigen Gebilden, oder auch zu warzen- bis körnerartigen werden, die sich nicht mehr überdecken. Andrerseits können sich jedoch die Schuppen auch stark in der Fläche vergrößern, wobei sie gleichzeitig wenig oder nicht mehr übereinander greifen, also zu schilder- bis plattenartigen Gebilden werden, wie es häufig am Kopf und Bauch der Squamaten vorkommt. — Dieser plattenartige Charakter der epidermoidalen Horngebilde herrscht bei den *placoiden* Reptilien. Die einzelnen Platten sind durch schmale, schwächer verhornte Zwischensäume voneinander gesondert. Ihre Form ist bald regelmäßiger, bald unregelmäßiger. Besonders regelmäßig und groß werden die Hornplatten gewöhnlich auf dem Rumpf der Schildkröten (Schildpatt); doch gibt es auch Chelonier mit sehr verkümmerten Hornplatten. Daß die Platten leicht wieder in schuppenartige Gebilde auswachsen, ist bei gewissen Cheloniern (Karettschildkröte) zu beobachten.

Die nahen Beziehungen der *Vögel* zu den Reptilien treten noch deutlich hervor, indem die unbefiederten Partien ihrer Beine (insbesondere Zehen und Lauf) gewöhnlich von körner- bis plattenartigen Horngebilden bedeckt sind, welche denen der Reptilien sehr gleichen. Im einzelnen unterliegt diese Hornbekleidung der Vogelfüße großen Variationen.

Bei nicht wenigen *Säugern* finden sich neben der Behaarung auch Gebilde, welche den Hornschuppen oder -platten der Reptilien recht ähnlich sind. Es wurde jedoch noch keine Übereinstimmung darüber erzielt, ob sich diese Schuppengebilde genetisch von denen der Sauropsiden ableiten lassen. Mir ist es wahrscheinlicher, daß es sich nur um analoge Bildungen handelt. Nur bei gewissen Edentaten treten derartige integumentale Hornbildungen über den ganzen Rücken hin auf. Bei *Manis* (Schuppentier) sind es sehr große längsgestreifte wirkliche Schuppen, die sich dachziegelartig nach hinten überdecken. Die *Gürteltiere* (Loricata, Dasypodidae) besitzen dagegen plattenartige Horngebilde, analog denen der Placoidea, welche den Rücken bekleiden. Sie ordnen sich mehr oder weniger deutlich in quere Gürtel an und treten auf Kopf, Schulterregion, Rumpf, Beckenregion und Schwanz zu besonderen Panzerabschnitten in engere Verbindung. Jede Platte läßt sich bei näherer Untersuchung als eine Verwachsung ursprünglich kleinerer erkennen. Zwischen diesen Horngebilden von Manis und den Dasypodiden sind jedoch auch Haare spärlich zerstreut. — Kleinere Horngebilde von schuppenartigem Charakter finden sich häufig am wenig behaarten Schwanz zahlreicher Nager (Biber, Ratten, Mäuse), Insektenfresser und Beuteltiere (Beutelratten). Auch die unbehaarten Stellen der Füße sind zuweilen mehr oder weniger beschuppt.

Federn und *Haare.* Das Integument der Vögel und Säuger hat auf seiner ganzen Oberfläche verhornte Integumentalanhänge entwickelt, die Federn der Vögel und die Haare der Säugetiere. Diese Gebilde haben morphologisch und physiologisch mancherlei Gemeinsames, obgleich es zweifelhaft, ja unwahrscheinlich ist, daß sie genetisch denselben Ursprung besitzen. Beide sind verhornte Epidermoidalanhänge, die, lang fadenförmig auswachsend, sich hoch über die Haut erheben und sie meist als dichter Überzug bedecken. Es scheint daher begreiflich, daß so lange Anhangsgebilde eine festere Einpflanzung im Integument erlangten, als sie der Reptilienschuppe zukommt. Diese Einpflanzung entstand bei beiderlei Gebilden auf die Weise, daß die Epidermis im nächsten Umkreis des anfänglich kurzen Anhangs schlauchförmig in das unterliegende Corium als sog. Feder- oder Haarbalg (Follikel) hineinwuchs. So wurde die Basis der Feder oder des Haares in den Grund dieses, häufig tief in die Lederhaut hinabreichenden Balges verlegt, womit eine feste Einpflanzung im Integument erzielt war. In die Basis beider Anhänge ragt wie bei der Schuppe eine Cutispapille hinein, deren Größe jener der Anhangsgebilde selbst koordiniert ist.

Die physiologische Bedeutung und damit auch der Grund der phylogenetischen Entfaltung des Feder- und Haarkleides ist vor allem in der konstanten und meist die der Umgebung übertreffenden Temperatur der Vögel und Säugetiere zu suchen, also im Schutz gegen Wärmeverlust; weiterhin kommt hauptsächlich noch der Schutz gegen Nässe in Betracht.

Haare. Wenn wir zunächst von der phylogenetischen Herleitung absehen, so repräsentiert sich das Haar als das einfacher gebaute Organ, weshalb wir es zuerst betrachten wollen (s. Fig. 38). Es ist ein aus verhornten Epidermzellen bestehender, meist cylindrischer, selten abgeplatteter, bis im Querschnitt ovaler, solider Faden, dessen freies Ende zugespitzt ausläuft. Der Faden entspringt vom Grunde des Follikels, wo das die Follikelwand (äußere Haarwurzelscheide) bildende Epiderm in eine Anschwellung von Zellen übergeht (Bulbus), durch deren fortgesetzte Vermehrung die allmählich verhornenden Bildungszellen des Haares entstehen. In diese Anschwellung ragt die Coriumpapille hinein, die gewöhnlich klein bleibt. Bei der Verhornung der Bildungszellen entsteht um das eigentliche Haar noch eine röhrenförmige Lage verhornter Zellen, die distal im Follikel aufsteigt bis etwa zur Einmündung der Talgdrüsen (sog. innere Haarwurzelscheide). Die Haarfollikel, und damit auch die Haare selbst, sind meist ziemlich schief zur Hautoberfläche eingepflanzt, wobei sich die Haare in der Regel caudalwärts richten; doch variiert ihre Richtung an verschiedenen Körperregionen sehr. — Die Hornzellen des Haares sind nicht alle von gleicher Beschaffenheit; vielmehr lassen sich gewöhnlich unterscheiden: 1. ein einschichtiges sog. Oberhäutchen (Cuticula) aus ganz flachen Zellen; 2. eine Rindensubstanz aus längsfaserigen Zellen, und 3. die Marksubstanz, aus mehr rundlichen bis polygonalen, häufig gashaltigen Zellen bestehend.

Die Ausgestaltung der Haare bei den verschiedenen Säugern sowohl, als auch lokal bei einer und derselben Form ist so mannigfaltig, daß hierüber nur Andeutungen gegeben werden können. Vor allem variieren Länge und Dicke außerordentlich und, wie allbekannt, auch an verschiedenen Stellen des Körpers. Mäh-

nen, Schweife, Bärte und dergleichen sind Beispiele lokaler Entwicklung sehr verlängerter Haare. — Die *Stachelbedeckung* des Rückens mancher Säugetiere (Igel,
Stachelschwein, Echidna u. a.) ergibt sich leicht als eine exzessive Entwicklung
besonders dicker und häufig auch langer Haare, die sich zum Teil nur durch stärkere und etwas kompliziertere Bildung der Coriumpapille auszeichnen. Diese in
den verschiedenen Gruppen der Säuger selbständig entwickelten Stacheln sind

Fig. 38.

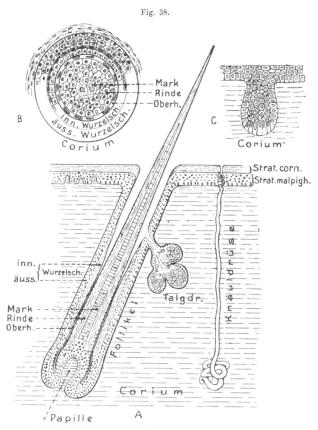

Schemata zum Bau des Haares, seines Follikels und seiner Entwicklung. *A* Längsdurchschnitt eines Haares in seinem Follikel. *B* Querschnitt durch Haar und Follikel (etwa in der Mitte des
Follikels). *C* Frühzeitige Anlage eines Haarfollikels mit knospenförmiger Gruppierung der tiefsten Epidermiszellen. (Mit Benutzung v. MAURER 1895 konstruiert.)   O. B.

durch alle Größenübergänge mit den gewöhnlichen Haaren verbunden, welche sich
neben ihnen finden. — Die sog. Tast- oder Sinushaare der Schnauzengegend sollen
bei den Sinnesorganen besprochen werden.

Weiter zeigen auch die Haare in der feineren Zusammensetzung große Mannigfaltigkeit,
besonders im Dickenverhältnis von Mark und Rinde. Ersteres kann sich zuweilen so verstärken, daß die Rinde fast schwindet; andrerseits kann es jedoch auch ganz fehlen, was sogar der ursprünglichste Zustand zu sein scheint. Bei starker Behaarung sind die Haare häufig
in größere Stichel- oder Konturhaare und feinere Wollhaare differenziert; die ersteren bewirken
dann allein das äußere Aussehen des Haarkleids.

Von besonderem Interesse ist die eigentümliche Anordnung der Haare in kleine Gruppen, wie sie die genauere Untersuchung bei vielen Säugern zeigt. Dabei ergab sich, daß eine Gruppe von drei quergestellten Haaren einen ursprünglichen Zustand zu repräsentieren scheint. Bei gleichzeitiger Gegenwart von Schuppen steht hinter jeder Schuppe gewöhnlich eine solche Gruppe. Diese Dreiergruppen komplizieren sich zum Teil durch Vermehrung der Haare, häufiger jedoch durch Zutritt kleinerer Haare um und zwischen die drei ursprünglichen. Eine weitere Komplikation kann dadurch eintreten, daß alle oder nur die seitlichen Haare der Dreiergruppe zu Haarbündeln werden, die aus einem gemeinsamen Follikel entspringen. Ein solch komplexer Follikel kann entweder durch gemeinsame Einsenkung dicht benachbarter Follikel zu einem entstehen; gewöhnlich jedoch so, daß der ursprüngliche Follikel zahlreiche neue hervorsprossen läßt. Zu den drei Haupthaarbündeln können sich auch noch sekundäre gesellen. Übrigens kann die Gruppenbildung der Haare auch ganz verwischt werden.

Eine nahezu vollständige Rückbildung der Haare ist bei den Waltieren eingetreten, wo sie jedoch noch embryonal anzutreffen sind und sich bei Erwachsenen an der Schnauze rudimentär erhalten. Weitgehende Rückbildung findet sich auch bei Formen mit sehr dickem Integument (Sirenia, Nilpferd, Nashorn, Elefant).

Die Federn. Ihre Analogie mit den Haaren geht recht weit. Der charakteristische Unterschied besteht darin, daß sich die Feder distal in mehr oder weniger zahlreiche Strahlen verzweigt, was bei den Haaren nie der Fall ist, oder doch nur gelegentlich durch unregelmäßige Zersplitterung der Enden im Alter auftritt. Jedenfalls war der Bau der ursprünglichen Feder verhältnismäßig einfach. Dies folgt daraus, daß die beim Embryo der heutigen Vögel zuerst entstehenden Federn (Erstlingsdunen) diesen einfachen Bau bewahrten, und daß sich ferner zwischen den größeren und komplizierteren Federn (Konturfedern) des erwachsenen Vogels in der Regel noch solch einfachere dauernd erhalten. Eine solche Erstlingsdune, aber auch viele Dunen der erwachsenen Vögel (Fig. 40[3]) bestehen aus einem kurzen basalen Stamm, dessen Distalende sich in eine Anzahl Strahlen spaltet, die gewöhnlich selbst wieder beiderseits mit einer Reihe feinerer Nebenstrahlen besetzt

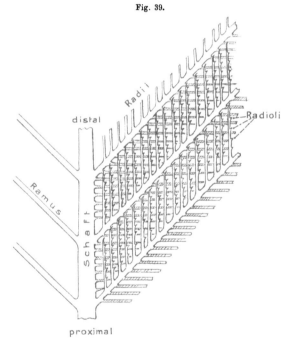

Fig. 39.

Kleiner Teil einer Federfahne von der Außenfläche (schematisch). Anordnung der Rami, Radii und Radioli.　O. B.

sind. In den basalen Teil des Stammes ragt die Coriumpapille (Pulpa) hinein, die sich jedoch bei der Entwicklung stark verkürzt, so daß der Stamm hohl wird (Spule, Calamus).

Aus solchen Primitivfedern haben sich die großen komplizierten Konturfedern dadurch entwickelt, daß der Stamm oder Kiel (Scapus) sehr ansehnlich lang und entsprechend dick auswuchs, womit sich die Strahlen (Rami) an dem hervorwachsenden Schaft (Rhachis) seitlich in je eine dichte Reihe geordnet haben (Fig. 40⁴). Diese Rami tragen selbst wieder zwei Reihen von Nebenstrahlen

Fig. 40.

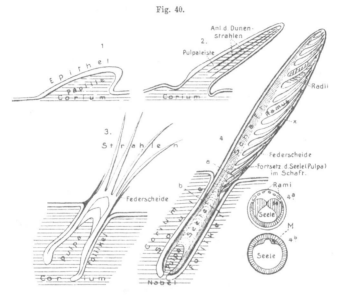

Schemata zur Entwicklung der Feder (nach DAVIES 1889 konstruiert). *1* Erste Anlage. *2* Beginnende Einsenkung des Follikels und des Hervorwachsens der längs gerichteten Pulpaleisten. *3* Erstlingsdune in ihrem Follikel. *4* Konturfeder in ihrem Follikel, noch von der Federscheide umschlossen gedacht. Die ursprüngliche Ausdehnung der Pulpa bis ans Ende des Schafts ist durch eine Strichlinie angedeutet. *4 a* u. *4 b* zwei Querschnitte eines solchen Stadiums in der Höhe von *a* und *b* Fig. *4*. *M* Verhornung zum Abschluß der Seele, bzw. der Calamushöhle.
C. H.

(Radii), von welchen die distale Reihe jedes Strahls die proximale des distal folgenden mehr oder weniger überdeckt. Bei den Konturfedern mit fest geschlossener Fahne greifen diese überdeckenden Radien mit kleinen häkchenartigen Fortsätzen (Radioli) in einen Falz des oberen Rands der überdeckten Radien hinein (s. Fig. 39). So entsteht ein fester Zusammenhalt der Gesamtheit der Rami und Radii, eine feste Fahne, wie sie besonders an den Schwung- und Steuerfedern gut entwickelt ist und deren Wirksamkeit beim Schlagen gegen die Luft bedingt. Der basale Teil des Federkiels, der keine Strahlen trägt, ist hohl (Spule, Calamus) und sein Basalende offen, da hier die Federpapille eindringt. In die erwachsene Feder reicht die Papille (Pulpa) nur ganz wenig hinein (Fig. 40⁴); in dem darauffolgenden Hohlraum der Spule findet sich eine lockere Hornmasse (Federseele), die bei der Reduktion der die Spule ursprünglich ganz erfüllenden Papille gebildet wurde. — Eine besondere Eigentümlichkeit zahlreicher Konturfedern und Dunen ist die

Entwicklung eines zweiten sog. Afterschafts (Hyporhachis), der von der Übergangsstelle der Spule in den Schaft entspringt und eine ähnliche Fahne bildet wie
der Hauptschaft. Dieser Afterschaft liegt an der dem Vogelkörper zugewendeten
Innenfläche des Hauptschafts und ist von sehr verschiedener Länge; meist sehr
klein, wird er bei gewissen *Ratitae* (Strauße) so lang wie der Hauptschaft. —
Mannigfaltige Übergänge verbinden die Konturfedern mit geschlossener Fahne mit
den Dunen; so die Ratitenfedern mit lockerer, nicht geschlossener Fahne. Reichlich zwischen den Konturfedern finden sich gewöhnlich auch sehr vereinfachte
Federn mit dünnem Schaft, welcher nur am Ende ein Fahnenrudiment trägt, oder
ohne Fahne ist (Filoplumae).

Die ansehnlichen Konturfedern sind es, welche die äußere Gefiederfläche
bilden. Dennoch sind sie meist nicht gleichmäßig über den Vogelkörper verteilt,
sondern stehen nur in gewissen Zonen oder Regionen (sog. Pterylae, Federfluren),
Bemerkenswert erscheint, daß bei einzelnen Vögeln an gewissen Körperstellen
auch Gruppenbildungen von Federn (eine Haupt- mit mehreren Nebenfedern) beobachtet wurden.

Zu den Bälgen der stärkeren Haare und Federn treten Hautmuskeln (Arrec-
tores), welche sie bewegen können.

Wechsel. Haare wie Federn werden im Leben vielfach gewechselt, d. h. die
alten fallen aus, während neue an ihre Stelle treten. Für beiderlei Anhänge scheint
es sicher, daß sich die neuen in den alten Follikeln entwickeln, wobei sie die alten,
welche ihr Wachstum abgeschlossen haben, aus diesen verdrängen und zum Ausfallen bringen. Bei Säugern wie Vögeln werden so die embryonal entwickelten
Haare (Lanugo) oder Federn (Erstlingsdunen) sehr frühzeitig, schon während oder
kurz nach Abschluß des Embryonallebens, abgestoßen und durch neue ersetzt.
Der Haarwechsel erfolgt im weiteren Leben teils mehr periodisch (Frühjahrs- und
Herbstwechsel), teils unregelmäßig andauernd. Der Federwechsel (Mauserung) vollzieht sich bei unseren Vögeln teils im Herbst, teils zweimal, im Herbst und Früh-
jahr, teils auch kontinuierlich.

Genese von Feder und Haar. Obgleich beiderlei Organe in ihrem Bau viele
Übereinstimmungen bieten, zeigen sie in ihrer Ontogenie erhebliche Verschiedenheiten, welche dazu führten, sie als primär verschiedene Organe zu deuten.

Die Entwicklung der einfachen Erstlingsfedern läßt in den Anfangsstadien
nahe Beziehungen zu Schuppengebilden erkennen. Die erste Anlage ist ein caudalwärts gerichtetes, frei sich erhebendes schuppenartiges Gebilde, dessen Hervorwachsen auf der Wucherung der Coriumpapille beruht (Fig. 40[1]). Die weitere,
recht komplizierte und schwierig zu schildernde Entwicklung kann hier nur in
ihrem Ergebnis angedeutet werden. Die schuppenartige Anlage senkt sich allmählich an ihrer Basis zur Bildung eines Follikels in das Corium ein (Fig. 40[2]).
Gleichzeitig wachsen von der Oberfläche der Papille (Pulpa) schmale Längsleisten
in die Epidermis hinein (Fig. 40[2]), welche diese in eine Anzahl Längsbezirke zerlegen, während die äußersten Epidermisschichten zu einer Federscheide verhornen,
die später von der hervortretenden Dune durchbrochen wird und abfällt (Fig. 40[3]).

Die erwähnten Längsbezirke der Epidermis bilden durch Verhornung die Strahlen der Dune, während in der basalen Federregion, wo sie nicht zur Sonderung gelangen, die Hornwand der Spule entsteht. Die ursprünglich lange Coriumpapille beginnt an ihrer Spitze zu atrophieren, zieht sich daher allmählich zwischen den Strahlen zurück und bleibt schließlich nur noch als ein sehr verkürzter Rest in der Spule der Dune erhalten. Da sie von der innersten Epidermisschicht stets überkleidet bleibt, so bildet sie bei ihrem Rückzug successive kegelförmige Hornlamellen, die sich in der hohlen Spule als sog. „Seele" erhalten, sonst aber verloren gehen.

Die Entwicklung der komplizierteren späteren Feder geschieht prinzipiell auf gleiche Weise wie die der Dune und geht von derselben Papille und demselben epidermalen Federkeim im Grunde des Erstlingsdaunenfollikels aus. Da sogar die Pulpaleisten der Erstlingsdune in die der späteren Feder geradezu übergehen, so ist letztere gewissermaßen eine Fortsetzung der Dune. Dies zeigt sich auch bei manchen Vögeln darin, daß die Erstlingsdune der Spitze der späteren Feder als ein Anhang direkt aufsitzt und die Dunenstrahlen unter Spaltung der Dunenspule in die der Feder gewissermaßen übergehen. Aus der schematischen Figur 40^4 ist der Entwicklungsgang der bleibenden Feder zu erschließen. Auf der Figur ist eine zusammenhängende Federscheide gezeichnet, wie sie sich bei der bleibenden Feder in dieser Weise gewöhnlich nicht erhält, sondern schon beim Hervorwachsen der Feder durchbrochen wird und verloren geht.

Die Ontogenie der Feder läßt vermuten, daß sie ursprünglich aus reptilienschuppenähnlichen Gebilden hervorging, welche stark auswuchsen und durch Rückzug, bzw. partielle Resorption der Papille hohl wurden. Dieser hohl gewordene distale Teil zerschlitzte dann in einzelne Strahlen, was wohl von Anfang an durch Papillenleisten, welche nur von dünner Hornschicht überzogen waren, begünstigt wurde. — Eine gewisse Schwierigkeit erwächst dieser Auffassung jedoch daraus, daß die Schuppen des Vogellaufs zuweilen je eine Feder tragen oder ihnen je eine Federgruppe zugesellt ist.

Im Gegensatz zur Feder springt das sich entwickelnde Haar niemals als schuppenartiges Gebilde über die Epidermisfläche vor; nur die Anlage großer stachelartiger Haare zeigt zuweilen eine ganz flache Erhebung. Die Anlage des Haarfollikels wächst vielmehr von der tiefen Epidermisschicht aus in das Corium hinab, indem sich zunächst eine Gruppe von Zellen dieser Schicht knospenartig umgestaltet (Fig. 38 c). Erst wenn der Follikel eine gewisse Länge erreicht hat, wächst in seinen Grund eine Coriumpapille hinein. Dann erfolgt durch Differenzierung der Follikelepidermiszellen die Bildung der Wurzelscheiden und die erste kurzkonische Anlage des Haars samt seinem basalen Epidermiskeim (Matrix). Indem das Haar basal weiter wächst, tritt es später mit seiner Spitze aus dem Follikel hervor.

Es ist nicht zu leugnen, daß die Entwicklung des Haares zu beweisen scheint, daß es selbständiger Herkunft ist und in keiner Weise phylogenetisch mit der Feder verknüpft; wofür ja auch spricht, daß Vögel und Säuger phylogenetisch in keinem näheren Zusammenhang stehen können. Man hat nun die Vermutung erwogen und verteidigt, daß die Haare phylogenetisch aus Hautsinnesorganen hervorgegangen seien, wie sie sich in der Epidermis der geschwänzten Amphibien und der Larven der ungeschwänzten finden. Wir werden später bei der Schilderung dieser Sinnesorgane hierauf zurückkommen und bemerken hier nur, daß diese Hypothese sehr beachtenswert ist, aber doch noch weiterer Sicherung bedarf. — Sogar von den Placoidschuppen der Knorpelfische und anderem hat man die Haare herzuleiten versucht. Viele Anhänger besitzt immer noch ihre direkte Ableitung von reptilienartigen Schuppen oder Teilen derselben und daher auch ihre allgemeine Homologisierung mit den Federn.

Lokale stärkere Verhornungen zu besonderen Leistungen. Da die gesamte Epidermis befähigt ist, dickere Hornmasse hervorzubringen, so finden wir Betätigungen dieser Fähigkeit bei den verschiedenen Wirbeltierklassen zu recht verschiedenen Leistungen. — Hierher gehört die starke Hornbekleidung der Kieferränder, welche sich in analoger Weise, unter Rückbildung der Bezahnung, schon bei Siren unter den Amphibien, bei vielen Schildkröten, den Vögeln und den Monotremen (besonders dem Schnabeltier, Ornithorhynchus) als ein Hornschnabel ausgebildet hat.

Als Waffe entwickelten sich Horngebilde auf der Nase der Nashörner (Rhinozeros) in Ein- oder Zweizahl und als die starke Hornscheide der Hörner auf dem Stirnbein der Cavicornia, welche einen stützenden Knochenzapfen umkleidet. Es kann hier nicht unsere Aufgabe sein, alle solche lokalen Hornbildungen, die namentlich auch bei ausgestorbenen Reptilien und Säugern eine Rolle spielten, zu besprechen.

Krallen. Eine besondere Bedeutung und allgemeine Verbreitung erlangen bei den Amnioten jedoch lokale Verhornungen an den Enden der Finger und Zehen zu deren Schutz bei der Bewegung; sekundär häufig auch als Waffen. Es sind dies die Krallenbildungen. Im allgemeinen bilden sich die Krallen durch Verhornung der gesamten Epidermis, welche das distale knöcherne Zehenglied (Endphalange) überzieht. Die Form der Kralle wird daher auch durch die des letzten Phalangengliedes bestimmt; die Kralle sitzt diesem Glied wie eine Kappe auf. — Schon bei den geschwänzten *Amphibien* zeigt sich gewöhnlich eine stärkere Verhornung um die Endphalangen, und bei einzelnen Formen (Siren, besonders Onychodactylus) wird dieser Hornüberzug dicker, die Endphalange spitzer, so daß hier eine wirkliche zugespitzte Kralle vorliegt. Nur ganz vereinzelt findet sich dagegen eine Krallenbildung an gewissen Zehen der Anuren (Dactylethra) und beweist die Möglichkeit selbständiger Hervorbildung solcher Organe an den Zehenenden.

Ganz regelmäßig ist die Krallenbildung bei den *Sauropsiden.* Ihre Krallen sind kegelförmige bis mehr oder weniger gekrümmte, distal abgerundete bis scharf zugespitzte Gebilde (Fig. 41 [1]). An ihrem proximalen Rande werden sie von einer Falte des Integuments etwas überwallt (Krallenwall). Auf diese Weise entsteht eine Einfalzung des proximalen Krallenrands in das Integument, und in diesem sog. Krallenfalz eine Bildungsstätte für das Längenwachstum, besonders der dorsalen Krallenfläche, zum Ersatz der endständigen Abnutzung. Das Horngewebe der dorsalen Krallenwand ist fester und stärker als das der Ventralwand, und beide setzen sich mehr oder weniger scharf voneinander ab, was auch schon an den Amphibienkrallen angedeutet ist. Man bezeichnet daher die festere dorsale Hornwand als die *Krallenplatte,* die weichere ventrale als die *Krallensohle.* Diese Differenzierung hängt jedenfalls mit der Funktion zusammen, indem es die Ventralseite ist, welche bei der Bewegung auf den Boden aufgesetzt wird, während die Krallenplatte mehr bei der Betätigung der Kralle als Greif- oder Scharrvorrichtung und als Waffe wirksam ist. Die Hornsubstanz der Sauropsidenkralle ist gewöhnlich deutlich geschichtet, als Ausdruck der von der gesamten unterlagernden Schleimschicht successive gebildeten Hornlagen.

Bei den *Säugern* erlangt die Krallenbildung die größte Mannigfaltigkeit im Zusammenhang mit der sehr mannigfaltigen Bewegung dieser Tiere. Aus der mehr indifferenten stumpfen Klaue, welche der Krallenbildung der Reptilien am ähnlichsten ist, entwickelt sich die lange, gekrümmte und spitzige Kralle der Carnivoren (Fig. 41 2) oder die lange starke Kralle grabender, scharrender oder auch kletternder Formen. — Bei den Huftieren, welche auf den Endphalangen ihrer Zehen gehen, bildete sich die Kralle dagegen samt dieser Phalange zu einem plumpen, schuhartigen Huf um (Fig. 41 5). Eine besondere Form erlangt sie schließlich bei den Halbaffen, Affen und dem Menschen als der sogenannte Plattnagel (Fig. 41 3—4). — Bei allen diesen, durch die besonderen Funktionsverhältnisse bedingten Ausgestaltungen kehrt die schon erwähnte Differenzierung in die Krallenplatte und Krallensohle wieder. Erstere greift in der Regel noch etwas um den Rand der Endphalange auf die Ventralseite herum. Die Krallensohle variiert in ihrem Umfang mit der Gesamtgestalt der Kralle, erstreckt sich jedoch nicht so weit proximal als die Krallenplatte, so daß dieser Teil der

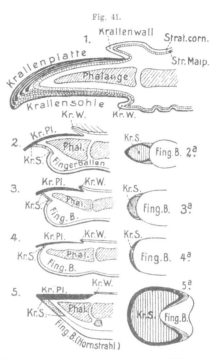

Schemata zur Bildung der Krallen bei Wirbeltieren. *1.* Medianschnitt durch das Zehenende eines Reptils (Grundlage Krokodil nach GÖPPERT 1898). *2—5* Schematische Medianschnitte durch Zehenenden von Mammalia (BOAS). *2a—5a* die betreffenden Zehenenden in der Ansicht von der Unterseite (Volarseite). — *2.* bekrallte Zehe (etwa Carnivor). *3.* Plattnagel (Affe). *4.* Plattnagel (Mensch). *5.* Huf (Pferd). O. B.

Ventralseite der Endphalange von weicherem Integument, dem sog. Sohlenballen (Fingerballen), gebildet wird. — Die Krallensohle wird natürlich bei den breiten, auf der Ventralseite abgeflachten Hufen meist sehr groß, bleibt dagegen schmal und lang bei den typischen Krallen, und verkürzt sich zum Teil auch, unter Vergrößerung des Sohlenballens, nach dem Zehenende zu. Eine solche Reduktion der Krallensohle führt endlich zur Bildung des Plattnagels der Primaten. Die Krallenplatte wird hier sehr flach, wenig gekrümmt, die Sohle dagegen so stark rückgebildet, daß nur ihr distalster Endteil noch erhalten bleibt und beim Menschen kaum noch zu erkennen ist. Die Krallenplatte wächst bei den Plattnägeln distal über die

Krallensohle selbständig vor und bildet allein das freie Ende des vorwachsenden Nagels. Die Entwicklung zeigt aber auch beim Menschen als früheste Nagelanlage noch ein kappenförmiges Gebilde am Zehenende und bestätigt daher das vergleichend anatomische Ergebnis.

Während bei den Amphibien und Sauropsiden meist die gesamte Schleimschicht unter den Krallen durch Produktion neuer Hornschichten deren Dickenwachstum fördert, soll dies bei den Säugern anders sein, indem sich die Schleimschicht unter der mittleren Region der Krallenplatte nicht mehr an der Hornbildung beteiligt, so daß eine proximale bis in den Krallenfalz reichende und eine distale (terminale) Matrix oder Bildungsstätte des Horns existierte; ähnliches findet sich unter den Sauropsiden nur bei den Sauriern.

Besondere Verhältnisse können auch die Krallenbildung mehr oder weniger zum Schwinden bringen, so die Umbildung der Extremität zu einer Flosse (Sirenia, Waltiere) oder zu einem Flügel (Vögel, Fledermäuse). In beiden Fällen finden sich nur Rudimente von Krallen an einzelnen Zehen oder gar keine mehr.

3. Die secretorischen Leistungen der Epidermis.

Allgemeines. In der Hervorbringung cuticularer Schutzdecken liegt schon eine abscheidende Tätigkeit der gesamten oder größerer Strecken der Epidermis vor. Die in diesem Kapitel zu behandelnden Drüsenbildungen dagegen entstehen durch Entwicklung und Differenzierung gewisser Epidermiszellen zu besonderen secretorischen Leistungen. Im einfachsten Fall sind es einzelne Epidermiszellen, welche sich zu Drüsenzellen umgeformt haben und zwischen den indifferenten gewöhnlichen Epidermiszellen vereinzelt bis sehr reichlich eingelagert sind. Bei höherer Ausbildung sind es Zellgruppen, d. h. mehrzellige bis hoch komplizierte Hautdrüsen. Meist ist das Hautsecret schleimig bis flüssig; doch kann es auch in Form eigentümlich gestalteter Gebilde abgeschieden werden, die wir von den ungeformten Secreten jedoch kaum ganz scharf trennen können.

Die physiologische Bedeutung der Hautsecrete ist in den einfacheren und ursprünglicheren Fällen vorwiegend eine schützende. Indem die Körperoberfläche von einem Schleimüberzug bedeckt wird, kann dieser als Schutzmittel gegen Angriffe, bei Luftleben eventuell auch als Schutz gegen Verdunstung dienen. Schleimiges Secret vermag ferner die gleitenden Bewegungen zu erleichtern, wie umgekehrt das Anhaften zu unterstützen. Solche Hautsecrete gewähren, je nach ihrer Beschaffenheit, auch gegen Nässe und sonstige Einflüsse Schutz und vermögen durch Giftwirkung Feinde abzuwehren. Unter Umständen fördern sie jedoch die Verdunstung und können sich daher an der Abscheidung schädlicher Stoffwechselprodukte beteiligen. Verschiedenartige Wirkungen vermögen sich hier mannigfaltig zu kombinieren. Zuweilen nützen die Hautsecrete auch durch ihren Geruch; häßlicher Geruch kann zur Abwehr, anziehender umgekehrt zur Anlockung, besonders im Geschlechtsleben, dienen. Erhärtende Secrete treten als Haft- oder Spinndrüsen vielfach auf. — Endlich kann das Secret bei der Fortpflanzung in verschiedener Weise nützlich sein, sei es als erste Nahrung der Jungen (Mammalia) oder auch anderweitig. — Unsrer Aufgabe gemäß betrachten wir die Hautdrüsen hier speziell vom morphologischen Gesichtspunkte und berühren daher das Physiologische nur nebenbei. Wir unterscheiden die Drüsen in *ein*- und *mehrzellige*, ohne damit ausdrücken zu wollen, daß diese Trennung ganz scharf durchzuführen sei, was ja in der Natur der Dinge liegt.

Einzellige Epidermisdrüsen mit ungeformtem Secret.

Bei Wirbellosen. — Einzellige Drüsen sind bei den Wirbellosen so verbreitet, daß wohl kaum eine Gruppe zu finden ist, der sie völlig fehlen. Auch bei den niederen Wirbeltieren treten sie noch auf. Bei reichlich Schleim absondernden Formen, wie zahlreichen Hexacorallen, Ctenophoren, Würmern (besonders
Oligochäten und Hirudineen,
doch auch Turbellarien, Nemertinen, Polychäten) und Mollusken sind sie über den ganzen Körper oder doch große
Strecken desselben zwischen
die gewöhnlichen Epidermiszellen eingelagert, und von
ihnen meist durch mehr bau-
chige bis schlauchartige Form
und Füllung mit Secret unterschieden. Entweder liegen sie
noch völlig in der Epidermis
selbst (Fig. 21 2, 4, S. 95) oder
sind über deren innere Grenze
in das unterliegende Gewebe
hineingewachsen als beutel-

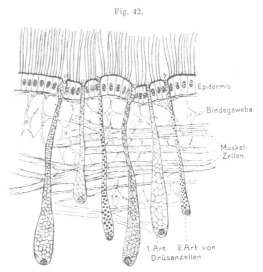

Fig. 42.

Pectunculus (Muschel). Bewimpertes Epithel von der Innenseite des Mantelrands; mit zweierlei Drüsenzellen.

bis schlauchförmige Zellen (Fig. 42). Solch lange einzellige Drüsenschläuche sind sehr verbreitet bei den Hirudineen und Mollusken; ja sie erreichen namentlich bei den ersteren zuweilen eine erstaunliche Länge. — Lokale stärkere Entwicklung solcher Drüsen kommt häufig vor, so z. B. im sog. *Clitellum* (Sattel) der Oligochäten und Hirudineen, dessen Secret die Hülle der Eikokons bildet. Auch der Mantelrand der Mollusken ist in der Regel durch besonders reichliche Entwicklung solcher Drüsen ausgezeichnet. — Bei Gegenwart einer Cuticula zeigt diese über jeder Drüse gewöhnlich einen deutlichen Ausführporus; zuweilen kann sich sogar von ihm aus ein cuticulares Ausführröhrchen in das Plasma der Drüsenzelle hineinsenken (Fig. 44 *a—b*). An größeren einzelligen Drüsen bildet sich in seltenen Fällen sogar ein kleiner Ausführgang durch röhrenförmige Einsenkung der umgebenden Epidermis (Fig. 43); zuweilen tritt selbst ein feiner Muskelbelag auf der Oberfläche der Drüsenzelle auf, zur Austreibung des Secrets (Fig. 43). Hervorzuheben ist, daß nicht selten verschiedene Arten einzelliger Drüsen vermischt nebeneinander vorkommen.

Lokalisierung und Spezialisierung solcher Drüsen findet sich bei den verschiedenen Abteilungen in mannigfachster Ausbildung, was hier nur durch wenige Beispiele erläutert werden kann. — Als spezifische Haftdrüsen, welche ein erhärtendes Secret abscheiden, finden wir einige ansehnliche Drüsenzellen am Fußende der Rädertierchen und am Schwanzende der freilebenden Nematoden.

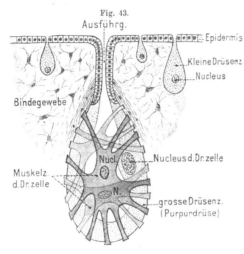

Fig. 43.
Ausführg.

Epidermis

KleineDrüsenz.

Nucleus

Bindegewebe

Nucl.

Nucleus d. Dr.zelle

Muskelz.
d. Dr.zelle

N

grosseDrüsenz.
(Purpurdrüse)

A p l y s i a (Opisthobranch. Schnecke). Durchschnitt durch den Mantelrand mit großen und kleinen Drüsenzellen. Die großen mit zelligem Ausführgang und besonderer Muskulatur. (Nach BLOCHMANN 1883.)   E. W.

Ferner mögen als eine sehr eigentümliche Form von Haftdrüsenzellen noch die sog. Greif- oder Klebzellen der *Ctenophoren* erwähnt werden, welche deren Tentakelepithel dicht durchsetzen. Das körnige Secret an ihrer Außenfläche bewirkt ihre Klebrigkeit, welche zum Fang der Beute dient. Vom inneren Ende des sehr niedrigen Zellkörpers entspringen zwei feine Fädchen, ein gerade einwärts ziehender Centralfaden, sowie ein diesen umwindender contractiler Spiralfaden. Ob diese Fäden Erzeugnisse der Zellen selbst sind oder von einer besonderen Zelle gebildet werden, ist unsicher. — Klebzellen sind auch bei Turbellarien nicht selten und können auf besonderen Haftpapillen oder in saugnapfartigen Gruben reichlicher angehäuft sein. Ebenso finden sie sich auch zum Teil an den Ambulacralfüßchen der Echinodermen.

Bei den *Arthropoden* ist die allgemeine Verbreitung einzelliger Drüsen über die Epidermis seltener. Dennoch findet sich dergleichen bei zahlreichen Käfern, so auf den Elytren, auch an den Tarsen, wie auch bei anderen Insektenordnungen; auch sind einzellige Drüsen häufig in den Gelenken der Extremitäten bei Insekten ausgebildet, wo ihr Secret wohl als Schmiermittel dient. Im übrigen weiß man wenig von ihrer Funktion. Anhäufungen solcher Drüsenzellen kommen nicht selten bei Insekten (besonders Käfern) an der Ausmündung der weiblichen Geschlechtsorgane und des Afters als sog. Scheiden- und Cloacaldrüsen vor. Durch innigere Vereinigung bilden sie zuweilen auch Übergangszustände zu mehrzelligen Drüsen. Ihr feinerer Bau zeigt meist die erwähnte Eigentümlich-

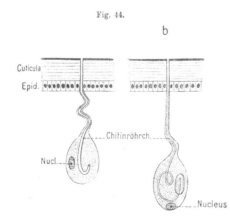

Fig. 44.

b

Cuticula

Epid.

Chitinröhrch.

Nucl.

Nucleus

Einzellige Drüsen eines Käfers (Dytiscus) (nach LEYDIG 1859). a von der Haut. b von der Vagina. E. W.

keit, daß von der Ausführöffnung in der Cuticula ein feines cuticulares Röhrchen bis tief in das Zellplasma sich hinabsenkt, das zuweilen stark gewunden und an seinem inneren Ende sogar eigentümlich kompliziert ist (Fig. 44).

Zum Schutz gegen Nässe entwickeln sich bei den Schnabelkerfen (Aphiden, Schildläusen, gewissen Cicaden) wachsabscheidende einzellige Drüsen, die über den ganzen Körper verbreitet oder auch mehr in Gruppen lokalisiert sein können. Ihr Secret bildet weiße Fäden, welche den Körper umhüllen. — Eine ganz andere Bedeutung hat die Wachsabscheidung der Bienen, da das Secret hier zum Bau der Waben dient. Es sind in letzterem Falle nicht einzelne Zellen, welche das Wachs liefern, sondern ganze Strecken der Hypodermis, welche hier etwas höher und eigenartig ausgebildet ist Bei der Honigbiene liegen diese wachsabsondernden Epidermispartien an den Ventralringen des Abdomens; bei anderen Bienen dagegen dorsal oder noch anders.

Geruchsstoffe ausscheidende einzellige Drüsen können in Verbindung mit Haaren und Schuppen (Dufthaare, Duftschuppen) bei männlichen Schmetterlingen auftreten.

Diese von den gewöhnlichen Schuppen verschiedenen, recht mannigfaltig gestalteten Duftschuppen (Männchenschuppen) sind häufig in Gruppen vereinigt (Duftflecke), die zuweilen auch etwas grubenartig in die Flügelfläche eingesenkt sind. Ähnliches gilt auch für die Dufthaare, die sich namentlich an den Beinen finden und zu Duftpinseln zusammengehäuft sein können, die gleichfalls nicht selten in besonderen, sogar verschließbaren Gruben eingelagert sind.

Giftige Wirkung sollen dagegen zum Teil Drüsenzellen oder Gruppen solcher haben, welche bei gewissen Raupen (Bären-, Prozessionsraupen) mit den hohlen Haaren in Verbindung stehen; ihr Secret kommt wohl meist erst zur Wirkung, wenn das Haar abgebrochen wird.

Überhaupt scheinen die Raupenhaare (Fig. 25, S. 98) in der Regel mit mindestens zwei Zellen in Verbindung zu stehen, von welchen die eine (trichogene) das Haar erzeugt, während die andere drüsig ist. Die gegenseitigen Beziehungen beider Zellen sind zuweilen recht kompliziert.

Auch die zahlreichen Spinndrüsen, welche bei den Embiiden an Tarsenhaaren der Vorderbeine ausmünden, scheinen einzellige, wenngleich mehrkernige Drüsen zu sein. — Einzellige Drüsen sollen auch bei der Häutung vieler Insektenlarven (speziell Lepidoptera und Coleoptera) eine Rolle spielen, indem sie Flüssigkeit abscheiden, welche das Abheben der alten Cuticula fördert (Exuvialdrüsen).

Bei den *Crustaceen* scheinen einzellige Drüsen im allgemeinen nicht allzu häufig zu sein, wenn sie auch bei gewissen Formen weiter über den Körper an den Segmenten und Beinen verbreitet sind (z. B. Branchipus, manche Arthrostraca usw.). Bei gewissen Isopoden kann ihr Secret unter Mitwirkung von Fremdkörpern zum Aufbau einer Wohnröhre dienen. — Ein drüsiges Haftorgan wird bei Phyllopoden (besonders Cladoceren und gewissen Branchiopoden in der hinteren dorsalen Kopfregion durch die drüsige Entwicklung der Epidermiszellen eines umschriebenen Feldes gebildet (sog. Nackendrüse). Interessanterweise ist es embryonal im allgemeinen besser ausgebildet; auch deutet manches darauf hin, daß es ursprünglich bei den Crustaceen weiter verbreitet war.

Einzellige Drüsen, welche auch den Copepoden nicht fehlen, erlangen hier zuweilen eine besondere Funktion, indem sie bei gewissen marinen Formen ein leuchtendes Secret liefern, also als Leuchtorgane funktionieren (ob es rein einzellige Drüsen sind, ist jedoch nicht ganz sicher). Einzellige bis mehrzellige Leuchtdrüsen sind jedoch noch in weiteren Abteilungen verbreitet; ihre Besprechung geschieht später bei den Leuchtorganen.

Bei Wirbeltieren. Wie bemerkt, kommen auch bei den niederen Wirbeltieren (Cyclostomen und Fischen) einzellige Drüsen reichlich vor. Sie liefern vor allem den Schleim, welcher die Oberfläche dieser Tiere gewöhnlich bedeckt.

Schon in der tiefsten Schicht der geschichteten Epidermis dieser Vertebraten differenzieren sich einzelne Zellen zu solchen Drüsenzellen. Sie wachsen mit der

Fig. 45.

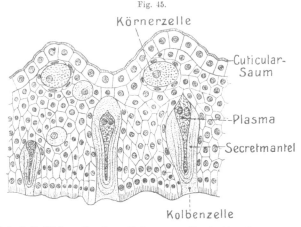

Durchschnitt durch die Rückenepidermis von **Petromyzon fluviatilis**. (Nach Maurer 1895.) E. W.

Abscheidung des Secrets in ihrem Innern ziemlich stark heran, so daß sie größer werden als die indifferenten Epithelzellen. Aus ihrer ursprünglichen basalen Lage steigen sie dann in der Epidermis allmählich bis zur Oberfläche empor und treten endlich mit ihrem distalen Teil zwischen den äußersten Epidermiszellen frei hervor. Da sie in dieser Lage gewöhnlich becherförmig erscheinen, werden sie häufig als *Becherzellen* bezeichnet. Jetzt stoßen sie ihr Secret aus, wobei jedoch die gesamte Zelle selbst in der Regel ausgeworfen wird. Es muß demnach ein ständiger, aus der Tiefe kommender Ersatz dieser Drüsenzellen stattfinden (Fig. 46). Für die *Cyclostomen* und *Fische* ist charakteristisch, daß die Drüsenzellen wohl fast immer zweierlei Art sind, die sich sowohl durch verschiedene Form als durch verschiedenes Secret unterscheiden. Es dürfte daher auch sicher sein, daß die beiderlei Zellen etwas verschiedene Funktion haben. Bei gewissen Cyclostomen (Myxinoiden) unterscheidet man *Schleim-* und *Körnerzellen*; die ersteren mit homogenem schleimigem, die zweiten mit körnigem Secret. Bei den Neunaugen (Petromyzon) finden sich statt der Schleimzellen sog. *Kolbenzellen* (Fig. 45), so genannt, weil sie als lange, kolbenförmige Gebilde emporwachsen, die mit ihrem Stiel noch zwischen den Cylinderzellen der tiefsten Epidermisschicht wurzeln. Sie sind ferner durch Zweikernigkeit und ein eigentümliches Secret charakterisiert, das die Peripherie des Kolbens mantelartig bildet. Schließlich sollen jedoch die Kolbenzellen ebenso ausgeworfen werden wie die Körnerzellen.

Bei den *Fischen*, besonders den *Teleostei*, findet sich ähnliches (Fig. 46). Die Drüsenzellen sind hier sog. Schleim- und Kolbenzellen, jedoch lassen sich bei gewissen auch noch mehr Sorten unterscheiden. Die Schleimzellen kommen auf der überdeckten Oberfläche der Schuppen besonders reichlich vor, die Kolbenzellen dagegen auf der freien (besonders bei den Physostomen). Die Schleimzellen entsprächen daher wohl den Körnerzellen der Cyclostomen.

Bei den Larven von Petromyzon (Ammocoetes) zeigen die Kolbenzellen das Eigentümliche, daß ihr Secretmantel als ein schraubig um die Achse der Zelle gewundener Faden ausgebildet ist. Im erwachsenen Zustand verliert sich diese Bildung wieder; das Secret wird gleichförmig. Die Myxinoiden dagegen besitzen in den ventralen Seitenlinien des Körpers sackartige, segmental angeordnete Organe, welche durch Einsenkung der Epidermis gebildet werden und oberflächlich mit einer Öffnung münden. Die Epidermis dieser sog. *Schleimsäcke* hat sich völlig zu großen Schleim- und Fadenzellen umgebildet, welche wenigstens bei den erwachsenen Formen das Innere der Säcke

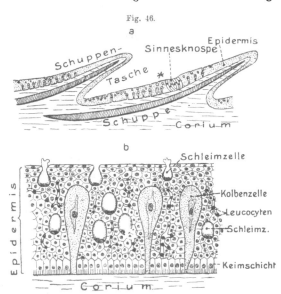

Fig. 46.

Barbus fluviatilis. Haut. *a* Längsschnitt durch die Haut mit zwei Schuppen. *b* die Stelle * der Epidermis in Fig. *a* stark vergrößert, mit Schleim- und Kolbenzellen. (Nach MAURER 1895 schematisiert.) E. W.

ganz erfüllen. Der Körper der Fadenzellen besteht zum größten Teil aus dem dicht aufgeknäuelten feinen Faden. — In dem Faden solcher Zellen begegnen wir zum erstenmal einem charakteristisch geformten und jedenfalls auch mit besonderen Leistungen begabten Secret; es wird daher an späterer Stelle hierauf nochmals zurückzukommen sein.

Die Schleimsäcke der Myxinoiden treten eigentlich aus dem Bereich der streng einzelligen Drüsen heraus, würden jedoch wegen ihrer nahen Beziehungen zu ihnen gleich hier erwähnt. — Dasselbe gilt von gewissen drüsigen Organen der Fische, welche sich aus einzelligen Drüsen entwickelten und zu Giftorganen wurden, indem ihr Secret giftige Eigenschaften erlangte. Sie dienen besonders als Verteidigungswaffen. Es spricht dies auch dafür, daß, wie erwähnt, die verschiedenen einzelligen Drüsen verschiedene Funktion besitzen. Bei gewissen *Rochen* (Stech- oder Stachelrochen) hat der Stich der in Ein- bis Mehrzahl auf dem Schwanz stehenden ansehnlichen Stacheln giftige Wirkung, was von dem Schleim herrührt, der von sehr zahlreichen einzelligen Drüsen der Stachelepidermis abgeschieden wird. Eine ähnliche Giftwirkung besitzen ferner die Stacheln der Rückenflosse, zuweilen aber auch die des Kiemendeckels gewisser Knochenfische (besonders zahlreicher Scorpäniden, doch auch von Trachinus und gewissen Batrachiden). Das Ende der Rückenstacheln besitzt hier gewöhnlich seitlich je eine Rinne, die mit sehr drüsenreicher Epidermis ausgekleidet sind oder auch an ihren Basalenden zu einer Hautanschwellung führen. Letztere wird dadurch gebildet, daß eine große Menge dicht gestellter einzelliger Drüsen in das Corium hineingewachsen sind und so eine Art kompakter mehrzelliger Drüse darstellen. Ein eigentlicher Ausführgang existiert jedoch nicht, sondern entsteht erst durch den Zerfall der Drüsenzellen bei der Secretbildung. Selten sollen sich auch hohle Stacheln mit Secretkanal und sackförmiger Drüse finden (Thalassophryne).

Nur die *Amphibien* verraten in ihrer Epidermis noch Anklänge an die einzelligen Drüsen, welche bei den besprochenen Gruppen eine so wichtige Rolle spielen. Einzellige Drüsen treten als Schleim- oder sog. *Leydigsche Zellen* bei den Larven der *Caudaten* und *Gymnophionen* noch reichlich auf, fehlen dagegen denen der *Anuren*, sowie den erwachsenen Amphibien überhaupt. Sie rücken jedoch bei den *Caudaten* nicht mehr bis zur Oberfläche der Epidermis empor, öffnen sich also auch nicht, während dies bei den Gymnophionenlarven noch vorkommt. Alles dies weist auf hochgradige Rückbildung dieser Einrichtung bei den Amphibien hin, was sich aus der reichen Ausbildung, welche die mehrzelligen Drüsen erlangten, erklärt. Bei den *Amnioten* findet sich selbst vorübergehend nichts mehr von einzelligen Drüsengebilden.

Einzellige Drüsen mit bestimmt geformtem Secret (Morphite), speziell sog. Nesselkapseln (Nematocysten) und verwandte Gebilde.

Obgleich die hier zu besprechenden Zellprodukte in ihren hoch ausgebildeten Zuständen nicht die leiseste Beziehung zu den umgeformten Secreten zu besitzen scheinen, so finden sich doch eine große Reihe von Übergangsformen, welche es unmöglich machen, sie scharf von letzteren zu scheiden.

Schon bei vereinzelten Protozoen beobachteten wir, daß das Zellplasma eigentümliche kleine Gebilde, sog. *Nesselkapseln* und die wahrscheinlich verwandten *Trichocysten*, hervorbringen konnte. Derselben Erscheinung, jedoch in viel größerer Verbreitung und Bedeutung, begegnen wir in den Epidermiszellen vieler Metazoen, vor allem jedoch im ursprünglichsten Phylum, dem der *Coelenterata*. Bei sämtlichen Klassen derselben, mit Ausnahme der Ctenophoren (die man jedoch auch häufig von ihnen absondern will), enthält die Epidermis stets zahlreiche dieser eigentümlichen mikroskopischen Waffen. Die Nesselkapseln oder Nematocysten (Cnidocysten) erweisen sich überall als Gebilde, die unabhängig vom Nucleus, obgleich häufig in seiner Nähe, im Plasma der Epidermiszellen entstehen. Charakteristisch für die Cölenteraten ist, daß stets nur eine einzige Kapsel in der Bildungszelle (Cnidoblast) entsteht. Die ausgebildete Kapsel wird häufig so groß, daß das Zellplasma um sie nur noch einen sehr dünnen Mantel bildet, in dem der Zellkern gewöhnlich gut erhalten ist (Fig. 47 [4-5], S. 130). Charakteristisch ist ferner, daß die Bildungszellen ursprünglich zwischen den Basen der gewöhnlichen Epidermiszellen liegen und daher gewissermaßen eine tiefere Lage der Epidermis bilden (sog. interstitielle Zellen). Streng genommen ist dies jedoch insofern nicht richtig, als, wie gesagt, die gewöhnlichen Epidermiszellen zwischen die Bildungszellen hinabreichen; es wäre daher korrekter, zu sagen, daß diese Bildungs- oder interstitiellen Zellen nicht bis zur Oberfläche der Epidermis reichen. Letzteres tritt jedoch gewöhnlich ein, wenn ihre Nesselkapseln die volle Ausbildung erlangt haben und zum Funktionieren bereit sind. Dann schieben sich die Bildungszellen mit der Kapsel bis zur Epidermisoberfläche hindurch; häufig sogar derart, daß sie die flachen gewöhnlichen Epidermiszellen durchbohren. Wenn die Nesselzellen die Oberfläche erreicht haben, bilden sie einen haar- bis dornartigen, über die Körperfläche aufsteigenden Fortsatz, das sog. *Cnidocil* (Fig. 47 [5]), neben dem selten noch einige kleinere Börstchen sich erheben sollen, und das gelegentlich als ein modifiziertes Wimperhaar betrachtet wird. Das Cnidocil hat jedenfalls die Bedeutung eines Reize aufnehmenden Organells und ist daher vergleichbar den später zu betrachtenden Sinneshaaren eigentlicher epidermaler Sinneszellen.

Die typischen Nesselkapseln selbst sind kugelige bis ellipsoidische, häufig auch länger gestreckte schlauchartige Gebilde, die im Maximum etwa 1 mm erreichen können, gewöhnlich jedoch viel kleiner bleiben. Es sind hohle Kapseln mit flüssigem bis gallertigem Inhalt, deren mäßig dicke, jedoch recht widerstandsfähige Wand aus zwei Lagen bestehen soll, die aber häufig wenig deutlich sind. Am äußeren Pol der Kapsel stülpt sich die Wand (nach der gewöhnlichen Angabe ihre innere Lage) schlauchförmig ins Kapselinnere hinein und zieht zuerst eine Strecke weit gerade durch die Achse, worauf sich die dünnere Fortsetzung des sehr langen Schlauchs oder hohlen Fadens, in vielen Schraubenwindungen aufknäuelt, das Kapselinnere mehr oder weniger erfüllend (Fig. 47 [3a]). Die feinere Beschaffenheit des Einstülpungspols der Kapsel ist noch etwas zweifelhaft; bei gewissen Kapseln (Hydromedusae) soll diesen Pol eine Art Deckelchen verschließen (Fig. 47 [4]), bei anderen dagegen (Anthozoa) soll das modifizierte Plasma des Distalendes der Nesselzelle einen Verschluß bilden.

Die charakteristische Eigenschaft der Nesselkapseln ist nun, daß sie bei mechanischem Druck, bei Einwirkung verschiedener Reagenzien, im Leben jedoch durch Reizung der Zellen, ihren Faden, rasch herauszuschleudern vermögen, wobei er über die Oberfläche der Epidermis hervortritt, sich an die Beute oder den Angreifer heftet, ja in ihn einbohren kann, wobei auch die Kapsel häufig aus der Epidermis herausgerissen wird. Damit sind meist noch besondere Wirkungen verknüpft, von welchen gleich die Rede sein wird. Bei dem Herausschleudern stülpt sich der hohle Faden vollständig um (Fig. 47 [3b]), so daß seine ehemalige Innenseite zur Außenseite wird. Der ausgetretene Faden zeigt gewöhnlich noch feinere Bauverhältnisse. Sein Basalteil ist meist dicker und häufig mit mehr oder weniger zahlreichen, rückwärts gerichteten Härchen oder Börstchen besetzt, die in drei steilen Schraubenlinien verlaufen. Die drei hintersten Börstchen können zuweilen zu stachel- oder stilettartigen Gebilden (Widerhaken) entwickelt sein (Fig. 47 [4]). An dem unausgestülpten Faden bildet der dickere Basalteil den Achsenteil, in welchem die drei Stacheln stilettartig hervorragen; sie wirken wohl auch bei der Kapselexplosion stilettartig.

Aus dem Geschilderten folgt, daß die Nesselkapseln sowohl als Schutz- wie als Angriffsorgane funktionieren, teils durch bloßes Anhaften und gewissermaßen Verstricken der Beute oder des Feindes, teils aber auch durch eine weitere Wirkung, welche von dem übrigen Kapselinhalt ausgehen muß. Viele Nesselkapseln (speziell der Hydromedusen und Acalephen) rufen bei ihrer Entladung einen brennenden Schmerz und eine Rötung auf der menschlichen Haut hervor. Dies ist jedenfalls eine Giftwirkung des Kapselinhalts, über deren Art jedoch kaum etwas Bestimmtes bekannt ist. Der Faden solcher Kapseln soll am Ende geöffnet sein.

Eigentümlich erscheint, daß bei vielen Cölenteraten gleichzeitig eine ganze Anzahl verschiedener Nesselkapseln (bis 4 und 5 Sorten) vorkommt, die sowohl in Größe und Form, als im feineren Bau differieren. Daß hieraus auch auf ein etwas verschiedenes Funktionieren zu schließen ist, dürfte wohl sicher sein.

Bei den *Anthozoen* findet sich neben den gewöhnlichen Nematocysten noch eine besondere Form mit relativ dünner Kapselwand und einfachem, schraubig aufgerolltem Faden, der nach früheren Angaben bei der Explosion nicht umgestülpt, sondern einfach aus der Kapsel herausgeschleudert werden sollte (sog. Spirocysten, s. Fig. 47 [1—2]). Neuere Untersuchungen ergaben jedoch, daß der Faden bei der Kapselexplosion ebenfalls umgestülpt wird wie bei den gewöhnlichen Nematocysten, und daß er zum Teil einen Klebstoff enthält, der bei der Explosion stark aufquillt und sein Anhaften bewirkt (sog. Klebkapseln).

Über den Mechanismus der Kapselexplosion ist wenig Sicheres bekannt; dieser Vorgang liegt uns hier auch ferner. Erwähnt werde nur, daß die Meinung, es werde die Kapsel durch die Kontraktion muskulöser Differenzierungen im Plasma der Nesselzelle zur Explosion gebracht, vielfach bezweifelt, jedoch durch neuere Erfahrungen wieder bestätigt wurde. Fig. 47 [5] zeigt die Anordnung solcher myonemartiger Fibrillen im Plasma der Zelle. In dem häufig stielartig ausgezogenen Basalende der Zelle (Cnidoblast) wurden ebenfalls myonemähnliche Fibrillen gelegentlich beobachtet, zuweilen jedoch auch eine Art elastischer (eventuell auch contractiler) Achsenfaden, dessen Bedeutung wohl darin besteht, die explodierte Zelle und Cnidocyste in der Epidermis festzuhalten. Wahrscheinlich dürften jedoch auch die Elastizität der Kapselwand, sowie osmotische Vorgänge bei der Explosion im Spiele sein, welche in der Kapsel einen hohen Turgor hervorbringen.

Die Nematocyste entsteht im Plasma als kleines, einer Vacuole ähnliches Bläschen, das sich allmählich vergrößert, eine Wand erhält und dann an einem Pol einen Faden bildet, der seltsamerweise, wenigstens zuerst, auf eine größere Strecke als eine äußere Verlängerung des Kapselpols ins umgebende Plasma hervorwächst. Erst später zieht er sich in die Kapsel vollständig zurück.

In neuester Zeit wurde jedoch nachzuweisen gesucht, daß dies nicht der eigentliche Faden sei, sondern nur eine Secretmasse, aus der erst im Innern der Kapsel der Faden entstehe.

Die Funktion der Nematocysten macht es begreiflich, daß sie vor allem an den Tentakeln der Cölenteraten massenhaft auftreten. Nicht selten häufen sie sich hier an bestimmten Stellen in großer Menge zusammen, unter Bildung von Epidermisanschwellungen, als Nesselwülste, Nesselknöpfe, Nesselbatterien und dgl., was namentlich an den Tentakeln der Hydromedusen in großer Mannigfaltigkeit hervortritt.

Die weite Verbreitung ähnlich geformter Secrete in den Epidermiszellen der *Plathelminthen*, ja auch der *Chaetopoden*, spricht für die verwandtschaftlichen Beziehungen der Würmer zu cölenteratenartigen Vorfahren. Die Turbellarien besitzen fast stets solche Morphite; auch die Nemertinen sind mit ihnen versehen, nur beschränken sie sich hier in der Regel auf das Epithel des Rüssels. Meist bleiben die Morphite der Plattwürmer viel unentwickelter als die Nematocysten der Cölenteraten, indem sie gewöhnlich sehr kleine (bis etwa 0,06 mm lange) stäbchen- bis spindelartige solide Körperchen sind, sog. *Rhabditen* (Fig. 48). Größe und Form variieren jedoch sehr. Außer diesen eigentlichen Stäbchen findet man zuweilen auch sog. *Pseudorhabditen,* die unregelmäßiger, körnig und auch weniger widerstandsfähig sind. Letztere Gebilde lassen sich von ungeformten Drüsensecreten häufig kaum scharf unterscheiden. Eine seltenere Form

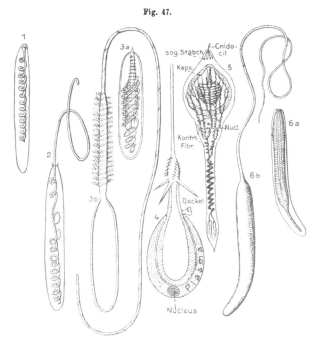

Fig. 47.

1—5 verschiedene Nesselkapseln (Nematocysten) von Cölenteraten; *6* eine solche einer Nemertine. *1* sog. Spirocyste (Cerianthus) mit angeblich einfach auswerfbarem Faden. *2* Ebensolche von Anemone mit z. T. ausgeworfenem Faden. *3* Nematocysten von Caryophyllia: *a* nichtexplodierte, *b* solche mit völlig ausgestülptem Faden. *4* Nematoc. von Pennaria in dem Nematoblast; der ausgest. Faden nur z. T. dargestellt. *5* Kleiner Nematoblast von Physalia mit Kapsel und contractilen Fibrillen. *6* Nematocysten von Micrura. *a* nichtexplodiert, *b* explodiert. (*1—4* nach Iwanzoff 1896, *5* nach Will 1909, *6* nach Bürger 1895.)
E. W.

sind die sog. *Sagittocysten* (gewisser Acölen, Dendrocölen und Nemertinen, Fig. 48 ³), hohle, schlauchförmige Kapseln, die eine freie, vorschnellbare Nadel enthalten. Daß alle diese Morphite in der Tat prinzipiell mit den Nematocysten der Cölenteraten zusammengehören, folgt wohl sicher daraus, daß zuweilen bei Turbellarien wie Nemertinen auch echte Nesselkapseln neben, oder an Stelle solcher Rhabditen vorkommen und sogar durch Übergangsbildungen mit ihnen zusammenhängen (Fig. 48 ¹, 47 ⁶). Wie bei den Cölenteraten finden sich nämlich auch hier häufig verschiedene Morphite bei einem und demselben Tier. — Sie werden bei den marinen Dendrocölen und den Nemertinen in den eigentlichen Epidermiszellen gebildet, bei den Süßwasserturbellarien dagegen fast stets in tieferen, im Bindegewebe des Körpers liegenden Zellen. Doch ist wohl kaum zweifelhaft, daß diese Zellen aus der Epidermis in die Tiefe gerückt sind; sie erinnern daher etwas an die interstitiellen Zellen der Cölenteraten. Aus solch tiefliegenden Bildungszellen gelangen die Rhabditen in die Epidermis; wie es scheint, stets auf die Weise, daß die Zellen mit Fortsätzen zwischen die Epidermiszellen hineinwachsen, also die Form tiefer liegender Drüsenzellen annehmen. In den Fortsätzen schieben sich die Morphite dann gegen die Epidermisoberfläche. Die Morphite entwickeln sich in ihren Zellen jedenfalls prinzipiell ähnlich wie bei den Cölenteraten, worüber jedoch wenig bekannt ist. Im Gegensatz zu den Cölenteraten werden aber meist mehrere, häufig sogar große Mengen von Rhabditen in einer Zelle gebildet (Fig. 48 [4a]). — Die Verteilung der Rhabditen, bzw. ihrer Bildungszellen, über den Körper ist teils mehr gleichmäßig, teils ungleichmäßig. Namentlich bei den Turbellarien sind sie zuweilen in eigentümlichen straßenartigen Zügen über den Körper verbreitet (s. Fig. 48 [5a]).

Fig. 48.

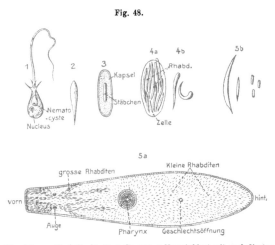

Morphite von Turbellarien (n. v. GRAFF). *1* Nematoblast mit explodierter Nematocyste von Microstomum lineare. *2* Rhabdit von Stenostoma sieboldii *3* Sagittocyste von Mesostomum banaticum. *4a—b* Convoluta paradoxa. *a* Zelle mit zahlreichen Rhabditen; *b* isolierte Rhabditen. *5a- b* Proxenetes gracilis. *a* Individuum von der Bauchseite; in der Vorderregion mit größeren, in Straßen angeordneten Rhabditen, während kleine über die ganze Oberfläche zerstreut sind.   E. W.

Die physiologische Bedeutung der *Morphite* der Plattwürmer, insbesondere ihrer verbreitetsten Form, ist immer noch nicht ganz aufgeklärt. Die eigentlichen Nematocysten werden ja wohl ähnlich funktionieren wie die der Cölenteraten. Die Rhabditen dagegen sind in sehr verschiedener Weise beurteilt worden. Da es sicher scheint, daß sie ausgestoßen werden können, so dürfte wohl die Ansicht die richtigste sein, welche ihnen eine Wirkung beim Einfangen der Beute, vielleicht auch bei der Abwehr zuschreibt, was ja auch mit ihren Beziehungen zu den Morphiten der Cölenteraten im Einklang stände.

Einzellige Drüsen mit Rhabditenbildung sind auch bei marinen *Polychäten* recht verbreitet, ja in der Epidermis gewisser Abteilungen der Sedentaria in sehr großer Menge vorhanden. Meist scheinen diese Rhabditenzellen zwischen die Epidermiszellen selbst eingelagert zu sein; jedoch ist es wohl sicher, daß sie sich auch schlauchartig tiefer in den Körper einsenken können; gelegentlich findet sich auch gruppenartige Vereinigung solcher Zellen. Eine scharfe Grenze zwischen ihnen und den sonstigen Drüsenzellen mit homogenem oder körnigem Secret besteht wohl kaum.

Die Rhabditen sind meist denen der Plathelminthen sehr ähnlich, werden jedoch auch länger fadenartig. Ob aber die feinen Fäden, welche bei manchen Formen von der Epidermis abgeschieden werden, als solche schon in den Drüsenzellen vorhanden sind, dürfte nicht immer ganz sicher sein. Daß die Rhabditen mit dem Schleim nach außen entleert werden, wurde beobachtet; auch besitzen die betreffenden Zellen einen deutlichen Ausführporus in der Cuticula. — Die physiologische Bedeutung ihres Secrets ist ebensowenig ganz klar wie bei den Plathelminthen und dürfte jedenfalls eine verschiedenartige sein; zuweilen scheint es als Haftmittel zu dienen und die Drüsenzellen sich daher Haft- oder Spinndrüsen zu nähern.

Bis in die jüngste Zeit galt es für sicher, daß echte Nesselkapseln auch bei gewissen Mollusken gebildet werden; bei den schalenlosen marinen *Äolidiern* (Opisthobranchiata) schien ihr Vorkommen in den eigentümlichen, häufig sehr zahlreichen Rückenanhängen zweifellos. Dieser Befund war um so auffallender, als die Nematocysten nicht in der Epidermis der Rückenanhänge, sondern in den Zellen von Leberfortsätzen, die in die Anhänge hineinragen, also in Entodermzellen entstehen sollten. Der distale Endteil dieser Leberfortsätze ist durch eine Einschnürung vom proximalen Hauptteil abgesetzt und öffnet sich gleichzeitig auf der Spitze des Rückenanhangs durch eine feine Mündung. In gewissen Zellen dieses Endsäckchens (Cytophor) finden sich Nesselkapseln, welche auch sicher gegen Feinde der Schnecke durch die Öffnung ausgestoßen werden können. Trotz dieser Verhältnisse, welche bestimmt für die Bildung der Nematocysten in der Schnecke zu sprechen schienen, ergaben die genaueren Untersuchungen, daß es sich nur um Kapseln handelt, welche die Äolidier, die sich häufig von Hydroidpolypen oder Actinien ernähren, mit der Nahrung aufnehmen. Immerhin ist dieser Fall sehr lehrreich. Die nicht explodierten Nematocysten dringen bis in die erwähnten Nesselsäckchen der Leberfortsätze vor, werden hier von gewissen Wandzellen aufgenommen und, wie gesagt, nutzbringend verwertet. — Ebenso hat sich eine frühere Angabe über Nematocysten an den Tentakeln gewisser Cephalopoden als irrtümlich ergeben. Auch das Vorkommen kleiner Nematocysten in den meisten Epidermiszellen der Oberfläche einer Copelate (Fritillaria urticans) bedarf noch weiterer Sicherung.

Schon früher (S. 127) wurden die eigentümlichen Drüsenzellen der Cyclostomen mit fadenartigem Secret (Faden- und Kolbenzellen) kurz erwähnt; hier sei nur darauf hingewiesen, daß sie in mancher Hinsicht an die Zellen der Wirbellosen mit Fadensecret erinnern.

Mehrzellige Drüsen.

Allgemeines. Wenn es für den Organismus nützlich erscheint, an einem Punkt der Körperoberfläche eine größere Secretmenge abzuscheiden, so kann dies dadurch erreicht werden, daß sich eine Gruppe von Drüsenzellen der Epidermis an diesem Punkt vereinigt und ihr Secret, bei Gegenwart einer Cuticula, durch einen gemeinsamen Porus entleert, oder selbst einen röhrenförmigen Ausführgang, der durch Einsenkung der Epidermis entstand. Solche *komplexe einzellige Drüsen*, wie diese Bildungen genannt werden könnten, sind ebenfalls weit verbreitet; sie finden sich namentlich bei Nemertinen (s. Fig. 49), Gephyreen, auch Polychäten und Arthropoden (s. Fig. 53, S. 140), wie wir zum Teil schon hervorhoben. Auch gewisse Drüsen der Mollusken reihen sich hier am besten an.

Bei zahlreichen Nemertinen ist der Kopfregion eine häufig recht ansehnliche Drüse dieser Art eingelagert (Kopfdrüse). Sie wird meist von sehr zahlreichen langen »Drüsenzellschläuchen« gebildet, die aus mehreren Zellen bestehen sollen. Ihre einfache bis mehrfache Mündung liegt an der Kopfspitze über der Rüsselöffnung; zuweilen mündet sie in das als Sinnesorgan gedeutete grubenförmige Frontalorgan. Auch bei gewissen primitiven Cestoden (Amphiline, Archigetes, Rhynchobothrien) finden sich ähnlich gelagerte Drüsen im Scolex, dauernd oder nur in der Jugend.

Handelt es sich jedoch um eine ausgiebigere Secretbildung an einer gegebenen Stelle, so wird die eben besprochene Einrichtung nicht genügen. Leistungsfähigere Drüsen bilden sich dann in der Weise, daß die Epidermis an der betreffenden Stelle als ein *Drüsenschlauch* oder *-säckchen* in das Körperinnere hineinwächst. Die Zellen, welche diesen Schlauch bilden, werden zu abscheidenden, abgesehen von denen des distalen Teils, der sich in der Regel zu einem Ausführgang entwickelt. Das Secret, welches sich in das Schlauchinnere ergießt, tritt durch den Gang nach außen, so daß also eine erhebliche Menge an diesem Punkt entleert werden kann. Es ist leicht verständlich, wie von einer solch einfachsten Form aus die mehrzellige Drüse sich unter morphologischer Komplizierung zu immer höherer Leistung zu entwickeln vermag. Dazu ist nur nötig, daß der Drüsenschlauch sehr lang auswächst, oder durch weitgehende Verzweigung eine immer größere abscheidende Fläche erlangt. Daß sich derartig reicher entwickelte Drüsen tief in das Körperinnere oder die Leibeshöhle einsenken können und müssen, ist begreiflich. Ebenso, daß sich bei weiterer Komplikation an ihrem Aufbau auch Bindegewebe als Stütze, Blutgefäße zur Ernährung, ebenso Muskeln und Nerven beteiligen werden. Eine weitere Komplikation kann zuweilen noch dadurch erreicht werden, daß sich eine ganze Gruppe einfacherer solcher Drüsen in eine durch Einsenkung des Integuments gebildete Tasche ergießt. — Die physiologischen Leistungen der mehrzelligen Hautdrüsen sind ebenso mannigfaltig wie die der einzelligen.

Bei dieser Gelegenheit werde betont, daß auch andere Epithelien, vor allem die des Entoderms, auf prinzipiell gleiche Weise ihre Drüsen bilden; das über die Hautdrüsen Bemerkte gilt daher ebenso für jene entodermalen Drüsengebilde.

In der folgenden Übersicht berücksichtigen wir nur solche Hautdrüsen, welche nicht in innigerer Verbindung mit anderen Organsystemen, wie z. B. den Verdauungsorganen oder dem Fortpflanzungsapparat, getreten sind, also nur die selbständigen Drüsenanhänge des Integuments.

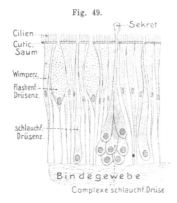

Fig. 49.

Cilien
Cutic.
Saum
Wimperz.
Flaschenf.-
Drüsenz.
schlauchf.-
Drüsenz.
Sekret
Bindegewebe
Complexe schlauchf. Drüse

Durchschnitt durch wimpernde Epidermis einer Nemertine (Carinella) mit dreierlei einzelligen Hautdrüsen. (Nach Bürger 1895.)
O. B.

Wirbellose.

Sie treten schon bei relativ einfachen Metazoen auf und dienen dann häufig der Schleimabsonderung, oder bilden auch ein erstarrendes Secret, das in verschiedener Weise Verwendung findet. So kommen bei gewissen *Polychäten* in den Parapodien schlauchförmige Hautdrüsen vor, die sich segmental wiederholen und ein feinfädiges erhärtendes Secret zum Aufbau einer Wohnröhre liefern (Polyodontus), oder auch einen Haarfilz, der den Rücken überkleidet (Aphrodite). Man hat diese Drüsen daher zuweilen auch als Spinndrüsen bezeichnet.

Mollusken. Mehrzellige Drüsen von recht primitivem Bau, d. h. zur Kategorie komplexer einzelliger Drüsen gehörig, finden sich bei den Mollusken an verschiedenen Körperstellen und sondern wohl hauptsächlich Schleim ab. Die kiemenatmenden *Gastropoden* besitzen in der Regel eine solche Drüse (Schleim- oder Hypobranchialdrüse) an der Decke der Kiemen- oder Mantelhöhle, zwischen der Kieme und dem Enddarm; bei den Pulmonaten fehlt sie fast stets. Die Drüse ist teils ein einfaches Feld von Drüsenzellen, teils etwas komplizierter, indem das Drüsenfeld sich in viele quere oder netzige Falten erhebt. Sie scheidet massenhaft Schleim ab. — Bei den sog. Purpurschnecken (Purpura, Murex) bildet sie, oder ein von ihr abgesonderter Teil, das eigentümliche Purpursecret, das ursprünglich farblos ist, aber unter dem Einfluß des Lichts den charakteristischen Purpurfarbstoff entwickelt.

Besondere Drüsen haben sich gewöhnlich auch am Fuß der Gastropoden gebildet, und zwar von zweierlei Art. Die eine geht aus dem Vorderende des Fußes hervor und mündet daher auch an der vorderen Fußspitze oder zwischen dieser und dem Mund aus (sog. vordere oder *obere* Fußdrüse; auch Lippendrüse). Sie zieht bei Prosobranchiaten und den stylommatophoren Pulmonaten als langer horizontaler Drüsenschlauch parallel der Fußsohle oft weit nach hinten. — Eine zweite Fußdrüse findet sich häufig bei den Prosobranchiaten und wurde früher für die Einfuhrstelle von Wasser in das Blut angesehen. Ihre Mündung liegt in der Mittellinie der Fußsohle, mehr oder weniger weit hinter dem Vorderende. Diese *untere* Fußdrüse ist eine sackförmige Höhle, deren Epithelwand faltig in das Lumen vorspringt. Bei den primitiveren Formen ist sie weniger tief eingesenkt. Ihr Secret soll manchmal fädig erhärten und sogar so feste Fäden bilden können, daß gewisse Schnecken sich damit aufhängen oder herablassen können; die obere Fußdrüse dagegen ist eine Schleimdrüse. In beiden Fällen sind es eigentlich einzellige Drüsen, die das Secret liefern, indem sie in dichter Menge den Ausführgang oder die Höhle umlagern und zwischen den Epithelzellen, welche diese auskleiden, münden. Der Charakter dieser Drüsen ist daher sehr ausgesprochen der komplexer einzelliger Drüsen.

Auch bei den *Lamellibranchiaten* scheinen die beiderlei geschilderten Fußdrüsen entwickelt zu sein. Die sog. obere oder vordere ist jedoch keine eingesenkte Drüse, sondern nur ein Feld einzelliger Schleimdrüsen an der Kopfseite des Fußes oder an der Fußspitze. Dagegen ist die hintere oder untere Fußdrüse bei vielen Muscheln sehr stark entwickelt und bildet eine charakteristische Haftdrüse, die sog. *Byssusdrüse*. Im voll ausgebildeten Zustand (Fig. 50) besteht sie aus einer Rinne, welche an der Fußspitze beginnt und von hier an der Analseite des Fußes nach hinten zieht. Das hintere Ende dieser Byssusrinne senkt sich als ein aufstei-

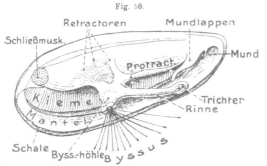

Fig. 50.

Mytilus edulis (Miesmuschel). Eine Muschel nach Entfernung der rechten Schale, Mantellappen und Kiemen, von rechts. Fuß mit sog. Spinnfinger, Rinne und Öffnung der Byssushöhle, aus der die Byssusfäden hervortreten, zu sehen; Byssushöhle punktiert angedeutet. O. B.

gender Kanal in das Fußinnere ein, der sich schließlich zu einer Höhle erweitert. Die Wand der Höhle springt in zahlreichen senkrechten Längsfalten vor (Fig. 51), so daß das Lumen der Höhle sich dorsalwärts in viele schmale sekundäre Spalträume zerteilt. Zuweilen entwickelt sich auch eine mittlere Falte stärker, so daß die Höhle paarig erscheint. Die eigentlichen secernierenden Zellen umlagern die Höhle als eine dichte Masse einzelliger Drüsen von zweierlei Art, die sich in die Spalten der Höhle, die von gewöhnlichem Wimperepithel ausgekleidet sind, öffnen. Sowohl der Kanal wie die Rinne sind meist ebenfalls reich mit einzelligen Drüsen besonderer Art versehen. — Das Secret der Byssushöhle wird bei den Muscheln, welche einen fadenförmigen Byssus bilden, in der Rinne zu einem erhärtenden Faden geformt, und mit diesen Byssusfäden heften sich solche Muscheln an fremde Gegenstände fest, wobei ein vorderer fingerartiger Fortsatz des Fußes (sog. Spinnfinger), auf dem die Rinne hinzieht, verwendet wird (Fig. 50). Auf der Spitze dieses Fortsatzes, vor dem Ende der Rinne, findet sich häufig noch eine drüsige Vertiefung (Trichter). In anderen Fällen kann das Byssussecret auch als ein zusammenhängendes plattenartiges Gebilde erstarren. — Bei zahlreichen Lamellibranchiern ist die Drüse mehr oder weniger rudimentär und scheidet keinen Byssus mehr ab, oder fehlt auch völlig. Die ontogenetischen Befunde sprechen dafür, daß die Byssusdrüse

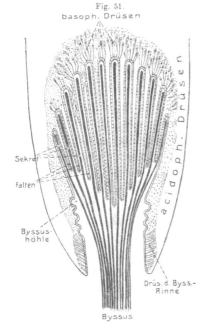

Fig. 51.

Mytilus ednlis. Schema ischer Querschnitt der Byssushöhle und ihrer Öffnung. Die Zahl der Falten in der Höhle sehr vermindert und die Einzelfalten vergröbert. (Nach SEYDEL 1909.) O. B.

früher allgemeiner verbreitet war, ihr Mangel daher häufig auf totaler Rückbildung beruhen dürfte. — Erwähnung verdienen auch die sog. *Bohrdrüsen* gewisser bohrender Muscheln (Lithodomus, Lithophagus, Petricola), komplexe einzellige Drüsengruppen an verschiedenen Stellen der Dorsalregion und des Mantels. Ihre Wirksamkeit soll auf saurem Secret beruhen.

Arthropoden. Bei den wasserlebenden *Crustaceen* sind mehrzellige Hautdrüsen wenig ausgebildet, doch ist bei den festsitzenden Cirripedien eine auf der Dorsalseite des Kopfes mündende Haftdrüse (Zementdrüse) stark entwickelt und steht vielleicht in genetischer Beziehung zu der früher erwähnten Nackendrüse der Phyllopoden. Bei den luftlebenden Tracheaten erreichen sie eine physiologisch wie morphologisch reiche Entfaltung, was wohl mit dem Luftleben direkt zusammenhängt. Die vergleichend anatomischen Beziehungen dieser Drüsen untereinander sind bis jetzt noch wenig aufgeklärt; dennoch läßt sich eine Gruppe durch die Klassen einigermaßen verfolgen. Dies sind die sog. *Cruraldrüsen,* so bezeichnet, weil sie in der Regel am Basalteil der Extremitäten (Hüfte oder Schenkelabschnitt) ausmünden.

Schon bei den zweifellos uralten *Protracheaten* (Peripatus) finden sie sich als einfache kurze Drüsenschläuche an vielen Beinpaaren, oder auch in geringerer Zahl, meist in beiden Geschlechtern oder auf die Männchen beschränkt; doch kann ihre Zahl bei derselben Species variieren, selbst an den einzelnen Beinen, die ein bis drei solcher Drüsen enthalten können. Die Cruraldrüsen gewisser Segmente vermögen sich ansehnlicher zu entwickeln. So gilt dies für das vorderste Paar in beiden Geschlechtern, welches in der Kopfregion, auf den sog. Oralpapillen (den zweiten Gnathiten) ausmündet. Die Drüsen dieses Segments werden zu langen Drüsenschläuchen, die beiderseits des Darmes weit nach hinten reichen und sich in ihrem hinteren Abschnitt sekundär verzweigen. Das Secret dieser sog. *Schleimdrüsen* ist zähe fadenbildend und dient daher wohl beim Fang der Beute. Auch das hinterste Paar der Cruraldrüsen wächst bei den Männchen gewisser Arten zu langen Schläuchen aus.

.Homologe Drüsen wiederholen sich, wenn auch seltener, bei den *Myriopoden* (speziell gewissen Chilopoden), welche an den Hüftgliedern der vier bis sechs hinteren Beinpaare Drüsen besitzen (sog. Coxal- oder Pleuraldrüsen), die Spinnfäden zu bilden scheinen. Bei den diplopoden Myriopoden finden sich zuweilen ähnliche Bildungen an mehr oder weniger Beinpaaren und sind bei gewissen Formen dadurch eigentümlich, daß die sehr klein gewordenen Drüsensäckchen ausgestülpt werden können und dann als Wärzchen hervorragen. — Auch die meisten Beinpaare der sog. *Symphila,* die meist zu den Myriopoden gestellt werden, jedoch auch nahe Beziehungen zu. den primitivsten Insekten (Apterygota) besitzen, tragen solch ausstülpbare drüsige Säckchen an ihrem Hüftglied. Doch findet sich hier auch noch eine ausgebildete Spinndrüse im hintersten, zu den sog. Spinngriffeln umgebildeten Beinpaar. Auch für einzelne Arachnoideen (gewisse Pedipalpen) wurden sog. Coxalsäckchen am Abdomen beschrieben. — Dieselben Organe kehren bei den *Thysanura* unter den apterygoten Insekten wieder, bei denen eine verschiedene Zahl von Abdominalsegmenten ein Paar solcher ausstülpbarer Säckchen besitzen kann (zum Teil jedoch auch zwei Paar) und dicht daneben zuweilen auch noch griffelförmige Rudimente von Abdominalbeinen. — Diese Vorkommnisse sind um so interessanter, als die Embryonen vieler pterygoter Insekten an der Ventralseite des ersten Abdominalsegments ein Paar kleiner Anhänge (sog. Pleuropoden) zeigen, deren Ectoderm drüsig umgebildet ist. Da diese Pleuropoden zuweilen auch etwas eingesenkt, oder gar nur Komplexe drüsiger Ectodermzellen sind, so erinnern sie lebhaft an die ausstülpbaren Cruraldrüsen der Thysanuren und Myriopoden und gehören daher wahrscheinlich auch zur Kategorie dieser Organe. Ob der als Haftorgan dienende sog. *Ventraltubus* der collembolen Apterygota ebenfalls hierher gehört, scheint fraglich.

Den typischen Cruraldrüsen homolog sind wohl die *Spinndrüsen* der *Insekten,* welche jedoch nur als Larvenorgane auftreten und den ausgebildeten Formen fehlen. Wie die Schleimdrüsen des Peripatus beschränken sie sich auf ein Segment, das hinterste des Kopfes, und münden stets durch eine unpaare Öffnung auf der Unterlippe (2. Maxille), dem hintersten Gnathitenpaar aus. Es sind zwei lange Drüsenschläuche, die seitlich vom Darm häufig die ganze Leibeshöhle durchziehen, indem sie sich vorn zu einem kurzen unpaaren Ausführgang vereinigen. Sie sind bei den Insektenlarven sehr weit verbreitet (Lepidoptera, Coleoptera, Hymenoptera, auch Neuroptera z. T.). Ihr Secret, die Seide (Fibroin), gehört zu den Albuminoiden und dient vor allem bei der Anfertigung des Puppenkokons.

Obgleich nun die Spinndrüsen der *Webespinnen* (Araneinen) gleichfalls an rudimentären Extremitäten, jedoch hinterständigen des sog. Abdomens, ausmünden, so scheint ihre eventuelle Ableitung von Cruraldrüsen doch wenig sicher, wenn auch nicht unmöglich. Die meist sehr zahlreichen Spinndrüsen münden durch viele feine Röhrchen auf den sog. Spinnwarzen an der hinteren Ventralseite des Abdomens aus. Solcher Warzen finden sich teils zwei, meist jedoch drei Paare (Fig. 52). Wenigstens die beiden ersterwähnten sind rudimentäre Gliedmaßen des 4. und 5. Abdominalsegments. Was die Beziehung der Spinndrüsen zu Cruraldrüsen unsicher macht, ist ihre meist ungemein große Zahl, die sich schon in der zum Teil ganz außerordentlichen Menge ihrer Öffnungen dokumentiert (bis einige hundert). Letztere finden sich am Ende der Warzen auf je einem feinen haarartigen sog. Spinnröhrchen. Jedem Röhrchen entspricht daher eine Drüse, deren Gesamtheit einen ansehnlichen Teil des Abdomens erfüllt. Die Drüsen selbst sind recht verschieden gebaut, selbst bei einer und derselben Spinne; teils klein, kugelig bis birnförmig, teils lang schlauchförmig, teils verästelt und auch blasig angeschwollen. Im ganzen wurden so sechs verschiedene, zu den Spinnwarzen gehörige Drüsenformen unterschieden, von denen jedoch nicht mehr wie fünf bei einer Species gleichzeitig vorkommen. Häufig ist auch nur eine geringere Zahl von Drüsenarten vorhanden, ja bei gewissen (z. B. Vogelspinne) nur eine einzige. Am zahlreichsten sind die kleinen kugeligen oder birnförmigen Drüschen, während die größeren schlauch- oder ampullenförmigen und die aggregierten

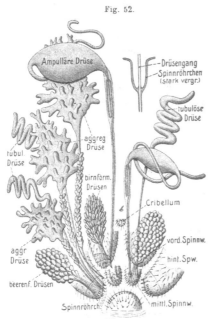

Fig. 52.

Epeira diadema (Kreuzspinne). Schematische Darstellung der Spinnwarzen und Spinndrüsen. Die zu jeder Warze gehörigen Drüsen sind nur jeweils an einer der Warzen dargestellt. Oben rechts stärker vergrößertes Spinnröhrchen einer größeren Drüse. (Nach APSTEIN 1889.)   E. W.

sich nur in geringerer Zahl und auf gewissen Warzen finden. Daß auch die Funktion der verschiedenen Drüsen etwas verschieden sein muß, ist sicher und zum Teil erwiesen; dies folgt auch daraus, daß die Spinnfäden je nach ihrer Verwendung verschieden beschaffen sind und von verschiedenen Drüsen gebildet werden. — Ein unpaares Drüsenfeld (sog. Cribellum), das ebenfalls Spinndrüsen besitzt, findet sich zuweilen noch vor den eigentlichen Warzen. Das Spinnsecret ist dem der Insektenlarven ähnlich.

Drüsen, welche bei den sog. *Pseudoskorpionen* an dem Ende der Cheliceren (Kieferfühler), also an den vordersten Extremitäten ausmünden, werden gleichfalls meist als Spinndrüsen angesehen, obgleich sie ihrer Lage nach den Giftdrüsen der Araneinen entsprechen dürften. Auch die 2. Gnathiten der Spinnentiere enthalten zuweilen Drüsen, über deren Funktion wenig Sicheres bekannt, die jedoch ebenfalls zu den Crural- oder Beindrüsen gerechnet werden könnten.

Berücksichtigt man die Möglichkeit, daß die Epidermis zweifellos befähigt ist, an verschiedenen Stellen selbständig Drüsengebilde hervorzubringen, so erscheinen die im vorstehenden zum Teil versuchten Homologisierungen der recht verschiedenartigen Hautdrüsen der Tracheaten immerhin noch sehr unsicher. Dies folgt z. B. auch daraus, daß sich funktionell entsprechende Drüsen entwickeln konnten, die mit den aufgezählten jedenfalls nichts zu tun haben. So wurde der gegen den Mitteldarm abgeschlossene und erweiterte Enddarm der Larven des Ameisenlöwen (Myrmeleo) und der verwandten Hemerobiiden zu einem Spinnorgan, dessen Secret jedoch von den in ihn mündenden ectodermalen Malpighischen Gefäßen erzeugt wird. — Da sich die Cruraldrüsen der Protracheata schon zu verschiedenen Leistungen differenzieren, so erscheint es nicht unmöglich, daß auch die beiden schlauchförmigen Giftdrüsen, welche bei den chilopoden Myriopoden an den Endspitzen der ersten Rumpfbeine, den sog. Raubfüßen, ausmünden, in die Reihe der Cruraldrüsen gehören. Ihre Ausmündung am Endglied widerspricht dem jedoch etwas. — Das gleiche gilt von der schlauch- bis beutelförmigen Giftdrüse der Araneinen, die am Ende der ersten Extremitäten, den sog. Cheliceren, mündet und sich häufig ziemlich weit nach hinten erstreckt. Ob gar die beiden Giftdrüsen, welche sich bei den Skorpionen an der Spitze des Giftstachels öffnen, zu welchem das hinterste Abdominalsegment (Telson) umgebildet ist, hierherzurechnen sein dürften, ist eher unwahrscheinlich.

Die Giftsecrete der Myriopoden und Arachnoideen sind flüssig und häufig außerordentlich wirksam. Ihre Entleerung beim Biß oder Stich wird durch einen Muskelüberzug der Drüse begünstigt. — Es wäre auch möglich, daß diese Giftdrüsen nähere Beziehungen zu den Geruchsstoffe absondernden Hautdrüsen hätten, die schon bei den diplopoden Myriopoden recht entwickelt und jedenfalls von den eigentlichen Cruraldrüsen verschieden sind. Sie wiederholen sich meist zahlreich in den Doppelsegmenten als je ein Paar Drüsensäckchen, die an den Seiten des Rückens durch die sog. Foramina repugnatoria münden. Ihr Secret ist eine scharf riechende Flüssigkeit, welche in einem Fall (Fontaria) sogar freie Blausäure enthält. Sie sind zweifellos Wehrdrüsen. Vielleicht gilt dies auch von den beiden Drüsensäckchen der

Phalangiden (Weberknechte), welche an den vorderen Seitenwänden des Cephalothorax ausmünden. — Ihrer Lage nach ähnliche Stinkdrüsensäckchen, die jedoch
etwas einfacher gebaut sind, kommen bei den Larven vieler Landwanzen (Hemiptera)
auf dem Abdomen in drei Paaren vor. Sie verschwinden bei der letzten Häutung, indem sich die für die entwickelten Landwanzen charakteristische Stinkdrüse auf der
Ventralseite des Thorax hervorbildet. Letztere mündet am Metathorax durch eine
oder zwei Öffnungen aus. Ihr meist stinkendes, öliges Secret dient wohl in der
Regel zur Abwehr. — An die erwähnten Larvendrüsen der Wanzen und die Foramina repugnatoria erinnern etwa die paarigen Seitendrüsen gewisser Käferlarven
(Chrysomela), die sich an Thorax und Abdomen segmental vielfach wiederholen
und etwas ausstülpbar sind. Noch mehr gilt dies
für die häufig ausstülpbaren Drüsen, welche zu
ein bis mehreren Paaren auf dem Rücken nicht
weniger Schmetterlingslarven auftreten (z. B.
Orgyia, Leucoma, Papilio). Auch sie gehören
in die Kategorie der Wehrdrüsen. Dies gilt
auch von der zwischen Kopf und Prothorax ventral mündenden sog. Bauchdrüse mancher Raupen (z. B. Harpyia, Vanessa usw.), die jedoch
morphologisch eher an die Cruraldrüsen erinnert. Das vereinzelte Vorkommen ähnlicher
Drüsen bei anderen Insektengruppen kann hier
nicht näher geschildert werden. — Zahlreiche
Käfer, jedoch auch einige andere Insekten (so
namentlich viele Ameisenweibchen und -Ar-
beiter), besitzen ähnlich wirkende Wehrdrüsen
am Hinterende des Abdomens, zu den Seiten
oder oberhalb des Afters, die jedoch zuweilen
in das Darmende selbst münden (Fig. 53). Diese
einfach bis etwas kompliziert gebauten Drüsen

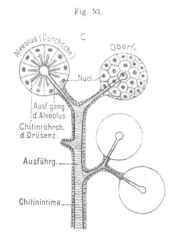

Fig. 53.

sind meist paarig bis vielfach, seltener unpaar. Ihr bei den Käfern meist übel-
riechendes, manchmal auch ätzendes Secret kann bei gewissen Formen mit Gewalt hervorgespritzt werden und ist manchmal recht flüchtig (Bombardier-Käfer, Ameisen).

Die mehrzelligen Hautdrüsen der Tracheaten besitzen häufig eine das Drüsen-
lumen auskleidende Chitinhaut, welche von feinen Poren durchbohrt ist, zum
Durchtritt des Secrets der einzelnen Zellen; von den Poren können feine Ausführröhrchen in die Drüsenzellen führen, wie dies schon oben für die einzelligen Drüsen beschrieben wurde (Fig. 53). Der Charakter dieser Drüsen erinnert daher vielfach noch an die mehrzelligen Drüsen der ersten Kategorie
(komplexe einzellige Drüsen). — Daß die beschriebenen Drüsen häufig auch mit
Muskeln ausgerüstet sind, so besonders die aus- und einstülpbaren mit Retractoren, sei hier nur kurz erwähnt. — Die Flüssigkeitströpfchen, welche bei gewissen
Insekten (z. B. Meloë und andere Käfer) an den Gelenken der Beine und ander-

weitig hervortreten können, und die früher für Secrete besonderer Hautdrüsen gehalten wurden, ergaben sich bei genauerer Untersuchung als Blut.

Die Haut der *Echinodermen* ist im allgemeinen wenig reich an einzelligen wie mehrzelligen Drüsen. Erwähnt möge hier nur werden, daß bei gewissen *Asterien* säckchenförmige
mehrzellige Schleimdrüsen (wohl Wehrdrüsen) über Scheibe und Arme verbreitet sind. Bei
manchen *Echinoiden* sind die eigentümlichen Pedicellarien mit ansehnlichen mehrzelligen
Giftdrüsen ausgestattet. Auf die einzelligen bis mehrzelligen Leuchtdrüsen gewisser Ophiuren
werden wir später eingehen.

<h2 style="text-align:center">Vertebrata.</h2>

Amphibien. Während den Fischen mehrzellige Hautdrüsen völlig fehlen (abgesehen von den später zu betrachtenden Leuchtdrüsen gewisser Formen), ist

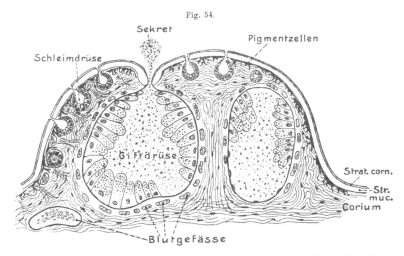

Fig. 54.

Salamandra maculosa. Querschnitt der Haut in der Gegend der sog. Parotis, wo die Giftdrüsen sehr
groß sind. Die Giftdrüsen sind von dem durch Zerfall der Zellen entstandenen Secret erfüllt und von Blutgefäßen reich umsponnen, die sich auch dicht unter der Epidermis ausbreiten. Etwas schematisiert. O. B.

die *Amphibien*haut damit ungemein reich ausgerüstet. Sie finden sich in so großer
Menge und so dicht (selbst am Trommelfell und der Nickhaut), daß kaum ganz
drüsenlose Stellen vorkommen. Die Drüsen sind meist klein, kugelig und aus relativ
wenig Zellen zusammengesetzt, ohne oder mit einem sehr kurzen Ausführgang, abgesehen von dem engen Ausführröhrchen, welches die geschichtete Epidermis
durchsetzt und mit einem feinen Porus auf deren Oberfläche mündet (s. Fig. 54).
Zwei Drüsenarten lassen sich mehr oder weniger scharf unterscheiden: 1. die
meist kleineren Schleimdrüsen, die im funktionierenden Zustand ein deutliches
Lumen besitzen und homogenes bis feinkörniges, schleimhaltiges bis klebriges
Secret abscheiden; 2. die meist größeren Gift- oder Körnerdrüsen, deren Zellen bei
der Funktion so anschwellen, daß sie das Lumen ganz verdrängen. Ihr Secret ist
meist milchig, trüb, körnig, z. T. riechend, auch ätzend und bei vielen Formen (Salamandra, Kröten) recht giftig. Beiderlei Drüsen besitzen eine zarte Hülle glatter
Muskelfasern, zuweilen auch eine Art Sphincter am Ausführgang. — Regeneration

der Giftdrüsen wurde durch Hervorwachsen neuer am Mündungspol der alten beobachtet. — Die beiderlei Drüsen sind teils unregelmäßig, teils in bestimmterer Ordnung über den Körper verbreitet. So stehen bei den Gymnophionen (Fig. 55) die
großen sog. Riesendrüsen, welche jedenfalls den Giftdrüsen entsprechen, am vorderen Rand jedes Körperringels als ein den Körper umziehender Ring; dahinter
finden sich die kleineren Schleimdrüsen, auch Spritzdrüsen genannt. — Sowohl bei
Salamandrinen als Anuren (speziell Kröten) häufen sich besonders große Giftdrüsen
jederseits in der hinteren seitlichen Kopfregion so sehr zusammen, daß sie zwei
wulstige Vorsprünge, die sog. Parotiden, bilden. Ähnliche Anhäufungen von Giftdrüsen treten auch bei gewissen Anuren an den Extremitäten auf (Oberarm von
Pelobates z. B.). — An gewissen
Körperstellen können die Drüsen
(wohl hauptsächlich Schleimdrüsen)
zu Schläuchen auswachsen, die sich
zuweilen sogar verästeln. Derartiges findet sich besonders an der
Unterseite der Zehen bei Salamandrinen und Anuren. Das Secret
dient hier wohl hauptsächlich als
Haftmittel. Sehr ansehnliche
Schlauchdrüsen dieser Art bilden
die sog. *Daumendrüsen* der Männchen vieler Frösche.

Die Salamandrinen-Männchen
besitzen eine recht ansehnliche
Hautdrüse, deren Einzelschläuche
auf fädigen Hautpapillen im Caudalteil des Cloakenspaltes münden.
Außer dieser sog. »Bauchdrüse«

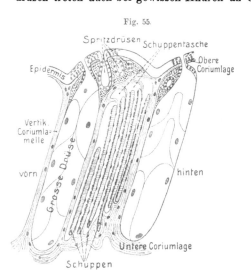

Fig. 55.

Ichthyophis glutinosus (Gymnophione). Längsschnitt
durch die Haut dreier Körperringel mit den beiden Drüsenarten und einer Schuppentasche. (Nach SARASIN 1887.) O. B.

ist die Cloake noch mit weiteren Drüsen ausgestattet, die jedoch entodermaler
Herkunft zu sein scheinen und deshalb erst später zu besprechen sind.

Sauropsiden. Im Zusammenhang mit der starken Verhornung sind die Hautdrüsen bei dieser Gruppe fast verschwunden, nur lokal haben sie sich an verschiedenen Körperstellen erhalten, wie es scheint meist im Dienste der Geschlechtsfunktion. So findet sich bei den *Krokodilen* etwa in der Mitte der Außenfläche
jedes Unterkieferastes ein ziemlich großer, sekundär gelappter Drüsensack, der ausstülpbar ist. Das Secret soll aus dem Zerfall der Drüsenzellen hervorgehen (jedoch
auch Verhornung der Zellen vorkommen); es riecht stark moschusartig und hat daher
wohl Beziehungen zum Geschlechtsakt. — Auch für gewisse *Schildkröten* wird eine
unpaare Riechdrüse ähnlicher Art angegeben, die in der ventralen Mittellinie des
Unterkiefers ausmündet. — Bei den Crocodilinen findet sich längs des Rückens
jederseits eine Reihe kleiner säckchenartiger Drüsen, deren Ausführöffnung gewöhnlich geschlossen erscheint. Ihre Funktion ist vorerst noch unsicher.

Eine ähnliche Bedeutung haben wohl zum Teil die zu ein oder zwei Paaren (einem vorderen und einem hinteren) seitlich am Rumpfe zahlreicher *Schildkröten* durch rundliche oder spaltartige Öffnungen mündenden Drüsen. Die Öffnungen liegen in der Randlinie des Rumpfes, da wo Bauch- und Rückenpanzer sich berühren oder ineinander übergehen. Die Drüsen selbst sind sack- bis schlauchförmig, mit weitem inneren Lumen oder schwammig-netzigem inneren Faltenwerk. Bei wenigen Schildkröten (gewissen Trionychidae) mündet ein weiteres Paar ähnlicher Drüsen am Vorderrand des Bauchpanzers.

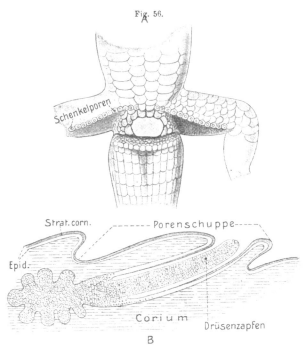

Fig. 56.

Lacerta agilis. Schenkeldrüsen. *A* Analgegend des Männchens von der Bauchseite mit den Schenkelporen. *B* Eine Schenkeldrüse mit der Schuppe und dem Porus im Längsschnitt. (Schematisch nach MAURER 1895, und SCHÄFER 1902.) O. B.

Vorwiegend in die Kategorie der riechenden Drüsen gehören auch jene, welche sich sowohl bei squamaten als placoiden Reptilien (speziell Krokodilen) am Hinterende des Cloakenspaltes paarig oder zuweilen auch unpaar finden. Bei den Männchen der Squamaten stehen sie meist mit der äußeren Öffnung der Copulationsschläuche in Verbindung.

Bildungen ganz besonderer Art sind die sog. *Schenkeldrüsen* oder *-Poren der Saurier* (Femoralorgane), die mit wenigen Ausnahmen bei den Männchen vorkommen, den Weibchen dagegen vielfach fehlen. Schon diese Verbreitung läßt vermuten, daß sie mit den Geschlechtsvorgängen in Beziehung stehen, obgleich Näheres hierüber bis jetzt unbekannt blieb. Diese Schenkeldrüsen (s. Fig. 56 *A*) stehen meist in einer Längsreihe auf der Innenfläche der Oberschenkel, dehnen

sich jedoch zuweilen noch als eine Querreihe vor der Cloakenöffnung aus, wo sie
sich beim Mangel hinterer Extremitäten (aber auch sonst zuweilen) allein finden. —
Jede Drüse besteht im allgemeinen aus einer ziemlich weiten schlauchförmigen
Epidermiseinsenkung, deren proximales Ende sich häufig in eine Anzahl kurzer
Divertikel verzweigt. — Die Drüsenmündung liegt auf einer Schuppe der Haut. Das
Secret erhebt sich als ein Zapfen vom Grunde des Drüsenschlauchs (s. Fig. 56 B)
und besteht aus ziemlich wohl erhaltenen Epidermiszellen. Der Zapfen hat daher
eine gewisse Ähnlichkeit mit einem verhornten Epidermoidalgebilde, zumal bei gewissen Sauriern die äußeren oder die Mehrzahl der Zellen des Secretzapfens auch
wirklich verhornen können. Da aber bei anderen Formen die Zellen zerfallen, und

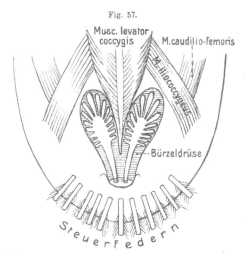

Fig. 57.

Schema der Bürzeldrüse eines Vogels. Ansicht von der Dorsalseite. Die benachbarten Muskeln sind angegeben. Nach Kuss-
MANN 1871 und GADOW in Bronn.)   O. B.

auch bei denen mit starker Verhornung während der Fortpflanzungszeit unverhornt sind, so
scheint es, daß die eigentliche
Bedeutung des Secretzapfens doch
eine besondere ist, und er vielleicht
mehr als ein Haftmittel bei der
Begattung dient.

Bei den *Vögeln* haben die
auf eine einzige Stelle der Körperoberfläche beschränkten Hautdrüsen eine andere physiologische
Funktion erlangt; sie sondern ein
fettreiches öliges Secret ab, das
zur Einfettung des Gefieders als
Schutz gegen die Nässe dient.
Diese sog. *Bürzeldrüse* (Gl. uro-
pygii) kommt der großen Mehr-
zahl der Vögel zu (ausgenommen namentlich Strauße, gewisse Papageien und
Tauben). Sie mündet stets auf der Dorsalseite des rudimentären Schwanzes aus,
häufig auf einem etwas verlängerten zitzenartigen Fortsatz, der nicht selten von
einem Kranz von Federchen umsäumt wird (Fig. 57). Daß ihr Entwicklungsgrad in
gewissem Zusammenhang mit dem Einfettungsbedürfnis des Gefieders steht, daß
sie also bei Wasservögeln besonders stark entwickelt ist, ist begreiflich. Die
Bürzeldrüse erstreckt sich von ihrer Mündungsstelle nach vorn. Sie ist schon
äußerlich meist deutlich paarig gebildet, was sich auch darin ausspricht, daß gewöhnlich für jede Hälfte eine äußere Mündung besteht (selten nur eine gemeinsame
unpaare); doch können sich die Öffnungen jeder der beiden Drüsen bis auf sechs vermehren. Jede Drüsenmündung führt in einen innern Hohlraum des Drüsensackes,
von dem radiär zahlreiche feine, zuweilen selbst wieder verzweigte Drüsenschläuche
ausstrahlen, die das eigentlich secernierende mehrschichtige Epithel tragen. Sind die
Öffnungen der jederseitigen Drüse zahlreicher, so führt jede in ein besonderes Lumen,
das sich noch weiter verzweigen kann und schließlich mit Drüsenschläuchen besetzt

ist. Das Secret der letzteren entsteht durch Zerfall der Zellen (holocrin) und ist, wie gesagt, stark fetthaltig, zuweilen jedoch auch übelriechend. — Die Bürzeldrüsen besitzen eine gut entwickelte Muskelhaut. Auf die sog. Ohrenschmalzdrüsen (Talgdrüsen) im äußeren Gehörgang (z. B. beim Auerhahn) weisen wir nur hin.

Mammalia. Der große Drüsenreichtum der Haut hat sich jedenfalls von amphibienähnlichen Vorfahren auf die Säugetiere vererbt; ja in dem Vorkommen zweier verschiedener Drüsenarten tritt eine gewisse Anknüpfung an die Verhältnisse der Amphibien hervor, obwohl dies kaum auf direkter Vererbung beruhen dürfte. Die beiden Drüsenformen, welche sich bei vielen Säugern über das gesamte Integument in dichter Menge ausbreiten, sind: 1. die *tubulösen* oder *Schweißdrüsen*, und 2. die *acinösen* (alveolären) oder *Talgdrüsen*. Die tubulösen Drüsen (s. Fig. 38 *A*, S. 115) sind, wie ihre Bezeichnung andeutet, stets mehr oder weniger röhrenförmig; bald kurz schlauchartig, gewöhnlich jedoch länger ausgewachsen, so daß sie tief in das Corium, ja sogar das Unterhautbindegewebe hinabreichen, wobei ihr blindes Ende sich häufig mehr oder weniger aufknäuelt. Nur selten verzweigen sie sich (Bär, Nilpferd usw.). Das Epithel des Drüsenschlauchs ist einschichtig. Ein meist feinerer mehrschichtiger Ausführgang ist stets wohl entwickelt und durchsetzt die Epidermis gerade oder gewunden. Das ölige bis wässerige und riechende Secret bildet sich ohne Zerfall der Zellen (merocrin). Eine zarte Hülle glatter Muskelfasern ist vorhanden. — Die geschilderte Beschaffenheit nähert demnach die tubulösen Drüsen den sog. Schleimdrüsen der Amphibien. Sehr häufig münden sie nicht direkt auf der Oberfläche der Haut aus, sondern in Ein-, selten in Mehrzahl, in den distalen Teil der Haarbälge. Dies Verhalten wird nach den verschiedenen Ansichten über die Phylogenie der Haare verschieden beurteilt; teils als ursprünglich, teils dagegen als sekundär entstanden. Mir scheint vieles für die erstere Ansicht zu sprechen.

Die zweite Drüsenart, die *acinösen* oder *Talgdrüsen* (s. Fig. 38 *A*), ist dagegen fast stets an die Haarfollikel gebunden, aus deren Wand sie etwa in der mittleren Region hervorwachsen, als ursprünglich beutelförmige, bei reicherer Entwicklung traubenartig sich verzweigende Anhänge. Ihre Zahl ist an einem Haarbalg recht verschieden, von einer einzigen bis ziemlich vielen, die dann ringförmig den Follikel umgeben. Die Talgdrüsen sind muskellos. Ihr Secret entsteht durch Zerfall der fettig degenerierenden Epithelzellen, welche die Drüsenacini völlig erfüllen. Die Art der Secretion erinnert daher an die der Körner- oder Giftdrüsen der Amphibien, doch besitzen letztere Muskeln. Das Secret (Hauttalg) ist fettreich, doch auch riechend und dient zum Einfetten der Haare sowie der Haut. Bei zärteren und kleineren Haaren (Wollhaaren) kann sich das Verhältnis zwischen Haarfollikel und Talgdrüsen gewissermaßen umkehren, so daß ersterer als ein Anhang der relativ großen Drüse erscheint. — Auch an haarlosen Stellen können sich Talgdrüsen finden (Lippen, Augenlidrand, After, Eichel des Penis); doch scheint es sicher, daß diese Drüsen erst durch Reduktion der Haarfollikel selbständig wurden.

So weit verbreitet auch die beiderlei Drüsen sind, so kommen doch auch starke Reduktionen vor. So beschränken sich die tubulösen Drüsen gewöhnlicher Art bei vielen Rodentien und Insectivoren auf die Fußsohlen; ja sie fehlen sogar bei gewissen Säugern völlig (Edentata und Insectivora z. T., Sirenia und Cetacea). Doch ist hier vieles noch wenig sicher. — Eigentümlich erscheint das Fehlen der Talgdrüsen bei gewissen Faultieren (Choloepus) und Insectivoren (Chrysochloris) trotz starker Behaarung. Daß bei den haarlosen Cetaceen und Sirenen auch die Talgdrüsen und damit die Hautdrüsen überhaupt fehlen, ist natürlich und hängt zum Teil mit dem Wasserleben zusammen.

Die Größenentwicklung, sowie die Verteilung der beiderlei Drüsen über die Körperoberfläche ist keine gleichmäßige, sondern den besonderen lokalen Bedingungen angepaßt. Aus diesem Gesichtspunkt wird auch begreiflich, daß es bei vielen Säugern an gewissen Körperstellen zu reichlicherer und stärkerer Entwicklung von Hautdrüsen kommt. So vermögen sich größere Drüsenkomplexe zu bilden, welche jedoch ihre zusammengesetzte Natur meist deutlich verraten, da sie in der Regel aus einer taschenartigen Einsenkung der äußeren Haut bestehen, in welche große Mengen von Einzeldrüsen münden, die meist auch stärker sind als die gewöhnlichen. Häufig sind es beiderlei Drüsen, welche solch eine komplexe Hautdrüse aufbauen, zuweilen jedoch auch nur eine Art. Interessant erscheint, daß diese Drüsensäcke gelegentlich vorstülpbar sein können, was an analoge Verhältnisse bei den Arthropoden erinnert. — Man kann sagen, daß sich derartige Drüsensäcke an allen Stellen der Hautoberfläche bilden können, wenn auch gewisse Orte bevorzugt sind. Ihre Mannigfaltigkeit, sowohl in bezug auf örtliche als morphologische und physiologische Entfaltung, ist so reich, daß hier nur kurze Hinweise gegeben werden können. Das Secret, welches sich in der Drüsentasche anhäuft, ist zum Teil ein spezifischer Riechstoff, der zur Abwehr, zur Erkennung, oder zur Geschlechtsreizung dienen kann, und sich im letzteren Fall häufig auf die Männchen beschränkt. In anderen Fällen ist das Secret schmierig-fettig (zuweilen auch pigmenthaltig) und dient dann zur Minderung der Reibung an Gelenken oder sonstigen Orten. In nicht wenigen Fällen ist seine Bedeutung noch unklar. — Einige Beispiele dienen zur Erläuterung.

Die riechenden Komplexdrüsen finden sich meist in der Gegend des Afters und der äußeren Geschlechtsorgane; einerseits als Drüsenanhäufungen um den After selbst, andrerseits als Komplexdrüsen (Analsäcke), die sich in verschiedener Zahl, ein bis mehrere Paare, doch auch in ungerader Zahl, in den After öffnen (viele

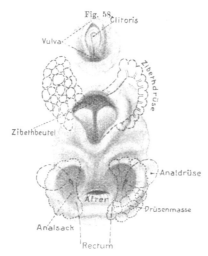

Fig. 58.

Viverra civetta (Zibetkatze). Zibet- und Analdrüsen von der Bauchseite. Enddarm nach hinten zurückgeschlagen. Die beiden Analsäcke sind, abgesehen von den beiden differenzierten Analdrüsen, fast ganz von Drüsenmasse umgeben.   O. B.

Carnivora, s. Fig. 58, doch auch andere Ordnungen): Außer diesen Analsäcken finden sich bei Carnivoren häufig noch ein Paar Drüsensäcke zwischen After und Geschlechtsöffnung (Viverridae, Zibetdrüsen bei beiden Geschlechtern, Fig. 58). — Auf der Bauchhaut, vor dem Penis, liegt bei den Moschustiermännchen der *Moschusbeutel,* während sich bei vielen Männchen der Rodentia in die Präputialtasche ein Paar ansehnliche Drüsensäcke öffnen (Bibergeil des Bibers); beim Weibchen entsprechende in die Clitoristasche. — Drüsengebilde ähnlicher Art können an der Schwanzwurzel, den Rumpfseiten, an Brust und Rücken, sowie im Gesicht auftreten. Unter denen des letzteren Orts verdienen die sog. *Tränengruben* zahlreicher Wiederkäuer besonderer Erwähnung; ihr Secret ist schmierig, zuweilen auch stark riechend. — Die analogen Drüsengebilde der Extremitäten dienen gewöhnlich zur Einfettung und Verminderung der Reibung und finden sich ziemlich zahlreich und verschiedenartig bei den Ungulaten. Am bekanntesten sind die sog. *Klauendrüsen* vieler Wiederkäuer, welche zwischen den beiden Hufen liegen und deren Reibung vermindern. — Eigentümlich ist die sog. *Cruraldrüse* der männlichen Monotremen, welche auf einem verhorntem Sporn an der Innenseite der Fußwurzel mündet. Die Drüse selbst liegt teils in der Beckenregion (Ornithorhynchus), teils in der Kniegegend (Echidna); wahrscheinlich steht sie mit dem Geschlechtsakt im Zusammenhang.

Mammardrüsen. Die weiblichen Säugetiere besitzen zur ersten Ernährung der Jungen allgemein komplexe Hautdrüsen, welche jenen, die wir soeben besprachen, prinzipiell gleich stehen. Es sind dies die sog. Mammar- oder Milchdrüsen. Den Männchen kommen sie in rudimentärem Zustand ebenfalls zu, gelangen jedoch nur in abnormen Fällen einmal zur Secretion. Vermutlich dürfte es auch nie männliche Säuger gegeben haben, deren Drüsen funktionierten; es handelt sich vielmehr wahrscheinlich um eine Übertragung ursprünglich rein eingeschlechtlicher Organe auf das andere Geschlecht, wofür auch in anderen Organsystemen Beispiele auffindbar sind. Um die wahrscheinliche phylogenetische Entwicklung der Mammardrüsen zu verstehen, müssen wir auf die Fortpflanzungsverhältnisse der primitivsten Säuger etwas näher eingehen. Wie die *Monotremen* verraten, hat sich die rein vivipare Entwicklung erst innerhalb des Säugerstamms entwickelt, da diese Formen ihre mit lederartiger Schale versehenen, relativ großen Eier auf einer frühzeitigen Entwicklungsstufe nach außen ablegen und sie entweder in einem Nest bebrüten (Ornithorhynchus), oder (Echidna) das einzige Ei in einem auf der hinteren Bauchhälfte, von einer schwach vorspringenden bogigen Hautfalte gebildeten Beutel (s. Fig. 59 *A*) herumtragen, was auch mit dem Jungen noch eine gewisse Zeit geschieht. Dieser Beutel der weiblichen Echidna tritt jedoch nur temporär während der Fortpflanzungszeit auf, um später wieder zu verstreichen. — Wenn wir annehmen, daß die Entwicklung eines solchen Beutels den Weibchen der Ursäuger allgemein zukam, wofür ja seine weite Verbreitung bei den Marsupialiern spricht, so können wir es als eine sehr erhaltungsgemäße Fortbildung bezeichnen, wenn die Hautdrüsen in diesem Beutel durch reichere Entwicklung in Zahl und Stärke eine erheblichere Secretmenge lieferten, welche von den Beutel-

jungen als Nahrung verzehrt wurde. Ob die reichere Entfaltung solcher Drüsen
eventuell auch durch die Ausbildung eines besonderen, weniger behaarten und reich
muskularisierten Brutfelds an oer Bauchwand des Beutels begünstigt war, analog
dem Brutfleck vieler Vögel, ist möglich, wenn auch nicht gerade sehr wahrscheinlich, da Vögel und Säuger nicht in direktem phylogenetischen Zusammenhang
stehen. Jedenfalls repräsentieren die Einrichtungen der *Monotremen*, insbesondere
die von *Echidna*, einen Zustand, wie wir ihn eben angenommen haben. An der
Bauchwand des Beutels, oder bei dem Schnabeltier frei auf der Bauchfläche, findet

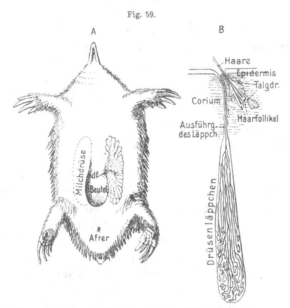

Fig. 59.

sich jederseits ein schwächer behaartes Hautfeld
(Drüsenfeld *df*), auf welchem sich die tubulösen,
verzweigten Drüsen stark
entwickeln und ein an-
sehnliches, etwa ovales,
plattes Drüsenpaket bil-
den (s. Fig. 59 *A* u. *B*).
Doch fehlen im Bereich
des Drüsenfelds auch
Talgdrüsen an den Haar-
bälgen nicht, ja sind hier
sogar ansehnlicher aus-
gebildet. Das Secret die-
ser Mammardrüsen wird
nun bei Echidna von dem
Jungen aufgezehrt.

Echidna hystrix. *A* Ventralansicht des Weibchens in der Fort-
pflanzungszeit mit Beutel und Milchdrüsen, im Umriß angedeutet (nach
HAACKE 1889, die Drüse nach eigenem Präparat). *df* Drüsenfeld. *B* ein
Drüsenläppchen schemat. nach GEGENBAUR 1886. Der Ausführgang des
Läppchens mündet in das Endstück eines zusammengesetzten Haarfollikels,
aus dem zwei Haare hervorragen.   O. B.

Die Milchdrüsen der
übrigen Säuger besitzen
insofern einen ganz ent-
sprechenden Bau, als sie
fast stets Komplexdrüsen

sind, die aus einer größeren Zahl Einzeldrüsen bestehen, welche sich im allgemeinen sehr reich verzweigen und in acinöse Läppchen endigen.

Die Zahl der Einzeldrüsen ist, soweit sich dies nach der der Ausführgänge
in der Zitze beurteilen läßt, sehr verschieden, zuweilen auch recht nieder.

Es gibt sogar eine ganze Anzahl kleinerer Säugetiere (speziell Rodentia), welche nur
einen einzigen Drüsenausführgang in der Zitze haben. Auch die Drüsen der Wiederkäuer
gehören hierher, wenn, wie dies wahrscheinlich, der sog. Strichkanal der Zitze ein Drüsenausführgang ist. Ob jedoch in diesen Fällen tatsächlich nur eine einzige sehr reich entfaltete
Drüse die gesamte Milchdrüse bildet, oder ob es zu einer eigentümlichen Vereinigung
mehrerer ursprünglich getrennter Drüsen gekommen ist, scheint fraglich.

Auf den acinösen Bau gründet sich die herrschende Ansicht, daß die
Milchdrüsen der ditremen Säuger aus stärker entwickelten Talgdrüsen hervorge-

gangen seien. Da jedoch auch in den Mammardrüsen die Secretion im wesentlichen ohne Zugrundegehen der Zellen erfolgt, und außerdem eine ziemliche Variation der tubulösen Drüsen, sowohl in der Form als im Secret, bei den Säugern vorkommt, so scheint es nicht unmöglich, daß die phylogenetische Beziehung zwischen den Drüsen der Monotremen und denen der übrigen Mammalier vielleicht doch eine engere ist; auch ist beachtenswert, daß, wie bemerkt, dem Drüsenfeld der Monotremen auch Talgdrüsen nicht fehlen. Das Drüsenepithel ist in der Regel zweischichtig; die äußere Schicht scheint aus glatten Muskelfasern zu bestehen (Monotremata und Marsupialia) oder doch kontraktionsfähig zu sein.

Eine erhebliche Weiterbildung zeigen die Mammardrüsen der ditremen Säuger darin, daß sie sehr gewöhnlich in vermehrter Zahl auftreten (bis im Maximum elf Paare, Centetes unter den Insectivoren), was im allgemeinen parallel geht mit der Zahl der Jungen eines Wurfs. Bei dieser Vermehrung, die fast stets in Paaren geschieht (nur die Marsupialia können auch unpaarige Drüsen besitzen), erstrecken sich die Milchdrüsen entweder über einen größeren Teil der Bauchseite, ja über die ganze, oder beschränken sich auch auf deren hinteren Teil (Inguinalgegend, viele Ungulata). Bei auftretender Reduktion kann sich ein Paar Brustdrüsen erhalten (Simiae, gewisse Prosimia, Elephas, Chiroptera, Sirenia, gewisse Edentata) oder auch zwei inguinale (Cetacea usw.).

Wie eben bemerkt, erhält sich bei den weiblichen Marsupialiern der Beutel fast allgemein auf der hinteren Bauchseite und entsteht ursprünglich aus zwei längsgerichteten Hautfalten, die später entweder vorn oder hinten verwachsen, so daß der Beutel teils hinten, teils vorn, teils mitten geöffnet sein kann. Die Milchdrüsen beschränken sich fast stets auf die Bauchwand des Beutels und sind mehr oder weniger kreisförmig angeordnet.

Reste des Beutels hat man bei den Placentaliern vielfach nachzuweisen gesucht, teils als Reste der Beutelfalten, die namentlich in den sog. *Milchleisten* vermutet wurden, Epithelverdickungen an jeder Bauchhälfte, welche auf einem gewissen Embryonalstadium die Anlagen der jederseitigen Mammardrüsen als ein zusammenhängender schmaler Streif verbinden; teils in besonderer Behaarung des die Zitzen tragenden Feldes, teils in einer Wiederkehr des Muskelpaares (Sphincter marsupii), das bei Echidna und den Marsupialia den Beutel jederseits umgrenzt. — Die embryologischen Erfahrungen an Beuteltieren lassen es sogar nicht ganz sicher erscheinen ob deren Beutel völlig dem der Echidna entspricht. Es wird nämlich bei den Marsupialiern vorübergehend eine ringförmige Einsenkung der Epidermis, d. h. eine ursprüngliche Hautfalte um jedes Drüsenfeld (Anlage jeder Mammardrüse), gebildet. Die beiden ursprünglichen längsgerichteten Beutelfalten gehen hierauf aus diesen Ringfalten um die einzelnen Drüsenfelder auf die Weise hervor, daß die seitlichen Partien der aufeinander folgenden Ringfalten jeder Bauchseite sich zu einer Längsfalte vereinigen, während die übrigen Reste der Ringfalten (der sog. Marsupialtaschen) verschwinden. Wollte man diesen Bildungsvorgang des Marsupialier-Beutels mit dem der Echidna vereinigen, so müßte man wohl annehmen, daß auch letzterer ursprünglich paarig gewesen sei, wovon jedoch die Ontogenie nichts Sicheres zeigt. Dennoch scheint mir vorerst keine Nötigung vorzuliegen, die Homologie des Beutels bei beiden Gruppen zu bezweifeln, um so mehr als die Verhältnisse der Monotremen wohl andeuten, daß der Beutel in dieser Abteilung nie besonders entwickelt war, oder wieder rudimentär geworden ist.

Bei den Marsupialiern erfahren die Drüsenfelder eine bedeutsame Weiterentwicklung, indem sie sich zu schlauchartigen Vertiefungen einsenken, in derem Grunde die Milchdrüsen auf einem sich erhebenden Fortsatz münden (Fig. 60a[1]). Solche Bildungen fehlen den Monotremen; oder das, was darüber berichtet wurde, ist doch ganz unsicher. Diese *Zitzentaschen* (früher gewöhnlich Mammartaschen) der Marsupialier entsprechen wohl den Drüsentaschen, wie sie den Komplexdrüsen der Säuger so häufig zukommen. Erst bei der Milchabsonderung der Drüsen, zur Fortpflanzungszeit, stülpen sich die Zitzentaschen der Beuteltiere teilweis oder voll-

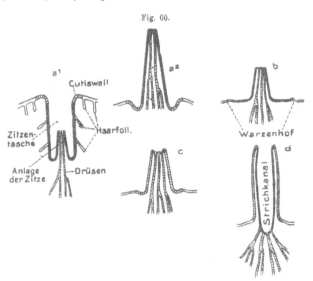

Fig. 60.

ständig als frei hervorragende Zitzen nach außen um (Figur 60a[2]) — eine Erscheinung, die sich ja auch bei anderen Komplexdrüsen der Säuger zuweilen findet. Die umgestülpten Zitzen ermöglichen den Jungen das Saugen. — Bei den Placentaliern ist die Bildung einer Zitze für jede Mammardrüse allgemein verbreitet. Trotz vielfacher Untersuchungen bestehen jedoch noch erhebliche Zweifel über die Beziehung ihrer Zitzen

Schemata der Zitzenbildung einiger ditremer Säuger, nach der Auffassung von GEGENBAUR und KLAATSCH. a[1] Zitzentasche mit Anlage der Zitze eines Marsupialiers vor der Lactation. a[2] die Zitze und Zitzentasche ausgestülpt bei Eintritt der Laktation. Auf den übrigen Schemata ist der von der Epidermis der Zitzentasche abgeleitete Teil der Zitzenepidermis schwarz, der von dem sog. Cutiswall abgeleitete, gestrichelt dargestellt. Die Milchdrüsen punktiert. b Schema der Zitze von Primaten (spez. Mensch). c von Carnivor. d von Wiederkäuer.   O. B.

zu denen der Marsupialier. Sicher scheint, daß bei der Entwicklung aller dieser Zitzen eine Zitzentasche angelegt wird. Sicher scheint weiterhin, daß bei den Primaten und dem Menschen die definitive Zitze mit den Drüsenmündungen vom Boden der sich allmählich abflachenden und ausbreitenden Zitzentasche emporwächst, so daß der ausgebreitete Teil der ursprünglichen Tasche zu dem späteren sog. Warzenhof (Areola) wird und die Drüsenmündungen auf dem Ende der Zitze stehen (Fig. b). Diese Zitzenbildung ließe sich daher auf eine Art Hervorstülpung der Zitzentasche zurückführen, wie wir ihr bei den Beuteltieren begegneten.

Bei der Mehrzahl der übrigen Placentalier hingegen scheint die Zitzenbildung im allgemeinen durch ein Hervorwachsen des die Zitzentaschen tragenden Hautfelds zu geschehen (Fig. c). Die Tasche wird so an die Spitze der sich bildenden Zitze emporgehoben und verkümmert mehr oder weniger, bis völlig. Eine eigentliche Areola bildet sich bei diesem Vorgang natürlich nicht. — Die Zitze der Ungulaten, welche häufig sehr groß wird, ist von einem weiten Gang (Strichkanal der

Wiederkäuer, Fig. *d*), oder auch von zwei bis drei derartigen Gängen durchsetzt (Pferd, Esel). Wenn, wie wahrscheinlich, die letzterwähnte Bildungsgeschichte auch für diese Zitzen zutrifft, so sind diese Gänge als erweiterte Ausführgänge der eigentlichen Milchdrüse aufzufassen, nicht aber als die stark entwickelten Zitzentaschen, wie eine andere Auffassung sie deutet (GEGENBAUR, KLAATSCH; der Fig. *d* ist die letzterwähnte Ansicht zugrunde gelegt). Sicher scheint jedoch zu sein, daß die Pferd- und Eselzitze zwei ursprünglich getrennten, miteinander vereinigten Zitzen und Drüsen entspricht.

Bei manchen Nagern erhebt sich die Zitze vor der Laktation vom Boden einer Tasche, aus der sie bei der Funktion herausgezogen wird. Die Verhältnisse erinnern daher auffallend an die der Marsupialier. Die Ontogenie scheint dagegen mehr dafür zu sprechen, daß die Tasche kein Homologon der Zitzentasche der Beuteltiere, sondern eine eigenartige Bildung ist.

B. Mesodermaler Teil des Integuments, Corium (Cutis, Lederhaut).

1. Das bindegewebige Corium.

Wo eine kräftigere Schutzleistung des Integuments nützlich erscheint und nicht von einer besonders starken Cuticula bewirkt wird, vereinigt sich eine mehr oder weniger ansehnliche Lage des mesodermalen Bindegewebes inniger mit der Epidermis zu einem gemeinsamen Integument, dessen innere oder tiefe Zone, das sog. Corium (Cutis) oder die Lederhaut bildend. Natürlich findet sich ein solches Corium besonders bei größeren und komplizierter gebauten Metazoen, allgemein daher bei den Wirbeltieren; doch kommt es in analoger Weise auch zahlreichen Wirbellosen zu. Schon bei Nemertinen und gegliederten Würmern, besonders solchen, die ein Cölom besitzen, läßt sich häufig ein bindegewebiger Teil des Integuments unterscheiden; noch mehr gilt dies für die Mollusken. — Gut ausgebildet ist das Hautbindegewebe bei den Echinodermen, wo es die Bildungsstätte des Hautskeletes ist; ihr Corium wird sogar zuweilen recht dick (Holothurien). — Stark entwickelt ist es, wie gesagt, bei allen typischen Wirbeltieren; nur bei den Acraniern bleibt es noch sehr gering. Gebildet wird das Corium der Vertebraten aus einer verschieden dicken Lage fibrillären Bindegewebes, dem häufig auch elastische Fasern und glatte Muskelfasern beigemengt sind, was natürlich nach den Besonderheiten der einzelnen Körperstellen variiert. Wie schon bei Wirbellosen, treten Blutgefäße und Nerven in das Corium ein, in dem ferner besondere accessorische Bildungen, von welchen später die Rede sein wird, entstehen können. — Gegen die es unterlagernde Gewebsmasse ist das Corium der Wirbeltiere gewöhnlich mehr oder weniger abgesetzt, was meist dadurch hervorgerufen wird, daß eine lockere Bindegewebslage, die sog. Subcutanea, es mit den tieferen Geweben und Organen verbindet. Daher rührt es, daß das Corium, deutlicher wie bei den Wirbellosen, als ein mit der Epidermis innig zusammenhängender Teil des Integuments erscheint, und daß das Gesamtintegument sowohl etwas verschiebbar, als mehr oder weniger leicht abziehbar ist.

Die Gesamtstärke des Vertebraten-Coriums wechselt natürlich beträchtlich; doch ist es schon bei gewissen Fischen recht dick; bei großen Säugern (Rhinozeros, Elephas, Cetaceen) wird es sehr stark. Bei Amphibien, squamaten Reptilien und Vögeln bleibt es relativ mäßig. — Im allgemeinen ist die Lederhaut ein Flechtwerk von Bindegewebsbündeln, die sich bei den Anamnia meist ziemlich regelmäßig in mehr oder weniger zahlreichen horizontalen Schichten übereinander ordnen (s. Fig. 54, 62, 72), wobei die Bündel der alternierenden Schichten sich rechtwinkelig kreuzen. Außerdem treten jedoch noch senkrecht aufsteigende Bündel hinzu, welche, aus einer der Schichten aufbiegend, in eine höhere eintreten. Das Corium der Reptilien ist ähnlich; bei Vögeln und Säugern dagegen wird die Verflechtung der Bindegewebsbündel inniger, weshalb der geschichtete Bau zurücktritt. Die oberste Lage der Lederhaut besteht häufig aus einem lockereren Bindegewebe.

Coriumpapillen. Ein innigerer Zusammenhang von Epidermis und Corium wird bei vielen Vertebraten, wenigstens an gewissen Körperstellen, dadurch bewirkt, daß das Corium in Form papillöser oder leistenartiger Fortsätze in die Epidermis aufsteigt (Fig. 38, *C*). Solche Coriumpapillen sahen wir schon früher an der Bildung der verhornten Integumentalanhänge der Sauropsiden und Mammalier innigen Anteil nehmen. Die hier zu erwähnenden Papillenbildungen dagegen sind im allgemeinen solche, welche nicht zu Hautauswüchsen Veranlassung geben. Sie bestehen häufig aus etwas lockererem Bindegewebe und sind vielfach Träger von Blutgefäßen, welche so in innige Beziehung zur Ernährung der Epidermis treten, oder sich in gewissen Fällen sogar an der allgemeinen Respiration beteiligen können; andrerseits liegen in solchen Papillen häufig auch nervöse Endorgane der Haut. — Schon bei *Cyclostomen,* verbreiteter dagegen bei den Fischen, treten solch papillöse Bildungen auf. Bei gewissen Amphibien sind leisten- bis papillenartige Coriumfortsätze über die gesamte Haut verbreitet (einzelne Perennibranchiaten) und werden hier wesentlich durch in die Epidermis vorspringende Blutcapillaren mit wenig Bindegewebe gebildet; sie stehen jedenfalls mit der respiratorischen Hauttätigkeit im Zusammenhang. Die Anuren zeigen leistenartige und papillöse Bildungen vorwiegend an den Hand- und Fußflächen, namentlich ist auch die sog. Daumenschwiele der Männchen mit Papillen versehen.

Wenn wir von den papillösen Bildungen absehen, die mit den Hautverhornungen der *Sauropsiden* zusammenhängen, so finden sich bei ihnen freie Papillen des Coriums selten. Bei Vögeln kennt man sie in der Schnabelregion, der Augengegend, sowie an der Fußsohle. — Eine besonders reiche Entwicklung erlangen dagegen die Papillen bei den *Säugern,* jedoch nur an unbehaarten Körperstellen, besonders den Hand- und Fußflächen, sowie der Schnauze. In dem Maße, als die Behaarung bei gewissen Säugern zurücktritt (gewisse Ungulata, Elephas, Sirenia, Cetacea), breiten sich die freien Papillen über das ganze Integument aus und werden gleichzeitig sehr lang, da die Epidermis dieser Formen besonders dick ist. Sehr lang und kompliziert können sie jedoch auch an Hautstellen werden, wo eine starke Hornbildung stattfindet, so an den Hufen der Ungulaten, dem Horn des Rhinozeros, den Barten der Wale. Auch sonst finden sich gelegentlich zusammengesetzte Papillen; ferner an den Hand- und Fußflächen Coriumleistchen in dichter und zum Teil verwickelter Anordnung, die ihrerseits Papillen tragen. — Ob die Papillen der Säuger in nähere Beziehung zu denen gebracht werden können, welche bei den Sauropsiden den Horngebilden angehören, scheint eher zweifelhaft.

Fetteinlagerung im Corium kommt bei den Säugern zuweilen vor. In der Regel ist jedoch das sog. Unterhautbindegewebe der Ort, wo sich bei guter Ernährung Fettzellen reichlich anhäufen (Speck). Bei den Cetaceen erlangt diese Fettentwicklung (Tran) eine besondere Mächtigkeit (Wärmeschutz) und greift auch auf das eigentliche Corium über, so daß es von Fettzellen ganz erfüllt wird. — Lokale Fettanhäufungen in der Subcutanea können bei gewissen Säugern Hauterhebungen hervorrufen (Höcker der Kamele, Fettsteiß gewisser Schafe, Rückenflosse der Cetaceen usw.).

Pigmentzellen (Chromatophoren) finden sich schon im Corium mancher Wirbellosen in schöner Entwicklung. Das bekannteste und beststudierte Beispiel bieten die Cephalopoden, obgleich Pigmentzellen auch bei andern Mollusken vielfach vorkommen. Auch bei Abteilungen, welche nur wenig von einem eigentlichen Corium zeigen, so gewissen Krebsen, finden sich zuweilen sehr große, reich verästelte Chromatophoren dicht unter der Epidermis.

Die Pigmentzellen oder Chromatophoren der *dibranchiaten Cephalopoden* (Nautilus fehlen sie) werden meist so groß (bis etwa 1 mm), daß sie mit bloßem Auge sichtbar sind. Sie liegen in einer oberflächlichen Lage des dicken Coriums und enthalten meist körniges Pigment; häufig finden sich auch verschiedenfarbige Zellen. Bei manchen Formen (Sepia, Octopus) wird die Chromatophorenlage von einer Schicht eigentümlich differenzierter, irisierender Zellen (Iridocyten) unterlagert, welche durch ihre Reflexions- und Interferenzwirkung wesentlich zu dem eigentümlichen Farbenspiel beitragen (Fig. 61). — Die Chromatophoren gehen aus Bindegewebszellen hervor, nicht aus Epidermiszellen, wie auch vermutet wurde. Im Ruhezustand sind sie etwa linsenförmige Gebilde, von deren äquatorialem Rand eine Anzahl contractiler kernhaltiger Fasern in das umgebende Bindegewebe ausstrahlen. Die Kontraktion dieser Fasern bewirkt eine starke sternartige Ausbreitung und Vergrößerung der Chromatophore unter gleichzeitiger Abplattung und Verdünnung. Da die contractilen Fasern mit dem feinen Hautnervennetz zusammenhängen, so steht das Farbenspiel unter dem Einfluß des Nervensystems, wie auch der physiologische Versuch zeigt. Die periphere Region der Chromatophore selbst soll zuweilen auch contractile Substanz enthalten, so daß ihre Zusammenziehung nicht immer nur eine elastische Wirkung der Umgebung, sondern zum Teil eine aktive der Chromatophore selbst wäre. Die neueren Beobachtungen machen es wahrscheinlich, daß die radiären Faserzellen Erzeugnisse der ursprünglichen Chromatophorenzellen selbst sind, aus ihr durch Teilung hervorgehen. — Die Gestaltsveränderungen der Chromatophoren mit ihrem verschiedenfarbigen Pigment und die irisierende Schicht rufen den lebhaften schönen Farbenwechsel der Cephalopoden hervor. Reizung scheint im allgemeinen eine Verdunkelung zu bewirken.

Chromatophoren sind auch im Corium der niederen *Wirbeltiere* sehr verbreitet und bestimmen wesentlich deren Hautfärbung. Viele führen dunkles, braunes bis schwärzliches Pigment und sind gewöhnlich sehr reich verästelt, so daß die einzelnen Zellen sich über einen weiten Bezirk erstrecken. Aus dem Corium wandern sie recht häufig auch in die Epidermis hinein, indem sie sich in den Intercellularräumen derselben ausbreiten. Diese Erfahrung hat die Vermutung hervorgerufen, daß auch das Pigment, welches die Zellen der tieferen Epidermislage bei vielen Wirbeltieren (speziell Mammalia) enthalten, von den Chromatophoren herstamme und von ihnen auf die Epidermiszellen übertragen werde. Obgleich dies in vielen Fällen zutreffen mag,

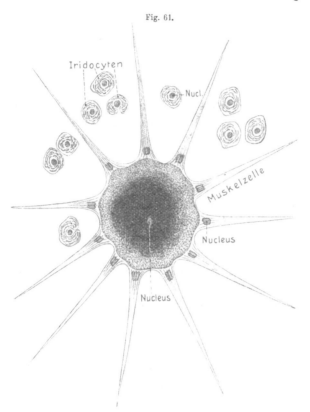

Fig. 61.

Sepiola. Chromatophore mit den hier stark verkürzt wiedergegebenen contractilen Radiärfasern. Die Kerne der Radiärfasern durch die contractilen Fibrillen eingeschnürt. Um die Chromatophore eine Anzahl irisierender Zellen (Iridocyten) mit ihren eigentümlichen Einschlüssen.   O. B.

scheint doch nicht ausgeschlossen, daß die Epidermiszellen auch selbständig Pigment erzeugen, wie es für Haare und Federn wohl sicher erscheint.

Sehr große reichverästelte Chromatophoren finden sich bei vielen Knochenfischen und bewirken bei gewissen auch einen Farbenwechsel, wie er namentlich den Pleuronectiden eigen ist. Der Farbenwechsel beruht auf der Verlagerung des Pigments im Plasma der reichverästelten Chromatophoren. Verteilt sich das Pigment durch die ganze Zelle, so breitet sie sich wie ein dunkler Schleier über die von ihr bedeckte Region aus; konzentriert es sich dagegen im Centrum der Zelle, so fällt diese Wirkung weg. Auf solche Weise können die erwähnten Fische ihre Färbung der des umgebenden Bodens mehr oder weniger anpassen, woraus schon hervorgeht, daß das Spiel ihrer Chromatophoren unter dem Einfluß des Nervensystems steht (vermittelt durch Augenreize), was durch den Nachweis der Verbindung der Pigmentzellen mit Nervenfäserchen bestätigt wird.

Sehr reich entwickelte Chromatophoren besitzen im allgemeinen auch die Amphibien (s. Fig. 54, S. 141) und Reptilien; auch verknüpft sich damit nicht selten in verschiedenem Grade ein Farbenwechsel. Diese Erscheinung findet sich in mäßigerer Ausbildung bei vielen Anuren (Frösche, Laubfrosch, Kröten); unter den Reptilien vor allem bei den Chamäleonten. Doch zeigen auch gewisse Schlangen (besonders Baumschlangen) einen Farbenwechsel, der wohl in schwächerem Grad weitverbreitet ist. — Im all-

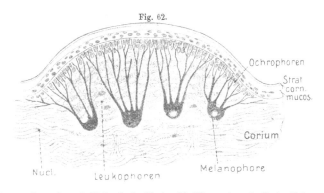

Fig. 62.

gemeinen scheint der Farbenwechsel bei beiden Klassen auf ähnlichen Einrichtungen zu beruhen, so daß es genügen dürfte, diese hier im Prinzip zu erörtern. Die histologische Grundlage bildet das Vorkommen zweier Lagen verschieden gefärbter Chromatophoren im Corium; einer oberflächlichen, deren Zellen weißes bis gelbes Pigment (auch Fett), doch auch zum Teil kristallinisch-körnige und Interferenz hervorrufende Einschlüsse enthalten, und einer tieferen Lage schwarzer Chromatophoren (s. Fig. 62). Die oberflächlichen Zellen, welche selbst wieder nach der Art ihres Pigments verschiedene Sorten unterscheiden lassen können (Chamaeleo), sind rundlich bis netzig und weniger veränderlich. Die schwarzen Chromatophoren (Melanophoren) dagegen sind reich verästelt, senden zahlreiche feine Ausläufer gegen die Epidermis hinauf, die zwischen den hellen Chromatophoren durchtreten und sie mehr oder weniger umspinnen. Ihr Pigment kann verlagert werden, sich entweder auf die Centren der Zellen in der Tiefe konzentrieren, oder in die Ausläufer emporsteigen und die helle Chromatophorenschicht überdecken. Im ersteren Fall wird die Hautfarbe hell, bzw. weißlich oder gelblich; im zweiten Fall wird sie in verschiedenem Grade dunkel.

Chamaeleo. Querschnitt durch eine Hautpapille (Körnerschuppe). In der tieferen Coriumregion Melanophorenzellen; darüber Leucophoren mit Guaninkalkeinschlüssen und oberflächlich Ochrophoren, deren Zellnatur noch etwas unsicher. Daneben auch noch gelbe sog. Xanthophoren, die nicht dargestellt. (Nach Keller 1895 und Originalpräparat.) O. B.

Die blauen und grünen Farbentöne (speziell der Frösche) sollen in diesen Fällen, wie es jedoch auch sonst häufig scheint, keine Pigment-, sondern Interferenzfarben sein, welche von dem an der hellen Chromatophorenschicht reflektierten Licht erzeugt werden; wogegen bei Chamaeleo lufthaltige Interferenzzellen in der Tiefe der Epidermis vorkommen. Das Grün ist zum Teil eine Mischfarbe des Gelb der oberen Chromatophorenschicht und der blauen Interferenzfarbe. Temperatur, Licht, nervöse Affekte verändern die Farbe, die auch hier unter dem

Einfluß des Nervensystems steht. Bei Chamaeleo bewirkt starke Reizung helle
Färbung.

2. Schutz- und Skeletgebilde des bindegewebigen Integuments, sowie mesodermale Skeletgebilde der Wirbellosen überhaupt.

Wie die Epidermis kann auch das Corium bei Wirbellosen und Wirbeltieren
Schutz- und Skeletgebilde hervorbringen. Zuweilen schließen sich dieselben den
Schutzorganen der Epidermis näher an. Da das Corium derselben Gewebs-
form angehört, aus welcher auch die inneren Skeletgebilde der Metazoen hervorgehen, so ist verständlich, daß seine Skeletgebilde mit denen des inneren Skelets
nahe übereinstimmen, ja beiderlei Gebilde sich morphologisch schwer auseinander
halten lassen, um so mehr, als sie sich zuweilen innig miteinander verbinden.

Skeletbildungen der Wirbellosen.

Unter Skeletgebilden im engeren Sinn versteht man feste, im Innern des
Körpers, d. h. in der Regel zum mindesten unter der Epidermis, gelegene Teile
(oder Organe), welche den Körper oder seine Organe stützen, und häufig auch der
Muskulatur Ansatz gewähren. Sie sind daher auch für die Bewegungen von großer
Wichtigkeit.

In der Einleitung fanden wir, daß das Zwischengewebe (Mesenchym), welches
schon bei den Cölenteraten zwischen Ecto- und Entoderm spärlich oder reichlicher auftritt, in der Hauptsache eine Stützfunktion hat und daher in seiner Gesamtheit als eine Art Skeletgewebe wirkt. Auch die äußere Gewebslage der
Spongien, der sog. Epiblast oder Skeletoblast, funktioniert in seiner Hauptmasse
als Stützgewebe. Bei den höheren Metazoen tritt das Mesoderm an die Stelle des
Mesenchyms; demgemäß geht hier das Skeletgewebe und das Skelet aus dem ursprünglichen Mesoderm hervor.

Die Stützleistung des bindegewebigen Mesenchyms der Cölenteraten und des
ähnlich gebauten Epiblastgewebes der Spongien wird recht häufig dadurch erhöht,
daß sich feste Einlagerungen in ihnen bilden, sie mehr oder weniger reichlich durchsetzen und ihre Festigkeit erhöhen. Durch Verwachsung solcher Gebilde untereinander, jedoch auch noch in anderer Weise, können sich zusammenhängende
Skelete bilden, welche das Innere des ganzen Organismus durchziehen. Bei den
Spongien finden sich Skeletgebilde fast stets; bei den Cölenteraten sind sie auf
die Klasse der Korallentiere (Anthozoa) beschränkt. Im einzelnen besteht eine
ziemlich weitgehende Analogie der Skeletgebilde beider Abteilungen.

Dies zeigt sich einmal darin, daß die Skeletsubstanz in beiden Gruppen
teils eine rein organische, stickstoffhaltige sein kann (ein Albuminoid), teils dagegen kohlensaurer Kalk (Calcispongia, Anthozoa), wogegen nur bei der großen
Gruppe der Silicispongia (Kieselschwämme) amorphe Kieselsäure das Skeletmaterial
bildet.

Bei Kalk- und Kieselschwämmen, ähnlich aber auch bei den Octocorallen, bilden sich im Skeletgewebe eine Menge kleinerer bis ansehnlicherer Skeletgebilde, die bei den Spongien wegen ihrer Form als *Spicula* bezeichnet werden; bei den Octocorallen nennt man sie *Sklerodermite*. Ihre erste Anlage entsteht bei beiden Abteilungen ursprünglich im Innern einer Zelle des Skeletgewebes, seltener (z. B. die Sechsstrahler der Hexactinelliden) in einer syncytial vereinigten Zellgruppe. Bei ihrem Heranwachsen liegt ihnen der Rest der Bildungszelle oder -zellen äußerlich an (Fig. 63 [6]), oder es können sich auch weitere Zellen an ihrem Auswachsen beteiligen (Fig. 63 [1, 3]). Bei den Kalkschwämmen sind die aus Calcit bestehenden Spicula einfach nadelförmig, oder drei- und vierstrahlig. Die mehrstrahligen

Fig. 63

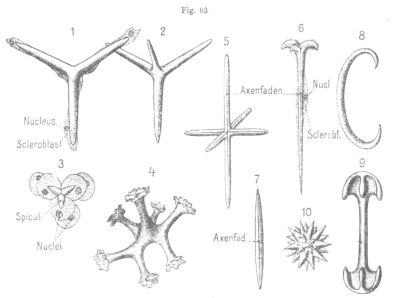

Spicula verschiedener Spongien. *1—3* Kalkspicula von Calcispongien. *1* Dreistrahler mit Resten der Bildungszellen. *2* Vierstrahler. *3* Gruppe der 6 Bildungszellen, die einen Dreistrahler abscheiden. *4—10* Silicispongien. *4* Vierstrahler eines Lithistiden (Jerea). *5* Sechsstrahler eines Hexactinelliden. *6* Vierstrahler (sog. Ankernadel) von Steletta mit Rest der Bildungszelle. *7* Einfache Stabnadel (Rhabdus). *8* spangenartige Nadel. *9* grabscheitartige Nadel (Chela). *10* Kieselstern (Oxyaster) von Tethya (Tetractinellide). E. W.

scheinen aus einfachen Anlagen durch Verwachsung hervorzugehen (Fig. 63 [3]). Untereinander sind die Kalkspicula fast nie verbunden, sondern liegen lose im Skeletgewebe (Ausnahme bei Lithoninae), jedoch meist in gewissen regelmäßigen Anordnungsverhältnissen. — Von den Spicula der Kieselschwämme unterscheiden sie sich wesentlich durch das Fehlen oder die schwache Entwicklung eines Achsenfadens im Spiculum.

Die Nadeln der *Kieselschwämme* enthalten stets einen solchen, aus organischer Substanz bestehenden Achsenfaden (Fig. 63 [5—7]). Ihre Formen sind ungemein mannigfaltig; doch lassen sie sich im großen und ganzen auf die Typen der Sechsstrahler (Hexactinellida, Fig. 63 [5]), Vierstrahler (Tetractinellida, Fig. 63 [4, 6]) und Einstrahler (Monactinellida, Fig. 63 [7—9]) zurückführen. Wie bemerkt, ist die

Ausgestaltung im einzelnen so reich, daß hier kein Raum für eine genauere Schilderung bleibt. Bemerkt sei jedoch, daß bei den Hexactinelliden und Tetractinelliden neben den typischen Mehrstrahlern auch weniger- bis einstrahlige Nadeln vorkommen, was die Mannigfaltigkeit noch vermehrt. — Während bei gewissen Hex- und den Tetractinelliden die Spicula völlig unverbunden sind, tritt bei anderen Hexactinelliden eine Vereinigung der ansehnlichen Sechsstrahler durch Kieselsäure zu zusammenhängenden und häufig ebenso regelmäßig als zierlich gebauten Skeleten auf. Auch die Spicula der Monactinelliden sind häufig größtenteils zu fädig-netzig zusammenhängenden Skeletgerüsten vereinigt; hier ist es aber eine organische Substanz (Spongin), welche die Vereinigung bewirkt.

Fig. 64.

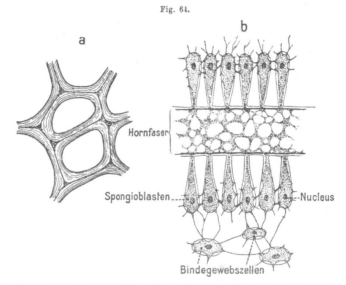

Skelet eines Hornschwamms (Ceraospongie). *a* kleines Stück eines Hornfaserskelets. *b* kleine Partie eines Hornschwamms (Euspongia) mit 2 Reihen der sie umgebenden Bildungszellen (Spongioblasten), deren Plasma auf der Oberfläche der Faser ein Netzwerk bildet. (Nach BURCK 1909.)   E. W.

Es scheint sicher, daß durch Verkümmerung der Kieselspicula und stärkere Entwicklung der Sponginabscheidung ursprünglicher Kieselschwämme die rein organischen, netzförmigen Faserskelete der Hornschwämme (Ceraospongia) hervorgingen (Fig. 64 *a*). Interessanterweise nehmen jedoch zahlreiche Hornschwämme, wahrscheinlich vermittels amöboider Zellen ihrer Oberfläche, wieder fremde feste Partikel in ihre Fasern auf und ersetzen so gewissermaßen die Spicula, welche sie nicht mehr hervorzubringen vermögen. Nur vereinzelt können auch spiculaartige Gebilde aus Spongin auftreten. Die Hornfasern werden durch besondere Zellen des Skeletgewebes (Skeletoblasten) abgeschieden, wie Fig. 64 *b* zeigt.

Die *Sclerodermiten* (Calcit), welche bei allen *Octocorallia* verbreitet sind (Fig. 65), ähneln den Spicula der Kalkschwämme in vieler Hinsicht, sind jedoch fast stets durch mehr oder weniger reiche Fortsatzbildungen ihrer Oberfläche unregelmäßiger. Sie sind teils einfach gerade oder gebogen, teils jedoch auch durch

Verwachsung mehrstrahlig. Während die Spongiennadeln stets farblos sind, erscheinen die Sklerodermiten nicht selten lebhaft gefärbt und tragen zur Färbung der Tiere bei. Fast stets liegen sie lose im ganzen Mesenchymgewebe des Einzeltiers sowohl, als im gemeinsamen der Kolonien (Cönosark). — Bei gewissen Octocorallen scheint es jedoch zu einer Verwachsung zahlreicher Kalkgebilde in der Kolonieachse zu kommen, woraus eine feste, die Gesamtkolonie durchziehende Kalkachse resultiert (Edelkoralle, Corallium). Bei den Tubiporaria

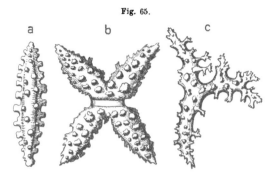

Fig. 65.

Sclerodermiten von Octocorallen a von Gorgonia. b von Plexaurella. c von Briareum. Stark vergrößert. (Nach Kölliker 1865.)
E. W.

(Orgelkorallen) dagegen bildet sich auf diese Weise eine feste Skeletröhre in der Wand der Einzeltiere.

Eine in ihrer allgemeinen Erscheinung und Funktion ganz ähnliche Skeletachse entwickelt sich unter den Octocorallen in der Gruppe der *Gorgonaria* (Hornkorallen), während bei den verwandten Pennatularia (Seefedern) eine unverzweigte ähnliche Achse den Stamm der federförmigen Kolonie durchzieht. Diese Achsen bestehen gewöhnlich nur aus organischer Substanz (Cornein), oder bei gewissen Gorgonarien aus alternierenden Gliedern von organischer Substanz und Calcit. Auch eine Gruppe der Hexacorallia, die eigentümlichen Antipatharia, besitzen eine Hornachse, ähnlich der der Gorgonaria. Das Eigentümliche dieser Skeletachsen ist nun, daß sie ursprünglich nicht im Mesenchym der jungen Kolonie entstehen, sondern ihre erste Anlage an der Basalfläche der Kolonie von dem

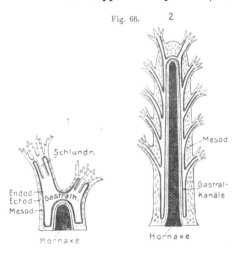

Fig. 66.

Schemata zur Bildung der Hornachse bei den Hornkorallen (Gorgonaria). 1 junge Kolonie aus zwei Individuen mit erster Anlage der Hornachse. 2 Weiterentwickelte Kolonie.
O. B.

Ectoderm abgeschieden wird, als ein die Basis bildendes Zäpfchen, das also ursprünglich außerhalb der Kolonie liegt und in diese nur wenig emporragt (siehe Fig. 66 [1]). In dem Maße als die Kolonie durch Vermehrung ihrer Individuen emporwächst, wächst auch die Hornachse in ihr aufwärts (66 [2]). Sie bleibt dabei stets von einer Fortsetzung des basalen Ectoderms umhüllt, welches ihre Abscheidung bewirkt. Obgleich nun diese Hornachsen ursprünglich nicht im Skeletgewebe entstehen, glauben wir sie doch an dieser Stelle aufführen zu dürfen; um so mehr, als auch die skeletbildenden Zellen des Mesenchyms aus eingewanderten Ectodermzellen hervorgehen sollen, und die fertige Achse tief im Körper liegt, allseitig von Skeletgewebe umschlossen.

Interessanterweise entstehen auch die starken, anscheinend rein inneren Kalkskelete der *Hexacorallen* (sog. Madreporaria oder Steinkorallen) in ähnlicher Weise. Lose Skeletgebilde finden sich hier gewöhnlich nicht; das Skelet ist vielmehr eine zusammenhängende Masse, welche die Form und den Bau des Einzeltiers nachahmt. Es besteht aus einer feinfaserigen Kalkmasse (Aragonit), der bei den Spongien bis jetzt nicht sicher erwiesen wurde. Die erste Anlage eines solchen Einzelskelets entsteht ebenfalls als eine äußere Kalkabscheidung des Ectoderms unter der Fußscheibe des festsitzenden Tiers (s. Fig. 67). Auf diese Weise bildet sich das sog. Fußblatt des Skelets. Entsprechend dem radiären Bau der Gastralhöhle des Korallentiers wachsen dann von der Fußscheibe aus in die Gastraltaschen, die von den Gastralseptenpaaren gebildet werden, radiäre Erhebungen hinein, in welchen sich auch

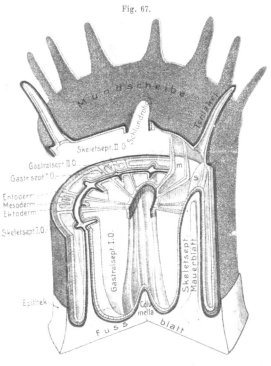

Fig. 67.

Schematische Darstellung des Skelets einer Steinkoralle (Madreporarie) nach v. KOCH mit Benutzung einer Figur von BOURNE (1900) konstruiert. Durch zwei Querschnitte, von denen einer dicht unter der Mundscheibe, der andere etwa in der Mitte der Höhe geführt ist, wurde ein ansehnlicher Teil des Körpers herausgeschnitten, ebenso etwa ¼ des Körpers durch zwei bis zur Längsachse gehende Radiärschnitte. Auf diese Weise ist links ein Querschnitt durch die Körperwand, das Mauerblatt, die Septen und das Schlundrohr bloßgelegt. Rechts sieht man ein Stück des Mauerblatts (m) von innen, indem die Gastralsepten z. T. weggeschnitten sind; ferner ein Kalkseptum (s) in ganzer Höhe, ein anderes mit dem Ansatz des Mauerblatts steht davor. Ectoderm blau, Entoderm gestrichelt. Mesoderm schwarz. Kalkskelet weiß.   O. B.

ein Teil des basalen Ectoderms erhebt und Kalkmasse abscheidet, die dann von dem Fußblatt als ein kalkiges Radiärseptum in die Gastraltasche emporsteigt. Die äußeren Ränder dieser Kalksepten können hierauf mit ihren sie überziehenden Weichteilen verwachsen, wodurch eine Verwachsung der äußeren Ränder der Kalksepten zu einem kalkigen Mauerblatt hervorgerufen wird, das der Cylinderwand des Tiers parallel zieht. Die Zahl der Kalksepten erhöht sich, wie die der Gastralsepten, mit dem Alter und der Größe der Tiere. Weitere Komplikationen können sich noch hinzugesellen, namentlich auch eine Kalkabscheidung auf dem äußeren Epithel des Tiers (Epithek), welche besonders bei der Koloniebildung zur Vereinigung der Einzelskelete eine Rolle zu spielen vermag. Hier kann es sich jedoch nur um das Prinzip der Bildung handeln.

Lose Kalkkörperchen, ähnlich den Sclerodermiten der Octocorallia, treten auch im Hautbindegewebe anderer Abteilungen auf. Sehr reichlich finden sie sich bei den *Brachiopoden* (Mantel, Körperwand und Arme). Es sind meist reich verzweigte Gebilde. — Spiculaartige, auch mehrstrahlige Kalkgebilde, die denen der Kalkschwämme zum Teil recht ähnlich sind, finden sich in der Haut nudibranchiater Mollusken (Opisthobranchiata). Auch in der Haut der Prosobranchiaten und Pulmonaten können zuweilen Kalkeinlagerungen stellenweise oder verbreiteter auftreten.

Wie gleich erwähnt werden mag, wird auch der Mantel gewisser Ascidien durch Kalkgebilde gefestigt, namentlich bei koloniebildenden Synascidien ist dies häufig. Außer körnigen feineren Einlagerungen findet man auch sternartige, vielstrahlige Kalkkörperchen bis sphärolithartige Bildungen; zuweilen auch sehr seltsam gestaltete. Ob es sich überall um Calciumkarbonat handelt, ist jedoch nicht genügend festgestellt. — Auch bei den Salpen unter den Tunciaten kommen zuweilen feste Einlagerungen im Mantel vor, sogar in Form reich verästelter, feinkörniger, büschelartiger Gebilde; sie sollen aus Kieselsäure bestehen, die sonst unter den Skeletgebilden der typischen Metazoen völlig fehlt.

Eine besonders mächtige und charakteristische Entfaltung erreichen die Kalkskelete der *Echinodermen*. Die Abscheidung des Kalks beschränkt sich nicht nur auf das die Haut bildende Skeletgewebe, sondern erstreckt sich meist tiefer ins Körperinnere hinein. Ihrer ganzen Natur nach schließen sich die Kalkskelete der Echinodermen recht innig an die der Cölenteraten und Spongien an; die Skeletsubstanz besteht wie die jener Abteilungen fast nur aus Calciumcarbonat (Calcit) mit sehr wenig organischer Substanz. Auch morphologisch gleichen sie den Skeletgebilden jener zuweilen noch sehr, indem das Skelet der *Holothurien* (Seewalzen) in der Hauptsache aus losen kleinen Kalkkörperchen besteht, die eine äußere Lage des dicken Coriums dicht erfüllen. Obgleich die Holothurien sicher nicht zu den ältesten Echinodermen gehören, so zeigen sie doch in der Bildung ihres Skelets eine gewisse Ursprünglichkeit. Ihre Kalkkörperchen (s. Fig. 68) sind von recht verschiedener Gestalt, jedoch in der Regel scheibchenförmig abgeplattet und gitterartig gebildet, mit runden oder sechsseitigen Maschen (*a—b, d*), doch finden sich auch viele kompliziertere (*c, e*). Die erste Anlage ist ein kleines, bald dreistrahlig werdendes Kalkgebilde, das im Innern einer Zelle oder einer syncytialen Zellgruppe des Bindegewebes entstehen soll, und lebhaft an die dreistrahligen Spicula der Kalkschwämme erinnert. Es wächst dann weiter durch fortgesetzte Verzweigung der Strahlen, oder auch durch Zutritt aufsteigender vierter und sich an den Knotenpunkten weiter verzweigender Strahlen, so daß körperlich entwickelte Kalkgebilde entstehen (68 *c*). Die so gebildeten Maschen dieser Kalkgebilde werden überall von dem Bindegewebe ausgefüllt, so daß sich dieses und das Skelet auf das innigste durchdringen. Die Formmannigfaltigkeit der auf solche Weise bei den Seewalzen gebildeten Kalkkörperchen ist erstaunlich groß, wovon Fig. 68

einiges zeigt. Bei manchen entstehen durch Auswachsen solcher Kalkkörper größere schuppenartige Platten in der Haut, und bei allen Holothurien bilden sich um den Schlund eine Anzahl größerer Skeletstücke, welche zusammen den sog. Kalkring formieren, der der Mundhöhle zur Stütze dient und den Längsmuskeln Ansatz bietet.

Bei den übrigen Echinodermenklassen kommt es stets zur Entwicklung größerer Kalkskeletstücke, welche, meist in der Haut liegend, ein geschlossenes Hautskelet

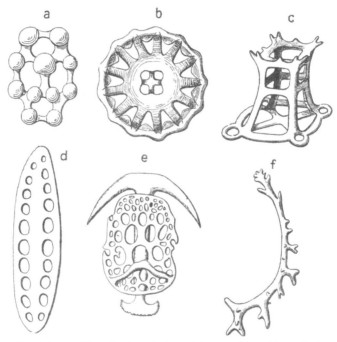

Kalkkörper von Holothurien. *a* Cucumaria. *b* großes Kalkrädchen von Pananychia moseleyi. *c* sog. Stühlchen von Stichopus regalis in perspektivischer Ansicht konstruiert. *d* Leiste aus Ambulacralfüßchen von Stichopus. *e* Anker mit Platte von Synapta besselii. *f* Stäbchen aus dorsalen Ambulacralanhängen von Pannychia. (*a* und *e* Original, die übrigen Figuren von verschiedenen Autoren aus LUDWIG, BRONN.) E. W.

bilden, die jedoch auch tiefer im Körperinnern auftreten können. Daneben erhalten sich aber an weicheren Hautstellen und im Bindegewebe des inneren Körpers kleinere Kalkkörperchen, welche an die der Holothurien erinnern.

Bei den *Seeigeln* (Echinoiden) entwickelt sich so ein typisches Hautskelet, das fast stets aus zwanzig meridionalen Plattenreihen besteht. Bei den *Pelmatozoen* (Crinoidea) und den *Asteroiden* kommen ähnliche Verhältnisse an dem eigentlichen Centralkörper vor, während die freien Arme von tiefer ins Innere gerückten, in einer oder zwei Reihen sie durchziehenden Skeletstücke gestützt werden (Armglieder, Wirbel), zu denen sich jedoch noch Hautskeletstücke in Platten- oder Schuppenform gesellen. — Für Seeigel und Seesterne ist die Stachelbekleidung der ganzen oder eines Teils der Körperoberfläche charakteristisch. Auch diese Stacheln enthalten je einen starken Skeletstab, der ihre Hauptmasse bildet; wie die übrigen Skeletgebilde ist er jedoch ein innerer, im Bindegewebe eines Körperauswuchses gebildeter Teil, der also von einer, wenn auch zarten Hautlage überzogen wird. Dies macht es verständlich, daß sich Muskeln an die Basis der Stacheln, die den Skeletplatten lose oder gelenkig aufsitzt, begeben und sie bewegen.

Fig. 69.

Der feinere Bau aller dieser Skeletteile der Echinodermen ist der schon oben geschilderte feinmaschige, wobei alle Maschenlücken von Bindegewebe ausgefüllt werden (s. Fig. 69). Die ersten Anlagen sind auch hier in Abscheidungen innerhalb der Scleroblasten beobachtet worden. — Die größeren Skeletstücke können entweder unbeweglich miteinander verbunden sein, wie dies für das Hautskelet der meisten rezenten Seeigel und die Skeletstücke des Kelchs

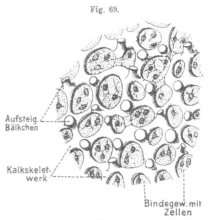

Aufsteig. Bälkchen

Kalkskeletwerk

Bindegew. mit Zellen

Schematischer Durchschnitt durch Skeletgewebe einer Ophiure samt dem die Maschen erfüllenden Bindegewebe.   E. W.

der Pelmatozoa häufig gilt, oder ähnlich wie die inneren Skeletteile der Wirbeltiere durch Muskeln beweglich miteinander verknüpft sein, wie es vor allem in den Armen der Asteroiden und Crinoiden der Fall ist.

Knorpelskelete der Wirbellosen.

Während die seither besprochenen Skeletgebilde feste, durch Abscheidung erzeugte Einlagerungen im Bindegewebe darstellen, entstehen die in diesem Kapitel zu betrachtenden durch besondere Entwicklung und Differenzierung der Bindesubstanz selbst, welche sich zu Knorpel umbildet, einer Modifikation der Bindesubstanz, die durch besondere Festigkeit der Grundsubstanz ausgezeichnet ist, und daher selbst als Skelet zu funktionieren vermag. Schon bei manchen Wirbellosen tritt in gewissen Körperteilen knorpelartiges Mesodermgewebe auf. So wird der Zellgewebsstrang, der die Kiemenfäden mancher Kopfkiemer unter den Polychäten durchzieht, meist als Knorpelgewebe gedeutet, obgleich seine Intercellularsubstanz nur wenig entwickelt ist; selbst das entodermale Stützgewebe der Cölenteratententakel ist schon ähnlich aufgefaßt worden. — Typischem Knorpel begegnen wir bei den gastropoden und vor allem den cephalopoden *Mollusken*. Bei den ersteren beschränkt er sich auf eine einzige Körperstelle, nämlich die sog. Mundmasse (Anfangsteil des Vorderdarmes), in deren Ventralwand knorpelartiges Gewebe eine polsterartige Stütze für die dicht aufgelagerte Radula (Reibplatte, Zunge) bildet, die von dem Knorpel sowohl getragen als auch durch seine Vermittlung bewegt wird. Bei den Prosobranchiaten besteht dieser Zungenknorpel gewöhnlich aus zwei längsgerichteten, nebeneinander liegenden Stücken, die jedoch auch verwachsen können. Bei gewissen Formen erscheint jedes Stück in mehrere (bis vier jederseits, Patella) gesondert. Bei den Pulmonaten ist der Knorpel einfach; den Cephalopoden fehlt er. Die Muskeln der Mundmasse befestigen sich zum Teil an dem Knorpel. — Obgleich die Intercellularsubstanz auch im Zungenknorpel der Gastropoden nur wenig entwickelt ist (speziell dem der Pulmonaten), nähert er sich dem typischen Knorpel doch sehr.

Letzterer ist nun bei den *Cephalopoden* viel reicher vertreten und zeigt alle charakteristischen Merkmale des Knorpelgewebes, wenn auch nicht ohne Be-

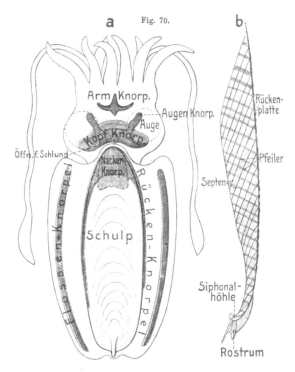

Fig. 70.

Sepia. *a* Schema für die Anordnung des Knorpelskelets und des Schulps im Körper; sog. Dorsalansicht (Ansicht auf die vordere Hälfte der Dorsalseite). *b* Längsdurchschnitt des Schulps in der Medianebene. Sch.

sonderheiten. Man kann wohl sagen, daß sich überall im Cephalopodenkörper Knorpel bilden kann, wo dies vorteilhaft ist. Alle besitzen in ihrem Kopf einen ansehnlichen Knorpel (Kopfknorpel), der bei *Nautilus* und den Octopoden das Knorpelskelet allein vertritt. Bei Nautilus ist er noch einfacher gebildet, da er in Form eines ansehnlichen, etwa X-förmigen Körpers ventral unter dem Beginn des Darms und dem Centralnervensystem liegt. Seine beiden ansehnlichen vorderen Schenkel ziehen zum Trichter und stützen ihn, indem sie zugleich seiner Muskulatur Ansatz bieten.—Der Kopfknorpel der *Dibranchiaten* (siehe Fig. 70) ist insofern weiter-

gebildet, als sein centraler Teil den Schlund dorsal umwachsen hat, so daß dieser ihn durchsetzt. Im allgemeinen hat der Knorpel etwa eine schüsselförmige Gestalt, mit gegen den Mund gerichteter Konkavität und einem centralen Loch zum Durchtritt des Schlunds. In der centralen Region der Schüssel, um den Schlund, liegt geschützt das Centralnervensystem. Die beiden seitlichen Regionen des Knorpels umgreifen die hintere Wand der Augäpfel mehr oder weniger und bieten ihnen Halt, während von dem dorsalen Rand des Kopfknorpels bei einigen Decapoden (auch Sepia) jederseits ein etwa lanzettförmiger, schmaler Knorpelfortsatz (sog. Augendeckknorpel) über die vordere Region der Augäpfel zieht. Nur gewisse Decapoden besitzen an der Tentakelbasis, etwas vor dem

Kopfknorpel, einen sog. *Armknorpel*, welcher die Armbasen zum Teil stützt. —
Bei den Sepien liegt nach Innen vom Kopfende des Schulps, der in die vordere
Region der Mantelfalte hineinragt, ein flaches Knorpelblatt (sog. Rückenknorpel),
dessen Seitenränder sich als schmale Knorpelleisten längs der Seitenränder des
Schulps, die sie umfassen, mehr oder weniger weit, ja bis zum Schulpende, erstrecken können. Unter der Haut der Nackenregion, welche von der eben erwähnten vorderen Partie der Mantelfalte überdeckt wird, findet sich dann eine
ähnliche Knorpelplatte (Nackenknorpel), welche einen dichten Anschluß der Rücken-
knorpelplatte (oder auch des vorderen Teils des Schulps) gestattet, was zum dichten
Abschluß der Mantelhöhle dient. Denjenigen Dibranchiaten, bei welchen diese
vordere Region der Mantelfalte rückgebildet ist, fehlt die beschriebene Einrichtung.
Zum besseren Abschluß der Mantelhöhle dienen bei den Decapoden ferner zwei
napfförmige Knorpelbildungen am aboralen Trichterrand, in deren Aushöhlungen
zwei Vorsprünge der inneren Mantelfläche eingreifen. Zur Stütze der bei vielen
Decapoden ansehnlichen Seitenflossen sind längs deren Basis ebenfalls Knorpelstreifen entstanden (Flossenknorpel, Fig. 70), deren Bildung sich innig an die der
Flossen anschließt. — Wie schon bemerkt, dient das Knorpelskelet der Cephalopoden auch ausgiebig zum Ansatz der Muskulatur.

Eine bis jetzt ungenügend bekannte Decapodengattung (Lepidotheutis) besitzt ein fisch-
ähnliches Schuppenkleid der Körperoberfläche. Die rhombischen, dicht gestellten Schuppen
liegen im Corium und sollen knorpelig sein. Doch ist die vorliegende Beschreibung unklar.

C. Skelet der Wirbeltiere.

Mit Ausnahme der Acranier sind bei den Vertebraten Skeletgebilde aus Knorpel
oder Knochen allgemein verbreitet. Die primitivsten Skelete bestehen entweder nur
aus Knorpel, oder dieser überwiegt doch anfänglich sehr. In der Ontogenie der
höheren Wirbeltiere tritt das gleiche an vielen Skeletgebilden hervor, indem sie
knorpelig angelegt und später in Knochen übergeführt werden. Wenn nun auch
bei den erwachsenen höheren Vertebraten der Knochen sehr vorherrscht, so bleibt
doch an gewissen Stellen stets noch Knorpel erhalten, wenn auch zuweilen nur
spärlich.

Nahezu gleichzeitig entstanden bei den Wirbeltieren tiefer gelegene, als Stütz-
und Bewegungsorgane funktionierende Skeletgebilde und oberflächliche, im Corium
liegende, die als Schutzgebilde funktionieren. Diese Hautskeletgebilde unterscheiden
sich von den ersteren darin, daß sie fast nie knorpelig sind, sondern sofort knöchern
aus dem Bindegewebe hervorgehen. Die beiderlei Skeletsysteme treten jedoch
allmählich in nahe Beziehungen zueinander, so daß sogar für manche Skeletteile
unsicher bleibt, ob sie von dem einen oder dem andern herzuleiten sind. — Endlich begegnen wir aber bei den Vertebraten noch einem sehr eigentümlichen Skelet-
organ, welches weder aus Knorpel, noch Knochen besteht, sondern eine diesen
Geweben phylogenetisch vorangehende Bildung ist, ein selbständiges, uraltes Skelet-
organ (Chorda), das auch schon den *Tunicaten*, sowie wahrscheinlich stark rück-

gebildet den sog. Branchiotremata zukam. Bei den Vertebraten, die ein inneres
Knorpel- oder Knochenskelet entwickeln, bildet diese Chorda dorsalis gewissermaßen die Grundlage oder Achse, um welche sich der Centralteil des Innenskelets,
die eigentliche Wirbelsäule, hervorbildet.

1. Hautskelet der Wirbeltiere.

Indem wir die Betrachtung der Chorda und des Innenskelets auf später verschieben, wenden wir uns zunächst dem Hautskelet zu, von welchem wir jedoch
diejenigen Teile, die sich dem innern Skelet eng anschließen, erst bei letzterem
behandeln werden.

Das Hautskelet, welches, wie bemerkt, fast stets rein knöchern auftritt, spielt
gerade bei den niederen Wirbeltieren, den Fischen, eine hervorragende Rolle, indem es deren *Schuppen*, typische Schutzorgane der Haut, darstellt.

Fische. Bei der primitivsten Gruppe der
heutigen Fische, den *Chondropterygii* (Knorpelfische), sind die Hautskeletgebilde (Placoidschuppen) sogar die einzigen Verknöcherungen, welche überhaupt vorkommen. Diese
zweifellos ursprünglichsten Schuppengebilde
sind aber keineswegs sehr einfacher Natur,
sondern relativ kompliziert. Bei den Haifischen bleiben die Placoidschüppchen ziemlich kleine rhombische Plättchen (Fig. 71), die
in quincunxialer Stellung dem Corium dicht
eingebettet sind, ohne sich jedoch zu überlagern. Jedes Schüppchen trägt außen einen

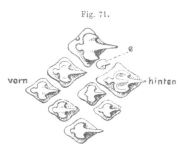

Fig. 71.

vorn   hinten

Scyllium. Die Placoidschüppchen eines kleinen Stücks der Haut. Zwischen den größeren
ein kleines Ersatzschüppchen in Entwicklung.
(Nach KLAATSCH 1890.)   O. B.

nach dem Schwanzende gekrümmten, spitz endenden Stachel oder Zahn, der die
Epidermis durchbricht und sich etwas über sie frei erhebt. Gewöhnlich ist dieser
Zahn einfach, selten verzweigt er sich in einige Endspitzen. Er besitzt eine innere
Höhle, welche sich auf der Unterseite der Schuppenplatte öffnet (Fig. 72 *B*), wo das
Corium nebst Gefäßen usw. in die Höhle eindringt und sie erfüllt (Pulpa). Die
Oberfläche des Zahns wird von einem dünnen, harten, homogenen Überzug bedeckt,
dem sog. Schmelz (Vitrodentin), der wenig organische Substanz enthält, also fast
nur aus Kalksalzen besteht, und dessen Identität mit dem echten Schmelz der Mund-
höhlenzähne nicht ganz sicher ist. Die Hauptmasse des Zahns dagegen besteht
aus einer besonderen Art von Knochensubstanz (Zahnbein, Dentin), ohne einge-
schlossene Knochenzellen (Knochenkörperchen), jedoch durchsetzt von feinen, meist
distal reich verästelten Röhrchen, die Ausläufer der Pulpazellen enthalten. Doch
kann auch das Pulpagewebe selbst zuweilen stärkere Fortsätze in das Dentin
senden, von denen dann erst die Dentinröhrchen entspringen. Die Schuppenplatte
(Basalplatte) selbst enthält keine Knochenkörperchen und scheint aus einer oberflächlichen Lage, einer Ausbreitung des Dentins, und einer tiefen dickeren Lage
zu bestehen, welche durch Verknöcherung des fibrillären Bindegewebes des Coriums

entsteht. Aus dieser Schilderung folgt, daß die Placoidschuppen große Ähnlichkeit mit den Zahngebilden in der Mundhöhle der Wirbeltiere haben; es ist denn auch sicher, daß beiderlei Gebilde desselben Ursprungs, also homolog sind.

Den Rochen fehlt gewöhnlich das gleichmäßige Schuppenkleid der Haifische, dagegen entwickeln sich stellenweise viel ansehnlichere Placoidschuppen, deren starke Zähne die Bestachelung gewisser Formen bilden; doch kann auch vollständige Reduktion des Schuppenkleids vorkommen (Torpedo oder Zitterrochen, auch Chimaera annähernd). Besonders ansehnlich ausgewachsene Placoidschuppen sind die Zähne der Säge der Sägefische (Pristis u. Pristiophorus). — Die Entwicklung der Placoidschuppen

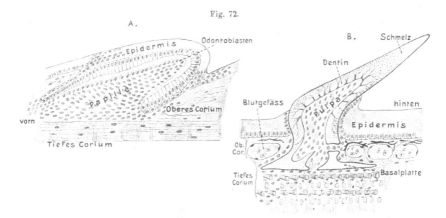

Fig. 72.

Scymnus. Zwei Entwicklungszustände einer Placoidschuppe im Längsschnitt. A frühes Stadium. B Erwachsene Schuppe. (Nach Klaatsch 1890.) O. B.

beginnt mit der Bildung einer Cutispapille, die sich in die schwach verdickte Epidermis erhebt (Fig. 72 A). Auf dieser Papille erhöht sich die tiefste Schicht der Epidermiszellen zu einem Cylinderepithel und scheidet als erste Schuppenanlage den Schmelz nach innen zu aus; letzterer ist also ein Epidermisprodukt. Unter der Schmelzschicht erfolgt dann die Dentinbildung durch die äußere Lage der Zellen der Coriumpapille (Odontoblasten). Durch weitere Verdickung und Verlängerung des Dentins nach innen wird endlich die Spitze des Zahns durch die Epidermis herausgeschoben und frei, während sich an seiner Basis die Basalplatte hervorbildet. Das in den Zahn aufgenommene Corium bildet die Pulpa. — Nicht nur bei heranwachsenden, sondern auch bei erwachsenen Knorpelfischen findet Neubildung von Placoidschuppen statt; in letzterem Fall zum Ersatz verloren gehender (Fig. 71 e).

Die Schuppen der übrigen Fische werden gewöhnlich direkt von den Placoidschuppen abgeleitet durch Reduktion der Zähne und stärkere Entwicklung der Basalplatte zur Schuppe. Daß in der Tat eine nahe Beziehung der Placoidschuppen zu denen der übrigen Fische besteht, geht vor allem daraus hervor, daß bei Ganoiden und gewissen Teleosteern (Panzerwelsen) noch Gebilde auftreten, welche den Schuppenzähnen der Knorpelfische zweifellos entsprechen. Sicher ist auch,

daß die Ganoiden die Vermittlung zu den Knochenfischen bilden. Bei den *Knochenganoiden*, die wir zuerst betrachten, da das Hautskelet der in vieler Hinsicht primitiveren Knorpelganoiden starke Umbildungen erfahren hat, ist die Haut dicht
von ziemlich großen, rhombischen, seltener mehr abgerundeten Schuppen erfüllt
(Fig. 73 *A*). Dieselben stehen in schiefen Reihen zur Längsrichtung. Mit ihren
Hinterrändern schieben sich die jeder vorhergehenden Reihe etwas über die folgende, ohne daß jedoch die Hinterränder der Schuppen die Haut wesentlich erheben; auch sind die benachbarten Schuppen zuweilen durch Gelenkfortsätze verbunden. Die Schuppenoberfläche wird von einer glänzenden schmelzartigen Lage
gebildet (Ganoin, Fig. 75 *B*), die recht verschieden dick sein, zuweilen auch ganz
fehlen kann (Amia usw.). Die tiefere Hauptmasse dagegen (Isopedin) ist echtes

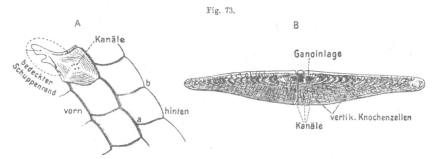

Fig. 73.

Lepidosteus osseus. *A* einige Schuppen in natürlicher Lage von außen. Die Schuppe in der linken oberen
Ecke zeigt den von den Nachbarschuppen bedeckten Teil, die durchsetzenden Kanäle, sowie die feinere Zeich-
nung der Oberfläche. *B* Querschnitt einer Schuppe (Richtung *a—b* Fig. *A*). In der Mitte sind die die Schuppe
durchsetzenden Kanäle zu sehen, ferner Ganoin und Knochensubstanz; die Knochenkörperchen nur als Punkte
angedeutet, besonders hervortretend die aufsteigenden Knochenzellen.   O. B.

Knochengewebe mit vielen Knochenkörperchen, die in der Regel auch senkrecht
aufsteigende Röhrchen bilden, so daß gewisse Anklänge an Dentin bestehen. Die
Übereinstimmung mit echtem Knochengewebe wird noch größer, da das umgebende
Bindegewebe samt Blutgefäßen in vereinzelte, oder reichlicher entwickelte Kanäle
des Schuppengewebes eindringt, ja dieses sogar völlig durchbohrt. — Zahnartige
Gebilde finden sich auf den erwachsenen Schuppen gewöhnlich nicht mehr vor,
abgesehen von vereinzelten Körperstellen. Dagegen treten Zähnchen bei der Entwicklung der Schuppen des *Lepidosteus* (Knochenhecht) reichlich auf, gehen jedoch
später wieder bis auf geringe Reste ein; ebenso finden sie sich auf den Polypterus-
schuppen.

Jede größere junge Lepidosteusschuppe kann so eine beträchtliche Zahl frei hervorragender Zähnchen tragen. Die Entwicklung der Schuppen zeigt jedoch das Eigentümliche,
daß 1. die eigentliche Schuppenplatte völlig innerhalb des Coriums, gesondert von der Epidermis, entsteht, und 2. die erst nach der Anlage der Platte auftretenden Zahngebilde, welche
sich wesentlich wie die Placoidzähne entwickeln und wie diese epidermoidalen Schmelz besitzen,
anfänglich ohne Zusammenhang mit der Platte sind, erst später mit ihr verwachsen. Aus
der ersten Tatsache ergibt sich, daß das sog. Ganoin der fertigen Schuppe nicht von der
Epidermis gebildet wird und daher trotz mancherlei Ähnlichkeiten nichts mit wahrem Schmelz
zu tun hat; das zweite Moment läßt berechtigte Zweifel entstehen, ob die Schuppenplatte

der sog. Basalplatte der Placoidschuppen wirklich homolog ist. Vielmehr wäre zu erwägen, ob nicht die Schuppenplatten der Ganoiden selbständige Verknöcherungen des Coriums sind, mit denen sich sekundär die in Reduktion geratenen Reste der Placoidschuppen vereinigen. Die bestehenden Zweifel über die Auffassung der vielzähnigen jungen Lepidosteusschuppe, entweder als e i n e r Placoidschuppe entsprechend (KLAATSCH), oder als ein Verschmelzungsprodukt ebenso vieler, wie Zähnchen vorhanden sind (O. HERTWIG), würden sich hiermit aufheben.

Eine solche Auffassung wird auch durch den Bau der häufig recht komplizierten Schuppen vieler fossiler Ganoiden, sowie der uralten sog. Ostracodermi unterstützt. Die wohl ursprünglichsten Formen der letzteren besaßen kleine zähnchenartige Schuppen ohne Basalplatte, ähnlich den echten Placoidschuppen. Durch Verwachsung dieser Schüppchen mit unter ihnen auftretenden plattenartigen Verknöcherungen (ohne oder mit Knochenzellen) scheinen die größeren Panzerplatten der Kopf- und Rumpfregion entstanden zu sein; wobei die Zähnchen meist eigentümlich modifiziert und zu einer äußeren Lage der Platten wurden. — In ähnlicher Weise könnten auch die Schuppen der ursprünglicheren Ganoiden entstanden sein, die zuweilen auch zahnartige Fortsätze der Oberfläche zeigen. Diese Schuppen besitzen gewöhnlich keine dickere Ganoinschicht, dagegen eine äußere Lage (sog. Cosmin), welche etwa wie eine große Zahl dicht nebeneinander gestellter Pulpahöhlen von Placoidschuppen erscheint, von denen Dentinröhrchen gegen die Oberfläche ausstrahlen. Diese sog. Cosminlage wird denn auch häufig auf verwachsene ursprüngliche Placoidzähnchen zurückgeführt. Die erwähnten Pulpakanälchen entspringen aus einem reichen Netzwerk anastomosierender Kanäle, das sich unterhalb der Cosminlage ausbreitet (Gefäßlage), und das sowohl durch absteigende Kanäle, welche die dicke, geschichtete, tiefe Knochenschicht (Isopedin) durchsetzen, auf der Unterfläche der Schuppe ausmündet, als auch durch aufsteigende Kanälchen auf deren Oberfläche. Von rezenten Ganoiden besitzt nur noch Polypterus eine schwache Cosminlage. Die dicke Ganoinschicht der neogenen Ganoidschuppen scheint damit zusammenzuhängen, daß die Schuppen auch auf ihrer Oberfläche durch Auflagerung neuer Schichten wachsen, was namentlich dadurch kenntlich wird, daß die Schichten der Isopedinlage um den Schuppenrand umbiegen und sich in die Ganoinschichten fortsetzen (Fig. 73 B).

Bei den Knorpelganoiden, speziell *Acipenser* (Störe), ist die Beschuppung auf größeren Strecken der Haut stark rückgebildet (bei Polyodon sogar auf der ganzen Oberfläche), während sich in mehreren Längsreihen über den Körper größere rhombische schmelzfreie Knochenplatten hervorgebildet haben. Wahrscheinlich sind dies stark ausgewachsene ursprüngliche Schuppengebilde. Sie tragen vielfach schmelzlose zahnartige Erhebungen in größerer Zahl. In der zwischenliegenden Haut finden sich häufig kleinere Knochenplättchen mit nur einem oder wenigen solcher zahnartigen Fortsätze. Das Verhältnis dieser Zahngebilde zu den Knochenplatten ist entwicklungsgeschichtlich noch nicht aufgeklärt.

Die Schuppen der rezenten *Dipnoer* und der *Teleosteer* stimmen im wesentlichen überein und unterscheiden sich von denen der Ganoiden hauptsächlich dadurch, daß sie meist viel dünner bleiben und keine Ganoinlage besitzen, die ja schon manchen Ganoiden fehlt, so besonders Amia (Kahlhecht), deren Schuppen sich denen der Teleosteer sehr nähern. Die wohl entwickelten Schuppen der beiden genannten Ordnungen überdecken sich von vorn nach hinten dachziegelartig stärker als die der Ganoiden, so daß der hintere Schuppenteil, in eine dünne Ausstülpung des Integuments eingeschlossen (sog. Schuppentasche), über die Hautfläche vorspringt (Fig. 74 a), was natürlich in sehr verschiedenem Grad geschieht und bei verkümmerten Schuppen ganz zurücktritt. An der Schuppe läßt sich eine dünne

strukturlose Außenlage, die zuweilen Knochenkörperchen enthält, und eine tiefe
dickere Lage unterscheiden. Letztere besteht aus zarten, übereinander liegenden
Lamellen, die feine fibrilläre Bündel enthalten, wobei die Bündel der alternierenden Lamellen sich kreuzen, ähnlich wie die des Coriums. Dies stets zellenlose Gewebe wird daher als ver-

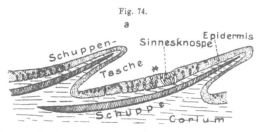

Fig. 74.

kalktes zellenfreies Bindegewebe betrachtet. Auch
Kalkconcretionen (Calco-
sphäriten) treten, abwei-
chend von sonstigen Kno-
chenbildungen, in dieser
Lage zuweilen auf. Beide
Lagen zeigen jedoch keine
scharfe Grenze gegenein-

Barbus fluviatilis (nach Maurer 1895). a Schematischer Längsschnitt durch die Haut mit zwei Schuppen.   E. W.

ander. Hieraus, wie aus dem Gesamtverhalten dürfte hervorgehen, daß die fraglichen Schuppen den ganoinlosen gewisser Ganoiden entsprechen. — Die Oberfläche der erwähnten Außenlage erhebt sich in der Regel zu zahlreichen konzentrisch verlaufenden Leistchen, welche um ein, etwas gegen den Hinterrand der

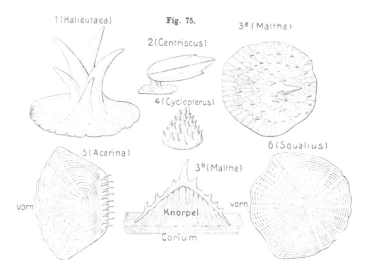

Schuppen verschiedener Teleosteer. 1—4 abweichende Schuppenformen (nach O. Hertwig 1882). 1, 2 und 4
Seitenansicht; 3a Flächenansicht von außen. 3b Längsschnitt. 5 Ctenoidschuppe. 6 Cycloidschuppe. O. B.

Schuppe verschobenes Centrum angeordnet sind und mit dem Wachstum an Zahl
zunehmen (Fig. 75[5, 6]); letzteres repräsentiert die früheste Schuppenanlage. Außerdem strahlen von diesem Centrum meist noch radiäre Linien gegen den Hinter-
und Vorderrand aus, welche durch Unterbrechungen (Lücken) in der Außenlage,
oder auch gleichzeitig durch mangelnde Verkalkung in der Hauptlage gebildet
werden.

Die bis jetzt gegebene Schilderung entspricht etwa der Beschaffenheit der sog. Cycloidschuppen, welche die Abteilung der Physostomen und Anacanthinen (zum Teil) charakterisieren. Der Hinterrand der Acanthopterygier-Schuppen dagegen ist außen mit stacheligen Fortsätzen in verschiedenem Grade besetzt (Ctenoidschuppen, 75 [5]). Dies sind Bildungen von der Beschaffenheit der Außenlage, die weder nach ihrer Entstehung, noch nach ihrem Auftreten bei phylogenetisch jüngeren Formen etwas mit Placoidzähnchen zu tun haben können. Dasselbe gilt von den zähnchenartigen Fortsätzen auf der Gesamtaußenfläche der Dipnoer-Schuppen. — Dagegen treten bei einer Abteilung der Physostomen, den sog. Panzerwelsen, Zähnchengebilde auf, welche sowohl nach ihrer Ontogenie, als ihrer fertigen Bildung den Placoidzähnchen gleichstehen. Die Panzerwelse besitzen in ihrer Haut, ähnlich den Stören, statt kleinerer Schuppengebilde Reihen größerer Knochenplatten. Diesen Knochenplatten sitzen Zähnchen auf, welche von je einem niederen Sockel beweglich getragen werden, und über die Haut hervorragen. Wie bemerkt, gleichen sie nach Bau und Entstehung ganz den Placoidzähnen. Der Fall scheint also hier ähnlich zu liegen wie bei Lepidosteus; d. h. etwas reduzierte Placoidschüppchen sind mit unter ihnen entstandenen Hautverknöcherungen in Verbindung getreten, ohne jedoch damit zu verwachsen. Recht eigentümlich bleibt aber immerhin dies Wiederauftreten von Placoidzähnchen bei einer von den Knorpelfischen weit entfernten Gruppe.

Bei den aberranten Gruppen der Knochenfische (besonders Plectognathi, jedoch auch gewissen Acanthopterygii) kann es zu recht eigentümlichen Schuppenmodifikationen kommen (Fig. 75 1—4). Die Mannigfaltigkeit dieser Bildungen verbietet näheres Eingehen. Bemerkt sei daher nur, daß sie zum Teil so entstehen, daß das Centrum der Schuppe zu einem hohen, teils einfachen, teils verzweigten, oder auch an seinem Ende blattartig verbreiterten Stachel auswächst, der solid oder hohl sein kann. Die Höhle ist dann von einem pulpaartigen Fortsatz .des Coriums erfüllt, zuweilen jedoch sogar von *Knorpel*, der hier zweifellos selbständig im Corium entstand (Pediculati, 75 3 b). Bei den Plectognathen finden sich ähnliche, zum Teil aber auch sehr reichbestachelte Schuppen vor (Sclerodermi), während bei den Gymnodontes ein ansehnlicher, weit über die Haut aufsteigender solider Stachel entwickelt ist, dagegen die eigentliche Schuppenplatte sich auf einige, von dessen Basis ausstrahlende Fußleisten reduziert hat. — Ihrer äußeren Ähnlichkeit wegen hat man diese abweichenden Schuppengebilde mit Placoidschuppen direkt vergleichen wollen. Ihr Auftreten bei mehr oder weniger aberranten Gruppen der Knochenfische sowohl, als ihre Ableitbarkeit von den gewöhnlichen Teleosteerschuppen, erweist jedoch, daß es sich um sekundäre Modifikationen solcher handelt, die teils durch Umformung der ganzen Schuppe, teils durch ansehnlichere Entwicklung des Stachelbesatzes der Ctenoidschuppe entstanden sind. — Ansehnlichere *Knochenplatten* in der Haut, eine Art Panzerung, finden sich, außer den schon erwähnten Fällen, bei gewissen Acanthopterygiern, bei den Lophobranchiern und den sog. Kofferfischen (Ostracion der Plectognathen). Die Ableitung dieser Bildungen aus der gewöhnlichen Beschuppung ist noch wenig aufgeklärt; im besonderen, ob es sich um Verwachsung kleinerer Schuppen, oder um das Auswachsen einzelner zu größeren Knochengebilden handelt.

Amphibien. Hautskeletbildungen, welche lebhaft an die der Fische erinnern, besitzen unter den Lebenden nur die Gymnophionen (Cöcilien); doch nicht allgemein. Viel reicher waren sie bei der ausgestorbenen Amphibiengruppe der Stegocephalen entwickelt. — Die quergeringelte dicke Haut der Cöcilien enthält in der

hinteren Hälfte der Ringel sehr zahlreiche, etwa ovale Schüppchen, die in einer
ringförmig den Ringel durchziehenden Tasche in größerer Anzahl hintereinander
liegen (Fig. 55, S. 142).

Die gemeinsame Tasche für die Schüppchen eines Ringels, sowie die mehrfachen Lagen
von Schuppen hintereinander, ist eine Besonderheit, die bei den Fischen nicht vorkommt. Der
Bau der Schüppchen erinnert wohl am meisten an die der Dipnoer. Sie bestehen aus den für
die Knochenfischschuppen erwähnten beiden Lagen, von denen die obere wie bei den Dipnoi
durch netzige Unterbrechungen in viele kleine Felder zerlegt ist. Die tiefe bindegewebige
Lage hängt am Grunde der Schuppentasche direkt mit dem Corium zusammen. Die Verkalkung
der Schüppchen, speziell ihrer tiefen Lage, scheint nur gering zu sein. — Daß diese Schuppengebilde der Cöcilien direkt von deren fischartigen Vorfahren abstammen, ist wahrscheinlich.

Das aus echter Knochensubstanz bestehende Schuppenskelet der fossilen Stegocephalen
(Fig. 76) war vorzugsweise auf der Ventralseite entwickelt, teils nur am Rumpf, teils auch an den
Extremitäten. Auf der Rückenseite trat es seltener und
dann schwächer auf. Es hat zuweilen recht erhebliche
Ähnlichkeit mit dem der Fische, wenn es aus mäßig
großen, rundlichen bis querovalen Schuppen besteht, die
sich dachziegelartig etwas decken. Sie bilden dabei nach
vorn, gegen die Bauchmittellinie konvergierende Reihen;
an der Brustregion zum Teil auch nach hinten konvergierende. Bei anderen Formen wurden die Schüppchen
schmäler bis stäbchenartig, so daß sich ihre schiefen Reihen
nicht mehr berührten. — Auf die wahrscheinlichen Beziehungen dieses Hautskelets zu den sog. Bauchrippen
der Reptilien werden wir später eingehen.

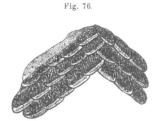

Fig. 76.

Bauchschuppen von Limnerpeton
obtusatum. (Nach A. Fritsch aus
Gegenbaur 1898.)

Ganz isoliert stehende Bildungen sind plattenartige
Hautverknöcherungen gewisser Anuren (Ceratophrys dorsata und Brachycephalus), die in mehrfacher Zahl und verschiedener Anordnung über der Vorderregion der Wirbelsäule in der Haut
liegen, oder sogar (Brachycephalus) mit den Dornfortsätzen einiger vorderer Wirbel verwachsen.

Reptilia. Unter den Squamaten besitzen nur gewisse Saurier (besonders die
Scincoidon, z. B. die Blindschleiche, jedoch auch einzelne Ascalaboten) knöcherne
Schüppchen, welche in der oberen Coriumschicht der Hornschuppen liegen. Für
ihre etwaige phylogenetische Beziehung zu denen der Fische und Amphibien
mangeln die Beweise. — Sehr kräftig ist dagegen das Hautskelet der Placoiden. Bei
den rezenten Krokodilen sind die Hautverknöcherungen meist auf die Dorsalseite
beschränkt, die einzelnen Hornschilder unterlagernd; bauchseitig finden sie sich
selten (Jacare, Caiman). Die Knochenschilder stehen wie die Hornschilder in
Längs- und Querreihen und sind durch Naht miteinander verbunden, so daß ein
relativ fester Rücken- oder auch Bauchpanzer gebildet wird. An den Seiten sind
die beiden Panzer unverbunden. — Bei den fossilen Crocodiliden war der Panzer
zuweilen noch viel kräftiger entwickelt, auch schoben sich die Schilder nach hinten
zuweilen etwas schuppenartig übereinander.

Auch gewisse Dinosaurier besaßen ein mehr oder weniger reiches Hautskelet, das bei
Stegosaurus einen mächtigen Rückenkamm stützte.

Die reichste Entfaltung erlangt das Hautskelet der *Chelonier* und tritt hier
mit dem Innenskelet in so innige Beziehung und zum Teil Vereinigung, daß es geeigneter erscheint, seine nähere Besprechung erst bei diesem vorzunehmen.

Mammalia. Während Hautverknöcherungen den *Vögeln* völlig fehlen, treten sie bei den Säugern in der Ordnung der Edentaten (speziell bei den Gürteltieren) hoch entwickelt auf, unter innigem Anschluß an die früher (S. 113) besprochenen Hornschilder. So finden sich hier den placoiden Reptilien analoge Verhältnisse, die jedoch wohl sicher selbständig entstanden. Der Hautknochenpanzer der Gürteltiere besteht aus zahlreichen vier- bis vieleckigen Platten, die sich über die ganze Rückenseite, vom Kopf bis Schwanzende, und auch auf die Extremitäten ausdehnen. Die Knochenplättchen entsprechen nur teilweise den über ihnen liegenden Hornschildern. Auf dem Kopf, der Schulter- und Beckengegend stoßen die Platten dichter und fester zusammen zur Bildung des Kopf-, Schulter- und Beckenschilds. Am Rumpf dagegen, zwischen Schulter- und Beckenschild, finden sich je nach den Arten 3—13 Gürtel beweglicherer Platten.

Bei dem fossilen Glyptodon waren sämtliche Rumpfplatten zu einem dem Rückenpanzer der Schildkröten ähnlichen Schild fest vereinigt. Der eigentümliche Chlamydophorus enthält in seinem an beiden Körperseiten herabhängenden Hautmantel ebenfalls zarte Hautverknöcherungen.

Einen aus Hautknochenplatten bestehenden Panzer besaßen auch die ausgestorbenen Vorfahren heutiger Cetaceen, die Zeuglodonten. Als Reste eines solchen Hautskelets betrachtet man zum Teil tuberkelartige Hauterhebungen auf dem Rücken und der Rückenflosse gewisser lebender Zahnwale, in denen jedoch sichere Verknöcherungen nicht nachgewiesen sind.

Zu den Hautverknöcherungen werden zuweilen auch die Knochenzapfen gerechnet, welche die Hörner der Cavicornier (Wiederkäuer) stützen, und ferner die ihnen entsprechenden, jedoch meist viel ansehnlicher entwickelten knöchernen Geweihe der hirschartigen Wiederkäuer. Die Entstehung dieser Verknöcherungen unter dem Periost (Knochenhaut) der Stirnbeine lehrt aber, daß sie nicht als Neubildungen in dem eigentlichen Corium entstehen, sondern den Stirnbeinen näher zugehörige Teile sind. Da sich jedoch die Frontalia, wie wir später sehen werden, als ursprüngliche Hautskeletknochen erweisen, so sind die Beziehungen der Geweihe und Knochenzapfen zu der Haut doch sehr innig, und ihre Zurechnung zum Hautskelet scheint nicht ohne Berechtigung. Wir werden im Anschluß an die Stirnbeine der Säuger später auf sie zurückkommen. — Auch gewisse Dinosaurier (Ceratopsia) besaßen 1 Paar ansehnlicher Stirnbeinhörner.

2. Inneres Skelet der Vertebrata und der Chordata überhaupt.

A. Achsenskelet (Chorda und Wirbelsäule).

Chorda dorsalis. Als charakteristische, dem Knorpel- und Knochenskelet der Wirbeltiere vorausgehende Bildung lernten wir schon die Chorda dorsalis kennen. Es ergab sich jedoch, daß dies Organ nicht allein den Wirbeltieren zukommt, sondern auch den *Tunicaten*; ja daß bei einigen weiteren Gruppen der Wirbellosen, den *Enteropneusten* und *Pterobranchiern*, ein Gebilde auftritt, welches nicht ohne eine gewisse Berechtigung der Chorda verglichen wird; um so mehr als diese Metazoen, ebenso wie die Tunicaten, noch weitere Übereinstimmungen mit den Vertebraten darbieten. — Der Mehrzahl der erwachsenen *Tunicaten* fehlt jedoch die Chorda völlig; nur die Copelaten (Appendicularien), die auch in sonstiger Hinsicht primitivste Gruppe, besitzen sie als bleibendes Organ, das bei den ausgebildeten Formen als ein stabförmiges Gebilde (Fig. 77) die Achse des ansehnlichen

Schwanzes durchzieht, und ihm sowohl zur Stütze, als zum Ansatz seiner Muskulatur dient. Daß jedoch die Chorda den Urformen der Tunicaten wohl allgemein zukam, folgt daraus, daß sie sowohl im Schwanz der Ascidien- als der Doliolumlarven vorkommt, aber mit dessen Rückbildung eingeht. Diese Tunicatenchorda geht aus einem Streifen von Entodermzellen hervor, welche die Mittellinie der dorsalen Urdarmwand des Embryo einnehmen, direkt unter der ectodermalen Anlage des Centralnervensystems.

Fig. 77.

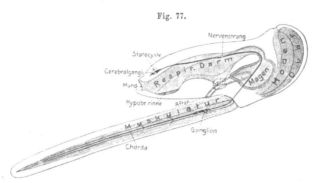

Oicopleura cophocerca. Schematische Ansicht von der linken Seite. (Nach Fol 1872.)   P. He.

Fig. 78.

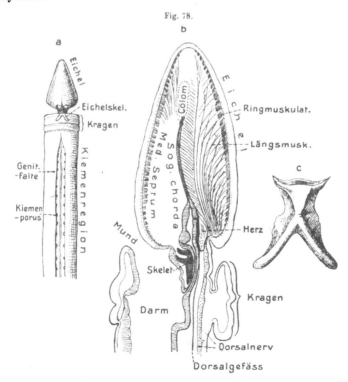

Schizocardium brasiliense Sp. (Enteropneuste). a Vorderes Körperdrittel in Dorsalansicht. Die Lage des Eichelskelets ist punktiert eingezeichnet. b Medianschnitt durch Eichel und Kragen. c Isoliertes Eichelskelet in Dorsalansicht; das letzteres umgebende »chondroide« Gewebe nicht dargestellt. (Nach Spengel 1893. Etwas schematisiert.)   O. B.

Dieser Zellenstreifen stülpt sich allmählich dorsalwärts etwas rinnenförmig empor und löst sich schließlich vom Urdarm ab. So entsteht ein mehrreihiger Zellstrang, der jedoch bald einreihig wird, indem die Zellen sich zwischeneinander schieben. — Die Chorda des Ascidienembryo reicht vorn etwa bis an die Gehirnanschwellung des Centralnervensystems (Gehirnblase), hinten bis zur Schwanzspitze. Indem zwischen den aufeinander folgenden Chordazellen eine gallertige Substanz abgeschieden wird, die sich weiter vermehrt, vereinigen sich diese Gallertmassen schließlich zu einem zusammenhängenden Strang, wobei die Reste der ursprünglichen Bildungszellen als dünner Belag an die Oberfläche des Strangs gedrängt werden. Nach gewissen Angaben soll auf der Chordaoberfläche eine feine cuticulare Hülle ausgeschieden werden. In der fertigen Chorda ist es aber jedenfalls die Gallertmasse, die ihr Festigkeit und Elastizität verleiht.

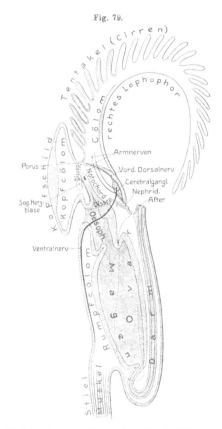

Fig. 79.

Bei den primitivsten Wirbeltieren, den *Acraniern*, bildet sich die Chordaanlage in fast identischer Art aus dem Entoderm hervor, wenngleich ihr fertiger Bau nicht unwesentliche Unterschiede zeigt. Auch bei den höheren Wirbeltieren läßt sich der gleiche entodermale Ursprung der Chorda an dem angegebenen Ort z. T. klar nachweisen, sowie erklären, wie es kommt, daß bei den Amnioten ein scheinbares Hervorgehen der Chorda aus dem Mesoderm oder Ectoderm von dem ursprünglich entodermalen Ursprung abzuleiten ist.

Was man bei den wurmartigen *Enteropneusten* und den festsitzenden, in ihrer Erscheinung an *Bryozoen* erinnernden *Pterobranchiern* als chordaartiges Organ (Notochord) bezeichnet, ist eine kurze röhrenartige mediane Ausstülpung des Vorderendes des entodermalen Mitteldarmes, die sich gegen das vorderste Segment des Körpers (sog. Eichel oder Rüssel der Enteropneusten, Kopfschild der Pterobranchier) erstreckt (s. Fig. 78 a, b und 79), ohne jedoch in dessen Cölomhöhle einzudringen. Im ausgebildeten Zustand ist das feine Lumen der Röhre stets sehr ver-

Rhabdopleura. Schema eines Einzelindividuums einer Kolonie von der linken Seite. (Nach Schepotjeff konstruiert.) O. B. u. P. He.

engt, streckenweise auch ganz obliteriert. Die Zellen, welche in mäßiger, bei den Enteropneusten auch reicherer Zahl das Organ aufbauen, werden z. T. stark vacuolär, was das Gewebe dem der Wirbeltierchorda ähnlich machen kann. Bei den Pterobranchiern finden sich im Lumen des Organs ein bis mehrere nichtzellige Körper, die vielleicht zu seiner Festigkeit beitragen. — Der Ursprungsteil der Enteropneustenchorda wird von einem plattenartig geschichteten Skeletgebilde unterlagert (Fig. 78 e), das nach hinten in zwei Fortsätze ausläuft, die in den sog. Kragen hineinragen. In die hyaline Substanz dieses Skelets werden selten Zellen aufgenommen, wodurch es etwas knorpelartig wird. Noch mehr zeigt diesen Charakter das sog. »chondroide Gewebe«, welches sich in der Umgebung und im Anschluß an das erwähnte Skeletgebilde in der Wand der sog. Eichel (Rüssel) entwickelt.

Jedenfalls kann die sog. Chorda der beiden letzterwähnten Abteilung enals Skeletgebilde nur von geringer Bedeutung sein, wie denn das Organ überhaupt den Eindruck eines rudimentären macht. Daß es wirklich ein Homologon der typischen Chorda ist, läßt sich mit voller Sicherheit vorerst wohl nicht behaupten, ist jedoch wahrscheinlich. Wenn daraus geschlossen werden müßte, daß die ursprüngliche Chorda nur in der vorderen Körperregion, unter dem Hirnteil des Centralnervensystems entwickelt war, so ließe sich damit in Zusammenhang bringen, daß auch bei den Chordaten die Entwicklung der Chorda von vorn nach hinten fortschreitet.

Acranier. Die Chorda, deren entodermalen Ursprung wir schon oben betonten, bildet das eigentliche dauernde Achsenskelet, da neben ihr weder knorpelige noch knöcherne Skeletteile vorkommen. Sie erlangt gleichzeitig die ansehnlichste Längenausdehnung unter allen Chordaten, indem sie von der vordersten Körperspitze, der sog. Kopfflosse, durch den ganzen Körper bis zur hintersten Schwanzspitze (Schwanzflosse) zieht (Fig. 80). Ihr Vorderende reicht daher weit über das

Fig. 80.

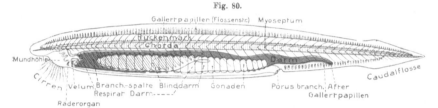

Branchiostoma (Amphioxus) lanceolatum. Schematische Ansicht von links. Darm rot. (Nach R. Lankester 1889 modifiziert.)   O. B. u. He.

Centralnervensystem nach vorn; doch tritt dieser vorderste Teil erst relativ spät auf und wächst dann mit dem vorderen Körperende noch weiter aus. Der ansehnlich dicke, cylindrische Chordastrang liegt direkt über der dorsalen Mittellinie des Darms und ventral unter dem Centralnervenstrang (Rückenmark).

Anfänglich besteht die Chordaanlage aus einem mehrreihigen, auf dem Querschnitt ovalen Zellenstrang. Bald schieben sich jedoch die mittleren Zellen des Stranges so zwischeneinander, daß sie einreihig hintereinander folgen. Indem in den Zellen, welche in der Querebene stark abgeplattet sind, große Vacuolen auftreten, werden die aneinander stoßenden Zellpartien stark verdünnt, so daß sie die Chorda wie eine dichte Reihe quergestellter dünner Platten durchziehen, getrennt von je einer der erwähnten Vacuolen. In diesem Bau ist schon der der ausgebildeten Chorda angedeutet (Fig. 81 u. 82). — Diese besteht aus einer ziemlich dicken äußeren Hülle (Chordascheide), deren innerste Partie von einer zarten Haut gebildet wird (sog. Elastica). Die von der Scheide umhüllte Chordamasse selbst erscheint von einer Unmasse dünner Querplatten gebildet, welche den ganzen Innenraum durchziehen, und fein querfaserig strukturiert sind. In den Zwischenräumen der aufeinander folgenden Platten finden sich spärlich verästelte Zellen, während in der Dorsal- und Ventrallinie der Chorda, wo die Platten nicht ganz bis zur Scheide reichen, faserartige bis verästelte Zellen reichlicher angehäuft sind und sich von hier auch oberflächlich noch etwas gegen die Mittelregion der Chorda erstrecken (Fig. 82).

Wie bemerkt, ist dieser Bau schon beim Embryo angedeutet, obgleich noch nicht hinreichend aufgeklärt erscheint, wie die Querplatten der fertigen Chorda aus jenen Zellpartien hervorgehen, welche die Vacuolen der embryonalen Zellen trennen; weshalb auch die richtige Deutung der Chordaplatten bis jetzt mangelt. Die *Chordascheide* wird, außer von der oben erwähnten innersten sog. Elastica, von einem bedeutend dickeren, fein ringfaserigen, zellfreien Gewebe gebildet, das gegen das umhüllende Bindegewebe nicht sehr scharf abgegrenzt ist. Die Herkunft der Chordascheide ist noch nicht völlig klar; nur die sog. Elastica wird allgemein als ein Abscheidungsprodukt der Chordazellen betrachtet; die dickere faserige Scheidenlage dagegen teils in gleichem Sinn, teils dagegen als eine besonders differenzierte Partie des umhüllenden perichordalen Bindegewebes gedeutet, wofür auch vieles spricht.

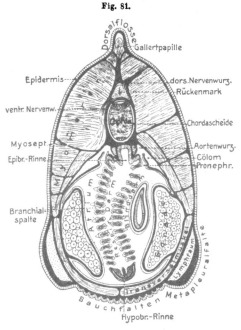

Fig. 81.

Branchiostoma lanceolatum. Querschnitt durch die respiratorische Darmregion. Bindegewebe schwarz. (Nach E. Lankester modifiziert.) O. B. u. P. He.

Das perichordale feinfaserige Bindegewebe umhüllt in relativ dünner Lage die gesamte Chorda (Fig. 81), erhebt sich ferner jederseits an ihrer Dorsalseite zu zwei Lamellen, welche das Rückenmark (Medulla) umgreifen und sich über ihm vereinigen, so daß letzteres von ihm umhüllt wird. Ventral setzt sich das perichordale Gewebe in ähnlicher Weise in das die Leibeshöhle umkleidende fort, im Schwanz in die mediane Bindegewebsscheidewand zwischen den beiden Seitenmuskeln (Fig. 183). Seitlich geht es ferner überall in die Bindegewebsscheidewände (sog. Myosepten, Myocommata) zwischen den Längsmuskelsegmenten (Myomeren) über. Durch diese Myosepten, welche schief von innen und vorn nach außen und hinten ziehen, wird der Zug der sich kontrahierenden Myomeren auf die Chorda übertragen.

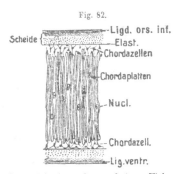

Fig. 82.

Branchiostoma lanceolatum. Kleines Stück eines medianen Längsschnitts durch die Chorda. (Nach Joseph 1895. [Etwas schematisiert.) O. B.

Der ziemlich feste und elastische Chordastrang des Branchiostoma funktioniert daher einmal als eine innere Stütze, andererseits wird er jedoch bei den Bewegungen von Bedeutung sein, welche in abwechselnden Biegungen des Körpers nach den beiden Seiten bestehen.

Man hat die Bedeutung der Chorda für die Bewegungen namentlich darin gesucht, daß sie als ein elastischer Stab die Rückkehr in den gestreckten Zustand ohne Hilfe der Muskulatur bewirke. Hierin dürfte jedoch kein eigentlicher Vorteil zu finden sein, da die Chorda zwar sicher in dieser Weise tätig ist, ihre Biegung durch die Muskeln jedoch deren Arbeitsleistung auch um ebenso viel erhöht, als hierauf durch die Elastizität wieder gewonnen wird. Der eigentliche Vorteil der Chorda dürfte daher darin zu suchen sein, daß durch die Einschiebung einer solch' elastischen Skeletachse der Zug, welchen die einzelnen Myosepten ausüben, zu einer Biegung des Chordastabs in seiner Gesamtheit, und so zu Biegungen des Gesamtkörpers führt, während beim Mangel einer solchen Achse die Kontraktion einzelner Myomeren nicht so ausgiebig und sicher in dieser Weise zu wirken vermöchte.

Wirbelsäule der Cyclostomen und Fische.

Bei den *Cyclostomen,* sowie einer Anzahl primitiver Fische, bleibt die Chorda als dauerndes Organ ähnlich den Acraniern erhalten (bei *Holocephalen* und gewissen Haien unter den Knorpelfischen, den *Knorpelganoiden,* speziell Stör, und vielen fossilen Ganoiden, den *Dipnoi,* auch noch bei vielen *Stegocephalen* unter den Amphibien). Sie wird in diesen Fällen recht ansehnlich und von komplizierterem Bau, was sich besonders in der Fortbildung ihrer Scheide ausspricht. Aber auch das zellige Chordagewebe selbst entwickelt sich viel mächtiger und in besonderer Weise. — Auf einem frühen Entwicklungsstadium scheinen sich jedoch die jugendlichen Chordazellen stets als sehr stark abgeplattete Gebilde in einfacher oder nahezu einfacher Reihe geldrollenartig hintereinander zu schieben (Fig. 83), ein Zustand von prinzipieller Ähnlichkeit mit dem, welcher bei den Acraniern die Plattenbildung einleitete. In den Chordazellen treten nun ansehnliche Vacuolen reichlich auf, so daß ihr Protoplasma samt den Kernen vorwiegend an die Chordaoberfläche gedrängt wird. Gleichzeitig werden die Grenzen der Zellen undeutlich, das Chordagewebe erscheint als ein vacuolig-blasiges Netzwerk, dem hier und da Zellkerne eingelagert sind, während sich an der Oberfläche, die frühzeitig eine dünne cuticulare Membran ausscheidet (sog. Elastica externa), eine zusammenhängende Plasmalage mit vielen Zellkernen findet (Fig. 84). Jedenfalls scheint es hiernach unrichtig, jede der mit Flüssigkeit oder Gallerte gefüllten Blasen oder Vacuolen als eine Zelle anzusehen. Dies blasige Chordagewebe wächst bei der mächtigen Ausbildung der Chorda stark heran, wobei in der oberflächlichen Lage später oft wieder Zellgrenzen hervortreten, die ihr einen epithelartigen Charakter verleihen (Chordaepithel). In der Chordaachse strecken sich die Vacuolen häufig in die Länge, während sie sonst mehr oder weniger radiär gegen die Chordaoberfläche verlaufen; so entsteht ein axialer sog. Chordastrang. Hervorgehoben werde gleich, daß auch die embryonale Chorda der höheren Vertebraten dieselben Bauverhältnisse zeigt.

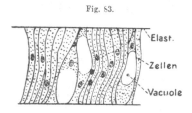

Fig. 83.

Elast.

Zellen

Vacuole

Medianer Längsschnitt durch die Chorda einer sehr jungen Larve von Petromyzon planeri (Ammocoetes). (Nach A. ALBRECHT aus SCHAUINSLAND 1906, etwas schematisch.) O. B.

Die Entwicklung der Chordascheide beginnt überall mit der Abscheidung einer recht dünnen cuticularen Hülle, der *Elastica externa*. Unter dieser bildet sich aber bald eine viel dickere, häufig sogar ashr mächtige Lage, welche ebenfalls von dem Chordaepithel ausgeschieden wird, die sog. *Faserscheide* (Fig. 84). Diese Lage fehlt daher den Acraniern wahrscheinlich noch völlig.

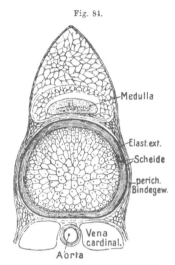

Fig. 84.

Bei den *Cyclostomen, Ganoiden* und *Teleosteern* bleibt die Faserscheide stets zellenfrei; bei den *Chondropterygiern* und *Dipnoern* dagegen wandern auf einem gewissen Entwicklungsstadium Zellen aus dem perichordalen Bindegewebe durch die Elastica externa in die Faserscheide hinein, wodurch ihr Gewebe dem Faserknorpel ähnlich wird (s. Fig. 85). Diese Einwanderung geschieht dorsal und ventral an der Chordaoberfläche jederseits da, wo sich, wie beim Amphioxus, das perichordale Bindegewebe zur Umhüllung des Rückenmarks, bzw. der ventral von der Chorda liegenden Aorta, erhebt, und zwar nur an den Stellen, wo sich später knorpelige Skeletteile, die sog. Wirbelbogen, entwickeln werden.

Larve von **Petromyzon planeri** (Ammocoetes). Querschnitt durch die Rumpfregion der Chorda.   O. B.

Bei den Cyclostomen läßt die dicke Faserscheide drei Lagen unterscheiden, deren Faserzüge sich alternierend kreuzen. Ähnlich verhält sich auch die zellenlose Scheide der Knorpelganoiden (Störe). Die Fibrillen der Faserscheide scheinen denen des gewöhnlichen Bindegewebes völlig zu entsprechen, auch leimgebend zu sein.

Obgleich die Einwanderung von Zellen in die Faserscheide bei den Knorpelfischen und Dipnoern an den Stellen geschieht, wo die Basen der sich entwickelnden Knorpelbögen der Chorda anliegen, also auf dem Querschnitt an zwei dorsalen und zwei ventralen Stellen jedes Segments, so verbreiten sich die eingewanderten Zellen allmählich doch durch die ganze Faserscheide. Nur ihre innerste Lage bleibt häufig zellenfrei und wird dann zuweilen als Elastica interna unterschieden. Die faserknorpelig gewordene Scheide, welche außen von der Elastica externa abgeschlossen wird, läßt zuweilen auch mehrere etwas verschiedene Lagen unterscheiden. In einer mittleren Lage treten bei den *Holocephalen* (besonders Chimaera, Fig. 88, S. 184) ringförmige Verkalkungen auf, wobei sich mehrere in einem Körpersegment bilden.

Hypochorda. Bei den Embryonen der Fische und Amphibien entsteht nach Ablösung der Chorda von der dorsalen Medianlinie des Urdarms in ähnlicher Weise unter ihr ein zweiter, schmächtigerer Zellenstrang, die sog.

Fig. 85.

Schematischer Querschnitt zur Entwicklung der Wirbelkörper eines Haifisches. (Mit Benutzung v. Schauinsland 1906.)   O. B.

12*

Hypochorda, in der zuweilen auch ein Lumen auftritt. Sie geht schließlich wieder zugrunde. Die gelegentlich versuchte Rückführung der Hypochorda auf die bei den primitiven Chordaten, an der dorsalen Mittellinie des respiratorischen Darms, sich findende sog. Epibranchialrinne ist nicht unmöglich und wird später bei diesem Organ nochmals zu erwähnen sein.

Aus der gegebenen Schilderung folgt, daß die dauernd persistierende Chorda der obenerwähnten Vertebraten völlig einheitlich und ungegliedert ist, daß also ihre mechanische Wirkung ähnlich sein muß wie bei den Acraniern. Die Gliederung des höher entwickelten Achsenskelets beginnt erst mit dem Auftreten knorpeliger, segmental angeordneter Skeletelemente im Anschluß an die Chorda, welche sie bei stärkerer Entwicklung in die segmentale Gliederung hereinziehen. Diese der Chorda sich beigesellenden Knorpelteile treten dorsal, in den das Rückenmark, und ventral, in den die Aorta und die Cölomwand umgreifenden Fortsetzungen des perichordalen Bindegewebes auf; sie funktionieren einerseits als schützende Skeletteile für diese Organe, andrerseits dienen sie auch zur besseren Befestigung der Myosepten und zur Übertragung von deren Zugwirkung auf die Chorda. Letzteres dürfte wohl ursprünglich ihre Hauptbedeutung und die wesentliche Bedingung ihres Entstehens gewesen sein. Die hauptsächlichsten knorpeligen Bogengebilde entstehen daher auch an den Übergangsstellen der Myosepten in die Bindegewebsumhüllung des Rückenmarks und der Aorta. Daraus folgt, wie dies auch die

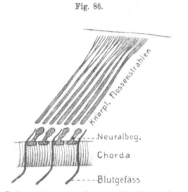

Fig. 86.

Petromyzon marinus. Ein Stück der Chorda mit den knorpeligen Neuralbogen und Flossenstrahlen von links. Die in den Myosepten verlaufenden Blutgefäße geben die Grenze der Muskelsegmente an. P. He.

mechanischen Einrichtungen erfordern, daß diese Skeletgebilde, und damit auch die ersten Anlagen der späteren Wirbelkörper, *intersegmental*, d. h. auf den Grenzen der Körper- oder Muskelsegmente liegen.

Zur Beurteilung der Lagebeziehungen dieser Skeletgebilde zu den Segmenten dienen daher hauptsächlich die Myosepten, sowie die in ihnen laufenden Blutgefäße, welche regelmäßig auf den Segmentgrenzen von der Aorta abzweigen, bzw. als Venen gegen die Chorda heraufsteigen (sog. Intercostalgefäße). Andrerseits geben jedoch auch die Wurzeln der Spinalnerven Anhaltspunkte, welche jederseits in doppelter Zahl (dorsale und ventrale) in jedem Segment aus dem Rückenmark hervortreten.

Die knorpeligen Bogenbildungen der *Cyclostomen* sind nur schwach und etwas unregelmäßig entwickelt; den Myxinoiden fehlen sie sogar ganz. Bei *Petromyzon* (Neunauge, Fig. 86) finden wir an den beiden Seiten des Rückenmarks, in der sie umschließenden Bindegewebslamelle, Knorpelbogen, und zwar in jedem Segment zwei, je einen Bogen zwischen einer ventralen und einer dorsalen Nervenwurzel des Segments. Die zusammengehörigen rechten und linken Bogen schließen dorsal über dem Rückenmark nicht zusammen.

In der vorderen Körperregion weichen sogar ihre Dorsalenden etwas nach außen vom Rückenmark ab. Die Bogen sind in der mittleren Körperregion schwächer und unregelmäßiger,

z. T. in mehrere Stückchen aufgelöst; in manchen Segmenten fehlen sie sogar. Diese Unregelmäßigkeit scheint darauf hinzudeuten, daß das knorpelige Achsenskelet∙ bei den Cyclostomen etwas rudimentär geworden ist. Am Schwanzende verschmelzen die Bogen zu einer unpaaren zusammenhängenden Knorpelleiste, von der Knorpelfortsätze in den dorsalen Schwanzflossensaum aufsteigen (sog. Dornfortsätze oder Flossenstrahlen). Da in den weiter vorn gelegenen Regionen solch unpaare Knorpelstäbchen (vier pro Segment) frei über dem Rückenmark vorkommen (s. Fig. 86), so ist anzunehmen, daß sie in der hinteren Schwanzregion mit den Bogen verwuchsen. An der Ventralseite der Chorda finden sich nur in der hinteren Körperregion Knorpelbildungen, welche in der hinteren Schwanzregion zu einer der dorsalen ähnlichen Knorpelleiste mit sog. Dornfortsätzen verwachsen, die an der Schwanzspitze mit der dorsalen verschmilzt. Diese beiden caudalen Knorpelleisten mit Dornfortsätzen finden sich auch bei den Myxinoiden.

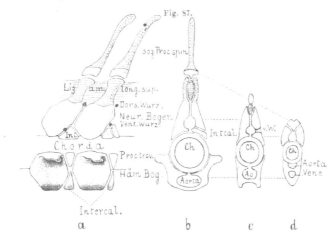

Acipenser sturio. Schemata zum Bau des Achsenskelets. *a* kleines Stück der Chorda aus der Rumpfregion mit zwei Neuralbogen, von links. *b* Querschnitt durch die Chorda nebst Knorpelbogen aus dieser Region. *c* Querschnitt durch Chorda und Bogen aus vorderer Schwanzregion; *d* aus hinterer Schwanzregion. Knochen punktiert. O. B.

Bei den *Knorpelganoiden* (besonders Acipenser), deren Chorda sich als mächtiges Organ dauernd erhält, sind dorsale wie ventrale knorpelige Bogenpaare viel kräftiger entwickelt: Sie bilden sich in den dorsalen und ventralen Leisten des perichordalen Bindegewebes, besonders dessen innerer Region, welche deshalb (wie bei den höheren Wirbeltieren gewöhnlich) als skeletogenes oder skeletoblastisches Gewebe bezeichnet wird. In jedem Segment treten auch hier zwei hintereinander folgende dorsale und ventrale Bogenpaare auf, von welchen jedoch die vorderen Paare klein bleiben und sich daher nur wenig über die Chorda, der sie aufsitzen, erheben; wogegen die hinteren sehr hoch werden. Man bezeichnet daher gewöhnlich diese hinteren Bogenpaare allein als Skeletbogen (dorsale oder *Neuralbogen* und ventrale oder *Hämalbogen*), die vorderen kleinen Knorpelpaare dagegen als *Intercalarstücke* (Fig. 87 *a*). An die großen Bögen heften sich die Myosepten, sie liegen daher etwa auf den Segmentgrenzen.

Betrachten wir zunächst die vordere Schwanzregion, wo die dorsalen und ventralen Einrichtungen sehr ähnlich geblieben sind, so finden sich also auf der

Chorda in jedem Segment ein Paar ansehnlicher dorsaler, schief nach hinten aufsteigender Neuralbogen (Fig. 87 c), deren Basen, ebenso wie die Intercalarstücke, unter dem Rückenmark nahe zusammentretend, den Boden des Spinalkanals bilden. Diese Neuralbogen umschließen das Rückenmark und stoßen dorsal über ihm zusammen, setzen sich jedoch noch eine ansehnliche Strecke dorsal fort, indem sie über dem Rückenmark einen Raum umschließen, der von einem elastischen Längsband (Lig. longitudinale dorsale superius) erfüllt wird, das sämtliche Bogen verbindet. Auch bei den Acraniern und den Cyclostomen ist dieser Raum schon angedeutet, jedoch nur von dem perichordalen Gewebe häutig umgrenzt und von besonderem Gewebe erfüllt.

Das Ligam. longit. dorsale superius kehrt ebenda auch bei den Fischen und den höheren Vertebraten wieder. Ventral an der Chorda findet sich bei den Acraniern auch ein ähnliches Ligam. ventrale, das an diesem Ort, die Wirbelkörper verbindend, auch bei den Anamnia vorkommt. Ihm gegenüber findet sich auf der Dorsalseite der Chorda bei den Acraniern ein Lig. dorsale. long. inferius (s. Fig. 82, S. 177).

Die ähnlich den Neuralbogen gebildeten Ventralbogen des Schwanzes umschließen die dicht unter der Chorda liegende Aorta und die direkt unter dieser befindliche Caudalvene (Fig. 87 d), weshalb sie auch hämale genannt werden. Indem sich die Verknorpelung von der Innenseite der Hämalbogen auch zwischen die beiden Gefäße fortsetzt, bildet sich bei älteren Tieren eine knorpelige Scheidewand zwischen ihnen. — Als dorsaler Abschluß der Neuralbogen treten unpaare stabförmige Knorpelstücke auf, sog. Dornfortsätze (auch als Flossenträger aufgefaßt), die sich zum Teil in Zweizahl über einem Bogen finden können. Die Enden der Neural- und Hämalbogen sind in der hinteren Schwanzregion knorpelig verschmolzen, die Bogen also geschlossen und die ventralen mit Dornfortsätzen versehen (Fig. 187).

In der Rumpfregion (87 a, b) behalten die Neuralbogen die geschilderte Beschaffenheit im allgemeinen bei; die Hämalbogen dagegen verändern sich mit dem Auftreten der Leibeshöhle sehr. Ihre beiden Bogenhälften trennen sich in der Ventrallinie voneinander und liegen dann divergierend dicht unter dem Peritoneum des Cöloms, da, wo die Myosepten an dieses herantreten. Dagegen erhält sich d e die Aorta umgreifende knorpelige Scheidewand an allen Hämalbogen des Rumpfes, mit Ausnahme der vordersten (Fig. 87 b). Das distal von dieser Scheidewand gelegene Stück jeder Bogenhälfte gliedert sich embryonal frühzeitig von dem basalen Teil durch bindegewebige Einschaltung ab und stellt nun eine *Rippe* dar, während die basalen, an der Chorda anliegenden Teile jedes Bogenpaares (Basalstümpfe) ebenfalls miteinander unter der Chorda zusammenstoßen und an seitlichen Vorsprüngen (Processus transversi, Parapophysen, Fig. 87 a, b) die Rippen tragen. In der Rumpfregion entsprechen demnach die der Chorda anliegenden unteren Bogengebilde nicht mehr den völligen Bogen der Schwanzregion, sondern nur deren Basalteilen; man könnte daher diese Teile der Bogen, nach Abgliederung der Rippen, auch als ventrale Wirbelkörperteile bezeichnen, da sie sich bei den höheren am Aufbau der Wirbelkörper beteiligen, wie wir später sehen werden. — Zwischen die Basen der Bogen der Dorsal- und Ventralseite sind überall die erwähnten Intercalarstücke eingeschaltet; doch unterliegen diese mancher Unregel-mäßigkeit, da sich häufig an der Stelle eines mehrere finden. Daß an dem geschilderten Achsenskelet der Knorpelganoiden schon stellen-weise Verknöcherung auftritt, indem sich an den dorsalen und ventralen Dornfort-sätzen, den distalen Teilen der Dorsalbogen sowie an den Rippen eine dünne Knochenrinde bildet (Stör), ist morphologisch von geringer Bedeutung. Wichtiger dagegen, daß die Neural- und Hämalbogen kopfwärts immer mehr seitlich um die Chorda herumgreifen, so daß letztere in der vorderen Rumpfregion völlig um-schlossen wird. Beim Stör verwachsen schließlich in der auf den Schädel folgen-den Region die Neural- und Hämalbogen mehrerer Segmente zu einem geschlossenen Rohr um die Chorda (Fig. 131 u. 132, S. 232), das mit dem Hinterende des Schädels verschmilzt. Die von den Hämalbogen abgegliederten Rippen erhalten sich jedoch auch in dieser Region gesondert.

Bei den *Dipnoern* und den *Holocephalen*, deren Chorda dauernd persistiert, finden sich recht ähnliche Einrichtungen der Skeletbogen. Die Dipnoi zeigen in-sofern eine Vereinfachung, als Intercalaria nur in der Schwanzregion zwischen den Neuralbogen vorkommen (Ceratodus). Bei Protopterus sind sie noch rudimentärer. Die weite Verbreitung der Intercalaria bei den niederen Fischen sowie ihre später noch genauer zu betonende Bedeutung dürfte es wahrscheinlich machen, daß sie bei den Dipnoi mit den Bogen verwachsen sind. Dornfortsätze finden sich an den Dorsalbogen stets und sind kontinuierlich mit ihnen verbunden; auch den Hämal-bogen der Schwanzregion kommen sie zu. Sie sind äußerlich verknöchert wie bei den Stören.

Eigentümlich verhält sich die hinterste Schwanzregion bei Ceratodus, indem die hier vorhandenen Intercalaria nach hinten größer werden als die Bogen und schließlich mit deren Resten, so wie die beiderseitigen Intercalaria untereinander zu verschmelzen scheinen. Auf diese Art läuft das Ende des Achsenskelets in eine Reihe wirbelartig hintereinander gefügter Knorpel-stücke aus, von welchen die dorsalen und ventralen verknöcherten Dornfortsätze entspringen. Die vorderen dieser Knorpelstücke umschließen noch Reste der Chorda, die hinteren nicht mehr; die Chorda ist hier vom Knorpel völlig verdrängt worden. Die beschriebene Erschei-nung erinnert daher an die Bildung diskreter Wirbelkörper, wie wir sie gleich näher be-trachten werden.

Die *Holocephalen* zeigen, wie die Chondropterygii überhaupt, noch keinerlei Spur von Verknöcherung. Ihr Achsenskelet stimmt mit dem der Knorpelganoiden näher überein, da zwischen die Basen der Neuralbogen regelmäßig Intercalaria eingeschaltet sind (s. Fig. 88). Auch zwischen den Hämalbogen treten embryonal Intercalaria auf, verschmelzen jedoch später in ziemlich unregelmäßiger Weise mit dem Bogen desselben Segments oder dem benachbarter. Der dorsale Ab-schluß des Rückgratskanals wird durch die Einschaltung rhombischer Knorpel-stückchen zwischen die Dorsalenden der Bogen hergestellt, die vielleicht Dornfort-sätzen verglichen werden dürfen. Auch im Schwanz, wo die ventralen Bogen die Caudalgefäße umschließen, kommen ähnliche Schlußstückchen vor. — Der direkt an den Schädel stoßende Teil des Achsenskelets zeigt Verschmelzungserschei-nungen der Knorpelbogen einer größeren Anzahl von Segmenten unter völliger

Umwachsung der Chorda, ähnlich wie es oben für die Knorpelganoiden geschildert wurde. — Die Besprechung der Rippenbildungen, welche den Dipnoern, ähnlich den Stören zukommen, verschieben wir

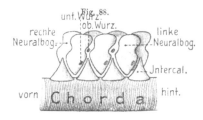

Fig. 88.

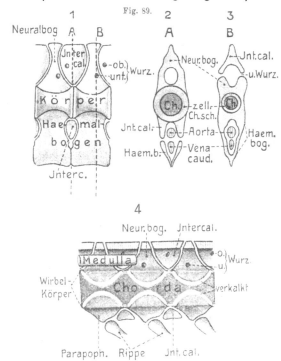

Chimaera monstrosa. Stück der Chorda mit Neuralbogen und Intercalaria von links. Leider sind in der Figur die Hämalbogen nicht eingezeichnet. P. He.

auf später, da diese Abkömmlinge der Hämalbogen in einem besonderen Kapitel gemeinsam behandelt werden sollen.

Unter den *Plagiostomen* erhält sich die Chorda bei den Notidaniden ohne geschlossene Wirbelkörper sehr ansehnlich; jedoch auch bei Laemargus und Echinorhinus. Die übrigen Haie und Rochen bilden *diskrete Wirbelkörper*, die sich aus den bisher betrachteten Zuständen des

Achsenskelets folgendermaßen ableiten. In der zelligfaserigen Chordascheide (s. S. 179) treten etwa auf den Segmentgrenzen, d. h. auch etwa entsprechend den Wirbelbogenanlagen, ringförmige Verknorpelungen auf, während die dazwischen liegenden Abschnitte der Scheide bindegewebig bleiben (vgl. Figur 85). Jeder ringförmige Knorpel ist die Anlage eines Wirbelkörpers. Der Knorpelring verdickt sich gegen die Achse der Chorda zu und schnürt sie schließlich allseitig ein. Gleichzeitig bewirkt er, daß beim Weiterwachsen des Achsenskelets die Chorda nur intervertebral wachsen kann, dagegen in der Mitte jedes späteren Wirbels nicht. Der aus der Chordascheide entstehende Teil der Wirbelkörper erhält daher eine etwa sanduhrförmige, amphicöle Gestalt, mit hinterer und vorderer

Acanthias vulgaris. *1* Zwei Wirbelkörper der Schwanzregion von links. *2—3* Querschnitte durch Schwanzwirbel; *2 A* in der Richtung der punktierten Linie *A* Fig. *1*; *3 B* der Linie *B* Fig. *1*. *4* Medianschnitt durch die Wirbelsäule der Rumpfregion. P. He.

Aushöhlung, sowie einer axialen Längsdurchbohrung (Fig. 89 4). Durch diesen Kanal zieht der eingeschnürte Teil der Chorda und erweitert sich intervertebral, den

Raum erfüllend, welchen die aufeinander stoßenden Aushöhlungen der Wirbel
bilden. Aus den intervertebralen Partien der Chordascheide entsteht endlich eine
ligamentöse Bindegewebsverbindung der Ränder der aufeinander folgenden amphicölen (bikonkaven) Wirbel, in der zuweilen auch Verknorpelung auftreten kann.

In der Regel beteiligen sich jedoch auch die frühzeitig angelegten knorpeligen
Wirbelbogen an der Vervollständigung der Wirbelkörper. Übereinstimmend mit

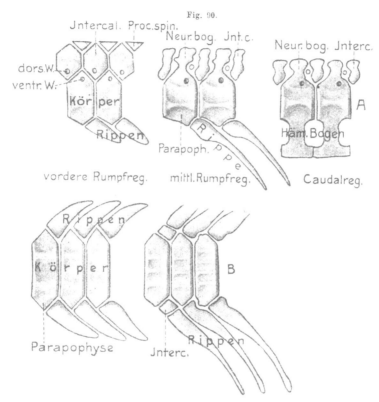

Fig. 90.

Squatina angelus. Wirbelsäule. *A* von der linken Seite, aus vorderer und mittlerer Rumpf-, sowie
Caudalregion. *B* von der Ventralseite, aus vorderer und mittlerer Rumpfregion.					P. He.

den seither betrachteten Formen bilden sich auch bei den Plagiostomen in jedem
Segment zwei Paar dorsale und zuweilen auch, besonders in der Schwanzregion,
zwei Paar ventrale Bogenanlagen (sonst hier nur ein Paar). Von diesen entwickeln
sich die hinteren zu den Neural- und Hämalbogen, die vorderen zu sog. Intercalarien.
Indem nun die Neural- und Hämalbogen um die Außenfläche der aus der faserigen
Chordascheide entstandenen, sog. primären knorpeligen Wirbelkörper hinab und hinauf wachsen und schließlich, seitlich verschmelzend, sie ganz umhüllen, bildet sich
eine äußere Zone des Wirbelkörpers, die von den Bogen gebildet wurde; doch
erhalten sich noch ziemlich lang Reste der Scheide zwischen den beiden Wirbel-
teilen. — Zwischen die Neuralbogen schieben sich die erwähnten Intercalarien

regelmäßig ein, die zuweilen stärker werden als die Bogen und dann den Dorsalabschluß des Spinalkanals bilden (Fig. 90, vordere Rumpfregion), was bei ansehnlicherer Höhe der Neuralbogen gemeinsam von ihnen und den Intercalarien geschieht (Fig. 89 [1 u. 4]). — Zuweilen treten jedoch noch unpaare dorsale Schlußstücke (ev. Processus spinosi) hinzu, zur Vervollständigung des Kanaldachs (Fig. 90, vordere Rumpfregion). Die Hämalbogen sind in der Schwanzregion geschlossen (Fig. 89 [1—3]) und nicht selten durch Intercalarien getrennt, welche sich gelegentlich in die Rumpfregion fortsetzen. In letzterer sind meist Rippen von den Hämalbogen abgegliedert, so daß hier nur der Körperteil der Bogen als sog. Parapophyse am Wirbelkörper vorspringt (Fig. 89 [4] u. 90). Ein Fortsatz zur Umschließung der Aorta (wie wir ihn bei den Knorpelganoiden sahen) ist nur zuweilen angedeutet, bildet aber nie einen geschlossenen Kanal um die Aorta.

In der Mittelzone der primären Wirbelkörper tritt fast stets Verkalkung des Knorpels auf, welche einen verkalkten Doppelkegel im knorpeligen Körper bildet (Fig. 89 [4]), von dem häufig verkalkte Lamellen gegen die Oberfläche ausstrahlen, oder um den sich weitere cylindrische Kalkschichten bilden können. Gewöhnlich verkalken jedoch auch der oberflächliche, von den Bogenanlagen gebildete Knorpel des Körpers, sowie die Bogen selbst teilweise.

Der Bildung eines besonders festen vorderen Abschnitts der Wirbelsäule durch Verschmelzung vorderer Wirbel begegnen wir auch in dieser Gruppe, was bei den Rochen am stärksten ausgeprägt ist.

Interessante Unregelmäßigkeiten treten häufig in der Schwanzregion auf, indem auf den Raum zwischen zwei Spinalnerven zwei bis mehr Wirbelkörper kommen können (Diplo- und Polyspondyli). Die wahrscheinlichste Erklärung hierfür dürfte die Annahme sein, daß einzelne Muskelsegmente verschmolzen (bzw. auch rudimentär geworden sind), während sich ihre Wirbel erhielten, was auch durch das Vorkommen rudimentärer Nerven begründet erscheint. Bei gewissen Haien beobachtet man in der hinteren Rumpfregion Besonderheiten, welche die eben erwähnten fortsetzen, d. h. abnorm lange Wirbel, die 2—4 Bogenpaare tragen können. Man muß also annehmen, daß es hier zur Verschmelzung von Wirbelkörpern der vereinigten Muskelsegmente kam, während sich die Bögen erhielten.

Gesonderte Wirbelkörper mit weitgehender Verknöcherung charakterisieren die *Knochenganoiden* im Gegensatz zu den Knorpelganoiden. Die Ontogenese (speziell Amia) erweist aoer, daß diese Körper aus Zuständen hervorgingen, welche denen der Störe ähnlich waren. Zwischen den Anlagen der knorpeligen Neuralbogen traten auch hier Intercalarien auf, die zwischen den Hämalbogen in der Regel nur noch im Schwanz gebildet werden, im Rumpf dagegen wohl mit den Wirbelkörperteilen der Ventralbogen vereinigt sind. Frühzeitig tritt an den Bogenbasen und Intercalarien oberflächliche Verknöcherung auf, die allmählich auch auf das die Chorda umgebende Bindegewebe übergreift, und so einerseits eine Verbindung der beiderseitig zusammen gehörenden Bogenhälften herbeiführt, andrerseits aber von der Basis der Hämalbogen gegen die Dorsalseite herauf steigt, wie denn diese Bogen in der vorderen Rumpfregion stark dorsalwärts emporwachsen, was schon den seither beschriebenen Formen eigen war. Auf solche Weise wird schließlich ein Knochenring gebildet, welcher ventral die Hämalbogen trägt, wäh-

rend ihm dorsal die Neuralbogen aufsitzen. — Gleichzeitig geht von den dorsalen
Intercalarien, welche auch hier die vordere Segmenthälfte einnehmen, die Bildung
eines ähnlichen Knochenrings aus, der von der Dorsalseite aus die Chorda allmählich umwächst. Durch diesen Vorgang, welcher in der Schwanzwirbelsäule
von Amia deutlich zu verfolgen ist, werden also in jedem Segment zwei Wirbel-
ringe, ein vorderer und ein hinterer gebildet. Solche Doppelwirbel erhalten sich
in der Schwanzregion von Amia vereinzelt bis ins Alter (Fig. 91), während sie in
den übrigen Schwanzsegmenten zu einheitlichen Wirbelkörpern verwachsen; doch
können auch noch ausgedehntere Verwachsungen auftreten, so daß z. B. drei der

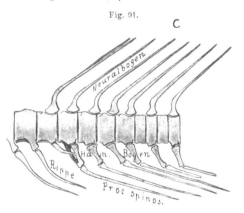

Fig. 91.

Amia calva. Teil der Wirbelsäule aus Grenze von Rumpf
und Schwanz; von links.   O. B.

aufeinander folgenden Halbwirbel-
ringe zu einem Körper zusammentreten. — Im Rumpf tritt dagegen
die erstgeschilderte Verschmelzung
zweier Halbwirbel regelmäßig auf,
wobei sich gleichzeitig die Neuralbogen nach vorn auf die Intercalarien hinaufschieben.

Die so gebildeten knöchernen
Wirbelkörper sind amphicöl, mit
schwacher vorderer und hinterer
Aushöhlung, was auf der vertebralen Verknöcherung beruht, welche
nur ein intervertebrales Weiterwachsen der Chorda erlaubt. —
Ähnliche Wirbelkörper besitzt auch *Polypterus*. Bei *Lepidosteus* dagegen, in dessen
Entwicklung Intercalarien nicht beobachtet wurden, treten die Basen der knorpeligen
Bogenanlagen bei ihrer Weiterentwicklung intervertebral in knorpelige Verbindung
um die Chorda; die so gebildete Knorpelhülle verdickt sich hierauf auf der Grenze
der späteren Wirbelkörper, wodurch sie die Chorda hier stark einschnürt. Indem
schließlich in diesen Intervertebralknorpeln eine quere Sonderung auftritt, bildet
sich ein Gelenk der zusammenstoßenden Wirbelkörper aus, indem eine vordere
konvexe Gelenkfläche und eine hintere konkave jedes Körpers entsteht. Die fertigen Wirbelkörper des Lepidosteus sind daher nicht amphi-, sondern opisthocöl.

Die Wirbelkörper der Amia ergaben sich als das Verwachsungsprodukt der
beiden Skeletbogenpaare, welche bei den ursprünglichsten Formen jedem Körpersegment zukommen. Die Richtigkeit dieser interessanten Tatsache wird durch
die Bauverhältnisse des Achsenskelets der *fossilen Vorläufer der Knochenganoiden*
bestätigt, bei denen die Chorda häufig noch dauernd und vollständig bestand,
ähnlich den Knorpelganoiden. Da sich jedoch nur die verknöcherten Teile des
Achsenskelets erhalten konnten, nicht die knorpeligen, welche zweifellos gleichfalls vorhanden waren, so erfordert die Beurteilung dieser Verhältnisse immerhin
einige Vorsicht. Besonders fossile Amiadei zeigen Bauverhältnisse, welche sich
den Entwicklungsstadien der rezenten Amia nahe anschließen. Das Achsenskelet

bestand nämlich aus Neuralbogen, die der Chorda aufsaßen, und zwischen deren Basen sich halbringförmige Knochenstücke einschalten, welche der Chorda dorsal auflagen (Fig. 92). Letztere, gewöhnlich Pleurocentra genennt, entsprechen daher wohl sicher den verwachsenen beiderseitigen Intercalarien. Die Hämalbogen (bzw. ihre Körperteile) umgreifen gleichfalls die Ventralseite der Chorda halbringförmig (sog. Hypocentra). Indem sich die dorsalen Intercalarien tiefer ventral hinab, die Körperteile der Hämalbogen hingegen dorsal hinauf ausdehnen, wird schließlich die Chorda allseitig von diesen knöchernen Skelethalbringen umfaßt. Von hier ist dann nur noch ein Schritt bis zur Vervollständigung der beiden Halbringe jedes Segments zu Vollringen und daher zwei Doppelwirbelringen pro Segment; wie es in der Schwanzregion gewisser Formen auftritt, die im Rumpf noch die zuerst erwähnte Bildung zeigen. Endlich führt die Verwachsung der beiden Doppelwirbelringe zur Entstehung von Vollwirbeln, was sich an der Wirbelsäule einer und derselben Form zuweilen noch direkt nachweisen läßt, ähnlich wie bei Amia.

Fig. 92.

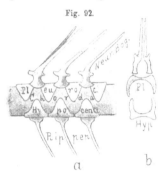

Wirbelsäule fossiler Ganoiden. *a* **Caturus furcatus.** Teil der Wirbelsäule aus Rumpfregion von links. *b* **Callopterus agassizii.** Wirbelkörper von vorn. (Nach ZITTELS Handbuch.) O. B.

Teleostei. Die Entwicklung der Wirbelkörper der Knochenfische um die mit zellenloser Faserscheide versehene Chorda verläuft ähnlich wie bei den Knochenganoiden, daher genügen einige Bemerkungen. Die Bildung des fast stets ausgeprägt amphicölen Körpers geschieht auch hier ohne Beteiligung der Chordascheide aus dem perichordalen Bindegewebe, und beginnt mit der Anlage knorpeliger Neural- und Hämalbogen, welche jedoch nicht die Größe erreichen wie bei den seither besprochenen Formen. Zwischen den knorpeligen Bogenanlagen wurden in einigen Fällen noch kleinere Knorpelgebilde aufgefunden, meist dorsal, seltener auch ventral im Schwanz, die eventuell Intercalarien homolog sein könnten; jedoch liegen sie hier neben den Distalenden der Neuralbogen. Eine knorpelige Umwachsung der Chorda durch die Bogenbasen findet nur in der vorderen Rumpfregion zum Teil noch statt, wo die Körperteile der Hämalbogen wieder stark dorsal emporsteigen. — Die Verknöcherung der Bogen beginnt frühzeitig und greift bald auf das perichordale Bindegewebe über, so daß ein knöcherner Ring in der Mitte des späteren Körpers entsteht, welcher nur ein intervertebrales Weiterwachsen der Chorda gestattet und den amphicölen Wirbelbau bedingt. So wird ein ansehnlicher Teil des Wirbelkörpers nicht knorpelig vorgebildet, sondern sofort knöchern angelegt; dies gilt auch für die distalen Partien der Neuralbogen und weiterer Teile des Wirbelkörpers, die bei den primitiveren Formen knorpelig vorgebildet werden. Die oben erwähnten intercalarartigen Knorpel werden bei der Verknöcherung in die Neuralbogen einbezogen. Auch bei den Knochenganoiden finden sich ähnliche Gebilde. Den eigentlichen Intercalarien können sie nicht wohl entsprechen, da diese ja bei Amia sehr gut und an anderer Stelle entwickelt sind. — Der ursprünglich dünne knöcherne Wirbel verdickt sich unter gleichzeitigem Längenwachstum durch Auflagerung von Knochensubstanz, sowie durch den Übergang der knorpeligen Bogenanlagen in Knochen. Letzteres geschieht jedoch in verschiedenem Grad; zum Teil vollständig, so daß die knöchernen Bogen kontinuierlich mit dem Wirbelkörper zusammenhängen, was das gewöhnliche ist. Oder die Basen der Bogen bleiben knorpelig und setzen sich dann entweder knorpelig in die Knochenmasse des Körpers fort (z. B. bei dem Hecht), oder es erhält sich seltener eine dünne Knorpellamelle, welche den Bogen vom Körper sondert.

Die Chorda bleibt ebenso erhalten wie bei den Plagiostomen und füllt die intervertebralen Räume aus. Das Chordagewebe erleidet bei den Teleosteern eigentümliche Umbildungen, indem in der Regel weite, mit Flüssigkeit erfüllte Räume in ihm entstehen in verschiedener, jedoch in jedem Wirbelabschnitt sich regelmäßig wiederholender Anordnung; was zur Folge hat, daß das Gewebe in gewissen Abständen quere Scheidewände in der Chorda bildet.

Die voll entwickelten Wirbelkörper der Teleosteer (Fig. 93—94) sind also gewöhnlich tief amphicöl, selten vorn weniger oder nicht ausgehöhlt. Die Neuralbogen entspringen meist von der vorderen Hälfte des Körpers, rücken jedoch gegen die Schwanzregion immer mehr auf die hintere. Sie umschließen das

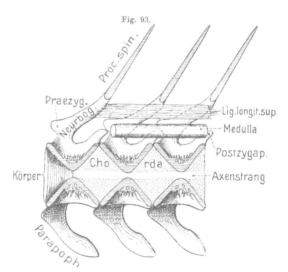

Fig. 93.

Gadus morrhus. Drei Wirbelkörper der Rumpfregion median durchschnitten. Medulla und Ligamentum longitudin. sup. eingezeichnet. Schnittflächen der Wirbelkörper schraffiert. v. Bu.

Rückenmark seitlich und dorsal; doch vereinigen sie sich gewönnlich nicht über dem Rückenmark, sondern laufen schief caudalwärts aufsteigend in ansehnliche Fortsätze aus, welche zunächst über dem Rückenmark den Kanal umschließen, in dem das dorsale Wirbelligament verläuft (93). Ihre dünn auslaufenden dorsalen Enden können völlig getrennt bleiben und dicht nebeneinander hinziehen; gewöhnlicher verwachsen sie aber miteinander zu einem einheitlichen Dornfortsatz, dessen ursprüngliche Paarigkeit häufig durch eine vordere und hintere Furche angedeutet bleibt. Andeutungen einer anfänglichen Zusammensetzung jeder Bogenhälfte aus zwei Teilen sind bei manchen Fischen erkennbar, was wahrscheinlich auf die beiden oben erwähnten knorpeligen Anlagen rückführbar sein dürfte.

In der Schwanzregion finden sich stets untere Bogen, die in der Regel geschlossen und in Dornfortsätze verlängert sind (Fig. 94, 96). In zahlreichen Fällen scheint es sicher, daß diese ventralen Bogen denen der seither besprochenen Fische homolog,

d. h. vollständige Hämalbogen sind; doch kann diese Frage erst im Kapitel über die Rippen genauer behandelt werden. In anderen Fällen dagegen scheint ebenso klar, daß die ventralen Bogen der Schwanzregion nicht vollständigen Hämalbogen

Fig. 94.

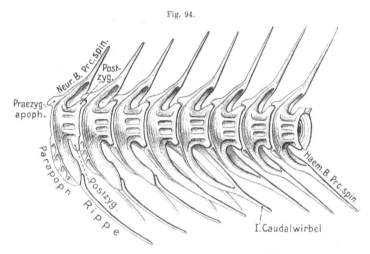

Gadus morrhua. Stück der Wirbelsäule aus Grenze von Rumpf und Schwanz; von links. v. Bu.

gleichzusetzen sind, sondern nur deren Körperteil, welcher sich, unter Verlust des im Rumpfe als Rippe abgegliederten Teils der ursprünglichen Hämalbogen, um die Caudalgefäße geschlossen hat, ähnlich wie es beim Stör um die Aorta geschieht.

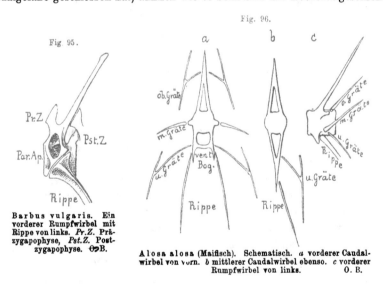

Fig. 95.

Barbus vulgaris. Ein vorderer Rumpfwirbel mit Rippe von links. *Pr.Z.* Präzygapophyse, *Pst.Z.* Postzygapophyse. O. B.

Fig. 96.

Alosa alosa (Maifisch). Schematisch. *a* vorderer Caudalwirbel von vorn. *b* mittlerer Caudalwirbel ebenso. *c* vorderer Rumpfwirbel von links. O. B.

Die Parapophyse (Querfortsatz) zur Befestigung der Rippen entspringt in der hinteren Rumpfgegend tief am seitlichen Ventralrand der Wirbel (94), nach vorn steigt sie jedoch meist höher, ja gelangt bisweilen bis an die Basen der Neuralbogen (Fig. 95); gleichzeitig nehmen die Parapophysen an Länge ab. Schon in der hinteren Rumpfregion bilden sie häufig unter die Aorta hinabgreifende Fortsätze, die sich schließlich vereinigen und in die unteren Schwanzbogen der zweiten Art übergehen (Fig. 96 *a*, *b*). Ja es können sich selbst durch die ganze Rumpfregion untere Bogenbildungen fortsetzen, die denen der Schwanzregion völlig entsprechen (gewisse Pleuronectiden). — Neben den eigentlichen Parapophysen treten zum Teil in der mittleren Seitenregion der Wirbelkörper entspringende Fortsätze auf (96 *a*), die, wie wir später sehen werden, ebenfalls eigenartige Anhänge tragen können.

Von der Basis der Neural- und Hämalbogen erheben sich nach vorn senkrecht oder etwas schief auf-, bzw. absteigende Fortsätze, sog. *Gelenkfortsätze* (Präzygapophysen), die sich ähnlichen Fortsätzen, welche vom Hinterende des vorhergehenden Wirbels entspringen (Postzygapophysen), anlegen oder sie auch umgreifen (Fig. 93 bis 95). Die dorsalen Gelenkfortsätze tragen häufig wesentlich zur Vervollständigung des Spinalkanals bei.

Die Ontogenie scheint darauf hinzuweisen, daß auch die Teleosteerwirbel ursprünglich wie die der Knochenganoiden, aus zwei Halbwirbelringen, bzw. vier Paar Bogenanlagen, hervorgingen. Im Gegensatz zu den bei Amia bestehenden Verhältnissen wird jedoch vermutet, daß bei den Knochenfischen gewöhnlich ein dorsaler und ventraler Bogen mit den Intercalarien des nachfolgenden Segments zu einem Wirbelkörper zusammengetreten seien, d. h., daß der Wirbelkörper aus dem hinteren Paar Bogenanlagen (eigentlichen Bogen) und dem vorderen Paar des folgenden Segments (Intercalaria) entstanden sei, wofür sich auch bei Amia Beispiele an einzelnen Wirbeln finden. Der Wirbelkörper wäre so, wie natürlich, auf der Grenze zweier Muskelsegmente entstanden. Ob jedoch, bei Anerkennung dieser Annahme, die Deutung der Postzygapophysen als Vertreter der Intercalaria gerechtfertigt erscheint, dürfte weder durch die Ontogenie noch die vergl. Anatomie erweisbar sein, um so weniger, als ja die ganz ähnlichen Präzygapophysen besondere Bildungen sind, die sich erst von den Bogen aus entwickelten.

Wirbelsäule der tetrapoden Vertebrata.

Obgleich die Chorda aller höheren Vertebraten ontogenetisch in ähnlicher Weise auftritt wie bei den seither besprochenen, so bleibt sie doch immer schwächer. Namentlich gilt dies für ihre Scheide. Wenn auch die Amphibien beide Scheiden, die äußere Elastica und die Faserscheide, noch besitzen, so bleiben sie doch stets relativ dünn gegenüber der Dicke, die sie bei gewissen Fischen erlangten. — Der Chorda der Amnioten fehlt die Faserscheide dagegen fast stets völlig, ebenso auch der sog. axiale Chordastrang.

Amphibien. Das Achsenskelet der Amphibien begann mit Zuständen, welche sich von denen primitiver Fische kaum entfernten, sich sogar in Einzelheiten den Einrichtungen der ursprünglicheren Knochenganoiden anschlossen. Wir beginnen unsere Besprechung daher mit jenen fossilen Amphibien (*Stegocephalen*). Die Chorda der ursprünglicheren Formen war ein bleibender mächtiger Bestandteil des Achsenskelets und trug, ähnlich gewissen fossilen Knochenganoiden und den Knorpelganoiden, verknöcherte Neural- und Hämalbogen (Fig. 97 [1—2]). Den mit einem Dornfortsatz, sowie meist mit vorderen und hinteren Zygapophysen versehenen Neuralbogen lagen im Rumpf, an der Ventralseite der Chorda, etwa halbringförmige Knochenstücke gegenüber (sog. Hypocentra, auch Intercentra genannt), in welchen leicht die Körperteile der Hämalbogen zu erkennen sind; um so mehr, als sie in der Schwanzregion in untere Bogen mit Dornfortsätzen auslaufen (Fig. 97[2]), ja im äußersten Schwanzende paarig werden können. Zwischen je zwei aufeinander folgenden Neuralbogen war jederseits noch ein kleineres Knochenstück (sog. Pleurocentrum) eingeschaltet, zu denen sich in der hinteren Schwanzregion ventrale paarige oder unpaare Stücke gesellen können (Hypocentra pleuralia), die jedoch bei gewissen Formen auch noch weiter über die Wirbelsäule verbreitet sind. Daß die Pleurocentra den Intercalarien gleichzusetzen sind, dürfte wohl sicher sein. Derartig gebaute *rhachitome* Wirbel gleichen also auffallend den früher geschilderten gewisser fossiler Knochenganoiden, mit dem Hauptunterschied, daß die beiderseitigen dorsalen Intercalarien (Pleurocentra) der Stegocephalen nicht paarweise verwachsen sind.

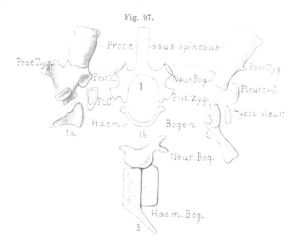

Fig. 97.

Wirbel von Stegocephalen. *1* Euchisaurus rochai (nach GAUDRY). *1a* Rumpfwirbel von links. *1b* von vorn. *PLC* Pleurocentrum. *2* Archegosaurus decheni. Schwanzwirbel von links. *3* Cricotus crassidiscus. Schwanzwirbel von links. (Nach ZITTELS Handbuch).   O. B.

Die Übereinstimmung wird noch größer, indem sich in der Schwanzregion verwandter Stegocephalen Wirbel finden, die aus zwei Halbwirbeln und zugehörigem Neuralbogen, sowie Hämalbogen bestehen (Fig. 97[3]). Es ist klar, daß diese sog. *embolomeren* Wirbel durch Auswachsen der Hypocentra und Pleurocentra zu Halbwirbelkörpern entstanden. Es läßt sich auch leicht erkennen, daß die Neuralbogen den aus den Hämalbogen entstandenen Halbwirbeln aufsitzen, und daß die amphicölen Vollwirbel der sich anschließenden Formen aus der Vereinigung je eines hämalen Halbwirbels mit dem darauf folgenden intercalaren hervorgingen, also in derselben Weise, die für die Knochenfische angenommen wird. Daß die amphicölen Vollwirbel gewisser Stegocephalen sich in der Tat so hervorbildeten, wird dadurch bestätigt, daß man vereinzelt rhachitome Jugendstadien derselben beobachtet hat (Mastodonsaurus). — Andrerseits wird jedoch auch wahrscheinlich gemacht, daß die geschlossenen Vollwirbel höherer Stegocephalen unter Verkümmerung der Pleurocentra nur aus dem Hypocentrum entstanden. — Dennoch scheint sich unter den Stegocephalen ein zweiter Bildungsmodus amphicöler Wirbelkörper zu finden, der mit dem Auftreten einer einheitlichen dünnen Knochenhülse um die ursprünglich stark erhaltene Chorda begann, und durch deren Verstärkung schließlich zu fischähnlichen amphicölen Wirbeln führt. Letzterer Entwicklungsgang scheint sich dem der heutigen Caudatenwirbel näher anzuschließen.

Knorpelige Neuralbogen werden bei den *rezenten Amphibien* in der ganzen Ausdehnung des Achsenskelets angelegt, verschmelzen jedoch bei den Anuren frühzeitig jederseits zu einem zusammenhängenden Knorpelstreif. Nur bei Caudaten treten zuweilen zwischen den Bogenanlagen eingeschaltete Knorpelstücke auf, welche Intercalarien (Pleurocentren der Stegocephalen) entsprechen könnten. Hämalbogen entwickeln sich in der Schwanzregion der Caudaten noch gut; in der Rumpfregion hingegen nur sehr geringfügig, als paarig gesonderte Gebilde, welche den Körperteilen der Hämalbogen entsprechen. Wie bei den Rippenbildungen genauer erörtert werden soll, wächst jedoch von dieser jederseitigen Anlage ein Fortsatz gegen die Basis des Neuralbogens empor und verbindet sich schließlich mit ihr. Aus dieser Stelle entwickelt sich später der sog. obere Querfortsatz oder die Diapophyse, an der die Rippe hauptsächlich befestigt ist. — Ähnlich den Teleosteern verknöchert bei den Caudaten das Perichordalgewebe frühzeitig zu einem dünnen, etwas amphicölen Wirbelkörper (Fig. 98), indem gleichzeitig auch die Bogen zu verknöchern beginnen. Auf den späteren Wirbelgrenzen bildet das perichordale Gewebe, ähnlich wie bei Lepidosteus,

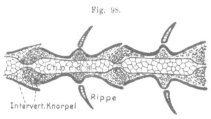

Fig. 98.

Triton jung. Schematischer Horizontalschnitt durch zwei Rumpfwirbel. Knochen schwarz. (Nach Schauinsland 1906.)   O. B.

einen ringförmigen Intervertebralknorpel aus, der gegen die Chordaachse wuchert und sie intervertebral einschnürt. Dieser Knorpel wächst jedoch auch in dünner Schicht zwischen die Chorda und den knöchernen Wirbelkörper hinein. Am geringsten entwickelt er sich bei den *Perennibranchiaten*, wo sich auch kein Gelenk in ihm sondert. Dieselbe Beschaffenheit bewahren ferner die Wirbel der *Gymnophionen* dauernd, verharren daher auf einer recht primitiven Stufe.

Der Intervertebralknorpel der *Salamandrinen* wird viel stärker und sondert sich, wie bei Lepidosteus, auf der Grenze der Wirbelkörper in zwei Teile, von welchen sich der vordere als die hintere konkave Gelenkfläche dem cranialen Wirbel anschließt, der hintere als vorderer konvexer Gelenkkopf dem caudalen (98). Die Wirbel der Salamandrinen sind daher im entwickelten Zustand *opisthocöl*, von einer Art amphicöler Anlage ausgehend, wie sie sich bei den Perennibranchiaten und Gymnophionen noch ziemlich ursprünglich erhält. Im Innern der Wirbelkörper verbleibt daher bei den Caudaten und Gymnophionen immer ein ansehnlicher Chordarest, welcher in der Mitte sogar knorpelartig werden kann (sog. Chordaknorpel). — Auch bei den *Anuren* bildet sich der Intervertebralknorpel ansehnlich aus und verdrängt die Chorda intervertebral ganz. Wie bei den Caudaten bildet er das Wirbelgelenk, das jedoch hier in der Regel vorn konkav, hinten konvex ist. So entsteht die *procöle* Form der Wirbel, von der jedoch zuweilen vereinzelte abweichen (bei gewissen Gattungen, Pipa, Bombinator u. a., sind die Wirbel opisthocöl). — Ein Chordarest findet sich daher nur noch intravertebral, geht aber im Alter bei manchen Anuren ganz ein.

Nicht wenige Anuren (von einheimischen *Pelobates, Bombinater, Alytes*) entwickeln jedoch das Achsenskelet sehr abweichend, indem es sich, abgesehen von dem Schwanzteil (sog. Urostyl, Os coccygis), über der Chorda hervorbildet, die also gar nicht in die Wirbelkörper eingeht. Daß hier eine sekundäre, sehr eigentümliche Modifikation des ursprünglichen Entwicklungsgangs vorliegen muß, scheint sicher. Die Wirbel gehen in diesem Fall allein aus den knorpeligen Anlagen der oberen Bogen hervor, welche das Rückenmark umwachsen. Da wir schon sahen, daß bei den Amphibien, wie bei den höheren Wirbeltieren überhaupt, Teile der Ventralbogen, welche bei den niederen Vertebraten den letzteren zugehören, mit den Basen der Neuralbogen vereinigt zu werden scheinen, so läßt sich vermuten, daß dies bei der epichordalen Entwicklung der Wirbel gewisser Anuren in noch stärkerem Maße eingetreten ist, so daß schließlich die Wirbelbildung ganz über die Chorda verlegt wurde.

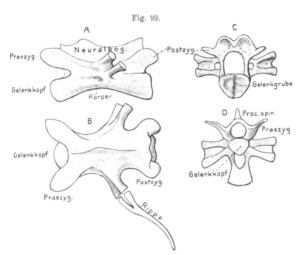

Fig. 99.

Salamandra maculosa. *A* Rumpfwirbel von links. *B* Rumpfwirbel von der Dorsalseite. *C* Rumpfwirbel von hinten. *D* Schwanzwirbel von vorn. O. B.

Die allgemeine Form der ausgebildeten Amphibienwirbel, amphicöl, opisthocöl und procöl, wurde schon oben erwähnt. Bei den geschwänzten Amphibien (Fig. 99) sowie den Gymnophionen sind die Wirbel meist ziemlich lang, bei den Anuren (Fig. 100) dagegen kurz. Die allen Wirbeln zukommenden Neuralbogen erheben sich im ganzen mäßig, jedoch fast in der ganzen Länge der Körper, und sind kontinuierlich knöchern mit dem Körper vereinigt. Von ihrer dorsalen Vereinigungsstelle entspringt ein mäßiger Dornfortsatz, der bei den Caudaten nur am Schwanz stärker hervortritt, bei den Gymnophionen fast fehlt. Vordere und hintere Gelenkfortsätze (Zygapophysen) entspringen von den Seiten des Neuralbogens. Zwischen ihnen erhebt sich der meist ansehnliche, bei den Anuren oft sehr lange Querfortsatz (Diapophyse) vom oberen Bogen. Bei den Caudaten tritt zu ihm zuweilen noch eine tiefere, von dem eigentlichen Wirbelkörper entspringende Wurzel (Fig. 99), die sich mit ihm vereinigt. Auf die Bedeutung dieser Erscheinung kann erst bei der Besprechung der Rippen näher eingegangen werden.

Ventrale Bogen finden sich nur in der Schwanzregion der Caudaten (Fig. 99 *D*) und entspringen vorn von der hinteren Region des Körpers, weiter hinten von seiner Mitte. Sie laufen in einen Dornfortsatz aus. Im Rumpf gehen die Ventralbogen der Caudaten in die erwähnten tiefen Wurzeln der Querfortsätze über. Wie bemerkt, sollen diese Verhältnisse später noch genauer erläutert werden.

Amniota. Daß die Wirbel dieser umfangreichen Gruppe aus Zuständen hervorgingen, wie sie bei den niederen Vertebraten dauernd bestehen, folgt daraus, daß sich bei zahlreichen fossilen Abteilungen der Reptilien (so den Ichthyosauria, Plesiosauria, einem Teil der Dinosauria, Theromorpha und gewissen fossilen Krokodilen), jedoch auch den ältesten Vögeln, amphicöle Wirbelkörper erhielten. Unter den jetzigen Reptilien finden wir diese Wirbelform nur noch bei den Ascalaboten unter den Sauriern und den Rhynchocephalen (Sphenodon), deren, an die perennibranchiaten Amphibien erinnernde Wirbel im erwachsenen Zustand auch noch eine starke Erhaltung der Chorda zeigen. In der Entwicklung der Amniotenwirbel spricht sich zuweilen vorübergehend eine amphicöle Bildung noch ziemlich deutlich aus.

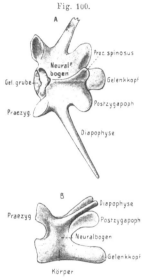

Fig. 100.

Rana mugiens. A Rumpfwirbel von der Dorsalseite. B von links. O. B.

Im allgemeinen dürfte sich aus diesen Gestaltungsverhältnissen der Wirbelkörper schließen lassen, daß ihre Urform überall amphicöl war. Die Sonderung der verschiedenen Wirbeltierklassen trat wahrscheinlich so frühzeitig ein, daß die Urformen aller den amphicölen Wirbelbau überkamen, oder sogar noch frühzeitiger (Stegocephalen), so daß sie nur die Anlage hierzu ererbten. Hieraus folgte denn, daß die procöle und opisthocöle, bzw. auch acöle Ausgestaltung in den einzelnen Klassen selbständig entstanden sein muß.

Abgesehen von der bindegewebigen, um die Chorda auftretenden Anlage der Wirbelkörper bilden sich auch bei den Amnioten zunächst knorpelige Neuralbogen, zwischen welchen in der Schwanzregion gewisser Eidechsen und Sphenodon selten noch intercalare Zwischenstücke gefunden wurden, die sich jedoch bald mit den davor liegenden Hauptbogen vereinigen, was auf eine ursprüngliche Doppelbildung der Wirbel hinweist. Ventrale Bogenanlagen in ursprünglicherer Bildung sind nur der Schwanzregion eigentümlich, wo sie sich auch im erwachsenen Zustand häufig finden. Im Rumpf treten sie bei den Reptilien und Vögeln als sog. hypochordale knorpelige Spangen noch auf, verbleiben jedoch bei letzteren nur kurze Zeit selbständig. Bei den Mammalia werden sie wenigstens im Rumpf nur bindegewebig angelegt. — Die knorpeligen Neuralbogenanlagen treten früh in Zusammenhang mit einer knorpeligen Anlage des eigentlichen Wirbelkörpers, die bei den Sauropsiden durch nicht verknorpelndes Intervertebralgewebe von den benachbarten Wirbelanlagen gesondert bleibt, während sich die knorpeligen Körperanlagen der Mammalia vorübergehend zu einem zusammenhängenden Rohr um die Chorda vereinigen, das sich später in die Intervertebralknorpelscheiben und die eigentlichen Wirbelkörper sondert. — Bei den Sauropsiden wird die Chorda durch das intervertebrale Gewebe eingeengt und schließlich durchgeschnürt (abgesehen von den schon oben erwähnten Ausnahmen mit amphicölen Wirbeln), weshalb die Chordareste, wie bei den höheren Amphibien, intravertebral in den Wirbelkörpern verbleiben,

13*

jedoch in der Regel frühzeitig schwinden. — Die Chorda der Säugetiere hingegen wird vertebral am stärksten verdrängt, weshalb sich ein Chordarest intervertebral, in den späteren Zwischenwirbelscheiben erhält, ja hier sogar wuchert. Dieser Rest verbleibt als sog. *Nucleus pulposus* bis in den erwachsenen Zustand. — Aus dem Intervertebralgewebe der Sauropsiden bilden sich, ähnlich wie bei den Amphibien,

Fig. 101.

Varanus. Rumpfwirbel von links. P. He.

die Gelenke hervor, doch ist über das Nähere wenig bekannt. Bei den placoiden Reptilien erhält sich zwischen den Gelenken eine knorpelige, scheibenartige Bildung (Meniscus), und auch bei den Vögeln findet sich ähnliches; Verhältnisse also, die etwas an die Säugetiere erinnern.

Die Verknöcherung der Wirbel geht in verschiedener Weise vor sich, doch meist so, daß in den Neuralbogen selbständige Verknöcherungsherde auftreten, woher es kommt, daß sie zuweilen auch im Alter von den Körpern gesondert bleiben können. Bei den Säugern kann die Wirbelverknöcherung recht kompliziert verlaufen, mit vielen accessorischen Centren, ja sogar Epiphysenbildung der Körperenden (Fig. 118).

Die entwickelten Körper der rezenten Reptilien haben meist procölen Bau, mit gut entwickelten Gelenken (s. Fig. 101—2); bei gewissen fossilen Dinosauriern waren sie auch opisthocöl. — Modifikationen erfährt dieser Bau durch besondere mechanische Verhältnisse; so sind die Rumpfwirbel der Schildkröten ohne Gelenke, durch Zwischenknorpel fest verbunden. Auch die Brustwirbel der Vögel sind meist sehr fest vereinigt, ja zum Teil sogar verwachsen.

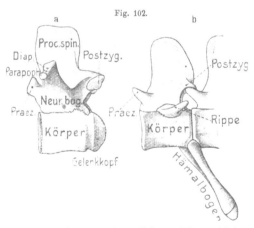

Fig. 102.

Alligator. *a* Rumpfwirbel von links. *b* Schwanzwirbel von links. P. He.

Besondere Verhältnisse können in solchen Regionen der Wirbelsäule auftreten, die besonders beweglich sind, so in der Halsregion der Schildkröten und Vögel. In der Halswirbelsäule der ersteren wechseln verschiedenartig gebaute Wirbel miteinander ab; es finden sich sowohl procöle als opisthocöle, was dadurch ermöglicht wird, daß zwischen sie bikonvexe und sogar amphicöle eingeschaltet sind. — Bei den *Vögeln* dagegen wird die Beweglichkeit der Halswirbelsäule dadurch erhöht, daß die Gelenkflächen der Körper doppelt gekrümmt, also sattelartig sind (Sattelgelenke). Die craniale Gelenkfläche ist von rechts nach links konkav, dorsoventral dagegen konvex gekrümmt; die caudale dementsprechend in umgekehrter Weise. Die Wirbel erscheinen also im Vertikalschnitt opisthocöl, im Horizontalschnitt procöl. Auch die Brustwirbel der Vögel zeigen gewöhnlich noch denselben Bau.

Die Säugerwirbel besitzen in der Regel keine eigentlichen Gelenkflächen, sondern sind vorn und hinten eben bis schwach ausgehöhlt. Die Beweglichkeit der Wirbelsäule wird durch die Einschaltung der faserknorpeligen Zwischenwirbelscheiben (Ligamenta intervertebralia) bedingt (Fig. 103). In der sehr beweglichen Halswirbelsäule der Huftiere tritt jedoch zum Teil opisthocöle Wirbelform auf und kann sich bis in die Rumpfregion fortsetzen.

Über die Neuralbogen ist wenig zu bemerken, sie erinnern an die der Amphibien, indem sie ebenfalls in ganzer Länge vom Körper entspringen, mit dem sie meist frühzeitig knö-
chern verwachsen; nur bei den Krokodilen und Cheloniern bleiben die Bogen gewöhnlich bis ins Alter durch Naht oder Knorpel von den Körpern getrennt (Figur 102). — Die Ausbildung der Dornfortsätze variiert sowohl bei den verschiedenen Formen, als in den

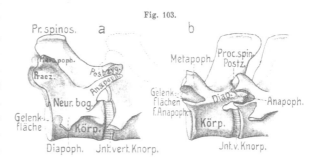

Fig. 103.

Rumpfwirbel von **Mammalia** von links. *a* ein hinterer Brustwirbel von **F e l i s
o n c a.** *b* letzter Brust- und erster Lendenwirbel von **M y r m e c o p h a g a
j u b a t a.**   P. He.

verschiedenen Regionen derselben Form sehr, doch bleiben sie im ganzen mäßig. Die der Reptilien sind meist ziemlich gleichmäßig über die Wirbelsäule hin entwickelt, im Schwanz zuweilen höher. Bei den Vögeln werden sie am Hals häufig höher, sind sonst aber niedrig, dagegen sehr lang, so daß sie sich berühren, ja sogar in gewissen Regionen verwachsen können. Die Dornfortsätze der Säuger treten dagegen gerade am Hals vielfach stark zurück, ja fehlen hier zuweilen ganz. In der Rumpfregion werden sie meist hoch, besonders manchmal in der vorderen (Widerrist). Etwa in der vorderen Hälfte der Wirbelsäule steigen sie gewöhnlich schief nach hinten empor, in der hinteren dagegen nach vorn, was in der Mitte durch allmähliche Richtungsänderung vermittelt wird (s. Fig. 112, S. 211). An den Kreuzbeinwirbeln bleiben die Processus spinosi meist kurz, fehlen jedoch nur selten ganz; am Schwanz treten sie in der Regel sehr zurück.

Über die *Gelenkfortsätze*, die, wie schon bei den niederen Formen, fast überall vorn und hinten von den Neuralbogen entspringen, ist wenig zu sagen; sie sind fast immer kräftig ausgebildet. Bei den Schlangen (selten auch gewissen Sauriern) wird die Gelenkung der Wirbel gewöhnlich noch dadurch vervollständigt, daß zwischen den Präzygapophysen, vor dem Dornfortsatz ein mittlerer Fortsatz (Zygapophysen) entspringt, der zwei seitliche Gelenkflächen besitzt, die in zwei Aushöhlungen (Zygantrum) an der Hinterseite des Bogens des vorausgehenden Wirbelkörpers eingreifen (s. Fig. 107[6], S. 204). — Bei zahlreichen Säugern (besonders gewissen

Edentata) wird die Gelenkung dadurch kompliziert, daß sich an den Zygapophysen neben der gewöhnlichen Gelenkfläche noch weitere bilden, die auch
von besonderen Vorsprüngen (Metapophyse, Anapophyse) getragen werden
(Fig. 103).

Querfortsätze (sog. Diapophysen), die auf der Grenze von Bogen und Körper
oder am Bogen entspringen, fehlen nie und setzen sich auf die Schwanzregion fort.
Da jedoch auf diese Anhänge im Kapitel über die Rippen näher eingegangen wird,
beschränken wir uns hier auf diese kurze Bemerkung.

Ventralbogen treten als spangenartig geschlossene Gebilde nur in der Schwanzregion auf und finden sich hier, wie bei den Amphibien, gleichzeitig mit Diapophysen vor (Fig. 102b). Sie haben daher morphologisch dieselbe Bedeutung wie die
der Amphibien und gehen ontogenetisch aus den oben erwähnten hypochordalen
Spangen hervor. Charakteristisch ist, daß sie gewöhnlich nicht mit dem Körper
verwachsen sind und sich diesem ganz hinten anfügen, so daß ihre Basis zwischen
die aufeinander folgenden Körper gerät; doch war dies an den vorderen Schwanzwirbeln der Urodelen schon angedeutet. Ontogenetisch soll sich jedoch ergeben,
daß ein solcher Bogen eigentlich dem darauf folgenden Wirbel angehört. Bei guter
Entwicklung laufen sie in einen Dornfortsatz aus. Die Vögel zeigen sie nur
schwach entwickelt und nach vorn geneigt. Auch bei den Mammaliern kommen
sie, bei starker Schwanzentwicklung, meist noch an einer größeren Zahl vorderer
Schwanzwirbel vor und werden namentlich bei den Cetaceen, mit der erhöhten Bedeutung des Schwanzes als Ruderorgan, wieder zahlreicher und ansehnlicher.

Bei *Sphenodon* und gewissen Sauriern (Ascalaboten usw.) finden sich nach vorn von
der Stelle ab, wo die Hämalbogen in der vorderen Caudalregion aufhören, homologe, zwischen
die Wirbelkörper eingeschaltete Knochenstückchen, sog. Intercentra, die bei nicht wenigen
der übrigen Reptilien nur in der Halsregion als selbständig gebliebene Gebilde vorkommen.
Unter den Säugern treten sie bei manchen Insectivoren in der Lendenregion auf.

In der Schwanzregion der Schlangen finden sich an Stelle der unteren Bogen schwache,
ungeschlossene absteigende Fortsätze der Wirbelkörper, welche die Caudalgefäße umgreifen.
Daß diese Bildungen den geschlossenen Ventralbogen der übrigen Amnioten entsprechen,
ist insofern wahrscheinlich, als letztere sich zuweilen an jedenfalls entsprechende schwache
Fortsätze der Wirbelkörper anfügen, diese gleichsam fortsetzen. In der Rumpfregion der
Schlangen gehen diese paarigen Fortsätze in unpaare dornartige über, die von der ventralen
Mittellinie der Wirbel entspringen und nach vorn zu länger werden, oder sich auch nur in
der vorderen Region der Wirbelsäule finden. Diese sog. Processus spinosi inferiores (Hypapo-
physen) sind demnach wohl sicher auf Teile ursprünglicher Hämalbogen zurückzuführen, wenn
sich dies im einzelnen auch bis jetzt nicht näher aufklären läßt.

Bei den übrigen Sauropsiden (Sauria, Crocodilia und Aves), jedoch auch nicht wenigen
Mammaliern können dieselben Fortsätze besonders am Hals und den vorderen Rumpfwirbeln
auftreten, bei den Säugern zuweilen auch noch an Lenden- und Schwanzwirbeln.

Querfortsätze und Rippen.

Fische. Für die Knorpelganoiden und Knorpelfische wurde früher hervorgehoben, daß die ventral geschlossenen Hämalbogen der hinteren Schwanzregion,
welche die Caudalgefäße umfassen, schon in der vorderen Schwanzregion ihren
ventralen Zusammenschluß aufgeben, seitlich etwas weiter auseinander rücken und

schließlich sogar divergieren. Mit dem Auftreten der Leibeshöhle im Rumpf treten nun, im Anschluß an die paarigen Vorsprünge, welche die Hälften der Hämalbogen darstellen, besondere knorpelige, stab- bis bogenartige Skeletgebilde auf, die diesen Vorsprüngen angefügt sind, die *Rippen* (Costae). — Diese Rippengebilde, welche bei den Knorpelfischen relativ zart und kurz sind, liegen in den sog. Myosepten oder Ligamenta intermuscularia der Seitenrumpfmuskulatur, also auf den Grenzen der Muskelsegmente, und tragen sowohl zu deren Festigung, als zur Überleitung des Muskelzuges auf die Wirbelsäule bei. Bei den Plagiostomen (Fig. 104[1]) liegen die Rippen in diesen Septen ungefähr da, wo jene von dem horizontalen Septum, welches die Seitenrumpfmuskulatur in eine dorsale und ventrale Partie scheidet, geschnitten werden. Die Rippen verlaufen daher hier etwa horizontal. — Bei den übrigen Fischen (Fig. 104[2,3]) biegen

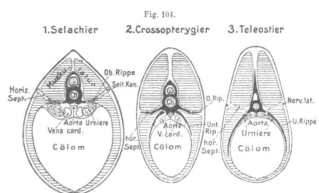

Fig. 104.

1. Selachier   2. Crossopterygier   3. Teleostier

Schematische Querschnitte zur Lage der beiderlei Rippen bei den Fischen; die Krümmung der Myosepten ist nicht berücksichtigt, da sonst die Rippen nicht in ihrer ganzen Ausdehnung zu sehen sind. (Nach GÖPPERT 1895 konstruiert.) O. B.

sie dagegen sofort gegen die Ventralseite hinab und liegen in den Myosepten da, wo diese sich mit der Haut, welche die Leibeshöhle auskleidet (Peritoneum), verbinden. Die Rippen finden sich daher hier ganz dicht unter dem Peritoneum und stehen in viel direkterer Beziehung zur Leibeshöhle, welche sie umfassen und auch schützen.

Die morphologische Bedeutung der Rippen wird verschieden beurteilt. Sowohl aus der vergleichenden anatomischen Betrachtung der erwachsenen Formen, als der Ontogenie schließen viele Forscher, daß die Rippen durch Abgliederung aus den divergierend geöffneten und verlängerten Hälften der Hämalbogen der Rumpfregion durch Abgliederung hervorgehen, während die basalen Bogenteile als deren Körperteile an der Chorda verblieben, bzw. in die Bildung der Wirbelkörper eingingen. Ein Basalvorsprung dieses Körperteils des Bogens, an dem sich die Rippe befestigt, bildete den sog. Querfortsatz (Parapophyse) des Wirbelkörpers. Als ursächliches Moment für die Abgliederung der distalen Bogenteile als Rippen werden die schwankenden Volumverhältnisse der Leibeshöhle angesehen, was die bewegliche Ablösung der sie schützenden Bogenhälften vorteilhaft machte.

Eine zweite Ansicht dagegen hält die Rippen für in den Myosepten selbständig entstandene Skeletgebilde, die erst sekundär mit den aus den Hämalbogen der Schwanzregion abzuleitenden Parapophysen in Verbindung traten.

Für letztere Meinung läßt sich anführen, daß gewisse ontogenetische Erscheinungen der Rippenbildung in diesem Sinne zu sprechen scheinen; daß ferner in den Myosepten der Knochenfische selbständige Skeletgebilde reichlich auftreten, die sog. Fleischgräten, welche sich häufig der Wirbelsäule angliedern, ähnlich wie Rippen. Ein Unterschied besteht jedoch insofern, als diese rippenartigen Gräten, soweit bekannt, stets sofort knöchern entstehen, während die eigentlichen Rippen, mit seltenen Ausnahmen, knorpelig vorgebildet werden. Schließlich ließe sich auch anführen, daß sowohl bei Knorpelganoiden als Plagiostomen die hinteren Rippen des Rumpfs meist allmählich rudimentär werden, worauf eine Region folgt, die rippenlose Parapophysen zeigt, aus deren ventralem Zusammenschluß schließlich die geschlossenen Hämalbogen hervorgehen, welche also hier ausschließlich oder doch vorwiegend auf die Vereinigung der Querfortsätze zurückzuführen sein dürften. Das Problem wird schließlich noch verwickelter durch die Kompliziertheit des Achsenskelets der Plagiostomen, die Einschaltung von Intercalarien zwischen die Hämalbogen, wobei erstere zuweilen eine rippenartige Form annehmen, bzw. auch mit einer Rippe verwachsen können (s. Fig. 90 B, S. 185).

Die morphologische Herleitung der Rippen dürfte daher vorerst noch nicht genügend aufgeklärt erscheinen, wozu noch die weitere Frage tritt, welcher Zustand des Achsenskelets, der der Schwanz- oder der der Rumpfregion, eigentlich als der ursprünglichere anzusehen ist.

Zu dem eben erwähnten Problem gesellt sich noch ein zweites. Oben wurde schon geschildert, daß die Lage der Plagiostomenrippen in den Myosepten von der bei den übrigen Fischen verschieden ist. Bei der Auffassung der Rippen als selbständige Skeletgebilde hat diese ·Differenz nur geringe Bedeutung; für diejenige Ansicht dagegen, welche sie als abgegliederte Teile der Hämalbogen deutet, ist sie von prinzipieller Wichtigkeit. Dazu gesellt sich endlich die Tatsache, daß bei den sog. Crossopterygiern (Knochenganoiden) neben den der Leibeshöhlenwand anliegenden Rippen noch eine zweite Reihe knorpelig vorgebildeter Rippengebilde vorkommt, welche sich in bezug auf das Horizontalseptum etwa ebenso verhalten, wie die der Plagiostomen (Fig. 104 [2]). Man unterscheidet deshalb hier die ersteren als untere Rippen (oder Pleuralbogen), die zweiten als obere. Diese oberen Rippen der Crossopterygier entspringen von sehr langen querfortsatzartigen Ausläufern der Wirbelkörper, welche an ihrer Basis und medial noch je einen kleineren Vorsprung tragen (untere Querfortsätze). Die unteren Rippen heften sich in der vorderen Körperregion an die mittlere Gegend der oberen Querfortsätze, weiter hinten, wo sie stärker werden, dagegen an die erwähnten unteren Querfortsätze; im Schwanz schließen sie sich samt letzteren Querfortsätzen zu den Ventralbogen zusammen, von denen außen noch die ansehnlichen oberen Querfortsätze entspringen. Demnach scheint hier in der Tat eine den beiderlei Rippen entsprechende Gabelung des sonst einfachen Querfortsatzes zu zweien stattgefunden zu haben, von denen man den unteren, wegen seiner Beziehung zu den unteren Rippen, auch hier als *Parapophyse*, den mit der oberen Rippe neu hinzugetretenen dagegen als *Diapophyse* bezeichnen kann. Die gewöhnliche Ansicht ist nun, daß die Plagiostomenrippen, welche ebenso wie die oberen der Crossopterygier liegen, auch letzteren entsprechen, im Gegensatz zu den Rippen der übrigen Fische, welche den unteren der Crossopterygier (Pleuralbogen) homolog wären. Für diese Ansicht dürfte auch die Erfahrung sprechen, daß in der Schwanzregion gewisser Haie an der Außenseite

der nahezu oder ganz geschlossenen Hämalbogen noch Rippenrudimente auftreten
können. Hieraus muß gefolgert werden, daß die Plagiostomenrippen ähnlich wie
die oberen der Crossopterygier aus einer dorsaler gelegenen Region des ursprünglichen Hämalbogens hervorgegangen sein müssen, wenn die Abgliederungslehre
recht hat.

Die unteren Rippen oder Pleuralbogen der Ganoiden, Dipnoer und Knochenfische werden in der Regel viel kräftiger und verknöchern frühzeitig, was schon
bei den Knorpelganoiden eintritt. Daß bei gewissen Knochenfischen (z. B. Lophobranchii, Plectognathi), wie unter den Chondropterygiern bei den Holocephalen,
völlige Verkümmerung der Rippen vorkommen kann, wird durch besondere Körper-
verhältnisse begreiflich. Die unteren Rippen der genannten Abteilungen reichen
bei guter Entwicklung bis nahe an die Bauchlinie herab, ohne sich hier mit irgend-
welchen anderen Skeletteilen zu verbinden. Die vordersten sind gewöhnlich am
längsten; nach hinten werden sie successive kürzer. Das Umgekehrte gilt dagegen
in der Regel von den die Rippen tragenden Querfortsätzen (Parapophysen), die
vorn am kürzesten sind, um nach hinten allmählich länger zu werden.

Von besonderer Wichtigkeit erscheinen natürlich die Beziehungen der unteren
Rippen und Parapophysen zu den Ventralbogen der Schwanzregion. Bei den
Dipnoern und Knochenganoiden (abgesehen von den schon erwähnten Crossopterygiern) gehen die Ventralbogen des Schwanzes sicher durch Zusammenschluß
der Parapophysen samt den Rippen hervor; wobei noch von Interesse ist, daß die
Rippen hier zu Ventralbogen zusammenschließen, welche sich von den den Parapophysen entsprechenden Basalteilen abgegliedert erhalten (s. Fig. 91, S. 187). —
Bei den Knochenfischen finden wir dagegen recht verschiedene Verhältnisse. Einerseits solche, welche den eben erwähnten völlig entsprechen, d. h. die klein gewordene Rippe verwächst allmählich mit der Parapophyse, und die so entstandenen
beiderseitigen Spangen schließen sich hierauf in der ventralen Mittellinie zu einem
Ventralbogen (Gadidae, Fig. 94, S. 190). Hieran reihen sich Fälle, wo sich die
Parapophysen ventral schließen und die Rippen unter Zusammenschluß in die Dornfortsätze dieser Ventralbogen überzugehen scheinen. — Ein dritter, nicht seltener
Fall ist endlich der, wo die Parapophysen kurz vor Beginn des Schwanzes auf
ihrer Innenseite schief gegen die Ventrallinie gerichtete Fortsätze (sog. Hämalfort-
sätze) entsenden, die sich schließlich vereinigen und den Ventralbogen bilden (siehe
Fig. 106a, b). Diese Fortsätze entsprechen etwa denen, welche beim Stör den
Aortakanal bilden.

Bei gewissen Knochenfischen (einzelne Pleuronectiden) kann der merkwürdige Fall auftreten, daß sich auch an der Ventralseite der Rumpfwirbel untere Bogen finden. Da in diesem
Fall Rippen fehlen, so scheinen diese ventralen Rumpfbogen in der Tat Fortsetzungen der
echten Hämalbogen des Schwanzes zu sein.

Die Parapophysen entspringen in der hinteren Rumpfregion vom ventralen
Seitenrand der Wirbelkörper. Dies kann sich durch die ganze Wirbelsäule er-
halten, oder die Fortsätze nach vorn nur wenig dorsalwärts rücken. Bei anderen
Formen, schon bei den Rochen und Knorpelganoiden, steigen die Fortsätze nach

vorn recht hoch an den Körpern hinauf, so daß die vordersten sogar an die
Basis der Neuralbogen gelangen können. Jedenfalls beruht dies darauf, daß
die Körperteile der Hämalbogen, von welchen ja die Parapophysen herstammen,
in dieser Region immer höher emporwuchsen, ein Verhalten, das wir schon beim
Stör usw. antrafen. Gleichzeitig können sich die proximalen Rippenenden, welche
den Parapophysen angehängt oder angelenkt sind, nach vorn immer stärker verbreitern, wobei auch die Parapophysen entsprechend höher werden. In extremen
Fällen (z. B. Cyprinoiden, Fig. 106) steigen letztere so vom ventralen Seitenrand
der Wirbel schief bis zur Basis der Neuralbogen empor[1]).

Fleischgräten. Wie erwähnt, treten außer den eigentlichen oder unteren
Rippen in den Myosepten der Knochenfische meist noch weitere rippenartige Ge-

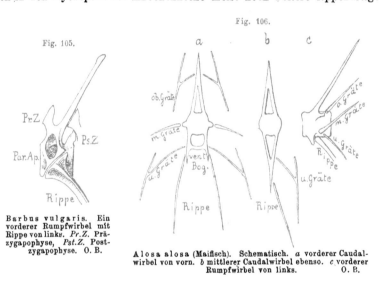

Fig. 105.

Fig. 106.

Barbus vulgaris. Ein
vorderer Rumpfwirbel mit
Rippe von links. *Pr.Z.* Präzygapophyse, *Pst.Z.* Postzygapophyse. O. B.

Alosa alosa (Maifisch). Schematisch. *a* vorderer Caudalwirbel von vorn. *b* mittlerer Caudalwirbel ebenso. *c* vorderer
Rumpfwirbel von links.   O. B.

bilde auf, die sog. *Fleischgräten.* Bei reicher Entwicklung dieser Skeletgebilde
finden sich jederseits gewöhnlich drei übereinander liegende Reihen solcher
Gräten (s. Fig. 106). Eine dorsale, welche sich den Neuralbogen anschließt, eine
mittlere, längs der Wirbelkörper, und eine ventrale, die den Hämalbogen und
Rippen entlang zieht. Diese Gräten sind entweder einfache zarte Knochenfäden,
oder gehen an ihrem distalen Ende in einen parallel der Körperoberfläche ziehenden, etwas schief zum inneren Arm gerichteten Ast aus. Der innere Arm heftet
sich, wie gesagt, dem Achsenskelet an, wozu auch an den betreffenden Stellen
Vorsprünge, ähnlich Querfortsätzen, vorhanden sein können. Bei manchen Knochenfischen tritt ein solcher Vorsprung an der Seite jedes Wirbelkörpers für die Seitengräte stärker hervor, ähnlich einem oberen Querfortsatz (Diapophyse). Diese
Seitengräten verdienen auch besondere Beachtung. Während die Fleischgräten, so-

---

[1]) Eine Eigentümlichkeit ist in diesem Fall ferner zu beachten, daß nämlich diese
vorderen Parapophysen vom Körper abgegliedert sind (ebenso bei Gymnarchus).

weit bekannt, stets durch direkte Verknöcherung entstehen, treten die Seitengräten gewisser Teleosteer (Clupeiden) peripher mit Knorpel in Verbindung, während sich bei Salmoniden vorübergehend knorpelige, den oberen Rippen der Crossopterygier ähnliche Bildungen finden. Diese Knorpelbildungen dürften daher wohl sicher als Homologa der sog. oberen Rippen der Crossopterygier angesehen werden.

Dies macht es in gewissem Grade wahrscheinlich, daß die Seitengräten überhaupt als eine Art Ersatz ursprünglich vorhandener echter oberer Rippen auftraten und daher auch in diesem Sinne ihnen gleichwertig erachtet werden dürften. In der Rumpfregion steigen die Seitengräten zuweilen auf die Rippen herab und befestigen sich an ihnen; ja es scheint sogar in der vordersten Rumpfregion manchmal zu einer Verwachsung des proximalen Endes je einer unteren Rippe und einer Seitengräte zu kommen. Ob etwa gar die stark verbreiterten Rippen, wie sie z. B. die Cyprinoiden besitzen, aus der Verwachsung zweier solcher Gebilde hervorgingen und ihre ansehnlichen Querfortsätze daher gleichfalls aus einem Paar unterer und oberer Querfortsätze hervorgegangen sind, bedürfte näherer Untersuchung.

Tetrapode Wirbeltiere. Die Rippen der Tetrapoden werden wegen ihrer ursprünglichen Lage in dem Horizontalseptum der Muskulatur meist als den oberen der Fische gleichwertig erachtet; doch soll auf dies Problem gleich noch näher eingegangen werden.

Unter den erwachsenen *Amphibien* finden sich diskrete Rippen nur bei den *Urodelen, Gymnophionen* und den ausgestorbenen *Stegocephalen*. Doch bleiben sie stets relativ kurz und schwach, so daß sie nie die Bauchlinie erreichen und stets ohne Verbindung mit anderen Skeletteilen frei endigen. Da die Rippen der Stegocephalen häufig länger waren, so ist es wahrscheinlich, daß bei den rezenten Amphibien erhebliche Verkümmerung der Rippen vorliegt, welche bei den *Anuren* sogar zu ihrem völligen Schwinden, d. h. zur Verwachsung ihrer Reste mit den Querfortsätzen geführt hat. Was letztere angeht, so läßt die Ontogenie der Urodelen erkennen, daß der Körperteil der paarigen Hälften der Hämalbogen in der Rumpfregion ursprünglich einen Querfortsatz am unteren Seitenrand der Wirbelkörper bildet, eine echte Parapophyse, von der die Rippe sich abgliedern soll. Hierauf wächst aber der Körperteil an der Außenseite der Chorda und des Neuralbogens stark dorsal empor und entwickelt etwas über der Parapophyse einen zweiten ähnlichen Querfortsatz, die *Diapophyse* (Fig. 107[2]). Letztere nimmt daher ihren Ursprung scheinbar am Neuralbogen, obgleich sie ihrer Entwicklung nach zum Hämalbogen gehört. Die Diapophyse entspringt etwa auf der Grenze von Neuralbogen und Wirbelkörper, ja im Schwanz auch ganz von letzterem (s. Fig. 99, S. 194). Beide Querfortsätze stehen dicht übereinander, etwas divergierend, und nehmen die an der Wirbelsäule jederseits herabziehende Arteria vertebralis zwischen sich. Nach außen von ihr verwachsen sie gewöhnlich mehr oder weniger innig, bleiben aber meist deutlich kenntlich und bilden distal je eine Gelenkfläche für das gegabelte proximale Rippenende (s. Fig. 99 B). — In der vorderen Schwanzregion erhalten sie sich meist ganz in derselben Weise; doch treten zwischen den Basen der Parapophysen auf der Ventralseite des Wirbels zwei Fortsätze auf, welche weiter hinten am Schwanz in die sich schließenden Ventralbogen auswachsen (Fig. 99 d u. Fig. 107[2]a). Hieraus folgt, daß diese caudalen Ventralbogen, wie bei

den höheren Vertebraten überhaupt, nicht den gesamten ursprünglichen Hämalbogen entsprechen, welche wesentlich durch die Parapophysen (und ev. Rippen)
repräsentiert werden, sondern daß sie wie die gewisser Knochenfische von den
sog. Hämalfortsätzen der Hämalbogen gebildet werden.

Entsprechend den beiden Querfortsätzen (Para- und Diapophysen) ist das
proximale Rippenende bei den Urodelen in der Regel mehr oder weniger tief gegabelt (Fig. 99 b, 107 [2]); auch das distale gabelt sich häufig in einen dorsal und

Fig. 107.

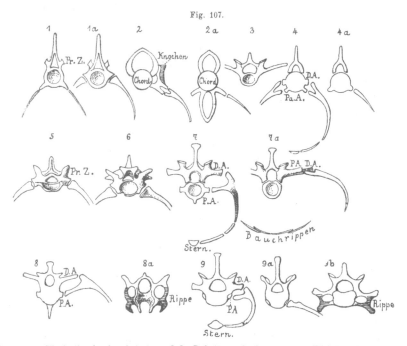

Schemata zur Illustration der Querfortsätze und der Befestigung der Rippen an den Wirbeln. *D.A.* Diapophyse.
P.A. Parapophyse. *Pr.Z.* Präzygapophyse. *1—1a* Teleosteer (Barbus), *1* hintere Rumpfregion, *1a* vordere
Rumpfregion. *2—2a* Menobranchus (Urodele), *2* Sacralregion, *2a* vordere Schwanzregion. *3* Rana, Rumpf-
region. *4—4a* Ichthyosaurus, *4* Rumpfregion, *4a* Schwanzregion. *5* Saurier (Varanus) Rumpf. *6* Ophidier
(Python) Rumpf. *7—7a* Alligator, *7* vordere Brustregion, *7b* hintere Brustregion. *8—8a* Vogel, *8* Brust-,
8a Halsregion. *9—9b* Säuger (Felis), *9* vordere Brust-, *9a* hintere Brustregion, *9b* Halsregion. O. B.

einen ventral gerichteten Fortsatz; was auch gewissen Stegocephalen eigentümlich war, wogegen das proximale Rippenende zum Teil zwei Gelenkköpfe besaß
oder einfach war.

Dieser Gabelung wird meist wenig Bedeutung beigelegt, und das proximale Gabelende
nur als ein sekundärer Fortsatz zur Gelenkung an der Diapophyse beurteilt. Mir scheint
dagegen die andere Ansicht nicht ausgeschlossen, welche in der Gabelung eine ursprüngliche
Doppelrippe erblickt, die durch mittlere Verwachsung teilweise einheitlich wurde. Ist dies
richtig, so wäre auch wohl nicht zu bezweifeln, daß die gegabelte Urodelenrippe und ebenso
wohl auch die Rippen der höheren Vertebraten auf eine Verwachsung der unteren und oberen
der Crossopterygier zurückzuführen sind, was um so möglicher ist, als sich schon bei den
Knochenfischen ähnliche, wenn auch wohl nur analoge Verwachsungsprozesse finden.

Die Rippen der *Gymnophionen* sind proximal gleichfalls gegabelt und zeigen das Eigentümliche, daß der dorsale Gabelast an der vorderen Zygapophyse des Wirbelkörpers articuliert, der ventrale dagegen an der Parapophyse, welche auf der Grenze zwischen Neuralbogen und Körper entspringt und eigentümlicherweise nach vorn gerichtet ist.

Die ansehnlichen Querfortsätze der *Anuren* (s. Fig. 100, S. 195 u. 107 [3]) entspringen vom Neuralbogen, scheinen aber dennoch wesentlich Parapophysen zu repräsentieren, wie daraus geschlossen wird, daß die Arteria vertebralis dorsal über sie hinzieht.

Die Rippen der *Amnioten* sind im allgemeinen viel kräftiger und länger als die der Amphibien, so daß sie in der Brustregion bis zur Bauchlinie hinabreichen und hier einem besonderen Skeletteil, dem Brustbein oder Sternum, den Ursprung geben. Dieses wird später besonders besprochen werden. Die Gelenkung der Rippen an den Wirbeln geschieht in der Regel wie bei den urodelen Amphibien schon angedeutet, d. h. mit einem proximalen gegabelten Ende (s. Fig. 107 [7—9]). Der dorsale Rippenast (sog. Tubercularfortsatz, Tuberculum) heftet sich an die meist viel ansehnlichere Diapophyse, während der ventrale, bald stärkere, bald schwächere Ast (Capitularfortsatz, Capitulum) sich an eine nur schwach entwickelte Parapophyse des Wirbelkörpers ansetzt. — Sehr ursprüngliche Verhältnisse zeigen jedenfalls noch gewisse fossile Reptilien, die *Ichthyosauria* (Fig. 107 [4]). Bei ihnen entspringen in der Rumpfregion kurze Di- und Parapophysen seitlich am Wirbelkörper zur Befestigung der gegabelten Rippen; weiter hinten nähern sich die beiden Querfortsätze mehr und mehr und verschmelzen endlich in der Schwanzregion, wo denn auch die vertebralen Rippenenden ungegabelt sind. Dies Beispiel beweist ebenso, wie die schon bei den Amphibien dargelegten Verhältnisse, daß die beiderlei Querfortsätze Produkte des ursprünglich einheitlichen Querfortsatzes des Hämalbogens sind.

Die Verhältnisse der beschuppten Reptilien (Fig. 107 [5,6]) erinnern etwa an die, welche eben von der Schwanzregion der Ichthyosaurier geschildert wurden Die recht kurzen Querfortsätze entspringen auf der Grenze von Körper und Neuralbogen, unterhalb der vorderen Zygapophyse. Sie sind einfach oder zeigen doch nur eine Andeutung von Gabelung. Ebenso verhalten sich die proximalen Rippenenden. In der Sacral- und Schwanzregion werden die Querfortsätze dagegen recht ansehnlich, was wahrscheinlich auf Verwachsung mit rudimentären Rippen beruht.

Aus dem Mitgeteilten geht hervor, daß wir die Vereinfachung der Gelenkungsverhältnisse der Rippen bei den Squamaten auf eine Reduktion oder nachträgliche Vereinigung der früher gesonderten beiden Querfortsätze, unter Rückbildung der Gabelung des Rippenendes, zurückführen möchten; wofür auch schon gewisse Urodelen Beispiele bieten.

Bei den *Krokodilen* (Fig. 107 [7]), ähnlich auch den meisten fossilen Reptiliengruppen, den Vögeln (Fig. 107 [8]) und Säugern (Fig. 107 [9]) ist die Gabelung der proximalen Rippenenden an Hals und Brust stark ausgeprägt, so daß durch ihre Anfügung an die Di- und Parapophysen ein Kanal gebildet wird, in dem auch hier die Arteria vertebralis verläuft. In der Halsregion sind die beiden Querfortsätze, sowie die Gabelenden der Rippen ziemlich gleich stark entwickelt. Bei den Vögeln

(Fig. 107 ^{8a}) und Säugern (Fig. 107 ^{9b}) verwachsen jedoch die rudimentären Halsrippen in der Regel frühzeitig mit den Wirbeln, so daß sie als Fortsätze derselben
erscheinen. — In der Rumpfregion liegen die Verhältnisse etwas verschieden.
Bei den Vögeln (Fig. 107 ^{8}) erhält sich die Gelenkung ähnlich wie am Hals. Bei
den Krokodilen dagegen rückt die schwache Parapophyse an der Brust rasch am
Wirbel in die Höhe und vereinigt sich schließlich mit der langen Diapophyse
(Fig. 107 ^{7} u. Fig. 102 a), wobei auch der Capitularfortsatz der Rippen rasch verkümmert, so daß die vorn so ausgesprochene Gabelung an den hinteren Rippen
nur noch schwach angedeutet ist. — Hiermit übereinstimmende Verhältnisse zeigen
unter den Säugern die Cetaceen. Bei den meisten Säugetieren aber geht an den
hinteren Brustrippen der Tubercularfortsatz ein, so daß sich allein die Befestigung
der Rippe am Wirbelkörper, bzw. auch zwischen je zweien, erhält (Fig. 107 ^{9a}), was
bei den Monotremen für alle Rippen der Fall sein kann. Dieselbe Veränderung
in der Gelenkung der hinteren Brustrippen fand sich bei gewissen fossilen Dinosauriern; die hier besser ausgeprägten Parapophysen entsprangen teils vom Körper
(hinten), teils stiegen sie bis zum Neuralbogen empor.

Auch bei den Schildkröten hat sich die Gelenkung der Brustrippen in ähnlicher Weise vereinfacht und geschieht durch Anlagerung des proximalen Endes
auf der Grenze zwischen je zwei Wirbelkörpern, jedoch höher, etwa da, wo die
Bogen sich an die Körper anfügen.

Während die Rippen der Anamnier stets einfache Gebilde sind, werden die
ansehnlichen Brustrippen der Amnioten komplizierter. Dies hängt wohl zum Teil
mit der Befestigung der ventralen Rippenenden am Brustbein zusammen, fehlt
daher auch bei den Amnioten, deren Sternum rückgebildet ist (Schlangen, Amphisbänen, Schildkröten), oder tritt doch an deren Rippen stark zurück; ebenso jedoch
auch an den hinteren Rippen der übrigen, welche das Brustbein nicht erreichen.
Die Brustrippen der ersterwähnten Amnioten gliedern sich nämlich in zwei Stücke,
ein vertebrales (Vertebralstück) und ein sternales (Sternalstück), die beide schief
nach hinten gerichtet sind, so daß sie unter einem kopfwärts offenen Winkel zusammenstoßen (Fig. 112, 115, S. 211—13). Jedenfalls hängt diese Gliederung der
Rippen auch mit der Tätigkeit des Brustkorbes bei der Inspiration zusammen, welche
sich unter den Amnioten immer besser hervorbildet. Die Vertebralstücke sind stets
verknöchert, die sternalen hingegen meist knorpelig oder kalkig-knorpelig; bei
den Vögeln und einigen Säugern verknöchern jedoch auch sie. Die Rippen-
gliederung kompliziert sich bei den Krokodilen noch mehr, indem die Brustrippen
meist aus drei Stücken bestehen (Fig. 107 ^{7}, 209), da der ventrale Teil des vertebralen Stücks knorpelig-kalkig bleibt. — Das Vertebralstück der Brustrippen
(seltener auch hinterer Halsrippen, Sphenodon) trägt bei den Krokodilen, bei Sphenodon, namentlich aber den Vögeln, einen nach hinten schief aufsteigenden Fortsatz (Processus uncinatus), der sich bei stärkerer Ausbildung (besonders Vögel)
der nächstfolgenden Rippe auflegt; eine Einrichtung, welche jedenfalls darauf
hinzielt, den Zusammenhalt des ganzen Brustkorbs zu verstärken und seine Bewegungen zu vereinheitlichen (s. Fig. 115, S. 213, Fig. 209).

Die Rückführung dieses Processus uncinatus auf den dorsalen distalen Gabelast der Urodelenrippen scheint nicht unmöglich, bedürfte aber noch genaueren Nachweises, zumal schon bei gewissen stegocephalen Amphibien ein ähnlicher Fortsatz neben einem distal gegabelten Rippenende vorkommt. Der Processus uncinatus scheint sich stets selbständig knorpelig anzulegen und bleibt auch bei den Reptilien so, während er bei den Vögeln verknöchert und meist frühzeitig mit der Rippe verwächst.

Das Brustbein oder Sternum.

Wie schon bemerkt, reichen die Rippen der Fische nicht bis zur Bauchlinie herab. Bei den Amphibien bleiben sie noch kürzer und endigen daher weit von der Ventralseite. Es wird dieser Klasse deshalb auch von manchen Morphologen das Brustbein völlig abgesprochen. Dennoch findet sich bei sämtlichen Amphibien, mit Ausnahme der Gymnophionen, ein Skeletgebilde, das, nach seiner Lage und seiner innigen Beziehung zum Schultergürtel, große Ähnlichkeit mit dem Sternum der Reptilien besitzt, weshalb es meist als ein solches aufgefaßt wird. Es wird sich jedoch empfehlen, vor der Betrachtung dieses Amphibiensternums das der Amnioten zu besprechen, um bei der Beurteilung der Amphibienverhältnisse hieran anknüpfen zu können.

Die Ontogenie erweist recht bestimmt, daß sich die ventralen Enden der vorderen Brustrippenanlagen im vorknorpeligen Stadium zunächst jederseits zu einer Längsleiste vereinigen. Indem die beiden Leisten in der Ventrallinie zu einem einheitlichen Skeletgebilde verwachsen, verknorpelnd, bzw. später verknöchernd, entsteht das Sternum. Daß dies neu erworbene Skeletgebilde hauptsächlich unter dem Einfluß der besonderen Entfaltung, welche die vordere Extremität bei den Tetrapoden erlangte, entstand, was ihre Befestigung an Teilen des Achsenskelets erforderte, folgt einmal daraus, daß die Rückbildung der Vorderextremität der Amnioten stets von einer Reduktion, oder sogar dem völligen Ausfall des Brustbeins begleitet wird. Weiterhin jedoch auch daraus, daß die ventralen Teile des Schultergürtels gewöhnlich in Verbindung mit dem Sternum treten. Diese Verbindung gestaltet sich so innig, daß vom Schultergürtel aus entstehende Teile (Episternum) so eng mit dem Brustbein zusammentreten, daß sie, abgesehen von ihrer Herkunft, als Teile desselben angesprochen werden können. Unter den *Sauriern* ist das Sternum nur bei den fußlosen Eidechsen stark verkümmert (Fig. 208 A) und bei gewissen ganz eingegangen. An sein Rudiment treten gewöhnlich keine Rippen mehr heran. Daß es auch den Schildkröten fehlt, hängt mit deren knöchernem Bauchpanzer ursächlich zusammen. Die meist kleine bis mäßig große Brustbeinplatte der Saurier (s. Fig. 108, S. 208, Fig. 208) ist gewöhnlich annähernd rhombisch und verlängert sich häufig nach hinten in einen mittleren unpaaren Fortsatz, oder zwei paarige längere, in welchen sich die unvereinigt bleibenden Abschnitte der hinteren Sternalanlagen wiederfinden (Xiphisternum, Metasternum). Die eigentliche Platte verbindet sich nur mit zwei bis vier vorderen Brustrippen; der hintere oder die beiden hinteren Fortsätze gleichfalls mit einigen Rippen, während die darauf folgenden gewöhnlich frei endigen (sog. falsche Brustrippen). Es ist jedoch recht interessant und wirft Licht auf die Entstehung des

Brustbeins, daß diese hinteren Rippen sich zuweilen paarweise in der Ventrallinie vereinigen können (Chamaeleo und andere, Fig. 108); ja es können sogar zwischen ihre Ventralenden unpaare Knorpelstücke eingeschaltet sein, welche also gewissermaßen wie isolierte vielfache Sternalgebilde erscheinen.

Das Brustbein der *Krokodile* ist mäßig entwickelt und setzt sich in einen langen Xiphisternalfortsatz fort, der sich hinten gabelt (Fig. 209).

Im allgemeinen erhält sich das Brustbein der Reptilien knorpelig-kalkig. Dies gilt auch für die meisten ausgestorbenen Gruppen; doch wurden unpaare oder paarige Sternalverknöcherungen bei Pythonomorpha, Dinosauria (selten), Pterosauria und Theromorpha gefunden.

Fig. 108.

Chamaeleo. Verhalten der Rippen an ihrem ventralenEnde; der proximale Verlauf der Rippen ist nicht dargestellt. *St* Sternum. *Mst* Metasternum. *Co* Coracoid. *c*,*c*¹ Rippen. (Aus GEGENBAUR 1898.)

Bei den geschwänzten und ungeschwänzten *Amphibien* (Fig. 205, 206) ist dem hinteren Rand der sog. Coracoidea des Schultergürtels, die in der ventralen Mittellinie der Brust zusammentreten, ein teils rein knorpeliges, bei den Anuren auch teilweise verknöchertes, plattenförmiges Skeletstück angefügt, das caudalwärts in zwei Fortsätze auslaufen kann. Es entsteht aus einem oder mehreren Paaren knorpeliger Anlagen, die in einigen Ligamenta intermuscularia (Myosepten) auftreten. Seiner Lage nach entspricht es völlig dem Sternum der Reptilien.

Es darf diesem um so mehr gleichgesetzt werden, als sowohl bei geschwänzten Amphibien als Eidechsen gelegentlich rudimentäre Rippen vorkommen, die mit der Wirbelsäule nicht mehr direkt zusammenhängen, oder auch ventrale Rippenstücke in der Bauchlinie, die mit den zugehörigen dorsalen außer Zusammenhang sind. Da es nun sehr wahrscheinlich ist, daß die Rippen der Uramphibien stärker entwickelt waren und ein Sternum gebildet hatten, so dürfen wir das Brustbein der rezenten Amphibien als den Rest einer Sternalbildung auffassen, der selbst in der Ontogenie den Zusammenhang mit den dorsalen Rippenresten verlor.

Mit der mächtigen Entwicklung, welche die Brustmuskulatur der *Vögel* zur Bewegung der Flügel erlangte, wurde auch das Sternum zu einer großen, etwa rechteckigen Platte, die völlig verknöchert ist und sich mit einer größeren Zahl Brustrippen verbindet als bei den Reptilien (s. Fig. 214). Zur Vergrößerung der Ansatzfläche der starken Brustmuskeln, den Herabziehern des Flügels, hat sich in der ventralen Mittellinie der Sternalplatte ein mehr oder weniger hoher Längskamm (Carina) entwickelt, der nur den straußartigen Vögeln (Ratiten) ganz fehlt. — Als analoge Bildung fand sich eine solche Crista auch bei manchen Pterosauriern. — Wie eine Art Ersparnis der Knochensubstanz der großen Brustbeinplatte erscheint es, daß sie bei manchen Vögeln von großen, nur häutig geschlossenen Löchern durchbrochen ist, oder, indem diese Löcher am Hinterrand des Brustbeins sich öffnen, dieser Rand in einige hintere Fortsätze ausläuft. Ähnliche Durchbrechungen der Sternalplatte finden sich gelegentlich auch schon bei Sauriern.

Im Gegensatz zu dem breiten und langen Brustbein der Vögel ist das der *Säuger* meist recht schmal und lang, da sich gewöhnlich ziemlich viele echte

Brustrippen mit ihm verbinden. Es besitzt ferner die Eigentümlichkeit, daß es sowohl in seiner knorpeligen Anlage, als besonders nach der ersten Verknöcherung aus hintereinander gereihten (selten paarigen) Gliedstücken besteht, welche sich zwischen je zwei aufeinander folgende Rippenpaare einschalten (Fig. 215). Das vorderste Gliedstück ist in der Regel verbreitert (Manubrium) und dient auch zur Befestigung der Schlüsselbeine des Schultergürtels, wo diese nicht rückgebildet sind. Im Alter tritt häufig Verwachsung der ursprünglichen Brustbeinglieder zu einer einheitlichen knöchernen Sternalplatte ein. Das hinterste Sternalglied ist meist in einen knorpeligen, oder verknöchernden sog. Schwertfortsatz verlängert (Xiphisternum).

Bei gewissen Schuppentieren (Manis) kann das Xiphisternum, indem es sich paarig spaltet, abnorm lang werden, so daß es bis in die Beckengegend nach hinten reicht, ja nach vorn umbiegend bis in die Nierengegend wieder aufsteigt. Diese Modifikation hängt mit der besonderen Ausbildung der langen Zunge zusammen, wie bei dieser später zu erörtern sein wird.

In das Manubrium, welches zuweilen vor die erste Brustrippe fortsatzartig vorspringt, sind wahrscheinlich sternale Reste der hintersten (7.) Halsrippen eingegangen, ebenso häufig gewisse Teile des Schultergürtels, was erst bei letzterem erörtert werden kann.

Die starke Reduktion, welche das Sternum bei den Cetaceen erlitt, erklärt sich aus der fischartigen Umbildung der vorderen Extremität und des Gesamtkörpers, was wieder ähnliche mechanische Bedingungen wie bei den Fischen hervorrief. — Schwache Entwicklung einer Carina (Fledermäuse und einige grabende Säugetiere) wird wie bei den Vögeln durch die besonders starke Entfaltung der Brustmuskeln bedingt.

Regionenbildung der Wirbelsäule.

Die Zahl der Wirbel, welche die Säule bilden, unterliegt den größten Schwankungen, je nach der Länge der betreffenden Formen. Bei sehr langgestreckten Vertebraten, wie Schlangen und schlangenartigen Sauriern, wächst die Wirbelzahl erstaunlich (bis auf 400—500), wogegen sie bei den anuren Amphibien auf 10 (einschließlich des weiter unten zu besprechenden sog. Urostyls) herabsinkt (Aglossa nur 9). Ganz allgemein verschmächtigt sich die Wirbelsäule am Schwanzende immer mehr, indem die Wirbel successive kleiner werden und ihre Fortsätze mehr und mehr verkümmern, so daß das hinterste Ende häufig von einer Anzahl stark reduzierter Wirbel gebildet wird.

In der Wirbelsäule der *Fische* (Fig. 109) lassen sich nur zwei Regionen unterscheiden, eine Rumpfregion, die in der Regel freie Rippen trägt, und eine Schwanzregion mit geschlossenen Ventralbogen.

Wie wir schon früher bei der Wirbelsäule der primitiveren Fische hervorhoben, so bildet sich auch bei Knochenganoiden und Teleosteern häufig ein besonders fester vorderster Abschnitt der Wirbelsäule aus, indem einige der vordersten Wirbel miteinander verwachsen, ja sogar mit dem Hinterende des Schädels sich vereinigen können. Diese Einrichtung bewirkt, daß der das Wasser durchschneidende Kopf eine feste Stütze an der Wirbelsäule findet. Analoge Verhältnisse können daher auch bei höheren Wirbeltieren unter ähnlichen Bedingungen wieder auftreten, so bei den Cetaceen, deren Halswirbelsäule sich ungemein verkürzt und ihre Gelenkigkeit einbüßt, was ebenfalls eine möglichst feste Verbindung des mächtigen Schädels mit der Wirbelsäule hervorruft.

Die kräftigere Entwicklung der hinteren Extremitäten bei den Tetrapoden, als Vorwärtsschieber des Körpers, bedingt ihre Befestigung an der Wirbelsäule, auf welche sie bei der Vorwärtsbewegung wirken. Dies geschieht, indem sich das

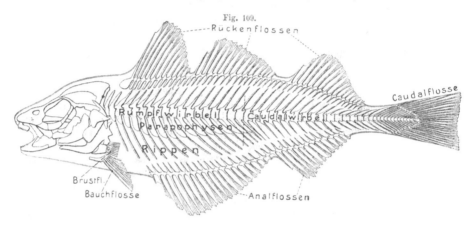

Fig. 109.

Gadus aeglefinus (Schellfisch). Skelet von links zur Demonstration der Regionen.   v. Bu.

dorsale Ende des sog. Beckengürtels, der das Skelet der freien hinteren Extremität trägt, an den verkürzten Rippen eines oder mehrerer der hintersten Rumpfwirbel (Sacralwirbel) befestigt. — Auf diese Weise bildet sich eine sog. *Sacral-* oder *Kreuzbeinregion* aus, die zwischen Schwanz- und Rumpfregion eingeschaltet ist.

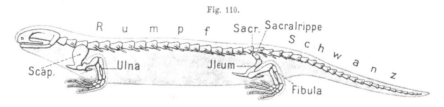

Fig. 110.

Salamandra maculosa. Schema des Skelets von links. (Aus Versehen sind 17 statt 15 Präsacralwirbel gezeichnet.)   v. Bu.

Bei den *Amphibien* (s. Fig. 110) besteht sie nur aus einem einzigen Sacralwirbel, welcher bei den Urodelen vermittels einer Sacralrippe das Darmbein (Ileum) des Beckengürtels trägt. — Die Darmbeine der Anuren befestigen sich direkt an den ansehnlichen Querfortsätzen des Sacralwirbels, indem die Sacralrippe in den Querfortsatz eingegangen ist (Fig. 111). — Die ansehnliche Schwanzregion der Urodelen verkümmert bei den Anuren zu einem dem Sacralwirbel hinten angefügten langen schmalen Knochen, dem sog. Urostyl oder Os coccygis, das als Verschmelzungsprodukt einer Anzahl vorderer ursprünglicher Caudalwirbel aufzufassen ist, obgleich solche in der Ontogenie nicht mehr diskret angelegt werden.

Das Urostyl kann zuweilen mit dem Sacralwirbel verwachsen. — Die Schwanzwirbelsäule der Gymnophionen ist fast ganz verkümmert.

In der Rumpfwirbelsäule der Amphibien läßt sich wegen der geringen Ausbildung oder der Verkümmerung der Rippen keine weitere Sonderung durchführen.
Die Rippen der Urodelen (Fig. 110) und Gymnophionen erstrecken sich gleichmäßig über diese Region und noch auf
die vordersten Schwanzwirbel.

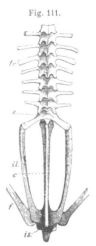

Fig. 111.

Bei sämtlichen *Amnioten* mit unverkümmerten vorderen
Extremitäten ist wegen der Verbindung der vorderen Brustrippen mit dem Sternum die Unterscheidung einer Hals- und
Brustregion gegeben (Fig. 112, 115). Indem man die Brustregion von jenem Wirbel an rechnet, dessen Rippe sich zuerst an dem Sternum befestigt, faßt man die davor liegenden
Wirbel als Halsregion zusammen. Wie schon bemerkt, erreichen die hinteren Rippen der Brustregion das Brustbein
nicht mehr und werden daher als *falsche Brustrippen* bezeichnet. — Wenn einige der hinteren Rumpfwirbel rippenlos bleiben, so werden sie *Lenden-*(Lumbar-)*wirbel* genannt. Bei den
Sauriern sind solche nicht, oder nur in sehr geringer Zahl
entwickelt; etwas zahlreicher werden sie bei den Krokodilen,
mehr noch bei den Säugern (Fig. 112). Die Lendenwirbel
der Vögel vereinigen sich, wie gleich zu schildern sein wird,
mit dem Sacrum.

Wirbelsäule und Becken
von **Rana esculenta.**
tr Diapophyse. *s* Sacrum.
c Urostyl. *il* Ileum. *is* Ischium. *f* Femur.
(Aus GEGENBAUR 1898.)

Die interessantesten Verhältnisse zeigt die *Kreuzbein-*
region, welche, mit Ausnahme der extremitätenlosen Formen, stets gut entwickelt ist.
Auch bei denjenigen Säugern, deren hintere Extremitäten verkümmerten (Sirenen und

Fig. 112.

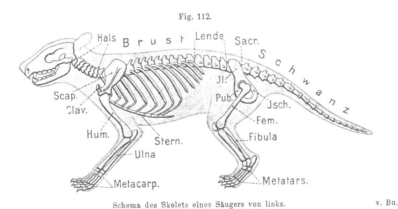

Schema des Skelets eines Säugers von links.   v. Bu.

Waltiere), analog auch bei den fossilen Ichthyosauriern, ist das Sacrum geschwunden, obgleich letztere noch hintere Extremitäten besaßen, deren Becken jedoch die
Wirbelsäule nicht erreichte. — Die einfachste Sacralregion der Amnioten knüpft an

14*

die Einrichtungen der Amphibien an, indem bei manchen Sauriern, jedoch auch
nicht wenigen Säugern (Fig. 118), der ansehnliche Querfortsatz eines einzigen
Sacralwirbels das Darmbein trägt. In beiden Fällen gesellt sich jedoch der darauf
folgende erste Caudalwirbel diesem ursprünglichen Sacralwirbel inniger zu, indem
sein Querfortsatz kräftiger entwickelt ist und sich dem des ersten nahe anschließt.
Diese beiden Sacralwirbel verwachsen bei den Säugern häufig frühzeitig miteinander.
Bei den meisten lebenden und fossilen Reptilien (Fig. 114, 223, 225) geht die Anheftung der Darmbeine auf beide Wirbel über, die sich dann in der Regel gleichmäßig hieran beteiligen; dasselbe gilt für die meisten Säuger.

Die kräftige Entwicklung der hinteren Extremitäten vieler Säuger bedingt jedoch eine weitere Verstärkung der Sacralregion durch Zutritt einiger folgender

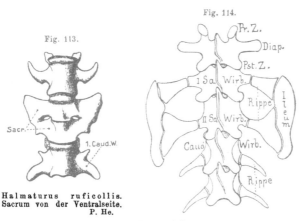

Fig. 114.

Fig. 113.

Halmaturus ruficollis.
Sacrum von der Ventralseite.
P. He.

Junger Alligator mississipiensis.
Sacrum mit Sacralrippen und Ileum von
der Dorsalseite.   O. B.

Schwanzwirbel und
ihre Verwachsung mit
den beiden ursprüng-
lichen, so daß die
Sacralwirbelzahl auf
drei, ja bis auf fünf
und sechs steigen kann
(Fig. 229—231). Auch
kann sich gelegentlich
der hinterste Lenden-
wirbel diesem Kom-
plex zugesellen. — In
vereinzelten Fällen er-
fährt die Sacralwirbel-
zahl eine abnorme Stei-
gerung auf sieben bis
neun (Phascolomys, Faultiere Fig. 231 b, Gürteltiere), indem sich die Sitzbeine
des Beckens mit weiter hinten gelegenen Schwanzwirbeln verbinden und letztere dann ebenfalls mit dem Sacrum verwachsen. — Alle diese Verhältnisse
hängen zweifellos mit besonders kräftiger Funktion der hinteren Extremitäten zusammen. Das zeigt sich ebenso in der Sacralbildung, wie sie sich schon bei gewissen fossilen Reptilien anbahnte, und bei den Vögeln ihre höchste Entfaltung
fand. Diese Entwicklung war jedenfalls hauptsächlich bedingt durch die Aufrichtung auf den hinteren Extremitäten und deren vorzugsweise Verwendung zur Bewegung auf dem Boden.

So stieg die Zahl der Sacralwirbel bei den fossilen Flugsauriern (Pterosauria) auf 3, 4
und 5, mit Verschmelzung der drei vorderen, da sich diese Reptilien auf dem Land wohl nur
mit den hinteren Extremitäten bewegten wie die Vögel. Am interessantesten entwickelte
sich das Sacrum in der großen Reihe der Dinosauria. Viele derselben besaßen nur drei verwachsene Sacralwirbel, von denen der hinterste zuweilen noch frei blieb. Bei zahlreichen
Formen erhöhte sich die Kreuzbeinwirbelzahl bis auf fünf, ja bis zehn, unter Verwachsung der
Wirbel; es waren dies Dinosaurier, welche sich wohl vorzugsweise auf den hinteren Extremitäten bewegten. — Auf anderen Bedingungen beruht es dagegen, daß auch bei gewissen Schild-

kröten, dauernd oder nur vorübergehend in der Entwicklung, zu den beiden ursprünglichen Sacralwirbeln einige davor liegende, ja sogar auch Schwanzwirbel zugezogen werden, indem ihre Rippen sich ebenfalls am Tragen des Darmbeins beteiligen. — Das gleiche gilt auch für die fossilen Theromorpha, deren Kreuzbein 2—6 Wirbel in sich vereinigt.

In derselben Richtung, wahrscheinlich sogar in phylogenetischem Zusammenhang mit den Dinosauriern, entfaltete sich die Sacralregion der *Vögel*. Sowohl die Ontogenie, als die Betrachtung des ausgebildeten Sacrums und die Berücksichtigung der Nerven ursprünglicherer Vögel, läßt noch zwei mittlere Wirbel erkennen, welche den beiden ursprünglichen Sacralwirbeln der Reptilien entsprechen (Fig. 116 $s^1 s^2$, u. Fig. 227). Ihre Querfortsätze stehen mit der mittleren Region der sehr lang ausgewachsenen Darmbeine in Verbindung. Zu diesen beiden ursprünglichen Wirbeln gesellen sich aber nicht nur eine beträchtliche Zahl vorderer Caudalwirbel, sondern auch eine große Anzahl hinterer Rumpfwirbel, d. h. sämtliche rippenlose Lendenwirbel und meist noch einige hintere Brustwirbel.

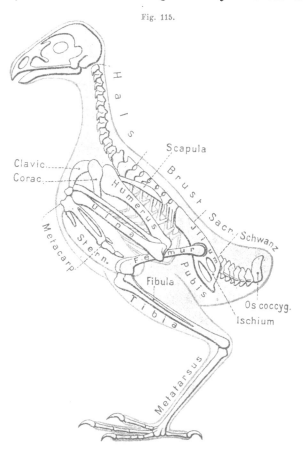

Fig. 115.

Schematisches Skelet eines Vogels von links.   v. Bu.

Alle diese Wirbel sind gewöhnlich (mit gelegentlicher Ausnahme der vordersten und hintersten) fest verwachsen, was nur bei gewissen Ratiten unterbleibt. Die Wirbelzahl des ausgebildeten Sacrums beträgt 9—20 (Casuar).

Obgleich das Darmbein der Amnioten an den Querfortsätzen der Sacralwirbel direkt befestigt scheint, so läßt sich doch nachweisen, daß auch ihnen ursprünglich kurze Sacralrippen zukamen, welche jedoch frühzeitig mit den Diapophysen der Sacralwirbel verschmolzen. Auch für die Lumbarwirbel einzelner Säuger ist die Aufnahme eines Rippenrudiments in die Querfortsätze ontogenetisch erwiesen.

Bei jungen Krokodilen (s. Fig. 114 S. 212, 117) bemerkt man, daß der größte Teil des Querfortsatzes aus einer selbständigen Sacralrippe hervorgeht und daß auch die Diapophysen der anschließenden Caudalwirbel in ähnlicher Weise mit rudimentären Rippen verbunden sind. Bei den Schildkröten, sowie vielen fossilen Reptilien, erhalten sich die Sacralrippen meist dauernd gesondert, ebenso die Rippen (sog. Querfortsätze) der vorderen Caudalwirbel. Ähnliches zeigen auch junge Säuger (s. Fig. 118). — Bei Vögeln (s. Fig. 116) läßt sich gleichfalls nachweisen, daß von den beiden urspünglichen Sacralwirbeln, unter der mehr dorsal stehenden Diapophyse, noch das Capitularende einer rudimentären Rippe entspringt, das ebenso an den darauf folgenden caudalen Sacralwirbeln erkennbar ist; während die lumbalen Sacralwirbel gewöhnlich nur eine Diapophyse besitzen.

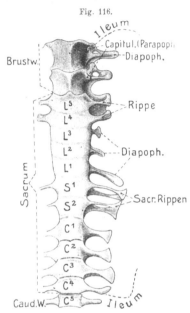

Fig. 116.

Columba domestica kurz nach Ausschlüpfen.
Sacrum nebst den beiden hintersten Brustwirbeln
und dem ersten Caudalwirbel von der Ventralseite.
S^1 u. S^2 die beiden primären Sacralwirbel. L^1—L^5
Lendenwirbel; C^1—C^4 die vorderen Caudalwirbel,
welche noch mit dem Sacrum verwachsen werden.
O. B.

Die Längenentwicklung der übrigen Regionen der Amnioten - Wirbelsäule schwankt sehr, vor allem die der Hals- und Schwanzregion. Bei den rezenten Reptilien bleibt die *Halsregion* zwar gewöhnlich mäßig, wurde jedoch bei gewissen fossilen, so den Sauropterygia (besonders Plesiosaurus), sehr lang (bis 70 Wirbel). Die Krokodile besitzen gewöhnlich nur neun Halswirbel, die typischen Saurier acht. Lang und wirbelreich wird die Halsregion vieler Vögel, die sich von etwa 11 auf 23 bis 25 Wirbel erheben kann (Schwäne). — Charakteristisch erscheint dagegen die große Konstanz der Halswirbelzahl der Säuger, die, ohne Rücksicht auf die Halslänge, fast stets sieben beträgt, und sich nur in vereinzelten Fällen auf sechs vermindert (Manatus, Choloepus hoffmanni), oder auf acht bis neun erhöht (Bradypus).

Brust- und Lendenregion unterliegen natürlich bei den Säugern erheblichen Schwankungen; doch zeigt sich häufig eine gewisse Konstanz in der Gesamtzahl ihrer Wirbel; diese schwankt nicht allzu sehr, von 16—17 bei den anthropoiden Affen bis 29 bei Hyrax. — Bei den Sauropsiden sind die Extreme in der Gesamtwirbelzahl der Thoracolumbalregion viel größer.

Fig. 117.

Alligator jung (s. Fig. 114). Vorderer
Sacralwirbel von vorn mit noch freier Sacralrippe.   O. B.

Die auffallendsten Unterschiede bietet begreiflicherweise die Schwanzregion, die sowohl bei Reptilien als Säugern von einer sehr großen Wirbelzahl bis auf wenige herabsinkt. Bei letzteren finden wir im Maximum 49 (Manis macrura); im Minimum drei bis fünf Wirbel bei den anthropoiden Affen.

Sehr verkümmert ist stets die Caudalregion der rezenten Vögel (Fig. 115), was sich jedoch erst in dieser Klasse allmählich entwickelte. Die ältesten bekannten Vögel des oberen Jura (Archaeopteryx) besaßen noch einen langen, wirbelreichen freien Schwanz, der jederseits eine Reihe ansehnlicher Steuerfedern trug. Der Schwanz der heutigen Vögel springt nicht mehr vor, und die Steuerfedern sind auf seiner Dorsalseite in eine bogige Querreihe zusammengezogen (Fig. 57, S. 144). Die hintersten Wirbel der stark reduzierten und aufwärts gekrümmten Caudalregion verwachsen bei Carinaten und Struthio zu einem vertikalen plattenförmigen Knöchelchen (Os coccygis, Uro- oder Pygostyl), welches die Steuerfedern stützt. Davor finden sich noch vier bis neun freie Caudalwirbel.

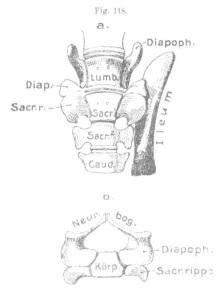

Fig. 118.

Felis concolor (Puma) jung. *a* Sacrum von der Ventralseite mit Sacralrippen und linkem Ileum. *b* vorderer Sacralwirbel von vorn mit noch freier Sacralrippe.   O. B.

Die so variablen Zahlenverhältnisse der Wirbel bei den verschiedenen Wirbeltieren, namentlich aber die großen Schwankungen der Wirbelzahl, welche sich innerhalb der einzelnen Regionen zeigen, bedürfen noch einer Erläuterung.

Man könnte denken, daß die Zu- oder Abnahme der Wirbel in der Säule durch Neuauftreten oder Schwinden von Wirbeln zwischen den vorhandenen geschehe, oder auch durch Vermehrung, bzw. Schwinden, einzelner Segmente zwischen den übrigen. Ein solcher Vermehrungsvorgang der Segmente, sei es durch Einschaltung neuer, oder durch Teilung einzelner, wurde jedoch nie sicher beobachtet.

Neubildung von Segmenten findet nur am Hinterende des Körpers statt. Hieraus müssen wir auch schließen, daß bei Zunahme der Gesamtwirbelzahl der Säule der Zutritt neuer Wirbelkörper nur am Hinterende geschieht. Die Erfahrungen stimmen hiermit gut überein. Ebenso fanden wir auch, daß die Verkürzung der Wirbelsäule sich in der Regel durch Verkümmerung am Schwanzende vollzieht. Immerhin war jedoch auch an der vordersten, auf den Schädel folgenden Region zuweilen Verkümmerung zu beobachten, ja die gesamte Halsregion in gewissen Fällen stark rückgebildet. Da bei der Besprechung des Schädels sich die Möglichkeit weitgehender Verkümmerung von Segmenten auf der Grenze von Kopf und Rumpf ergeben wird, so erscheint also der Ausfall einzelner Wirbel innerhalb der Säule möglich.

Wie dargelegt wurde, beruht die Unterscheidung der Regionen der Säule auf recht geringfügigen Merkmalen, im besonderen auf dem Verhalten der Rippen, ob dieselben frei (Hals), ob mit dem Sternum verbunden (Brust), ob Mangel derselben (Lende), ob ventrale Bogen (Schwanz). Hieraus geht hervor, daß durch geringe

Verschiedenheiten im Verhalten der Rippen die Grenzen zwischen Hals-, Brust- und Lendenregion verschoben und damit die Zahlenverhältnisse dieser Regionen verändert werden können. Dies spricht sich auch bei den verschiedenen Abteilungen der Amnioten häufig darin aus, daß die Gesamtzahl der Hals-, Brust- und Lendenwirbel relativ konstant, die Wirbelzahl innerhalb der einzelnen Regionen dagegen wechselnder ist, was sich aus obigem leicht erklärt. — Etwas anders verhält es sich dagegen mit der Sacralregion. Da den Sacralwirbeln in der Gesamtreihe der Wirbel bei den verschiedenen Tetrapoden recht verschiedene Numerierung zukommt, jedoch kein Grund für die Annahme vorliegt, daß dies auf Ausfall oder Einschaltung von Wirbeln in dem vor dem Sacrum gelegenen Teil der Säule beruht, so bleibt nur die Möglichkeit, daß das Darmbein samt den übrigen Beckenteilen sich verschieben konnte, daß seine Befestigung, je nach Vorteil, auf weiter vorn oder hinten gelegene Wirbelkörper verlegt wurde. Daß sich ein solcher Vorgang etwa durch ganz minimale, allmählich successive Wanderung der Darmbeine vollzogen haben könnte, dafür sprechen keine sicheren Erfahrungen; eher möchte es daher scheinen, daß plötzliche, sprungweise Abänderungen bei der Verlagerung der Sacralregion im Spiel waren.

Gelenkung der Wirbelsäule mit dem Schädel und die besondere Ausbildung der beiden vordersten Halswirbel.

Schon früher wurde erwähnt, daß bei den Fischen meist das Gegenteil einer gelenkigen Verbindung zwischen Säule und Schädel besteht, nämlich eine möglichst feste Vereinigung beider. Nur bei den Rochen und Holocephalen, sowie vereinzelten Teleosteern, ist eine Gelenkung mit der Säule ausgebildet. Für die Tetrapoden gilt dies allgemein, wobei die beiden vordersten Halswirbel Veränderungen erfahren können.

Der rippenlose vorderste Halswirbel (sog. Atlas) der Urodelen zeigt an der Vorderfläche seines Körpers einen meist schwachen unpaaren Fortsatz, der zwischen die beiden Hinterhauptshöcker des Schädels eingreift. Manche wollen in diesem sog. Zahnfortsatz das Rudiment eines besonderen vordersten Halswirbels (Proatlas) erkennen; doch ist dies nicht wahrscheinlich. Bei den Anuren ist der Fortsatz wenig angedeutet oder fehlt ganz, wie auch den Gymnophionen.

Die Schädelgelenkung der *Amnioten* ist überall in gleicher Weise gebildet, indem stets die beiden vordersten Halswirbel an ihr teilnehmen. Die Ontogenie, wie die genauere Verfolgung der vom Gehirn und Rückenmark entspringenden Spinalnerven machen es jedoch wohl sicher, daß bei sämtlichen Amnioten einige der vordersten Halswirbel in die Hinterregion des Schädels einbezogen worden sind, woraus folgt, daß jene beiden vordersten Wirbel der Amnioten nicht denen der Amphibien entsprechen, sondern etwas weiter hinten gelegenen.

Der erste Amniotenwirbel (Atlas) ist dadurch merkwürdig, daß sein Neuralbogen vom Körper gesondert bleibt, was sowohl durch die Ontogenie, als die Vergleichung der erwachsenen Formen bewiesen wird. Die Neuralbogenhälften wachsen seitlich um den schmächtig bleibenden Körper ventralwärts hinab und treten ventral in Verbindung mit einer sog. hypochordalen Spange (Intercentrum), dem Rest eines Hämalbogens des ersten Wirbels. — Der Körper dagegen schließt sich, wie wir sehen werden, dem zweiten Wirbel an.

Bei den *Reptilien* verknöchern die beiden Bogenhälften und die hypochordale Spange gesondert, so daß der ausgebildete Atlasring aus zwei dorsal meist verwachsenen Bogenhälften und einem unpaaren, ventralen Schlußstück (Mittelstück) besteht (Fig. 119, 120). Alle drei Stücke beteiligen sich an ihrer Vorderseite an der Bildung von Gelenkflächen für den einfachen Schädelcondylus.

Der Atlas der *Vögel* (Fig. 121) ist ein völlig geschlossener Knochenring geworden, indem die Bogenhälften dorsal ver-
wuchsen, ventral mit dem unpaaren Stück zusammenschmolzen.

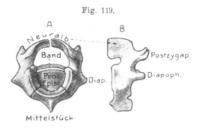

Fig. 119.

Varanus. *A* Atlas von vorn mit Proc. odon-
toideus (dens) des Epistropheus. *B* Derselbe von
links. O. B.

Bei den *Säugern* verschmelzen die Dorsalenden der Bogen ebenfalls gewöhn-
lich miteinander. Ventral bleibt bei manchen primitiveren (gewissen Beuteltieren) die hypochordale Spange als ein Ligament zwischen den Ventralenden der Atlasbogen erhalten; bei anderen tritt in diesem Band, wie bei den Reptilien, eine un-
paare, dauernd selbständig bleibende Verknöcherung auf (Fig. 122 *A, B*). Bei den meisten Formen aber verwächst dieses Schlußstück frühzeitig mit den Bogenhälften zu einem geschlossenen Atlasring. Er trägt an den Seiten seiner Vorderfläche je eine ansehnliche Gelenkfläche für die beiden Hinterhauptscondyli.

Der gesondert bleibende *Atlaskörper* schließt sich frühzeitig der Vorderfläche des zweiten Wirbelkörpers

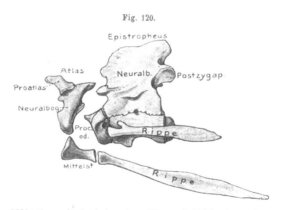

Fig. 120.

Alligator mississipiensis. Atlas und Epistropheus etwas
auseinander gerückt, von links. O. B.

(*Epistropheus*) unbeweglich an als dessen sog. Zahnfortsatz (Dens, Processus odon-
toideus) (Fig. 120). Bei den meisten Reptilien und niederen Säugern (Beutel-
tieren) erhält er sich jedoch als gesondertes Knochenstück, das bei letzterer Klasse nicht nur den Zahnfortsatz, sondern die ganze vordere Region des Epistropheus-
körpers bildet, an deren Aufbau bei den Sauropsiden auch die hypochordale Spange des Epistropheus teilnimmt. Bei den Vögeln (Fig. 121) und den übrigen Säugern dagegen verwächst er frühzeitig knöchern mit dem Epistropheus.

Gewöhnlich sind die zum Atlas gehörigen Rippen fast oder völlig verkümmert;

die des Epistropheus sehr rückgebildet bis fehlend, und bei Vögeln und Säugern
mit dem Körper verwachsen. Bei den Krokodilen dagegen trägt das hypochordale
Schlußstück des Atlas zwei ansehnliche freie Rippen (Fig. 120), und auch die
Rippen des Epistropheus sind stark entwickelt, jedoch etwas nach vorn auf den
Zahnfortsatz geschoben. — Der Säugetieratlas zeichnet sich gewöhnlich durch sehr

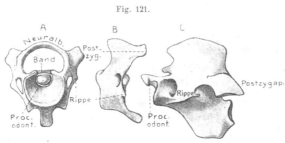

Fig. 121.

starke Entwicklung der
Querfortsätze (Diapo-
physen) aus, in die jedoch
möglicherweise auch ein
Rippenrudiment einbe-
zogen sein könnte.

Der Processus odon-
toideus schiebt sich zwi-
schen die Basalregion
der Atlasbogen hinein

Struthio camelus. *A* Atlas und Zahn des Epistropheus von vorn.
B Atlas von links. *C* Epistropheus von links.   O. B.

und wird an diesem Ort
durch ein queres Band (Lig. transversum) festgehalten, das sich zwischen den Atlasbogen über ihn hinzieht (s. die Figuren). Dies Band geht aus dem Zwischengewebe
zwischen Atlas und Epistropheus hervor. Bei den Vögeln verknöchert es gewöhnlich.
   Während sich bei den Sauropsiden die Schädelbewegung vorwiegend in dem
Hinterhaupts-Atlasgelenk vollzieht, ist dies bei den Säugern komplizierter. Die

Fig. 122.

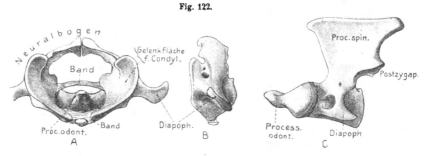

Thylacinus cynocephalus. *A* Atlas von vorn mit Processus odont. des Epistropheus. *B* Atlas von
links. *C* Epistropheus mit noch nicht verwachsenem Atlaskörper.   O. B.

beiden Hinterhauptscondyli bedingen hier, daß in dem genannten Gelenk nur die
Beuge- und Streckbewegungen des Schädels stattfinden können, wogegen bei den
Drehbewegungen der Atlas mitsamt dem Schädel um den Zahnfortsatz rotiert; ein
Verhalten, welches auch die starken Querfortsätze des Atlas bedingt, die zur Anheftung der Drehmuskeln dienen. In geringerem Maße muß diese Drehbewegung
jedoch auch schon bei den Sauropsiden entwickelt sein, da sonst die ganze Umbildung der beiden vorderen Halswirbel nicht recht begreiflich wäre.
   Vor der dorsalen Schlußstelle des Atlasbogens findet sich bei den Krokodilen (s. Fig. 120)
ein dachförmig über dem Rückenmark gelagerter Knochen, der ursprünglich aus zwei bogen-
artigen Hälften hervorgeht. Sphenodon besitzt zwei ähnlich gelagerte kleine Knöchelchen,

ebenso auch gewisse Dinosauria. Ein Knöchelchen, das beim Igel (Erinaceus) an ähnlichem Ort vorkommt, wird gleichfalls hierhergestellt. Da auch die Ontogenie dafür spricht, daß vor dem Atlas ein rudimentärer Wirbel (sog. Proatlas) bestanden hat, so erscheint die Deutung der erwähnten Skeletgebilde als Reste von dessen Neuralbogen wohl möglich.

Hautskeletteile der Amnioten, die in nähere Beziehung zum Achsenskelet treten.

Bei den meisten ausgestorbenen Reptiliengruppen (mit Ausnahme der Theromorpha und der meisten Dinosauria), sowie bei den rezenten Krokodilen und Rhynchocephalen (Sphenodon) findet sich ein System rippenartiger Knochen, welche in der Bauchwand, im Anschluß an die hintersten Brustrippen, bis zum Becken hinziehen, ohne Verbindung mit der Wirbelsäule (s. Fig. 123). Diese sog. *Bauchrippen* (Parasternum) erhielten sich noch bei den ältesten Vögeln (Archaeopteryx), fehlen dagegen den übrigen, sowie den Säugern, stets. Sie lagern sich dem geraden Bauchmuskel (Rectus), dem oberflächlichsten der Bauchmuskeln, ein. Sowohl die direkt knöcherne Entstehung der Bauchrippen in dem tiefen Bindegewebe des Integuments, als auch die Vergleichung mit dem Hautskelet der Stegocephalen, machen es sicher, daß es sich um ursprüngliche Hautskeletbildungen handelt, die etwas in die Tiefe gerückt und zur Muskulatur in Beziehung getreten sind. Es scheint nämlich zweifellos, daß die Bauchrippen auf jene, häufig stäbchenförmigen Hautverknöcherungen zurückzuführen sind, die im Bauchintegument der Stegocephalen vorkommen (s. S. 172). Wie diese konvergieren sie kopfwärts, was auch mit dem Verlauf der Muskelligamente (Myosepten) zusammenhängt, die sich im geraden Bauchmuskel erhalten. Für die erwähnte Ableitung spricht ferner, daß die Bauchrippen der Reptilien nie einheitliche Knochenstäbe sind, sondern sich jederseits aus zwei bis drei, bei fossilen auch mehr Stücken zusammensetzen.

Bei den *Krokodilen* (Fig. 107 7a) besteht jede Bauchrippe aus zwei, teilweise aneinander liegenden Stücken; die in der Bauchlinie zusammentreffenden medianen Stücke sind nicht miteinander verwachsen. — Bei den *Rhynchocephalen* (Fig. 123) und den meisten ausgestorbenen Reptilienordnungen sind dagegen die beiden medianen Stücke zu einem unpaaren verwachsen, dessen seitlichen Enden sich die lateralen anschließen. — Nur die Ichthyosauria besaßen zum Teil zwei laterale Stücke jederseits. Archae-

Fig. 123.

Parasternum mit Schultergürtel und Becken von **Sphenodon punctatum**, von Ventralseite. *St* Sternum. *c* Rippen. *Ep* Episternum. *co* Coracoid. *m* mediane, *l* laterale Stücke des Parasternums. *p* Pubis. *is* Ischium. (Aus GEGENBAUR 1898.)

opteryx fehlte ein unpaares Mittelstück, es fand sich jederseits nur eine seitliche Reihe. — Die Zahl der Bauchrippen schwankt im Zusammenhang mit der Rumpflänge und kann recht hoch werden. Bei den Krokodilen, Ichthyopterygiern und Pterosauriern kommt auf jedes der betreffenden Körpersegmente ein Bauchrippenpaar, bei den Rhynchocephalen zwei, bei gewissen älteren fossilen Reptilien sogar bis sechs, was wohl einem ursprunglichen Zustand entsprechen dürfte.

Besondere plattenförmige Hautverknöcherungen treten, wie erwähnt, schon bei den Ganoiden und den Knochenfischen in innige Beziehung zu dem, die vordere Extremität tragenden Brust- oder Schultergürtel. Dies wiederholte sich bei den fossilen Stegocephalen, woraus sich gewisse Bestandteile des Schultergürtels der höheren Wirbeltiere ableiten. Da diese Hautknochenbildungen jedoch so innigen Anteil am Aufbau des Schultergürtels nehmen, werden sie besser erst bei diesem besprochen.

Hautverknöcherungen, die keine Verbindung mit dem Achsenskelet eingehen, fanden wir sowohl bei den squamaten (Sauria) als placoiden Reptilien (Crocodilia) als Schutzgebilde in Verbindung mit den epidermoidalen Hornschuppen oder -Platten über große Hautstrecken verbreitet. Eine ganz besondere Entwicklung erlangen sie aber bei den *Schildkröten*, wo sie sich z. T. mit dem Achsenskelet zur Bildung eines mächtigen, den Rumpf umkleidenden Knochenpanzers verbinden.

Die große Mehrzahl der Schildkröten zeigt folgende Verhältnisse (Fig. 124[1]). Ein knöchernes Schild (Carapax), das dicht unter dem Hornschild liegt, bedeckt die dorsale Rumpffläche. Die Bauchseite wird gleichfalls von einem solchen Knochenschild geschützt (Plastron), das seitlich mit dem Carapax knöchern verbunden sein kann, ursprünglich jedoch nur durch Bandmasse mit ihm zusammenhing. Der Carapax wird gebildet von einer medianen Plattenreihe (bis 15), von welchen die vorderste (Nuchalplatte) über dem hintersten Halswirbel liegt, mit ihm jedoch nicht vereinigt ist, sondern sich nur durch einen Vorsprung an seinem Dornfortsatz anlegt. Darauf folgen acht Platten (Neuralplatten, selten mehr), welche mit den Dornfortsätzen des zweiten bis neunten Rumpfwirbels ein Continuum bilden, bzw. wie deren plattenartige Ausbreitungen erscheinen.

Die mediane Reihe wird hinten fortgesetzt durch einige freie Platten (alle oder die hinterste meist Pygalplatten genannt), die bis ans hintere Ende des Carapax reichen, und ohne Verbindung mit den unterliegenden drei hintersten Rumpfwirbeln und den Schwanzwirbeln sind. Jederseits an die zweite bis neunte Neuralplatte schließen sich acht ansehnliche Costalplatten an, welche in der größten Länge ihres Verlaufs wie plattenartige Verbreiterungen der zweiten bis neunten Rippe erscheinen. Medial gehen die Costalplatten in der Gegend der Wirbelsäule in einen tiefer gelegenen Fortsatz aus, der sich als freier Teil der Rippe an die Wirbelsäule befestigt. Die eigentliche Costalplatte dagegen setzt sich dachartig über diesen Rippenfortsatz fort und verbindet sich mit dem Seitenrand der zugehörigen Neuralplatte (Fig. 124[3]). Der Rand des Carapax, von der Nuchal- bis zur hintersten Pygalplatte, wird endlich von meist elf Marginalplatten gebildet, mit denen sich die distalen rippenartigen Fortsätze der Costalplatten verbinden.

Das *Plastron* (Fig. 124²) besteht gewöhnlich aus vier paarigen, jederseits in der seitlichen Bauchregion hintereinander folgenden Stücken und einem unpaaren (Entoplastron), das sich der medianen Verbindung der vordersten paarigen Stücke hinten anlegt. Den Dermochelydae und Cinosternidae fehlt dies unpaare Stück. Ein außen zwischen die beiden mittleren paarigen Plastronplatten und die Marginalplatten des Carapax eingeschaltetes paariges Stück kann bei manchen Flußschildkröten noch auftreten.

Der Ausbildungsgrad dieses Knochenpanzers wechselt sehr. Bei den Dermochelydae (Dermochelys, Lederschildkröte) finden sich vom Carapax nur die Nuchalplatte und die Costalplatten; letztere sind jedoch so wenig verbreitert, daß sie untereinander nicht zusammenstoßen. Die vier paarigen Hautknochen des Plastrons sind vorhanden, jedoch so schmal, daß sie zusammen am Bauchrand nur eine Art Knochenring bilden. Dagegen ist in der Haut ein Mosaik polygonaler, schuppenartiger Knochenplättchen entwickelt, welche, dicht zusammenstoßend, einen förmlichen Rückenpanzer bilden, der aus vielen Längsreihen besteht, unter denen auf dem Rücken sieben, aus etwas größeren, gekielten Plättchen bestehende, stärker hervortreten (die beiden äußersten am Rande des Rückens). Auf der Bauchseite finden sich entsprechende Bauchplättchen in

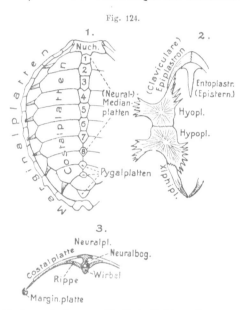

Fig. 124.

Thalassochelys caretta L. (çorticata). *1* Carapax von der Dorsalseite. *2* Plastron von der Ventralseite. *3* Querschnitt durch Carapax und die Rumpfwirbelsäule (n. Huxley). O. B.

den seitlichen Regionen. Der integumentale Hautknochenpanzer der Dermochelyden liegt also nach außen von der Nuchalplatte und den Plastronplatten. — Bei den übrigen Schildkröten findet sich von diesem Hautknochenpanzer der Lederschildkröten nichts, wenn man nicht etwa die Neural- und Marginalplatten auf ihn zurückführen will, wovon unten weiteres.

Die Costalplatten sind sonst stets so verbreitert, daß sie untereinander und mit den Neuralplatten zusammenstoßen; distal bleiben sie jedoch bei den Seeschildkröten und den Trionychidae schmal, so daß sich hier zwischen ihnen und den Marginalplatten Lücken finden. Letztere Platten können jedoch bei den Trionychidae auch ganz fehlen. In den beiden letzterwähnten Gruppen bleibt auch das Plastron unvollständig (Fig. 124²), indem seine Platten in der mittleren Bauchregion nicht zusammenschließen, auch nicht bis zum Rumpfrand reichen. Die

Verbindung zwischen Plastron und Carapax ist daher nur lose und wird durch seitliche Fortsätze der beiden mittleren paarigen Plastronplatten hergestellt. Eigentümlich ist die teilweise, ja völlige Rückbildung der Neuralplatten bei gewissen Flußschildkröten, so daß die Costalplatten median zusammenstoßen. Bei zahlreichen Fluß- und den Landschildkröten dagegen kommt es zu völligem Schluß des Carapax und Plastrons, sowie zu inniger Nahtverbindung oder Verwachsung zwischen beiden. Bei Landschildkröten, deren Panzer ungemein stark wird, kann im erwachsenen Zustand eine völlige Verschmelzung aller Panzerknochen zu einer einheitlichen, dicken und festen Kapsel eintreten, die nur Öffnungen für den Hals, die vorderen Extremitäten, den Schwanz und die hinteren Extremitäten besitzt. Gewisse Flußschildkröten zeigen Teile des Plastrons beweglich an die übrigen angefügt.

Der Zusammenhang von Panzer und Skelet kann noch dadurch verstärkt werden, daß sich bei einigen Flußschildkröten (Pleurodira, im Gegensatz zu den Cryptodira) sowohl die Darmbeine mit dem Carapax, als Scham- und Sitzbeine mit dem Plastron knöchern verbinden.

Über die morphologische Auffassung des Schildkrötenpanzers wurde bis jetzt keine Einigung erzielt. Daß zwar die Knochen des Plastrons, sowie die Marginal-, die Nuchal- und die Pygalplatten des Carapax Hautverknöcherungen sind, die sich in der tiefen Bindegewebsschicht der Cutis bilden, wird allgemein zugegeben. — Die wahrscheinliche Homologie des unpaaren Entoplastrons und der beiden anstoßenden Epiplastronplatten mit dem sog. sekundären Schultergürtel (Episternum und Claviculae) wird später noch erörtert werden. Die weiteren Plastronplatten werden häufig dem Parasternum der übrigen Reptilien homologisiert. — Für die Costalplatten und die 2. bis 9. Neuralplatte, welche mit Achsenskeletteilen zusammenhängen, wird die Hautknochennatur z. T. geleugnet auf Grund der Ontogenese, welche ihre Bildung durch das Periost (Knochenhaut) der Rippen, bzw. der Dornfortsätze, wahrscheinlich macht. Sie werden dann als Teile des Achsenskelets, verbreiterte Dornfortsätze und Rippen angesehen. — Trotz der ontogenetischen Befunde dürfte diese Deutung unwahrscheinlich sein, wegen der großen Ähnlichkeit, die die Neuralplatten mit der Nuchal- und den Pygalplatten besitzen. Das gleiche gilt auch für die Costalplatten, die bei gewissen Formen den Plastronplatten sehr gleichen. Daß zwar die Costalplatten, wahrscheinlich auch die Neuralplatten, nicht von dem äußeren Hautskelet der Dermochelyden abstammen, dürfte zweifellos sein; liegt doch die Nuchalplatte bei Dermochelys, ebenso wie die sicher auch schon vorhandenen Costal- und Plastronplatten unter diesem Hautskelet. Hieraus scheint hervorzugehen, daß bei den Schildkröten zwei übereinander gelagerte Hautskelete vorkommen können, von denen es zweifelhaft ist, ob das äußere der Dermochelyden ein primäres oder ein sekundäres ist. Auf Grund dieser Erwägungen halte ich es zunächst für das wahrscheinlichste, daß sowohl die Neural- als die Costalplatten in der Hauptsache auf tiefe Hautverknöcherungen zurückzuführen sind.

Die echte Rippe des ersten Brustwirbels ist ein sehr kurzes Skeletstück, das sich der ersten Costalplatte anlegt, ohne mit ihr zu verwachsen. Auch die darauf folgenden Rippen lassen zuweilen an ihren Verbindungsstellen mit den Costalplatten noch mehr oder weniger deutliche Anzeigen von Grenzen erkennen. Hiernach scheint es möglich, daß die scheinbaren Fortsetzungen der Rippen auf der Unterseite der Costalplatten, sowie ihre freien distalen Verlängerungen über diese hinaus, Bildungen der Costalplatten selbst sind, nicht jedoch Verlängerungen der sehr kurz bleibenden Rippen; daß also die Costalplatten Hautverknöcherungen sind, die nur proximal mit den kurzen Rippen in Verbindung treten, im übrigen aber nicht aus der Verwachsung mit Rippen oder aus Rippen hervorgingen.

B. Schädelskelet der Wirbeltiere.

Da sich bei den Acraniern weder etwas von einer Wirbelsäule noch von einem, den vordersten Teil des Centralnervensystems einschließenden Schädelskelet findet, so folgt, daß auch dieses in der Wirbeltierreihe erst allmählich entstand.

Zwar finden sich im Bereich des Munds und des Kiemendarms der Acranier gewisse Skeletelemente, so die Stäbchen, welche die Mundcirren durchziehen und sich proximal zu einem zarten gegliederten Skeletring im Mundsaum verbinden, dann die sog. Kiemenstäbchen in der Wand des Kiemendarms; doch haben diese Skeletgebilde mit solchen des Schädels der Craniota keine direkte Beziehung. Mundring und Cirrenstäbchen bestehen aus einem dem Chordainhalt sehr ähnlichen Gewebe, das eine Hülle von Knorpelgrundsubstanz besitzen soll; die Kiemenstäbchen dagegen scheinen besonders differenziertes, elastisches Bindegewebe zu sein.

Das Kopfskelet der Cranioten wird von zwei Bestandteilen gebildet; einmal einer Skeletkapsel, welche den vorderen Teil des Centralnervensystems, der sich zum Gehirn entwickelt hat, umschließt und schützt, dem eigentlichen *Schädel* (Hirnschädel), und zweitens einem diesem ventral angehängten Teil, der aus zahlreichen, etwa halbkreisförmigen Bogen besteht, die den vordersten, respiratorischen Darmabschnitt umschließen und stützen, dem sog. *Visceralskelet.* Letzteres erstreckt sich bei den kiemenatmenden Formen so weit nach hinten wie die Kiemenspalten des respiratorischen Darms, indem zwischen je zwei dieser Spalten, die Mundspalte als vorderste mitgezählt, je ein Visceralbogen liegt. Der hinterste Bogen folgt auf die letzte Spalte. Bei den lungenatmenden Formen erfährt das Visceralskelet weitgehende Umbildungen und Reduktionen. — Bei den Acraniern ist die Zahl der Spalten sehr groß, und der Kiemendarm erstreckt sich etwa durch die ganze vordere Körperhälfte. Die Cranioten besitzen viel weniger Kiemenspalten (von seltenen Ausnahmen abgesehen, höchstens bis acht, meist jedoch nur sechs oder fünf). Es ist daher sehr wahrscheinlich eine von hinten nach vorn fortschreitende Reduktion der Spalten eingetreten, was auch bei Fischen und Amphibien noch weitergehend zu verfolgen ist. Wenn man nun die Ausdehnung der Kopfregion nach hinten durch die des Kiemenapparats bestimmen wollte, so müßte man die ganze vordere Hälfte des Amphioxuskörpers, soweit sich der Kiemendarm erstreckt, als Kopf ansprechen. — Nun ist aber als sicher zu betrachten, daß das Kopfskelet der Höheren nur einer vorderen Partie der vielen Segmente entspricht, welche bei den Acraniern die Kiemendarmregion bilden. Der Kopf der Cranioten dürfte daher auch nur einer Anzahl der vorderen Segmente der Acranier entsprechen, die darauf folgenden dagegen zu gewöhnlichen Rumpfsegmenten geworden sein.

Ein noch nicht hinreichend gelöstes Problem ist ferner, ob die Visceralbogen, die, mit Ausnahme der beiden vordersten, bei den niedersten Cranioten hinter, ja weit hinter dem eigentlichen Schädel liegen, sämtlich zu d en Segmenten gehören, in welchen sich die Schädelkapsel (das Cranium) bildete, oder z. T. zu Segmenten, welche auf die eigentlichen Schädelsegmente folgten. Gewöhnlich wird angenommen, daß in diesen Fällen die rückwärtige Lage der meisten Visceralbogen von einer sekundären Verschiebung nach hinten herrühre, wofür auch die Ontogenese bei den Cyclostomen spricht. Das Problem wird noch dadurch kompliziert, daß nach dem Ausweis der Ontogenie niederer Fische (speziell Rochen) in der Region des Vorderendes der Chorda, in welcher sich später die Schädelkapsel bildet, eine erhebliche Anzahl vorderer Muskelsegmentanlagen zugrunde gehen, und daß das Gewebe, aus welchem sich die Visceralbogen entwickeln, in seiner von vorn nach hinten fortschreitenden Entstehung eine gewisse Unabhängigkeit von den ursprünglichen Muskelsegmenten der Kopfregion zeigt. Immerhin spricht alles dafür, daß die Segmente, zu welchen die Visceralbogen der Cranioten gehörten, zu jenen rückgebildeten der hinteren Kopfregion zu rechnen sind; und in diesem Sinne auch sämtliche Visceralbogen der ursprünglichen Kopfregion zugeteilt werden dürfen.

Die Hervorbildung eines besonderen Skelets der Kopfregion, im Anschluß an die Wirbelsäule, wurde durch verschiedene Faktoren bedingt. In erster Linie waren es jedenfalls die am vorderen Körperende sich entwickelnden ansehnlichen Sinnesorgane, Nasengruben, Augen und Hörorgane, welche direkt oder mittelbar in dieser Richtung wirkten, indem sie zunächst die voluminösere Entfaltung des Kopfteils des Centralnervensystems zum Gehirn bedingten. In zweiter Linie waren es die Mundhöhle und der Kiemendarm, deren besondere Funktion geeignete Skeletbildungen erforderte, welche das Entstehen des Visceralskelets hervorriefen. Daß ferner für das vordere Körperende, welches beim Schwimmen das Wasser zu durchschneiden hat, die Festigung durch ein starkes Skelet vorteilhaft sein mußte, ist verständlich.

Es liegt nahe, zu vermuten, daß das eigentliche Schädelskelet wenigstens teilweis aus der Umbildung des vordersten Abschnittes des Wirbelskelets, wie es die Rumpfregion dauernd zeigt, hervorgegangen sei. Jedenfalls kann dies aber nur für den Teil des Schädelskelets gelten, welcher ähnliche Beziehungen zu dem vorderen Ende der Chorda besitzt, wie das übrige Achsenskelet zu deren Fortsetzung. Das vordere Chordaende erstreckt sich nun bei den Cranioten bis etwa in die Mitte des Bodens der Schädelkapsel; hier endigt es dicht hinter dem sog. unteren Hirnanhang (Hypophysis), während es bei den Acraniern bis zur vordersten Körperspitze reicht. Hieraus wird es schon wahrscheinlich, daß nur diese hintere, chordale Schädelhälfte als Fortsetzung des Achsenskelets betrachtet werden kann; die vordere, prächordale dagegen in besonderer Weise entstand und sich der ersteren zugesellte. Auch die Ontogenie spricht einigermaßen hierfür.

Die Anlage der Schädelkapsel tritt gleichfalls zuerst rein knorpelig auf und erhält sich bei den Cyclostomen und Chondropterygiern dauernd so, wogegen sie bei den übrigen Cranioten durch Knochenbildungen ergänzt, oder teilweise bis völlig ersetzt wird. Doch beginnt bei letzteren die Schädelbildung stets mit der knorpeligen Anlage, sog. Primordialcranium, das in recht verschiedener Ausdehnung und Vollständigkeit auftritt. Bei den Anamnia bleibt es im erwachsenen Zustand in verschiedenem Grad erhalten; bei den erwachsenen Amnioten tritt es dagegen stark zurück.

Die erste Anlage der knorpeligen Schädelkapsel entsteht allgemein in Form zweier, an der Seite des vorderen Chordaendes liegender Knorpelstreifen, welche vorn bis zur Chordaspitze reichen (Fig. 125). Vor diesen sog. *Parachordalia* treten, gewissermaßen in ihrer Verlängerung, zwei ähnliche Streifen auf, welche nach vorn bis in die Schnauzengegend ziehen, die sog. *Trabeculae*. Früher oder später verschmelzen diese beiderseitigen Knorpelstreifen, wobei jedoch zunächst eine Lücke für den Durchtritt des unteren Hirnanhangs zwischen ihnen bleibt. Bei manchen Wirbeltieren werden sogar die Parachordalia und Trabeculae jeder Seite von vornherein zusammenhängend angelegt.

Schon früher fanden wir, daß bei zahlreichen Fischen in der vordersten Rumpfregion keine gesonderten Wirbelelemente mehr auftreten, oder eine frühzeitige Verwachsung einer Anzahl Wirbel stattfindet. Man darf vermuten, daß diese Tendenz zur Vereinigung der Wirbel in der hinteren Schädelregion zu der einheitlichen knorpeligen Anlage der Parachordalia führte, die einer Anzahl verschmolzener Wirbelkörper entsprechen. Zuweilen läßt sich an den Parachordalia auch eine gewisse Gliederung durch successive Erhebungen zwischen den hinteren Hirnnerven erkennen. Jedenfalls entsprechen jedoch die ursprünglichen Parachordalia nicht Neuralbogen, sondern eher Anteilen der Hämalbogen.

Jederseits der Parachordalia liegt das Gehörbläschen, das zukünftige Hörorgan, das frühzeitig von einer Knorpelkapsel umhüllt wird. Seitlich von den Trabeculae finden sich die Augenanlagen; etwas vor den Trabeculae die beiden Nasengruben, die gleichfalls eine umhüllende Knorpelkapsel bilden. Indem die Parachordalia die Chorda umwachsen, verschmelzen sie zu einer sog. Basalplatte, welche die Basis der späteren Schädelkapsel bildet. Die knorpeligen Ohrkapseln verwachsen frühzeitig mit den seitlichen Rändern der Parachordalia, wodurch das Hörorgan in die Wand des Primordialcraniums aufgenommen wird.

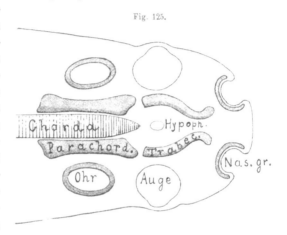

Fig. 125.

Schema zur Entwicklung des Primordialcraniums. Dorsalansicht.
O. B.

Indem die so angelegten Seitenwände der Schädelkapsel sich durch weitere Verknorpelung dorsal erheben und schließlich bei den knorpeligen Schädeln der Fische dorsal zur Verwachsung gelangen, entsteht die eigentliche Hirnschädelkapsel. — Die Trabeculae bilden, wie erwähnt, nach ihrer Vereinigung mit den Parachordalia deren vordere Verlängerungen. Wegen der bedeutenden Größe der Augen werden sie meist gegen die Mittelebene zusammengedrängt, während ihre Vorderenden, die sich an die Nasengruben anschließen, divergieren. Sowohl durch die mehr oder weniger weitgehende Vereinigung der beiderseitigen Trabeculae in der Mittellinie und ihr dorsales Auswachsen, als auch durch selbständige Verknorpelungen in dieser Region, bildet sich die Fortsetzung der knorpeligen Hirnkapsel zwischen den Augen bis zur Nasalregion, wo sich die Trabeculae mit den Knorpelhüllen der Nasengruben vereinigen, insofern letztere überhaupt selbständig angelegt werden, d. h. nicht aus den Trabeculae hervorgehen. Der zwischen den Augenhöhlen sich bildende scheidewandartige Teil kann entweder eine Fortsetzung der Gehirnkapselhöhle enthalten, in welcher die Lobi olfactorii verlaufen, oder wird, bei stärkerer Zusammenpressung durch die Augen, eine solide Scheidewand zwischen den Orbiten.

Auf diesem Stadium des knorpeligen Primordialcraniums bleibt das Schädelskelet der Cyclostomen und der Knorpelfische dauernd stehen und soll daher als
einfachste Bildung zunächst erörtert werden.

Das Schädelskelet der Cyclostomen und Fische.

Das Cranium.

Das Schädelskelet der *Cyclostomen* beharrt auf einer relativ niederen Stufe,
erlangt jedoch durch eine Reihe von Zutaten, die bei den Gnathostomen nicht, oder

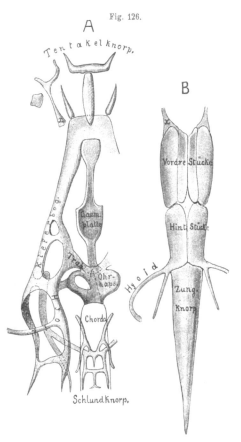

Fig. 126.

Bdellostoma (Myxinoide). *A* Knorpelcranium von der
Ventralseite. *B* der Zungenknorpel von der Ventralseite auf
die Seite gerückt, in seiner Lage zu Hyoid und Tentakel-
knorpeln (x) (nach Joh. Müller 1836). O. B.

nicht mehr vertreten sind, einen in
vieler Hinsicht recht eigenartigen
Bau, der mit dem der Gnathostomen
mancherlei Unvereinbares bietet.
Die eigentliche Hirnschädelkapsel
bleibt sehr klein und ist nur unvollständig verknorpelt. Sie reicht
weniger weit nach hinten als bei
den Höheren, da der Nervus vagus
erst hinter ihr entspringt. Bei den
Myxinoiden (Fig. 126) beschränkt
sich der Knorpel nur auf den hinteren Abschnitt des Kapselbodens.
Mit diesem Teil, in welchem das
vordere Chordaende sich dauernd
erhält, sind seitlich die beiden Ohrkapseln vereinigt; er entspricht daher den verwachsenen Parachordalia. Vorn setzt sich die Basalplatte
in zwei divergierende Äste fort,
welche wohl die Trabeculae sind,
die also hier ganz unvereinigt bleiben. Die seitliche und die Dorsalregion der Gehirnkapsel bleiben
häutig bis schwach knorpelig. —
Bei den Petromyzonten (Fig. 127)
hat sich dagegen die knorpelige
Schädelkapsel seitlich und dorsal
sehr vervollständigt, so daß nur an
ihrer Decke (Fig. 127 *A*) eine häutige

Stelle bleibt. Die Trabeculae bilden die vordere Region der Kapsel und sind vorn
vereinigt, so daß ein Loch zum Durchtritt der Hypophyse bleibt (Fig. 127 *B*). Auf
der Dorsalseite ist die unpaare knorpelige Nasenkapsel mit den Trabeculae vereinigt.
In der Gegend der Ohrkapseln entspringen von dem hinteren Teil der Schädelkapsel
jederseits zwei Fortsätze, die man mit guten Gründen als die dorsalen Teile der

beiden ersten Visceralbogen, des Kiefer- und Zungenbeinbogens, deutet. — Die
dem dorsalen Teil des Kieferbogens, oder dem sog. Palatoquadrat, entsprechende
Spange vereinigt sich vorn mit den Vorderenden der Trabeculae. Wir werden bei
dem Visceralskelet auf diese Teile nochmals eingehen müssen.

Endlich schließt sich bei Petromyzon vorn an die Trabecularregion, mit ihr
direkt knorplig zusammenhängend, eine ansehnliche Knorpelplatte an, die in der
Decke der Mund-
höhle liegt (hintere
Deckplatte, hintere
Gaumenplatte, Eth-
moid). Die Platte
entspricht wohl der
schmäleren, welche
sich bei den Myxi-
noiden an die Basal-
platte vorn anreiht
(s. Fig. 126 *A*).

Außer diesem
eigentlichen Schä-
delskelet treten bei
Petromyzon noch
eine große Zahl iso-
lierter Knorpel-
stücke auf, die
sämtlich mit dem
sehr großen Saug-
mund in Beziehung
stehen, und für wel-
che bei den Gnatho-
stomen nur schwie-
rig Beziehungen zu
finden sind. Die
wichtigsten sind (s.
Fig. 127, 128): eine

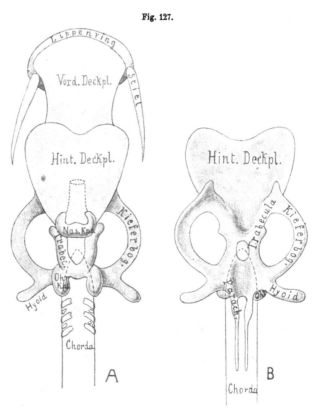

Fig. 127.

Petromyzon marinus. Knorpelcranium und Vorderende der Chorda. — *A* von
der Dorsalseite. — *B* von der Ventralseite, ohne die vorderen Teile. (Nach Joh.
Müller 1836.)   O. B.

unpaare vordere Gaumen- oder Deckplatte (Cartilago semiannularis) und, im Anschluß an sie, in der seitlichen Mundhöhlenwand je zwei paarige Stücke (Fig. 128,
hintere und vordere Seitenleiste); ferner der knorpelige Lippenring mit dem jederseitigen Lippenknorpel (Stiel, Cart. spinosus) und einem dahinter liegenden stabförmigen paarigen Knorpel (*Z. b*, Copula); schließlich der mächtige Zungenknorpel.

Bei den Myxinoiden (Fig. 126) ist das Mundskelet gleichfalls recht kompli-
ziert, jedoch anders gebaut. Wir können hier wohl noch die beiden Fortsätze des
Kiefer- und Zungenbeinbogens (Hyoid) erkennen, von welchen der erstere eine ähnliche
Spange bildet wie bei Petromyzon, sich jedoch noch weit in die Schnauzenregion

fortsetzt, bis zur Vereinigung mit dem der anderen Seite. Ein Apparat kleiner isolierter Knorpelchen schließt sich vorn an, zur Stütze der Mundtentakel. Die beiden
nach hinten ziehenden, frei endigenden Fortsätze, die vom Palatoquadratknorpel
ausgehen, sind wohl auf Reste des Visceralskelets zurückzuführen, das im übrigen
bei den Myxinoiden verkümmert ist. Auch der ziemlich komplizierte Apparat knorpeliger Spangen, die der oberen Schlundwand eingelagert sind, und vorn ebenfalls
von der Palatoquadratspange entspringen, leitet sich möglicherweise auch vom
Visceralskelet ab. — Sehr mächtig ist der Zungenknorpelapparat entwickelt, der
aus einer ganzen Anzahl Stücke besteht, wie Fig. 126 B erkennen läßt.

Fig. 128.

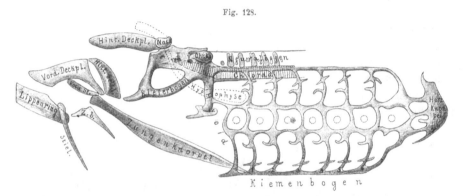

Petromyzon marinus. Knorpelcranium und Visceralskelet von links. (Mit Benutzung von Joh. Müller.)
Die kleinen punktierten Kreise im Kiemenbogenskelet geben die Lage der Kiemenöffnungen an. Z. b. sog.
Zungenbein oder Copula.   O. B.

Chondropterygii. Der Schädel der Knorpelfische ist nicht nur viel größer und
voluminöser als der der Cyclostomen, sondern auch viel vollkommener und übereinstimmender mit dem der höheren Vertebraten. Die bedeutendere Größe hängt
mit der ansehnlicheren Entwicklung des Gehirns und der höheren Sinnesorgane zusammen. Die vollkommenere Entwicklung dokumentiert sich hauptsächlich auch darin,
daß sich die knorpelige Schädelkapsel weiter nach hinten erstreckt als bei den Cyclostomen, indem der Ursprung des Nervus vagus stets in sie aufgenommen wurde,
dieser Nerv daher durch eine seitliche Öffnung in der hinteren Schädelwand austritt (Fig. 129 B, C, x). Bei den Haien finden sich hinter der Vagusöffnung noch einige
(1—5) feinere Nervenöffnungen (für die sog. Spinooccipitalnerven), welche beweisen,
daß hier noch einige weitere Segmente in den hinteren Schädelabschnitt eingegangen sind. Im Gegensatz zu den Cyclostomen hat sich so, übereinstimmend mit
den höheren Wirbeltieren, ein hinterster Occipitalabschnitt des Schädels entwickelt,
dessen Umfang jedoch recht gering ist, und der bei den Rochen entweder fehlt, oder
mit der besonderen Ausbildung der Gelenkungsverhältnisse ihres Schädels wieder
verkümmerte.

Der Schädel der Chondropterygier bleibt dauernd knorpelig und völlig einheitlich; er ist also ein reines Primordialcranium. Wie überall sind im ausge-

bildeten Primordialcranium keine besonderen getrennten Knorpelstücke zu unterscheiden. Die Entwicklung vollzieht sich im allgemeinen nach dem früher geschilderten Schema durch Bildung von Parachordalia und Trabeculae. Die ersteren stehen jedoch von Anfang an in kontinuierlichem Zusammenhang mit den knorpeligen Anlagen der vorderen Wirbel der Säule, von denen sich die Schädelkapsel erst später absondert, oder mit denen sie auch (wie bei den Notidaniden) in dauerndem Zusammenhang bleibt.

Die starke Herabkrümmung des vorderen Hirnteils, sowie die Rückwärtsverlagerung des Mundes bewirken, wie bei den Gnathostomen meist, daß die Trabeculae nicht in der horizontalen Verlängerung der Parachordalia, sondern senkrecht absteigend zu ihnen liegen, so daß ursprünglich eine starke Herabknickung des prächordalen Teils der späteren Schädelbasis besteht. — Die Ohrkapseln treten in direktem Zusammenhang mit den Parachordalia auf und werden ihnen (bzw. der aus ihnen hervorgehenden seitlichen Schädelwand) so innig einverleibt, daß sie äußerlich nicht mehr vorspringen. Durch Vereinigung der Parachordalia und Trabeculae, sowie einer, etwa im Grunde der späteren Augenhöhle, jederseits selbständig entstehenden Knorpelplatte,

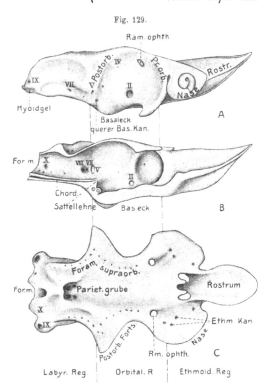

Fig. 129.

Acanthias, Knorpelschädel. (Nach GEGENBAUR 1872.) *A* von rechts. *B* in Medianebene halbiert. *C* von Dorsalseite. Die römischen Zahlen bezeichnen die Austrittsstellen der betreff. Hirnnerven. *For. m.* Hinterhauptsloch (Foramen magnum); *Pr. orb.* Präorbitalfortsatz.

sowie durch die weitere Entfaltung dieser Anlagen entsteht schließlich der fertige Knorpelschädel, dessen Ontogenese hier nicht genauer verfolgt werden kann.

Die oben erwähnte Herabknickung des prächordalen Schädelbodens wird durch seine Aufwärtskrümmung später wieder ziemlich ausgeglichen, erhält sich jedoch bei den Haien mehr oder weniger deutlich in einer inneren sattelartigen Erhebung des Bodens auf der Grenze der beiden Regionen (sog. Sattellehne, Fig. 129 *B*) und äußerlich in einem vorspringenden Eck an der Ventralseite der Kapsel (sog. Basaleck, Fig. 129 *A*). — Bei den Rochen geht die Ausgleichung viel weiter, so daß die Schädelbasis ganz horizontal wird und weder Sattellehne noch Basaleck hervortreten. — Bis zur Sattellehne reichte ursprünglich die Chorda. Sie kann sich als verkümmerter fadenartiger Rest bei gewissen Haien erhalten (Fig. 129 B), verschwindet jedoch meist ganz.

Äußerlich läßt der Knorpelschädel von hinten nach vorn folgende Regionen unterscheiden (Fig. 129). Die eigentliche Hirnschädelkapsel, hauptsächlich gebildet durch die sog. Labyrinth- oder Ohrregion, deren seitliche Wände die Hörorgane einschließen. Von ihr grenzt sich die wenig entwickelte Occipitalregion, welche von dem ansehnlichen Foramen magnum (For. m.) zum Durchtritt des Rückenmarks durchbrochen ist, nur wenig ab. — An den Seiten des Hinterhauptslochs springt bei den Rochen und Holocephalen (Fig. 130) je ein Gelenkhöcker für die Articulation mit der Wirbelsäule vor. — An die Labyrinthregion schließt sich vorn die Orbital- oder Orbitotemporalregion an, welche durch die Einlagerung der ansehnlichen Augen jederseits grubenartig vertieft bis eingeschnürt ist. Die so gebildeten Augenhöhlen (Orbitae) können durch dorsale, vorn und hinten an ihnen vorspringende Fortsätze (Prä- und Postorbitalfortsatz), zuweilen auch durch einen ventralen plattenartigen Fortsatz noch schärfer umgrenzt werden.

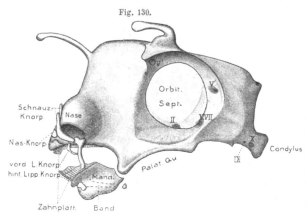

Fig. 130.

Chimaera monstrosa ♂. Schädel von links. (Mit Benutzung v. Hubrecht 1876/77 und Originalpräparat.) V' Aus- und Durchtrittsstelle des 1. Trigeminusastes. E. W.

Den vorderen Schädelabschnitt bildet die Ethmoidal- oder Nasalregion, welche durch den Anschluß der knorpeligen Nasenkapseln an die Vorderenden der Trabeculae entstand. Diese Region ist bald kürzer, bald länger, und vorn durch die, als seitliche Anschwellungen mehr oder weniger hervortretenden Nasenkapseln gewöhnlich stark verbreitert. Zwischen diesen Kapseln verlängert sie sich meist in einen unpaaren Fortsatz, das sog. Rostrum, das in sehr verschiedenem Grad entwickelt ist; bald sehr klein, ja fehlend, bald ungemein groß, was mit der Gestaltung der Schnauze zusammenhängt. Ob das Rostrum nicht gewisse Beziehungen zu der hinteren Deckplatte oder dem Rostrum der Cyclostomen besitzt, bedürfte genauerer Untersuchung. — Charakteristisch für den Schädel der Knorpelfische ist die Erstreckung der Schädelhöhle von der eigentlichen weiten Gehirnhöhle in der Labyrinthregion durch die Orbital- bis in die Ethmoidalregion (Fig. 129 B), wo sie über dem Rostrum nur häutig geschlossen ist, so daß der Knorpelschädel hier eine weite Öffnung zeigt (Fig. 129 C).

Abweichend verhält sich der Schädel der Holocephalen (Fig. 130), da die tiefen Augenhöhlen die Orbitalregion so zusammenpressen, daß die Fortsetzung der Gehirnhöhle auf deren
Basalregion beschränkt wird, während sich zwischen den Augenhöhlen nur ein häutiges Septum
ausspannt, das auch die stellenweise nicht knorpelige Schädelwand abschließt. Die oben erwähnte vordere Öffnung in der Ethmoidalregion fehlt dem Holocephalenschädel.

Der Schnauzenteil des Selachierschädels gestaltet sich ganz besonders mannigfaltig, was mit
der sehr wechselnden Länge des Rostrums und dessen z. T. sehr eigenartiger Bildung zusammenhängt. Wie bemerkt, erlangt es bei gewissen Rochen eine ganz exzessive Entwicklung; so
durchzieht es z. B. bei den Sägefischen (Pristis) einen ansehnlichen Teil der Säge. Bei anderen
(Torpedo) wird es sogar paarig. Bei zahlreichen Haifischen besteht es aus einem mittleren
Stab, an dessen Ende sich zwei seitliche ansetzen, die von den Nasenkapseln entspringen, so
daß das gesamte Rostrum wie eine Art Pyramide erscheint. Dieser Zustand soll durch Auftreten zweier fontanellenartiger Durchbrechungen aus dem einheitlichen Rostrum entstanden
sein. — Ganz besondere Verhältnisse haben sich in der Rostralregion der Rochen ausgebildet,
indem sich bei gewissen Formen die Brustflossen nach vorn bis zum Rostrum ausdehnen und
ihr Skelet sich an die Präorbitalfortsätze des Schädels anschließt. Dem Präorbitalfortsatz reiht
sich infolge dieser besonderen Funktion bei gewissen Rochen ein sehr mächtiges Knorpelstück
(Schädelflossenknorpel) an, das mit einem der Basalknorpel der Flosse (Propterygium) durch
ein Band zusammenhängt. Auf diese, sowie andere eigenartige Bau- und Anpassungsverhält-
nisse der Schnauzenregion kann hier nur andeutungsweise eingegangen werden.

Ganoidei, Dipnoi und Teleostei. Wie bemerkt, wiederholt sich das Primordialcranium der Knorpelfische in der Schädelanlage der übrigen, ja es erhält sich sogar in ähnlicher· Vollständigkeit zeitlebens bei denjenigen (Knorpelganoiden, Dipnoi), welche in dieser, wie in anderer Hinsicht den Knorpelfischen
näher stehen. Stets gesellen sich jedoch dem Primordialcranium Verknöcherungen zu, welche es verstärken. Die Knorpelganoiden (besonders Störe, Acipenser) besitzen eine aus vielen Knochenplatten bestehende Decke, welche dem
Knorpelschädel dorsal dicht aufliegt (s. Fig. 131); auch auf seiner Ventralseite
findet sich ein langer Knochen (Parasphenoid, s. Fig. 132), der die Schädelbasis fast in ihrer ganzen Ausdehnung stützt. — Die genauere Untersuchung
ergibt, daß alle Schädelknochen der Chondrostei aus der Haut hervorgehen,
die den Knorpelschädel dorsal und ventral überzieht. Dies folgt nicht nur
aus ihrer völligen Übereinstimmung mit den Hautknochenplatten, welche wir
am Rumpf der Störe schon früher fanden (s. auch Fig. 198) und deren eventuelle Beziehungen zu den Placoidschuppen der Chondropterygier dort erörtert
wurden (s. S. 169), sondern auch daraus, daß die Deckknochen der Dorsalseite
noch durch eine Bindegewebsschicht vom Knorpelschädel gesondert bleiben, daher
auch leicht ablösbar sind. Das Gleiche ergibt auch die Ontogenie. Hieraus folgt,
daß die ersten Knochenbildungen, welche sich dem Primordialcranium zugesellten, im Integument auftraten und sich erst sekundär mit ihm verbanden. Aus
diesem Grund hat man derartige Schädelknochen als *Deck-* oder *Haut*knochen
bezeichnet. Der Name »secundäre Knochen«, den man ihnen zuweilen auch gab,
ist nicht zutreffend, da sie ja phylogenetisch die primären waren.

Bei den übrigen Fischen wiederholen sich solche Deckknochen in der Bildung des knöchernen Schädels, sowohl auf der Dorsal- als Ventralseite. Sie treten
jedoch meist sofort in tieferer Lage, also in nächster Nähe des Perichondriums

des Knorpelschädels auf, und können, den unterliegenden Knorpel allmählich verdrängend, an seine Stelle treten, indem von ihrer Anlage aus die Verknöcherung sowohl nach außen als in die Tiefe fortschreitet.

Beim weiteren Fortgang dieses Prozesses scheint auch nicht ausgeschlossen, daß die erste Verknöcherungsanlage bis in das Perichondrium selbst in die Tiefe rückte. Hiermit wäre aber ein Zustand eingetreten, welcher einen so entstehenden Knochen schwer von einer zweiten Art unterscheiden läßt, die bei der fortschreitenden Weiterbildung des Schädels auftrat. Auf letztere Weise entstehen nämlich auch die sog. *Ersatz-* oder *Knorpelknochen,* die zuweilen, aber unrichtig, als Primärknochen bezeichnet wurden, denn sie traten phylogenetisch später auf als die Deckknochen. Die Bildung solcher Ersatzknochen geht (wie wir dies auch bei der Verknöcherung der knorpeligen Wirbelanlagen fanden) vom Perichondrium des Primordialcraniums aus und dringt von hier in die Tiefe vor, kann sich jedoch auch centrifugal nach außen fortsetzen. Manchmal treten auch gleich auf der Innen- und Außenseite des Knorpels zwei perichondrale Knochenlamellen auf, welche sich erst später vereinigen. Das Ergebnis ist ein Knochen, welcher den Knorpel direkt ersetzt. An typischen Ersatzknochen ist dies häufig sehr charakteristisch zu sehen, indem sie direkt als Ersatz in die Wand des knorpeligen Primordialcràniums eingeschaltet sind (s. Fig. 134, S. 236) und sich auch im Aussehen von Deckknochen auffallend unterscheiden. Es dürfte daher, trotz mancher Anzweiflungen, sicher sein, daß wir diese beiden Knochenarten auseinander halten müssen, so schwer es zuweilen auch sein mag, die Natur eines gewissen Knochens festzustellen.

Wenn die erste Anlage eines Deckknochens sehr tief, bis zum Perichondrium verlegt wurde, so wird ja seine Unterscheidung von einem Ersatzknochen auf ontogenetischem Wege recht unsicher; hier tritt die vergleichende Betrachtung in den Vordergrund, d. h. die Rückführung des betreffenden Knochens durch Vergleichung auf einen solchen, der sicher ursprünglich ein Deckknochen war. Die Sachlage wird noch dadurch komplizierter, daß sich gewisse Knochen ontogenetisch als von gemischter Natur ergaben, d. h. als Verwachsung eines ursprünglichen äußeren Deckknochens mit einem darunter entstandenen Ersatzknochen. Einzelne Knochen des Teleosteerschädels lassen sogar diese beiden Elemente zuweilen noch getrennt nebeneinander erkennen. Auch macht es die Vergleichung der Schädelknochen der primitiveren und höheren Fische recht wahrscheinlich, daß unter ursprünglich allein vorhanden gewesenen Deckknochen später Ersatzknochen auftraten und sich beide Elemente schließlich zu Mischknochen vereinigten. Doch ist auch wohl die umgekehrte Folge vertreten. Es hat dies zu gewissen Verwirrungen in der Bezeichnung geführt, indem man die zusammengehörigen Deck- und Ersatzknochen verschieden benannte. So entspricht wohl das Postfrontale als Deckknochen dem Sphenoticum als Ersatzknochen, das Squamosum dem Pteroticum, das Dermsupraoccipitale dem eigentlichen Supraoccipitale. — Wenn nun in der Tat solche Mischknochen auftreten, so läßt sich auch verstehen, daß unter gewissen Verhältnissen geradezu die Substitution eines ursprünglichen Deckknochens durch einen Ersatzknochen eingetreten sein kann; denn wir brauchen uns nur vorzustellen, daß ein ursprünglicher Deckknochen im Laufe seiner weiteren Entwicklung zu einem gemischten wurde, und daß schließlich der ursprüngliche Deckknochenanteil völlig degenerierte. Auf diese Weise wäre dann ein ontogenetisch reiner Ersatzknochen entstanden, welchen wir dennoch in gewissem Sinne als homolog mit dem ursprünglichen Deckknochen zu betrachten hätten. — Die zuweilen ausgesprochene Ansicht, daß sämtliche Schädelknochen sich ursprünglich von Deckknochen abgeleitet hätten, erscheint vorerst, angesichts der vielfach frappanten Verschiedenheit zwischen typischen Deck- und Ersatzknochen, nicht haltbar.

Eine weitere Erschwerung des Problems kann auch daraus hervorgehen, daß sich, wie es sicher scheint, zuweilen zu einem Deckknochen sekundär Knorpel gesellen kann.

Die knöchernen Skeletelemente, seien es sog. Ersatz- oder Hautknochen, treten ontogenetisch in der knorpeligen oder bindegewebigen Anlage zuerst als kleine lokale Verknöcherungspunkte auf, die allmählich heranwachsen. In beiden Fällen kann der eigentlichen Verknöcherung eine Verkalkung des Knorpels oder des Bindegewebes vorangehen. — Sehr häufig erfolgt jedoch die Verknöcherung ansehnlicherer Skeletelemente nicht nur von einem einzigen sog. Knochenkern aus, sondern zu dem erstentstandenen, der sich auch bei der weiteren Verknöcherung gewöhnlich als ansehnlicherer Hauptkern erhält, treten noch weitere sekundäre hinzu. Erst später, ja für gewisse Knochen nicht selten lang nach der embryonalen Zeit, verwachsen die sekundären Kerne mit dem Hauptkern zu einem einheitlichen Knochen. Die Zahl der Knochenkerne, die so ein später einheitliches Skeletelement erzeugen, kann zuweilen recht erheblich sein und ist auch nicht selten etwas variabel.

Von besonderem Interesse erscheint diese Bildung sekundärer Knochenkerne bei langgestreckten Knochen, welche erhebliche Zeit in die Länge wachsen; was besonders für die Extremitätenknochen tetrapoder Wirbeltiere (besonders Mammalia) gilt. Bei diesen verknöchert zuerst der mittlere Teil der langen knorpeligen Anlage zu einem mittleren Stück, der sog. Diaphyse, während sich die beiden Enden der Anlage (seltener nur das eine) knorpelig erhalten. Später verknöchern diese knorpeligen Enden (Epiphysen) selbständig und erhalten sich auch als selbständige knöcherne Epiphysen, bis der betreffende Knochen seine definitive Länge erreicht hat; erst dann verwachsen sie mit der Diaphyse. Nicht nur die Extremitätenknochen zeigen solche Epiphysenbildung, auch die Knochen der Extremitätengürtel, die Wirbel und andere Skeletelemente verhalten sich vielfach ähnlich. Auch besondere Fortsätze und Auswüchse an Knochen können häufig durch selbständige Verknöcherung entstehen.

Diese kurz erläuterten Verhältnisse erschweren nicht selten die vergleichend anatomische Beurteilung der Skeletelemente. Da nämlich sekundäre Verwachsung ursprünglich selbständiger, benachbarter knöcherner Skeletelemente häufig vorkommt, so kann das Hervorgehen eines Knochens aus mehreren selbständigen Verknöcherungspunkten leicht zur Vermutung führen, daß er auch phylogenetisch aus mehreren, ursprünglich gesonderten knöchernen Elementen entstanden sei. Daß eine solche Auffassung für Diaphysen und Epiphysen der Extremitätenknochen ganz unmöglich ist, liegt auf der Hand. In anderen Fällen dagegen ist die Entscheidung weniger leicht, und damit erscheint eine Quelle verschiedenartiger Deutungen gegeben, worüber später, bei der Schilderung der einzelnen Skeletabschnitte, mehrfach die Rede sein wird.

Benachbarte Knochen können sich in verschiedener Weise miteinander zu einem gemeinsamen Skeletteil verbinden, wie es in der Wirbelsäule, dem Schädel und den Extremitäten hervortritt. Entsprechend der Beschaffenheit der ursprünglichen Anlage, in welcher die Verknöcherungen auftreten, können die fertigen Knochen durch Bindegewebe, das häufig sehnig und bandartig geworden ist (Syndesmose), oder durch Knorpel (Synchondrose) mehr oder weniger innig vereinigt sein. Wird dieses Zwischengewebe sehr gering, so daß die benachbarten Knochen, häufig mit zackig vorspringenden Rändern, dicht zusammenstoßen, so spricht man von Nahtverbindung (Verbindung durch Sutur). Durch fortschreitende Verknöcherung des Zwischengewebes kommt es jedoch, wie erwähnt, vielfach auch zur knöchernen Verwachsung ursprünglich getrennter Knochen (Synostose), was im Skelet zahlreicher Wirbeltiere in verschiedenem Grade auftritt. — Bei Verbindung der Knochen durch Bindegewebe oder Knorpel können die vereinigten Skeletelemente in gewissem Grade beweglich gegeneinander bleiben. Ausgiebigere Beweglichkeit benachbarter Elemente gegeneinander, wie sie namentlich in der Wirbelsäule und dem Extremitätenskelet notwendig wird, erfordert dagegen meist die Ausbildung wirklicher Gelenke (Diarthrose). Diese kommen im allgemeinen so zustande, daß in dem Zwischengewebe zwischen den benachbarten Knorpeln oder Knochen eine mit Flüssigkeit erfüllte Höhle (Gelenkhöhle) auftritt. An den Gelenkenden der Knochen entwickeln sich ineinander passende Flächen, die mit Knorpel überzogen bleiben. Das Zwischengewebe im

Umkreis der Gelenkhöhle und der Gelenkenden beider Knochen entwickelt sich sehnig zu einer sog. Gelenkkapsel, welche die beiden Knochenenden miteinander verbindet. Zuweilen können auch Partien des Zwischengewebes zwischen den Gelenkenden der Knochen verknorpeln zu sog. Zwischenknorpeln oder Menisci.

Das vollständig erhaltene Primordialcranium der *Knorpelganoiden* gleicht in seiner Konfiguration sehr dem der Haie (s. Fig. 131—132). Seine Hinterhaupts-

Fig. 131.

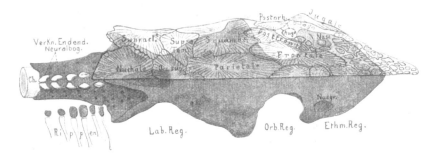

Acipenser sturio. Schädel und Anfang der Wirbelsäule von der Dorsalseite. In der rechten Hälfte die Deckknochen entfernt. Knorpelcranium blau. Vgl. auch Fig. 198. Die knorpeligen Basalteile der Rippen sind von dem Parasphenoid, dem sie aufsitzen, abgetrennt gezeichnet; die Dornfortsätze der Neuralbogen weggelassen. *Ch.* Chorda. O. B.

region geht direkt in den Anfang der Wirbelsäule über, deren Bogenelemente um die erhaltene Chorda eine Strecke weit kontinuierlich zu einem Knorpelrohr verschmolzen sind. Dorsal wird das Cranium, wie bemerkt, von einer großen Zahl Deckknochenplatten überkleidet, welche einen zusammenhängenden Panzer bilden, und von denen einige randliche der Labyrinthregion auch absteigende Fortsätze

Fig. 132.

Acipenser sturio. Knorpelcranium und Anfang der Wirbelsäule von rechts. O. B.

an der Seitenwand des Schädels bilden. Eine erhebliche Anzahl dieser Platten lassen sich sicher mit gewissen Deckknochen der Knochenganoiden und Knochenfische identifizieren, so die Scheitelbeine (Parietalia), Stirnbeine (Frontalia), Sphenotica (Postfrontalia), Pterotica (Squamosa), Postorbitalia und eventuell noch weitere (s. Fig. 131). — Bei dem Löffelstör (Polyodon) sind die dorsalen Deckknochen weniger zahlreich und denen der Knochenganoiden ähnlicher. — Die gesamte Schädelbasis stützt ein sehr langer stabförmiger Deckknochen (*Parasphenoid*), der von der Ethmoidalregion längs der ganzen Schädelbasis hinzieht, ja sich über diese hinaus bis ans Hinterende des verschmolzenen vorderen Wirbelsäulenabschnittes erstreckt. Dies Parasphenoid entsendet unter dem Postorbitalfortsatz jederseits einen aufsteigenden Stützast. — Eigentümlicherweise wird das Vorderende des Parasphenoids (Stör) vom Knorpel des Craniums überwachsen, tritt jedoch zuweilen in der Schnauzenregion wieder etwas hervor; auch sein hinterer Abschnitt wird von den knorpeligen Basalteilen der vordersten Rippen überlagert.

Ein bis mehrere schmale Hautknochen an der Ventralseite der Schnauzenregion des Knorpelcraniums werden gewöhnlich dem *Vomer* der Teleostei verglichen.

So bleibt der Schädel der Chondrostei in der Regel ganz ohne Ersatzknochen. Daß diese aber doch zuweilen schon angedeutet sein können, zeigen sehr alte Störe, bei denen in der Orbitalregion einige etwas unregelmäßige Ersatzknochenbildungen beobachtet wurden, welche sich mit den als Pleurethmoid, Orbito- und Alisphenoid, sowie Prooticum bei den Holostei und Teleostei bekannten vergleichen ließen. — Es wird jedoch auch die Ansicht vertreten, daß die heutigen Chondrostei stark rückgebildete Formen seien, also der primitive Bau ihres Schädels auf teilweiser Reduktion beruhe. Mir scheinen die primitiven Charaktere doch zu überwiegen.

Fig. 133.

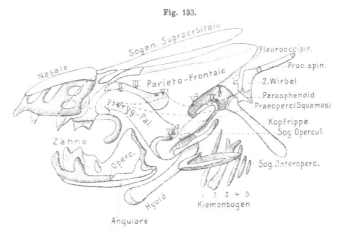

Lepidosiren paradoxa. Schädel von links. Knorpel dunkel, Knochen hell. Die punktierten Linien, die von dem ganz hinten sichtbaren Parasphenoid ausgehen, geben dessen Ausdehnung nach vorn an der Unterseite des Schädels an. Ebenso die beiden, vom vorderen sichtbaren Ende des Pterygopal. (Palatopterygoid) ausgehenden, dessen weitere Ausdehnung nach vorn und oben. (Nach BRIDGE 1898.)   E. W.

Kaum stärker verknöchert erweist sich das Primordialcranium der *Dipnoi*, das sich namentlich bei Ceratodus in großer Ausdehnung erhält. Wie bei den Chondrostei bleibt die Chorda im Schädelboden dauernd bestehen; auch verschmelzen einige Wirbelelemente mit dem Hinterhaupt. Das Primordialcranium ist wie bei den Cyclostomen und Holocephalen dadurch modifiziert, daß das dorsale Stück des Kieferbogens (sog. Palatoquadrat mit der hinteren Seitenwand des Schädels verschmolzen ist. Es treten daher einige Verknöcherungen, welche sich an diesem Teil bilden, in Verbindung mit dem eigentlichen Schädel (sog. Präoperculum oder Squamosum und Palatopterygoid); sie sollen deshalb erst beim Visceralskelet besprochen werden. — Die Weiterbildung des Dipnoerschädels besteht darin (Fig. 133), daß in seiner Occipitalregion, jederseits vom For. magnum, ein Ersatzknochen auftritt, die seitlichen Hinterhauptsbeine (*Pleurooccipitalia* oder Exoccipitalia, Occipitalia lateralia); sonst finden sich nur Deckknochen. — Ein langes Parasphenoid erstreckt sich wie bei den Knorpelganoiden nach hinten bis auf den Anfang der Wirbelsäule (auf der Fig. punktiert angedeutet). In der Schnauzenregion liegt vor ihm eine Zahnplatte mit zwei Zähnen; sie wird zuweilen als *Vomer* gedeutet. Dorsal wird das Primordialcranium von Lepidosiren und Protopterus von einem langen und breiten plattenförmigen Deckknochen ergänzt, welcher wegen seiner Ausdehnung gewöhnlich als *Parietofrontale* bezeichnet wird, d. h. die Scheitel- und Stirnbeine der Knochenfische umgreifend. — Die dorsale Ethmoidregion ist von einem sog. *Nasale* (auch Dermethmoid genannt) überdacht. — Eine Absonderlichkeit gegenüber allen Fischen bilden (Lepidosiren, Protopt.) zwei ansehnliche Hautknochen, die sich vom Einterrand des Nasale, den Musculus temporalis überdeckend, frei über dem Schädel bis in die Occipitalgegend erstrecken (teils *Supraorbitalia*, teils dermales Ectethmoid genannt). Bei Ceratodus sind sie durch eine zwischengelagerte dünne Knochenplatte vereinigt, die auch zuweilen als Parietofrontale betrachtet wird, ihrer Lage nach aber kaum diesem entsprechen kann (sog. Scleroparietale).

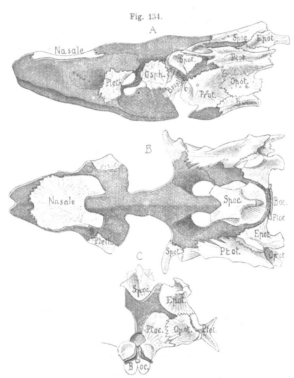

Fig. 134.

Salmo salar. Schädel nach Entfernung der Deckknochen (mit Ausnahme des Nasale). Knorpel blau. *A* von links. *B* von der Dorsalseite. *C* Occipitalregion von hinten. *Alisph.* Alisphenoid, *Boc.* Basioccipitale, *Bssph.* Basisphenoid, *Epot.* Epioticum, *Opot.* Opisthoticum, *Osph.* Orbitosphenoid, *Ploc.* Pleurooccipitale. *Pleth.* Pleuroethmoid, *Ptot.* Pteroticum (Squamosum), *Spoc.* Supraoccipitale, *Spot.* Sphenoticum (Postfrontale).   O. B.

Ebenso finden sich bei letzterer Gattung noch einige Hautknöchelchen unter und hinter dem Auge. Dies weist darauf hin, daß bei den rezenten Dipnoern Reduktion in der Hautknochendecke des Primordialcraniums vorliegt, was denn auch die ausgestorbenen Dipnoer der paläozoischen Zeit bestätigen. Wie Fig. 138 [2], S. 241 zeigt, war bei diesen die ganze Dorsalseite des Craniums von Hautknochen kontinuierlich bedeckt, ähnlich wie bei den Chondrostei und Holostei. Aus ihrer Bezeichnung ergibt sich auch ihre Vergleichbarkeit mit denen die beiden letzteren Abteilungen.

Holostei und Teleostei. Bei diesen Gruppen vermehrt sich die Zahl der Verknöcherungen sehr; der Teleosteerschädel gehört zu den knochenreichsten der Wirbeltiere. Das knorpelige Primordialcranium ist im erwachsenen Schädel meist stark rückgebildet, wenn auch bei primitiveren Formen (Holostei, doch auch Teleosteern: Salmo, Esox) noch recht ausgedehnt erhalten (s. Fig. 134). Meist wird es jedoch weniger vollständig angelegt als bei den primitiveren Fischen; die Decke, häufig auch die Orbitalregion, bleiben in größerem Umfang häutig.

Die meist ansehnliche Größe der Augen bedingt bei den Knochenfischen eine sehr tiefe und geräumige Entwicklung der Orbiten. Wie bei den Holocephalen bewirkt dies eine starke Einschnürung des Schädels in der Orbitalgegend, die so weit geht, daß die Schädelhöhle in dieser Region fast stets vollständig rückgebildet wurde und die beiden Orbiten nur durch ein knorpeliges bis knöchernes, oder häutiges Septum geschieden werden (s. Fig. 135). — Bei den Holostei und Dipnoi dagegen erhält sich die ursprünglichere Schädelbildung der Knorpelfische und Knorpelganoiden, indem die Schädelhöhle zwischen den Orbiten hindurch bis in die Ethmoidalregion reicht; unter den Teleostei findet sich ähnliches nur bei gewissen Physostomen (Cyprinoidei).

Wir beginnen mit der Schilderung der in den Schädel eingehenden *Ersatzknochen*, wobei jedoch zu betonen ist, daß die Natur einzelner Knochen noch unsicher erscheint, indem die ontogenetische Untersuchung sich bis jetzt nur auf wenige Formen erstreckte.

Die *Occipitalregion* (s. Fig. 134 u. 135) wird von den schon den Dipnoi zukommenden beiden seitlichen Hinterhauptsbeinen (*Pleurooccipitalia*) gebildet, aber vervollständigt durch den steten Zutritt eines unpaaren, die ventrale Umgrenzung des Hinterhauptslochs bildenden *Basioccipitale*, zu dem sich bei sämtlichen Knochenfischen noch ein gegenüberstehendes dorsales Hinterhauptsbein gesellt (*Supraoccipitale*), das den Holostei noch fehlt (s. Fig. 136 u. 137, S. 239)[1]. Das Supraoccipitale nimmt fast nie an der Umschließung des Hinterhauptslochs Anteil, da die Pleurooccipitalia über letzterem zusammenschließen (134 C); auch das Basioccipitale kann gelegentlich von der Umrandung ausgeschlossen sein. — Diese Bildung der Hinterhauptsregion aus vier Ersatzknochen erhält sich bei voller Verknöcherung in der ganzen Reihe der amnioten Wirbeltiere typisch. — Indem sich an die Hinterhauptsbeine Muskeln ansetzen, kann es zur Ausdehnung der Verknöcherung an deren Ansatzstellen kommen und so zu Fortsatzbildungen. Namentlich erhebt sich das Supraoccipitale zuweilen in einem starken mittleren Kamm (Crista, Fig. 135).

Die Pleurooccipitalia der karpfenartigen Fische (Cyprinoidei) sind fast stets durch eine besondere Eigentümlichkeit ausgezeichnet. Jedes besitzt neben dem Foramen magnum ein meist sehr großes, in die Schädelhöhle führendes Loch das, wie wir später sehen werden, in Beziehung zu dem Apparat von Knöchelchen steht, die die Schwimmblase mit dem Gehörorgan in Verbindung setzen. Von der Ventralfläche des Basioccipitale dieser Fische entspringen zwei Fortsätze, welche die Aorta umgreifen und sich unter ihr zu einem meist

---

[1] Dagegen finden sich bei diesen auf dem Primordialcranium an Stelle des Supraoccipitale zwei bis mehr Deckknochen, ähnlich dem sog. Occip. superius des Störs, die auch noch bei den stegocephalen Amphibien wiederkehren. Sie werden wohl am geeignetsten als Dermoccipitalia bezeichnet.

ansehnlichen Fortsatz vereinigen. Dieser meist nach hinten ziehende sog. *Pharyngealfortsatz* dient den sog. unteren Schlundzähnen des 5. Kiemenbogens bei ihren Bewegungen als Widerlager und ferner als Ursprungsort für ein Muskelpaar, das sich zu dem 5. Kiemenbogen begibt.

Die an die Pleurooccipitalia nach vorn anschließende Labyrinthregion, d. h. die Seitenwand der eigentlichen Hirnschädelkapsel, ist bei den Knochenfischen besonders reich an Ersatzverknöcherungen (Otica). Bei voller Ausbildung schließt sich jederseits vorn an das Pleuro- und Basioccipitale zunächst ein mehr oder weniger ansehnlicher Knochen an (*Opisthoticum* oder Intercalare), welcher das

Fig. 135.

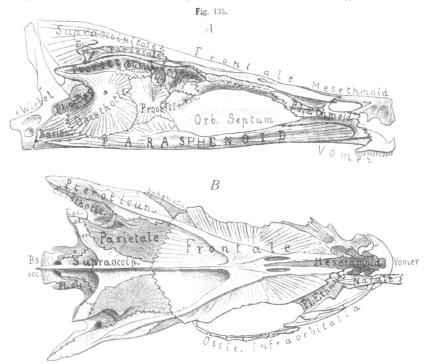

Gadus morrhua (Kabeljau). Schädel. *A* von rechts. *B* von der Dorsalseite. In der Seitenansicht sind die Infraorbitalia weggelassen.   O. B

Labyrinth hinten umfaßt, aber auch als Deckknochen gedeutet wird. Die Fortsetzung nach vorn, bis in die seitliche Orbitalregion, bildet das *Prooticum* (Petrosum) in der Ursprungsgegend des Nervus trigeminus, dessen Äste, ebenso wie der Nervus facialis z. T., durch diesen Knochen treten, oder doch von seinem Vorderrand umfaßt werden. Dorsal über diesen beiden Knochen liegen von vorn nach hinten das sog. *Sphenoticum* (Postfrontale) und das *Pteroticum* (Squamosum); das erstere entsteht im Postorbitalfortsatz des Primordialcraniums. Das Pteroticum ist interessant, weil es wenigstens bei Salmo als ein Mischknochen erkannt wurde. — Zwischen Pteroticum, Supra- und Pleurooccipitale schiebt sich ein meist ziemlich kleiner Ersatzknochen (*Epioticum*, Paroccipitale) ein, welcher ähnlich wie das Pteroticum und Opisthoticum ein hinteres oberes Schädeleck bildet, das sich am

Tragen des Schultergürtels beteiligt. Selten (z. B. gewisse Plectognathi) können die Epiotica so groß werden, daß sie sich zwischen Supra- und Pleurooccipitale einschieben und zusammenstoßen. Von den besprochenen Otica ist das Opisthoticum sehr variabel, da es recht klein werden, ja sogar ganz fehlen kann.

Die in der Verlängerung des Basioccipitale nach vorn ziehende Schädelbasis wird wie bei den Knorpelganoiden hauptsächlich durch den langen Hautknochen, das *Parasphenoid*, gestützt (Fig. 135), weshalb in ihr Ersatzknochen wenig ausgebildet sind. Dennoch findet sich namentlich bei paläogenen [1]) Formen in dem Schädelboden, zwischen den beiden Prootica, eine kleine paarige oder unpaare Verknöcherung, welche auf der Grenze gegen die Orbiten liegt, das sog. *Basisphenoid* (Keilbein). Diesem können sich in der vorderen Wand der eigentlichen Gehirnkapsel, die häufig größtenteils häutig-knorpelig bleibt,.paarige kleine *Alisphenoide* (s. Fig. 134, 135,
137) anschließen,
auf welche dann in
dem interorbitalen
Septum primitiver
Formen noch sog.
Orbitosphenoide
folgen können, als
ursprünglich paarige, meist jedoch
unpaar verwachsende kleine Verknöcherungen (Figur 134, 136, 137).

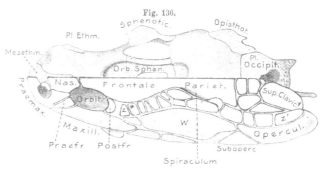

Fig. 136.

Polypterus bichir. Schädel von der Dorsalseite, In der rechten Hälfte die Deckknochen entfernt. Knorpel dunkel, Ersatzknochen punktiert. Deckknochen hell. (Mit Benutzung von Traquair 1871 u. Originalpräparat.) ε—ε' Reihe sog. Temporalia. W gewöhnlich als Präoperculum gedeutet, ist jedoch wohl erst aus Verwachsung von Pr. op. mit Postorbitalia hervorgegangen.   O. B.

Das Interorbitalseptum bleibt so bei vielen Knochenfischen auf weite Strecken rein häutig; ventral von dem Parasphenoid, dorsal von den dorsalen Deckknochen gestützt.

In der *Ethmoidalregion* erhalten sich meist bedeutende Reste des Knorpelschädels (Fig. 134, 136). Als Ersatzknochen tritt in den Präorbitalfortsätzen jederseits ein *Pleuroethmoid* (sog. Ethmoidalia lateralia, Präfrontalia) auf; zwischen ihnen gewöhnlich ein unpaarer Knochen (Mesethmoid, Fig. 135), der wohl sicher in gewissen Fällen ein Ersatzknochen ist, sich aber von einem ähnlichen unpaaren Deckknochen dieser Region (Nasale) nicht stets scharf unterscheiden läßt, vielleicht auch zuweilen mit ihm vereinigt ist.

Hiermit wären die Ersatzknochen erledigt. Die *Deckknochen*, welche großen Anteil am Schädelaufbau nehmen, wiederholen zum Teil die schon bei den Knorpelganoiden angetroffenen Verhältnisse. Auf der Ventralseite bildet das lange, zuweilen bezahnte *Parasphenoid* die Stütze des Schädels, vom Basioccipitale bis zur Ethmoidalregion. In letzterer schließt sich ihm vorn ein bei den Holostei paariger, bei den Teleostei stets unpaarer *Vomer* (Pflugscharbein, Fig. 135) an, der gewöhnlich Zähne trägt.

---

[1]) Wir gebrauchen die Bezeichnungen *»paläogen«* und *»neogen«* für phylogenetisch ältere und jüngere Formen.

Eine besondere Eigentümlichkeit vieler Knochenfische (zahlreiche Physostomi und Acanthopterygii) ist die Bildung eines sog. Augenhöhlenkanals (Myodom), welcher von den Orbiten aus zwischen dem Parasphenoid und dem Basisphenoid (bzw. der knorpeligen Basis der Schädelkapsel) nach hinten zieht; er dient zur Aufnahme einiger stark verlängerter Augenmuskeln.

Die dorsale Schädeldecke wird hinten durch paarige *Parietalia* (Scheitelbeine) und weiter vorn durch *Frontalia* (Stirnbeine) gebildet, von welchen die letzteren meist länger sind und durch Verwachsung unpaar werden können; auch eine Vereinigung beider zu einem Parietofrontale kann vorkommen (Fig. 136). Bei den Knochenfischen werden die beiden Parietalia häufig durch die Frontalia und das Supraoccipitale getrennt (s. Fig. 135 *B*). — In der Ethmoidalregion finden sich paarige *Nasalia* (Nasenbeine) oder ein unpaares, deren Beziehung zum sog. Mesethmoid oben betont wurde.

Die Deckknochenbildung ist damit nicht erschöpft. Der ausgedehnte Knochenpanzer der Schädeloberfläche, welcher den Knorpelganoiden und den paläo-

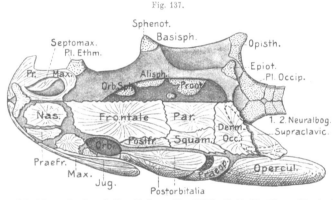

Fig. 137.

A m i a c a l v a. Schädel von der Dorsalseite. In der rechten Hälfte die Deckknochen entfernt mit Ausnahme der Prämaxille. Knorpel dunkel; Ersatzknochen punktiert. Deckknochen hell. (Nach BRIDGE 1877 konstruiert.)
O. B.

genen Dipnoi zukommt, fand sich in ähnlicher Ausdehnung und Bildung auch bei den Vorläufern der Knochenganoiden und daher jedenfalls auch der Knochenfische. Ursprünglich dürften wohl eine große Zahl kleiner Knochenplättchen die orbitale und Labyrinthregion des Schädels bedeckt haben. Bei vielen fossilen Ganoiden finden sie sich hier noch in großer Zahl (s. Fig. 138 [3]), indem sie sich entweder mehr in Längsreihen über, unter und hinter der Orbita anordnen, oder sich mehr in einigen konzentrischen Kreisen um die Orbita lagern. Es lassen sich so Supra-, Infra- (Sub-) und Postorbitalia unterscheiden, nach ihrer Lage zur Orbita.

In die Reihe der Supraorbitalia kann man auch die schon erwähnten sog. Präfrontalia (Pleuroethmoid) und Postfrontalia (Sphenotica) sowie das sog. Squamosum (Pteroticum) ziehen. Bei Polypterus hat sich die Supraorbitalreihe noch als ein Zug zahlreicher kleiner Knochenplättchen erhalten (Fig. 136 $z - z^1$), auch Lepidosteus ist noch ähnlich. Bei Amia ist sie auf Prä-, Postfrontale und Squamosum reduziert. Die hinter der Orbita, in der Labyrinthregion liegenden Knochenplatten, die man im allgemeinen als *Postorbitalia* bezeichnen kann, sind teils sehr zahlreich (Lepidosteus), teils wohl durch Verschmelzung verringert. So besitzt Amia noch zwei große Postorbitalplatten (Fig. 137); Polypterus (Fig. 136) *eine* ansehnliche, die gewöhnlich als Präoperculum gedeutet wird, meiner Meinung nach aber wahrscheinlich aus der Verwachsung einer oder mehrerer Postorbitalplatten mit dem Präoperculum hervorging. — Eine Querreihe von Platten legt sich gewöhnlich der Occipitalregion des Schädels auf und verbindet die beiden Supraorbitalreihen (s. Fig. 138 [3]). Diese Platten werden gewöhnlich Supratemporalia genannt und ihre beiden mittleren auch Occipitalia. Vielleicht wären sie am besten sämtlich Dermoccipitalia zu nennen. Bei Polypterus sind sie noch durch mehrere kleine, bei Amia

Fig. 138.

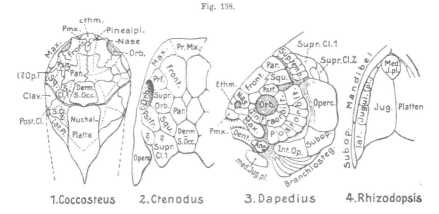

1. Coccosteus   2. Ctenodus   3. Dapedius   4. Rhizodopsis

Schädel fossiler Ganoiden und Dipnoi. *1.* C o c c o s t e u s (Devon; jetzt gewöhnlich den Dipnoern angeschlossen). Schädel und Knochenpanzer des vorderen Rumpfabschnitts von der Dorsalseite. *2.* C t e n o d u s (Dipnoer, Carbon). Schädel von Dorsalseite. *3.* D a p e d i u s (Amiadei, Lias). Schädel von links. *4.* R h i z o d o p s i s (Carbon, Crossopterygii). Unterkinnlade von der Ventralseite. (Nach verschiedenen Autoren teils aus GOODRICH 1909, teils aus ZITTELS Handbuch.)   O. B.

jederseits nur durch eine einzige Platte repräsentiert. — Bei vielen Teleostei erhält sich zwischen Epioticum und Pteroticum ein meist kleines Knöchelchen, das wohl ein Rest dieser Supratemporalia ist (Supratemporale, Extrascapulare).

Auf ihm teilt sich in der Regel der sog. Seitenkanal in drei auf dem Kopf sich verbreitende Äste. Bei gewissen Physostomen kann es so groß werden, daß es das Parietale überdeckt und mit dem der Gegenseite zusammenstößt; ja es kann zuweilen sogar noch von einer Querreihe von Knochenplättchen repräsentiert werden, also ganz ähnlich wie bei Holostei.

Die Reihe der *Infraorbitalia* erhält sich bei den Teleostei gewöhnlich (Fig. 135 *B*) als ein Zug von Knöchelchen, der die Orbita ventral umrandet. Bei gewissen Formen können sie sich zum Teil ansehnlich vergrößern und verstärken, was eine Panzerung der Wangen- oder Temporalregion des Kopfs hervorruft (z. B. Cataphracti). Zu den Infraorbitalia im weiteren Sinne kann man auch die dem Oberkiefer sich näher anschließenden Hautknochen stellen, die wir später als Admaxillaria oder Jugalia betrachten werden.

Auch die paläozoischen Ostracodermi und Coccosteidae besaßen eine starke Knochenpanzerung des Kopfs und vorderen Rumpfabschnitts. Wenn dieser Kopfpanzer aus zahlreichen Stücken besteht, tritt sogar eine gewisse Übereinstimmung mit dem der älteren Ganoiden hervor. Wir beschränken uns darauf, eine Abbildung (Fig. 138 [1]) einer dieser Formen zu geben, mit der möglichen Deutung der Elemente.

Visceralskelet der Cylostomen und Fische.

Im einleitenden Abschnitt über das Kopfskelet lernten wir das sog. Visceralskelet als eine Reihe segmental aufeinander folgender, etwa halbkreisförmiger Skeletbogen kennen, welche, hinter der Mundöffnung beginnend, die Mundhöhle und den respiratorischen Abschnitt des Vorderdarms ventral umfassen. Sie dienen diesem Darmabschnitt als Stütze und Schutz. Die Möglichkeit, daß auch vor dem Mund Reste ehemaliger Visceralbogen vorkommen, wird später erörtert werden. — Jeder Visceralbogen scheint ursprünglich aus zwei Hälften bestanden zu haben, die in der Ventrallinie zusammenstießen, gewöhnlich unter Vermittlung eines unpaaren kleinen Zwischenstücks, einer sog. *Copula*. Im allgemeinen schreitet ihre ontogenetische Entwicklung von vorn nach hinten fort.

Bei den Gnathostomen entstehen die Visceralbogen, speziell die hinteren oder sog. Kiemenbogen, verhältnismäßig tief im Mesoderm, nahe dem Darmepithel; bei den Cyclostomen dagegen relativ oberflächlich. Aus diesem Grunde wurde vielfach bezweifelt, daß die Bogen der Cyclostomen denen der höheren Vertebraten gleichwertig seien. In neuerer Zeit hält man dies, trotz ihrer auch bei den Erwachsenen verschiedenen Lage, für sehr wahrscheinlich.

Die beiden vordersten Visceralbogen, welche auf den Mund folgen, treten stets in den Dienst der Nahrungsaufnahme und daher in nahe Beziehung zur Mundhöhle. Dies gilt vor allem für den ersten oder den *Kieferbogen* (Mandibularbogen), welcher den Rand der Mundöffnung stützt. Auch für den zweiten Bogen trifft dies in gewissem Grad zu, wegen der nahen Verbindung, die er gewöhnlich mit dem ersten eingeht, sowie wegen seiner Beziehungen zu der auf dem Mundhöhlenboden sich entwickelnden Zunge. Aus diesem Grunde wird er als *Zungenbeinbogen* (Hyoid- oder Hyalbogen) bezeichnet.

Auf die beiden ersten Bogen folgen in der Regel noch fünf weitere, die sich nach hinten fast stets etwas verkleinern. Da sie die Kiementaschen oder -spalten stützen, werden sie als *Kiemenbogen* (Branchialbogen) bezeichnet. Je ein Bogen liegt zwischen zwei aufeinander folgenden Kiemenspalten; der hinterste folgt auf die letzte Spalte. Auch zwischen Kiefer- und Zungenbeinbogen findet sich ursprünglich eine Kiemenspalte. — Da bei den Cyclostomen und gewissen primitiveren Selachiern (Notidaniden) die Zahl der Kiemenbogen sechs bis sieben beträgt, so ist nicht unwahrscheinlich, daß ursprünglich überhaupt eine größere Zahl bestand, und allmählich eine von hinten nach vorn fortschreitende Reduktion eintrat, die, wie wir finden werden, bei den höheren Vertebraten noch weiter geht.

Schon früher wurde betont, daß sich die Visceralbogen der Cyclostomen und Chondropterygier nach hinten beträchtlich über den eigentlichen Schädel hinaus erstrecken können. Nur die beiden vordersten Bogen liegen auch bei ihnen stets in dessen Bereich.

Es wurde schon hervorgehoben, daß die verbreitetste Ansicht in diesei Kiemenbogenlage eine nachträgliche Rückwärtsverschiebung erkennen will. Da, wie wir später genauer erfahren werden, die Kiemenbogen, vom 2. ab, sämtlich vom zehnten Hirnnerv, dem Vagus, innerviert werden, der mit Ausnahme der Cyclostomen, innerhalb der Schädelkapsel entspringt, so dürfte auch nicht zweifelhaft sein, daß sämtliche Visceralbogen der Kopfregion im weiteren Sinne angehören. Hiermit aber kann nicht als ausgemacht gelten, daß sie ursprünglich sämtlich der Region der primitiven Schädelkapsel zugehörten. Bei den Cyclostomen, wo der Vagus hinter dieser entspringt, gilt dies ja überhaupt nicht. Auch bei den Gnathostomen ist dies wohl möglich, da die Nerven, die zu den hinteren Kiemenbogen gehen, dem ursprünglichen Vagus- stamm auch erst sekundär angeschlossen, sein könnten, wie wir später sehen werden.

Cyclostomen. Die Beurteilung des Visceralskelets dieser Gruppe, welche sehr primitive Charaktere mit einer gewissen Rückbildung kombiniert, unterliegt noch mancher Schwierigkeit. Vor allem gilt dies für den Mandibular- und den Hyoid- bogen; doch bieten auch die Kiemenbogen, besonders in ihrer oberflächlichen Lage, gewisse Abweichungen. Das Visceralskelet ist allein bei den Petromyzonten voll- ständig ausgebildet, da nur sie Kiemenbogen in der Zahl von sieben Paaren be- sitzen. Den Myxinoiden fehlen die Kiemenbogen fast vollständig, was in Berück- sichtigung der Gesamtverhältnisse wohl nur als Reduktion aufgefaßt werden kann.

Die beiden vorderen Bogen zeigen gegenüber denen der Fische bedeutende Rück- und Umbildungserscheinungen, ja weisen sogar auf nähere Beziehungen zu den Verhältnissen der Amphibien hin, was die sehr ursprüngliche Stellung der Cyclostomen, sowie ihre teilweise Rückbildung bestätigen dürfte. Ein Haupt- charakter dieser beiden Bogen oder Bogenreste ist, daß ihre dorsalen Enden in Kontinuität mit der knorpeligen Schädelkapsel getreten sind, als deren direkte Fortsetzungen sie erscheinen; sie mußten daher auch schon bei der Besprechung der Schädelkapsel berücksichtigt werden. Als Kieferbogen deutet man bei *Petro- myzon* (s. Fig. 127, 128, S. 227, 228) einen spangenartigen Knorpelfortsatz, der von der Ohrregion der Schädelkapsel entspringt und sich vorn mit den Enden der Trabeculae vereinigt. Ontogenetisch wächst er ein wenig vor der Ohrkapsel, etwa auf der Grenze der Trabeculae und Parachordalia, allmählich nach vorn hervor. Daß er dem dorsalen Teil des Mandibularbogens (Palatoquadrat) entspricht, ist wohl sicher. Ob aber vom ventralen Teil des Kieferbogens in den zahlreichen ac- cessorischen Skeletknorpeln des Petromyzon etwas erhalten blieb, scheint zweifel- haft. — Bei den *Myxinoiden* (s. Fig. 126, S. 226) entspringt diese Knorpelspange in ähnlicher Weise von der Schädelkapsel, wächst jedoch noch weit über die Vereinigungsstelle mit den Trabeculae nach vorn in die Schnauzenregion vor, wo sie mit der der anderen Seite verschmilzt.

Der Hyoidbogen der Petromyzonten (Fig. 127, 128) entspringt als Fortsatz der Schädelkapsel direkt hinter dem Mandibularbogen und wendet sich nach außen und ventral. Ontogenetisch hat er jedoch deutlich einen gemeinsamen Ursprung mit dem ersten Bogen. Seine, den Kiemenbogen sehr ähnliche ventrale Fortsetzung ist bedeutend schmäler und daher scharf von dem dorsalen Stück abgesetzt. — Bei den Myxinoiden (Fig. 126, S. 226) erhält sich der gemeinsame Ursprung des Hyoid- bogens mit dem mandibularen deutlich, von dem er dann nach hinten abbiegt,

um sich hierauf verschmälert gegen die Ventralseite zu wenden und unter der
Mundhöhle in Teile des Zungenskelets direkt überzugehen (s. Fig. 126 B). — In
dieser Beziehung zeigt also der Hyoidbogen der Myxinoiden wohl primitivere Verhältnisse als der der Petromyzonten, bei welchen der große Zungenknorpel (siehe
Fig. 128), sowie der vorn an ihn angeschlossene sog. Zungenbeinknorpel (Z. b)
mit dem Hyoid nicht zusammenhängen. Der Knorpelapparat der Myxinoidenzunge
ist recht kompliziert, wie Fig. 126 B lehrt. Sowohl der Kieferbogen als der Dorsalteil
des Hyoidbogens der Myxinoiden verlängern sich nach hinten, spitz auslaufend.
Eine quere Verbindung dieser beiden Ausläufer könnte eventuell als Rest eines
ersten Kiemenbogens gedeutet werden.

Auf den Hyoidbogen der Neunaugen folgen sieben Kiemenbogen, welche ursprünglich isoliert zwischen den sieben Kiementaschen und hinter der letzten angelegt werden; später aber durch Fortsätze in Verbindung treten, so daß sie im
erwachsenen Zustand einen zusammenhängenden Kiemenkorb bilden. Dorsal und
ventral von den sieben Kiemenöffnungen verbinden sich die Bogen untereinander
und mit dem Hyoidbogen durch längsverlaufende Fortsätze. In ähnlicher Weise
treten auch die Dorsalenden der Bogen, die sich der Chorda anlegen, und die
ventralen Enden zu einer Längsleiste jederseits zusammen. Die beiden Ventral-
leisten berühren sich in der Mittellinie, oder verwachsen auch zum Teil. — Außer
diesen Fortsätzen entwickeln die Dorsal- und Ventralhälften jedes Bogens noch
weitere freiendigende, wie Fig. 128 zeigt. — In der Herzbeutelwand, hinter der
siebenten Kiementasche, bildet sich ein becherförmiger Knorpel (Pericardialknorpel),
der mit dem siebenten Kiemenbogen durch seitliche Spangen zusammenhängt. Ob
dieser Knorpel eventuell noch Reste eines achten Visceralbogens einschließt, wäre
zu ermitteln.

Chondropterygier. Das knorpelige Visceralskelet dieser Ordnung bietet in vieler
Hinsicht zweifellos Ursprünglicheres als das der Cyclostomen, läßt jedoch andrerseits auch schon die Anlagen für die besondere Entwicklung des Visceralskelets
der übrigen Fische erkennen. Charakteristisch für die Knorpelfische und die
Gnathostomen überhaupt ist die tiefere Lage der Kiemenbogen, und für die Fische
im besonderen, daß die Dorsalenden der beiden ersten Bogen mit dem Schädel
nicht verwachsen. Nur vereinzelt (Holocephalen, Dipnoer) tritt dies für den Mandibularbogen ein und ist von großer Bedeutung, wegen der gleichen Erscheinung
bei den Cyclostomen wie den tetrapoden Vertebraten.

Die Kiemenbogen erreichen bei den Notidaniden (unter den Haien) noch die
Sieben- oder Sechszahl, wogegen sie bei den übrigen Knorpelfischen und sämtlichen
sonstigen Fischen auf fünf herabsinken.

Gegenüber den Cyclostomen fällt vor allem die mächtige Entwicklung des
Mandibularbogens auf, was damit zusammenhängt, daß er die Mundränder stützt
und bei den carnivoren Knorpelfischen als Kiefer funktioniert, die reich bezahnt
sind. Da der Mund der Knorpelfische fast stets auf der Ventralseite nach hinten
verschoben ist, so tritt die jederseitige Anlage des Kieferbogens als ein ventralwärts konkaver Knorpelbogen auf, dessen vorderer, richtiger dorsaler Teil dem

vorderen Rand der Mundöffnung, dessen hinterer oder ventraler dem hinteren sich anschließt. Der dorsale und ventrale Abschnitt jeder Bogenhälfte sondern sich später voneinander, indem sich zwischen beiden, in der Gegend des Mundwinkels, ein Gelenk bildet; gleichzeitig wachsen sie nach vorn aus. Doch wird für gewisse

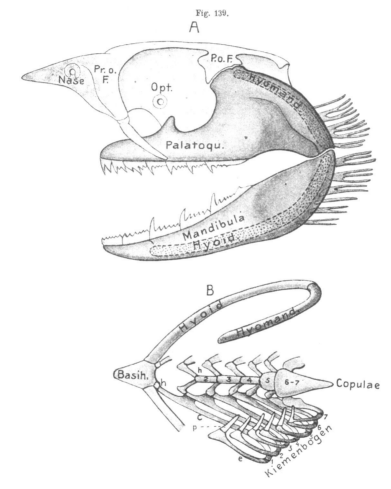

Fig. 139.

Heptanchus. *A* Schädel mit den beiden ersten Visceralbogen von links. Hyoidbogen, der dicht unter dem Kieferbogen liegt, punktiert. *Pr. o. F.* und *P. o. F.* = Prä- und Postorbitalfortsatz. *B* Hyoid- u. Kiemenbogen von der Dorsalseite in seiner richtigen Stellung zum obenstehenden Schädel. *h* = Hypobranchiale, *c* = Cerato-, *e* = Epi-, *p* = Pharyngobranchiale. (Nach Gegenbaur 1872.)   E. W.

Formen auch eine gesonderte Anlage beider Abschnitte beschrieben. Die beiden dorsalen Bogenabschnitte gelangen so unter der Ethmoidalregion des Schädels zum Zusammenschluß, ohne jedoch zu verwachsen; ebenso schließen sich die ventralen Abschnitte zur Bildung des Unterkiefers (Mandibula) in der Ventrallinie zusammen.

Das dorsale Stück der so gegliederten beiden Hälften des Mandibularbogens bezeichnet man aus Gründen, die später hervortreten werden, als *Palatoquadrat*; das ventrale als *Unterkiefer* (Mandibula, s. Fig. 139, 140). Bei gewissen Haien kann zwischen beide Hälften des Unterkiefers ein kleines unpaares Knorpelstückchen (wohl Copula) eingeschoben sein. Palatoquadrat wie Unterkiefer sind gewöhnlich reich bezahnt. — Der dorsale Rand des Palatoquadrats befestigt sich bei den Haien durch Bänder, seltener durch Gelenk am Schädel. Am Palatoquadrat der Notidaniden (besonders Heptanchus, Fig. 139) steigt etwa von der Mitte des Dorsalrands ein starker Fortsatz auf, der sich am Hinterrand des postorbitalen Schädelfortsatzes befestigt oder gelenkt. Ferner besteht hier noch eine zweite Befestigung, etwa in der mittleren Orbitalregion, an der sog. Basalecke der Schädelbasis, vermittels eines schwächeren Palatoquadratfortsatzes (Palatobasilarfortsatz). Diese Art der Befestigung des Palatoquadrats darf wohl als primitiv angesehen werden. — Bei den übrigen Haien (Fig. 140) geschieht die Befestigung allein durch letzteren Fortsatz, der erstere fehlt oder ist nur angedeutet; doch kann auch die Anheftung durch den Palatobasilarfortsatz stark zurückgehen, indem das Dorsalstück des Hyoidbogens die Befestigung des Palatoquadrats übernimmt. — Den Rochen fehlt überhaupt jede Befestigung des einfach bogenförmigen Palatoquadrats am Schädel.

Jede *Hyoidbogenhälfte* ist bei den Haien ebenfalls in ein Dorsal- und ein Ventralstück gesondert. Das dorsale Stück oder *Hyomandibulare* befestigt sich durch Band bis Gelenkung an der mittleren bis hinteren ventralen Seite der Labyrinthregion des Schädels. — Die beiden Ventralstücke (Hyalia, Hyoidea) verbinden sich in der Bauchlinie nicht direkt, sondern vermittels eines unpaaren Zwischenstücks, einer sog. Copula (*Basihyale*, Fig. 139, 140 B). — Während sich bei den Notidaniden (Fig 140) die beiden schmalen Hälften des Hyoidbogens dicht hinten und innen den Kieferbogenhälften anschließen, sind Hyomandibulare und Hyale bei den übrigen Chondropterygiern vom Kieferbogen nach hinten verschoben und differenter geworden. Das Hyomandibulare wird kürzer und breiter, rückt mit seinem Schädelende gewöhnlich weiter nach hinten vom Kieferbogen ab, während sein Ventralende mit dem Hinterende des Palatoquadrats in Bandverbindung bleibt und an dieser Stelle meist auch einen gegen das Palatoquadrat gerichteten Fortsatz bildet (Fig. 140). Das Hyalstück erscheint nun schärfer vom Hyomandibulare abgesetzt.

Bei gewissen Rochen tritt dies durch Verschmälerung des Hyalstücks (Torpedo) noch stärker hervor; auch ist deren Hyale in zwei Stücke gegliedert. Bei den Rajae (unter den Rochen) löst sich das Hyale vom Hyomandibulare ab, verlängert sich dorsalwärts hinter diesem und gliedert sich in vier Stücke, von welchen das dorsale direkt hinter dem Hyomandibulare am Schädel befestigt ist. So erhält hier das sog. Hyalstück eine große Ähnlichkeit mit den darauffolgenden Kiemenbogen; weshalb auch die Ansicht vertreten wird, daß das Hyale der Rochen einem selbständigen Visceralbogen (Hyobranchiale) entspreche, der bei den Haien rückgebildet (v. WIJHE), oder in seinem dorsalen Teil mit dem Hyomandibulare verschmolzen sei (DOHRN). Nach der ersten Ansicht gehörte das Hyalstück der Haie als Ventralglied zum Hyomandibular (Hyoid)-bogen, wogegen den Rochen ein entsprechendes Hyalstück fehlte; nach der zweiten Ansicht bilde das Hyalstück der Haie den Ventralteil des Hyobranchialbogens, dessen Dorsalteil mit dem Hyomandibulare vereinigt sei.

Die folgenden fünf bis sieben Branchialbogen der Chondropterygier liegen hinter dem Schädel, mit dem sie keine direkte Verbindung mehr besitzen. Bei den Rochen können sie sich jedoch am Anfang der Wirbelsäule befestigen.

Jede Bogenhälfte besteht in der Regel aus vier Stücken.(Fig. 139, 140), von welchen das dorsale (*Pharyngobranchiale*) und das ventrale (*Hypobranchiale* oder *Copulare*) meist klein bleiben, die mittleren (*Epi*- und *Ceratobranchiale*) die ansehnlicheren sind. Nach hinten werden die Bogen kleiner; der hinterste kann auch mehr oder weniger rudimentär sein. Indem sich letzterer Bogen durch Band mit dem Schultergürtel verbindet, liefert er diesem einen Stützpunkt, was erklärlich macht, daß sich bei den Rochen wegen der Größe der Brustflossen der fünfte Kiemenbogen sehr erheblich verstärkt und verlängert,indem diese Nebenfunktion hier überwiegt.

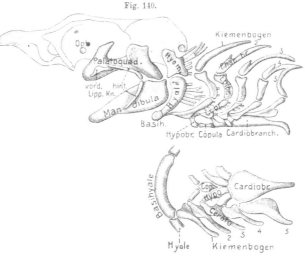

Fig. 140.

Acanthias. *A* Schädel mit Visceralskelet von links. *B* Visceralskelet von der Dorsalseite. Die dorsalen Teile der Bogen nicht gezeichnet. (Mit Benutzung von GEGENBAUR 1872.) E. W.

In der Ventrallinie schieben sich zwischen die Hypobranchialia der Kiemenbogen unpaare Stücke ein, die sog. *Copulae* oder *Basibranchialia*, ähnlich wie das Basihyale zwischen die Hyalstücke des Zungenbeinbogens. Das Basihyale ist bei den Haien meist recht groß und entsendet häufig nach vorn einen kräftigen Zungenfortsatz, wogegen es bei den Rochen zu einer schmalen, jedoch sehr breiten fortsatzlosen Querspange wird. — Die Copulae der Kiemenbogen bleiben hingegen mit Ausnahme der hintersten recht klein und sind nie in voller Zahl der Bogen vorhanden. Bei größerer Zahl, wie z. B. Heptanchus (s. Fig. 139 *B*) tritt deutlich hervor, daß sie sich zwischen die Ventralenden je zweier aufeinander folgender Paare der Hypobranchalia einschalten. — Die hinterste Copula ist stets recht groß und nach hinten fortsatzartig verlängert. Sie dient zur Befestigung des unter ihr liegenden Herzbeutels, weshalb sie auch als *Cardiobranchiale* bezeichnet wird. Bei den meisten Haien sind jedoch die vorderen Copulae stark reduziert, während sich die hinterste stets ansehnlich erhält, ja größer wird oder schließlich allein übrig bleiben kann, was auch bei den Rochen die Regel ist. Die vorderen Kiemenbogen heften sich dann dem Vorderrand des Cardiobranchiale an.

Ob die Copulae von vornherein selbständig entstanden sind, wie es ontogenetisch jetzt scheint, oder ob sie aus den Ventralenden der Visceralbogen hervorgingen und daher ursprünglich paarig waren, was durch Befunde an gewissen rezenten und fossilen Haien unterstützt wird, ist unentschieden. Wie schon hervorgehoben wurde, sprechen gewisse Beobachtungen bei Haien auch für die früher verbreitetere Existenz einer Copula des Kieferbogens. Auch wäre es nicht unmöglich, daß in den Zungenfortsatz des Basihyale ein Teil einer ursprünglichen Kieferbogen - Copula eingegangen sei. Ebenso verdient erwähnt zu werden, daß zwischen Mandibula und Hyale noch kleinere, schwer deutbare Knorpelpaare auftreten können.

Eine Besonderheit der meisten Visceralbogen bilden die ihnen außen angefügten knorpeligen Fortsätze oder Kiemenstrahlen, welche an den beiden mittleren Stücken der Branchialbogen (mit Ausnahme des hintersten) stets vorkommen und die Scheidewände zwischen den Kiementaschen stützen (Fig. 140). Sie finden sich an jedem Bogen in recht verschiedener Zahl; bei den Rochen im allgemeinen zahlreicher. Durch besondere bogenförmige Verlängerung des dorsalsten und ventralsten Kiemenstrahls ventral- und dorsalwärts, parallel dem Kiemenbogen, kann bei gewissen Haien eine Art äußerer Kiemenbogen (Extrabranchialia) gebildet werden, die eine oberflächliche Stütze der Kiementaschenwände bilden (z. B. Cestracion u. a.).

Auch den beiden Stücken des Zungenbeinbogens heften sich solche Strahlen mehr oder weniger reichlich an (Fig. 139, 140) und treten hier z. T. eigentümlich verästelt, jedoch auch in verschiedenartiger Verwachsung auf, was an die Bildung des Opercularapparats der höheren Fische erinnert.

Dem hinteren Palatoquadratteil der Haie schließen sich meist ein bis drei, zuweilen strahlige kleine Knorpelstückchen an, die sog. *Spritzlochknorpel*, welche die Spritzlochkieme stützen. Bei gewissen Rochen finden sich ähnliche Knorpelstückchen, welche jedoch die Beziehung zum Palatoquadrat aufgegeben und sich dem Hyomandibulare angeschlossen haben. Es ist wahrscheinlich, daß diese Spritzlochknorpel Kiemenstrahlenreste des Kieferbogens darstellen.

Sog. *Lippenknorpel* (Labialknorpel) sind bei den Chondropterygiern recht allgemein verbreitet, wenn sie auch bei den Rochen zurücktreten und gewissen Haien fehlen. Bei den Haien und Holocephalen liegen sie dem Kieferbogen äußerlich an, gewissermaßen als ihm parallele Bildungen (Fig. 140, 130, S. 230). — Bei voller Entwicklung finden sich zwei hintere stabförmige Knorpel jederseits, die sich ähnlich wie Palatoquadrat und Mandibula im Mundwinkel aneinander schließen. Vor dem dorsalen liegt, außen am Palatoquadrat, noch ein oberer vorderer sog. Prämaxillarknorpel. Den vorderen Mundrand erreichen diese Knorpel nie. — Die Lage, sowie die Parallelität der Labialknorpel mit dem Kieferbogen legt den Gedanken nahe, daß sie zwei, noch vor letzterem befindliche Visceralbogen repräsentieren; wenngleich diese morphologisch wichtige Frage sich vorerst nicht sicher entscheiden läßt. Ontogenetisch treten sie selbständig, jedoch später als die eigentlichen Visceralbogen auf.

Eigenartige Verhältnisse zeigt der Kieferbogen der *Holocephalen*, da hier ein gesondertes Palatoquadrat fehlt und die Mandibel mit einem weit vor der Augenhöhle gelegenen Vorsprung des seitlichen unteren Schädelrands gelenkt (s. Fig. 130, S. 230). Dies erklärt sich zweifellos durch die Verschmelzung des Palatoquadrats mit diesem Seitenrand des Schädels, so daß der erwähnte Vorsprung vom Ventralende des ursprünglichen Palatoquadrats gebildet wird. Ontogenetisch ließ sich aber bis jetzt eine selbständige Anlage des Palatoquadrats nicht nachweisen. — Unter diesen Verhältnissen entsteht jedoch die Frage nach dem Verbleib des Hyomandibulare, welches ja schon bei den meisten Plagiostomen zum Befestigungsapparat des Palatoquadrats am Schädel wurde. Die verbreitetste Ansicht ist, daß das Hyomandibulare als relativ kleines Stück den oberen Teil des Hyoidbogens bilde, also nicht gleichfalls mit dem Schädel verschmolzen sei. Eine andere Meinung dagegen läßt auch das Hyomandibulare mit dem hinteren Teil des Schädelseitenrands vereinigt sein und erklärt so z. T. die starke Vorwärtsverlagerung des Unterkiefergelenks.

Letzterer Auffassung scheint jedoch die vollständige Entwicklung des Hyoidbogens aus viel Stücken, wie die Kiemenbogen, zu widersprechen, da jedoch auch die sog. ventrale Hälfte des Hyoidbogens der Rochen ebenso vollständig wie der der Holocephalen ist, so besagt dies nicht allzu viel. Mir scheint die gleichzeitige Aufnahme des Hyomandibulare in den Schädel der Holocephalen wahrscheinlicher.

Wie schon früher bemerkt, treten die Holocephalen durch die geschilderte sog. *Autostylie* in Beziehung zu den Dipnoern und den tetrapoden Wirbeltieren; eventuell könnten darin jedoch auch Anknüpfungspunkte an die Einrichtungen der Cyclostomen gefunden werden.

Die Visceralbogen der übrigen Fische schließen sich denen der Chondropterygier an, speziell denjenigen, bei welchen das Hyomandibulare zum Träger der beiden vorderen Bogen wurde. Die Dipnoi wiederholen, wie bemerkt, die Autostylie der Holocephalen; bei allen Ganoiden und Teleostei erhält sich dagegen das ersterwähnte Verhalten. Kompliziert wird der Visceralapparat durch reichliche Verknöcherung bei den Knochenganoiden und Knochenfischen, während die Knorpelganoiden nur Anfänge davon zeigen.

Chondrostei. Wir legen der folgenden Beschreibung den Visceralapparat des Störs zugrunde (Fig. 141). Der Mandibularbogen ist sehr schwach ausgebildet, was mit der Rückbildung der Zähne zusammenhängt. Das Palatoquadrat besitzt keine besondere Gelenkung mit der Schädelbasis, wird also nur vom Hyomandibulare getragen. Eine gewisse Ursprünglichkeit verrät es dadurch, daß es mit dem der Gegenseite in langer Ausdehnung zusammenstößt, ja z. T. verwächst. — Der Hyomandibularteil des Zungenbeinbogens ist lang und sein ventraler Abschnitt als besonderes Stück, sog. *Symplecticum*, abgegliedert. Man bezeichnet dann das dorsale größere Stück als Hyomandibulare im engeren Sinne. Das proximale Ende des letzteren befestigt sich durch Band an der Hinterseite des Postorbitalfortsatzes, während der Hyalteil des Zungenbeinbogens dem Symplecticum hinten angehängt ist.

Am Palatoquadrat treten jederseits vier Verknöcherungen auf, welche wohl teils Ersatz-, teils Deckknochen sind; zwei kleinere vordere, die als Palatinum (Gaumenbein) und Mesopterygoid bezeichnet wurden, und eine viel ansehnlichere hintere, ein sog. Pterygoid, welche alle drei Ersatzknochen zu sein scheinen. In der hinteren Zusammenstoßungszone der Palatoquadrate haben sich einige besondere Knorpel differenziert. Die Gelenkregion des Palatoquadrats wird außen von einem

Deckknochen belegt, welcher gewöhnlich dem sog Präoperculare der Teleostei verglichen wird, der jedoch trotz seiner Hautknochennatur auch an ein Quadrat erinnert. — Ein ansehnlicher Hautknochen, der vom Gelenkfortsatz des Palatoquadrats bis zum vorderen Mundrand zieht und hier mit dem der Gegenseite
zusammenstößt, wird als *Oberkiefer (Maxilla)* bezeichnet. Die Verhältnisse bei
Polyodon machen es sehr wahrscheinlich, daß er als Deckknochen auf einem besonderen Knorpel entsteht, der dem hinteren oberen Labialknorpel der Haie ent-

Fig. 141.

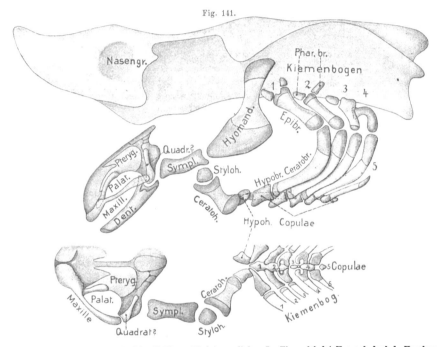

Acipenser sturio. A Schädel mit Visceralskelet von links. Im Visceralskelet Knorpel dunkel, Knochen
hell. B Visceralskelet von der Dorsalseite. Die Kiemenbogen nur teilweise ausgezeichnet. E. W.

spricht, so daß diese Beziehung für den Oberkiefer überhaupt gelten dürfte. — Der
Mandibularknorpel wird von einem Hautknochen, dem *Dentale*, zum größeren Teil
umscheidet.

Auf seiner Innenseite tritt an dem sog. Coronoidfortsatz noch eine kleine Hautverknöcherung (Coronale) auf. An der Symphyse kann der Knorpel einen kleinen Ersatzknochen (Mentomandibulare) bilden (*Polyodon*).

Am Hyomandibularknorpel erhält nur der mittlere Teil eine periostale Knochenrinde, seltener auch das Symplecticum. Der ventrale Abschnitt des Hyoidbogens
(Hyale) hat sich in drei Stücke gegliedert, von welchen das mittlere (Ceratohyale)
das größte ist. Die Kiemenbogen dagegen bestehen aus je vier Stücken, einem dorsalsten, das an dem ersten und zweiten Bogen von Acipenser aus zwei übereinander liegenden Knorpeln besteht (Pharyngobranchialia), welche die Befestigung

am Schädel bewerkstelligen. Die beiden mittleren Stücke (Epi- und Ceratobranchiale) sind die größten und in der Mitte mit einer Knochenrinde versehen. Das Ventralstück (Hypobranchiale) ist klein. Der Copularapparat (Fig. 141 *B*) besteht aus einem vorderen langen Knorpelstück, das das Basihyale nebst erstem und zweitem Basibranchiale umgreift; darauf folgen drei kleine knorpelige Copulae. — Kiemenstrahlen fehlen den Chondrostei völlig, wenn nicht etwa die die Kiemenblättchen stützenden Knorpelfäden auf sie bezogen werden dürfen.

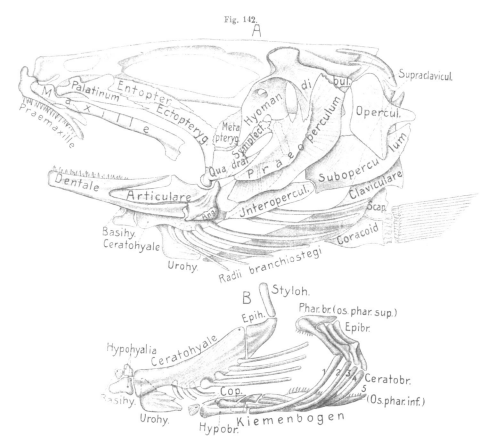

Fig. 142.

Gadus morrhua (Kabeljau). *A* Schädel mit Visceralskelet und Schultergürtel von links. *B* Visceralskelet in derselben Stellung und Lage von links.   E. W.

Die Knochenganoiden und Knochenfische stimmen so wesentlich überein, daß sie gemeinsam betrachtet werden können. Gegenüber den Knorpelfischen und -ganoiden werden sie durch die Nichtvereinigung der Gaumenfortsätze der beiden Palatoquadrata charakterisiert. Letztere erstrecken sich nach vorn bis in die Ethmoidalregion und gelenken meist mit dem Pleuroethmoid, so daß eine bessere Befestigung am Schädel besteht. Der Hyomandibularteil des Zungenbeinbogens oder der sog. Kieferstiel (Suspensorium) ist stets recht kräftig. Ein knorpelig differenziertes Symplecticum, wie es den Chondrostei zukam, tritt zwar ontogenetisch auf, verschmilzt jedoch bald wieder mit dem Hyomandibulare; erst bei der Verknöcherung sondern sich beide Teile von neuem. Die Gelenkung des Hyomandibulare am Schädel liegt an derselben Stelle wie bei den Chondrostei und geschieht gewöhnlich am äußeren Rand des Sphen- und Pteroticums, erstreckt sich jedoch zuweilen auch abwärts auf das Prooticum. — Ein Hauptcharakter besteht ferner darin, daß mit der reichlicheren Verknöcherung des Palatoquadrats der hinterste seiner Knochen, das Quadrat, welches den Gelenkkopf für den Unterkiefer bildet, sich mit dem Kieferstiel fest verbindet, so daß letzterer nun aus drei Knochen, dem Hyomandibulare, Symplecticum und Quadrat besteht (Fig. 142 *A*). Von diesen ist das *Hyomandibulare* (Ersatzknochen) der ansehnlichste; oben mit langer Gelenkfläche und hinten meist mit einem Fortsatz zur Anheftung des Operculums des Kiemendeckels versehen (s. auch Fig. 143). Es wird in der Regel von einer manchmal ziemlich weiten Öffnung für den Facialisnerv durchbohrt. — Dem Hyomandibulare fügt sich distal das meist kleine *Symplecticum* (Ersatzknochen) fest an; weiter vorn und distal das fast stets ansehnlichere *Quadrat* (E. Kn.). Zuweilen fehlt das Symplecticum (Polypterus, gewisse Physostomen).

Der verknöcherte Gaumenteil des Palatoquadrats schließt sich dem distalen Vorderrand des Kieferstiels fest an, und baut sich von hinten nach vorn in der Regel aus vier Verknöcherungen auf, zwischen denen sich jedoch zuweilen noch reichlich Knorpel erhält (Fig. 143). An das Hyomandibulare und Quadrat stoßen zunächst das *Meta-* und *Ectopterygoid*, von denen das erstere ein Ersatz-, das letztere ein Deckknochen ist. Als ein zweiter Deckknochen reiht sich weiter vorn und innen das *Entopterygoid* an; den vorderen Abschluß bildet das *Palatinum* (Gaumenbein), das meist am Pleuroethmoid gelenkt, sich jedoch auch noch weiter vorwärts erstrecken kann. Das Palatinum ergibt sich als ein sog. Mischknochen, d. h. aus einem Ersatz- und einem Deckknochen hervorgehend. — Der geschilderte komplizierte Apparat kann sich jedoch auch vereinfachen, indem einzelne Pterygoidea ausfallen, so daß schließlich nur das Metapterygoid und Palatinum verbleiben (z. B. Silurus).

Der eigentliche obere Mundrand wird jederseits von zwei länglichen Deckknochen gebildet, vorn dem *Zwischenkiefer* (*Prämaxillare*), der mit dem der Gegenseite in einer Symphyse vereinigt ist, und dem sich nach hinten der *Oberkiefer* (*Maxillare*) anschließt. Letzterem begegneten wir schon bei den Chondrostei. Diese beiden Knochenpaare (wesentlich Deckknochen) finden sich von hier an als typische Elemente bei sämtlichen Wirbeltieren. Wie wir das Maxillare schon auf den oberen hinteren Lippenknorpel der Chondropterygier zurückzuführen suchten (s. S. 250), so steht wahrscheinlich auch der Zwischenkiefer in ähnlicher Beziehung zum vorderen oberen Lippenknorpel.

Diese Deutungen werden noch dadurch unterstützt, daß auf der Innenseite der Prämaxillaria und Maxillaria Knorpelbildung vorkommen kann. — Dem hinteren Teil des Maxillare schließen sich zuweilen ein (auch zwei) Deckknochen innig an, welcher als Admaxillaria (auch Supramaxillaria oder Jugalia) bezeichnet werden und wohl in die Reihe der unter der Augenhöhle meist reichlicher vertretenen Hautknochen gehören.

Daß das Maxillare bei Lepidosteus aus zahlreichen (bis 15) hintereinander gereihten Knochenstückchen zusammengesetzt ist, hängt wohl mit der starken Verlängerung der Schnauze zusammen.

Die Längenentwicklung der beiden Kieferknochen geht im allgemeinen parallel mit der der Schnauze. Der Oberkiefer ist gewöhnlich länger als der Zwischenkiefer, doch kann er auch bedeutend hinter ihm zurückbleiben, ja fast verkümmern. Nicht selten rückt sein vorderer Teil auch unter den Zwischenkiefer und nimmt dann an der Bildung des Mundrands nicht mehr teil. Beide Knochen sind gewöhnlich mehr oder weniger beweglich und zahntragend, doch beschränkt sich die

Fig. 143.

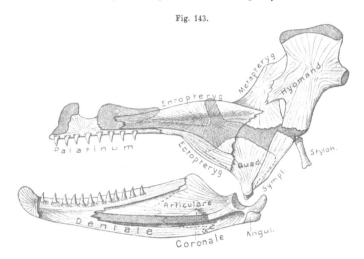

Salmo salar. Rechter Kieferbogen und Hyomandibulare von Medialseite. Knorpel dunkel, Knochen hell.
E. W.

Bezahnung nicht selten auf die Prämaxillen. Bei den Plectognathen verwachsen Zwischen- und Oberkiefer miteinander.

Der Mandibularknorpel des Kieferbogens verknöchert gleichfalls teilweis und bildet den Unterkiefer, welcher am Quadrat gelenkt. Stets bleibt aber ein bedeutender Rest des knorpeligen Unterkiefers erhalten und wird als Meckelscher Knorpel bezeichnet (Fig. 143). Die geringfügige Ersatzknochenbildung, die schon bei den Chondrostei im Symphysenteil des Kieferbogens vorkommt, erhält sich auch bei gewissen Knochenganoiden noch selbständig (Mentomandibulare); bei den Knochenfischen scheint sie stets in das gleich zu erwähnende Dentale eingegangen zu sein.

An der Gelenkstelle des Unterkiefers tritt überall ein Ersatzknochen auf, mit dem sich jedoch, wie es scheint, noch eine Hautverknöcherung vereinigen kann, die sich bei gewissen Physostomen sogar im Alter gesondert erhält. Der so entstehende Knochen ist das *Articulare* (Fig. 142, 143). Im ventralen hinteren Winkel des Unterkiefers entsteht als Ersatzknochen das sog. *Angulare*, das sich verschieden weit nach vorn erstreckt; auch zuweilen am Gelenk teilnimmt. Der ansehnlichste Unterkieferknochen ist das schon den Knorpelganoiden zukommende *Dentale*. Es umscheidet die vordere Region des knorpeligen Unterkieferbogens völlig und erstreckt sich nach hinten bis zum Angulare und Articulare. Vorn scheint es sich, wie erwähnt, mit einer Ersatzknochenbildung zu vereinigen. Auf der Innenseite bleibt das Dentale häufig unvollständiger und wird hier nicht selten durch einen Deckknochen, das *Operculare* (Spleniale) ergänzt. — An der hinteren Hälfte des Dorsalrands des knorpeligen Unterkiefers springt ein sog. Kron- oder Coronoidfortsatz mehr oder weniger empor, an welchen sich der Anziehmuskel des Unterkiefers heftet. An diesem Fortsatz tritt zuweilen ebenfalls eine Verknöcherung gemischter Natur auf, das *Coronale* (oder Supraangulare), was schon bei Knorpelganoiden angedeutet war. Bezahnt ist gewöhnlich nur das Dentale, selten das Operculare (Amia, wo es auch aus mehreren Stücken besteht).

Der Hyalteil des *Zungenbeinbogens* (s. Fig. 142 *B*) besteht in der Regel aus zwei mittleren ansehnlichen Stücken (Epi- und Ceratohyale); dem ersteren fügt sich dorsal ein kleines stielartiges oberstes Stück an (Stylohyale), welches die Befestigung an der Innenfläche des Kieferstiels, zwischen Hyomandibulare und Symplecticum, bewerkstelligt (vgl. Fig. 142 *A*). Das ventrale Hypohyale ist klein und besteht bei den Teleostei in der Regel aus zwei übereinander liegenden Knöchelchen, die sich dem Basihyale anfügen.

Im Gegensatz zu den Knorpelganoiden ist ein System von Kiemenhautstrahlen, analog den Kiemenstrahlen der Knorpelfische, am Zungenbeinbogen sehr entfaltet. Vom hinteren Rand des Hyale und des Kieferstiels entspringt eine deckelartige Hautfalte, die sich über die Kiemenspalten hinüberlegt und den sog. Kiemendeckel, sowie seine ventrale dünnhäutige Fortsetzung, die sog. Kiemenhaut bildet. Letzterer sind zur Stütze eine Anzahl verknöcherter *Kiemenhautstrahlen* (Radii branchiostegi, Branchiostegalia) eingelagert (Deckknochen), die vom Hinterrand des Epi- und Ceratohyale entspringen (Fig. 142 *B*). Schon bei den Holostei finden sie sich z. T. (Lepidosteus und Amia) und dehnten sich bei den ausgestorbenen Vorläufern häufig am Innenrand der Unterkiefer bis zur Symphyse, als sog. laterale Jugularplatten, in großer Zahl aus (Fig. 138 4, S. 241). Auch die sog. Jugularplatten, die sich bei vielen Holostei paarig bis unpaar (Amia) zwischen die Unterkiefer einschieben (Fig. 138 4) und vorn zuweilen noch durch ein bis zwei kleinere ergänzt werden, gehören wohl in die Reihe der Branchiostegalia. Bei den Knochenfischen treten die Kiemenhautstrahlen regelmäßig, jedoch in sehr verschiedener Zahl auf, als bald mehr plattenförmige, bald mehr stabförmige Knochen.

Der über der Kiemenhaut liegende *Kiemendeckel* wird von plattenförmigen Hautknochen gestützt, die vom Hinterrand des Kieferstiels entspringen. Schon die Knorpelganoiden besitzen einen ansehnlichen solchen Deckknochen, das *Operculare* (Fig. 198, S. 327), das bei sämtlichen übrigen Ganoiden und Teleosteern wiederkehrt. Es ist stets der dorsalste der Opercularknochen und schließt sich dem hinteren Fortsatz des Hyomandibulare der Holostei (Fig. 136, 137, S. 239, 240) und Teleostei (Fig. 142) gelenkig an. Bei den letzteren Gruppen tritt überall noch ein ansehnlicher Hautknochen, das *Praeoperculare*, hinzu, welcher sich als bogenförmiges Gebilde dem Hinterrand des Kieferstiels in ganzer Länge anfügt und so gewissermaßen zu einem Tragapparat für die sich ihm hinten anschließenden übrigen Opercularknochen wird. Ventral an das Operculare, es auch z. T. unterlagernd, reiht sich gewöhnlich ein *Suboperculare*, und diesem sich ähnlich anfügend ein *Interoperculare*, das daher den Ventralrand des Kiemendeckels bildet. (Andeutungen dieser beiden Knochen können auch schon bei den Chondrostei vorkommen.) Das Interoperculare besitzt zuweilen große Ähnlichkeit mit den obersten Kiemenhautstrahlen und dürfte daher auch als ein emporgerückter derartiger Strahl gedeutet werden; wie denn die gesamten Opercularknochen (mit Ausnahme des Präoperculare) und die Kiemenhautstrahlen ursprünglich eine zusammenhängende Reihe von Hautknochen bildeten (s. Fig. 138³, S. 241). — Bei gewissen Knochenfischen wird aber das Kiemendeckelskelet mehr oder weniger rückgebildet, namentlich fehlt das Interoperculare zuweilen ganz (z. B. Welse u. a).

Die fünf Kiemenbogen (Fig. 142 *B*, 144) sind ziemlich einförmig gebaut und denen der Knorpelganoiden ähnlich. Sie liegen dicht zusammengedrängt unter der hinteren Schädelregion, da die Kiemenspalten sehr schmal geworden und dicht zusammengerückt sind. Zuweilen (Apodes) rücken sie caudalwärts über den Schädelteil hinaus. Nach hinten verkleinern sie sich, und der fünfte Bogen ist stets stark rückgebildet, so daß er jederseits nur aus einem einzigen Stück besteht, das nicht mehr bis zur Dorsalseite reicht. Da diese Stücke gewöhnlich Zähne tragen, welche sich in der Ventralwand des Schlundanfangs entwickeln, so werden sie meist als untere Schlundknochen (Ossa pharyngea inferiora) bezeichnet. Gelegentlich (Pharyngognathen) verwachsen sie miteinander. Reste der Dorsalstücke des fünften Bogens scheinen sich jedoch gelegentlich zu erhalten.

Die Kiemenbogen, welche einheitlich knorpelig angelegt werden, sondern sich bei der Verknöcherung in mehrere Stücke. Die drei ersten erhalten so, wie die Selachierbogen, gewöhnlich vier Stücke. Sie werden auch hier von der Dorsal- zur Ventralseite als Pharyngo-, Epi-, Cerato- und Hypobranchialia bezeichnet. Dem vierten Bogen fehlt meist das Hypobranchiale, oder ist mit dem des dritten verwachsen. Am mannigfaltigsten gestalten sich die Dorsalstücke (Pharyngobranchialia), auch obere Schlundknochen genannt, die fast stets in der Längsrichtung sehr dicht zusammengedrängt und häufig zahntragend sind. Auch die beiderseitigen Pharyngobranchialia treten unter dem Schädel nahe zusammen. — Zuweilen sind alle vier noch völlig gesondert, oder nur das dritte und vierte verschmolzen. Häufig verwachsen sie jedoch jederseits bis zu einem einzigen Knochen (Os pharyngeum superius). Die Bezahnung kann sich auch auf die Epibranchialia und noch weiter ausdehnen.

Bei den Knochenfischen trägt die Haut auf der Vorder- und Hinterkante der nach der Mundhöhle schauenden Kiemenbogenfläche fast stets eine Reihe warzen- bis kegelförmiger oder sogar langstachelartiger Fortsätze (sog. Siebfortsätze). Dieselben ragen in den Eingang der Kiemenspalten hinein und geben ihnen eine mehr oder weniger siebförmige Beschaffenheit. Die Fortsätze enthalten eine sie stützende Bindegewebsverknöcherung, die jedoch mit den knöchernen Kiemenbogen nicht in Verbindung oder Verwachsung tritt. Sehr gewöhnlich trägt diese Verknöcherung Zähnchen, welche über die Schleimhaut der Kiemenbogen etwas, zuweilen sogar langborstenartig vorspringen.

Die Reihe der *Copulae* (Fig. 142 *B*, 144) wird einheitlich angelegt und sondert sich erst später in eine Anzahl Knorpelstücke. Das vorderste (Basihyale) verbindet die beiden Hypohyalia des Zungenbeinbogens; eine Ersatzverknöcherung tritt in ihm häufig auf. Nicht selten ist das Basihyale stark rückgebildet; bei vielen Knochenfischen und Lepidosteus aber auch zu einem weit über den Zungenbeinbogen nach vorn vorspringenden Fortsatz entwickelt, der Zähne tragen kann und den Zungenwulst stützt (Fig. 144). Dies sog. *Glossohyale* (*Os entoglossum*) wird zuweilen als Repräsentant einer Kieferbogencopula angesehen, die mit dem eigentlichen Basihyale verwachsen sei.

An dem folgenden knorpeligen Copulastück bilden sich in der Regel einige knöcherne Copulae aus (zwei bis drei), die sich zwischen die Hypobranchialia der drei ersten Kiemenbogen einschieben. Der darauf folgende Teil der Copulaanlage bleibt gewöhnlich knorpelig. — Bei gewissen Teleosteern verkümmert der Copularapparat so stark, daß die meisten Kiemenbogen ventral frei endigen (z. B. Lophius).

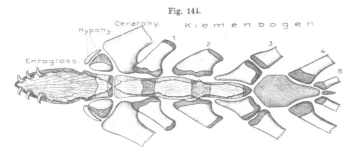

Fig. 144.

Salmo salar. Copularapparat des Visceralskelets mit dem Ansatz der Visceralbogen, von der Dorsalseite. Knorpel·dunkel, Ersatzknochen der Copulae punktiert, Deckknochen hell.   E. W.

Die Verknöcherungen des Branchialapparats sind Ersatzknochen. Wenn sich jedoch Zähne mit ihnen verbinden, so gesellen sich dem ursprünglichen Ersatzknochen meist noch Hautknochen hinzu, welche jene tragen. Es läßt sich sogar nicht selten die doppelte Herkunft der beiderlei Knochen noch deutlich erkennen, da sie nur oberflächlich oder nicht verwachsen sind (Fig. 144).

Dem Basihyale, bzw. den Hypohyalia, schließt sich bei den Knochenfischen ventral ein eigentümlich vertikalplattenförmiger bis mehr horizontal abgeplatteter Knochen an (sog. Zungenbeinstiel, Carina, *Urohyale*), der den von hinten zum Hyalbogen ziehenden Muskeln (Coracohyoidei) Ansatz bietet und daher wohl eine Sehnenverknöcherung darstellt (Fig. 142).

Bei Polypterus finden sich an seiner Stelle zwei Knöchelchen, woraus auf eine ursprünglich paarige Anlage des Urohyale geschlossen wird.

Visceralapparat der Dipnoer. Wie schon erwähnt, gelenkt der Unterkiefer der Dipnoer (Fig. 145) weit vorn direkt am Schädel. Diese Autostylie beruht auf der Verwachsung des knorpeligen Palatoquadrats mit dem Primordialcranium. Eine beträchtliche Vorwärtsverlagerung des Unterkiefergelenks ist auch bei gewissen Holostei (Lepidosteus) eingetreten und rief hier eine starke Verlängerung des Kieferstiels (besonders des Symplecticums) hervor. Die Frage, ob nur das Palatoquadrat oder auch der Hyomandibularabschnitt des zweiten Bogens mit dem Primordialcranium vereinigt ist, scheint auch für die Dipnoi unentschieden, denn

die als Reste eines Hyomandibulare gedeuteten Skeletteile sind recht unsicher, wie
denn überhaupt in der vergl. anatomischen Deutung der Verknöcherungen des Dipnoerschädels noch erhebliche Widersprüche bestehen. Gesichert erscheint, daß der,
jederseits an der Ventralseite des Knorpelschädels, von der Gelenkstelle des Unterkiefers bis zur Nasenregion ziehende Knochen einem *Palatopterygoid* entspricht, d. h.
den bei den Holostei durch das Palatinum und die Pterygoide repräsentierten Verknöcherungen. Beide Palatopterygoide stoßen in der Nasenregion zusammen und
tragen dort große Zahnplatten. In der Schädelregion, welche etwa dem Kieferstiel
und Quadrat entspricht, tritt eine Verknöcherung auf, die bald als Quadrat, bald
als Squamosum oder als Operculum (s. Fig. 145) gedeutet wird. Ihr Distalende

Fig. 145.

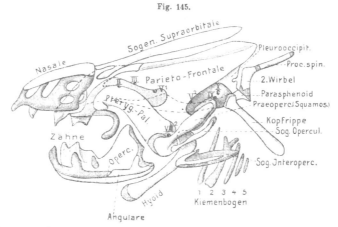

Lepidosiren paradoxa. Schädel von links. Knorpel dunkel, Knochen hell. Die punktierten Linien,
die von dem ganz hinten sichtbaren Parasphenoid ausgehen, geben dessen Ausdehnung nach vorn an der
Unterseite des Schädels an. Ebenso die beiden, vom vorderen sichtbaren Ende des Pterygopal. (Palatopterygoid)
ausgehenden, dessen weitere Ausdehnung nach vorn und oben. (Nach BRIDGE 1898.)   E. W.

bildet den Gelenkhöcker für den Unterkiefer. Da es sich aber um einen Deckknochen zu handeln scheint, so wäre er auch eventuell dem Präoperculum der
Fische, oder dem sog. Paraquadrat (Squamosum) der Amphibien zu parallelisieren;
die Vergleichung mit dem Schädel der Holostei scheint namentlich hierfür zu
sprechen. Die Mandibel wird hauptsächlich von einem als Operculare gedeuteten,
die Zähne tragenden Hautknochen und einem Angulare gebildet; ein Articulare
scheint ganz zu fehlen.

Der übrige Visceralapparat ist relativ stark rückgebildet. Der Hyalbogen zwar
ist ziemlich kräftig und teilweise verknöchert, besteht jedoch nur bei Ceratodus noch
aus einigen Stücken; sonst ist er einfach. Dorsal befestigt er sich durch Band am
Parasphenoid. An seinem oberen Hinterrand trägt er einen teilweise von Knochen
überzogenen Knorpelstrahl (sog. Interoperculum); ein ähnlicher (Operculum) entspringt
etwas darüber vom Hinterrand des sog. Quadrats. Die Deutung dieser Teile als Interoperculum und Operculum scheint nicht völlig sicher, ist aber doch wohl möglich
wegen der reicheren Knochenentwicklung der paläogenen Formen. Die fünf eigentlichen Kiemenbogen, sowie der Copularapparat sind jedenfalls stark vereinfacht.

Bei Ceratodus sind der erste bis vierte dreigliederig; bei den Dipneumona dagegen alle eingliederig und immer knorpelig. Copulae fehlen den Dipneumona völlig; bei Ceratodus finden sich ein Basihyale und Reste von Basibranchialia. Sowohl bei Ceratodus als Protopterus wurden Rudimente eines sechsten Kiemenbogens beschrieben, doch ist ihr Nachweis bis jetzt nicht gesichert, eher sogar unwahrscheinlich.

Beziehungen des Fischschädels zu den vordersten Wirbeln der Wirbelsäule. Schon früher wurde betont, daß bei den Fischen ein fester Anschluß des Schädels an die vordere Wirbelsäule nützlich erscheint. Es kann bei vielen sogar zur Vereinigung einiger vorderster Wirbel mit dem Occipitalteil des Schädels kommen. Unter den Haien findet sich bei Mustelus die Vereinigung des vordersten Wirbels mit dem Hinterhauptsabschnitt, bei Carcharias eine Überwachsung der vordersten Wirbel durch die caudalwärts verlängerte Occipitalregion. — Charakteristisch für die Chondrostei (speziell Acipenser) ist die völlige Verschmelzung der knorpeligen Occipitalregion mit den sechs vorderen Wirbelelementen, die einen hinteren einheitlichen Anhang der Schädelbasis bilden und von einem Caudalfortsatz des Parasphenoids unterlagert werden (s. Fig. 131, 132). — Die Holostei zeigen ähnliches, jedoch in geringerem Maße. So besitzt Amia (Fig. 137) zwei vorderste rudimentäre Neuralbogen der Wirbelsäule, welche dem stark caudalwärts verlängerten Basioccipitale aufsitzen, und der Rand des Foram. magnum läßt erkennen; daß noch ein vorderster dritter Bogen mit den Pleurooccipitalia vereinigt ist. Bei Lepidosteus und Polypterus läßt sich nur ein solch rudimentärer Bogen zwischen Pleurooccipitale und erstem vollständigen Wirbel erkennen. — Bei Lepidosteus wurde jedoch ontogenetisch erwiesen, daß die drei ersten Wirbel, Körper samt Bogen, in die Occipitalia eingehen.

Die Dipnoi zeigen ähnliche Verhältnisse durch Angliederung von ein bis zwei rudimentären Neuralbogen an die hinterste Occipitalregion des Knorpelschädels (s. Fig. 145), so daß, wie es auch die Ontogenese ergibt, etwa dasselbe Verhalten wie bei Amia vorliegt. Im Zusammenhang damit steht das Auftreten eines rippenartigen Anhangs (Kopfrippe) jederseits an der basalen Hinterhauptsregion dieser Fische, welcher zur Befestigung des Schultergürtels dient. Daß es sich wirklich um eine Rippe handelt, ist sehr wahrscheinlich; doch entspringt sie bei den Dipneumona weiter vorn, in der Region der Pleurooccipitalia, die den Neuralbogen entsprechend, als einem vordersten Wirbel angehörig aufgefaßt werden, wogegen die Kopfrippe von Ceratodus zum zweiten der zugetretenen Wirbel gehört.

Feste Vereinigung eines bis mehrerer vorderster Wirbel mit der Hinterhauptsregion kommt auch bei Knochenfischen nicht selten vor, so bei Gadidae (s. Fig. 135) u. a. Ähnlich wie bei Knochenganoiden schiebt sich ein rudimentärer erster Neuralbogen bei manchen Physostomen (Esox, Salmo) auf das Basioccipitale, ja Pleurooccipitale vor.

Wie S. 237 geschildert, wird bei den Cyprinoiden das Foram. magnum von einem Bogen umschlossen, neben dem sich rechts und links noch eine ansehnliche Öffnung im Pleurooccipitale findet; auch dieser Bogen ist wahrscheinlich ein mit dem Occipitale verwachsenes vorderstes Neuralbogenrudiment.

Schädel der tetrapoden Vertebrata.

Der Schädel der Tetrapoden zeigt eine Anzahl gemeinsamer Eigentümlichkeiten. Die wichtigste ist die schon bei den Cyclostomen und gewissen Fischen bestehende *Autostylie*, die Verwachsung des Palatoquadrats mit der Labyrinthregion des Schädels. Da sich die Dipnoi auch in ihrer sonstigen Organisation den luftatmenden Tetrapoden nähern, so scheint die Annahme berechtigt, daß die Autostylie der letzteren von dipnoerähnlichen Vorfahren ererbt wurde. — Eine weitere Eigentümlichkeit ist die stete Bildung von Gelenkköpfen am Hinterhaupt, was wir seither fast nur bei gewissen Chondropterygiern fanden. Im Gegensatz zu den

Fischen mit reich verknöchertem Schädel gilt ferner für alle Tetrapoden die einfachere Verknöcherung des Pterygopalatinfortsatzes des Palatoquadrats, der fast stets von nicht mehr als zwei Knochen ersetzt wird, einem hinteren Pterygoid und einem vorderen Palatinum; auch dies verrät Beziehungen zu den Dipnoern und den Ganoiden. Da die an der Stelle des Palatoquadrats auftretenden Knochen, sowie die Kieferknochen, sich dem eigentlichen Schädel viel inniger anschließen als bei den Fischen, so werden wir sie künftig gemeinsam mit der Schädelkapsel besprechen; sie bilden, samt dem sich ihnen anschließenden Vomer, den sog. *Kiefergaumenapparat*, der das Mundhöhlendach formiert.

Die Frage nach dem Verbleib des Hyomandibularteils (Kieferstiels) der Fische bei der Autostylie der Tetrapoden wird gewöhnlich dahin beantwortet, daß nur das Palatoquadrat mit dem Primordialcranium vereinigt sei, das Hyomandibulare dagegen unter starker Reduktion zu dem Gehörskeletgebilde, der sog. Columella, wurde. — Wie schon früher für die betreffenden Fische dargelegt wurde, halte ich die gegenteilige Meinung für wahrscheinlicher, nach der auch das Hyomandibulare mit dem Schädel sich vereinigte und den sog. Suspensorialteil des Palatoquadratknorpels bildete.

Amphibien.

Der Schädel schließt sich durch eine Reihe primitiver Merkmale dem der ursprünglicheren Fische am meisten an. Zunächst ist die in der Regel sehr ausgiebige Erhaltung des knorpeligen Primordialcraniums im erwachsenen Zustand hervorzuheben. Bei Urodelen, Anuren und den fossilen Stegocephalen ist dies sehr ausgeprägt; bei den fußlosen Gymnophionen tritt dagegen der Knorpel am stärksten zurück. — Ein phylogenetisch alter Charakter liegt ferner darin, daß in den Hinterhauptsabschnitt keine auf den N. vagus folgenden spinooccipitalen Spinalnerven einbezogen sind, daß daher, soweit sich erkennen läßt, nichts für den Anschluß von hinter dem Vagus folgenden Wirbeln an die ursprüngliche Hinterhauptsregion spricht; der hiermit gegebene Zustand des Schädels erscheint also ursprünglicher als der der meisten Chondropterygier und übrigen Fische. — Die Schädelhöhle erstreckt sich nach vorn bis in die Ethmoidalregion, so daß ein Orbitalseptum fehlt; ein gleichfalls primitiver Charakter, der an die Urfische anknüpft.

Die relative Armut des Amphibienschädels an Ersatzknochen erinnert an die Dipnoer und Ganoiden. Die Deckknochen nehmen daher durch ihre Entfaltung großen Anteil am Aufbau des knöchernen Schädels der recenten Amphibien. Bei der ausgestorbenen ältesten Gruppe, den Stegocephalen, waren sie aber auf der Schädeloberfläche als eine kontinuierliche Decke in so großer Zahl entwickelt, daß dies lebhaft an die Verhältnisse der Knorpel- und Knochenganoiden erinnert. Aus allem dürfte hervorgehen, daß der Ursprung des Amphibienschädels auf recht alte Vorfahren hinweist, aus welchen auch die Ganoiden und Dipnoer hervorgingen, ja die sogar vielleicht Beziehungen zu den Cyclostomen besaßen.

Aus der Entwicklung des Primordialcraniums sei nur erwähnt, daß die Chordaspitze, welche in der knorpeligen Schädelbasis zwischen die, mit den Parachordalia verschmolzenen ansehnlichen Ohrkapseln hineinragt, allmählich ganz rückgebildet wird, zuweilen unter Verknorpelung. Zwischen den beiden nach vorn

ziehenden Trabekeln bleibt bei Urodelen und Gymnophionen ein weites Fenster
offen, das bis in die Nasenregion reicht (Fig. 147 *A, B*); bei den Anuren wird
es später durch Knorpel basal abgeschlossen. Im Anschluß an die Vorderenden
der Trabekel, die sog. Trabekelhörner, bildet sich das knorpelige Skelet der Nasenkapseln, welches sehr kompliziert wird. — Der Palatoquadratknorpel legt sich in
der Ohrregion selbständig an und, im Anschluß an ihn, auch die knorpelige Mandibel (Meckelscher Knorpel). — Das proximale Ende des Palatoquadrats, in welchem wir den Kieferstiel der Fische erblicken, tritt hierauf durch mehrere Fortsätze
mit der hinteren Trabecularregion (aufsteigender Fortsatz) und der Ohrregion
(Ohr- und Basalfortsatz) in Kontinuität. — Den Gymnophionen fehlt eine solche
Verbindung des knorpeligen Palatoquadrats mit dem Schädel, und bei gewissen
Urodelen kann nachträglich wieder eine gelenkige Abgliederung eintreten.

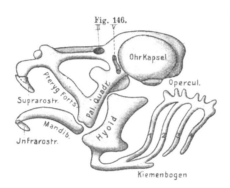

Rana fusca. Knorpelschädel und Visceralbogen der
Larve; von der linken Seite. (Nach Parker 1872.)

Fast stets wächst aus dem mittleren Vorderrand des Palatoquadratknorpels ein gegen die Nasalregion
gerichteter Fortsatz hervor, der dem
Palatopterygoidfortsatz der Fische
entspricht (s. Fig. 146, 147). Er reicht
gewöhnlich bis in die Ethmoidalregion,
ohne sich jedoch mit dem der anderen
Seite zu verbinden, verhält sich also
wie der der Knochenganoiden und
Knochenfische. — Bei den Anuren verwächst sein Vorderende mit der seitlichen Ethmoidalregion (Fig. 146). Der
Palatopterygoidfortsatz der Urodelen

hingegen verrät deutlich einen Verkümmerungszustand, da seine Verbindung mit
der Ethmoidalregion nur ausnahmsweise (Ranodon) noch erhalten ist, obgleich sie
den alten Stegocephalen jedenfalls in anurenartiger Ausbildung zukam. Der Fortsatz
endigt daher bei den Urodelen vorn frei. Zuweilen hat sich sogar sein Zusammenhang mit dem vom Schädel absteigenden Teil des Palatoquadrats (Suspensorium)
gelöst (Fig. 147 *A, B*), und endlich (Perennibranchiata) verkümmert er sogar völlig.

Besondere Verhältnisse zeigt das Palatoquadrat samt Suspensorium bei den Anurenlarven, Verhältnisse, welche größtenteils auf einer besonderen Anpassung des Larvenmunds
mit seiner Hornbekleidung beruhen dürften, die aber vielleicht doch auf sehr alte Beziehungen
der Amphibienvorfahren zu den Cyclostomen hinweisen könnten. Der ansehnliche Palatoquadratknorpel der Anuren steht ursprünglich in einer ähnlichen hinteren Verbindung mit
der Ohr- und Trabekelregion, wie sie vorhin beschrieben wurde und die sich bei den Urodelen im allgemeinen dauernd erhält. Sehr frühzeitig vereinigt sich jedoch sein Vorderende
mit der vorderen Trabekelregion, so daß das Primordialcranium in diesem Zustand dem der
Cyclostomen ähnlich wird (Fig. 146). Hierauf gliedert sich vom Palatoquadrat ein kleines
Stück ab, welches sich mit dem der anderen Seite ventral von der Nasenregion verbindet,
indem sich von ihm gleichzeitig jederseits noch ein distalstes Stück abtrennt (Infrarostralia).
Die ersterwähnten Stücke sind die kleinen Mandibulae (Meckelscher Knorpel), welche durch
die beiden Infrarostralia in der Symphyse vereinigt werden. Im Anschluß an die Ethmoidal-

Fig. 147.

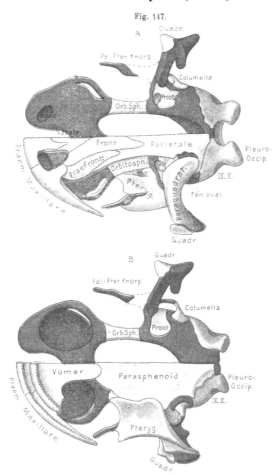

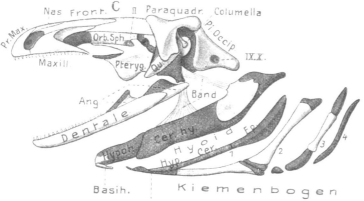

region haben sich schon früher selbständig zwei über den Infrarostralia gelegene Suprarostralia gebildet, gewissermaßen die knorpeligen Oberkiefer des Larvenmunds. Diese Infra- und Suprarostralia lassen sich vielleicht von den hinteren Lippenknorpeln der Haifische ableiten. Auf die geschilderte Weise ist bei den Anurenlarven die Gelenkstelle des Palatoquadrats für die Mandibel bis in die Ethmoidalregion vorgeschoben, stärker als dies bei Fischen irgend der Fall war; am ähnlichsten noch mit den Einrichtungen der Holocephalen. Es dürfte daher auch der ansehnlichste Teil dieses Palatoquadrats dem Hyomandibulare (Kieferstiel, Suspensorium) der Fische entsprechen.

Erst bei der Metamorphose wächst aus dem Vorderrand der vorderen Verbindung des Palatoquadrats mit der Ethmoidalregion der eigentliche bleibende Palatopterygoidfortsatz allmählich hervor, wobei sich die frühere vordere Verbindung mit dem Schädel löst und der ganze dahinter gelegene Abschnitt des

Menopoma alleghaniense. Knorpel blau. *A* Schädel von der Dorsalseite; von der rechten Hälfte sind die Deckknochen entfernt. *B* Schädel von der Ventralseite, auf der linken Hälfte die Deckknochen entfernt. Der ursprüngliche Zusammenhang des Palatopterygoidknorpels mit dem Quadratknorpel punktiert angedeutet. *C* Schädel mit Visceralskelet von links. (Nach WIEDERSHEIM 1877.) E. W.

Palatoquadrats durch das starke Auswachsen des Unterkiefers immer mehr nach hinten zusammengedrängt und reduziert wird, sowie gleichzeitig seinen Zusammenhang mit der Ohrregion wesentlich verändert. So bildet sich schließlich die Konfiguration des bleibenden Primordialcraniums der Anuren aus (s. Fig. 148), wo der Suspensorialteil etwas schief nach hinten gerichtet von der seitlichen Ohrregion entspringt und der ansehnlich ausgewachsene Palatopterygoidfortsatz sich vorn in der hinteren Nasenregion mit dem Schädel verbindet.

Bei der Mehrzahl der Urodelen und den Gymnophionen zieht das Suspensorium dagegen von seinem Ursprung in der Ohrregion mehr oder weniger schief nach vorn, so daß die Gelenkstelle für den Kiefer bis in die Mitte des Schädels vorgerückt sein kann (besonders Perennibranchiaten) und die Mandibel kurz bleibt. Bei Derotremen und Salamandrinen ist dies weniger ausgesprochen die Richtung des Suspensoriums zum Teil schon ähnlich wie bei den Anuren. — Obgleich nun auch das Suspensorium der Stegocephalen sich anurenartig erhält, so dürfte doch die Vorwärtsrichtung das Ursprünglichere sein, wofür ja auch die Ontogenie der Anuren spricht.

Ersatzknochen treten, wie erwähnt, in geringer Zahl auf, ähnlich den Dipnoern. Wie bei diesen finden wir im Hinterhaupt nur die beiden *Pleurooccipitalia*, von welchen jedes einen Gelenkhöcker (Condylus) bildet. Im erwachsenen Schädel sind sie meist so ansehnlich, daß sie ventral und dorsal nur von wenig Knorpel getrennt werden. — In der lateralen vorderen Ohrregion findet sich ein *Prooticum* (auch Petrosum genannt), das seitlich eine ziemlich große Öffnung, die sog. Fenestra ovalis, besitzt, die jedoch bei geringer Entwicklung des Prooticum im Knorpel zwischen diesem und dem Pleurooccipitale liegt. Bei den ichthyoden Urodelen, einigen Salamandrinen, sowie den Anuren bleibt das Prooticum gewöhnlich gesondert vom Pleurooccipitale seiner Seite; bei den meisten Salamandrinen verwächst es dagegen frühzeitig damit. Bei den Gymnophionen endlich verwachsen die so vereinigten Otooccipitalia in der ventralen Mittellinie zu einem einheitlichen Basalknochen (Fig. 149), mit dem sich auch das vorn auf der Ventralseite entstehende große Parasphenoid vereinigt. So wird hier ein beträchtlicher Teil der Schädelhöhle von dem ansehnlichen Basalknochen umschlossen.

In der vorderen Schädelhälfte (Augenregion) verknöchern die unvereinigten beiden Trabekel der Urodelen jederseits bis zum Beginn der Nasenregion (Fig. 147). Diese beiden Knochen werden gewöhnlich *Orbitosphenoide* genannt und mit den ähnlich gelagerten gleichnamigen der Fische verglichen. Im allgemeinen dürfte dies auch zutreffen. — Die Anuren (Fig. 148) bilden in dieser Gegend zuerst gleichfalls eine paarige Verknöcherung, welche jedoch, basalwärts und in die Nasenregion weitergreifend, durch Verwachsung unpaar wird (sog. Gürtelbein).

Das ähnlich gelagerte unpaare sog. Ethmoid der Gymnophionen ist wohl sicher homolog dem unpaaren Orbitosphenoid der Anuren, jedoch komplizierter gebaut. Ob sich eventuell auch das Pleurethmoid der Fische an der Bildung der sog. Orbitosphenoide der Amphibien beteiligt, ist fraglich.

Die *Deckknochen* sind bei der spärlichen Entwicklung der Ersatzknochen sehr ansehnlich, jedoch bei den rezenten Amphibien stark reduziert, wie die Vergleichung mit den vorausgegangenen Stegocephalen ergibt. — Die Schädeldecke der Urodelen und Anuren wird von großen *Parietalia* und *Frontalia* gebildet (Fig. 147 *A*, 148 *A*), von welchen die letzteren bis in die Nasenregion reichen.

Hier schließen sich ihnen zwei *Nasalia* an, die nur selten fehlen. Die Reihe wird endlich vorn durch die beiden Prämaxillen abgeschlossen, welche ähnlich denen mancher Fische aufsteigende Fortsätze gegen die Nasalia entsenden. Sekundärer Natur ist die Verwachsung der beiderseitigen Parietalia und Frontalia der Anuren zu sog. Parietofrontalia (Fig. 148).

In der vorderen Orbitalregion des Urodelenschädels tritt neben dem Frontale meist ein Deckknochen auf, welcher den Vorderrand der Orbita umzieht, das sog. *Präfrontale* (Fig. 147 *A*); er findet sein Homologon wohl in dem ähnlich bezeichneten Knochen vieler Ganoiden (s. Fig. 136, 137). Auch den Gymnophionen (Fig. 149 *A*, *C*) kommt er zu; fehlt dagegen den Anuren.

Etwas vor dem Präfrontale, zwischen ihm und den Oberkiefer, schiebt sich bei gewissen Salamandrinen noch ein kleines Deck-

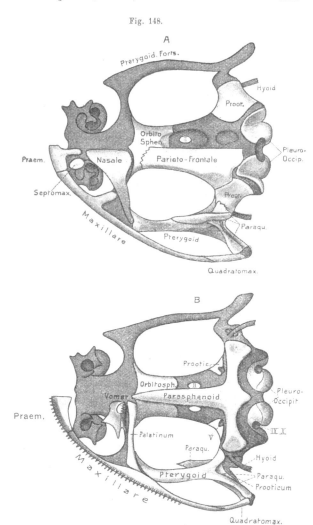

Fig. 148.

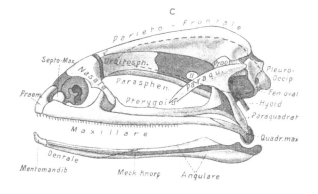

Rana fusca. Schädel. Knorpel blau. *A* Schädel von der Dorsalseite. Die Deckknochen der rechten Hälfte entfernt. *B* Schädel in Ventralansicht, von der linken Hälfte sind die Deckknochen mit Ausnahme des Parasphenoids entfernt. *C* Schädel von links. Die Ausdehnung der Schädelhöhle ist durch eine punktierte Linie angedeutet. E. W.

knöchelchen (selten zwei) ähnlicher Herkunft ein, das als vorderes Präfrontale oder Lacrimale bezeichnet wird, da es Beziehungen zum Tränennasengang besitzt.

Ein kleiner Deckknochen, der bei den Anuren in der Nasenhöhle und der Umgebung des Tränennasengangs, zwischen dem oberen und mittleren Nasenblindsack, auftritt, wird gewöhnlich als *Septomaxillare* bezeichnet. Auch bei einigen Salamandrinen soll sich ein entsprechendes, oberflächlicheres Knöchelchen finden, und ebenso wird ihm ein ähnlich gelagerter Knochen der Gymnophionen (s. Fig. 149 *A*, *C*) verglichen. Bei letzteren kann er zuweilen mit Nasale und Präfrontale verschmelzen.

Die Orbita der Gymnophionen wird ferner von einem über ihr liegenden kleinen Deckknochen umfaßt. Ob er richtig als ein Postfrontale, wie wir es bei den Stegocephalen antreffen, gedeutet wird, steht d hin.

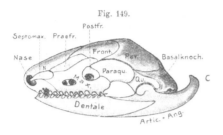

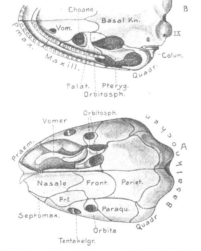

Ichthryophis glutinosus. Schädel· (Nach SARASIN 1890.) *A* Schädel von der Dorsalseite. In der rechten Hälfte Nasale, Präfrontale und Frontale entfernt. *B* Schädel in Ventralansicht. *C* Schädel von links. O. B.

Die ventrale Schädelfläche der Urodelen ist von einem meist recht mächtigen *Parasphenoid* unterlagert (Figur 147 *B*), das als breite Platte von der Hinterhaupts- bis in die Nasenregion reicht. Bei den sog. lechriodonten Salamandrinen trägt es zwei Zahnreihen, welche die beiden Reihen der Vomerzähne nach hinten fortsetzen. — Das ansehnliche Parasphenoid der Gymnophionen ist, wie erwähnt, in den sog. Basalknochen aufgenommen worden. — Das der Anuren (Fig. 148 *B*) bleibt schmäler und entsendet hinten seitliche Fortsätze gegen die Ohrregion und den Ursprung des Suspensoriums, in welchen wir die schon bei den Knorpelganoiden auftretenden Seitenfortsätze des Parasphenoids wiederfinden. Diese Fortsätze können denn auch in Zusammenschluß mit den Verknöcherungen des Suspensoriums treten.

Vorn schließen sich dem Parasphenoid die paarigen, fast stets zahntragenden *Vomer* an, welche bei den Urodelen und Gymnophionen groß, bei den Anuren weniger ansehnlich sind. — Über die gelegentliche Verbindung des Vomer mit dem Palatinum wird gleich berichtet werden.

Kiefergaumenapparat. Als solchen bezeichnen wir die Verknöcherungen, welche im Bereich des Suspensoriums und des Palatopterygoidfortsatzes auftreten, samt den Zwischen- und Oberkiefern.

Als einziger Ersatzknochen entsteht im Suspensorium an der Gelenkstelle für den Unterkiefer ein *Quadrat*, das bei den Urodelen (Fig. 147) fast stets verknöchert ist, aber klein bleibt, so daß es nur das Gelenkende des Suspensoriums bildet. Bei den Gymnophionen (Fig. 149) wird es ansehnlicher und schließt sich dem Basalknochen jederseits an. Eigentümlich verhalten sich die Anuren, bei welchen zuerst in einem Band das vom Ende des Suspensoriums zum Oberkiefer zieht, eine Bindegewebsverknöcherung auftritt, die sich später bis auf den Knorpel des Suspensoriums ausdehnt und diesen ergreift. Der so entstehende Knochen, das sog. *Quadratomaxillare* (oder Quadratojugale, Fig. 148) umfaßt daher in seinem hinteren Teil sicher das Quadrat der Urodelen. Ob sein vorderer, nicht knorpelig vorgebildeter Teil als ein ehemals selbständiger Deckknochen aufgefaßt werden darf, der sich mit dem eigentlichen Quadrat verband, scheint zweifelhaft, obgleich bei den Stegocephalen unter dem zweifellosen Quadratomaxillare ein selbständiges Quadrat vorkommt. Vorn tritt das Quadratomaxillare der Anuren mit dem langen Oberkiefer in direkte Nahtverbindung.

Auf der Außenfläche des Suspensoriums entsteht immer ein sehr ansehnlicher Deckknochen, der bei den Urodelen meist vom Parietale bis zum Quadrat hinabreicht. Bei den Anuren wird er durch die Einschiebung des Prooticums vom Parietale seitlich abgedrängt. Das distale Ende dieses Knochens beteiligt sich ebenfalls an der Bildung des Unterkiefergelenks, ja kann sogar mit dem Quadrat verwachsen. Es scheint unzweifelhaft, daß dieser Deckknochen dem bei den Dipnoern in entsprechender Lage am Suspensorium befindlichen, entspricht, ja man könnte sogar die ähnlich gelagerte Verknöcherung am Gelenk des Palatoquadratknorpels der Knorpelganoiden (Fig. 141) vielleicht hierher ziehen. Der fragliche Knochen wird daher bei den Amphibien, wie jener der Dipnoer, gewöhnlich *Squamosum* genannt, in neuerer Zeit auch häufig *Paraquadrat*. Wie für die Dipnoi hervorgehoben, deute ich ihn als Homologon des Präoperculums der Knochenganoiden und Teleosteer, welches sich in ähnlicher Entwicklung längs des ganzen Hinterrands des Suspensoriums (Kieferstiel) hinzieht und mit dem Quadrat in sehr innige Beziehung treten kann, da es z. B. bei Lepidosteus mit ihm verwächst. Wir werden den Knochen auch weiterhin als Paraquadrat bezeichnen. Sein Dorsalende läuft bei den Anuren (Fig. 148 C) in einen vorderen und hinteren Fortsatz aus. Der hintere wird durch Knorpel zu einem weiten Ring ergänzt, an dem, und dem Hinterrand des Paraquadrats, sich das Paukenfell befestigt, weshalb das Paraquadrat früher häufig Tympanicum genannt wurde.

Der vordere absteigende Fortsatz kann zuweilen (z. B. Pelobates) mit der Maxille zusammenstoßen, wodurch eine Art unterer Schläfengrube abgegrenzt wird; zuweilen vermag das Paraquadrat sogar das Parietale zu erreichen. Dies sind Anklänge an die Stegocephalen. Ein Vergleich mit diesen könnte wohl vermuten lassen, daß das sog. Paraquadrat der Anuren aus der Vereinigung mehrerer ihrer Deckknochen hervorging; d. h. etwa aus den als Paraquadrat, Postorbitale, Squamosum und Jugale bezeichneten.

Auf der Ventralseite des Palatopterygoidfortsatzes bildet sich bei den Ichthyoden, entsprechend den Dipnoern, nur ein ansehnlicher Deckknochen, ein *Palatopterygoid* (Pterygoid). Nur bei gewissen Salamandrinen (Siredon) sondert sich von ihm vorn dauernd ein relativ kleiner Knochen als *Palatinum* ab. Bei den übrigen kommt es zwar in ähnlicher Weise zur Ablösung des Palatinums, das sich aber bald

mit dem jederseitigen Vomer zu einem zahntragenden *Vomeropalatinum* vereinigt.
Bei den Gymnophionen hingegen verwächst das Palatinum mit dem Maxillare. —
Die Anuren und Stegocephalen dagegen besitzen stets ein bleibendes Palatinum
als quer gelagerten, außen an das Vorderende des Pterygoids, innen an den Vomer
und das Orbitosphenoid anschließenden Knochen (Fig. 148 B), der selten rückgebildet wird. — Das Pterygoid (bzw. Palatopterygoid der Ichthyoden) der Urodelen ist meist ziemlich breit plattenförmig. Gewissen Salamandrinen (lechriodonte
mit Parasphenoidzähnen) und Siren fehlt es jedoch ganz.

Fig. 150.

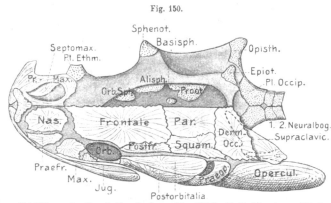

Amia calva. Schädel von der Dorsalseite. In der rechten Hälfte die Deckknochen entfernt mit Ausnahme
der Prämaxille. Knorpel dunkel; Ersatzknochen punktiert. Deckknochen hell. (Nach Bridge 1877 konstruiert.)　　　　　　　　　　　　　　　　　　　　　　　　　　　　　O. B.

Das Pterygoid der Anuren wird schmäler, reicht jedoch weiter nach vorn,
indem es sich der Maxille und dem Palatinum anlegt. Nach hinten entsendet es
zwei mehr oder weniger entwickelte Fortsätze, einen inneren, der sich an die seitlichen Fortsätze des Parasphenoids anschließt, wie auch schon bei Knochenganoiden (Lepidosteus) eine ähnliche Verbindung zwischen Metapterygoid und den
Parasphenoidfortsätzen besteht. Der zweite Fortsatz erstreckt sich nach hinten auf
das Suspensorium unter das Paraquadrat.

Den oberen Kieferrand bilden vorn die kleinen *Prämaxillen*, denen sich die
meist längeren *Maxillen* anschließen. Letztere bleiben bei den Urodelen kleiner
und enden hinten frei, ja sind bei den Perennibranchiaten ganz verkümmert. —
Die Maxillen der Anuren hingegen erstrecken sich weit nach hinten, so daß sie,
mit den Quadratomaxillaria zusammenstoßend, einen geschlossenen Kieferrand
bilden.

Wie schon bemerkt, besitzt der *Stegocephalenschädel* in seiner Gesamtkonfiguration Ähnlichkeit mit dem der Anuren, was sich namentlich im Bau des Gaumendachs ausspricht,
das recht anurenartig erscheint. Von besonderer Bedeutung ist aber, daß bei gewissen
Gattungen zwischen dem Pterygoid und dem Maxillare jederseits ein kleiner Knochen eingeschaltet sein soll, der bei den Reptilien, als sog. Transversum, sehr verbreitet vorkommt.

Um so auffallender ist die von allen rezenten Amphibien abweichende Schädeloberseite
wegen ihres Reichtums an Deckknochen, die einen geschlossenen Panzer bilden (stegocrotaph).

Sie verrät dadurch einerseits Beziehungen zu den Ganoiden, andrerseits jedoch auch zu den Reptilien. Nach beifolgender Figur 151 läßt sich die Schädeldecke der Stegocephalen, auch ohne eingehende Beschreibung, leicht beurteilen, sowie ihre Beziehungen zu dem danebengestellten Amiaschädel (Fig. 150) erkennen. Von besonderem Interesse ist die stets in der Naht der Parietalia befindliche Öffnung, das sog. *Scheitelloch*, das auch vielen Reptilien zukommt.

Zu bemerken wäre ferner, daß das meist Supratemporalia genannte Knochenpaar wohl zweifellos dem Paraquadrat entspricht, wogegen das sog. Squamosum dem häufig also be-

Fig. 151.

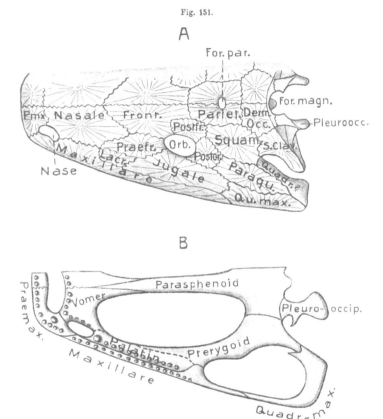

Capitosaurus nasutus. Schädel schematisch, *A* von der Dorsalseite. *B* von der Ventralseite. (Nach H. v. MEYER und ZITTELS Handbuch.)

zeichneten Knochen der Fische (Pteroticum) gleichzusetzen sein dürfte, obgleich es bei Amia und den Stegocephalen jedenfalls ein reiner Deckknochen ist.

Die beiden hier Dermoccipitalia genannten Knochen werden bei den Stegocephalen gewöhnlich als Supraoccipitalia bezeichnet, entsprechen aber zweifellos den sog. Dermoccipitalia (auch Supratemporalia genannt) der Ganoiden. Der von uns als Supraclaviculare bezeichnete Knochen (bei Holostei auch Posttemporale genannt) ist bei letzteren sicher das mit dem Schädel fest verbundene Supraclaviculare des Schultergürtels der Ganoidfische. Bei den Stegocephalen wurde dieser Knochen seither gewöhnlich als Epioticum gedeutet; da er jedoch sicher ein Deckknochen ist, so scheint die Beziehung auf das Supraclaviculare der Fische recht sicher. Präfrontale, Postorbitale und Jugale sind Deckknochen, die im Fischschädel in den Infraorbitalia und dem sog. Admaxillare ihre Vorzeichnung finden. Ersatzknochen waren im Schädel der

Stegocephalen jedenfalls nur sehr spärlich vorhanden; Pleurooccipitalia nur bei einem Teil; auch überall wohl ein vom Quadratomaxillare gesondertes kleines Quadrat. — Die Hinteransicht der Occipitalregion des Schädels (s. Fig. 152) ergibt, daß die Deckknochen der Schläfenregion die eigentliche Schädelkapsel seitlich dachartig überlagern. Doch fehlt ein hinteres Temporalloch, wie es bei den primitiveren Reptilien charakteristisch hervortritt.

Der Bau des Stegocephalenschädels und andere Skeletverhältnisse lassen es wohl zweifellos erscheinen, daß die rezenten Urodelen und Anuren wenigstens in ihrem Skelet stark rückgebildete Formen sind, was für den Schädel der Urodelen noch mehr gilt als für den der Anuren.

Der *Unterkiefer* der rezenten Amphibien ist gewöhnlich schlank und häufig recht schmächtig. In seinem Aufbau wiederholen sich die knöchernen Bestandteile der Fische.

Von Ersatzknochen tritt im Unterkiefergelenk der Stegocephalen und vieler Urodelen ein knöchernes Articulare auf, während diese Region bei den Anuren knorpelig bleibt. Das Articulare der Gymnophionen verwächst mit dem Angulare. Der bei den Anurenlarven als sog. Infrarostrale abgegliederte vorderste Teil des Meckelschen Knorpels verknöchert zu einem sog. *Mentomandibulare* (Fig. 148 *C*), das später mit dem Vorderende des Dentale verwächst. Auch bei einzelnen Urodelen soll es vorkommen. — Von den Deckknochen sind die Dentalia ansehnlich und, mit Ausnahme der Anuren, gewöhnlich bezahnt.

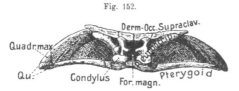

Fig. 152.

Mastodonsaurus giganteus. Schädel von der Hinterseite. (Nach E. Fraas 1889/90.)   O. B.

Die auf der Innenseite des Knorpels bei den Urodelen und Stegocephalen gewöhnlich vorhandenen Opercularia tragen bei ersteren eine innere zweite Zahnreihe, ähnlich wie sie auch bei Fischen vorkommt. — Die Gymnophionen besitzen diese innere Zahnreihe gleichfalls; ihre Opercularia sind aber mit den Dentalia vereinigt. Den Anuren fehlen die Opercularia ganz. — Das stets vorhandene Angulare ist gewöhnlich ansehnlich lang und greift zum Teil auch auf die Innenseite über; von ihm oder dem Articulare (Stegocephalen) wird der schwache Kronfortsatz gebildet. Bei Gymnophionen verwächst es, wie bemerkt, mit dem Articulare und bildet einen sehr weit nach hinten voispringenden Fortsatz des hinteren Unterkieferwinkels (Fig. 149 *C*).

Hyobranchialskelet. Dieser Teil des Visceralskelets bietet besonderes Interesse, weil die bei einem Teil der Amphibien noch bleibende, bei den übrigen im Larvenzustand bestehende Kiemenatmung die allmähliche Umformung des Apparats aus dem fischartigen Zustand in den der luftatmenden Wirbeltiere vorzüglich erläutert. Außer dem Hyoidbogen treten auch bei den Larven nur die vier ersten Kiemenbogen kenntlich auf; obgleich es wahrscheinlich ist, daß ein Rest des fünften, welcher ja auch bei den Fischen schon stark verkümmert war, durch einen Funktionswechsel als Stützapparat mit dem Eingang der Luftröhre in Verbindung trat. Hierüber wird später genaueres mitzuteilen sein.

Die Bildung dieser fünf Bogen bei den erwachsenen Ichthyoden, welche natürlich die primitivsten Zustände bewahren, sowie ihr Bau bei den Larven der übrigen Amphibien ist wesentlich der gleiche. Der Zungenbeinbogen (Fig. 147 *C*, S. 261) ist stets der ansehnlichste; die folgenden vier Kiemenbogen werden nach hinten rasch kleiner und rudimentärer. Dies spricht sich namentlich darin aus, daß nur der Zungenbein- und der erste Kiemenbogen (seltener auch der zweite) sich an den, auf die vordere Region beschränkten Copularapparat anschließen; die folgenden Kiemenbogen sich hingegen mit ihren Ventralenden aneinander fügen. Bei gewissen Ichthyoden findet sich schon ein Ausfall des vierten, ja auch des dritten Kiemenbogens. Die Reduktion äußert sich ferner darin, daß nur der Zungenbein- und der erste Kiemenbogen gewöhnlich aus zwei Stücken (Hypo- und Ceratohyale, bzw. -branchiale) bestehen, die darauffolgenden dagegen ungegliedert bleiben.

Der Copularapparat der Ichthyoden besteht in der Regel nur aus zwei schmalen stabförmigen Stücken, dem Basihyale (meist Basibranchiale I genannt) und einem anschließenden sog. zweiten Basibranchiale, dessen Hinterende sich zuweilen gabelt. Über die Verknöcherungen im Visceralskelet, welche natürlich etwas variieren, gibt die Figur Aufschluß. Am Ceratohyale von Amphiuma wird ein Deckknochen (Parahyale) beschrieben.

Das ähnliche Visceralskelet der Salamandrinen- und Anurenlarven erfährt bei der Metamorphose mehr oder weniger starke Umbildungen. Für die larvalen Kiemenbogen erscheint charakteristisch, daß ihre Dorsalenden verschmolzen sind (Fig. 153), was ja auch schon bei Fischen gelegentlich auftrat. Bei älteren Salamandrinenlarven sondern sie sich aber. — Bei den erwachsenen *Salamandrinen* bleibt die Reduktion relativ gering, da nur der dritte und vierte Kiemenbogen eingehen, während die beiden vorderen sich erhalten.

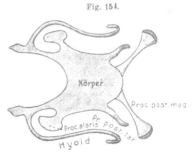

Fig. 153.

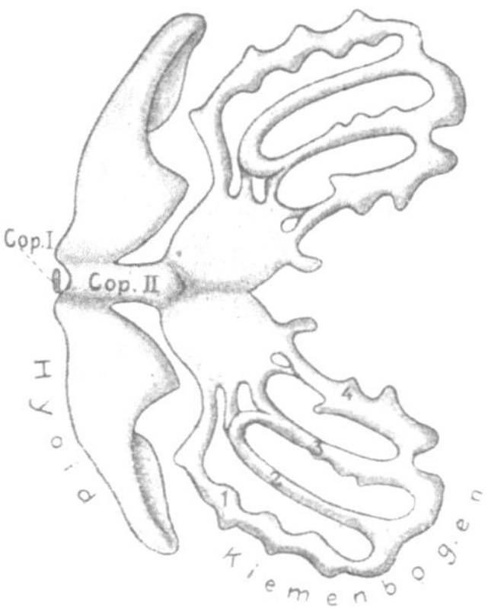

Rana fusca, Larve (L. = 29 mm). Visceralskelet von der Ventralseite. (Nach GAUPP 1906.) E. W.

Eigentümliche Einrichtungen treten an den Ventralenden des in der Regel viergliederigen Hyoidbogens der Salamandrinen auf, da diese sich zu langen, bis an den Kieferwinkel vor- und dann wieder zurückgebogenen Schleifen entwickeln können. Ferner tritt zwischen den Ventralenden der Hyoidbogenhälften häufig ein queres besonderes Knorpelstück (sog. Bügelknorpel) auf. — Der erste Kiemenbogen ist einfach und häufig ungegliedert, der zweite meist stärker verknöchert und zweigliederig. Die Copulae werden gewöhnlich nur noch durch ein einziges Stück repräsentiert (Basihyale), dessen hinterer Fortsatz gegabelt sein kann. Dieser meist frühzeitig verknöchernde Gabelfortsatz (auch als Basibranchiale aufgefaßt) löst sich häufig ab und tritt als sog. Os thyreoideum an die Schlundwand in der Nähe des Pericards. Die Verknöcherungen sind auch im Visceralapparat der Salamandrinen recht verschieden.

Fig. 154.

Rana fusca. Erwachsen. Zungenbein von der Ventralseite. (Nach PARKER 1872 und GAUPP 1906.) E. W.

Die stärkste Umbildung erfährt der Apparat der *Anuren*. Fig. 153 zeigt ihn im Zustand der erwachsenen Froschlarve, vollkommen knorpelig und ungegliedert.

Bei der Metamorphose verschmelzen die ventralen gemeinsamen Teile der vier Kiemenbogen zu einer ansehnlich auswachsenden Knorpelplatte, dem eigentlichen Zungenbeinkörper (Fig. 154). Die Zungenbeinbogen wachsen zu langen schmalen Hörnern aus, deren Verbindung mit dem Vorderrand des Körpers sich auch wesentlich ändert. Die beiden hinteren Paare hornartiger Fortsätze der Zungenbeinplatte sind wenigstens bei Rana keine Reste der Kiemenbogen; doch wird dies für das vordere Paar anderer Formen angegeben. Nur das hinterste Fortsatzpaar verknöchert gewöhnlich, sonst bleibt alles knorpelig.

Relativ ursprünglich erhält sich der Visceralapparat der Gymnophionen (Fig. 155) und bleibt auch im erwachsenen Zustand knorpelig. Besonders bemerkenswert ist die Abtrennung der hinteren Kiemenbogen im erwachsenen Zustand und die starke Entwicklung der vorderen Copula der Larve (Entoglossum, was auch bei Anurenlarven schwach angedeutet sein kann); später geht diese vordere Copula ganz ein.

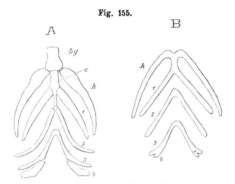

Fig. 155.

Visceralskelet von Ichthyophis glutinosus. A das der Larve. B im ausgebildeten Zustande. h Hyoid. hg, c Copulae. (Nach Sarasin aus Gegenbaur 1898.)

Die Dorsalenden des Hyoids der *Urodelen* sind durch Bänder an dem hinteren Rand des Suspensoriums befestigt (Fig. 147 C, S. 261); bei gewissen Formen bildet das Suspensorium sogar einen nach hinten gerichteten stielförmigen Fortsatz, an welchen sich das Band ansetzt. Diese Befestigung des Hyoidbogens erinnert durchaus an die Einrichtungen der Fische und spricht dafür, daß der Kieferstiel der Fische in das Suspensorium einbezogen wurde; der stielförmige Fortsatz ähnelt sogar dem Stylohyale der Fische. — Die *Anuren* zeigen ursprünglich denselben Zusammenhang von Zungenbeinbogen und Suspensorium. Bei der Metamorphose rückt jedoch das Proximalende des Hyoids an die Ohrkapsel empor, mit der es in kontinuierliche und bleibende Knorpelverbindung tritt (Fig. 148, S. 263).

Wie schon angegeben, wird das Suspensorium des Amphibienschädels meist allein auf das Palatoquadrat zurückgeführt. Der Hyomandibularteil des Zungenbeinbogens dagegen soll unter starker Reduktion in den Skeletapparat des Ohres (Columella auris, s. Fig. 147, S. 261), übergegangen sein, welcher sich der Fenestra ovalis der Ohrkapsel auflegt. Dieser Auffassung widerspricht vor allem die Tatsache, daß die Ontogenie der Amphibien von einer Beziehung des Hyoidbogens zu dem Gehörknöchelchen nichts erkennen läßt. Vielmehr entsteht dessen Anlage selbständig als eine deckelartige Verknorpelung (Operculum) in der häutigen Schlußmembran der Fenestra ovalis, eventuell als Auswuchs von deren knorpeliger Umrandung. Durch ein Band und knorpelige stilartige Verlängerung des Operculums tritt sie dann in Verbindung mit dem Hinterrand des Suspensoriums, ja dieses kann einen Fortsatz bilden (gewisse Urodelen), mit welchem die Columella in Zusammenhang tritt. Obgleich die Hörskeletbildungen erst bei dem Hörorgan genauer betrachtet werden, sei doch hier schon bemerkt, daß sich das Homologon dieser Columella vielleicht in dem dem Suspensorium der Dipnoi hinten angefügten sog. Operculum suchen läßt.

Schädel der Amnioten.

Der Amniotenschädel zeigt eine Reihe übereinstimmender Züge, welche auf gemeinsamen Ursprung hinweisen. Die größere Knochenzahl deutet gegenüber den rezenten Amphibien auf Beziehungen zu den Stegocephalen und Fischen hin, welche auch in dem doppelten Occipitalcondylus der Säuger sich erhalten haben dürften. Im Gegensatz zu den Anamnia tritt das bei letzteren stets ansehnliche Parasphenoid sehr zurück, indem sich seine Reste mit dem Basisphenoid (Ersatzknochen) zu einem Mischknochen vereinigten. — Den Ausgangsformen der Amnioten scheint ferner ein dem Suspensorialteil des Schädels beweglich angefügtes Quadrat eigentümlich gewesen zu sein, welches sich erst bei der Weiterentwicklung in der Reptilienreihe zwischen die benachbarten Schädelknochen fest einfügte. — Sämtlichen Amnioten gemeinsam ist weiter, daß sich die Reste dreier vorderster verkümmerter Wirbel der occipitalen Schädelregion angeschlossen haben müssen. Dies ist aus den Resten der Spinalnerven jener Wirbel (Spinooccipitalnerven, Hypoglossuswurzeln) zu erschließen, deren Ursprünge in die Occipitalregion des Schädels aufgenommen wurden. Andeutungen dieser Wirbelkörper selbst finden sich jedoch am Hinterhaupt nicht mehr vor. — Jedenfalls folgt aus den erwähnten Schädelmerkmalen, daß sich die Amnioten recht frühzeitig von der Wurzel des Amphibienstamms abgegliedert haben müssen.

Sauropsida. Die gemeinsamen Charaktere des Sauropsidenschädels sind hauptsächlich folgende:

1. der einfache Hinterhauptscondylus, welcher meist derart aus dem doppelten der Amphibien hervorging, daß das Basioccipitale zwischen die beiden Condyli der Pleurooccipitalia einen Fortsatz entwickelte, welcher sich mit letzteren zu dem einfachen Condylus vereinigte (s. Fig. 161 *E*, S. 281). Daß den Sauropsiden ursprünglich ein doppelter Condylus zukam, scheinen die schwachen Condyli der Pleurooccipitalregion am Primordialcranium zu erweisen.

2. Bei fast allen Sauropsiden (Ausnahme Schlangen und in geringerem Grad Chelonier) besteht in der Orbitalregion ein meist langes, häutig-knorpeliges, seltener knöchernes Interorbitalseptum, ähnlich dem der Knochenfische, welches von der Vorderwand der Schädelkapsel bis zur Ethmoidalregion zieht, wo es in die Scheidewand der beiden Nasenhöhlen übergeht.

3. Charakteristisch ist ferner das stets ansehnliche Quadrat, an welchem der Unterkiefer gelenkt; ebenso die kräftige Entwicklung der Pterygoide.

4. Die reichere Zahl der Deckknochen in der Augen- und Schläfenregion, in Erinnerung an die Verhältnisse der Stegocephalen und Fische.

Die rezenten Sauropsiden lassen in ihrer Schädelbildung zwei Reihen erkennen, welche jedenfalls schon recht frühzeitig divergierten. Die wohl ursprünglichere wird von den Sauriern, Ophidiern und Vögeln gebildet, bei welchen sich die Beweglichkeit des Quadrats am Schädel erhielt (Streptostylie), zum Teil sogar eine Steigerung erfuhr; die Beweglichkeit kann sich schließlich auf den gesamten Kiefergaumenapparat ausdehnen. Gleichzeitig erhält sich dieser Apparat ursprünglicher, amphibienähnlicher, indem die Flügel- und Gaumenbeine in der Mittellini gewöhnlich nicht zusammenstoßen, also kein geschlossenes Gaumendach bilden. — Die zweite Reihe, die der Rhynchocephalen, Schildkröten, Krokodile hingegen, und ebenso die meisten ausgestorbenen Reptiliengruppen (ausgenommen die an die Squamaten sich anschließenden Pythonomorpha) besitzen ein mit dem Schädel fest verbundenes Quadrat (Monimostylie). Ferner ist bei ihnen (mit Ausnahme der Ichthyosauria und Pterosauria) ein geschlossenes Gaumendach mehr oder weniger entwickelt.

Auf das Primordialcranium können wir nicht genauer eingehen. Seine dorsale Schädelkapseldecke ist, wie schon bei den Amphibien, stets ganz unverknorpelt und wird erst durch die Deckknochen abgeschlossen. Das Palatoquadrat tritt selbständig auf, auch da, wo das Quadrat später dem Schädel fest eingefügt ist. Sein Palatopterygoidfortsatz bleibt im allgemeinen schwach und entsteht zum Teil selbständig, ohne Zusammenhang mit dem Quadratteil (Sauria). Im erwachsenen Zustand erhält sich der Knorpel des Primordialcraniums am reichsten in der Ethmoidalregion.

Vor der genaueren Schilderung des Sauropsidenschädels sei noch bemerkt, daß im höheren Alter zum Teil eine Verwachsung der anfänglich gesonderten Knochen eintreten kann. Besonders bei den Vögeln verwachsen zahlreiche Schädelknochen in der Regel so frühzeitig und völlig, daß nur Embryonen und junge Tiere den Schädelaufbau erkennen lassen. Bei den straußartigen Vögeln bleiben die Knochen relativ länger gesondert.

Wir beginnen mit der Betrachtung der *Hinterhauptsregion*, welche wie bei den Knochenfischen aus einem Basioccipitale, zwei seitlichen Pleurooccipitalia und einem Supraoccipitale besteht. Oben wurde schon bemerkt, daß der einfache, nierenförmige bis kugelige Hinterhauptscondylus in der Regel von den Pleurooccipitalia und dem Basioccipitale gebildet wird, seltener, unter Rücktritt der ersteren, fast nur vom Basioccipitale (meiste Krokodile, Ichthyosauria, viele Vögel).

Manchmal kann jedoch auch die Teilnahme des Basioccipitale am Condylus stark zurücktreten, ja selbst aufhören (gewisse Chelonier und Anomodontia), oder der kugelförmige Condylus sich drei- bis zweilappig entwickeln (einzelne Saurier, Chelonier und Anomodontia).

An der Umgrenzung des Hinterhauptslochs nehmen meist sämtliche vier Occipitalia teil. Doch kann (Krokodile und Schlangen) das Supraoccipitale ausgeschlossen werden; bei letzteren und gewissen Cheloniern zuweilen auch das Basioccipitale, so daß nur die Pleurooccipitalia die Umrahmung bilden. Das Foramen magnum der Reptilien schaut stets nach hinten. Bei den *Vögeln* (s. Fig. 159 *B*, S. 278) dagegen wendet es sich, im Zusammenhang mit der nach hinten aufgetriebenen Schädelkapsel, schief nach hinten und unten; wobei auch der Condylus eine entsprechende Richtungsänderung erfährt.

Das Supraoccipitale gewisser Saurier und Schildkröten kann einen ansehnlichen Kamm entwickeln.

Im Anschluß an das Basioccipitale wird der Schädelkapselboden stets von einem sog. *Basisphenoid* gebildet, das zuweilen ziemlich ansehnlich wird. Es geht aus einem Ersatzknochen, dem eigentlichen Basisphenoid, dem der Fische annähernd vergleichbar, und einer Hautverknöcherung hervor, welche dem Parasphenoid der Anamnia entspricht. Das Parasphenoid der Vögel tritt anfänglich in drei Anlagen auf, einer vorderen (späteres Rostrum) und zwei hinteren paarigen (Basitemporalia, s. Fig. 159). Para- und Basisphenoid verwachsen später miteinander. — In der Squamatenreihe, ferner bei Rhynchocephalen, Ichthyosauriern, auch Dinosauriern, entsteht aus dem Parasphenoidanteil ein mehr oder weniger ansehnlicher, schmaler vorderer Fortsatz (Rostrum) des Basisphenoids, welcher die stützende Basis des Orbitalseptums bildet und zuweilen (gewisse Vögel, Schlangen) bis in die Nasenregion

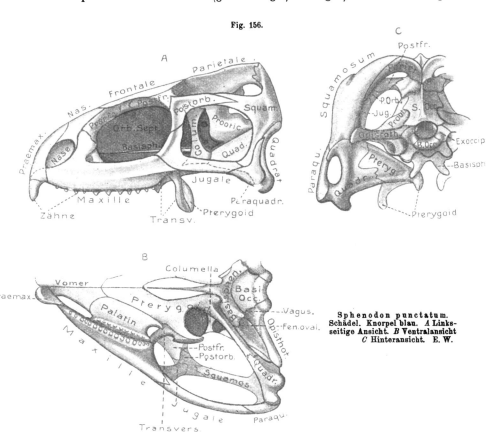

Fig. 156.

Sphenodon punctatum.
Schädel. Knorpel blau. *A* Links-
seitige Ansicht. *B* Ventralansicht
C Hinteransicht. E. W.

reichen kann (Fig. 156*B*, 157*A*, 159*B*, 169[2], S. 290). In der Placoidreihe (Fig. 161*C*, 162*A*) bleibt dieser Fortsatz klein. — Seitlich und etwas nach vorn entsendet das Basisphenoid in der Squamatenreihe ansehnliche Pterygoidfortsätze, an welche sich die Flügelbeine anlegen. Das Basisphenoid dieser Formen erinnert daher in seiner Gesamtgestalt noch ziemlich an das Parasphenoid der Anuren und Stegoce phalen, was wohl dafür spricht, daß seine Grundlage hauptsächlich aus diesem hervorging. — Auf der Schädelunterseite tritt das Basisphenoid der Squamaten- reihe völlig sichtbar hervor, bei den Schildkröten hingegen nur teilweise, bei den Krokodilen sogar nur sehr wenig.

Die seitliche Wand der eigentlichen Schädelkapsel wird, im Anschluß an die Pleurooccipitalia, in der hinteren Labyrinthregion der Chelonier, der ältesten Krokodile, Ichthyosaurier, Sauropterygier, Pythonomorpha, wahrscheinlich auch einem Teil der Theromorpha, von einem Knochen gebildet, der wohl sicher dem *Opisthoticum* der Knochenganoiden und Knochenfische entspricht (Fig. 161 *B—E*, S. 281). Auch in der Ontogenie der übrigen Sauropsiden tritt er neben den Pleurooccipitalia auf, verwächst aber bald mit letzteren, was bei den Rhynchocephalen (Sphenodon, Fig. 156 *C*, S. 273) erst nachembryonal geschieht. — Vorn stößt an das Opisthoticum das überall vorhandene *Prooticum* (Petrosum), welches schon in die Vorderwand der eigentlichen Schädelkapsel übergreift, und allein, oder gemeinsam mit dem Opisthoticum das Labyrinth umschließt.

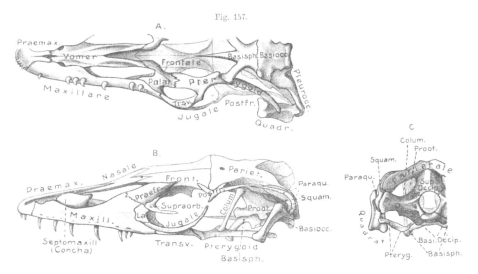

Varanus salvator. Schädel. *A* Ventralansicht. *B* Linkseitig und etwas dorsal. *C* Hinteransicht. P. He.

Ein in der Ontogenie mancher Reptilien und Vögel in der dorsalen hinteren Ohrregion auftretendes kleines sog. *Epioticum* vereinigt sich bald mit dem Supra- oder zugleich auch dem Pleurooccipitale, ist jedoch in seiner Deutung weniger sicher; dasselbe gilt wohl von dem als Epioticum bei einzelnen fossilen Reptilien beschriebenen Knochen (s. Fig. 167, 168 *E*, S. 288). Jedenfalls deutet aber die kompliziertere Bildung der Labyrinthregion der Sauropsiden auf sehr weit zurückreichende Beziehungen zu den Ausgangsformen der Knochenganoider. Dipnoer und Teleosteer hin.

Die seitliche Vorderregion der Schädelkapsel wird im Anschluß an das Basisphenoid und das Prooticum bei den Krokodilen (Fig. 162 *A, B*, S. 283) und Vögeln (Fig. 159 *A*, S. 278), sowie gewissen fossilen Reptiliengruppen, durch zuweilen recht ansehnliche seitliche Flügelbeine (*Alisphenoide*) ergänzt, welche bis zu den Frontalia emporsteigen und auch an der hinteren Begrenzung der Augenhöhle teilnehmen. Die Vögel zeigen vor ihnen im hinteren Teil des Orbitalseptums noch ein Paar kleine Verknöcherungen, welche den *Orbitosphenoiden* der Fische homologisiert werden; sie verwachsen jedoch bald mit den benachbarten Knochen.

Bei Sauriern und Rhynchocephalen bleibt die an die Orbiten grenzende Vorderwand der Schädelkapsel größtenteils häutig-knorpelig, doch treten kleine *Orbitosphenoide* zuweilen auf. — Obgleich nun auch den Cheloniern und Schlangen Alisphenoide fehlen, wird bei ihnen doch ein vorderer Abschluß der Schädelkapsel durch die Scheitel- und Stirnbeine in nachher zu beschreibender Weise hergestellt.

Die Deckknochen der Schädelkapseloberfläche sind die uns von früher bekannten *Scheitel-* und *Stirnbeine*, von welchen die letzteren meist ansehnlicher sind und bis in die Ethmoidalregion nach vorn reichen, wo sie an die Nasalia stoßen. Unpaare Verwachsung der Scheitelbeine (Squamata, Fig. 157 *B*, Crocodilia), auch der Stirnbeine (Crocodilia, Fig. 162 *C*) kommt vor.

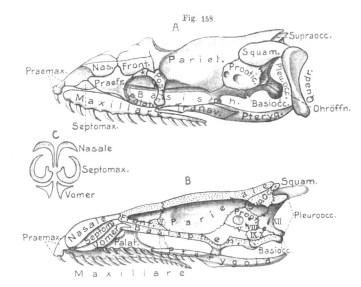

Python. Schädel. *A* linkseitig und etwas dorsal. * Supraorbitale. *B* In der Medianebene durchschnitten rechte Hälfte. Schnittstellen der Knochen punktiert. *C* schematischer Querschnitt durch die Nasengegend, zur Demonstration der Anordnung von Nasale, Septomaxillare und Vomer.   E. W.

Die großen Parietalia der Schildkröten senden starke platte Fortsätze senkrecht abwärts bis auf die Flügelbeine, welche zu dem erwähnten vorderen Abschluß der Schädelkapsel beitragen (Fig. 161 *D*). Im Schlangenschädel (Fig. 158 *B*) wird ein vollständiger knöcherner Abschluß der Kapsel dadurch erreicht, daß die Seitenränder der Parietalia sich bis zum Basisphenoid herabkrümmen und auch die Frontalia ähnliche Fortsätze abwärts schicken, welche die vordere Region der Schädelkapsel völlig umschließen und ventral etwas über dem Rostrum des Basisphenoids miteinander zusammenstoßen. Hiermit hängt zusammen, daß sich die Schädelhöhle der Schlangen nach vorn zwischen die Orbiten erstreckt und ein Orbitalseptum fast oder völlig fehlt; ein Verhalten, dem sich auch die Schildkröten etwas nähern.

In der Naht beider Parietalia der meisten fossilen Reptiliengruppen (nicht bei Dinosauria und Pterosauria), unter den rezenten nur bei den Sauriern und

Rhynchocephalen findet sich das schon den Stegocephalen eigentümliche *Parietal-loch*, dessen Beziehung zu dem sog. Scheitelauge oder Parietalorgan später darzu-legen sein wird. Dies Parietalloch kann jedoch zuweilen weiter nach vorn, auf die Grenze zwischen Parietalia und Frontalia, ja zwischen letztere rücken.

Bei gewissen fossilen Theromorpha (so Dicynodon, Fig. 168, S. 289) wurde zwischen den Parietalia und dem Supraoccipitale ein sog. *Interparietale* beschrieben, wie es den Mammalia eigen ist. Da gerade diese erloschenen Reptilien verwandtschaftliche Beziehungen zu den Säugern besitzen, ist dies von erheblichem Interesse.

Die Nasenregion wird durch paarige oder unpaar verwachsene (gewisse Sauria) *Nasalia* ergänzt, deren Längenentwicklung natürlich von der der Schnauze bedingt wird; sie sind daher bei den Krokodilen, Ichthyosauriern u. a. sehr lang. Nur den Schildkröten fehlen sie meist, indem die Praefrontalia an ihre Stelle treten (Aus-nahme Chelydae). — Der den Boden der Nasenregion bildende Vomer soll beim Kiefergaumenapparat berücksichtigt werden.

Die Rhynchocephalen und Squamaten besitzen im Boden der Nasenhöhle, zwischen dieser und dem sog. Jacobsonschen Organ, jederseits eine platte Ver-knöcherung (Fig. 157 *B*, 158), das sog. *Septomaxillare* (früher als Concha bezeich-net), das wir schon bei Anuren antrafen.

Erst neuerdings wurde es auch bei gewissen fossilen alten Krokodilen (Phytosaurus) sowie einzelnen Theromorpha aufgefunden. Auch das bei letzteren zum Teil erwähnte sog. Infranasale (s. Fig. 167 *JN*, S. 288) dürfte vielleicht hierher gehören.

Allein bei den Vögeln finden wir in der Grenzregion zwischen dem Orbital-und Nasalseptum eine Ersatzverknöcherung, welche sich von hier auf das Or-bitalseptum nach hinten und das Nasalseptum nach vorn ausdehnt. Sie wird berechtigterweise als *Mesethmoid* bezeichnet und vereinigt sich frühzeitig mit an-stoßenden Knochenbildungen. Ihr Wachstum nach hinten, sowie sonstige im Or-bitalseptum auftretende Knochencentren bewirken die bei den meisten Vögeln völ-lige Verknöcherung des Orbitalseptums.

Das System der die Orbiten umrandenden Hautknochen, das schon bei den Fischen so reichlich vertreten war, erhält sich auch bei den Sauropsiden noch. So finden sich am hinteren und vorderen Augenhöhlenrand der Reptilien allgemein die uns von den Stegocephalen bekannten *Post-* und *Praefrontalia*; den Vögeln fehlt jedoch das Postfrontale allgemein. Unter dem Postfrontale besitzen die meisten fossilen Reptiliengruppen noch ein sog. *Postorbitale*, welches sich unter den leben-den nur bei den Rhynchocephalen (Fig. 156 *A*, S. 273) und vielen Eidechsen erhalten hat; doch dürfte das allein vorkommende Postfrontale wohl häufig aus der Ver-wachsung mit dem Postorbitale entstanden sein. — Das Präfrontale findet sich allgemein, fehlt auch den Vögeln nicht; unter ihm nimmt ein *Lacrimale* bei vielen Rep-tilien (zahlreiche Sauria, Rhynchocephala, Crocodilia, viele fossile Gruppen) an der Begrenzung des Vorderrands der Orbita teil.

Es wurde jedoch neuerdings mit guten Gründen nachzuweisen gesucht, daß das Prä-frontale der Sauropsiden dem *Lacrimale* der Säuger homolog sei; das viel weniger häufige sog. Lacrimale, das nur bei den Krokodilen von dem Tränennasenkanal durchbohrt wird, da-gegen etwas Besonderes sei, das besser als Adlacrimale bezeichnet werde. Bei Gegenwart beider

Verknöcherungen tritt der Kanal meist zwischen ihnen durch. Wenn diese Auffassung zutrifft, so muß natürlich auch die der ähnlich gelagerten Knochen der Amphibien hiervon beeinflußt werden.

Bei gewissen Squamaten (Lacertilia und Verwandten, Python), den Krokodilen und einigen Dinosauriern können noch weitere Hautknochen am dorsalen Orbitalrand auftreten, so ein bis mehrere *Supraorbitalia*; doch auch bei Eidechsen weitere am Hinter- und Unterrand, die als Verknöcherungen unter den Hornplatten des Kopfs entstehen.

Als Suspensorialteil des Schädels bezeichnen wir die Einrichtungen an der Schädelkapsel zur Gelenkung oder Befestigung des Quadrats. Dieser Teil wird, ähnlich wie bei den Amphibien, von einem ansehnlichen Fortsatz gebildet, der von der hinteren lateralen Schädelkapsel seitlich und nach hinten absteigt, und mit dem sich das Quadrat gelenkig oder fest verbindet.

Bei den Reptilien ist dieser Fortsatz in der Regel sehr kräftig entwickelt. An seinem Aufbau beteiligt sich vor allem ein Deckknochen, welcher unter den Amphibien nur den Stegocephalen zukam und sich wohl schon bei den Fischen als ein Bestandteil des Pteroticum vorfand, das sog. *Squamosum* (Schuppenbein). — Es liegt bei den Reptilien der eigentlichen Schädelkapsel in der Ursprungsgegend des Suspensorialfortsatzes stets äußerlich an, nimmt also keinen Anteil am Aufbau der Kapselwand selbst, und ist deshalb auch auf der Innenseite der Kapsel nie zu sehen. Das Squamosum schließt sich proximal an den hinteren Seitenrand des Parietale an, erlangt jedoch, wie wir gleich sehen werden, noch anderweitige Verbindungen. Zur Stütze dieses, vom Squamosum zum Teil gebildeten seitlichen hinteren Schädelfortsatzes besteht bei den Reptilien jedoch noch ein meist ansehnlicher lateraler Fortsatz der Occipitalregion (Paroccipitalfortsatz), der von dem Pleurooccipito-Opisthoticum gebildet wird, an dem sich jedoch auch ein hinterer Fortsatz des Prooticum beteiligen kann (Fig. 161 *E*, 156 *C*). Der Squamosumfortsatz vereinigt sich distal mit diesem mehr ventralen Paroccipitalfortsatz zur Bildung der Anheftungsstelle für das Quadrat. — Die Entstehung, bzw. Sonderung dieser beiden Fortsätze, welche den Amphibien fehlt, hängt wohl mit der Ausbildung und der mehr oder weniger ansehnlichen Erhebung des Supraoccipitale zusammen, das den Amphibien abgeht.

Bei den Sauriern und Rhynchocephalen tritt dieser Bau, welcher wohl sicher der ursprüngliche ist, sehr deutlich hervor. — Die beiden erwähnten Fortsätze entsprechen zusammen wohl dem Suspensorialteil der Amphibien, obgleich sie, wie gesagt, nur distal verbunden, sonst bei den genannten Reptilien durch ein weites Loch an der Hinterseite des Schädels getrennt sind (hinteres Temporalloch). Zur Verstärkung des Squamosumfortsatzes entsendet das Parietale der Rhynchocephalen, namentlich aber das der Saurier (Fig. 157 *C* S. 274) einen starken Fortsatz, der gemeinsam mit dem Squamosum verläuft. Ähnliches findet sich auch bei fossilen Reptiliengruppen. — Bei den Krokodilen haben sich der Squamosum- und Paroccipitalfortsatz, die weniger stark entwickelt sind, miteinander vereinigt, so daß das erwähnte Temporalloch zwischen ihnen fast völlig geschwunden ist. — Die Schildkröten dagegen leiten sich umgekehrt von Formen ab, bei welchen dies

Loch ungemein erweitert wurde (Fig. 161 E, S. 281), so daß die Verbindung zwischen Parietale und Squamosum schließlich völlig aufgehoben werden kann, was in der Reihe der Chelonia noch zu verfolgen ist.

Die Einrichtungen der Schlangen sind im Zusammenhang mit der weiten Aufreißbarkeit des Mauls sehr eigentümlich umgestaltet (Fig. 158 A). Ihr Squamosum legt sich der hinteren Region des Parietale als ein platten- bis stabförmiger, mittels Band befestigter Knochen auf. Indem sich gleichzeitig der bei den Sauriern

Fig. 159.

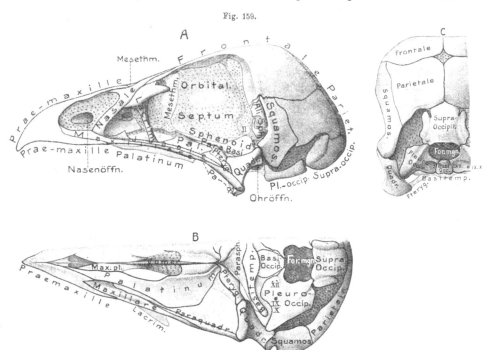

Buteo vulpinus Menzb. Schädel von jungem Nestvogel. Knorpel dunkel, punktiert. A linkseitig Max. pl. plattenförmige Ausbreitung des Maxillare gegen die Medianlinie. B Ventralseite. C Hinterseite. — Die als Basitemporale bezeichnete Verknöcherung ist der hintere Teil des Parasphenoids, der sich später mit dem vorderen vereinigt. P. He.

so stark ausgebildete absteigende Fortsatz des Parietale rückgebildet hat, springt der hintere Teil des frei gewordenen Squamosum über den Hinterrand des Parietale caudalwärts fast immer weit vor und trägt an seinem Ende allein das Quadrat. Auch der Paroccipitalfortsatz ist fast völlig rückgebildet, so daß das Squamosum ganz frei vorspringt (einzelnen Typhlopiden soll es fehlen).

In anderer Richtung haben sich die Verhältnisse der Vögel modifiziert, im Zusammenhang mit der starken Vergrößerung des Gehirns, die eine bedeutende Erweiterung der Schädeldecke bedingte. Das zwischen Parietale, Pleurooccipitale und Prooticum eingeschobene Squamosum (Fig. 159 A) wurde bei der Erweiterung der Schädelkapsel in deren Wand einbezogen und tritt daher auch auf ihrer Innenfläche hervor; es ist also zu einem wirklichen Wandknochen der Schädelkapsel geworden. Der suspensoriale Fortsatz des Squamosum, an dem und den anstoßenden Knochen das Quadrat gelenkt, ist noch angedeutet, ebenso der Paroccipitalfortsatz (Fig. 159 C), welcher mit dem Squamosum in Berührung tritt, ja noch an der Bildung der Gelenkstelle für das Quadrat teilnehmen kann.

Der obere Suspensorialfortsatz der Reptilien wird durch einen weiteren Deckknochen verstärkt, der in der Regel als *Quadratojugale* bezeichnet wird, neuerdings jedoch häufig als *Paraquadrat* (GAUPP), womit denn auch ausgesprochen ist, daß er dem von uns ebenso bezeichneten Deckknochen der Amphibien verglichen wird. Auf unseren Figuren der Reptilienschädel ist die Bezeichnung als Paraquadrat ebenfalls acceptiert worden. — Der Knochen schließt sich im allgemeinen dem Distal- oder Seitenrand des Squamosum an und lagert sich dem Quadrat äußerlich mehr oder weniger auf. Bei den stegocephalen Amphibien (Fig. 151 A, S. 267), welche den Urreptilien jedenfalls am nächsten standen, sich sogar teilweise schwer von ihnen unterscheiden lassen, fanden wir in der Gegend dieses Knochens zwei, den als Paraquadrat bezeichneten (meist Supratemporale oder auch Prosquamosum genannt) und das distale sog. Quadratomaxillare. Nun gibt es in der Tat gewisse alte Reptilien (Pareiosaurus, Ichthyosauria, Fig. 168, S. 289 u. Fig. 169 [1], S. 290), die gleichfalls noch zwei Knochen in dieser Gegend zeigen, von welchen der proximale gewöhnlich Supratemporale, der distale Quadratojugale genannt wird. Der erstere entspricht daher unserem Paraquadrat bei den Stegocephalen (das ja meist auch Supratemporale genannt wird), der zweite unserem Quadratomaxillare (oder Quadratojugale) der Stegocephalen. Es fragt sich nun, wie sich dazu der einfache Knochen der übrigen Reptilien (sog. Paraquadrat oder Quadratojugale) verhält. Schon seine gewöhnliche Bezeichnung als Quadratojugale ergibt, daß er meist dem sog. Quadratomaxillare der Stegocephalen und der sich ähnlich verhaltenden Reptilien homologisiert wird, wogegen das sog. Supratemporale (d. h. unser Paraquadrat) der Stegocephalen und der erwähnten primitiven Reptilien als reduziert oder mit dem Squamosum vereinigt gedeutet wird. Es wäre jedoch wohl ebenso möglich, daß sich das sog. Supratemporale (Paraquadrat) von Ichthyosaurus und Pareiosaurus bei den übrigen Reptilien mit dem Quadratomaxillare zu einem Knochen vereinigt hätte, eben dem sog. Paraquadrat oder Quadratojugale. Aus dieser Darlegung folgt, daß gerade die Deutung dieses sog. Paraquadrats oder Quadratojugale der Reptilien noch recht unsicher erscheint und unsere Bezeichnung daher nur eine provisorische sein kann.

Die Rhynchocephalen zeigen das Paraquadrat (hier meist Quadratojugale genannt) wohl mit am ursprünglichsten (Fig. 156, S. 273). Es erstreckt sich als ein schmaler Knochen auf der Außenseite des fest eingefügten Quadrats, längs des Hinterrands des absteigenden Squamosumfortsatzes. Dabei bleibt zwischen Paraquadrat und Quadrat ein Loch (s. Fig. 156 C), das auch bei den Ichthyosauriern sehr deutlich hervortritt (Fig. 169 [3]). — Das Distalende des Paraquadrats entsendet einen vorderen Fortsatz, der sich mit dem später zu erwähnenden Jugale zu einem sog. unteren Jochbogen vereinigt, während ein oberer vom Squamosum und Postorbitale gebildet wird.

Von diesen Verhältnissen leiten sich die der Eidechsen (Fig. 157, S. 274) wohl derart ab, daß mit der Beweglichkeit des Quadrats das Paraquadrat weiter hinauf rückte und sich als schmaler gebogener Knochen an die Außenseite des hinteren Teils des stark verkümmerten Squamosums legte. Das Paraquadrat sendet einen nach vorn gerichteten Fortsatz gegen das Postfrontale oder Postorbitale zur Bildung eines oberen Jochbogens. Zuweilen ist jedoch das Paraquadrat auch stark bis ganz rückgebildet und damit auch dieser Jochbogen (s. Fig. 160 [2]). Letzteres ist auch bei allen Ophidiern eingetreten.

Bei gewissen Sauriern (s. Fig. 160 [1]) nimmt auch das später zu besprechende Jugale an der Bildung des Jochbogens teil, indem sein oberes Ende bis zum Paraquadrat aufsteigt.

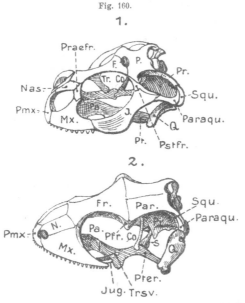

Fig. 160.

Wenn man, wie dies nicht unwahrscheinlich, die Einrichtung der Saurier von Rhynchocephalen ähnlichen Vorfahren ableiten darf, so scheint es wohl möglich, daß mit dem Freiwerden des Quadrats der Saurier der sog. untere Jochbogen (Jugale und Paraquadrat) der Rhynchocephalen emporrückte und sich schließlich mit dem oberen vereinigte. Indem das Squamosum sich stark rückbildete, trat das Paraquadrat in der Bildung des oberen Jochbogens an seine Stelle.

Es ist schon hervorgehoben worden, daß das von uns als Paraquadrat bezeichnete Element der Saurier zuweilen auch als alleiniger Repräsentant des sog. Supratemporale (unser Paraquadrat) der Stegocephalen gedeutet und benannt wird und dann als nicht homolog dem sog. Quadratojugale der übrigen Reptilien, welches bei den Sauriern reduziert sei.

Schädel von Sauriern. Linkseitig und etwas dorsal. *1*. Stellio. *2*. Gecko (Ascalabote). (Nach Cuvier 1833.) *F.* oder *Fr.* Frontale; *Co.* Columella, *J.* Jugale. *N.* oder *Nas.* Nasale, *Mx.* Maxillare, *P.* oder *Par.* Parietale, *Pa.* Palatinum, *Pfr.* oder *Pstfr.* Postfrontale, *Pr.* Prooticum, *Pt.* od. *Pter.* Pterygoid, *Qu.* Quadrat, *S.* Pterygoidfortsatz des Basisphenoid, *Squ.* Squamosum, *Tr.* oder *Trsv.* Transversum.   O. B.

Die Bildung des Paraquadrats (Quadratojugale) bei den Reptilien mit feststehendem *Quadrat* läßt sich nicht ohne Berücksichtigung des letzteren besprechen, weshalb dies zuerst betrachtet werden soll. — Bei Rhynchocephalen und Sauriern (Fig. 156, S. 273, 157, S. 274) steigt das etwa stabförmige Quadrat von der Vereinigungsstelle der beiden Suspensorialfortsätze schief nach vorn und unten herab. Diese jedenfalls ursprüngliche Richtung des Quadrats, welche sich auch bei vielen Urodelen fand, war auch gewissen fossilen Reptiliengruppen eigen. — Das *Quadrat* der Squamaten ist leicht beweglich aufgehängt. Bei den Eidechsen begrenzt es die Paukenhöhle von vorn und ist daher hinten mehr oder weniger tief ausgehöhlt (Fig. 157 *B*, *C*). — Die Beweglichkeit des Quadrats erhielt sich bei den Vögeln ausgiebig (Fig. 159, S. 278). Es gleicht im allgemeinen dem der Saurier, begrenzt auch wie dort die Paukenhöhle

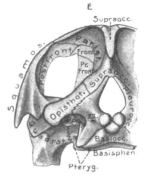

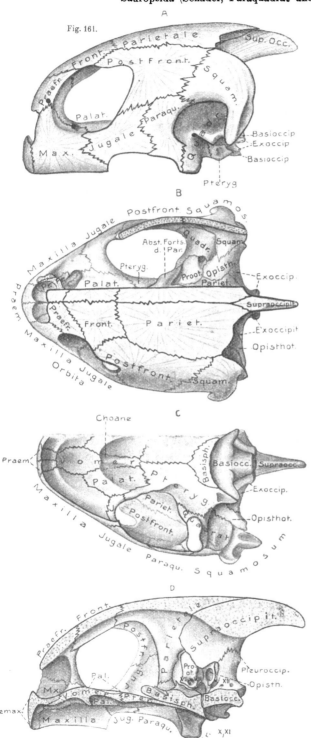

Fig. 161.

Chelone viridis. Schädel.
A Linkseitig. *B* Dorsalansicht.
In der rechten Hälfte die die
Schläfengrube überdachendeDecke
teilweis weggesägt, so daß die
eigentliche Schädelkapselwand
sichtbar ist.   Schnittfläche des
Postfront. u. Squamos. punktiert.
C Ventralansicht.   *D* In der
Medianebene durchgeschnittener
Schädel.   Rechte Hälfte.   Die
innere Fläche der Schädelhöhle
ist auch im erwachsenen Zustand
von einer Knorpelschicht überzogen, die hier entfernt ist, so
daß die Knochen sichtbar sind.
E Hinteransicht. E. W.

vorn; dagegen bildet es
an seinem unteren Ende
einen kräftigen, zum Pte-
rygoid ziehenden, schief
nach innen und vorn ge-
richteten Fortsatz, der
auch bei den Rhynchoce-
phalen schon gut ausge-
prägt ist (Fig. 156*B*,
S. 273).

Die Verhältnisse der
Chelonier und Krokodile
lassen sich von denen der
Rhynchocephalen herlei-
ten. Das kräftige Quadrat
der Schildkröten hat sich,
wie das der Rhynchoce-
phalen, ziemlich senk-
recht gestellt und ist
proximal mit dem Opis-
thoticum, Prooticum und
Squamosum verbunden
(Fig. 161 *A—C*); ein kräf-

tiger innerer Fortsatz vereinigt es auch mit den Flügelbeinen; hinten zeigt es eine tiefe Einsenkung für die Paukenhöhle, ja bei gewissen Formen umwächst es die Paukenhöhle in großer Ausdehnung und wird daher zu einem blasenartig aufgetriebenen Knochen (s. Fig. 166, S. 288).

Sehr umgestaltet haben sich diese Verhältnisse bei den Krokodilen (Fig. 162). Der vom Suspensorialteil der Schädelkapsel herabsteigende Teil des Quadrats zieht schief nach hinten und außen und hat sich erheblich verkürzt, weshalb die Gelenkstelle für den Unterkiefer viel höher gerückt ist. — Das Paraquadrat (Quadratojugale) zieht als relativ schmaler Knochen längs des Vorderrands des Quadrats hin. Die übrigen Verbindungen des ansehnlichen Quadrats sind ähnlich wie bei den Schildkröten. Seine Streckung nach hinten bewirkt, daß die Paukenhöhle über ihm liegt.

Ein wesentlicher Charakter des Reptilienschädels besteht in der Bildung eines sog. *oberen Jochbogens*, der nur bei Schlangen und Vögeln rückgebildet ist. Der Bogen entsteht, wie schon erwähnt, bei den Rhynchocephalen (Fig. 156, S. 273) dadurch, daß das Postorbitale einen freien Fortsatz nach hinten sendet, welcher mit dem vorderen des Squamosums zusammentrifft. Bei den Sauriern (Fig. 157, S. 274) wird er vom Postorbitale (bzw. Postfrontale) und dem Paraquadrat gebildet; mit der Reduktion des letzteren (z. B. Ascalabotae Fig. 160 [2], Amphisbaenoida) fällt der Bogen daher auch aus. — Zwischen dem oberen Jochbogen und der vom Parietale gebildeten Schädeldecke bleibt eine mehr oder weniger weite Lücke, das obere Schläfenloch (Grube, Fossa supratemporalis). Mit der Verlagerung des Squamosum nach hinten bei den Schlangen fallen die genannten Fortsätze des Postfrontale und Squamosums, sowie das Paraquadrat, fort und damit auch der obere Jochbogen. — Das gleiche trat mit der Rückbildung des Postfrontale und der Veränderung des Squamosums bei den Vögeln ein; doch entsendet das Squamosum gewisser Vögel (besonders Hühner) oberhalb des Quadrats einen vorderen Fortsatz, der als Rest des oberen Jochbogens gedeutet wird, und in den sogar ein Rudiment des Postorbitale eingehen soll.

Bei den Cheloniern (Fig. 161 u. 166 [2], S. 288), welchen ein Postorbitale fehlt, wird der obere Jochbogen von einem hinteren Fortsatz des Postfrontale gebildet, der sich mit dem vorderen oberen Fortsatz des Paraquadrats verbindet, an das sich weiter hinten das Squamosum anschließt. — Doch beteiligt sich auch das emporsteigende Jugale, ähnlich wie bei Rhynchocephalen und gewissen Sauriern, an der Bogenbildung, wie später noch genauer geschildert wird. — Am oberen Jochbogen der Krokodile (Fig. 162 B, C) endlich nimmt das Paraquadrat nicht mehr teil, so daß der kleine hoch hinauf gerückte Bogen nur aus Postfrontale und Squamosum besteht. — Indem sich bei den See- und einigen Flußschildkröten (Fig. 161 A, B) die mittleren Ränder der Parietalia zu ansehnlichen, seitlich herabsteigenden Flügeln entwickeln, denen aufsteigende der Postfrontalia und Squamosa entgegenkommen, wird das obere Schläfenloch völlig geschlossen. Es ist dies eine Einrichtung, die wohl aus dem oberen Suspensorialfortsatz der ursprünglichen Reptilien hervorging und zur Vergrößerung der Ansatzfläche der vom Rücken zum Schädel tretenden Muskulatur beiträgt.

Die Schilderung des *Kiefergaumenapparats*, zu der wir uns nun wenden, wird die des oberen Jochbogens vervollständigen. — Die allgemeine Bildung des Apparats wiederholt die schon bei den **Amphibien**, besonders den **Stegocephalen** und

Fig. 162.

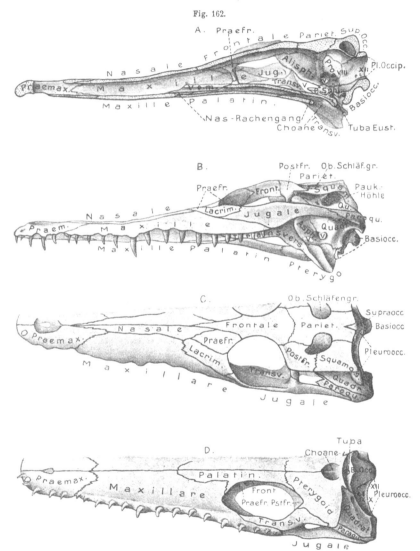

Crocodilus acutus. Schädel. *A* In der Medianebene halbierter Schädel; rechte Hälfte. *B* Linkseitige
Ansicht. *C* Dorsalansicht. *D* Ventralansicht.   P. He.

Anuren, angetroffenen Verhältnisse. Aus dem beifolgenden Schema (Fig. 163) ergibt sich der allgemeine Aufbau aus einer inneren Pterygopalatinreihe und einer äußeren Maxillarreihe jederseits, die sich beide hinten dem Quadrat anfügen können, und die ferner hinten am Basisphenoid, vorn am Vomer Stützpunkte finden. —

Die äußere Reihe vervollständigt sich bei den meisten Sauropsiden durch die Einschaltung eines *Jochbeins (Jugale)* zwischen Paraquadrat (Quadratojugale) und Maxillare. Ferner tritt bei den meisten Reptilien eine innigere Verbindung der beiden Reihen durch einen etwas schief vom Pterygoid zur Maxille ziehenden Hautknochen auf, das *Transversum*, dessen Vergleichung mit dem Ectopterygoid der Fische wohl nicht ganz ungerechtfertigt ist. Das Transversum, das schon gewissen Stegocephalen zukommen soll, fehlt unter den rezenten Reptilien nur den Schildkröten, von fossilen Gruppen den Sauropterygia, Theromorpha und Pterosauria; ebenso den Vögeln.

Schließlich tritt bei den meisten Sauriern (ausgenommen Amphisbaenoiden und Chamäleonten), sowie den Rhynchocephalen, ein Paar eigentümlicher stabförmiger Ersatzknochen (*Columella cranii*, Epipterygoid) auf, welche etwa von der Mitte der Pterygoide aufsteigen und die Scheitelbeine stützen, sowie die seitlichen vorderen Schädelkapselwände vervollständigen. — Da diese Columella auch vielen ausgestorbenen Reptiliengruppen zukommt (alte Krokodile [Parasuchia], Anomodontia, Ichthyosauria, Dinosauria, siehe Fig. 168, 169, S. 289, 290), so ist sie jedenfalls eine recht ursprüngliche Einrichtung.

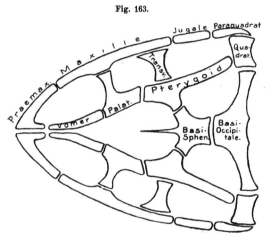

Fig. 163.

Schema des Kiefergaumenapparats der Sauropsida. Ventralansicht.
E. W.

Sie geht als Ersatzverknöcherung aus dem aufsteigenden Fortsatz des knorpeligen Palatopterygoids hervor. Möglicherweise ließe sie sich mit einem der drei Pterygoidknochen der Fische in Beziehung setzen.

Ob die oben erwähnten absteigenden Scheitelbeinfortsätze der Chelonia nicht Beziehungen zu diesen Columellae haben, scheint mir noch fraglich.

Die ursprünglichste· Beschaffenheit bewahrt der Kiefergaumenapparat bei den *Squamaten*, wo die beiden Palatopterygoidreihen schmal bleiben und in der Mittellinie des Gaumendachs nicht zusammenstoßen, sondern durch einen weiteren bis schmäleren Zwischenraum getrennt sind (Fig. 157 *A*, S. 274). Bei den Rhynchocephalen (Fig. 156 *B*, S. 273) stoßen die Pterygoide vorn zusammen. Bei den Vögeln bleibt die Lücke im allgemeinen schmäler, die Gaumenbeine berühren sich häufig in der Mittellinie (Fig. 159 *B*, S. 278). — Die *Pterygoide* erreichen hinten die Quadrate, oder stützen sich auf sie, und gelenken in ihrem Verlauf nach vorn an den Pterygoidfortsätzen des Basisphenoids. Vorn verbinden sie sich mit den *Palatina*, welche ihrerseits an die paarigen (Squamata) oder den unpaaren *Vomer* (Aves) anschließen und sich auch seitlich an die Maxillen anlehnen.

Die äußere Reihe des Kiefergaumenapparats der Squamaten besteht vorn aus den meist mäßig großen *Prämaxillen*, die teils gesondert bleiben, häufiger jedoch verwachsen, was bei Schlangen und Vögeln stets der Fall ist. Die Prämaxillen der ersteren sind sehr reduziert und nur selten (Riesenschlangen) noch zahntragend (Fig. 158, S. 275). — Der Zwischenkiefer der Vögel hat sich bei der Schnabelbildung stark verlängert, bleibt jedoch im allgemeinen schmal. — An die meist ansehnliche *Maxille*, die nur bei den Giftschlangen sehr klein wird (Fig. 164), schließt sich hinten das *Jugale*,

welches in der ganzen Squamatenreihe ein schmächtiger länglicher Knochen bleibt. Den Schlangen fehlt es. — Das Jugale der Rhynchocephalen (Fig. 156 *A*, *B*, S. 273) reicht von der Maxille bis zum Quadrat und Paraquadrat, so daß die Maxillarreihe durch einen sog. *unteren Jochbogen* vervollständigt erscheint. Gleichzeitig sendet es einen Fortsatz aufwärts zum Postorbitale, welcher den hinteren Augenhöhlenrand ergänzt. Zwischen dem oberen und

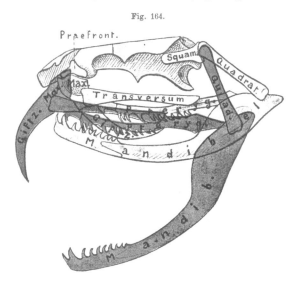

Fig. 164.

Schematische Darstellung des Schädels einer Giftschlange (Solenoglypha). Der Kiefergaumenapparat bei aufgesperrtem Maul braun eingezeichnet, bei geschlossenem hell.   C. H.

unteren Jochbogen besteht also hier eine Öffnung, die untere Schläfengrube (Fossa infratemporalis).

Die vollständige Ausbildung der Maxillarreihe hat sich bei den Vögeln (Fig. 159, S. 278) erhalten und damit der untere Jochbogen, während der obere, wie erwähnt, fehlt. Das schmale Jugale der Vögel verbindet sich mit dem Quadrat durch einen stabförmigen Knochen, der wohl richtig als das stark verkleinerte Paraquadrat (Quadratojugale) gedeutet wird.

Den Sauriern (Fig. 157) fehlt das Jugale nur selten (Amphisbaenoida), hat jedoch die Verbindung mit dem Paraquadrat oder Quadrat aufgegeben, so daß ein unterer Jochbogen fehlt. Dagegen blieb der Orbitalfortsatz des Jugale stets erhalten und begrenzt die Orbita hinten, indem er gewöhnlich mit dem Postorbitale oder Postfrontale zusammenstößt; zuweilen (Fig. 160 [2]) ist er jedoch auch sehr verkümmert. — Mit dem Ausfall des Jugale haben die Schlangen (Fig. 158, S. 275) natürlich den unteren Jochbogen ebenso verloren wie den oberen.

Die Beweglichkeit des Quadrats in der Squamatenreihe greift zum Teil auch
auf die übrigen Knochen des Kiefergaumenapparats über. Die Eidechsen zeigen
dies nur wenig, die Schlangen dagegen in hoher Ausbildung, besonders die eigentlichen Giftschlangen (Fig. 164).

Die Beweglichkeit des Kiefergaumenapparats an der Unterseite des Schädels (mit einziger Ausnahme der Prämaxille, wo diese nicht verkümmert) hat die Bedeutung, den bei den
Riesenschlangen reich bezahnten Kieferapparat beim Öffnen des Mauls etwas vorzuschieben;
bei den Giftschlangen aber, den kleinen Oberkiefer mit dem sehr langen Giftzahn, der
bei geschlossenem Maul nach hinten umgelegt ist, aufzurichten. Dies geschieht so, daß
beim Herabziehen des Unterkiefers das untere Ende des Quadrats etwas nach vorn geschoben
wird. Hierdurch werden auch die mit dem Quadrat verbundenen Flügelbeine vorgeschoben
und drehen, vermittels der sehr langen Transversa, den Oberkiefer um seinen oberen Dreh-
punkt am Präfrontale vorwärts, wobei sich der Giftzahn aufrichtet (Fig. 164).

Der Kiefergaumenapparat der Vögel ist gleichfalls in seiner Gesamtheit mehr
oder weniger beweglich. Hierauf beruht es, daß beim Herabziehen des Unterkiefers,
wobei sich das Unterende des Quadrats ebenfalls vorwärts bewegt, der Oberschnabel
mehr oder minder stark aufwärts bewegt wird. Dies wird dadurch ermöglicht
(vgl. Fig. 159, S. 278), daß zwischen dem Mesethmoid, den Frontalia und Praefrontalia hinten, und den sich daran vorn anschließenden Nasalia eine häutig-
knorpelige Lücke bleibt, weshalb der Oberschnabel hier beweglich ist. Bei den
Papageien, wo die Beweglichkeit besonders groß ist, besteht an dieser Stelle eine
wirkliche Gelenkung.

Der Kiefergaumenapparat der *Placoiden* und sämtlicher ausgestorbener Reptilienordnungen (vgl. Fig. 168, 169, S. 289, 290) ist dadurch charakterisiert, daß die
Quadrate wie bei den Rhynchocephalen fest zwischen die benachbarten Knochen
eingefügt sind. Ferner stoßen die Knochen der inneren Reihe in der Gaumen-
mittellinie bei Placoiden, Sauropterygia (Fig. 169 [8]), Theromorpha (Fig. 168 [2]) und
Dinosauria (Fig. 169 [7]) zu einem geschlossenen Gaumendach zusammen.

Indem die *Flügelbeine* der Chelonier (Fig. 161 C, S. 281) in dieser Weise zusammentreten und sich gleichzeitig in bedeutender Ausdehnung dem Basisphenoid
jederseits direkt anlegen, meist an Fortsätze desselben, wird das Basisphenoid von
ihnen stark überdeckt, so daß nur sein hinterer Teil (vgl. Fig. 161 D) an der unteren
Schädelfläche sichtbar bleibt. Seitlich stehen die Flügelbeine in breiter Verbindung
mit dem Quadrat. Die *Palatina* haben sich ebenfalls stark verbreitert und stoßen
vorn an die stark entwickelten einspringenden Gaumenlamellen der Maxillen und
den hier *unpaaren Vomer*, so daß die bei den Sauriern in dieser Region vorhandenen weiten Löcher, in welchen die inneren Nasenöffnungen (Choanen) liegen,
bei den meisten Schildkröten stark verengt sind, und nur ein relativ kleiner Teil
des Vomer auf der Gaumenfläche hervortritt. Die in der Mittellinie stark genäherten
Choanen werden innen vom Vomer begrenzt (s. Fig. 165 [1]), seitlich von den Maxillen
und Palatina, hinten von den Palatina. Indem sich nun die Gaumenbeine mit ihren
seitlichen Teilen ventral herabkrümmen, und diese absteigenden Fortsätze schließlich in gegen die Mittellinie gerichtete horizontale Lamellen auswachsen, die die
ursprüngliche Choanenöffnung etwas nach hinten verlängern, bilden sie die erste

Anlage eines sekundären Nasenrachengangs, wie er bei den Seeschildkröten in der Anlage schon deutlich hervortritt (vgl. das Schema Fig. 165).

Dieser bei den Schildkröten im Entstehen begriffene Gang und die damit verbundene Rückwärtsverlagerung der Choanen ist bei der rezenten Krokodilen außerordentlich entwickelt, hat sich jedoch erst in der Krokodilreihe hervorgebildet, wie die fossilen Formen erweisen. Die plattenförmigen Gaumenlamellen der Prämaxillen und der hier sehr langen Maxillen (Fig. 162 A, D, S. 283) sind in der Mittellinie zu einem langen geschlossenen vorderen Gaumendach zusammengetreten. Die Abwärtskrümmung der äußeren Ränder der Palatina und die Bildung ihrer horizontalen Gaumenlamellen hat sich über ihre ganze Länge ausgedehnt. Diese ventralen Gaumenlamellen stoßen in der Mittellinie zusammen und bilden so den ventralen Abschluß eines Nasenrachengangs, der weiter vorn von den Kiefergaumenlamellen fortgesetzt wird. Mit dieser Umformung der Palatina ist ihr primitiver Teil, der dorsal über dem Nasenrachengang lag, schwächer geworden als die ventralen Lamellen. — Die Bildung horizontaler Gaumenlamellen dehnt sich jedoch bei den neogenen Krokodilen noch weiter nach hinten auf die vordere Region der Pterygoide aus, so daß der Nasenrachengang erst

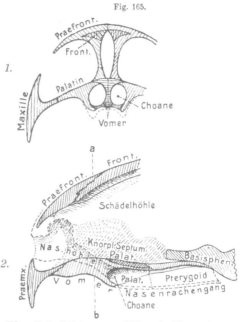

Fig. 165.

Schematische Erläuterung zur Bildung des Nasenrachengangs bei den Krokodilen. *1.* Querschnitt durch die Nasenregion einer Schildkröte; er zeigt die Bildung absteigender Lamellen der Palatina zur Umfassung der Choanen. *2.* Medianer Längsschnitt durch den vorderen Teil desselben Schädels mit Umriß der rechten Nasenhöhle. Die weitere Entwicklung der absteigenden Lamellen der Palatina und Pterygoidea zur Bildung eines weit nach hinten reichenden Nasenrachengangs ist durch punktierte Linien angedeutet. Linie a b bezeichnet ungefähr die Durchschnittsebene von Figur 1.   O. B.

etwa in der Mitte der Flügelbeine, ganz am Hinterende des Schädels, und nahezu unter dem Hinterhauptloch durch die sekundäre Choane ausmündet. Die Entstehungsweise eines solchen Nasenrachengangs ist im Schema Fig. 165 [2] angedeutet.

Die bei den paläogenen Krokodilen, ähnlich wie bei Cheloniern, noch am Gaumendach hervortretenden paarigen Vomer werden bei den neogenen von den Maxillen und Palatina aus der Gaumenfläche ganz verdrängt und sind als zwei lange dünne Knochenlamellen der Nasenhöhlenwand eingelagert (s. Fig. 162 A). — Wie schon früher angedeutet, kommt den Krokodilen allgemein ein kräftiges Transversum zu, das den Schildkröten fehlt.

Die äußere Reihe der Kiefergaumenknochen ist bei den Krokodilen vollständig, ein unterer Jochbogen daher vorhanden (Fig. 162 B, C). Er wird von einem kräftigen

Jugale gebildet, das einen Orbitalfortsatz zum Postfrontale emporschickt und sich hinten dem Paraquadrat anschließt.

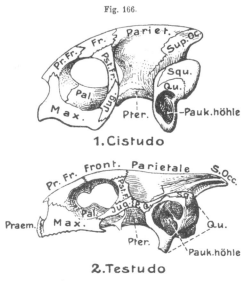

Fig. 166.

1. Cistudo

2. Testudo

Schildkrötenschädel. Linkseitige Ansicht. *1.* Cistudo (nach RABL 1903). *2.* Testudo. O. B.

Die *Schildkröten* zeigen, wie schon oben (S. 282) erwähnt, z. T. einen Jochbogen, welcher dem oberen der Saurier und Rhynchocephalen sehr gleicht (Fig. 166[2]). Er wird vom Orbitalfortsatz des Jugale, dem Postfrontale und den vorderen Fortsätzen des Squamosum und Paraquadrats (Quadratojugale) gebildet (Testudo). Ein unterer Jochbogen fehlt. — Bei manchen Flußschildkröten wächst aber der untere Rand dieses Jochbogens durch plattenförmige Ausdehnung des Paraquadrats und des Jugale herab, so daß sein unterer Rand nahezu an die Stelle eines unteren Jochbogens rückt. — Bei den Seeschildkröten (Fig. 161 *A*, S. 281) ist dies am stärksten ausgebildet, doch findet sich auch bei ihnen noch ein schwacher Ausschnitt zwischen Maxille und Paraquadrat, was darauf hinweist, daß die Sachlage in der angegebenen Weise entstand. Da, wie früher bemerkt, die obere Schläfengrube der Seeschildkröten von den Parietalia und Squamosa ganz überdacht ist, und sich die Verbreiterung des oberen Jochbogens hieran direkt anschließt, so findet sich hinter der Orbita eine zusammenhängende äußere Überdachung der seitlichen Schädelwand (Fig. 161 *B, E*). — Andrerseits kann jedoch bei gewissen Flußschildkröten, unter Rückbildung des Paraquadrats, der Jochbogen ganz eingehen (s. Fig. 166[1], Cistudo), so daß die obere Schläfen-

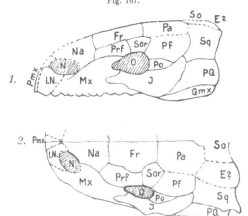

Fig. 167.

Pareiosaurus (theromorphes Reptil) schematisch. .(Nach SKEELEY 1888.) Zweifelhafte Grenzen punktiert. *1.* Linksseitig. *2.* Dorsalseite. *E?* = ? Epioticum. *I.N.* Internasale (ob Septomaxillare?), *N* Nasenöffnung, *O* Orbita, *Po* Postorbitale, *Sor* Supraorbitale. O. B.

grube nur von einem hinteren Fortsatz des Parietale, der zum Squamosum zieht, überdacht wird, oder auch völlig offen liegt.

Dies geschlossene Schläfendach der Seeschildkröten besitzt eine gewisse Übereinstimmung mit dem ursprünglichsten Schädelbau der Sauropsiden, wie er sowohl durch paläontologische Funde (gewisse Theromorpha, s. Fig. 167), als durch die notwendige Ableitung der Sauropsiden von stegocephalenartigen Vorfahren sehr wahrscheinlich wird.

Neuere Funde haben permische Formen mit völlig geschlossenem stegocephalenartigen Schädeldach zutage gebracht, welche durch ein sehr reduziertes Parasphenoid, sowie einen einfachen Occipitalcondylus nächste Beziehungen zu den Reptilien verraten. Daneben stehen sehr alte reptilienartige Formen, wie z. B. der auf Fig. 167 abgebildete Pareiosaurus (Theromorpha) mit völlig geschlossenem Schläfendach von stegocephalenartigem Habitus. — Wenn es daher auch wohl sicher erscheint, daß ein solcher Zustand den Ausgangspunkt des Sauropsidenschädels bildete, so scheint es dagegen mehr wie fraglich, ob in dem geschlossenen Schläfendach der Seeschildkröten eine solch primitive Bildung erhalten blieb. Im Gegen-

Fig. 168.

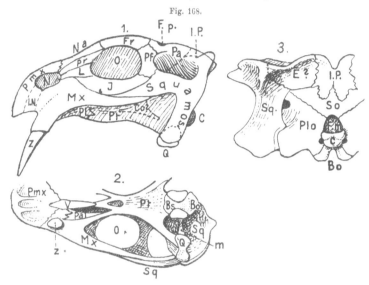

Dicynodon-(theromorphes Reptil). Schädel schematisch. (Nach SEELEY 1889.) *1*. linkseitig. *2*. Ventralseite. *3*. von hinten. *C* Condylus. *E?* Epioticum. *I.N.* Internasale (? Septomaxillare). *I.P.* Interparietale. *m* sog. Malleus. *V* Vomer. *Z* Zahn. O. B.

teil weisen sowohl die paläontologischen Befunde, als die jedenfalls sekundäre Anpassung der Seeschildkröten an das Meerleben, darauf hin, daß sie phylogenetisch jüngere Formen sind und ihr geschlossenes Schläfendach daher aus einer Schädelform mit oberer Schläfengrube hervorging. Dies wird auch durch die Beziehungen des Chelonierschädels zu den zahlreichen Theromorphen mit oberer Schläfengrube (Fig. 168) bekräftigt. Die erste Entstehung einer oberen Schläfengrube, und damit eines oberen Jochbogens, muß wohl durch einen Durchbruch zwischen Parietale, Supraoccipitale, Postfrontale und Squamosum erfolgt sein; denn daß sich diese obere Schläfengrube etwa auf den Abschluß des hinteren Einschnitts, den der Stegocephalenschädel zeigt, und der sich sogar zuweilen schließen kann (Cyclotosaurus), zurückführen ließe, ist wenig wahrscheinlich. Allen Sauropsiden kam daher dieser obere Durchbruch (Schläfengrube) wohl ursprünglich zu und ist bei den Seeschildkröten höchstwahrscheinlich sekundär wieder geschlossen worden. — Bei einer Reihe von Reptilien (Theromorpha [Fig. 168], Sauropterygia, Ichthyopterygia [Fig. 169¹], Chelonia und älteste Crocodilia [Fig. 169⁴]) findet sich nun allein diese obere, engere bis weitere Schläfengrube und ein einziger, breiterer bis schmälerer Jochbogen, der im allgemeinen aus Postfrontale, Squamosum, Jugale und Paraquadrat (Quadratojugale) besteht (sog. Synapsidia). Bei vielen dieser Formen bildet

sich jedoch eine mehr oder weniger tiefe Einsenkung oder ein Ausschnitt des unteren Kiefer-
randes dieses Jochbogens aus, wodurch er verschmälert und scheinbar als ein oberer in die
Höhe gehoben wurde, der eine unabgeschlossene untere Schläfengrube teilweise umrandet,
wie dies bei den Sauropterygia, Chelonia, auch einem Teil der Theromorpha (Fig. 168¹)
deutlich hervortritt.

     Bei den Rhynchocephalen, Krokodiliern und Dinosauriern (Fig. 169⁵) findet sich nun ein
ähnlicher oberer Jochbogen, gebildet vom Postorbitale (bzw. Postfrontale) und dem Squamosum;

Fig. 169.

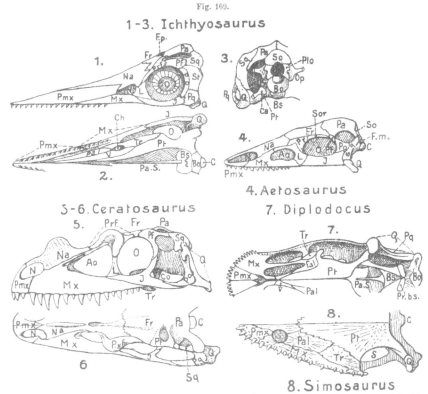

Schematische Darstellung von Schädeln einiger fossiler Reptilien. *1—3*. Ichthyosaurus; *1*. linkseitig.
2. von der Ventralseite. *3*. von hinten. (Nach E. Fraas 1891.) *4*. Aetosaurus (Crocodilia) linkseitig.
(Nach O. Fraas aus Zittel.) *5—6*. Ceratosaurus (Dinosauria). *5*. linkseitig. *6*. Dorsalseite. (Nach
Marsh 1896.) *7*. Diplodocus (Dinosauria) Ventralseite. (Nach March 1896.) *8*. Simosaurus (Sauro-
pterygii) Ventralseite. (Nach Jaekel 1910.) *Ao* Antorbitalloch. *Bo* Basioccip. *Bs* Basisphenoid. *C* Condylus
occipit. *Ca* Columella auris. *Ch* Choane. *Co* Columella. *F. m.* For. magn. *F. p.* For. parietale. *Fr* Frontale.
I Jugale. *L* Lacrimale. *Mx* Maxillare. *N* Nasenöffnung. *Na* Nasale. *Op* Opisthotic. *Pa* Pariet. *Pa. S.* Parasphenoid. *Pal* Palatinum. *Pf* Postfrontale. *Plo* Pleurooccip. *Pmx* Praemax. *Pr* oder *Prf* Praefront. *Pr* Prooticum. *Prbs* Fortsätze des Basisphen. *Pt* Pteryg. *Q* Quadrat. *S* obere Schläfengrube. *So* Supraoccip.
         Sor Supraorbit. *Sq* Squamos. *St* sog. Supratempor. *V* Vomer.   O. B.

daneben jedoch noch ein unterer, als hintere Fortsetzung des Maxillarrandes, der vom Jugale und
Paraquadrat formiert wird. Er bewirkt den Abschluß einer unteren Schläfengrube (sog. Diapsidia).
Daß dieser untere Jochbogen eine spätere Bildung ist als der Bogen der sog. synapsiden
Reptilien, kann kaum fraglich sein. Dagegen ist wohl noch etwas zweifelhaft, wie er entstand.
Einerseits kann er sich durch einen zweiten Durchbruch in dem einfachen Bogen der
synapsiden Ausgangsformen gebildet haben; andrerseits ließe sich jedoch erwägen, ob er
nicht durch einen sekundären Abschluß der offenen unteren Schläfengrube der Synapsiden
hervorgegangen sei. Das erstere dürfte das Wahrscheinlichere sein. Daß der ursprünglich

vorhandene untere Jochbogen bei den Squamaten reduziert wurde, bei den Schlangen auch der obere, ist wohl sicher. Bei den Vögeln dagegen erhielt sich der untere, während der obere einging.

Unterkiefer. Der Aufbau jeder Unterkieferhälfte der Sauropsiden ist noch komplizierter als bei den Fischen (s. Fig. 170). Der Meckelsche Knorpel erhält sich häufig bis in höheres Alter als Fortsetzung des Articulare. Gewöhnlich sind die beiden *Dentalia* in der Symphyse durch Knorpel oder Naht vereinigt. Die Schlangen besitzen dagegen in der Regel eine Bandverbindung, welche erlaubt, daß die Unterkieferäste weit voneinander gespreizt werden können, zur Erweiterung des Mauls. Bei den meisten Schildkröten, vielen Anomodontien und allen Vögeln verwachsen die Dentalia in der Symphyse einheitlich; wie denn bei den Vögeln und den fossilen Pterosauria sämtliche Unterkieferknochen gewöhnlich frühzeitig verschmelzen. Hinsichtlich der komplizierten Zusammensetzung der Unterkieferhälften sei auf die beifolgende Figur 170 verwiesen, welche die rechte Unterkieferhälfte der Hauptgruppen von der Innenseite zeigt.

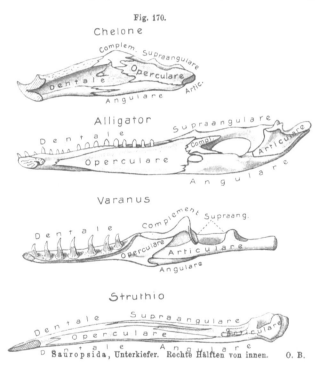

Fig. 170.

Sauropsida, Unterkiefer. Rechte Hälften von innen.   O. B.

— Bei gewissen Sauriern und Cheloniern tritt in der Ontogenese auf der hinteren Medialfläche ein sog. Postoperculare oder Dermarticulare auf, das jedoch meist bald mit dem Articulare verwächst. Im einzelnen gibt es natürlich mancherlei Abweichungen und Besonderheiten in der Zusammensetzung des Unterkiefers, teils durch Verwachsung gewisser Knochen (so Angulare + Artic., auch + Supraangulare), teils durch gelegentliches Fehlen (Operculare, Complementare) oder durch Zutritt weiterer Elemente, worauf hier nicht näher eingegangen werden kann.

Mammalia. Der Säugerschädel bietet eine eigentümliche Mischung älterer, auf die Amphibien hinweisender Charaktere und jüngerer, welche Beziehungen zu den ursprünglichen Sauropsiden verraten. Dies stimmt im allgemeinen auch mit dem überein, was aus den sonstigen Organisationsverhältnissen über die phylogenetische Abstammung der Säuger zu erschließen ist; da sie ja einerseits gemeinsamen Ursprungs mit den übrigen Amnioten sein müssen, sich jedoch von diesen schon sehr frühzeitig, vor Ausbildung der typischen Sauropsidencharaktere, abgezweigt haben. Es scheint daher, trotz einzelner reptilienartiger Züge im Schädel, nicht möglich, die Mammalia von einer der bekannten Reptiliengruppen herzuleiten.

Leider haben die zahlreichen fossilen Säugetierreste bis jetzt über die phylogenetische Entwicklung, speziell die des Schädels, fast nichts ergeben, da von den ältesten Formen Schädelteile kaum bekannt sind. Auch die primitivsten lebenden Säuger, die Monotremen, bieten in dieser Hinsicht Schwierigkeiten, da ihre Schädelknochen, ähnlich wie die der Vögel, sehr frühzeitig verwachsen, und die erhaltenen wenigen Formen jedenfalls äußerst spezialisierte sind, was schon der völlige Mangel der Zähne ergibt, ihr Schädel sich daher von dem Urtypus wohl weit entfernt hat.

Einen Charakter, der besonders ursprünglich erscheint, bilden vor allem die vorwiegend von den Pleurooccipitalia gebildeten beiden Condyli, welche auf die Amphibien hindeuten.

Der Versuch, die doppelten Condyli von dem unpaaren der fossilen Reptilien, speziell der Anomodontia, der zweilappig sein kann, durch Reduktion des Anteils des Basioccipitale herzuleiten, ist vorerst noch nicht geglückt. Wahrscheinlicher ist die Ableitung von dem quer nierenförmig gestalteten Condylus mancher Saurier und Rhynchocephalen, indem auch die Condyli mancher Mammalia sich noch auf das Basioccipitale ausdehnen können, ja bei Echidna gewöhnlich noch durch einen Knorpelstreif vereinigt sind. Wichtig erscheint für dies Problem ferner, daß bei Echidna dauernd, bei anderen Mammalia embryonal, eine einheitliche sauropsidenartige Gelenkspalte zwischen den beiden Condyli und dem Atlas besteht, während die höheren Säuger gesonderte Spalten für jeden Condylus besitzen. Erschwert wird das Problem ferner dadurch, daß nach der gewöhnlichen Ansicht die drei vorderen Wirbel der Amphibien in den Schädel der Amnioten eingingen.

Auch in seinen Beziehungen zu den Reptilien verrät der Schädel eine eigentümliche Mischung von Charakteren. Das für alle Säuger bezeichnende Ausscheiden des Quadrats aus seiner ursprünglichen Funktion als Träger des Unterkiefers, indem es sich, unter starker Verkleinerung, als ein Gehörknöchelchen der Columella auris der Sauropsiden beigesellt, konnte nur aus einer Urform mit beweglichem Quadrat hervorgehen. Dies wiese daher auf Beziehungen zu der Squamatenreihe der Sauropsiden hin; doch wird auch die Meinung vertreten, daß die Beweglichkeit des Quadrats im Säugerstamm erst sekundär, aus ursprünglich fester Verbindung hervorgegangen sei. — Dagegen schließt sich der übrige Kiefergaumenapparat der Säuger offenbar näher an den der Placoidreihe der Reptilien an, doch fehlt ihm stets das Transversum, sowie die Columella cranii, was ebenfalls auf frühere Abstammung hinweist. Also verrät sich auch in diesen Punkten ein tiefer Ursprung der Säuger, der vor die Trennung der Sauropsiden in jene beiden Reihen fällt. — Mit der Umbildung des Quadrats mußte eine Verlagerung der Gelenkstelle für den Unterkiefer korrespondieren; dieselbe wurde höher hinauf an das Squamosum verlegt, was sich bei den Ursäugern wohl sicher mit der Erhebung des Gelenkteils des Unterkiefers zu einem aufsteigenden Gelenkast verband. — Weiterhin zeigt sich die

Eigenart des Schädels im Mangel gewisser, bei den Reptilien sehr verbreiteter Knochen. Zwar für das mit dem Quadrat der Amphibien und Reptilien innig verbundene Paraquadrat (Quadratojugale) gilt dies wohl nur scheinbar, denn es ist wahrscheinlich, daß dieser Knochen bei dem Funktionswechsel des Quadrats zu dem sog. *Tympanicum* der Säuger wurde.

Diese gewöhnliche Deutung des Tympanicum wird jedoch auch bezweifelt, indem es entweder als Repräsentant des Quadrats, oder als ein ehemaliger Deckknochen des Unterkiefers, als ein bei gewissen Anomodonten vorhandener besonderer Knochen (sog. Malleus, s. Fig. 168 ^2m, S. 289), sogar als Gelenkteil des Squamosum, oder noch anderes angesehen wurde.

Dagegen fehlt das Postfrontale völlig und, wie seither gewöhnlich angenommen wurde, auch das Präfrontale. Für das erstere wird zwar bei den Monotremen eine Art Vertreter angegeben, der jedoch als ein Ersatzknochen etwas unsicher ist. Die gewöhnliche Beteiligung der Frontalia an der hinteren Umgrenzung der Orbiten, wobei sie die Stelle einnehmen, welche bei den alten Amphibien und den Reptilien von den Postfrontalia und Postorbitalia okkupiert wurde, läßt aber vermuten, daß deren Bezirk bei den Säugern in die Frontalia einging. — Am Vorderrand der Orbita findet sich fast regelmäßig ein Lacrimale, das, wie schon S. 276 hervorgehoben wurde, wahrscheinlich dem sog. Präfrontale der Sauropsiden entspricht, wonach also bei den Säugern nicht das Präfrontale, sondern das sog. Lacrimale der Sauropsiden (Adlacrimale) fehlte.

Ein weiterer wichtiger Charakter des Säugerschädels ist die viel ausgiebigere Verknöcherung der Sphenoidalregion des vorderen Schädelkapselbodens, was sich in ansehnlicherer Entfaltung des Basisphenoids und der beiden Alisphenoide, besonders aber in einem stets vorhandenen ansehnlichen Präsphenoid und paarigen Orbitosphenoiden ausspricht. Ein Parasphenoidteil des Basisphenoids ist jedenfalls noch weniger erhalten als bei den placoiden Reptilien, denen sich die Sphenoidalbildung der Säuger wohl näher anschließt als der der Squamatenreihe. Neuerdings wurde auch bei Echidnaembryonen (GAUPP) ein paariger, bei Marsupialierembryonen (FUCHS) ein mit dem Basisphenoid verschmelzender Rest des Parasphenoids nachgewiesen.

Die erwähnte stärkere und kompliziertere Entfaltung der Sphenoidregion hängt wohl zusammen mit der für die Säuger charakteristischen Erweiterung der Schädelkapsel nach vorn bis in die Ethmoidalregion, was den steten Mangel des bei den Sauropsiden in der Regel ansehnlichen Orbitalseptums bedingt, das jedoch ontogenetisch in Resten noch anzutreffen sein soll. Diese Ausdehnung der vorderen Schädelkapsel zwischen die Orbiten bis in die Ethmoidalregion bewirkt, daß die in letzterer auftretende Ersatzverknöcherung, das Ethmoid, in den vorderen Abschluß der eigentlichen Schädelkapsel eintritt, also zu einem eigentlichen Schädelwandknochen wird, während diese Region bei den Sauropsiden weit vor der eigentlichen Schädelkapsel verbleibt. Letztere Besonderheit des Säugerschädels, zu deren Entstehen auch die starke Ausdehnung der Nasenhöhlen nach hinten beitrug, knüpft daher wohl nicht an die Reptilien an, sondern weist wiederum auf eine tiefere Stufe zurück; in welcher Beziehung wichtig ist, daß den Amphibien

ein Orbitalseptum fehlt, ihre Schädelhöhle sich bis in die Ethmoidalregion aus-
dehnt. Die ansehnliche Ersatzverknöcherung, welche hier bei den Anuren die
Schädelkapsel vorn abschließt (Orbitosphenoid), könnte eben doch, wie dies seit
alter Zeit vermutet wurde, Beziehungen zu dem Ethmoid der Säuger haben.
Jedenfalls ist es weit wahrscheinlicher, daß die Einbeziehung des Ethmoids in.die
Schädelkapsel der Säuger direkt aus amphibienartigen Zuständen hervorging.

Wie schon bemerkt, wurde dieser Charakter des Schädels durch die ansehnliche Ausweitung und Ausdehnung der Schädelkapsel nach vorn bedingt, was von
dem, bei den Säugern immer mehr wachsenden Hirnvolum, speziell des Großhirns,
herrührt. Diese Volumzunahme des Gehirns führt ferner in der Säugerreihe zu
einem immer mächtigeren Anschwellen der Schädelkapsel nach oben und gleich-

Fig. 171.

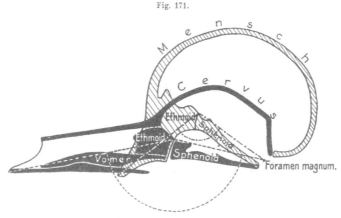

Schematische Medianschnitte des Schädels von Cervus und Homo übereinandergezeichnet, um das Auswachsen der Schädelkapsel und die Umlagerung der Gesichtsknochen zu verdeutlichen; die gestrichelte Kreis-
linie gibt den Huxleyschen Gesichtswinkel für Cervus, die ·—·—Linie den für Homo an. O. B. u. E. W.

zeitig nach hinten über das Hinterhauptsloch hinaus. Bei den Monotremen steht
das Foramen magnum noch völlig hinten, caudalwärts schauend wie bei ursprünglichen Sauropsiden und Amphibien (Fig. 174, S. 296). Auch bei den höheren Säugern
erhält sich dies im allgemeinen häufig noch so. In dem Maße aber, als die dorsale
Occipitalregion durch die stärkere Entfaltung des hinteren Großhirns nach hinten
ausgewölbt wird, richtet sich das Foramen schief nach hinten und abwärts und
gelangt schließlich bei den Primaten, durch immer stärkere hintere Auswölbung der
Occipitalregion, auf die Unterseite der Schädelkapsel, indem hier gewissermaßen
die basale Hinterhauptsregion eine Fortsetzung des Schädelkapselbodens hinter das
Foramen bildet (Fig. 171). Gleichzeitig damit erfolgt jedoch auch eine Lageveränderung des Schädelkapselbodens vor dem Foramen, der bei den ursprünglicheren Säugern, wie bei den Sauropsiden, nahezu in einer Flucht mit den sich vorn
anschließenden vorderen Kiefergaumenknochen liegt, oder doch nur wenig schief
aufsteigt. Der Schädelkapselboden richtet sich immer steiler empor, was seine
höchste Entwicklung beim Menschen erreicht. Dies Emporsteigen wird von einer

Verkürzung der Kiefer begleitet, so daß gewissermaßen ein dachartiges Zusammenschieben des Schädelbodens und der sog. Gesichtsknochen stattfindet, welches sich bei den Primaten und dem Menschen am höchsten steigert. — Den präzisesten Ausdruck findet dieses Zusammenschieben des Schädelbodens und der Schnauzenknochen wohl in dem sog. Huxleyschen Gesichtswinkel, welcher den Winkel der Schädelbodenachse und der ungefähren Mittelachse der Schnauzenknochen angibt (s. Schema Fig. 171).

Auf dem Medianschnitt des Schädels wird dieser Winkel angegeben durch zwei Linien, von welchen die eine vom Mittelpunkt des Foramen magnum nach dem Berührungspunkt zwischen Präsphenoid und Ethmoid auf dem Schädelboden zieht, die zweite von letzterem Punkt nach dem unteren Zusammenstoßungspunkt der Prämaxillen in ihrer Symphyse. Der ventral schauende Winkel dieser beiden Linien ist jener Gesichtswinkel, der bei niederen Mammaliern (Monotremen) nahezu 180° beträgt, bei dem Menschen sich dagegen von 120° bis unter 90° verkleinert.

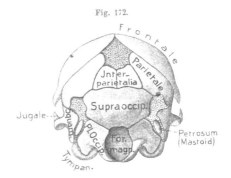

Fig. 172.

Bos taurus (neugeboren, Kalb). Schädel von hinten. Knorpel dunkel punktiert. P. He.

Die etwas genauere Besprechung des Schädelbaus wird noch weitere Vergleichs- und Differenzpunkte mit den seither besprochenen Abteilungen ergeben.

Die vier stets gut entwickelten Knochen der *Occipitalregion* (Fig. 172) umschließen das ansehnliche For. magnum und verwachsen meist recht frühzeitig miteinander. Die sehr großen, etwas schief nach oben divergierenden Condyli werden, wie bemerkt, ausschließlich oder doch ganz überwiegend von den Pleurooccipitalia gebildet; zuweilen greifen sie jedoch ventral etwas auf das Basioccipitale über. Das *Supraoccipitale* (sog. Hinterhauptsschuppe) ist sehr ansehnlich und steigt bei den Niederen schwach nach vorn auf; bei den Höheren (Fig. 174, S. 298, Fig. 176, S. 303) erhebt es sich ganz senkrecht, mit zuweilen geringem oberen horizontalen Teil; bei den Primaten schließlich hat es sich sogar schief nach hinten gerichtet. Eine ähnliche Lageveränderung zeigen auch die seitlichen Hinterhauptsbeine. — Der Ausschluß des Supraoccipitale (viele Ruminantia), oder auch des Basioccipitale (einige Cetacea) von dem Foramen ist im ganzen selten. — Seitlich bilden die *Pleurooccipitalia* in der Regel einen ansehnlichen, flügelartig frei absteigenden Fortsatz (Proc. paramastoideus) (Fig. 174 *A*, *C*), auf den wir später noch zurückkommen. Zuweilen, so namentlich auch bei den Primaten, sind diese Fortsätze stark verkümmert oder fehlen.

An das Basioccipitale schließt sich vorn die *Keilbeinregion*, welche stets aus dem ansehnlichen *Basisphenoid* und dem davor liegenden schwächeren *Präsphenoid* besteht (Fig. 174 *B*, *C*). Jedem dieser unpaaren Sphenoide legt sich ein Paar seitlicher ansehnlicher Flügel an, dem Basisphenoid die *Alisphenoide* (Alae magnae), dem Präsphenoid die *Orbitosphenoide* (Alae parvae). Die in Klammer angegebene

Bezeichnung dieser Teile beim Menschen trifft nur für wenige Säuger zu, da das
Größenverhältnis meist umgekehrt ist. Diese seitlichen Sphenoide verwachsen jedoch in der Regel frühzeitig mit den zugehörigen unpaaren. Ebenso tritt bei
manchen Säugern, wie beim Menschen, bald eine Vereinigung der beiden unpaaren
Keilbeinknochen ein, so daß ein einheitliches Keilbein entsteht mit seinen beiden
Flügelpaaren. Zuweilen verwächst auch das hintere Keilbein frühzeitig mit dem
Basioccipitale, während sich die Trennung vom Präsphenoid erhält, das jedoch
auch mit dem Ethmoid verwachsen kann. — Die obere Fläche des Basisphenoids
zeigt stets eine mehr oder weniger tiefe Grube, die sog. Sella turcica, zur Aufnahme

Fig. 173.

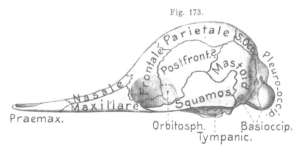

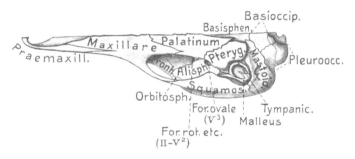

Schädel von Echidna. Oben von links; unten Ventralseite. (Mit Benutzung von van Bemmelen 1901.) E. W.

der Hypophysis; das Präsphenoid dagegen eine Vertiefung zur Einlagerung des
Chiasmas der Sehnerven. Hintere wie vordere Keilbeinflügel nehmen teil am Aufbau des vorderen seitlichen Schädelbodens, wobei jedoch zuweilen die Basen der Orbitosphenoide, über dem Präsphenoid verwachsend, letzteres vom Schädelboden aus-
schließen können. Das Orbitosphenoid bildet einen mehr oder minder ansehnlichen
Teil des tieferen Augenhöhlengrunds, und der Sehnerv durchsetzt es gewöhnlich.

Die Schädelkapseldecke wird von den stets sehr ansehnlichen *Parietalia* und
Frontalia gebildet, die sich natürlich mit der allmählichen Aufwölbung des Schädel-
dachs bei den Höheren stark vergrößern. Verwachsung der beiden Parietalia unter-
einander tritt nicht selten bald ein. Wichtig erscheint die zuweilen beobachtete
Erhaltung eines kleinen Foramen parietale bei Ornithorhynchus, was auf die alten
Ausgangsformen hinweist.

Eigentümlich modifiziert si. d die Parietalia der Waltiere (Fig. 176³, S. 303). Durch die mächtige Entfaltung des Supraoccipitale, welches einen großen Teil des oberen Schädeldachs bildet, wer n nämlich die beiden Parietalia ganz auseinander gedrängt, so daß sie an die tiefere Partie der seitlichen Schädelkapselwand rücken und nur schmale Ausläufer dorsalwärts senden. Die Frontalia reichen daher bei den Cetaceen bis zum Supraoccipitale nach hinten, bzw. bis zu dem gleich zu besprechenden Interparietale.

Das *Interparietale* ist ein bei den Mammalia sehr verbreiteter Hautknochen, der sich auf dem Scheitel zwischen die Parietalia und das Supraoccipitale einschiebt (Fig. 172, 176 ¹,³).

Die früher besprochenen Wirbeltiere zeigen kaum Vergleichbares (s. bei Sauropsida, S. 276). Bei gewissen Säugern tritt das Interparietale von Anfang an unpaar, bei anderen embryonal paarig auf. Es kann sich bis ins hohe Alter als gesonderter Knochen (zuweilen paarig) erhalten; häufiger verwächst es dagegen frühzeitig mit dem Supraoccipitale, bei anderen mit dem Scheitelbein. Die Verwachsung kann abnormerweise unterbleiben, so gelegentlich beim Menschen, wo der Rest des mit dem Supraoccipitale nicht verwachsenen Anteils des Interparietale dann das sog. Os incae darstellt. — Das Interparietale ist ein so regelmäßiger Bestandteil des Säugerschädels, daß es nicht zu den in den Schädelknochennähten häufig und unregelmäßig auftretenden kleinen Schaltknöchelchen gerechnet werden kann.

Die *Frontalia*, welche ebenfalls zuweilen frühzeitig verwachsen, senden in ihrer vorderen Region seitlich stets eine mehr oder weniger ansehnliche Lamelle abwärts zur Bildung des Augenhöhlenbodens; sie kann hier mit dem Lacrimale, Orbitosphenoid, der Maxille und auch dem Palatinum zusammenstoßen. Zur hinteren Umgrenzung des oberen Orbitalrandes entwickeln die Stirnbeine häufig einen Postorbitalfortsatz, auf welchen bei dem Jochbogen zurückzukommen ist. Im allgemeinen nimmt dieser Fortsatz die Stelle ein, welche bei den Sauropsiden von dem Postfrontale (bzw. auch dem Postorbitale) besetzt ist. Nur bei den Monotremen wurde jedoch eine selbständige Ersatzverknöcherung in dieser Gegend an jugendlichen Schädeln beobachtet, welche aber später in da Orbitosphenoid aufgeht. — Bei den gehörnten Wiederkäuern erheben sich die Frontalia zu zwei Knochenzapfen, die bei den Cavicornia die Stütze der hohlen Hornscheiden bilden, bei den hirschartigen dagegen, als sog. Rosenstöcke, die jährlich erneuten Knochengeweihe tragen, auf die schon früher (S. 173) bei den Hautverknöcherungen hingewiesen wurde.

Die *Ohrregion* der seitlichen Schädelkapselwand (s. bes. Fig. 173, 174), zu deren Betrachtung wir uns jetzt wenden, wird zunächst gebildet von dem sog. *Felsenbein* (Os petrosum) oder *Perioticum*, einem Ersatzknochen, der im allgemeinen dem Prooticum der Reptilien entspricht, wahrscheinlich jedoch noch mehr von den sog. Otica der ursprünglichen Anamnia enthält. Dazu gesellt sich das sog. *Paukenbein* (*Tympanicum*), welches wir schon oben vom Paraquadrat (Quadratojugale) ableiteten, und schließlich das *Squamosum*, über dessen Homologie mit dem der Sauropsiden kein Zweifel zu bestehen scheint. Das *Perioticum* nimmt die innerste Region dieser Knochengruppe ein und beteiligt sich daher stets an der Bildung der eigentlichen seitlichen Schädelkapselwand zwischen Basi- und Pleurooccipitale hinten, Alisphenoid vorn und Parietale oben. Wenn das Squamosum am Aufbau der Schädelkapselwand größeren Anteil hat, so schließt es sich vorn gleichfalls an

Fig. 174.

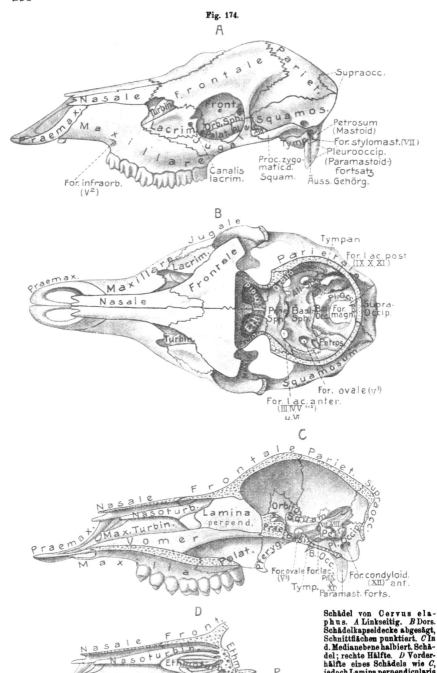

Schädel von Cervus ela-
phus. *A* Linkseitig. *B* Dors.
Schädelkapseldecke abgesägt,
Schnittflächen punktiert. *C* In
d. Medianebene halbiert. Schädel; rechte Hälfte. *D* Vorderhälfte eines Schädels wie *C*,
jedoch Lamina perpendicularis
und Vomer weggenommen, damit die Turbinalia sichtbar.
For. lac. anterius = Foramen
lacerum ant., = Fissura orbi-
talis superior, die hier mit dem
sog. *For. rot.* (V^2) zusammen-
geflossen. *For. lac. p.* = Foramen lacerum posterius. Die römischen Zahlen geben die Nummern der Hirnnerven an, welche durch die betreffenden Öffnungen austreten.   E. W.

das Perioticum an. Im allgemeinen ist daher das Perioticum der Säuger viel mehr
gegen die Schädelbasis gedrängt als das Prooticum der niederen Wirbeltiere,
was mit der ansehnlichen Hirnentwicklung zusammenhängt. Dieser sehr feste
und dichte Knochen umschließt das Labyrinth völlig und hat daher innen eine
Öffnung für den Eintritt des Hörnervs und des Facialis. Die Verknöcherung des
Perioticums beginnt stets an mehreren Centren (bis sechs und mehr), was dazu
geführt hat, die sämtlichen Otica der Fische in ihm vereinigt zu denken, ohne daß·
sich jedoch eine solche Deutung bis jetzt sicher durchführen ließe. Immerhin erhält
sich seine hintere Partie, welche auf der äußeren Schädelfläche hinten und seitlich
vor dem äußeren Rand des Pleurooccipitale hervortritt, etwas länger gesondert und
wird daher häufig als *Mastoid* bezeichnet. Bei stärkerer Ausbildung des Paramastoidfortsatzes nimmt sie an der Bildung seiner Basis teil. Nach der Verwachsung
dieses Mastoids mit den übrigen Verknöcherungen des Perioticums bildet es dessen
Pars mastoidea, in welche das häutige Labyrinth nicht eintritt.

Am wenigsten ausgebildet ist letztere bei Monotremen und Cetaceen. Ihrer Lage nach
und wegen ihrer Teilnahme an der Bildung der seitlichen hinteren Schädelvorsprünge, die
sich in die Paramastoidfortsätze verlängern und wohl den Paroccipitalfortsätzen der Sauropsiden vergleichbar sind, wäre es wohl möglich, daß die Pars mastoidea dem Opisthoticum
der Reptilien entspräche.

Im Umkreis des Paukenfells lagert sich dem vorderen Teil des Perioticums
äußerlich das sog. *Tympanicum* an, dessen allmählich aufsteigende Entfaltung in
der Säugerreihe klar hervortritt. Ursprünglich, bei Monotremen (Fig. 173 B), manchen
Beuteltieren (Fig. 175), Edentaten, Sirenia, ja Halbaffen ist es nur ein zarter Ring,
der hinten und oben ungeschlossen und mit dem Perioticum nicht verwachsen ist.
Er dient als Stütze des sich an ihm befestigenden Paukenfells. In dieser Form
tritt das Tympanicum auch bei den übrigen Säugern embryonal stets auf, bildet sich
jedoch allmählich weiter fort, indem es sich zunächst zu einem vollständigen Ring
schließt, von welchem aus die Verknöcherung nach innen auf die Wand der Paukenhöhle mehr und mehr fortschreitet, andrerseits auch nach außen auf den äußeren
Gehörgang. So wird das Paukenbein zu einem ansehnlichen Knochen (Fig. 174,
176 [1]), dessen innere Partie einen kleineren bis sehr ansehnlichen Teil der Paukenhöhle umschließt, an deren Umgrenzung jedoch stets noch das Perioticum und, bei
geringerer Entfaltung des Tympanicums, auch das Squamosum, ja das Basisphenoid
(Myrmecophaga) und das Alisphenoid teilnehmen können. Wenn die Paukenhöhle
groß wird, so bläht sich der sie umschließende innere Teil des Tympanicums zu
einer meist dünnwandigen Blase, der sog. *Bulla ossea*, auf, welche auf der Schädelunterseite, jederseits neben dem Basioccipitale stark vorspringt.

Am Aufbau dieser Bulla beteiligt sich bei manchen Säugern noch ein selbständiger
medialer, aus Knorpel hervorgehender Knochen (sog. Ento- oder Metatympanicum), der sich
vereinzelt auch gesondert erhält. — Die Bulla wird besonders groß bei Nagern und Raubtieren;
bei den Ungulaten und Primaten bleibt sie dagegen klein, oder tritt gar nicht mehr hervor.
Die Marsupialia, deren Tympanicum klein bleibt, besitzen zum Teil doch eine starke Bulla
(s. Fig. 175), die jedoch vom Alisphenoid gebildet wird. — Der knöcherne äußere Gehörgang
ist sehr verschiedengradig entwickelt; lang wird er namentlich bei den catarrhinen Affen und
den Ungulaten.

Das Tympanicum, welches dem Perioticum außen und vorn dicht angefügt ist, bleibt nur bei verhältnismäßig wenig Säugern völlig von diesem gesondert (Marsupialia und Monotremen, sonst vereinzelt). In der Regel verwachsen beide frühzeitig, so daß das Tympanicum als eine nach vorn, außen und unten gewendete Partie des Perioticums erscheint. Die Einfügung dieses Tympano-Perioticums zwischen die benachbarten Knochen ist meist eine feste; bei den Cetaceen jedoch nur so lose durch Ligamentgewebe hergestellt, daß sich dieser sog. »Hörknochen« leicht herauslöst.

Der dritte Bestandteil der Ohrregion, das *Squamosum*, entfaltet sich bei den Säugern sehr ansehnlich, was zum Teil schon dadurch bedingt wird, daß es hauptsächlich die Gelenkstelle für den Unterkiefer bildet. Bei den Monotremen (Fig. 173, S. 296) bleibt es noch ziemlich klein und nimmt etwa auf der Zusammenstoßungsstelle von

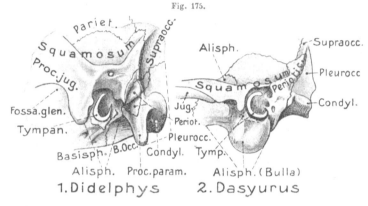

Fig. 175.

Linke Ohrregion des Schädels von Di delphys (virginiana) u. Dasyurus (viverrinus) von außen gesehen. O. B.

Parietale oben, Basi- und Pleurooccipitale hinten, Alisphenoid und Perioticum vorn, nur sehr geringen Anteil am Aufbau der Schädelkapselwand, was sich auch bei höheren Säugern zum Teil erhält oder wiederfindet (Wiederkäuer und andere Ungulata Fig. 174 *B*, *C*, Cetacea). Die primitivste Bildung bewahrt das Squamosum der Monotremen, wo es sich mit einem schuppenartig verbreiterten Teil (sog. Squama), der jedoch bei Ornithorhynchus nur klein ist, dem zur Ohrregion herabsteigenden Teil des Parietale außen auflegt. Der untere Rand dieses Schuppenteils springt schief nach außen von der Schädelwand frei vor. Dieser Vorsprung entsendet dann einen schief nach abwärts und einwärts zum Mastoidteil des Perioticums gehenden breiten Fortsatz, der auf seiner Unterseite die ansehnliche Gelenkfläche für den Unterkiefer bildet. Wo die beiden erwähnten Fortsätze außen ineinander übergehen, entspringt nach vorn ein langer, zum unteren Augenhöhlenrand ziehender Jochfortsatz (Proc. zygomaticus). Durch die Vereinigung der beiden ersterwähnten Fortsätze wird ein Kanal umschlossen, der von der Hinterseite des Schädels in die sog. Schläfengrube führt; dieser, bei Echidna schon sehr verengte Temporalkanal darf sehr wahrscheinlich als das Homologon des so ansehnlichen hinteren Temporallochs der Saurier betrachtet werden (vgl. Fig. 157 *C*, S. 274); der

obere Fortsatz des Squamosums entspricht dem zum Parietale aufsteigenden Teil bei
den Sauriern, der untere dagegen der Verbindung des Squamosums mit dem Paroccipitalfortsatz. Letztere Verbindung hat sich bei den Säugern sehr ansehnlich verbreitert, da sie zur Gelenkstelle des Unterkiefers wurde. — Der schon bei den Monotremen im Verschwinden begriffene Temporalkanal fehlt den übrigen Säugern, da
bei ihnen die beiden genannten Fortsätze zusammengeschmolzen sind.

Der erwähnte Schuppenteil des Squamosums nimmt in dem Maße, als sich
die Schädelhöhle erweitert, an Größe zu, indem er sich, mit Ausnahme der schon
genannten Formen, an der Bildung der Kapselwand beteiligt, ähnlich wie bei den
Vögeln. Das Squamosum schiebt sich dabei zwischen Parietale, Perioticum und
Alisphenoid ein und schickt häufig einen absteigenden Ast nach dem Paramastoid-
fortsatz, der sich, vor der Pars mastoidea des Perioticums, an der Bildung des
Paramastoidfortsatzes beteiligt. Auf den Jochfortsatz des Squamosums und das
Unterkiefergelenk wird beim Kiefergaumenapparat einzugehen sein. — Nur bei
wenigen Säugern verwachsen Squamosum und Tympano-Perioticum zu einem sog.
Schläfenbein (Os temporale) wie beim Menschen (Fig. 176 [2]).

Den Abschluß der Hirnhöhle gegen die Nasenhöhlen bildet vorn, zwischen
Präsphenoid und Orbitosphenoid unten und den Frontalia seitlich und oben, das
Ethmoid (Siebbein), dessen knorpelige Grundlage sich vorn in die knorpelige
Nasenscheidewand fortsetzt. Im allgemeinen beginnt seine Verknöcherung einerseits im hinteren Teil des knorpeligen Nasenseptums, so daß hier eine sagittale,
vertikal aufsteigende Knochenplatte entsteht, die sog. Lamina perpendicularis (Mesethmoid, Fig. 174 *C*), und andrerseits in den seitlichen Partien des Hintergrunds der
beiden knorpeligen Nasenkapseln. So bildet sich als Abschluß des Hintergrunds der
Nasenhöhlen gegen die Hirnhöhle jederseits eine schief aufsteigende Platte, welche
in der Regel von vielen kleinen Löchern, zum Austritt der Fäden des Riechnervs,
durchbohrt ist, die sog. *Siebplatten* (Laminae cribrosae, seitliche Ethmoide, Fig. 174 *B*).
Nur bei den Primaten, wo das seitliche Ethmoid zwischen Lacrimale und Orbitosphenoid, in die Begrenzung der Augenhöhle eintritt, entsteht als seitliche und
hintere Fortsetzung des Seitenrands der Lamina cribrosa eine dünne Knochenlamelle, die sog. Lamina papyracea.

Von der Seitenwand des hinteren Teils der knorpeligen Nasenkapseln entwickeln
sich mehr oder weniger zahlreiche, nach innen gegen das mediane Nasenseptum
vorspringende Schleimhautfalten (Riechmuscheln), in welchen knorpelige Lamellen
auftreten. Diese zerteilen sich an ihrem freien Rand vielfach und rollen sich auf.
Sie sind von sehr verschiedener Größe (Fig. 174 *D*). Später verknöchern die
Muscheln und reichen nach hinten bis zur Lamina cribrosa, mit der sie sich als
sog. Ethmoturbinalia knöchern vereinigen. Die vielen Löchelchen der Lamina
cribrosa führen in die engen Hohlräumchen zwischen den Ethmoturbinalia, welche
auch durch Verwachsungen der letzteren noch komplizierter werden können. Die
Gesamtheit der Muscheln und Hohlräumchen bildet das sog. *Siebbeinlabyrinth.*

Relativ spät verwächst die Lamina perpendicularis mit den beiden Seitenteilen zu einem gemeinsamen Knochen, dem sog. *Siebbein* (Ethmoid).

Die Beziehung des Ethmoids der Säuger zu den Ethmoidalbildungen niederer Vertebraten ist schwierig zu beurteilen. Wie schon hervorgehoben, wäre wohl ein Anschluß an
die Verhältnisse der Amphibien am ehesten möglich. Das sog. Orbitosphenoid der Anuren
erinnert in mancher Hinsicht an die Einrichtung der Säuger. — Die Laminae cribrosae steigen
in der Regel schief von hinten unten nach oben und vorn empor, können sich jedoch auch
nahezu senkrecht aufrichten. In dem Maße, als sich die Gesichtsknochen bei den Primaten
verkürzen und die hintere Partie der Nasenhöhlen unter die Schädelbasis schiebt, wird die
Stellung der Laminae immer horizontaler, so daß sie die Nasenhöhlen von oben decken. —
Die reiche Durchbohrung der Siebplatten, welche ontogenetisch aus einem einfachen
Foramen olfactorium hervorgeht, hat sich wohl erst in der Säugerreihe entwickelt; denn
Ornithorhynchus besitzt noch das einfache Olfactoriusloch, welches auch bei einigen altweltlichen
Affen wiederkehrt. — Bei den Cetaceen schwand mit der Rückbildung der Riechorgane und
Riechnerven die Durchbohrung der Laminae, wie auch das ganze Siebbeinlabyrinth, fast
oder völlig.

Paarige *Nasalia*, die jedoch in einigen Fällen frühzeitig verwachsen, bedecken
die Nasenregion oben und richten sich daher in ihrer Länge im allgemeinen nach
der Schnauzenentwicklung　Abnorm verkümmert sind sie bei den Waltieren (s.
Fig. 176[3]), im Zusammenhang mit der bedeutenden Rückwärtsverlagerung der
äußeren Nasenöffnungen und der starken, fast senkrechten Aufrichtung der Nasenhöhlen, die sie daher auch nicht mehr bedecken. Ähnliches zeigen auch die Sirenia
und Proboscidea. — Die Innenfläche der Nasalia trägt zum Teil die vordere Fortsetzung des obersten Ethmoturbinale, das sog. Nasoturbinale (Fig. 174 *D*, S. 299).

Auf der Grenze zwischen den äußeren Rändern der Frontalia und Nasalia,
im vorderen inneren Winkel der Orbita, schiebt sich das *Tränenbein* (*Lacrimale*)
ein, das als ein kleiner, fast stets vom Tränengang durchbohrter Knochen (Ausnahme Cetacea, Sirenia, Elephas, annähernd Mensch) am Aufbau der Orbitalwand
teilnimmt, sich aber auch bei vielen Säugern mehr oder weniger weit vor der Orbita
auf der Schnauzenfläche ausbreitet. Das Tränenbein fehlt selten als selbständiger
Knochen (so bei Monotremen, Zahnwalen, Robben, Manis).

Ein sehr eigentümlicher, ursprünglich paarig angelegter kleiner Hautknochen tritt bei
Ornithorhynchus vor den Nasenbeinen im Boden der Nasenhöhlen auf und bildet eine Stütze
für die Jacobsonschen Organe (Os paradoxum, Prävomer). Vieles dürfte dafür sprechen,
diesen Knochen als ein Homologon der Septomaxillaria (sog. Concha) der Sauria anzusprechen.
Bei Echidna treten ontogenetisch paarige Septomaxillaria auf, die später mit den Prämaxillen
verwachsen und deren Processus extranasalis bilden.

Stärkere Entwicklung des Knorpels der vordersten Nasenregion führte bei gewissen, mit
einem Rüssel versehenen Säugern zur Bildung eines sog. Rüsselknorpels (Schweine), und Verknöcherung an diesem Ort zur Bildung eines sog. Os praenasale (zum Teil auch paarig), wie
es gewissen Edentaten und Insectivoren (Talpa) zukommt.

Kiefergaumenapparat. Wie schon bemerkt, verrät dieser Apparat nähere Beziehungen zu dem der placoiden als dem der squamaten Sauropsiden. Wir ziehen es
vor, bei der Beschreibung von vorn nach hinten zu gehen. Die stets vorhandenen
Prämaxillen (s. Fig. 173, 174) sind meist ansehnlich, können jedoch in besonderen
Fällen auch rudimentär werden (Fledermäuse, gewisse Edentaten), was mit der
Verkümmerung der Schneidezähne zusammenhängt; obgleich dies in anderen Fällen
die Prämaxillen nur wenig beeinflußt (z. B. Wiederkäuer, Bartenwale). Sie um-

grenzen die Nasenöffnungen vorn und durch äußere, aufsteigende Fortsätze seitlich.
Dagegen fehlen hier gewöhnlich die bei den Sauropsiden zwischen die Nasenöffnungen sich einschiebenden medianen Fortsätze. Bei Echidna umschließen die
Prämaxillen die Nasenöffnung völlig; bei Ornithorhynchus dagegen wurden sie
mit der Schnabelbildung eigentümlich umgestaltet, indem sie vorn, ohne Symphysenbildung, weit divergieren. — Bei den Cetaceen haben sich mit dem Empor-

Fig. 176.

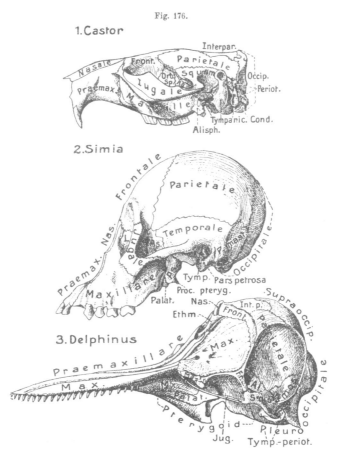

Schädel von *1.* **Castor** (fiber). *2.* **Simia** (satyrus, Orang) und *3.* **Delphinus** (tursio) von links. *As.* oder
Al. Alisphenoid. *Fr.* Frontale. *Int. p.* Interparietale. *L.* Lacrimale. *P. mast.* Pars mastoidea des Temporale. O. B.

rücken der Nasenöffnungen auf den Scheitel, oder in dessen Nähe, die Zwischenkiefer ungemein verlängert (Fig. 176 [3]). Durch horizontale Gaumenfortsätze bilden
sie bei allen Säugern den vordersten Teil des knöchernen Gaumendachs.

Die *Maxillen* sind meist recht kräftig; ihre horizontalen Gaumenlamellen verlängern den knöchernen Gaumen nach hinten und bilden in der Regel dessen ansehnlichsten Teil (Fig. 174 C, S. 299). Die hintere Region der Maxille entwickelt
häufig einen verschieden stark aufsteigenden Fortsatz zum Jugale und beteiligt sich

auch an der Bildung des Orbitalgrunds. Die Länge der Oberkiefer hängt natürlich von der der Schnauze direkt ab. Ganz abnorm lang werden die der Cetaceen (Fig. 176 [3], S. 303), bei den Zahnwalen verbreitert sich ihr hinterer Teil ungemein und überlagert fast die gesamten Frontalia, während er sich bei den Bartenwalen unter letztere schiebt. Die hintere Partie der Maxille erscheint häufig stark aufgebläht durch die von der Nasenhöhle eindringende Kieferhöhle, welche bei den Geruchsorganen genauer zu besprechen sein wird. — Auf der Innenfläche jedes Oberkiefers, welche gegen die Nasenhöhle schaut, entspringt die in die Nasenhöhle meist mächtig vorragende Kiefermuschel (Maxilloturbinale, Fig. 174 D). Sie entsteht als selbständige Ersatzverknöcherung der, an der Seitenwand der knorpeligen Nasenhöhle entspringenden, knorpeligen Kiefermuschel und verwächst erst nach Schwund der knorpeligen Nasenhöhlenwand mit dem Oberkiefer.

Die Fortsetzung des geschlossenen knöchernen Gaumens nach hinten bilden die *Palatina* (Fig. 173, 174 C, D), welche denen der Krokodile ähnlich sind, indem sie als etwa senkrecht gestellte Platten die Seitenwände der Nasenhöhlen nach hinten verlängern, und mit ihrem oberen, sich ausbreitenden Teil gewöhnlich auch an der Bildung des Orbitalgrunds teilnehmen. Der Ventralrand ihrer senkrechten Lamellen biegt in horizontale Gaumenlamellen um, welche sich denen der Maxillen anschließen. So verlängern die Palatina den bei allen Säugern ausgebildeten sekundären Nasenrachengang (Ductus nasopharyngeus) nach hinten. Durch die Bildung des Nasenrachengangs wird der unpaare *Vomer* (s. Fig. 174 C, D), der sich vor dem Präsphenoid zwischen die aufsteigenden Lamellen der Palatina einschiebt, mehr oder weniger verdeckt; sein Hinterende ist jedoch gewöhnlich in der knöchernen Choane noch sichtbar. Bei abnormer Verlängerung des sekundären Nasenrachengangs nach hinten wird der Vomer jedoch ganz verdeckt wie bei den Krokodilen. Die meist dünne schmale Vomerplatte sendet in ihrer Mittellinie eine senkrecht absteigende Knochenlamelle in die Nasenscheidewand hinab, welche bis auf das knöcherne Gaumendach reicht. Je nach der Schnauzenlänge variiert die Vomerlänge sehr.

Die Homologie des Vomers der Mammalier mit dem der Sauropsiden wurde mehrfach bezweifelt, doch können die Versuche, ihn auf das Parasphenoid zurückzuführen (SUTTON, BROOM), nicht als gelungen bezeichnet werden.

Die *Pterygoidea* sind meist sehr reduziert, indem sie sich als kleine und dünne senkrechte Knochenlamellen den senkrechten Lamellen der Palatina hinten und innen anlagern (Fig. 174 C, D). Nach hinten reichen sie bis zu den sog. Pterygoidfortsätzen der Alisphenoide, denen sie sich innen anlegen. Bei den Primaten wird das Pterygoid sehr klein und verwächst beim Menschen frühzeitig mit dem Pterygoidfortsatz des Alisphenoids, dessen Lamina interna bildend.

Im Gegensatz hierzu vergrößert sich das Pterygoid gewisser niederer Gruppen mehr und entwickelt an seinem Ventralrand, ähnlich den Krokodilen, eine horizontale Gaumenlamelle, welche sich der des Palatinums hinten anschließt und den sekundären Nasenrachengang verlängert. Die Monotremen (Fig. 173 B) zeigen dies im ganzen wenig, und die Gaumenlamellen ihrer Pterygoide bleiben durch die hintere Verlängerung der Palatina voneinander getrênnt. — Auch die Cetaceen besitzen ziemlich stark entwickelte Gaumenlamellen, die jedoch in der Mittellinie nicht dicht zusammenstoßen, wenn sie sich auch zuweilen fast berühren. — Bei Myrmecophaga (Ameisenfresser) unter den Edentaten sind dagegen die Gaumenlamellen so stark entwickelt, daß sie in ihrer ganzen Länge zusammentreten und das knöcherne Gaumendach bis nahe ans Hinterhauptsloch verlängern, ähnlich wie bei den Krokodilen.

Ein unter allen Vertebraten isoliert stehendes Verhalten zeigen die Palatina und Pterygoidea der Monotremen, indem ein Teil von ihnen in die Bildung des seitlichen Schädelkapselbodens eingeht; was sonst bekanntlich nie der Fall ist. — Die Ansicht (GAUPP), daß nur die Pterygoide der Monotremen denen der Sauropsiden entsprechen, die der übrigen Säuger dagegen den hinteren seitlichen Teilen des Parasphenoids, ist wenig wahrscheinlich.

Typisch für die Säuger ist die Bildung eines *Jochbogens* durch Einschiebung eines *Jugale* zwischen den Oberkiefer und den Jochfortsatz des Squamosum. Dieser Jochbogen (s. Fig. 174 *A*, 176) begrenzt die Orbita von unten und hinten und entspricht jedenfalls im allgemeinen dem oberen der Sauropsida, was ja schon wegen der Reduktion des Quadrats wahrscheinlich ist. Vermutlich leitet er sich jedoch von dem einfachen Bogen der sog. synapsiden Reptilien her. An der Ventralseite seines hinteren Ursprungs, der vom Jochfortsatz des Squamosums gebildet wird, liegt die Gelenkstelle für den Unterkiefer, an deren Bildung sich selten auch das Jugale und sogar das Alisphenoid beteiligen. Das Squamosum sendet hinter der Gelenkfläche gewöhnlich einen Processus postglenoidalis abwärts, welcher zur Sicherung der Gelenkung beiträgt. Vom Tympanicum kann zuweilen ein präglenoidaler Fortsatz ausgehen. — Bei starker Entwicklung bildet der Jochbogen meist durch einen aufsteigenden Fortsatz des hinteren Teils des Jugale, der sich mit einem absteigenden des Frontale verbindet, eine hintere Begrenzung der Orbita und damit eine äußerliche Scheidung zwischen Augenhöhle und der dahinter liegenden Schläfengrube. Die Beziehungen zu den Sauropsiden machen es eher wahrscheinlich, daß diese Abgrenzung der Orbita das Ursprünglichere sein dürfte und ihre Unvollständigkeit, oder ihr Mangel bei zahlreichen Säugern eine Rückbildung, welche mit der gewaltigen Entwicklung der Kaumuskulatur zusammenhängt. Bei den meisten Säugern bleibt diese Scheidung von Orbita und Schläfengrube eine äußerliche, indem beide innerhalb des Jochbogens in weitem Zusammenhang stehen. Erst bei den Halbaffen bahnt sich eine vollständigere Trennung an, die jedoch nur bei den Primaten und Menschen bis auf eine geringe Spalte komplett wird, indem die Knochenteile, welche die Orbitalwand bilden, untereinander zusammenschließen. — Die Stärke des Jugale und die des Jochbogens überhaupt, namentlich auch seine bedeutende Ausbuchtung nach außen, hängt mit der Stärke der Kaumuskulatur des Unterkiefers zusammen. Wo dieser unter besonderen Ernährungsbedingungen sich verschmächtigt, wird der Jochbogen rudimentär, indem das Jugale sehr verkümmert oder schwindet.

Das Jugale der Cetaceen wird so zu einem zarten Knochenstäbchen (Fig. 176[3]). Dagegen bildet sich hier ein ansehnlicher Supraorbitalfortsatz des Frontale, der den Jochfortsatz des

Squamosums erreichen kann. — Bei gewissen Edentaten (Manis, Myrmecophaga, Faultiere) erhält sich nur noch der vordere Teil des Jugale und ist bei Myrmecophaga sehr klein, bei Manis wohl mit dem Frontale verwachsen. Dagegen bleibt das Jochbein der Faultiere sehr stark und sendet einen gegen den Unterkiefer absteigenden Fortsatz aus, der namentlich bei den fossilen Verwandten recht groß wurde. Die Unvollständigkeit des Jochbogens hat daher hier andere Gründe. — Vielen Insectivoren fehlt das Jugale ganz, oder ist sehr rudimentär und der Jochbogen daher unvollständig bis fehlend, ohne daß die Kaumuskulatur defekt wäre. — Anarerseits kann jedoch auch (Monotremen, Fig. 173) das Jugale als selbständiger Knochen mangeln, bei vollständig ausgebildetem, wenn auch nicht sehr kräftigem Jochbogen.

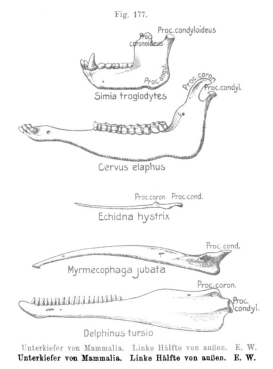

Fig. 177.

Proc. condyloideus

Proc. coronoideus

Proc. angul.

Proc. coron.

Proc. condyl.

Simia troglodytes

Cervus elaphus

Proc. coron. Proc. cond.

Echidna hystrix

Proc. cond.

Myrmecophaga jubata

Proc. coron.

Proc. condyl.

Delphinus tursio

Unterkiefer von Mammalia. Linke Hälfte von außen. E. W.

Der *Unterkiefer* (Fig. 177) ist in der Regel kräftig und gegenüber dem der früheren Abteilungen dadurch ausgezeichnet, daß jede Hälfte nur aus einer einzigen Verknöcherung hervorgeht, welche in der Hauptsache dem Dentale entspricht.

Diese Vereinfachung des Unterkiefers wird meist darauf zurückzuführen gesucht, daß das dem Articulare der Niederen entsprechende Gelenkstück, samt dem Angulare, sich von ihm abgetrennt hätten und zu einem der Gehörknöchelchen (Hammer) geworden seien. Hieraus müßte notwendig folgen, daß der Gelenkteil des Säugerunterkiefers nicht dem der Niederen entspreche, sondern neuer Entstehung sei. Wir werden später bei den Hörknöchelchen auf diese Frage eingehen. Wenn man diese Ansicht annimmt, so ließe sich der Unterkiefer der Mammalia jedenfalls eher von amphibien- als sauropsidenartigen Zuständen ableiten. Übrigens divergieren die Meinungen über den Säugerunterkiefer noch sehr.

Die höhere Gelenkung des Unterkiefers am Ursprung des Jochfortsatzes des Squamosum bedingt die Entwicklung eines hinteren, mehr oder weniger aufsteigenden Gelenkfortsatzes (Proc. condyloideus), dessen oberes Ende den meist stark in die Quere gezogenen Condylus bildet. Vor dem Gelenkfortsatz erhebt sich der Oberrand der Mandibel meist zu einem Kronfortsatz (Proc. coronoideus) zum Ansatz des Musculus temporalis. Der Grad seiner Entwicklung wird daher durch den der Kaumuskulatur bedingt; er ist deshalb z. B. besonders kräftig bei den Raubtieren. — Der hintere Winkel des Unterkiefers setzt sich zum Teil (Marsupialia, Rodentia, Insectivora) in einen postarticulären Fortsatz fort. — Die beiden Unterkieferhälften vieler Säuger bleiben dauernd in Nahtverbindung; bei anderen

(z. B. Perissodactylia, Elephas, Chiroptera, gewissen Cetacea und Affen) verwachsen sie wie beim Menschen frühzeitig in der Symphyse. — Die Reduktion
der Kaumuskulatur läßt den Unterkiefer schmächtiger und einfacher werden.
Dies tritt bei den Monotremen (besonders Echidna), Myrmecophaga, Manis und
den Cetaceen sehr auffallend hervor (s. Fig. 177); unter Rückbildung des Kron-
fortsatzes und Erniedrigung des Gelenkfortsatzes wird jede Unterkieferhälfte ein
schlanker Knochenstab, welcher an jene der Vögel erinnert.

Visceralskelet der Amnioten (Zungenbeinapparat).

Aus den Resten des Hyoid- und der Branchialbogen der Amnioten geht ein
Zungenbeinapparat hervor, ähnlich wie es unter den Amphibien bei den Anuren
stattfindet. Auf die eventuelle Beteiligung
hinterer Branchialbogen an der Bildung
des Skelets der Luftröhre und des Kehlkopfs soll erst später bei diesen Organen
eingegangen werden, ebenso auch auf das
Problem der Entstehung von Gehörknöchelchen aus dem cranialen Ende des
Hyoidbogens. — An dem entwickelten
Zungenbeinapparat der Amnioten nehmen
im Höchstfalle noch drei vordere Visceralbogen, nämlich der Hyal- und die beiden
ersten Branchialbogen teil, welche ventral
durch ein oder mehrere unpaare Stücke,
den sog. Zungenbeinkörper, verbunden
werden, der von den Resten der Copulae,
zum Teil aber auch von Basalteilen der

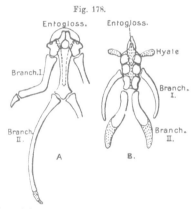

Fig. 178.

Zungenbein von Cheloniern von der Dorsalseite.
Knorpel punktiert. Der Umriß des unter den Zungenbeinkörper sich erstreckenden Teils des Entoglossum
punktiert. *A* von Chelys fimbriata. *B* von
Trionyx. (Nach C. K. HOFFMANN 1890.) O. B.

Bogen gebildet wird. Der Zungenbeinkörper unterlagert den Kehlkopf und den
Anfang der Luftröhre ventralwärts und dient häufig auch zur Stütze der Zunge.

Wie zu erwarten, zeigen die *Reptilien* zum Teil noch die ursprünglichsten
Verhältnisse, was sich bei Cheloniern und Sauriern in der häufigen Erhaltung von
drei Bogen oder sog. Zungenbeinhörnern ausspricht. Die *Schildkröten* zeigen vielleicht die primitivsten Einrichtungen, insofern die drei Hörner (Hyal-, erster und
zweiter Branchialbogen) als selbständige, teilweise verknöcherte Skeletgebilde dem
einheitlichen länglichen Körper angefügt sind (Fig. 178). Der erste Bogen (Hyale)
ist stark verkümmert und knorpelig, manchmal sogar als selbständiges Gebilde
geschwunden. Der zweite Bogen erscheint teils einheitlich, teils zweigliederig, der
dritte einheitlich. Der Körper bleibt häufig knorpelig, oder ist größtenteils einheitlich verknöchert; gelegentliches Auftreten dreier paariger Verknöcherungen in ihm
(Trionyx, s. Fig. 178*B*) weist vielleicht auf das Eingehen basaler Bogenteile in
den Körper hin; ebenso spricht dafür wohl die vordere paarige Verknöcherung
und die Durchbrechung im Körper von Chelys (*A*). Ein knorpeliger vorderer Fortsatz des Körpers zur Stütze der Zunge (Processus entoglossus) ist stets nur wenig

entwickelt. — Dagegen wird der vordere Abschnitt des Körpers von einem besonderen, meist rein knorpeligen Skeletstück unterlagert. dem sog. Entoglossum, das den übrigen Amnioten fehlt, wenn es nicht in das Vorderende des Körpers aufgegangen ist. Die morphologische Bedeutung dieses Gebildes, insbesondere seine eventuelle Beziehung zu einem sog. Glossohyale, einer zwischen Kiefer- und Hyoidbogen möglichen Copula, ist unsicher.

Der Zungenbeinkörper der *Saurier* (Fig. 179) bleibt in der Regel klein, meist etwas quer spangenartig, setzt sich aber vorn in einen häufig sehr langen knorpeligen Processus entoglossus (lingualis) fort. Der Hinterrand des Körpers entsendet gewöhnlich zwei kürzere oder längere hornartige Fortsätze, die nicht von ihm abgegliedert sind; sie entsprechen wohl sicher dem zweiten Branchialbogen. Bei gewissen Eidechsen legen sich diese, zuweilen recht langen Hörner dicht zusammen (Fig. 179²), oder divergieren erst an ihren Enden. Charakteristisch für die Saurier ist die ansehnliche Länge der beiden vorderen Hörnerpaare (Hyale und erster Branchialbogen). — Die Hyalhörner sind in der Regel zweigliederig, wobei die Glieder winkelig zusammenstoßen. Das Basalglied ist selten verknöchert, dagegen der Basalteil des ersten Branchialhorns meist.

Während die Zungenbeinhörner der Schildkröten mit dem Schädel gar nicht verbunden sind, erhält sich bei den Rhynchocephalen, wie später noch genauer zu besprechen sein wird, eine solche mit der Columella des Ohrs. Bei manchen Sauriern (Lacerta usw.) steht das Hyalhorn durch ein Band, dem ein Knorpelstab eingelagert sein kann (siehe Fig. 179¹), mit dem Paroccipitalfortsatz des Schädels in Verbindung. Die Bedeutung dieses Knorpels, bzw. seine Zugehörigkeit zum Hyoidbogen ist noch unsicher. — Der Zungenbeinapparat der *Schlangen* ist auf einen meist zarten Knorpelbogen reduziert.

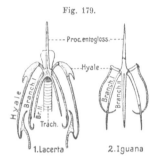

Fig. 179.

Zungenbein von Sauriern. Dorsalansicht. Knorpel punktiert. *1.* Lacerta (viridis). Völlig knorpelig, z. T. verkalkt, was durch dichtere Punktierung angedeutet. Das dem Ende des Hyale angefügte Stück heftet sich der Ventralseite des Schädels in der Ohrregion an und wird zuweilen als dem Branchiale *II* angehörig gedeutet. *2.* Iguana (nach CUVIER, Oss. fossiles). O. B.

Der der *Vögel* (Fig. 180) dagegen zeigt ziemlich nahe Beziehungen zu dem der seither besprochenen Reptilien, besonders der Schildkröten. Der lange und schmale Körper besteht aus zwei knorpelig angelegten und auch im erwachsenen Zustand häufig noch gesonderten Copulae I und II (Basihyale und Basibranchiale I = sog. Urohyale), beide meist mehr oder weniger verknöchernd. — Dem Vorderende der Copula I schließt sich ein paariges oder unpaares verknöchertes Stück an (Os entoglossum), das sich vorn meist in einen paarigen oder unpaaren Knorpel fortsetzt, der als Processus entoglossus in die Zunge tritt. Häufig bleibt zwischen beiden Stücken eine Lücke oder ein Loch, wie es auch den Schildkröten zum Teil zukommt. Die hinteren seitlichen Ecken beider Stücke verlängern sich in kurze hornartige Fortsätze. Daß die sog. Ossa entoglossa den Basalstücken (Hypohyale) des Hyoidbogens entsprechen, darf wohl als sicher betrachtet werden; es ist sogar unwahr-

scheinlich, daß irgend ein Copularteil in sie eingeht. Die Verhältnisse erinnern
daher an die gewisser Chelonier. — Der erste Branchialbogen bildet die langen, meist zwei-, selten dreigliederigen Hörner, die sich bei Spechten (Fig. 180 D)
und Kolibris so verlängern, daß sie
hinten um den ganzen Schädel her-
umziehen und sich mit ihren proximalen Enden in der Gegend der dorsalen Schnabelwurzel befestigen. Daß
in die zweite Copula (II) Reste eines
Branchialbogens eingehen, ist nicht
nachweisbar.

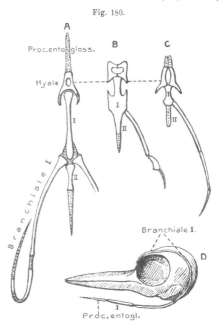

Fig. 180.

Der Zungenbeinkörper der *Krokodile* weicht von dem der übrigen
Sauropsiden sehr ab, indem er eine
ansehnliche, nahezu quadratische
Knorpelschale darstellt, in deren dorsaler Konkavität der Kehlkopf ruht
(Fig. 181). Jederseits entspringt nur
ein größtenteils verknöchertes Horn,
das wahrscheinlich dem ersten Branchialbogen entspricht.

Der Zungenbeinapparat der *Säuger* zeigt im allgemeinen ähnlich primitive Einrichtungen wie der der ursprünglichen Reptilien und schließt
sich wegen der bedeutenden Länge der

Zungenbeine von Vögeln. Dorsalansicht. *A* Tetrao
urogallus. *B* Psittacus. *C* Garrulus glanda-
rius (*B*—*C* nach GIEBEL 1858). *D* Schädel von Dendro-
copus major (Buntspecht) mit Zungenbein von links.
O. B.

Hyalhörner, sowie ihrer Aufhängung an der Ohrregion des Schädels den Amphibien
und Sauriern am ehesten an. Wie wir später finden werden, beteiligen sich an
der Bildung des sog. Schildknorpels des Säugerkehlkopfs der zweite und dritte
Kiemenbogen, was bei den erwachsenen Monotremen noch
zu erkennen ist. Da nun das dorsale Ende des ersten Branchialbogens mit dem des zweiten knorpelig verbunden ist,
so erhält sich bei den Säugern stets eine Verbindung zwischen dem hinteren Zungenbeinhorn, das aus dem ersten
Branchialbogen hervorgeht, und dem sog. vorderen Horn
des Thyreoidknorpels, sei es durch knorpeligen Zusammenhang (gewisse Carnivoren), sei es durch ein Band (siehe
Fig. 182). Der Zungenbeinkörper, der wohl nur einer Copula (doch fraglich, ob Basihyale) entspricht, bleibt meist
klein, gewöhnlich einer Querspange ähnlich. Zuweilen wird

Fig. 181.

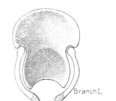

Zungenbein von Alliga-
tor (mississippiensis). Dorsalansicht.   O. B.

er durch Ausdehnung nach hinten mehr plattenartig; besonders ansehnlich manchmal bei solchen Affen, die einen unpaaren Kehlkopfsack zwischen Schild- und
Epiglottisknorpel entwickeln, der sich gegen den Zungenbeinkörper richtet und

ihn bei den Brüllaffen (Mycetes) zu einer großen hohlen Trommel aufbläht (ähnlich Fig. 182 A).

Das Hyalhorn ist bei den meisten Säugetieren (Fig. 182 B, C) viel länger als das hintere und dann gewöhnlich aus drei knöchernen Gliedern zusammengesetzt, die vom Körper an gewöhnlich als Cerato-, Epi- und Stylohyale bezeichnet werden, obgleich es mehr wie fraglich ist, ob sie mit den ähnlich benannten der Fische und Amphibien verglichen werden dürfen. Nicht selten bleibt jedoch das vordere Horn in seinem cranialen Teil ligamentös, so daß weniger Glieder, ja nur ein ventrales Ceratohyale sich finden (s. Fig. 182 A), ja schließlich (Mycetes) das ganze Horn durch Ligament vertreten sein kann. — Das craniale Ende des Vorder-

Fig. 182.

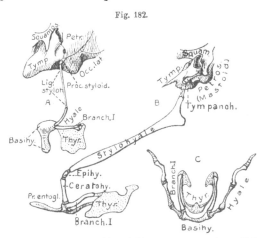

horns ist stets durch ein Band an der Ohrregion des Schädels, etwa auf der Grenze zwischen Tympanicum und Petrosum, aufgehängt (Figur 182 A, B). An dieser Stelle geht ein oberster Teil der Hyalbogenanlage in die knorpelige Ohrkapsel ein. Bei manchen Säugern erhält sich dieser Teil als ein knöcherner Fortsatz des Petrosum (sog. Tympanohyale Fig. 182 B, Processus styloideus der Affen und des Menschen), an dem sich das craniale Ende des Horns durch

Zungenbeine von Mammalia. *A* Macacus cynomolgus, linke Ohrregion des Schädels von außen mit anhängendem Zungenbein. Knorpel punktiert. *B* von Equus, ebenso wie Fig. *A*. *C* Canis von vorn. *Thyr.* Thyreoidknorpel des Kehlkopfs.   O. B.

ein kurzes, oder bei geringer Verknöcherung des Horns langes Ligament (L. stylohyoideum) befestigt (Fig. *A* u. *B*).

Das hintere oder Branchialhorn (auch Thyreohyale), das selten fehlt, entspringt stets dicht hinter dem vorderen, ist nur eingliederig und verwächst häufig knöchern mit dem Körper. Seine Befestigung am Thyreoidknorpel wurde schon oben hervorgehoben.

C. Skelet der unpaaren Flossensäume und der paarigen Extremitäten der Vertebrata.

Unpaare Flossen.

Bevor wir die paarigen Extremitäten und ihr Skelet besprechen, ist es nötig, die sog. unpaaren Flossensäume der primitiven Wirbeltiere zu schildern, da sie sowohl in ihrer physiologischen Bedeutung, als Hilfsorgane bei der Bewegung, wie auch in ihrem morphologischen Aufbau vielerlei Übereinstimmung mit den ursprünglichen paarigen Flossen zeigen. Es ist dies um so nötiger, als eine der Hypothesen, welche über die Herkunft der paarigen Extremitäten aufgestellt wurden, sie geradezu von, dem unpaaren Flossensaum ähnlichen, paarigen Säumen abzuleiten sucht.

Bei allen primitiven schwimmenden Wirbeltieren, Acraniern bis Fischen, ist solch ein unpaarer, sich in der Mittelebene des Körpers erhebender Flossensaum längs des Rückens in größerer oder geringerer **Ausdehnung** entwickelt; hinten umgreift er das Schwanzende und kann sich auch ventral bis zum After, ja noch darüber hinaus, fortsetzen. Sein Caudalteil ist in der **Regel** stärker ausgebildet und scheint auch zuerst aufgetreten zu sein, worauf die Ontogenie von Branchiostoma und der Cyclostomen hinweist. Dies hängt jedenfalls damit zusammen, daß der Caudalteil der unpaaren Flosse bei den primitiven Wirbeltieren das eigentliche Organ der Vorwärtsbewegung ist, die durch abwechselndes Schlagen des Schwanzes nach beiden Seiten zustande kommt. Die übrigen Teile der unpaaren Flosse haben dagegen hauptsächlich die Bedeutung, die senkrechte Stellung der mittleren Körperebene zu sichern, ähnlich dem Kiel der Schiffe. — Der Flossensaum ist eine Emporfaltung der Haut; er wird daher äußerlich von der Epidermis, innerlich von Bindegewebe gebildet, in welchem in der Regel stützende Skeletgebilde auftreten.

Der unpaare Flossensaum der Acranier (Fig. 80, 81, S. 176, Fig. 183) erlangt die ansehnlichste Ausdehnung, indem er als mäßig hohe Falte von der vorderen Körperspitze über den gesamten Rücken zieht, den Schwanz umgreifend, sich ventral nach vorn fortsetzt, indem er neben dem etwas linkseitig verschobenen After vorbeizieht, und erst am Porus branchialis endigt. — Die Ontogenie der Ganoiden, Dipnoer und Teleosteer scheint zu erweisen, daß die unpaare Flosse der Fische von einem acranier-ähnlichen Zustand ausging, der bei Dipnoi und Teleostei sogar den präanalen ventralen Teil noch erkennen läßt. Bei den Cyclostomen und den meisten Chondropterygiern dagegen reicht der dorsale Saum nicht über die Körpermitte nach vorn und der präanale fehlt (vgl. Fig. 184). Fast stets entwickelt sich jedoch der Caudalteil stärker zu einer Schwanzflosse, die jedoch, wie die von Branchiostoma, bei den Cyclostomen und Dipnoi mit dem Rücken- und Analteil noch kontinuierlich zusammenhängt, was auch bei gewissen Knochenfischen (z. B. Aalen und manchen anderen, s. Centronotus, Fig. 184[4]) sich erhält, wo der primitive kontinuierliche Saum dauernd verbleibt. — Auch dies erweist, daß die Abtrennung einer besonderen Caudalflosse bei den meisten Fischen, sowie die Auflösung des übrigen Saums in eine bis mehrere Rücken- und ventrale Analflossen durch Differenzierung des primitiven einheitlichen Saums entstand. Schon die Cyclostomen (speziell Petromyzon, Fig. 184[1]) zeigen zwei schwach erhobene, doch noch nahezu zusammenhängende Rückenflossen. Bei Chondropterygiern (Fig. 184[2]), Ganoiden und den meisten Knochenfischen (Fig. 184[3]) sind aus dem Dorsalteil eine bis einige gesonderte Rückenflossen entstanden, indem der übrige Teil des embryonalen Saums verkümmerte. Die Mannigfaltigkeit im einzelnen ist sehr groß; doch gibt es, wie bemerkt, auch nicht wenige Knochenfische, deren

Fig. 183.

Caudalflosse
Gallertpap.
Rück.mark
Myosept.
Aorta
Gallertpap.
Caudalflosse

Branchiostoma (Amphioxus). Schematischer Querschnitt durch den Schwanz. Bindegewebe schwarz. P. He.

einheitliche Rücken- und Analflosse sich fast in embryonaler Ausdehnung erhält
(Fig. 184⁴).

Eine bemerkenswerte Weiterbildung erfährt die für die Bewegung so wichtige
Caudalflosse. Bei den Acraniern, Cyclostomen und Dipnoern ist sie nur mäßig
entwickelt und dorsoventral ganz symmetrisch ausgebildet; wie man sagt: *diphycerk*.
Bei den Chondropterygiern (Fig. 184² u. Fig. 187) und Ganoiden entwickelt sich
ihr ventraler Saum stärker als der dorsale, indem sich gleichzeitig die Mittellinie des
Schwanzendes emporkrümmt; *heterocerke* Caudalflosse. Bei vielen Haien tritt dies
dadurch besonders hervor, daß das Vorderende des Ventralsaums in einen besonderen
Lappen auswächst, der an eine Anal-
flosse etwas er-
innert (Fig. 187,
S. 316). Auch die
Ganoiden zeigen
diesen Lappen er-
wachsen (Acipen-
ser) oder embryonal
recht deutlich. —
Die diphycerke Bil-
dung der Caudal-
flosse bei Polyp-
terus unter den
Ganoiden ist wahr-
scheinlich nicht
mehr die ursprüng-
liche, sondern aus
der heterocerken
wieder hervorge-
gangen.

Die Caudal-
flosse der Knochen-

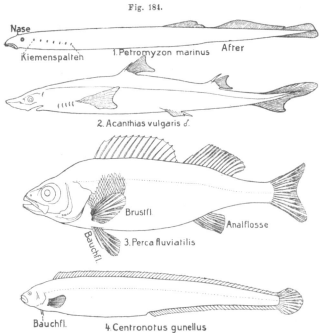

Fig. 184.

Zur Demonstration der unpaaren und paaren Flossen bei Cyclostomen und Fischen.
P. He.

fische geht ontogenetisch aus dem anfänglich diphycerken Zustand in den heterocerken über, um schließlich durch Reduktion des aufsteigenden Endteils des Schwanzes und starke Entwicklung des erwähnten Ventrallappens der heterocerken Flosse
äußerlich wieder völlig symmetrisch zu werden (*homocerk*, Fig. 184³). Ihre gewöhnlich tief gabelig eingeschnittene Schwanzflosse scheint so entstanden zu sein,
daß der erwähnte Ventrallappen der heterocerken Flosse dem Ventralsaum des
aufwärts gekrümmten Endlappens ganz gleich wurde. In anderen Fällen, wo die
Caudalflosse nicht gabelig ist (Fig. 184⁴), scheint. sie dagegen völlig aus dem
Ventrallappen hervorgegangen zu sein. Die ganz symmetrische Bildung des Caudal-
teils des kontinuierlichen Flossensaums der Aale dürfte wohl als eine Rückkehr
zu den primitiven ähnlichen Verhältnissen zu deuten sein.

Bei einem Teil der geschwänzten Amphibien blieb der unpaare Flossensaum des Rückens und Schwanzes erhalten und kommt ebenso dem Schwanz der Anurenlarven noch zu. — Ob dagegen der Rückenkamm, der sich bei gewissen Sauriern und Krokodilen findet, noch als eine Wiederholung des primitiven Flossensaums der Fische betrachtet werden darf, ist unsicher. Eher könnte dies noch für die dorsale und die Schwanzflosse der Ichthyosaurier vermutet werden. Die letztere war in weiterem Sinne gleichfalls heterocerk, jedoch insofern von umgekehrter Bildung wie die der Fische, als das hinterste Schwanzende abwärts gekrümmt und die Flosse daher hauptsächlich vom dorsalen Flossensaum gebildet war. Da sich jedoch bei den Sirenen und Cetaceen, in Zusammenhang mit der schwimmenden Lebensweise, eine Schwanzflosse entwickelte, welche sich schon durch ihre horizontale Ausbreitung als etwas Besonderes erweist, und sich bei den Cetaceen hierzu auch eine Rückenflosse gesellt, deren selbständiges Entstehen nicht zu bezweifeln ist, so wäre auch für die Ichthyosaurier eine unabhängige Hervorbildung der Flossen wohl möglich.

Skelet der unpaaren Flossen.

Die in den unpaaren Flossensaum der *Acranier* eingelagerten sog. Flossenkästchen (Cölomräume) mit ihren Gallertpapillen (Flossenstrahlen, s. Fig. 80, S. 176) dürften kaum in genetischer Beziehung zum Flossenskelet der Cranioten stehen. Auf jedes Segment finden sich etwa drei bis fünf solcher Kästchen.

Im unpaaren Flossensaum der *Cyclostomen* treten schon knorpelige, fadenartige, jedoch ziemlich unregelmäßige Stützgebilde auf (Flossenträger, bzw. Dornfortsätze, s. vorn Fig. 86, S. 180). Jedem Segment (Petromyzon) kommen meist vier zu, deren Distalenden sich wiederholt dichotomisch zerspalten. Sie ragen weit, bis gegen den freien Rand in den Flossensaum hinein, mit ihren proximalen Enden dagegen zwischen die dorsalen Partien der Seitenrumpfmuskeln. Während sie (Dorsalflosse) vorn ohne Verbindung mit den knorpeligen Neuralbogen sind, hängen sie hinten (Schwanzflosse) mit der dorsalen und ventralen Knorpelleiste, zu welcher die Bogen vereinigt sind, direkt zusammen.

Knorpelige Strahlen ähnlicher Art kommen den Fischen allgemein zu, gehen jedoch häufig in Ersatzknochen über und reichen meist nicht weit in den Basalteil der Flossen hinein, indem deren peripherer größerer Teil von besonderen accessorischen Stützgebilden durchzogen wird. Aus diesen Gründen werden diese knorpeligen oder knorpelig angelegten Strahlen gewöhnlich als *Flossenträger* bezeichnet.

Bei den *Knorpelfischen* (speziell Haien), deren Flossenträger knorpelig bleiben, dringen sie zuweilen noch ziemlich tief in die Flossen hinein und sind in der Regel gegliedert (meist dreigliederig, Fig. 185). Dieser Skeletapparat liegt entweder frei zwischen der Muskulatur, oder lehnt sich mit den proximalen Gliedern an die Dorsalbogen der Wirbel. Die freie Flosse wird von einer Menge feiner, selten verzweigter, sog. Hornfäden (Ceratotrichia) gestützt, die mesodermalen Ursprungs sind und sich wahrscheinlich elastischen Fasern nähern.

Die ursprünglichste Bildung dieses Skeletapparats zeigen wohl jene Haie, wo er aus zahlreichen gleichmäßigen, gegliederten Strahlen besteht (s. Fig. 185 A), die zu mehreren in jedem Segment auftreten, häufig, wie es scheint, in der Zweizahl, im Anschluß an die Bogen und Intercalaria. Sehr gewöhnlich tritt jedoch Verwachsung der proximalen und auch mehr distalen Glieder der aufeinander folgenden Strahlen auf, so daß sich einige, ja schließlich ein einziges großes Basalstück bilden kann, dem die unverwachsenen, oder weniger verwachsenen peripheren Strahlen aufgesetzt sind (s. Fig. 185 B).

Die proximalen Glieder scheinen den morphologischen Wert von Dornfortsätzen zu haben, was namentlich aus dem Bau der Caudalflossen hervorgeht, sowie aus ihrem Verhalten zur Wirbelsäule; sie finden sich nicht selten auch an Stellen, wo kein Flossensaum mehr besteht (Fig. 185 B). Dies Verhalten spricht für die mögliche Ableitung der Flossenträger von den Bogen und Intercalarien der Wirbelsäule durch Abgliederung, gegenüber der Meinung, welche sie als selbständig entstandene Skeletgebilde betrachtet, die erst nachträglich Anschluß an die Wirbelsäule erlangten. — Als accessorisches Gebilde gesellt sich bei gewissen Haien (Spinaciden, Cestraciontiden, ähnlich Holocephalen) dem Vorderrand der Rückenflossen ein ansehnlicher Knochenstachel (ein modifizierter Hautzahn) zu, der von einer größeren Knorpelplatte verwachsener Flossenträger gestützt wird. Solche Stacheln sind auf Placoidschuppenbildungen rückführbar und können bei den Rochen, deren unpaare Flossen stark reduziert sind, am Schwanz auch isoliert auftreten (Stachelrochen).

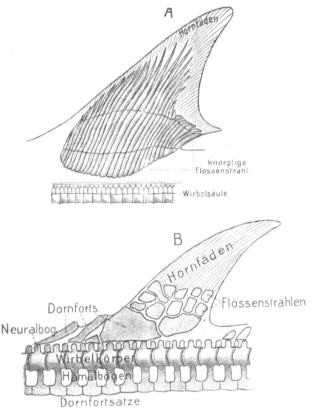

Fig. 185.

Rückenflosse von Knorpelfischen. Linkseitige Ansicht. *A* Zygaena malleus. *1*. Rückenflosse. (Nach MIVART 1879.) *B* Squatina laevis. P. He.

Von den übrigen Fischen schließen sich die *Dipnoer* den Chondropterygiern insofern zunächst an, als ihr freier Flossensaum noch durch hornfädenartige, jedoch zellenhaltige Gebilde gestützt wird (sog. Camptotrichia). Diese werden ihrerseits wieder von zweigliederigen, äußerlich verknöcherten Flossenträgern getragen, deren distale Glieder bis in die Flossenbasis eindringen. Das proximale Glied jedes Trägers schließt sich dem Distalende je eines der langen Dornfortsätze der Neural- oder Hämalbogen an, so daß also auf jedes Segment nur ein Flossenträger kommt und die eventuelle Abgliederung der Träger von den Dornfortsätzen hier recht plausibel erscheint.

Dieselben Verhältnisse kehren bei den *Ganoiden* und *Knochenfischen* wieder, indem sich im Bereich der Flossensäume an jeden Dornfortsatz ein verknöcherter Träger anschließt. Doch treten bei Knochenfischen (ebenso Acipenser) nicht selten streckenweise auch zwei, sogar drei Träger zwischen je zwei Dornfortsätzen auf, und die Träger breiten sich häufig auch über flossenfreie Partien der Rücken- und Bauchkante aus. — Jeder Träger besteht in der Regel aus zwei Gliedern, von denen das proximale stets lang ist und sich bei den Teleosteern zwischen die aufeinander folgenden Dornfortsätze hineinschiebt (Fig. 186 *B*). Das distale Glied bleibt dagegen sehr kurz und ragt wenig in die Flossenbasis hinein.

Während diese kleinen distalen Glieder der Flossenträger bei den Ganoiden noch gesondert bleiben (Fig. 186 *A*), verwachsen sie bei den Knochenfischen in der Regel mit den Enden der großen proximalen Glieder in winkeliger Stellung (s. Fig. 186 *B*). Zwischen je zwei solcher Endglieder gelenkt die zu einer Art Gelenkkopf verbreiterte Basis eines Flossenstrahls.

Embryonal wird auch die Flosse der Teleosteer von Hornfäden (Actinotrichia) gestützt, die sich in gewissen Flossen (Fettflosse der Salmoniden), sowie am fortwachsenden Flossenrand dauernd erhalten können. Sonst werden sie später durch die Bildung hautknöcherner Flossenstrahlen (Lepidotrichia)

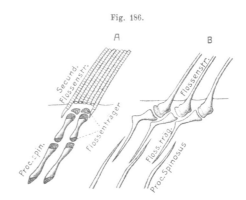

Fig. 186.

Flossenträger und knöcherne Flossenstrahlen der Rückenflosse. Linkseitige Ansicht. *A* von **Acipenser sturio**. *B* von **Gadus morrhua.**   P. He.

verdrängt. Diese knöchernen, wohl von Knochenschuppen ableitbaren Flossenstrahlen durchziehen also hier die freien Flossen und reihen sich als Verlängerung je an das Distalende eines Flossenträgers an. Da der Flossensaum durch Emporfaltung der Haut entsteht, so erscheint es verständlich, daß jeder knöcherne Flossenstrahl doppelt angelegt wird, nämlich von der rechten und linken Hautlamelle der Flosse. An den ursprünglicheren, gegliederten, oder sog. weichen Flossenstrahlen (Fig. 186 *A*, Fig. 187 *B*), wie sie die Ganoiden besitzen, die Knochenfische stets in der hinteren Region der unpaaren Flossen, erhält sich die Zusammensetzung aus zwei Hälften dauernd (s. Fig. 187 *C*). Diese weichen Flossenstrahlen zerschlitzen sich distal in mehr oder weniger sekundäre Strahlen und sind ferner, Basalstrahl wie sekundäre, aus zahlreichen einzelnen Knochenstückchen gliederig aufgebaut.

Bei den Teleosteern werden der erste, oder eine verschieden. große Zahl (Acanthopterygii) der ersten Rücken- und der Analflossenstrahlen zu ungegliederten, einheitlichen und nicht zerschlitzten, sog. *harten* Strahlen (Fig. 184 [3], S. 312), die auch gelegentlich isoliert vor den Flossen auftreten können (z. B. Stichling).

Caudalflosse. Das Skelet der Schwanzflosse zeichnet sich im allgemeinen dadurch aus, daß in seinem Bereich keine eigentlichen Flossenträger vorkommen, sondern nur dorsale und ventrale Bogen mit zugehörigen Dornfortsätzen, weshalb sich die Hornfäden oder. die knöchernen Flossenstrahlen direkt an die Dornfortsätze anschließen. Nur in der Vorderregion des ventralen Schwanzflossenlappens lassen sich zuweilen (z. B. Acipenser, Fig. 188 *B*) Reste knorpeliger Flossenträger unterscheiden.

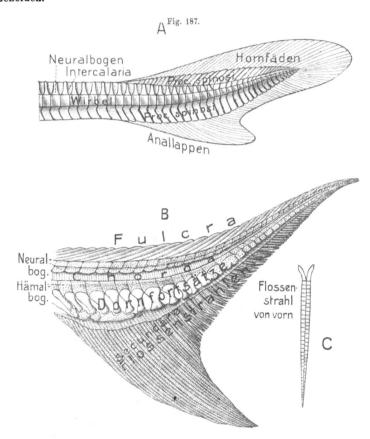

Caudalflosse. Linksseitige Ansicht. *A* von **Acanthias vulgaris**. *B* von **Acipenser sturio**. Knorpel punktiert und dunkel. Die Basen der Strahlen sind linkseitig abgeschnitten, um die Hämalbogen zu zeigen. *C* ein knöcherner Flossenstrahl des Acipenser von vorn.   P. He.

In der diphycerken Schwanzflossenregion der Dipnoi verhält sich das Skelet dorsal und ventral völlig symmetrisch.

In der heterocerken Caudalflosse der Chondropterygier und Ganoiden entwickeln sich dagegen die Dornfortsätze der Hämalbogen viel ansehnlicher als die der Neuralbogen, was mit der starken Entfaltung des ventralen Flossensaums zusammenhängt (Fig. 187). Die Aufwärtsbiegung des hinteren Endes der Wirbelsäule, die in den Dorsallappen der heterocerken Flosse reicht, wird bei den

Ganoiden (abgesehen von Polypterus) im allgemeinen viel stärker als bei den Haien. In der homocerken Schwanzflosse der Knochenfische erlangt sie schließlich ihr Extrem, indem gleichzeitig das stark aufwärts gekrümmte Ende der Wirbelsäule sehr verkümmert (Fig. 188). Übergangszustände zu den Ganoiden zeigen zum Teil noch die Physostomen, da ihre hintersten Wirbel noch aufwärts gekrümmt sind (Fig. 188 *A*). An den letzten Wirbel schließt sich ein schief aufsteigender Knorpelfaden an, der das hinterste Chordaende umhüllt. Diesem verkümmerten Wirbelsäulenende setzen sich ventral einige Dornfortsätze an, die zu den reduzierten Wirbeln gehören, und die Dorsalhälfte der Schwanzflosse stützen, während deren ventrale Hälfte von den besser entwickelten Dornfortsätzen (samt den damit verwachsenen Resten der Hämalbogen) der hintersten Schwanzwirbel gebildet wird. Einige paarige Knochenstückchen, welche die hintersten Wirbel und den Knorpelfaden dorsal bedecken (*x, y, z*), dürfen wohl als Reste hinterster Neuralbogen betrachtet

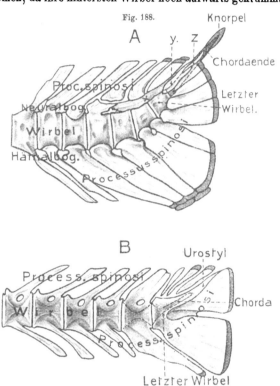

Fig. 188.

Skelet der Caudalflosse von Teleosteern. Linkseitige Ansicht. Knorpel dunkel. *A* Thymallus thymallus. *x, y, z* Neuralbogen verkümmerter hinterer Wirbel. *x* aus Verwachsung solcher Bogen hervorgegangen. Chordaende schraffiert, von Knorpel umgeben, seine Fortsetzung bis zum letzten Wirbel punktiert angegeben. *B* Cottus gobio. Chordaende im sog. Urostyl und dem hintersten Wirbel in punktiertem Umriß angegeben. (Nach Lotz 1864.) P. He.

werden, deren Dornfortsätze abgelöst sind (s. Fig. 188 *A*).

Bei anderen Physostomen, sowie den Physoclysten, verwachsen diese Reste der hintersten dorsalen Bogen mit dem letzten Wirbel zu einem schief aufsteigenden knöchernen Fortsatz desselben (sog. Urostyl, Fig. 189 *B*), in welchem das Chordaende eingeschlossen ist. — Während ursprünglich eine ansehnliche Zahl ventraler Dornfortsätze und eine geringe dorsaler an dem Aufbau der Caudalflosse teilnehmen, reduziert sich bei vielen Knochenfischen die Zahl der ventralen, heterocerk emporgerichteten Dornfortsätze sehr, indem sie zu größeren Platten verschmelzen, so daß sich häufig je eine einzige solche Platte für den dorsalen und

ventralen Lappen findet (Fig. 189 B). Auch diese beiden können schließlich zu einer
einzigen verwachsen. Indem diese Platte klein wird und sich gleichzeitig der
sog. Urostyl reduziert, oder mit der Platte verwächst, während der dorsale und
ventrale Schwanzflossensaum sich stärker nach vorn ausdehnen, kann bei manchen
Knochenfischen sekundär ein Schwanzflossenskelet, sowie ein Hinterende der Wirbelsäule ausgebildet werden, das wieder ganz symmetrisch erscheint (z. B. bei
Aalen usw.), welches jedoch sicher durch Umbildung aus dem homocerk asymmetrischen Zustand der ursprünglichen Teleosteer hervorgegangen ist.

Paarige Extremitäten der Vertebrata.

Die paarigen Extremitäten haben sich zweifellos erst im Phylum der Vertebrata
selbst hervorgebildet und stehen in keiner phylogenetischen Beziehung zu den Extre-
mitätenbildungen der Gliederwürmer und Arthropoden. Dies folgt schon daraus, daß
die Acranier sicherlich nie Extremitäten im Sinne der höheren Wirbeltiere besaßen;
weiterhin jedoch auch aus dem Umstand, daß die Wirbeltierextremitäten, im Gegensatz zu denen der Gliederwürmer und Gliederfüßer, ganz unabhängig von der Segmentation sind, d. h. regelmäßig nur in zwei Paaren auftreten; keinerlei Anzeigen
sprechen dafür, daß je mehr vorhanden waren, oder daß eine Beziehung zur Segmentation bestand. Der Extremitätenmangel der Cyclostomen dagegen dürfte wahrscheinlicher auf Rückbildung beruhen, wie sie bei höheren Vertebraten recht häufig
eintrat; etwaige Beweise aus der Ontogenie fehlen jedoch.

Die ursprünglichsten paarigen Extremitäten, wie sie den *Fischen* zukommen,
sind einheitliche, ruderartige Flossenbildungen (Pterygien), welche in ihrem allgemeinen Bau, namentlich auch ihrem Skelet, große Ähnlichkeit mit den unpaaren Flossensäumen besitzen. Dicht hinter den Kiemen, auf der Grenze von
Kopf und Rumpf, entspringen die vorderen Extremitäten oder *Brustflossen*, die
stets größer werden als die hinteren, die *Bauchflossen*, welche bei allen ursprünglichen Fischen (Chondropterygier bis Physostomen) am Hinterende des Rumpfes,
dicht vor dem After stehen. Sekundäre Rückbildung der Bauchflossen, ja der
beiden Extremitätenpaare, trat zuweilen bei Knochenfischen (z. B. Aalen) ein.

Die Ontogenie ergab einige interessante Aufschlüsse, welche auf die mögliche
phylogenetische Herleitung der Extremitäten Licht werfen. Die Anlagen der paarigen
Flossen treten nämlich als paarige Längsleisten der seitlichen Rumpfregion auf,
deren Erhebung ursprünglich vom Mesoderm ausgeht, die jedoch später auch durch
eine Epidermiswucherung auf ihrem freien Rand (Epithelfalte) verbreitert werden.
Diese Längsleisten springen anfänglich ganz horizontal am Rumpf vor. — Von
besonderer Bedeutung ist, daß sie sich über eine größere Zahl von Körperseg-
menten erstrecken, ja, wenn die fertigen Flossen sehr groß werden (z. B. Brustflossen der Rochen), über eine sehr große. Da nun auch die Muskeln und Nerven
der paarigen Flossen von einer größeren Anzahl Segmente geliefert werden, so
beweist dies die schon erwähnte Unabhängigkeit der Extremitäten von der Segmentation, bzw. ihr Hervorgehen aus einer über mehrere Segmente sich erstreckende Region.

Die frühere Vermutung, daß die Leisten der vorderen und hinteren Extremitäten jeder Seite kontinuierlich zusammenhingen, hat sich nicht bestätigt; nur Torpedo zeigt einen solchen Zusammenhang, welcher durch die zwischen den Extremitätenanlagen sich fortsetzende Epithelfalte hergestellt wird. Immerhin erstrecken sich jedoch die Leisten längs des Rumpfs meist über eine viel längere Strecke als die fertigen Flossen, so daß die Flossenanlagen sich viel näher treten als die ausgebildeten Extremitäten. Wenn es daher auch nicht sicher erweisbar scheint, daß die paarigen Flossen jeder Seite das Differenzierungsprodukt eines ursprünglich einheitlichen Flossensaums sind, analog etwa, wie die unpaaren Einzelflossen aus dem kontinuierlichen medianen Saum hervorgingen, so ist doch wohl möglich, wenn nicht wahrscheinlich, daß sie phylogenetisch auf diese Weise entstanden In dieser Hinsicht ist besonders interessant, daß schon bei den Acraniern jederseits an den seitlichen ventralen Rumpfkanten eine vorspringende Längsfalte von der Mundregion bis zum Porus branchialis zieht, die sog. Metapleuralfalten (Fig. 81, S. 177). Es erscheint nicht unmöglich, daß diese Falten der Acranier ein Homologon des Faltenpaars darstellen, aus welchem die paarigen Flossen hervorgingen.

Durch Auswachsen der leistenförmigen Anlage entwickelt sich allmählich die Form der fertigen Flosse, wobei an Brust- wie Bauchflossen der kopfwärts gerichtete Rand der Leiste fast stets stärker wächst als der hintere oder caudalwärts schauende, woraus die in der Regel etwas trapezförmige bis dreieckige Gestalt der fertigen Flossen resultiert (Fig. 184, S. 312). Die besondere Form der Dipnoerflossen wird später besprochen werden.

Die ursprünglich ganz horizontal verlaufende Ursprungslinie der Flossen am Rumpf erhält sich bei manchen Chondropterygiern fast unverändert, was namentlich für die ungemein großen und langen, zu flügelartigen Körperverbreiterungen auswachsenden Brustflossen der Rochen gilt. Schon bei den Haifischen, deutlicher bei Ganoiden und Teleosteern, tritt eine Verschiebung der horizontalen Ursprungslinie hervor, besonders an den Brustflossen. Die Ansatzlinie richtet sich schief auf, so daß sie von unten und hinten schief nach vorn und oben zieht, sogar nahezu vertikal werden kann (vgl. Fig. 184). Gleichzeitig verändert sich auch die ursprünglich horizontale Stellung der Flossenplatte selbst, indem sie sich in ihrer Ruhelage aufrichtet, d. h. ihre ursprüngliche Dorsalfläche der Körperseite mehr oder weniger anlegt. — Die Bauchflosse zeigt gewöhnlich eine geringere Lageveränderung ihrer Ansatzlinie, die annähernd horizontal verläuft, oder schwach geneigt im Sinne der Brustflosse. Die Haltung der Bauchflosse im Ruhezustand ist der der Brustflosse entgegengesetzt, sie ist nicht aufgerichtet, sondern abwärts gesenkt (Fig. 184).

Diese Verschiedenheit in der Stellung und Haltung der beiden paarigen Extremitäten hängt jedenfalls enge mit ihrer Funktion zusammen. Die eigentliche Vorwärtsbewegung der Fische geschieht mit der Schwanzflosse, wie schon früher hervorgehoben wurde. Die paarigen Flossen werden gewöhnlich als Organe zur Erhaltung des Gleichgewichts betrachtet; doch geht ihre Funktion jedenfalls noch weiter. Die ansehnlicheren Brustflossen müssen bei ihrem schief von oben nach abwärts und etwas nach vorn gerichteten Schlag die Vorwärtsbewegung hemmen können, aber auch Rückwärtsbewegungen hervorrufen; andrerseits werden sie auch den Vorderteil des Fisches heben und so das Aufwärtsschwimmen begünstigen. Die Bauchflossen dagegen scheinen in mancher Hinsicht wie Antagonisten der

Brustflossen zu wirken, namentlich für schiefes Abwärtsschwimmen, können aber durch geeignete Bewegungen wohl auch die Brustflossen unterstützen.

Wir fanden, daß die Bauchflossen der ursprünglichen Fische weit hinten, dicht vor dem After stehen (Fig. 184 [2]). Auch die Ontogenie erweist daß dies ihre ursprüngliche Stellung ist. Bei der großen Abteilung der Physoclysti unter den Knochenfischen ist jedoch, mit wenigen Ausnahmen, eine weite Vorwärtsverlagerung der Bauchflossen eingetreten, bis nahe an, oder zwischen die Brustflossen (brustständig, s. Fig. 184 [3]), ja zuweilen sogar noch vor die Brustflossen (kehlständig, Fig. 184 [4]). Ermöglicht wird diese, von besonderen Wachstumsprozessen hervorgerufene Wanderung auch dadurch, daß die Ansatzlinien der Bauchflossen stets dicht neben der ventralen Mittellinie des Körpers stehen, während die der Brustflossen den Seitenlinien des Körpers genähert sind. — Auf die zahlreichen eigentümlichen Formmodifikationen der Flossen (z. B. bei fliegenden Fischen, Umbildung der Bauchflossen zu Haftorganen usw.) kann nicht näher eingegangen werden.

Skelet der paarigen Flossen.

Entsprechend den unpaaren Flossen zeigen auch die paarigen ein Skelet doppelter Art. Einmal knorpelige (auch verknöchernde) Skeletgebilde, die jedoch nur den Basalteil der Flosse stützen, und ferner Stützgebilde des peripheren Flossensaums, welche wie die der unpaaren Flossen bei den Chondropterygiern und Dipnoern von Hornfäden, bei den Ganoiden und Teleostei von hautknöchernen Flossenstrahlen gebildet werden. Letztere sind in der Regel weiche, gegliederte Strahlen; nur der vordere längere Flossenrand wird häufig von einem harten Strahl gestützt.

Das knorpelig angelegte Flossenskelet läßt selbst wieder zwei Abschnitte unterscheiden. Erstens einen peripheren, ursprünglich stets dem Basalteil der eigentlichen Flosse eingelagerten und mit ihr beweglichen Abschnitt und zweitens einen im Körper eingelagerten, in dessen Muskulatur mehr oder weniger eingebetteten, welcher dem ersteren zur Stütze und Anheftung dient. Letzterer Skeletabschnitt wird als *Gürtel* (Zonoskelet) bezeichnet und an der vorderen Extremität Brust- oder Schulter-, an der hinteren Beckengürtel genannt.

Flossenskelet der Chondropterygier. Bevor wir die Ansichten über die mögliche phylogenetische Entstehung des paarigen Flossenskelets betrachten, wird es angezeigt sein, als Beispiel seiner einfachen Gestaltung das der *Chondropterygier* etwas näher zu betrachten, wobei wir mit den Gürteln beginnen. — Entsprechend der bedeutenderen Größe der Brustflossen ist auch der *Schultergürtel* viel ansehnlicher als der Beckengürtel. Er besteht bei *Selachiern* und *Holocephalen* ursprünglich aus zwei Bogenhälften, die dicht hinter dem hintersten Kiemenbogen, ziemlich oberflächlich liegen und in der ventralen Mittellinie zusammenstoßen, selten hier noch gesondert, meist miteinander verwachsen (Fig. 189 Mustelus, Squatina). Das Dorsalende jeder Bogenhälfte läuft verschmälert aus und steht nicht in Verbindung mit der Wirbelsäule oder dem Schädel. Etwa in der Mitte ihrer Höhe gelenkt an jeder Bogenhälfte das freie Flossenskelet an einer nach hinten und außen schauenden Leiste, die auch einige vorspringende Gelenkhöcker bildet. Diese Gelenkstelle läßt einen dorsal von ihr gelegenen, *scapularen* Teil jedes Schultergürtelbogens von einem ventralen, *coracoidalen* Teil unterscheiden. Etwa auf der Höhe des Gelenks findet sich auf der Medianseite ein kleines Loch (*e*), in welches ein Nerv eintritt, der sich beim Verlauf im Gürtel in zwei Äste teilt, von denen der obere, der für die Dorsalfläche der Flosse bestimmt ist, auf der Außenseite etwas über der Gelenkstelle austritt (*o*),

der untere, zur ventralen Flossenfläche gehende, etwas unter derselben (*u*) auf der Außen- oder Hinterseite des Gürtels.

Der Schultergürtel der *Rochen* (Fig. 190, Raja von außen) ist niederer geworden und steht mit seinem scapularen Teil zuweilen durch Band oder Gelenk mit der Wirbelsäule in Verbindung. Durch die Erweiterung der bei den Haien erwähnten Nervenkanäle (*e, o, u*), welche durch Einlagerung von Muskeln hervorgerufen wird, bzw. auch durch deren Zusammenfluß und den Zutritt weiterer Durchbrechungen, wird die Form des Rochenschultergürtels zuweilen recht eigentümlich.

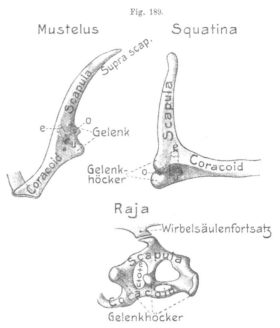

Fig. 189.

Schultergürtel von Chondropterygii. Mustelus, linke Schultergürtelhälfte von außen. Squatina, linke Schultergürtelhälfte von hinten. Raja, linke Schultergürtelhälfte von außen. *e* Eintrittsloch des Flossennervs, *o* und *u* oberes und unteres Austrittsloch desselben. Kanalverbindung dieser Löcher punktiert angedeutet. Bei Raja sind die erweiterten Löcher zusammengeflossen.   É. W.

Wie erwähnt, bleibt der *Beckengürtel* fast stets viel schmächtiger (Fig. 191). Eine Ausnahme bildet der eigentümliche, sehr primitive Hai Chlamydoselache mit langem und breitem, plattenförmigem Gürtel (s. Fig. 190). Nur bei den Holocephalen (Fig. 191) und Rochen (Fig. 191) besitzt er den dorsalen, über die Gelenkstelle aufsteigenden Fortsatz (*Ileum*)[1], der dem Schultergürtel regelmäßig zukommt; bei den Squaliden ist dieser Fortsatz völlig oder fast völlig verkümmert (Fig. 191). Die Gelenkstelle für das freie Flossenskelet liegt daher im letzteren Fall am äußeren Ende jeder Beckenhälfte, die meist nur schwach aufwärts gekrümmt ist, und mit der der anderen Seite fast stets zu einer queren Knorpelspange verwächst. — Der ventral von der Gelenkstelle liegende Beckenabschnitt wird *Ischiopubis* genannt, aus Gründen, die sich später ergeben werden. Nur bei den Holocephalen

---

[1] Richtiger »*Ilium*«; da die Bezeichnung »Ileum« jedoch auf den Figuren verwendet war, so wurde sie auch im Text benutzt.

und wenigen Haien hat sich die Sonderung beider Beckenhälften erhalten, ein
primitiver Zustand, ebenso wie die Bildung eines dorsalen Beckenfortsatzes; denn
die Ontogenie der Selachier erweist, daß·
dieser Beckenteil erst während der Entwicklung allmählich zurücktritt. — In der Gelenkgegend wird der Knorpel von ein bis
mehreren Nervenkanälchen durchsetzt. Etwas unterhalb der Gelenkstelle entspringt
häufig ein schwacher, nach auswärts und
abwärts gerichteter Fortsatz (sog. *Präpubisfortsatz*), der bei den Rochen zuweilen recht
ansehnlich wird (Fig. 191 Raja).

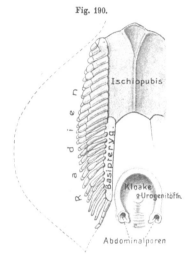

Fig. 190.

Chlamydoselache anguineus. Becken
mit Skelet der rechten Bauchflosse von der
Ventralseite. Umriß der Bauchflosse gestrichelt.
Gleichzeitig die Cloake mit ihren Öffnungen eingezeichnet. (Nach GARMAN 1885.) O. B.

Das *freie Flossenskelet* hat in der kleineren Bauchflosse ursprünglichere Verhältnisse bewahrt, wie diese ja überhaupt dem
ursprünglichen Zustand ähnlicher bleibt. Wir
beginnen deshalb mit der Betrachtung ihres
Skelets (Fig. 192). Es wird gebildet von
einem längs der basalen Ansatzlinie hinziehenden Knorpel (Basalknorpel, Basipterygium), der vorn am Becken gelenkt, und an
dessen Hinterrand sich als Verlängerung
zuweilen noch einige kleinere Knorpelchen anschließen. Dem Außenrand dieses
Basipterygiums sind zahlreiche, schief nach außen und hinten gerichtete Knorpel-
strahlen angefügt, die bei den
Haien (Fig.: Scyllium, Mustelus) auf eine gewisse Strecke
in den freien Flossensaum eintreten; bei den Rochen (Raja)
durch den ganzen Saum ziehen.
Diese Flossenradien sind gegliedert; bei den Haien meist
nur zwei- bis wenigliederig,
bei den Rochen dagegen mehr-
bis vielgliederig und hier auch
häufig mit dichotomisch verzweigten peripheren Enden. —
Der vorderste Randstrahl ist
zuweilen stärker entwickelt;

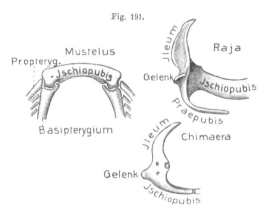

Fig. 191.

Becken von Chondropterygiern. Mustelus von Dorsalseite.
Raja und Chimaera rechte Hälfte von vorn.   E. W.

auch sind nicht selten die proximalen Glieder einiger der vordersten Radien zu
einem größeren Knorpelstück verschmolzen (sog. Propterygium, s. Scyllium, Mustelus, Chimaera); dieses kann dann, wie der stärker entwickelte vordere Randstrahl,
direkt am Beckengürtel gelenken.

Eine eigentümliche Bildung zeigt die Bauchflosse des in vieler Hinsicht sehr primitiven Haies Chlamydoselache (s. Fig. 190), da eine bedeutende Anzahl der zahlreichen Radien an der langen Beckenplatte inserieren. — Sowohl für die phylogenetische Ableitung der Extremitäten aus ursprünglichen Flossensäumen, als auch der Gürtel und Radien, dürfte dies Verhalten bedeutsam sein.

Fig. 192.

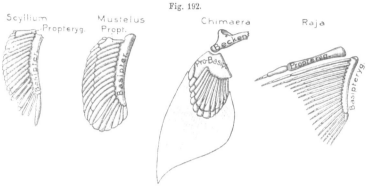

Skelet der rechten Bauchflosse von Chondropterygiern von der Ventralseite. Bei Chimaera ♀ die Umrisse der Flosse und die Hornfäden eingezeichnet (z. T. nach GEGENBAUR 1870). E. W.

Bei den Männchen der Chondropterygier wächst der Innenrand der Bauchflosse zu einem als Begattungsglied dienenden Organ aus, in welchem sich ein aus Knorpelradien hervorgehendes eigentümliches Skelet entwickelt. Hierauf soll erst bei den Geschlechtsorganen näher eingegangen werden.

Fig. 193.

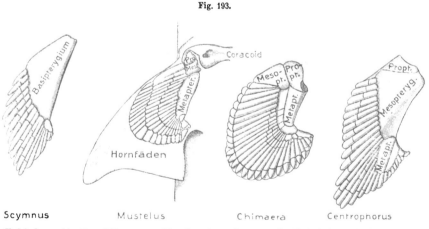

Skelet der rechten Brustflosse von Chondropterygiern von der Ventralseite. Bei Mustelus die Umrisse der Flosse nebst Hornfäden eingezeichnet (z. T. nach GEGENBAUR 1865 und 1870). E. W.

Das Bildungsprinzip des *Brustflossenskelets* ist im allgemeinen das gleiche. Bei den *Haien* (Fig. 193) findet sich längs der basalen Ansatzlinie der Flosse ebenfalls ein ansehnlicher Basalknorpel (*Metapterygium*), der am Schultergürtel gelenkt. Bei gewissen Formen (Scymnus) können alle Knorpelradien der freien Flosse diesem einzigen Basalknorpel (Basipterygium) angefügt sein (doch könnte

21*

dies möglicherweise auch auf sekundärer Verschmelzung mehrerer ursprünglicher Basalknorpel beruhen). Mit der ansehnlicheren Entfaltung der Flosse, auch nach vorn, gelangen meist eine größere Zahl Knorpelradien zu direkter Anheftung am Gürtel. Der vorderste Radius, namentlich sein Basalglied, ist auch in der Brustflosse in der Regel stärker, und gelenkt dann als sog. *Propterygium* am Gürtel, ist jedoch wohl zuweilen aus einigen verwachsenen proximalen Radiengliedern hervorgegangen. Gewöhnlich verschmelzen ferner die Basalglieder einer Anzahl auf den ersten Radius folgender zu einem kleineren bis recht ansehnlichen dritten Basalknorpel, der sich als *Mesopterygium* zwischen Pro- und Metapterygium an den Schulter-

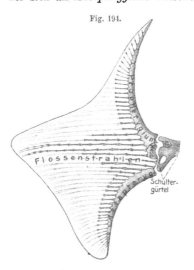

Fig. 194.

Flossenstrahlen

Schulter-
gürtel

Raja (pagenstecheri). Skelet der linken Brustflosse von der Dorsalseite. Es setzen sich 4 Flossenstrahlen direkt an den Schultergürtel, nicht nur
zwei, wie hier gezeichnet. E. W.

gürtel schiebt (s. Mustelus, Centrophorus). — Die Knorpelradien können wenig- bis mehrgliederig sein. Besonderes Interesse besitzt ihr Verhalten am hinteren freien Innenrand der Flosse. Wenn dieser, wie es bei Selachiern häufig ist, sich gegen die Medianlinie des Körpers verbreitert, so rücken die hinteren Knorpelradien mehr oder weniger um das Hinterende des Metapterygiums herum und auf dessen hinterer Medianseite sogar etwas nach vorn (Centrophorus). Der hinterste Teil des Flossenskelets erhält so, in bezug auf den Radienbesatz, einen sog. *biserialen* Charakter, im Gegensatz zu dem Hauptteil, in dem die Knorpelradien nur einreihig, außen am Basalknorpel stehen. An solchen, zur Biserialität neigenden Flossenskeleten erlangt zuweilen ein Radius, der in die Verlängerung des Metapterygiums fällt, etwas größere Stärke und setzt letzteres gewissermaßen fort.

Mancherlei Concrescenzen von Gliedern benachbarter Radien treten nicht selten auf (vgl. Fig. 193 Chimaera); ebenso kann wohl gelegentlich dichotomische Teilung einzelner Radien eine Rolle spielen, was ja bei den Rochen peripher gewöhnlich vorkommt.

Die *Brustflossen der Rochen* (Fig. 194) sind flügelartig so ansehnlich vergrößert, daß sie vorn bis in die vordere Kopfregion, hinten bis nahe an die Bauchflossen reichen. Schon bei einigen haiartigen Formen (Squatina z. B.) findet sich der Beginn einer solchen Vergrößerung. Damit hat sich auch das Flossenskelet stark verändert; die Zahl der Radien wurde nach hinten und vorn sehr vermehrt; sie sind ferner sehr lang, vielgliederig und, wie gesagt, peripher meist dichotomisch verzweigt. Das Metapterygium ist sehr verlängert, und hinten sind ihm mehr oder weniger ähnliche Basalknorpel als Verlängerung angefügt. Ein mäßig großes Mesopterygium ist vorhanden, aber an Stelle des Propterygiums findet sich ein, bis eine Reihe ansehnlicher Basalknorpel, welche dieselbe Rolle spielen wie die Metapterygialknorpel in der hinteren Flossenhälfte. Die vordersten Propterygial-knorpel verbinden sich durch Band mit einem vom Präorbitalfortsatz des Knorpel-schädels abgegliederten sog. »Schädelflossenknorpel«, womit die große Flosse vorn am Schädel eine Stütze findet (s. vorn S. 231).

Nachdem wir so die Grundzüge des Skeletaufbaus der paarigen Chondropterygierflossen kennen lernten, können wir einige Worte über ihre mögliche phylogenetische Herleitung hinzufügen, welche dann natürlich auch für die paarigen Extremitäten der Wirbeltiere über-haupt gilt. — Die Ontogenie lehrt, daß nicht nur bei den Chondropterygiern, sondern den Fischen überhaupt, das gesamte Skelet (Gürtel- und Flossenskelet) im Vorknorpelstadium durch eine einheitliche Gewebsanlage gebildet wird. Schon vor Eintritt der Verknorpelung sprossen die Anlagen einiger Flossenradien aus der in die Flossenleiste reichenden Gewebsmasse hervor, und zwar successive in cranio-caudaler Richtung. Später tritt eine sekundäre Vermehrung von Radien auch am Vorderrand der Flossenleiste auf, was namentlich bei den großen Rochen-

Fig. 195.

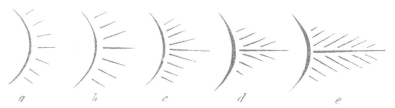

a b c d e

Schemata zur Erläuterung des Ableitungsversuchs des Extremitätenskelets von einem Kiemenbogen. a, b, c, d linke Kiemenbogenhälften von Selachiern mit allmählicher Annäherung der Kiemenstrahlen an das Archipterygiumskelet. e Schultergürtel mit Archipterygium (aus GEGENBAUR 1898).

flossen sehr auffällt; es sind dies die späteren meso- und propterygialen Radien. Die Ver-knorpelung erfolgt für den Gürtel und den Basalknorpel gesondert, doch treten sie später bei der Gelenkkapselbildung in knorpelige Verbindung. Die Radien können successive ge-sondert verknorpeln, oder sich auch von der knorpeligen Anlage des Basalknorpels abgliedern; die drei Basalknorpel der Brustflossen treten in der gemeinsamen vorknorpeligen Anlage ge-sondert auf.

Über die phylogenetische Entstehung der Extremitäten wurden zwei Hypothesen ent-wickelt, von welchen die eine das Schwergewicht auf die Skeletgürtel und ihre Ähnlichkeit mit den Visceralbogen legt, die zweite dagegen auf das Skelet der freien Flosse und seine Ähnlichkeit mit dem der unpaaren Flossen. Nach der ersten Hypothese (GEGENBAUR) sollen die Gürtel modifizierte Visceralbogen sein und die Knorpelradien der freien Flosse sich von knorpeligen Kiemenbogenstrahlen ableiten, in einer Weise, wie sie sich aus der schematischen Figur 195 leicht ergibt. Die biseriale Ausbildung des Flossenskelets (sog. Archipterygium, $d—e$) wäre also nach dieser Hypothese das Ursprüngliche, die uniseriale das Sekundäre, wo-für die Verhältnisse bei fossilen Haien (Xenacanthidae, s. Fig. 196) angeführt werden.

Die Schwierigkeiten, welche dieser Hypothese entgegenstehen, sind: 1. die Unwahr-scheinlichkeit, daß der ursprünglich in der Aftergegend auftretende Beckengürtel mit einem Visceralbogen etwas zu tun haben sollte, sowie die schwache Begründung dieser Homologie überhaupt, welche nicht über eine allgemeine Formähnlichkeit hinausgeht; 2. die horizontale Leistenform der ursprünglichen Flossen, während die Hypothese eine schief aufgerichtete Stellung als die ursprüngliche verlangte; 3. die Erstreckung der Flossenanlagen über eine größere Anzahl Segmente, was nicht nur für Muskulatur und Nerven gilt, sondern auch für das freie Flossenskelet, und mit der seine Ableitung von den Radien eines Visceralbogens schwer vereinbar erscheint; 4. die Annahme, daß das biseriale Skelet das ursprüngliche sei, während die vergleichende Anatomie, sowie die Ontogenie der Chondropterygier wohl sicher das Umgekehrte lehren, und die Dipnoer, bei welchen die biseriale Flosse allein typisch vorkommt, gewiß nicht für primitiver angesehen werden können als die Chondropterygier.

Die zweite Hypothese dürfte den vergleichend anatomischen Tatsachen besser entsprechen. Sie stützt sich, wie bemerkt, auf die weitgehende Übereinstimmung des Radienskelets der paarigen Flossen mit dem der unpaaren, sowie auf die primitive Flossenform als horizontale Längsleisten. Sie erachtet daher die uniserialen Knorpelradien für die zuerst aufgetretenen primitivsten Skeletteile der Flosse und leitet den sie tragenden Basalknorpel aus der Verwachsung von Basalgliedern der ursprünglich gesonderten Radien ab, eine Erscheinung, welche ja auch am Skelet der unpaaren Flossen häufig auftritt. Als letzte Konsequenz muß diese Hypothese

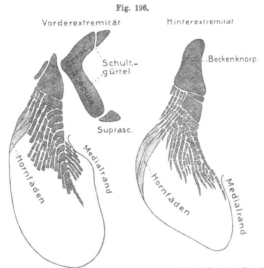

Fig. 196.

Xenacanthus decheni (Dyas). Skelet der linken Brust- u. Bauchflosse samt den Gürteln von der Dorsalseite. Umrisse der Flossen eingezeichnet. Hornfäden z. T. (Nach Fritsch 1890.)   P. He.

schließlich die Gürtel durch dorsales und ventrales Auswachsen des Vorderendes des ursprünglichen Basalknorpels entstanden denken. Da eine solche Einrichtung für die Festigung der Flossen im Körper bei stärkeren Bewegungen unerläßlich war, und da vor allem eine mediane Verbindung dieses inneren Tragapparats für abwärtsschlagende Flossen nötig war, so erscheint diese Ableitung der Gürtel ziemlich plausibel. — Mit dieser Entstehung des Basalknorpels stimmt wohl überein, daß sich bei den paläozoischen Xenacanthiden an Stelle eines einheitlichen Basalknorpels eine Reihe kleinerer solcher findet, von denen im allgemeinen jeder einen Radius trägt (Fig. 196). Wir dürfen daher diese metapterygiale

Knorpelreihe für die noch unverschmolzenen oder wenig verschmolzenen, etwas verstärkten Basalglieder der Radien halten. Charakteristisch und wichtig ist ferner, daß hier am Hinterende der Metapterygialreihe der Brustflosse die biseriale Ausbildung viel ausgeprägter auftritt, als bei lebenden Haien, während die Bauchflosse (s. die Figur) uniserial erscheint. — Das gleiche Verhalten des mehrteiligen Metapterygiums findet sich jedoch auch bei den Rochen, aber wohl als sekundäre Erscheinung, in Verbindung mit dem starken hinteren Auswachsen der Brustflosse. — Das Mesopterygium und Propterygium beurteilt auch die erste Hypothese als Concrescenzen von Radiengliedern, und das lange, häufig mehrgliederige sog. Propterygium der Rochen läßt sich nicht etwa als eine sekundäre Differenzierung und Gliederung des ursprünglichen Propterygiums deuten, sondern als eine mit der starken Vermehrung vorderer Radien fortschreitende Neubildung entsprechender Stücke durch Concrescenz. Die biseriale Bildung am Hinterende der Brustflosse erscheint im Sinne der zweiten Hypothese als etwas Sekundäres, das erst mit der Verbreiterung des hinteren Innenrandes der Flosse eingetreten ist.

Die Extremitätengürtel der übrigen Fische.

Schultergürtel. Bei den übrigen Fischen gesellen sich zu dem knorpeligen *primären* Schultergürtel Deck- und Ersatzknochen, wobei erstere durch ihre allmäh-

lich überwiegende Entfaltung die mehr oder weniger weitgehende Reduktion des Knorpels bewirken.

Den nächsten Anschluß an die Knorpelfische bieten wohl die *Dipnoer.* Ihr knorpeliger Schultergürtel ähnelt in seiner Form ziemlich dem der Selachier, auch darin, daß seine Hälften median verwachsen sind. Durch eine Verknöcherung, welche etwa in der knorpelig bleibenden Gelenkgegend auftritt und sich von da auf den scapularen und coracoi-

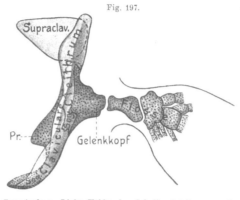

Fig. 197.

Ceratodus. Linke Hälfte des Schultergürtels von außen. Knorpel dunkel und punktiert.   E. W.

dalen Teil ausdehnt, wird schließlich das mediane Verbindungsknorpelstück von dem übrigen Knorpel abgetrennt. Die bei Protopterus und Lepidosiren einheitliche Verknöcherung besteht bei Ceratodus (Fig. 197) aus einem scapularen (sog. Cleithrum) und einem coracoidalen (gew. Claviculare genannt). Das dorsale Gürtel-

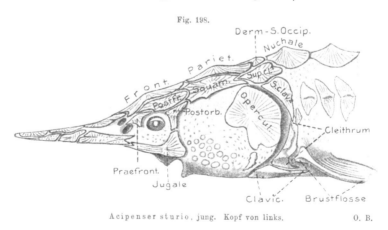

Fig. 198.

Acipenser sturio, jung. Kopf von links.   O. B.

ende wird bei Ceratodus durch einen, bei Lepidosiren durch zwei blattförmige Knochen (Supraclavicularia), deren Hautknochennatur wohl sicher scheint, an der hinteren oberen Schädelkante aufgehängt; eine Befestigung des Gürtels, die allen noch zu besprechenden Fischen zukommt. — Da es zweifelhaft ist, ob die am Gürtel der Dipnoi auftretenden Verknöcherungen Ersatz- oder Deckknochen sind, so ist ihre Vergleichung mit denen der Ganoid- und Knochenfische vorerst unsicher.

Der primäre Schultergürtel der *Knorpelganoiden* (speziell Acipenser) erweist sich insofern primitiver als der der Dipnoer, als er in seiner Totalität knorpelig verbleibt und die ansehnlichen, sich mit ihm verbindenden Knochen wohl sicher Hautknochen sind. Bei der äußeren Betrachtung des Tieres treten sie denn auch als Hautgebilde ebenso deutlich hervor wie die übrigen Hautknochen (Fig. 198). Gegenüber den Dipnoern und Chondropterygiern zeigt sich jedoch insofern eine Rückbildung des primären Gürtels, als die mediane Verbindung seiner Hälften gelöst ist, oder nur durch ein Band geschieht; ein zweifellos sekundärer Zustand, welcher dadurch hervorgerufen wurde, daß ein Hautknochen die Verbindung übernahm.

Fig. 199.

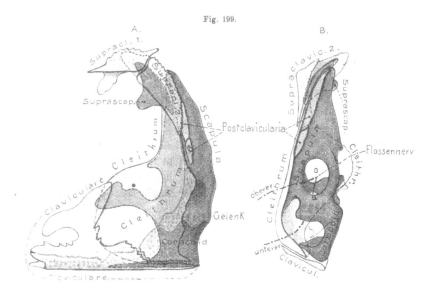

Acipenser sturio. Schultergürtel. Knorpeliger Gürtel blau. Deckknochen hell. *A* von außen. *B* von hinten. *o* und *u* Löcher, die den ebenso bezeichneten des Chondropterygiergürtels (Fig. 189) entsprechen. O. B.

Die Gestaltung der knorpeligen massigen Schultergürtelhälfte der Störe erinnert etwas an die der Rochen, da die bei den Haien feinen Nervenkanäle sich auch hier durch Muskeleinlagerung sehr erweiterten und so einen etwas komplizierten Bau des Gürtels hervorriefen, der aus der Figur 199 erhellt. Vom Dorsalende des scapularen Teils hat sich ein Stück abgelöst, wie es auch bei wenigen Haien und den alten Xenacanthiden (Fig. 196, S. 326) schon vorkommt (Suprascapularknorpel). Namentlich ist aber der coracoidale Teil des Gürtels von einem mächtigen, unter der etwa horizontalen Gelenkplatte von hinten nach vorn ziehenden Loch durchbrochen, dessen Außenwand jedoch nicht mehr vollständig ist, dies aber ursprünglich wohl war. Wie bei den übrigen Fischen erscheint hier die Form des Gürtels im allgemeinen auch dadurch beeinflußt, daß er die hintere Wand der Kiemenhöhle bildet. Die Hautknochen, welche sich diesem knorpeligen Schultergürtel außen auflagern, sind: 1) ein nur dem vorderen Ventralteil der coracoidalen

Region angehörender, der vorn mit dem der anderen Seite zusammenstößt und so die Gürtelhälften beim Stör fest vereinigt, das sog. *Claviculare* (früher Infraclaviculare); er ist von Knorpel unterlagert, der sich bis zu seinem Vorderende erstrecken kann. Bei anderen Arten gesellt sich an der Vereinigungsstelle der Clavicularia noch ein unpaares *Interclaviculare* zu. 2) ein sich dem Claviculare hinten anschließender Knochen, der bis auf die Außen- und Vorderseite des Scapularknorpels emporsteigt, das sog. *Cleithrum* (früher Claviculare); hinter seinem Dorsalende legen sich dem Scapularknorpel noch ein bis zwei kleinere längliche Knochen auf, die wohl sicher den sog. *Postclavicularia* der Holostei und Teleostei entsprechen. 3) ein der Außen- und Oberseite des Suprascapularknorpels aufgelagertes **Supraclaviculare** [2] (auch Supracleithrum genannt), dessen Vorderende sich einem mit den hinteren Schädeldeckknochen in inniger Verbindung stehenden **Supraclaviculare** [1] anschließt und die Aufhängung des zweiten am Schädel bewerkstelligt.

Auch das Supraclaviculare [1] ist von Knorpel unterlagert. Die etwas komplizierten Formverhältnisse dieser Knochen gehen aus Fig. 199 einigermaßen hervor.

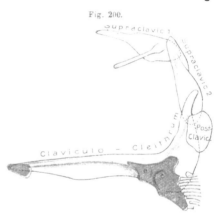

Amia calva. Rechte Schultergürtelhälfte von innen. Knorpeliger Gürtel blau. Deckknochen hell. O. B.

Bei den *Knochenganoiden* und *Knochenfischen* ist der primäre Schultergürtel meist bedeutend verkleinert, indem sowohl sein coracoidaler, als auch sein scapularer Teil sich verkürzt. Dabei erhält sich bei den Knochenganoiden und den Physostomen (Fig. 201) das große scapulare Loch (*o*) der Störe meist gut, indem die horizontale, nach außen ziehende Gelenkplatte, welche hinten die Gelenkleiste trägt, sowie die sie dorsal überragende scapulare Spange (Mesocoracoid) bestehen bleiben, während letztere bei den übrigen Knochenfischen schwindet. Mit Ausnahme von Amia (Fig. 200) und Calamoichthys treten stets Ersatzknochen im primären Schultergürtel auf; bei Lepidosteus ist er in geringem Maße in der Gegend der Gelenkstelle verknöchert. Auf die Verhältnisse bei Polypterus werden wir später eingehen.

Der Schultergürtel der physostomen Knochenfische (Fig. 201, Salmo und Barbus) zeigt im allgemeinen größere Übereinstimmung mit dem der Störe als der der Knochenganoiden, obgleich die Verknöcherung weiter geht. Die Form des primären Gürtels ist im Prinzip ganz die der Knorpelganoiden, nur daß das scapulare Loch (*o*) noch weiter ist, und der coracoidale Ast (Coracoid) fast stets so weit nach vorn reicht, daß er mit dem der anderen Seite vorn zusammenstößt. Daß dies durch eine sekundäre Wiederverlängerung entstanden sei, ist wenig wahrscheinlich. Embryonal zeigt die Anlage des Coracoids häufig auch einen nach hinten gerichteten ansehnlichen Fortsatz, der jedoch bald verkümmert; er wurde auch als

Homologon des Metapterygium des freien Flossenskelets der Chondropterygier gedeutet. — Der scapulare Ast bleibt stets bedeutend kleiner als bei den Knorpelganoiden. — Bei der Verknöcherung geht der primäre Schultergürtel der Physostomen gewöhnlich in drei Knochen über; einmal verknöchert die horizontale Gelenkplatte zu einem von dem Loch (u) durchsetzten Knochen (Scapulare), ferner

Fig. 201.

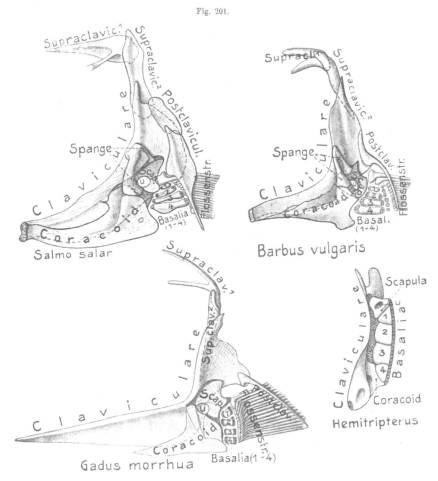

Schultergürtel von Teleosteern. Rechte Hälfte von innen. (Hemitripterus nach GEGENBAUR 1865.)
                                                                                    E. W.

der scapulare Teil als eine bogige Knochenspange (auch Mesocoracoid genannt) und 3. der coracoidale Ast als Coracoid. — An Stelle der beiden ansehnlichen Hautknochen der Störe, dem Claviculare und Cleithrum, findet sich bei den Teleostei, wie auch schon bei Amia (Fig. 200) nur ein einziger, der an Umfang jenen beiden entspricht und, meiner Meinung nach, auch wohl durch ihre Verwachsung entstanden ist. Er wird gewöhnlich als Claviculare, von GEGENBAUR als Cleithrum bezeichnet, da er nach ihm nur dem so bezeichneten Hautknochen der Störe entsprechen soll.

Diese Ansicht gründet sich auf die Verhältnisse bei Polypterus, Fig. 202 (ebenso auch Calamoichthys), bei welchem ein Claviculare, ähnlich wie bei Acipenser, sich findet, sowie ein sog. Cleithrum, dessen vorderer und ventraler Teil sich nach innen vom Claviculare weit nach vorn erstreckt. Der primäre Schultergürtel zeigt eine scapulare und eine coracoidale Verknöcherung; die erstere entspricht in der Hauptsache der Gelenkplatte und verwächst mit dem sog. Cleithrum. Der vordere Fortsatz des letzteren, der innen von dem Claviculare verläuft, ist, wenn die Verhältnisse der Physostomen (z. B. Silurus) verglichen werden, wahrscheinlich kein Fortsatz des Cleithrums, sondern entspricht wohl einem vorderen Fortsatz des primären Schultergürtels. Es läßt sich daher aus der Einrichtung bei Polypterus nicht wohl schließen, daß das sich verlängernde Cleithrum an die Stelle des rückgebildeten Claviculare getreten sei. Man könnte zwar einwenden, daß bei manchen Knochenfischen (Panzerwelsen, Lophobranchii, Plectognathi) zwischen und an die Clavicularia sich noch Hautknochen schieben, von denen zwei eventuell den sog. Clavicularia der Ga-noiden verglichen werden könnten; doch handelt es sich hier um spezialisierte Formen.

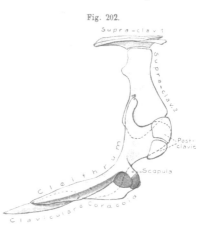

Fig. 202.

Polypterus bichir. Rechte Schultergürtelhälfte von innen. Knorpel blau.   O. B.

Bei den übrigen Knochenfischen (Fig. 201, Gadus) verkümmert der spangenartige scapulare Knochen der Physostomen völlig, es bleibt nur der aus der Gelenkplatte hervorgegangene, der jedoch höher am Claviculare emporsteigt und gewöhnlich Scapula genannt wird, sowie das sog. Coracoid. (Der Versuch, diesen Scapularknochen dem Metapterygium der Chondropterygii zu homologisieren ist wenig begründet.) Wie bei den Physostomen beteiligen sich beide Knochen ziemlich gleichmäßig an der Gelenkbildung, rücken jedoch zuweilen auch an der Gelenkstelle weit voneinander, nur durch Knorpel vereinigt, mit welchem sich die Basalknorpel der Flosse fest verbinden (s. Fig. 201, Hemitripterus). — Das Coracoid reicht zum Teil noch bis zur Symphyse der Clavicularia nach vorn, oder ist mehr oder weniger verkürzt. Häufig findet sich jedoch noch ein isolierter Knorpelrest an der Symphyse der Clavicularia. Der Anschluß des Coracoids an das außen von ihm hinziehende Claviculare ist teils sehr innig, teils beschränkter.

Bei Knochenganoiden und Knochenfischen ist der Schultergürtel in der Regel durch zwei Supraclavicularia (selten nur eines) am Schädel aufgehängt, von welchen das obere (1, häufig Posttemporale genannt) gewöhnlich in zwei gegen den Schädel gerichtete Gabeläste ausläuft. Der obere dieser Äste befestigt sich bei den Knochen-fischen in der Gegend des Epioticums, der untere am Opisthoticum oder dem Pleuro-occipitale (Fig. 142 A, S. 251).

Bei vereinzelten Knochenfischen kann das obere Supraclaviculare auch noch an Querfortsätzen vorderer Wirbel befestigt, bei anderen fest zwischen die Schädelknochen eingekeilt sein. Bei gewissen Physostomen (z. B. Aalen) fehlt das Supraclaviculare 1, so daß die Aufhängung des Gürtels durch ein Band geschieht, während bei gewissen Plectognathen das Supraclaviculare 2 direkt am Schädel articuliert. Manchen Formen kommt auch anscheinend nur das Suprascapulare 1 zu (speziell Siluriden), ist aber dann wohl mit 2 verschmolzen. Schließlich kann auch das Claviculare (unter Ausfall der Supraclavicularia) direkt am Schädel gelenken (namentlich gewisse Panzerwelse). Die Mannigfaltigkeit des Aufhängeapparats des Schultergürtels ist demnach sehr groß. — Etwa an der Verbindungsstelle des Claviculare und Supraclaviculare 2 schließen sich bei den Knochenganoiden und fast sämtlichen Knochenfischen der Innenfläche der erwähnten Gürtelknochen 1 bis 3 Hautknochen an (Fig. 202), sog Postclavicularia, die schief nach hinten und ventral in einer Reihe herabsteigen. Sie sind platten- bis stabförmig und reichen bei Knochenfischen zuweilen so tief hinab, daß sie den Basalknochen der brustständigen Bauchflosse erreichen.

Beckengürtel der Dipnoer, Ganoiden und Teleosteer. Bei den genannten Fischen tritt der Beckengürtel gegenüber dem der Knorpelfische mehr und mehr zurück, ja man kann eigentlich nur noch bei den *Dipnoi* von einem selbständigen Gürtel reden (Fig. 203[3]). Wie der der meisten Knorpelfische ist er ein einheitlicher Knorpel, der in der Breite stark verschmälert, dagegen nach vorn zu einem ansehnlichen sog. *Epipubis*fortsatz ausgewachsen ist, weniger zuweilen auch nach hinten. Die schon bei Knorpelfischen ausgebildeten *Präpubis*fortsätze sind kräftig entwickelt. — Bei den *Ganoiden* und *Knochenfischen* (Fig. 204[1, 2, 4]) dagegen findet man an Stelle des Beckengürtels zwei stabförmige bis dreieckige Skeletstücke, welche von der Basis der Bauchflosse aus schief nach vorn konvergieren und deren Enden sich vorn meist berühren. Diese, früher als Becken bezeichneten, jetzt Basalstücke (Basipterygium) der Flosse genannten Skeletgebilde sind entweder rein knorpelig (Chondrostei) oder großenteils verknöchert. Nur bei Polypterus (Fig. 203[2]) ist der vorderen Symphyse dieser Basalstücke ein paariger bis unpaarer kleiner Knorpel eingelagert, der wohl dem Becken der Dipnoi entspricht. Auch bei den Stören ist das Vorderende des Basalknorpels zuweilen abgegliedert; das abgetrennte Stück ließe sich dann dem eigentlichen Becken vergleichen. Daß das Basalstück aus der Verwachsung der Basalglieder einer Anzahl vorderer Flossenradien hervorging, lassen die Knorpelganoiden zweifellos erkennen (Fig. 203[1]). — Je nach der Ansicht über die Phylogenese der Flossen wird es verschieden beurteilt. Die Archipterygiumlehre erblickt in ihm ein Homologon des sog. Propterygiums der Haifischbauchflosse und erachtet den eigentlichen Beckengürtel sowie das Basipterygium als völlig rückgebildet. Die andere Ansicht dagegen hält das Basalstück für ein dem Basipterygium entsprechendes, durch Radienverschmelzung entstandenes Gebilde und möchte den Zustand der Bauchflosse bei den Knorpelganoiden für ursprünglicher halten als den der Haifischflosse, d. h. als direkte Fortsetzung eines Urzustands, in welchem sich noch kein Beckenteil vom Basipterygialknorpel abgegliedert hatte. Letztere Meinung findet eine gewisse Stütze in dem Bau der Bauchflossen der alten Xenacanthidae, die statt des Beckengürtels der rezenten Haie zwei Basalstücke besitzen, ähnlich denen der Störe (s. Fig. 196, S. 326).

Bei den Knochenganoiden schieben sich die vorderen Enden der Basalstücke zuweilen übereinander (Lepidosteus, Amia).

Die Basalstücke der Teleosteer (Fig. 204[4]) sind meist lange und mehr oder weniger dreieckige, durchaus verknöcherte Blätter, die häufig nur vorn durch Band oder Naht verbunden sind. Sehr gewöhnlich entwickelt sich an der Ursprungsstelle der freien Flosse noch ein median ziehender Fortsatz, der mit dem der Gegenseite zusammenstößt, so daß zwei Symphysen der Basalstücke ausgebildet sind. Diese Symphysen, speziell die hintere, können sich so verlängern, daß schließlich beide Basalstücke in ihrer ganzen Ausdehnung median zusammenstoßen, ja sogar ver-

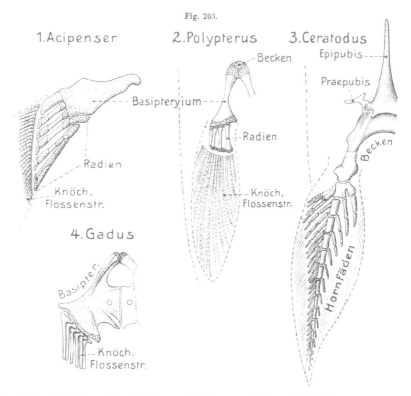

Fig. 203.

Beckengürtel und Skelet der rechten Bauchflossen. *1*. **Acipenser sturio**. *2*. **Polypterus** (mit Benutzung von Davidoff 1880), *3*. **Ceratodus** (mit Benutzung von Davidoff 1884) von der Ventralseite. Bei Polypterus und Ceratodus der Umriß der Flosse und der rechte Körperrand gestrichelt angegeben. *4*. **Gadus morrhua**. — Knorpel dunkel punktiert (bei Ceratodus nicht). O. B.

wachsen. Zuweilen kann auch die vordere Verbindung fehlen. Bei den Knochenfischen, deren Bauchflossen in der Gegend der Brustflossen vorgerückt sind, kann der Beckengürtel in Bandverbindung mit dem Schultergürtel treten, ja sich ihm fest anlegen (z. B. Uranoscopus).

Skelet der freien Flosse bei Ganoiden, Teleosteern und Dipnoern. Da bei Ganoid- und Knochenfischen der größere Teil der paarigen Flossen von hautknöchernen Flossenstrahlen gestützt wird, so treten die primären, knorpelig angelegten Flossenradien sowohl an Zahl als Länge stark zurück. — Die Brustflosse

der *Ganoiden* besitzt z. T. noch eine ziemliche Zahl von Radien, besonders Polypterus (gegen 20), dessen Brustflosse jedoch recht eigentümlich ist (Fig. 204 [4]);
die übrigen nicht mehr als etwa 7—10. Am basalen Flossenrand wird, wie bei den
Chondropterygiern, durch Verwachsung einer Anzahl proximaler Radienglieder ein
Metapterygium gebildet; stets gelenken aber eine Anzahl der vorderen Radien
direkt am Schultergürtel. Verknöcherung der proximalen Radienglieder hat sich
in verschiedenem Grad entwickelt. — Wie bemerkt, ist das Brustflossenskelet von
Polypterus eigentümlich (Fig. 204 [2]), was hauptsächlich daher rührt, daß die Flosse,

Fig. 204.

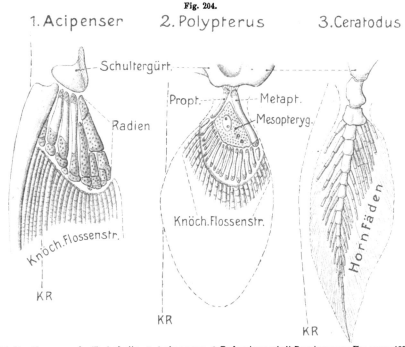

Rechte Brustflossen von der Ventralseite. *1.* **Acipenser**, *2.* **Polypterus** (mit Benutzung von KLAATSCH 1896)
und *3.* **Ceratodus** (mit Benutzung von RABL 1901) von der Ventralseite. Bei Polypterus der Umriß der
Flosse gestrichelt angegeben. *KR* rechter Körperrand.   C. H.

ähnlich wie die der Dipnoi, zu einem langen blattförmigen Ruder auswuchs, deren
Hauptfläche jedoch von den knöchernen Flossenstrahlen gestützt wird. Die Übereinstimmung mit den Knorpelfischen scheint noch größer als bei den übrigen
Ganoiden, einmal durch die ansehnlichere Zahl der Radien und dann durch die
umfangreiche Entwicklung eines wenig verknöcherten Mesopterygium, das mit
der Verengerung der Flossenbasis vom Schultergürtel abgedrängt wurde. Die
Figur erläutert diese Verhältnisse und ihre wahrscheinliche Deutung, über die jedoch noch gewisse Zweifel bestehen.

     In der Brustflosse der *Knochenfische* (s. Fig. 201, S. 330) geht die Reduktion
der Radien in Zahl und Länge noch weiter. Ein eigentlich knorpeliges Metapterygium
scheint kaum oder doch sehr wenig ausgebildet zu sein. Die Zahl der primären

Radien beträgt selten mehr wie 4—5, sinkt jedoch zuweilen auf 3 und 2 herab. Bei den ursprünglicheren Formen (Physostomen) bleiben sie meist noch länger, denen der Ganoiden ähnlicher. Bei den Physoclisten werden sie kürzer, mehr plattenartig (s. Fig. 201, Hemitripterus) und schieben sich, wie schon beim Schultergürtel bemerkt wurde, bei gewissen Formen zwischen Scapula und Coracoid hinein, indem sie sich gleichzeitig mehr oder weniger fest mit dem Gürtel verbinden. Das Gelenk der Flosse wird so an den Distalrand dieser Basalradien verlegt. — Die Basalradien sind stets mehr oder weniger verknöchert. Distal können sich ihnen noch eine Reihe von Knorpelchen anschließen, deren Zahl häufig größer ist als die der Basalradien. Der vordere Flossenrand wird zuweilen von einem besonders starken Hautknochenstrahl gebildet, wie auch schon bei den Stören, in dessen Basis der äußere primäre Radius eingehen kann. — Auf die besonderen Bildungsverhältnisse der abnorm verlängerten Flosse, wie sie bei fliegenden Fischen, Lophius usw. vorkommt, einzugehen, fehlt der Raum.

Das Skelet der freien *Bauchflosse* der Ganoiden und Teleosteer schließt sich dem der Brustflosse nahe an, so daß ein Hinweis auf die begleitenden Figuren (Fig. 203, S. 333), sowie das früher über die sog. Basalstücke der Bauchflossen Bemerkte genügen dürfte. Die sehr vereinfachten Verhältnisse sprechen sich namentlich in der einfacheren Beschaffenheit der Flosse bei Polypterus im Gegensatz zur Brustflosse aus. Die bei den Ganoiden, wenn auch in geringer Zahl, noch vorhandenen freien primären Radien sind bei den Teleosteern bis auf geringe Reste (bei gewissen Physostomen) eingegangen.

Das Flossenskelet der *Dipnoer* unterscheidet sich von den seither beschriebenen Bildungen sehr und ist von besonderem Interesse, da es nach der Archipterygiumlehre dem Urzustand am nächsten steht. Bei Ceratodus, dessen Flossen lange lanzettförmige, frei ausgewachsene Blätter darstellen (Fig. 203, 204), begegnen wir dem ursprünglicheren Zustand des Skelets, wogegen es in den, zu langen schmalen Fäden reduzierten Flossen von Protopterus und Lepidosiren sehr stark rückgebildet erscheint. Die Bauchflossen sind fast ebenso groß wie die Brustflossen und ihr Skelet daher auch mit dem der Brustflossen viel übereinstimmender als bei den seither besprochenen Fischen. — Das Skelet beider Flossen von Ceratodus besteht aus einem die Mittellinie (Achse) der Flosse durchziehenden gegliederten Knorpelstab, dessen Glieder distal immer kleiner werden. Das ansehnlichste basale Glied trägt keine weiteren Skeletstücke, während den übrigen bei Ceratodus im allgemeinen auf jeder Seite ein gegliederter Knorpelstrahl ansitzt, an deren Enden sich die Hornfäden der Flosse anschließen. Diese Flossenradien verhalten sich auf den beiden Seiten der Achse nicht ganz gleich, da sie auf der ursprünglichen Innen- oder Medianseite der Flosse etwas zahlreicher und feiner sind, indem sie an den proximalen Gliedern der Achse in mehrfacher Zahl sitzen. In der natürlichen Haltung der Flossen fällt es auf, daß die beiden verschiedenen Seiten des Flossenskelets an der Brust- und Bauchflosse entgegengesetzt gerichtet sind. Während an der Brustflosse die Seite mit zahlreicheren Radien den ventralen Rand bildet, ist sie an den Bauchflossen dorsal gerichtet. Dieser Gegensatz ist jedoch nichts anderes als eine noch schärfere Ausprägung der verschiedenen Haltung der paarigen Flossen, die schon oben (S. 319) für die Fische im allgemeinen erörtert wurde; die Brustflosse ist nach der Dorsalseite emporgeklappt, so daß ihr in der ursprünglichen Horizontalstellung vorderer Rand nun der dorsale ist, und ihre Außenfläche die ursprünglich ventrale; die Bauchflosse dagegen ist nach der Ventralseite umgeklappt. — Bei *Protopterus amphibius* ist das Skelet schon recht stark reduziert. Der gegliederte Achsenstab trägt nur noch auf der ursprünglichen Innenseite, also an der Brustflosse ventral, an der Bauchflosse dorsal, kurze Radien. Den übrigen Dipnoern fehlt der Radienbesatz völlig, es findet sich nur der gegliederte Achsenstab. Zweifellos liegt daher weitgehende Reduktion vor.

Wie hervorgehoben, erblickt die Archipterygiumtheorie in der Ceratodusflosse die primitivste Bildung, welche sie in der auf Fig. 195, S. 325 schematisch angegebenen Weise aus dem Urskelet des vorausgesetzten Visceralbogens herleitet. Die andere Flossentheorie dagegen muß die biseriale Ceratodusflosse für die on der Urform des Flossenskelets am weitesten abweichende Modifikation erklären, wofür ja schon die äußere Flossenform spricht, welche sich am meisten von der der embryonalen Flossenleiste entfernt. Die biseriale Radienstellung der Ceratodusflosse kann nach dieser Auffassung nicht das Ursprüngliche sein, wie die Archipterygiumtheorie meint, sondern muß erst allmählich in dem Maße ·entstanden sein, als sich mit dem freien Auswachsen der Flosse ein medianer Flossensaum entwickelte. Anfänge eines solchen Saums, medial vom Metapterygium, fanden sich ja auch schon bei Haifischen, und in der Brustflosse der alten Xenacanthiden erreichte er schon eine Bildung, die sich der Ceratodusflosse stark näherte. Fraglich bleibt, ob wir die gegliederte Achse auf einen stark ausgewachsenen Radius beziehen dürfen, oder ob die einzelnen Gliedstücke des Achsenstabs als Verschmelzungsprodukte der innersten Glieder der beiden Radienreihen aufgefaßt werden dürfen. Da die proximalen Glieder der Achse zuweilen eine Zusammensetzung aus zwei oder sogar mehr Längsstückchen zeigen, so wäre eine solche Entstehung nicht unmöglich. — Die einseitige Verkümmerung der Radien bei Protopterus amphibius läßt sich nicht wohl als eine Annäherung an die uniseriale Haifischflosse deuten, da sich gerade die Radien derjenigen Flossenseite erhalten, welche bei den Haifischen radienlos ist.

Das Extremitätenskelet der tetrapoden Vertebrata.

Der Schultergürtel.

Der Schultergürtel der Tetrapoden entsteht jederseits aus einer einheitlichen knorpeligen Anlage (primärer Gürtel), an welcher sich wie bei den Fischen, ein dorsaler oder scapularer und ein ventraler oder coracoidaler Abschnitt unterscheiden läßt, die durch die Gelenkstelle der freien Extremität geschieden werden. Der scapulare Abschnitt befestigt sich fast nie an der Wirbelsäule oder am Schädel, sondern wird nur von Muskeln getragen. Die beiden coracoidalen Hälften erstrecken sich bis zur ventralen Mittellinie der Brustregion und verbinden sich hier miteinander in etwas verschiedener Weise häufig viel ausgiebiger, als dies bei Fischen geschieht. Gleichzeitig stützen sie sich auch gewöhnlich auf den vorderen Rand des Sternums. Sie finden also an einem ventralen Teil des Rumpfskelets einen Stützpunkt, wie es die kräftigere Wirksamkeit der Vorderextremität erfordert. — Zum primären Schultergürtel, bzw. den aus ihm hervorgehenden Ersatzknochen, können sich, wie bei den Fischen, noch Hautknochen gesellen (sekundärer Gürtel);

doch ist das Problem der Unterscheidung beider Knochenarten noch ein viel umstrittenes und etwas unsicheres.

Amphibien. Der Schultergürtel der Caudaten und besonders der der Ichthyoden erhält sich in ausgedehntem Maße knorpelig (Fig. 205). Der *scapulare* Knorpel bildet eine mehr oder weniger dreieckige Platte, die sich gegen die Gelenkgrube für den Oberarm etwas stielförmig verschmälert und ventral direkt in die ansehnliche *Coracoidplatte* übergeht. Letztere erstreckt sich in der Regel bis über die Ventrallinie in die gegenüberliegende Körperseite, so daß beide Coracoide sich übereinander schieben, das rechte dorsal über das linke. Der hintere Rand der Coracoide ist in den Vorderrand des rudimentären Sternums gewissermaßen eingefalzt.

Fig. 205.

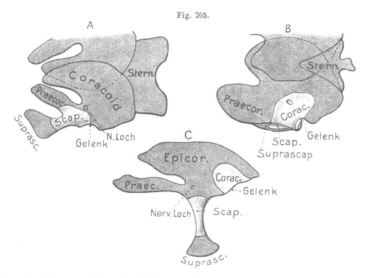

Schultergürtel von urodelen Amphibien von der Ventralseite. A von Menopoma. B von Salamandra maculosa. C von Siren (B und C nach Parker 1868). In B die Scapula in natürlicher Lage, daher stark verdeckt; in A und C in die Ebene der Coracoide herunter geklappt.   P. He.
Statt *Praecor.* lies hier und auf den folgenden Figuren *Procoracoid.*

Nahe der Gelenkregion wird die Coracoidplatte von einem Nervenloch durchsetzt. An der Übergangsstelle in die Scapula entspringt vom Vorderrand des Coracoids ein nach vorn und etwas nach innen ziehender schmälerer Fortsatz, das sog. *Procoracoid* (auch Präcoracoid genannt), welches frei endigt, ohne Verbindung mit dem der Gegenseite. Die Einbuchtung zwischen Coracoid und Procoracoid, die zuweilen sehr schmal wird, ist von einer Membran durchzogen, die beide Knorpel vereinigt. Bei gewissen Ichthyoden (Menopoma, Siren) verbinden sich die freien Enden beider Knorpel im Alter sogar durch eine Knorpelspange (*Epicoracoid*). — In der Gelenkgegend des Gürtels tritt stets eine Ersatzverknöcherung auf. Dieselbe dehnt sich zunächst hauptsächlich dorsal auf den stielförmigen Teil des Scapularknorpels aus, kann sich jedoch auch tiefer in die Coracoidplatte hinein erstrecken. Man bezeichnet sie als *Scapula* und den sie dorsal fortsetzenden unverknöcherten Teil des Scapularknorpels als *Suprascapula*. Am hinteren Rand der Coracoidplatte

findet sich bei einigen Ichthyoden (Siren Fig. 205 *C*, Amphiuma) noch eine Verknöcherung, das knöcherne *Coracoid*. Eine entsprechende Verknöcherung ist bei
anderen Formen wohl mit der knöchernen Scapula vereinigt (Fig. 205 *B*).

Der Gürtel der *Anuren* (Fig. 206) ist im allgemeinen kräftiger entwickelt. Die
Einbuchtung zwischen der Coracoidplatte und dem Procoracoid ist weit, die Coracoidplatte daher schmäler, gewöhnlich mehr stielartig, und etwas schief nach hinten
gerichtet; das Procoracoid zieht ziemlich quer gegen die Bauchlinie und etwas nach

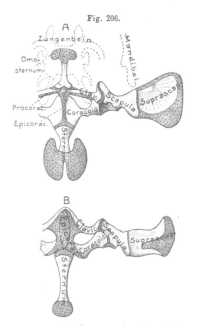

Fig. 206.

Schultergürtel von anuren Amphibien.
A Rana von der Ventralseite. *B* Pelobates von
der Dorsalseite (nach Parker). In beiden Figuren
die Scapula heruntergeklappt. In Fig. *A* Lage
des Zungenbeins und der Mandibel punktiert eingezeichnet.   P. He.

vorn. Die Enden des knorpeligen Procoracoids und Coracoids jeder Seite sind stets
zu einer längsgerichteten Knorpelspange
vereinigt, sog. *Epicoracoide*, welche gewöhnlich in ihrer ganzen Länge zusammenstoßen;
nur selten schieben sie sich etwas übereinander, ähnlich wie bei den Urodelen. Hinten fügt sich den Coracoiden das Sternum
an. — Die Verknöcherung ist im allgemeinen
stärker. Im Bereich der Gelenkgrube bildet
sich in der Scapularplatte die knöcherne
Scapula; der dorsale Rest erhält sich als
knorpelige, oder knorpelig-kalkige Suprascapula, in der jedoch häufig eine Ersatzverknöcherung auftritt, so daß die Suprascapula sich gelenkig mit der Scapula verbindet (s. die Figur). — Die Coracoidplatte
verknöchert vom Gelenkteil aus meist ansehnlich zu einem selbständigen Coracoid,
während der Epicoracoidknorpel in der Regel
unverknöchert bleibt, seltener dehnt sich die
Verknöcherung weit auf ihn aus. Ebenso
selten schwindet er, so daß die beiderseitigen
Räume zwischen Procoracoid und Coracoid
zusammenfließen (Dactylethra).

Der Procoracoidknorpel wird gleichfalls durch eine besondere Verknöcherung
mehr oder weniger, bis völlig verdrängt. Dieselbe entsteht jedoch, im Gegensatz
zur Scapula und dem Coracoid, welche typische Ersatzknochen sind, etwas abweichend. Sie tritt ähnlich einer Hautverknöcherung um die nach vorn schauende
Fläche des Procoracoids auf und erhält sich auch so, als rinnenförmiger Knochen-
belag des knorpeligen Procoracoids, bei den Formen, wo sie schwach bleibt. Bei
stärkerer Entwicklung umwächst sie den Procoracoidknorpel völlig, der schließlich
gleichfalls in Knochengewebe übergeht oder verschwindet. Der so entstandene
Knochen, die sog. *Clavicula* (Schlüsselbein), reicht von der Scapula bis zur Berührung mit der der Gegenseite, nimmt jedoch keinen Teil am Aufbau der Gelenkgrube für den Oberarm, die nur von der Scapula und dem Coracoid gebildet wird.

Bei den meisten Anuren fügt sich vorn an die Symphyse der beiden Claviculae noch ein unpaares, in seinem Basalteil gewöhnlich verknöchertes Skeletgebilde an, das früher als Episternum, jetzt als *Omo-* oder *Prosternum* bezeichnet wird. Es scheint aus einer selbständigen paarigen Knorpelanlage vor dem Procoracoid hervorzugehen.

Mit der Rückbildung der Extremitäten bei den schlangenartigen Gymnophionen und den fossilen Aistopoda unter den Stegocephalen ist der Schultergürtel völlig geschwunden.

Leider ist der Schultergürtel der ältesten Amphibien, der *Stegocephalen*, bis jetzt noch etwas unsicher, weshalb er die Deutung der Einrichtungen bei den rezenten im ganzen wenig fördert. Wie bei den Urodelen war er jedenfalls in großem Umfang knorpelig. Charakteristisch für die Stegocephalen ist das stete Vorkommen dreier ansehnlicher Hautknochenplatten, die in der vorderen Brust- bis Kehlgegend liegen (Fig. 207), einer unpaaren, meist rhombischen Mittelplatte und zweier seitlich anschließenden. Letztere werden gewöhnlich und mit Recht als Homologa der Clavicularia (Infraclavicularia) der Chondrostei gedeutet und die unpaare Platte daher *Episternum* oder Interclaviculare genannt. Zu diesen drei Platten gesellen sich zwei weitere Verknöcherungen jederseits, eine etwa halbkreisförmige und eine gewöhnlich stabförmige. Erstere wird entweder als Scapula, oder wohl richtiger als *Coracoid* gedeutet, letztere als verknöchertes Procoracoid, oder als dem sog. Cleithrum der Chondrostei entsprechend. Entscheidende Gründe für diese Deutungen liegen jedoch kaum vor. Es wäre sogar

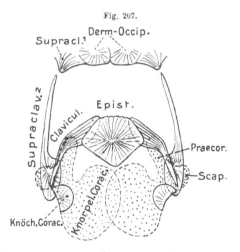

Fig. 207.

Schultergürtel von Pelosaurus laticeps (Stegocephale). Nach Credner (1885) konstruiert. Ventralansicht. Die sog. Claviculae Credners (Cleithra Gegenbaur Supraclavicula.² der Fig.) sind so eingezeichnet, daß sie nach den Supraclavic.¹ (sog. Epiotica Autor.) des hinteren Schädelrands ziehen, wo sie sich wahrscheinlich befestigten; der mögliche knorpelige Schultergürtel ist punktiert angegeben. O. B.

die Möglichkeit nicht ausgeschlossen, daß die stabförmige Verknöcherung dem Supraclaviculare² der Fische vergleichbar sei, da manches dafür spricht, daß der Schultergürtel der Stegocephalen noch am Schädel befestigt war, ähnlich dem der Ganoiden und Dipnoi. Diese Auffassung ist auf der Fig. 208 adoptiert und gleichzeitig die mögliche Beschaffenheit des knorpeligen Gürtels angedeutet.

Zutreffend ist wohl die Homologisierung der paarigen Hautknochenbrustplatten der Stegocephalen mit den Claviculae der Anuren, die ja in ihrer Entstehung auf Hautknochen hinweisen; diese ursprünglichen Hautknochen hätten daher allmählich das knorpelige Procoracoid substituiert, bzw. sich auch, unter seiner Teilnahme an der Verknöcherung, zu einem Mischknochen, der Clavicula der Anuren, entwickelt. Hieraus ergäbe sich dann für letztere eine substitutionelle Homologie mit dem Procoracoid der Urodelen, da es auch möglich ist, daß die Clavicularia der Stegocephalen von einem knorpeligen Procoracoid unterlagert waren. Die Clavicula der Anuren dürfte daher auch im allgemeinen dem Claviculare der Fische homolog betrachtet werden. Fraglich, jedoch nicht unmöglich erscheint es, daß auch das sog. Interclaviculare (Episternum) der Stegocephalen von Knorpel unterlagert war. Da eine mediane isolierte Knorpelmasse in der Symphysengegend der Holostei und Teleostei zum Teil vorkommt, so wäre dies, wie gesagt, nicht unmöglich. Wäre letzteres aber der Fall,

22*

so könnte auch eine substitutionelle Homologie zwischen diesem Interclaviculare der Stegocephalen und dem sog. Omosternum oder Prosternum der Anuren wohl bestehen.

Das völlige Fehlen der Clavicula, sowie des Omosternums (bzw. ihrer Repräsentanten bei den Stegocephalen) bei den Urodelen dürfte wohl auf eine gewisse Rückbildung des Schultergürtels in dieser Gruppe hinweisen, da es wahrscheinlich ist, daß diese Bildungen den primitiven Amphibien allgemein zukamen. — Ob die Epicoracoidverbindung zwischen den freien Enden der Coracoide und Procoracoide, wie sie den Anuren zukommt, das Ursprünglichere ist und bei den Urodelen mit der teilweisen Rückbildung des Schultergürtels einging, ist fraglich. Die Ontogenie lehrt, daß die beiden Ventralknorpel des Amphibiengürtels ursprünglich frei endigen und ihre epicoracoidale Verbindung erst später entsteht.

Ein schwieriges Problem bietet die Vergleichung des Amphibienschultergürtels mit dem der Fische. Wenn wir an diejenigen Fische anknüpfen, welche die nächsten Beziehungen zu den Amphibien haben dürften, also an die Ganoiden und Dipnoer, so finden wir nur bei letzteren eine ventrale Verbindung der primären Schultergürtelhälften, während sie bei den Ganoiden getrennt bleiben. Bei gewissen primitiveren Knochenfischen können sich aber die Ventralränder des sog. Coracoids gegen die Ventrallinie stärker ausbreiten, ohne sich jedoch zu erreichen. — Ob sich das Procoracoid auf den Knorpelfortsatz, der am Schultergürtel der Chondrostei (Fig. 199 A, S. 328) von der Gelenkplatte nach vorn zieht und der auch am Gürtel von Ceratodus (Fig. 198 Pr) angedeutet scheint, zurückführen läßt, ist unsicher; ja meiner Meinung nach wahrscheinlicher, daß das sog. Coracoid der Teleosteer und Ganoiden dem Procoracoid der Amphibien entspricht; demnach der vorhin erwähnte Knorpelfortsatz der Chondrostei eher dem Coracoid der Amphibien zu vergleichen wäre. Möglich erscheint, daß der Gürtel der Amphibien von einer Urform des Gürtels ausging, dessen ventraler Teil durch ein ansehnliches Loch in einen solchen äußeren, procoracoidalen und inneren coracoidalen Ast gesondert war.

Reptilien. Die Beurteilung des Schultergürtels dieser Klasse hängt wesentlich ab von der Deutung der Knochen der Ventralregion; hiernach wird auch die Ansicht über diejenige Gruppe, in welcher sich der primitivste Zustand des Gürtels erhielt, recht verschieden ausfallen.

Da der Schultergürtel der *Saurier* in seiner allgemeinen Bildung dem der anuren Amphibien noch ziemlich ähnlich erscheint, so wollen wir mit ihm beginnen. Die ursprünglichsten Saurier besaßen, wie es Sphenodon (Fig. 208 B), sowie einige Eidechsen (so Heloderma und die Chamäleontiden) noch jetzt zeigen, wahrscheinlich eine einheitliche ansehnliche Coracoidplatte, deren vorderer Medianrand mit dem der Gegenseite, oder mit einer schmalen vorderen Verlängerung des Sternums zusammentrat, während der hintere Medianrand sich dem Vorderrand des Sternums anfügte, bzw. in ihn einfalzte. In der Gelenkgegend geht die Coracoidplatte in die Scapularplatte über, die jener der Anuren im allgemeinen gleicht, und auch nur in ihrem Gelenkteil zu einer Scapula verknöchert, während sich der Dorsalteil als ansehnliches knorpeliges Suprascapulare erhält, in dem es nie zu einer besonderen Verknöcherung kommt. In jeder zusammenhängenden Schultergürtelhälfte tritt im einfachsten Fall etwas vor der Gelenkgegend eine fensterartige Durchbrechung auf, wie sie sich wohl bei Sphenodon nur als vorderer Einschnitt (Incisur) und bei schlangenartigen Sauriern (Anguis usw., Fig. 208 A) findet. In letzterem Fall handelt es sich jedoch wahrscheinlich um eine Rückkehr zu primitiverer Bildung, die mit der Reduktion des Gürtels eintrat, und schließlich auch bei einigen diese Durchbrechung wieder ganz verschwinden ließ. — Bei den Eidechsen mit kräftiger entwickeltem Gürtel gesellen sich zu dieser Durchbrechung in der Coracoidplatte noch 1—2 weitere und ansehnlichere, und nicht selten auch eine in der Scapularplatte (Fig. 209 C). — In der Gelenkregion der Coracoidplatte findet sich

stets eine mehr oder weniger ansehnliche Verknöcherung, das *Coracoid*, das, wenn größer, sich auch zwischen die Fenster ausdehnt. Es stößt mit der Scapula in der Gelenkregion zusammen und verwächst gewöhnlich mit ihr. — Ist der Schultergürtel reduziert, so findet sich in der Gelenkregion häufig nur noch eine Verknöcherung, von welcher z. T. schwer zu sagen ist, ob sie mehr einer Scapula oder einem Coracoid entspricht.

Der knorpelig bleibende Medianrand der Coracoidplatte wird als *Epicoracoid* bezeichnet. Der vordere, die Fenster abschließende Rand der Coracoidplatte erhält sich häufig knorpelig und wird dann, nach Vergleich mit dem Gürtel der Anuren, *Procoracoid* genannt; bei manchen Sauriern wird er jedoch auch nur durch ein Band repräsentiert. Charakteristisch für das Coracoid ist sein Foramen (supracoracoideum, für den Durchtritt eines Nerven und von Gefäßen), das in der Nähe der Gelenkgrube das knöcherne Coracoid durchsetzt.

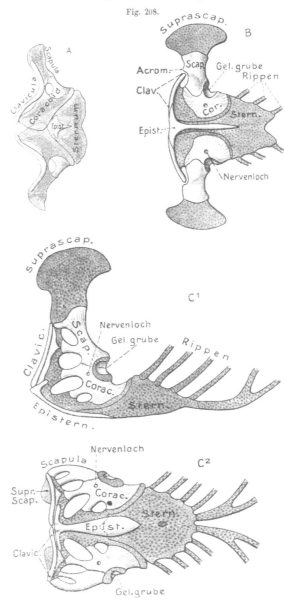

Fig. 208.

Schultergürtel von *A* Anguis (nach Parker 1868). *B* Sphenodon (mit Benutzung von Schauinsland 1903). *C* Iguana tuberculata (nach Parker 1868). *A*, *B* und *C²* von Ventralseite. *C¹* von links. P. He.

Dem vorderen Rand der Scapula und der Coracoidplatte legt sich ein etwas geschwungen verlaufender Knochen an, der gewöhnlich mit dem der Gegenseite in der Ventrallinie zusammentrifft; er wird als *Clavicula* bezeichnet. Die Scapula bildet an seiner Anlagerungsstelle meist einen schwachen, sog. *Acromial*fortsatz (Acromion). Die Medianenden der Claviculae sind nicht selten stark verbreitert, ja können sogar von einem Fenster durchsetzt sein; sie stützen sich auf das Vorderende eines unpaaren, schmalen und langen Knochens, das sog. *Episternum* (Interclaviculare), der nach hinten die Symphyse der Coracoidea unterlagert und meist noch eine Strecke weit dem Sternum aufgewachsen ist. — Das Vorderende dieses Episternums entsendet fast stets zwei seitliche Fortsätze, an die sich die

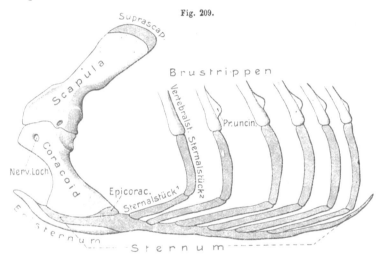

Fig. 209.

Alligator mississippiensis. Schultergürtel mit Sternum und vorderen Brustrippen von links. Knorpel dunkel.   P. He.

Ventralenden der Claviculae anschließen, weshalb das Episternum meist T-förmig erscheint. Indem sich sein Hauptstamm zuweilen über die Seitenfortsätze verlängert, kann es auch kreuzförmig werden, wobei sich die Claviculae mit dem Ende des vorderen Fortsatzes verbinden. Mit der Ausbildung dieses vorderen Episternumfortsatzes entfernen sich die Claviculae häufig vom vorderen Rand der Coracoidplatte, so daß sie frei zwischen dem Schulterblatt und dem Episternum hinziehen (z. B. Lacerta).

Bei den schlangenartigen Sauriern wird der Schultergürtel samt dem Sternum mehr oder weniger, bis stark oder völlig rudimentär, findet sich jedoch auch bei den Amphisbänen gewöhnlich noch in schwachen Resten, wogegen er bei den Schlangen stets völlig eingegangen ist. Episternum und Claviculae schwinden zuerst; Reste der Scapula und des Coracoids erhalten sich am längsten.

Der Schultergürtel der Krokodile (Fig. 209) läßt sich von dem der Saurier leicht ableiten. Sein Hauptcharakter liegt in der völligen Verkümmerung der Claviculae, was unter den Sauriern nur bei den Chamäleonten eintrat, denen auch das Episternum fehlt. Die Krokodile dagegen besitzen das Episternum noch, das als stabförmiger Knochen dem Sternum aufgewachsen ist. Daß in der Tat eine Verkümmerung der Clavicula bei den Krokodilen vorliegt, erweisen ihre alten Vorfahren (Parasuchia), die sie noch besaßen. Die Scapularplatte ist in großer Ausdehnung verknöchert, so daß sich nur ihr Dorsalrand als schmales knorpeliges Suprascapulare erhält. Das einheitliche Coracoid ist ohne Fenster, relativ schmal und mit dem bei den Sauriern gefundenen Foramen supracoracoideum versehen.

Die Claviculae der Saurier entstehen als reine Bindegewebsknochen, und das Episternum durch mediane Vereinigung und Abgliederung der ventralen Enden ihrer Anlagen, also ebenfalls als Hautknochen. Die Homologie der Schlüsselbeine mit der hautknöchernen Anlage der Anurenclaviculae und denen der Stegocephalen sowohl, als den Clavicularia der Fische ist daher wohl nicht zu bezweifeln. Der Umstand, daß die dorsalen Enden der Saurierclaviculae sich häufig sehr hoch am vorderen Rand der Scapulaplatte hinauf erstrecken, läßt sie in mancher Hinsicht primitiver erscheinen als die der Anuren und erinnert zuweilen etwas an das Verhalten der Clavicularia bei Ganoid- und Knochenfischen. Daß die Form des Episternum vielfach auffallend dem Interclaviculare oder Episternum der Stegocephalen gleicht, dürfte neben seiner Beziehung zu den Claviculae seine Homologie mit dem jener alten Amphibien wohl sicher begründen. Da sich nun die Saurierclaviculae innig an den Vorderrand der knorpeligen Corcacoidplatte anschließen, so spricht dies auch dafür, daß dieser Vorderrand dem Procoracoidknorpel der Anuren gleichkommt, und daß in dem Fenster zwischen Coracoid und Procoracoid der Anuren eine der Fensterbildung des Sauriercoracoids im allgemeinen homologe Bildung vorliegt. Die Hauptdifferenz zwischen den Sauriern und Anuren wäre daher die, daß die Claviculae der ersteren ihren ursprünglichen Hautknochencharakter rein bewahrt haben, die der letzteren dagegen wenigstens zum Teil durch Einverleibung des verknöchernden Procoracoids zu Mischknochen geworden sind. — Zweifelhafter dagegen ist die eventuelle Beziehung des Saurierepisternums zu dem sog. Omosternum der Anuren. Ich möchte vermuten, daß zwischen beiden dennoch eine substitutionelle Homologie in dem Sinne existiert, daß sie aus einem ursprünglich knorpelig-hautknöchernen, also zusammengesetzten Skeletteil hervorgingen, von welchem sich bei den Reptilien allein der hautknöcherne, bei den Anuren der knorpelige erhielt. — Dieser Deutung des Saurierschultergürtels steht eine andere gegenüber, welche in der Clavicula der Saurier ein komplettes Homologon des Procoracoids samt der Clavicula der Anuren erblickt, also auch des knorpeligen Procoracoids der Urodelen, und welche daher auch die gesamte Coracoidplatte der Saurier nur dem knorpeligen Coracoid der Amphibien homolog setzen will.

Ganz besondere und eigentümliche Verhältnisse zeigen die *Chelonier* (Fig. 210), die wir daher, trotz ihres vielleicht in mancher Hinsicht ursprünglicheren Gürtelbaus, erst an letzter Stelle betrachten. — Zunächst ist ihr Schultergürtel mit der Ausbildung des Rückenpanzers unter dessen vorderes Ende gerückt, und sein scapularer Teil hat sogar eine knorpelige oder ligamentöse Verbindung mit dem Neuralbogen des ersten Brustwirbels erlangt. — Die Scapula ist ein stielförmiger Knochen, der von jener Befestigungsstelle schief nach außen absteigt und nur dorsal auf eine geringe Ausdehnung knorpelig bleibt (Suprascapula). Dieser Knochen setzt sich auch noch jenseits der Gelenkstelle für den Oberarm ventral als ein stielförmiger, nach vorn und innen hinabziehender Fortsatz fort, dessen Ende sich knorpelig oder durch Band mit dem unpaaren Knochen des Bauchpanzers (Endoplastron) verbindet, oder sich auf ihn stützt (insofern letzterer nicht fehlt). — Von der Gelenkgrube entspringt ferner ein nach hinten und ventral ziehender Coracoidalast des Gürtels, der zu einem selbständigen Coracoid verknöchert, dessen Ventralrand sich als **Epicoracoid** knorpelig erhält (Fig. 210 B). Die Ventralenden der Coracoide erreichen sich in der Regel nicht, sondern enden frei; bei Dermochelys schieben sie sich jedoch etwas übereinander. Die Enden der beschriebenen beiden ventralen Gürteläste sind jederseits durch ein Band, das zuweilen mehr oder weniger verknorpelt, verbunden.

　　Die Vergleichung und Deutung des Chelonierbrustgürtels hat zu verschiedenen Ergebnissen geführt. Die Verbindung des vorderen ventralen Astes mit der unpaaren Platte des

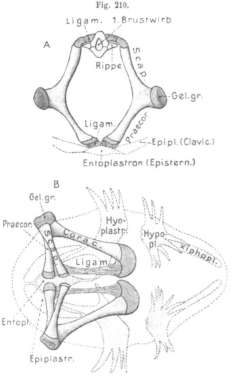

Fig. 210.

Ligam. 1. Brustwirb

A

Rippe

Gel. gr.

Ligam.

Epipl. (Clavic.)

Entoplastron (Epistern.)

B

Gel. gr.

Praecor.

Hyo-plastr.

Hypo-pl.

Corac.

Xiphopl.

Ligam.

Entopl.

Epiplastr.

Chelone viridis (mydas). Einige Tage alt. Schultergürtel. (Nach Parker 1868, etwas verändert.) *A* von vorn (Kopfseite); zeigt die Befestigung der Scapula am ersten Brustwirbel. *B* von der Dorsalseite. Die Knochen des Plastrons punktiert eingezeichnet. Die punktierte Umrißlinie gibt den Rand des verknöcherten Carapax an.　　P. He.

Plastrons, sowie die meist T-förmige Gestalt dieses Panzerknochens begründeten den recht plausiblen Schluß, daß diese Platte dem sog. Interclaviculare oder Episternum der Stegocephalen und Saurier entsprechen müsse. Wenn dies richtig, so folgt hieraus als kaum abweisbare Konsequenz, daß auch die an jenes Episternum sich seitlich anschließenden beiden vordersten paarigen Plastronplatten (Epiplastron) den Claviculae der Stegocephalen und Saurier homolog sind, worauf auch sowohl ihre Form als die Art ihrer Verbindung mit dem Episternum hinweist. Größere Schwierigkeiten bereitet dagegen die Deutung des vorderen Ventralastes des Gürtels, der mit der Scapula einheitlich verknöchert. Er wird in der Regel dem verknöcherten Procoracoidknorpel der Amphibien gleichgestellt, wofür seine Band- oder Knorpelverbindung mit dem Coracoidende spricht. In diesem Fall wären also Clavicula und Procoracoid, die sonst innig verbunden sind, weit voneinander getrennt, ein Zustand, der schwerlich als ein sehr primitiver angesehen werden könnte. — Andrerseits hat jedoch auch die Meinung, welche in dem vorderen Ventralast einen sehr verlängerten Acromialfortsatz der Scapula erkennen will, ihre erheblichen Schwierigkeiten. — Eine dritte Ansicht schließlich verwirft die Deutung der vordersten paarigen Plastronplatten als Claviculae und hält den vorderen Ventralast trotz seiner Entstehung als reiner Ersatzknochen für ein völliges Homologon der Clavicula + dem Procoracoid der Amphibien, indem sie auch die phylogenetische Ableitung der Amphibienclavicula aus zwei differenten Bestandteilen ablehnt und die hierauf hinweisenden Besonderheiten im Verknöcherungsverlauf der Anurenclavicula nur für eine Modifikation des Verknöcherungsprozesses des Procoracoidknorpels hält. Nach letzterer Auffassung wären Procoracoid der Urodelen, Clavicula + Procoracoid der Anuren, Clavicula der Saurier und das sog. Procoracoid der Chelonier völlig homologe Gebilde, die daher auch von dieser Lehre gleichmäßig als Clavicula bezeichnet werden.

　　Die Mannigfaltigkeit der Differenzierung und Spezialisierung, welche im Schultergürtel der zahlreichen *ausgestorbenen Reptiliengruppen* hervortritt, erfordert eine kurze Darlegung der wichtigsten Verhältnisse. Wie wir fanden, spricht vieles dafür, daß der Bau des Gürtels der Sauria und Rhynchocephala ein recht primitiver ist, was auch die fossilen rhyncho-cephalenartigen Formen erweisen. Daß die den Squamaten nahe verwandten marinen *Pythono-morpha* einen saurierartigen Gürtel besaßen (Cora-coid mit einem Fenster und For. supracoracoideum), ist in Harmonie mit ihren sonstigen Bauverhält-nissen; auffallend aber die starke oder völlige Rückbildung der Clavicula und des Episternums, was jedoch unter den Sauriern bei Reduktion der vorderen Extremität häufig vorkommt. — Der ganz saurierartige Schultergürtel der *Ichthyopterygia* spricht ebenfalls für die primitive Natur des Squa-matengürtels. — Die bei den *Krokodilen* ange-bahnte Reduktion des sog. sekundären Gürtels gilt ganz allgemein auch für die *Dinosauria* und *Ptero-sauria*, welche ja sowohl untereinander, als mit den Krokodilen verwandtschaftliche Beziehungen besitzen. Das Coracoid der Dinosaurier besitzt meist das Foram. supracoracoideum. Die Rückbildung des sekundären Gürtels in diesen Gruppen ist eigentüm-lich, wegen der genealogischen Beziehung der Dino-sauria und der biologischen der Pterosauria zu den Vögeln. Interessant ist die bei gewissen Pterosauria

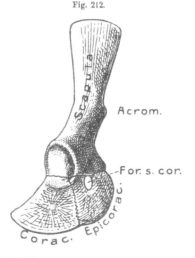

Fig. 211.

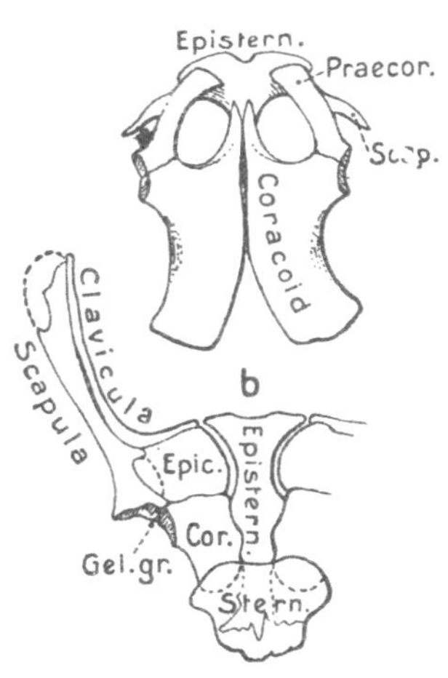

a Schultergürtel von **Plesiosaurus haw-kinsi** (Sauropterygier), ventral. (Nach Ly-dekker aus Fürbringer 1900.) — *b* von **Kei-rognathus** (Theromorpha), dorsal (nach Skelet aus Fürbringer 1900). O. B.

eingetretene Befestigung der Scapula an einigen vorderen Brustwirbeln, ein bekanntlich sehr seltener Fall unter den Vertebraten. — Recht eigentümliche Umformungen erfuhr der Gürtel der marinen *Sauropterygia*, der andrerseits auch deshalb interessant erscheint, weil er unter allen Reptilien die nächsten Beziehungen zu dem der Chelonier besitzt. Im offenbaren Gegensatz zu letzteren war jedoch die Scapula der Sauropterygia in fortschreitender Reduktion begriffen, so daß sie bei den jüngeren (Plesiosaurus) fast auf ihren Gelenkteil reduziert ist. Dagegen entsendet sie, wie bei den Schildkröten, einen schief nach vorn absteigenden Ast, der mit einem ebenfalls etwas rudimentären paarigen bis unpaaren sekundären Gürtel in Verbindung tritt (Fig. 211). Dieser Ast der Scapula unterliegt derselben verschiedenen Deutung wie bei den Schildkröten (s. oben). — Die verknöcherten Coracoidea sind bei den jüngeren Sauropterygiern dadurch eigentümlich, daß sie mit einem nach hinten gerichteten Medianfortsatz des sog. Procoracoidastes der Scapula zusammenstoßen, wodurch eine Konfiguration des Brustgürtels hergestellt wird, die an den Beckengürtel erinnert. — Eigentümliche und sehr interessante Verhältnisse bietet auch der Gürtel der sog. *Theromorpha*, zu welchen ja sehr alte Reptilien gehören. Der sekundäre Gürtel (Episternum und Claviculae) ist hier, so weit bekannt, sehr ansehnlich und in primitiver Weise erhalten. Die Scapula ist zuweilen (Pareiosaurus) durch eine ihrem Vorderrand ange-lagerte Verknöcherung, die gelegentlich dem sog. Cleithrum der Stegocephalen homologisiert

Fig. 212.

Schultergürtel von **Dicynodon** (Anomo-dontia). Rechte Hälfte von außen. (Nach Lydekker 1893.) O. B.

wird, ausgezeichnet. Das eigentümlichste ist jedoch die Zusammensetzung der ansehnlichen Coracoidplatte jederseits aus zwei Verknöcherungen, von welchen die vordere (Epicoracoid, Fig. 211 *b* u. 212) gewöhnlich von dem Foramen supracoracoideum durchbohrt wird, die hintere (Coracoid) mit dem Vorderrand des Sternums sich verbindet. Beide, oder nur die hintere können an der Gelenkgrube teilnehmen. Gewöhnlich wird die vordere Verknöcherung als Procoracoid, die hintere als eigentliches Coracoid gedeutet. Da jedoch dies sog. Procoracoid gewöhnlich von dem For. supracoracoideum durchsetzt wird, das bei den Sauriern usw. dem eigentlichen Coracoid zukommt, so ist die Beziehung des vorderen Knochens zu dem sog. Procoracoid der Saurier etwas zweifelhaft. Es scheint eher, daß hier eine eigenartige Bildung vorliegt, welche durch besondere Verknöcherung des sog. Epicoracoidknorpels der Saurier entstand. Sehr bemerkenswert ist die Ähnlichkeit, welche das Coracoid gewisser Theromorpha durch diesen Bau mit dem der primitivsten Mammalia (Monotremen) erhält.

Vögel. Wie zu erwarten, schließt sich der Schultergürtel der Vögel ziemlich nahe an den der Reptilien, insbesondere den der Saurier an, hat jedoch durch die mechanischen Erfordernisse, welche die Umbildung der Vorderextremitäten zum Flugorgan hervorrief, zahlreiche Eigentümlichkeiten erlangt. — Der Gürtel setzt sich typisch aus den drei knöchernen Elementen, der Scapula, dem Coracoid und der Clavicula zusammen; dagegen findet sich im erwachsenen Zustand von einem Episternum nichts. Von seinem eventuellen Verbleib wird später die Rede sein.

Das *Schulterblatt* (Fig. 213) ist stets ein relativ langer und schmaler Knochen geworden, der bei den Ratiten (s. Dromaeus) den Verlauf des Coracoids nahezu direkt fortsetzend, schief nach hinten gegen die Wirbelsäule aufsteigt; wogegen er bei den Carinaten (s. Pandion) mehr oder weniger parallel zur Wirbelsäule nach hinten zieht, also stark gegen das Coracoid geknickt ist; er kann sich manchmal bis in die Beckenregion erstrecken (s. auch Fig. 115, S. 213).

Das *Coracoid*, welches mit der Scapula zusammen das Schultergelenk bildet, zieht als mehr oder weniger abgeplatteter, mäßig breiter Knochen von der Gelenkgrube schief nach hinten, ventral und innen, um sich jederseits in den Vorderrand der breiten Sternalplatte gelenkig einzufalzen. Während bei den Carinaten Scapula und Coracoid in der Regel gesondert bleiben, verwachsen sie bei den Ratiten frühzeitig (s. Dromaeus).

Die *Claviculae* sind lange schmale, nach der Ventralseite und gewöhnlich auch etwas nach außen konvex gekrümmte Knochen, die, wenn voll ausgebildet, stets mit ihren Ventralenden frühzeitig zu einem einheitlichen, gabelförmigen Knochen verwachsen, der meist Gabelbein oder Furcula genannt wird (Fig. 213, 214). Eine kleine, zwischen ihren noch unvereinigten Ventralenden häufig auftretende Verknöcherung, die zum Teil knorpelig vorgebildet sein soll, wird zuweilen als Rest eines Episternums aufgefaßt. — In der Regel erreicht das Ventralende der Furcula das Sternum nicht; der ganze Knochen ist von den Coracoidea weit nach vorn abgerückt, was an die Verhältnisse jener Saurier erinnert, bei denen die Claviculae von den Coracoiden durch einen Zwischenraum getrennt sind. Wie dort, so scheinen auch die Einrichtungen der Vögel dafür zu sprechen, daß in der vorderen Region der ursprünglichen Coracoide eine Reduktion eingetreten ist. Dies läßt sich auch in der Reihe der Vögel selbst noch verfolgen, da bei *Struthio* (Fig. 214) das Coracoid recht breit und von einem ansehnlichen Fenster durchbrochen ist, weshalb hier sein vorderer Ast gewöhnlich als Procoracoid vom hinteren als eigentliches Coracoid unterschieden wird. Schon bei den übrigen Ratiten (s. Apteryx, Fig. 214, und Dromaeus, Fig. 213) ist jedoch dies Procoracoid so verkümmert, daß sich nur sein dorsaler Teil als ein sog. Processus coracoideus am Gelenkteil des Coracoids erhält. Dieser Processus findet sich auch bei den Carinaten noch allgemein; am besten entwickelt bei den Raubvögeln (s. Buteo und Pandion, Fig. 213), wo er auch noch eine ventrale Verbindung mit dem Innenrand des Coracoids eingehen kann, so daß sich ein Rest des ursprünglichen Fensters als Loch findet. — Bei den Carinaten erhebt sich der die Gelenkgrube bildende Teil des Coracoids

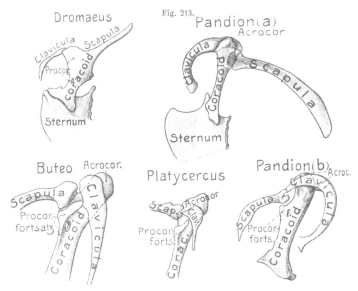

Schultergürtel von Vögeln. Dromaeus und Pandion (a) linke Hälfte von außen. Pandion (b) von innen. Buteo und Platycercus, linke Hälfte von innen. P. He.

zu einem ansehnlichen Fortsatz, an welchen sich das verbreiterte Dorsalende der Clavicula anlegt. Er setzt sich als eine mehr oder weniger vorspringende Leiste (Spina) längs der Ventralfläche des Coracoids fort. Dieser sog. *Acrocoracoid*fortsatz (s. Fig. 213) ist bei den Ratiten kaum entwickelt.

Die bei den Carinaten meist gut entwickelte Furcula, welche gewissermaßen eine elastische Feder zwischen den beiden Schultergelenken bildet, hängt mit dem Kamm des Sternums durch ein Band zusammen; indem dieses mehr oder weniger verknöchert, kann die Furcula zuweilen in Berührung mit dem Brustbeinkamm treten. Selten bildet das Ventralende der Furcula auch einen vorderen Fortsatz, was dann eine ziemliche Ähnlichkeit mit einem Episternum bewirkt. — Wie bemerkt, stützt sich das verbreiterte Dorsalende der Clavicula bei den Carinaten an den Acrocoracoidfortsatz, setzt sich jedoch noch darüber hinaus fort bis zu dem ansehnlichen, am ventralen Innenrand der Scapula entspringenden Acromialfortsatz, an den sich das Ende anlegt (Fig. 213, Pandion b). Diese Verbindung der

Clavicula mit dem Acromion ist die ursprüngliche, jene mit dem Acrocoracoidfortsatz des Coracoids eine sekundäre.

Auf diese Weise wird zwischen Acrocoracoid, Acromion und Clavicula ein Loch (For. triosseum) gebildet, durch welches die Sehne des Musculus supracoracoideus (pectoralis medius) zum Humerus zieht und das der sog. Incisur der Scapula bei den Sauriern entspricht. Durch hakenförmige Aufkrümmung des Processus procoracoideus des Coracoids kann dies Loch noch mehr umschlossen werden. Bei einem Teil der Carinaten wird es jedoch dadurch wieder geöffnet, daß das Dorsalende der Clavicula nicht mehr bis zum Acromion reicht, sich vielmehr nur mit dem Acrocoracoid verbindet.

Fig. 214.

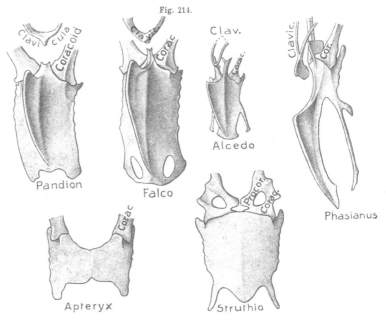

Brustbeine von Vögeln, die oberen etwas von links ventral, die unteren rein ventral gesehen. P. He.

Bei gewissen Carinaten und sämtlichen Ratiten verkümmert die Clavicula mehr oder weniger. Diese Verkümmerung beginnt stets am Ventralende und schreitet dorsalwärts fort. — Namentlich bei manchen Papageien ist die Reduktion so weit gegangen, daß nur kurze Reste der Clavicula am Acrocoracoid haften (Fig. 213, Platycercus). Ein ähnlicher geringer Rest der Clavicula findet sich unter den Ratiten bei Dromaeus (s. Fig. 213); den übrigen fehlt sie ganz, was auch für gewisse Papageien angegeben wird.

In dem die Kapsel des Schultergelenks bildenden Gewebe kann eine accessorische Verknöcherung auftreten (Os humero-scapulare).

Die allgemeine Beurteilung des Schultergürtels der Vögel schließt sich eng der für die Reptilien dargelegten an. Nur hinsichtlich der Clavicula und des Episternums können Zweifel bestehen, da die rein hautknöcherne Entstehung der Vogelclaviculae nicht von allen Forschern anerkannt, von einigen vielmehr das Eingehen einer knorpeligen Anlage, besonders in ihr Dorsalende, angegeben wird. Wenn dies richtig ist, so müßte diese Knorpelanlage, welche ursprünglich mit der Scapula zusammenhängt, wohl als dem eigentlichen Procoracoid der Saurier und Anuren entsprechend aufgefaßt werden. — Hinsichtlich des Episternums bestehen noch erhebliche Zweifel, da einige Beobachter geneigt sind, die Membranen, welche sich zwischen dem Brustbeinkamm, den Coracoidea und der Furcula, sowie zwischen den Furculaästen ausspannen, als Rudimente des Episternums zu deuten, was in dieser Ausdehnung sehr unwahrscheinlich ist. Andere vermuten, daß das Episternum in die Carina des Brustbeins eingegangen sei, was im Vergleich mit den Sauriern wohl plausibel erschiene, jedoch mit der knorpeligen Anlage des Kamms im Widerspruch steht. — Wie schon oben hervorgehoben, scheint auch der knorpelig vorgebildete kleine Knochen, der in das Ventralende der Furcula eingeht, als Episternum zweifelhaft, weshalb den Vögeln zuweilen auch jede eigentliche Episternalbildung abgesprochen wird.

Mammalia. Der Schultergürtel der Monotremen zeigt gegenüber dem der übrigen Säuger auffallend primitive, an die Saurier, besonders jedoch gewisse fossile Anomodontia erinnernde Charaktere. Es ist daher auch kaum zweifelhaft, daß er sich von einem Urzustand herleitet, der dem der letzteren noch nahe stand, indem er jederseits von einer

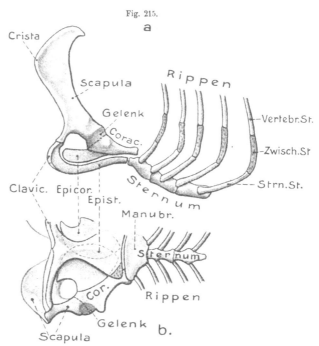

Fig. 215.

Ornithorhynchus paradoxus. Schultergürtel, Sternum und Brustrippen *a* von links, *b* von der Ventralseite. Frühere Grenze der verwachsenen Scapula und Coracoid punktiert angedeutet. Claviculae und Episternum ebenfalls verwachsen. Knorpel dunkel, punktiert.   P. He.

Scapularplatte, sowie einer ansehnlichen knorpeligen Coracoidplatte gebildet wurde. Letztere schloß sich dem Vorderrand des Sternums an, das sich jedoch wie bei Sphenodon noch als sog. Prosternum zwischen die hintere Region der Coracoidplatten fortsetzte. An der Übergangsstelle von Scapular- und Coracoidplatte war eine tiefe, vorn offene Fensterbildung (Incisur), welche wohl dem primären Fenster der Saurier entsprach. Dazu gesellte sich ein ansehnliches T-förmiges Episternum, welches den vordersten Teil des Sternums (Prosternum) unterlagerte, und mit dessen beiden Querästen die Claviculae sich verbanden, welche bis zum Acromialfortsatz des vorderen Scapularrandes zogen, die Incisur abschließend.

Durch die Verknöcherung wird jedoch an diesem Gürtel, wie ihn etwa die *Monotremen* (Fig. 215) noch darbieten, einiges Eigentümliche hervorgerufen.

Die Scapula verknöchert in ihrer größten Ausdehnung als eine Platte, die dorsal etwas nach hinten hakig umgebogen ist, so daß sich nur ein schwacher Suprascapularknorpel an ihrem Dorsalrand erhält, was für alle Mammalia gilt. Gegen die Gelenkgrube verschmälert sich das Schulterblatt etwas halsartig, was gleichfalls allgemein vorkommt. — Der ansehnliche, ventralwärts gekrümmte Acromialfortsatz entspringt wie bei den Sauropsiden vom Vorderrand der Scapula, wenig oberhalb der Gelenkgrube. — Eine ganz besondere Eigentümlichkeit bietet die Verknöcherung der Coracoidplatte, indem dabei ein hinterer schmälerer, etwa stielförmiger Knochen gebildet wird, der von der Gelenkgrube direkt zum verbreiterten vordersten Glied des Sternums zieht und sich darauf stützt, wogegen der Hauptteil des knorpeligen Coracoids zu einem platten Knochen wird, der sich dem Vorderrand des ersterwähnten anschließt, und sich median mit dem der Gegenseite etwas kreuzt. Bei jugendlichen Formen, deren Prosternum noch gut ausgebildet ist, tritt er an dieses heran. Der hintere Knochen wird als *eigentliches Coracoid* (auch Metacoracoid), der vordere gewöhnlich als *Epicoracoid* bezeichnet; seine Lageverhältnisse scheinen dies auch zu rechtfertigen, doch bewahrt er noch einen knorpeligen Medianrand. Nur das eigentliche Coracoid nimmt an der Bildung der Gelenkgrube teil. — Einer ähnlichen Zusammensetzung der Coracoidplatte aus zwei Verknöcherungen begegneten wir nur bei den Anomodontia (s. S. 345), was deren eventuelle Beziehungen zu den Mammalia bekräftigt. Scapula und Coracoid verwachsen frühzeitig miteinander.

Das oben erwähnte *Episternum* der Monotremen ist ein ansehnlicher T-förmiger Knochen, dessen verbreiterter plattenförmiger Stamm sich hinten auf das Manubrium des Brustbeins stützt, während das Prosternum, das er unterlagert, sich bei den erwachsenen Monotremen stark reduziert, zum Teil jedoch auch wohl verknöchernd in das Episternum aufgenommen wird. Die beiden vorderen Queräste des Episternums sind so lang, daß sie das Acromion nahezu oder völlig erreichen. Die schmalen *Claviculae* verwachsen im Alter mit den Querästen des Episternums. — Obgleich die Ontogenie noch nicht hinreichend aufgeklärt ist, spricht doch vieles dafür, daß Episternum und Claviculae der Monotremen wie bei den Sauropsiden Hautknochenbildungen sind.

Der Schultergürtel aller *übrigen Säuger* wird einmal gekennzeichnet durch die weitgehende Reduktion der Coracoidea, die das Sternum nie mehr erreichen, sondern nur Fortsatzbildungen der Scapula darstellen; ferner durch die starke oder völlige Rückbildung des Episternums, häufig jedoch auch der Claviculae.

Das *Schulterblatt* (Fig. 216) nimmt an Umfang zu und bildet in der Regel eine mehr oder weniger dreieckige Platte mit meist kleinerer, den Dorsalrand bildender Basis. Die Außenfläche erhebt sich etwa in der Mittellinie zu einem mehr oder weniger aufsteigenden Kamm (Crista oder Spina), der als Vergrößerung der Muskelansatzfläche dient und nur selten stark rückgebildet ist (Cetacea, Fig. 216[3]). Das Ventralende der Crista setzt sich in den frei vorspringenden Acromialfortsatz fort, der bei guter Ausbildung der Clavicula meist recht lang wird, so daß er über das Ventralende der Scapula herabreichen und zuweilen noch einen hinteren Zweigast entsenden kann. Die Verbreiterung des Schulterblatts der höheren Säuger rührt von einem Auswachsen des ursprünglichen Vorderrands nach vorn her, was daraus hervorgeht, daß bei den Monotremen der etwas cristaartig aufsteigende Vorderrand noch das Acromion entsendet, wie bei den Sauropsiden. Bei manchen Säugern entwickelt sich jedoch auch am Hinterrand der Scapula eine zweite Crista (z. B. manche Edentata Fig. 216 4, Raubtiere, Insectivoren, Affen usw.).

Wie bemerkt, sind die Coracoide stets sehr reduziert, doch erreichen sie im Embryonalzustand selten noch das Sternum (Beuteltiere). Bei den Erwachsenen bilden sie am vorderen Innenrand des Gelenkgrubenteils der Scapula einen schwachen bis ansehnlichen, und dann etwas gekrümmten Fortsatz, den Processus coracoideus (Figur 216). Er wird als selbständige Verknöcherung angelegt, welche später mit der Scapula verwächst. Bei einigen Säugern (gewissen Edentaten und Primaten) sendet er einen gegen den Vorderrand der Scapula aufsteigenden Ast aus, der mit der Scapula verwachsen kann, so daß diese an ihrem Vorderrand, über der Gelenkgrube, von einem Loch durchsetzt erscheint (Fig. 216 4).

Gewöhnlich wird der

Fig. 216.

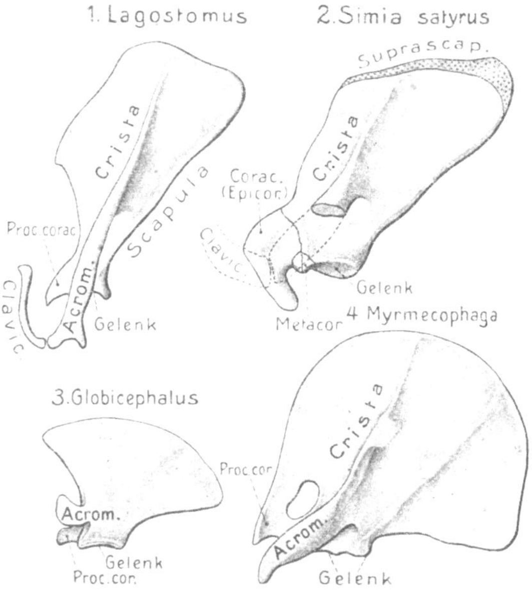

Linker Schultergürtel von Mammaliern von außen. *1.* Lagostomus (Nagetier). *2.* Simia satyrus (Orang), jung; das Acromion abgeschnitten, sein Umriß und der der Clavicula punktiert *3.* Globicephalus (Waltier) (nach GIEBEL-BRONN). *4.* Myrmecophaga (Ameisenfresser). P. He.

Processus coracoideus als dem eigentlichen Coracoid (Metacoracoid) der Monotremen entsprechend gedeutet.

Es läßt sich jedoch nicht leugnen, daß er eine gewisse Ähnlichkeit mit dem sog. Epicoracoid hat, insbesondere erinnert das letztbeschriebene Verhalten an das Epicoracoid von *Ornithorhynchus.* Da nun in neuerer Zeit bei der Entwicklung vieler Säuger hinter dem Hauptknochenkern des Processus coracoideus noch eine zweite kleinere Verknöcherung aufgefunden wurde, die später mit der Hauptverknöcherung oder mit der Scapula verwächst (s. Fig. 216 2, 217), so hat man die vordere mit dem Epicoracoid, die hintere mit dem Coracoid (Metacoracoid) der Monotremen homologisiert. Daß jedoch letztere Verknöcherung nicht nur eine Epiphyse der Scapula ist, scheint nicht sicher widerlegt, eher sogar wahrscheinlich. — Andrerseits wurde bei gewissen Säugern (speziell Insectivora, Rodentia und Chiroptera) jederseits dem Manubrium des Brustbeins anliegend, dicht vor der ersten Brustrippe, ein Knorpelchen oder Knöchelchen beobachtet, das zuweilen auch als ein Rest des Coracoids (GEGENBAUR) oder Epicoracoids (PARKER) gedeutet wurde.

Die *Clavicula* ist bei allen Säugern mit mannigfaltiger Beweglichkeit der Vorderextremität gut ausgebildet und erstreckt sich als schlanker Knochen vom Acromion bis zum Manubrium des Brustbeins (s. Fig. 252, S. 388). Bei denjenigen, welche nur einförmige, meist pendelnde Bewegungen der Vorderextremität ausführen (Ungulata, Probroscidea, Sirenia, Cetacea), wird sie ganz rudimentär; doch fehlt sie auch vielen Rodentien und Carnivoren, während sie andere Vertreter dieser Ordnungen in allen Graden der Verkümmerung aufweisen. Ihre Reduktion schreitet in der Regel von den beiden Enden gegen die Mitte fort.

Fig. 217.

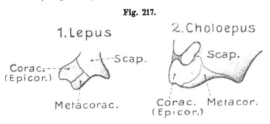

Gelenkteil der linken Scapula mit Coracoid (Epicoracoid) und sog. Metacoracoid von außen. (Nach Howes 1893.) *1.* Von Lepus (ein Monat alt). *2.* Von Choloepus didactylus (halberwachsen). P. He.

Da sich an der Entwicklung der Claviculae (besonders ihrer Sternalregion) höherer Säuger (speziell Placentalia) eine Knorpelanlage beteiligt, so verrät sie doch eine gewisse Verschiedenheit gegenüber der der Sauropsiden, was möglicherweise auf ältere Beziehungen hinweisen kann. Ob sich diese knorpelige Anlage auf den Procoracoidknorpel der Amphibien zurückführen läßt, bleibt zweifelhaft.

Die Frage nach dem Verbleib des *Episternums* bei den Beuteltieren und Placentaliern kann nicht als genügend aufgeklärt gelten. So viel ist sicher, daß bei ihnen ein hautknöchernes Episternum im Sinne der Sauropsiden, dem ja auch das der Monotremen wohl entspricht, nicht vorkommt. Dagegen finden sich bei vielen kleine, meist knorpelige, seltener verknöcherte paarige Skeletgebilde, die sich zwischen das Vorderende des Sternums (sog. Manubrium) und die Sternalenden der Claviculae einschieben, und deren Lage sehr an ein Episternum erinnert (Fig. 218). — Soweit die Ontogenie aufgeklärt ist, sind es jedoch rein knorpelig angelegte Teile, die sich von den Sternalenden der knorpeligen Anlagen der Claviculae abgliedern (sog. Präclavia GEGENBAUR, Omosterna PARKER). Durch ihre Verbindung in der ventralen Mittellinie und weitere Abgliede-

Sog. Episternalapparat verschiedener **Mammalia** (von der Ventralseite). $a^1 - a^2$ von **Talp**aembryonen (nach GÖTTE 1877) a^1 vorknorpelige Anlage der Claviculae und der Ventralenden der beiden ersten Brustrippen. a^2 älterer Embryo; Differenzierung des unpaaren Prosternums und der beiden Präclavia aus dem Mittelstück der Clavicularanlage. Das knorpelige Sternum gebildet. *b* Junge **Beutelratte**. *c* **Cercolabes** (Nagetier). Vorderende des Sternum mit den beiden Präclavia (*b* und *c* nach GEGENBAUR 1865 und 1898). O. B.

rung tritt häufig auch ein unpaares knorpeliges Mittelstück (auch Prosternum genannt) zwischen ihnen, und ventral bis vor dem Vorderende des Sternums auf (Fig. 218 $a^1 - a^2$), so daß die Gesamtbildung dann sehr an den Mittelstamm und die beiden Queräste des т-förmigen Monotremen-Episternums erinnert, zumal das unpaare Stück und die paarigen auch zusammenhängend bleiben können (Fig. 218 *b*). Doch soll sich das erstere auch paarig (entsprechend seiner ursprünglich paarigen Anlage aus den Claviculae) erhalten können; so besonders deutlich bei einer Art von Dasypus (Gürteltier). Auch die beim Menschen zuweilen vorkommenden

sog. Ossa suprasternalia sollen hierher gehören. Häufig geht jedoch das Mittelstück im erwachsenen Zustand in das Manubrium des Sternums auf, oder wird von ihm gewissermaßen substituiert (Fig. 218c).

Bei vielen erwachsenen Placentaliern ist von diesen episternalen Skeletgebilden wenig
oder nichts mehr vorhanden; ein letzter Rest der sog. Präclavien bleibt zuweilen jederseits
als ein geringfügiger Knorpel (Cartilago interarticularis) zwischen Clavicula und Manubrium
erhalten (Halbaffen, Primaten, Mensch).

Der Beckengürtel der tetrapoden Vertebrata.

Der Beckengürtel der primitiveren Amphibien schließt sich noch recht nahe
an den der Dipnoer an, besitzt jedoch schon den Charakter, welcher für alle Tetrapoden gilt, nämlich die Befestigung an der Wirbelsäule, samt der dadurch bedingten
Entwicklung eines Sacrums. Diese, mit der Funktion der Hinterextremitäten als
Vorschieber des Körpers zusammenhängende Befestigung bedingte ihrerseits, daß
die dorsale oder iliacale Region des primären Gürtels, welche schon bei gewissen
Knorpelfischen relativ ansehnlich war, sich bei den Tetrapoden stärker dorsalwärts
entfaltete und zunächst durch Vermittlung einer Rippe mit der Wirbelsäule in Verbindung trat. Bei allen Tetrapoden (ausgenommen solche, deren Hinterextremität
verkümmerte) ist also die dorsale Gürtelregion, das sog. Ileum (Darmbein)[1], gut
entwickelt und mit seinem Dorsalende an das Kreuzbein geheftet.

Amphibien. Der primitive Charakter des Amphibienbeckens spricht sich hauptsächlich darin aus, daß der ventrale Gürtelast ein einheitliches Skeletgebilde bleibt,
das mit dem der Gegenseite frühzeitig in der Medianlinie verwächst, wie bei den
meisten Chondropterygiern und Dipnoern. Doch tritt die Verwachsung bei den
Salamandrinen häufig nur an der Ventralfläche der Beckenplatte ein, beschränkt
sich selten sogar nur auf ihre vorderste Region (Amphiuma).

Bei den *Urodelen* (s. Fig. 219 A, B), welche natürlich die primitiveren Verhältnisse darbieten, ist das relativ kurze *Ileum* ein etwa cylindrischer Knochen, der
an der Sacralrippe durch Band (zum Teil noch recht lose) befestigt ist; ja das
Ileum von Proteus bleibt so kurz, daß es die Sacralrippe nicht erreicht. Es verläuft nahezu senkrecht zur Wirbelsäule, oder wenig nach vorn herabsteigend
(Fig. 219 B[2]). An seiner Übergangsstelle in die ventrale Beckenplatte findet sich
die nach außen und etwas nach hinten gerichtete Gelenkgrube (Pfanne, Acetabulum)
für das Femur. Die ventrale Beckenplatte, das sog. *Ischiopubis*, ist eine großenteils
oder gänzlich (Proteus) knorpelige, nahezu plane, bis mäßig nach der Dorsalseite
konkave Platte. Bei Menobranchus (Fig. 219 A) gleicht sie durch ihre Kürze und
ihren vorderen Fortsatz (*Epipubis*) sehr der der Dipnoi. Sonst wird sie gewöhnlich
durch Auswachsen nach hinten länger. — Der Epipubisfortsatz ist bald weniger,
bald mehr entwickelt, zuweilen auch paarig. Bei gewissen Ichthyoden und vielen
Salamandrinen wird er (Cartilago ypsiloides) recht lang und gabelt sich an seinem
Ende, in Andeutung der paarigen Anlage (Fig. 219 B). In diesen Fällen gliedert

---

[1] Obgleich, wie schon oben bemerkt, die Bezeichnung *Ilium* (eigentlich Os ilium)
statt Ileum gebräuchlicher, auch wohl richtiger ist, wurde die letztere im Text beibehalten,
weil sie auf den Figuren verwendet war.

er sich von der Beckenplatte ab, mit der er durch Bindegewebe vereinigt bleibt
(doch wird auch seine selbständige Entstehung angegeben). — Die vorderen seitlichen Ecken der Beckenplatte springen häufig als ziemlich ansehnliche *Präpubisfortsätze* vor, wie wir sie schon bei Chondropterygiern und Dipnoern trafen. Etwas
vor der Gelenkgrube wird die Platte jederseits von einem Loch für den Nervus
obturatorius durchbohrt. — Regelmäßig (mit Ausnahme von Proteus) bildet sich

Fig. 219.

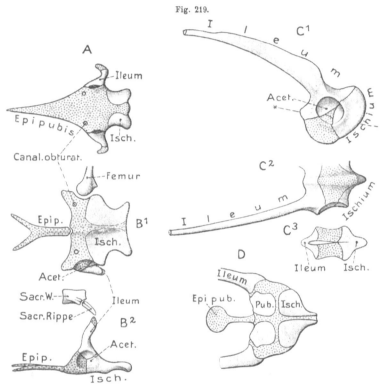

Becken von Amphibien. *A* Menobranchus von der Ventralseite (nach WIEDERSHEIM 1892). *B* Salamandra maculosa. *B*[1] von der Ventralseite. *B*[2] von links. *C* Rana esculenta. *C*[1] von links. *C*[2] von
der Ventralseite. *C*[3] Horizontalschnitt in der Ebene * der Linie von *C*[1]. *D* Dactylethra von der Ventralseite
(nach WIEDERSHEIM 1892).   P. He.

in der postacetabularen Region jederseits eine mäßig große randliche Verknöcherung, das sog. *Ischium* oder *Sitzbein*, das sich zuweilen bis in die Vorderregion ausdehnt. — Im Hinblick auf die Verhältnisse gewisser Amnioten ist es von Interesse,
daß der Grund des Acetabulums mancher Ichthyoden von einem Loch durchbohrt ist.

Der Gürtel der *Anuren* (Fig. 219 *C*, *D*, Fig. 111, S. 211) hat mit der bedeutenden Größe, welche die Hinterextremität erlangt, besonders auch mit ihrer Funktion
als Sprungorgane bei nicht wenigen, eine Umformung erfahren. Das *Ileum* ist zu
einem sehr langen Knochen ausgewachsen, dessen Vorderende durch Knorpel und
Band mit dem Ende des ansehnlichen Querfortsatzes des Sacralwirbels zusammen-

hängt. Seine Stellung zur Wirbelsäule hat sich gänzlich geändert, da es nahezu parallel mit dem Os coccygis nach hinten zieht und auch etwa so lang wie dieses ist. So wird das Acetabulum, und damit auch der Angriffspunkt der freien Extremität, ganz an das Hinterende des Körpers verlegt, was sowohl für die Sprungbewegungen, als für die starke Verlängerung der Hinterextremität vorteilhaft sein muß; andrerseits ist die Parallelität der Darmbeine mit der Wirbelsäule mechanisch günstig für die direkte Übertragung des Stoßes der Hinterextremität auf die Säule. — Auch die ventrale Beckenplatte erscheint wesentlich umgestaltet. Sie ist in der Querrichtung recht schmal geworden (s. Fig. 219 C^{2-3}); dagegen wuchs die in ihrer ventralen Mittellinie schon bei den Urodelen zum Teil angedeutete Leiste (Crista) sehr stark aus, so daß der ventrale Gürtelteil zu einer vertikalen, zwischen die beiden Gelenkgruben eingeschalteten Platte wurde, die sich dorsalwärts verdickt. — Da die Ventralenden der beiden Darmbeine sich ebenfalls bis zur Berührung nähern, so bilden sie die dorsale Ergänzung dieser Beckenplatte. Sie verknöchern bis auf ihr dorsalstes Ende; ebenso verknöchert die hintere Hälfte der Beckenplatte zu einem Ischium, dem Verwachsungsprodukt der beiden Ossa ischii der Urodelen; wogegen die vordere Hälfte der knorpeligen Beckenplatte in der Regel verkalkt.

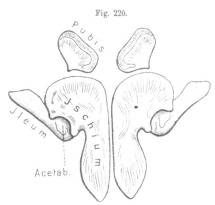

Fig. 220.

Mastodonsaurus giganteus. (Stegocephale). Becken von der Ventralseite. (Nach E. Fraas aus Zittels Handbuch.) P. He.

Bei *Dactylethra* (Fig. 219 *D*), deren Beckenplatte weniger verschmälert ist, bleiben die beiden O. ischii gesondert wie bei den Urodelen, und zu ihnen gesellt sich in der Vorderhälfte der Beckenplatte noch ein Paar Verknöcherungen, die sog. *Pubis* (Schambeine), die bei Urodelen (z. B Salamandra) nur selten angedeutet sein können. Auch das den Anuren sonst fehlende Epipubis macht das Becken von Dactylethra urodelenähnlicher. — An der Bildung des Acetabulums der Anuren beteiligen sich die unteren Enden der Darm- und der Sitzbeine. Der Grund der Gelenkgrube ist gewöhnlich nur häutig-knorpelig geschlossen, ein sog. Acetabularloch also auch hier angedeutet. Der Nervus obturatorius durchsetzt die Pubisregion nicht, sondern zieht vor der Beckenplatte hinab.

Das Becken der fossilen *Stegocephalen* (Fig. 220) war gewöhnlich recht urodelenähnlich, namentlich auch durch das kurze Ileum. Ventral enthielt es entweder nur ein Paar hinterer Verknöcherungen (Ischium), oder ähnlich *Dactylethra* (z. B. *Discosaurus, Mastodonsaurus*) noch ein vorderes Pubispaar. Die Form dieser Knochen verrät, daß sie in einer knorpeligen Beckenplatte eingeschlossen waren.

Bei den extremitätenlosen Gymnophionen, sowie bei Siren, dem die Hinterextremitäten fehlen, ist das Becken völlig rückgebildet.

Reptilia. Das Becken gewisser fossiler Reptilien (so der Proterosauria, speziell Palaeohatteria, ebenso das der Sauropterygia) glich ziemlich dem der

Stegocephalen mit zwei Paar Ventralknochen. Andrerseits war das Becken der fossilen Anomodontia recht ähnlich dem der Anuren, namentlich darin, daß die ventrale Beckenplatte sowohl in ihrer äußeren Form, als auch ihrer meist völligen Einheitlichkeit die Verhältnisse des Anurenbeckens wiederholt (s. Fig. 228, S. 363).

Die übrigen Reptilien dagegen zeigen diese Einheitlichkeit der ventralen Beckenplatte nicht, vielmehr in jeder ihrer Hälften stets eine nur häutig geschlossene Durchbrechung der Skeletsubstanz, eine Art Fenster (Foramen puboischiadicum oder Foramen obturatum), ähnlich wie es im Brustgürtel Procoracoid und Coracoid trennte. Auch hier führt diese Fensterbildung zur Sonderung der beiden, allen Amnioten stets zukommenden zwei ventralen Knochenpaare, der Pubis und der Ossa ischii.

Ob dies Fenster, welches gewöhnlich als Foramen obturatum bezeichnet wird, eventuell aus einer Erweiterung des Canalis obturatorius des Urodelenbeckens hervorging, ist ein bis jetzt unentschiedenes Problem; wenn auch die Möglichkeit meist geleugnet wird. Da sich schwer entscheiden läßt, ob die Ähnlichkeit des Beckens der Anomodontia mit dem der Anuren eine wirklich primitive, oder eine Konvergenzerscheinung ist, so beginnen wir unsere Betrachtung mit dem an die Stegocephalen erinnernden Becken der Palaeohatteria und der Sauropterygier (Figur 221). Die ventrale, nahezu horizontale, wenig gekrümmte Beckenplatte blieb hier jedenfalls stark knorpelig;

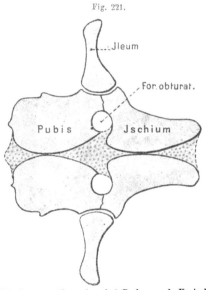

Fig. 221.

Plesiosaurus (Sauropterygier). Becken von der Ventralseite (schematisch). Die wahrscheinliche Ausdehnung des Symphysenknorpels punktiert angedeutet. (Nach HUXLEY aus ZITTELS Handbuch konstruiert.)   P. He.

die Pubis und Ossa ischii waren platte, bei den Sauropterygiern nahezu gleich große Knochen, und das jederseitige Fenster (Foramen obturatum) klein. Bei den Sauropterygiern erweist die Form der beiden Knochenpaare wohl sicher die Existenz jenes Foramens; bei Palaeohatteria, wo der Knorpel wahrscheinlich reichlicher vorhanden war, scheint dies weniger sicher. Die Scham- und Sitzbeine der Sauropterygier erstreckten sich bis in die ventrale Medianlinie, in der sie in einer Symphyse zusammenstießen, oder doch nur durch wenig Knorpel verbunden waren. Am Aufbau des Acetabulums beteiligten sich alle drei Knochen.

Das Becken der *Chelonier, Rhynchocephalen* und *Saurier* (Fig. 222, 223) zeigt große Übereinstimmung, was auf eine gemeinsame Grundform hinweist. Die Darmbeine sind mäßig große, ziemlich schmale Knochen, welche von den beiden Sacralwirbeln, an deren Querfortsätzen sie sich befestigen, schief nach vorn herabsteigen. — Die beiden Ventralknochen haben sich unter starker Erweiterung der Foramina puboischiadica verschmälert. Zur Erweiterung dieser Foramina trug jedoch auch eine allmählich eingetretene Lageverschiebung beider Knochen bei, wie sie in der Ontogenie der Saurier deutlich hervortritt. Die Scham- und Sitzbeine gingen aus einer ursprünglich annähernd parallelen, etwa senkrecht zur Wirbelsäule gerichteten Stellung in eine abwärts divergierende über, die mehr oder weniger stark ausgeprägt erscheint. Am Aufbau des undurchbohrten Acetabulums beteiligen sich die drei Knochen etwa zu gleichen Teilen. — Der Nervus obturatorius durchbohrt bei Sphenodon und den Sauriern (Fig. 223) die Pubis nahe unter dem Acetabulum, während er bei den Cheloniern (Fig. 222) durch das Foramen puboischiadicum tritt, wie es bei allen übrigen Amnioten der Fall ist. Bei den meisten Cheloniern, sowie Sphenodon sind die Foramina tatsächlich Fenster, da sie in der ventralen Mittellinie des Beckens durch Skeletmaterial geschieden sind (Fig. 222 b). Bei Sphenodon und zahlreichen Schildkröten geschieht dies durch einen Knorpelstreif (Septum), welcher die knorpeligen Symphysen der Scham- und Sitzbeine verbindet. Daß dieser Zustand sich der Ausgangsform des Reptilienbeckens zunächst anreiht, ist recht wahrscheinlich. Die übrigen Schildkröten dagegen zeigen zwei divergierende Entwicklungsreihen, indem das knorpelige Septum entweder mehr verkümmert und schließlich (Trionychidae) durch ein Ligament ersetzt wird, oder sich die knöchernen Pubis und O. ischii von ihrer ursprünglichen Symphysengegend aus nach hinten und vorn auf das knorpelige Septum ausdehnen und schließlich in der Becken-

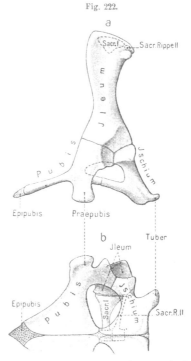

Fig. 222.

Clemmys decussata (Schildkröte). Becken.
a linke Hälfte von außen. Anheftung der beiden Sacralrippen an Ileum punktiert angegeben.
b Ventralseite; Sacralwirbel und -rippen punktiert angegeben. P. He.

mitte knorpelig oder durch Naht zusammenstoßen (besonders Emydae und Testudinidae). Auf diese Weise werden also die Foramina puboischiadica völlig knöchern umrandet und median knöchern geschieden, wie es auch dem Säugerbecken eigentümlich ist. Gerade der letztere Umstand läßt daher vermuten, daß es sich hier um einen sehr alten Zustand handelt.

Das Saurierbecken dagegen zeigt stets die Verkümmerung des knorpeligen Septums und seinen Ersatz durch ein sehniges Ligament, das nur selten mehr oder weniger verknöchern kann. Die Foramina puboischiadica werden daher nicht durch Skeletteile gesondert; die Symphysen der Scham- und Sitzbeine sind weit getrennt.

Die *Pubis* der drei fraglichen Reptiliengruppen besitzen meist gut entwickelte
Processus praepubici (Processus laterales), die bald schief nach außen, nach vorn,
oder gar etwas nach innen gerichtet sind.

Als *Epipubis* wird bei gewissen Cheloniern (Fig. 222) ein meist knorpeliger Fortsatz
betrachtet, der vom Knorpel der Schambeinsymphyse nach vorn entspringt und zuweilen recht
ansehnlich werden kann.   Selten erscheint dies Epipubis abgegliedert, oder in der Medianlinie
paarig gesondert; ebenso selten tritt Verknöcherung in ihm auf.   Die Ontogenese weist auf
seine paarige Entstehung aus den Pubis hin. — Eine ähnliche Epipubisbildung zeigen
Sphenodon und nicht wenige Saurier (Fig. 223). Auch hier ist das sog. Epipubis teils unpaar,
teils paarig; im Alter meist verkalkt oder verknöchert und dann selbständig. — Bei *Chamaeleo*
dagegen liegen der Pubissymphyse zwei kleine stäbchenförmige Knöchelchen an, deren Hervorgehen aus dem Epipubisknorpel nachgewiesen ist.

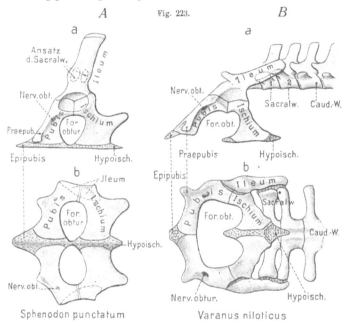

Fig. 223.

A Becken von Sphenodon punctatum. *a* Linkseitige Ansicht. *b* Ventralansicht. *B* Becken von *Varanus*
mit Sacral- und vorderen Caudalwirbeln. *a* Linkseitige Ansicht. Ansatzstellen der Sacralwirbelfortsätze am
Ileum punktiert. *b* Ventralansicht. Knorpel dunkel, punktiert.   P. He.

Ähnlich wie das Epipubis zu den Schambeinen, verhält sich bei den Sauriern das sog.
Hypoischium (Os cloacae) zu den Sitzbeinen (Fig. 223, Varanus). Es ist dies ein dreieckiges
bis langgestrecktes Knöchelchen, das sich der Sitzbeinfuge hinten anschließt und bis zur vorderen
Cloakenlippe nach hinten reichen kann.   Die Ontogenese erweist, daß es in ähnlicher Weise
aus den knorpeligen Sitzbeinen hervorgeht, wie das Epipubis aus den Pubis. — In der
Ontogenese der Schildkröten tritt dies Skeletgebilde ebenfalls auf, um sich später wieder
rückzubilden. — Ob die als Epipubis und Hypoischium beschriebenen Verkalkungen oder
Verknöcherungen in den Symphysenknorpeln wirklich den morphologischen Wert selbständiger
Skeletbildungen besitzen, oder als zu den Scham- und Sitzbeinen gehörige Epiphysenverknöche-
rungen anzusehen sind, läßt sich nicht scharf entscheiden.

Bei den Sauriern mit verkümmerten oder fehlenden Hinterextremitäten ist das Becken
stets stark rückgebildet, fehlt jedoch nie völlig. Bei den ersteren (s. Fig. 224*a*) finden sich

gewöhnlich noch sämtliche drei Knochen, von denen das Ileum in der Regel noch einem Sacralwirbel angeheftet ist. Bei völliger Verkümmerung der freien Extremität (z. B. Anguis, Fig. 224 *b*) liegt jederseits ein Knöchelchen, das wohl als Verwachsungsprodukt der drei Knochen aufgefaßt werden darf. Eine

Fig. 224.

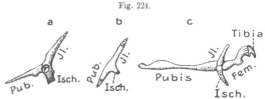

eigentliche Symphyse bilden diese Knöchelchen nicht mehr. Ähnlich verhält sich das Becken der Amphisbaenen. — Den *Ophidiern* fehlt das Becken meist völlig; doch finden sich Reste bei gewissen Angiostomata und Colubriformia, speziell den Riesenschlangen. Bei letzteren ist es, wie Fig. 224 *c*

Beckengürtel von schlangenartigen Sauriern und Ophidiern, von links. *a* Von Gongylus ocellatus (Saurier). *b* Von Anguis fragilis (Blindschleiche). *c* Von Boa constrictor (Riesenschlange) mit verkümmertem Extremitätenskelet. (Nach M. FÜRBRINGER 1870.) O. B.

zeigt, ziemlich wohl entwickelt, jedoch ohne Befestigung an der Wirbelsäule und ohne Symphyse. Bei den Angiostomata ist es meist auf ein Knöchelchen jederseits reduziert.

Ziemlich rudimentär war auch das Becken der fossilen Ichthyosaurier, seinem Typus nach jedoch etwa saurierähnlich. Das Ileum hatte seine Befestigung an der Wirbelsäule verloren.

Eigenartige Verhältnisse haben sich am Becken der *Crocodilia* (Figur 225) hervorgebildet. Das Sacralende des relativ kurzen *Ileum* hat sich stark nachvorn verbreitert, so daß die Gesamtform des Darmbeins etwa blattförmig wurde und seine Befestigung am Sacrum eine ausgedehntere. Das *Ischium* (Fig. 225 *A*) bleibt dem der seither betrachteten Reptilien im allgemeinen ähnlich, entwickelt jedoch an seinem Acetabularteil einen kräftigen, nach vorn gerichteten

Fig. 225.

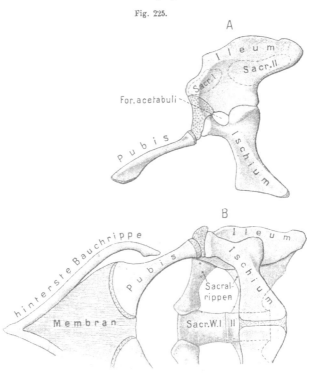

Alligator mississippiensis, jung, Becken. *A* Von links, Ansatzstellen der Sacralrippen an Ileum punktiert. — *B* Von der Ventralseite mit hinterster Bauchrippe. Knorpel punktiert. P. He.

Fortsatz, welcher den ventralen Rand der Gelenkgrube bildet; da sein Vorderende durch Knorpel mit dem absteigenden Vorderteil des Ileum zusammenstößt, so wird das Pubis völlig von der Bildung der Gelenkgrube ausgeschlossen. Das Acetabulum selbst ist von einem ansehnlichen Loch durchsetzt. Dieser Ausschluß der Pubis vom Acetabulum scheint sich erst allmählich in der Krokodilreihe entwickelt zu haben, da bei älteren fossilen Formen (Pseudosuchia) die Pubis noch Anteil an der Pfanne nehmen sollen. — Die *Schambeine* sind schmale, schief nach vorn absteigende, distal sich plattenförmig verbreiternde Knochen (Fig. 225 B), die keine eigentliche Symphyse bilden, sondern in eine häutig-knorpelige Platte übergehen, an die sich vorn die hinterste Bauchrippe anschließt. Die Foramina puboischiadica

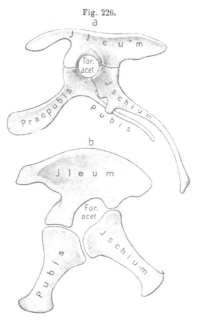

Fig. 226.

Dinosaurierbecken von links. *a* Iguanodon bernissartii (nach Dollo 1888). *b* Brontosaurus excelsus (nach Marsh; aus Zittels Handbuch).
P. He.

sind demnach zu einer großen Öffnung zusammengeflossen. Irgendwelche besondere Fortsatzbildungen zeigen die Pubis nicht, ebensowenig findet sich ein Epipubis und ein Hypoischium.

Unter den ausgestorbenen Reptiliengruppen verraten gewisse *Dinosauria* (Sauropoda, Theropoda, Ceratopsia) nähere Beziehungen zu den Crocodilia. Alle Dinosauria aber stimmen im Besitz des Acetabularloches mit den Krokodilen überein. Das Becken der ersterwähnten Dinosaurier (Fig. 226 b) gleicht dem der Krokodile sehr, namentlich auch in der Beschaffenheit der *Pubis*, die jedoch, ähnlich wie bei den Sauriern, Anteil an der Gelenkgrube nehmen. Ihr Distalende ist mehr oder weniger verbreitert und tritt mit dem der Gegenseite zu einer Symphyse zusammen, welche jedoch nicht sehr innig zu sein scheint. Präpubisfortsätze finden sich nicht. Die *Darmbeine* aller Dinosaurier sind zwar im allgemeinen von krokodilartigem Typus, aber an ihrem Sacralrand mehr oder weniger stark nach vorn und hinten ausgewachsen, da sich die Zahl der Sacralwirbel sehr vermehrt hat (s. vorn S. 212), weshalb die Darmbeine zum Teil ganz vogelartig wurden. — Bei den *Stegosauria* und *Ornithopoda* (Fig. 226 a) trat diese vogelartige Verlängerung der Darmbeine besonders hervor, und die Bildung der Ventralknochen wurde ebenfalls der der Vögel ähnlich. Die Sitzbeine wurden wie bei den Vögeln länger und schlanker, und am Hinterrand des Acetabularteils des Pubis entwickelte sich ein langer schlanker Fortsatz (sog. Postpubis Marsh), der schief nach hinten, parallel dem Ischium herabstieg, ja sogar dem letzteren direkt anliegen konnte. Diese sog. Postpubis bilden eine Symphyse, die vorderen Schambeinäste (Präpubis) dagegen nicht. Der vogelartige Charakter dieser Beckenbildung ist so auffallend, daß trotz zahlreicher Einwendungen kaum bezweifelt werden kann, daß er einem wirklichen genetischen Zusammenhang entsprang. Wenn wir dies festhalten und beachten, daß das Pubis der Vögel aus einer embryonal saurierartigen Stellung allmählich die dem Ischium parallele, schief nach hinten gerichtete annimmt, so läßt sich kaum bezweifeln, daß auch das sog. Postpubis der Ornithopoda usw. dem eigentlichen Pubis der Vögel, der Saurier und Chelonier entspricht; daß hingegen der nach vorn gerichtete Ast, der ja auch keine Symphyse bildet, den sog. Präpubisfortsatz der Saurier und Chelonier repräsentiert. Wenn dies für richtig erachtet wird, so müßte sich auch die Auffassung des Sauropodenbeckens wohl wesentlich ändern, indem uns dies nun kaum mehr primitiver als das der Ornithopoda erscheint, sondern wahrscheinlich durch die Verkümmerung des eigentlichen Pubisastes und die starke Entfaltung des Präpubisfortsatzes aus dem ersteren hervorgegangen. Diese Konsequenz müßte jedoch weiterhin auch dazu führen, das eigentümliche Pubis der Krokodile in entsprechender Weise aufzufassen und es nur als den Präpubisast samt dem Basalteil des primitiven Reptilienpubis zu deuten.

Eine andere Meinung will jedoch umgekehrt in dem hinteren Pubisast der Ornithopoda den Präpubisfortsatz erkennen.

Aves. Eben wurde der Übereinstimmungen gedacht, welche die Beckenbildung zahlreicher Dinosaurier mit der der Vögel besitzt. Wie bemerkt, neigen wir, im Gegensatz zu vielen anderen, der Ansicht zu, daß diese Ähnlichkeit auf wirklicher Verwandtschaft beruht, wenn auch wohl Konvergenz einzelnes weiter annäherte. Bei den Vögeln, deren Bewegungen auf festem Grund noch mehr als bei vielen Dinosauriern auf die Hinterextremitäten beschränkt wurde, erfuhr das Becken, im Zusammenhang damit, tiefgehende Umformungen, welche, bei den Dinosauriern schon angebahnt, einerseits eine mächtige Entfaltung der Darmbeine und ihre ausgedehnte Befestigung an der Wirbelsäule bewirkten, andrerseits eine Verschmächtigung der ventralen Beckenknochen, sowie deren seitliches Auseinanderweichen und gewissermaßen ihre Anfügung an die postacetabulare Region der Darmbeine. Die Umbildung des Vogelbeckens scheint offenbar dahin gerichtet, es in eine mächtige einheitliche, der Wirbelsäule fest verbundene Platte umzuformen.

Schon bei der Schilderung des wirbelreichen Vogel-Sacrums wurde auf die ansehnliche Ausdehnung der Darmbeine nach vorn bis in die hintere Brustregion, nach hinten bis über einen ansehnlichen Teil der vorderen Schwanzregion, hingewiesen. Die Darmbeine (Fig. 227) wurden so zu langen, etwas schief dachartig nach der Mittelebene aufsteigenden, dem langen Sacrum angelagerten Platten. Ihre vorderste Partie stößt sogar gewöhnlich über den vordersten Sacralwirbeln, in einer Firste verwachsend, zusammen, während die darauf folgende sich mit den Enden der Querfortsätze der Sacralwirbel verbindet, meist gleichfalls mit ihnen verwachsend. Auch wird der Zwischenraum zwischen den Dorsalrändern der Darmbeine häufig durch sekundäre Verknöcherung ausgefüllt. Nahe der mittleren Region entsendet der seitliche untere Rand des Ileums einen post- und einen präacetabulären Fortsatz zur Umrandung des gewöhnlich sehr weiten Acetabularlochs (Fig. 227a). Mit dem kürzeren postacetabulären Fortsatz verbinden sich innen die beiden primitiven Sacralwirbelfortsätze (vgl. oben bei Sacrum), so daß in dieser Region auch der primitive Anteil der Darmbeine zu suchen ist.

Dem postacetabulären Fortsatz des Ileums schließt sich das Ischium, dem präacetabularen das Pubis an, von welchen das letztere nur geringen Anteil an der Bildung des Acetabulums nimmt. — Ischium und Pubis sind zu langen schmalen, nach hinten ziehenden Knochenplatten geworden, von welchen sich das etwas breitere Sitzbein in der Regel, parallel dem postacetabularen Seitenrand des Ileums hinziehend, so weit wie dieses nach hinten erstreckt, während das schmälere Pubis, dicht neben dem Sitzbein nach hinten verlaufend, meist beträchtlich länger wird als das letztere und daher hinten frei vorspringt. Beide Ventralknochenpaare stehen daher gewöhnlich in der Querrichtung weit voneinander ab, ohne Symphysenbildung ihrer Distalenden; der Ventralteil des Beckens ist also weit geöffnet. Die Verwachsung der drei Beckenknochen in der Acetabularregion tritt meist sehr frühzeitig ein.

Während bei den Ratiten, deren Becken überhaupt mancherlei primitive Charaktere bewahrt, die Caudalenden der Sitzbeine gewöhnlich nicht mit dem hinteren Seitenrand des Ileums verwachsen (Ausnahmen Dromaeus und Rhea), tritt

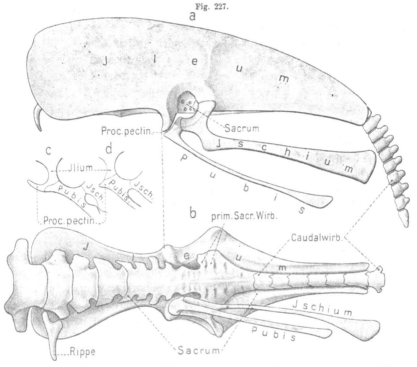

Fig. 227.

a—b Becken von jüngerem **Casuarius** mit Sacrum und Schwanzwirbelsäule. *a* Von links. *b* Von der Ventralseite. *c* Processus pectinatus mit Zusammenstoßungsstellen von Ileum, Pubis und Ischium von **Struthio**. *d* Ebenso von **Apteryx**. P. He.

dies fast bei allen Carinaten mehr oder weniger ausgedehnt auf, mit Bildung eines Foramen ilio-ischiadicum. Das Ischium der Ratiten entsendet meist dicht hinter der Gelenkgrube einen absteigenden Fortsatz, der mit dem Pubis verwachsen kann; ein Verhalten, das schon bei gewissen Ornithopoden unter den Dinosauriern sich fand (s. Fig. 226, S. 360). Bei einzelnen Ratiten (Struthio, Dromaeus) schickt jedoch auch das Hinterende des Sitzbeins einen zum Pubis absteigenden Fortsatz herab, der mit letzterem verwachsen kann, eine Bildung, die sich bei zahlreichen Carinaten wiederholt und sogar zur Verkümmerung der Mittelregion des häufig sehr reduzierten Pubis führt (Raubvögel). Bei sehr starker Verlängerung der Schambeine (z. B. Raubvögel) können sich ihre Distalenden nahezu berühren, bei Struthio sogar eine Symphyse bilden, die aber wohl zweifellos sekundärer Entstehung ist. Rhea dagegen zeigt seltsamerweise eine Symphyse der mittleren Region der Sitzbeine unterhalb der Wirbelsäule.

In der Gegend, wo sich der präacetabulare Fortsatz des Ileum mit dem Pubis vereinigt, entspringt bei manchen Vögeln vom vorderen Beckenrand ein mäßiger, selten etwas ansehnlicherer Fortsatz nach vorn (Processus pectinatus, Spina iliaca), der, wie die Ontogenese lehrt, bei den Carinaten sicher vom präacetabulären Fortsatz des Ileums, an der Grenze mit dem Pubis ausgeht. Bei den Ratiten, wo dieser Processus häufig (Struthio, s. Fig. 227 c) ziemlich ansehnlich ist, beteiligen sich Pubis und Ileum an seiner Bildung, bald vorwiegend das erstere (Apteryx, Fig. d), bald das letztere (Struthio). Die Ähnlichkeit dieses Fortsatzes mit dem vom Acetabularande des Pubis entspringenden Präpubisfortsatz der Dinosaurier fällt sofort auf.

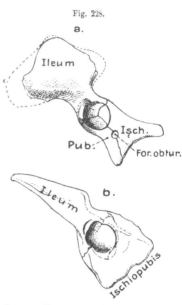

Fig. 228.

Trotz der gewöhnlich geleugneten Homologie beider Bildungen halten wir ihre Übereinstimmung für sehr wahrscheinlich. Da das Präpubis der Dinosaurier direkt an der Grenze des Pubis und Ileum entspringt, so ist eine Beteiligung des letzteren an seiner Bildung (Ratitae) leicht begreiflich; ebenso aber auch sein endlich völliger Übergang auf das Ileum. Es würde sich hier also um eine Art substitutioneller Homologie (Schimkewitsch) handeln. Wir deuten daher auch den Processus pectinatus als das Homologon des Präpubis der Reptilien.

Mammalia. Die Beckenbildung der Säuger bestätigt von neuem den weit zurückreichenden Ursprung dieser Klasse aus zwischen den Uramphibien und den Urreptilien stehenden Formen. Einen Hauptcharakter des Säugerbeckens bildet die Stellung der Darmbeine (s. Fig. 229, 230), die von ihrer Anheftungsstelle am

Becken von theromorphen Reptilien von links. *a* Von Platypodosaurus robustus. *b* Von Dicynodon tigriceps. (Nach Seeley 1889.) O. B.

Sacrum schief nach hinten und ventral ziehen (Descendenz), was wir schon bei den anuren Amphibien in hoher Ausprägung trafen. Andrerseits findet sich aber diese Richtung der Darmbeine auch bei den fossilen *Anomodontia* unter den Reptilien, deren Becken schon früher als dem der Anuren ähnlich geschildert wurde, charakteristisch und säugerartig (Fig. 228). Dies scheint um so beachtenswerter, als diese Reptilien auch sonstige säugerähnliche Charaktere aufweisen. — Die beiden Ventralknochen des Säugerbeckens haben die durch das Ileum angedeutete Lageveränderung ebenfalls erfahren, so daß das Ischium meist die Richtung des Darmbeins nach hinten direkt fortsetzt, während das Pubis anfänglich nahezu senkrecht absteigt, sich aber dann gleichfalls meist mehr oder weniger schief nach hinten richtet. Die Seitenansicht der ventralen Beckenhälfte der Säuger erinnert daher lebhaft **an** die der *Anuren* und *Anomodontien*, abgesehen von dem bei den Säugern stets gut entwickelten Foramen obturatum (F. puboischiadicum), das nur bei einzelnen Anomodontien schwach vorhanden ist.

Aus diesen Verhältnissen folgt ferner, daß sich die Stellungsänderung des Säugerbeckens durch eine nach hinten gerichtete Drehung des Gesamtbeckens um seine Befestigungsstelle am Sacrum vollzogen haben muß, was sich auch leicht ergibt, wenn man z. B. ein Testudobecken in dieser Weise um etwa 90° nach hinten dreht; es gleicht dann einem Säugerbecken sehr. Auch für die Beziehungen zum Vogelbecken, dessen Scham- und Sitzbeine ebenfalls schief nach hinten gerichtet sind, ist dies wichtig. Bei letzteren hat aber das primäre Ileum im allgemeinen seine reptilienartige Stellung bewahrt, und die Rückwärtsrichtung der Ventralknochen geschah selbständig, ohne Drehung der Darmbeine.

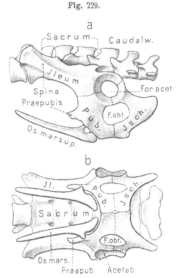

Fig. 229.

Echidna hystrix. Becken mit Sacrum und Vorderteil der Schwanzwirbelsäule. *a* Linkseitige Ansicht. *b* Ventralansicht. Die ursprünglichen Grenzen zwischen den drei Beckenknochen punktiert.   P. He.

Als weiterem Hauptcharakter des Säugerbeckens begegnen wir der steten Ausbildung zweier, von den Scham- und Sitzbeinen umrahmter For. obturatoria, welche durch die sich vereinigenden Symphysenäste dieser beiden Knochen voneinander geschieden werden. Den gleichen Charakter fanden wir unter den Reptilien nur bei einem Teil der Schildkröten; es sprach manches dafür, daß es sich auch bei letzteren um eine recht primitive Bildung handelt, die nicht ohne Beziehung zu den Urformen der Säuger war. — Sauropsidenartig erscheint ferner das bei Monotremen (Echidna, Fig. 229) noch auftretende *Acetabularloch*, das jedoch auch bei Amphibien vorkommt. — Die Verwachsung der drei Beckenknochen jeder Seite erfolgt meist frühzeitig (zum sog. Os innominatum, Os coxae), während die beiden Beckenhälften gewöhnlich unverwachsen bleiben.

Im besonderen bieten die *Darmbeine* eine ziemliche Mannigfaltigkeit ihrer Ausgestaltung. Ursprünglich sind sie ziemlich schmal und lang; auch erhalten sie sich bei den neogenen Säugern häufig noch so. Mit der Medianfläche seines Sacralendes heftet sich das Darmbein an die Querfortsätze der Sacralwirbel. Die Anheftungsfläche (Fossa od. Superficies auricularis) ist je nach Zahl und Ausdehnung der Sacralwirbel verschieden groß; doch springt das Sacralende des Darmbeins nicht selten nach vorn über die Anheftungsstelle frei vor (Fig. 230). Die Befestigung geschieht in der Regel etwas gelenkig durch Faserknorpel, seltener durch knöcherne Verwachsung (Ankylose). — Die Außenfläche des Ileums erhebt sich meist zu einer mehr oder weniger hohen Spina (Crista lateralis). Bei gewissen Säugern wächst diese Crista sehr stark aus, während sich gleichzeitig das Darmbein in der Vorn-Hintenrichtung (Dickenrichtung) sehr verschmälert (Fig. 231). Auf diese Weise wird

es zu einer mehr oder weniger breiten Platte, die sich nahezu in der Horizontalebene des Sacrums nach außen erstreckt. Diese Umformung tritt in hohem Grade
namentlich bei Elephas, zahlreichen Edentaten, den neogenen Affen und dem Menschen auf, im Zusammenhang mit den besonderen Muskelverhältnissen der Hinterextremität.

Das *Acetabulum*, an dessen Bildung sich bei den Monotremen die drei Knochen
ziemlich gleichmäßig beteiligen (Fig. 229), besitzt bei sämtlichen ditremen Säugern
das Eigentümliche, daß sein
Ventralrand durch einen Einschnitt (Incisura acetabuli,
Fig. 230, 232) unterbrochen
ist, eine Bildung, die wenigstens ursprünglich von einem
starken Band (Ligam. teres)
bedingt wird, das aus dem
Grund des Acetabulums zur
Mitte des Oberschenkelkopfes
zieht.

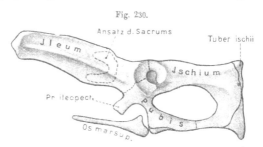

Fig. 230.

**Halmaturus ruficollis. Becken von links. Ansatzstelle
der Sacralwirbel punktiert. Ursprüngliche Grenzen der Beckenknochen an Ileum punktiert. P. He.**

Das Acetabulum ist in der Regel nach außen gerichtet, nur bei den Chiropteren stark
dorsal. Es zeigt die Besonderheit, daß an seinem Aufbau meist ein besonderes viertes
Skeletelement, das sog. *Os acetabuli* (Os condyloideum), teilnimmt (s. Fig. 233b). Dies tritt

Fig. 231.

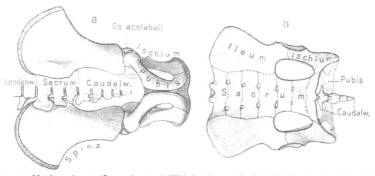

a Becken von **Simia satyrus** (Orang, jung) mit Wirbelsäule, von der Ventralseite. Von der Wirbelsäule nur
die rechte Hälfte gezeichnet, um das linke Ileum frei darzustellen. Knorpel dunkel punktiert. *b* Becken von
Choloepus hoffmani, von der Dorsalseite. P. He.

relativ spät in dem Pfannenknorpel zwischen den drei Beckenknochen auf; meist zwischen dem
vorderen Acetabularfortsatz des Ileum und dem Pubis, seltener im Pfannengrund. Es erstreckt sich bei starker Ausbildung bis zur Medianfläche des Acetabulums. Es kann kalkig-
knorpelig oder knöchern sein. Früher oder später verschmilzt es mit einem der drei anstoßenden Beckenknochen, meist mit dem Ischium oder Ileum. In beiden Fällen kann
hierdurch der Ausschluß des Pubis vom Acetabulum hervorgerufen werden, was bei nicht
wenigen Säugern vorkommt (s. Fig. 232). Daß das Os acetabuli ein wirklich selbständiges
Element des Säugerbeckens und nicht nur eine Epiphysenbildung, oder eine Art Schaltknöchelchen darstellt, scheint vorerst nicht sicher entscheidbar; noch weniger aber seine etwaige
Homologisierung mit knorpeligen Teilen des Beckens paläogener Wirbeltiere.

Bei paläogenen Säugern (Monotremata, Marsupialia, Ungulata, Carnivora meist, Insectivoren und Rodentia vereinzelt) dehnt sich die Beckensymphyse auf Scham- und Sitzbeine gleichmäßig aus, ist daher ansehnlich lang. Bei den neo-

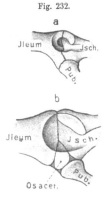

Fig. 232.

Acetabularregion der linken Beckenhälfte von außen (nach LECHE 1884). *a* von Lepus cuniculus. *b* von Viverra civetta. P. He.

genen scheidet das Sitzbein allmählich aus der Symphyse aus (Fig. 231 *a*), und auch die der Pubis verkürzt sich von hinten fortschreitend immer mehr, womit im allgemeinen auch eine immer schiefere Richtung der Schambeine nach hinten verbunden ist. Die Mehrzahl der Insectivoren und Chiropteren geht hierin noch weiter (s. Fig. 233), indem die langen Schambeine fast parallel, oder sogar mehr oder weniger divergierend nach hinten ziehen, so daß ihre Distalenden voneinander abstehen und nur durch eine quere Knorpelspange (Epiphysenknorpel) verbunden sind. Bei manchen Insectivoren (z. B. Talpa) kann dieser Knorpel auch durch Ligament ersetzt sein, oder sogar jede Verbindung der Schambeine aufhören, also eine Beckensymphyse völlig fehlen (Fig. 233 *b*). Indem bei einzelnen Chiroptera und gewissen Edentata (auch Marsupialia zum Teil) in dem Symphysenknorpel des Pubis eine unpaare, selten paare Verknöcherung oder Verkalkung (Os interpubicum) auftritt, bilden sich Zustände ähnlich dem sog. Epipubis der Saurier und Chelonier.

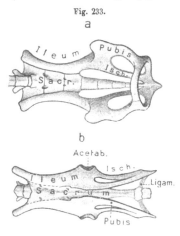

Fig. 233.

a Becken von Pteropus edulis mit Wirbelsäule. Ventralansicht. *b* Von Talpa europaea. Ventralansicht. (*b* nach LECHE 1883.) P. He.

Von Interesse erscheinen wiederum Fortsatzbildungen (Processus oder Tuber) am vorderen Rand des Pubis. Bei den *Monotremen* (Fig. 229, S. 364) bildet es etwas ventral vom Acetabulum einen starken Fortsatz (Proc. iliopectineus), der wohl sicher dem Präpubis der Reptilien entspricht. Dieser Fortsatz kehrt auch bei den neogenen Säugern vielfach wieder und ist bei Marsupialiern (Fig. 230), Chiropteren (Fig. 233 *a*) und gewissen Edentaten recht ansehnlich. Während er, wie gesagt, meist vom Pubis allein gebildet wird, nimmt bei den Edentaten auch das Darmbein an ihm teil, ja bildet ihn sogar meist allein. Es finden sich also ganz ähnliche Verhältnisse wie bei den Vögeln und bestätigen das dort über den homologen Processus Bemerkte. — Ein sog. *Processus pubicus* ist an der Umbiegungsstelle des absteigenden Schambeinastes in den Symphysenast häufig mäßig entwickelt.

Das *Ischium* ist in der Regel etwas stärker als das Schambein. Vom Acetabulum aus zieht es zunächst schief absteigend bis parallel der Wirbelsäule nach hinten, um dann scharf in den absteigenden Ast (Symphysenast) überzugehen, der bei den paläogenen Säugern mit seinem Partner in der Sitzbeinsymphyse zusammenstößt. Hinten fügt sich letzterer zuweilen eine Epiphysenbildung an, die dem Hypoischium oder sog. Os cloacae der Saurier sehr gleicht (s. Fig. 230). Die

Umbiegungsstelle ist stets durch einen schwachen bis recht starken Processus (oder Tuber) ischii (Sitzhöcker) ausgezeichnet, der schon bei manchen Reptilien entwickelt sein kann (s. Fig. 230). Bei mangelnder Sitzbeinsymphyse wird der absteigende Ast häufig verkürzt. — In gewissen Fällen trägt auch das Sitzbein zur ausgiebigeren Befestigung des Beckens an der Wirbelsäule bei. So verlängern sich bei den meisten Edentaten (Fig. 231 b) die Querfortsätze einer Anzahl der hinteren sog. pseudosacralen Wirbel, welche sich mit den beiden primären Sacralwirbeln vereinigt haben, so stark, daß sie schließlich mit der hinteren Region des Acetabularasts des Ischiums verwachsen, woran sich jedoch auch die Verknöcherung des Ligaments beteiligt, welches das Sitzbein mit diesen Wirbeln verbindet. — Auch bei Chiropteren tritt zuweilen eine ähnliche Befestigung der Sitzbeine an Schwanzwirbeln ein, oder auch das Eigentümliche, daß die Acetabularäste der Sitzbeine konvergieren und an ihrer Umbiegungsstelle in den Symphysenast eine sekundäre Verwachsung eingehen, die sich ihrerseits mit der Schwanzwirbelsäule verbinden kann (s. Fig. 233 a).

Obgleich sich das *Becken des Menschen* dem der Anthropoiden (besonders Gorilla) direkt anschließt, erfuhr es doch durch den aufrechten Gang wesentliche Umgestaltungen, die sich z. T. noch in der ontogenetischen Entwicklung verfolgen lassen. Es verkürzte sich in der Vorn-hinten Richtung beträchtlich, so daß die größte Beckenbreite zwischen den Darmbeinen die Länge übertrifft; seine Stellung zur Wirbelsäule wurde viel querer, wenn es auch noch etwas nach hinten (unten) und ventral geneigt ist. Dementsprechend wurde die Schambeinsymphyse relativ sehr kurz. Die Darmbeine sind sehr breit; beim Mann ventral ziemlich konkav, beim Weib dagegen sehr flach. Überhaupt sind die sexuellen Unterschiede im Becken des Menschen ausgeprägter als bei den übrigen Säugern.

Beutelknochen. Dem Vorderrand jedes Pubis der Aplacentalier fügt sich ein sog. Beutelknochen (Os marsupiale) an. Bei den Monotremen (Fig. 229) ist er etwa schief dreieckig gestaltet, mit seiner Basis vom Processus pubicus bis zur Symphyse reichend. Die Beutelknochen der Marsupialier (Fig. 230) werden meist schmäler, ja verkümmern sogar zuweilen mehr oder weniger (bei *Thylacinus* bleiben sie knorpelig). Sie treten bei beiden Geschlechtern in gleicher Entfaltung auf, haben daher keine direkte Beziehung zum Marsupium der Weibchen. Da sie ontogenetisch aus der knorpeligen Pubisanlage, d. h. dem Symphysenknorpel, hervorgehen, so ist ihre Deutung als Sehnenverknöcherungen gewisser Bauchmuskeln wenig wahrscheinlich. Gewöhnlich werden sie daher jetzt mit dem sog. Epipubis der niederen Wirbeltiere, speziell der urodelen Amphibien, homologisiert. Zu beachten dürfte jedoch sein, daß das, was bei Reptilien (Chelonia, Sauria) als Epipubis gedeutet wird, viel mehr dem oben erwähnten Os interpubicum gleicht, welches bei Marsupialiern neben den Beutelknochen auftritt. Die Ossa marsupialia könnten daher wohl nur den Gabelästen des Epipubis der Urodelen entsprechen, eventuell auch den beiden Symphysenknochen der Chamäleonten.

Bei den Placentaliern wurden sichere Reste der Beutelknochen bis jetzt nicht nachgewiesen.

Mit der Rückbildung der hinteren Extremitäten bei den *Sirenen* und *Cetaceen* trat stets eine weitgehende Verkümmerung des Beckens ein, ähnlich wie bei den fußlosen Sauriern.

Vollständiger Verlust findet sich jedoch nur sehr **selten** bei Cetaceen (Platanista). Bei beiden Ordnungen besteht das Beckenrudiment jeder Seite aus einem einzigen, der Muskulatur eingelagerten Knochen, der bei den Sirenen durch Ligament mit dem Querfortsatz eines Wirbels (Kreuzwirbel) verbunden ist. Da er bei der Sirene Halicore aus zwei ursprünglichen Verknöcherungen hervorgehen soll, so ist wahrscheinlich, daß er zwei Beckenelemente (Ileum und Ischium) vereinigt. Auch die fossilen Sirenen bestätigen dies. Die älteste Form (Eotherium, unteres Mittelmiocän) besaß noch ein vollständiges Becken mit Pubis und For. obturatum. Bei den jüngeren wurden Pubis und Acetabulum rudimentär, bis ersteres bei den rezenten schließlich völlig schwand, letzteres höchstens in Spuren angedeutet ist. Bei Manatus ist jedoch auch das Ileum fast völlig eingegangen. — Der Beckenknochen der *Bartenwale* (Fig. 234) ist ein längsgerichteter, am Hinterende mit dem anderseitigen durch Ligament verbu dener Knochen, der zuweilen winkelig gebogen ist. Bei Erhaltung der Schenkelknochen kann er das Rudiment eines Acetabulums zeigen (Balaena).

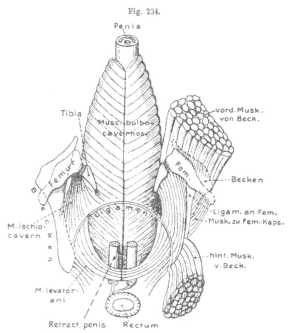

Fig. 234.

Balaena mysticetus ♂ Ventralansicht der Rudimente des Skelets der Hinterextremitäten mit den Muskeln. Die Skeletteile der rechten Extremität bloßgelegt (links). (Nach STRUTHERS 1880.) O. B.

Da sich sowohl die Penismuskeln als die Penisschwellkörper an die Knochen heften, was bei den übrigen Säugern an den Sitzbeinen geschieht, so entsprechen die Beckenrudimente der Cetaceen wohl hauptsächlich diesem Beckenteil. Mit dieser Beziehung zu dem Begattungsorgan hängt denn auch wohl ihre Erhaltung, sowie die häufig stärkere Entwicklung bei den Männchen zusammen.

Skelet der freien Extremitäten der Tetrapoden.

Allgemeines.

Indem sich die Extremitäten der Tetrapoden zu Bewegungsorganen auf dem festen Boden entwickelten, die aber häufig auch zum Schwimmen gebraucht werden, mußten sie einen eigenartigen Bau erlangen, welcher sich wohl sicher aus der Umbildung primitiver Flossenextremitäten fischartiger Vorfahren ableiten läßt. Dies bestätigt auch die Ontogenie, indem die tetrapoden Extremitäten zunächst als schwache, lappen- bis leistenartige einheitliche Auswüchse entstehen; ja bei den Amnioten hängen sogar beide Extremitätenanlagen jederseits ursprünglich noch durch eine sie verbindende Leiste zusammen. Ihrer neuen Aufgabe konnten die Extremitäten nur dann genügen, wenn sie sich in einige, hebelartig gegeneinander bewegliche Abschnitte gliederten, analog den Arthropodenextremitäten. Dies erfolgte bei beiden Gliedmaßen in ganz übereinstimmender (homonomer) Weise in drei sich entsprechende Abschnitte: *Oberarm und Oberschenkel* (Stylopodium), *Unterarm und Unterschenkel* (Zeugopodium), *Hand und Fuß* (Autopodium), von welchen der letztere, oder distale Abschnitt selbst wieder eine untergeordnete sekundäre Gliederung erfuhr.

Diese Abschnitte sind in der Ruhestellung, also bei auf den Extremitäten ruhig stehenden Tieren, winkelig zueinander gestellt, und zwar bei den paläogenen

Fig. 235.

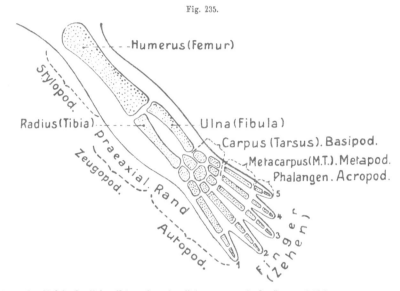

Schema des Skelets der linken Tetrapodenextremität von außen in der Lage und Haltung, welche etwa der der herabgeschlagenen Fischflosse entspricht. Die Bezeichnungen der Skeletgebilde der Hinterextremität in Klammern.

O. B.

Tetrapoden (Amphibien) im allgemeinen so, daß der proximale Abschnitt (Oberarm usw.) nahezu senkrecht zur Wirbelsäule horizontal nach außen gerichtet ist, der mittlere (Unterarm usw.) senkrecht abwärts, Hand und Fuß schief nach auswärts und vorn. In jedem dieser Abschnitte wiederholen sich in beiden Extremitäten homonome typische Skeletgebilde, deren Anordnung und Bezeichnung aus der beifolgenden Figur 235 hervorgeht.

Die Eigentümlichkeit, daß dem Zeugopodium zwei nebeneinander verlaufende längsgerichtete Skeletstücke zukommen, hängt jedenfalls damit zusammen, daß dieser Abschnitt mannigfaltigere Bewegungen, namentlich auch in gewissem Maße Drehungen um die eigene Längsachse ausführen kann; ebenso wie der Aufbau des Autopodiums aus sehr zahlreichen Skeletstücken durch die noch größere Mannigfaltigkeit seiner Bewegungen bedingt wird, was jedoch auch auf die paarigen Elemente des Zeugopodiums nicht ohne Einfluß war.

Die Ontogenese scheint zu erweisen, daß die flossenartigen Anlagen der Extremitäten so gerichtet sind, wie etwas nach der Bauchseite herabgeschlagene Fischflossen, an denen wir einen vorderen oder präaxialen und einen hinteren oder

postaxialen Rand unterscheiden können (s. Fig. 235). Aus einer derartigen Flosse
ließen sich die Extremitäten etwa so ableiten, daß sich in ihrer mittleren Region
eine Einknickung bildete, zwischen dem zum Stylopodium werdenden proximalen
Abschnitt und dem folgenden, dessen Endabschnitt sich als Autopodium nach außen
und etwas nach vorn abknickte (Fig. 236 b). Im Zusammenhang mit ihrer neuen
Funktion mußte jedoch die Beweglichkeit der Extremität am Gürtel viel ausgiebiger und mannigfaltiger werden, was sich im Gegensatz zu den Verhältnissen
bei den Fischen darin ausspricht, daß diese Gelenkung überall zu einem Kugelgelenk
mit einer Pfanne am Gürtel und einem Gelenkkopf am Humerus oder Femur wurde.

An der Vorderextremität erfolgte die Ellbogenknickung jedoch in etwas komplizierterer Weise, wie Fig. 236 a schematisch darzustellen sucht, indem der Ober-
armabschnitt der flossenartigen An-

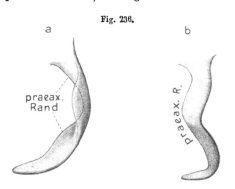

Fig. 236.

praeax.
Rand

praeax. R.

Schematische Darstellung der wahrscheinlichen Umformung
der linken flossenartigen Extremitäten in die der Vorder-
(a) und Hinterextremität (b) der Tetrapoden. Ansicht
links von außen. (Mit Benutzung von Braus 1906.)
O. B.

lage in seinem Verlauf eine Torsion
erfuhr, wodurch sein distaler post-
axialer Rand nach außen, sein prä-
axialer nach innen geführt wurde.
Diese Torsion prägt sich an dem
Skeletstück des Oberarms, dem Humerus, schon bei den Amphibien deutlich aus und bewirkt, daß sein distaler Gelenkteil sich in der Ruhestellung mit seiner Längsausdehnung
nahezu parallel der Wirbelsäule erstreckt. Der Unterarmabschnitt dagegen wurde nach vorn und abwärts
eingebogen, ohne die Drehung des
Oberarmteils mitzumachen; sein Präaxialrand mit dem zugehörigen Skeletelement
(Radius) ist also nach vorn und etwas nach innen, der postaxiale (Ulna) nach hinten
und etwas nach außen gerichtet. Die Handfläche setzt die Fläche des Unterarms fort.
Die Beugebewegung zwischen Oberarm und Unterarm erfolgt in der Ruhestellung in
einer zur Körpermittelebene nahezu senkrechten, etwas nach vorn gewendeten Ebene.

Die Hinterextremität hat jedenfalls schon frühzeitig bei den Vorfahren der
Tetrapoden eine Stellungsänderung erfahren, indem sie zum eigentlichen Vorschieber des Körpers wurde. Das Vorschieben des Körpers konnte nur so geschehen, daß die flossenartige Extremität eine schief-vorwärts gerichtete Stellung
einnahm, und sich dabei mit dem Endabschnitt auf den Untergrund stützte, worauf
der proximale Teil der Extremität durch Muskelwirkung, bei auf der Unterlage fest-
gestelltem Fuß, nach vorn geführt wurde. Diese Aktion der Hinterextremität bei
der Vorwärtsbewegung mußte dazu führen, daß die Flosse allmählich auch in der
Ruhehaltung dauernd in diese Stellung überging. Die Ausbildung eines Unter-
schenkelabschnitts erfolgte nun so (Fig. 236 b), daß sich die distale Hälfte einfach
senkrecht abwärts umbog und der Fußabschnitt als Fortsetzung des Unterschenkels
nach außen und etwas nach vorn umknickte. Da der proximale Oberschenkelteil

auch in der Ruhestellung schon etwas nach vorn gerichtet war, so erfolgt die Kniebeuge in einer nach innen und etwas nach hinten gerichteten Ebene. Eine Torsion
des Oberschenkelteils bildete sich dabei nicht. — Es entwickelte sich also schon
frühzeitig ein gewisser Antagonismus der Extremitäten, der sich hauptsächlich
darin ausspricht, daß die Beugeebene (d. h. die Ebene, welche die Achse des Zeugopodiums bei der Beugung beschreibt) bei der nach vorn gestreckten Vorderextremität
nach vorn und innen, bei der ebenso gerichteten Hinterextremität nach hinten und
innen liegt, demnach auch der Ellbogenvorsprung nach hinten, der Knievorsprung
nach vorn schaut. — Die Hinterextremität wirkt als Vorwärtsbeweger des Körpers,
indem sie aus der stark gebeugten Stellung mit ziemlich weit hinten aufgesetztem
Fuß in die Streckstellung übergeht, also durch ihre Streckmuskeln. Die Vorderextremität dagegen fördert die Vorwärtsbewegung, indem sie nach vorn gestreckt
und die Hand weit vorn aufgesetzt wird, worauf der Oberarm durch Beugung, nach
vorn geführt wird. Es ist ersichtlich, daß die Einrichtung der Hinterextremität
für die Vorwärtsschiebung des Körpers viel ausgiebiger ist, als die der vorderen,
welche den Körper vorwärts zieht, was bei einfachem Aufsetzen der Hand wenig
wirksam sein kann. Der Antagonismus der beiden Extremitäten dürfte sich daher
auch wohl von vornherein so entwickelt haben, daß der Hauptanteil der Vorwärtsbewegung der hinteren zukam, während die vordere in geringerem Maße dabei
mitwirkte, vielmehr ihre besonderen Eigentümlichkeiten gerade im Gegensatz zu
der hinteren dadurch erlängte, daß sie gleichzeitig als ein Hemmapparat der Vorwärtsbewegung und auch als Organ für die Rückschiebung des Körpers eingerichtet wurde.

Bei den jüngeren Vertebraten, besonders den Säugern, steigerte sich die
Stellungsdifferenz der beiden Extremitäten in der Ruhestellung noch mehr, indem
Hand- und Fußabschnitt, und damit das Zeugopodium, sich schärfer nach vorn
richteten, sich also nach der Medianebene zu drehten. An der Hinterextremität
geschah dies, indem gleichzeitig das Kniegelenk mehr nach vorn und gegen die
Medianebene geführt wurde, so daß der Oberschenkel schief nach vorn absteigt
und die Kniebeuge nach hinten schaut. An der Vorderextremität, deren Ellbogenbeuge von vornherein etwas nach vorn und innen schaute, wurde der Oberarm
nach hinten und gegen die Medianebene geführt, so daß er nun schief nach hinten
absteigt und die Ellbogenbeuge ganz nach vorn schaut (s. Fig. 245, S. 381). Die
antagonistische Stellung der beiden Extremitäten kam so bei den Mammaliern zu
schärfster Ausprägung.

Hand- und Fußabschnitt zeigen die gemeinsame Eigentümlichkeit, daß sie
in freie Finger oder Zehen (Acropodium) strahlig auslaufen, deren reihenförmig
angeordnete Skeletelemente (Phalangen) an die knorpeligen, gegliederten Strahlen
der primitiven Fischflosse erinnern. Die typische Zahl dieser Zehenbildungen ist
fünf, wobei die am Präaxial- oder Radialrand stehende als die erste bezeichnet
wird. Es hat sich wenigstens bis jetzt nie hinreichend sicher erweisen lassen, daß
unzweifelhafte primäre Zehen über diese Zahl vorkommen, obgleich häufig eine
ursprüngliche Siebenstrahligkeit des Tetrapoden-Acropodiums angenommen wird,

d. h. neben dem ersten und fünften typischen Strahl noch je einer am prä- und postaxialen Rande (sog. Präpollex oder Prähallux in Vorder- und Hinterextremität und Postminimus). Um so häufiger dagegen findet sich Zehenreduktion, so daß die fast allgemeine Meinung besteht, daß die Minderung der Zehenzahl unter fünf stets durch Reduktion hervorgerufen sei.

Nur bei den urodelen Amphibien, besonders den Ichthyoden, bestehen wesentliche Zweifel, ob die geringere Zahl (zwei bis vier) der Finger und Zehen durch Reduktion entstanden ist, oder ob sich darin eine progressive Entwicklung der fünf Finger ausspricht. Die letztere Meinung stützt sich wesentlich auf die Erfahrung, daß die Finger und Zehen der Urodelen successive in der Reihenfolge 1—5 hervorwachsen. Bei den Anuren ist es dagegen der dritte Finger, der zuerst deutlich wird, und die der Amnioten entstehen sämtlich ziemlich gleichzeitig. Das vorliegende Problem muß daher einstweilen unentschieden bleiben, wenn mir auch die Reduktionshypothese mehr im Einklang mit der wahrscheinlichen phylogenetischen Herleitung der Tetrapodenextremität zu stehen scheint.

Die typischen (kanonischen), in beiden Extremitäten wiederkehrenden Skeletelemente wurden oben schon aufgezählt. Von ihnen finden sich die der beiden proximalen Abschnitte ganz regelmäßig, wenn auch in verschiedener Ausgestaltung, und die des Zeugopodiums auch durch gelegentliche Verwachsung und Reduktion verändert. Am mannigfaltigsten gestalten sich Hand- und Fußskelet (Autopodium), was ja schon durch die häufige Reduktion von Zehen bedingt wird. Der Proximalteil (Basipodium) des Autopodiumskelets (s. Fig. 235, S. 369), die sog. *Handwurzel* (*Carpus*) und *Fußwurzel* (*Tarsus*) zeigt bei primärer Zehenzahl dennoch eine typische Zusammensetzung aus primär 9—10 (eventuell auch mehr) Skeletelementen, von welchen die drei proximalen eine Querreihe bilden; vom Präxialrand beginnend: das *Radiale* (*Tibiale*), *Intermedium* und *Ulnare* (*Fibulare*). Da sich das Intermedium bei ichthyoden Amphibien und auch ontogenetisch bei höheren Formen zwischen die Distalenden des Zeugopodiums erstrecken kann, so wird es häufig als ursprünglich zu diesem gehörig gedeutet. Die Distalreihe der Wurzel wird von fünf Elementen gebildet, die sich im allgemeinen den Zehenstrahlen durch die *Mittelhand-* und *Fußknochen* (*Metapodium*, *Metacarpalia* oder *Metatarsalia*) eng anschließen und daher als *Carpalia* (1—5) oder *Tarsalia* (1—5) bezeichnet werden. Zwischen die proximale und distale Querreihe des Basipodiums schieben sich schließlich 1—2 (in gewissen Fällen auch mehr) sog. *Centralia*. — Das Skelet der Finger und Zehen (Acropodium) wird von einer Reihe von Elementen (Phalangen) gebildet, die je nach deren Länge in verschiedener Zahl auftreten.

Teils durch Reduktion, teils durch Verwachsung ihrer Skeletelemente bieten der Carpus und der Tarsus die größte Mannigfaltigkeit, was so weit gehen kann, daß diese Abschnitte fast oder ganz schwinden.

Die typischen Skeletelemente der Tetrapodenextremität werden sämtlich knorpelig angelegt und sind daher, wenn verknöchernd, Ersatzknochen. Außer ihnen treten jedoch häufig im Bereich des Autopodiums, seltener, jedoch zuweilen recht konstant, auch im Bereich der proximalen Abschnitte, accessorische Knöchelchen in mehr oder weniger reicher Entwicklung auf. Viele derselben lassen sich als Verknöcherungen in Sehnen oder Bändern deuten (sog. Sesambeine), obgleich die meisten knorpelig angelegt werden. Die Frage über die Natur gewisser accessorischer Skeletelemente: d. h. ob sie als Reste ursprünglich typischer Elemente, also etwa besonderer Strahlen des Acropodiums anzusehen sind, oder als neu hinzutretende Elemente von acropodialer Natur, d. h. neue Strahlen, oder endlich als atypische accessorische Elemente, ist für die meisten unentschieden und soll für einige der wichtigeren später noch besprochen werden.

Die Versuche, das Skelet der tetrapoden Extremität aus dem Flossenskelet der *Chondropterygier*, *Crossopterygier* oder *Dipnoer* abzuleiten, sind trotz vieler Bemühungen bis jetzt zu keinem überzeugenden Ergebnis gelangt, da noch zu wenig tatsächliche Anhaltspunkte für die Entscheidung zwischen den einzelnen sich bietenden Möglichkeiten vorliegen. Die strahlige Anordnung der Phalangen der Finger und Zehen, die sich durch die Metapodialelemente auch auf die distale Reihe der Elemente des Carpus und Tarsus verfolgen läßt, bietet immerhin eine gewisse Annäherung an die knorpeligen Flossenstrahlen paläogener Fische; doch wird ein solcher Zusammenhang auch geleugnet und die Zehen dann als primäre Erzeugnisse der Tetrapodenextremität aufgefaßt. Jedenfalls müßte die Ableitung an Zustände anknüpfen, wie sie in der Ceratodusflosse noch am reinsten erhalten sind, bzw. wohl an eine Urform, welche zwischen der Flosse der Chondropterygier, Crossopterygier und Dipnoer vermittelte.

Vorderextremität.

Den primitiven Verhältnissen der Vorderextremität, wie sie in Vorstehendem kurz geschildert wurden, begegnen wir bei den Urodelen. Ihre Extremitäten bleiben schwach und kurz, ja sind sogar mehrfach rückgebildet, so die hinteren bei *Siren*, dagegen beide bei der ausgestorbenen Stegocephalengruppe der *Aistopoda*, welche wohl zu den extremitätenlosen rezenten Gymnophionen Beziehungen hatte. Unter diesen Umständen überwiegt die Wahrscheinlichkeit, daß die auffallend schwache Entwicklung der Extremitäten bei den meisten ichthyoden Urodelen, welche mit Verminderung der Fingerzahl bis auf drei (Proteus) verbunden ist, auf Rückbildung, nicht etwa auf fortschreitende Entwicklung der Extremität in der Gruppe zurückzuführen ist (doch zeigen Finger- und Zehenzahl, sowie die Wurzelelemente zuweilen Variationen). — Die Fingerzahl der übrigen rezenten Amphibien beträgt vier, wozu sich jedoch bei gewissen Anuren am Radialrand des Carpus 1—2 kleine accessorische Skeletelemente gesellen, die häufig als Rudimente des ersten Fingers betrachtet werden. Da die Hand einiger alter Stegocephalen fünf Finger besaß (die meisten zwar nur vier), so spricht auch dies für die Entstehung der Vierfingerigkeit durch Reduktion. Die Carpuselemente der Urodelen bleiben häufig knorpelig.

Urodelen. Der mäßig lange Urodelenhumerus (Fig. 237), welcher in der Ruhestellung ziemlich senkrecht zur Wirbelsäule und nahezu horizontal nach außen gerichtet ist, zeigt die oben erwähnte Torsion recht ausgeprägt, in deren Folge seine distale, verbreiterte Gelenkfläche nahezu horizontal von vorn nach hinten zieht. Dicht unter dem proximalen Gelenkkopf besitzt der Humerus auf seiner cranialwärts schauenden Seite ein starkes Tuberculum radialis (majus) zur Anheftung von Muskeln, die den Arm nach vorn ziehen; auf der entgegengesetzten (hinteren) Seite findet sich ein ähnliches schwächeres Tuberc. ulnaris (minus) zur Anheftung von

Rückziehmuskeln. — Von den beiden ziemlich gleich starken Unterarmknochen liegt in der Ruhestellung der Radius etwas nach vorn und innen, die Ulna außen und

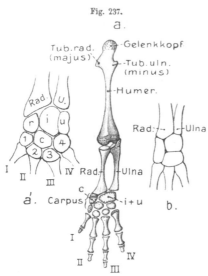

Fig. 237.

etwas nach hinten. Die Ebene, in der beide Knochen liegen, steht daher nahezu senkrecht zu dem distalen Humerusgelenk, das verbreitert und durch eine Einkerbung in zwei vorgewölbte Gelenkfacetten geteilt ist, von welchen die vordere dem Radius, die hintere der Ulna zur Gelenkung dient. Das proximale Ende der Ulna springt als sog. *Olecranon* über das Gelenk am Humerus empor, wodurch eine Hemmung bei der Streckung der Unterarmknochen gebildet wird.

Eine gewisse Beweglichkeit der Unterarmknochen gegeneinander und eine beschränkte Rotation des Vorderarms ist möglich.

a Salamandra maculosa. *a* Linke Vorderextremität von außen. *a'* Handwurzel in gleicher Ansicht stärker vergrößert. *b* Handwurzel von Proteus in gleicher Ansicht (nach GEGENBAUR 1864). Hier und in den folgenden Figuren *R* Radius, *U* Ulna, *r* Radiale, *i* Intermedium, *u* Ulnare, *c* Centrale. *1—5* Carpalia. *I—V* Metacarpalia oder Finger.   O. B.

Die Beurteilung des *Carpus* hängt in gewissem Grade von der der vier Finger ab. Die Frage, ob der erste oder fünfte Finger fehlt, wird verschieden beantwortet, doch scheint die größere Wahrscheinlichkeit für letzteres zu sprechen (ebenso auch bei den Anuren), und bei nur drei Fingern (Proteus, Amphiuma) für den Mangel von vier und fünf. Der Carpus baut sich bei Gegenwart von vier Fingern aus Radiale, Intermedium, Ulnare, einem Centrale, das jedoch auch durch zwei hintereinander gereihte Elemente vertreten sein kann (z. B. Cryptobranchus, Salamandrella), sowie den Carpalia 1—4 auf. Gewisse Stegocephalen (Eryops, Archegosaurus) besaßen drei Centralia, ein proximales und zwei distale. Verwachsung von U. und I. tritt häufig auf. — Im Carpus der dreifingerigen Extremität (Fig. 237*b*) finden sich meist nur drei Elemente (gelegentlich auch zwei), die sich eventuell als $R + Ca^I$, $I + U$, und $C + Ca^{II} + Ca^{III}$ deuten ließen.

Anura. Die Vorderextremität der *Anuren* (Fig. 238) ist durch Verwachsung von Radius und Ulna gekennzeichnet. Ihr Carpus zeigt stark veränderte und bis jetzt schwer deutbare Verhältnisse, um so mehr als auch die Frage, ob die oben erwähnten häufigen accessorischen Radialelemente am Radial-

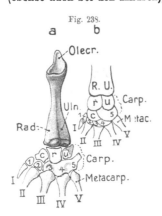

Fig. 238.

Carpus von Anura. *a* Rana esculenta. Unterarmknochen, Carpus und Metacarpus von außen. *b* Carpus von Bombinator in gleicher Ansicht (nach GEGENBAUR 1864).   O. B.

rand als Finger I (wie es in der Figur geschehen) oder als accessorischer, überzähliger Finger (sog. Präpollex) aufgefaßt werden dürfen. — Fig. 238 zeigt den
linken Carpus von Rana (a) und Bombinator (b) von vorn mit der GEGENBAURschen
Deutung der Elemente. Die Verwachsung der Carpalia 3—5 (bzw. 2—4) findet
sich sehr häufig.

Neuerdings wird nachzuweisen versucht, daß mit dem sog. Ulnare ein Rest des Intermedium und das Pisiforme (Accessorium) vereinigt sei; mit dem Radiale eines der drei wahrscheinlich ursprünglich vorhandenen Centralia, während ein zweites Centrale mit Ca_4 verwachsen, das dritte dagegen, mit dem Element eines Präpollex und dem Ca_1 vereinigt, das
sog. Centrale bilde (SCHMALHAUSEN).

Die Phalangenzahl ist bei voller Ausbildung der vier Finger bei den Urodelen
2, 2, 3, 2; bei den Anuren gewöhnlich (1) 2, 2, 3, 2; bei Stegocephalen, soweit feststellbar, 2, 2, 3, 3—4, 2—3.

Reptilia. Die Vorderextremität der Reptilien schließt sich in ihrer allgemeinen Konfiguration der der Urodelen nahe an. Wenn sie auch im ganzen etwas
kräftiger entwickelt ist, so bleibt sie doch noch verhältnismäßig kurz. Die Stellung
der Ober- und Unterarmknochen zueinander ist im wesentlichen die gleiche geblieben. Der stämmige, relativ kurze *Humerus* (s. Fig. 239) besitzt meist gut entwickelte Tubercula rad. und uln., zwischen welchen der gewöhnlich nicht kugelige,
sondern mehr breite, rollenartige Gelenkkopf liegt, so daß (namentlich bei den
Cheloniern, Fig. 240) das proximale Humerusende dreiteilig erscheint. — Besonderes
Interesse bieten die Foramina, welche bei den lebenden Rhynchocephalen (Sphenodon), zahlreichen Sauriern und Cheloniern das Distalende des Humerus durchsetzen.
Bei Sauriern, Cheloniern und Sphenodon findet sich am Vorderrand (Radialrand)
des Humerus, etwas über dem Epicondylus radialis ein schief herabsteigendes sog.
For. radiale oder ectepicondyloideum zum Durchtritt' des Nervus radialis (siehe
Fig. 239 [1], 240a, 242a). — Bei Sphenodon sowie fossilen Rynchocephalen tritt
auch am Ulnarrand ein weiteres, ähnliches Loch auf (s. Fig. 242a [2]), das
For. ulnare oder entepicondyloideum zum Durchtritt der Arteria brachialis und
des Nervus medianus. Letzteres Foramen kam in sehr kräftiger Ausbildung auch
den fossilen Theromorpha (Anomodontia und Theriodontia zu, s. Fig. 242b). Da
es sich auch bei den Säugern häufig findet, besitzt es besonderes phylogenetisches
Interesse. Auch bei den Nothosauridae, sowie gewissen Theromophoren sollen beide
Kanäle gleichzeitig vorkommen. — Die *Ulna* ist stärker als der *Radius* und besitzt
bei den Sauriern und Cheloniern in der Regel ein stark vorspringendes Olecranon.
Bei den Krokodilen treten die Tubercula humeri und das Olecranon sehr zurück,
wodurch die Unterarmknochen etwas beweglicher werden.

Der *Carpus* der *Rhynchocephalen* und *Schildkröten* (Fig. 240, 241) zeigt noch
recht ursprüngliche Verhältnisse durch die fast stete Erhaltung eines Centrale und
Intermediums, sowie die gewöhnlich vorhandenen fünf Carpalia. Bei Sphenodon
sowohl als einzelnen Schildkröten treten individuell und ontogenetisch zwei Centralia auf; bei ersteren wurde embryonal sogar gelegentlich noch ein drittes beobachtet. Das radiale dieser beiden nebeneinander gelegenen Centralia verwächst bei

den Cheloniern wohl stets mit dem Radiale, mit dem sich auch noch ein radiales Accessorium (Radiale extern.) vereinigt, während bei Sphenodon die beiden ursprünglichen Centralia zu dem bleibenden zusammentreten. — Der Schildkrötencarpus kann sich jedoch vereinfachen durch nicht seltene Verwachsung von Radiale und Centrale (C. ulnare), sowie durch Verschmelzung von Carpalien (so 4 + 5 oder 1 + 2).

Der *Sauriercarpus* (Fig. 239[1]) erscheint stets dadurch vereinfacht, daß das Intermedium, welches embryonal noch auftritt, den Erwachsenen meist fehlt, oder

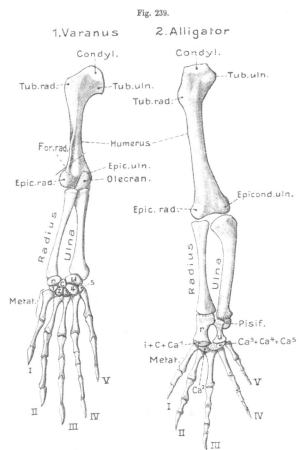

Fig. 239.

doch nur rudimentär vorkommt. Das stets erhaltene Centrale schiebt sich dafür zwischen Radiale und Ulnare hinein. Spuren eines zweiten Centrale kommen selten vor. — Bei Nichtverkümmerung der Extremität sind die fünf Carpalia vollständig erhalten, schließen sich jedoch zuweilen den Metacarpalia recht innig an.

Die *Krokodile* (s. Fig. 239[2]) zeigen unter den rezenten Reptilien die stärkste Veränderung der *Handwurzel*, indem einmal in der proximalen Reihe nur zwei, jedoch sehr ansehnliche Knochen auftreten. Die Ontogenie scheint nachzuweisen, daß sie dem Ulnare und Radiale (mit dem jedoch wohl das rudimentäre

1. Varanus niloticus. Linke Vorderextremität von außen. *2.* Ebenso
von Alligator mississippiensis.   C. H.

Intermedium vereinigt ist) entsprechen. Von den beiden flachen Knochen der Distalreihe soll der ulnare aus den Carpalia 3—5 hervorgegangen sein, der radiale dagegen eine Verschmelzung dreier Elemente darstellen, die als Intermedium (wahrscheinlicher Centrale ulnare), Centrale (radiale) und Carpale 1 gedeutet wurden; wogegen das Carpale 2 mit dem Metacarpus I verschmolzen sei.

Sehr verbreitet tritt am ulnaren Rand des Reptiliencarpus ein Knöchelchen auf, das zu den früher erwähnten accessorischen Elementen gehört und bei den Mammalia als Pisiforme (Erbsenbein) bezeichnet wird. Es kann zuweilen (gewisse Chelonier, auch Krokodile, Fig. 239—241) recht ansehnlich werden und wird häufig als Element eines rudimentären postaxialen Fingers gedeutet.

Bei Nichtverkümmerung der Extremität beträgt die Phalangenzahl der Chelonia in der Regel 2, 3, 3 (4), 2 (3); selten haben sämtliche Finger nur zwei Pha-

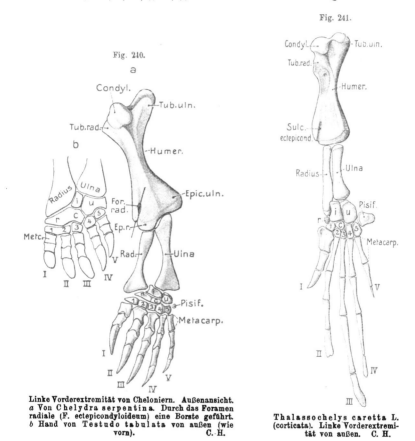

Fig. 240.

Fig. 241.

Linke Vorderextremität von Cheloniern. Außenansicht.
a Von Chelydra serpentina. Durch das Foramen
radiale (F. ectepicondyloideum) eine Borste geführt.
b Hand von Testudo tabulata von außen (wie
vorn).   C.·H.

Thalassochelys caretta L.
(corticata). Linke Vorderextremität von außen.   C. H.

langen (Fig. 240 *b*). Ähnlich verhalten sich im allgemeinen auch die Theromorpha. — Bei den Sauriern und Rynchocephalen steigt die Zahl auf 2, 3, 4, 5, 3; denen sich die Krokodile mit 2, 3, 4, 4, 3 anschließen, obgleich ihre IV. und V. Finger zuweilen ziemlich reduziert sind.

Besondere Umgestaltungen der Vorderextremitäten der Reptilien treten nach zwei Richtungen auf. Bei den Seeschildkröten, ähnlich auch gewissen fossilen Meeressauriern (Mosasauridae) und -Krokodilen (Thalattosuchia), den Sauropterygiern und Ichthyosauriern bildete sich die Extremität wieder zu einer einfachen Ruderflosse zurück. Ausgehend von der Ruderhand, in welcher die Finger durch

eine Schwimmhaut verbunden waren (Flußschildkröten), geschah dies so, daß die
Reihen der Fingerphalangen wieder inniger nebeneinander rückten, ihre freie Be-

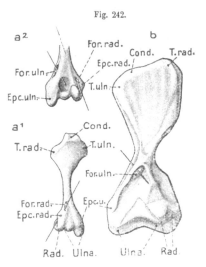

weglichkeit aufgaben und von der Haut
gleichmäßig zu einem einheitlichen Ruder umschlossen wurden. Oberarm und
Unterarm verkürzten sich dabei immer
stärker und verloren endlich ihre Beweglichkeit gegeneinander, so daß die Extremität wieder zu einer einfachen Ruderflosse wurde. Der von den Fingern gebildete Endabschnitt der Flosse verlängerte sich, was bei den Seeschildkröten
(Fig. 241) durch starke Verlängerung der
Phalangen, bei den Sauropterygiern und
namentlich den Ichthyosauriern durch
eine zum Teil ganz auffallende Vermehrung der Phalangenzahl der Finger hervorgerufen wird (bis über 20, vgl. Figur 243). Dazu gesellte sich bei den zwei
letzten Gruppen noch das Vorkommen
einer Reihe accessorischer Knöchelchen
am Ulnarrand des Carpus, oder neben
dem fünften Finger, Knöchelchen also, die in die
Reihe des oben erwähnten Pisiforme fallen und daher häufig als ein accessorischer sechster Fingerstrahl gedeutet werden; dementsprechend auch das
einfache Pisiforme häufig als Rest eines solchen sechsten Fingers. In der Flosse der Ichthyosaurier beobachtet man ferner zuweilen, wie sich ein bis mehrere Fingerstrahlen in ihrem Verlauf in zwei spalten,
so daß gelegentlich bis zehn Endstrahlen beobachtet
wurden. Diese Besonderheit ist jedenfalls eine Ano-
malie, nicht etwa eine Rückkehr zu primitiveren
Verhältnissen.

Besonderes Interesse beansprucht die Umbildung der Vorderextremität zu einem Flugorgan bei
den fossilen *Pterosauriern*. Der Arm war durch Auswachsen der beiden Unterarmknochen stark verlängert. Von den vier vorhandenen Fingern war der
ulnare durch Auswachsen seiner vier Phalangen zu
einem mächtigen Strahl verlängert, an dem sich die
Flughaut befestigte, die längs des Armes und der
Körperseiten bis auf die Hinterextremitäten hinab-

a^1—a^2 Linker Humerus von Sphenodon. a^1 von
außen, a^2 Distalende von innen (median). Durch
die Foramina radiale und ulnare (entepicondyloideum)
sind Borsten geführt. *b* Humerus von Cynodraco
major (Theriodontia), von innen durch For. ulnare
Borste geführt (nach Owen 1876).   P. He. u. C. H.

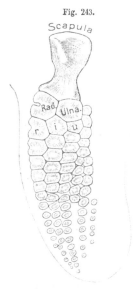

**Ichthyosaurus quadriscissus
(communis). Skelet der linken
Vorderextremität von außen. Der
Umriß der Flosse nach E. Fraas (1891)
angegeben.   P. He.**

zog. Die drei übrigen Finger blieben kurz, frei und bekrallt. Der Carpus zeigte im Gegensatz zu dem der Vögel wenig Reduktion (sechs Elémente).

Aves. Der Vogelarm erfuhr bei seiner Entwicklung zum Flügel tiefe Umgestaltungen, namentlich in der Hand, obgleich sich der reptilienartige Bau noch wohl erkennen läßt. Mit Ausnahme der Raṭiten und gewisser Carinaten mit verkümmerten Flügeln, ist der Arm sehr verlängert, was sich auf seine drei Abschnitte erstrecken kann (Fig. 244). Meist sind Ober-
und Unterarm nahezu gleich lang; die Hand bleibt
aber meist etwas kleiner als der Unterarm, oder wird
ihm nahezu gleich; zuweilen erscheint sie aber auch
excessiv verlängert. In der Ruhelage des Flügels
(s. Fig. 115, S. 213) liegt der Humerus, schief nach
hinten absteigend, dem Körper an, jedoch nicht so
verdreht wie bei den Mammalia, daß seine Beugeseite
nach vorn schaut, vielmehr ist dieselbe median gerichtet. Der Unterarm zieht längs des Oberarms wieder
nach vorn, die Hand, in Abduktionsstellung [1]), wieder längs letzterem nach hinten. Am ausgebreiteten
Flügel ist der Oberarm nach außen gerichtet, der
Unterarm und die Hand sind ausgestreckt.

Das proximale Gelenkende des Humerus ist bei
guter Entwicklung der Flügel in der Regel stark verbreitert, mit ansehnlichem radialen und ulnaren Tuberkel und starker Spina des ersteren, zuweilen auch des
letzteren. Am Tuberculum ulnare findet sich auch
das Loch für den Lufteintritt. — Die Unterarmknochen sind schlank; die Ulna meist bedeutend
kräftiger als der Radius, mit wenig vorspringendem
Olecranon. Sie zeigt auf ihrem Hinterrand häufig eine
Reihe knötchenartiger Erhebungen, hervorgerufen
durch die Follikel der Armschwungfedern.

Wie bemerkt, wird die Hand meist lang bis sehr
lang, ist jedoch stets vereinfacht, was sich vor allem
in der Verminderung der Fingerzahl ausspricht, die

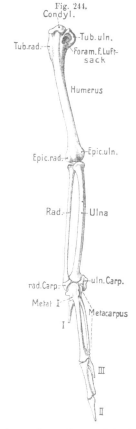

Fig. 244.
Anser domesticus. Skelet der linken Vorderextremität von außen.
O. B.

schon bei dem ältesten bekannten Vogel (Archaeo-
pteryx) auf drei herabgesunken war, ebenso wie bei den meisten rezenten Vögeln.
Die Reduktion hat namentlich auch die Wurzel ergriffen, in der bei den lebenden
und, soweit feststellbar, auch den fossilen Vögeln, nur zwei Knöchelchen auftreten.
Die Ontogenie erweist, daß sie der proximalen Reihe angehören, indem distal von

---

[1]) Unter Abduktion wird die bei den meisten Wirbeltieren sehr wenig entwickelte Be-
wegungsfähigkeit der Hand in der Handebene selbst gegen die Ulnarseite des Unterarms verstanden, wobei also der Finger V gegen den äußeren (bzw. hinteren) Ulnarrand bewegt wird.

ihnen noch ein, oder zwei bis drei Skeletelemente angelegt werden, jedenfalls eine Anzahl Carpalia repräsentierend, die jedoch frühzeitig mit den Proximalenden der Metacarpalia verschmelzen. Die Deutung der beiden bleibenden Knochen der Proximalreihe ist wenig sicher; der radiale schiebt sich zwischen Radius und Metacarpus, berührt jedoch auch die Ulna und hat dadurch etwas Ähnlichkeit mit dem Radiale der Krokodile; der ulnare ist ganz an den Ulnarrand geschoben, so daß Ulna und Metacarpus sich direkt berühren (er fehlt bei Apteryx und Dromaeus.) Die drei Finger werden in der Regel als I—III gedeutet und dementsprechend auch ihre Metacarpalia. Die knorpelige Anlage eines vierten ulnaren Metacarpale wurde bei gewissen Vögeln nachgewiesen, vereinigt sich jedoch frühzeitig mit dem dritten und verschwindet. Während die drei Metacarpalia bei Archaeopteryx noch völlig unvereinigt, und die drei Finger sämtlich gut bekrallt waren, wenngleich der erste schon ziemlich verkleinert, sind bei den rezenten Vögeln die langen Metacarpalia II und III an ihren Enden verwachsen, und das sehr kurze Metacarpale I ist mit dem Proximalende des zweiten verschmolzen; der Metacarpus ist also einheitlich geworden.

Der erste und dritte Finger sind fast stets sehr verkümmert und auf je eine Phalange reduziert, während der zweite recht lang ist und gewöhnlich zwei Phalangen besitzt (selten drei und der Daumen dann zwei); wogegen die drei Finger von Archaeopteryx noch zwei, drei und vier Phalangen aufwiesen, also reptilienartigere Verhältnisse bewahrten. — Bei Reduktion des Flügels, wie sie bei Pinguinen, wo er zu einer Art Flosse wird, und bei den Ratiten in verschiedenem Grad eintritt, wird auch die Hand vereinfacht. Den ersteren fehlt der Daumen, dagegen ist der dritte Finger abnorm lang; bei den Ratitae sind die Finger zum Teil auf zwei reduziert, seltener ist nur der zweite erhalten (Apteryx und Dromaeus).

Mammalia. Die Vorderextremität der Säuger knüpft jedenfalls an recht niedere Zustände an, wie sie etwa von den Amphibien auf primitivere Reptilien (in dieser Hinsicht etwa chelonierähnlich) übertragen wurden. Diese verhältnismäßige Ursprünglichkeit der Säugerextremität spricht sich namentlich im Carpus aus, der bei den paläogenen Säugern noch die ursprünglichen neun Elemente aufweist, also ein Centrale enthält (embryonal zum Teil sogar zwei). — Schon oben (S. 371) wurde auf die Veränderung hingewiesen, welche die Vorderextremität in der Ruhestellung erfuhr. Bei dieser Stellungsänderung (s. Fig. 245) wurde der Humerus in seiner Pfanne so gedreht, daß er in der Ruhestellung schief ventralwärts und nach hinten herabsteigt, so daß der sog. Epicondylus ulnaris (internus) seines Distalendes nun nach der Medianebene schaut. Durch diese Drehung hat der Humerus in der Ruhe dauernd eine Stellung angenommen, die er bei den Amphibien und Reptilien nur vorübergehend, im stark gebeugten Zustand der Extremität, in der Endstellung bei der Vorwärtsbewegung, einnahm. Die in der Ruhestellung der Amphibien dorsale Fläche des Humerus schaut nun nach hinten (caudalwärts), während das bei den ersteren längs gerichtete distale Gelenkende nun von innen nach außen zieht, also senkrecht zur Medianebene des Körpers.

Dabei wurde die Hand noch mehr als bei den paläogenen Tetrapoden nach vorn gewendet, wobei der bei den ursprünglicheren Formen vor der Ulna liegende Radius nunmehr mit seinem Distalende auf deren Innenseite rücken mußte. Indem die Hand bei der geschilderten Stellungsveränderung des Humerus ihre nach vorn gerichtete Stellung auf dem Boden beibehielt, mußten auch die Distalenden von Radius und Ulna in ihrer oben erwähnten Stellung, das erstere innen, das letztere außen verharren, wogegen ihre Proximalenden durch die Drehung des distalen Humerusendes verschoben wurden, so daß das Proximalende des Radius mit dem Epicondylus radialis humeri nach außen, das der Ulna nach innen geführt wurde (vgl. die Fig. 245). Die Folge hiervon ist, daß bei den meisten Säugern der Radius von seinem Distal- zum Proximalende schief nach außen aufsteigt und dabei das Proximalende der Ulna kreuzt. Bei den paläogenen Mammalia (z. B. Monotremen) ist diese Stellungsänderung des Humerus noch wenig entwickelt (abgesehen von der Vorwärtsrichtung der Hand), die Kreuzung der Unterarmknochen daher auch nicht ausgesprochen; bei den jüngeren tritt sie immer schärfer hervor, vorausgesetzt, daß die Vorderextremität ihre vielseitige Beweglichkeit beibehält oder höher ausbildet, d. h. nicht einseitig zum ausschließlichen Bewegungsorgan umgebildet wird. Die Kreuzung entwickelt sich wohl sicher in der eben geschilderten Weise durch eine Drehung des gesamten Humerus in der Pfanne, nicht jedoch, wie dies häufig dargestellt wird, durch eine Torsion der distalen Humerushälfte gegen die proximale.

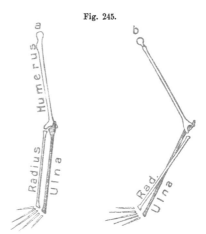

Fig. 245.

Schema für die Entstehung der Kreuzung der Unterarmknochen der Mammalia. *a* Ursprüngliche Stellung der Extremität mit nach außen gerichtetem Ellbogengelenk. *b* Das Ellbogengelenk nach hinten und gegen die Medianebene verlagert und daher die Kreuzung von Radius und Ulna eingetreten. O. B.

Bei den Säugern, deren Vorderextremität mannigfaltigerer Bewegung und verschiedenartigen Gebrauches fähig bleibt, sich namentlich als Greif- und Kletterorgan entwickelt, werden die Unterarmknochen beweglicher gegeneinander, indem das Distalende des Radius sich mehr oder weniger um das der Ulna herum zu bewegen vermag, wobei die Ventralfläche (Volarfläche) der Hand nach innen gerichtet, oder sogar bis 180° herumgedreht werden kann, so daß sie nun dorsalwärts schaut (Supinationsstellung im Gegensatz zu der ursprünglichen Pronationsstellung). Je mehr diese Fähigkeit sich entwickelt, desto größeren Anteil erlangt das Distalende des Radius an der Gelenkung mit dem Carpus, während die Ulna allmählich mehr und mehr ausgeschaltet wird.

Wie schon hervorgehoben, erfährt die Vorderextremität der Säuger, vom einfachen Bewegungsorgan ausgehend, eine sehr mannigfaltige Ausbildung, als Greif-, Kletter- und Graborgan, sogar als Flugapparat (Chiroptera), oder, wieder herab-

sinkend, als Flosse (Sirenia, Cetacea); andrerseits jedoch auch als ausschließliches
Bewegungsorgan sich spezialisierend (Ungulata). Auch in ihrer Wirksamkeit als
Bewegungsorgan wird sie mannigfaltiger, insofern die Hand hierbei in sehr ver-
schiedenem Grad den Boden berührt. Die paläogenen Tetrapoden setzen im
allgemeinen die gesamte Ventralfläche der Hand, Finger und Metacarpalia bis zum
Beginn des Carpus dem Boden auf; doch wurden bei gewissen fossilen Dino-
sauria die Metacarpalia nicht mehr aufgesetzt (digitigrad). Auch die paläogenen
Säuger zeigen das ersterwähnte Verhalten, ihre Hand ist *plantigrad*, d. h. berührt

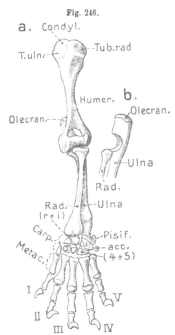

Fig. 246.

Erinaceus europaeus (Igel). Skelet
der linken Vorderextremität von vorn. *a* Proximalende der Unterarmknochen von der
Außenseite.   O. B.

in ganzer Ausdehnung den Boden, wie es sich
gewöhnlich bei Monotremen, Marsupialiern, Insectivoren, Edentaten, Carnivoren (zum Teil)
und Primaten erhält. — Bei vielen, auch unter
den obengenannten Ordnungen, erhob sich jedoch die Hand mehr vom Boden, die Metacarpalia richteten sich empor und nur die Finger
legten sich dem Boden auf (*digitigrad*). Endlich konnten sich die Finger noch weiter
aufrichten, so daß schließlich nur ihre Endphalangen den Boden berühren, wie es speziell
für die Ungulaten gilt (*unguligrad*). Derartige
Veränderungen haben sich in verschiedenen
Gruppen selbständig hervorgebildet.

Die genauere Besprechung beginnen wir
mit der sich ursprünglicher erhaltenden, freierer
Beweglichkeit fähigen Vorderextremität, welche
keine Spezialisierung in einseitiger Richtung
erfuhr.

Der *Humerus* besitzt gewöhnlich eine den
Unterarmknochen nahezu gleiche Länge. An
seinem Proximalende bewahrt der Gelenkkopf
bei primitiverer Beschaffenheit die mehr rollenartige Bildung; je freier beweglich aber die
Extremität wird, um so mehr nähert sich der Gelenkkopf der Kugelform. Die Tubercula radialis und ulnaris (majus und minus) sind in der Regel gut, zum Teil sogar
sehr kräftig entwickelt und setzen sich häufig, namentlich an grabenden Extremitäten, in kräftige Leisten (Spinae) zum Muskelansatz fort; in welchem Fall sich der
Oberarm meist auch stark verkürzt. Sein Distalende besitzt gewöhnlich gut entwickelte Epicondylen; anschließend an den Epic. radialis eine mehr oder weniger
kugelig vorspringende Gelenkstelle (Capitulum) für den Radius und daneben eine
meist ansehnlichere, mehr rollenartige, oder durch eine mittlere Rinne in zwei rollenartige geteilte für die Ulna (Trochlea). Letztere Bildung geht wohl darauf zurück,
daß die Articulation der Ulna sich allmählich auf das Capitulum ausdehnte. —
Bei zahlreichen Säugern findet sich etwas über dem Epicondylus ulnaris ein Loch

für den Durchtritt des Nervus medianus und der Arteria brachialis (Foramen entepicondyloideum s. ulnare, Fig. 247), was neben anderen Eigentümlichkeiten die
verwandtschaftlichen Beziehungen der Säuger zu den ursprünglicheren Reptilien
bestätigt, welche, wie früher erwähnt (S. 375), dieselbe Durchbrechung besitzen.
Zuweilen sind die Fossae zwischen den beiderseitigen Epicondylen so vertieft,
daß ein Durchbruch des Humerus an dieser Stelle eintrat (Fig. 246). — Die im
allgemeinen stärker als der Radius ausgebildete, in der Regel mit einem kräftigen
Olecranon versehene *Ulna* hat bei den paläogenen Säugern noch einen größeren
Anteil an der Gelenkung mit dem Carpus, wogegen
sich mit der allmählichen Steigerung der Supinati-
onsbewegung des Unterarms die Gelenkung des Radius mit dem Carpus auf Kosten der Ulna vergrößert
(Fig. 248).

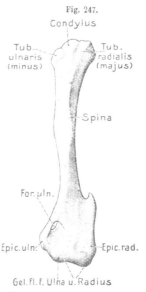

Fig. 247.

Phascolarctos cinereus (Beutel-
bär). Humerus von vorn mit For.ulnare.

Wie schon erwähnt, bewahrt der *Carpus* der paläogenen Säuger eine recht primitive Beschaffenheit, die sich bei den mit ursprünglicherer Extremität versehenen Formen bis zu den jüngsten Gruppen
erhielt; um so mehr, als eine etwaige Reduktion
der Finger nie einen hohen Grad erreicht. — Die
Anlage der primitiven Handwurzel enthält neben
den drei Elementen der Proximal- und den fünf der
Distalreihe noch ein bis zwei Centralia; doch bleibt
im nachembryonalen Zustand höchstens ein Centrale
erhalten (bei einzelnen Edentaten und Cetaceen,
den Hyracoïdea, vielen Rodentien, Insectivoren, Prosimiern und Simiern). Eine stete Eigentümlichkeit
der Säuger bildet die Verschmelzung der Carpalia
4 und 5. Die Carpalknochen des Menschen haben
besondere Namen erhalten, welche auch für die übrigen Säuger häufig verwendet
werden. Beifolgendes Schema läßt diese Benennungen erkennen:

Radiale	*Intermedium*	*Ulnare*
(Naviculare oder Scaphoid)	(Lunatum oder Semilunare)	(Triquetrum oder Pyramidale)
	Centrale	
	(Intermedium Cuviers)	
Carpale 1	*Carpale 2*	*Carpale 3*	*Carp. 4 + Carp. 5*
(Trapezium oder Multangulum majus)	(Trapezoid oder Mult. minus)	(Capitatum od. Magnum)	(Hamatum oder Uncinatum)

Wo das Centrale fehlt, ist es meist mit dem Naviculare vereinigt. Häufig
tritt auch Verwachsung von Naviculare und Lunatum und eventuell damit auch
des Centrale auf. Eine weitergehende Verwachsung der Carpalia ist sehr selten.
Das *Pisiforme* am Ulnarrand des Carpus ist gewöhnlich vorhanden, zuweilen sogar

zweigliederig und dann einem Fingerstrahl ähnlich. Ein radialer sog Präpollex kommt häufig vor und kann zuweilen (so Maulwurf, Elefant) recht groß werden.

Die wohlentwickelten Finger besitzen fast ausnahmslos folgende Phalangenzahlen: I. zwei, II.—V. drei, was einerseits an die Verhältnisse der Chelonier, andrerseits an die der Anomodontia unter den theromorphen Reptilien erinnert.

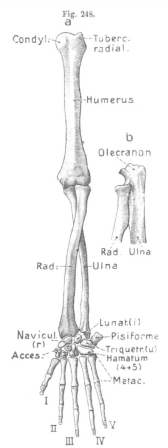

Fig. 248.

Auf der Ventralfläche der Hand (und ebenso des Fußes) finden sich an den Metacarpophalangeal- und den Phalangealgelenken häufig je ein Paar kleiner Knöchelchen (Sesambeine), die in den Gelenkkapseln liegen und den Verlauf der Sehnen der Fingerbeuger sichern. Seltener finden sich solche Knöchelchen auch an den Phalangealgelenken der Dorsalseite.

Die Fingerzahl der hier zunächst betrachteten Säuger kann auf vier bis drei reduziert werden, indem I und V verkümmern. Auf den Carpus hat dies wenig Einfluß.

In der zum Greifen eingerichteten Hand der Primaten (sowie einzelner Marsupialier und Rodentia) wird der Daumen (Pollex) freier beweglich, indem er von dem zweiten Finger stärker entfernt (abduziert) werden und sich ausgiebig gegen die Volarfläche beugen (opponieren) kann. Dies beruht (abgesehen von der Anordnung der Muskulatur) auf besonderer Ausbildung der Gelenkflächen des Trapeziums (Carpale 1) und des Metacarpus I (Sattelgelenk).

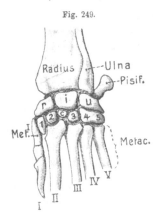

Fig. 249.

Inuus ecaudatus (altweltlicher Affe). a Skelet der linken Vorderextremität von vorn. b Proximalende der Unterarmknochen von außen. P. He.

Lepus timidus. Linker Carpus von vorn (dorsal). O. B.

Besondere Umgestaltungen der Vorderextremität. *Ungulata* (Huftiere). Wie sich paläontologisch verfolgen läßt, entwickelten sich die Extremitäten in dieser großen Gruppe, von der ursprünglichen Beschaffenheit ausgehend, immer einseitiger zu Organen für ausschließlich pendelnde Bewegungen auf dem Boden. Diese Entwicklung ließ sie progressiv schlanker und länger werden, wobei vorzüglich die distalen Abschnitte, in der Vorderextremität also Unterarm und Hand, stark auswuchsen, während der Oberarm sich relativ verkleinerte und in den Rumpf aufgenommen wurde. Gleichzeitig wurde es für derartig funktionierende

Extremitäten immer vorteilhafter, wenn sie den Boden nur mit einer wenig ausgedehnten und festen Fläche berührten. Dies wurde dadurch erzielt, daß die Hand sich mehr und mehr vom Boden erhob und schließlich, wie dies bei den rezenten Ungulaten (mit Ausnahme der Tylopoden, Kamelartigen) durchaus ist, nur noch mit den Endphalangen auftrat (unguligrad), die sich demgemäß mehr oder weniger hufartig verbreiterten.

Bei einer so einseitigen Betätigung der Extremität fiel naturgemäß jeder Grund für die Erhaltung der freieren Beweglichkeit des Unterarms, und damit auch der Unterarmknochen gegeneinander, fort. Wie sich dieselben schon gelegentlich in gewissen Gruppen der erstbetrachteten Säuger wenig oder nicht beweglich aneinander schließen (Monotremen, Edentaten, Insectivoren und Rodentien z. T.), bei den beiden letzterwähnten Ordnungen sogar zuweilen distal verwachsen, so trat dies auch hier ein. Sowohl bei den unpaarzehigen als den paarzehigen Huftieren führt die fortschreitende Entwicklung der Extremität in der eingeschlagenen Richtung zu starker Verkümmerung der Ulna, unter gleichzeitiger Verstärkung des Radius. Die distale Hälfte der Pferde-Ulna (Fig. 250[3]) ist völlig reduziert, ein distalster Rest hat sich mit dem Carpalende des Radius vereinigt. Die Ulna der Wiederkäuer (Fig. 251[2]) ist zwar in ganzer Länge erhalten, ihr Mittelteil jedoch sehr schmächtig und samt dem Distalteil mehr oder weniger mit dem Radius verwachsen; der, wie bei den Perissodactylia sehr ansehnliche Olecranonteil bleibt dagegen gewöhnlich frei, verwächst jedoch bei den Kamelartigen samt der übrigen Ulna vollständig mit dem Radius (Fig. 251[3]). Die Verstärkung des Radius ergreift namentlich auch sein proximales Gelenkende, das ursprünglich, wie bei den früher geschilderten Säugern, die Ulna kreuzte und sich nur mit dem Capitulum des Humerus verband. Allmählich breitete sich dies Gelenkende des Radius immer mehr vor die Ulna auf die Trochlea aus, so daß es schließlich mit deren ganzer Breite gelenkt. Der Proximalteil der Ulna wurde so vollständig hinter den Radius verlagert, nicht eigentlich verschoben, sondern vom Radius bedeckt, und für die Gelenkung der Ulna blieb nur der hintere Teil der Trochlea übrig.

Der Bau der Hand (wie auch des Fußes) hat sich, von den Urungulaten ausgehend, in zwei divergenten Richtungen entwickelt. Die Erhebung von Hand und Fuß über den Boden, und der Vorteil einer möglichst festen und beschränkten Aufsatzfläche der Extremitätenenden führte frühzeitig zu einer Verkümmerung gewisser Finger und Zehen.

In der Reihe der sog. *Perissodactylia* (unpaarzehige Huftiere, Tapir, Rhinozeros, Pferd, Fig. 250) entwickelte sich der III. Finger am stärksten; der I. verkümmerte frühzeitig; der V. blieb zum Teil noch gut erhalten (Tapir), ebenso zunächst der II. und IV., die bei Tapir und Rhinozeros den Boden gerade noch erreichen. Der III. Finger wurde so zum Mittelstamm der Hand, um den sich die noch erhaltenen übrigen symmetrisch gruppieren. Die fortschreitende Entwicklung der Perissodactylia in dieser Richtung führte schließlich in der Equidenreihe, mit gleichzeitiger mächtiger Verlängerung des Metacarpus III, zu vollständiger Verkümmerung der freien Finger II und IV, unter immer kräftigerer Ausbildung des III.

Vom II. und IV. Finger blieben bei den rezenten Pferden nur die Proximalenden der Metacarpalia erhalten, welche als sog. »Griffelbeine« dem Metacarpale III (sog. Lauf) angefügt sind. Vom besonderen Interesse erscheint, daß gerade die phylogenetische Entwicklungsreihe der Pferdeextremität aus der vierzehigen der ursprünglichen Vorfahren durch paläontologische Funde fast lückenlos festgestellt wurde.

Fig. 250

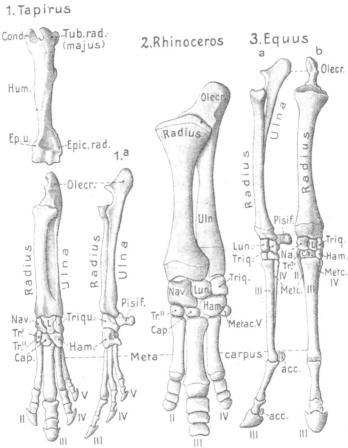

Perissodactyla Ungulata. Skelet der linken Vorderextremität. *1.* Tapirus von vorn. *1.a* Unterarm und Hand von außen. *2.* Rhinoceros (jung), Unterarm und Hand von vorn. *3.* Equus. *a* Unterarm und Hand von außen. *b* Von vorn. *1'* Trapez; *1''* Trapezoid.   v. Bu.

Bei den *paarzehigen Huftieren* (Artiodactylia, Fig. 251) entwickelten sich dagegen die Finger III und IV gleichmäßig stark und bildeten den Mittelstamm der Hand, während die Finger II und V, die bei den Nonruminantia (s. Phacochoerus) noch gut entwickelt sind, bei Hippopotamus sogar den Boden erreichen, sich symmetrisch zu III und IV gruppieren. Die Mittelebene der Hand fällt also zwischen die Finger III und IV. Der Finger I fehlt den Rezenten stets. — Weiteres Fortschreiten in dieser Entwicklungsrichtung führt bei den Ruminantia (s. Oryx,

Auchenia) zur Verlängerung der Metacarpalia III und IV, unter gleichzeitiger Verkümmerung der Finger II und V, von denen sich jedoch meist noch Reste finden (Ausnahme besonders Kamelartige und Giraffe). Die sehr langen Metacarpalia III und IV der Wiederkäuer verwachsen fast stets zu dem sog. Laufknochen (Kanon; Ausnahme Hyaemoschus), mit dem sich Reste der Metacarpalia III und IV mehr oder weniger vereinigen.

Der *Carpus der Ungulaten* erlitt trotz dieser tiefen Umgestaltung der Hand relativ wenig Veränderung; doch erfuhren bei sämtlichen Ungulaten die Carpalia eine gewisse Verschiebung gegen die Medianebene des Körpers, so daß sie mit den drei Elementen der Proximalreihe, sowie den Metacarpalia in gewissem Grade alternieren (Taxeopodie). Ein Centrale findet sich bei keinem der rezenten Ungulaten mehr; dagegen sind bei den Perissodactylia meist sämtliche übrigen Elemente vorhanden; nur den Pfer-

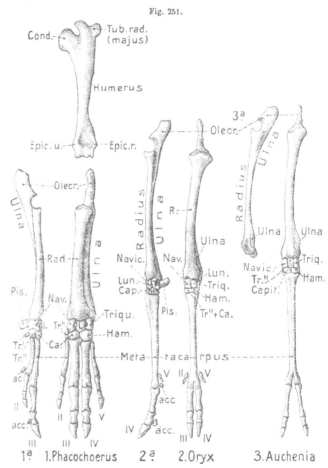

Fig. 251.

Artiodactyle Ungulata. Linke Vorderextremität. *1.* Phacochoerus (Warzenschwein). *1.* Von vorn, *1a* Unterarm und Hand von innen. *2.* Oryx (Antilope). *2.* Unterarm und Hand von vorn. *2a* Von außen. *3.* Auchenia (Lama). Unterarm und Hand von vorn, *3a* Unterarm von außen. *acc.* Accessoria (Sesambeine). v. Bu.

den fehlt das Carpale I (Trapezium). Mit der Vergrößerung des Metacarpus III bei den Pferden wurde dessen Carpale (Capitatum) besonders ansehnlich. — Der *Carpus der Artiodactylia* besitzt bei den Nonruminantia noch alle acht Elemente; den Ruminantia fehlt dagegen das Carpale I (Trapezium); die Carpalia II und III (Trapezoid + Capitatum) sind meist verwachsen (Ausnahme Kamelartige).

Die *Umbildung der Chiropterenhand* (Fig. 252) zu einem Flugorgan erinnert an
die Flügelbildung der Pterosauria, erfolgte jedoch in besonderer Weise. Das Prinzip
des Flügelbaus bildet auch hier die mächtige Entwicklung einer Flughaut, die
sich zwischen den ungemein verlängerten Fingern II—V, dem Arm und den Körperseiten ausspannt. Zur starken Verlängerung dieser Finger tragen sowohl die
Metacarpalia als die Phalangen in verschiedenem Grade bei. Ober- und Unterarm
sind sehr verlängert; letzterer jedoch in höherem Grad. — Ein accessorisches
Knöchelchen besitzen viele Chiropteren an der Ellbogenbeuge (sog. Patella brachi-

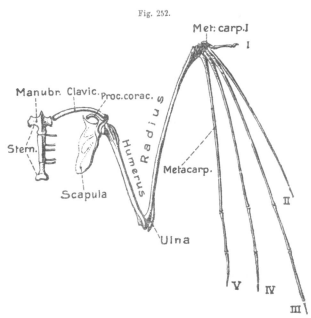

Fig. 252.

alis) in der Sehne
des Streckmuskels
des Unterarms, M.
triceps), das also in
der Tat Ähnlich-
keit mit der Knie-
scheibe der Hinter-
extremität zeigt. —
Die Ulna verküm-
mert sehr, ähnlich
den Huftieren, in-
dem sich nur ihr
proximaler Teil
schwach erhält,
während ein Rest
des Distalendes mit
dem sehr ver-
breiterten Radius-
ende verwächst.
Naviculare und
Lunatum sind ver-
schmolzen, zuwei-

Vespertilio murinus (Fledermaus). Skelet der linken Vorderextremität von
der Ventralseite des Tieres gesehen. Mit Schultergürtel und Sternum. O. B.

len (Pteropus) ist mit ihnen auch das Triquetrum vereinigt. Die Carpalia zeigen
mancherlei Eigentümliches.

Die *Umbildung der Vorderextremität zu einer Flosse* bei *Sirenen* und *Cetaceen*
geschieht in ganz ähnlicher Weise wie bei den Reptilien. Der Arm der Sirenen
bleibt viel ursprünglicher. Wenn auch Ober- und Unterarm beträchtlich verkürzt,
sowie Radius und Ulna fest verbunden, an den Enden sogar gewöhnlich verwachsen sind, so erhält sich doch die Ellbogenbeuge gut. Die fünffingrige Hand
besitzt nur mäßig lange Finger und geringe Veränderungen der Wurzel.

Die *Cetaceenflosse* erscheint stärker umgestaltet (Fig. 253). Die Armknochen
sind sehr verkürzt, platt und untereinander, sowie mit der Wurzel und den Fingern
nicht mehr gelenkig verbunden; die Gesamtheit der Extremität kann also nur als
einheitliche Flosse im Schultergelenk bewegt werden. Die Zahnwale besitzen gewöhnlich noch sämtliche fünf Finger, jedoch den ersten, zuweilen auch die ulnaren,

stark verkürzt; die Bartenwale zum Teil nur vier Finger. In der Wurzel, die bei den letzteren meist wenig verknöchert, zeigen sich eigentümliche Verhältnisse. Ausnahmsweise finden sich noch fünf Carpalia; sonst sind sie meist auf zwei vermindert. Die Finger bleiben bald mäßig lang, bald werden die mittleren ungemein lang, wobei sich, ähnlich den Ichthyosauria, starke Vermehrung der Phalangen, bis auf 14, finden kann, was auch bei Sirenen schon in Andeutung vorkommt. Selten wurde bei Cetaceen auch Spaltung eines Fingerstrahls beobachtet. Alles dies sind konvergente Anpassungen, wie sie unter ähnlichen Bedingungen bei den Ichthyosauriern eintraten.

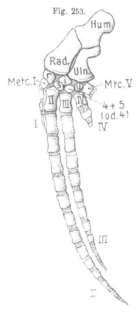

Fig. 253.

Globicephalus (Zahnwal). Skelet der linken Vorderextremität von außen. (Nach FLOWER 1888 und Originalpräparat.) P. He.

Hinterextremität.

Wie wir schon früher betonten, stehen Vorder- und Hinterextremität funktionell in einem gewissen Gegensatz, der auch in ihrem Bau hervortritt, obgleich sich die Homonomie ihrer Skeletteile bis in Einzelheiten verfolgen läßt. Schon bei den Amphibien spricht sich dieser Gegensatz in der Ruhestellung des Femur aus, der von dem Gelenk am Becken etwas nach vorn und wenig abwärts gerichtet ist, so daß das Knie etwas nach vorn schaut; dieser Gegensatz verschärft sich bei den Vögeln und Säugern sehr, wie schon früher dargelegt wurde.

Amphibien. Das mäßig lange *Femur* der Urodelen (Fig. 254) wiederholt mehr oder weniger deutlich die Bauverhältnisse des Humerus. Etwas distal vom Gelenkkopf und etwas medianwärts gerichtet findet sich an seiner Cranialseite ein zum Muskelansatz dienender Vorsprung, der sog. Trochanter tibialis (minor nach der Bezeichnung der menschlichen Anatomie), der also dem Tuberculum radialis (majus) des Humerus entspricht; ihm gegenüber, an der Caudalseite findet sich etwas mehr distal ein schwacher ähnlicher Trochanter fibularis (major der menschlichen Anatomie), der dem Tuberculum ulnaris (minus) der Vorderextremität gleichkommt. Der Gelenkkopf ist daher gewissermaßen zwischen die beiden Trochanteren eingepflanzt. — Das Distalende des Femur zeigt nur sehr schwache

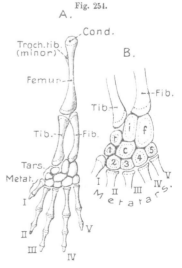

Fig. 254.

Salamandra maculosa. *A* Skelet der linken Hinterextremität von außen. *B* Tarsus in derselben Ansicht stärker vergrößert. O. B.

Condylen für die beiden Unterschenkelknochen. Die erwähnte Bildung des Femur läßt sich im allgemeinen durch die ganze Vertebratenreihe verfolgen. — Die beiden *Unterschenkelknochen* sind ziemlich gleich stark, wenn auch die Tibia schon etwas überwiegt.

Der *Fuß* der Amphibien erscheint insofern primitiver wie die Hand, als er bei Salamandrinen, Anuren und einzelnen Ichthyoden (auch Stegocephalen) fünf Zehen besitzt; bei den übrigen Ichthyoden sinkt ihre Zahl bis auf zwei (Proteus). Der

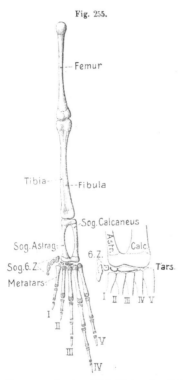

Fig. 255.

Tarsus der Urodelen bewahrt ähnlich primitive Verhältnisse wie der Carpus, ja besitzt zuweilen noch eine höhere Zahl von Elementen, da sich nicht selten zwei Centralia, ja als individuelle Variation auch noch mehr finden. — In der Reihe der fünf Tarsalia können Verwachsungen auftreten (so 4 + 5 oder 3 + 4). Bei Reduktion der Zehen vereinfacht sich auch der Tarsus, ähnlich wie es für den Carpus hervorgehoben wurde. — Die Phalangenzahl ist gewöhnlich 2, 2, 3, 3 (selten 4), 2; bei Stegocephalen 2, 2, 3 (4), 4 (5), 3 (4).

Die Hinterextremität der *Anuren* (Fig. 255) hat sich sehr verlängert und bei vielen zum Sprungorgan entwickelt. Die Verlängerung erstreckt sich gleichmäßig auf das Femur und die Unterschenkelknochen, die aber vollständig miteinander verwachsen. Die Trochanteren des Femur treten sehr zurück. — Auch der *Tarsus* beteiligt sich in eigentümlicher Weise an der Verlängerung der Extremität, indem die beiden Knochen, welche die Proximalreihe bilden, zu langen, stabförmigen Gebilden auswachsen, deren beide Enden gewöhnlich verschmelzen. Der tibiale der beiden

Rana esculenta. *A* Linke Hinterextremität von außen. *B* Tarsus stärker vergrößert. Die sogenannte 6. Zehe in verschiedenartiger Ausbildung.   O. B.

Knochen wird, nach Analogie mit den Säugern, meist *Astragalus*, der fibulare *Calcaneus* genannt. Die Rückführung dieser beiden Elemente auf die der primitiven Fußwurzel ist noch nicht genügend aufgeklärt, doch entsprechen sie in ihrem Hauptteil sicher dem Tibiale und Fibulare. — Da Intermedium und Centralia fehlen, so könnten sie mit den beiden proximalen Knochen teilweise irgendwie vereinigt sein; daß sie einfach ausfielen, ist weniger wahrscheinlich. Die *Tarsalia* sind sehr stark rückgebildet; es finden sich im Anschluß an die Metatarsalia I—III noch ein bis drei Knorpelchen, welche den Tarsalia 1—3 entsprechen dürften, wogegen die fibularen nur durch Bandmasse vertreten werden. Von Tarsale 4 wird auch angegeben, daß es mit dem sog. Calcaneus vereinigt sei. — Die fünf

Zehen sind gut entwickelt und ihre Phalangenzahl in der Regel 2, 2, 3, 4, 3. — Besonderes Interesse beanspruchen accessorische Elemente, die sich dem tibialen Tarsusrand anfügen und einem, auch äußerlich am Fuß hervortretenden Fersenhöcker eingelagert sind (Fig. 255, *6. Z.*). Diese Elemente reihen sich in Drei- bis Fünfzahl phalangenartig aneinander, so daß sie ziemliche Ähnlichkeit mit einer sechsten tibialen Zehe erlangen und auch häufig in diesem Sinne gedeutet werden.

Sie erinnern an die zuweilen in ähnlicher Weise gedeuteten Elemente am radialen Carpusrand der Vorderextremität. Trotz dieser Zehenähnlichkeit läßt sich vorerst kaum entscheiden, ob es sich hier wirklich um einen sechsten Zehenstrahl handelt. Selbst wenn wir dies im Prinzip zugeben, so ist doch nicht wahrscheinlich, daß diese sechste Zehe als Erbstück eines älteren sechszehigen Zustands des Fußes angesehen werden darf, sondern eher als eine sekundäre Vermehrung der Strahlen, wie sie als Abnormität auch sonst auftritt, die aber hier zu einem regelmäßigen Bestandteil wurde.

Reptilia. Am *Femur* der ursprünglicheren Reptilien (Rhynchocephala, Chelonia, Figur 256) sind die beiden Trochanteren, besonders der Tr. fibularis (major), stärker entwickelt und rücken dichter an den Condylus empor, was eine große Ähnlichkeit mit dem proximalen Humerusende bewirkt. Bei Sauriern und Krokodiliern (Fig. 258) ist der Trochanter fibularis dagegen stark rückgebildet, und bei letzteren auch der Tr. tibialis (minor) recht schwach.

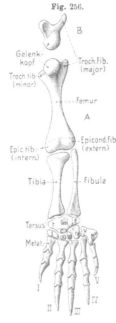

Fig. 256.

Chelydra serpentina (Schildkröte). *A* Linke Hinterextremität von außen. *B* Der Gelenkkopf des Femur von oben in axialer Ansicht. C. H.

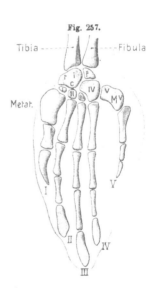

Fig. 257.

Thalassochelys caretta (corticata), Seeschildkröte. Skelet des zur Flosse umgebildeten Fußes von außen. C. H.

Da die *Tibia* sämtlicher Amnioten bedeutend stärker wird als die Fibula, so greift ihr proximales verbreitertes Ende auch auf den distalen Epicondylus fibularis (externus) des Oberschenkels über, und das Proximalende der Fibula gelenkt bei den Reptilien nur mit dem äußeren (oder hinteren) Teil dieses Epicondylus. — Beide Unterschenkelknochen sind bei den rezenten Reptilien stets vollständig entwickelt und unvereinigt; nur bei den fossilen Pterosauria war die Distalhälfte der Fibula vogelartig verkümmert.

An der Streckseite des Kniegelenks mancher Saurier tritt zum erstenmal in der Sehne des großen Streckmuskels des Unterschenkels ein accessorisches knorpeliges bis knöchernes Skeletgebilde auf. Es ist dies die *Kniescheibe* oder *Patella*, welche bei Vögeln und Säugern regelmäßiger auftritt und ansehnlicher wird.

Der *Tarsus* hat sich, ausgehend von einer wohl amphibienartigen Urform, spezialisiert, was mit dem Überwiegen der Tibia in Zusammenhang steht. Schon bei den *Cheloniern* (Fig. 256, 257), welche noch ziemlich ursprüngliche Verhältnisse zeigen, tritt an Stelle des Tibiale, Intermedium und Centrale ein einheitlicher Knochen (Tritibiale, sog. Astragalus), dessen Hervorgehen aus einer Vereinigung der drei genannten Elemente sicher erscheint; ein Zustand, wie er schon für die ältesten Reptilien charakteristisch gewesen ist. Daneben erhält sich in Verbindung mit der Fibula das Fibulare, vereinigt sich aber schon recht fest mit dem Tritibiale, oder verwächst auch damit. Ein, selten zwei Centralia, wurden ontogenetisch noch bei Sphenodon, gewissen Cheloniern und Sauriern nachgewiesen. — Die Distalreihe enthält bei den Cheloniern im Anschluß an die Finger I bis IV vier Tarsalia, von welchen das größte, 4, gewöhnlich als eine Vereinigung von T. 4 + 5 gedeutet wird; nach der Ontogenie aber wohl richtiger nur das 4. ist, während sich das 5. Tarsale vielleicht mit dem Metatarsus V vereinigt hat. — Nur sehr alte Reptilien (gewisse Proganosauria) scheinen noch fünf Tarsalia und vereinzelt ein Centrale besessen zu haben.

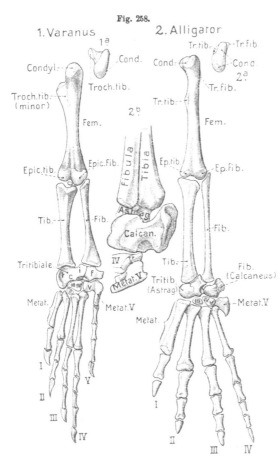

Fig. 258.

1. Varanus niloticus. Skelet der linken Hinterextremität von außen. *1a* Der Gelenkkopf des Femur in derselben Stellung wie *1* von oben in der Achsenrichtung des Femur gesehen. *2.* Alligator mississippiensis. Linke Hinterextremität von außen. *2a* Gelenkkopf des Femur wie *1a.* *2b* Tarsus von der Fibularseite gesehen.　　　C. H.

Die Vereinfachung, welche so schon im Tarsus der Schildkröten eingetreten ist, geht bei den *Rhynchocephalen* und *Sauriern* (Fig. 258[1]) noch weiter, wo das

Fibulare stets mit dem Tritibiale verwächst, die Proximalreihe also nur noch einen ansehnlichen Knochen enthält, der sich den Unterschenkelknochen relativ wenig beweglich anschließt. Die Tarsalreihe hat sich reduziert, indem sie bei den Rhynchocephalen noch aus drei, bei den Sauriern nur aus zwei kleinen knöchernen Elementen besteht, welche wohl am richtigsten als Ta. 3 und Ta. 4 gedeutet werden (bei den Rhynchocephalen dazu noch Ta. 2), während ein Rest des Ta. 5 wohl mit dem Metacarpus V vereinigt ist. Die auf Fig. 258[1] eingezeichnete Deutung ist weniger wahrscheinlich. Das noch stärker rückgebildete Tarsale 1, und bei den Sauriern auch 2 sind mit den betreffenden Metatarsalia vereinigt. — Eine bei vielen Sauriern und Sphenodon zwischen dem Metatarsale I und dem proximalen großen Tarsalknochen sich einschiebende Knorpelscheibe, der sog. *Meniscus*, konnte bis jetzt nicht sicher gedeutet werden.

Der innige Anschluß des proximalen Fußwurzelknochens an die Unterschenkelknochen einerseits, der der rudimentären Tarsalia an die Metatarsalia andrerseits, bewirkt bei den Sauriern, daß die Bewegung im Fußgelenk zwischen die beiden Reihen der Tarsusknochen verlegt ist, wie es in geringerem Grad schon bei den Cheloniern, ja sogar den Anuren angedeutet war. Dies Intertarsalgelenk vervollkommnet sich, wie wir sehen werden, in der Sauropsidenreihe noch weiter und führt schließlich bei den Vögeln zum Verschwinden des ganzen Tarsus.

In einer etwas anderen Richtung hat sich der Tarsus der *Krokodile* (Fig. 258[2]) entwickelt. Das Tritibiale (sog. Astragalus) ist erhalten und schließt sich als das ansehnlichste Element der Tibia innig an. Auch das Fibulare (Calcaneus) ist kräftig und bildet einen nach hinten gerichteten Fortsatz, zur Anheftung der Sehne des Hauptstreckmuskels des Fußes (Fig. 258[2b]).

Da sich das Fibulare, sowie die sehr reduzierten Tarsalia (gewöhnlich als 3 mit damit vereinigten knorpeligen Rudimenten von 1 und 2, und [4 + 5] aufgefaßt) an den Metatarsus anschließen, so fällt das Intertarsalgelenk der Krokodile zwischen das Tritibiale und die übrige Wurzel. Der fünfte Finger ist auf das Metatarsale V reduziert,

Unter den fossilen Reptilien· besitzen die *Dinosaurier* wegen ihrer wahrscheinlichen Beziehungen zu den Vögeln besonderes Interesse. Die Wurzel scheint der der Krokodile recht ähnlich gewesen zu sein, da in der Proximalreihe Tritibiale und Fibulare krokodilähnlich ausgebildet waren. Beide schließen sich innig an die Enden der Unterschenkelknochen an, ja bei gewissen (Stegosauria) verwächst das Tritibiale (Astragalus) mit der Tibia. Interessanterweise wird die Verbindung des Tritibiale mit der Tibia bei einzelnen Gattungen noch dadurch inniger, daß es einen vor dem distalen Tibiaende aufsteigenden Fortsatz bildet, der sich einer Vertiefung der Tibia einfügt; was sehr an die entsprechende Einrichtung der Vögel erinnert.

Die distale Reihe der Tarsalia blieb bei den Dinosauria häufig knorpelig; wo sich verknöcherte Elemente erhielten, sind sie klein und in geringer Zahl (zwei bis drei), ähnlich den Krokodilen; sie gehören wie bei diesen der ulnaren Region an. Wie die Vorderextremität, so wurde auch die hintere der Dinosaurier zum Teil digitigrad, womit häufig Verkümmerung der fünften, zuweilen auch der ersten Zehe verbunden war, von denen sich zum Teil noch die Metatarsalia erhielten. Die Metatarsalia II—IV waren dann relativ stark und lang, ja konnten selten (Ceratosaurus) miteinander verwachsen. Auch hierin, wie in der

Erscheinung, daß die Hinterextremität der Theropoda und Ornithopoda meist viel länger wird als die vordere, zeigt sich eine gewisse Annäherung an die Vögel.

Bei den Sauriern mit rudimentären Extremitäten läßt sich die vom Distalende beginnende Verkümmerung gut verfolgen, ähnlich wie an der Vorderextremität. Schließlich (z. B. Pseudopus) finden sich nur noch geringe Rudimente von Femur und Tibia, oder nur des Femur (einzelne Amphisbaenoiden), ja auch gar nichts mehr (Anguis und Verwandte). — Bei den Schlangen (Fig. 224 c, S. 359) erhalten sich zuweilen Reste der Hinterextremität; so besonders bei den Riesenschlangen Reste von Femur und Tibia; letztere ist bei diesen krallenartig und trägt äußerlich ein Nagelrudiment.

Die *Vögel* (Fig. 259) erweisen sich auch hinsichtlich ihrer Hinterextremität als ein einseitiger Zweig der Sauropsiden, in welchem die Eigentümlichkeiten des Fuß-

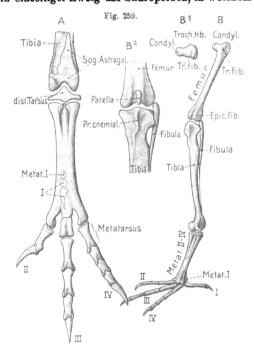

skelets bis zum Extrem gesteigert wurden. Die Hinterextremität, die das ausschließliche Organ für die Bewegung auf dem Boden und dem Wasser bildet, ist dementsprechend im allgemeinen ansehnlich entwickelt. In gewissen Gruppen (Lauf- und Stelzvögel) wird sie sogar sehr lang. — Das *Femur* (Fig. 259 B) bleibt jedoch stets relativ kurz, kürzer als der Unterschenkel, und liegt unter der Haut und Muskulatur versteckt, so daß die Extremität erst am Kniegelenk frei wird; was wegen der Aufrichtung des Vogelkörpers notwendig erscheint, da die freie Extremität so etwa unter den Schwerpunkt des Rumpfs verlegt ist (s. Fig. 115, S. 213). Bei den Schwimmvögeln wird sogar noch der Unterschenkel teilweis bis gänzlich in den Rumpf einbezogen, so daß wesentlich nur der Fuß als Ruder

Fig. 259.

Vögel. Skelet der linken Hinterextremität. A Apteryx. Distales Ende der Tibia und Fuß von vorn (Kopfseite) gesehen. Die 1. Zehe ist punktiert hinter dem Laufknochen angegeben. B Columba. Linke Hinterextremität von außen und etwas vorn. Die Patella ist weggenommen, damit das Kniegelenk besser sichtbar. B¹ Gelenkkopf des Femur von oben und axial. B² Kniegelenk von vorn.   P. He.

frei beweglich bleibt (am extremsten bei den Pinguinen). — Das *Femur* ist ganz nach vorn gerichtet und steigt schief abwärts, ähnlich dem der meisten Säuger, womit eine Veränderung seines Proximalendes verknüpft ist. Der Vergleich mit dem Gelenkende des Femur einer Schildkröte (Fig. 256 B) oder Eidechse (Fig. 258 B) ergibt, daß dies Ende bei den Vögeln eine Verdrehung (Torsion) erfahren haben muß, infolge deren seine ursprünglich dorsale und etwas nach vorn schauende Fläche bei den Vögeln nach innen (median) gewendet wurde; der Gelenkkopf

wurde hierdurch ebenfalls nach innen gerichtet und springt stark vor, so daß er
senkrecht zur inneren Femurfläche steht (ähnlich schon bei den Dinosauriern zum
Teil) Der Trochanter fibularis (major) schaut nun nach vorn, der wenig entwickelte
Troch. tibialis (minor) nach hinten.

Die *Tibia* hat sich so stark entwickelt, daß die *Fibula* ganz zurücktritt und
in ihrer Distalhälfte verkümmert. Die Proximalhälfte, namentlich ihr Gelenkteil,
bleibt erhalten, verwächst jedoch häufig fest mit der Tibia. Stets nimmt die Fibula
noch an der Bildung des Kniegelenks teil, indem sie sich dem Epicondylus fibularis
(externus) des Femur außen anfügt (Fig. 259 *B*, *B*[2]), der auch gewöhnlich eine Art
Gelenkleiste bildet, die zwischen Fibula und Tibia eingreift (ähnlich den Sauriern
und Dinosauriern). — Das Proximalende der Tibia erhebt sich auf der Streckseite
zu zwei sehr ansehnlichen Leisten (Cnemialfortsatz, *Pr. cnem.*), die Muskeln des
Fußes zum Ansatz dienen. Vor und zwischen den beiden Epicondyli des Femur
liegt die nur selten fehlende, meist recht ansehnliche *Patella* (Fig. 259 *B*[2]). — Das
Distalende der Tibia verwächst mit dem Proximalknochen der Fußwurzel fast stets
sehr frühzeitig, so daß dieser ihr Gelenkende bildet.

In der *Fußwurzel* treten embryonal zwei proximale Knorpelelemente auf, die
sich jedoch frühzeitig vereinigen. Es liegt nahe, in ihnen das Tritibiale und
Fibulare der Reptilien zu suchen, die ja bei den Sauriern gleichfalls verschmelzen
und sich der Tibia innig anschließen. Bei den Vögeln tritt, wie gesagt, fast stets
und frühzeitig völlige Verwachsung dieses Tritibiale-Fibulare (sog. Astragalus der
Vögel) mit der Tibia ein. Nur bei Apteryx (Fig. 259 *A*) erhält sich der Knochen bis
ins Alter gesondert, jedoch fest an die Tibia angeschlossen. Charakteristisch erscheint, daß dieser sog. Astragalus einen aufsteigenden Fortsatz längs der Vorderseite der Tibia entsendet, wie er schon gewissen Dinosauriern zukam.

In der Distalreihe des Tarsus tritt auch ontogenetisch meist nur ein einziges
Element auf (bei Pinguinen drei bis vier), welches sich über die Metatarsalia II—IV
ausbreitet und schließlich mit ihnen verwächst; länger gesondert bleibt es nur bei
Apteryx (Fig. 259). Es entspricht daher wohl den Tarsalia II—IV. Der Tarsus
der Vögel ist demnach als selbständige Bildung völlig geschwunden, indem er,
unter schärfster Ausprägung des Intertarsalgelenks, teils mit der Tibia, teils mit
dem Metatarsus verwuchs.

Da die V. Zehe bei allen bekannten Vögeln völlig geschwunden ist, so
fehlt auch das Metatarsale V. Die Metatarsalia II—IV sind fast stets ansehnlich
verlängert, zum Teil sehr stark, und verwachsen frühzeitig innig miteinander (am
deutlichsten gesondert und recht kurz bleiben sie bei den Pinguinen). Der so entstandene einheitliche *Laufknochen* endigt distal mit drei Condyli für die II.—IV. Zehe.
Hinten und etwas nach innen ist ihm bei den Vögeln mit erhaltener I. Zehe der kleine
Metatarsus I frei angefügt. Den meisten Ratiten und einzelnen Carinaten (z. B.
Otis) fehlt jedoch die I. Zehe im erwachsenen Zustand völlig, und beim afrikanischen
Strauß auch die II., so daß nur die III. und IV. verbleiben. Die I. Zehe ist ge-
wöhnlich nach hinten gerichtet und berührt den Boden häufig nicht mehr, indem
sie mehr oder weniger verkümmert. Bei den sog. Klammer- und Ruderfüßen

dagegen schaut sie nach vorn; bei den Wendefüßen kann die II. Zehe nach hinten gewendet werden, welche Stellung sie bei den Kletterfüßen dauernd angenommen hat. — Der Vogelfuß ist, wie schon aus dem Bemerkten hervorgeht, digitigrad; am wenigsten bei den Pinguinen mit ihrem stark verkürzten Metatarsus.

Die Phalangenzahl der Sauropsiden mit unverkümmerten Zehen beträgt in der Regel 2, 3, 4, 5, 4. Abweichend verhalten sich die Chelonier, die gewöhnlich 2, 3, 3, 3 (4), 3 Phalangen haben. Entsprechend verhielten sich wohl die fossilen Theromorpha, was wegen ihrer Beziehung zu den Säugern von Interesse. Bei den Landschildkröten sind sämtliche Zehen auf 2, 2, 2, 2, 1 verkürzt.

Mammalia. Die Hinterextremität der Säuger zeigt gegenüber den Amphibien u Reptilien die schon früher erwähnte Stellungsänderung durch scharfe Richtung des Kniegelenks nach vorn (s. Fig. 112, S. 211), wie wir es schon bei den Vögeln fanden. Genauere Betrachtung ergibt jedoch, daß diese Stellung der Extremität bei den Säugern selbständig erlangt wurde. Das *Femur* primitiver Säuger (Monotremen, Fig. 260, und einige andere) schließt sich nämlich recht innig an das ursprünglicher Reptilien (speziell Chelonier, sowie der fossilen Theromorpha) an. Der Oberschenkel ist noch weniger stark nach vorn gewendet und sein Condylus (Caput femoris) fast ebenso schief nach oben und etwas nach innen gerichtet, wie bei den Cheloniern (vgl. Fig. 256). Beiderseits des Condylus springen die Trochanter fibularis (major) und tibialis (minor), die selbständig verknöchern, vor, ähnlich wie bei Schildkröten. — Mit der schärferen Vorwärtsrichtung des Femur der neogenen Säuger wendet sich seine ehemalige Dorsalfläche nach vorn, so daß nun der Trochanter fibularis nach außen, der Tr. tibialis medianwärts schaut. Der Condylus richtet sich mehr nach innen und steigt weniger schief auf, bis er schließlich, besonders bei den Primaten, fast senkrecht zur Längsachse des Femur steht. Im Gegensatz zu den Vögeln erfährt daher das proximale Femurende keine Torsion, vielmehr wendet sich nur der Condylus nach der Medianfläche des Tierkörpers. — Die Trochanteren sind gewöhnlich sehr gut entwickelt, doch tritt der Tr. tibialis zuweilen stark zurück. Der kräftigere äußere Trochanter (Tr. major)

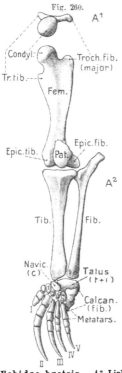

Fig. 260.

Echidna hystrix. A^2 Linke Hinterextremität von außen und etwas von vorn. A^1 Gelenkkopf des Femur von oben und axial in der Stellung wie Fig. A^2.
P. He.

bildet häufig eine am Femur weit herabziehende Leiste (Crista glutaei), deren Distalende sich bei vielen Säugern als ein Trochanter tertius mehr oder weniger erhebt (besonders bei Perissodactylia Fig. 263 [1], und einzelnen Formen der Edentata, Insectivora, Rodentia usw.). — Die Epicondylen des distalen Femurendes sind ziemlich gleich groß.

Ven den beiden, ursprünglich freien, aber auch dann nur wenig gegeneinander beweglichen Unterschenkelknochen ist die *Tibia* stets viel stärker. Schon bei den Monotremen (Fig. 260) verbreitert sich ihr Proximalende so beträchtlich, daß es die *Fibula* fast völlig von der Gelenkung mit dem Condylus fibularis des Femur verdrängt. Bei den neogenen Säugern ist dies meist völlig eingetreten, so daß sich das Proximalende der Fibula an einen äußeren Vorsprung der Tibia anlegt, am Kniegelenk sich jedoch nicht mehr beteiligt. — Die Vorderfläche der proximalen Tibiaregion kann eine starke Crista bilden. — Interessant erscheint die nur den Monotremen eigentümliche ansehnliche Verlängerung des proximalen Fibulaendes zu einem, auch funktionell dem Olecranon der Ulna entsprechenden Fortsatz, der auch bei gewissen anomodonten Reptilien vorkommt (Peronecranon, Fig. 260).

Nicht wenige Marsupialia und Edentata besitzen an Stelle dieses Fortsatzes ein selbständiges accessorisches Knöchelchen (Fabella, Parafibulare). Ein ähnliches Knöchelchen oder Knorpelchen soll sich nach neueren Erfahrungen auch bei vielen Reptilien finden, das jenem Peronecranon auch wohl entspricht.

Selbst bei denjenigen Säugern, deren Fibula keine Verkümmerung zeigt, ist sie doch nicht selten der Tibia fest angelagert, ja sogar mehr oder weniger mit ihr verwachsen (besonders häufig bei Edentaten, Nagern und Insectivoren). Wenn die Ulna der Vorderextremität rudimentär wird, verkümmert auch die Fibula; vor allem bei den Huftieren. So ist sie bei Tapir und Rhinozeros unter den Perissodactylen (Fig. 263 [1—2]) noch gut, aber zart vorhanden, bei den Pferden (Fig. 263 [3]) dagegen bis auf das proximale, jedoch freie Ende verkümmert. Die Fibula der Ruminantia (Fig. 264 [2—3]) ist fast völlig rückgebildet bis auf ihr Distalende, das der Tibia außen fest angefügt bis verwachsen ist (Os malleolare). Zuweilen persistiert auch noch ein kleines Stück ihres Proximalendes als ein mit der Tibia verwachsener Fortsatz. — Stark reduziert erscheint ferner die Fibula der meisten Chiropteren, wo sich nur der distale Teil mehr oder weniger verkümmert erhält, der übrige jedoch gewöhnlich noch durch ein Ligament repräsentiert wird.

Eine *Patella* kommt den Säugern als ansehnliche Verknöcherung (selten nur knorpelig) fast ausnahmslos zu. Auch an der Hinterseite des Kniegelenks treten zuweilen 1—2 kleine Accessoria (sog. Fabellae) in den Ursprungssehnen des Musculus gastrocnemius auf.

Der *Tarsus* erhält sich relativ ursprünglich, zeigt jedoch eine eigenartige Ausbildung in ganz anderer Richtung als bei den Sauropsiden, indem sich kein Intertarsalgelenk entwickelt und ein Centrale stets erhalten bleibt. Die Proximalreihe (s. Fig. 261) wird von zwei ansehnlichen Knochen gebildet, dem tibialen sog. *Talus* (Astragalus, Sprungbein) und dem fibularen *Calcaneus* (Fersenbein). Die Distalreihe enthält stets nur vier Elemente, indem die Metatarsalia IV und V an einem Tarsâle gelenken. Dies sog. *Cuboid* wird daher als die Tarsalia 4 + 5 umfassend angesehen, um so mehr, als diese beiden bei gewissen Marsupialiern noch ontogenetisch gesondert auftreten. Zwischen die beiden Reihen schiebt sich am tibialen Wurzelrand stets ein weiterer Knochen ein, das *Naviculare*, welches allgemein als ein Centrale gedeutet wird. Hiernach ergibt sich der primitive Säugertarsus nebst der

Deutung (GEGENBAUR) und der Bezeichnung seiner Elemente, die sie beim Menschen erhielten, folgendermaßen:

Tibiale + Intermedium   Fibulare
(Talus oder Astragalus)   (Calcaneus)
Centrale
(Naviculare)

Tarsale 1	Tars. 2	Tars. 3	Tars. 4 + Tars. 5
(Cuneiforme I od. Entocuneif.)	(Cuneif. II od. Mesocuneif.)	(Cuneif. III od. Ectocuneif.)	(Cuboid)

Die vergleichende Anatomie scheint die Deutung des Talus als Tibiale + Intermedium zu unterstützen, obgleich hierfür wohl die leider noch unsichere Auffassung des sog. Astragalus der Anuren wichtig wäre. — Eine andere Ansicht will aber im Talus nur das Intermedium, oder das Intermedium + dem proximalen der ursprünglich mehrfachen Centralia erkennen, und sucht das Tibiale in einem bei nicht wenigen Säugern (nicht selten bei Marsupialia, Edentata, Rodentia und einigen anderen) am tibialen Wurzelrand vorkommenden Knöchelchen (Tibiale tarsi, Fig. 262 access. [1]), das gewöhnlich als Accessorium gedeutet wird, und dem sich zuweilen noch ein folgendes Knöchelchen anschließt, das dann als 6. Zehe (Prähallux) aufgefaßt wurde. — Die Verhältnisse bei den Cheloniern, welche in manchen Punkten säugerähnlich sind, machen die erstere Auffassung wahrscheinlicher. Gewisse Theriodontia(Theromorpha) unter den fossilen Reptilien sollen außer Astragalus und Calcaneus ein Naviculare besessen haben und kämen daher auch im Bau ihres Tarsus den Säugern nahe.

Der ansehnliche *Talus* articuliert mit dem Distalende der Tibia, das zuweilen von seinem Medialrand einen Fortsatz distalwärts sendet, der zur Führung des Talus dient (Fig. 261).

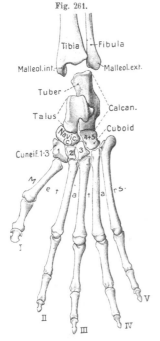

Fig. 261.

Inuus ecaudatus (altweltlicher Affe). Skelet des linken Fußes von der Vorder- oder Dorsalseite. Hier, wie auf den Figuren 264 und 265 wurde der Tarsus vom Unterschenkel abgerückt gezeichnet, um Talus und Calcaneus besser hervortreten zu lassen.   P. He.

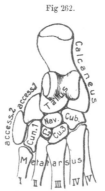

Fig 262.

Castor fiber (Biber). Fußwurzel von vorn. (Aus LECHE-BRONN nach ALBRECHT.)   v. Bu.

Das Fußgelenk liegt also auf der Grenze zwischen Tibia und Tarsus. Die Fibula beteiligt sich bei den paläogenen Säugern (Monotremen Fig. 260, manchen Marsupialiern und Placentaliern) noch an der Bildung des Fußgelenks, indem sie mit dem Calcaneus articuliert. Bei den neogenen Säugern wird sie durch einen Fortsatz des Talus, sowie durch Verkürzung mehr aus dem Fußgelenk herausgedrängt (Fig. 261).

Durch diese Verbreiterung des Talus kann die Fibula auch zur Articulation mit diesem gelangen, wie es namentlich bei den Edentaten geschieht. Besonders bei den Faultieren bildet sie einen Fortsatz, der mit der ihr zugewendeten Seitenfläche des Talus gelenkt; um diesen Fortsatz kann der mit der Tibia wenig articulierende Talus rotieren, so daß die Ventralfläche des Fußes nach innen gerichtet zu werden vermag, was beim Klettern vorteilhaft ist.

Der *Calcaneus* bildet auf seiner Hinterseite einen vorspringenden Fersenhöcker (Tuber) zur Befestigung der sog. Achillessehne, der, je nach der Funktion der Extremität, schwächer oder stärker ist.

Eine besondere Eigentümlichkeit gewisser Halbaffen ist die Verlängerung von Talus und Naviculare, die bei der Gattung *Tarsius* ganz extrem erscheint, so daß beide Knochen lang cylindrisch werden.

Die bei vielen Säugern erhaltenen ursprünglichen fünf *Zehen* zeigen dieselben Phalangenzahlen wie die Finger, also fast stets 2, 3, 3, 3, 3. — Obgleich der Fuß im allgemeinen einförmigere Bewegungen ausführt als die Hand, und daher auch weniger mannigfaltig wird, so kann doch bei kletternden Formen eine ähnliche Opponierbarkeit der großen Zehe (Hallux) auftreten, wie sie vom Daumen beschrieben wurde (unter den Marsupialiern die Didelphiden und Phalangista, einzelne Nager und namentlich die Primaten).

Am Fuß des Menschen tritt, infolge des aufrechten Gangs, die Opponierbarkeit der I. Zehe, welche ontogenetisch noch durch ihre ursprünglich mehr mediale Richtung angedeutet ist, zurück. Sie wird gleichzeitig die größte Zehe, während sie bei den Affen fast immer kleiner bleibt, ja sogar zuweilen (z. B. Orang) stark reduziert ist. Die Fußwurzel des Menschen wird relativ sehr groß und kräftig, länger wie der Mittelfuß, während sie bei den Affen hinter diesem zurückbleibt. Auch

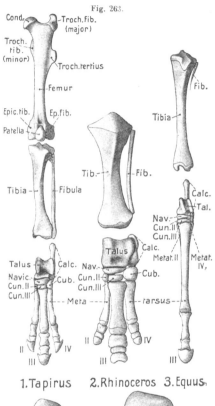

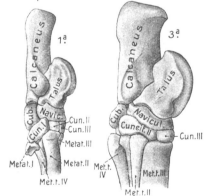

1. Tapirus 2. Rhinoceros 3. Equus

Skelet der linken Hinterextremität von perissodactylen Ungulaten. *1.* Tapirus. Extremität von vorn. *1a* Tarsus von der Innenseite (Medianseite). *2.* Rhinoceros (jung). Unterschenkel und Fuß von vorn. *3.* Equus. Unterschenkel und Fuß von vorn. *3a* Tarsus von der Innenseite.   v. Bu.

dies muß als Folge der veränderten Funktion beurteilt werden, da der menschliche Fuß hauptsächlich auf der Wurzel und den Distalenden der Metatarsalia ruht. Der zum Klettern eingerichtete Fuß der Affen, insbesondere der Anthropoiden, wird beim Gehen auf dem Boden mehr oder weniger mit dem fibularen Rand aufgesetzt, da seine Sohlenfläche in verschiedenem Grad medianwärts gerichtet ist. Dies wird auch durch eine Modifikation im Bau der Wurzel begünstigt, welche eine freiere Bewegung des Talus auf dem Calcaneus und damit auch des Naviculare und Cuboid gestattet.

Rückbildung von Zehen findet sich recht häufig und erfolgt in der Reihe der Huftiere ganz ebenso, wie es für die Vorderextremität dargelegt wurde, weshalb eine Wiederholung unnötig scheint. — Hervorgehoben sei nur, daß dabei im allgemeinen der Fuß in der Reduktion vorangeht. Auch die allgemeinen Verhältnisse der Plantigradie, Digitigradie und Unguligradie sind für den Fuß dieselben wie für die Vorderextremität. I. und V. Zehe werden auch bei den Edentata, Marsupialia, Insectivora, Rodentia, Carnivora häufig rudimentär. Bei den Känguruhs (Poëphaga) und Beuteldachsen (Peramelidae) ist die 4. Zehe sehr groß, alle übrigen sind meist stark rückgebildet. — Die Verlängerung des Metatarsus III bei den Pferden (Fig. 263[3]), sowie die Bildung eines Laufknochens durch Verwachsung der Metatarsalia III und IV bei den Ruminantien (Fig. 264[2,3]) vollzieht sich wie an der Vorderextremität. Ähnliches kann jedoch auch bei einzelnen Nagern mit verlängerter, zum Springen dienender Hinterextremität eintreten (Dipus, Alactaga), wo sich durch Verwachsung der Metatarsalia II—IV ein Laufknochen entwickelt, ähnlich wie bei Vögeln; wogegen sich bei den mit analog funktionierenden Hinterextremitäten versehenen Insectivoren (Macrosceliden) die Metatarsalia sehr verlängern.

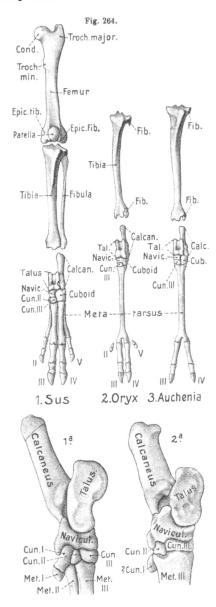

Fig. 264.

1. Sus   2. Oryx   3. Auchenia

Skelet d. linken Hinterextremität von artiodactylen Ungulaten. *1*. Sus scropha dom. Extremität von vorn. *1a* Tarsus von der Innenseite (Fedianseite). *2*. Oryx (Antilope). Unterschenkel und Fuß von vorn. *2a* Tarsus von der Innenseite. *3*. Auchenia (Lama). Unterschenkel und Fuß von vorn.   v. Bu.

Wie der Carpus, zeigt auch der *Tarsus der Huftiere*, trotz der weitgehenden Zehenreduktion, relativ geringe Veränderung. Bei den Perissodactylia (Fig. 263) sind fast stets sämtliche Elemente vorhanden. Die Ruminantia (Fig. 264[2,3]) hingegen zeigen häufig Vereinfachung durch Verwachsungen in der Reihe der Tarsalia; so sind zuweilen Ta. 2 + 3 (Cervus, Bos) vereinigt, selten damit auch noch das Cuboid (Tragulus u. a.). Cuboid und Naviculare sind meist verschmolzen (Ausnahme Kamelartige).

Eine Besonderheit des Fußes gewisser Faultiere (Bradypus) bildet die weitgehende Verwachsung der Elemente, welche sich auf Naviculare, sämtliche Cuneiformia und Cuboid, die Metatarsalia sowie die ersten Phalangen der erhaltenen Finger II—IV erstrecken kann.

Von der äußerlich völlig verschwundenen Hinterextremität der Cetacea bleiben bei gewissen Bartenwalen noch Reste des Femur und zuweilen auch der Tibia erhalten (s. Fig. 234, S. 368). Den rezenten Zahnwalen und den Sirenen soll dagegen jede Spur freier Extremitätenknochen fehlen; dagegen besaß die fossile Sirene Halitherium noch ein verkümmertes Femur, was jedoch auch für einzelne Manatusformen gelegentlich angegeben wird.

2. Kapitel: Allgemeine Körper- und Bewegungsmuskulatur.

Unter allen Organsystemen zeigt die Körpermuskulatur eine besondere Anpassungsfähigkeit an die Bewegungsbedürfnisse der einzelnen Formen und daher auch eine große Wandlungsfähigkeit, sowie Spezialisierung zu besonderen Leistungen. Es ist natürlich hier nicht möglich, diese Anpassungserscheinungen ins Einzelne zu verfolgen, vielmehr kann es nur unsere Aufgabe sein, die Grundzüge zu verfolgen, welche den Bau in den Hauptgruppen beherrschen. — In diesem Kapitel wird nur die allgemeine, zur Körperbewegung dienende Muskulatur betrachtet werden, während die Muskeln der besonderen Organsysteme (Darm, Geschlechtsapparat usw.) bei diesen zu erörtern sind.

In gewissen Protozoenzellen sahen wir contractile Fäden auftreten (*Myoneme*, vgl. S. 75), welche in bis jetzt noch nicht hinreichend ermittelter Weise vom Plasma hervorgebracht, nach verbreiteter Meinung abgeschieden werden. Dasselbe tritt in gewissen Zellen der Metazoen auf und verleiht ihnen Contractionsvermögen, d. h. die Eigenschaft, sich in der Richtung der contractilen Fäden (hier gewöhnlich Fibrillen oder contractile Elemente genannt) zu verkürzen, unter entsprechender Verdickung in der Quere. Auf diese Weise werden solche Zellen zu Muskelzellen. Es ist leicht begreiflich, daß sie fast stets zu langen Fasern auswachsen, was ihre Verkürzungsfähigkeit relativ erhöht.

A. Wirbellose Tiere.

1. Schon den *Spongien* kommen solch contractile Faserzellen (Myocyten) zu, obgleich sie den Kalk- und Glasschwämmen zu fehlen scheinen. Es sind faserartige, langgestreckte Zellen der äußeren Körperlage (Epiblast, Sceletoblast), ohne deutliche fibrilläre Elemente. Sie finden sich häufig in ringförmiger Anordnung

(Sphincter) um die Oscula, wozu sich zuweilen auch strahlenförmige Züge gesellen; ferner längs der oberflächlichen Kanäle, an denen sie stellenweise gleichfalls sphincterartig angeordnet sein können.

2. Die *Coelenteraten* zeigen recht ursprüngliche Verhältnisse, indem sich sowohl ihre Ecto- als Entodermzellen zu contractilen Zellen entwickeln können. Hieraus folgt, daß die beiden Gewebsschichten (Keimblätter) der hypothetischen Gastraea-Urformen der Eumetazoen diese Befähigung besaßen. Gleichzeitig erweisen sich die Verhältnisse in vielen Fällen noch deshalb recht ursprünglich, weil eine größere oder geringere Zahl der Ecto- und Entodermzellen zu Muskelzellen werden, ohne dabei aus den betreffenden Epithellagen auszutreten. So finden wir denn bei Hydroiden (sowohl im Polypen- als Medusenzustand), aber auch noch bei den Acalephen und Anthozoen, häufig Ecto- und Entodermzellen, die an ihrem Basalende, welches der sog. Stützlamelle, oder dem gallertigen Mesenchym (Mesogloea) aufsitzt, in einen (gelegentlich auch mehrere) auf der Oberfläche des Mesenchyms hinziehende contractile Fortsätze ausgewachsen sind, während der übrige Zellkörper, samt dem Kern, zwischen den gewöhnlichen Ecto- oder Entodermzellen eingeschaltet blieb und die freie Oberfläche des Epithels häufig noch erreicht (Fig. 265). Man bezeichnet solche Zellen als *Epithelmuskelzellen* (frü-

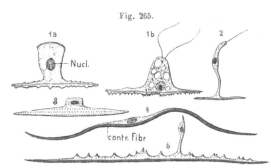

Fig. 265.

Verschiedene Epithelmuskelzellen von Cölenteraten. Muskelfibrillen rot. *1* Von Hydra. *1a* aus Ectoderm, *1b* aus Entoderm (n. C. Schneider 1890). *2* Sagartia (Actinie) aus Entoderm. *3*. Lizzia (Hydromeduse) aus Tentakelectoderm, quergestreift. *4* Anthea (Actinie) aus Ectoderm der Mundscheibe. *5* Edwardsia (Actinie) aus Tentakelectoderm (2—5 nach O. und R. Hertwig 1878 u. 79). v. Bu.

her auch Neuromuskelzellen). Im Plasma ihres Muskelfortsatzes können sich eine oder mehrere contractile Fibrillen entwickeln, die bei den Hydromedusen, Siphonophoren und Acalephen nicht selten quergestreift sind. — Bei manchen Formen verkürzt sich jedoch der zwischen den gewöhnlichen Epithelzellen liegende, nicht contractile Teil der Zelle, so daß er der muskulösen Faser schließlich nur noch als schwacher Anhang oder Verdickung anhängt, ja auch ganz eingezogen wird. Auf diese Weise entsteht eine Lage besonderer, faserartiger Muskelzellen unter dem Ecto- oder Entoderm, deren Herkunft von diesen Epithellagen leicht erkennbar ist. Bei Ausbildung eines dickeren Mesenchyms können sich die frei gewordenen Muskelzellen auch in dieses einsenken, was namentlich bei den Anthozoen auftritt.

An den Tentakeln und dem Körper der *Hydropolypen* (dagegen nicht an den Stielen der Kolonien) entwickelt sich so ein ectodermales System von Längsmuskelfasern (meist Epithelmuskelzellen), die zur Verkürzung des Körpers dienen. Auf der Innenseite der Stützlamelle bilden die Entodermzellen quer ringförmig verlaufende Muskelfortsätze, welche demnach, als Antagonisten (Gegenwirker) der Längsfasern, den Körper zu strecken vermögen. — Der häufig sehr lange Stamm der *Siphonophoren*-Kolonien ist recht contractil und besitzt eine starke Längsmuskulatur, deren Komplikation weiter unten erwähnt wird.

Die Muskulatur der frei beweglichen *Hydromedusen* und der in vieler Hinsicht ähnlichen *Acalephen* ist komplizierter (s. Fig. 266). Die aborale Oberfläche des glocken- bis schirmförmigen Körpers (Exumbrella) besitzt überhaupt keine muskulösen Elemente; diese konzentrieren sich auf die orale Schirmfläche, die sog. Subumbrella. Ferner entwickelt fast ausschließlich das Ectoderm Muskelfasern. Bei beiden Abteilungen tritt vor allem ein am Schirmrand, unter dem Subumbrellarepithel verlaufendes Ringband quergestreifter Fasern, der sog. *Kranzmuskel* hervor, der bei seiner Contraction die Schirmhöhle verengert und durch das ausgestoßene Wasser die Meduse vorwärts bewegt. Der Kranzmuskel der primitiveren Acalephen ist ein zusammenhängendes Band, wie der der Hydromedusen. Bei den höheren erscheint er meist entsprechend dem Strahlenbau in 4–32 und mehr Partien zerlegt. — Bei den Hydromedusen ist auch der Saum des Schirmrands (Velum, s. Fig. 314, S. 466) häufig mit Ringmuskulatur versehen. Außerdem finden sich an der Subumbrella radial und interradial radiäre Züge glatter Fasern in verschiedenartiger Ausbildung, die sich zuweilen auf das Manubrium fortsetzen. — Die Randlappen der Acalephen sind ebenfalls mit radiären Faserzügen ausgestattet. Auch die Tentakeln des Schirmrands, sowie die Mundarme der Acalephen und ihre etwaigen Anhänge sind meist muskulös. — Wenn es vorteilhaft erscheint, daß solche Muskelzüge besonders kräftig werden, wird dies dadurch erreicht, daß sich die

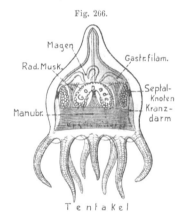

Fig. 266.

Tessera princeps (Acalephe). Zur Demonstration der Muskulatur. Ansicht auf einen Interradius. Muskeln rot (n. HAECKEL 1879). v. Bu.

Stützlamelle, oder die Oberfläche der Gallerte, in Falten erhebt, an welche sich die Muskelfasern anheften, und so in mehrfacher Schicht übereinander liegen (vgl. Fig. 268, 3), was auch für die starke ectodermale Längsmuskulatur des Siphonophorenstamms gilt.

Die Muskulatur der *Korallenpolypen* (*Anthozoen*) differenziert sich reicher als die der Hydropolypen, in Zusammenhang mit der komplizierteren Gastralhöhle. Schon bei den Jugendformen der Acalephen (Scyphopolypen) tritt in jedem der vier interradialen Gastralsepten (Taeniolen) ein Längsmuskel auf, der aus dem sich einsenkenden Ectodermepithel der Mundscheibe hervorgeht. — Bei den entwickelten Acalephen schwindet er wieder; nur bei den festsitzenden Lucernariden (Calycozoen) blieb er erhalten. — Ähnliche septale *Längsmuskeln* sind an den größeren Gastralsepten der Korallenpolypen fast stets ausgebildet und bewirken vor allem die Einziehung der Mundscheibe samt ihrer Tentakel (s. Fig. 267).

26*

Diese Muskeln der Anthozoen sind jedoch entodermaler Herkunft. Überhaupt ist die entodermale Muskulatur der Korallenpolypen reicher entfaltet als die ecto-

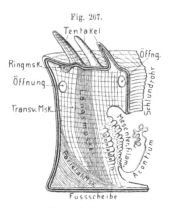

Fig. 267.

Actinie. Schematische Darstellung eines Gastralseptums mit dem angrenzenden Teil der Mundscheibe und der Wand des Schlundrohrs. Muskulatur rot. Der Längs- muskel liegt auf der anderen Seite des Septums als der Transversal- und Parie- tobasilarmuskel (Parietalmuskel) und ist daher durchscheinend gezeichnet. (Mit Benutzung von Hertwig 1879). v. Bu.

dermale und bildet, wie bei den Hydropolypen, unter dem Entoderm eine allgemein verbreitete Ringmuskellage, welche an den Tentakeln, der Mund- und Fußscheibe, dem Mauerblatt und Schlundrohr gut entwickelt ist. Bei den Actinien (Seerosen), sowie manchen Madreporarien, ver- dickt sie sich am Rand der Mundscheibe, außer- halb des Tentakelkranzes, zuweilen sogar zu einem starken Sphincter (Fig. 267). Auf die Gastralsepten breitet sie sich in Form radiär- ziehender, sog. *Transversalmuskeln* aus, die je- doch nur auf der einen Fläche der Septen schwach entwickelt sind, während die andere eine Längs- muskellage besitzt, die sich zu den starken Längs- muskelzügen verdickt, welche schon oben er- wähnt wurden. Diese Längsmuskeln sind jedoch bei den Cerianthiden, welche auf beiden Septen- flächen Transversalmuskeln besitzen, sehr rück- gebildet. — Bei den Octokorallen und Hexactinarien erheben sich diese Längsmuskeln stark über die Septalflächen, weshalb die Querschnitte größerer Septen fahnen-

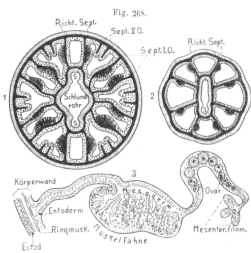

Fig. 268.

Schematische Querschnitte durch eine Hexakoralle (*1*, Actinie) und eine Octokoralle (*2*); beide in der Höhe des Schlundrohrs. *3* Schematischer Querschnitt durch ein größeres Septum einer Actinie. Mesenchym weiß. Muskulator rot (n. Hertwig 1879). v. Bu.

artig erscheinen; daher auch der Name Muskelfahnen für die Querschnitte der Längs- muskeln. Ihre charakteristi- sche Anordnung an den Septen, wie sie Fig. 268, 2 u. 1 für die Octokorallen und typischen Hexakorallen (Hexactinaria) zeigt, bewirkt namentlich den sekundär bilateralen Bau der ersteren und den sekundär zweistrahligen der letzteren, wie aus der Figur hervorgeht. Die größeren Gastralsepten der Actinien mit gut entwickelter Fußscheibe besitzen auf der mit Transversalmuskeln ver- sehenen Fläche noch einen sog. *Parietobasilarmuskel*, der

häufig von den Transversalmuskeln abgeleitet wird, was eher unwahrscheinlich ist. Diese Muskeln können zuweilen bis zur Mundscheibe emporsteigen und scheinen

bei einzelnen Formen auch auf der anderen Fläche des Septums vertreten zu sein
(s. Fig. 267, Pariet. Msk.). — Zu ihnen gesellen sich meist noch sog. *Basilar-*
muskeln auf beiden Seiten des Septums längs dessen Anheftung an die Fußscheibe.

Die ectodermale Längsmuskulatur der Anthozoen ist fast stets schwächer entwickelt, und beschränkt sich gewöhnlich auf die Tentakeln und die Mundscheibe,
auf der sie radiär zieht. Die Cerianthiden, sowie die ganze Unterabteilung der
Protantheae (Carlgren) dagegen besitzen ausnahmsweise noch eine recht starke
Längsmuskelschicht der seitlichen Körperwand (Mauerblatt), die bei den übrigen
rückgebildet wurde, in dem Maße als sich die septalen Längsmuskeln entwickelten. Die Muskulatur der skeletbildenden *Madreporarien* bleibt im allgemeinen
schwächer. — Wo die Muskelschichten dicker werden, so an dem erwähnten Sphincter
der Mundscheibe, den Muskelfahnen und auch zuweilen anderwärts, geschieht dies
stets auf die schon oben erwähnte Art, indem sich das Mesenchym faltet, wobei
sich die Falten auch häufig verzweigen, und die Muskelfasern, den Falten anliegend, übereinander geschichtet erscheinen (Fig. 268, 3). — Während die entodermale Muskulatur der Anthozoa fast stets aus typischen Epithelmuskelzellen besteht (ausgenommen zuweilen im Sphincter), sondert sich die ectodermale manchmal
vom Epithel ab und kann sogar stellenweise ins Mesenchym verlagert werden.

Im Stamm (Coenosark) der Anthozoenkolonien findet sich gewöhnlich keine besondere
Muskulatur. Nur in dem der Seefedern (Pennatularia) wurde z. T. kräftige Längs- und Ringmuskulatur beobachtet, deren Funktion mit der Aufnahme und Abgabe von Wasser in das
gastrale Kanalsystem des Stamms zusammenhängt.

Die Verlagerung der Muskeln in das Mesenchym ist bei den in vieler Hinsicht von den übrigen Coelenteraten abweichenden *Ctenophoren* vorherrschend,
einer Gruppe, die sich jedoch in der Onto-
genese ihrer Muskulatur von den typischen
Coelenteraten wesentlich unterscheidet und
den Bilaterien nähert. Charakteristisch ist,
daß bei ihnen typische Epithelmuskelzellen
fehlen, obgleich bei nicht wenigen unter
dem Ectoderm der Oberfläche und des sog.
Schlundrohrs (Magen) eine bis zwei Schichten
von Muskelzellen vorkommen, die bald mehr
ringförmig, bald mehr longitudinal ziehen,
sich zuweilen auch recht unregelmäßig kreuzen; ihr inniger Anschluß an die Epidermis
befürwortet ihre ectodermale Abstammung.

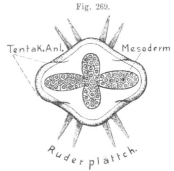

Fig. 269.

Entwicklungsstadium von Callianira bia-
lata (Ctenophore) von der Apicalseite, zur Demonstration des sog. Mesoderms (n. MECZNIKOFF
1885, etwas schematiert). E. W.

Die größte Menge der Muskelzellen ist aber gewöhnlich der Mesenchymgallerte eingelagert und verläuft bald mehr längs, in der Richtung der Hauptachse, bald zirkulär,
namentlich aber radiär, indem sie von der Epidermis der Körperoberfläche durch die
Gallerte zum Schlundrohr, bzw. dem Centralteil der Gastralhöhle (sog. Trichter) zieht.

Die Ontogenese macht es recht wahrscheinlich, daß sowohl die Hauptmenge der Mesenchymzellen, als auch die im Mesenchym befindlichen Muskelzellen von einem Paar be-

sondrer mesodermaler Anlagen ausgehen, die entodermalen Ursprungs sind (s. Fig. 269);
während aus einem zweiten Paar, senkrecht hierzu gestellter ähnlicher Anlagen die sehr
starke Muskulatur und das Stützgewebe der beiden Tentakel hervorgeht. Demgemäß sind
auch die Muskelzellen der Ctenophoren gewöhnlich recht verschieden von denen der übrigen
Coelenteraten, vielkernig und häufig mit reich verästelten Enden; die der Gallerte in der
Regel mit innerem Sarcoplasma und äußerer contractiler fibrillärer Rinde, wie es bei den
Muskelzellen der Bilaterien häufig vorkommt. Nur an den Tentakeln finden sich gelegentlich
quergestreifte Muskelfasern.

3. *Wirbellose Bilateria.* Wie schon in der allgemeinen Einleitung ge-
schildert wurde, geht die Körpermuskulatur dieser Formen, wenigstens in ihrer
Hauptmasse, aus einem besonderen, zwischen Ento- und Ectoderm auftretenden
Mesoderm hervor. Wenn die Rückführung dieses Mesoderms auf ursprüngliche
Ausstülpungen des Urdarms zutrifft, wie wir es für wahrscheinlich erachten, so
folgt hieraus, daß die Muskulatur der Bilaterien wesentlich entodermaler Herkunft
ist, und etwa vergleichbar der entodermalen Muskulatur der Gastraltaschen der
Anthozoen. In der Hauptsache ist es jedoch nur die äußere, dem Entoderm sich
anlegende Wand einer solch hohlen Mesodermanlage, aus welcher die Muskulatur
der Körperwand hervorgeht, während die innere Wand, welche sich mit dem Entoderm des Darms vereinigt, die Darmmuskulatur erzeugt. Für die große Mehrzahl
der Bilaterien, wenn nicht für alle, ist diese Bildung einer zusammenhängenden
Muskulatur der Körperwand (Hautmuskelschlauch) wohl das ursprüngliche.

Vermes. Bei den Würmern hat sich dieser Zustand allgemein erhalten. Abgesehen von solchen Formen, welche besondere Bewegungsorgane erlangten, beschränkt sich daher die von der Muskulatur hervorgerufene Körperlokomotion auf
Biegungen, Schlängelungen oder wellenförmige Kriechbewegungen der Bauchseite.

Im allgemeinen ist dieser *Hautmuskelschlauch*, welcher die Epidermis meist
direkt unterlagert, von recht einförmiger Bildung; er besteht in der Regel zum
mindesten aus zwei, sich antagonistisch entgegenwirkenden Schichten, einer Ring-
faserschicht, welche gewöhnlich die äußere ist, und einer Längsfaserschicht. Dieser
einfache Bau kann sich in zweierlei Form darstellen. Bei den Würmern, welche
eine Leibeshöhle besitzen (gleichgültig ob dies eine primäre oder sekundäre ist),
umschließt der Hautmuskelschlauch diese Höhle (Nemathelminthen, Chaetopoden,
Gephyreen). Bei denjenigen hingegen, welche eine mesenchymatöse Erfüllung
zwischen Körperwand und Darm zeigen (Plathelminthen, Hirudineen), umschließt
er dies Mesenchym oder Parenchym. Im letzteren Falle treten außer dem eigentlichen Hautmuskelschlauch stets auch im Parenchym Muskelfasern auf, unter
welchen namentlich die vom Rücken zum Bauch herabsteigenden sog. *Dorso-
ventralfasern* eine wichtige Rolle spielen, indem sie mit der Abplattung des Körpers
in Beziehung stehen.

Der einfache Hautmuskelschlauch kann sich einerseits durch Vermehrung der
ihn zusammensetzenden Schichten komplizieren, andrerseits auch vereinfachen. Bei
den Anneliden bleibt natürlich die Metamerie nicht ohne Einfluß auf seinen Bau.

So wird der Hautmuskelschlauch der *aprocten Plathelminthen* gewöhnlich
durch das Auftreten einer gekreuzten sog. Diagonalfaserschicht kompliziert, d. h.

einer Schicht, deren Fasern schief zur Körperachse ziehen, und sich dabei unter
etwa rechtem Winkel kreuzen (s. Fig. 270). Ihre Lage kann etwas verschieden
sein, teils zwischen der äußern Ring- und der Längsfaserschicht, teils auch innerhalb letzterer. Auch bei den Ne-
mertinen tritt diese Diagonalfaserschicht zuweilen auf und kehrt
ebenso bei den Hirudineen wieder;
wogegen sie den Cestoden fehlt. —
Die Komplikation kann jedoch auch
durch Vermehrung der Ring- und
Längsmuskelschichten, besonders
der letzteren, erhöht werden.
Bei dendrocoelen Turbellarien und
zahlreichen Nemertinen (Heteronemertinen) tritt noch eine äußere,
zwischen die Epidermis und die

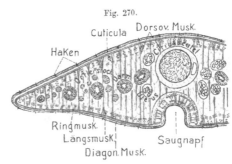

Fig. 270.

Distomum (Fasciola) hepaticum. Schematisch. Querschnitt in der Gegend des Bauchsaugnapfs, zur Demonstration der Muskulatur (rot). Epidermiszellen nicht eingezeichnet.
v. Bu.

Ringmuskelschicht eingeschobene Längsmuskellage hinzu (Fig. 271), während bei
ersteren die innere Längsmuskelschicht am Rücken gewöhnlich fehlt. Übrigens
herrscht in dieser Hinsicht viel Variabilität, was im Einzelnen nicht näher ausgeführt werden kann. Meist ist die ventrale Hautmuskulatur der aprocten Plathelminthen stärker entwickelt. — In dickeren Lagen gruppieren sich die Muskelzellen häufig zu Bündeln inniger zusammen (s. Fig. 270), welche von Bindegewebe
gesondert werden. Bei den Ne-
mertinen ist eine fiederartige
Gruppierung der Muskelzellen
zu beiden Seiten dünner Bindegewebslamellen (Fig. 271) recht
verbreitet. — Wie gesagt, sind
die im bindegewebigen Pa-
renchym eingelagerten Fasern
hauptsächlich dorsoventrale, deren verästelte Enden die Schichten des Hautmuskels durchsetzen
und bis zur Epidermis treten
(Fig. 325, S. 477). Bei dendrocoelen Turbellarien u. Nemertinen schieben sie sich namentlich
zwischen die seitlichen Darm-
verästelungen ein, wodurch Bildungen entstehen, welche an die

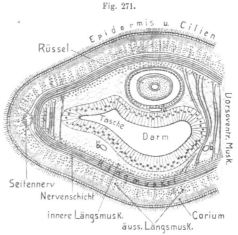

Fig. 271.

Cerebratulus (Nemertine). Schematischer Querschnitt in der
Rüsselgegend. Links durch eine Darmtasche, rechts zwischen
zwei aufeinanderfolgenden Darmtaschen. *b* dorsales Blutgefäß.
b¹ die beiden seitlichen Blutgefäße (mit Benutzung v. Bürger
1895).
v. Bu.

Dissepimente der Anneliden erinnern; dies ist bei den Hirudineen noch ausgesprochener, wo jedoch die Ansammlungen dorsoventraler Fasern zwischen den
Darmtaschen auch ontogenetisch den wirklichen Dissepimenten entsprechen. —

Ferner treten bei den aprocten Plathelminthen auch Muskelfasern auf, welche
das Parenchym längs und quer, sogar schief durchziehen; bei den Cestoden erreichen die transversalen eine besondere Stärke (sog. innere Ringmuskulatur,
Fig. 272).

Als besondere lokale Differenzierungen des Hautmuskels, und unter Teilnahme
der Parenchymfasern, entwickeln sich bei vielen aprocten Plathelminthen (gewissen
Dendrocoelen, den Trematoden

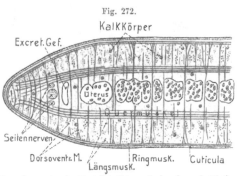

Fig. 272.

Taenia saginata (Cestode). Schematischer Querschnitt einer
Proglottis, zur Demonstration der Muskulatur. Epidermiszellen nicht eingezeichnet.   v. Bu.

[Fig. 270], Cestoden) und Hirudineen Haftapparate in Form von
Saugnäpfen oder *-gruben*. Ohne
hier auf die Mannigfaltigkeit dieser Saugnäpfe in Zahl, Anordnung und Bau näher einzugehen,
werde nur bemerkt, daß sie gru-
bige Vertiefungen der Körperoberfläche sind, deren Außenrand
gewöhnlich etwas verdickt vorspringt. Sie können sich jedoch
auch auf stielförmigen Fortsätzen
über die Körperoberfläche erheben. Die Hautmuskulatur wird in ihrem Bereich
sehr stark und ist im allgemeinen in äquatoriale, meridionale und radiäre Züge
angeordnet. Durch Contraction der äquatorialen und meridionalen Muskelfasern
wird das Lumen des Saugnapfs verengert und sein Rand der Unterlage ange-
preßt, worauf die Contraction der Radiärmuskeln das Lumen zu erweitern strebt

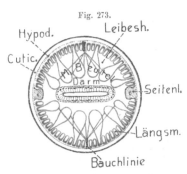

Fig. 273.

Schematischer Querschnitt eines polymyaren
Nematoden zur Demonstration der Muskulatur.   v. Bu.

(Bildung eines luft-, bzw. dampfverdünnten
Raums), so daß der äußere auf dem Tier
lastende Druck den Körper an die Unterlage anpreßt. Nicht selten bestehen auch besondere Abzweigungen des Hautmuskels zur
Bewegung solcher Saugnäpfe im Ganzen.

Auf die eigenartige Muskulatur des rüsselartig
aus- und einstülpbaren sog. Rostellums am Scheitel
des Taeniadenscolex unter den Bandwürmern und
der analogen rüsselartigen Bildungen einzelner Turbellarien, gewisser Trematoden, Cestoden, sowie des
mächtigen, teils bewaffneten, teils unbewaffneten
ein- und ausstülpbaren Rüssels der Nemertinen
kann hier nicht näher eingegangen werden. Auf
letzteren werden wir bei dem Darm zu sprechen kommen, da er, obgleich eine selbständige
Bildung, mit der Mundöffnung in nähere Beziehung treten kann.

Eine Vereinfachung des Hautmuskels kann bei kleinen Wurmformen dadurch
eintreten, daß die Muskelzellen so spärlich werden, daß sie keinen geschlossenen
Schlauch mehr bilden, wie es namentlich bei den kleinen *Rotatorien* hervortritt,
die gewöhnlich noch Ring- und Längsmuskelzellen besitzen, auch besondere Züge

zur Einziehung des Vorderendes (Räderorgans) und des Fußes (Fig. 329 S. 484). —
Im Hautmuskelschlauch der *Nematoden* (Fig. 273) ist nur eine Längsfaserschicht
ausgebildet und die Bewegungsweise daher entsprechend vereinfacht. Der Hautmuskel dieser Würmer ist ferner in der Regel kein geschlossener, sondern durch
vier schmälere oder breitere Unterbrechungen (zwei Seitenfelder, ein Bauch- und
ein Rückenfeld, oder — Linien) in vier Längsmuskelfelder zerlegt; manchmal
sogar in acht. Die Zahl der Muskelzellreihen in jedem Feld kann groß sein
(Polymyarier), andrerseits bis auf zwei herabsinken (Meromyarier). Eine ähnliche
Beschränkung des Hautmuskels auf eine Längsmuskelschicht besteht auch bei den
Chaetognatha, wogegen der der *Bryozoen* mehr an die Einrichtungen der Rotatorien erinnert.

Auch die Muskulatur der gewöhnlich den Nemathelminthen zugerechneten *Acanthocephalen* bewahrt den ursprünglicheren Charakter, indem sie aus einer äußeren Ring- und
einer inneren Längsfaserschicht besteht. Zur Rückziehung des später zu besprechenden
Rüssels und seiner Scheide haben sich besondere Retractoren vom Hautmuskel abgelöst.

Die Körpermuskulatur der metameren *Anneliden* wird auch ontogenetisch
segmental angelegt, da sie, wie wir früher sahen (vgl. S. 17 ff.) im wesentlichen
aus der sog. Somatopleura (Außenwand) der Somiten hervorgeht, während deren
Vorder- und Hinterwände sich zu den Dissepimenten, d. h. den queren Scheidewänden der Cölomhöhle entwickeln. Die segmentale Bildung spricht sich auch im
erwachsenen Zustand häufig noch dadurch aus, daß die äußere Ringmuskellage
auf den Segmentgrenzen sehr dünn wird, oder fast schwindet, was eben die oberflächliche Abgrenzung der Segmente durch ringförmige Einschnürungen bewirkt. In
der Längsmuskellage schwindet die segmentale Bildung dagegen meist völlig,
indem die Muskelzellen sehr lang werden und viele Segmente durchwachsen; selten
erhält sich die segmentale Abgrenzung auch hier, indem die später zu erwähnenden
bindegewebig-muskulösen Dissepimente den Hautmuskelschlauch durchsetzen (z. B.
Eunice).

Wie bemerkt, wird der Hautmuskelschlauch der Anneliden fast ausnahmslos von
einer äußeren Ring- und einer gewöhnlich viel dickeren Längsmuskellage gebildet;
nur den wohl rückgebildeten, borstenlosen sog. Archianneliden und Dinophilus fehlt
die Ringmuskellage, oder ist doch sehr reduziert. Während letztere fast immer ganz
kontinuierlich zusammenhängend ist, erscheint die Längsmuskellage der Chätopoden mehr oder weniger deutlich in eine Anzahl Längsmuskelfelder gesondert
(s. Fig. 274), was von verschiedenen Umständen bedingt wird. Eine Sonderung in
der Dorsallinie wird häufig durch die Anheftung des dorsalen Mesenteriums des
Darms hervorgerufen; eine solche in der Ventrallinie durch das Bauchmark.
Weitere Sonderungen bewirken die beiden Borstentaschenreihen jeder Seite samt
ihren Borsten, resp. die acht oder mehr Borstentaschenreihen der Regenwürmer.
So differenziert sich denn die Längsmuskellage häufig in zwei dorsale und zwei
ventrale ansehnliche Felder (Stränge), zu denen sich noch ein oder mehrere laterale
gesellen können. Der Zerfall in Längsfelder kann jedoch viel weiter gehen. Alles
dies variiert aber bei den verschiedenen Formen und in den verschiedenen Körper-

regionen sehr. — Die gleiche Sonderung des Hautmuskelschlauchs in zahlreiche
Stränge spricht sich bei den *Gephyreen* sowohl in der Längs- als Ringmuskulatur
aus; wobei ähnlich den Hirudineen auch eine Diagonalmuskellage auftritt. —
Die Anordnung der Fasern innerhalb der dickeren Längsmuskelfelder der Chätopoden kann recht kompliziert fiederartig werden, wie wir Entsprechendes schon bei
den Nemertinen fanden.

Dorsoventrale Fasern sind nur bei den Hirudineen in ähnlichem Reichtum
entwickelt wie bei den Plathelminthen. Bei den Chätopoden beschränken sie
sich auf die Dissepimente, die meist recht muskulös sind; ihre Muskelzüge verlaufen in verschiedener Richtung und dringen durch die Hautmuskellagen bis zur
Epidermis vor. Vielleicht lassen sich zum System der Dorsoventralmuskeln auch

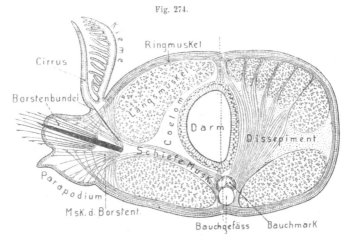

Fig. 274.

Eunice gigantea (Polychäte). Schematischer Querschnitt zur Demonstration der Muskulatur. Auf der
linken Hälfte der Figur geht der Schnitt etwa durch die mittlere Region eines Segments und das Para
podium, auf der rechten Hälfte dagegen durch die Grenze zweier Segmente, sodaß das Dissepiment zu
sehen ist.   v. Bu.

die bei den Polychäten häufigen schiefen (transversalen) Muskeln rechnen, welche
von der ventralen Medianlinie nach den beiden Körperseiten emporsteigen. Sie
stehen wohl hauptsächlich mit der Bewegung der Parapodien in Beziehung und
sind daher bei den Errantia stärker entwickelt (Fig. 274). Ganz ähnliche Muskeln
finden sich bei den männlichen Nematoden eine Strecke weit vor dem After (Bursal-
muskeln). — Besondere Abzweigungen des Hautmuskels des Chätopoden sind
die zur Bewegung der Borstenbündel dienenden Retractoren und Protractoren
(s. Fig. 274).

Bei den Larven der Anneliden (insbesondere der der Polychäten) findet sich schon
eine mehr oder weniger reich entwickelte Muskulatur, welche etwas an jene einfacher Nemathelminthen (z. B. Rotatorien) erinnert und aus längs- und ringförmig gerichteten Muskelfasern besteht, die keinen zusammenhängenden Hautmuskelschlauch bilden. Im allgemeinen
besitzt diese Larvenmuskulatur den Charakter eines Mesenchyms (s. vorn S. 15). In dem segmentierten Wurmkörper bleibt von ihr jedenfalls nur sehr wenig erhalten, vielmehr entwickelt sich dessen gesamte Muskulatur nach der verbreitetsten Ansicht aus den Somiten

der beiden Mesodermstreifen, die sich in der Rumpf hälfte (Hyposphäre) der Larve hervorbildeten. Dieser Meinung steht jedoch eine andere entgegen, nach der nur die *Längsmuskulatur* des Annelidenkörpers aus der Außenwand der Somiten hervorgehe, alle übrige Muskulatur (Ring-, Diagonal-, Transversal-, Dissepiment-, Mesenterial-, Borsten- und Darmmuskeln) aus dem Mesenchym des Larvenkörpers, welches zwischen die Somiten eindringe. Da nun das Mesenchym nach dieser Ansicht in letzter Instanz vom Ectoderm abstamme, so wäre auch die aus ihm hervorgehende, vorhin erwähnte Muskulatur eine ectodermale; die Längsmuskulatur allein entodermal.

Die Muskelzellen der Würmer sind fast durchweg nicht quergestreift; nur die Rotatorien und Echinoderen, auch einzelne Bryozoen zeigen zum Teil schön quergestreifte Fasern. Die Form der Muskelzellen der besprochenen Würmer erinnert zuweilen noch sehr an Epithelmuskelzellen, indem die Faser einen ansehnlichen beutelförmigen Anhang gewöhnlichen Plasmas (Sarcoplasma) besitzt, welcher den Kern enthält (besonders Nematoden, Fig. 273 S. 408 und Acanthocephalen). Da dieser Anhang stets gegen das Körperinnere gerichtet ist, so spricht dies gegen eine etwaige Herkunft der Fasern aus dem Ectoderm, harmoniert dagegen mit ihrer Ableitung aus der äußeren epithelialen Wand einer Cölomhöhle. Ein solcher Anhang kann immer kleiner werden und schließlich ganz schwinden, so daß die Muskelzelle ringsum von contractiler Substanz völlig umschlossen wird und sich nur ein inneres protoplasmatisches sog. Mark mit dem Kern erhält. Auch völlig marklose Fasern sollen vorkommen, und namentlich bei den Plathelminthen häufig auch kernlose. Letzteres ist jedoch insofern etwas zweifelhaft, als namentlich bei den Cestoden und Trematoden in der äußeren Hautmuskulatur ansehnliche kernhaltige Muskelbeutel (Myoblasten) in Verbindung mit den Fasern nachgewiesen wurden und zwar stehen bei den Trematoden gewöhnlich mehrere Fasern im Zusammenhang mit einem sog. Myoblast (s. Fig. 275).

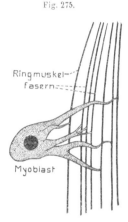

Fig. 275.

Distomum caudatum, Larve (Cercariaeum helicis). — Eine Muskelzelle (Myoblast) der Ringmuskelschicht mit einer Anzahl Muskelfasern; die letzteren sind nicht in ganzer Ausdehnung gezeichnet (n. Bettendorf 1897). v. Bu.

Arthropoden. Die Muskulatur der primitivsten Arthropodengruppe, der *Protracheaten*, besitzt nahe Beziehungen zu jener der Anneliden. Bei den Übrigen erscheint sie dagegen bedeutend verändert, im Zusammenhang mit der Entwicklung des meist dicken Cuticularpanzers, welcher insofern die Rolle eines Skelets spielt, als er den Muskeln zum Ansatz dient. Die Verschiedenheit der Muskulatur bei den einzelnen Gruppen wird noch dadurch vermehrt, daß die der Protracheaten fast völlig aus glatten, nicht quergestreiften Fasern besteht (ausgenommen die Kiefermuskeln), während die gesamte Muskulatur der übrigen Arthropoden (mit einziger Ausnahme der Tardigraden) von quergestreiften und die Bewegungsmuskulatur von meist vielkernigen Muskelzellen gebildet wird. — Die Ähnlichkeit der *Protracheaten* mit den Anneliden spricht sich auch im Besitz eines kontinuierlichen Hautmuskelschlauchs aus, der dem der Hirudineen ziemlich gleicht (s. Fig. 276). Er besteht aus einer äußeren dünnen Ringmuskellage, auf welche eine gekreuzte Diagonalfaserlage folgt, während die darunter liegende Längsmuskulatur in eine Anzahl diskreter Stränge differenziert ist. Dazu gesellen sich schief aufsteigende, das System der Dorsoventralmuskeln repräsentierende Züge, deren Verlauf aus der Figur ersichtlich ist.

Wie gesagt, wird die Muskulatur der übrigen Arthropoden von dem metamer gegliederten Cuticularpanzer beherrscht, welcher im allgemeinen aus dickeren, die

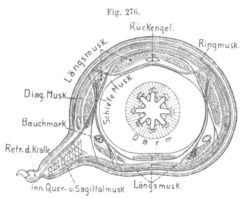

Fig. 276.

einzelnen Segmente umkleidenden Ringen besteht, deren Beweglichkeit gegeneinander dadurch ermöglicht wird, daß die Chitinhaut auf ihren Grenzen dünn bleibt (Gelenkhäute) und gewöhnlich auch mehr oder weniger eingestülpt ist (s. Fig. 278). Auch die gegliederten Extremitätenanhänge sind, wenn nicht verkümmert, nach demselben Prinzip gebaut, setzen sich also aus hohlen Cuticularröhren zusammen, die hebelartig gegeneinander beweglich sind. Die

Peripatus edwardsii (Protracheate). Schematischer Querschnitt zur Demonstration der Muskulatur (rot). Auf der linken Seite ein Füßchen mit den Hauptmuskeln im Längsschnitt wiedergegeben (n. GAFFRON 1883).   v. Bu.

Cuticularringe der Segmente sind häufig noch dadurch kompliziert, daß sie in eine dickere Rücken- und Bauchplatte (Tergit und Sternit) differenziert erscheinen,

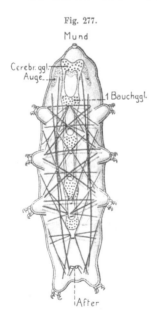

Fig. 277.

Macrobiotus hufelandii (Tardigrade) von der Ventralseite. Zur Demonstration der Muskulatur und des Nervensystems (n. PLATE 1888).   v. Bu.

welche seitlich durch dünnere Cuticula verbunden sind; seitliche Platten (Pleurae) können sich (speziell am Thorax) noch dazu gesellen. Die Bewegung dieser Chitinringe, -röhren oder -platten gegeneinander kann dadurch gesichert werden, daß sich beiderseits, auf der Grenze der aufeinander folgenden Ringe, gelenkartig ineinander greifende Vorsprünge und Gruben bilden, so daß die Bewegung der äußeren Skeletstücke gegeneinander in solchen Gelenken und in bestimmter Ebene um eine durch die beiderseitigen Gelenke gehende Achse geschieht. Diese Einrichtung bedingt denn auch die Anordnung der Muskulatur.

Im allgemeinen gilt für die typischen Arthropoden, daß eine Ringmuskulatur kaum irgendwo ausgeprägt ist, und daß statt eines zusammenhängenden Hautmuskels zahlreiche, häufig sogar ungemein viele gesonderte (diskrete) Muskeln vorhanden sind. Da solche schon bei den Anneliden nicht selten differenziert waren, so erscheint es möglich, daß auch die Einrichtungen der Arthropoden durch Differenzierung eines ursprünglich kontinuierlichen Hautmuskels entstanden; wofür ja auch die Protracheaten sprechen, deren Verwandtschaft mit den typischen Arthropoden sich nicht leugnen läßt. Die Muskulatur wurde nicht nur in zahlreiche diskrete Längsmuskelzüge zerlegt, sondern namentlich auch in metamerer Weise, so daß bei den primitiveren Formen (auch Larven), sowie in den sich ursprünglicher erhaltenden Körperregionen, besonders dem Abdomen, die Längsmuskeln je von einem zum nächstfolgenden Segment ziehen (Fig. 278), indem sie an den Cuticularringen, bzw. deren Unterteilen, inserieren, und sie bei ihrer Contraction in den Gelenken gegeneinander drehen. Da die Gelenke der Segmentringe, wenn vorhanden, seitlich liegen, so werden sich die Muskeln, welche die Bauchseite ventralwärts einbiegen (Flexoren oder Beuger), ventral finden, vom Vorderrand des vorhergehenden Segmentrings zu dem des nächstfolgenden ziehend. Die entgegengesetzt wirkenden Streckmuskeln (Extensoren) dagegen liegen dorsal (Fig. 278). Im allgemeinen handelt es sich hier um dorsale und ventrale Längsmuskeln, zu denen sich aber mehr oder weniger reichlich schiefe gesellen können (Fig. 277). Weiterhin treten jedoch in den einzelnen Segmenten auch Muskeln auf, die nicht über den Segmentring hinausgehen, sondern, schief bis quer verlaufend,

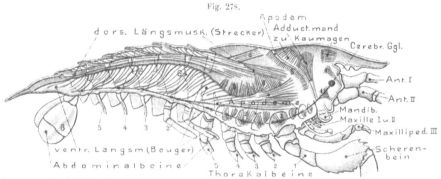

Fig. 278.

Astacus fluviatilis, in der Sagittalebene halbiert, zur Demonstration der wichtigsten Muskeln (rot) Centralnervensystem schwarz eingezeichnet. Im Thorax verläuft das Bauchmark in einem, durch die ventralen Chitineinwüchse (Apodeme) gebildeten Ventralkanal. Im Abdomen sind die stark chitinisierten Tergitplatten, welche ventral, zugeschärft auslaufen, durch Strichlinien umgrenzt, sowie bei *G* die Gelenkvorsprünge angegeben, um welche die Bewegung dieser Platten aufeinander erfolgt. — *1* Muskeln zur *2* Antenne; *2* und *3* Muskeln zu den Thorakalbeinen und Gnathiten; *4* Muskeln zu *1*. Thorakalsegment. v. Bu.

sich in beiderseits symmetrischer Anordnung innerhalb des Segments ausspannen. Namentlich gesellen sich auch dorsoventrale Muskeln zu, die schief oder grade vom Rücken zum Bauch herabsteigen, wie wir sie schon bei den Protracheaten fanden. Bei ihrer Contraction nähern sie die Rücken- und Bauchfläche. Die Zahl der Muskeln eines Segments kann gering sein, sich jedoch auch hochgradig steigern. — Im allgemeinen muß die geschilderte segmentweise Erstreckung der Flexoren und Extensoren als das ursprüngliche gelten. Häufig begegnen wir aber auch einem Zusammenhang solcher Muskeln durch eine Anzahl der Segmente, unter Abgabe einzelner Zweige an die jeweiligen Segmentringe (Fig. 278); oder, wenn diese unbeweglich vereinigt sind, sie überspringend.

Analoge, wenn auch einfachere Muskelanordnungen und Differenzierungen haben sich unter übereinstimmenden Bedingungen schon bei manchen *Rotatorien* und den sich ähnlich verhaltenden *Echinoderen* entwickelt, deren Cuticularpanzer gleichfalls in gegeneinander bewegliche Ringe gegliedert ist. Da es sich hier jedoch um unsegmentierte Würmer handelt, so liegt nur eine funktionelle Ähnlichkeit vor.

Die Muskeln, welche die Extremitäten in toto an ihren Basalgelenken bewegen, gehören im allgemeinen den Systemen der dorsoventralen und der schiefen
Muskeln an, und sind im einfachsten Fall (z. B. Kiefer) ein Heber und Senker, oder
Beuger und Strecker, meist jedoch viel zahlreicher entwickelt, zur Bewegung der
Extremität in den verschiedenen Richtungen, so namentlich häufig auch zu Drehungen um die Achse. Bei starker Entwicklung der Extremitäten gewisser Körperabschnitte können diese Muskeln das Innere der Segmente fast völlig ausfüllen, so
besonders im Thorax der Insekten und dem Cephalon der Araneinen, wozu bei ersteren namentlich auch die Flügelmuskeln bei-
tragen. Letztere sind gleichfalls dorsoventrale Muskeln, die in sehr verschiedner Zahl
und Größe auftreten; nach der Art ihrer
Befestigung an der Flügelbasis, d. h. ob
distal oder proximal vom basalen Flügel-
gelenk, funktionieren sie als Herabzieher
oder Heber. — Die Muskelanordnung innerhalb der Extremitäten ist prinzipiell dieselbe
wie die der Beuger und Strecker im Rumpf.
Im allgemeinen entspringt in jedem Glied
ein Flexor und Extensor für das nächst
distale, die sich an dessen Proximalende
befestigen (Fig. 279). Es kommt jedoch
auch vor, daß sich ein solcher Muskel in
eine längere Sehne fortsetzt und daher
mehrere Glieder überspringt (so bei den
Insekten z. B. der Flexor unguinum, der
Beuger der Krallen des Tarsus, s. Fig. 279).
Derartige Sehnenbildungen finden sich
öfters, so namentlich auch an den Flügelmuskeln der Insekten. Andrerseits entwickelt jedoch auch der Cuticularpanzer
häufig Einwüchse ins Innere (Apodemen,
Apophysen), die als eine Art Chitinsehne
zur Befestigung distaler Muskelenden dienen, oder auch gewissermaßen als innere

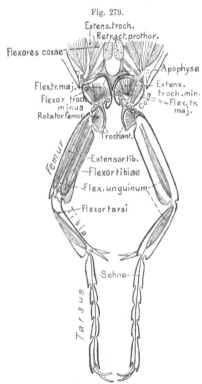

Fig. 279.

Dytiscus. Schematischer Querschnitt durch den
Ventralteil des Mesothorax mit den Mittelbeinen,
zur Demonstration der Beinmuskulatur. Ansicht
von vorn. Im rechten Bein sind die Flexores tibiae
und tarsi weggenommen, um den Flexor unguinum
zu zeigen (n. BAUER 1910).   O. B.

feste Skeletteile zum Ansatz proximaler Muskelenden; was im Thorax von Krebsen
(s. Fig. 278) und Insekten (Fig. 279) häufig in ansehnlicher Ausbildung vorkommt.

Daß sich die Muskulatur bei parasitischen oder sehr klein werdenden Arthropoden
stark vereinfachen kann, ist leicht begreiflich. Charakteristisch tritt dies namentlich bei den
kleinen *Tardigraden* auf (Fig. 277), deren Muskelstränge nur aus einer einzigen Zelle bestehen. —
Natürlich konnte es sich für uns nur darum handeln, das Prinzip der Muskelanordnung bei
den Arthropoden darzulegen. Im Einzelnen findet sich eine ungemeine Mannigfaltigkeit, und
bei größeren Formen eine so weitgehende Komplikation, daß wir uns in der Schilderung auf
die allgemeinen Grundzüge beschränken mußten.

Mollusken. Auch die Muskeleinrichtungen der Weichtiere lassen sich von dem Hautmuskelschlauch der ursprünglicheren Würmer ableiten. Im Zusammenhang mit der weitgehenden Reduktion des Cöloms durch bindegewebige Erfüllung und mit der Ausbildung des muskulösen Fußes, wurde jedoch bei den meisten Mollusken der regelmäßige Bau des Hautmuskelschlauchs mehr oder weniger verwischt. Die Muskelschichten senkten sich tiefer in das Bindegewebe hinein, lockerten sich auf und verloren so ihren Charakter als besondere Lagen, so daß ein mehr unregelmäßiges Flechtwerk von Fasern entstand, die sich in verschiednen Richtungen kreuzen, wobei der Schichtenbau meist stark zurücktrat. Dennoch zeigen gerade diejenigen Formen, welche zahlreiche primitive Charaktere bewahren (*Solenogastres*), noch einen recht typischen Hautmuskelschlauch ihres auch äußerlich wurmähnlichen Körpers. Er setzt sich aus einer äußeren Ringmuskellage, einer Lage diagonal gekreuzter schiefer Fasern (die jedoch gewissen Formen fehlen soll) und einer inneren Längsfaserlage zusammen. Letztere ist die mächtigste und auf der Ventralseite besonders stark. Sie ist entweder kontinuierlich oder in vier, stellenweise sogar mehr Muskelstränge gesondert, ähnlich wie bei Anneliden. Am Vorder- und Hinterende differenzieren sich namentlich die Längsmuskeln erheblich, indem sie mit dem Schlund und anderen Organen in Beziehung treten. — Das die Leibeshöhle stark erfüllende Bindegewebe (Parenchym) enthält gleichfalls Muskelfasern, die teils mehr radiär, teils dorsoventral ziehen, und im allgemeinen den Parenchymmuskeln der Würmer entsprechen dürften.

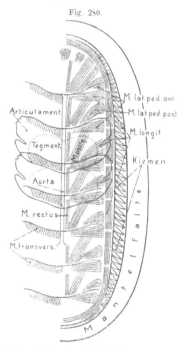

Fig. 280.

Chiton (Placophore). Muskulatur (rot) der Dorsalseite, nach Wegnahme des Fußes und der Eingeweide von der Ventralseite gesehen (n. PLATE 1897; etwas verändert). v. Bu.

Eine auffallende Differenzierung in zahlreiche, mehr oder weniger diskrete Einzelmuskeln hat das System der verwandten *Placophoren* erfahren. Bedingt wird dies durch die merkwürdige Entwicklung der acht, hintereinander gereihten und sich mehr oder weniger überdeckenden, dorsalen Schalenplatten. Im Zusammenhang damit wurde der Hautmuskel des Rückens, ähnlich wie bei den gegliederten Arthropoden, in ein System längs und schief verlaufender Muskeln differenziert (s. Fig. 280 u. 281), welche teils die Schalenplatten untereinander, teils mit der Haut verbinden. Auch die mächtig entwickelten, von den Schalenplatten schief in den großen Fuß hinabsteigenden Parenchymmuskeln haben sich als besondere Muskeln differenziert, so daß sich im Bereich jeder Schalenplatte beiderseits ein vorderer und ein hinterer solcher »Lateropedalmuskel« (Columellarmuskel) findet, der selbst wieder aus mehreren Zügen besteht. Diese absteigenden Muskeln bilden

die Hauptmasse der Fußmuskulatur, neben Längsfasern (die jedoch wahrscheinlich
aus ihnen hervorgehen), und wirken als Retraktoren des kräftigen Saugfußes.
Auch bei den Placophoren erfährt die Muskulatur des Vorder- und Hinterendes
erhebliche Modifikationen.

Indem wir die Muskulatur der Körperwand und ihre Spezialisierung bei den
übrigen Mollusken übergehen, berichten wir nur über die besonderen Muskeln,
welche sich, im Anschluß an die schon bei den Placophoren vorgezeichneten Verhältnisse, ausgebildet haben. Vor allem hat sich das System der dorsoventralen
Parenchymmuskeln bei allen beschalten Mollusken kräftig entwickelt als ein, bei
den symmetrischen Formen symmetrisch paariger Muskelapparat, der einerseits
zum Einziehen und zur Bewegung des Fußes dient, andererseits auch zur Befestigung und zum Tragen der Schale. Es ist dies der kräftige *Columellarmuskel* der
Gastropoden, so bezeichnet, weil er bei den Formen mit schraubiger Schale von
der Spindel (Columella) der letzten Schalenwindung schief nach vorn in den Fuß

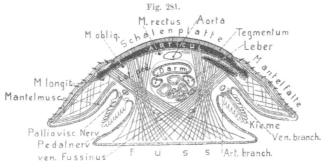

Fig. 281.

Chiton (Placophore). Schematischer Querschnitt der mittleren Körperregion. Muskeln rot (n. Plate 1897).
                                                                                                    v. Bu.

hinabsteigt (s. Fig. 29, S. 102), wobei seine hintere Partie bei den gedeckelten Prosobranchiaten am Deckel inseriert. Während der Columellarmuskel der Pulmonaten
stets paarig ist, wird er bei den Prosobranchiaten in der Regel unpaar und ist dann
etwas asymmetrisch gelagert. Bei Prosobranchiaten mit konisch symmetrischer
Schale wird er symmetrisch und jedenfalls wieder recht ursprünglich, da er sich
auf der Innenfläche der Schale längs beider Seitenränder und am Hinterrand befestigt, im Querschnitt also hufeisenförmig, auch paarig (Fissurella) oder in zahlreiche Bündel zerlegt (Patella), erscheint. Bei den schalenlos gewordenen Gastropoden ist der Muskel gewöhnlich völlig rückgebildet. — Wie bemerkt, nimmt
er am Aufbau des Fußes erheblichen Anteil, doch gesellen sich hier namentlich
noch längs verlaufende und vertikale, jedoch auch in den verschiedensten Richtungen
ziehende schiefe Fasern zu. — Der Columellarmuskel dient auch zum Einziehen
des Körpers in die Schale, wobei in der Regel der Fuß in der Mitte quer eingeknickt
wird; bei den gedeckelten Gastropoden wird dabei die hintere Fußhälfte mit dem
Deckel nach vorn umgebogen, so daß der Deckel die Schalenmündung verschließt.

Vollkommen symmetrisch paarig verhält sich der entsprechende Muskelapparat
bei den symmetrischen *Scaphopoden*, *Cephalopoden* und *Lamellibranchiaten*. Bei

letzteren ist es das System der Fußbeweger, welches als Homologon des Columellar-
muskels erscheint. Gewöhnlich sind vier Paar solcher Muskeln ausgebildet (s. Fig. 50,
S. 136): ein Protractor, ein vorderer und hinterer Retractor und ein Elevator.
Bei primitiven Muscheln sind sie zuweilen noch wenig scharf gesondert. Der Apparat vermag sich jedoch auch zu vereinfachen, ja bei gewissen asymmetrischen
Lamellibranchiaten kann er asymmetrisch werden, d. h. nur die Muskulatur einer
Seite entwickelt sein. Die Proximalenden der Fußbeweger inserieren ziemlich hoch
dorsal, unter dem Nabel oder längs dem Dorsalrand der Schale; die Ansatz-
stellen sind auf der Schaleninnenfläche häufig als Eindrücke erkennbar.

Zum System der Parenchymmuskeln gehören jedenfalls auch die *Schließmuskeln* (*Adductores*) der Muscheln, die sich bei den ursprünglicheren in Zweizahl
finden, ein vorderer etwa dorsal vom Mund, ein hinterer nahe dem Hinterende und
ventral vom Darm. Es sind in der Regel starke, den Körper quer durchsetzende
Muskeln, deren Insertionen tiefe Eindrücke an der Schaleninnenfläche hervorrufen
(s. Fig. 36, S. 108). Der vordere Adductor kann bei manchen Lamellibranchiern
klein werden und bei den asymmetrischen und aufgewachsenen Muscheln (sog.
Monomyarier, keine natürliche Gruppe) vollständig schwinden, obgleich er ontogenetisch noch angelegt wird. Der hintere Adductor rückt dann gewöhnlich etwa
in die Körpermitte, ventral vom Nabel. Selten kann auch Rückbildung beider
Adductoren eintreten (so Aspergillum und Chlamydoconcha). — Die Contraction
der Adductoren schließt die Schalen häufig mit großer Kraft; die Öffnung dagegen
wird durch die Elastizität des bei der Schale erwähnten Ligaments (s. S. 107) bewirkt. — Längs der freien Ränder der beiden muskulösen Mantellappen bildet sich
ein schmales Muskelband aus (M. orbicularis), welches diese Ränder in ihrer ganzen
Ausdehnung an die Innenfläche der Schalenklappen befestigt, indem es hier meist
einen deutlichen Eindruck erzeugt (Fig. 36, S. 108). Bei den Muscheln, deren
hintere Mantelränder unter Verwachsung zwei Siphonen hervorbringen (Siphoniata),
entwickeln sich aus dem hinteren Teil des Orbicularmuskels Siphonalretractoren,
deren Anheftung an die Schaleninnenfläche gewöhnlich ebenfalls einen Eindruck,
verbunden mit einer Einbuchtung des Manteleindrucks nach vorn (Mantelbucht)
bewirkt. — Wenn sich die Verwachsung der beiden Mantelränder von den Siphonen
aus noch weiter oralwärts erstreckt, entwickeln sich in diesem verwachsenen Mantel-
abschnitt, der sich zwischen den beiden Schalenrändern ausspannt, häufig quere bis
schief gekreuzte Muskelzüge, die als accessorischer Schalenschließer funktionieren.

Es verdient erwähnt zu werden, daß sich bei Tierformen die mit einer ähnlich gebauten
Schaleneinrichtung versehen sind, auch eine analoge Muskulatur der Schale entwickelt hat.
Auffallend tritt dies bei den *Brachiopoden* hervor (vgl. Fig. 28, S. 101). Die prinzipielle
Verschiedenheit der Einrichtung ergibt sich jedoch leicht daraus, daß hier außer Schließmuskeln
auch besondere Öffner vorhanden sind, und daß die Schalenmuskeln symmetrisch paarig vor-
kommen, entsprechend dem symmetrischen Schalenbau. — Noch eigentümlicher erscheint die
Ausbildung eines den Adductoren der Muscheln analogen Schalenschließers bei den mit einer
zweiklappigen Schalenduplikatur versehenen Ostracoden (Muschelkrebsen).

Die Muskulatur der symmetrischen *Cephalopoden* ist sehr kräftig und durch
die gewöhnliche Rückbildung der Schale, sowie die Entwicklung des Kopfknorpels

Fig 282.

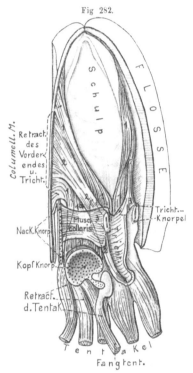

Sepia officinalis. Zur Demonstration der Muskulatur. Mantel größtenteils weggeschnitten, besonders auf der linken Seite bis zum Rande des Schulps. Ebenso ist die Hinterwand des Trichters größtenteils abgetragen. Der ansehnliche Columellarmuskel spaltet sich kopfwärts in mehrere Portionen, von welchen sich der Hauptteil (*1*) zum Kopfknorpel begibt, und eine Abzweigung (*1a*) zur Innenfläche des Musc. collaris entsendet. Die Portion *2* zieht im allgemeinen zur Trichterwand und sendet eine Abzweigung (*3*) zum Trichterknorpel.   C. H. präp. u. gez.

Fig. 283.

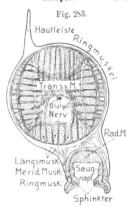

Octopus. Schematischer Querschnitt eines Arms samt einem Saugnapf der einen Reihe. Zur Demonstration der Muskulatur des Arms und des Saugnapfs. C. H.

mehr oder weniger modifiziert. Abgesehen von der oberflächlichen Muskulatur, welche in der Flossenbildung der Decapoden und den Tentakeln besondere Umbildungen erfährt, ist es wieder das System der Columellarmuskeln, das den Hauptanteil bildet. Bei *Nautilus* (Tetrabranchiata) wird es von zwei kräftigen Muskeln gebildet, die sich seitlich im Grunde der Wohnkammer an die Schale lose anheften, und zum Kopfknorpel hinabziehen. Von letzterem entspringen ferner die Muskeln der beiden Trichterlappen, sowie die Retractormuskeln der zahlreichen Tentakel; schließlich ein eigentümlicher Muskel jederseits, der quer- oder ringförmig nach vorn zieht und sich in der Gegend des vorderen Mantelrands mit dem der Gegenseite vereinigt (M collaris); er kehrt auch bei den Dibranchiaten wieder. — Bei letzteren (s. Fig. 282) ist der Columellarmuskel jeder Seite teils mehr einheitlich, teils in drei bis vier starke Portionen gesondert, von denen mehrere (s. Fig. 282, 2—3) zum Trichter ziehen (Depressores oder Retractores infundibuli), während die Hauptmasse (1) zum Kopfknorpel geht (Retractor capitis). Bei den Decapoden entspringen die erwähnten Muskeln entweder von den Seitenrändern des Schulps, den Seiten der Schale (Spirula), oder von der Haut des Eingeweidesacks (Octopoda). — Vom Kopfknorpel gehen ferner bei gewissen ein Adductor oder Protractor infundibuli aus, sowie von seiner Mundseite die zu den Tentakeln ziehenden starken Muskelzüge. — Der M. collaris ist entweder einheitlich, wie bei Nautilus, und breitet sich mit seinen Enden in der Wand des Trichters aus, oder wird bei den Decapoden, die einen Nackenknorpel besitzen (so Sepia, Fig. 282), durch dessen Einschaltung in zwei seitliche Hälften zerlegt.

Die Muskulatur der Saugnäpfe der Dibranchiatenarme verhält sich im Prinzip ähnlich wie die der früher erwähnten Saugnäpfe der Plathelminthen, was der

Querschnitt eines Arms mit dem Axialschnitt eines Saugnapfs auf Fig. 283 (Octopus) zeigt.

Die Muskelzellen der Mollusken sind in der Regel glatte Fasern; ausnahmsweise finden sich jedoch auch spiral- und quergestreifte, so gelegentlich in den Schließmuskeln der Lamellibranchiaten und den Buccalmuskeln der Gastropoden.

Echinodermata. Eine kurze Erörterung verdient die Muskulatur der radiär umgebildeten Echinodermen. Auch ihnen kommt zum Teil noch ein typischer Hautmuskelschlauch zu, so den *Holothurien*, denen ein zusammenhängendes Hautskelet fehlt. Da diese Gruppe jedoch kaum sehr primitiv sein dürfte, so könnte auch eine nachträgliche Wiederherstellung ursprünglicher Verhältnisse vorliegen. — Wir finden bei ihnen eine äußere Ringmuskulatur (Fig. 284), die jedoch nur bei der Rückbildung der radiären Ambulacralgefäße (Synaptiden) eine kontinuierliche Lage darstellt, sonst von diesen Gefäßen unterbrochen wird (s. Fig. B.). Auf sie folgen innen fünf starke radiäre Längsmuskeln, die sich vorn am Kalkring des Schlunds inserieren, und bis zum After nach hinten ziehen. Sie sind bei einem Teil (besonders Aspidochirota) paarig geworden. — Von diesen Längsmuskeln zweigen bei den *dendrochiroten Pedata* und gewissen *Apoda* in der vorderen Körperhälfte besondere Muskelstränge ab, die gleichfalls zum Kalkring ziehen, also besondere Retractoren desselben und des vorderen Körperendes darstellen (Fig. 389). — Natürlich sind auch die Ambulacralfüßchen (s. Fig. 387) mit kräftiger Längsmuskulatur versehen, wie bei den Echinodermen überhaupt; ihre Ausdehnung und Schwellung dagegen wird von der Ambulacralflüssigkeit bewirkt.

Die mit festen Kalkplatten des Hautskelets ausgerüsteten übrigen Klassen besitzen höchstens geringe Reste eines allgemeinen Hautmuskels. So finden sich an der Dorsalwand (Antiambulacralfläche) der Asterienarme (s. Fig. 285, *A*) noch schwache Quermuskelfasern, als Reste einer Ringmuskulatur, und darunter auch einige stärkere Züge radiärer Fasern (Längsfasern), die bis zum Apicalpol ziehen können, wo sie sich vereinigen. — Gewisse Seeigel der Tiefsee (Echinothuridae) mit beweglichem Hautplattenskelet besitzen noch in jedem Radius (Ambulacrum)

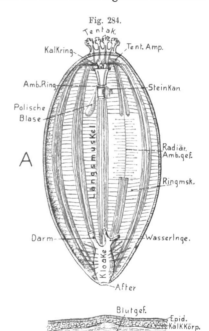

Fig. 284.

Holothurie. *A* Ein im dorsalen Interradius aufgeschnittenes Tier; Darm und Wasserlungen entfernt; zur Demonstration der Muskulatur (rot), des Kalkrings und des Ambulacralgefäßsystems (blau). In einem Radius ist ein Stück des Längsmuskels entfernt, um das radiäre Ambulacralgefäß u. die von ihm abgehenden Füßchengefäße zu zeigen. *B* Querschnitt durch die Körperwand eines Radius. C. H.

zwei Hautmuskeln, welche an die paarigen Längsmuskeln der Holothurien erinnern. Bei guter Entwicklung reichen sie vom Peristom (befestigt an den sog. Auricular-

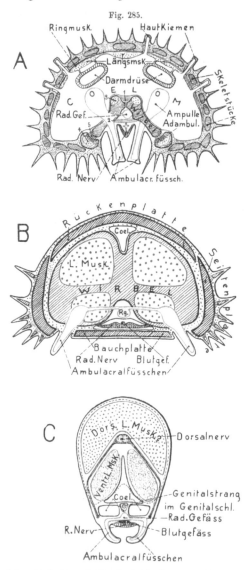

fortsätzen des Skelets) bis zum Periprokt. Der Verlauf ihrer Fasern ist jedoch nicht eigentlich längs; sie entspringen nämlich am äußern Rand der Ambulacralplatten und konvergieren nach Innen gegen die Mitte jedes Muskels, wo sie sich an einer sehnigen Platte befestigen. — Gewisse Spatangoiden zeigen etwas Beweglichkeit der Platten ihres hintern Interambulacrums, indem sich zwischen den beiden Plattenreihen innen quere Muskelzüge ausspannen. Die Skeletplatten der übrigen rezenten Seeigel sind stets fest vereinigt und daher muskellos. — Dagegen sind die häufig so zahlreich und ansehnlich entwickelten Hautstacheln stets beweglich und dienen auch als Hilfsorgane bei der Lokomotion; dementsprechend gehen von der Außenfläche der Skeletplatten Muskeln zu ihrer Basis (s. Fig. 285, B). Ebenso sind die eigentümlichen Greiforgane (Pedicellarien) der Asterien und Echinoiden mit einer ziemlich komplizierten Muskulatur ausgerüstet.

Die mehr innerlichen Skeletgebilde der *Crinoiden* und *Asteroiden* sind besonders in den Armen durch Muskeln verbunden und daher mehr oder weniger beweglich gegeneinander. So findet sich zwischen den Armgliedern (Brachialia) der *Crinoideen*, näher der Ambulacralfläche, jederseits ein kräftiger Längsmuskel (s. Fig. 285, C), durch dessen Contraction die Arme gegen

Schematische Querschnitte durch die Arme von Asteroiden und Crinoiden zur Demonstration der Muskulatur (rot); Ambulacralgefäße blau. *A* Arm einer Asterie. *1* u. *2* die beiden Quermuskeln zwischen den zwei zusammengehörigen Wirbeln (Ambulacralia); *3* u. *4* die Längsmuskeln zwischen den aufeinanderfolgenden Wirbeln und Adambulacralia; *5* der Muskel zwischen den zusammengehörigen Wirbeln und Adambulacralia. *B* Arm einer Ophiuride. *C* Arm einer Crinoide (Antedon).   C. H.

die Mundscheibe gekrümmt, oder bei einseitiger Contraction seitlich gebogen werden. Die antiambulacralen Regionen der Armglieder sind gleichfalls durch eine Längs-

fasermasse verbunden, die sich jedoch histologisch erheblich von den erst erwähnten Muskeln unterscheidet, und daher bald als muskulös, bald als sehnig-bindegewebig betrachtet wird. Auch die Stiel- und Cirrenglieder sind durch Fasermassen
letzterer Art verbunden. Da die Cirren Bewegungen ausführen können, so spricht
dies für die muskulöse Natur jener Fasern. — Ähnliche Verhältnisse zeigen die
Ophiuroidea (Fig. 285, *B*), deren unpaare Armwirbel (Ambulacralstücke) durch
zwei sehr starke antiambulacrale Längsmuskeln verbunden sind, während zwei schwächere unter ihnen, näher der Ambulacralfläche liegen. Da die Bauch- und Rückenplatten Krümmungen nach der Oral- und Aboralfläche verhindern, so wirken diese
Muskeln bei den Ophiuren wesentlich als Krümmer der Arme in der Horizontalebene.

Mannigfaltiger beweglich sind die paarigen Wirbel und damit die Arme der
Asterien (s. Fig. 285, *A*). Zu paarigen Längsmuskeln (3), welche sich zwischen den
aufeinander folgenden Wirbeln an ihrer Antiambulacralfläche ausspannen, gesellen
sich zwischen je zwei zusammengehörigen Wirbeln noch ein oberer antiambulacraler (1) und ein unterer, unter dem Ambulacralgefäß ziehender Quermuskel (2). Die
Contraction letzterer Muskeln erweitert und verengert die Ambulacralrinne. Von
jedem Wirbel (Ambulacralstück) steigt ein Muskel (5) schief abwärts zum zugehörigen
Adambulacralstück; sämtliche Adambulacralia sind durch zwischen sie geschobene
Längsmuskeln (4) untereinander verbunden. — Daß die Wirbelmuskulatur des
Asteroideen in der Mundregion wesentlich modifiziert und kompliziert werden muß,
ist begreiflich; es würde jedoch zu weit führen, hierauf näher einzugehen.

Die ein- bis mehrkernigen Muskelfasern der Echinodermen sind gewöhnlich recht fein,
jedoch nicht selten von ziemlicher Länge; ihre Enden z. T. zerfasert. Längs- bis Schrägstreifung tritt häufig deutlich hervor. Typisch quergestreifte Fasern wurden nur in den Pedicellarien der Seeigel aufgefunden.

Tunicata. Die Muskelverhältnisse dieser primitiven Chordaten machen es wahrscheinlich, daß auch ihnen der allgemeine, aus Ring- und Längsfasern aufgebaute
Hautmuskelschlauch zugrunde lag. Am besten erhalten zeigen ihn die *Ascidien*
(Fig. 286, *A*), wo sich unter der Mantelepidermis eine äußere Längs- und innere
Ringmuskelschicht findet, welche den ganzen Körper sackartig umgeben. Beide
Lagen bestehen aus mehr oder weniger voneinander gesonderten Muskelbündeln.
An der Mund- und Kloakenöffnung drängen sich die Ringmuskeln in der Regel zu
kräftigen Schließmuskeln (Sphincteren) zusammen.

Bei den *Thaliaceae* (Salpen, Fig. 286, *B*) tritt die Längsmuskulatur meist stark
bis völlig zurück. Auch die Ringmuskelbündel rücken weiter auseinander, so daß
sie den Körper als relativ wenige (bis ca. zehn) Muskelbänder reifenartig umgürten.
Bei Doliolum sind diese Bänder kontinuierliche Ringe; die der Salpen sind dagegen
auf der Ventralseite durch schmale bis breite Zwischenräume unterbrochen; dorsal
und seitlich sind sie zuweilen mehr oder weniger verschmolzen. An der Kloakalöffnung der Salpen werden die Ringmuskeln zärter und rücken zu einem geschlossenen Sphincter dichter zusammen. An der Mundöffnung modifizieren sich die beiden
vordersten Bänder ebenfalls zu ventral und dorsal geschlossenen Sphincteren, die
seitlich zusammenhängen, und daher hier eine Art fixen Punkt besitzen. Die

Oberlippe kann auch mit einem Paar längs gerichteter Rückzieher (Heber) versehen sein; wie denn überhaupt die Muskulatur dieser Gegend ziemlich mannigfaltig ist.

Im Gegensatz zu den Salpen ist die Ringmuskulatur der *Copelaten* ganz geschwunden, die Längsmuskulatur am Schwanz dagegen kräftig entwickelt; der Rumpf erscheint fast stets völlig muskellos. Der Schwanz bildet ein in der Querebene des Körpers stark abgeplattetes Band, welches, wie schon früher geschildert, in seiner Achse von der Chorda durchzogen wird (s. Fig. 77, S. 174). Die Horizontalstellung des bandförmigen Schwanzes dürfte wahrscheinlich aus einer ursprünglich vertikalen durch Drehung um 90° hervorgegangen sein, womit auch die Lage des Centralnervenstrangs neben der Chorda harmoniert. — Auf jeder Breitseite

Fig. 286.

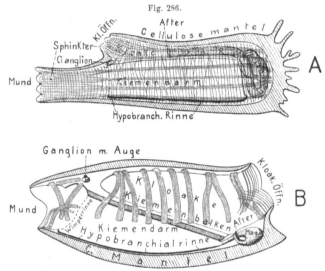

Zur Demonstration der Muskulatur (rot) der **Tunicaten**. *A* linksseitige Ansicht einer **Ascidie** (Ciona intestinalis). *B* **Salpa runcinata-fusiformis** (ungeschlechtliche Generation) von links. E. W.

des Schwanzes zieht fast in der ganzen Chordalänge ein flaches Längsmuskelband von größerer bis geringerer Breite hin (s. Fig. 287, *A*). Die bei manchen Formen noch regelmäßige Hintereinanderreihung von zehn Zellkernen, die jedem der Bänder zukommen, sowie quere Grenzen zwischen je zwei dieser Kerne, erweisen die Zusammensetzung jedes Bands aus zehn Zellen. Bei vielen Formen verschwinden jedoch die Grenzen der Muskelzellen, ja es können sogar die sich netzförmig verästeltenden Kerne jedes Bands zu einem Streifen verschmelzen. — Die Muskulatur des Schwanzes der Ascidienlarven verhält sich ähnlich wie die der Copelaten (vgl. Fig. 287, Fig. B^{1-2}).

Die lamellenartigen contractilen Elemente der Muskelzellen der Copelaten sind sehr ausgesprochen quergestreift. Die Muskelfasern der Salpen sind ziemlich breite vielkernige Bänder, die gleichfalls quergestreift erscheinen, wogegen die Ascidien recht feine, glatte Fasern besitzen. — Von einer eigentlichen Segmentation der Muskelbänder des Copelatenschwanzes kann wohl nicht mit mehr Recht die Rede sein, als etwa von der des Längsmuskelschlauchs mancher Nematoden, der gleichfalls aus hintereinander gereihten Zellen besteht.

B. Wirbeltiere.

1. Einleitung. Muskulatur der Acranier und Ontogenie der Stamm-muskulatur.

Die Körpermuskulatur der Vertebraten geht von einem relativ einfachen Zustand aus, wie er bei den Acraniern dauernd besteht; bei den höheren Gruppen kompliziert sie sich allmählich in erstaunlicher Weise. Dies bedingt, daß wir allein die einfacheren Ausgangszustände etwas genauer studieren können, dagegen die ungemein verwickelten Verhältnisse der höheren Abteilungen nur in allgemeinne Zügen anzudeuten vermögen. — In der Körpermuskulatur tritt vor allem der segmentierte Bau der Vertebraten hervor, was gegenüber den Tunicaten wichtig erscheint, die wie erwähnt, nichts deutliches von Metamerie erkennen lassen. Doch dürfte dies vielleicht von einer gewissen Rückbildung herrühren; möglicherweise könnte jedoch die Metamerie der Vertebratenmuskulatur auch ganz selbständig entstanden sein. — Die Körpermuskulatur der Wirbeltiere wird bekanntlich von quergestreiften Muskelzellen gebildet, die der Eingeweide dagegen größtenteils von glatten.

Bevor wir die ontogenetische Herkunft der Muskulatur erörtern, wollen wir ihren Aufbau bei der primitivsten Gruppe, den *Acraniern*, betrachten, um einen Überblick über den Grundbau zu gewinnen. Entsprechend den einfachen Körperbewegungen, welche wesentlich in seitlichen Biegungen bestehen, ist auch die Körper-

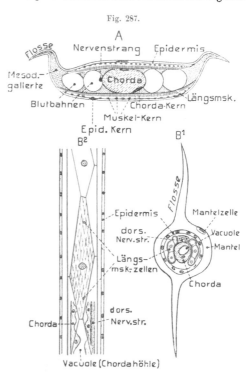

Fig. 287.

A Oicopleura cophocerca (Copelate). Etwas schematischer Querschnitt des Schwanzes. Längsmuskeln rot (n. Seeliger 1900). — B¹ u. B² Larve von Ciona intestinalis (Ascidie) B¹ Querschnitt durch den Schwanz. B² ein Stück des Schwanzes in Längsansicht, um die Muskelzellen zu zeigen; unten auch ein Stück der Chorda und des Nervenstrangs im Sagittalschnitt eingezeichnet (n. Heinemann 1905). E. W.

muskulatur verhältnismäßig einfach gebaut. Längs jeder Körperseite (s. Fig. 80, S. 176; Fig. 81, S. 177 und Fig. 183, S. 311), von der Kopf- bis nahe zur Schwanzspitze, erstreckt sich ein sehr ansehnlicher dicker Längsmuskel, die beiden sog. *Seitenrumpfmuskeln*. Zwischen ihnen liegt die Chorda, die sie fast in ihrer ganzen Ausdehnung begleiten, sowie das Rückenmark. Das Bindegewebe, welches letztere Organe umhüllt, setzt sich dorsal als eine mediane Scheidewand

zwischen die beiden Seitenmuskeln fort; in der Schwanzregion geschieht dies ähnlich ventral von der Chorda (Fig. 183), während sich in der Rumpfregion (Fig. 81)
der Darm, sowie die Peribranchialhöhle (Atrium) zwischen die ventralen Hälften
der Seitenmuskeln einschalten und sie auseinander drängen. Jeder Seitenrumpfmuskel ist jedoch nicht einheitlich, sondern durch Zwischenschaltung zarter querer

Fig. 288.

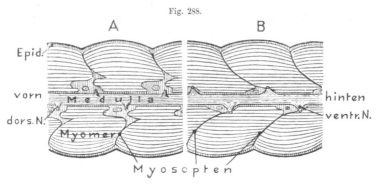

Branchiostoma (Amphioxus) lanceolatum. Schematische Horizontalschnitte in der Höhe des Rückenmarks (Medulla). *A* In der Höhe des Ursprungs der dorsalen Spinalnerven. — *B* In der Höhe der ventralen
(motorischen) Spinalnerven. Muskulatur rot.   E. W.

Bindegewebssepten in eine große Zahl hintereinander gereihter Abschnitte ge-
sondert, die *Muskelsegmente* oder *Myomeren* (Myocommata). Die sie trennenden
Myosepten (Ligamenta intermuscularia) gehen innen in das die Chorda umhüllende
Bindegewebe und seine Fortsetzungen über, äußerlich in das Hautbindegewebe
(Corium). Anfänglich, in der Ontogenese, stehen diese Myosepten senkrecht zur

Fig. 289.

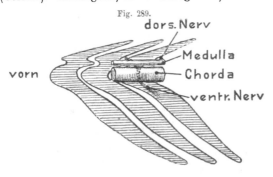

Branchiostoma (Amphioxus) lanceolatum. Drei rechtseitige
Myomere samt der Medulla und Chorda von der Medianseite gesehen
(schematisch). Zur Erläuterung des Alternierens der spinalen
Nerven.   E. W.

Chorda, haben daher einen
rein queren Verlauf und liegen sich beiderseits genau
gegenüber. Bei den Erwachsenen ist beides nicht mehr
der Fall, da die Septen
(und dementsprechend auch
die Myomeren) in der Höhe
der Chorda eine starke,
kopfwärtsgerichtete Knickung erfahren (s. Fig. 181
u. 289), und auch in ihrem
Verlauf gegen die Chorda

ziemlich stark kopfwärts gerichtet sind. Ferner haben sich die linken Septen und
Myomeren etwas nach vorn verschoben, so daß die beiderseitigen Myomeren alternieren (s. Fig. 288). Die winklige Knickung der Myomeren hat zur Folge, daß wegen
ihrer verhältnismäßig geringen Dicke in der Längsrichtung des Körpers auf jedem
Körperquerschnitt gleichzeitig eine größere Zahl von Septen getroffen wird, und
zwar im allgemeinen jedes Septum zweimal, einmal sein dorsaler und ein zweites

Mal sein ventraler Schenkel. Daher rührt das eigentümliche Bild, welches ein
solcher Querschnitt bietet (Fig. 81, S. 177 und Fig. 183). — Zu jedem Myomer tritt
vom Rückenmark in kurzem Verlauf die ventrale Wurzel eines Spinalnervs (s. Fig. 81
u. 288).

Die Bedeutung der Myomerenknickung wurde häufig darin gesucht, daß dadurch eine
größere Anzahl längsgerichteter Muskelzellen in einem Myomer Platz fänden. Nun ist ja
richtig, daß die geknickten Septen länger sind als nicht geknickte und deshalb eine größere
Ansatzfläche für Muskelfasern bieten; der verfügbare Rauminhalt eines Myomers wird jedoch
dadurch nicht vergrößert, weshalb auch die Zahl der Muskelfasern sich nicht vermehren kann.
Die Bedeutung der Knickung muß also eine andere sein. Die längsgerichteten Muskelelemente jedes Myomers wirken bei ihrer Contraction auf die zugehörigen Septen, speziell das
vor ihnen gelegene, und durch dieses auf die Chorda; die Septen verhalten sich daher etwa
wie Sehnen, welche sich an der Chorda befestigen. Da sich nun die Wirkung erhöht, wenn der
Muskelzug möglichst direkt auf die Chorda übertragen wird, so muß eine solche Knickung
der Septen in der Chordahöhe vorteilhaft sein, indem nun jedes Myomer gewissermaßen wie
ein nach vorn zugespitzter Muskel wirkt, dessen Sehne direkt zur Chorda zieht.

Der muskulöse Teil des ersten Myomers reicht bis zum Vorderende des Centralnervensystems
nach vorn; der des hintersten etwa bis zum Beginn der Schwanzflosse; von beiden aber zieht eine
feine Sehne bis zu den entsprechenden äußersten Chordaenden, ebenso ein besonderer Fortsatz
der ursprünglichen Hohlräume (Myocöl) dieser beiden Myomeren bis in die Enden dieser Sehnen.

Die Muskelelemente der Myomeren sind dünne, längs gerichtete plattenförmige Gebilde,
die im allgemeinen den ganzen Raum eines Myomers durchziehen, sich also von der Chorda
bis zur äußeren Haut und von Septum zu Septum erstrecken. Jede längsfibrilläre Platte
scheint aus einer einzigen Embryonalzelle hervorzugehen; doch ist die Beziehung der Muskelelemente zu denen der höheren Wirbeltiere noch etwas unsicher.

In den ventralen Hälften der zwischen Mund und After sich erstreckenden Myomeren
erfährt dieser Verlauf der Muskelelemente eine Differenzierung, indem sie in der innersten Zone der Myomeren nicht mehr radiär von innen nach außen gerichtet sind, sondern
absteigend, etwa parallel der inneren Grenzfläche des Seitenrumpfmuskels (s. Fig. 81, S. 177).
Auch ist diese Zone der Myomeren von der etwas dickeren äußeren, in welcher sich der ursprüngliche Verlauf der Muskelplatten erhält, durch eine zarte Bindegewebseinlagerung abgesondert, in welcher der ventrale Nerv herabsteigt. Hiermit ist schon die Abgliederung eines
besonderen Muskels von den Seitenrumpfmuskeln angedeutet, der, wie es scheint, ähnlich dem
gleich zu erwähnende M. transversus auf die Peribranchialhöhle wirkt.

Außer der ansehnlichen Seitenrumpfmuskulatur findet sich nur noch ein
größerer Muskel, der sich an der Ventralseite vom Mund bis zum Porus branchialis
erstreckt, der *M. transversus* oder *Pterygialmuskel* (s. Fig. 81 Seite 177). Wie
die Benennung andeutet, ist es ein Quermuskel, oder genauer ein paariger, da er
in der Ventrallinie geteilt ist. Auch er scheint durch bindegewebige quere Septen
wie segmentiert; doch sind diese Abteilungen viel zahlreicher als die Myomeren.

Der M. transversus, welcher von den sog. Visceralästen der dorsalen Spinalnerven
innerviert wird, steht jedenfalls in Beziehung zu den beiden Metapleuralfalten, durch deren
ventrales Verwachsen das sog. Atrium oder die Peribranchialhöhle entstand. Er wirkt auch
wohl hauptsächlich als Verengerer der Peribranchialhöhle.

Außer ihm finden sich nur noch einige zarte Muskelchen, nämlich in der den Mund
umziehenden Lippe ein *äußerer* und ein *innerer ringförmiger Lippenmuskel* (Sphincter),
von welchen der erstere aus dem linken Transversalmuskel hervorgehen soll. Auf der Grenze
zwischen Mundhöhle und Darm, die durch das sog. Velum ausgezeichnet ist, findet sich ein
querer bis ringförmiger *Sphincter veli*; ferner auch ein *Sphincter* des Afters.

Die Ontogenese der Acraniermuskulatur erweist sich jedenfalls als sehr ursprünglich und daher in mancher Hinsicht typisch für die Wirbeltiere. Wie bei den früher besprochenen gegliederten Bilaterien wird die Metamerenbildung durch die Entwicklung von Mesodermsomiten eingeleitet. Bei den Acraniern geschieht dies in einer, nach unserer Meinung sehr ursprünglichen Weise, indem die Dorsalwand des Urdarms, jederseits von der Chordaanlage, Ausstülpungen bildet (Fig. 290, 1), welche sich hierauf als die Somiten abschnüren. Letztere stellen gleichzeitig das gesamte Mesoderm dar. Ihre Bildung verläuft successive von vorn nach hinten. Jedes Somit ist demnach ein hohles, von einer einschichtigen Epithelwand gebildetes Bläschen, das anfänglich seitlich von Chorda und Rückenmark

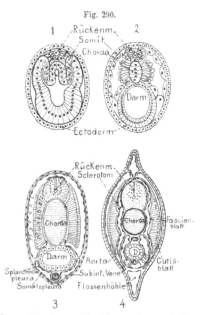

Fig. 290.

liegt, also nur die Dorsalregion des Embryo erfüllt. Später beginnen die Somiten ventralwärts um den Darm hinabzuwachsen, bis sie schließlich in der Bauchlinie zusammenstoßen (Fig. 290,2). In dieser, seitlich vom Darm gelegenen, ventralen Region der Somiten schwinden allmählich ihre Vorder- und Hinterwände, und ebenso auch die in der Bauchlinie zusammenstoßenden Wände der beiderseitigen Somiten (sog. ventrales Mesenterium des Darms), so daß also die ursprünglich voneinander gesonderten ventralen Somitenabschnitte jeder Seite (die jedoch nie stärker ausgebildet zu sein scheinen) sich zu einer einheitlichen sog. Seitenplatte (Parietalplatte) vereinigen, deren gemeinsame Höhle, welche durch Zusammenfluß der einzelnen Somitenhöhlen entstand, den Darm umgibt und das Cölom darstellt (Fig. 290, 3—4). Die dorsalen Anteile der Somiten sondern sich hierauf von der so entstandenen Seitenplatte ab und sind die sog. *Urwirbel* oder *Myotome*, aus welchen die Seitenrumpfmuskulatur hervorgeht.

Branchiostoma (Amphioxus) lanceolatum. Querschnitte durch Embryonen, zur Entwicklung der Seitenrumpfmuskulatur (n. HATSCHEK 1881 u. 1888). *1.* Embryo mit 9 Somiten, Querschnitt durch das 9. Somit. *2.* Embryo mit 10 Somiten; Querschnitt aus der Körpermitte. *3.* Larve mit 5 Kiemenspalten. Querschnitt durch die Körpermitte. *4.* Junges Tier direkt nach der Metamorphose, Querschnitt zwischen Porus und After. *3* und *4* Schemata. O. B.

Diese Myotome liegen demnach seitlich von Chorda und Rückenmark. Schon vor ihrer Absonderung von den Seitenplatten sind die Zellen der Medialwand der hohlen Myotome stark in die Myotomhöhle (Myocöl) hineingewachsen, so daß diese Wand *(Muskelplatte)*, welche der Chorda und dem Rückenmark anliegt, sich sehr verdickt und das Myocöl einengt (Fig. 290, 2—4). Diese Zellen sind es, welche sich zu den Muskelelementen entwickeln, indem fibrilläre Bildungen in ihnen auftreten. Sie wachsen schließlich so stark gegen die Außenwand des Myotoms heran, daß das ursprüngliche Myocöl fast völlig verdrängt wird. — Die Außenwand

dagegen, das sog. Cutisblatt, bleibt stets dünn und geht in die Bildung des bindegewebigen Teils des Integuments (Corium oder Cutis) ein.

Wie hervorgehoben wurde, liegen die Myotome ursprünglich nur in der dorsalen Region, seitlich von Chorda und Rückenmark. Später wachsen ihre Ventralenden jederseits zwischen dem äußeren Ectoderm und der äußeren Wand des
Cöloms (Somatopleura) hinab bis gegen die Bauchlinie. In der Region des Atri-
ums treten die Myotome auch in die Metapleuralfalten ein, wie es schon der
Bau der fertigen Muskulatur ergab. Bei dem ventralen Auswachsen bildet sich
gleichzeitig aus dem Ventralrand jedes Myotoms, da, wo das Muskelblatt in das
Cutisblatt umbiegt, eine gegen die Chorda gerichtete Ausstülpung der dünnen
Epithelwand des Myotoms (s. Fig. 290, 4). Diese Ausstülpung wächst zwischen dem
Muskelblatt einerseits und der Chorda sowie dem Rückenmark andererseits dorsal
empor, bis sie über letzterem mit der der anderen Seite zusammenstößt. Man bezeichnet diese hohle Ausstülpung jedes Myotoms als *Sclerotom*, weil aus ihrer
Innenwand das perichordale und perineurale Bindegewebe hervorgeht, in welchem
bei den höheren Vertebraten die Wirbelbogen und -körper entstehen. Das äußere
Blatt des Sclerotoms dagegen schließt sich dem Myotom innerlich an und wird deshalb *Fascienblatt* genannt, weil es gewissermaßen die Rolle spielt, welche den bindegewebigen Fascien der Muskeln höherer Wirbeltiere zukommt. Ein Rest der Sclero-
tomhöhle erhält sich bei Branchiostoma dauernd.

Der M. transversus der Ventralregion hat einen anderen Ursprung. Er geht aus der
inneren oder medialen Wand der Höhlen hervor, welche sich in den Metapleuralfalten und
den sog. Bauchfalten finden (s. Fig. 81, S. 177). Die Deutung dieser Höhlen ist etwas unsicher, da sie teils als abgetrennte Partien der Myocöle aufgefaßt werden, und ihre Wand
daher von der der Myotome abgeleitet wird, teils dagegen als abgelöste Partien des eigentlichen Cöloms. Im ersten Falle wäre daher der M. transversus von den Myotomen abzuleiten, im zweiten dagegen ein Produkt der Seitenplatten.

Die Ontogenese der Körpermuskulatur der übrigen Wirbeltiere stimmt in
den Grundzügen mit der bei den Acraniern beobachteten überein, doch finden
sich einige tiefgehende Modifikationen, welche aber mit Recht als Vereinfachungen
oder Abänderungen des ursprünglichen Entwicklungsgangs gedeutet werden. Statt
der gesonderten Anlage einzelner Somiten entsteht jederseits der Chorda eine einheitliche solide Mesodermplatte, welche bei ihrer Entstehung zuweilen noch Andeutungen eines Ausstülpungsvorgangs aus dem Entoderm, oder der Grenze von
Ecto- und Entoderm aufweist, was ihre Ableitung von den Verhältnissen bei den
Acraniern ermöglicht. Erst secundär tritt in der soliden Mesodermplatte jeder
Seite durch Spaltung oder Aushöhlung ein Hohlraum auf, welcher dem in den
Seitenplatten der Acranier durch Verschmelzung entstehenden entspricht. Hierauf
entsteht in der dorsalen Region der Mesodermplatten, welche jederseits an die Chorda
stößt, eine Gliederung, die wie bei den Acraniern successive von vorn nach hinten fortschreitet. Früher oder später lösen sich die so gebildeten Urwirbel oder
Myotome mit ihrem Myocöl von den ungegliederten Ventralteilen der Mesodermplatten völlig ab. Letztere bilden demnach die Seitenplatten, welche hier nie segmentiert erscheinen, im Gegensatz zu dem jedenfalls primitiveren Verhalten bei

Branchiostoma. Auch in der weiteren Entwicklung der Myotome kehren die schon
bei den Acraniern geschilderten wesentlichen Vorgänge wieder, wenn auch zum
Teil etwas abgeändert; so gilt allgemein, daß die Myomerenmuskulatur aus dem
medianen Muskelblatt der Myotome entsteht, während das äußere Blatt das Corium
bildet. Doch wird vielfach behauptet, daß auch das Cutisblatt an der Entwicklung
der Muskulatur teilnehme.

Ebenso entsteht aus dem ventralen Rand jedes Myotoms, bald mehr durch
eine Ausstülpung ähnlich den Acraniern, bald abweichender durch Wucherung,
ein *Sclerotom*, welches das skeletogene Gewebe liefert, aus dem die axialen Skeletgebilde hervorgehen. — An der Bildung der Rumpfmuskulatur nimmt die Seitenplatte nach der verbreiteteren Ansicht keinen Anteil; dagegen entsteht aus ihr in der
Kopfregion ein ansehnlicher Teil der Muskulatur, welcher sich in naher Beziehung
zum Vorderabschnitt des Darms, insbesondere den Visceralspalten, entwickelt,
die sog. Visceralmuskulatur. Indem die Myotome wie bei Branchiostoma bis zur
ventralen Mittellinie herabwachsen, umgreifen die völlig ausgebildeten Myomeren
den ganzen Rumpf von der Dorsal- bis zur Ventralseite.

2. Rumpf- und Kopfmuskulatur der Cyclostomen und Fische.

Stammuskulatur.

Die Stammuskulatur der Cyclostomen und Fische bewahrt in ihren Grundzügen noch den bei den Acraniern gefundenen Bau, wenn auch gewisse Weiter-
bildungen und Veränderungen
eingetreten sind. Die beiden
mächtigen segmentierten Seitenrumpfmuskeln erstrecken
sich jederseits von der Dorsal-
bis zur Bauchlinie herab und
vom Hinterrand des Schädels
bis zum Beginn der Schwanz-

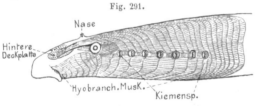

Fig. 291.

Petromyzon fluviatilis. Kopfregion von links. Muskulatur
nach Wegnahme der Haut.   O. B.

flosse. Auf den Schädel selbst dehnen sie sich bei den Fischen kaum mehr aus. Dagegen erstreckt sich bei den Cyclostomen das vorderste Myomer mit seiner Dorsalpartie bis zum Auge, ja der Nase (Fig. 291), mit seinem Ventralteil bis zum Hinterrand
des Munds. Jedenfalls entspricht jedoch dies vorderste Myomer nicht dem der
Acranier. Vielmehr ergibt die Ontogenie der Cranioten recht allgemein, daß vor
diesem vordersten Myomer, das seiner Lage nach direkt hinter der Ohranlage
folgt, noch mindestens 3 Myomere angelegt werden, von welchen das vorderste als
sog. prämandibulares vor dem Mund auftritt. Von diesen 3 Myomeren werden
nach recht übereinstimmenden Angaben die Augenmuskeln gebildet, wie bei diesen
später noch genauer darzulegen sein wird. Auch die vordersten Myomere der Cyclostomen dürften bei den Gnathostomen wahrscheinlich rückgebildet sein, wie aus
ihrer Innervierung folgt, so daß also der Seitenrumpfmuskel der Fische erst mit einem
weiter hinten gelegenen Myomer beginnen dürfte.

Bei den Petromyzonten ist der Rumpfmuskel in der Kiemenregion jederseits in einer Horizontallinie unterbrochen, da sich hier die Öffnungen der Kiemensäcke einschieben (Fig. 291). Bei den Myxinoiden dehnt sich diese Unterbrechung, wegen der in gleicher Höhe mit den Kiemenöffnungen liegenden und sich über den gesamten Rumpf erstreckenden Schleimsäcke (s. S. 127), über den ganzen Körper aus, ist jedoch verdeckt durch den später zu erwähnenden schiefen Bauchmuskel. Auch folgt hieraus, daß bei ihnen in der ganzen Schwanzregion wesentlich nur der dorsale Teil des Rumpfmuskels entwickelt ist und bis zur Bauchseite herab reicht. — Die postbranchialen Myomeren der Petromyzonten (Fig. 291) sind dagegen wie die der Acranier noch ganz einheitlich, ohne Scheidung in einen dorsalen und ventralen Teil.

Die Myomeren der Cyclostomen werden im allgemeinen von längsgerichteten Muskelzellen gebildet, welche die Eigentümlichkeit zeigen, daß sie innerhalb der Myomeren zu zahlreichen platten- oder bandförmigen (Myxinoiden) Aggregaten vereinigt sind, welche Platten auf dem Querschnitt des Tiers etwa radiär zur Körperachse stehen (Fig. 292). Bei den Petromyzonten ist nur die periphere Zone dieser Platten scharf in Muskelzellen gesondert, während die Fasern der inneren Region nicht durch Bindegewebe voneinander geschieden sind. — Auch in der Entwicklung der Fische und mancher höheren Wirbeltiere läßt sich die Bildung solcher Muskelbänder noch mehr oder weniger deutlich verfolgen; später zerlegen sie sich in Fasern.

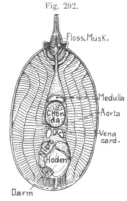

Fig. 292.

Petromyzon fluviatilis ♂.
Querschnitt durch die hintere
Rumpfgegend. O. B.

Bei den *Fischen* ist die Sonderung des jederseitigen Seitenrumpfmuskels in eine dorsale und ventrale Hälfte fast immer gut ausgeprägt (Fig. 294 u. 295), indem in der Seitenlinie, welche durch die Einlagerung des Ramus lateralis des Nervus vagus charakterisiert wird, eine quere horizontale Bindegewebsscheidewand vom Corium bis zur Wirbelsäule einwächst, indem sie die Myosepten gewissermaßen durchschneidet. Dies *Horizontalseptum* sondert demnach jeden Seitenrumpfmuskel in eine dorsale und ventrale Hälfte.

Die beschriebene Sonderung wird manchmal mit der Einlagerung des erwähnten Seitennervs in Beziehung gebracht; wahrscheinlicher dürfte es jedoch sein, daß sie eine funktionelle Differenzierung ist, und sich mit der gesonderten Wirkung der dorsalen und ventralen Muskulatur auf die Caudalflosse hervorgebildet hat.

Jedes Myomer wird von einem zugehörigen Spinalnerv des Rückenmarks innerviert und zwar seine dorsale Hälfte von dem dorsalen Spinalnervenast, die ventrale von dem Ventralast.

Der Verlauf der Myosepten auf der Oberfläche des Muskels bleibt bei den *Cyclostomen* relativ einfach, ziemlich quer mit schwachen Knickungen oder sogar einer mittleren Ausbiegung nach hinten (Fig. 291), wobei sich die Dorsal- und Ventralenden der Septen scharf nach vorn richten (Petromyzon). Die Septen ziehen jedoch in ihrem Gesamtverlauf gegen die Chorda stark kopfwärts.

Hierauf beruht es, daß auf einem Querschnitt (s. Fig. 292) stets zahlreiche Septen gleichzeitig getroffen werden. — Die beiderseitigen Myomeren der Myxinoiden alternieren ein wenig, ähnlich wie die der Acranier.

Bei den *Fischen* bleibt die scharf kopfwärts gerichtete Knickung der Septen, die wir schon bei Branchiostoma fanden, in der Höhe des Horizontalseptums erhalten. Während der Verlauf der Septen bei den Chondropterygiern, Ganoiden und Dipnoern gewöhnlich relativ einfach erscheint, ähnlich dem der Acranier, wird er bei den Teleosteern sowohl in der Dorsal- als Ventralhälfte meist viel komplizierter. In der Schwanzregion, wo sich die dorsale und ventrale Hälfte der Seitenmuskeln ganz symmetrisch ausbilden, da hier die Leibeshöhle fehlt, tritt dies sehr klar hervor. Im allgemeinen beruht die Komplikation darauf, daß jede dorsale und ventrale Septenhälfte in ihrem etwas kopfwärts gerichteten Verlauf eine oder auch zwei nach hinten gerichtete, kegelförmige Ausbuchtungen bildet, die zum Teil auch im Septenverlauf auf der Muskeloberfläche hervortreten (Fig. 293 B u. 295). Innen heften sich die Septen an die Mitte der Wirbelkörper, bzw. in ihrem dorsalen und ventralen Verlauf an die Neural- und Hämalbogen und ihre Dornfortsätze; in der Rumpfregion auch an die Rippen, die ihnen ebenso wie die Fleischgräten der Knochenfische eingelagert sind. So kommt es zustande, daß die beiden Myomerenhälften in jedem Seitenmuskel die Gestalt von Kegeln annehmen, die sich mit ihren nach hinten ge-

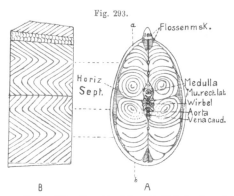

Fig. 293.

Perca fluviatilis (Barsch). *A* Querschnitt in der Gegend des Hinterendes der 2. Rückenflosse (vgl. Fig. 184). *B* Längsschnitt in der Ebene a—b der Fig. *A*, um die kegelförmige Ineinanderschachtelung der Myomeren zu zeigen. O. B.

richteten Spitzen ineinander schachteln. Die Bedeutung dieser Bildung ist wohl die, wie wir ähnlich schon für die Knickung der Myomeren der Acranier hervorhoben, daß die Zugwirkung jeder dorsalen und ventralen Seitenmuskelhälfte auf eine mittlere, bzw. axiale Linie übertragen und so schließlich auf die dorsale und ventrale Hälfte der Caudalflosse geleitet wird.

Ein Querschnitt durch die Schwanzmuskulatur eines Teleosteers (s. Fig. 293 *A*) muß deshalb ein recht kompliziertes Bild geben, da in jeder Hälfte des Seitenmuskels die nach hinten gerichteten kegeligen Myomeren zweimal, oder bei doppelkegeliger Bildung sogar 3—4mal getroffen werden können. Da, wo der Schnitt durch die Spitzen der Kegel geht, sind die Myomeren wie konzentrische Ringe ineinander geschachtelt; da, wo er die Kegelbasis getroffen hat, also namentlich dorsal und ventral, erscheint der Schnitt durch ein Myomer bogenförmig. — In der Rumpfregion, wo die Leibeshöhle die ventrale Rumpfmuskulatur auseinander drängt, wird letztere natürlich dünner und einfacher; kegelförmige Bildung der Myomeren fehlt hier im ventralen Rumpfmuskel.

Wie bemerkt, heftet sich der dorsale Rumpfmuskel vorn teils an die Occipitalregion des Schädels, teils an den Dorsalteil des Schultergürtels; der ventrale inseriert einerseits am Becken, oder bei Ganoiden und Teleosteern am Basalstück
der Bauchflossen, andrerseits am Ventralteil des Schultergürtels; er setzt sich
jedoch noch über letzteren zu den Ventralenden der Visceralbogen, bis zum Hyoid-
und Kieferbogen fort. Bevor wir auf diesen sog. *hypobranchialen Teil* der Ventral-
muskulatur eingehen, wollen wir die Differenzierungen, welche schon bei den
Cyclostomen am Seitenrumpfmuskel auftreten, kurz betrachten.

Eine interessante Weiterbildung zeigt die ventrale Seitenrumpfmuskulatur der
Myxinoiden, indem sich von ihr eine äußerliche Lage abgesondert hat, deren Fasern schief von dorsal und vorn nach ventral und hinten herabziehen (sog. Descendenz), also denselben Verlauf haben, welchen der Musculus obliquus externus in der Bauchmuskulatur der höheren Wirbeltiere besitzt. Septen finden
sich in diesem Obliquus externus nicht. — In der vorderen Körperhälfte verhalten
sich die beiden, an die Ventrallinie stoßenden Regionen des Obliquus sehr eigen-

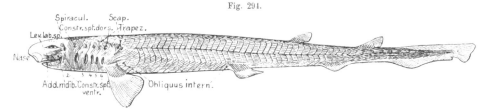

Fig. 294.

Scyllium canicula (jung. Haifisch) von links. Muskulatur (rot) nach Wegnahme der Haut. O. B.

tümlich, indem sie, sich in der Ventrallinie überkreuzend, noch ein Stück weit auf
die entgegengesetzte Körperseite übergreifen. Auf diese Weise bildet jeder wieder
aufsteigende Teil, seinem Faserverlauf nach, gewissermaßen einen Obliquus internus, der jedoch außerhalb des Externus liegt.

Bei den *Fischen* erhält sich in der dorsalen Rumpfmuskulatur der längsgerichtete Faserverlauf im allgemeinen ziemlich unverändert. Die an die Wirbelsäule grenzenden tiefsten Partien befestigen sich direkt an dieser. — An der
ventralen Rumpfmuskulatur dagegen macht sich eine gewisse Differenzierung im
Faserverlauf geltend. Bei den *Haien* (s. Fig. 294) ist der Verlauf in der dorsalen
Partie des Ventralmuskels längs, wird jedoch hierauf schief absteigend von
hinten nach vorn und in der Ventralgegend endlich wieder längs. Durch diese
Veränderung des Faserverlaufs, welche in der Schwanzregion noch nicht ausgesprochen ist, scheinen der bei den Tetrapoden gesonderte M. obliquus internus,
sowie der grade Bauchmuskel (M. rectus abdominis) angedeutet, obgleich noch
keinerlei eigentliche Sonderung in diskrete Muskeln besteht. — Bei den *Teleosteern*
geht die Differenzierung noch etwas weiter (Fig. 295), indem die dorsale, ansehnlichere Partie des ventralen Rumpfmuskels, schief absteigend, von vorn oben
nach hinten unten (descendent) gefasert ist, und erst in der Gegend der Bauchlinie
wieder in geraden Verlauf übergeht. Der Faserverlauf dieser ansehnlichsten und
dicksten Partie des ventralen Rumpfmuskels entspricht daher der des sogenannten

Obliquus externus der tetrapoden Wirbeltiere; er erhält sich in solcher Weise in der Tiefe bis zu den Rippen. Zwischen letzteren aber geht eine tiefste dünne Lage, die sich an die Rippen und den Schultergürtel anheftet, in einen gerade entgegengesetzten Verlauf über (ascendent; s. Fig. 295), entspricht also dem Obliquus internus, wie wir ihn bei den Haien in ansehnlicher Entfaltung trafen.

Bei den *Dipnoi* sind die beiden schief gefaserten Lagen der ventralen Rumpfmuskulatur noch besser entwickelt und von gleicher Dicke, so daß sich nur die tiefste Schicht des Obliquus internus an den Rippen befestigt. Protopterus zeigt sogar schon eine Sonderung des Obliquus externus durch etwas verschiedene Faserrichtung in eine oberflächliche und tiefe Lage, ähnlich wie die urodelen Amphibien. Interessant ist ferner die mögliche Andeutung eines *Transversus abdominis* bei den Dipnoi, wie ihn die tetrapoden Wirbeltiere regelmäßig besitzen. — Die Ontogenie scheint übrigens dafür zu sprechen, daß die descendente äußere Schicht des ventralen Rumpfmuskels der Teleosteer aus einer besonderen, sich erst später bildenden äußeren Lage der ursprünglichen Muskelplatte der Myotome hervorgeht.

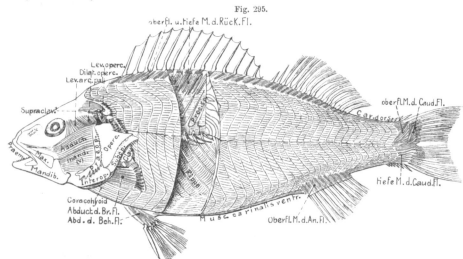

Fig. 295.

Perca fluviatilis (Barsch) von links. Oberflächliche Muskulatur nach Wegnahme der Haut. In der Mitte des Rumpfs ist ein Stück des Seitenrumpfmuskels herausgeschnitten, so daß die tieferen Muskeln der Rückenflosse, sowie die tiefe Lage des Seitenrumpfmuskels zwischen den Rippen, einige Wirbel nebst Gräten sichtbar sind. An der Dorsalhälfte der Caudalflosse sind die oberflächlichen, an der ventralen die tiefen Flossenmuskeln gezeichnet (n. Cuvier und Valenciennes Hist. nat. d. poiss. u. Originalpräparat). O. B.

Eine besondere Differenzierung erfährt der Rumpfmuskel vieler Knochenfische in der Gegend des horizontalen Septums, indem sich hier eine oberflächliche dünne Lage als diskreter Muskel abgesondert hat (sog. *Rectus lateralis*, Fig. 293 A); sein Faserverlauf ist längs, wie schon die Bezeichnung andeutet.

Dieser, gewöhnlich durch rote Färbung und sonstige Besonderheiten seiner Muskelfasern von der farblosen Rumpfmuskulatur abweichende Rectus lateralis kann sich sehr verschieden weit dorsal und ventral vom Horizontalseptum aus über die Rumpfmuskulatur erstrecken. Sein Hervorgehen aus dieser folgt daraus, daß die Myosepten ihn noch durchsetzen.

Eine weitere Differenzierung zeigt die Rumpfmuskulatur an der Rücken- und Bauchkante, indem sich hier zwischen den Rücken- wie den Analflossen, ferner nach hinten bis zur Caudalflosse, nach vorn bis zum Schädel oder dem

Schultergürtel, ein längs verlaufender paariger schwacher Muskel abgegliedert hat (sog. *M. carinalis dorsalis* und *ventralis*, s. Fig. 295). — Abgliederungen der dorsalen und ventralen Rumpfmuskulatur sind ferner die besonderen Muskeln, welche die Form- und Stellungsänderung der unpaaren Flossen, insbesondere ihrer Flossenstrahlen, bewirken. Schon bei den Petromyzonten (s. Fig. 292) hat sich jederseits an der Basis der unpaaren Flossen ein solcher Muskel mit zu der Flosse schief aufsteigenden Fasern entwickelt. — Bei den Fischen wurde im allgemeinen das Hervorgehen dieser Flossenmuskeln aus den dorsalen oder ventralen Enden der Myomeren durch eine Art Knospung erwiesen (sicher wenigstens für die sog. Erectores der Flossenstrahlen). Gewöhnlich (besonders Teleostei) findet sich eine oberflächliche Muskulatur an jeder Flossenseite, die von der äußeren Fascie des Seitenrumpfmuskels ent-

springt, und deren einzelne Bäuche sich an die Basis der Flossenstrahlen heften (*Inclinatores*, Fig. 295); unter ihnen entspringen jederseits von den Flossen- trägern tiefere Muskeln: für jeden Flossenstrahl ein Aufrichter (*Erector*) und ein Niederzieher (*Depres- sor*, s. Fig. 295). Auch die Caudalflosse besitzt jeder- seits ähnliche Muskeln ihrer Flossenstrahlen, ober- flächliche und tiefe (Fig. 295); zu denen sich auch sog. interradiale, zwischen den Basen der benach- barten Flossenstrahlen, ge- sellen können.

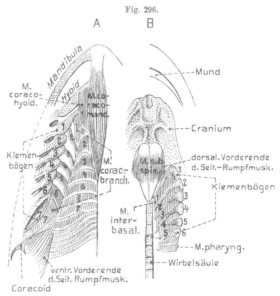

Fig. 296.

Heptanchus (Haifisch). *A* hypobranchiale Muskulatur der Kopf- region von der Ventralseite. *B* Ventralseite des Schädels und der Wirbelsäule zur Demonstration des Vorderendes des dorsalen Seiten- rumpfmuskels und eines Teils der Muskulatur der Kiemenbogen (nach M. Fürbringer 1896). O. B.

Auf die im allgemeinen ähnliche Muskulatur der paarigen Flossen, welche gleichfalls eine Abgliederung der Myomeren ist, soll erst später bei der Muskulatur der paarigen Extremitäten der Tetrapoden eingegangen werden.

Besondere Beachtung verdient die in die Kiemen- und Kieferregion sich aus- dehnende vorderste Partie der Seitenrumpfmuskulatur, und besonders deren ven- traler oder *hypobranchialer* Teil. Ein epibranchialer oder dorsaler, der sich in der Gegend der dorsalen Enden der Kiemenbogen findet, besteht nämlich nur noch bei den Haien und wird gebildet von einem meist paarigen *M. subspinalis* und sog. *Interbasales* (auch Interarcuales I genannt), die sich zwischen den dorsalen Gliedern der Kiemenbogen (Pharyngobranchialia) ausspannen (s. Fig. 296). — Schon bei Petromyzon fanden wir eine ansehnliche Fortsetzung der ventralen Rumpfmuskulatur durch die gesamte Kiemenregion. Die Ontogenese ergibt jedoch das Eigentümliche, daß sich die vorderen branchialen Myotome an der Bildung dieser Muskulatur nicht beteiligen, sie vielmehr erst vom Ventralende des zehnten Myotoms ausgeht, das nach vorn unter die Kiemen auswächst. Später beteiligen sich noch die folgenden Myotome bis etwa zum 17. an ihrer Entstehung.

Ähnlich dürfte sich die homologe Muskulatur auch bei den Haien entwickeln; das achte oder neunte Myotom bildet bei ihnen die erste Knospe für die hypobranchiale Muskulatur. Die spätere Gliederung dieser Anlage scheint jedoch selbständig zu geschehen und sich mehr nach den Kiemen als nach den darüberliegenden dorsalen Myomeren zu richten, mit denen sie auch nicht genau übereinstimmt.

Die Besonderheit dieser Hypobranchialmuskulatur folgt auch aus ihrer Innervierung, welche bei Petromyzon von einer Anzahl Ventralästen der ventralen Spinalnervenwurzeln geschieht, die sich zu einem Plexus verbinden, der hinter der letzten Kiementasche ventralwärts umbiegt, und hierauf, kopfwärts ziehend, die hypobranchiale Muskulatur bis vorn hin innerviert. Ganz ähnlich geschieht die Innervierung bei den Haien (s. Fig. 449), nur daß es hier die sog. spinooccipitalen Nerven (auch als Hypoglossus aufgefaßt) sind, die sich mit vorderen Spinalnerven zu einem Plexus cervicalis verbinden, der gleichfalls hinter den Kiemen ventral herumzieht. Die Spinooccipitalnerven, resp. die Äste des Plexus cervicalis der Haie, versorgen jedoch auch die oben erwähnte epibranchiale Muskulatur.

Bei den *Chondropterygiern* erstreckt sich die hypobranchiale, mehr oder weniger durch Quersepten gegliederte Muskulatur (Mm. coraco-arcuales) vom Schultergürtel nach vorn bis zum Unterkiefer; durch besondere Zipfel an den Kiemenbogen (coraco-branchiales), dem Hyale (cor.-hyoidalis) und schließlich der Mandibel (coraco-mandibularis) sich befestigend (Fig. 296, *A*). — Die Ganoiden verhalten sich im allgemeinen noch ähnlich; die einzelnen Muskelpartien sind jedoch häufig schärfer gesondert. — Die Coracobranchiales der Knochenfische sind bis auf zwei jederseits rückgebildet, die vom Claviculare zum fünften Kiemenbogen gehen; außerdem hat sich ein Coracohyoidmuskel erhalten.

Viscerale Muskulatur der Kopf- und Kiemenregion der Cyclostomen und Fische.

In der genannten Region der Cyclostomen und Fische tritt eine besondere quergestreifte Muskulatur auf, die sich sowohl morphologisch als ontogenetisch eigenartig verhält. Ihre Bezeichnung als Visceralmuskulatur verrät, daß sie zu den Visceralbogen in naher Beziehung steht. Im Gegensatz zu den Stammuskeln geht sie nicht aus den eigentlichen Myotomen hervor, da sich die Somiten in der Kopf-Kiemenregion, soweit bekannt, nicht in Myotome und Seitenplatten sondern; vielmehr spricht alles dafür, daß die Visceralmuskeln aus dem Teil des Mesoderms der genannten Region entstehen, welcher den Seitenplatten des Rumpfs entspricht. Dieser Anteil des Mesoderms wird durch die Kiemenspalten in schlauchförmige oder solide Stränge gesondert, aus welchen sowohl die erwähnte Muskulatur, als auch die Visceralbogen selbst entstehen. — Es ist jedoch auch die Ansicht vertreten worden, daß die Myotomanteile der ursprünglichen Somiten dieser Region ventral herabgerückt, gewissermaßen mit der Seitenplatte verschmolzen seien (Gegenbaur).

Wenn wir zunächst auf die ziemlich eigenartigen Verhältnisse der *Cyclostomen* einen Blick werfen, so finden wir besonders bei den Myxinoiden, weniger entwickelt bei den Petromyzonten, in den Scheidewänden zwischen den aufeinanderfolgenden Kiemensäcken ein quer oder ringförmig zur Körperachse ziehendes System von Muskeln (sog. *Constrictoren*), die sich bei den Myxinoiden über dem Kiemendarm eigentümlich verstricken, ventral dagegen voneinander gesondert bleiben. Hinten hängen sie mit der Muskulatur des nutritorischen Darmanfangs und des Pericardiums, vorn mit der Zungenmuskulatur zusammen. — Bei den Petromyzonten liegen die entsprechenden Constrictoren den Kiemenbogen medial an. Ursprünglich sollen sie aus Muskeln hervorgehen, welche die einzelnen Kiementaschen ringförmig umziehen. Das ganze Constrictorensystem der Cyclostomen aber liegt nach innen von den Seitenrumpfmuskeln, was besonders bei den Myxinoiden, mit ihren zum Teil weit nach hinten verschobenen Kiementaschen, hervortritt. Trotzdem wird diese Muskulatur von den Nn. glossopharyngeus und vagus innerviert, befand sich daher jedenfalls ursprünglich in der hinteren Kopfregion. — Zur Visceralmuskulatur gehört ferner die hoch komplizierte Zungenmuskulatur der Cyclostomen, deren Ausbildung eine ganz einseitige und eigenartige Spezialisierung dieser Gruppe darstellt, für welche sich bei den übrigen Vertebraten nichts Entsprechendes findet. Sie wird von dem fünften Hirnnerv, dem Trigeminus, innerviert.

Gewissermaßen ursprünglicher erhielt sich die Visceralmuskulatur bei den primitiven Haien als eine die Kopf- und Kiemenregion überziehende Lage ringförmig angeordneter Muskelfasern, welche von den Visceralspalten durchsetzt wird (Fig. 294, S. 431). Dorsal steigt sie jederseits bis zur Region des Schädeldachs, etwas höher als die Visceralspalten, empor; ventral gehen die beiderseitigen Anteile ursprünglich ineinander über. — Eine Bildung, wie die beschriebene, dürfte als wahrscheinlicher Ausgangszustand anzusehen sein, hat jedoch bei allen lebenden Fischen durch Spezialisierung und Sonderung in einzelne Partien oder diskrete Muskeln (oder auch zum Teil durch Reduktion) eine erhebliche Veränderung erfahren. Das ganze System wird im allgemeinen als das der *Constrictoren (Constrictor communis)* bezeichnet. Innerviert wird es von den Hirnnerven V bis X, Trigeminus bis Vagus (abgesehen vom Acusticus, VIII), und die Vergleichung seiner einzelnen Anteile bei den verschiedenen Formen gründet sich daher vor allem auf deren Innervierung durch die einzelnen Hirnnerven.

Es kann wohl keinem Zweifel unterliegen, daß das Constrictorensystem der Cyclostomen und Fische im allgemeinen homolog ist. Ob es sich dagegen etwa von dem *M. transversus* der Acranier ableiten läßt, ist ein zurzeit schwer lösbares Problem. Da dieser Muskel in den beiden Metapleuralfalten entsteht, welche die Peribranchialhöhle bilden, von der sich bei den Cranioten nichts findet (abgesehen von der Möglichkeit den sog. Vornierengang auf sie zurückzuführen), so verhält er sich von dem Constrictor communis recht verschieden. Sollte daher eine solche Ableitung möglich sein, so müßte sie von einem Zustand ausgehen, wo sich der M. transversus noch bis in die eigentliche Körperwand erstreckte. — Die eigentümliche Lage der Cyclostomen-Constrictoren nach innen von der Rumpfmuskulatur ließe sich teils auf eine nachträgliche Verschiebung der Kiemensäcke nach hinten, teils auf ein Vorrücken der seitlichen Rumpfmuskulatur zurückführen, wie es sich ja in dem hypobranchialen Anteil der ventralen Rumpfmuskulatur sehr bestimmt ausspricht. Bemerkenswert ist aber jedenfalls die recht innige Verbindung der Constrictoren mit der Darmmuskulatur.

Eine eingehende Schilderung der bedeutenden Komplikation, welche das allgemeine Constrictorensystem bei den Fischen erfährt, würde hier zu weit führen, es müssen daher einige Hinweise genügen. — Bei den Knorpelfischen (vgl. Fig. 297) wird der Constrictor jeder Seite durch die Einlagerung der Kiementaschen in eine dorsale und ventrale Partie geschieden, die sich mehr oder weniger scharf in einzelne Portionen für jeden Visceralbogen sondern (*Constrictores superficiales dorsales* und *ventrales*). Ein zum Mandibularbogen zu rechnender vorderster dorsaler Constrictor 1, der vom Trigeminus innerviert wird, findet sich bei primitiven Haien (Notidaniden) noch als einheitlicher, vor der ersten Visceralspalte (Spiraculum) liegender Muskel (s. Fig. 297, *A*); bei den höheren Haien treten an seine Stelle zum Teil mehrere gesonderte Muskeln, die, neben Beziehungen zum Spritzloch, zuweilen auch solche zu den Augenlidern erlangt haben (M. nictitans und M. palpebrae superioris).

Aus dem Trigeminusabschnitt des allgemeinen Contrictors sind weiter auch die den Kieferbogen bewegenden Muskeln hervorgegangen, welche daher sämtlich vom Trigeminus (Ram. mandibularis) versorgt werden. Es sind dies ein *Levator labii superioris* (auch Praeorbitalis gen.), der von vorn zum Hinterende des Unterkiefers zieht, während der eigentliche *Adductor mandibulae*, vom Palatoquadrat entspringend, sich mehr von hinten und oben an dieselbe Stelle der Mandibel begibt (bei den Rochen sind beide Muskeln meist in mehrere Portionen gesondert). Das Palatoquadrat wird seinerseits durch einen gewöhnlich abgesonderten *Levator maxillae* (L. palatoquadrati), der von der Labyrinthregion des Schädels entspringt, festgehalten und gehoben. — Im Bereich des Hyoidbogens wird der Constrictor vom N. facialis versorgt. Aus seiner dorsalen Partie geht ein *Constrictor superficialis dorsalis* 2 hervor, der eine sich häufig als besonderer Muskel absondernde Partie zum Hyomandibulare sendet (*Levator hyomandibularis*); während sich bei Rochen aus dem Facialisconstrictor noch ein sog. *Levator* und *Depressor rostri* hervorgebildet haben. — An den C. superficialis dorsalis 2 schließen sich hinten die entsprechenden dorsalen Constrictoren für die Kiemenbogen an, die vom N. glossopharyngeus (3) und vom Vagus (die folgenden) innerviert werden. Diese Constrictoren heften sich auch an die dorsale Region der Kiemenbogen, und ihre Fortsetzung erstreckt sich in die tiefen Scheidewände (Septen) zwischen die Kiementaschen hinein bis zu den Bogen selbst. Letzterer Teil hat sich (mit Ausnahme der Notidaniden) zu den sog. *M. interbranchiales* differenziert, welche die Kiemenbogenstrahlen verbinden und sich innen an die Bogen, außen an die sog. äußeren Kiemenbogen (Extrabranchialia) inserieren. An den Kiemenbogen selbst sind aus tiefer gelegenen Partien der Constrictoren besondere Muskeln hervorgegangen; so zwischen den Pharyngo- und Epibranchialia die *Arcuales dorsales I*, und, vom Epibranchiale zu dem Pharyngobranchiale des folgenden Bogens schief aufsteigend, die *Arc. dorsales II*, während sich zwischen dem Epibranchiale und Hypobranchiale jedes Bogens die *Adductores arcuum branchiarum* ausspannen, zu denen auch wohl der schon früher erwähnte Adductor mandibulae als homolog gerechnet werden darf.

Aus dem tiefen Bereich der ursprünglichen Constrictores dorsales hat sich noch ein Muskel abgesondert, der etwa vom dritten C. superficialis dors. ab längs der Constrictoren hinzieht (mit schief nach hinten absteigenden Fasern) und sich am Scapulare des Schultergürtels befestigt. Dieser *M. trapezius* wird vom Vagus versorgt (er fehlt den Rochen).

Fig. 297.

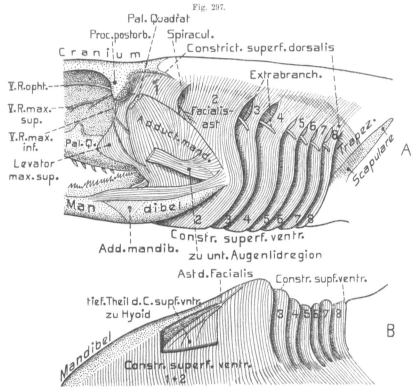

Heptanchus. Viscerale Muskulatur der Kiefer-Kiemenregion, nach Wegnahme der Haut. — *A* Linkseitige Ansicht; das Palatoquadrat ist an der Gelenkung mit dem Postorbitalfortsatz des Schädels gelöst, so daß der Levator max. sup. sichtbar wird. — *B* Ventralansicht der linken Hälfte. Aus dem Constrictor superficialis ventralis ist ein Teil der oberflächlichen Schicht herausgeschnitten, so daß die tiefere Schicht, welche sich am Hyoid befestigt, zu sehen ist (n. VETTER 1874). E. W.

Ein ventraler Constrictor 1 ist möglicherweise mit dem folgenden 2 vereinigt, oder z. T. auch rückgebildet (s. Fig. 297, *B*). Dieser Muskel erstreckt sich zwischen den Hyalia und den Unterkieferästen bis nach vorn; hinten kann er das Coracoid erreichen (bei Rochen ist er komplizierter). Er differenziert sich häufig in eine oberflächliche und eine tiefe Lage. — Für die nun folgenden Kiemenbogen finden sich entsprechende Constrictores superficiales ventrales, die sich auch an den Ventralteilen der Kiemenbogen befestigen. Ihre Innervierung geschieht von den zugehörigen Nerven der Kiemenbogen, wie es für die dorsalen Constrictoren schon geschildert wurde.

Bei den *Ganoiden* und *Teleosteern* sind erhebliche Reduktionen im hinteren Bereich der dorsalen und ventralen Constrictores superficiales eingetreten, was jedenfalls mit der Umbildung und Zusammendrängung der Kiemenspalten und Bogen zusammenhängt, womit auch der Trapezius stets geschwunden sein soll. Im Trigeminusbereich besitzen die Störe einen ansehnlichen *Protractor hyomandibularis*, der wohl dem sog. *Levator arcus palatini* der Teleosteer im allgemeinen entspricht. Der *Adductor mandibulae* ist bei den Stören sehr reduziert und entspringt hier noch vom Palatoquadrat. Bei den Teleostei (Fig. 295, S. 432) ist er meist recht ansehnlich und hat seine Ursprünge stark ausgedehnt (Quadrat, Metapterygoid, Hyomandibulare, Praeoperculum, sogar auf Sphen- und Pteroticum); er ist stets in mehrere Portionen gesondert (ähnlich schon bei Polypterus), die sich teilweise überlagern, und von denen sich die oberflächliche an der Maxille, die beiden tieferen an der Mandibel inserieren, so daß der Adductor der Knochenfische fast stets auch den Oberkiefer etwas nach hinten und abwärts zieht.

Einen Repräsentanten des sog. *Levator maxillae superioris* der Knorpelfische stellt bei den Teleostei wohl der *Levator arcus palatini* dar (Fig. 295), an den sich hinten noch ein sog. *Dilatator operculi* anschließt, der, obgleich vom Trigeminus innerviert, seine Insertion an der Dorsalregion des Operculums besitzt. — Im Bereich des Facialis besitzen die Chondrostei einen *Retractor hyomandibularis* und einen *Levator operculi*, die Knochenfische einen *Adductor hyomandibularis*, *Levator operculi* und *Adductor operculi*. Dem Facialisgebiet gehört bei den Teleosteern endlich ein *Adductor arcus palatini* an, der vom Parasphenoid entspringt und zum Gaumenbogen, oder auch dem Hyomandibulare zieht. — Von den an die Kiemenbogen tretenden tieferen Constrictorenteilen begegnen wir in beiden Gruppen sog. *Levatores arcuum branchialium* in verschiedener Zahl, welche die dorsalen Glieder der Kiemenbogen an der Unterseite des Schädels befestigen (bei den Knochenfischen gibt es äußere und innere). — An den Kiemenbogen wiederholen sich die schon bei den Chondropterygiern gefundenen *Interbranchiales* bei den Stören, ferner bei den Teleostei die *Arcuales dorsales* (Interarcuales dorsales), während bei beiden Gruppen sog. *Interarcuales ventrales* von den Ceratobranchialia zu den Hypobranchialia ziehen. — Auch Rückziehmuskeln für den gesamten Kiemenapparat kommen bei Teleosteern vor, die von vorderen Wirbeln zu hinteren Kiemenbogen gehen (*Retractor arcuum branchialium dorsalis*).

Aus den ventralen Constrictores superficiales läßt sich bei den Chondrostei ein ansehnlicher Muskel ableiten, der von der ventralen Mittellinie, schief nach vorn aufsteigend, zur unteren Augengegend zieht und zwei Portionen zum Hyale und Operculum sendet. In der Hauptsache entspricht er jedenfalls dem Constrictor ventralis 2; sein vorderster Teil nach der Innervierung jedoch möglicherweise 1. Noch einige weitere kleine Muskeln in der Ventralregion des Kopfs gehören wohl ebenfalls hierher.

Bei den Teleostei finden wir vorn zwischen den Unterkieferhälften den sog. *Intermandibularis*, der auf Grund der Innervierung ebenfalls zum Constr. ventr. superf. 2 zu gehören scheint. Dies gilt ebenso von dem sog. *Geniohyoideus*, der sich vom

Hyale zum vorderen Unterkieferwinkel erstreckt. Eigentümlich ist der gleichfalls dem Facialisgebiet angehörige *M. hyoideus*; sein dorsaler Teil gleicht den Interbranchiales, da er sich zwischen den Kiemenhautstrahlen ausspannt (bis zum Suboperculum und Operculum), seine ventrale Fortsetzung endigt teils am Hyale, teils am Mundhöhlenboden; dabei kann sich dieser Ventralteil mit dem der Gegenseite kreuzen oder vereinigen. — Auf einige Muskelchen, die sich bei den Knochenfischen zum fünften Kiemenbogen (Os. pharyngeum inf.) begeben, resp. von ihm entspringen, gehen wir hier nicht näher ein.

3. Rumpf- und Kopfmuskulatur der tetrapoden Wirbeltiere.

Stammuskulatur.

Im Zusammenhang mit den komplizierten Bewegungsverhältnissen, welche sich bei den Tetrapoden durch die besondere Ausbildung und Wirkung der Extremitäten in steigender Entfaltung entwickelten, erlangt die Stammuskulatur, ebenso wie die der Extremitäten, allmählich einen sehr verwickelten Bau. Im Rahmen des vorliegenden Werks erscheint es daher ganz ausgeschlossen, eine ausführlichere Schilderung derselben zu geben. Es kann sich nur darum handeln, einige Grundzüge ihrer Ausgestaltung hervorzuheben, und etwa die allmähliche Differenzierung an einigen Beispielen etwas genauer zu erörtern. — Die beginnende Differenzierung des Seitenrumpfmuskels, welche wir bei den Fischen wesentlich durch die Sonderung in einen dorsalen und ventralen Rumpfmuskel, sowie die Abgliederung der Flossenmuskulatur angebahnt sahen, schreitet bei den Tetrapoden immer weiter fort, was zunächst dadurch bedingt wird, daß die Insertionen an den Elementen des Achsenskelets, dem Schädel, den Wirbeln nebst ihren Fortsätzen und den Rippen, andrerseits aber auch den Extremitätengürteln und dem proximalen Abschnitt des Extremitätenskelets selbst, ausgiebiger werden, obgleich nicht wenige Muskeln auch Insertionen an den äußeren Fascien bewahren, oder erlangen. Mit dieser Tendenz geht eine Sonderung der ursprünglich einheitlichen Seitenrumpfmuskeln in diskrete Muskeln Hand in Hand, die sich teils nur über ein oder wenige Segmente erstrecken, teils dagegen über zahlreiche. — Ebenso tritt jedoch auch eine Sonderung in der Tiefenrichtung ein, wodurch mehrere übereinander gelagerte diskrete Muskeln aus der ursprünglichen Rumpfmuskulatur hervorgehen können. Bei längeren Muskeln, die sich aus mehreren bis zahlreichen ursprünglichen Myomeren hervorgebildet haben, können sich bei den Amphibien und zum Teil auch den Reptilien die Myosepten als sog. *Ligamenta intermuscularia* oder *Inscriptiones tendineae* noch recht ausgiebig erhalten. Bei den Amnioten schwinden die Reste der Myosepten immer mehr und kommen nur noch in der Schwanzregion oder in einzelnen Muskeln vor.

Das allmähliche Verkümmern der ursprünglichen Dissepimente kann in etwas verschiedener Weise geschehen. Einmal so, daß sich die Zugrichtung der Muskelfasern der Verlaufsrichtung der Ligamente mehr und mehr annäherte, wobei letztere funktionlos wurden und daher allmählich verkümmerten; andrerseits dadurch, daß die Muskelfasern allmählich durch die Ligamente hindurchwuchsen und sie zerstörten.

Recht konservativ verhält sich im allgemeinen noch die Schwanzregion bei
Amphibien, Sauriern und Crocodilen. Die Längsmuskulatur bietet hier fast noch
völlig das Bild wie bei den Fischen; bei den genannten Reptilien mit je zwei nach
hinten gerichteten Knickungen der Myosepten im dorsalen und ventralen Seitenrumpfmuskel, die zum Teil sogar noch kegelartige Bildungen der Myomeren hervorrufen (s. Fig. 298).

Schon bei gewissen Wirbellosen mit besonders abgegrenzten diskreten Muskeln bilden
sich an deren Ansatzstellen eigenartige, zuweilen chitinöse Verlängerungen, die die Anheftung an die Cuticula bewirken (speziell Arthropoden). In analoger Weise laufen die durch
Differenzierung entstehenden Muskeln der Wirbeltiere an beiden Enden, oder dem sog. In-
sertionsende, d. h. demjenigen, welches sich an den zu bewegenden Teil befestigt, in eine
bindegewebige Fortsetzung aus, welche die Anheftung bewirkt: sog. *Sehnen (Tendines)*.
Diese Sehnen der Vertebraten bestehen aus festerem, sog. straffem Bindegewebe. An mehr
flächenhaft ausgebreiteten Muskeln, jedoch auch solchen gewöhnlicher Form, können die Sehnen
sich gleichfalls membranartig in die Fläche entwickeln; sie werden dann gewöhnlich als
Aponeurosen bezeichnet. Die einzelnen Mus-
keln, oder auch eine Gruppe solcher, werden
von den benachbarten Muskeln, oder auch dem
äußeren Integument, durch gleichfalls aus straffem Bindegewebe bestehenden Membranen geschieden, welche den Muskeln eine gewisse Frei-
heit ihrer Bewegungen gestatten. Dies sind die
sog. *Muskelbinden* oder *Fascien*. Schon bei
den Fischen schiebt sich zwischen den Seitenrumpfmuskel und das Integument eine solche
Fascie. Die Fascien können zuweilen stellen-
weis eine sehnig-aponeurotische Beschaffenheit
annehmen, umsomehr als sie nicht selten auch
Teilen der Muskulatur Ansatz bieten.

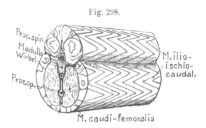

Fig. 298.

Alligator mississipiensis. Ein Stück des
Schwanzes nach Wegnahme der Haut. Von links
und etwas vorn, so daß auch der vordre Querschnitt sichtbar.   O. B.

Bei den seither betrachteten Wirbeltieren fanden wir eine sehr regelmäßige und einfache Innervierung der Stammuskulatur, indem jede Myomerhälfte von dem Spinalnerv der
bezüglichen Seite versorgt wurde, d. h. dem dem betreffenden Segment zugehörigen Spinalnerv. Die tiefgehende Umbildung und Differenzierung der einfachen Seitenrumpfmuskulatur
bei den Tetrapoden muß natürlich auch diese Innervierungsverhältnisse beeinflussen und
verwickelter gestalten. Im allgemeinen wird zwar die aus einem Myomer hervorgegangene
Muskulatur die Versorgung durch den ursprünglich zugehörenden Spinalnerv bewahren; deshalb
wird eben die Feststellung des Muskelbezirks, welcher von einem bestimmten Spinalnerv versorgt
wird, Licht verbreiten über die Muskeln, welche sich aus dem betreffenden Myomer allmählich
hervorbildeten. Die genaue Verfolgung der Muskel-Innervierung ist daher vergleichend-
anatomisch von größter Wichtigkeit. Wie wir später sehen werden, treten jedoch nicht
selten Verbindungen und Faseraustausch zwischen benachbarten Spinalnervenästen ein, wodurch das Problem erschwert wird, indem Muskeln von Ästchen gewisser Spinalnerven versorgt werden können, die ursprünglich vielleicht gar nicht an ihrer Innervierung beteiligt
waren. In solchen Fällen werden dann die Deutungen zweifelhafter.

Da gewisse Muskeln von ihrem ursprünglichen Entstehungsort weit verlagert werden,
oder mit ihren Ursprüngen in weit abliegende Gebiete übergreifen, so kann ihre Innervierung
in solchen Fällen Aufschluß über diese Vorgänge geben, indem sie auf den ursprünglichen Ort
des Muskels hinweist. Da ferner zahlreiche Muskeln der Tetrapoden aus einer größeren bis
großen Zahl ursprünglicher Myomeren hervorgingen, deren Grenzen verschwanden, so deutet
doch die Versorgung durch zahlreiche Spinalnerven noch auf diese Entstehungsweise hin. —

Schon bei der Besprechung der Wirbelsäule wurde hervorgehoben (vgl. S. 215), daß Schulter- und Beckengürtel, und damit die gesamten Extremitäten häufig beträchtliche Verschiebungen an der Wirbelsäule erfahren haben müssen. Dies muß sich auch in der Innervierung ihrer Muskulatur aussprechen, welche, obgleich im allgemeinen homolog, doch nicht durch die gleichzähligen Spinalnerven geschieht. Wie schon früher hervorgehoben, liegt jedoch kein Grund zur Annahme von eventueller Ein- oder Ausschaltung von Segmenten vor. Es läßt sich diese verschiedene Innervierung der Extremitäten daher nur so verstehen, daß bei ihrer Verschiebung nächst angrenzende Spinalnerven einbezogen, entgegengesetzte dagegen ausgeschaltet wurden; was, wie wir später finden werden, dadurch begünstigt wird, daß die Ventraläste der Spinalnerven, welche die Extremität versorgen, zunächst ein Nerven-

Fig. 299.

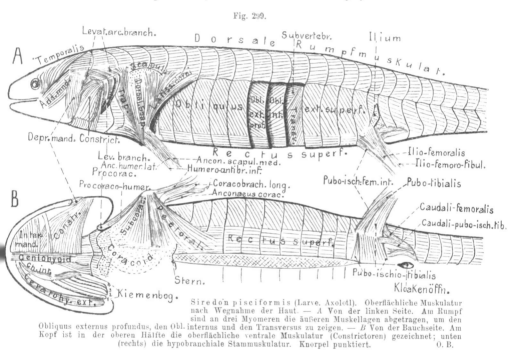

Siredon pisciformis (Larve. Axolotl). Oberflächliche Muskulatur nach Wegnahme der Haut. — *A* Von der linken Seite. Am Rumpf sind an drei Myomeren die äußeren Muskellagen abgetragen, um den Obliquus externus profundus, den Obl. internus und den Transversus zu zeigen. — *B* Von der Bauchseite. Am Kopf ist in der oberen Hälfte die oberflächliche ventrale Muskulatur (Constrictoren) gezeichnet; unten (rechts) die hypobranchiale Stammmuskulatur. Knorpel punktiert. O. B.

geflecht (Plexus) bilden, von dem erst die Extremitätennerven entspringen. Schwieriger zu beurteilen ist dagegen das Verhalten der Extremitätenmuskulatur in diesem Falle; doch läßt sich nicht wohl daran zweifeln, daß sie in ähnlicher Weise aus benachbarten Myomeren ergänzt werden mußte, während Anteile andrer Myomeren ausschieden. Es würde sich in solchen Fällen also für die Extremitätennerven und -muskeln um eine Art substitutioneller Homologie (imitatorische, Fürbringer) handeln.

Rumpfmuskulatur. Der *dorsale Seitenmuskel* zeigt bei den Amphibien (Fig. 299) noch recht wenig Differenzierung und ausgiebige Erhaltung der Myosepten, die auch bei den Reptilien in ihr im allgemeinen noch gut ausgebildet sind. Bei den Amnioten sondert sich der dorsale Rumpfmuskel allmählich in immer zahlreichere Muskeln, welche ihre Abstammung durch die Innervierung aus den dorsalen Spinalnervenästen verraten. Oberflächlich bilden sich so längere, über viele Segmente ausgedehnte Muskeln, die hinten sowohl vom Os ilium, als auch von der hinteren oberflächlichen Fascie entspringen (so der sog. *Longissimus*

dorsi, der *Iliocostalis*), und sich ihrem Verlauf nach vorn an die Querfortsätze der
Wirbel heften, von denen sie jedoch auch wiederum Zuwachs erhalten, schließlich
auch zu Rippen gehen (Iliocostalis), oder sogar bis zum Cranium reichen können
(Long. dorsi). Ein anderer hierher gehöriger Teil bildet den von vorderen Wirbeln
zum Schädel tretenden *M. splenius*.

Aus tieferen Lagen des dorsalen Rumpfmuskels geht ein System von Muskeln
hervor, die sich allmählich immer mehr komplizieren. Oberflächlich sind sie in der
Regel länger und heften sich an zahlreiche Wirbel an, oder überspringen eine
größere Zahl derselben: so Muskeln, die sich zwischen den Dornfortsätzen oder
Querfortsätzen ausspannen (*Spinales, Interspinales* und *Intertransversarii*). Ferner

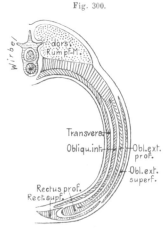

Fig. 300.

Mo l g e (Triton) ta e n i at us. Schematischer
Querschnitt der Stammuskulatur in der
Rumpfgegend (n. MAURER 1892). O. B.

solche, die von Dornfortsätzen zu Querfortsätzen
ziehen (*Transversospinales*), von denen die ober-.
flächlichen zahlreiche Wirbel überspringen, die
mittleren weniger, die tieferen einige, die tiefsten
nur einen oder gar keinen. Auch bis zum Schädel
können sie sich erstrecken. — Zur Bewegung
des letzteren besteht bei den Säugern ein recht
kompliziertes System von Muskeln, das bei den
Reptilien zum Teil noch durch eine einzige Muskelmasse oder durch zwei Muskelpaare vertreten
ist, die von den Halswirbeln entspringen.— Auch
in die dorsale Schwanzregion ziehen vom Ilium
oder Sacrum Fortsetzungen des ursprünglichen
dorsalen Seitenrumpfmuskels. — Daß die dorsale
Rumpfmuskulatur der Chelonier mit der Bildung
des knöchernen Rückenschilds stark bis völlig
rückgebildet wurde, ist begreiflich.

Die *ventrale Stammuskulatur* geht aus dem ventralen Seitenrumpfmuskel der
Fische hervor, was schon aus ihrer Innervierung durch die Ventraläste der Spinalnerven folgt, andrerseits auch aus ihrem Hervorwachsen aus der Ventralkante der
ursprünglichen Myomeren.   Sie bildet die Muskulatur der Bauchwand, die
hinten an die ventrale Beckenhälfte, davor an die Rippen und auch den Schultergürtel sich befestigt, endlich weiter vorn in den später zu erwähnenden hypobranchialen Anteil der ventralen Muskulatur übergeht. — Da die Entwicklung der
Bauchmuskulatur bei den primitiveren Tetrapoden ziemlich gut bekannt ist, gehen
wir etwas näher auf sie ein. Die schon bei den Teleosteern aufgetretene Differenzierung des ventralen Rumpfmuskels in eine äußere Lage mit descendenten Fasern,
eine tiefere mit ascendenten und eine ventrale mit längs gerichteten, kehrt bei allen
Tetrapoden wieder, indem sich diese drei Lagen gleichzeitig zu diskreten Muskeln
sondern, dem *M. obliquus abdominis externus* mit descendenten Fasern, dem
Obliquus internus mit ascendenten und dem *Rectus abdominis* mit längsgerichteten (s. Fig. 299). Während der Obliquus internus bei den Amphibien aus dem
medialen Muskelblatt des ventralen Myomerenfortsatz hervorgeht, entsteht der

Obliquus externus sekundär aus einer äußeren Lamelle, welche sich durch Umbiegen des Ventralrands des medialen Muskelblatts nach außen und sein dorsales Auswachsen entwickelt (s. Fig. 300). Der Rectus geht aus dem ventralen Umbiegungsrand der beiden Lamellen hervor, welche die Obliqui externi und interni bilden (vgl. Fig. 300). — Bei sämtlichen Tetrapoden sondert sich ferner von der Medialfläche der Anlage des Obliquus internus ein tiefster Bauchmuskel ab, der *Transversus abdominis*, dessen Fasern quergerichtet sind (s. Figg. 299, 300—302).

Bei den urodelen *Amphibien* (s. Fig. 299) erstrecken sich diese Bauchmuskeln, welche noch von zahlreichen Myosepten durchsetzt sind, über die ganze ventrale Rumpfwand zwischen Becken und Schultergürtel. Sie komplizieren sich dadurch, daß sowohl vom Rectus, als dem Obliquus externus eine äußere Lage abgesondert ist, als *Rectus superficialis* und *Obliquus externus superficialis*. Diese äußere, bei den Ichthyoden noch dünne Lage der beiden Muskeln wird bei den Salaman-

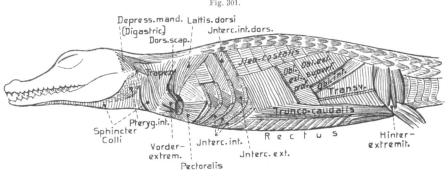

Fig. 301.

Crocodilus palustris, Lesson. Von der linken Seite. Die Haut entfernt, um die äußere Muskulatur zu zeigen. Vordre Extremität abgeschnitten. Aus den M. iliocostalis, obliquus externus, superficialis und profundus, sowie dem M. obliquus internus sind Stücke herausgeschnitten, um die tiefer liegenden Muskeln zu zeigen. (Mit Benutzung von Maurer 1896.)　　　　O. B.

drinen stärker als die tiefe (profundes); wogegen bei den Anura die profunden Rectus und Obliquus externus wahrscheinlich völlig eingegangen sind, so. daß deren einfacher Rectus und Obliquus externus nur die superficialen der Urodelen repräsentieren. Der Obliquus internus, der schon bei manchen Urodelen (z. B. Salamandra) mit dem Transversus verschmolzen ist, scheint bei den Anuren geschwunden zu sein. — Während die beiden primären seitlichen Bauchmuskeln, Obliquus externus profundus und Obliquus internus, stets segmentiert bleiben, treten die Myosepten im Obliquus externus superficialis und Transversus allmählich stark zurück und schwinden manchmal völlig.

Die ventrale Rumpfmuskulatur der *Reptilien* ist viel komplizierter geworden, was vor allem mit der ansehnlichen Entwicklung der Rippen zusammenhängt, die sich über die ganze Rumpfwirbelsäule ausbreiten können. Zwischen den Obliquus internus, der sich ursprünglich (Sphenodon und die meisten Saurier) über den ganzen Rumpf erstreckt, und den Obliquus externus profundus, der selten fehlt (z. B. Chamaeleo), schalten sich nämlich die sog. *M. intercostales externi* und *interni* ein, die sich zwischen je zwei aufeinander folgenden Rippen ausspannen, selten weiter greifend; wobei die Verlaufsrichtung ihrer Fasern denen der Obliquii externus und internus entspricht (Fig. 301). Während die Intercostales externi meist die Vertebralstücke der Rippen verbinden, erstrecken sich die Intercostales interni weiter ventral hinab; doch gilt dies zum Teil auch für die äußeren. — Es ist nun recht wahrscheinlich, daß sich die Intercostales externi aus der tiefen Lage des Obliquus externus profundus hervorgebildet haben, während die Intercostales interni aus der äußeren Schicht des Obliquus internus entstanden. Zuweilen (Crocodilus, Chamaeleo) ist jedoch der eigentliche Obliquus internus stark rückgebildet, so daß nur ein hinterer Teil in der Lendenregion erhalten blieb, der wie eine direkte Fortsetzung der Intercostales interni erscheint.

Der *Transversus* der Reptilien ist in der Regel ansehnlich entwickelt und erstreckt sich über den ganzen Rumpf. — Der *Rectus*, welcher selten undeutlich ist (Chamaeleo), differenziert sich bei den Sauriern in zwei laterale und einen medianen Anteil. Bei Sphenodon und den Crocodilen sind seiner oberflächlichen Lage die Bauchrippen (vgl. S. 211) eingelagert, die jedoch auch in inniger Verbindung mit dem Integument stehen. — In der Beckenregion sondert sich vom Rectus gewöhnlich ein Teil ab (sog. *M. triangularis*), der vom Praepubis zur Linea alba[1]) zieht; er gleicht dem später zu erwähnenden M. pyramidalis der Säuger. — Vom dorsalen Rand des Obliquus internus wurde eine Gruppe besonderer Muskeln abgegliedert, die von den proximalen Rippenenden, seltener von der Ventralseite der Wirbelsäule schief nach vorn absteigend zu den Vertebralstücken der Rippen ziehen, sog. *Retractores costarum* (= Obliquus internus dorsalis longus Maurer); schon bei den Urodelen findet sich eine entsprechende Muskulatur als sog. *Subvertebralis* (s. Fig. 299). — Vom Intercostalis externus der Crocodile hat sich in der Lumbarregion ein Muskel gesondert, der, von der Ventralseite der Lendenwirbelsäule nach hinten ziehend, bis zum Proximalende des Femur geht, der sog. *Quadratus lumborum;* er findet sich auch bei Vögeln und Säugern allgemein.

Die Bauchmuskulatur der *Schildkröten* ist wegen der Panzerbildung stark reduziert, jedoch teilweise erhalten. — Eine hochgradige Komplikation erfährt sie bei den *Schlangen*, wo die Rückbildung der Extremitäten eine völlige Veränderung der Bewegungsweise hervorrief, indem der Körper gewissermaßen auf den Ventralenden der bis zur Bauchhaut herabreichenden Rippen kriecht. Damit differenziert sich die aus den schiefen Bauchmuskeln hervorgegangene Rippenmuskulatur sehr. Aus den oberflächlichen schiefen Bauchmuskeln und dem Rectus entstanden jederseits zwei Reihen sich schief kreuzender Muskelchen, welche von den Rippen zur Bauchhaut ziehen. Ein recht kompliziertes System von Hautmuskeln ist ferner zwischen den Hornschildern der Bauchfläche entstanden und bildet gleichfalls ein wirksames Hilfsmittel bei den Bewegungen. — Inscriptionen finden sich nur bei gewissen Reptilien noch im Rectus.

Die Bauchmuskulatur der *Vögel* schließt sich im allgemeinen der der Reptilien an, wird jedoch durch die mächtige Entfaltung, welche das Brustbein in die Breite

---

[1]) Als Linea alba wird die bindegewebige Längslinie bezeichnet, welche die beiden paarigen Anteile des graden Bauchmuskels scheidet.

und Länge erfährt, in ihrer Ausdehnung auf die nach hinten und seitlich vom Sternum liegenden Regionen beschränkt.

Auch die Bauchmuskulatur der *Säuger* (s. Fig. 302) bewahrt die schon bei den Amphibien und Reptilien festgelegten Grundzüge. Der *Rectus* und *Obliquus externus*

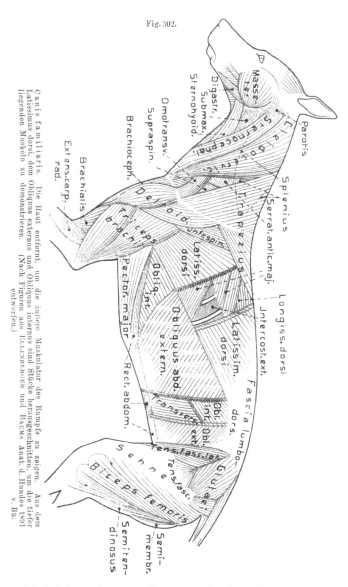

Fig. 302.

Canis familiaris. Die Haut entfernt, um die äußere Muskulatur des Rumpfs zu zeigen. Aus dem Latissimus dorsi, dem Obliquus externus und Obliquus internus sind Stücke herausgeschnitten, um die tiefer liegenden Muskeln zu demonstrieren. (Nach Figuren aus ELLENBERGER und BAUM Anat. d. Hundes 1891 entworfen.)

erstrecken sich bei den paläogenen Formen noch bis in die vorderste Brustregion und zeigen meist Inscriptionen, der Rectus sogar fast stets. *Obliquus internus*, *Transversus*, sowie der früher erwähnte *Quadratus lumborum*, der vom Ilium entspringt und ventral an der Wirbelsäule bis zu den hinteren Rippen zieht, sind regelmäßig vorhanden. — Dorsal, längs den Seiten der Wirbelsäule, von den Wirbeln zu den Vertebralstücken der Rippen ziehend, finden sich noch die *Serrati postici superior* und *inferior*, nach ihrer Innervierung Ventralmuskeln.

Die Vergleichung ergibt, daß die beiden Serrati postici kein ursprünglich einheitlicher Muskel sind, wie aus ihrem mittleren Zusammenstoßen häufig geschlossen wurde, sondern daß sie sich aus dorsalen zur Wirbelsäule emporgerückten Partien der Intercostales externi (Serr. p. sup.) und interni (Serr. p. inf.) ableiten. Wahrscheinlich vollzog sich diese Differenzierung im Zusammenhang mit der Entwickluug des Zwerchfells und der Zwerchfellatmung der Mammalia. Auch die sog. *M. levatores costarum* der Mammalia gingen aus Teilen der Intercostales externi hervor.

Als eine Abgliederung des hintersten, an die Schambeine inserierenden Rectusabschnitts tritt bei den Säugern der paarige *M. pyramidalis* auf, der bei Monotremen und Marsupialiern von den Beutelknochen schief nach vorn zur Linea alba, ja bei gewissen Beutlern bis zum Sternum zieht. Bei den Placentaliern inseriert er hinten am Pubis und ist zuweilen noch recht ansehnlich, zum Teil aber auch ganz rückgebildet.

Daß der M. pyramidalis dem schon bei den Reptilien gefundenen M. triangularis, eventuell sogar einem ähnlich gelagerten Muskel der Urodelen entspreche, wird teils befürwortet, teils geleugnet.

Auf eine vom Transversus ausgehende Abzweigung, welche als sog. *M. cremaster* bei den männlichen Säugern in Beziehung zum Hoden, bei den weiblichen Aplacentaliern als *Compressor mammae* zur Milchdrüse tritt, wird bei den männlichen Geschlechtsorganen näher einzugehen sein. — Auch das *Zwerchfell* (Diaphragma) soll erst später bei der Leibeshöhle besprochen werden.

Wie wir schon früher sahen, bewahrt die Stammuskulatur der Schwanzregion bei den urodelen Amphibien und Reptilien häufig einen sehr ursprünglichen Bau, ähnlich dem der Rumpfmuskulatur der Fische; dies gilt für ihren dorsalen Teil noch mehr als für den ventralen. Aus letzterem differenzieren sich in der vorderen Schwanzgegend schon bei den Urodelen (Fig. 299), ähnlich auch den Reptilien, einige ansehnlichere Längsmuskeln, die von vorderen Caudalwirbeln zum Becken ziehen, und daher im allgemeinen als Beuger der Schwanzwurzel funktionieren; so der paarige *Ischiocaudalis* der Urodelen, der auch bei Reptilien wiederkehrt und, die Kloake beiderseits umziehend, auch als ihr Schließmuskel (Sphincter) funktioniert. Schon bei einem Teil der Reptilien (so Saurier) hat sich jedoch ein selbständiger *Sphincter cloacae* abgegliedert, was auch bei den Vögeln und aplacentalen Säugern der Fall ist, während er bei den placentalen, wegen der Trennung von After und Urogenitalöffnung, umgestaltet wird, wovon später bei diesen Öffnungen Genaueres. — Auch ein zum Ilium ziehender Muskel (*Ilio-caudalis*) findet sich bei den Reptilien. Gleichzeitig haben sich jedoch bei Urodelen und Reptilien einige Muskeln abgesondert, die von der ventralen vorderen Schwanzwirbelsäule zur Extremität gehen (Caudali-femoralis, s. Fig. 298, Caudali-ischio-pubo-tibialis, Fig. 299). — Mit der Verkümmerung des Schwanzes bei den Anuren trat die Schwanzmuskulatur zurück, doch sind die vom Sacrum und Ilium zum Os coccygis ziehenden Muskeln (M. coccygeo-sacralis und coccygeo-

iliacus) hierher zu stellen. — Auch bei den *Vögeln* hat die Rückbildung des
Schwanzes die Muskulatur beeinflußt. Sie besteht in paarigen *Levatores* (s. Fig. 57,
S. 144) und *Depressores coccygis* und zwei ebensolchen Muskeln *(Pubo-coccygeus*
und *Ilio-coccygeus)*, die auch zu den Steuerfedern Züge senden und dieselben
daher spreizen.

Die Schwanzmuskulatur der *Säuger* erweist sich (abgesehen von Verkümme-
rungsfällen, wie bei Anthropoiden und dem Menschen) recht kompliziert. In den
vom Becken zur Schwanzwurzel ziehenden Muskeln, wie den *Ischio-*, *Pubo-* und
Ilio-coccygeus, doch auch dem paarigen vom Sacrum, sowie vorderen Caudalwirbeln
zu den meisten folgenden Schwanzwirbeln gehenden ventralen *Sacro-coccygeus*
finden wir Repräsentanten der schon erwähnten Muskeln. Die dorsalen Schwanzmuskeln (Strecker) sind recht verwickelt und zeigen im allgemeinen ähnliche Differenzierungen wie die der Rumpfwirbelsäule. Wie an dieser ziehen die oberflächlicheren Muskeln meist über mehrere Wirbel und haben daher häufig recht lange
Sehnen. Bei den *Cetaceen* (ähnlich auch den Sirenen) sind mit der Umbildung des
Schwanzes zu einem wieder fischartig funktionierenden Bewegungsorgan auch besondere Muskelverhältnisse verbunden. Dies tritt besonders an den vorhin erwähnten
paarigen *Sacro-coccygei* hervor, den Hauptbeugern, welche sehr mächtig werden,
sich auf der Ventralseite der Wirbelsäule, unter Reduktion des Beckens, bis in die
Brustregion ausdehnen können, an Stelle der *M. psoas* und *quadratus-lumborum*,
und sich mit sehr langen Sehnen nach hinten bis zum Schwanzende erstrecken.

Die hypobranchiale Stammuskulatur der Tetrapoda. Bei den
Fischen fanden wir, daß sich eine Fortsetzung der ventralen Rumpfmuskulatur
von den Coracoiden bis zum Unterkiefer ausspannt (M. M. coraco-arcuales) und
mannigfache Differenzierungen erfahren kann. Diese Muskulatur erhält sich
in ähnlichen Beziehungen durch die ganze Wirbeltierreihe als Muskelzüge, die
sich vom Schultergürtel zum Zungenbeinbogen und Unterkiefer erstrecken. —
Die vom Sternum zum Hyoid gehende mittlere Partie wird daher als *M. sternohyo-*
ideus bezeichnet; bei den Urodelen bildet sie noch eine direkte Fortsetzung des
Rectus abdominis. Vorn ist sie von der zur Unterkiefersymphyse tretenden Fortsetzung, dem *M. geniohyoideus* noch wenig gesondert (s. Fig. 299, *B*). — Bei den
Anuren ist eine Partie abgegliedert, die als *M. omohyoideus* vom Schulterblatt
zum Zungenbeinkörper tritt. — Differenzierungen des Geniohyoideus sind die bei den
Urodelen noch wenig gesonderten, bei den Anuren selbständig gewordenen Muskeln der Zunge, der *Genio-* und *Hyoglossus*; der erstere vom Zungenbein, der
letztere vom Unterkiefer in die Zunge tretend. — Diese, schon bei den Amphibien
ausgebildete Muskulatur erhält sich im allgemeinen bei den *Amnioten* ähnlich. Mit
Verlängerung des Halses wird sie länger. — Auch ein Omohyoideus ist (mit Ausnahme der Schlangen und Vögel) gewöhnlich vorhanden. Es treten jedoch mancherlei Differenzierungen, auch Vermehrungen der Muskeln auf. — Der Ursprung des
Sternohyoideus, oder der von ihm sich herleitenden Abgliederungen, wird häufig
verlegt auf die Coracoide (Crocodile, Monotremen), die Claviculae (Vögel, Säugetiere), das Episternum (Crocodile), ja auf die Trachea oder die Haut des Halses

(Vögel). Auch die bei den Vögeln zum Herauf- und Herabziehen der Trachea
dienenden Muskeln (Sterno- und Cleidotrachealis) gehören hierher. — Bei den
Säugern kompliziert sich der Sternohyoideus häufig, da er in seinem Verlauf Fortsätze zum Thyreoidknorpel abgibt, wodurch sich schließlich von ihm vorn ein
Thyreohyoideus und ein *Sternothyreoideus* absondern kann (s. Fig. 303).

Visceralmuskulatur der Tetrapoden.

Wie schon bei den Fischen betrachten wir die hierher gehörigen Muskeln an
der Hand der sie versorgenden Hirnnerven und beginnen daher mit den vordersten,
in der Kieferregion befindlichen, die vom *Trigeminus* innerviert werden. Der bei
den Fischen schon starke und häufig recht komplizierte *Adductor mandibulae*, der
Anzieher des Unterkiefers, wiederholt sich in der ganzen Reihe der Tetrapoden.
Eine Sonderung in mehrere Portionen, die sich schon bei Fischen nicht selten fand,
tritt auch bei Amphibien regelmäßig auf, und setzt sich in ziemlich übereinstimmender Weise bis zu den Säugern fort. So finden wir bei den Amphibien (Fig. 299)
allgemein eine oberflächlichere Portion, den *M. masseter*, der bei Urodelen von der
seitlichen Schädelregion (besonders dem Paraquadrat), bei den Anuren vom
Quadratomaxillare zum Hinterende des Unterkiefers hinabsteigt; wogegen eine
tiefere Portion, der *M. temporalis*, die höher am Schädel entspringt (bei den Urodelen sogar bis auf den Anfang der Wirbelsäule ausgedehnt sein kann), sich am
Kronfortsatz der Mandibel befestigt. — Häufig findet sich noch ein dritter Muskel
(*Pterygoideus*), wohl eine Sonderung der tieferen Portion des ursprünglichen Adductors, der vom Pterygoid (Ichthyoden zum Teil), oder von der Augenhöhlengegend
(Anuren) zur Medialfläche der hinteren Unterkieferregion tritt.

Der Hauptmuskel der *Sauropsiden* ist weniger deutlich in *Masseter* und *Temporalis* gesondert und wird daher häufig allein als Temporalis bezeichnet, obgleich
er namentlich bei den Schlangen und Vögeln in eine größere Anzahl von Portionen
(bis fünf) differenziert ist. Sein Ursprungsgebiet bildet im allgemeinen die Schläfenregion des Schädels, doch dehnt er sich zuweilen auch auf das Quadrat aus. Ein
häufig in zwei Anteile gesonderter *Pterygoideus* ist allgemein verbreitet und wird
bei dem Crocodilen sowie manchen Vögeln (besonders Papageien) zum stärksten
Muskel des Unterkiefers, dessen Hinterende er dann umgreift und auf seiner Außenseite inseriert. — Die Beweglichkeit des Kiefergaumenapparats bei den *Schlangen*
bedingt komplizierte Einrichtungen, indem die Pterygopalatinreihe von einer Anzahl Muskeln bewegt wird, die hauptsächlich vom Basisphenoid entspringen. Ähnliches findet sich jedoch auch schon bei Sauriern.

Die entsprechende Muskulatur der *Säuger* (Fig. 303 u. 302) schließt sich, wie es
scheint, direkter der der Amphibien an. *Masseter*, *Temporalis* und in der Regel
zwei *Pterygoidei (externus* und *internus)* bilden das normale Vorkommen. Der
Masseter entspringt teilweise vom Jochbogen, teilweise vom Oberkiefer und zieht
außen auf dem Unterkiefer zu dessen hinterem Winkel. Der *Temporalis*, der zuweilen nicht ganz scharf vom Masseter abgesondert ist, nimmt seinen Ursprung
höher am Schädel in der Schläfengrube und am Jochbogen, kann jedoch (besonders

Carnivoren) bis zum Scheitel emporsteigen; er inseriert am Kronfortsatz und
tiefer am Unterkiefer. Beide Muskeln zeigen gewöhnlich eine oberflächliche und
eine tiefe Lage von etwas verschiedenem Charakter. Die Stärke ihrer Entwicklung
hängt von der Art der Nahrung, der Ausbildung des Gebisses usw. ab; sie treten
daher namentlich bei den Edentaten und Monotremen stark zurück. — Die beiden
Pterygoidei sind meist, jedoch nicht immer deutlich gesondert und entspringen
gewöhnlich von der Keilbeinregion bis zu den Pterygoid- und Palatinknochen; der
innere zieht zum hinteren Winkel, der äußere zum Gelenkfortsatz der Mandibel.

Der vom *Facialis* versorgte Constrictoranteil der Fische erhält sich bei den
Tetrapoden recht ausgiebig; aus ihm gehen einige wichtige Muskeln hervor. In der
Kiemenregion der urodelen Amphibien (Fig. 299)
tritt er noch als eine Lage äußerer ringförmig
verlaufender Muskelfasern recht ursprünglich
auf, der sich hinten ähnliche Fortsetzungen
anschließen, die von den folgenden Hirnnerven
versorgt werden. Dieser Ringmuskel erstreckt
sich dorsal mehr oder weniger hoch empor und
entspricht im allgemeinen dem bei den Amnioten als *Sphincter colli* bezeichneten Halsmuskel.
Den Anuren fehlt dieser Anteil des Facialis-
Constrictors gewöhnlich. — Vorn setzt sich der
ventrale Teil des Constrictors zwischen die
beiden Unterkieferäste fort (Fig. 299 *B*), ähnlich
wie bei den Chondropterygii und Dipnoi, und
inseriert auch mit einer abgezweigten Partie am
Hyoid, weiter davor als sog. *Intermandibularis*
an den Unterkieferästen. Letzterer Anteil wird
vom Facialis, vorn aber z. T. von einem Trigeminusast innerviert, was, wie bei den Fischen,
wahrscheinlich daher rührt, daß sich der betreffende Facialisast dem Trigeminus angeschlossen hat. Bei Urodelen wie Anuren kann

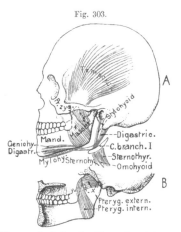

Fig. 303.

Kaumuskulatur des Menschen (etwas
schematisch). *A* Schädel mit den Muskeln
von links. Das Zungenbein etwas nach
hinten verschoben, so daß es sichtbar ist.
Der vordere Verlauf des M. digastricus und
der M. geniohyoideus, die auf der Innenseite des Unterkiefers liegen, so gezeichnet,
als wenn sie durch den Unterkiefer sichtbar
wären. *1* u. *2* die oberflächliche und die tiefe
Lage des M. masseter. — *B* Unterkiefer und
Schädel in der Medianebene halbiert. Rechte
Unterkieferhälfte von innen, um die Mm.
pterygoidei zu zeigen. Schnittflächen der
Knochen punktiert.   O. B.

der Intermandibularis in zwei hintereinander folgende Muskeln (anterior und posterior) gesondert sein; sie entsprechen im allgemeinen dem sog. *M. mylohyoideus*
der Säuger und des Menschen. — Ein mehr dorsal gelegener Anteil des Facialis-
contrictors hat ebenfalls am hinteren Unterkieferwinkel Befestigung erlangt, dorsal
dagegen an der hinteren seitlichen Schädelregion (besonders dem Paraquadrat), ja
z. T. auch weiter hinten an der Dorsalfascie, dem Hyoid und der vorderen Wirbelsäule. Dieser Muskel, der schon bei *Protopterus* unter den Dipnoern auftritt, wirkt
als Herabzieher *(Depressor)* des Unterkiefers, welche Funktion ja der ventralen
Constrictorpartie ursprünglicherer Fische überhaupt zukommt. Er kann auch in zwei
Portionen gesondert sein. — Dieser *Depressor mandibulae* oder Digastricus setzt sich
in ähnlicher Weise durch die ganze Tetrapodenreihe fort. Teils einfach (placoide

Reptilien, Säuger s. Fig. 301—303), teils in mehrere Portionen gesondert (bis vier bei Squamata und Aves), dehnt er seinen Ursprung bei den Squamaten zuweilen noch über die hintere Schädelregion auf die Dorsalfascie oder die Wirbelsäule aus, während er sich bei den übrigen Amnioten auf die hintere Schädelregion beschränkt. Bei vielen Säugern (auch fast stets bei Affen und Mensch) erscheint er dadurch eigentümlich, daß er seine Insertion am hinteren ventralen Unterkieferrand aufgibt und sich durch eine Zwischensehne mit einer oberflächlichen Partie des Intermandibularis verbindet. Der so aus einem vorderen (vom Trigeminus innervierten) und einem hinteren Bauch zusammengesetzte Muskel *(Biventer, Digastricus)* inseriert also am vorderen Unterkieferwinkel (s. Fig. 303), kann aber auch mit dem Zungenbeinkörper in Verbindung treten; die eben vorgetragene gewöhnliche Deutung des Digastricus wird jedoch auch bestritten.

Auch der *Intermandibularis* erhält sich bei den Amnioten fast ausnahmslos als ein Quermuskel zwischen den beiden Unterkieferästen, der (wie bei den primitiven Tetrapoden) gewöhnlich paarig erscheint, wegen eines sehnigen Streifs in seiner Mittellinie. Bei Crocodilen und gewissen Säugern (als *M. mylohyoideus* bezeichnet, Fig. 303) geht diese Scheidung verloren. — In mehrere Portionen sondert er sich bei den Sauriern, manchen Vögeln und Säugern. Bei letzteren verbindet sich der Mylohyoideus häufig mit dem Basihyale oder auch dem Thyreohyale (Branchiale I des Zungenbeins). — Bei Schlangen und schlangenartigen Sauriern ist er stark reduziert.

Der hintere dorsale Abschnitt des Facialisconstrictors, der schon bei den Amphibien als *Sphincter colli* bezeichnet wurde, ist bei den Amnioten gleichfalls eine sehr konstante Bildung und dehnt sich als oberflächlicher, ring- oder querfaseriger Muskel mit der Verlängerung des Halses bei den Sauriern und Schildkröten weit nach hinten, bis in die Schulterregion aus. Bei den Vögeln beschränkt er sich gewöhnlich auf die vordere Halsregion. Nur selten befestigt er sich auch am Skelet, so bei den Crocodilen am hinteren Unterkieferwinkel (Fig. 300).

Die *Monotremen* besitzen noch einen recht ansehnlichen Sphincter colli, der vom hinteren Mundwinkel bis zum Schultergürtel reicht und hier mit dem allgemeinen Hautbauchmuskel in Berührung tritt (s. Fig. 306, S. 456). Bei den höheren Säugern tritt er stark zurück, auch fehlt sein ursprünglicher Halsteil häufig völlig. — Außer dieser ventralen Facialismuskulatur findet sich bei den Monotremen noch eine dorsale, welche sich von der hinteren dorsalen Kopfregion aus nach vorn bis in die Ohr- und Augengegend erstreckt (namentlich Echidna), aber auch seitlich schief absteigend zur Unterkieferregion zieht, wo sie vom dorsalen seitlichen Rand des Sphincter colli überlagert wird. Aus dem hinteren Abschnitt dieses Dorsalteils geht bei den höheren Säugern ein ansehnlicher Hautmuskel hervor, welcher von der Dorsalseite der Halsgegend schief nach vorn und ventral gegen den Unterkiefer herabsteigt, aber den Sphincter colli überlagert. Es ist dies das sog. *Platysma myoides* (Fig. 304). Sowohl von der dorsalen Facialismuskulatur, welche sich auf die dorsale und seitliche Schädelregion erstreckt (also dem sog. Platysma im weiteren Sinne) als vom Vorderende des Sphincter colli sondern sich bei den Säugern allmählich

immer reichlicher Muskeln ab, die sich auch am Schädel inserieren können. Sie
treten als sog. *Gesichtsmuskeln* in Beziehung zur Ohrmuschel als deren Beweger,
zum Auge als dessen Sphincter, zur Nase, zu den Lippen und den seitlichen Mund-
höhlenwänden. Genauer auf diese, bei den Primaten sich besonders komplizierende
mimische Gesichtsmuskulatur einzugehen, würde zu weit führen. Fig. 304 gibt
eine Vorstellung ihrer Ausbildung in mäßiger Komplikation bei einem Halbaffen.
Wie aus ihrer Entstehung folgt, wird die gesamte Gesichtsmuskulatur von Zweigen
des Facialis innerviert.

Die bei den Fischen aus der tieferen Constrictorenregion hervorgegangene
Muskulatur der Kiemenbogen ist bei den kiementragenden Amphibien (Perennibranchiaten, jedoch
auch den Derotremen
und Salamandrinen)
z. T. noch vertreten;
den Larven der Kie-
menlosen kommt sie
gleichfalls noch zu
(vgl. Fig. 299 *A*) Es
sind einerseits Heber
der   Kiemenbogen
*(Levatores   arcuum
branchiarum)*,   die
sich teils an sämt-
lichen, teils nur an
einigen Kiemenbogen
finden (auch bei Gym-
nophionen), von de-
ren   Proximalenden
sie zum Schädel oder

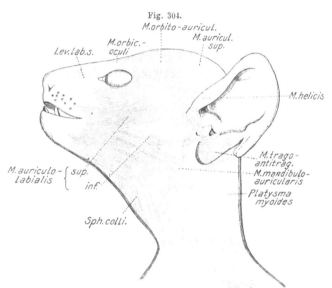

Fig. 304.

Lepilemur mustelinus (Prosimier). Gesichtsmuskulatur von der linken
Seite. (Nach RUGE 1886, aus GEGENBAUR 1898).

einer Fascie aufsteigen. Andrerseits gehören hierher Muskeln, die sich zwischen
den Visceralbogen ausspannen; so bei den Ichthyoden ein ansehnlicher sog. *Cera-
tohyoideus externus* und ein schwächerer *internus* zwischen dem Zungenbein- und
dem ersten Kiemenbogen, innerviert vom Glossopharyngeus (s. Fig. 299 *B*); ferner
die sog. *Constrictores arcuum branchiarum* zwischen den Kiemenbogen. Bei den
Perennibranchiaten und Larven finden sich noch Heber, Senker und Adductoren
der äußeren Kiemenbüschel, die von den Kiemenbogen entspringen. — Bei den
Anuren ist diese gesamte Muskulatur hochgradig rückgebildet, wohl nur durch
zarte Muskelchen (sog. Petrohyoidei) repräsentiert, die vom Prooticum zum Zungenbeinkörper ziehen.

Wie begreiflich, hat sich auch die *Hyobranchialmuskulatur* der *Amnioten*
stark reduziert, oder zum Teil in ihrer Funktion geändert, da sie in Verbindung mit
dem Kehlkopf und dem Pharynx trat. Dennoch finden sich am großen Zungenbeinhorn der Saurier, Vögel und gelegentlich auch der Säuger noch Muskeln, die

hierher gehören dürften. Ebenso läßt sich der sog. *Stylohyoideus* der Säuger (303),
wenn auch zur Facialisgruppe gehörig, hierher rechnen.

Schon bei den Knorpelfischen differenzierte sich aus der hinteren dorsalen
Constrictorenregion, die vom Vagus innerviert wird, ein ansehnlicher, zum Scapulare
des Schultergürtels ziehender Muskel, der *Trapezius* (oder Cucullaris), der bei
den operculaten Fischen einging. Bei sämtlichen Tetrapoden bleibt er dagegen erhalten, als ein im allgemeinen von der hinteren Schädelgegend zum Schulterblatt
ziehender Muskel, der die Innervierung durch den Vagus, oder den als *Accessorius*
abgelösten Teil desselben, bewahrt. Bei den Urodelen (s. Fig. 299) entspringt er
teils vom Schädel, teils von der vorderen Fascie, bei den Anuren nur vom Schädel,
und heftet sich an den Gelenkteil der Scapula. — Der Trapezius der Amnioten kann
sein Ursprungsgebiet weit nach hinten auf die Hals- und Brustwirbel, ja sogar bis
auf die Lendenwirbel (gewisse Säuger) ausdehnen, wobei der Schädelursprung zuweilen eingeht. Dies führt bei nicht wenigen Säugern zur Differenzierung des
Muskels in eine vordere und hintere, gelegentlich sogar in drei Portionen; mit
dieser caudalen Ausdehnung steht wohl in Zusammenhang, daß sich dann außer
dem Accessorius auch Äste cervicaler Spinalnerven an seiner Innervierung
beteiligen können. — Als eine Abgliederung vom ventralen seitlichen Trapezius-
rand wird gewöhnlich der bei Säugern verbreitete *M. sterno-cleido-mastoideus* gedeutet, wegen der gleichen Innervation mit dem Trapezius. Er ist häufig in einen
Cleidomastoideus und einen Sternomastoideus gesondert.

4. Muskulatur der paarigen Extremitäten der Wirbeltiere.

F i s c h e. Während die ersten Anfänge der Extremitätenmuskulatur bei den
Fischen noch recht einfach erscheinen, erlangt sie bei den Tetrapoden rasch eine
hochgradige Komplikation, wie es die mannigfaltigen Bewegungen der Extremitäten erfordern. Die Komplikation wird schon bei den Amphibien so groß, daß
eine genauere Schilderung, um einigermaßen verständlich zu werden, viel Raum
beanspruchen würde. Wir sind daher gezwungen, uns auf einige allgemeinere
Bemerkungen zu beschränken.

Der Seitenrumpfmuskel der Fische heftet sich vorn an den Schultergürtel,
ebenso wie auch der Beckengürtel in die ventrale Rumpfmuskulatur eingeschaltet
ist. Schon bei den Haifischen (s. Fig. 234, S. 431) erfährt die vorderste Partie des
ventralen Seitenrumpfmuskels, die sich an das Scapulare inseriert, eine gewisse
Differenzierung zu einem besonderen Schultermuskel, der bei den Holocephalen
noch deutlicher hervortritt und sich in zwei Portionen sondert, von denen die vordere bis zur freien Flosse herabsteigt und sich am Propterygium inseriert. —
Bei Ganoiden und Teleosteern, deren Schultergürtel am Schädel aufgehängt ist,
findet sich kaum etwas ähnliches, obgich zum Teil ein von der hinteren Schädelregion zum Claviculare, oder den Supraclavicularia ziehender Muskel beschrieben
wurde. Zur Bewegung der freien Flossen dienen platte Muskeln, welche im allgemeinen so angeordnet sind, daß eine solche Muskelplatte der ursprünglich dorsalen, und eine der ventralen Flossenfläche zukommt. Die erstere wirkt als Heber

oder sog. Adductor der Flosse, die letztere als Senker oder Abductor. Jede dieser Platten besteht in der Regel aus einer oberflächlichen und einer tiefen Lage, deren Faserverlauf sich häufig kreuzt. Die Zusammensetzung jeder Lage aus einer größeren Zahl schmaler Muskelchen, welche etwa den einzelnen primären Flossenstrahlen entsprechen, ist bei Haien und Ganoiden meist deutlich zu erkennen, oder ergibt sich auch daraus, daß das distale Ende in sehnige Fortsätze ausläuft, die sich an die Basen der einzelnen sekundären Flossenstrahlen heften. — Während die oberflächliche Lage des Hebers und Senkers häufig von der äußeren Fascie entspringt, befestigt sich die tiefe am Ventralteil des Schulter- oder Beckengürtels.

Einen interessanten Bau besitzt die Flossenmuskulatur von *Ceratodus*, im Zusammenhang mit der besonderen Flossenform. Hier ist in der Tat eine Abzweigung des ventralen Seitenrumpfmuskels auf die beiden
Flächen der Flosse hinabgerückt und überzieht deren
Achse als ein Längsmuskel,
mit einer Anzahl Inscriptionen,
bis etwa zur Flossenmitte.
Nach den beiden Flossenrän-
dern strahlen von diesem Axi-
almuskel zahlreiche zärtere
Muskelchen zu den knorpligen
Flossenradien aus. Auch die

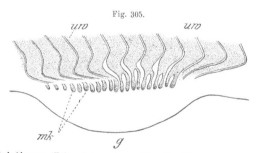

Fig. 305.

Pristiurus (Hai). Anlage der rechten Bauchflosse. *uw* Myotome; *mk* Muskelknospen der Flosse (n. RABL 1893 aus GEGENBAUR, Vergl. Anatomie d. Wirbeltiere 1898).

vom Schulter- oder Beckengürtel zur Flossenbasis gehenden tieferen Muskeln sind hier komplizierter.

Schon der Bau der ausgebildeten Flossenmuskulatur der Fische, sowie ihre Innervierung durch Nervenzweige, welche von ventralen Spinalnervenästen herkommen, spricht für ihre Abstammung vom ventralen Seitenrumpfmuskel. Das Gleiche erweist die Ontogenie. — Bei den Chondropterygiern und Ganoiden sprossen aus der ventralen Kante derjenigen Myomeren, welche im Bereich der ursprünglichen Flossenleiste (vgl. S. 318) liegen, je zwei hintereinander folgende (Chondropterygier) oder auch nur eine (Ganoiden) solide, oder anfänglich hohle Muskelknospen hervor (s. Fig. 305). Diese Knospen wachsen in die Flossenanlage hinein und lösen sich früher oder später von den Myomeren ab. Sie sondern sich hierauf in einfacherer oder komplizierterer Weise in je eine dorsale und ventrale Partie, in welcher wir die Anlagen der dorsalen und ventralen Flossenmuskeln erkennen, zwischen denen die primären knorpligen Radien auftreten. Je nach der Ausdehnung der paarigen Flossen ist die Zahl der Myomeren, welche sich an der Bildung der Muskulatur beteiligt, recht verschieden; von fünf an den Bauchflossen des Störs bis 26 bei gewissen Rochen. Auch bilden zuweilen Myomeren, die nicht in den Bereich der Flossen fallen, Muskelknospen, welche später wieder eingehen. — Leider ist die Weiterentwicklung der geschilderten Anlage zur fertigen

**

Muskulatur bis jetzt wenig erforscht, doch ergab sich, daß die Muskelknospen nicht einfach in die Muskelchen der Flossenstrahlen übergehen, sondern zuvor Verbindungen eingehen und Zellenmaterial austauschen. — Weder bei den Teleosteern, noch bei den tetrapoden Vertebraten (ausgenommen Saurier) wurden bis jetzt ähnliche Muskelknospen sicher erwiesen, vielmehr scheint die Extremitätenmuskulatur hier so zu entstehen, daß von der ventralen Myomerenkante Zellen in unregelmäßiger und zerstreuter Weise in die Extremität einwandern. Doch wird auch vielfach noch angegeben, daß die Seitenplatte (Somatopleura) an der Bildung dieser Muskulatur teilnehme.

Die eben kurz dargelegte und jedenfalls primitive Entwicklung der Extremitätenmuskulatur bei den ursprünglichen Fischen wird in recht verschiedener Weise aufgefaßt, je nach der theoretischen Anschauung über die phylogenetische Ableitung der Extremitäten (vgl. S. 325). Die Hypothese, welche die Extremitäten von lateralen Flossensäumen ableitet, erblickt in dem Hervorgehen der Muskulatur aus einer größeren Anzahl Myomeren, sowie in dem ganzen Verlauf des Vorgangs, eine wichtige Bestätigung ihrer Meinung. Es ist auch nicht zu leugnen, daß sich dieser Entwicklungsvorgang mit jener Hypothese am besten vereinbaren läßt. — Die Lehre, welche die Extremitäten von ursprünglichen Visceralbogen ableitet, muß dagegen die geschilderte Entwicklung für eine abgeänderte, nicht ursprüngliche ansehen, und das Hervorgehen der Muskulatur aus einer größeren Zahl von Myomeren als etwas sekundäres, indem sich mit der stärkeren Entwicklung der Extremitäten successive eine größere Zahl von Myomeren an ihrer Muskularisierung beteiligte.

Tetrapoda. Die Extremitätenmuskeln der Tetrapoden bestehen zunächst aus solchen, welche, vom Achsenskelet entspringend, zu den Gürteln, zuweilen auch dem Humerus und Femur, oder noch distaler ziehen. Manche dieser Muskeln dürften sich direkt aus den ventralen Seitenrumpfmuskeln hervordifferenziert haben. — Die Nichtbefestigung des Schultergürtels an der Wirbelsäule bedingt, daß zu seiner Fixierung und Bewegung in verschiedenen Richtungen ein besonderer Muskelapparat entwickelt ist, von welchem der *Trapezius* schon früher besprochen wurde. Die dorsalen Muskeln des Schultergürtels (vgl. Fig. 299, 301 u. 302) ziehen in verschiedener Richtung zur Scapula; einzelne, wie der sog. *Latissimus dorsi*, auch noch über sie hinaus zum Proximalende des Humerus. Auch die ventralen Muskeln, die vom Sternum oder den Rippen entspringen, gehen teils zur Scapula (wie der *Serratus anticus, Pectoralis minor*), teils zur Clavicula oder dem Coracoid, oder auch distaler. Der oberflächlichste dieser Ventralmuskeln, der *Pectoralis major*, ist meist besonders kräftig und zieht im allgemeinen vom Sternum zum Proximalende des Humerus. Er ist der Hauptherabzieher des Oberarms, der daher bei den Vögeln sehr stark und dick wird, auch seinen Ursprung weit ausdehnt, sogar auf die Bauchhaut und bis zum Schambein caudalwärts. Die schwache Entwicklung des Sternums bei den Amphibien bedingt, daß er hauptsächlich von der ventralen Fascie entspringt.

Wegen der sacralen Befestigung des Beckengürtels an der Wirbelsäule sind besondere Bewegungsmuskeln des Beckens kaum erforderlich; als solche könnten höchstens die vom Schwanz zum Becken tretenden Muskeln und der früher erwähnte *Quadratus lumborum* wirksam sein, ebenso bei Säugern eine besondere Partie des sog. *Psoas* (der von der Ventralseite der Wirbelsäule zum Proximalende des Femur zieht), die sich als *Psoas minor* am Processus ilio-pectineus befestigt.

Von den Gürteln entspringen zahlreiche Muskeln zur Bewegung der Extremität, die sich, wie die Muskeln der freien Extremität überhaupt, im allgemeinen als *Beuger* und *Strecker* unterscheiden lassen. Im allgemeinen verbinden dieselben je zwei in der Längsrichtung aufeinander folgende Hebelabschnitte der Extremität; doch erstrecken sie sich nicht selten auch weiter, wobei als notwendige Regel gilt, daß es die oberflächlicheren Muskeln sind, welche die längere Ausdehnung besitzen. So können die oberflächlichen Fingerbeuger vom unteren Ende des Humerus ausgehen, die tieferen von den Unterarmknochen.

Wie schon früher (vgl. S. 370) erörtert wurde, haben sich die Vorder- und Hinterextremität in einem funktionellen Gegensatz entwickelt, wobei ja ihre Muskulatur ausschlaggebend war. Sie zeigen daher auch beträchtliche Verschiedenheiten der Muskulatur, da in der vorderen im allgemeinen die Beuger etwas überwiegen, in der hinteren die Strecker. Auf eine genauere Ausführung der sehr komplizierten Verhältnisse näher einzugehen, ist hier unmöglich.

5. Hautmuskulatur der Wirbeltiere.

Da sowohl die Stamm- als die Extremitätenmuskeln vielfach an den oberflächlichen, unter der Haut liegenden Fascien inserieren, so können auch Teile dieser Muskulatur innigere Beziehungen mit der Haut eingehen, sich sogar ablösen und zu besonderen Hautmuskeln werden, indem sie die Befestigung am Skelet zum Teil völlig aufgeben. Schon bei den Schlangen fanden wir eine reiche derartige Muskulatur der ventralen Hornschilder. Auch bei den Vögeln spielen Abzweigungen oberflächlicher Muskeln, wie des *Trapezius, Latissimus dorsi, Pectoralis* u. a., die sich zur Haut der Federfluren begeben, eine wesentliche Rolle beim Sträuben der Conturfedern. Ebenso begeben sich Abzweigungen proximaler Muskeln der Vorderextremität (*Pectoralis major, Deltoides, Biceps*) zur vorderen und hinteren Flughaut der Flügel (Pro- und Metapatagium) als deren Spanner; ihre Sehnen ziehen zum Teil bis zum Metacarpus.

Bei der großen Mehrzahl der *Säuger* ist eine solche Hautmuskulatur gleichfalls stark entfaltet (abgesehen von der zum Facialisgebiet gehörigen, schon oben erwähnten Hautmuskulatur). Nur bei den Primaten und dem Menschen tritt sie stark zurück, ja fehlt letzterem meist völlig. — Dieser häufig recht komplizierte Hautmuskel wird in der Regel als *Panniculus carnosus* bezeichnet, welchem auch das oben (S. 450) erwähnte *Platysma myoides* meist zugerechnet wird. Schon bei den Monotremen (vgl. Fig. 306) überkleidet diese sehr entwickelte Muskulatur mit mehr oder weniger längs gerichteten Fasern die ganze Bauchfläche, von der Schultergegend bis zum Schwanzbeginn, und dehnt sich auch auf die Extremitäten mehr oder weniger aus. Da sich ihre tieferen Anteile am Humerus, dicht bei der Ansatzstelle des Pectoralis major, befestigen, so kann sie von letzterem abgeleitet werden, womit auch ihre Innervierung übereinstimmt. — Bei Echidna und den Marsupialiern bildet ein mittlerer Anteil des ventralen Hautmuskels den *Sphincter marsupii* (Sph. mars.), der den Beutel der Weibchen umzieht; bei Echidna auch einen oberflächlichen *Sphincter cloacae* (Sph. cl. supf.). Die Hautmuskulatur greift auch auf den Rücken über, den sie bei Ornithorhynchus bis zur Schwanzwurzel überzieht, und erlangt sogar Befestigung an Dornfortsätzen. Bei Echidna, deren Rückenmuskulatur weniger weit nach hinten reicht, gibt sie, wie auch die seitlichen Ränder des Ventralmuskels, Bündel zu den Stacheln ab.

Eine ähnliche Umhüllung des gesamten Rumpfs durch den Hautmuskel erhält sich noch bei ursprünglicheren Säugern recht allgemein, ebenso auch seine Insertion an dem vorderen Extremitätenskelet; seltener befestigt er sich auch an dem der hinteren Extremität. Häufig sondert sich die Hautmuskulatur jedoch in einen dorsalen und ventralen Muskel. Wie schon die Monotremen, zeigen auch manche anderen Säuger eine reichere Differenzierung des Muskels, so manche *Insectivoren* und *Edentaten*, wo er (z. B. Igel, Gürteltiere) die Einrollung des Körpers und die Bewegung der Stacheln (Igel) bewirkt und damit eine beträchtliche Komplikation erfährt (s. Fig. 307). — Die mit Flughäuten versehenen Säuger (Galeopithecus, Chiroptera) besitzen auch Abzweigungen des Hautmuskels zu diesen, analog den Verhältnissen der Vögel.

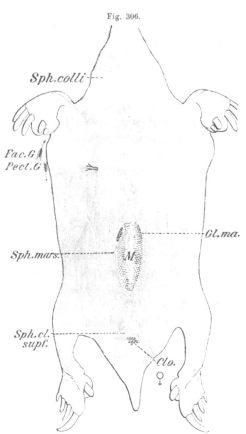

Fig. 306.

Echidna hystrix (Weibchen). Hautmuskulatur der Bauchseite. *Fac. G.* Gebiet des N. Facialis. *Pect. G.* Gebiet des M. pectoralis. *M.* Marsupium. *Gl. ma.* Drüsenfeld der Mammardrüsen. *Clo.* Öffnung der Kloake (n. Ruge aus Gegenbaur, Vergl. Anat. d. Wirbeltiere 1898).

Inwiefern sich noch weitere oberflächliche Stammmuskeln, außer dem Pectoralis, an der Bildung der Hautmuskeln beteiligen, bedürfte genauerer Feststellung.

3. Kapitel. Die elektrischen Organe der Fische.

Organe, welche bei nervöser Reizung elektrische Energie hervorbringen und deshalb als elektrische bezeichnet werden, finden sich nur bei gewissen Fischen. Auch in dieser Klasse sind sie keineswegs allgemeiner verbreitet, ja kommen nicht einmal einer größeren Untergruppe regelmäßig zu, sondern treten bei recht verschiedenen Formen, gewissermaßen vereinzelt und zusammenhangslos auf. Auch

ihre Besonderheiten bei den verschiedenen Formen weisen darauf hin, daß sie mehrfach selbständig entstanden sein werden; wozu ja bei den Fischen eine gewisse
Tendenz bestehen muß, wie die Verbreitung der Organe bei systematisch weit entfernten Arten beweist.

    Zu den bekanntesten elektrischen Organen gehören die der marinen *Zitter-
rochen* (Familie der Torpedinida, mit der Hauptgattung Torpedo und mehreren
andern), wogegen sie bei den zahlreichen Arten der Rochengattung *Raja* viel
schwächer und andersartig ausgebildet sind. — Unter den Teleosteern treten
sie bei gewissen *Physostomen* in guter Entwicklung auf, so bei dem sog. *Zitteraal*,
Gymnotus electricus (Süßwasser Südamerikas, der jedoch nach neueren Ansichten
den karpfenartigen Fischen näher verwandt sein soll); ferner bei der Gattung *Malapterurus* (Zitterwels, Süßwasser Afrikas, mit mehreren Arten). Geringer entwickelt

Fig. 307.

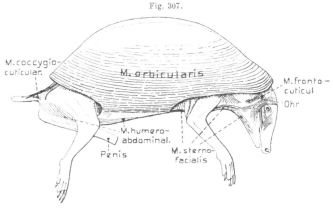

Erinaceus europaeus (Igel). Von rechts, nach Entfernung der Haut; zur Demonstration der wichtigsten
Hautmuskeln, besonders des großen M. orbicularis.   O. B.

sind die Organe in der Familie der *Mormyriden* (Gatt. *Mormyrus* mit zahlreichen
Arten); wogegen die bei dem verwandten *Gymnarchus niloticus* (Süßwasser, Afrika)
beschriebenen kaum elektrischer Natur sein dürften. Erst in neuester Zeit wurde
auch bei einer marinen Gattung der *Acanthopterygier*: *Astroscopus* (Uranoscopus)
ein elektrisches Organ entdeckt.

    Das weit zerstreute und isolierte Vorkommen der Organe fällt demnach sehr
auf. — Hiermit stimmt ferner ihre recht differente topographische Lage, sowie
die ebenso verschiedenartige Innervierung überein. Entsprechend ihrer Größe, aber
auch im Zusammenhang mit ihrem Bau, vermögen die verschiedenen Organe größere
(Torpedo, Gymnotus, Malapterurus) oder geringere Elektrizitätsmengen (Raja,
Mormyriden) zu entwickeln. Letztere Organe wurden deshalb früher häufig pseudo-
elektrische genannt, da vielfach bezweifelt wurde, daß sie Elektrizität erzeugen;
richtiger ist ihre Unterscheidung als *schwach elektrische Organe*. Daß die ersteren
durch ihre Befähigung zur Erteilung kräftiger elektrischer Schläge zum Schutz,
aber auch zum Beuteerwerb dienen können, unterliegt keiner Frage. — Die Ontogenie
und vergleichende Anatomie haben (abgesehen von Malapterurus), ergeben, daß die

Organe durch eine eigentümliche Umwandlung der Muskelzellen aus der quergestreiften Muskulatur hevorgehen.

Eine Betrachtung ihrer allgemeinen Lageverhältnisse und Innervation ergibt
etwa Folgendes. Bei den *Torpediniden* liegen sie als ein Paar große kuchenförmige
weißliche Organe in der Kopfkiemenregion, die gesamte Körperdicke durch-

Fig. 308.

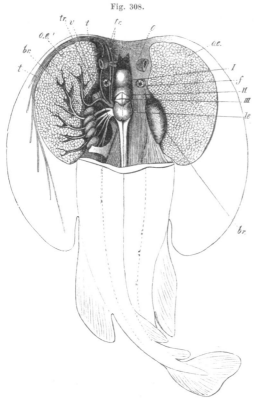

setzend (s. Fig. 308 u. 309). Die
Innervierung geschieht durch je
einen Zweig des Facialis, Glossopharyngeus und der beiden
ersten Kiemenäste des Vagus (s.
auch Fig. 412). Die Organe sind
wohl sicher aus dem Musculus
constrictor superficialis (vgl.
S. 436) hervorgegangen und
zwar, wie Innervierung und Ontogenie erweisen, aus mindestens
vier Segmenten.

Eine ähnlich kopfständige
Lage haben die Organe von
Astroscopus, welche als zwei
dicke, nahezu würfelförmige
Platten, welche direkt hinter den
Augen liegen, die erweiterten
Augenhöhlen auszufüllen scheinen. Dies zeigt sich auch
darin, daß ein Teil der Augenmuskeln, sowie der Nervus
opticus, die Organe geradezu
durchsetzen, und daß sie von
einem starken Ast des Nervus
oculomotorius innerviert werden.
Es kann daher kaum zweifelhaft sein, daß die Organe aus
den Augenmuskeln entstanden.

Torpedo (Zitterrochen) von der Dorsalseite. Das rechte elektrische Organ (*o.e*) freigelegt; das linke Organ (*o.e¹*) soweit abgetragen, daß die zutretenden Nerven zu sehen sind. *br.* Kiemensäcke. Am Gehirn *I* Vorder-, *II* Mittel-, *III* Hinterhirn; *le.* Lobi
electrici. *o* Auge. Der hier mit *tr¹* bezeichnete elektrische Nerv
ist ein Ast des Facialis; die drei hinteren gehen vom Glossopharyngeus und Vagus aus (Vgl. Fig. 436). (aus Gegenbaur,
Vergl. Anat. d. Wirbeltiere 1898).

Eine geradezu entgegengesetzte Lage besitzen die elektrischen Organe von
Raja, Gymnotus und den *Mormyriden*. Sie gehören der Schwanzregion an und
gingen aus der Seitenrumpfmuskulatur hervor. Bei *Raja* (Fig. 310) durchziehen
sie jederseits als ein sehr langgestrecktes Organ etwa die zwei hinteren Drittel
des Schwanzes und sind aus der Mittelpartie des jederseitigen Seitenrumpfmuskels
entstanden. Eine ähnliche Beschränkung auf die Schwanzregion zeigen sie auch
bei *Mormyrus*, bestehen aber jederseits aus zwei länglichen Anteilen, von
welchen der eine über, der andere unter der Seitenlinie liegt; sie leiten sich daher jedenfalls aus einem Teil des dorsalen und ventralen Seitenmuskels ab.

Besonders ansehnlich werden die Organe von *Gymnotus*, wo sie sich fast über den gesamten, hier sehr langen Schwanz erstrecken; der After dieses Fischs liegt nämlich sehr weit vorn an der Kehle. Auf dem Querschnitt (Fig. 311 *A*) bemerkt man, daß jederseits zwei sehr lange säulenförmige Organe vorhanden sind, die übereinander liegen, und von welchen das dorsale sehr groß ist, das ventrale dagegen, welches an der langen Analflosse hinzieht, klein. Der Querschnitt ergibt ferner, daß das große Organ aus dem ventralen Teil des ventralen Seiten-rumpfmuskels hervorging, das kleine dagegen wahrscheinlich aus der basalen Partie der inneren Muskeln der Analflosse. Eine kleine Partie des ventralsten Teils des Seitenrumpfmuskels hat sich als sog. Zwischenmuskel (s. Fig. 311) erhalten und steht noch in recht innigem Verband mit den großen elektrischen Organen. — Die Innervierung der elektrischen Schwanzorgane geschieht durch Äste der Spinal-nerven und zwar, je nach der Länge der Organe, von einer verschieden großen Zahl (bei Gymnotus bis über 200).

Fig. 309.

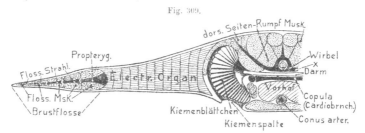

Torpedo marmorata. Querschnitt in der Region der 3. Kiementasche, zur Demonstration der Lage des elektrischen Organs. Muskeldurchschnitte punktiert. Skeletgebilde schwarz. *x* Knorpelleiste, die sich jeder-seits in der vorderen Region der Wirbelsäule von den Querfortsätzen der verschmolzenen Wirbelkörper er-hebt. E. W.

Ganz abweichend von dem seither Beschriebenen verhält sich das Organ des *Zitterwels* (Malapterurus, s. Querschnitt Fig. 311 *B*). Es bildet eine etwa mittlere, dicke Lage des Integuments, und umkleidet daher den Gesamtkörper von der dor-salen Kopfregion und dem Schultergürtel ab bis nahe an die Schwanzflosse. Die ganz besondere Bildung des Organs wird durch die Eigenart seiner Innervierung noch erhöht. Jede Seitenhälfte wird nämlich von einem einzigen Nerv versorgt, der weit vorn, zwischen dem zweiten und dritten Spinalnerv, aus dem Rückenmark entspringt und etwa längs der Seitenlinie an der Innenfläche des Organs weit nach hinten zieht, viele dorsale und ventrale Äste abgebend. Die genauere Unter-suchung ergab, daß dieser Nerv nur aus einer einzigen, gar nicht sehr starken Nervenfaser besteht, welche von einer sehr dicken Bindegewebshülle umschlossen wird. Jeder Nerv entspringt im Rückenmark von einer einzigen großen Ganglien-zelle, die senkrecht über seiner Austrittstelle liegt.

Während die Entstehung der übrigen Organe aus quergestreiften Muskeln zweifellos erscheint, konnte sie für Malapterurus bis jetzt nicht erwiesen werden; im Gegenteil wurde zu zeigen versucht (Fritsch), daß die Organe hier wahrscheinlich aus einzelligen Hautdrüsen hervorgegangen seien. Für eine eventuelle Ableitung von Muskeln wäre wohl nur an den früher (S. 432) erwähnten M. rectus lateralis zu denken, der sich jedoch bei Malapterurus unter dem Integument vorfindet.

In ihrem feineren Bau stimmen die elektrischen Organe im allgemeinen gut
überein. Äußerlich werden sie in der Regel von einer Hülle strafferen Bindegewebs
umschlossen. Das Innere baut sich aus zahlreichen dünn plattenförmigen Elementen
auf, den sog. elektrischen Platten (Elektroplax), die einem gallertigen Bindegewebe,
mit verästelten Zellen und Fasern, eingelagert sind, und in dem auch die Nerven
und Blutgefäße verlaufen. Die besondere Anordnung der elektrischen Platten
innerhalb der Organe bedingt ihre eigenartige Ausbildung bei den verschiedenen
Fischen.

In den kopfständigen Organen der *Torpediniden* und des *Astroscopus* sind die
Platten dorsoventral übereinander geschichtet (s. Fig. 309). Bei letzterer Gattung
kommt im allgemeinen nur eine Platte auf die ganze Breite (Horizontalschnitt)
eines Organs; bei *Torpedo* hingegen sehr viele, die sämtlich in vertikalen Reihen
übereinandergelagert sind, wobei jede Reihe oder Säule von den benachbarten

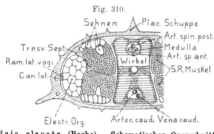

Fig. 310.

Raja clavata (Roche). Schematischer Querschnitt
durch das zweite Drittel des Schwanzes zur Demonstration des elektrischen Organs. O. B. u. E. W.

durch eine dickere Bindegewebsein-
schaltung gesondert erscheint. Diese
Anordnung der Platten bedingt daher
die Zusammensetzung der elektrischen
Organe der Torpediniden aus vertikalen, sog. elektrischen Säulchen, die
im Querschnitt polygonal erscheinen,
und der Oberfläche der Organe
ein facettiertes Aussehen verleihen
(Fig. 308).

In den Schwanzorganen (Raja, Mormyrus, Gymnotus) ist die Anordnung
der elektrischen Platten anders, indem sie mit ihrer Fläche senkrecht zur Längsachse des Tierkörpers stehen, also in der Längsrichtung hintereinander gereiht
sind. Bei Raja sind sie weniger regelmäßig angeordnet, weshalb säulenartige
Bildungen nicht entstehen; auf jedem Querschnitt des Organs liegen zahlreiche
Platten. — Bei *Mormyrus* dagegen besteht jedes der vier Organe aus einer einzigen
Längsreihe ansehnlicher Platten, welche daher in ihrer Gesamtheit eine längsgerichtete elektrische Säule bilden. — Die Organe von *Gymnotus* sind komplizierter,
indem sie von zahlreichen, etwa horizontalen stärkeren Bindegewebssepten in
längs gerichtete Säulen zerlegt werden (Fig. 311 *A* u. 312), in denen die elektrischen
Platten hintereinander gereiht liegen. Jede Platte der beiden Hauptorgane wird
also hier sehr groß, indem sie nahezu die halbe Körperbreite erreichen kann. —
Bei Mormyrus und Gymnotus ist die Gallerte zwischen je zwei aufeinander folgenden
Platten noch von einer Bindegewebsscheidewand (Septum) durchzogen, so daß
sich jeder elektrischen Platte eine vordere und hintere Gallertlage näher anschließen, die etwas verschieden sind.

Die umfangreichen Organe von *Malapterurus* reihen sich im allgemeinen dem
eben geschilderten an; sie bestehen aus einer ungeheuren Zahl etwa kreisförmiger
Platten, die wie jene der Schwanzorgane quer zur Körperachse stehen und von
dünnen Bindegewebsscheidewänden gesondert werden (Fig. 312). In der Dicken-

richtung des Organs liegen mehrere Platten übereinander. Eine säulige Anordnung der Platten fehlt, da die an und für sich wenig regelmäßigen Platten nicht hintereinandergereiht sind, sondern unregelmäßig alternieren, im hinteren Abschnitt des Organs sogar recht unregelmäßig verteilt sind.

Der *feinere Bau der elektrischen Platten* (Fig. 312) ist im ganzen überall sehr ähnlich. Jede Platte wird äußerlich von einer zarten Membran umschlossen (sog. Elektrolemma). Das Innere besteht aus fein alveolärem Plasma, dem längs der beiden Plattenflächen je eine Zone von Zellkernen eingelagert ist, weshalb man gewöhnlich drei Lagen in der Platte zu unterscheiden vermag, nämlich die beiden oberflächlichen Kernzonen und die mittlere kernlose. In den sehr dünnen Platten

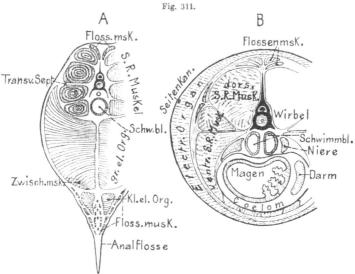

Fig. 311.

Schematische Querschnitte von: *A* Gymnotus electricus, etwas vor der Mitte der Schwanzregion. *B* Malapterurus electricus, etwa durch das hintere Ende des ersten Körperdrittels (nach G. Fritsch. *A* bei Sachs 1881, *B* 1887). O. B.

von Torpedo läßt sich diese Unterscheidung nicht durchführen, die Kerne liegen hier etwa einschichtig. Mit Ausnahme von Torpedo und annähernd auch Malapterurus, zeigen die elektrischen Platten noch die besondere Eigentümlichkeit, daß von ihrer caudalen Fläche (Raja, Mormyrus, Gymnotus) meist zahlreiche zottenförmige Fortsätze entspringen, die bei Raja gewöhnlich vielfach schwammartig anastomosieren. Diese Fortsätze werden vom Plasma der hinteren Kernzone gebildet und enthalten deshalb viele Kerne.

Nur bei Gymnotus (s. Fig. 312) bildet auch die craniale Plattenfläche ähnliche Fortsätze (sog. Papillen). — Die elektrischen Platten von Astroscopus tragen an ihrer Ventralfläche gleichfalls die charakteristischen Zottenfortsätze, wogegen sie, wie bemerkt, Torpedo völlig fehlen, bei Malapterurus dagegen auf beiden Platten-flächen nur schwach angedeutet sind (Fig. 312).

Die mittlere Zone der Raja-Platten ist besonders interessant, da sie von einer Lage feiner, flächenhaft ausgebreiteter Lamellen durchzogen wird, die sich vielfach

Fig. 312.

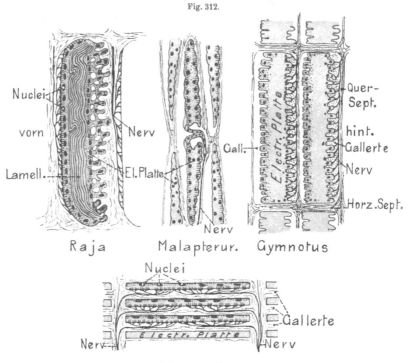

Schematische Durchschnitte der elektrischen Platten von Raja, Malapterurus, Gymnotus und Torpedo. Die Durchschnitte der drei ersteren parallel zur Sagittalebene der Tiere geführt; bei Tor-pedo dagegen geht der Durchschnitt quer durch die Achse einer elektrischen Säule. Die Platten von Torpedo sind in Wirklichkeit viel breiter und dünner als hier dargestellt. (Nach verschiedenen Autoren kombiniert.)   O. B.

mäandrisch hin- und herbiegen (Fig. 312). Die Ontogenie ergab, daß dies Lamellen-system ein Rest der contractilen Substanz der quergestreiften Muskelfasern ist, aus welchen die Platten hervorgingen.

Bei einzelnen Rajaarten (z. B. R. radiata) scheint die mäandrische Lage sogar aus noch wenig veränderter fibrillärer, contractiler Substanz zu bestehen. — Auch in den elektrischen Platten von *Astroscopus* und *Mormyrus* finden sich ähnliche Bildungen, die hier nicht ein-gehender erörtert werden können; bei Mormyrus sind diese fibrillenartigen Einlagerungen quergestreift.

Zu jeder elektrischen Platte tritt i. d. R. ein Nervenästchen, bei Torpedo je-doch mehrere, welches (mit Ausnahme von Malapterurus) aus einer größeren Zahl von Nervenfasern besteht. Das zutretende Nervenästchen teilt sich allmählich sehr reich, worauf die vielen marklos gewordenen Endfasern sich über die ganze Plattenfläche ausbreiten, auf der sie dem Elektrolemm angelagert, ein zusammenhängendes Endnetz bilden (Torpedo, Raja, Gymnotus). — Die Plattenfläche, mit der sich die Nervenfaser verbindet, liegt etwas verschieden; bei Torpedo ist es die ventrale, bei Astroscopus dagegen die dorsale; bei Gymnotus und Mormyrus die caudale zottige, bei Raja dagegen gerade umgekehrt die vordere zottenlose (s. Fig. 312). Wie schon hervorgehoben, tritt zu den Platten von Malapterurus nur je ein Ästchen der einzigen Nervenfaser des elektrischen Nervs, und zwar zur caudalen Plattenfläche, wo es sich mit dem etwas angeschwollenen Ende eines stielförmigen, kernhaltigen Fortsatzes der Platte verbindet (s. Fig. 312), der vom Boden einer centralen Grube der hinteren Plattenfläche entspringt, während sich auf der vorderen Plattenfläche eine centrale trichterförmige Vertiefung in den Stiel einsenkt. An dieser Stelle ist demnach die Platte sehr dünn und die drei Lagen sind nicht deutlich zu unterscheiden.

Dies Verhalten wurde als eine Durchbohrung der Platte durch den von hinten zutretenden Nerv gedeutet, der sich daher mit der vorderen Plattenfläche verbindet (M. Schultze). Dies sollte erklären, warum bei Malapterurus die craniale Plattenfläche die elektronegative ist. Bei gewissen Mormyrusarten treten die Nerven, abweichend von den übrigen Arten, zur Cranialfläche der Platten und verbinden sich hier mit den Plattenfortsätzen der Hinterfläche, welche nach vorn umbiegend die Platte durchbohren und so auf deren Cranialseite gelangen. Bei gewissen Arten werden sogar die Platten von den Fortsätzen zweimal durchbohrt.

Das Gesetz, daß die nervöse Fläche der Platte bei der Elektrizitätsbildung negativ wird, die entgegengesetzte positiv, wodurch die Stromrichtung (von — zu +) bestimmt erscheint, dürfte mit Ausnahme von Malapterurus (s. oben), allgemein gelten. — Daß die feinen zarten Strichelungen (sog. Fädchen- und Stäbchenbildungen), welche vom Elektrolemm ausgehend, sich in das periphere Plasma ber elektrischen Platten erheben (s. Fig. 312), mit den Endigungen der Nervenfasern etwas zu tun haben, ist unwahrscheinlich, umsomehr als solche Bildungen zum Teil auch da vorkommen, wo sie keine Beziehung zum Nerven haben können, so an der nervenfreien Plattenfläche.

Wie schon betont wurde, ergab die ontogenetische Untersuchung der Organe von Raja und Torpedo, daß sie durch Umbildung quergestreifter Muskelzellen entstehen. Am klarsten zeigt dies Raja, deren Organe sich auch beim erwachsenen Tier noch deutlich als eine Modifikation der caudalen Seitenrumpfmuskulatur darstellen, in welche sie eingeschaltet sind, indem die Anordnung ihrer elektrischen Platten die der Muskelfasern der anstoßenden Myomeren geradezu fortsetzt; und auch noch Reste der kontraktilen Substanz als die sog. mäandrische Lamellenlage in den Platten sich vorfinden.

Die elektrische Platte von Raja entsteht aus der embryonalen quergestreiften Muskelzelle etwa so, daß das Vorderende der spindelförmigen Muskelzelle stark anschwillt, wodurch die Zelle keulenförmig wird. Gleichzeitig vermehren sich ihre Kerne reichlich. Indem sich das Vorderende der Zelle scheibenförmig verbreitert, bildet sich die Anlage der Platte, welcher der hintere, nicht verbreiterte Zellbezirk als der oben erwähnte stielförmige Fortsatz zeitlebens anhängt, in dessen Umgebung dann die mehr oder weniger zahlreichen Plattenfortsätze an der caudalen Plattenfläche hervorsprossen können. Die Doppelbrechung der kontraktilen quergestreiften Elemente schwindet frühzeitig und ihre einfach brechenden

Glieder scheinen sich zu den Lamellen der Mittellage zu entwickeln, indem sie in der Quer-richtung zusammenschmelzen. Interessant ist, daß die Umbildung der quergestreiften Muskel-zellen der Rajaarten auf recht verschiedener Stufe stehen bleibt, was die verschiedene Be-schaffenheit der elektrischen Platten bei den einzelnen Arten bedingt. — Auch bei Torpedo wurde das Hervorgehen der Organe aus lang spindelförmigen, dorsoventralen, einkernigen Muskelzellen verfolgt, die frühzeitig zu Säulchen zusammengruppiert sind. Die quergestreifte kontraktile Substanz dieser Zellen ist jedoch relativ wenig entwickelt und schwindet bald völlig. — Für Mormyrus (gelegentlich auch für Torpedo) wird angegeben, daß die elek-trischen Platten aus der Verschmelzung mehrerer embryonaler Muskelzellen hervorgingen, doch kann dies vorerst kaum als sicher erwiesen gelten. Für Malapterurus fehlen embryo-logische Untersuchungen.

4. Kapitel. Das Nervensystem.

Die Funktion des Nervensystems, welches sich bei den Metazoen allmählich hervorbildete, besteht in der Aufnahme von Reizen (energetischen Einwirkungen) der umgebenden Außenwelt, jedoch auch energetischer Veränderungen im Inneren des Organismus, und der Überleitung dieser Reize (oder der von ihnen hervor-gerufenen Veränderungen im Nervenapparat selbst) auf andere Organe des Tier-körpers, vor allem die Muskeln (doch auch Drüsen und anderes), welche hierdurch in Tätigkeit versetzt, z. T. aber auch in ihrer Tätigkeit gehemmt werden können. Auf solche Weise entwickelte sich eine der Erhaltung des tierischen Organismus förderliche reaktive Tätigkeit auf äußere und innere Reizwirkungen. Dabei können die Veränderungen, welche die Reize im Nervenapparat hervorrufen, dem betreffen-den Individuum entweder bewußt werden (wahrgenommen werden, Empfindungen, Gefühle, Willensakte), oder es kann sich der ganze Vorgang unbewußt (reflektorisch) abspielen. — Aus diesen Leistungen des Nervenapparats folgt schon, daß sich derselbe aus verschiedenen, ungleich funktionierenden Abschnitten aufbauen muß. Einmal aus Teilen, die zumeist an der Körperoberfläche liegen, und daher zunächst von äußeren Reizen getroffen, verändert und so in Tätigkeit versetzt werden. Dies sind die Sinneszellen und die komplizierteren Sinnesorgane im allgemeinsten Um-fang. — Von ihnen müssen leitende Teile (Nervenfasern im allgemeinen) aus-gehen, welche die nervösen Änderungen auf diejenigen Organe überleiten, welche in Tätigkeit treten, oder sonstwie verändert werden sollen. Stets sind jedoch in den Verlauf solcher Nervenfasern gewissermaßen noch Zwischenstationen ein-geschaltet, nervöse Zellen (Ganglienzellen), an welche eine besondere Ausbreitung undVerteilung der nervösen Strömung, oder auch eine Verstärkung, sowie das etwaige Bewußtwerden der Vorgänge gebunden scheint. Diese Zwischenstationen zwischen uführenden (centripetalen), von den Sinnesorganen kommenden Nervenfasern und den ausstrahlenden (centrifugalen), zu den reizbaren Organen führenden, bilden dann meist einen Centralteil des ganzen Apparats, ein sog. *Centralnervensystem.* Letzteres wird daher auch, soweit sich nach der Analogie mit unserem eigenen Nervensystem urteilen läßt, der Sitz der höheren psychischen Leistungen (bewußte Empfindung, Gedächtnis, Vorstellung, Association, Begriffsbildung, Urteil) sein, welche im Zusammenhang mit der Komplikation des centralen Nervensystems in der Tierreihe allmählich zur Entwicklung gelangten.

Da der Nervenapparat vor allem dazu dient, äußere Einwirkungen aufzunehmen und auf diese erhaltungsgemäße Reaktionen des Organismus folgen zu lassen, so ist selbstverständlich, daß er, und besonders sein Centralteil, in der Regel aus dem Ectoderm hervorgeht. Gerade die ursprünglichsten Metazoen zeigen jedoch unzweifelhaft, daß auch das Entoderm nervöse Elemente hervorbringen kann. In wiefern dies auch für die höheren gilt, ist bis jetzt wenig sicher.

Über die mögliche erste Entstehung eines Nervensystems bei den Urformen der Metazoen wollen wir erst dann einiges bemerken, nachdem wir die Bauverhältnisse des Systems der *Cölenteraten* geschildert haben.

Obgleich bei manchen *Spongien* kontraktile muskulöse Zellen vorkommen, ließen sich bis jetzt nervöse Elemente nicht auffinden. Was gelegentlich als solche beschrieben wurde, hat wenigstens der Kritik nicht widerstanden.

A. Coelenterata.

Wie zu erwarten, begegnen wir der primitivsten, überhaupt bekannten Bildung des Nervensystems bei den *Hydropolypen*. In der Tiefe des Ectoderms und Entoderms, also beiderseits der sog. Stützlamelle aufliegend, finden sich Zellen deren Bau und sonstiges Verhalten sie als Nervenzellen (Ganglienzellen, Neuronen), erkennen läßt. Diese, meist ziemlich zerstreut liegenden Zellen (Fig. 313) senden zwei bis etwa fünf sehr feine fibrillenartige Fortsätze aus, durch welche sie in der Regel untereinander zusammenhängen und ein weitmaschiges Netzwerk (Plexus) bilden. Reich entwickelt findet sich ein solcher Plexus besonders im Ectoderm der Tentakel, am sog. Rüssel (Proboscis) und dem Fußende der einzellebenden Polypen (speziell Hydra).

Fig. 313.

Hydra fusca. Kleiner Teil des Ganglienzellenplexus (n. C. SCHNEIDER 1890) etwas verändert, in dem Anastomosen zwischen den Zellen eingezeichnet sind.
v. Bü.

Ebenso sind die Ganglienzellen auch in den verbindenden Stammteilen der Kolonien (Cönosark) nachgewiesen worden und finden sich auch nach innen von der Stützlamelle im Entoderm. Obgleich also lokal stärkere Anhäufungen der Zellen vorkommen können, so ist doch keine Einrichtung nachweisbar, welche als ein besonderer Centralteil, ein Centrum der Reflexbahnen, angesehen werden dürfte; womit auch die Ergebnisse der an Hydropolypen ausgeführten Reizversuche übereinstimmen. — Die äußerst feinen Ausläufer der Nervenzellen, die Nervenfasern, konnten einerseits zu den Nesselkapselzellen verfolgt werden, mit denen je ein Fäserchen sich verband (was jedoch neuerdings geleugnet wird); andrerseits wurde auch ihr Zusammenhang mit den Epithelmuskelzellen und bei gewissen Formen mit besonderen Ecto- und Entodermzellen (Hydra) erwiesen, welche als reizaufnehmende Sinneszellen gedeutet werden. Letztere Rolle wird aber gewöhnlich auch den mit einem Cnidocil ausgerüsteten Nesselkapselzellen (vgl. S. 128) zugeschrieben.

Zu viel höherer Stufe hat sich der Nervenapparat der *Medusengeneration* der Hydroiden (einschließlich der sog. Trachymedusen) erhoben. Im Zusammenhang

mit der Ausbildung komplizierterer Sinnesorgane am Rande des schirm- bis
glockenförmigen Körpers (sog. Randkörper, d. h. Ocellen, Statocysten) wurde am
Schirmrand ein besonderer Centralteil des Nervenapparats entwickelt. Derselbe

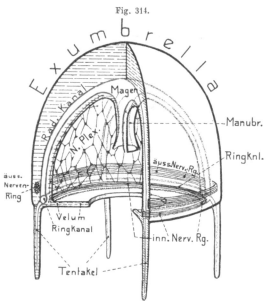

findet sich dicht am Schirmrand, wo das für die Hydromedusen charakteristische
Velum, ein dünnhäutiger
muskulöser Randsaum, ent-
springt (s. Fig. 314).

Am Ursprung dieses
Velums wird der ganze
Schirmrand von zwei dicht
benachbarten nervösen Ringen umzogen, die aus cir-
culär verlaufenden Nervenfasern mit eingelagerten
Nervenzellen bestehen. Indem die zarte Stützlamelle,
welche die beiden Ecto-
dermblätter des Velums
trennt, sich am Übergang
in die Gallerte des Medusenschirms verdickt, scheidet
sie die beiden Nervenringe
voneinander. Der umbrel-

Schema einer einfachen Hydromeduse. Der linke vordere Quadrant
durch zwei Radialschnitte, die bis zur Achse gehen, herausgeschnitten;
Schnittflächen schraffiert. Gastrovascularsystem rot. Die beiden Nerven-
ringe, samt dem subumbrellaren Nervenplexus angegeben. Der äußere
Ring ist der Deutlichkeit wegen in etwas höherer Lage gezeichnet.
C. H.

lare (auch obere oder äußere) Ring liegt in der Tiefe des umbrellaren Ectoderms,
der subumbrellare oder innere in der des subumbrellaren. Während die Nerven-

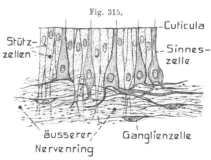

fasern des umbrellaren Ringes meist
äußerst fein sind, sind die des subumbrellaren stärker, mit zahlreichen Ganglienzellen. Ein meist spärlicher Faseraustausch zwischen beiden Ringen durch
das Mesenchym wurde vereinzelt beobachtet. — Der umbrellare Nervenring
steht in sehr innigem Zusammenhang mit
dem ihn bedeckenden Epithel, das aus
mit einer Cilie versehenen Zellen besteht,
deren Basalenden in feine Nervenfasern
auslaufen, die sich dem Nervenring beimischen, der also großenteils von sol-

Carmarina (Hydromeduse). Kleiner Teil des äußeren
(oberen) Nervenrings, mit dem darüberliegenden äußeren Epithel, das zahlreiche Sinneszellen enthält, die
ihre Fortsätze in den Nervenring senden; dazwischen
Stützzellen (n. O. u. R. HERTWIG 1878). C. H.

chen Fasern gebildet wird (s. Fig. 315). Diese Geißelzellen werden daher gewöhnlich als Sinneszellen aufgefaßt, obgleich dies etwas zweifelhaft erscheinen kann. —
Der subumbrellare Ring ist schärfer von der darüberliegenden Epidermis gesondert;

doch verraten seine Ganglienzellen, die sich zwischen den Basen der Epidermiszellen erheben, noch nahe Beziehungen zu ihr. Sinneszellen finden sich in diesem Epithel spärlicher.

Unter der Epidermis der Subumbrella, des Manubriums und der Tentakel breitet sich ein ähnlicher Plexus multipolarer Nervenzellen aus (s. Fig. 314), wie

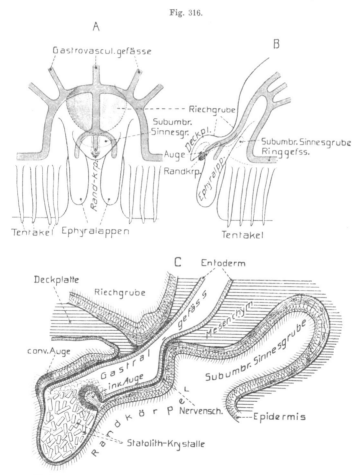

Fig. 316.

Randkörper von Medusa aurita. A Randkörper mit dem Schirmrand von außen; B von der Seite. Gastrovasculargefäße rot. C Sagittalschnitt durch einen Randkörper zur Darstellung der Nervenschicht. (Mit Benutzung von Schewiakoff 1889.) O. B. u. v. Bu.

er für die Hydropolypen beschrieben wurde; er inerviert jedenfalls die subumbrellare Muskulatur. Ansammlungen von Fasern zu radiären Zügen (Nervenstämmchen) an der Subumbrella wurden nur bei manchen Trachymedusen nachgewiesen. — Die Umbrella ist stets ohne Nervenelemente.

Unter den *Scyphozoa* zeigen die *Scyphomedusen* (Acalephen) ebenfalls die höhere Entwicklung des Apparats, was auf denselben Bedingungen beruht wie bei den Hydromedusen. Die Centralteile des Systems stehen sogar hier noch in inni-

gerer Beziehung zu den Sinnesorganen, welche bei den Acalephen (speziell
Discomedusae) von rudimentären Tentakeln (sog. Randkörpern) des Schirmrandes
getragen werden. Jeder dieser gestielten Randkörper (siehe Fig. 316 A—B),
die zu 4, 8, selten 12 oder 16, vorhanden sind, besitzt an seiner Basis, in
der Tiefe der Epidermis, eine starke Anhäufung von Nervenfasern (Nervenfilz),
die auch noch auf den umgebenden Schirmrand übergreifen kann (Fig. 316 C).
Gewöhnlich umgreift diese Nervenmasse die ganze Randkörperbasis und dehnt sich
peripher auch auf den Randkörper aus. Nervenzellen finden sich gleichfalls darin,
während mit einer Geißel versehene sog. Sinneszellen der Epidermis ihre Ausläufer
in die Nervenmasse senden. Doch finden sich gewöhnlich auch Epidermiszellen,
deren faserartig ausgezogenes Basalende durch die Nervenmasse bis zur Stützlamelle oder Mesenchymgallerte tritt, und welche deshalb als *Stützzellen* bezeichnet werden. Auch die Hydromedusen zeigen zum Teil ähnliches (Fig. 315), wahrscheinlich sogar verbreiteter, als gewöhnlich angenommen wird. Dies Verhalten
verrät deutlich, daß eigentlich die gesamte Nervenmasse noch in der Tiefe der
Epidermis liegt. — Bei den *Cubomedusen* (Charybdaea) sind die vier Centralteile
durch einen subumbrellaren Nervenring verbunden; bei den *Discomedusen* hingegen ist ein solcher wenig ausgeprägt. Dennoch wurde bei gewissen (Rhizostomeae)
ein subumbrellarer Ring in einiger Entfernung vom Schirmrand nachgewiesen, der
durch radiäre Faserzüge mit den Randkörpercentren in Zusammenhang steht (s.
Fig. 317). Er verbindet ein Centrum mit den beiden benachbarten, doch auch mit
weiter entfernten. — Auf der muskulösen Subumbrella der Acalephen breitet sich
ebenfalls ein Nervenzellen-Plexus aus, der sowohl mit der Muskulatur als der ihn
überziehenden Epidermis in Verbindung stehen soll; auch an den Tentakeln ist ein
solcher Plexus erwiesen.

   Ziemlich abweichend verhält sich das System bei den festsitzenden Scyphomedusen
(*Lucernariden*); es sei nur hervorgehoben, daß sich die Centralteile (stärkste Ansammlung
von Nervengewebe) an den Enden der acht Arme finden, die adradialen Randlappen der
übrigen Acalephen entsprechen. Von hier erstreckt sich ein Plexus über die ganze umbrellare Körperfläche, hier und da mit stärkeren Ansammlungen. Auch entodermale Nervenelemente wurden beobachtet, sowie Nervenfasern, welche die Gallerte durchsetzen.

   Im Gegensatz zu den Scyphomedusen bleibt der Nervenapparat der *Scypho-
polypen* (insbesondere der *Anthozoen*) auf einer viel niederen Ausbildungsstufe
stehen, ähnlich dem der Hydropolypen. Am genauesten bekannt ist er bei den
Actinien, am wenigsten bei den Madreporarien. Im allgemeinen findet sich in der
Tiefe der Epidermis eine über den ganzen Körper verbreitete ectodermale Nervenschicht, ebenso jedoch eine entodermale, die aber bedeutend schwächer bleibt. Das
ectodermale System ist lokal recht verschieden stark entwickelt, in gewisser Parallelität mit der stärkeren oder schwächeren Ausbildung der ectodermalen Körpermuskulatur. Meist ist die Nervenschicht (s. Fig. 21[4], S. 95) auf der Mundscheibe
besonders stark, wo sie auch reichlich mit Ganglienzellen versehen ist, und breitet
sich von da, wenn auch dünner, auf die Tentakeln und das ectodermale Schlundrohr (mit mehr oder weniger Ganglienzellen) aus, während das Mauerblatt (seitliche
Körperwand) und die Fußscheibe nur spärlichere, plexusartige Nervenzüge besitzen.

Bei Formen mit stark muskulösem Mauerblatt (z. B. Cerianthus) besitzt auch dieses eine dicke Nervenschicht; ebenso manchmal auch die Fußscheibe. Bei gewissen Gattungen soll das Nervensystem sogar an der Mundscheibe und den Tentakeln sehr wenig ausgebildet sein (Ptychodactis, Andracia). — Das entodermale System ist im allgemeinen schwächer und mehr plexusartig; stärker entwickelte Züge erstrecken sich längs der Mesenterialfilamente und setzen sich auch auf die Acontien fort. Beide Systeme hängen wohl durch das Schlundrohrsystem zusammen; dagegen sind im Mesenchym weder Nervenzellen noch -fasern, die etwa beide Systeme verbänden, sicher erwiesen.

Ebensowenig wurde auch im Cönosark der Kolonien (Octocorallia) ein die Einzeltiere verbindendes Nervensystem sicher erwiesen, dürfte jedoch wohl nicht ganz fehlen. Im Ectoderm wie im Entoderm finden sich Sinneszellen, deren basale nervöse Ausläufer in die Nervenschichten eintreten. Verbindungen zwischen Nerven- und Muskelfasern wurden beobachtet.

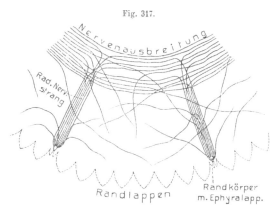

Fig. 317.

Rhizostoma cuvieri (Acalephe). Ein kleiner Teil des Schirmrands mit zwei Randkörpern und den von ihnen ausgehenden Nervenausbreitungen. Schema (n. R. HESSE 1895). v. Bu.

Die Frage nach dem Nervensystem der *Ctenophoren* ist leider noch kontrovers, was um so eigentümlicher erscheint, als diese Formen ein sehr ansehnliches apikales Sinnesorgan (Statocyste) besitzen, weßhalb ein damit zusammenhängendes Nervensystem wohl nicht fehlen kann. Zwar wurde unter der Epidermis der Körperoberfläche und dem Epithel des sog. Schlund- oder Mundrohrs ein aus Ganglienzellen zusammengesetzter nervöser Plexus beschrieben, sowie auch Sinneszellen in der Epidermis. Die Zweifel über die nervöse Natur dieses Plexus, oder seine etwaige Deutung als ein zwischen den zahlreichen Drüsenzellen der Epidermis sich ausbreitendes Gewebe von epithelialen Stützzellen, sind aber noch nicht gehoben. Eigentümlich ist auch, daß dieser Plexus in keiner Beziehung zum apikalen Sinnesorgan stehen soll. Auch die dem Mesenchym zugeschriebenen Nervenfasern sind zweifelhaft. Die Möglichkeit scheint nicht ausgeschlossen, daß die erwähnten epithelialen Stützzellen nervöse Leistungen primitiver Natur besitzen, obgleich sie ihrer Lagerung nach noch als echte Epidermiszellen erscheinen. Hierfür spricht auch die Beobachtung, daß die Basen der hohen und schmalen Epithelzellen der Polster, von welchen die Ruderplättchen entspringen (siehe Fig. 222, S. 96), sich durch meridional ziehende Fasern mit denen der benachbarten Ruderplättchen verbinden. Wahrscheinlich muß dies als ein nervöser Zusammenhang einfachster Art gedeutet werden, wie ihn auch das physiologische Experiment für die Ruderplättchenreihen zu fordern scheint, welche unter dem Einfluß des apikalen Sinnesorgans stehen.

Die Erfahrungen über die einfachsten Bauverhältnisse des Nervenapparats, wie er sich bei den Cölenteraten findet, lassen die mögliche erste Entstehung eines solchen Organsystems erwägen. Wie dargelegt wurde, handelt es sich um die Ausbildung geordneter Einwirkungen von Zellen aufeinander, insbesondere oberflächlicher Ectoderm- und Entodermzellen auf Epithelmuskelzellen oder tiefer gelegene typische Muskelzellen. Eine solche Einwirkung ist eigentlich nur dann verständlich, wenn die sich beeinflussenden Zellen direkt und kontinuierlich verbunden sind, d. h. wenigstens durch protoplasmatische zarte Brücken ineinander übergehen. Dies ist auch deshalb um so wahrscheinlicher, als solch feine plasmatischen Verbindungen (Plasmodesmen) der benachbarten Zellen in den einzelnen Geweben, ja auch zwischen den Zellen verschiedener Gewebe ungemein verbreitet sind, sogar schon bei Protozoenkolonien bestehen (Volvocineen usw.) und ebenso den pflanzlichen Geweben zukommen. Bei den wirbellosen Tieren sind solch direkte Zusammenhänge zwischen Sinneszellen und Nervenfasern, sowie von Ganglienzellen untereinander und von Nervenfasern mit Muskelzellen, überall nachweisbar. Es ist daher sowohl aus allgemeinen Erwägungen, als andererseits auf Grund tatsächlicher Erfahrungen recht wahrscheinlich, daß die Elemente, durch welche die Zellen aufeinanderwirken, aus solchen direkten Verbindungsfasern zwischen ihnen hervorgingen. Man kann sich auch leicht vorstellen, daß aus Plasmodesmen zwischen Nesselzellen und benachbarten Epithelmuskelzellen, oder auch zwischen sich entwickelnden reizaufnehmenden Epithelzellen (Sinneszellen) und Epithelmuskelzellen, Nervenfasern hervorgingen, indem sich gewisse Verbindungsfasern hierfür besonders ausbildeten (differenzierten). Die Beobachtungen erweisen jedoch im allgemeinen keinen solch direkten nervösen Zusammenhang; vielmehr ist derselbe komplizierter, indem sich zwischen Sinneszelle (bzw. Nesselzelle) und Muskelzelle zum mindesten eine Ganglienzelle einschaltet. Die tatsächlichen Erfahrungen, wie die theoretischen Erwägungen über die Entstehung solcher Ganglienzellen, weisen uns bei den Hydrozoen auf die früher (S. 128) erwähnten tieferen, sogenannten interstitiellen Ectodermzellen hin, aus welchen auch die Nesselkapselzellen sich entwickeln. Es ist daher sehr wahrscheinlich, daß solch tiefe, zwischen die Basen der Ectodermzellen eingeschaltete interstitielle Zellen, die ja auch einer direkten Verbindung der Epithelmuskelzellen und Sinneszellen im allgemeinen im Wege stehen, die Reizübertragung vermittelten.

Indem sich bei gewissen dieser interstitiellen Zellen die Befähigung zur Reizleitung besser hervorbildete, konnten sie zu spezifischen einfachsten Nervenzellen werden, welche die Reize überleiteten, eventuell auch noch verstärkten und auf eine größere Zahl von Muskelzellen übertrugen. Wenn dies in einem jugendlichen Zustand eintrat, und solch ursprüngliche Nervenzellen sich wenig weiter vermehrten, jedoch bei ihrer Teilung durch Verbindungsfasern in Zusammenhang blieben, so mußten sie im erwachsenen Zustand allmählich weiter auseinander rücken, wobei ihre lang ausgezogenen Verbindungsfasern zu einfachsten Nervenfasern wurden, die sie plexusartig verbanden, und andererseits auch die Zusammenhänge mit den Epithelmuskelzellen, Sinneszellen und Nesselkapselzellen herstellten. Fortgesetzte Vermehrung der letzterwähnten Zellformen, an welcher auch ihre nervösen Ausläufer teilnahmen, konnte eine Verästelung der zu ihnen ziehenden Nervenfasern bewirken, und so auch die gleichzeitige Innervierung größerer Bezirke durch eine Ganglienzelle. Obgleich eine solche Hypothese über die erste Entstehung des Nervenapparats, vorerst die Grenzen einer erlaubten fast überschreitet, so bietet sie doch die Möglichkeit eines Verständnisses. Zu betonen wäre noch, daß auch eine Verbindung zwischen Ecto- und Entodermzellen durch Plasmodesmen keineswegs unmöglich ist, da auch die in das Mesenchym der Cölenteraten eintretenden Zellen (vorwiegend Ektodermzellen) in der Regel durch Ausläufer reichlich zusammenhängen, so daß die Möglichkeit eines Zusammenhangs zwischen dem ectodermalen und entodermalem Anteil des Nervensystems durch das Mesenchym nicht ausgeschlossen scheint. — Wenn wir die früher verbreitete Vorstellung ablehnen, daß die Epithelmuskelzellen der Cölenteraten gleichzeitig ein nervöses und kontraktiles Element repräsentieren, d. h. sich bei weiterer Entwicklung in eine Sinneszelle, eine Nervenfaser und eine Muskelzelle differenzieren könnten (daher ihre frühere Bezeichnung als Neuromuskelzellen), so soll damit nicht ausgesprochen werden, daß die Epithelmuskelzellen nicht vielleicht mittels ihrer epithelialen Fortsätze direkt reizbar sein dürften; doch spricht alles dagegen, daß bei fortschreitender phylogenetischer Entwicklung aus ihrem epithelialen Fortsatz Nervenelemente hervorgegangen seien.

B. Bilateria.

1. Vermes.

Die ursprünglichste Bildung des Nervensystems in der großen Reihe der Bilaterien war wahrscheinlich der der primitivsten Cölenteraten sehr ähnlich. Auch ihr Nervensystem ging vermutlich von einem, die gesamte Epidermis unterlagernden dichten Nervenplexus aus. Die Hervorbildung des bilateralen Baus, unter Bedingungen, wie sie schon in der Einleitung (s. S. 13) erörtert wurden, führte zur Entstehung von Sinnesorganen am vorderen Körperende, welche ihrerseits wieder die Differenzierung von Centralteilen des ganzen Nervensystems aus dem allgemeinen Plexus bewirkten, in welchen die ebenfalls aus dem Plexus hervorgehenden Nervenstränge unter Entwicklung geordneter Reflexbahnen zusammenliefen. Die Entstehung solcher Centralteile durch eine Art Verdichtung, oder gewissermassen Konzentration des allgemeinen ventralen Plexus, sowie durch reichere Anhäufung von Ganglienzellen in diesen Regionen, läßt sich bei einzelnen Gruppen z. T. noch vergleichend anatomisch verfolgen. Ein sich auf diese Weise in der Vorderregion des Körpers entwickelnder Centralteil des Nervenapparats wird im allgemeinen als *Hirn-* oder *Cerebralganglion* bezeichnet, oder, da er entsprechend dem Bilateralbau gewöhnlich mehr oder weniger deutlich bilateral gebildet ist, als cerebrales Ganglienpaar. Ebenso entwickelten sich durch Differenzierung innerhalb des allgemeinen epidermalen Plexus stärkere Nervenfaserzüge, -stämme oder -stränge, besonders in der Längsrichtung.

Es ist eine schwer zu lösende Frage, wie man den Centralteil des sich so entwickelnden Nervensystems begrenzen soll, d. h. ob man ihn auf die Cerebralganglien beschränken, oder auch die größeren Nervenstämme darunter begreifen soll. Schon die Vergleichung mit den Gliederwürmern, bei denen auch die Hauptlängsstämme dem centralen Nervensystem mit Recht zugeteilt werden, ergibt, daß es wenigstens theoretisch gerechtfertigt erscheint, auch bei den einfacheren Würmern die Hauptstämme zum centralen System zu ziehen.

Über das Schicksal des entodermalen Anteils des Cölenteraten-Nervensystems bei den Bilaterien ist kaum Sicheres bekannt, wenn es auch wahrscheinlich ist, daß dieser Teil nicht verloren ging, sondern sich am Aufbau der peripherischen Nerven des Urdarms, vielleicht aber auch von dessen mesodermalem Anteile beteiligt.

Plathelminthen. Wie zu erwarten, begegnen wir bei dieser Gruppe der einfachsten Bildung des Nervensystems der Bilaterien, an welchem sich sogar die eben dargelegten Entwicklungsvorgänge noch vergleichend-anatomisch nachweisen lassen. Obgleich der allgemeine Bau des Systems noch recht ursprünglich erscheint, so finden sich doch schon Verhältnisse, die sich von der primitiven Bildung der Cölenteraten erheblich entfernen. Namentlich haben sich die Centralteile des Systems von der Epidermis abgelöst und tiefer ins Körperinnere, in das sog. Parenchymgewebe (Bindegewebe), verlagert, welches das ganze Innere dieser Würmer erfüllt. Dies gilt besonders für die Cerebralganglien, welche häufig mitten im Parenchymgewebe der Kopfregion liegen, obgleich ihre ectodermale Herkunft ontogenetisch und vergleichend anatomisch nachzuweisen ist. — Der allgemeine primäre Hautplexus scheint überall eine Sonderung in einen tieferen, nach innen

von der Muskulatur gelegenen, und einen oberflächlichen erfahren zu haben; aus
ersterem entwickelten sich dann die Centralteile des Systems: die Cerebralganglien
und die Hauptnervenstämme.

Die primitivsten Bildungsverhältnisse liegen zweifellos bei den *dendrocölen
Turbellarien* (Dendrocöla) vor, und unter diesen wieder bei den landbewohnenden
Tricladen (Landplanarien). Bei einem Teil derselben (gewissen Geoplanaarten) findet
sich an der ganzen Ventralfläche ein relativ dichter und dicker tiefer Nervenplexus,
der keinerlei Differenzierung besonderer Nervenzüge oder -stränge zeigt, sich jedoch
in der Kopfregion, beiderseits der Mittellinie, verdickt und verdichtet, als erste Andeutung der sich entwickelnden Cere-
bralganglien. Bei anderen Arten setzt
sich diese vordere Verdickung des Plexus beiderseits der Ventrallinie durch
die ganze Nervenplatte nach hinten fort
(s. Fig. 318), wodurch zwei ventrale
Längsnervenstränge angedeutet werden,
wie sie für die meisten Süßwassertricladen charakteristisch sind, indem sich
der ursprünglich dichte Plexus der Nervenplatte zu einem meist ziemlich unregelmäßigen System zahlreicher Quercommissuren zwischen den beiden
Bauchnerven, sowie zu seitlich von diesen abgehenden Querästen (bzw. Netzen)
umgestaltet (Fig. 320). — Bei gewissen
Geoplanaarten können sich jedoch aus
der ventralen Nervenplatte neben den
beiden starken Hauptsträngen noch
zahlreiche sekundäre ventrale Stämme
entwickeln (s. Fig. 318).

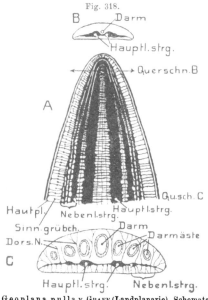

Fig. 318.

Geoplana pulla v. Graff (Landplanarie). Schemata.
A Vorderende in Flächenansicht mit dem ventralen
Nervensystem. *B* Querschnitt des vordersten Körperendes. *C* Querschnitt etwa am Hinterende der Fig. *A*
(n. v. Graff 1899).

Bei einzelnen Tricladen (so z. B. Gunda s. Fig. 319) folgen die Quercommissuren
zwischen den beiden Bauchnervensträngen, ebenso auch die seitlich von letzteren entspringenden Nerven, sehr regelmäßig aufeinander und fallen ziemlich genau mit den Darmästen
zusammen, so daß eine Art *Strickleitersystem* entsteht.

Ganglienzellen sind nicht nur den Cerebralganglien, sondern dem ganzen
Plexus und den sich daraus entwickelnden Hauptnervensträngen eingelagert. —
Außer dem eben erwähnten tiefen Ventralplexus findet sich bei den Dendrocölen
stets noch ein oberflächlicher, direkt unter dem Hautmuskelschlauch gelegener,
feiner Hautplexus, der Ästchen in die Muskulatur und zur Epidermis sendet.
Dieser oberflächliche Plexus dehnt sich bei den Landplanarien über die ganze
Körperoberfläche, also auch die Dorsalseite aus und entwickelt sich zu-
weilen an den seitlichen Körperrändern zu einem Seitenrandnerv. — Der tiefe
Ventralplexus sendet absteigende und aufsteigende Ästchen zum Hautplexus

(Fig. 318 c). Ob letzterer bei den Süßwassertricladen in ähnlich vollständiger Entwicklung vorhanden ist, erscheint fraglich. — Von den Cerebralganglien gehen mehr oder weniger zahlreiche Nervenfaserzüge zum vorderen Körperrand, darunter typische nervenzellenreichere Sinnesnerven zu den Augen und Tentakeln. — Wie sich aus vorstehender Schilderung ergibt, ist bei den Tricladen eine scharfe Grenze zwischen den Cerebralganglien und den beiden Bauchsträngen häufig kaum zu ziehen.

Auch das Nervensystem einzelner *polyclader Dendrocölen* bietet ähnlich ursprüngliche Verhältnisse wie die Landplanarien (Fig. 321), indem ein tiefer weitmaschiger Ventralplexus ausgebildet ist, in welchem zwei stärkere Bauchstränge,

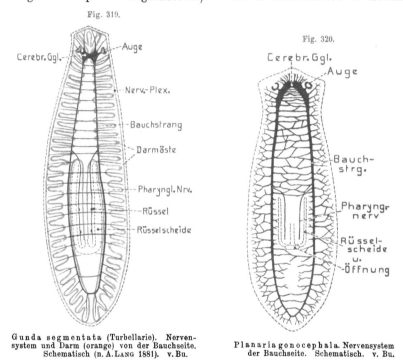

Fig. 319.

Fig. 320.

Gunda segmentata (Turbellarie). Nervensystem und Darm (orange) von der Bauchseite. Schematisch (n. A. LANG 1881). v. Bu.

Planaria gonocephala. Nervensystem der Bauchseite. Schematisch. v. Bu.

sowie von diesem abgehende Stränge hervortreten. Mit den Maschen dieses Ventralplexus steht wieder ein feinmaschiger oberflächlicher Ventralplexus in Zusammenhang, der in der Hautmuskulatur liegt, während der tiefe Plexus sich unter ihr findet. Der dorsale Plexus ist in der Regel feiner als der tiefe ventrale und dürfte daher im allgemeinen dem oberflächlichen Hautplexus entsprechen; er erhält wie bei den Landplanarien aus dem tiefen Ventralplexus aufsteigende Faserzüge, die das Parenchym durchsetzen. Die stets gut ausgebildeten Cerebralganglien liegen weit vor der stark nach hinten gerückten Mundöffnung, sind wenig oder deutlicher paarig und entsenden nach vorn und seitlich Nerven, die ebenfalls nur stärkere Züge des allgemeinen Plexus sind, wie die zahlreichen Commissuren zwischen ihnen erweisen (Fig. 321 B). — Die Ganglienzellen in den Cerebralganglien liegen vorwiegend oberflächlich, wie es für die Wirbellosen die Regel ist. Ihre paarige

Anordnung tritt stets deutlich hervor, was überhaupt für alle Plathelminthen gilt.
Das Innere der Hirnganglien wird von einer feinen Nervenfasermasse (Punktsubstanz, Neuropil) gebildet, in der quere Faserzüge, zur Verbindung der beiden
Hirnhälften besonders hervortreten. — Dieses Neuropil wird von feinen sich ver-
ästelnden Faserausläufern der Ganglienzellen gebildet, die unter sich netzförmig

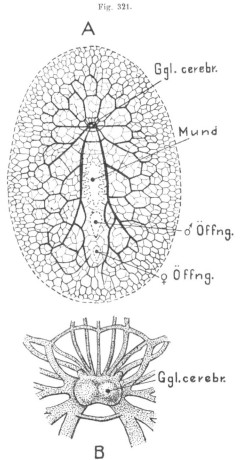

Fig. 321.

zusammenhängen, oder nach gewisser Auffassung sich auch nur
berühren (Kontaktlehre); vom
Neuropil können Nervenfasern
ihren Ursprung nehmen.

Die *rhabdocölen Turbellarien*
zeigen keine prinzipiellen Abweichungen von dem seither Gefundenen; teils kommen noch
zahlreichere Längsstränge vor (so
bei Acöla), teils weniger; meist
finden sich zwei starke Bauchstränge und zwei schwächere
Dorsalstränge (s. Fig. 322). Die
ventralen sind stets durch mehr
oder weniger Quercommissuren
verbunden. Die ziemlich ansehnlichen Cerebralganglien erscheinen manchmal etwas gelappt (zwei
bis drei Lappen jederseits). Vom
oberflächlichen Hautplexus ist
wenig bekannt. Zum Rüssel tritt
jederseits aus dem Bauchstrang
oder dem Cerebralganglion ein
Pharyngealnerv (ähnlich auch bei
Tricladen).

Aus der kurzen Schilderung der
Verhältnisse bei den Turbellarien geht
hervor, daß die Cerebralganglien, sowie die stärkeren ventralen Nervenstränge aus der Konzentrierung und
Verdichtung des tieferen Ventralplexus hervorgingen. Dies macht es erklärlich, daß beide
häufig mehr oder weniger reichlich von dorsoventralen Muskelfasern und Parenchymgewebe
durchsetzt werden, die bei der Konzentration der betreffenden Plexuspartien aufgenommen
wurden. Überhaupt sind die Ganglien und Nervenstränge von einem Stützgewebe (Neuroglia)
durchsetzt, in dessen Lücken die Nervenfasern verlaufen und die Ganglienzellen liegen.
Ob dies Stützgewebe ectodermaler oder mesodermaler Herkunft ist, erscheint unsicher.

Planocera graffii (polyclade Dendrocöle). *A* Nervensystem
der Bauchseite. *B* Cerebralganglien mit den von ihnen abgehenden Nerven; stärker vergrößert von der Dorsalseite (n.
A. Lang 1884).   C. H.

Auch die beiden parasitischen Gruppen der Plathelminthen, die *Trematoden*
und *Cestoden*, bewahren im Prinzip den typischen Bau des Turbellariensystems.

Dies gilt in höherem Grad von den *Trematoden*, deren Gesamtbau ja auch ursprünglicher blieb. Mit der Verlegung des Trematodenmunds an das Vorderende mußten
die Cerebralganglien ihre Lage vor dem Mund natürlich aufgeben und dorsal
über den Anfang des Darms, den sog. Pharynx, gelangen. Sie finden sich hier
(Fig. 323) als paarige Anschwellungen, die namentlich bei den Digenea (Disto-
mea) meist seitlich ziemlich weit auseinandergerückt sind, weshalb die sie verbindende Quercommissur lang wird. Ursprünglich finden sich auch bei den Trematoden zahlreiche Längsstränge, die sich noch bei gewissen Mono- und Digenea erhielten. Überall treten
zwei stärkere, mittlere
Bauchstränge auf, zu
denen sich bei gewis-
sen Formen noch zwei
äußere gesellen kön-
nen, die zuweilen an
den Seitenrand rücken
als sog. Seitennerven
(s. Fig. 323). Überall
scheint ferner ein Paar
Dorsalstränge vorhan-
den zu sein. Alle Längs-
stränge sind durch
regelmäßiger oder un-
regelmäßiger sich wie-
derholende Quercom-
missuren verbunden,
die stellenweise (so
z. B. Tristomum) am
seitlichen Körperrand
noch die Form des ur-
sprünglichen Plexus
besitzen können. Bei
den meisten Digenea

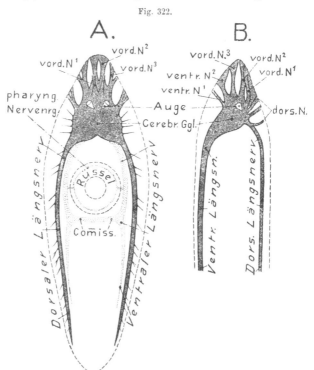

Fig. 322.

A Mesostomum lingua (Rhabdocöle). Nervensystem von der Dorsalseite. *B* Mesostomum productum. Nervensystem von der linken Seite
(n. LUTHER 1904).
v. Bu.

sind nur die beiden Hauptbauchstränge ausgebildet und auch die dorsalen Längsstränge relativ kurz. Am Hinterende gehen die Längsnerven zuweilen ineinander
über. — Wie bei den Turbellarien entspringen von den Cerebralganglien oder den
beiden Bauchnervensträngen zwei Pharyngealnerven zur Versorgung des Pharynx,
die sich zuweilen commissurenartig unter dem Pharynx verbinden und sogar
Ganglien bilden (sog. Schlundring und unteres Schlundganglion von Distomum hepaticum), oder auch im Pharynx eine Ringcommissur bilden, wie ähnlich schon bei
Turbellarien (s. Fig. 322). Die von den Cerebralganglien vorn und seitlich entspringenden Nerven verhalten sich ähnlich wie bei den Turbellarien. — Ein oberflächlicher, direkt unter der Muskulatur liegender Hautplexus dürfte sich auch bei den

Trematoden allgemein finden, ist jedoch nur bei einzelnen Formen erwiesen. —
Häufig wurden periphere, der Muskulatur (speziell der Saugnäpfe) eingelagerte
Ganglienzellen beschrieben, deren nervöse Natur jedoch recht unsicher ist.

Eine eigenartige Ausbildung hat das Nervensystem der *Cestoden* erlangt und
ist daher wahrscheinlich aus recht primitiven Verhältnissen hervorgegangen. Im
Zusammenhang mit der gleichartigen Ausbildung der Rücken- und Bauchfläche
des Cestodenkörpers, die ihm eine Art Zweistrahligkeit verleiht, hat auch das Nervensystem eine gleichförmige Bildung an der Rücken- und Bauchseite erlangt, welche sich ja überhaupt nur durch den Geschlechtsapparat z. T. einigermaßen unterscheiden lassen. Auch die Cerebralganglien zeigen keinen Unterschied zwischen Bauch- und Rückenseite. Mit dieser Eigentümlichkeit hängt es wohl zusammen, daß von den stets zahlreichen Längsnervensträngen, die sich aus dem ursprünglichen tiefen Plexus entwickelten, die beiden des Seitenrands die stärksten sind und daher lange Zeit allein bekannt waren. Sie

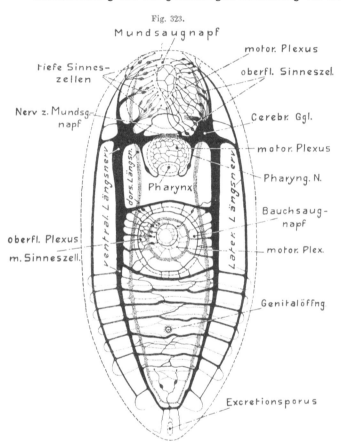

Fig. 323.

Mundsaugnapf

motor. Plexus

oberfl. Sinneszel.

tiefe Sinnes-
zellen

Nerv z. Mundsg-
napf

Cerebr. Ggl.

motor. Plexus

Pharyng. N.

Pharynx

Bauchsaug-
napf

oberfl. Plexus

m. Sinneszell.

motor. Plex.

Genitalöffng.

Excretionsporus

Larve von Distomum caudatum (sog. Cercariaeum) aus Helix, von
der Ventralseite mit eingezeichnetem Nervensystem der Bauch- (schwarz) und
Rückenseite (punktiert). Die Körper- und Organumrisse gestrichelt. v. Bu.

werden deshalb als Hauptstränge bezeichnet, dürften aber wohl den bei den übrigen
Plathelminthen zuweilen vorkommenden Seitenrandnerven entsprechen. Sie liegen
nach innen von der Hautmuskulatur in der sog. Markschicht (s. Fig. 272, S. 408);
die übrigen Längsnerven teils ebenfalls oder in der tieferen Muskulatur. Im Vorderende des Scolex schwellen die beiden Hauptstränge in der Regel zu Cerebralganglien
an und verbinden sich durch eine Quercommissur (Fig. 326). Bei den primitiven
Cestoden (Ligula usw.) ist die Zahl der Längsnerven, die sich neben den seitlichen
Hauptsträngen noch finden (Nebennerven), und sich vorn gleichfalls mit den Cerebral-

ganglien verbinden, im Scolex 12; sie können sich jedoch in dem darauffolgenden
Körper durch dichotomische Spaltung noch reichlich vermehren. Sonst (Bothrioce-
phalus, Taenia) beträgt ihre Zahl, wie es scheint,
durchweg acht (Fig. 324). Zwei randliche dieser
acht Nebennerven begleiten dann dorsal und ventral
die beiden Hauptstränge (sog. Begleitnerven) und
entspringen vorn meist aus den Hauptsträngen
(Taenia, Fig. 326 B). Die beiden anderen Paare
finden sich als dorsale und ventrale sog. Mediannerven an den beiden Flächen des Bandwurm-
körpers.—Alle Längsstränge hängen wieder durch
ein plexusartiges, oder regelmäßigeres Quercom-
missurenwerk zusammen, das sich bei manchen
Formen (speziell Tänien) am Hinterrand der Proglottiden (zuweilen auch am Vorderrand) zu einer
Ringcommissur verdichtet, die den ganzen Körper
umzieht. — Ein oberflächlicher Nervenplexus
scheint allgemein verbreitet und liegt gewöhnlich
zwischen der äußeren und inneren Längsmusku-

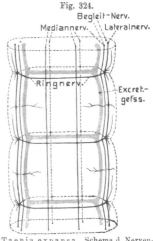

Fig. 324.

Taenia expansa. Schema d. Nervensystems in einigen Proglottiden; etwas
perspektivisch dargestellt. Excretions-
gefäße blau (n. Tower 1900). v. Bu.

latur; von ihm gehen wie bei den übrigen Plathelminthen die Sinneszellen der
Haut aus (Fig. 325).

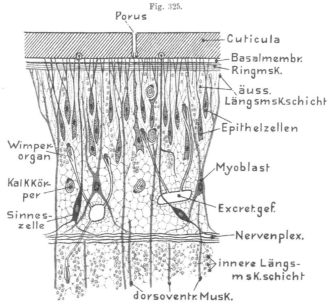

Fig. 325.

Ligula (Cestode). Schematischer Querschnitt durch einen Teil der oberflächlichen Körperregion (nach
BLOCHMANN 1896). v. Bu.

Die *Cerebralganglien* bleiben teils recht einfach, indem sie sich nur als quere
stärkere Commissur der Hauptnervenstränge darstellen, oder werden komplizierter,

namentlich bei den Tänien.   Hier (ähnlich auch schon bei Schistocephalus)
findet sich im Umkreis der queren Commissur der Cerebralganglien meist noch
eine sog. polygonale Commissur, die von den seitlichen Anschwellungen der Hirnganglien ausgeht, und mit welcher sich die vier Mediannerven verbinden, deren
Fasern unter der Quercommissur noch eine eigentümlich gekreuzte Commissuren-
verbindung eingehen (s. Fig. 326).   Die vier Mediannerven setzen sich in das Vorderende des Scolex als vier apikale Nerven fort, zu denen sich jederseits gewöhnlich
noch zwei seitliche gesellen, die von den Cerebralganglien entspringen.   Bei den
hakentragenden Tänien vereinigen sich diese acht Apicalnerven an der Basis des

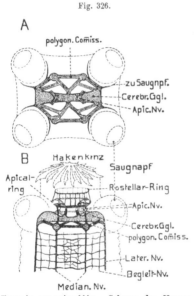

Fig. 326.

Taenia crassicollis.   Schema des Nervensystems im Scolex.   A von der Apicalseite, B von
der Breitseite des Kopfes gesehen (n. COHEN 1899).
v. Bu.

Rostellums zu einem sog. Apicalring, aus
dem feine Nerven in das Rostellum treten.

Es sei hier nochmals betont, daß bei
den Trematoden und Cestoden in die Nervenstränge häufig Ganglienzellen eingestreut sind, die zuweilen auch kleine lokale
Anschwellungen hervorrufen, so hauptsächlich an den Abgangsstellen von Nervenästchen.

Nemertina.   Die nahen Beziehungen
der Nemertinen zu den aprocten Plathelminthen treten im Nervenapparat deutlich
hervor.   Obgleich er eine ansehnlichere
Entwicklung erlangt, bleibt er doch bei gewissen Formen sogar ursprünglicher als
bei den Aprocta, indem bei einzelnen sog.
Protonemertinen (Gruppe der Anopla) das
gesamte System noch dicht unter der
Epidermis liegt, bei den übrigen Protonemertinen dagegen dem dünnen Corium
zwischen Epidermis und Hautmuskel-

schlauch eingelagert ist. — Bei den übrigen Anopla (Meso- und Heteronemertinen)
liegt es in der Muskulatur, bei den Bewaffneten (Enopla = Metanemertina) ist es sogar
nach innen von der Muskulatur, in das Körperparenchym verlagert.   Die deutlich
paarigen Cerebralganglien sind stets recht ansehnlich und liegen im vordersten
Körperende (s. Fig. 327).   Ihre Beziehung zur Mundöffnung variiert etwas, je nach
deren Lage.   Ist der Mund etwas vom Vorderende entfernt (Proto- und Heteronemertina), so liegen die Cerebralganglien vor ihm; wegen der Verschiebung der Mundöffnung bei den Enopla bis fast an die vordere Körperspitze finden sich die Hirnganglien hinter ihr, also dorsal vom Vorderdarm.   Jedes Ganglion besitzt eine dorsale
und eine meist voluminösere ventrale Anschwellung (Lappen, Lobi).   Die entsprechenden Lappen beider Seiten sind je durch eine quere Commissur verbunden, also
die beiden Cerebralganglien durch eine schwächere dorsale und eine stärkere
ventrale Commissur.   Die Ganglien liegen an den Seiten des vorderen Rüssel-

endes; die dorsale Commissur über, die ventrale unter dem Rüssel, so daß letzterer ringförmig von den Ganglien und Commissuren umzogen wird. Bei einem Teil der Unbewaffneten (Heteronemertina) besitzen die Dorsalganglien gewissermaßen einen besonderen hinteren Lappen, der jedoch von einem eigentüm-

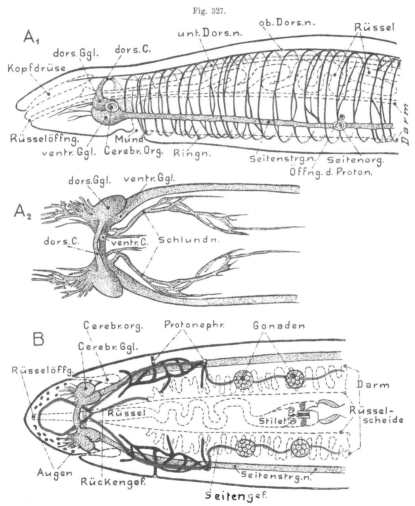

Fig. 327.

Nemertinen; Nervensystem usw. A_1—A_2 Carinella. A_1 Schematische Ansicht des vorderen Körperendes von links. A_2 Carinella annulata. Vorderer Teil des Centralnervensystems von der Dorsalseite. — B Amphiporus pulcher. Vorderende in Dorsalansicht. Schematisch (n. BÜRGER 1895). C. H.

lichen Sinnesorgan (Cerebralorgan) gebildet wird, das bei den übrigen durch Nerven mit den Dorsalganglien zusammenhängt (s. Fig. 327 B).

Die Ventralganglien entsenden analwärts je einen starken Längsnervenstrang, der wegen seiner Lage am Seitenrand des Körpers gewöhnlich als Seitennerv bezeichnet wird, aber wohl den beiden Hauptbauchsträngen der Aprocta entsprechen dürfte; selten liegen diese beiden Nervenstränge der ventralen Mittellinie näher (Drepanophorus). Sie ziehen bis ans Hinterende und gehen bei gewissen Formen dorsal vom After ineinander über. Wie die Cerebralganglien so liegen die Seitenstränge bei den Protonemertinen außerhalb der Muskulatur, sind dagegen bei dem größten Teil der Unbewaffneten (Heteronemertina) zwischen die äußere Längsmuskulatur und die sie unterlagernde Ringmuskulatur gerückt (Fig. 271, S. 407); bei wenigen (Mesonemertina) in die innere Längsmuskulatur; schließlich bei den Enopla ins Körperparenchym, also nach innen vom Hautmuskelschlauch. — Cerebralganglien und Seitenstränge sind oberflächlich dicht mit Ganglienzellen bedeckt, die, wie es scheint, sämtlich unipolar sind und ihre Nervenfasern in das Innere der Ganglien oder Seitenstränge senden. Es lassen sich nach Größe und sonstigen Eigentümlichkeiten verschiedene (vier) Arten von Ganglienzellen unterscheiden. Unter diesen fällt eine (sog. Neurochordzellen) durch ihre exceptionelle Größe und die dicken von ihnen ausgehenden Nervenfasern (Neurochorde) sehr auf; doch finden sich diese Neurochordzellen nicht bei allen Nemertinen. Im Gehirn gibt es gewöhnlich nur je eine in den beiden Ventrallappen; an den Seitensträngen dagegen treten sie zuweilen reichlich in gewissen Abständen auf.

Ein erheblicher Anteil der Cerebralganglien und Seitenstränge wird von einem nicht nervösen feinfaserigen kernhaltigen Gewebe gebildet (Neuroglia), das als bindegewebig aufgefaßt wird. Um die oberflächlichen Ganglienzellmassen bildet es fast stets eine äußere Hülle und auf der Grenze zwischen Ganglienschicht und innerer Nervenfasermasse eine innere (sog. äußeres und inneres Neurilemm); selbst feine Längsmuskelfasern finden sich in dem äußeren Bindegewebe der Seitenstränge.

Die von den Seitensträngen ausgehenden Nerven verhalten sich bei den Unbewaffneten noch sehr ursprünglich, da sie einen dichten Plexus bilden, der den Körper allseitig umzieht (Nervenschicht, s. Fig. 271). Bei den Protonemertinen liegt dieser Plexus, wie die Seitenstränge, subepithelial oder außerhalb der Muskulatur; bei dem Heteronemertinen zwischen der äußeren Längs- und der Ringmuskulatur; doch findet sich hier häufig noch ein ähnlicher Plexus zwischen der Ring- und der inneren Längsmuskulatur, der durch radiäre Nervenästchen mit dem äußeren zusammenhängt. In dem Plexus wiederholen sich zahlreiche ringförmige (quere) Stränge, die durch viele Anastomosen verbunden sind (Fig. 327 A_1). Ganglienzellen sind darin nur spärlich verbreitet. Jedenfalls ziehen von dem äußeren Plexus auch Ästchen zur Epidermis. — Bei den Enopla (Metanemertina) findet sich ein solcher Plexus nicht mehr; vielmehr entspringen von den Seitensträngen dorsal und ventral in regelmäßigen Abständen (den sog. Septen zwischen den Darmtaschen eingelagert) Nerven. Die dorsalen verzweigen sich rasch und lassen sich bis in die Diagonalmuskelschicht verfolgen, in der sie sich ausbreiten, doch auch Zweige zum Epithel abgeben.

Von der dorsalen Cerebralcommissur entspringt ein bis zum After ziehender Rückennerv (s. Fig. 327 A_1) mit Ganglienzellenbelag, der bei den Anopla im äußeren Plexus verläuft, mit dem er sich verbindet. Von ihm zweigt sich bald ein tiefer gelegener zweiter Rückennerv ab (fehlt den Enopla), der gewöhnlich in der Ringmuskelschicht liegt und mit dem ersteren durch Nervenfädchen zusammenhängt.

Die Cerebralganglien entsenden Nerven zum Vorderende, den Augen, dem sog. Frontalorgan und den Kopffurchen. — Von den Ventrallappen der Cerebralganglien entspringt je ein Schlundnerv mit Ganglienzellenbelag (Fig. 327 A_2). Diese Pharyngealnerven verästeln sich in der Regel plexusartig und verbreiten sich am Mund und Schlund, zuweilen auch am Mitteldarm. — Ferner gehen von den Ventrallappen zwei (Anopla) bis zahlreiche Rüsselnerven aus (Enopla), die im Rüssel einen weitmaschigen bis dichten Plexus mit Ganglienzellen bilden; in der Stiletregion (Enopla) auch ringförmige Commissuren. Daß von den dorsalen Lappen Nerven zu den sog. Cerebralorganen gehen, insofern letztere nicht mit den Lappen verschmolzen sind, wurde schon oben erwähnt.

———————

Der Nervenapparat der übrigen Würmer läßt sich mehr oder weniger bestimmt von dem der Plathelminthen ableiten, indem der Centralteil im Prinzip aus dem Cerebralganglienpaar und zwei Hauptlängssträngen besteht, welche im allgemeinen wohl den beiden Bauchsträngen der Plattwürmer entsprechen.

Bei den *Rundwürmern (Nemathelminthes)* tritt dies z. T. (Rotatoria, Nematorhyncha, Acanthocephala) noch ziemlich deutlich hervor, doch erscheint das System der beiden ersten Gruppen wegen ihrer Körperkleinheit bedeutend vereinfacht, das der letzteren durch den Parasitismus stark modifiziert. Da ferner das Nervensystem der Rotatorien und Nematorhynchen eben wegen ihrer Kleinheit weniger genau bekannt ist, so beginnen wir mit der Besprechung der *Nematoden*, deren Apparat wenigstens bei einzelnen größeren Formen (besonders *Ascaris*) sehr gründlich untersucht wurde und jedenfalls bei allen Eunematoden in den Grundzügen nahe übereinstimmt. Er zeigt jedoch in mancher Hinsicht starke Modifikationen und kann daher nicht als ein sehr ursprünglicher gelten. Diese Modifikationen scheinen großenteils mit der besonderen Körperform der Fadenwürmer zusammenzuhängen, die im Querschnitt fast stets genau kreisrund ist, also gewissermaßen monaxon in Bezug auf die Längsachse. Dies führte auch zu einer gewissen Regelmäßigkeit in der Verteilung des Nervensystems und der Sinnesorgane im Umkreis der Körperachse, d. h. zu einer Art sekundären Strahlenbaus um die Längsachse. Daß darin jedoch nichts Ursprüngliches liegt, wie es manchmal aufgefaßt wurde, lassen der typisch bilaterale Gesamtbau, sowie die Beziehungen zu den übrigen Würmern erkennen. Das Nervensystem der Nematoden (besonders Ascaris, den wir der Schilderung zu Grunde legen) verrät, trotz seiner Modifikationen, eine gewisse Ursprünglichkeit, indem sich eine größere Zahl von Längsnervensträngen findet, wie es für die primitiven Plathelminthen gilt (s. Fig. 328). Diese Längsstränge scheinen jedoch gegenüber letzteren erheblich verändert, indem zwei mediane, ein starker Ventral- und ein schwächerer Dorsalstrang vorhanden sind. Etwas vor der mittleren Region des Ösophagus geht der Bauchnerv, unter paariger Verteilung seiner Fasern, in einen den Schlund quer dorsalwärts umgreifenden Nervenfaserring über (Commissura cephalica), der sich in der Dorsallinie mit dem Dorsalnerv vereinigt. Beide Medianstränge entspringen daher nach hinten aus dem Nervenring. Sie sind den sog. Medianlinien (od. -wülsten) eingelagert, welche die

Hautmuskulatur in eine rechte und linke Hälfte sondern. Wie bei der Besprechung der letzteren bemerkt wurde (s. S. 409), ist in der Regel auch eine sog. Seitenlinie vorhanden, welche jede Muskelhälfte in ein dorsales und ventrales Feld teilt. Diese Linien werden gewöhnlich als Einwucherungen der Hypodermis gedeutet (obgleich die Teilnahme des Mesoderms an ihrem Aufbau nicht ganz ausgeschlossen scheint). Wenn das erstere zutrifft, so liegen die beiden Mediannerven noch in der Epidermis, was für andere Nerven sicher gilt. Am Ursprung des Bauchnervs aus dem Nervenring findet sich eine größere Anzahl Ganglienzellen; diese Stelle ist daher zu einem mehr oder weniger ansehnlichen Ventralganglion (G. cephalicum ventrale) verdickt. Ein ebensolches, jedoch viel zellenärmeres Ganglion findet sich am Ursprung des Dorsalstrangs. Die Median- und Seitenlinien dringen vorn bis zum Nervenring ins Innere ein, so daß dieser, der den Schlund dicht umzieht, seinen Zusammenhang mit der Epidermis in gewissem Grade bewahrt. Diesem Teil der Seitenlinien sind ebenfalls zahlreiche Ganglienzellen eingelagert, die sich auch noch eine Strecke weit nach hinten in ihnen ausdehnen, und meist eine Sonderung in Gruppen, oder eine Art sekundärer Ganglienbildung zeigen (s. die schemat. Fig. 328). Von den Seitenganglien zieht ein schwacher Seitennerv nach hinten, der bald endigt. Zu den erwähnten vier hinteren Längsnerven gesellen sich gewöhnlich noch vier schwache weitere, die beiden *Subventrales* (oder Sublaterales ventrales) und die beiden *Subdorsales*, welche etwas ventral und dorsal von den Seitenlinien hypodermal verlaufen und etwa

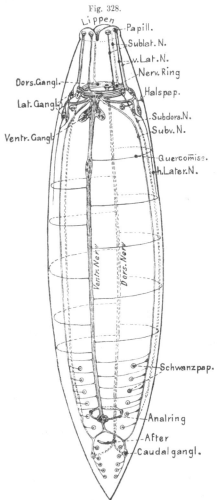

Fig. 328.

Ascaris (Nematode). ♂. Schematische Übersicht des Nervensystems von der Bauchseite. Auf Grundlage der Untersuchungen v. R. Goldschmidt 1908 und 1909 u. Volzenlogel 1902 konstruiert.   O. B.

am Abgang des Bauchnervs (Subventrales), bzw. des Seitennervs (Subdorsales), vom Nervenring entspringen.

In den Bauchnerv sind Ganglienzellen eingestreut, die in kurzer Entfernung von seinem Ursprung auch eine gangliöse Anschwellung bewirken können. Die medianen und die sublateralen Nervenstränge sind wesentlich motorisch; von den

Muskelzellen tritt je ein Fortsatz zu ihnen und verbindet sich mit einer Nerven-faser (s. Fig. 273, S. 408); dagegen treten die Muskelfortsätze in der Region des Nervenrings direkt zu diesem.

Zum Kopfende entsendet der Nervenring sechs Nerven: vier sublaterale und zwei laterale, welche die sechs Doppelpapillen des Kopfendes versorgen, also rein sensibel sind.

Das Verhalten der Längsnervenstränge am Hinterende des Körpers ist beim Männchen und Weibchen etwas verschieden, was mit der Ausbildung der Begattungs-organe (Spicula) und der gewöhnlich zahlreichen Tastpapillen am männlichen Hinter-ende zusammenhängt. In beiden Geschlechtern bildet der Bauchnerv am Beginn des Enddarms ein Ganglion (s. Fig. 328), das beim Männchen viel stärker ist. Von diesem Analganglion gehen einige Nervenfasern aus, die den Enddarm ringförmig umfassen (Analring). Kurz vor dem After gabelt sich der Bauchnerv, worauf sich seine beiden, rechts und links vom After nach hinten ziehenden Äste mit dem Hinterende der beiden Sublateralnerven jeder Seite vereinigen. Die beiden Sub-lateralnerven jeder Seite sind hinten in die Seitenlinien gerückt und schließlich zu einem Strang zusammengetreten. Etwas hinter dem After bildet jeder Ast des Bauchstrangs ein schwaches Ganglion (Caudalganglion) und gibt Zweige zu den hinter dem After stehenden Tastpapillen ab, die sich beim Männchen meist reich-lich, beim Weibchen zuweilen zu einem Paar finden (Ascaris). Auch der Dorsal-nerv spaltet sich etwas hinter dem After und verbindet sich mit den Gabelästen des Bauchnervs. Wenn sich vor dem After des Männchens zahlreiche Papillen finden, so werden sie von den subventralen Nerven versorgt; letztere sind dann sehr stark (Bursalnerven); die Sinneszellen der Papillen liegen in dem Nerv selbst.

Abgesehen von der Verbindung im Nervenring, stehen der Dorsal- und Rücken-strang mittels Nervenfasern in Zusammenhang, die in der Hypodermis verlaufen und gewöhnlich asymmetrisch rechts und links in gewissen Abständen verteilt sind (s. Fig. 328). Auch in der Region des Nervenrings finden sich schon solche Com-missuren. Zwischen dem Bauchnerv und dem hinteren Teil der Subventralnerven bestehen ähnliche Verbindungen, die bei den Männchen sehr zahlreich vorkommen, was diesen hinteren Teil der Subventralnerven zum sog. Bursalnerven verstärkt.

Auf die Besonderheiten des Systems bei den *Gordiiden* näher einzugehen, würde zu weit führen; es sei bemerkt, daß sich nur ein sehr ganglienzellenreicher Bauchnerv findet, der in seiner Gesamtheit jedenfalls die Bauchlinie der Eunematoden repräsentiert. Am Vorderende geht er in eine, den rudimentären Schlund umfassende Ganglienzellenmasse (Cerebralganglion) über. Eine Afteranschwellung (Afterganglion) findet sich in der Gegend des Enddarms (Kloake). Der Bauchstrang gabelt sich hinten wie bei den Eunematoden, indem er sich in die beiden Schwanzfortsätze erstreckt.

Wie bei den Rundwürmern überhaupt, ist die Zahl der Ganglienzellen, selbst bei großen Fadenwürmern nur eine mäßige; so bei Ascaris in den mit dem Nervenring direkt zusammenhängenden Ganglien nicht höher als zirka 160. Auch die Zahl der Fasern in den Nerven ist vielfach eine mäßige, ja zuweilen eine sehr geringe. Mit aller Sicherheit läßt sich gerade für die Fadenwürmer nachweisen, daß die Ganglienzellen vielfach direkt durch kürzere oder längere, zu Nervenfasern ausgezogene Brücken miteinander zusammen-hängen, und zwar sowohl motorische mit sensibeln, als auch jede dieser Arten gelegentlich

unter sich. Ebenso finden sich häufig Verbindungen der Nervenfasern durch Anastomosen.
Nur an wenigen Stellen des Nervenrings tritt eine sehr feine Zerteilung der Nervenfasern
zu einem Netz- oder Flechtwerk ein, wie es sich als sog. Punktsubstanz oder Neuropil im
Innern des Cerebralganglions der seither betrachteten und später noch zu besprechenden
Formen gewöhnlich findet. Jedenfalls scheint sicher, daß die Zusammenhänge im Nervensystem der Nematoden überall durch direkten Übergang (Kontinuität), nie dagegen durch
bloße Berührung (Kontiguität) geschehen.

   Die Herleitung des Nervensystems der Fadenwürmer von Einrichtungen, wie sie den
Plathelminthen und wahrscheinlich auch den Urformen der Rundwürmer eigen waren, scheint
nicht allzu schwierig. Alles dürfte darauf hinweisen, daß sowohl der Ventral- als der Dorsalstrang aus einer medianen Vereinigung ur-
sprünglich paariger Längsstränge hervorgingen,
und daß insbesondere der ansehnliche Bauchstrang auf die beiden Hauptbauchstränge der
Plathelminthen rückführbar ist. Damit erklärt
sich die Umbildung der Cerebralganglien zu
einem Nervenring mit angefügten Ganglien.
Die Verteilung der ursprünglich paarigen Cerebralganglien auf verschiedene Stellen dieses
Rings darf als eine Folge dieser Umgestaltung
und der besonderen Körperform der Fadenwürmer aufgefaßt werden, ließe sich jedoch
auch möglicherweise aus einer sehr primitiven
allgemeinen Umhüllung des Schlunds mit Ganglienzellen ableiten, wie sie sich bei den Gordiiden findet. Sowohl die sublateralen Nerven
als die hypodermalen Quercommissuren deuten
gleichfalls noch auf die zahlreichen Längs-
stämme der Plathelminthen, sowie deren primitiven allgemeinen Plexus hin.

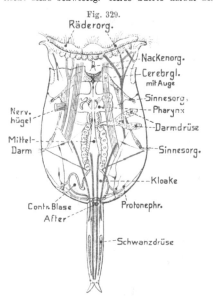

Fig. 329.
Räderorg.

Nerv.
hügel

Mittel-
Darm

Contr. Blase
After

Nackenorg.
Cerebrgl.
mit Auge
Sinnesorg.
Pharynx
Darmdrüse
Sinnesorg.
Kloake
Protonephr.
Schwanzdrüse

Brachionus plicatilis (Rotatorie) von der
Dorsalseite. Muskulatur rot; links die dorsale, rechts
die ventrale. Nerven schwarz (n. MÖBIUS 1875).
O. B.

   Das Nervensystem der meist mikroskopisch
kleinen *Rotatorien* und *Nematorhynchen* ist
wenig bekannt und wohl sicher, wie der
Gesamtkörper, gegenüber dem der Ausgangs-
formen beträchtlich vereinfacht. Ein meist recht großes, zuweilen etwas lappiges Cerebralganglion läßt sich überall im Vorderende, dorsal vom Schlund oder Pharynx (Rotatorien s.
Fig. 329), leicht nachweisen und greift häufig (namentlich Nematorhyncha) beiderseits weit
um den Schlund ventralwärts herum, ja soll bei den Echinoderen nach einer Angabe zu einem
Nervenring um den Schlund geschlossen sein, wie bei den Nematoden. Äußerlich ist seine
Paarigkeit in der Regel wenig angedeutet, innerlich dagegen ausgeprägt. Vom Cerebralganglion ziehen bei den Rotatorien mehr oder weniger zahlreiche Nerven nach vorn zum
Räderorgan und dessen Tastapparaten, ebenso dem sog. Rüssel (wenn er vorhanden), zum
unpaaren oder paarigen vorderen dorsalen Taster, doch auch zu den Muskeln des Vorderendes.
— Bei den Nematorhynchen scheint das Cerebralganglion überall mit der Hypodermis direkt
zusammenzuhängen und die Sinneszellen des Vorderendes (Gastrotricha) sollen im Ganglion
selbst liegen. Caudalwärts entsendet das Cerebralganglion der Gastrotrichen zwei Nerven, die
bis ans Hinterende verlaufen, während bei den Echinoderen ein unpaarer Bauchnerv vom
Nervenring nach hinten zieht, der jedoch wohl aus einer Vereinigung der beiden Stränge
der Gastrotrichen hervorging. In diese Nervenstränge (auch die vorderen) sind Ganglienzellen eingelagert, welche bei den Echinoderen den Cuticularringen entsprechende gangliöse
Anschwellungen des Bauchnervs hervorrufen (was jedoch auch bestritten wird). Zwei seitliche und ein dorsaler epidermaler Strang wurden ferner bei den Echinoderen beschrieben, die

mit entsprechenden Längsreihen von Sinnesorganen zusammenhängen und wohl vom Cerebralganglion entspringen.

Bei gewissen Rotatorienweibchen (Callidina, Discopus) gehen ebenfalls vom Cerebralganglion noch mehrere nach hinten ziehende Nerven aus, die jedoch sehr fein sind, gewöhnlich sogar nur aus einer oder wenigen Fasern bestehen, in die Ganglienzellen eingeschaltet sind; jederseits ein Lateralnerv, weiter ein Paar Bauchnerven, die sich bald in zwei
spalten; ferner ein zarterer Rückennerv, der zum Darm und den Geschlechtsorganen verfolgt
wurde. — Bei den meisten Rotatorien wurde jedoch jederseits nur ein Lateralnerv beobachtet
(s. Fig. 329), von dem aus auch der fast überall vorhandene sog. Lateraltaster innerviert wird.

Im Allgemeinen läßt sich daher das Nervensystem der
Nematorhynchen und Rotatorien, ebenso wie das der übrigen
Nemathelminthen, von den primitiven Einrichtungen der Plathelminthen leicht ableiten. Es blieb jedoch primitiver als das der
Nematoden, indem ein unpaarer Bauchstrang nur bei den Echinoderen gebildet wurde, die in ihrem Nervenapparat überhaupt
nahe Beziehungen zu den Nematoden darzubieten scheinen (insbesondere nach der Darstellung Zelinka's).

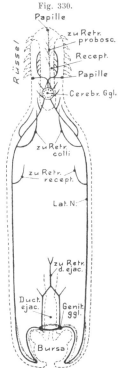

Fig. 330.

Echinorhynchus gigas ♂
(Acanthocephale). Schema des
Nervensystems von der Dorsalseite (auf Grundlage der Untersuchungen von KAISER 1893 u.
mit Benutzung einer Figur von
BRANDES 1899). C. H.

Acanthocephala. Daß sich auch bei den *Acanthocephalen* die allgemeine Anordnung des Nervensystems
der primitiven Rundwürmer wiederholt, wird eine kurze
Schilderung ergeben. Das mit einer mäßigen Menge,
meist unipolarer Ganglienzellen versehene einheitliche
Cerebralganglion liegt im Innern der hinteren Region der Rüsselscheide (s. Fig. 330), zwischen den Retractoren des Rüssels. Hieraus dürfte hervorgehen, daß
die Rüsselscheide der Urformen noch vom Vorderdarm
durchzogen wurde, welchem das Cerebralganglion dorsal
auflag. Die beiden ansehnlichsten Nerven entspringen
jederseits von der hinteren Region des Ganglions und
verlassen die Rüsselscheide, indem sie schräg nach hinten
und seitlich zu den Seitenlinien der Körperwand ziehen.
Durch die Leibeshöhle verlaufen sie frei und sind von
feinen Muskelfasern umgeben (sog. Retinacula). Die Lateralnerven ziehen dann in der Seitenlinie zwischen den
Hautmuskeln bis zum hinteren Körperpol, indem sie
beiderseits Fasern an die Ring- und Längsmuskulatur,
wie auch einige Zweige an die Retractoren des Rüssels
und Halses (Ech. gigas) abgeben. In einiger Entfernung vor dem Hinterende kann
(Echinorhynchus gigas) sich der Lateralnerv in zwei Äste teilen. Bei den Männchen (Fig. 330) biegen diese zwei oder vier Nerven an der Genitalöffnung nach vorn
um und steigen am sog. Bursalsack empor. An dessen Grunde, da wo sich der
Ductus ejaculatorius mit ihm vereinigt, bilden sie zwei ansehnliche Genitalganglien,
die durch eine dorsale und ventrale Commissur ringförmig um den Ductus ejaculatorius zusammenhängen. Zarte paarige Nerven gehen von den Genitalganglien
teils nach vorn zur Muskulatur des männlichen Ausführapparats, teils nach hinten

zu den Muskeln des Bursalsacks, zum Penis und den Tastpapillen der Bursa. —
Bei den Weibchen verhalten sich die Lateralnerven am Hinterende einfacher,
namentlich fehlen die Genitalganglien.

Nach vorn und seitlich entsendet das Cerebralganglion teils paarige, teils
unpaare Nerven in verschiedener Zahl (s. Fig. 330), die sowohl die Rüsselmusku-
latur und Rüsselhaken als die Tastpapillen innervieren, welche sich wenigstens
bei gewissen Arten am Rüssel in geringer Zahl finden.

Wie gesagt, läßt sich der Nervenapparat der Acanthocephalen mit dem der ursprünglichen
Rundwürmer, die paarige Bauchseitenstränge besitzen, wohl vergleichen; denn daß die Lateral-
stränge der Acanthocephalen den seitlichen Strängen der Rotatorien und Nematorhynchen, sowie
den Hauptlängssträngen der Plathelminthen entsprechen, kann wohl kaum zweifelhaft erscheinen.

Anneliden. Es scheint sicher, daß sich das Nervensystem der typischen
Gliederwürmer (Chaetopoda und Hirudinea) aus einem primitiven Zustand entwickelte, welcher dem der Plattwür-
mer ähnlich war. Hierfür sprechen
sowohl die anatomische Vergleichung
als die Ontogenie, indem die Trochophoralarven der Polychäten ein
Nervensystem besitzen (Fig. 331),
das aus einer Anzahl Längsnerven besteht, die von einer am
vorderen Körperpol gelegenen, mit
Sinnesorganen verbundenen Anlage des Cerebralganglions (Scheitelplatte) ausgehen, sowie einigen Ringnerven, von welchen die zum äquatorialen Cilienkranz (Prototroch)
gehörigen, die ansehnlichsten sind.
Auch ein allgemeiner Nervenfaser-

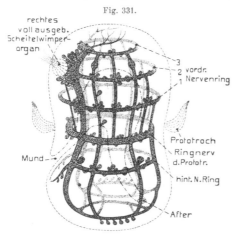

Fig. 331.

rechtes
voll ausgeb.
Scheitelwimper-
organ

3
2 vordr.
1 Nervenring

Prototroch
Ringnerv
d. Prototr.

Mund

hint. N. Ring

After

Lopadorhynchus (Polychäte). Nervensystem der Larve
(n. E. MEYER 1901 konstruiert).   v. Bu.

plexus, welcher das Ectoderm unterlagert, wurde bei gewissen Larven nachgewiesen
(Polygordius). — Das Nervensystem der erwachsenen Gliederwürmer ist bei typischer Entwicklung dadurch ausgezeichnet, daß vom Cerebralganglion zwei ansehnliche Längsnervenstränge nach hinten ziehen, welche den Mund und Schlund
umgreifen und sich hinter dem Mund an der Bauchseite gewöhnlich sehr nähern,
so daß sie sich ventral vom Darm als ein gemeinsamer Strang (Bauchstrang,
Bauchmark) bis zum hinteren Körperende erstrecken. Daß dies Strangpaar den
bei den Plathelminthen gewöhnlichen beiden stärkeren Bauchnervensträngen
(Lateralnerven) entspricht, scheint kaum zweifelhaft, obgleich es auch bestritten
wird. Dies Bauchmark der Gliederwürmer ist ferner dadurch ausgezeichnet, daß
die Ganglienzellen, welche wir in den Bauchnerven der Plattwürmer reichlich,
ja bei den Nemertinen in ihrer ganzen Ausdehnung fanden, sich im Zusammenhang mit der ausgeprägten Metamerie in der Regel in jedem Metamer konzentrieren,
und so an den beiden Strängen jedes Segments eine Ganglienanschwellung

(Bauchganglien) bilden (s. Fig. 335 u. 336). Die die aufeinanderfolgenden Bauch-
ganglienpaare verbindenden Teile der Stränge werden als Längscommissuren
oder -connective bezeichnet. Das vorderste Connectiv, welches die ersten
Bauchganglien mit den Cerebralganglien verbindet, also den Schlund umgreift,
ist das Schlundconnectiv (-commissur).

Im allgemeinen kommt daher jedem Segment ein Paar Bauchganglien zu, während die Cerebralganglien, die, wie oben bemerkt, am Vorderpol der Larve (Trochophora), in deren sog. Episphäre entstehen, welche später zum Prostomium oder
Kopfzapfen des Wurms wird, eben in diesem Prostom
ihre ursprüngliche Lage haben. Die queren Commissuren zwischen den Längssträngen der Plathelminthen,
die zuweilen schon eine, an Segmentation erinnernde
regelmäßige Aufeinanderfolge zeigten, verbinden bei
den Anneliden die beiden zusammengehörigen Bauchganglien jedes Segments und gehen weiterhin seitlich
als periphere Nerven vom Bauchmark ab.

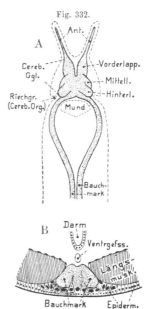

Fig. 332.

Im allgemeinen scheint es gerechtfertigt, daß man das
System der Cerebral- und Bauchganglien zusammen als das
centrale Nervensystem auffaßt und ihm die, von den Ganglien entspringenden Nerven als peripheres System entgegen-
stellt. — Gehirn wie Bauchmark gehen aus dem Ectoderm
hervor, jedoch in der Regel derart, daß ihre Anlagen anfänglich ohne sichtbaren Zusammenhang sind. Erst später verbinden sich die aus den beiden stärksten Längsnerven der
Larve entstehenden Schlundconnective mit dem Vorderende
der beiden ectodermalen Längswülste, welche das Bauchmark
bilden. Es ist jedoch mehr wie wahrscheinlich, daß diese
Eigentümlichkeit der Ontogenese eine Abänderung des ursprünglichen Entwicklungsgangs darstellt, welche mit der be-
schleunigten ontogenetischen Ausbildung der Metamerie in
der sog. Hyposphäre (Metastom) der Larve zusammenhängt;
denn ein phylogenetischer Zustand, in welchem die Cerebralganglien tatsächlich vom Bauchmark getrennt gewesen wären,
erscheint als eine unmögliche Annahme.

P o l y g o r d i u s (Archiannelide).
Schematisch. *A* Vorderer Teil d. Cen-
tralnervensystems v. d. Bauchseite.
Körperumrisse in Strichlinien (nach
FRAIPONT 1889). *B* Querschnitt durch
das Bauchmark und die angrenzende
Körperregion (nach SALENSKY 1907).
C. H.

Interessanterweise erhält sich die ontogenetische Verbindung des Centralnervensystems mit dem Ectoderm bei den *Chätopoden* und *Gephyreen* nicht selten im erwachsenen Zustand, indem es zuweilen in seiner Gesamtheit direkt unter der Epidermis, außerhalb der Körpermuskulatur liegt (Archianneliden [Fig. 332 *B*] und
manche echte Polychäten, einfachere Oligochäten, Priapuliden unter den Gephyreen). Dieser Zustand scheint sich daher bei manchen Formen selbständig erhalten,
oder wieder hergestellt zu haben. Bei anderen ist das Centralnervensystem in die
Körpermuskulatur gerückt; bei den meisten aber durch diese hindurch in das
Cölom. Nicht selten blieb jedoch die Verbindung mit der Epidermis teilweise erhalten, so gilt dies für die Cerebralganglien zahlreicher Polychäten und ebenso
recht allgemein für das Analende des Chätopoden-Bauchmarks überhaupt.

In dieser Hinsicht bestehen große Verschiedenheiten, sogar bei nahe verwandten Arten,
ja bei einer und derselben, sodaß das Bauchmark in einer Körperregion epidermal in einer
anderen cölomal liegen kann. Die peripheren Nerven, welche von den Ganglien entspringen,
durchsetzen häufig, nach kurzem Verlauf in der Leibeshöhle, die Muskulatur, um unter der
Epidermis weiter zu ziehen.

Wie bemerkt, liegen die Cerebralganglien ursprünglich im Prostom und sind
meist deutlich paarig gebildet.   Es kommt jedoch nicht selten vor (namentlich
Terricola und Hirudinea), daß sie mehr oder weniger weit über den Darmanfang
nach hinten verschoben sind, bis ins dritte und vierte Körpersegment (s. Fig. 337).
Sie erscheinen teils als ein Paar einfache gangliöse Anschwellungen, die in verschiedenem Grad verwachsen sind (namentlich Terricolen, gewisse Polychäten);
doch sind sie manchmal auch nur schwach ausgeprägt, so daß die vorderen
Enden der Schlundconnective fast ohne Anschwellung ineinander übergehen.

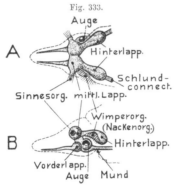

Fig. 333.

Chaetozone setosa (Polychäte). Cerebralganglien mit den Kopfumrissen (gestrichelt).
A von der Dorsalseite. — *B* von der linken Seite
(n. E. MEYER 1886).   v. Bu.

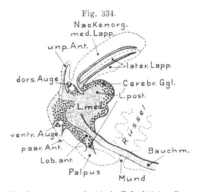

Fig. 334.

Euphrosyne audouini (Polychäte). Cerebralganglion von links. Schematisch. Körperumrisse in Strichlinien (n. RACOVITZA 1896).
C. H.

Dies gilt namentlich auch für die *chätiferen Gephyreen*, bei denen jede Hirnanschwellung der langen Schlundconnective fehlt, während die *Sipunculiden* (unter
den Achaeta) wohl entwickelte Cerebralganglien besitzen, die *Priapuliden* jedoch
nur eine sehr schwache Anschwellung des Schlundrings. — Wie bei den seither
besprochenen Würmern liegen die Ganglienzellen oberflächlich, die Nervenfasermasse im Innern (s. Fig. 340, S. 494).

Die Cerebralganglien zahlreicher Polychäten, Archianneliden und mancher
limicolen Oligochäten, werden jedoch komplizierter, indem sie eine Anzahl lappiger
Anschwellungen bilden.   Im allgemeinen tritt namentlich eine Art Dreiteilung der
Cerebralganglien dieser Formen auf (s. Fig. 332—333), nämlich in ein vorderes
Lappenpaar (Vorderlappen), von welchem die beiden Nerven zu den Palpen
(bzw. den Kiemenbüscheln der Serpuliden) entspringen, ein mittleres Lappenpaar (mittlere Lappen), welches die Antennen und Augen versorgt, und ein
hinteres, das von der dorsalen Region des mittleren nach hinten ausgeht, und
sich zu besonderen Sinnesorganen (Wimpergruben oder Nackenorgane) begibt,
welche wohl den Cerebralorganen der Nemertinen homolog sind; weshalb auch

die hinteren Hirnlappen denen der Nemertinen entsprechen dürften. Von dem Ausbildungsgrad der Sinnesorgane, die durch die Hirnlappen versorgt werden, hängt
naturgemäß deren Größe ab; zuweilen sind sie stark bis völlig rückgebildet.

Eine eigentümliche Bildung zeigen die Hirnganglien der Hirudineen (Fig. 338), deren
Ganglienzellen zu Gruppen (Paketen) vereinigt sind, die meist lappig über die Oberfläche
vorspringen (6—10 jederseits). Eine direkte Beziehung zu den für die Polychäten geschilderten Verhältnissen scheint jedoch nicht zu bestehen.

Wie bemerkt, sprechen sowohl die vergleichend anatomischen als die onto-
genetischen Verhältnisse dafür, daß das Bauchmark der Anneliden ursprünglich
aus zwei gesondert nebeneinander hinziehenden Nervensträngen bestand, und daß
jedes Segment ein Paar Bauchganglien oder -knoten enthielt (Bauchganglienkette).
Es gibt jedoch nur relativ wenige Formen, welche diesen Bau in ausgebildetem
Zustand zeigen, und auch für diese ist es fast wahrscheinlicher, daß sich die beiden
Stränge erst sekundär mehr gesondert haben (s. Fig. 336). Bei der großen
Mehrzahl sind die Bauchstränge in ihrer ganzen Ausdehnung in der ventralen
Mittellinie so innig zusammengetreten, daß sie zu einem einzigen verwuchsen
(Fig. 335). Dies gilt in gleicher Weise für die Ganglienpaare jedes Segments,
welche in der Regel so völlig vereinigt sind, daß die Paarigkeit äußerlich nur
selten angedeutet ist. Innerlich läßt sie sich jedoch sowohl an der Sonderung
der beiden Längsnervenfaserzüge in den Connectiven, als an dem, oder den
queren Faserzügen in den Ganglien noch erkennen, welche den ursprünglichen
Quercommissuren entsprechen.

Höchst auffallend erscheint daher, daß bei gewissen tubicolen Polychäten
(Serpulacea und Hermellacea, sowie vereinzelten Errantia und den Archianneliden
Polygordius, Fig. 332, und Saccocirrus) eine völlige Sonderung der Bauchstränge,
und bei den Tubicolen z. T. ein weites Auseinanderrücken derselben vorkommt;
womit natürlich verbunden ist, daß sich zwischen den weit voneinander gerückten Ganglien jedes Segments lange Quercommissuren ausspannen. Das Bauchmark erlangt so den *strickleiterförmigen* Habitus (s. Fig. 336). Der Grad des
Auseinanderweichens beider Stränge ist recht variabel, meist sogar bei demselben Wurm in den verschiedenen Körperregionen. Obgleich die weite Trennung
der Stränge neuerdings gewöhnlich als eine sekundäre Erscheinung beurteilt
wird, so dürfte doch der Zustand geringerer Sonderung, in welchem sie noch
dicht nebeneinander hinziehen, dem primitiven entsprechen. — Sehr variabel
erscheint die Anschwellung und damit die Deutlichkeit der Bauchganglien-
knoten. Bei den Chätopoden treten sie häufig nur recht schwach hervor, so daß
sich der gegliederte Charakter des Bauchmarks wenig ausspricht, namentlich
dann, wenn sich, wie es gleichzeitig nicht selten vorkommt, die Längsconnective
sehr verkürzen und undeutlich werden. — Dazu kann sich (Terricolae, manche
Polychäten mit ähnlichem Bauchmark) eine Ausbreitung der Ganglienzellen auf die
Connective gesellen, was die Gliederung natürlich ebenfalls zurücktreten läßt.
Aus solchen Zuständen leiteten sich wohl diejenigen ab, wie sie bei den Archianneliden (Polygordius, Protodrilus, doch auch einzelnen echten Polychäten) vorkommen,

**

die keinerlei Ganglienanschwellungen des Bauchmarks mehr zeigen, sondern eine gleichmäßige Verteilung der Ganglienzellen über das ganze Mark. Dasselbe gilt für die *Gephyreen*, deren Bauchmark ein gleichmäßiger Strang ist.

Daß es sich auch bei den letzteren um eine Rückbildung handelt, welche mit der der gesamten Metamerie Hand in Hand geht, läßt sich für die chätiferen Gephyreen (insbesondere Echiuren) ontogenetisch erweisen, da der Bauchstrang bei der Entwicklung paarig auftritt und Ganglienanschwellungen besitzt, die sogar bei dem jungen Wurm noch zu beobachten sind.

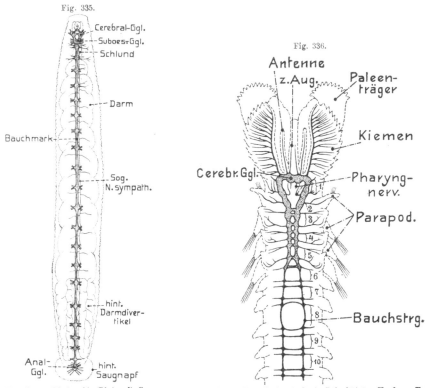

Fig. 335.

Hirudo medicinalis (Blutegel). Centralnervensystem von der Dorsalseite. Körperumrisse und Darm in Strichlinien; letzterer nicht sehr korrekt wiedergegeben (n. Leydig 1864). P. He.

Fig. 336.

Sabella alveolata (sedent. Polychäte). Vorderer Teil des Centralnervensystems von der Ventralseite. Die eingeschriebenen Zahlen geben die betreffenden Segmente, nebst den zugehörigen Nerven an (n. E. Meyer 1886). v. Bu.

Die Ganglienzellen nehmen in den Ganglienknoten die ventralen und lateralen Partien ein (s. Fig. 340, S. 494). Bei den Hirudineen gruppieren sie sich in ähnlicher Weise zu Paketen wie in den Cerebralganglien, so daß sich in jedem Ganglion gewöhnlich zwei hintereinander liegende medioventrale und jederseits zwei hintereinder liegende laterale Pakete unterscheiden lassen, wobei die vorderen und hinteren Lateralpakete je durch einen queren Faserzug verbunden sind.

Mit einer ähnlichen Differenzierung der Ganglien muß es zusammenhängen, daß sie bei gewissen Polychäten (besonders den Serpulaceen und Hermellaceen) sogar in zwei Knoten gesondert sind, von denen ein Paar ganz vorn, das andere hinten im Segment liegt (Fig. 336). Selbst Auflösung der Ganglien in drei Knoten soll vorkommen (Pectinaria).

Häufig sind die vordersten Ganglienknoten des Bauchmarks sehr dicht zusammengerückt, ja innig miteinander verwachsen. Für die Hirudineen (Fig. 338, S. 492) gilt dies allgemein; es scheint sogar, daß regelmäßig die ersten vier Knotenpaare zu einem sog. Unterschlundganglion (Subösophagealganglion) vereinigt sind. Auch bei den Chätopoden kommt ähnliches wohl häufiger vor; so zeigt z. B. Myxicola ein aus den drei vordersten Knoten bestehendes Unterschlundganglion und auch bei Lumbricus erweist die Innervierung der drei vordersten Körpersegmente, daß die drei ersten Ganglien im Unterschlundganglion vereinigt sind (Fig. 337). — In ähnlicher Weise sind die hintersten Ganglien der Hirudineen (gewöhnlich sieben) zu einem Analganglion verschmolzen (Fig. 335), was mit der Bildung des hinteren Saugnapfs in Beziehung steht.

Periphere Nerven. Bei den Oligochäten und Hirudineen entsendet das Gehirn häufig ein Nervenpaar (oder wenige Paare) in den Kopfzapfen, welches auch die Augen versorgt, wenn solche vorhanden sind. Viel zahlreicher sind meist die Cerebralnerven der Polychäten, indem solche für die, im Höchstfall fünf Antennen, die beiden Palpen, die Augen (event. auch die Statocysten), sowie die Muskeln der Kopf-

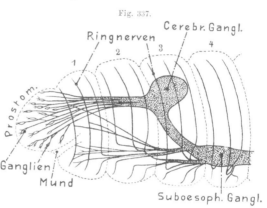

Lumbricus terrestris. Vorderende des Centralnervensystems von links. Etwas schematisiert. Körperumrisse in Strichlinien. Die Zahlen geben die Segmente an (n. Hesse 1894). v. Bu.

region vorhanden sind; doch zeigen diese Verhältnisse im Einzelnen natürlich große Mannigfaltigkeit. Auch die Schlundconnective entsenden z. T. Nerven, die aber wohl meist solche sind, deren Ursprung aus dem Unterschlundganglion auf die Connective verlagert wurde.

Die Zahl der peripheren Nerven, welche von den Bauchganglien entspringen, variiert; häufig finden sich nur ein bis zwei Paare, zuweilen jedoch auch mehr (s. Fig. 337—339); doch können auch von den Längsconnectiven zwischen den Ganglien Nerven ausgehen, die dann in den Dissepimenten verlaufen. Die Hauptnerven der Segmente steigen inner- oder außerhalb der Muskulatur ringförmig gegen den Rücken empor und vereinigen sich nicht selten dorsal zu einem Ring. So finden sich sowohl bei Terricolen (Fig. 337) als Hirudineen (Fig. 338) in jedem Segment gewöhnlich drei solche Ringnerven, die teils die Muskulatur, teils die Hautsinnesorgane innervieren. Auch bei den meisten Gephyreen ist die Ringbildung der Nerven gut entwickelt. Bei den Polychäten besitzen die Hauptnerven, die zu den Parapodien ziehen, häufig sekundäre Ganglienanschwellungen (Fig. 339, S. 493).

Ein *Schlund-* oder *Pharyngealnervensystem* (sog. Vagus, Visceralnervensystem) scheint allgemein verbreitet und entspricht wohl den Schlundnerven, die wir schon bei den Plathelminthen trafen. Im einfachsten Fall sind es zwei Nerven, die von den Cerebralganglien oder den Schlundconnectiven entspringen und zum Pharynx ziehen, in dessen Wand sie einen Plexus bilden, dem Ganglienzellen eingelagert sind. Häufig verbinden sich auch die beiden Schlundnerven zu einer

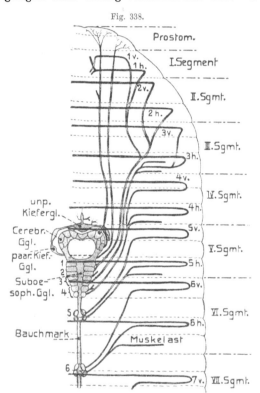

Fig. 338.

queren Schlinge, oder zu einem, den Pharynx umziehenden Ring, in den Ganglien eingeschaltet sind. Letzteres ist z. B. bei den gnathostomen Hirudineen der Fall (Fig. 338), wo sich für jeden der drei Kiefer ein Ganglion in dem Ring findet.

Ist ein ausstülpbarer Rüssel vorhanden, wie bei den rhynchobdellidenHirudineen und insbesondere den erranten Polychäten, so wird auch dieser vom Schlundnervensystem versorgt, welches bei den Errantia eine hohe Komplikation erlangen kann (s. Fig. 339 *A*). Dies geschieht einmal durch Vermehrung seiner Wurzelursprünge, andrerseits durch Bildung zahlreicher Längsnerven, die in der Rüsselwand verlaufen und durch mehr oder weniger zahlreiche Ringnerven verbunden sind, wobei dem System gleichzeitig zahlreiche Ganglien eingeschaltet sind.

Hirudo medicinalis. Vorderer Teil des Centralnervensystems von der Dorsalseite. Körperumrisse in Strichlinien. In jedes Segment gehen ein vorderer (*1—7 v*) und ein hinterer (*1—7 h*) sensibler ringförmiger Hautnerv, welche die Hautsinnesorgane versorgen. Ein Teil des Schlundnervensystems ist angegeben (n. Liwanow 1904, etwas verändert).   P. He.

Ein eigentümlicher, sog. *sympathischer Nerv* findet sich bei Hirudo (Fig. 335, S. 490), der über oder neben dem Bauchmark an der Ventralseite des Darms hinzieht und zu den Darmtaschen Äste abgibt, in deren Wänden sie einen reichen Plexus mit Ganglienzellen bilden. Vorn steht der Plexus wahrscheinlich mit dem des Pharynx und Schlunds in Verbindung, was umso wahrscheinlicher ist, als ein Zusammenhang des sympathischen Nervs mit dem Bauchmark nicht gefunden wurde. — Eventuell hierher gehörige, jedoch paarige Stränge längs des Bauchmarks wurden bei gewissen Polychäten beobachtet (Euniciden).

Im Centralnervensystem der Chätopoden treten die schon bei den Nemertinen, ja den Hydromedusen, gefundenen dicken Nervenfasern (sog. Neurochorde, riesige Nervenfasern, Nervenröhren) häufig, und zum Teil in sehr regelmäßiger Weise auf, obgleich sie auch einzelnen Gruppen ganz fehlen. In der Regel durchziehen ein, zwei, drei, oder ziemlich viele solche Neurochorde das ganze Bauchmark in der Längsrichtung (bei Terricolen, Fig. 340, meist drei), die gewöhnlich dorsal liegen, seltener ventral. Sie hören entweder vor dem Beginn des Schlundrings auf, oder können auch in die Schlundconnective eindringen, ja sich in die Cerebralganglien fortsetzen. Diese Neurochorde erreichen zuweilen eine ganz auffallende Dicke, namentlich bei gewissen Serpulaceen: so wird z. B. das einzige Neurochord von *Myxicola* so voluminös wie das ganze übrige Bauchmark. Die Neurochorde besitzen in der Regel eine recht dicke, geschichtete Neurogliahülle, auch scheint ihnen zuweilen eine dem sog. Nervenmark der markhaltigen Nervenfasern der Vertebraten entsprechende Scheide zuzukommen. Die eigentliche, von diesen Scheiden umschlossene Nervenfaser ist ziemlich strukturlos. Stellenweise finden sich auch Verzweigungen, sogar reichere Verästelungen der Neurochorde, sowie Anastomosen zwischen denen des Bauchmarks. Ebenso kommt Vereinigung mehrerer Neurochorde zu einem einzigen vor. Dagegen wurde der Eintritt von Zweigen in die peripheren Nerven fast nie beobachtet.

Daß die Neurochorde ihren Ursprung von ansehnlichen, bis sehr großen Ganglienzellen des Bauchmarks nehmen, wurde sowohl bei Oligochäten als Polychäten mehrfach erwiesen. Solch große (riesige) Ganglienzellen können sich sogar ziemlich regelmäßig in einer größeren Zahl der Bauchganglien wiederholen. — Über die physiologische Bedeutung der Neurochorde ist kaum Sicheres bekannt; nur soviel scheint, gegenüber älteren Meinungen, festzustehen, daß es sich in der Tat um nervöse, nicht etwa um stützende Elemente handelt.

Oligomera. Im Anschlusse an die Gliederwürmer möge kurz über das Nervensystem der von uns als *Oligomera* (siehe S. 40) zusammengefaßten Metazoen berichtet werden. Es sind dies Formen, welche eine geringe Anzahl (2—3) wenig deutlicher Segmente erkennen lassen. Die Zählung dieser Segmente hängt ab von der Auffassung des vor dem Mund liegenden Körperabschnitts (Kopfschild der Pterobranchia, sog. Eichel des Entero-

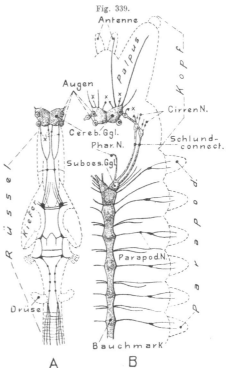

Fig. 339.

Nereis (Polychäte). *B* Vorderregion des Centralnervensystems mit den Körperumrissen (gestrichelt), von der Dorsalseite (n. QUATREFAGES 1850 und Veränderungen n. HAMACKER 1898). — *A* Der Rüssel, in seiner natürlichen Lage zum Cerebralganglion von der Dorsalseite daneben gezeichnet, mit dem Schlundnervensystem (n. QUATREFAGES 1850). C. H.

pneusta) als Prostomium, oder als ein vorderstes Segment; die erstere Auffassung ist wohl die wahrscheinlichere. Die Möglichkeit näherer Beziehungen der Oligomeren zu den Gephyreen mit ihrer weitgehenden Rückbildung der Segmentation und Vereinfachung des Nervensystems läßt die Vermutung zu, daß die Oligomeren eine Vereinfachung ihrer ursprünglich komplizierteren Organisation und vielleicht auch reicheren Gliederung erfahren haben könnten; dies ist umso wahrscheinlicher, als die meisten festgeheftete und daher wohl in gewissem Grad rückgebildete Tiere sind.

Der Anschluß an die Anneliden spricht sich im Nervensystem derjenigen Oligomeren, welche keine weitgehende Reduktion dieses Systems erfahren haben, darin aus, daß sich ein vorderes, dorsal über dem Darm gelegenes Cerebralganglion findet, welches durch ein Paar

Schlundconnective mit einer ventral vom Darm und weiter hinten liegenden Ganglienmasse zusammenhängt, die im allgemeinen ein Bauchmark, oder richtiger den vordersten Teil desselben, ein Subösophagealganglion darstellt. Bei reicherer Entfaltung des Systems, wie es die *Brachiopoden* und *Chätognathen* zeigen, ist dies Unterschlundganglion bedeutend ansehnlicher als das Cerebralganglion und sendet auch zahlreichere Nerven aus (s. Fig. 341 u. 343). Bei starker Vereinfachung des Systems (Bryozoen und Phoroniden) fehlt dagegen ein Unterschlundganglion ganz, oder es blieb nur ein den Schlund ventral umgreifender Nervenring bei den Phoroniden erhalten, der auch für manche Bryozoen (Lophopoda Fig. 342) angegeben, jedoch auch geleugnet wird; bei der Mehrzahl der Bryozoen konnte er nicht aufgefunden werden. Wenn also diese Auffassung der Verwandtschaftsverhältnisse zutrifft, so erfuhr das Centralnervensystem eine weitgehende Vereinfachung innerhalb der Gruppe. Einen nahezu allgemeinen Charakter der ganzen Gruppe bildet die epidermale Lage fast des gesamten Systems, speziell seiner Centralteile. Dieselben liegen dicht unter der Epidermis, ja meist in ihrer Basalregion, sodaß die histologische Beziehung des Nervensystem zur Epidermis

Fig. 340.

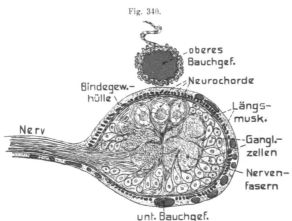

vielfach noch direkt an jene der Cölenteraten erinnert. In diesem Punkt erhält sich daher das Nervensystem sehr primitiv; doch galt dies wohl auch für die ursprünglichsten Anneliden, wie schon oben dargelegt wurde.

Am interessantesten verhalten sich in dieser Hinsicht die sonst im allgemeinen hochorganisierten *Enteropneusten*, deren gesamtes Nervensystem, soweit es bekannt ist, in der Tiefe der Epidermis liegt, von Stützzellen derselben durchsetzt. Das Nerven-

Lumbricus. Querschnitt durch ein Ganglion des Bauchmarks. C. H.

system der Enteropneusten erscheint sogar primitiver als alles, was wir seither unter den Würmern fanden, da die gesamte Oberfläche des Körpers in der Tiefe der Epidermis von einer ziemlich gleichmäßigen Nervenschicht mit eingestreuten Ganglienzellen unterlagert wird, und die besonderen Nervenstränge nur als Verdickungen dieser Schicht erscheinen. — Bei den *Brachiopoden* und *Chätognathen* ist solch eine subepidermale Nervenschicht gleichfalls in ausgedehnter Weise erhalten, erscheint aber als ein Nervennetz (Plexus). Nur bei den Bryozoen hat sich das Cerebralganglion, das, wie bemerkt, hier das ganze System repräsentiert, von der Epidermis abgetrennt, und liegt zwischen Mund und After dem Schlund dorsal auf. Das Cerebralganglion der Chätognathen (s. Fig. 341) und Pterobranchier (s. Fig. 79, S. 175) ist gut entwickelt, weniger hingegen das der Brachiopoden (Fig. 343), wo es nur als eine Verdickung der dorsalen Partie des Schlundrings erscheint (Testicardines), oder anscheinend gar nicht hervortritt (Ecardines), indem seine Ganglienzellen auf die Hauptarmnerven, die sonst von dem Ganglion entspringen, verlagert sind, das Cerebralganglion also gewissermaßen in seine beiden Hälften zerlegt ist, die seitlich weit von einander abgerückt sind. Die *Bryozoen* zeigen es, wie bemerkt, in guter Entwicklung, jedoch wie bei den Oligomeren überhaupt, nur wenig deutlich paarig. Es liegt dem Schlund dorsal meist dicht auf, zwischen Mund und After. Bei den meisten Bryozoen wird es als ein solides Gebilde geschildert; nur für die Lophopoden (Fig. 342) wird angegeben, daß es eine ziemlich kompliziert gebaute innere Höhle besitze. Die Vergleichung mit dem Nervensystem der verwandten Oligomeren läßt kaum bezweifeln, daß es sich um das gewöhnliche Cerebralganglion handelt; es möge jedoch erwähnt werden, daß zuweilen noch die Meinung verfochten wird, es sei dem Subösophagealganglion zu homologisieren.

Im Nervensystem der *Enteropneusten* kann man eigentlich kaum von einem wirklichen Cerebralganglion sprechen. Die allgemeine Nervenschicht verdichtet sich in der dorsalen und ventralen Mittellinie zu einem dorsalen und ventralen Nervenstrang, von welchen letzterer bis zum Hinterrande des Kragens zieht, hierauf jederseits in der hinteren Kragenfurche zur Rückseite emporsteigt, um sich mit dem Rückennerv zu vereinigen (vgl. Fig. 78, S. 174). Daß der so gebildete Nervenring den Schlundring vertritt, ist daher recht wahrscheinlich, ebenso daß der innerhalb des Kragens liegende Teil des Dorsalnervs im Allgemeinen dem Cerebralganglion entspricht. Dies sog. Kragenmark ist dadurch eigentümlich, daß es sich von der Epidermis ablöst und in das Kragencölom einsenkt, aber, wenigstens bei gewissen Formen (Ptychodera), noch durch Zellstränge (Wurzeln) mit der dorsalen Epidermis und ihrer Nervenschicht zusammenhängt. Das Kragenmark ist ziemlich reich an Ganglienzellen, darunter auch sog. „riesige", von denen röhrige Nervenfasern oder Neurochorde entspringen. Neurochorde wurden ferner auch bei den Chätognathen und Phoroniden beobachtet. Bei letzteren in sehr eigentümlicher Weise, indem vom Cerebralganglion aus eine solche Faser asymmetrisch linksseitig (selten paarig) weit nach hinten zu verfolgen ist (sog. Seitennerv). — Das Eigentümlichste des Kragenmarks der Enteropneusten ist jedoch, daß es bei gewissen Formen von einem etwas unregelmäßigen Achsenkanal, oder von Reihen von Hohlräumchen durchzogen ist. Bei einer jungen Ptychodera fand sich sogar eine vordere und hintere Öffnung des Achsenkanals nach außen. Diese Erfahrungen machen es wahrscheinlich, daß das Kragenmark einer Einstülpung der dorsalen Nervenschicht seinen Ursprung verdankt, wodurch sich der Achsenkanal oder die Hohlräumchen erklärten. Dies ist umso interessanter, als sich die Enteropneusten bekanntlich auch in anderen Organsystemen den Chordaten nähern. — Auch bei der Knospung der Bryozoen entsteht das Cerebralganglion durch Einstülpung; die Einstülpungshöhle soll sich, wie bemerkt, bei gewissen Lophopoden sogar dauernd erhalten.

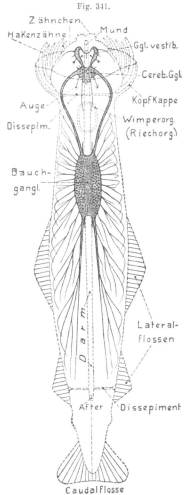

Fig. 341.

Sagitta (Chätognathe). Von der Bauchseite mit eingezeichnetem Nervensystem. Körperumrisse und Darm gestrichelt. Schematisch (n. O. HERTWIG 1880 u. GRASSI 1883). v. Bu.

Das Cerebralganglion der *Chätognathen* (Fig. 341) liegt im vordersten Abschnitt, dem sog. Kopf (ob dieser jedoch dem Prostomium gleich zu setzen ist, ist etwas schwierig zu beurteilen, da die Mundöffnung weit vorn in diesem Abschnitt liegt). Bei den *Fterobranchiern* liegt es im zweiten Abschnitt, dem sog. Halssegment, in welchem sich ja auch das Kragenmark der Enteropneusten findet. Da bei den übrigen Ordnungen der vorderste Abschnitt (Prostomium?) sehr verkümmert ist, so hat ihr Ganglion vermutlich eine ähnliche Lage.

Vom Cerebralganglion gehen Nerven zum vorderen Körperabschnitt und seinen Anhängen, so bei den Bryozoen und Phoroniden zu den Tentakeln (Cirren); und zwar bei den lopho-

poden Bryozoen derart, daß in jeden Lophophorarm ein ganglienzellenreicher Nerv tritt, von
dem feine Zweige zu den Tentakeln abgehen (Fig. 342). Man könnte diese beiden Nerven
geradezu als ausgewachsene Teile des Cerebralganglions auffassen. In ähnlicher Weise tritt auch
in jeden der beiden Brachiopodenarme (s. Fig. 343) ein starker Nerv (Hauptarmnerv), der längs
der Basis der Armfalte hinzieht, und zu den Cirren Äste abgibt, die sich an deren Basis gewöhnlich zu einem sog. Nebenarmnerv verbinden. Zu dem Hauptarmnerv gesellen sich noch
zwei weitere: ein sog. äußerer und ein unterer Armlängsnerv, die von den Schlundconnectiven entspringen. Auch bei Rhabdopleura (Pterobranchia) treten zu jedem Arm drei Nerven,
ein dorsaler und zwei ventrale (Fig. 79, S. 175).

Vom Cerebralganglion der *Chätognathen* (Fig. 341) entspringen die Nerven für die
beiden Augen und das *Wimperorgan* (Riechorgan, Hertwig); ferner nach vorn zwei ansehnliche Nerven, die einige sekundäre
Ganglien bilden, und sich vor dem Mund
zu einem Ring vereinigen. Die Zweige
dieser Nerven gehen hauptsächlich zum
Schlund, sie scheinen daher im wesentlichen ein Schlundnervensystem darzustellen, das auch bei gewissen Brachiopoden nachgewiesen wurde. Auch bei
den lophopoden Bryozoen sendet das Cerebralganglion ein Paar Nerven zur Öso-
phaguswand. — Vom Cerebralganglion
der Pterobranchier entspringen ferner ein
vorderer und ein hinterer medianer Dorsalnerv, die der vorderen und hinteren
Fortsetzung des Kragenmarks der Enteropneusten in den dorsalen Nervenstrang
vergleichbar erscheinen. Der vordere
Dorsalstrang der Enteropneusten bildet um
die Basis der Eichel einen Nervenring.

Das *Unterschlundganglion* ist nur
bei den Brachiopoden und Chätognathen
ansehnlich entwickelt, den übrigen Abteilungen fehlt ein solches Ganglion, doch

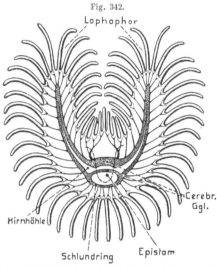

Fig. 342.

Lophophor

Cerebr.
Ggl.

Hirnhöhle

Schlundring   Epistom

Schema des Lophophors einer lophopoden Bryozoe mit
dem Centralnervensystem. Ansicht auf die Mundscheibe.
v. Bu.

findet sich bei den Phoroniden, den Pterobranchiern (s. Fig. 79, S. 175) und Enteropneusten ein
den Darm umziehender Schlundring der auch für die lophopoden Bryozoen von einzelnen Beobachtern beschrieben wird. Der Schlundring der Pterobranchier und Enteropneusten setzt sich
nach seiner ventralen Vereinigung als ein ventraler Mediannerv bis ins hintere Körperende fort,
sodaß sein Vorderteil wohl als ein Rudiment des Unterschlundganglions angesehen werden
darf. — Von dem ansehnlichen länglichen Subösophagealganglion der Chätognathen (Fig. 341)
entspringen, wie schon vom hinteren Teil der Schlundconnective, zahlreiche seitliche Nerven,
die sich reich verästln; hinten setzt es sich in zwei starke Nervenstränge fort, die sich
in ähnlicher Weise reich verzweigen. Alle diese Nerven gehen schließlich in den epithelialen
Plexus über; irgend welche Beziehungen von ihnen zur Muskulatur wurden seither nicht
aufgefunden.

Das breitere und kürzere Unterschlundganglion der Brachiopoden (Fig. 343) läuft nach
hinten ebenfalls in zwei ansehnliche Nerven aus, welche die Stielmuskulatur versorgen. Bei
gewissen Ecardinen (Crania) können die beiden Hälften des Ganglions seitlich weit auseinander gerückt und vorn durch eine breite Quercommissur verbunden sein (analoge Verhältnisse wie bei gewissen Polychäten). Seitlich entsendet das Ganglion die Nerven für die
Schlundmuskulatur, die des dorsalen und ventralen Mantellappens, deren Ursprung jedoch auch
auf die Schlundconnective nach vorn, oder zuweilen auf die Stielnerven nach hinten verlegt

sein kann, sowie jederseits einen dorsalen und ventralen Seitennerv, die an der Körperseite nach hinten ziehen und bei den Ecardinen hinten ringförmig ineinander übergehen können. In die Nerven sind, wie bei den Chätognathen und Pterobranchiern, vielfach auch Ganglienzellen eingestreut.

Fig. 343.

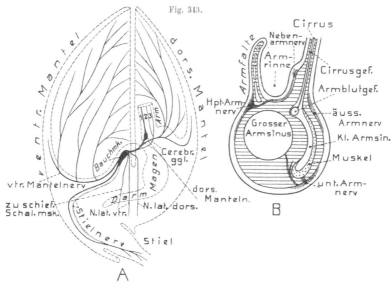

Nervensystem der Brachiopoden. *A* Schematische Darstellung des Nervensystems eines Brachiopoden von der linken Seite. *1.* Hauptarmnerv; *2.* äußerer und *3.* unterer Armnerv. — *B* Querschnitt des Arms eines ecardinen Brachiopoden (Lingula). (N. v. BEMMELEN 1892 und BLOCHMANN 1900). O. B. u. v. Bu.

2. Arthropoda.

Das Centralnervensystem dieses größten Phylums der Bilaterien wiederholt in seinem allgemeinen Bau das der gegliederten Würmer so genau, daß alles, was dort über die Zusammensetzung des Apparats aus dem Cerebralganglion und dem gegliederten Bauchmark dargelegt wurde, wörtlich auch für die Arthropoden gilt. Es läßt sich daher kaum bestreiten, daß diese große Ähnlichkeit für den phyletischen Zusammenhang der beiden Gruppen in ihren Ausgangspunkten spricht. Wir hätten daher die Besprechung des Systems der Arthropoden den Anneliden direkt anreihen können, wenn sich nicht die Schilderung der von den typischen Anneliden aberranten, jedoch wurmartigeren Gruppen zunächst empfohlen hätte.

Die Eigentümlichkeiten, die sich am Centralnervensystem der Arthropoden hervorbildeten, hängen innigst mit den besonderen morphologischen Differenzierungen zusammen, welche die ursprünglich homonome Metamerie der Arthropoden in den sich entwickelnden verschiedenen Körperregionen erfuhr. In dem Maß, als sich diese Differenzierung in dem Phylum allmählich komplizierte, nahm auch das Centralnervensystem daran Teil, wobei sich aber als Endziel vielfach nicht eine höhere Komplizierung, sondern eine Vereinfachung des ursprünglichen Baus ergab, wie wir ähnliches schon bei den von den Anneliden abgeleiteten Gruppen fanden.

Das Nervensystem besteht also überall aus dem vorn über dem Schlund liegenden ursprünglichen Cerebralganglienpaar, das auch hier die Augen, d. h. so-

wohl die seitlich paarigen Komplexaugen als die einfachen Augen (Ocellen), versorgt. Es entsteht in einem dem Prostomium der Gliederwürmer entsprechenden
präoralen Körperabschnitt. Hierzu tritt postoral die ventrale Bauchganglienkette,

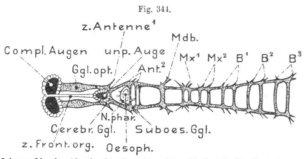

Fig. 344.

die sich jedenfalls
wie bei den Anne-
liden ursprünglich
aus ebensoviel Gan-
glienpaaren aufbau-
te, als Rumpfseg-
mente vorhanden wa-
ren (ausgenommen
den hintersten Kör-
perabschnitt, das sog.
Telson). Da nun die
Zahl der Rumpfseg-
mente bei den ver-

Limnadia lenticularis (Branchiopode). Vorderteil des Centralnervensystems von der Ventralseite. Der stark ventral herabgebogene Vorderteil ist
in einer Ebene ausgebreitet dargestellt. B^1—B^3 die Nerven zu den drei ersten
Thorakalbeinen; Mx^1—Mx^2 zu den beiden Maxillen, Mdb zu Mandibel (nach
Novikoff 1905).   C. H.

schiedenen Arthropodengruppen, ja zuweilen in einer und derselben, sehr schwankt
(z. B. Crustaceen, Myriopoden), so ist natürlich auch die Anzahl der Rumpfganglien sehr verschieden.

Das primitive, im Kopf liegende Cerebralganglienpaar (Archencephalon), von
welchem wie bei den Anneliden die Schlundconnective entspringen, erhielt sich
jedoch bei den Arthropoden kaum irgendwo in seiner ursprünglichen Einfachheit,

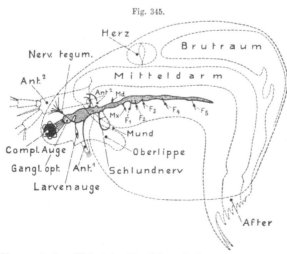

Fig. 345.

sondern komplizierte
sich dadurch, daß unter
Verkürzung der primi-
tiven Schlundconnective
ein bis mehrere der vor-
dersten Bauchganglien
mit ihm als ein sekun-
däres Gehirn (Neoen-
cephalon) innig zusam-
mentraten. Nur die sehr
primitiven *Tardigraden*
(vielleicht auch die Pö-
cilopoden) ergaben bis
jetzt keine Anhalts-
punkte, daß ihre Cere-
bralganglien in dieser
Weise kompliziert wur-
den.

Simocephalus (Cladocere). Von links, mit eingezeichnetem Centralnervensystem. Körperumrisse gestrichelt. F_1—F_5 die Nerven der fünf
Thorakalbeine (n. Cunnington 1902).   v. Bu.

Bei der Schwierigkeit, welche insbesondere die ontogenetische Untersuchung der kleinen
Tardigraden bietet, läßt sich jedoch vorerst nur die Möglichkeit zugeben, daß die Cerebralganglien dieser Gruppe ausschließlich das ursprüngliche Archencephalon repräsentieren.

Der Zutritt des Neoencephalon zum primären Archencephalon, wofür sich vielleicht auch schon bei gewissen Chätopoden Analogien finden, wurde bedingt durch
die Hervorbildung eines besonderen Kopfabschnitts (Cephalon) bei sämtlichen
Arthropoden (mit Ausnahme der Tardigraden; Rückbildungen dieses Abschnitts
bleiben hier natürlich außer Betracht). Die vordersten Extremitäten (erstes oder
erstes und zweites Paar) wurden dabei modifiziert, indem sie besondere Funktionen
erlangten; sie wirken teils noch bei der Bewegung oder Ergreifung der Beute mit,
teils sind sie reine Sinnesorgane für Geruchs- und Tastwahrnehmungen (Fühler)
geworden. Dabei wurden sie in verschiedenem Grad vor den Mund verschoben,
was auch die Vorwärtsverlagerung der ihnen zugehörigen ersten Ganglienpaare
der Bauchkette und ihre endliche
Verschmelzung mit dem Archencephalon bedingt. Wir können
den Bildungsvorgang eines Neoencephalon bei den primitiven Crustaceen sogar noch vergleichend-
anatomisch verfolgen. Überall
zwar ist bei diesen das Ganglienpaar des ersten Rumpfsegments,
welches die ersten Antennen versorgt, mit dem Archencephalon
vereinigt, doch entspringen die
Nerven für die ersten Antennen
bei den Phyllopoden häufig noch
von den Schlundconnectiven
(Apus, Cladoceren, s. Fig. 344),

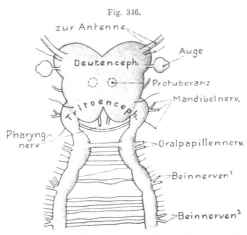

Fig. 346.

Peripatus jamaicensis Gv. et Cock. Gehirn von der
Dorsalseite (n. Bouvier etwas verändert). v. Bu.

was eine gewisse Ursprünglichkeit verrät; die Ganglien der zweiten Antennen dagegen sind bei den Phyllopoden noch ganz selbständig geblieben (s. Fig. 344) und
bilden die vordersten Rumpfganglien. Bei den übrigen Crustaceen ist auch das
Ganglienpaar der zweiten Antennen durch Verkürzung der Connective mit dem
Hirn vereinigt (s. Fig. 350). Man bezeichnet diese beiden Ganglienpaare des Neoencephalon häufig als *Deuterencephalon* (1. Antenne) und *Tritencephalon* (2. Antenne) im Gegensatz zum Archencephalon (das auch Protencephalon genannt
wurde [1]). Sie treten häufig als lappige Vorsprünge (Lobi) auch äußerlich am Gehirn
noch deutlich hervor (Fig. 350—351), und sind innerlich kenntlich durch Anhäufungen feinfaseriger Nervensubstanz (Punktsubstanz, Neuropil, Marksubstanz), sowie durch quere Fasercommissuren, wie sie ja jedem Bauchganglienpaar eigentümlich sind.

Selbst für die *Protracheata* (Peripatus, s. Fig. 346) ist der Zutritt der beiden
vordersten Rumpfganglienpaare zum Archencephalon wohl sicher erwiesen; diese

---

[1] Die Bezeichnungen *Deutero-* und *Tritoencephalon*, die häufig gebraucht und auch auf
den Figuren verwendet wurden, sind unrichtig gebildet, daher die im Text gebrauchten
vorzuziehen.

Ganglien versorgen hier das einfache Antennenpaar und die zweiten Extremitäten
oder Kiefer, doch ist das Tritencephalon noch ziemlich deutlich abgesetzt. — Die
Vereinigung von Deuter- und Tritencephalon mit dem Archencephalon gilt in
gleicher Weise für die *Myriopoden* (Fig. 349) und *Insekten* (Fig. 347), bei denen
jedoch die dem Tritencephalon zugehörigen zweiten Antennen fehlen. — Bei
den Arachnoideen ließ sich, soweit ermittelt, nur die Vereinigung des Archencephalon mit dem ersten Rumpfganglion (Deuterencephalon) erweisen, das zu den
Cheliceren gehört, die den ersten Antennen der Krebse und den Antennen der
Myriopoden und Insekten entsprechen.

Bei den mit den Arachnoideen nahe verwandten Pöcilopoden (s. Fig. 356, S. 506) entspringen die Nerven für die Cheliceren aus der vorderen Partie der Schlundconnective, so daß hier
eigentlich noch keine völlige Vereinigung des Deuterencephalon mit dem Archencephalon
besteht. Da jedoch die Transversalcommissur, welche diese kaum ganglionär angeschwollenen
Partien der Schlundconnective verbindet, vor dem Ösophagus verläuft, so spricht sich die
Zugehörigkeit des Cheliceren-Ganglions zum Gehirn recht deutlich aus. — Die Ontogenie der *chilopoden Myriopoden* ergab jedoch, daß vor dem Deuterencephalon (Antennen-
ganglien) noch ein Kopfsegment (sog. praeantennales) auftritt, dessen Ganglien sich ebenfalls
mit dem Archencephalon vereinigten, daß also das Neoencephalon hier aus drei Ganglien-
paaren hervorgehe. Dies Praeantennalsegment wird auch für die Arachnoideen und Pöcilopoden entwicklungsgeschichtlich vermutet, ist jedoch bei diesen nicht ganz sicher erwiesen.
Bei den diplopoden Myriopoden, Insekten und Crustaceen ließ es sich nicht feststellen,
sodaß es hier als rückgebildet, oder sein Ganglion frühzeitig und völlig in das Archencephalon eingegangen, gelten muß.

Die Quercommissur des Deuterencephalon (1. Antenne) verläuft stets im Hirn
selbst (ausgenommen Limulus), also präoral, während sie wegen der eigentlich
postoralen Lage der ersten Antennen ursprünglich postoral liegen müßte.

Wegen dieser Schwierigkeit wurden die ersten Antennen der Arthropoden früher als
Homologa der Chätopoden-Antennen, nicht als eigentliche Extremitäten gedeutet, wogegen
jedoch die Ontogenese spricht. Es scheint daher möglich, daß die Quercommissur des
Deuterencephalon nicht die ursprüngliche, sondern eine sekundäre ist, welche sich aus Faserverbindungen im Archencephalon hervorbildete.

Die ursprüngliche Quercommissur der Tritencephalonganglien (2. Antenne)
dagegen hat sich meist (Crustaceen und Insekten, Teil der Myriopoden: Scutigera,
Diplopoda) isoliert erhalten, und verbindet die beiden Schlundconnective direkt hinter dem Ösophagus. Bei den meisten chilopoden Myriopoden soll sie im Gehirn
liegen, wäre daher wohl ebenfalls als eine sekundäre zu deuten. — Vom Gehirn
der mit Deuter- und Tritencephalon versehenen Arthropoden entspringen daher
(abgesehen von den Augen- und sonstigen Sinnesnerven) stets die Nerven des einen
oder der beiden Antennenpaare, ferner Nerven zur Haut und gewissen Kopfmuskeln
und das später zu erwähnende Schlundnervensystem.

Bevor wir das *Bauchmark* der Arthropoden in seiner Ausgestaltung kurz
betrachten, mögen einige allgemeine Bemerkungen über dasselbe vorausgehen.
Deutlicher als bei den Anneliden läßt sich seine ursprüngliche Ableitung von zwei
lateralen Bauchsträngen bei den Arthropoden verfolgen, und zwar nicht nur
ontogenetisch durch die ursprünglich weit getrennten seitlichen, ectodermalen

Anlagen der Stränge, sondern auch vergleichend-anatomisch. Die beiden
Stränge der sehr primitiven *Protracheaten* nämlich (Fig. 348) bleiben dauernd
in dieser Lage, indem sie die seitlichen, oder sog. Neuralkammern der Leibeshöhle
durchziehen. Ihre sehr ursprüngliche Beschaffenheit verrät sich wohl auch darin,
daß sie nur ganz schwache Ganglienanschwellungen besitzen und an ihrem Hinter-

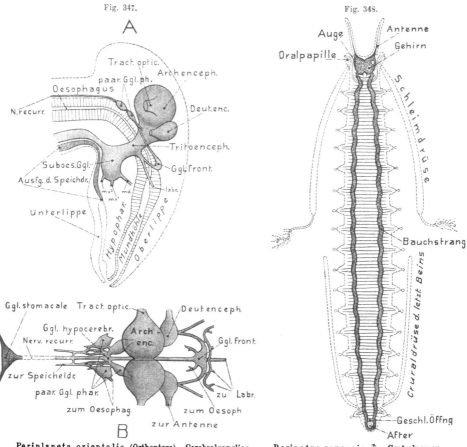

Fig. 347.   Fig. 348.

Periplaneta orientalis (Orthoptere). Cerebralganglion
mit Schlundnervensystem. Schematisch. *A* Kopf von der
rechten Seite; Umrisse im Sagittalschnitt gestrichelt; ebenso
Ösophagus angegeben. — *B* Cerebralganglion und Schlundnervensystem von der Dorsalseite (n. Hofer 1887). v. Bu.

Peripatus capensis ♂. Centralnervensystem von der Dorsalseite; schematische
Körperumrisse u. sonstige Organe gestrichelt.
Der hintere Abschnitt der Schleimdrüsen
abgeschnitten (n. Balfour 1885). v. Bu.

ende dorsal über dem Darm in einander übergehen. In jedem Segment sind sie
durch zahlreiche Quercommissuren verbunden und entsenden pro Segment seitlich gleichfalls zahlreiche Nerven, von denen je zwei zu den Extremitäten
gehen (dazwischen je noch 8—9). — Eine ähnliche Beschaffenheit des Bauchmarks findet sich sonst nirgends mehr, wenn sich auch viel häufiger, als es bei
den Anneliden vorkommt, die Paarigkeit der dicht nebeneinandergerückten Stränge
dauernd erhält. Diese Paarigkeit des Bauchmarks ist bei den Phyllopoden (insbesondere Branchiopoden, s. Fig. 344) noch sehr ausgeprägt, wo auch die Gang-

lien noch durchweg paarig sind und durch je zwei aufeinanderfolgende Transversalcommissuren zusammenhängen, so daß ein typisches Strickleitersystem vorliegt. — Bei den übrigen Arthropoden, sogar schon den Tardigraden (s. Fig. 277, S. 412), sind die paarigen Ganglien jedes Segments durch Verkürzung der Transversalcommissuren verwachsen. Doch erhält sich der paarige Charakter äußerlich häufig gut, obgleich er bei innigerer Vereinigung nicht selten schwindet; innerlich bleibt jedoch die ursprüngliche Paarigkeit meist angedeutet, ebenso gilt dies für die beiden Transversalcommissuren, welche für die typischen Arthropoden charakteristisch zu sein scheinen. — Häufig erhalten sich aber die Connective zwischen den Ganglienknoten des Bauchmarks paarig. Dies gilt ebenso für die primitiveren Crustaceen (Arthrostraken wie Thoracostraken), die chilopoden Myriopoden, sowie für zahlreiche primitivere Insekten. Wenn sich die Längsconnective verkürzen und die Ganglien dichter zusammenrücken, tritt jedoch gewöhnlich eine Vereinigung der Connective beider Seiten auf, was auch in dem ganzen Bauchmark, oder Regionen desselben bei Krebsen, Myriopoden und Insekten ausgesprochen sein kann. — Die peripheren Nerven entspringen teils nur von den Ganglien des Bauchmarks, teils auch von den Connectiven; in beiden Fällen in recht variierender Zahl.

In den Kopfabschnitt sind bekanntlich auch die Segmente der Kiefergebilde (Gnathiten) oder der ihnen entsprechenden Anhänge nebst ihren Ganglien aufgenommen worden. Da nun diese Segmente meist sehr innig mit den übrigen vorderen Cephalonsegmenten und dem Prostomium verschmelzen, so sind auch in der Regel die sämtlichen Ganglien der Kiefersegmente zu einem einzigen verwachsen, dem sog. Unterschlundganglion (Sub- oder Infraösophagealganglion), wofür sich Analoges schon bei den Anneliden fand. Bei den *Protracheaten* und *Tardigraden* (Fig. 277, S. 412) findet sich jedoch kein Unterschlundganglion in diesem Sinne, vielmehr kann hier nur das erste Ganglion der Bauchkette, welches bei den Protracheaten (Fig. 346) die sog. Oralpapillen innerviert, bei den Tardigraden dagegen keine Extremitäten oder Gnathiten versorgt, als Unterschlundganglion bezeichnet werden. — Daß das Subösophagealganglion der übrigen Arthropoden tatsächlich ein komplexes ist, erweisen sowohl die Ontogenie als die vergleichende

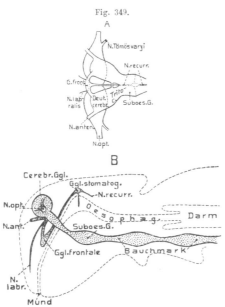

Fig. 349.

Scutigera coleoptrata (Chilopode). Cerebralganglien und Anfang des Bauchmarks. *A* von der Ventralseite (n. St. Remy 1887, etwas verändert). — *B* Schematische Ansicht von der linken Seite mit den gestrichelten Körper- und Darmumrissen (n. Herbst 1891).   C. H.

Anatomie. Bei primitiveren Krebsen, so den Phyllopoden (Fig. 344 – 345), jedoch auch manchen Arthrostraken (Fig. 350) und Schizopoden sind die Ganglien der drei Kiefersegmente noch gesondert, während sie bei den übrigen Crustaceen stets zu einem Subösophagealganglion verschmolzen sind, mit dem sich jedoch meist auch die Ganglien der Segmente der Kieferfüße vereinigen. Die Verschmelzung der Ganglien der Kiefersegmente gilt ebenso allgemein für die Myriopoden und Insekten.

Eine gleichfalls schon bei den Gliederwürmern vorgebildete Erscheinung ist die Verwachsung einiger der hintersten Bauchmarkganglien zu einem komplexen *Analganglion*, eine Erscheinung, welche schon bei recht primitiven Formen vorzukommen scheint, jedenfalls aber sehr häufig ist. Aus allem dem ergiebt sich, daß bei den Arthropoden, vielleicht mit Ausnahme der Tardigraden, die primitive Zahl der Bauchmarkganglien mehr oder weniger reduziert erscheint.

Die gleichmäßig homonome Ausbildung des Bauchmarks der Protracheata, welche sich auch bei den Tardigraden mit ihren nur fünf Bauchganglienpaaren findet, erhielt sich, abgesehen von dem Subösophagealganglion, im allgemeinen auch bei den Myriopoden, im Zusammenhang mit der gleichmäßigen Ausbildung ihrer Rumpfsegmente. Im Bauchmark der Chilopoden

Fig. 350.

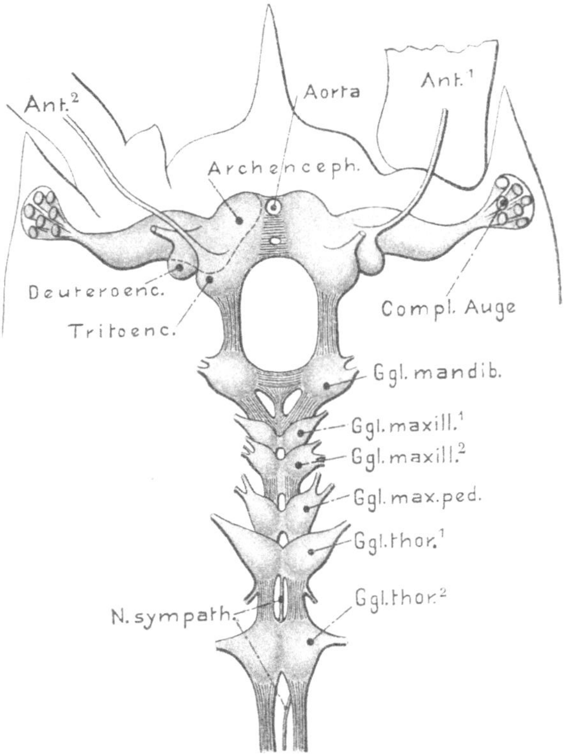

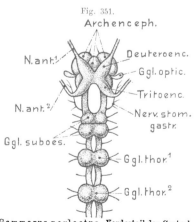

Apseudes latreillii (Isopode). Vorderer Teil des Centralnervensystems von der Ventralseite. Vorderes Kopfende im Umrissen (n. CLAUS 1887).
v. Bu.

Fig. 351.

Gammarus neglectus. Vorderteil des Centralnervensystems von der Ventralseite (nach SARS aus Bronn Kl. u. O.).   v. Bu.

sind die Ganglien durch meist paarige Connective verbunden, wogegen die der Diplopoden (die sich in den sog. Doppelsegmenten zu zwei finden) durch die starke Verkürzung der Längsconnective meist ganz dicht zusammengerückt sind; nur diejenigen, welche zu den vordersten einfachen Segmenten gehören, blieben gesonderter (Fig. 365, S. 512).

Bei den *Arachnoideen* enthält das eigentliche Subösophagealganglion die Ganglien der zweiten Extremitäten (Pedipalpen) und der vier, hier als Bein-

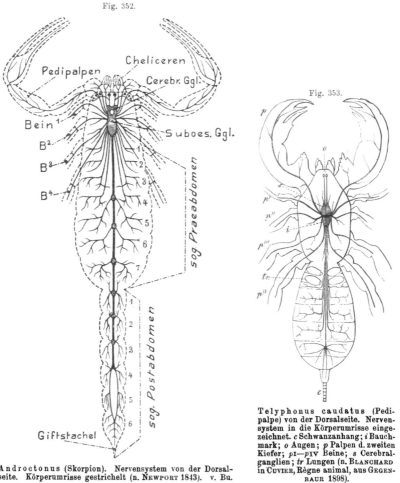

Fig. 352.

Fig. 353.

Androctonus (Skorpion). Nervensystem von der Dorsalseite. Körperumrisse gestrichelt (n. NEWPORT 1843). v. Bu.

Telyphonus caudatus (Pedipalpe) von der Dorsalseite. Nervensystem in die Körperumrisse eingezeichnet. c Schwanzanhang; i Bauchmark; o Augen; p Palpen d. zweiten Kiefer; p1—p1v Beine; s Cerebralganglien; tr Lungen (n. BLANCHARD in CUVIER, Règne animal, aus GEGENBAUR 1898).

paare entwickelten folgenden Extremitäten des Cephalons, im ganzen also fünf Ganglienpaare. Da die Schlundconnective äußerst verkürzt sind, so ist die Vereinigung des Hirns mit dem großen Subösophagealganglion sehr innig. Doch verwachsen mit diesem ursprünglichen Subösophagealganglion bei allen rezenten Arachnoideen noch eine größere Anzahl vorderer, bis sämtliche sog. Abdominalganglien. Bei den *Scorpionen* (s. Fig. 352) gilt dies für die vier vorderen des

Praeabdomens, worauf noch sieben freie hintere Ganglien folgen; bei den Pedipalpen (Fig. 353) für die sieben vorderen bis sämtliche Abdominalganglien, wobei
sich im ersteren Falle im Abdomen ein komplexes isoliertes Analganglion erhält, wie ähnlich bei den *Solpugiden* und ausnahmsweise bei gewissen Araneinen
(Mygale). Bei den übrigen *Araneinen* (s. Fig. 354) und den *Acarinen* (Fig. 355)
sind sämtliche Ganglien der Bauchkette zu einem einzigen großen, im Cephalon
liegenden Knoten verschmolzen, der bei den Acarinen ohne jede Connectivbildung
mit dem Cerebralganglion verwachsen ist; die Vereinfachung des Centralnervensystems ist daher hier die denkbar weitestgehende.

Etwas anders liegen dagegen die Verhältnisse bei den *Pöcilopoden*, welche
den Arachnoiden nahe stehen (Fig. 356). Ein eigentliches Subösophagealganglion

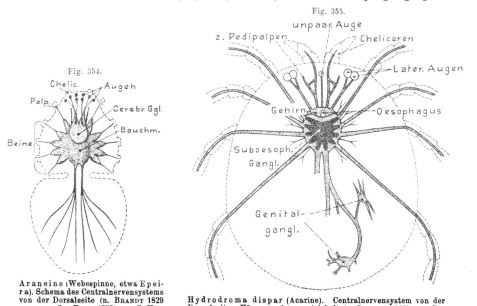

Araneine (Webespinne, etwa Epeira). Schema des Centralnervensystems
von der Dorsalseite (n. BRANDT 1829
u. ST. REMY 1887).   C. H.

Hydrodroma dispar (Acarine). Centralnervensystem von der
Dorsalseite. Körperumrisse gestrichelt (n. SCHAUB 1888). v. Bu.

findet sich hier nicht, da sich die beiden ursprünglichen lateralen Stränge des
Bauchmarks im ganzen Cephalon ähnlich wie lange Schlundconnective verhalten,
so daß die Nerven für sämtliche sechs Extremitätenpaare des Cephalons von
diesen Connectiven entspringen, ohne Bildung deutlicher Ganglienknoten. Außer
der schon oben (S. 500) erwähnten präoralen Transversalcommissur findet sich
zwischen den beiden Strängen noch eine variierende Zahl postoraler. — Im Rumpf
(sog. Abdomen) ist das Bauchmark dagegen wenig verkürzt und läßt etwa noch
sieben Ganglien unterscheiden, von denen die drei hintersten stark zusammengedrängt sind. Das Ganglion des ersten Rumpfsegments scheint, nach dem Ursprung des Nervs zu urteilen, der zu seinen Anhängen (Opercula) tritt, mit dem
Cephalonteil des Bauchmarks vereinigt.

Eine ähnliche Vereinfachung des Bauchmarks, wie bei den Arachnoideen,
tritt auch bei den übrigen Arthropodengruppen überall da auf, wo sich die

Segmente gewisser Regionen innig zusammendrängen oder verschmelzen; doch
können noch andere Momente bei dieser Umbildung im Spiel sein. — So finden
wir vielfach bei den *Crustaceen* (besonders den Malacostraca), daß die Ganglien der sog. Kieferfüße, welche sich den Gnathiten innig anschließen, mit dem
Unterschlundganglion verwachsen; bei manchen Arthrostraken (s. Fig. 351) gilt dies
für das Ganglion des einzigen Kieferfußpaars; bei den decapoden Thoracostraca
(Fig. 357) hingegen für die der drei Kieferfußpaare, so daß deren sog. Subösophagealganglion aus sechs Ganglien zusammengesetzt ist, auf die bei den ursprünglichen macruren Formen (z. B. Astacus,
Fig. 357) noch die fünf freien Ganglien
der fünf thorakalen Bewegungsextremitäten
folgen; doch können diese bei anderen
Macruren sowohl mehr oder weniger untereinander, als mit dem Unterschlundganglion
verwachsen, so daß gewisse Formen (z. B.
Palinurus) nur noch ein einziges ansehnliches Komplexganglion im Cephalothorax
besitzen. Im Abdomen folgen bei den *Macruren* meist sechs freie Ganglien des Bauchmarks. — Die *brachyuren Decapoden* besitzen stets ein einfaches Ganglion des Cephalothorax, dagegen gar keine Ganglien
mehr im Abdomen, das von einem einfachen
Nervenstrang oder -bündel durchzogen wird
(Fig. 358). Es ist aber weniger wahrscheinlich, daß hier eine Verwachsung der Abdominalganglien mit dem Cephalothorax-
ganglion eingetreten ist, eher eine Reduktion
der Abdominalganglien in Zusammenhang
mit der Verkümmerung des Abdomens.

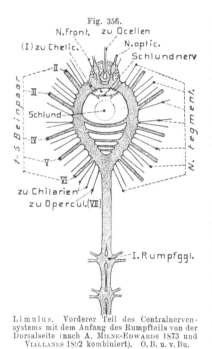

Fig. 356.

Limulus. Vorderer Teil des Centralnerven-
systems mit dem Anfang des Rumpfteils von der
Dorsalseite (nach A. Milne-Edwards 1873 und
Viallanes 1892 kombiniert). O. B. u. v. Bu.

Auch bei den übrigen Crustaceen kann eine teilweise bis völlige Verschmelzung der
Ganglien der Bauchkette stattfinden, im Zusammenhang mit der Verkürzung gewisser Körperregionen oder des Gesamtkörpers. So vereinigen sich bei den Asseln (Isopoda) mit stark
verkürztem Abdomen die Abdominalganglien zu einem Knoten, der schließlich mit dem hintersten Thorakalknoten verschmelzen kann. Viel weiter geht die Zusammendrängung und
Verkürzung des gesamten Bauchmarks bei den parasitischen Asseln (Bopyriden), unter völliger
Rückbildung der Connective.

Auch bei den entomostraken Crustaceen findet sich unter entsprechenden Bedingungen
z. T. eine ähnliche Verkürzung und Konzentration des Bauchmarks. So tritt dies bei
den stark rückgebildeten parasitischen *Copepoden* (Suctoria) häufig auf, kommt jedoch
auch schon bei manchen freilebenden vor (z. B. Sapphirina). Die Konzentration kann bei
den parasitischen Copepoden so weit gehen wie bei Milben, indem das gesamte Centralnervensystem zu einem Knoten zusammenschmilzt, der vom Ösophagus durchbohrt wird.

Während die sog. Entenmuscheln (Lepadidae) unter den Cirripedien noch ursprünglichere Verhältnisse aufweisen, indem auf ein ansehnliches Subösophagealganglion fünf oder

vier freie Ganglien des Bauchmarks folgen, trat bei den Balaniden völlige Verschmelzung des Bauchmarks zu einem Knoten ein. — Sehr weit geht die Reduktion auch bei den parasitischen rhizocephalen Cirripedien, bei denen sich nur ein Ganglion mit ausstrahlenden Nerven findet. Da hier der Darm völlig rückgebildet ist, so hat dies Ganglion natürlich auch keine Beziehungen mehr zum Schlund.

Auch in der umfangreichen Klasse der *Insekten* lassen sich entsprechende Vereinfachungen des Centralnervensystems in allen möglichen Übergangsstufen

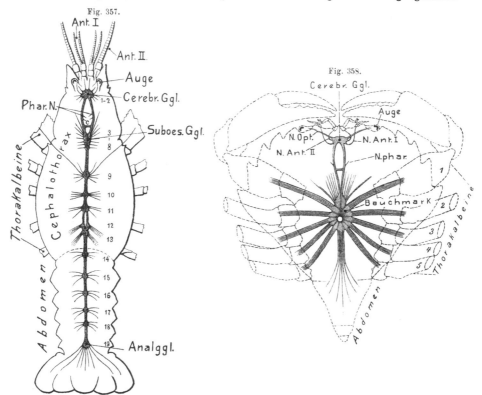

Fig. 357.

Fig. 358.

Astacus fluviatilis. Von der Dorsalseite mit eingezeichnetem Centralnervensystem. Die Zahlen geben die Ganglien der Bauchkette an. *c* Subösophagealcommissur.
v. Bu.

Carcinus maenas (brachyurer Decapode) von der Dorsalseite. Körperumrisse gestrichelt. Centralnervensystem eingezeichnet.   v. Bu.

verfolgen. Die ursprünglichste Bildung des Bauchmarks, wie sie sich ontogenetisch, sowie bei den primitiveren Apterygota (Thysanura) und manchen Larven pterygoter Insekten findet, dürfte ein Unterschlundganglion, drei Thorakalganglien und acht Abdominalganglien gewesen sein, wobei das letzte Abdominalganglion (Analganglion) einen Komplex der vier hintersten ursprünglichen Ganglien bildet (gewisse Coleopterenlarven besitzen sogar noch neun Abdominalganglien). Bei den erwachsenen Pterygoten erhält sich diese Zahl von Abdominalganglien nur noch vereinzelt (namentlich gewisse Orthoptera, Neuroptera); gewöhnlich kommen wegen weitergehender Verschmelzung weniger vor (so sind vier bis sieben Abdominalganglien bei vielen Ordnungen recht verbreitet, s. Fig. 359, Carabus).

**

Die gesamte Ganglienkette des Abdomens kann sich, unter Rückbildung der Connective, bei manchen Formen sehr verkürzen, wobei sie gleichzeitig weit nach vorn rückt und sich dem hintersten Brustganglion dicht anschließt. Bei gewissen Käferfamilien (z. B. Lamellicornier, Melolontha Fig. 359 u. a.) ist dies sehr ausgeprägt. Ähnliches findet sich auch bei manchen Dipteren (Fig. 360 *B*) und allgemein bei den Rhynchoten (Fig. 361), deren gesamte Abdominalkette stets in einem Knoten konzentriert ist. — Die drei ursprünglichen Thorakalganglien erhalten sich bei den meisten Insekten gesondert; bei Hymenopteren, Lepidopteren und einigen Käfern (Fig. 359) sind sie auf zwei verringert, da die beiden hinteren verschmelzen; wogegen dies bei manchen Dipteren für die beiden ersten Thorakal-

Fig. 359.

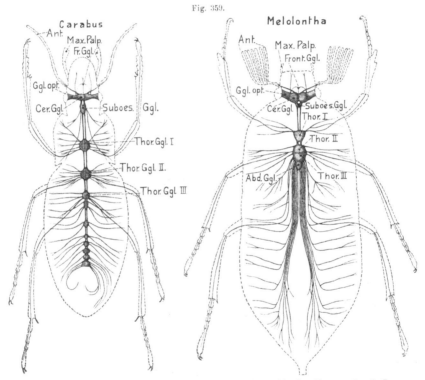

Carabus und Melolontha (Käfer).   Von der Dorsalseite mit eingezeichnetem Nervensystem (n. BLANCHARD in CUVIERS Règne animal).   v. Bu.

ganglien gilt, und sich bei anderen sogar auf die sämtlichen drei Thorakalganglien ausdehnt, denen sich (wie bei den Dipteren gewöhnlich) das erste Abdominalganglion anschließt. Endlich kann sich diesem ansehnlichen Brustknoten gewisser Dipteren die zu einem Knoten verschmolzene Abdominalganglienkette nahe anfügen, ja damit verwachsen (Musciden Fig. 360 *B*, Oestriden, Pupiparen), so daß ein einziger ansehnlicher, in der Brust gelegener Bauchknoten entsteht. Ob jedoch in diesen Fällen nicht zum Teil auch die Ganglien der Abdominalkette nur stark verkümmert sein können, scheint etwas fraglich.

Eine ähnliche Konzentration des Bauchmarks gilt allgemein auch für die *Rhynchota*, derem, wie oben erwähnt, einfachen Thorakalknoten sich der ebenfalls einfache Abdominalknoten in der Regel direkt anfügt (Fig. 361). Auch das Unterschlundganglion ist hier meist mit dem Thorakalknoten inniger vereinigt, so daß bei stark verkürzten Rhynchoten (Aphiden und Cocciden, ähnlich auch bei den Pediculiden, Psylliden und Mallophagen) die sämtlichen Knoten der Bauchkette, einschließlich des Unterschlundganglions, dicht vereinigt oder zu einem ansehnlichen Knoten verschmolzen sind (Fig. 362).

Von Interesse erscheint, daß nicht nur die Imagines gewisser Insekten ein so stark konzentriertes Bauchmark besitzen, sondern zuweilen schon manche Larven (wie es bei einzelnen Dipteren, Coleopteren und Neuropteren vorkommt). Manchmal (z. B. Myrmeleo) kann sogar das System der Larve stark konzentriert sein, das der Imago dagegen nicht.

Besondere Verhältnisse des Hirns. Wie wir fanden, ist zu dem ursprünglichen Archencephalon der meisten Arthropoden ein aus Deuter- und Tritencephalon bestehender sekundärer Teil hinzugetreten. Dies spricht sich am Hirn der Krebse und Tracheaten (speziell Myriopoden und Insekten) auch äußerlich zuweilen noch aus, indem die drei Ganglienpaare als Anschwellungen

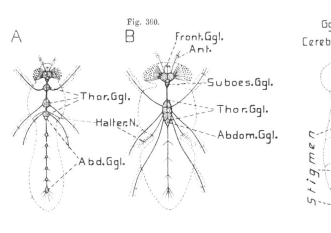

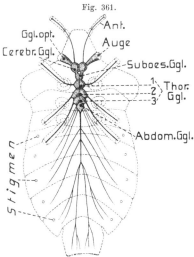

Fig. 360.

Fig. 361.

Dipteren (Fliegen). Centralnervensystem von der Dorsalseite. *A* von **Chironomus.** — *B* von **Sarcophaga** (n. E. BRANDT 1873, etwas verändert). v. Bu.

Heteroptere Rhynchote (Baumwanze). Centralnervensystem von der Ventralseite. v. Bu.

(Lappen, Lobi) des Gehirns mehr oder weniger vorspringen. Das Archencephalon, der vorderste und dorsalste Hirnteil, verrät in seiner Entwicklung häufig eine gewisse Zusammensetzung aus mehreren Abschnitten, einem unpaaren und zwei bis drei Paar seitlichen. Der unpaare, im entwickelten Gehirn meist sehr geringfügige Abschnitt dürfte wohl die ursprüngliche Scheitelplatte der Anneliden repräsentieren; die paarigen entsprechen ursprünglich Ganglienbildungen, welche Kopfsinnesorganen angehörten, und sich dann dem Hirn zugesellten. Dies gilt besonders für den seitlichsten, oder die beiden seitlichsten der paarigen Abschnitte (Lappen), die sich in Verbindung mit den paarigen Komplexaugen (Insecta, Crustacea), oder den an ihrer Stelle vorhandenen Ocellen (Myriopoden, Arachnoideen) entwickeln, und zu den in der Regel sehr umfangreichen Augenganglien (Ganglia optica, Lobi optici) werden. Diese Augenganglien können mit dem übrigen Archencephalon sehr innig verschmolzen sein, so daß sie nur als seitliche, oder auch mehr nach vorn gerichtete Lobi (Arachnoideen, Fig. 354) an ihm vorspringen; sie können jedoch auch schärfer abgesetzt

sein, indem sie durch eine Art *Tractus opticus* mit dem übrigen Archencephalon
zusammenhängen (Fig. 359). Seltener (z. B. Phyllopoda, Fig. 344, S. 498) ist dieser
Verbindungsstrang lang nervenartig ausgezogen und wird dann gewöhnlich als
Nervus opticus bezeichnet. — Der Bau der meist recht voluminösen Augenganglien
ist gewöhnlich sehr kompliziert, indem in ihnen, von ihrer distalen Verbindung mit
den Sehzellen der Augen aus, bis zum eigentlichen Hirn mehrere (gewöhnlich drei)
quere Ganglienzellenlager mit Neuropil eingeschaltet sind (s. Fig. 363), die untereinander durch Nervenfasern, welche häufig schief gekreuzt verlaufen, verbunden sind.

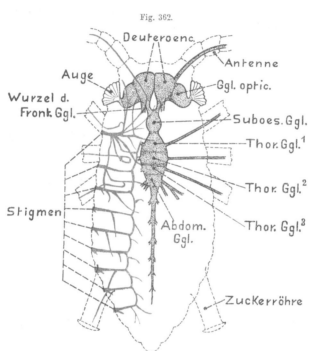

Fig. 362.

Aphis pelargonii (Blattlaus) von der Ventralseite. Centralnervensystem
und links die Haupttracheen (blau) eingezeichnet. Die sog. »Zuckerröhren«
verdienen diese Bezeichnung eigentlich nicht, da sie nicht Honig, sondern ein
schmieriges, zur Abwehr dienendes Secret ausscheiden (n. WITLACZIL 1882).
v. Bu.

Auch die mittle-
ren Teile des Archen-
cephalon, von denen
seitlich die optischen
Ganglien ausgehen,
sind mehr oder weniger
kompliziert, nicht nur
durch den sehr ver-
wickelten inneren Fa-
serverlauf, von dem
Figur 363 eine gewisse
Vorstellung zu geben
versucht, und die Ein-
lagerung innerer Neu-
ropilbezirke (sog. Cen-
tralkörper u. Brücke),
sondern auch durch
das Auftreten eigen-
tümlicher Bezirke klei-
ner Ganglienzellen (sog
chromatischer Kerne),
die in Verbindung mit
Neuropilmasse und
Nervenfasern ein Paar
eigentümlicher Einla-

gerungen bilden, die gewöhnlich als pilzförmige oder Stielkörper bezeichnet werden
(s. Fig. 363). — Bei den Insekten sind die *Stielkörper* sehr entwickelt und ihre
zunehmende Komplikation in dieser Klasse scheint darauf hinzudeuten, daß sie mit
der Steigerung der psychischen Leistungen in Beziehung steht. — So erhebt sich
ihre Zahl bei gewissen Hymenopteren (Vespa usw.) auf zwei Paar von komplizierterem
Bau. Auch bei den Crustaceen und selbst Limulus sind Stielkörper nachgewiesen
worden. Da sich nun ähnlich gelagerte Bezirke kleiner Ganglienzellen schon bei
den Protracheaten finden, so scheinen diese Organe, wenn auch in einfacherer Form,
sehr weit, wenn nicht allgemein verbreitet. Selbst in den Cerebralganglien der
Anneliden hat man sie nachzuweisen versucht.

Auch die Ganglien des Deuterencephalons (Ganglia olfactoria) zeigen eine wohl weit verbreitete Struktureigentümlichkeit, indem ihnen eine größere Zahl kleiner Neuropilhaufen (sog. Glomeruli) eingelagert ist (s. Fig. 363).

Ähnlich den Anneliden finden sich auch im Bauchmark der Arthropoden und seiner Nerven jene großen Nervenfasern (Neurochorde) neben den gewöhnlichen feinen. Besonders ansehnlich werden sie häufig bei Krebsen (so Astacus) und sollen hier in der Tat markhaltig sein.

Schlund- oder Eingeweidenervensystem (auch Visceral- oder sympathisches Nervensystem und Vagus genannt). — Ähnlich den Anneliden kommt den

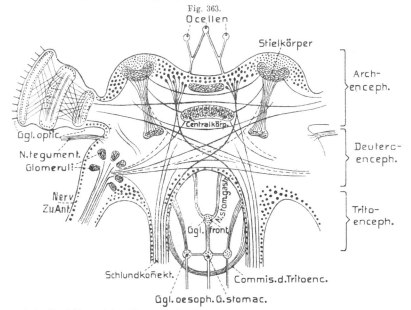

Fig. 363.

Schematische Darstellung einiger Hauptzüge der Nervenfasern im Gehirn der Insekten. Die Zugrichtung der Faserbündel ist meist nur durch eine einfache Linie angegeben. Ganglienzellen als schwarze Punkte angedeutet; die retikuläre Substanz netzig; das sog. Neuropil weiß (n. VIALLANES 1892). O. B.

Arthropoden ein, vom Hirn oder den Schlundconnectiven entspringender Nervenapparat zu, der den Anfang des Darms, insbesondere den Vorderdarm (Stomodäum) versorgt. Dies System ist in so weiter Verbreitung nachgewiesen, daß es zweifellos überall vorkommt, auch da, wo es noch nicht sicher erkannt wurde.

Schon bei den *Protracheata* (Fig. 346, S. 499) treten zwei Nerven auf, die vom Archencephalon zu entspringen scheinen, und sich, nach hinten ziehend, zu einem vereinigen, der den Pharynx versorgt. Auch die *Pöcilopoden* (Fig. 356, S. 506) besitzen zwei Schlundnerven (Nervi stomatogastrici), die jedoch vom Ganglion der Cheliceren (Deuterencephalon) zu entspringen scheinen; sie begeben sich zum Schlund und Darm, wo sie sich unter Ganglienbildung verbreiten. — Ähnlich liegen die Verhältnisse bei den *Arachnoideen,* deren beide Schlundnerven gleichfalls vom Chelicerenganglion (Ganglion rostro-mandibulare) ausgehen, obgleich sie sich erst in der Gegend des Archencephalon (Ganglion opticum) vom Gehirn ablösen. Bei den Skorpionen aber sollen sich die beiden Visceralnerven, ähnlich wie die Nervi stomatogastrici der Myriopoden und Insekten, zu einem Ganglion (frontale) vereinigen, von dem ein sog. Nervus recurrens nach hinten entspringe (Newport).

Die Einrichtungen bei den Crustaceen verraten eine ziemlich weit gehende Überein-
stimmung. Bei den sehr ursprünglichen Phyllopoden (Fig. 344—345, S. 498) findet sich an den
Schlundconnectiven, im Bereich der Ganglien der zweiten Antennen (Tritencephalon), je eine
besondere gangliöse Anschwellung, von denen ein Schlundnerv entspringt, der sich, den Schlund
dorsal (resp. nach vorn) umgreifend, mit dem der Gegenseite zu einem Ring vereinigt
(Lippenring). Von diesem gehen
Nerven zur Oberlippe und dem
Schlund, zuweilen unter Plexusbildung. — Auch die übrigen
Entomostraken lassen z. T. ein
stark entwickeltes Eingeweidenervensystem erkennen, so z. B.
die Cirripedien (Thoracica). — Bei
den *Malacostraca*, deren Ganglien
der zweiten Antennen, oder doch
ihr vorderer Hauptteil, als sog.
Tritencephalon mit dem Hirn vereinigt ist, entspringen die beiden
Schlundnerven (Pharyngealnerven)
dennoch mit besonderen Ganglien-
anschwellungen (Ösophagealganglien) weit hinten an den Schlundconnectiven, etwas vor der
Stelle wo letztere durch die Tritencephaloncommissur verbunden sind (s. Fig. 357). Die beiden
Schlundnerven der *Arthrostraken* (N. stomatogastrici) scheinen sich meist direkt zum Schlund
zu begeben, doch wurde zuweilen auch eine ähnliche Ringbildung beobachtet, wie sie bei den
Phyllopoden vorkommt (Apseudes). — Eine solche Ringbildung kommt bei den *Thoracostraca*
(speziell den Decapoden) häufig vor. Indem hier von den Ösophagealganglien der Schlundconnective jederseits zwei Nervenwurzeln ausgehen können, die sich beide über dem Schlund
vereinigen, wird der Ring sogar häufig
doppelt (z. B. Astacus usw. Fig. 357 u. 364).
Eine weitere Komplikation tritt hinzu, indem vom Hirn ein bis zwei unpaare Nerven
(jeder mit doppelter Wurzel) nach hinten
entspringen, die sich mit jenen beiden
Ringen vereinigen und sich dann als gemeinsamer Nerv (Nervus recurrens) über
den Kaumagen fortsetzen, ein ansehnliches
Ganglion stomatogastricum bilden und sich
schließlich in zahlreiche Ästchen ausbreiten,
die den Kaumagen, den Anfang des Mitteldarms, die Leberdrüsen, vermittels eines
Zweigs auch das Herz versorgen. Die beiden
vom Hirn ausgehenden Nerven scheinen aus
dem sog. Deuterencephalon (1. Antenne)
zu entspringen.

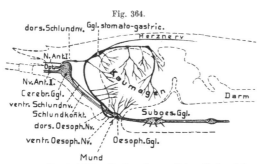

Fig. 364.

Astacus fluviatilis. Vorderende von links mit dem Schema
des Eingeweidenervensystems (schwarz). (Nach BRANDT 1835 und
LEMOINE 1868). O. B.

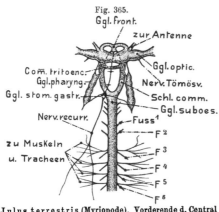

Fig. 365.

Julus terrestris (Myriopode). Vorderende d. Central
nervensystems v. d. Dorsalseite (n. NEWPORT 1843). v. Bu-

Im allgemeinen läßt sich auch das Schlundnervensystem der *Myriopoden* (Fig. 349, S. 502
u. 365) und *Insekten* (s. Fig. 347, S. 501) mit dem der seither besprochenen Arthropoden in nähere
Beziehung bringen. Die beiden Nervi stomatogastrici finden wir allgemein wieder; sie entspringen
aus der Region des Tritencephalon, also vom Hirn selbst, weil hier die Schlundconnective stark
verkürzt sind, und daher die Region der Ösophagealganglien in das Hirn einbezogen wurde.
Wie schon bei den Krebsen vereinigen sich diese beiden, den Schlund vorn umgreifenden
Nerven bald zu einem Ring (Lippenring) und bilden an der Vereinigungstelle, wie es auch
schon bei Krebsen vorkommt, ein *Ganglion frontale*, von dem ein Nervus recurrens

ausgeht, der unter dem Hirn auf dem Schlund nach hinten zieht. Nach vorn sendet das Ganglion frontale auch Nerven in die Oberlippe (Labrum). Der Nervus recurrens, welcher in seinem Verlauf Ganglien (G. oesophageale und stomacale) bildet, kann weit nach hinten über den Schlund hinablaufen und sich schließlich in zwei laterale Äste teilen. Er breitet sich am Ösophagus bis auf den Anfang des Mitteldarms aus. — Bei gewissen *chilopoden Myriopoden* (z. B. Scolopendra usw.) werden die paarigen Wurzeln des Nervus recurrens, sowie das Ganglion frontale in das Gehirn aufgenommen, so daß der Nerv direkt vom Hirn entspringt.

Neben dem N. recurrens findet sich bei den Insekten und vielen Myriopoden noch ein Paar Nerven, die vom Deuterencephalon ausgehen, und direkt auf dem Schlund nach hinten verlaufen. Sie dürften daher wohl den beiden ursprünglichen Schlundnerven der Protracheaten, Pöcilopoden und Arachnoideen entsprechen. Auch diese paarigen Nerven (N. pharyngeales) bilden bei den Insekten und Diplopoden Ganglien (G. pharyngealia, bei Insekten gewöhnlich zwei jederseits), die sich meist mit dem N. recurrens plexusartig verbinden, und Äste zum Schlund, den Speicheldrüsen und Tracheen, auch dem Herz senden. Ontogenetisch entstehen die Ganglien des Schlundnervensystems aus der Dorsalwand der ectodermalen Vorderdarms (Stomodäum).

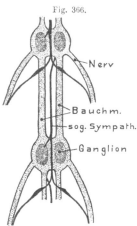

Sog. sympathisches System. Abgesehen von Nerven, die, vom Analganglion entspringend, den hinteren Abschnitt des Darms und der Geschlechtsorgane versorgen, wobei sie in ihrem Verlauf zuweilen Ganglien bilden, findet sich bei manchen Krebsen (hauptsächlich bei gewissen Isopoda nachgewiesen, Fig. 350, S. 503), recht verbreitet aber bei den Insekten (nicht aufgefunden bei Rhynchoten und Dipteren), noch ein eigentümliches System von Nerven, das vielfach dem *sympathischen* der Vertebraten verglichen wurde. Wie die Schlundnerven wird es von charakteristischen, sehr durchsichtigen (hellen) Nervenfasern gebildet. Die morphologischen Verhältnisse dieses Systems liegen etwas verschiedenartig, doch im allgemeinen so, daß von den einzelnen Ganglien des Bauchmarks ein medianer, nach hinten ziehender Nerv ausgeht (s. Fig. 361), der sich bald. oder erst im Bereich des folgenden Ganglions (mit dem er sich auch verbinden kann), in zwei seitliche Äste spaltet, die mit den gewöhnlichen peripheren Nerven des Bauchmarks weiter ziehen, und sich an Tracheen und Stigmen, sowie ihren Muskeln, aber auch noch anderwärts verbreiten. Mit den gewöhnlichen seitlichen Nerven der Bauchmarkganglien vereinigen sie sich häufig vorübergehend oder bleibend, und bilden auch plexusartige Umhüllungen derselben mit Ganglieneinschaltung. — Die Mannigfaltigkeit der besonderen Ausbildung dieses Systems dürfte darauf beruhen, daß es in recht verschiedenem Grad mit dem Bauchmark und den von ihm abgehenden Nerven verschmolzen sein kann, so daß nur geringe Anteile von ihm, oder auch gar keine mehr, gesondert hervortreten. Hierauf scheint es zu beruhen, daß es bei gewissen Insekten und den übrigen Tracheaten, ebenso auch den meisten Crustaceen, zu fehlen scheint. Wahrscheinlich ist das System aber allgemein verbreitet, jedoch vom Bauchmark nicht gesondert. Für diese Annahme spricht: daß es ontogenetisch aus einer besonderen unpaaren ectodermalen Verdickung in der ventralen Mittellinie hervorgeht, die sich dann als sog. Mittelstrang vom Ectoderm ablöst, und meist völlig in das Bauchmark aufgenommen wird. Da dieser Mittelstrang schon in der Ontogenie der Protracheaten auftritt, und auch sonst vielfach nachgewiesen wurde, so dürfte seine allgemeine Verbreitung, und daher auch die des sog. sympathischen Nervenapparats, recht wahrscheinlich sein. Daß er meist völlig in das Bauchmark aufgenommen wird, ist sehr wahrscheinlich, da er gerade bei den Dipteren ontogenetisch klar hervortritt, später aber ganz mit dem Bauchmark verschmilzt.

Figur-Bildunterschrift:

Fig. 366.

Locusta viridissima (Heuschrecke). Zwei Ganglien d. Bauchmarks mit dem sog. sympathischen Nervenstrang, seinen Verbindungen mit den Bauchganglien, sowie den Ästen zu den Seitennerven d. Bauchganglien (n. LEYDIG 1864). C. H.

Die Beziehungen dieses sog. *Sympathicus* zu den einzelnen Ganglien der Bauchkette lassen die Möglichkeit erwägen, ob nicht eine gewisse Homologie zwischen dem oben geschilderten Schlundnervensystem und den einzelnen Anteilen des Sympathicus besteht, da ja auch das Schlundnervensystem zu den beiden ersten Ganglien der ursprünglichen Bauchkette in ähnlicher Beziehung steht.

3. Mollusca.

Das Nervensystem der Weichtiere erinnert in seiner primitivsten Ausbildung auffallend an jenes der ursprünglichen Bilaterien, der Plathelminthen, weshalb es wohl zweifellos von dem wurmartiger Urformen abzuleiten ist.   Dieser ursprüngliche Charakter tritt bei der primitivsten Molluskengruppe, den *Amphineura*, deutlich hervor (s. Fig. 367 u. 368), indem von einem ganz vorn im Körper, über dem Schlund gelegenen Cerebralganglion, wie es sämtlichen Weichtieren zukommt, zwei Paar Längsnervenstränge entspringen, die bis zum hinteren Körperende ziehen, und durch zahlreiche Quercommissuren plexusartig zusammenhängen. Beide Strangpaare besitzen in ihrer ganzen Ausdehnung eine Rinde von Ganglienzellen, welche die innere Fasermasse umschließt, ähnlich wie es etwa die beiden Nervenstränge der Nemertinen zeigen.

Eine weitere Annäherung an die Verhältnisse der Plattwürmer scheint auch darin zu bestehen, daß sich bei den Mollusken noch oberflächliche Nervennetze finden, d. h. wenigstens bei einer Reihe von Formen nachgewiesen sind. Es wurde z. T. ein oberflächlicher Haut- und ein tieferer Muskelplexus unterschieden. — Auch physiologisch ergab sich eine diesem anatomischen Verhalten entsprechende Übereinstimmung, indem sich, wie bei den Plattwürmern, die Erregbarkeit der Haut (Drüsensecretion) und der Muskulatur auch nach Entfernung der Centralteile des Nervensystems erhält.

Das der Bauchlinie genäherte Strangpaar liegt ventral vom Darm und ist bei den Placophoren in die Fußmuskulatur eingebettet (s. Fig. 281, S. 416); diese Stränge werden daher in der Regel als *Pedalstränge* bezeichnet, um so mehr als sie die Fußmuskulatur innervieren. Bei den *Aplacophoren*, deren Fuß stark bis völlig rückgebildet ist, liegen die Pedalstränge ventral und sind der Längsmuskulatur an- oder eingelagert. — Die *beiden äußeren Stränge* verlaufen lateral, bei den *Placophoren* etwas dorsal vom Grund der Mantelrinne (s. Fig. 281), an der sie entlang ziehen. Bei den *Aplacophoren*, deren Mantelfalte meist völlig rückgebildet ist, ziehen sie etwa längs der Seitenlinien des Körpers hinab. Letztere Stränge wurden daher häufig laterale genannt; wir wollen sie wegen ihrer Beziehung zum Mantel und den Eingeweiden, die bei den Placophoren deutlich hervortritt, als *Pallioviseceralstränge* bezeichnen. — Wie bemerkt, erinnert die Ausbildung des Apparats an d e n mancher Turbellarien mit seinen Ventral- und Lateralsträngen, welche durch einen reichen Plexus verbunden sind; weshalb auch die oben erwähnten verwandtschaftlichen Beziehungen begründet erscheinen dürften.

Das *Cerebralganglion*, von welchem die beiden Strangpaare entspringen, ist bei den Aplacophoren stets gut entwickelt, zeigt sogar manchmal einige schwach hervortretende Lappen (Chätoderma, s. Fig. 367 A), jedoch fast nie eine deutlich paarige Bildung. — Die beiden Strangpaare der Aplacophoren gehen vom Cerebralganglion gewöhnlich gesondert ab, selten jederseits mit gemeinsamer

Wurzel, die sich erst später teilt (Neomenia). — Den Placophoren (Fig. 368) fehlen eigentliche Cerebralganglienanschwellungen fast stets, sie werden durch eine ganglienzellenreiche Cerebralcommissur vertreten, die vor dem Mund hinzieht und sich hinten jederseits in die beiden Stränge teilt.

Wahrscheinlich dürfte nur der mittelste oder vorderste Teil dieser Quercommissur dem Cerebralganglion der Aplacophoren entsprechen, die seitlichen Hauptteile dagegen den beiden verwachsenen Wurzeln der Stränge; auch bewahrten die Aplacophoren wohl die ursprünglicheren Verhältnisse. Bei den Placophoren sind die Cerebralganglien vermutlich stark rückgebildet (nur Callochiton zeigt gangliöse Anschwellungen der Cerebralcommissur); dies ist wegen der sonst allgemeinen Verbreitung der Cerebralganglien bei den Mollusken wahrscheinlich; auch spricht die in manchen Punkten primitivere Organisation der Aplacophoren in diesem Sinne.

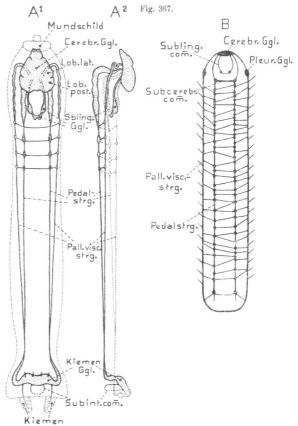

Solenogastres. Centralnervensystem (n. Wiren 1892). A^1—A^2 Chaetoderma nitidulum. A^1 von der Dorsalseite mit den Körperumrissen (verkürzt) in Strichlinien. A^2 Nervensystem von der linken Seite. — B Proneomenia acuminata. Schema des Nervensystems in Flächenansicht. v. Bu.

Vom Cerebralganglion oder der Cerebralcommissur der Amphineuren gehen Nerven zur Mundregion des Körpers; bei den Placophoren in großer Anzahl.

Die *Pallioviscceralstränge* der letzteren senden seitlich zahlreiche Nerven in die Kiemen (für jede zwei) und den Mantel, sowie dorsale Nerven zur Rückenregion. Am hinteren Körperende gehen die beiden Stränge dorsal vom Darm ineinander über. Dies erinnert an den gleichen Zusammenhang der Längsstränge der Nemertinen und Protracheaten. — Ähnlich verhalten sich auch die Pallioviscceralstränge der meisten Aplacophoren (s. Fig. 367), doch ist ihre hintere Commissur gewöhnlich ganglienartig verdickt. Bei gewissen Formen (Chätoderma, weniger ausgesprochen Neomenia) verschmilzt jedoch der Pallioviscceralstrang vor dem Hinterende jederseits mit dem Pedalstrang zu einem gemeinsamen Strang, welcher sich mit dem der Gegenseite über dem Darm vereinigt, und dabei ein starkes Ganglion (Kiemenganglion, Visceralganglion) bildet. Von diesem geht jedoch eine, den Enddarm ventral umfassende zarte Commissur aus (Subint. comm.),

33*

die man als einen gesondert bleibenden Rest der Pedalstränge deuten könnte. — Sowohl die Pedal- als die Pallioviszeralstränge der Aplacophoren, besonders aber die ersteren, zeigen an den Abgangsstellen der Transversalcommissuren meist schwache Anschwellungen, weshalb die Stränge etwas knotig erscheinen. Die vorderste und hinterste dieser Anschwellungen der Pedalstränge sind stärker entwickelt, und die Quercommissur, welche die vordersten Anschwellungen (auch Unterschlundganglien genannt) verbindet, ist zuweilen stärker als die folgenden. Letzteres tritt auch bei den Placophoren hervor (die jedoch keine Anschwellungen

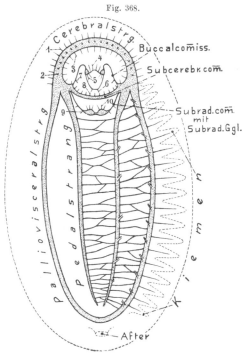

der Stränge zeigen), wo diese vorderste Quercommissur, die sog. *Subcerebralcommissur*, zusammen mit der Cerebralcommissur einen den Schlund umziehenden Ring bildet. — Das System der Quercommissuren zwischen den Pedal- und Pallioviszeralsträngen ist gewöhnlich überall reich entwickelt. Unter den Aplacophoren scheint es sich nur bei Chätoderma auf das Vorderende zu beschränken, was vielleicht eine Annäherung an die Verhältnisse der höheren Mollusken darstellt.

Vom Cerebralganglion der Aplacophoren (Fig. 367) entspringen hinten zwei Nerven, die, den Anfang des Darms ventral umgreifend, sich zu einer Ringcommissur vereinigen (*Sublingualcommissur*) und in der Gegend der Radulatasche zwei bis vier kleine Ganglien bilden (*Sublingualganglien*). Bei den Placophoren (Fig. 368) wird diese Sublin-

Fig. 368.

A c a n t h o p l e u r a (Placophore). Nervensystem von d. Dorsalseite; etwas schematisch (nach PLATE 1897 u. HALLER 1882). *1* Nerven zu Mantel; *2* sog. mediane Nerven zu Rücken; *3* zur Mundscheibe; *4* zu Dach der Mundhöhle; *5* zu Speicheldrüsen und wahrscheinlich Ösophagus und Darm; *6* zu Radulatasche und Pharynx; *7* zu Retractoren der Buccalmasse; *8* zur Mundscheibe; *9* zur Buccalmuskulatur; *10* zu Subradularorgan.
v. Bu.

gualcommissur wohl durch die sog. *Subradularcommissur* und die *Subradularganglien* vertreten. — Das sog. Buccal- oder Eingeweidenervensystem der Placophoren soll erst später, gemeinsam mit dem der übrigen Mollusken, besprochen werden.

Sämtliche *übrigen Mollusken, die wir als Ganglioneura* (s. S. 48) zusammenfassen, haben eine wesentliche Veränderung des Systems erfahren. Alle besitzen gut ausgebildete Cerebralganglien, von welchen die im Fuß nach hinten ziehenden Pedalstränge entspringen. Gewöhnlich ist eine Zusammenhäufung der Ganglienzellen an den Fußsträngen zu einem Paar besonderer *Fuß- oder Pedalganglien*

eingetreten, die mit dem Cerebralganglion durch zwei Connective zusammenhängen. — Die wichtigste Umgestaltung erfuhren die *Palliovisceralstränge*. In
ihnen tritt nicht weit hinter ihrem Ursprung eine Ganglienanschwellung auf, wie sie
auch schon bei gewissen Aplacophoren ausgeprägt ist, die sog. *Pleuralganglien*.
Die darauf folgende Fortsetzung der Palliovisceralstränge hat ihre Beziehung zum
Mantel bewahrt und sich zu den Hauptpallialnerven entwickelt, welche sich auch
hinten, dorsal vom Enddarm, noch vereinigen können. Zwischen den beiden Pleuralganglien ist eine, häufig weit nach hinten ziehende und den Darm ventral umgreifende Commissur entstanden, die *Visceralcommissur*, welche in ihrem Verlauf
Ganglien bildet (*Intestinal- und Abdominalganglien*). Diese Visceralcommissur
enthält die Nervenfasern für die Kiemen und Eingeweide, welche bei den Amphineuren noch den Palliovisceralsträngen angehörten.

Wir müssen daher annehmen, daß bei den Vorfahren der Ganglioneuren eine Art
Spaltung der Palliovisceralcommissur in zwei Stränge eintrat; in einen, der die ursprünglichen Beziehungen zur Mantelfalte bewahrte, und einen zweiten, der sich, vielleicht unter
Teilnahme von ventralen Quercommissuren der Pedalstränge, zur Visceralcommissur entwickelte. — Vielleicht geben gewisse Aplacophoren mit ihrer ventralen Commissur des sog.
Kiemenganglions am Enddarm einen Fingerzeig, wie sich eine solche ventrale Visceralcommissur bei der Spaltung des primitiven Palliovisceralstrangs entwickeln konnte.

Zwischen den ursprünglichen Palliovisceralsträngen und den Pedalsträngen
erhält sich bei den Ganglioneuren nur noch eine einzige Quercommissur, die von
den Pleuralganglien zu den Pedalganglien zieht, die *Pleuropedalcommissur*. Dagegen können sich bei den primitiveren Formen zwischen den Fußsträngen (oder
-nerven) noch zahlreiche Quercommissuren erhalten (s. Fig. 370, S. 519).

Gastropoda. Während die seither besprochenen Molluskengruppen den ursprünglichen bilateralen Körperbau und damit die bilaterale Symmetrie des Nervensystems (von geringfügigen Abweichungen abgesehen) bewahrten, bildet hingegen
eine weitgehende Asymmetrie des Systems den grundlegenden Charakter der Gastropoden, hervorgerufen durch asymmetrische Verschiebung und Verlagerung innerer
und äußerer Organe. Doch kann diese Asymmetrie bei gewissen Gruppen wieder
stark bis nahezu völlig rückgebildet werden und damit auch die des Nervensystems.
Bestimmend bei diesen Vorgängen ist die Verschiebung des Afters aus der symmetrischen Hinterlage auf die rechte Seite und schließlich in die rechte vordere Region
der Mantelrinne. Dabei wird der Organkomplex, welcher sich um den Enddarm
und den After gruppiert, vor allem die seitlich vom After stehenden beiden Kiemen,
die beiden Nieren, sowie das Herz, welches durch seine Vorhöfe mit den Kiemen
verbunden ist, gleichfalls mit dem After verlagert (vgl. Fig. 369). Dieser Verlagerungs-
prozeß aus der embryonal hinterständigen symmetrischen Lage muß sich notwendigerweise dadurch vollziehen, daß die Mantelrinne linkseitig stärker wächst als
rechtseitig, wodurch die Verschiebung der in ihr liegenden, oder mit ihr zusammenhängenden Organe hervorgerufen wird. Der übrige Körper, Eingeweidesack, Fuß, Mantelfalte usw., bleibt dabei völlig symmetrisch, und die meist vorhandene Asymmetrie des Eingeweidesacks und der Schale ist eine selbständige
Erscheinung, welche mit der des Organkomplexes um den After (Pallialkomplex)

nicht zusammenhängt. Es kann daher auch Gastropoden geben, deren Eingeweidesack die der gewöhnlichen entgegengesetzte Aufrollung zeigt, während die
Verlagerung des Komplexes der Palliaorgane davon gar nicht berührt wird.

Die Nerven, welche die beiden ursprünglichen Kiemen und die sie tragende
Region der Mantelrinne (Mantelhöhle) innervieren, entspringen an der Visceralcommissur meist von zwei Ganglienanschwellungen, den sog. *Intestinalganglien.*

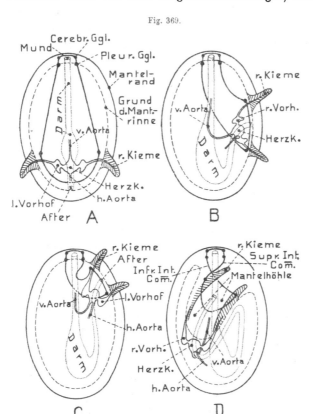

Fig. 369.

Wenn nun die beiden
Kiemen mit dem After
die erwähnte Verlage-
rung nach vorn erlei-
den, so daß die ur-
sprünglich rechte Kie-
me jetzt links vom
vorderständigen After
liegt und die ehemalige
linke rechts (s. Fig.
369 *C*), so muß auch
die mit den Kiemen zu-
sammenhängende Vis-
ceralcommissur eine
entsprechende Ver-
schiebung erfahren ha-
ben. Die Kiemen wer-
den bei den primitiven
Gastropoden recht an-
sehnliche Organe, in
deren Umgebung sich
die Mantelrinne nach
hinten und etwas nach
links zu einer tiefen
Kiemenhöhle (Mantel-
höhle) einsenkt, an de-
ren Decke die beiden
Kiemen und zwischen
ihnen der After ge-
schützt liegen (s. Fig.

Vier Schemata zur Erläuterung der Kreuzung der Visceralcommissuren der Prosobranchiaten. Von der Dorsalseite. *A* der
Ausgangszustand. *B—D* die allmähliche Verlagerung des Afters und des um
ihn befindlichen Organkomplexes (Kiemen, Herz und Kiemenganglien [Intes-
tinalg.]) nach rechts und vorn zeigend. Die Verschiebung erfolgt durch
Wachstumsprozesse, unter Zunahme der Körpergröße, wovon hier abgesehen ist.
D Einsenkung der Mantel (Kiemen) -höhle, wodurch die eigentliche Kreuzung
der beiden Visceralcommissuren hervorgerufen wird. O. B. u. v. Bu.

369 *D*). Diese Einsenkung der Kiemen in die Kiemenhöhle muß einen eigentümlichen Verlauf der Visceralcommissur hervorrufen, wie er aus Fig. 369 *D* ersichtlich ist. Die rechte Hälfte der Visceralcommissur, die vom rechten Pleuralganglion
entspringt, verläuft nun schräg nach links und hinten über den Darm, die linke
dagegen zieht ventral vom Darm schräg nach rechts und hinten; beide vereinigen
sich dann unter dem Enddarm. Auf solche Weise bildet die gesamte Visceralcommissur eine achterförmige Schlinge, und die beiden Intestinalganglien, am Abgang

der Kiemen- und gewisser Mantelnerven, liegen dann so, daß sich das der rechten Hälfte der Visceralcommissur über dem Darm (*Supraintestinalganglion*) findet, das der linken unter dem Darm (*Infraintestinalganglion*). Die gekreuzte (chiastoneure) Innervierung der Kiemen und der ihnen benachbarten Regionen der Mantelhöhle ist daher sehr deutlich ausgesprochen. Alle übrigen Teile des Nervensystems: die Cerebralganglien, Fußstränge oder Fußganglien, sowie die aus der Fortsetzung der Pleuroviseeralcommissur der Amphineuren hervorgegangenen Pallialnerven erhalten sich typisch symmetrisch.

Die charakteristische Kreuzung der Visceralcommissur der primitiven Gastropoden wurde als *Chiastoneurie* oder *Streptoneurie* bezeichnet und ist bei den ursprünglichsten Prosobranchiaten, den z. T. noch mit den beiden ursprünglichen Kiemen versehenen Aspidobranchia (Diotocardia), sehr klar ausgesprochen (s. Fig. 370); bei den Monotocardiern wird sie nicht selten durch Verbindung der Visceralcommissur mit andern Nerven etwas verwischt; bei den übrigen Gastropoden schließlich durch gewisse Vorgänge auch wieder ganz rückgebildet.

Die *Cerebralganglien* sind stets gut entwickelt, ja zuweilen mit einigen hervorspringenden Lobi versehen (z. B. Basommatophoren, Fig. 376, 377, S. 524). Sie senden Ner-

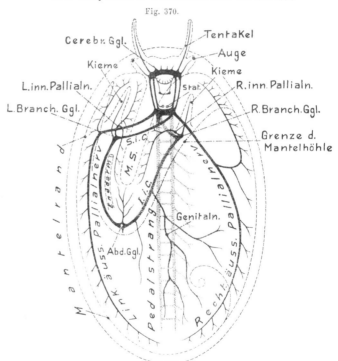

Fig. 370.

Haliotis (Prosobranchiate) v. d. Dorsalseite; Körperumrisse gestrichelt. Nervensystem etwas schematisch eingezeichnet (n. der Untersuchung von Lacaze-Duthiers entworfen). O. B. u. v. Bu.

ven zur Kopfwand, den Kopfsinnesorganen (Tentakel, Augen, Rhinophoren, doch auch zu den Statocysten). Meist sind sie deutlich paarig, mit einer gewöhnlich kurzen queren Cerebralcommissur. Bei den primitiven Aspidobranchiern ist die ganglienzellenreiche Cerebralcommissur sehr lang (Fig. 370), so daß die Cerebralganglien weit voneinander gerückt sind, was an die Placophoren erinnert. Dasselbe findet sich auch bei den thecosomen Pteropoden (Fig. 375 B), deren Cerebralganglien daher fast an die Ventralseite des Schlunds rücken. — In ihrer Lage variieren die Hirnganglien etwas, da sie teils ganz vorn auf der Buccalmasse (Aspidobranchia), teils hinter ihr liegen können. — Bei vielen Gastropoden (Dioto-

cardier, sowie nicht wenigen Ctenobranchiern und Opisthobranchiern, Fig. 378,
S. 525) sind die beiden Cerebralganglien durch eine zarte Quercommissur unter dem
Schlund verbunden, von der gewöhnlich die Buccalnerven entspringen (sog. *Labial-*
oder *Subcerebralcommissur*). Sie entspricht wohl der Sublingualcommissur der
Amphineuren.

Vom Hinterrand der beiden Cerebralganglien entspringen das Cerebropedal-
und das Cerebropleuralconnectiv, die ursprünglich (Aspidobranchia, sowie primitive Formen der Ctenobranchia, Opisthobranchiata und Pulmonata) lang sind, sich
aber bei den beiden letzteren Gruppen häufig sehr verkürzen. Die Pleuralganglien
der Aspidobranchier sind vom Vorderende der Fußstränge wenig oder nicht gesondert, so daß hier eigentliche
Pleuropedalcommissuren kaum vorhanden sind. Bei den übrigen Gastropoden, ohne starke Konzentration
des Systems, sind die Pleuropedalcommissuren dagegen gewöhnlich
gut, z. T. sogar recht ansehnlich
entwickelt (vgl. Fig. 371). — Die
Pedalstränge bewahren bei den Aspidobranchiern (Fig. 370) und den ursprünglichen Ctenobranchiern noch
den Bau wie bei den Amphineuren,
sind daher lange ganglienzellenreiche
Stränge, welche durch mehr oder
weniger zahlreiche Quercommissuren
zusammenhängen. Bei den übrigen
Ctenobranchiern konzentrieren sie
sich in zwei am Vorderende der
Stränge liegende Pedalganglien,
denen zuweilen noch ein kleines
accessorisches Ganglion angefügt
ist. — Von diesen Pedalganglien

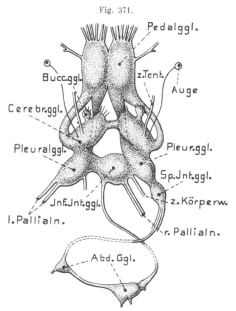

Fig. 371.

Buccinum undatum (Prosobranchiate). Centralnervensystem von der Dorsalseite. Die Visceralcommissuren sind
sehr stark verkürzt gezeichnet (gestrichelter Teil). (Nach
Bouvier 1887 kombiniert und etwas verändert). v. Bu.

entspringen die meist zahlreichen Fußnerven. Solche Fußganglien sind für sämtliche übrigen Abteilungen der Gastropoden charakteristisch.

Sie sind fast stets deutlich paarig und durch eine transversale Pedalcommissur verbunden, die bei den primitiveren Formen wenig bis gar nicht ausgebildet ist; bei ab-
weichenderen Formen (namentlich Opisthobranchiern, auch gewissen Pulmonaten) kann sie sich
jedoch durch Auseinanderrücken der Ganglien stark verlängern. In diesem Fall (namentlich
Opisthobranchia (Fig. 372), gymnosome Pteropoda (Fig. 375 *A*) findet sich häufig noch eine
zweite zarte Quercommissur zwischen den Fußganglien *(Parapedalcommissur).*

Von den *Pleuralganglien* entspringen die meist ansehnlichen Nerven für die
Mantelfalte (Pallialnerven), die sich bei den Aspidobranchiern recht ursprünglich
erhalten und hinten dorsal vom Darm ineinander übergehen, oder doch anastomo-

sieren können (s. Fig. 370). Von den Pleuralganglien geht ferner die *Visceralcommissur* aus, deren charakteristischer Verlauf bei den typischen Prosobranchiaten schon oben (S. 518) geschildert wurde. In dieser Commissur treten stets Ganglienanschwellungen auf; so, wie erwähnt, am Abgang der Nerven für die Kiemen und die zugehörige Mantelregion das *Infra-* und *Supraintestinalganglion*. Wenn die rechte vorderständige Kieme rückgebildet ist, kann auch das sie innervierende Infraintestinalganglion ausfallen (Aspidobranchia z. T. und nicht wenige Ctenobranchia), doch kann es bei letzteren, sowie den Opisthobranchiern und Pulmonaten, wieder auftreten (s. Fig. 373) und innerviert dann die rechte Mantelhöhlenregion, zu der sich auch von der rechten Hälfte der Visceralcommissur (Supraintestinalcommissur) zahlreiche weitere Nerven begeben können, ebenso wie zu der linken Mantelhöhle von der linken Hälfte (Infraintestinalcommissur). — Bei den Pulmonaten findet sich meist vor dem Infraintestinalganglion, in der linken Hälfte der Visceralcommissur, noch ein besonderes Ganglion (Parietalganglion, s. Fig. 373), von dem

Fig. 372.

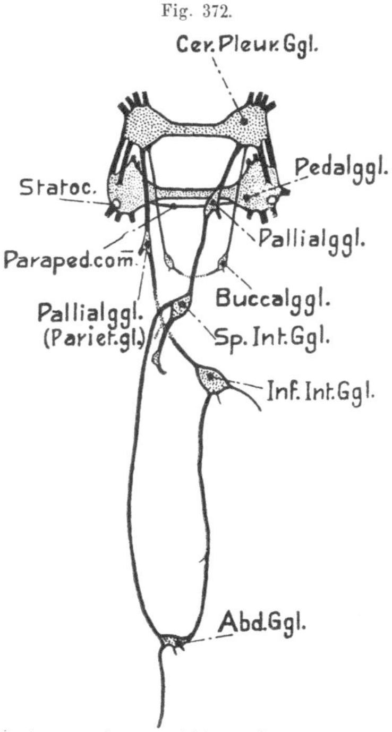

Actaeon tornatilis (Opisthobranchiate). Nervensystem von der Dorsalseite (n. PELSENEER 1893). v. Bu.

Nerven zur linken vorderen Körperregion gehen. Ähnliche Ganglien finden sich bei manchen primitiven Pulmonaten und Opisthobranchiern in beiden Hälften der Visceralcommissur; sie werden gewöhnlich als Pallialganglien bezeichnet (s. Fig. 372).

An der Übergangsstelle der beiden Hälften der Visceralcommissur findet sich mindestens ein sog. *Abdominalganglion* (Visceralganglion), welches die Organe des Eingeweidesacks (Darm, Leber, Herz, Genitalorgane) innerviert. Bei den Prosobranchiaten (Fig. 374) kann die Zahl der Abdominalganglien jedoch auf 2—3 steigen.

Zwischen den peripheren Ausbreitungen der Pallialnerven und den Kiemennerven jeder Seite scheinen ursprünglich überall Anastomosen zu bestehen. Aus diesen geht bei einem Teil der Aspidobranchier (Rhipidoglossa) und Ctenobranchier eine

Fig. 373.

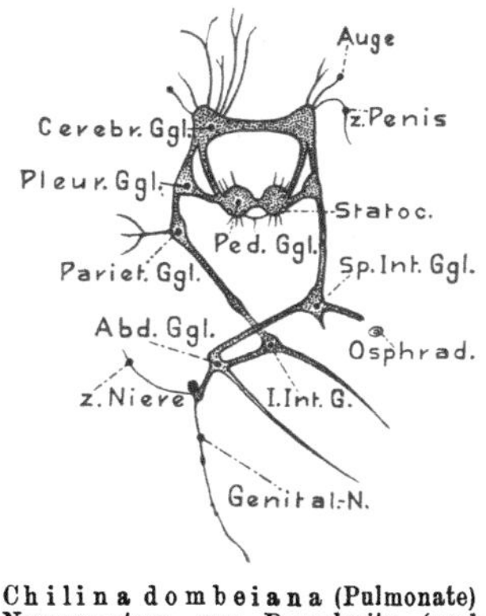

Chilina dombeiana (Pulmonate) Nervensystem von Dorsalseite (nach Plate 1895). v. Bu.

stärkere Anastomose zwischen den Pallialnerven und den Kiemennerven hervor, teils nur einseitig, teils beiderseitig; ein Zustand, welcher als *Dialyneurie* be-

zeichnet wird. Auf der rechten Seite der Ctenobranchier wird diese Verbindung häufig
in der Weise abgeändert, daß der vom rechten Pleuralganglion entspringende rechte
Pallialnerv (*z.r.*) direkt zum Infraintestinalganglion zieht und mit ihm verwächst, um
sich erst dann weiter zu verbreiten; dieser Zustand wird als *Zygoneurie* bezeichnet und
tritt zuweilen auch allein linkseitig auf. Wenn er auf beiden Seiten entwickelt ist,
indem auch der linke Pallialnerv (*z.l.*) sich in ähnlicher Weise mit dem Supraintestinalganglion verbindet (s. Fig. 374), so spricht man von *Orthoneurie*. Hierdurch wird die ur-

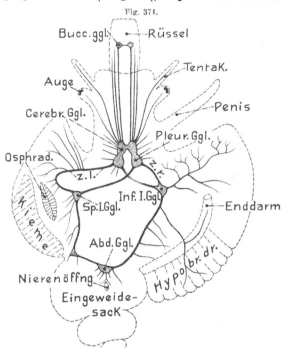

Fig. 371.

Triton ♂ (ctenobranchiate Prosobranchiate). Centralnervensystem mit
den hauptsächlichsten übrigen Organen an der dorsal geöffneten Schnecke
dargestellt. *Inf. I. Ggl.* = Infraintestinalganglion. — *Sp. I. Ggl.* =
Supraintestinalganglion. — *z. l.* = linke, *z. r.* = rechte Verbindung der
Pallialnerven mit Supra- und Infraintestinalganglion (sog. Orthoneurie).
Die Pedalganglien nicht eingezeichnet (n. Bouvier 1887). v. Bu.

sprüngliche Chiastoneu-
rie der Visceralcommissur
stark verwischt, ist aber
bei genauerem Zusehen
stets noch nachzuweisen.
— Bei gewissen Cteno-
branchia kann die ur-
sprünglich sehr lange Visceralcommissur in ihrem
vorderen Abschnitt stark
verkürzt werden (s. Fig.
371), wobei die beiden Intestinalganglien dicht an
die Pleuralganglien her-
anrücken und mit ihnen
mehr oder weniger ver-
wachsen. Auch bei ge-
wissen Aspidobranchia
(Neritidae u. Helicinidae)
tritt eine so starke Ver-
kürzung des vorderen Ab-
schnitts der Visceralcom-
missur auf, ja, wie es
scheint, sogar eine Rück-
bildung der ganzen linken

Hälfte der Commissur (doch sind die Verhältnisse noch etwas unsicher); die Chiastoneurie ist daher hier, wenigstens anscheinend, geschwunden.

Eine solche Rückbildung der bei den Urformen der Gastropoden jedenfalls
allgemein verbreiteten Chiastoneurie der Visceralcommissur konnte nun sehr leicht
eintreten, wenn die gesamte Commissur, die bei den Prosobranchiaten stets recht
lang ist, sich bedeutend verkürzt, was im allgemeinen für die Pteropoden, Opisthobranchiaten und Pulmonaten gilt. Bei starker Verkürzung muß die achterförmige Commissur der Prosobranchiaten wieder in eine symmetrisch ungekreuzte
Lage gezogen werden, unter Verlängerung der Nerven, die zu den Kiemen und
ihrer Mantelhöhlenregion gehen. In der nun wieder symmetrisch gewordenen
Commissur wird daher nur noch die Kreuzung der Mantelnerven (Pulmonaten)

die ursprüngliche Chiastoneurie andeuten. — Bei den Opisthobranchiern und den
Pteropoden dagegen, wo sich gleichzeitig die Verschiebung des Komplexes der
Afterorgane, die embryonal noch ausgesprochen ist, wieder bis etwa zur Hälfte
(rechtseitig Tectibranchiata), oder völlig (Nudibranchiata) rückbildet, muß dadurch
natürlich die Rückbildung der Chiastoneurie noch mehr befördert werden. Daß
sich diese sog. *Euthyneurie* der Opisthobranchier und Pulmonaten aus ursprünglicher Chiastoneurie herleitet, folgt sicher daraus, daß die ursprünglichen Formen

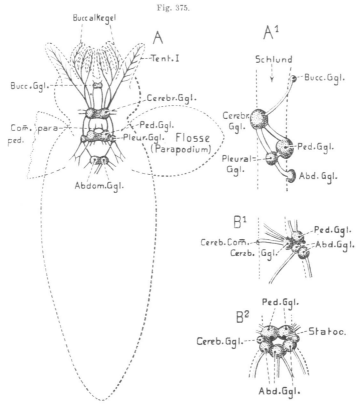

Fig. 375.

Pteropoden. Nervensystem. *A* und *A¹* Clione limacina. *A* von der Dorsalseite; Körperumrisse punktiert. *A¹* die Ganglien um den Schlund (punktiert) von rechts. — *B¹*—*B²* Cymbulia peronii. Schlund
(punktiert) mit den Centralganglien. *B¹* von rechts; *B²* von der Bauchseite (n. PELSENEER 1886). E. W.

der ersteren (Bulla, Aplysia usw.) noch eine lange Visceralcommissur besitzen, die
bei Actaeon (Fig. 372) sogar noch chiastoneur ist.   Auch einzelne Pulmonaten
zeigen noch die chiastoneure Visceralcommissur (Chilina s. Fig. 373, S. 521),
andere noch eine längere und unverdrehte (Auricula, Latia).

Was jedoch die meisten Opisthobranchiaten, die Pteropoden und Pulmonaten
besonders charakterisiert, ist die starke Verkürzung der Visceral- und Pedalcommis-
suren, sowie die Zusammendrängung oder Konzentration sämtlicher Ganglien des
Centralnervensystems um den Schlund, in nächster Nähe der Hirnganglien. Dies
geschieht bei den Pteropoden (s. Fig. 375), den ursprünglicheren Opisthobranchiaten

(Fig. 378) und den Pulmonaten (Fig. 376 u. 377) so, daß die einzelnen Ganglien noch
gut unterscheidbar bleiben, obgleich die Connective und Commissuren zwischen
ihnen stark verkürzt sind. Die Cerebralganglien sind dann gewissermaßen durch
zwei ventrale, den Schlund umziehende Commissuren verbunden, die *Cerebro-*
pedalcommissur, der die Pedalganglien eingelagert sind und die *Cerebropleurovis-*
ceralcommissur mit
den Pleural- und Ab-
dominalganglien.

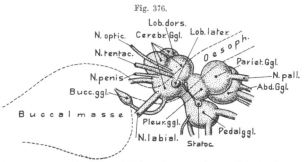

Fig. 376.

Limnaea stagnalis (Pulmonate). Centralnervensystem von links. Die Buccalmasse und der Ösophagus gestrichelt angegeben. (n. Pelseneer 1906).
v. Bu.

Bei den Opistho-
branchiern (insbe-
sondere den Nudi-
branchiern) geht die
Konzentration noch
viel weiter, indem die
ursprünglich ventral
vom Schlund liegen-
den Pedal- und Pleu-
ralganglien, unter starker Verkürzung der sie mit den Cerebralganglien verbindenden
Connective, dorsal und seitlich an die Cerebralganglien dicht heranrücken, bis sie
schließlich mit ihnen verwachsen können (Fig. 378). Die Pleuralganglien verschmelzen auf diese Weise häufig mit den Cerebralganglien, während die Pedalganglien gewöhnlich noch erkennbar bleiben. — Eine ähnliche Konzentration gilt
auch für die meisten thecosomen Pteropoden (Fig. 375 *B*), doch geschieht sie hier
unter Herabrücken der Cerebralganglien an die Ventralseite des Schlunds. — Bei
gewissen Nudibranchiern (Tethys,
Fig. 379) kann schließlich völlige
Verschmelzung der Cerebral-,
Pleural- und Pedalganglien zu
einem einzigen dorsalen Schlundganglion eintreten, also der höchst
denkbare Zustand der Konzentration. — Die erwähnten Verhältnisse der Nudibranchiaten bedingen
eine relativ ansehnliche Entwicklung der Pedal- und Visceralcommissuren, obgleich diese den Schlund
direkt ventral umgreifen; zu ihnen
können sich als dritte und vierte

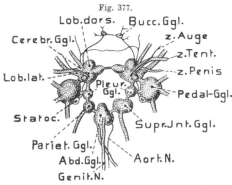

Fig. 377.

Limnaea stagnalis. Centralnervensystem von der Dorsalseite. Das Infraintestinalganglion soll mit dem Abdom.-
Ganglion vereinigt sein. (n. Lacaze-Duthiers 1872).
v. Bu.

Commissur noch die Subcerebral- und Parapedalcommissur (s. oben S. 520) gesellen. — In der Visceralcommissur finden sich fast nie mehr gesonderte Intestinalganglien, die daher wohl mit der Commissurenverkürzung in die Pleuralganglien eingingen; ebenso ist auch ein Abdominalganglion häufig nicht mehr erhalten. Die Konzentration des gesamten Centralnervensystem erreicht demnach in

diesen Fällen ihren höchsten Grad, was früher gelegentlich, aber irrig, als primitiver Ausgangszustand aufgefaßt wurde.

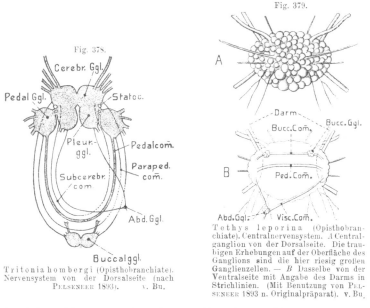

Fig. 378.

Tritonia hombergi (Opisthobranchiate).
Nervensystem von der Dorsalseite (nach
Pelseneer 1893). v. Bu.

Fig. 379.

Tethys leporina (Opisthobranchiate). Centralnervensystem. A Centralganglion von der Dorsalseite. Die traubigen Erhebungen auf der Oberfläche des Ganglions sind die hier riesig großen Ganglienzellen. — B Dasselbe von der Ventralseite mit Angabe des Darms in Strichlinien. (Mit Benutzung von Pelseneer 1893 n. Originalpräparat). v. Bu.

Die übrigen Klassen der Ganglioneura (Lamellibranchiata, Solenoconcha und Cephalopoda) bewahren die primitive symmetrische Bildung des Nervensystems Wir beginnen unsere Besprechung mit den *Lamellibranchiaten*, obgleich sie in vieler Hinsicht Reductions- und besondere Anpassungserscheinungen aufweisen, jedoch im Nervensystem recht ursprünglich bleiben.

Lamellibranchiaten. Sämtliche Muscheln besitzen die drei typischen Ganglienpaare: Cerebralganglien, welche, in meist geringer Entfernung hinter dem Mund, dem Schlund auf- oder seitlich anliegen; Pedalganglien, die in der Muskulatur der Basal-

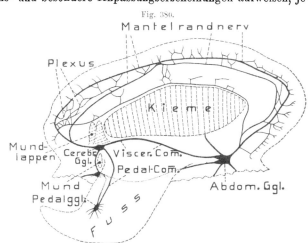

Fig. 380.

Cardium edule, v. d. Bauchseite; Körperumrisse gestrichelt. Rechter Mantellappen nebst Kiemen entfernt. Nervensystem schwarz (n. Drost 1886). v. Bu.

region des Fußes eingebettet sind, und Abdominal- oder Visceralganglien, die sich in der Gegend des hinteren Schließmuskels finden. Die drei Ganglienpaare sind

**

daher in der Regel weit voneinander entfernt und die beiden zwischen ihnen ausgespannten Connective: die Cerebropedal- und die Cerebrovisceralconnective, daher recht lang (Fig. 380).

Die beiden mäßig großen, zuweilen auch recht kleinen *Cerebralganglien* sind
gewöhnlich ziemlich weit voneinander gerückt, also durch eine längere Cerebralcommissur verbunden; selten dicht zusammen gelagert bis verschmolzen (Teredo,
Fig. 381).

Bei den primitivsten Muscheln, den Protobranchiern, Nucula (Fig. 381) und Solenomya,
ist das Cerebralende des Visceralconnectivs zu einem länglichen Ganglion angeschwollen, das
einen Nerv zur vorderen Mantelregion schickt. Diese Ganglien entsprechen daher Pleuralganglien, welche stark cerebralwärts gerückt und mit den Cerebralganglien verwachsen sind.

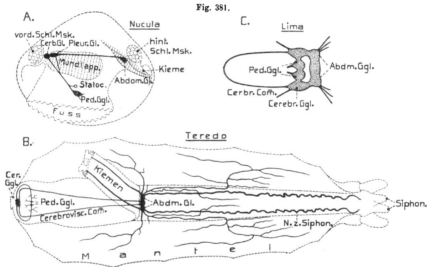

Fig. 381.

Lamellibranchiata, Nervensystem. *A* Nucula nucleus von links. Umrisse und einige sonstige Organe gestrichelt. Nervensystem schwarz eingezeichnet. (n. Peseneer 1891). *B* Teredo fatalis. Von der
Ventralseite. Der Mantel ist in der Ventrallinie aufgeschnitten und seitlich ausgebreitet. Die Kiemen sind
abgelöst, z. T. abgeschnitten und nach vorn umgelegt. Körperumrisse gestrichelt (nach Quatrefages 1849).
C Lima squamosa. Schema des Nervensystems in Flächenansicht (n. Pelseneer 1910). v. Bu.

Daß diese Deutung zutrifft, ist sicher, da von jedem Pleuralganglion eine Pleuropedalcommissur entspringt, die aber nach kurzem Verlauf mit dem Cerebropedalconnectiv verschmilzt. —
Bei Solenomya vereinigt sich diese Commissur sofort nach ihrem Beginn mit dem Cerebropedalconnectiv, ein freies Stück der Pleuropedalcommissur fehlt daher. Es darf demnach
als erwiesen erachtet werden, daß die Pleuralganglien in die Cerebralganglien der übrigen
Muscheln einbezogen sind, was um so sicherer erscheint, als die Cerebralganglien in diesem
Falle die vorderen Mantelnerven abgeben, und weil bei einzelnen Formen (z. B. Dreissensia)
ontogenetisch Anlagen der Pleuralganglien beobachtet wurden, die später mit den Cerebralganglien verschmelzen.

Von den Cerebralganglien entspringen die beiden vorderen Mantelnerven, sowie die Nerven für den vorderen Adductor, die Mundregion und die beiden Paare der
sog. Mundlappen (-segel oder Palpen), welche rechts und links vom Mund stehen.

Die beiden *Pedalganglien* sind stets dicht aneinandergerückt, ohne Pedalcommissur, doch nur selten inniger verschmolzen. Die meist langen Cerebro-

pedalconnective verkürzen sich bei Muscheln mit stark verkümmertem und nahe an den Mund verlagertem Fuß sehr (Teredo, Pecten, Ostrea etc.), wobei sich die Ganglien gleichzeitig stark reduzieren. Bei *Lima* sind die Connective sogar völlig geschwunden, so daß die Cerebral- und Pedalganglien direkt zusammenhängen (Fig. 381). Zahlreiche Nervenstrahlen gewöhnlich von letzteren in die Fußmuskulatur; ebenso versorgt jederseits ein Nerv die Statocysten, welche den Pedalganglien meist dicht anliegen; seine Fasern kommen jedoch direkt aus den Cerebralganglien.

Die *Abdominal- und Visceralganglien* sind bei den primitiven Muscheln in der Regel durch eine ganglienzellenreiche Commissur verbunden, bei den übrigen dicht zusammengerückt. Sie liegen fast ausnahmslos sehr oberflächlich unter dem Integument, an der Ventralseite des hinteren (oder des einzigen) Adductors, selten (Protobranchia, Teredo) hinter diesem; noch seltener etwas davor. Von ihnen entspringen zwei ansehnliche Kiemennerven (s. Fig. 380 u. 381), ferner zwei oder mehr starke Nerven für die hintere Mantelregion (hintere Pallialnerven), die sich

Fig. 382.

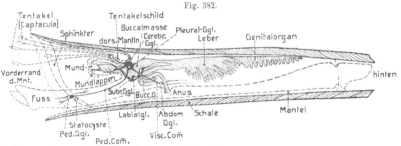

Dentalium vulgare (Scaphopode), linkseitige Ansicht. Körperumrisse gestrichelt. Schale im Durchschnitt dargestellt. Darm gelbbraun. Nervensystem schwarz (n. Lacaze-Duthiers 1856/57, mit Korrektur n. Plate 1892).
O. B.

unter Verästelung und Plexusbildung in der Mantelrandregion verbreiten und hier in den von vorn kommenden Plexus der vorderen Mantelnerven übergehen. — Bei gewissen Formen (Pecten usw.) entwickelt sich am Mantelrand ein zusammenhängender Randnerv, so daß hier gewissermaßen die beiden Spaltungsprodukte des ursprünglichen Palliovisceralconnectivs der Ganglioneura: das Cerebrovisceralconnectiv und der Pallialnerv noch ziemlich primitiv vorliegen. — Bei den Muscheln, aus deren analer Mantelregion sich Siphonen entwickeln, werden letztere gleichfalls von Nerven der Abdominalganglien reichlich versorgt, in denen, wie im Mantelplexus, auch kleine sekundäre Ganglien auftreten können. — Der Ursprung der Branchialnerven ist zuweilen gangliös angeschwollen; es sind dies die Ganglien der beiden Geruchsorgane (Osphradien), deren Nerven stets von den Abdominalganglien ausgehen, obgleich ihre Fasern vom Cerebralganglion kommen. Außerdem senden die Abdominalganglien noch Nerven zum Herz.

Bei einigen Formen (besonders Dreissensia, doch auch Unionidae und andere) wurde in jedem C.-Visceralconnectiv ein kleines Ganglion beschrieben, das Nerven zu den Kiemen und der mittleren Mantelregion sendet, und deshalb dem Intestinalganglion der Gastropoden verglichen wurde. — Eine besondere Differenzierung der Abdominalganglien zeigen Pholas und Teredo, indem sich eine kleine vordere Partie abgelöst hat, welche durch seitliche Verbindungen mit den Ursprüngen der C.-Visceralconnective zusammenhängt.

Eine eigentümliche Umformung erfuhr das Nervensystem gewisser Limaarten (Fig. 381 *C*), indem sich die Cerebralcommissur sehr verlängerte, die C.-Visceralconnective dagegen stark verkürzten, wodurch die Cerebralganglien so weit nach hinten rückten, daß sie mit den Abdominalganglien direkt zusammenhängen. Da bei Lima auch die Cerebropedalconnective ganz verkürzt sind, so liegen die drei dicht zusammengerückten Ganglienpaare sämtlich der Ventralfläche des einzigen Adductors an und werden vom Integument durch den sich zwischen schiebenden Darm getrennt.

Das Nervensystem der *Scaphopoden* (Fig. 382) gleicht dem der Lamellibranchiaten sehr, abgesehen von der Erhaltung der Pleuralganglien und des sog. Buccalnervensystems, das den Muscheln fehlt, wie wir später sehen werden. Es dürfte daher genügen, auf die Figur zu verweisen, welche das System von Dentalium etwas schematisiert darstellt.

Cephalopoda. Wie zu erwarten, erhielt sich die primitive symmetrische Bildung des Nervenapparats durchaus; die starke Konzentration sämtlicher Ganglien um den Schlundanfang, ähnlich wie bei den Opisthobranchiern und Pulmonaten, spricht dagegen für eine erhebliche Umbildung. — Das Nervensystem der *Tetrabranchiaten* (Nautilus) bietet in mancher Hinsicht ursprünglichere Verhältnisse, doch ist schwer zu beurteilen, wieweit es vielleicht von Um- oder Rückbildungen beeinflusst wurde. Es liegt dem bei Nautilus unvollständigen Kopfknorpel (s. S. 164) dorsal auf, so daß nur wenige ventrale Nerven durch den Knorpel treten; wogegen das um den Schlundbeginn konzentrierte System der *Dibranchiaten* dem becherförmigen Kopfknorpel eingelagert ist, also zahlreiche Nerven den Knorpel durchbrechen. Das centrale System von *Nautilus* (Fig. 383) wird nicht von Ganglienanschwellungen, sondern von ganglienzellenreichen Bändern (Commissuren) gebildet, die dorsal und ventral vom Schlund liegen. Dorsal findet sich das ansehnliche Querband des *Cerebralganglions*, von dem nach vorn zahlreiche feine Nerven zu den Mundrändern (Lippen) entspringen; seitlich dagegen die sehr starken Augennerven mit ihren großen Ganglien, und wohl auch die Nerven der beiden Rhinophore (Geruchsorgane). Jederseits gehen endlich die beiden Wurzeln des Buccalnervensystems ab, sowie ganz seitlich, auf der Grenze zwischen Cerebral- und Pedalband, die beiden Statocystennerven. — Lateral spaltet sich das Cerebralband in zwei den Schlund ventral umgreifende Bänder, ein vorderes schwächeres und ein hinteres stärkeres. Ersteres, das *Pedalband*, entsendet in seiner laterodorsalen Region die Nerven für die beiden Augententakel; seitlich die zahlreichen Kopftentakelnerven, von welchen beim Weibchen die beiden ventralsten sehr stark sind und ein ansehnliches Ganglion bilden, das die zahlreichen Nerzenzweige für die sog. inneren Labialtentakel abgibt. Letzterem Tentakelnerv reiht sich schließlich der Trichternerv an.

Das hintere ventrale Band (Visceralband) schickt seitlich zahlreiche kleinere Nerven in den Mantel, die darin keine Ganglien bilden; mehr ventral zwei ansehnliche sog. Visceralnerven, welche die Kiemen und die Organe des Eingeweidesacks versorgen, vielleicht sogar hinter dem After (richtiger dorsal von ihm), anastomosieren. Der Bau des cerebralen und der beiden ventralen Bänder, die gewöhnlich als Repräsentanten der Pedal- und Visceralcommissur der Gastropoden samt ihren Ganglien gedeutet werden, erinnert an die Verhältnisse der Placophoren und der primitiven Prosobranchiaten und darf daher wohl als ursprünglicher als die Ganglienbildung der dibranchiaten Cephalopoden beurteilt werden.

Die *Dibranchiaten* besitzen statt der strangförmigen Bänder des Nautilus starke Ganglien, welche im allgemeinen als Cerebral-, Pedal- und Visceralganglien bezeichnet wer-den. Ihre Lage zum Kopfknorpel wurde schon oben hervorge-hoben. Das *Cerebral-ganglion* (Fig. 384) ist ein einheitlicher Kno-ten, der seitlich in zwei sehr dicke kurze Au-gennerven übergeht (N. optici, Tractus op-tici), die sofort zu den kolossalen Augengan-glien anschwellen, de-ren Volumen das des gesamten Nervensy-stems übertrifft. Von einer kleinen dorsalen Ganglienanschwellung der Augennerven ent-springt der zarte Riech-nerv (N. olfactorius). Vorn gehen bei den Decapoden zwei Ner-ven ab, die häufig teil-weise vereinigt sind, zu einem Ganglion buc-cale superius, das bei dieser Abteilung (Fig. 384 *A*) mehr oder we-niger weit vor dem Ce-rebralganglion liegt.

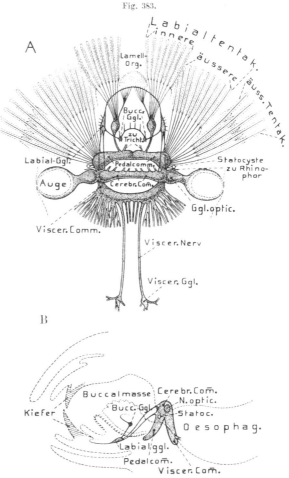

Fig. 383.

Nautilus ♀ Centralnervensystem. *A* Centralnervensystem (schematisch) von der Dorsalseite, mit Andeutung der Labialtentakel und eines Teils der äuße-ren Tentakel (gestrichelt) (n. OWEN 1832 u. KERR 1895). — *B* Sagittalschnitt der Buccalmasse mit dem Centralnervensystem; stark schematisiert (nach PELSENEER 1905, etwas verändert). O. B. u. v. Bu.

Bei den Octopoden (Fig. 384 *B*) ist es mit dem Vorderende des Cerebralganglions verschmolzen und wird daher zuweilen als sein vorderster Teil aufgefaßt, der sich bei den Decapoden abgesondert habe (Pelseneer). — Ventral vom Schlund liegen hintereinander drei starke Knoten, die gleichfalls wenig Andeutung von Paarigkeit zeigen, und, untereinander verwachsen, mit den Seiten des Cerebral-ganglions direkt zusammenhängen. Von dem sehr ansehnlichen vorderen Knoten

(Brachialganglion) entspringen die 8 oder 10 starken Nerven für die Kopfarme
(Fig. 384 u. 85). Das Brachialganglion ist, ähnlich dem oberen Buccalganglion, entweder weiter nach vorn gerückt (Decapoden) und durch eine Art Tractus mit dem
zweiten Ganglion (G. infundibulare oder pedale) verbunden, oder letzterem vorn
direkt angeschlossen (Octopoda). Jederseits steht es mit dem Cerebralganglion durch
eine schwache bis stärkere aufsteigende Commissur in Verbindung, worauf bei dem
Buccalnervensystem noch einmal zurückzukommen ist. — Das zweite Ventralganglion
(G. infundibulare) entsendet hauptsächlich die beiden Trichternerven. In der Nähe

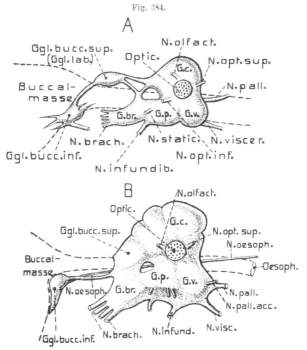

des Trichternervs ent-
springt der N. sta-
ticus (acusticus). —
Dem Ganglion in-
fundibulare reiht sich
hinten das ansehnliche
sog. Visceralganglion
an, das deutlicher paa-
rig ist. Von ihm ent-
springen, zum Einge-
weidesack aufsteigend,
zwei ansehnliche Pal-
lialnerven und dazwi-
schen zwei Visceral-
nerven (Fig. 385), de-
ren Ursprünge auch
verwachsen sein kön-
nen; doch schicken die
Visceralganglien auch
zwei hintere Nerven
in den Trichter. In-
fundibular- und Vis-
ceralganglion sind mit
dem Cerebralganglion

Centralnervensystem von dibranchiaten Cephalopoden.
A Von Sepia officinalis, linkseitige Ansicht (n. GARNER, etwas verändert).
— B Von Octopus vulgaris linkseitig. G. c. = Gangl. cerebrale. — G. p.
= Gangl. infundibulare. — G. v. = Gangl. viscerale.   C. H.

seitlich in ganzer Ausdehnung verwachsen. Zwischen dem Cerebrobrachialconnectiv
und dieser Verwachsung bleibt jederseits ein enges Loch.

Brachial- und Infundibularganglien werden gewöhnlich als Differenzierungen des gemeinsamen Pedalbands der Tetrabranchiaten, d. h. der Pedalganglien der übrigen Mollusken, beurteilt. Diese Auffassung bildet (abgesehen von
ontogenetischen Momenten) den Hauptgrund: die Kopfarme der Cephalopoden als
Bestandteile des Fußes, hervorgegangen aus dem Epipodium, zu deuten. Das In-
fundibularganglion wird dementsprechend als der dem Fußrest (Trichter = Para-
podium) zugehörende Teil der Pedalganglien angesprochen. — Im Visceralganglion
wären die Pleural- und Abdominalganglien vereinigt; erstere sollen sich bei den
Octopoden zuweilen noch als schwache seitliche Lappen markieren.

Die starken Brachialnerven formieren an den Armbasen sekundäre Ganglien (Fig. 385), die untereinander durch Querverbindungen zusammenhängen; aber auch in ihrem weiteren Verlauf innerhalb der Arme sind sie häufig mit zahlreichen kleinen Ganglien versehen. — Die beiden Pallialnerven bilden dicht unter der Haut der vorderen Mantelhöhlenfläche zwei ansehnliche Ganglien (G. stellata), welche zahlreiche Nerven in den Mantel senden, und sich bei länger gestreckten Formen in einen hinteren Nerv fortsetzen, der die Flossen versorgt (Fig. 385). Bei zahlreichen oigopsiden Decapoden hängen die G. stellata durch eine Quercommissur zusammen, welche dorsal vom Schlund verläuft, und daher wohl mit Recht der hinteren dorsalen Vereinigung der Pallialnervenstränge homologisiert wird, die sich bei den primitiven Gastropoden noch findet. — Die beiden Visceralnerven entsenden vor allem Zweige zu den Kiemen, die auch Ganglien bilden können; ferner zu Herz, Gefäßen, Kiemenherzen, Genitalorgan, u. vereinigen sich ebenfalls zuweilen (Sepia, Eledone usw.) in der Kiemenregion durch eine ventral vom Darm (auf der Vorderseite des Enddarms) gelegene Quercommissur, die auch als ein ansehnliches Ganglion entwickelt sein kann (Ommastrephes).

Die gewöhnliche Ansicht ist, daß das primäre Visceralconnectiv samt seinen Ganglien bei den Cephalopoden zu dem Visceralband der Tetrabranchiaten oder den Pleurovisceralganglien der Dibranchiaten

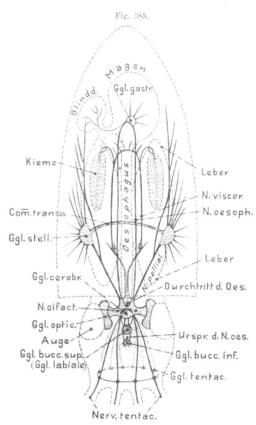

Fig. 385.

Nervensystem eines dibranchiaten Cephalopoden, schematisiert, von der Dorsalseite (n. BRANDT 1829, IHERING 1877 und HANCOCK 1852 konstruiert). O. B. u. C. H.

verkürzt sei. Die tatsächlichen Verhältnisse, besonders der Dibranchiaten, dürften jedoch gewisse Zweifel an der Richtigkeit dieser Deutung zulassen. Es scheint nicht ausgeschlossen, daß die Visceralnerven mit ihren zuweilen gut ausgeprägten Kiemenganglien und ihrer Quercommissur, manchmal sogar mit einem Ganglion, das dem abdominalen der Gastropoden ähnlich ist, der Visceralcommissur der letzteren entsprechen könnten. In diesem Falle müßten die sog. Visceralganglien der Dibranchiaten wohl den Pleuralganglien gleichgesetzt werden.

Sogenanntes Schlund- oder Buccalnervensystem der Mollusken. Übereinstimmend mit den Einrichtungen der seither besprochenen Bilaterien, besitzen auch die Mollusken ein wohlausgebildetes Schlundnervensystem mit entsprechendem Ver-

breitungsgebiet. Es zeigt in dem ganzen Phylum ziemlich große Übereinstimmung.
Wie schon früher erwähnt wurde, entspringen vom Cerebralganglion der Solenogastres (s. Fig. 367, S. 515) zwei nach hinten und ventral ziehende Nerven, die
sich unter dem Pharynx (Buccalmasse) ringförmig vereinigen, wobei sie zwei Ganglienanschwellungen bilden. Die so entstandene Commissur wird gewöhnlich als
sublinguale bezeichnet, ihre Ganglien als *Sublingualganglien*. Da die Commissur
jedoch der sog. *Labialcommissur* der Prosobranchiaten entspricht, so dürfte letzterer Namen vorzuziehen sein. Für einige Formen wurde erwiesen, daß die beiden
Hälften dieser Labialcommissur durch eine zarte, den Pharynx dorsal umgreifende
Commissur verbunden sind, und daß von den Labialganglien noch eine ventrale
Commissur ausgeht, welcher zwei kleine Ganglien eingelagert sind, die das sog.
Subradularorgan innervieren (ein Sinnesorgan, das etwas vor der Radula auf dem
Pharynxboden liegt), weshalb diese Commissur und ihre Ganglien als subradulare
bezeichnet werden.

Mit dieser Bildung des Buccalsystems der Solenogastren stimmt das der Placophoren prinzipiell überein (s. Fig. 368, S. 516). Der Ursprung der Labialcommissur (die hier gewöhnlich *Subcerebralcommissur* genannt wird), ist jedoch mit der
breit strangförmigen Entfaltung der Cerebralganglien stark seitlich und nach hinten
gerückt. Die Labialcommissur gibt zahlreiche feine Nerven zur Mundscheibe. Kurz
nach ihrem Ursprung entsendet sie etwas nach hinten die *Subradularcommissur*
mit ihren beiden Ganglien, und von der gleichen Stelle nach vorn (selten direkt
vom Cerebralganglion) die sog. *Buccalcommissur*, die sich vorn in einen die Buccalmasse dorsal und ventral umgreifenden Nervenring spaltet, an dessen Ursprung
jederseits ein sog. *Buccalganglion* liegt. Diese Buccalcommissur entspricht daher
im wesentlichen der erwähnten dorsalen Commissur der Solenogastren. Die zahlreichen Nerven, welche von der Buccalcommissur und ihren Ganglien ausgehen,
versorgen die Buccalmasse, Radulatasche, Speichel- und Zuckerdrüsen; wahrscheinlich verbreiten sich jedoch die Nerven, welche von den Buccalganglien nach
hinten ziehen, am größten Teil des Darms und seiner Anhänge.

Gastropoden. Wie schon früher erwähnt, ist bei zahlreichen primitiven *Prosobranchiaten* (Fig. 370, S. 519), doch auch gewissen *Opithobranchiaten* (Fig. 378,
S. 525), die sog. Labialcommissur (Subcerebralcommissur) erhalten und verbindet
die Cerebralganglien ventral von der Buccalmasse; auch Labialganglien können
sich bei den Aspidobranchiern noch finden. In diesen Fällen entspringt die stets
vorhandene Buccalcommissur mit ihren beiden Buccalganglien von dieser Labialcommissur und umgreift die Buccalmasse nur ventral, da die dorsale Verbindung
den Gastropoden fehlt. Bei den Gastropoden ohne Labialcommissur entspringt die
Buccalcommissur von den Cerebralganglien. Die Lage der Buccalganglien varriiert
ziemlich; bei gewissen Prosobranchiaten können sie dicht an die Cerebralganglien
rücken (Fig. 371, S. 520). Die Buccalcommissur dringt meist frühzeitig in die
Wand der Buccalmasse ein und ist daher schwierig zu verfolgen. Die Ausbreitung
der Buccalnerven ist ähnlich wie bei den Placophoren; am Darm wurde sie nicht
über den Ösophagus hinaus verfolgt.

Während die *Scaphopoden* sehr ursprüngliche Verhältnisse zeigen (s. Fig. 382): eine Labialcommissur mit zwei Labialganglien, von welchen zwei Subradularnerven mit Subradularganglien, sowie die Buccalnerven mit zwei bis vier Buccalganglien abgehen, ist das ganze System bei den *Lamellibranchiaten* mit der Rückbildung der Buccalorgane eingegangen.

Cephalopoden. Die Verhältnisse bei *Nautilus* (Fig. 383, S. 529) erweisen sich noch als recht ursprünglich, jedoch darin eigentümlich, daß die vom Cerebralband ausgehende und nach vorn gerichtete Labialcommissur jederseits mit zwei Wurzeln entspringt, welche sich erst in den Labialganglien (Pharyngealganglien, Kerr) vereinigen. Von letzteren geht die Buccalcommissur mit ihren beiden Ganglien aus. Von Subradularganglien oder -nerven wurde nichts beobachtet. — Die Einrichtungen der *Dibranchiaten* wurden schon oben (S. 529) insofern berührt, als deren sog. oberes Buccalganglion manchmal als ein vorderer Abschnitt des Cerebralganglions aufgefaßt wird. Bei den *decapoden Dibranchiaten* (Fig 384, S. 530) liegt das unpaare obere Buccalganglion mehr oder weniger weit vor dem Vorderende des Cerebralganglions und ist mit ihm durch zwei Paar Connective oder Wurzeln verbunden, von welchen die inneren häufig streckenweise unpaar werden. Diese beiden Connective erinnern sehr an die beiden Wurzeln der Labialcommissur von Nautilus, und demnach auch das obere Buccalganglion der Dibranchiaten an dessen Labialganglien, denen es wohl entspricht. Die äußere Wurzel dieses Labialganglion entspringt aber nicht vom eigentlichen Cerebralganglion sondern von der Verbindungsstelle des Cerebrobrachialconnectivs mit dem Brachialganglion, sodaß man dies Connectiv vielleicht größtenteils dem Cerebralganglion zurechnen dürfte. Wenn die obige Auffassung richtig ist, so wäre das obere Buccal- oder Labialganglion bei Octopus (Fig. 384 *B*) mit dem Vorderende des Cerebralganglions, unter Einziehung der beiden Wurzeln, vereinigt (doch wird dieser Vorgang von Pelseneer gerade umgekehrt aufgefaßt.) Vom Labialganglion entspringen zwei, die Buccalmasse hinten umgreifende Connective, welche sich mit dem ventral liegenden unteren oder eigentlichen Buccalganglion vereinigen. Labial- und Buccalganglien senden Nerven zur Buccalmasse; letzteres ferner nach hinten zwei lange Nerven (N. oesophageales Fig. 384 *B* und 385, S. 531) am Ösophagus hinab, welche sich am Magen zu einem ansehnlichen *G. gastrale* vereinigen (bei Nautilus doppelt vorhanden), von dem zahlreiche Äste zum Ösophagus, Magen und Blinddarm ausstrahlen.

4. Echinodermata.

Die strahlig gebauten Echinodermen, deren Nervensystem den Radiärbau sehr ausgeprägt zeigt, gehen bekanntlich aus bilateralen Larvenformen hervor. Es kann daher nicht zweifelhaft sein, daß auch das Nervensystem anfänglich bilateral angelegt war, und sich erst später strahlig umformte. Nun wurde in der Tat bei gewissen Larven (Holothurien, Ophiuren, annähernd auch Crinoiden) ein bilaterales Nervensystem einfacher Art gefunden, während andere (Asteroiden, Echinoiden) eine Art nervöser Scheitelplatte am vorderen Pol besitzen sollen,

die auch den Crinoidenlarven (Antedon) zukommt, wo sie in zwei ventrale
Längsfaserzüge ausläuft. Wie nun bis jetzt noch ein tieferer Einblick in das Hervorgehen des Radiärbaus aus dem bilateralen der Larven fehlt, so gilt dies auch
für das Entstehen des definitiven Nervensystems aus dem der Larve. Nur bei den
Holothurien wurde darüber einiges ermittelt; wogegen für die Crinoiden sogar angegeben wird, daß sich das System der erwachsenen Form ganz unabhängig von
jenem der Larve bilde, indem letzteres völlig eingehe. — Auch der Nervenapparat
der ausgebildeten Echinodermen bietet noch viele offene Fragen, ja unser der-
zeitiges Wissen zeigt gewisse Befunde, welche eigentlich apriori wenig wahrscheinlich sind. Vor allem gilt dies für die ziemlich allgemein adoptierte Ansicht, daß bei
den Echinodermen zwei, ja sogar drei von einander ganz unabhängige Nerven-
systeme existierten, von welchen das eine, überall verbreitete, sog. e c t o n e u r a l e,
aus dem Ectoderm hervorgehe, was auch morphologisch und ontogenetisch erwiesen
ist. Diesem System schließt sich (mit Ausnahme der Crinoiden) ein zweites innig
an, gewissermaßen als ein ihm gegen das Körperinnere aufliegender Teil; weshalb
es als das h y p o n e u r a l e bezeichnet und damit gewöhnlich die Vorstellung verbunden wird, daß es aus dem Epithel der Cölomhöhle, also entodermal entstehe.
Es werden ihm vorwiegend motorische Funktionen zugeschrieben, während das
ectoneurale hauptsächlich sensibel sei. Von den ectoneuralen Nervensträngen sollen
die hyponeuralen durch eine zarte Membran völlig geschieden sein; doch liegen
einzelne Angaben vor, nach denen gewisse der abgehenden Nerven aus beiden
Systemen Fasern bezögen.

Es ist nun jedenfalls wenig wahrscheinlich, daß ein sensibles und ein motorisches Nervensystem unabhängig voneinander existieren, es wäre dies ein physiologisch kaum annehmbares
Verhalten. Wenn also die beiden Systeme, die sehr innig aneinander liegen, als nervös zu
betrachten sind, was sich kaum bezweifeln läßt, so müssen sie wohl inniger zusammenhängen, als gewöhnlich angenommen wird.

Zu diesen beiden Systemen gesellt sich bei den Crinoiden, Asteroiden und
Echinoiden noch ein sog. *apicales* am Apex, gegenüber der Mundöffnung, welches
bei den Crinoiden eine gewaltige Entwicklung erreicht. Es soll gleichfalls entodermaler oder mesodermaler Herkunft, sowie unabhängig von den übrigen Teilen
des Nervenapparats sein. — Es muß jedoch betont werden, daß über das sog.
hyponeurale gar keine, über das apicale kaum sichere ontogenetische Erfahrungen
vorliegen.

Sogenanntes ectoneurales oder ectodermales (auch oberflächliches) System.
Wie bemerkt, kommt es sämtlichen Klassen zu. Es zeigt die Eigentümlichkeit, daß
wenigstens seine Centralteile sich nur über die ambulacrale Körperfläche erstrecken.
Diese Centralteile bestehen überall, abgesehen von den Crinoiden, aus einem den
Anfang des Schlunds umziehenden *Nervenring*, der zuweilen auch etwas polygonale Form besitzt. Von ihm entspringen so viel radiäre, bandförmige Nervenstränge, als sich Radien oder Ambulacren finden, also in der Regel fünf. Diese
Radiärnerven durchziehen die Radien längs der Oral- (oder Ventral-)fläche bis zu
ihren äußersten Enden, indem sie sich allmählich verschmälern. Wenn die Radien

(Arme) sich verzweigen (Crinoiden, Euryaliden), so machen auch die Radiärnerven alle Teilungen mit; sie schicken daher bei den Crinoiden auch in jede Pinnula einen Ast. — Bei den primitiveren Echinodermen (Semiambulacrata, mit Ausnahme der Ophiuren) besitzt das ectodermale System noch eine sehr ursprüngliche Beschaffenheit, indem es intraepithelial liegt (bei den Crinoiden, Fig. 285 C, S. 420, zwar nach manchen Angaben direkt subepithelial). Bei den Asterien verhält es sich daher fast ebenso, wie etwa die Nervenstränge der Hydromedusen. Die Radiärnerven der Crinoiden und Asterien (Fig. 285 A, 386) ziehen längs der Basis eines hohen Wimperepithels hin, welches die Tiefe der Ambulacralrinnen auskleidet, und sich bei den Asterien an dieser Stelle zu einer Längsfirste erhebt. Die hohen Epithelzellen dieser Firste laufen in der Tiefe in feine Fasern (Stützfasern, aufrechte Fasern) aus, zwischen welche die (wie bei allen Echinodermen) sehr feinen und in ihrer Hauptmasse längs verlaufenden Nervenfasern eingelagert sind. Ganglienzellen, mit ihren feinen Ausläufern, sind nur spärlich und unregelmäßig in das radiäre Nervenband eingelagert. Außerdem sollen in diesem Epithel der Asterien und Crinoiden auch Sinneszellen vorkommen; bei den ersteren auch Drüsenzellen.

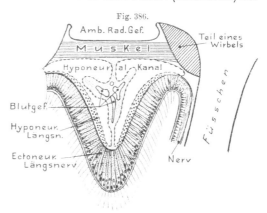

Fig. 386.

Asterie. Schematischer Querschnitt durch die Ambulacralrinne zur Demonstration des radiären Nervenbands (n. Ludwig in Bronn Kl. u. Ordn., etwas verändert). C. H.

Die Auffassung der sog. Stützzellen des Neuroepithels ist noch etwas controvers, da ihnen manche Forscher auch eine Art nervöser Nebenfunktion zuschreiben. — Ob sich die Radiärnerven der Crinoiden um den Schlund zu einem Ring vereinigen, ist nicht sicher, aber sehr wahrscheinlich, da sich auch die Ambulacralrinnen zu einer Ringfurche um den Mund verbinden; es dürfte daher wohl der Ringnerv nur weniger deutlich entwickelt sein als bei den übrigen Echinodermen.

Über, d. h. apical vom Radiärnerv und dem Ring der Asterien und Crinoiden (Fig. 386) findet sich ein ziemlich weiter Kanal (*Hyponeuralkanal*, Peri- oder Pseudohaemalkanal), der bei den Crinoiden eine Fortsetzung der Cölomhöhle des Kelchs darstellt, während er bei den Asterien von der Cölomhöhle abgeschlossen erscheint, aber ontogenetisch aus ihr hervorgeht.

Das ectoneurale System der Ophiuren (Fig. 285 B) und der Totiambulacrata (Echinoiden und Holothurien, s. Fig. 387—389, 284 B) liegt tiefer im Körperinnern, hängt also mit der Epidermis nicht mehr direkt zusammen. Bei den Ophiuren und Echinoiden erklärt sich dies daraus, daß sich die Ambulacralrinnen der Semiambulacrata durch Verwachsung ihrer Ränder nach außen abgeschlossen haben, also zu geschlossenen Kanälen wurden (*Epineuralkanäle*). Die Ontogenie hat

dies für beide Klassen sicher erwiesen. Auch die paläogenen Crinoiden zeigten
häufig einen solchen Abschluß der Ambulacralrinnen, so daß dieser Zustand gewissermaßen schon in dieser Klasse vorbereitet wurde. — Die Radiärnerven und
der Ringnerv, samt dem ihnen zugehörigen, ursprünglich äußeren Epithel wurden
so zum Boden der Epineuralkanäle, während sich nach innen vom Nervenband der
Hyponeuralkanal findet. Die distalsten Enden der Radiärnerven bewahren jedoch ihre intraepitheliale Lage. Die bandförmigen Radiärnerven und der Ringnerv
spannen sich demnach bei den erwähnten Formen wie eine quere Scheidewand zwischen den beiden Neuralkanälen aus (siehe Fig. 387). — Am Ringnerv ist die Lage der beiden Kanäle zueinander insofern etwas verschoben,
als der Hyponeuralkanal peripher vom Ringnerv liegt, während der, bei den Ophiuren recht schwach entwickelte Epineuralkanal axial liegt.

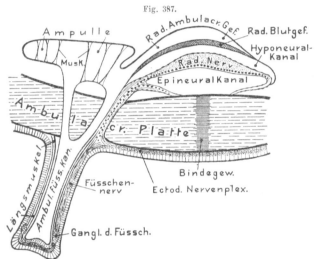

Fig. 387.

Regulärer Echinoide. Schematischer Querschnitt durch das Ambulacrum
eines Seeigels zur Demonstration des Radiärnervs usw. (z. T. n. Cuénot 1891).
C. H.

Der Epineuralka-
nal des Ringnervs
ist bei den regulä-
ren Echinoiden so-
gar fast völlig obli-
teriert. Diese Um-
lagerung d. Kanäle
beruht darauf, daß
die Radiärnerven
am Schlund etwas
emporsteigen, um
den Nervenring zu
bilden. — Etwas
anders liegen die
Verhältnisse bei den
Holothurien (Fig. 284 B); ihre Radiärnervenbänder durchziehen die tiefste Lage
des dicken Coriums und werden auf ihrer Innenseite von einem ansehnlichen
Hyponeuralkanal begleitet, dem das radiäre Ambulacralgefäß innerlich dicht anliegt (den Synaptiden soll jedoch nach vielen Angaben der Hyponeuralkanal fehlen).
Wahrscheinlich verbinden sich die Hyponeuralkanäle innen vom Nervenring zu
einem Ringkanal. Der Ringnerv (Fig. 389) umzieht den Mund im Corium der
Mundscheibe, etwa an den Tentakelbasen. Epineuralkanäle sind bei den Holothurien nicht sicher erwiesen, da die als solche bezeichneten Spalten vielleicht
nur künstliche waren; jedenfalls fehlen sie aber dem Ringnerv.

Es liegt nahe, die Verhältnisse der Holothurien entsprechend denen der Ophiuren und
Echinoiden zu beurteilen; also die tiefe Lage des Ectoneuralsystems gleichfalls auf den Abschluß ehemaliger Ambulacralrinnen zurückzuführen. Der wahrscheinliche Mangel echter
Epineuralkanäle macht dies jedoch etwas unsicher und die Ontogenese ließ bis jetzt von
einem solchen Vorgang nichts erkennen. Es könnte sich daher möglicherweise um eine Ablösung der Nervenbänder vom Ectoderm und ihre Verdrängung in die Tiefe durch das zwi-

schen wachsende Corium handeln, analog wie etwa die Bauchstränge der Würmer in die Tiefe verlagert werden.

Die Radiärnerven sind im allgemeinen überall ziemlich breite Bänder, die zuweilen eine annähernd paarige Bildung zeigen, indem sie in ihrer Mittellinie ein wenig dünner sind. Nur die Ophiuren zeigen eine Art Gliederung der Radiärnerven, da sie in der Mitte jedes Armskeletwirbels (Ambulacralstück) knotig anschwellen

Fig. 388.

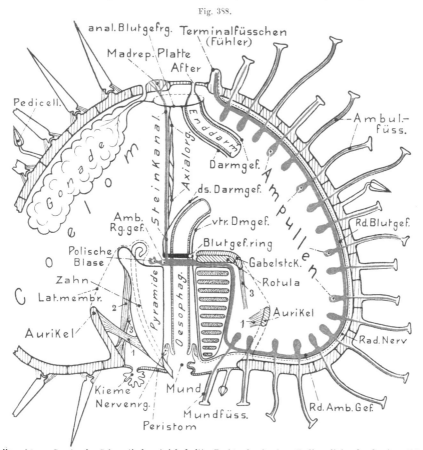

Regulärer Seeigel. Schematischer Axialschnitt. Rechts durch einen Radius, links durch einen Interradius. Zur Demonstration der Anordnung der Hauptorgane. Ambulacralgefäßsystem blau. *1—3* Muskeln des Kauapparats (mit Benutzung von Figuren von A. Lang Vergl. Anat., Cuénot 1891 usw.). v. Bu.

(Fig. 390). Diese Knoten erinnern auch insofern an Ganglien, als die gleich zu erwähnenden oberflächlichen Zellen der Radiärnerven in ihnen zahlreicher, d. h. mehrschichtig sind, dagegen in den dünneren Verbindungsstrecken nur einschichtig. — Der feinere Bau der tiefliegenden Radiär- und Ringnerven ist im wesentlichen derselbe wie bei den Asterien und Crinoiden. Auf ihrer Außenseite findet sich eine ein- bis mehrschichtige Zelllage, die jedenfalls zum Teil aus Stützzellen besteht, welche aufrechte Stützfasern durch das Nervenband senden. Bei den Holothurien und Ophiuren (hier speziell in den Anschwellungen) treten seitliche, mehrschichtige Verdickungen dieser Zelllagen auf (Zellsäulen), was eine paarige Bildung des Radiärnervs andeutet. Die tieferen Zellen dieser Verdickungen erweisen sich durch ihre besondere Beschaffenheit sicher als Ganglienzellen (namentlich bei manchen Ophiuren); doch sind solche auch vereinzelter im gesamten Nervenband zerstreut.

Periphere Nerven des ectoneuralen Systems. Die Radiärnerven senden stets seitliche Nerven zu den Ambulacralfüßchen (auch zu den sie vertretenden sog. Hautpapillen gewisser Holothurien), welche in deren Haut ziehen und im allgemeinen denselben Bau wie die Radiärnerven besitzen, daher auch intraepithelial liegen, wo dies für die Radiärnerven gilt (doch auch bei den Echinoiden, s. Fig. 388). In diesem Fall (besonders bei den Asterien) sind auch die Nerven nur wenig scharf umschrieben. Die Nerven versorgen die verschiedenen Sinnesorgane der Füßchen. — Die Füßchennerven der Ophiuren entspringen zwischen zwei Wirbeln, also etwa in der Mitte der dünnen Verbindungsstrecke zweier aufeinander folgender Anschwellungen des Radiärnervs (s. Fig. 390). An der Basis jedes Ambulacralfüßchens bilden sie eine Anschwellung, welche das Füßchen halb ringförmig umzieht (Ganglion pedale). Das distalste, unpaare Endfüßchen (Terminalfüßchen, Fühler der Asteroiden und Echinoiden, bei letzteren jedoch sehr zurückgebildet) wird direkt vom Distalende des Radiärnerven versorgt, ebenso auch die Augen der Asterien.

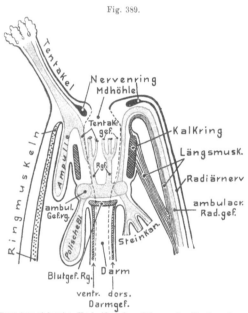

Fig. 389.

Dendrochirote Holothurie. Schema des Vorderendes. Körperwand im Längsschnitt; rechts durch einen Radius, links durch einen Interradius. Zur Demonstration der Lage des Nervenrings und der Centralteile des Ambulacralsystems (blau) usw. Die Figur ist insofern nicht korrekt, als der Steinkanal radiär eingezeichnet ist; er liegt in Wirklichkeit interradiär.
C. H.

— Die centralsten, den Mund direkt umstehenden Füßchen der Ophiuren, ebenso auch die zu den Tentakeln umgebildeten der Holothurien, erhalten ihre Nerven vom Ringnerv. Vom Anfang der Radiärnerven entspringen ferner die kurzen Nerven für die Statocysten (Otocysten) gewisser Holothurien (Synapta usw.). — Von den Radiärnerven gehen endlich Äste zur Haut, die ihren Ursprung entweder direkt von ihnen, oder auch gemeinsam mit den Pedalnerven nehmen und sich später abzweigen. Auch der Ringnerv sendet gewöhnlich Nervenzüge zum Integument der Mundregion.

Bei den Ophiuren (s. Fig. 390, N. lat. I u. II, N. apic.) entspringen mehrere solcher Hautnerven entweder direkt vom Ganglion pedale, in dessen Nähe, oder etwas davon entfernt;

doch wird auch angegeben, daß sie selbständig, aber dicht beim Pedalnerven vom Radiärnerven abgehen. — Der ventrale dieser Hautnerven vereinigt sich (wenigstens bei gewissen Arten) mit dem der Gegenseite äußerlich vom Epineuralkanal unter Ganglienbildung (G. ventr.).

Die Hautnerven der Echinodermen, welche unter vielfacher Verzweigung und zuweilen auch Ganglienbildung zum Integument treten, bilden in der Haut einen reich entwickelten Plexus, der entweder intraepithelial liegt (Asterien, irreguläre Seeigel) oder subepithelial; bei den Holothurien sogar im äußeren Corium. Er versorgt die integumentalen Anhänge, wie Stacheln, Pedicellarien (Asterien und Echinoiden) und Hautkiemen (Asterien), wobei an der Stachelbasis ein besonderer Nervenring (Echinoiden) oder ein Ganglion (Ophiuren) auftreten kann.

Bei den Ophiuren anastomosieren die Haupthautnerven derjenigen proximalen Skelet-wirbel, welche sich in verschiedener Zahl am Aufbau der Körperscheibe beteiligen, längs jeder

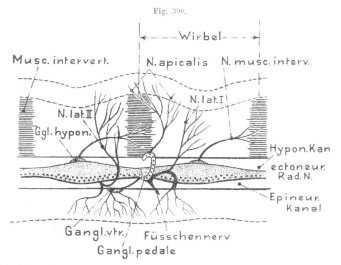

Fig. 390.

Ophiuride. Schema des Nervensystems im Arm, in der Ausdehnung zweier Wirbel. Seitliche Ansicht (n. HAMANN 1889, etwas verändert).   C. H.

Armseite und Bursalspalte, indem sie einen sog. Lateralnerv bilden. Von diesem geht auch ein interradialer Muskelnerv aus. Die Lateralnerven steigen distalwärts gegen die Apicalfläche hinauf und bilden den Hautplexus der peripheren Scheibenwand.

Vom Centralnervenring sämtlicher Echinodermen gehen ferner Zweige oder Ausbreitungen in etwas verschiedener Anordnung zum Schlund und Darm, um letzteren und seine Anhänge, wie es scheint, in ganzer Ausdehnung zu versorgen. Da dieser Nervenplexus der Darmwand entweder intraepithelial oder subepithelial liegt, so läßt sich kaum bezweifeln, daß er entodermaler Herkunft sein muß, wie die Nerven der Gastralhöhle der Cölenteraten; woraus also hervorgehen würde, daß zwischen dem ectoneuralen System und dem entodermalen Darmsystem ein inniger Zusammenhang besteht.

Sogenanntes hyponeurales Nervensystem. Bei den Asteroiden liegen auf der Aboralfläche der Radiärnerven in zwei seitlichen Längslinien Zellenbänder, die im allgemeinen wie Verdickungen des Peritonealepithels erscheinen, das den

Hyponeuralkanal auskleidet (Fig. 386, S. 535). Vom ectoneuralen Nervenband
werden sie durch eine zarte, strukturlose Membran getrennt, die gewöhnlich als
bindegewebig angesehen wird. Diese Zellbänder wurden daher häufig als nicht
nervös beurteilt, während jetzt die Meinung vorherrscht, daß sie nervös seien und
aus Ganglienzellen und Nervenfasern bestehen, welche jedoch mit den Fasern des
ectoneuralen Radiärnervs nicht zusammenhingen. Die Verhältnisse bei den Ophiuren, wo diese hyponeuralen Nervenbänder an den Anschwellungen der ectoneuralen Radiärnerven gleichfalls gangliös verdickt und mehrschichtig sind, sowie
an diesen Stellen einen Nerven abgeben (Fig. 390, S. 539), sichern wohl die nervöse Natur des hyponeuralen Systems. Längsnervenfasern scheinen in den hyponeuralen Strängen vorhanden zu sein; dagegen konnten quere Faserverbindungen
der beiden Stränge eines Radius nicht festgestellt werden. — Der eben erwähnte
Nerv, welcher von jeder hyponeuralen Ganglienanschwellung der Ophiuren ausgeht (sog. Nerv. musculorum intervertebralium), wendet sich gegen das Armende
und versorgt die Muskeln zwischen je zwei Skeletwirbeln auf der betreffenden
Armseite. — Auch für die Asterien wurde die Innervierung der Muskulatur der
Wirbel durch Nerven, die von den Hyponeuralsträngen ausgehen, wahrscheinlich
gemacht, jedoch nicht sicher erwiesen. — Die Hyponeuralstränge setzen sich bei
den Asteroiden auf den Ringnerv fort. Zugehörige Nervenzellenanhäufungen aber
finden sich am Ringnerv hauptsächlich interradial und sollen Nerven zur oralen
Muskulatur aussenden. Bei den Ophiuren entspringen in jedem Interradius je zwei
solcher Nerven, in welche jedoch auch Fasern des ectoneuralen Ringnervs treten
sollen.

Die *Echinoiden* zeigen nur wenig von einem hyponeuralen System; bei den
Spatangoiden wird es sogar ganz vermißt. Dies hängt vielleicht mit der meist
völligen Reduktion der Hautmuskeln zusammen. Die mit Kauapparat versehenen
Seeigel dagegen (Regularia und Clypeastroidea) besitzen an den Ursprungsstellen
der fünf Radiärnerven am Nervenring plattenförmige Anhäufungen von Ganglienzellen, die dem hyponeuralen System angehören. Von jeder Platte gehen zwei
Nerven aus, die an den Seitenflächen der Pyramidenstücke des Kauapparats aufsteigen und wahrscheinlich dessen Muskeln versorgen.

An den Radiärnerven der Holothurien, nicht jedoch am Ringnerv, läßt
sich gleichfalls eine innerste dünne Lage unterscheiden, welche von dem viel
dickeren Hauptteil durch eine zarte Membran getrennt wird, die man gewöhnlich
als bindegewebig beurteilt. Abweichend von den Asteroiden, handelt es sich jedoch um eine über die ganze Breite des Radiärnervs ausgedehnte Nervenschicht.
Nach gewissen Angaben sollen die Nerven für die Hautmuskulatur von dieser
tiefen Schicht entspringen, doch ihre Äste sich gleichzeitig in der Haut verbreiten; in anderen Fällen (Synapta) seien die vom Radiärnerv abgehenden Hautnerven gemischter Natur, d. h. bezögen Fasern aus beiden Lagen des Radiärnervs. — Wie schon oben betont wurde, scheint eine solch scharfe Trennung
des sensiblen und motorischen Nervenapparats nicht sehr wahrscheinlich; es zeigt
sich ja auch, daß vom hyponeuralen System sensible Nerven ausgehen können;

möglicherweise dürften also doch nähere Beziehungen zwischen beiden Systemen existieren, als bis jetzt zu ermitteln war.

Sogenanntes apicales (oder dorsales) Nervensystem. Wie schon hervorgehoben wurde, ist dies System bei den Crinoiden am stärksten entwickelt. Bei den gestielten Formen liegt sein Centralteil im Apex des centralen Körpers oder Kelchs, innerhalb der als Basalia bezeichneten, interradialen Skeletstücke; bei den ungestielten (Antedon) im sog. Centrodorsale. Es bildet eine ansehnliche Nervenfasermasse, der vorwiegend oberflächlich zahlreiche Ganglienzellen eingelagert sind, und umhüllt ein aus fünf schlauchartigen vertikalen Hohlräumen bestehendes Organ (das *gekammerte Organ*), in dessen Achse das sog. Axialorgan verläuft. Von diesem Centralteil strahlen im allgemeinen 5 oder 5×2 interradiäre starke Nerven aus (s. Fig. 391), die in der apicalen Kelchwand verlaufen. Im ersteren Fall spalten sie sich bald, wobei sich zwei benachbarte Zweige in jeden Radius begeben, ihn dicht nebeneinander durchziehend. In jeden Arm tritt schließlich einer dieser Zweige ein, oder bei größerer Armzahl ein durch weitere Teilung dieser Zweige entstandener Ast. Cirkuläre Anastomosen der zehn Nervenzweige treten in der Kelchwand häufig auf, und an jeder Verzweigungsstelle des Radius findet eine eigentümliche Kreuzung oder Chiasmabildung der sich trennenden oder teilenden Nervenzweige statt (s. Fig. 391). In den Armen verlaufen die starken Längsnerven (Dorsalnerven) in den Armskeletgliedern (Brachialia) bis an die

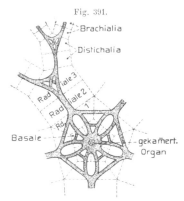

Fig. 391.

Pentacrinus decorus. Sog. apicales. Nervensystem (punktiert) von der Aboralseite in die Skeletplatten des Kelchs eingezeichnet (n. Reichensperger 1905). v. Bu.

Enden der Pinnulae (s. Fig. 285 C, S. 420), wobei sie in jedem Armskeletglied (Brachiale) häufig etwas anschwellen. Sie enthalten in ihrer ganzen Ausdehnung Nervenzellen. Von den erwähnten Anschwellungen entspringen jederseits zwei Nerven, die sich sofort reich verästeln; die apicalen gehen zu den Interbrachialmuskeln (doch auch zur Epidermis), die oralen zur Epidermis. — Der Centralteil setzt sich bei den gestielten Crinoiden, ebenso wie die Kanäle des gekammerten Organs, durch die ganze Stielachse als ein Faserstrang fort, von welchem Nervenfaserzüge für die Cirren abgehen. Bei den ungestielten entspringen die Nerven der apicalen Cirren direkt vom Centralteil.

Außer den erwähnten Nerven sendet der apicale Armnerv auf beiden Seiten eine Reihe alternierender Äste aus, die gegen die Ambulacralrinne emporsteigen und in einen rechts und links von letzterer hinziehenden *Armlängsnerv* (sog. mesodermaler Nerv) übergehen (Fig. 285 C, S. 420). Von diesen beiden Längsnerven gehen Ästchen zur Muskulatur des Ambulacralgefäßes, doch auch in die Füßchen, besonders zu deren Sinnespapillen. Die sämtlichen ambulacralen Armlängsnerven vereinigen sich in der Kelchdecke schließlich zu einem pentagonalen Nervenring, welcher den ambulacralen Gefäßring äußerlich umzieht und ebenfalls im Bindegewebe liegt. Dieser Nervenring sendet Zweige in die Mundfüßchen und zehn stärkere ausstrahlende Äste, die sich in der Haut der Kelchdecke und in den Mesenterien der Leibeshöhle verbreiten, aber auch mit dem Schlundnervensystem im Zusammenhang stehen sollen.

In der apicalen Leibeshöhlenwand der Arme zahlreicher Asterien wurden zarte, dem Peritonealepithel eingelagerte Längsnervenbänder gefunden, welche nach innen von den apicalen Längsmuskeln hinziehen (vgl. Fig. 285, S. 420). Diese Nervenbänder vereinigen sich im Centrum der Apicalfläche und sollen sich zum Peritonealepithel gerade so verhalten wie die ectoneuralen radiären Nervenbänder zur Epidermis, also entodermaler Herkunft sein. — Bei den Ophiuren und gewissen Echinoiden wurde ein feiner Nervenring mit Nervenzellen am Apicalfeld aufgefunden, der also bei den regulären Echinoiden den After umzieht. Dieser *Genitalnervenring* verläuft bei den Ophiuren an der Axialseite der Wand des apicalen Blutgefäßrings und macht daher dessen eigentümlichen ab- und aufsteigenden Verlauf mit. Ob er die Genitalorgane innerviert ist nicht sicher. — Vom Genitalring der Echinoiden, der etwa in der Gegend der Geschlechtsöffnungen verläuft, entspringen Nerven für die Ausführgänge der Geschlechtsorgane. — Der Ring der Ophiuren hängt mit dem ectoneuralen System zusammen, da zwischen den interradialen, zur Oralfläche sich herabsenkenden Partien des Genitalnervenrings und einem Interradialnerven des ectodermalen Systems Verbindungen beobachtet wurden. — Für die Seeigel bestehen in dieser Hinsicht Zweifel, da die Verbindung des Genitalrings mit den Enden der ambulacralen Radiärnerven, die angegeben wurde, unsicher ist. — Es scheint wohl festgestellt, daß das mächtig entwickelte apicale System der Crinoiden in dem stark reduzierten der Asterien wiederkehrt; ob dagegen auch der Genitalnervenring der Ophiuren und Echinoiden aus dem Apicalsystem der Crinoiden abgeleitet werden darf, ist kaum bestimmt zu entscheiden. — Das sog. mesodermale System der Crinoiden, d. h. die beiden ambulacralen Längsnerven samt ihrem centralen Ring, erinnert etwas an die hyponeuralen Stränge der Asteroiden, weshalb sich die Möglichkeit erwägen läßt, ob das hyponeurale System nicht durch innigere Verbindung des Mesodermalsystems der Crinoiden mit dem ectoneuralen entstanden sei. Mesodermales System kann jener Nervenapparat der Crinoiden nur insofern genannt werden, als er im Bindegewebe liegt, was ja auch für das gesamte Apicalsystem gilt; die Ontogenese der sog. mesodermalen Nerven ist unbekannt, während das Hervorgehen des Centralteils des Apicalsystems und der apicalen Armnerven aus dem Peritonealepithel der Cölomhöhle wahrscheinlich, wenn auch nicht ganz sicher erwiesen ist.

5. Chordata.

Das Nervensystem dieser Gruppe erscheint sowohl nach seiner Entwicklung als seinem Bau besonders charakteristisch. Bei den primitiven Formen der Tunicaten (Copelatae, Fig. 77, S. 174) erstreckt es sich als ein ursprünglich hohler Strang (Nerven- oder Neuralrohr), dorsal vom Darm und der Chorda, durch die größte Länge des Körpers. Diesen Charakter bewahrt es bei sämtlichen Wirbeltieren dauernd. Sowohl durch seine dorsale Lage, als namentlich den hohlen, röhrenförmigen Bau, unterscheidet sich das Centralnervensystem der Chordaten daher von dem sämtlicher bisher besprochenen Gruppen. — Die Röhrenform erklärt sich leicht aus seiner Entwicklung. Dieselbe verläuft bei den Tunicaten (Ascidien) und Vertebraten wesentlich übereinstimmend, indem sich das Ectoderm der embryonalen Dorsalseite längs der Mittellinie etwas verdickt zu einer sog. *Medullarplatte*, deren Seitenränder sich hierauf zu zwei Längsfalten erheben (*Medullar-*

falten), die eine Rinne (*Medullarrinne*) begrenzen (Fig. 392). Die beiden Medullarfalten umgreifen den auf der hinteren Dorsalfläche gelegenen Blastoporus (insofern
er deutlich ist), indem sie hier ineinander übergehen. Bei den Tunicaten und
Acraniern verengt sich die Medullarrinne hierauf, von hinten nach vorn fortschreitend, indem sich die beiden Medullarfalten einander nähern und schließlich verwachsen. Der Verschluß setzt sich
bis zum vordersten Ende der Medullarrinne fort, wo er unterbleibt, so
daß die abgeschlossne Rinne hier
durch einen feinen Porus (*Neuroporus*) geöffnet bleibt. — Aus der
Medullarrinne wurde so ein, von einschichtigem Epithel gebildetes *Medullarrohr*, das sich endlich vom äußeren Ectoderm ablöst. Vorn mündet
es durch den Neuroporus aus; hinten
steht es durch den ursprünglichen
Blastoporus mit dem Hinterende des
Darms in Verbindung (sog. *Canalis
neurentericus*). — Bei den cranioten
Vertebraten beginnt der Verschluß
der Medullarrinne in der späteren
hinteren Hirngegend und schreitet
von da nach vorn und hinten fort.

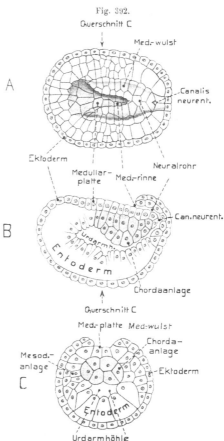

Fig. 392.

Clavellina rissoana (Ascidie). Embryo im Stadium
der Bildung des Neuralrohrs. Etwas schematisiert. *A* von
der Dorsalseite. *B* im Sagittalschnitt. *C* Querschnitt in
der Gegend des Pfeils der Fig. *A* (nach v. BENEDEN und
JULIN 1887). E. W.

Das Medullarrohr kann sich bei
manchen Tunicaten und Vertebraten etwas
abweichend entwickeln. Bei den *Acraniern*
stülpt sich die Medullarplatte nicht eigentlich ein, vielmehr wird sie vom benachbarten Ectoderm überwachsen und bildet
sich erst dann durch dorsale Aufkrümmung zum Nervenrohr um. Bei *Petromyxon*, *Lepidosteus* und den *Teleostei*
entsteht das Medullarrohr durch eine
solide Einwucherung des Ectoderms, in
welcher sekundär eine Aushöhlung auftritt.
Daß diese beiden Vorgänge durch cäno-
genetische Modifikation der ursprünglichen Einstülpung entstanden, scheint sicher, um so
mehr als sich bei Petromyzon noch Andeutungen der Einstülpung finden. Auch die solide
Anlage des Ganglions bei den Thaliaceae unter den Tunicaten muß in ähnlicher Weise als
sekundäre Modifikation beurteilt werden.

Die hohle Beschaffenheit des Centralnervensystems der Chordaten erklärt sich also aus
der Ontogenese; ebenso folgt aus dieser auch, daß sich die Nervenzellen bei den Vertebraten
axial um den Centralkanal entwickeln, während sie bei den bisher betrachteten Wirbellosen
oberflächlich in den Nervensträngen liegen. — Wie jedoch die Bildung des Nervensystems
der Chordaten durch Einstülpung phylogenetisch abzuleiten ist, darüber läßt sich vorerst
nichts Sicheres angeben; ebensowenig auch über die phylogenetische Bedeutung des Neuro-

porus und des Canalis neurentericus. — Die dorsale Lage des Centralnervensystems der
Chordaten, speziell der Vertebraten, welche häufig von Anneliden abzuleiten versucht wurden,
rief die Vermutung hervor, daß das Nervenrohr dem Bauchmark der Anneliden und Arthropoden entspräche, und daher auch die Bauchseite der letzteren Formen der Rückenseite
der Chordaten. Obgleich nun auch ontogenetische Momente dafür sprechen, daß ein ansehnlicher Teil der späteren Rückenseite der Chordaten aus der ursprünglichen Bauchseite
hervorgegangen sei, so läßt sich doch die behauptete Homologie zwischen dem Bauchmark
der Gliedertiere und dem Rückenmark der Chordaten in keiner Weise wahrscheinlich machen.
Die allgemeine Homologie des Cerebralganglions der wirbellosen Bilaterien mit dem Hirn
der Chordaten scheint viel besser begründet, was die erstere Vergleichung natürlich aus-
schließt. Eher dürfte zu vermuten sein, daß der Ursprung der Chordaten bis auf Formen
zurückgeht, die noch eine über den Körper gleichmäßig verbreitete Nervenschicht besaßen,
wofür ja auch die Verhältnisse der Enteropneusten sprechen dürften.

5 a. Tunicaten.

Wir betrachten zunächst den Bau des Nervensystems bei einer geschwänzten
Ascidienlarve (siehe Fig. 393), da hier jedenfalls sehr ursprüngliche Verhältnisse

Fig. 393.

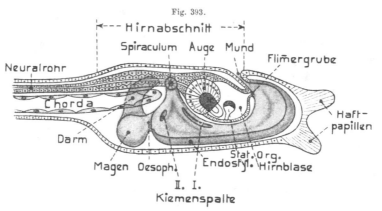

Phallusia mammillata (Ascidienlarve). Vorderende mit Anfang des Schwanzes von rechts. Zwei sog.
Spiracula (Kloake), jedes mit zwei Kiemenspalten, vorhanden. Darm (gelbbraun) noch blind geschlossen
(n. Kowalewsky 1871, etwas verändert).   E. W.

bestehen. Es geht aus dem dorsalen Neuralrohr hervor, das oben geschildert
wurde, und erstreckt sich fast durch den ganzen Körper, vom Mund bis nahe zur
Schwanzspitze. Der vorhin erwähnte Neuroporus verschließt sich bald. Der vordere, im sog. Rumpf der Larve gelegene Abschnitt des Rohrs wird dicker, worauf
seine orale Region blasenförmig anschwillt, indem sich der Centralkanal hier
sehr erweitert und die Wand verdünnt. Die so gebildete vordere Blase wird als
Sinnesblase bezeichnet, weil sich an ihrer Decke gewöhnlich ein augenartiges, an
ihrem Boden ein statisches larvales Sinnesorgan entwickelt, welch beide bei den
Sinnesorganen genauer zu betrachten sind. Die linke Region der Sinnesblase,
deren Wand dicker ist, sondert sich durch eine vordere mediane Einschnürung
vom rechten Teil auf eine größere Strecke ab und wächst hierauf nach
vorn kanalartig aus. Das vordere Ende dieses sog. *Flimmerkanals* (Flimmergrubenkanals) verwächst schließlich mit dem ectodermalen Anfang des Darms

an der Stelle des früheren Neuroporus, und öffnet sich hier wieder in den Darm (sog. *Flimmer-* oder *Wimpergrube*). — Der auf den Sinnesblasenteil folgende Abschnitt des Nervenrohrs (sog. Rumpfganglion) verdickt seine Ventralwand sehr, indem in ihr zahlreiche große und eigentümliche Ganglienzellen auftreten. — Die Sinnesblase samt dem Rumpfganglion dürfen zusammen wohl als Hirnteil bezeichnet werden. — Der caudale Abschnitt des Nervenrohres bleibt stets sehr schmächtig, als ein einschichtiges zartes Nervenrohr (s. Fig. 287 *B*, S. 422).

Copelatae. Diese, bei den Ascidienlarven vorübergehenden Bauverhältnisse bleiben in der Gruppe der Copelaten allgemein erhalten. Sinnesblase nebst Rumpfganglion finden sich als sog. *Hirn-* oder *Cerebralganglion* nicht weit hinter dem Mund (Einströmungsöffnung). Auf der Dorsalseite des respiratorischen Darms (s. Fig. 77, S. 174) bildet das Cerebral-

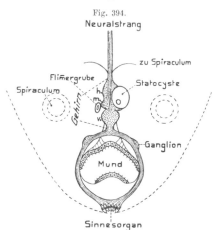

Fig. 394.

ganglion ein länglich spindelförmiges bis kürzeres Gebilde (Fig. 394). Mit ihm aufs innigste verbunden ist die sog. *Otocyste,* oder richtiger *Statocyste,* eine etwa kugelige Blase, welche eine Konkretion enthält. Genauere Untersuchung zeigt, daß diese dünnwandige Blase, wie die Sinnesblase der Ascidienlarve, ein Hirnteil selbst ist, ihr Lumen daher ein Teil des ursprünglichen Kanals des Nervenrohrs. Sie liegt gewöhnlich asymmetrisch linkseitig in der Mittelregion des Ganglions, seltener vorn oder hinten, selbst ventral. Die Sinnesblase bewirkt hauptsächlich, daß sich

Oicopleura longicauda (Copelate). Vorderende mit Centralnervensystem von vorn und dorsal. Schematisch (n. Martini 1909.)　E. W.

zuweilen drei Hirnabschnitte unterscheiden lassen (Fig. 394), ein mittlerer, dem die Blase angehört, ein vorderer (zuweilen mit kleiner Höhle) und ein hinterer, der sehr große Ganglienzellen enthält. Der hintere Abschnitt setzt sich in einen dorsalen Nervenstrang fort, der caudalwärts zieht, hierauf in der Region des Ösophagus, rechtseitig, scharf ventralwärts zum Ursprung des Schwanzes herabbiegt, sich dann links wendet und links von der Chorda den ganzen Schwanz durchzieht, indem er der Chorda dicht anliegt (Fig. 287 *A*, S. 422). Dieser gewöhnliche Verlauf des Nervenstrangs erklärt sich daraus, daß der Copelatenschwanz ursprünglich vertikal gestellt war, wie der der Ascidienlarven, im erwachsenen Zustand aber eine Drehung um 90° erfahren hat, weshalb seine ursprüngliche Dorsalkante nun nach links schaut. Der von früheren Beobachtern angegebene Kanal des dorsalen Nervenstrangs, scheint sich nicht, oder doch nur selten zu finden. — In seinem Rumpfteil enthält er nur vereinzelte Ganglienzellen, besteht daher wesentlich aus Fasern. Der Caudalteil dagegen zeigt mehr oder weniger zahlreiche (etwa 7—40) Anschwellungen mit Ganglienzellen. Das erste dieser Ganglien ist das ansehnlichste und enthält viele Zellen; die übrigen nur sehr wenige. — Daß

das Cerebralganglion und der dorsale Nervenstrang dem Nervenrohr der Ascidienlarve entsprechen, kann nicht bezweifelt werden. Auch dürfte wahrscheinlich sein,
daß das Cerebralganglion der Copelaten der Sinnesblase, samt dem sog. Rumpfganglion, der Ascidienlarve homolog ist.

Vom vorderen Abschnitt des Cerebralganglions entspringen (abgesehen von
einigen zärteren) in der Regel ein Paar vordere sensible Nerven, welche die Sinnesorgane der Mundregion versorgen, und sich bei Oicopleura unter dieser ringförmig vereinigen sollen (Fig. 394). Zwei vom hinteren Abschnitt ausgehende Nerven versorgen die Spiracula (Kiemenspalten). — Vom Rumpfteil des Dorsalstrangs
entspringen gewöhnlich keine Nerven, zahlreiche dagegen vom Schwanzteil; die-

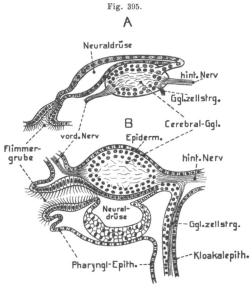

Fig. 395.

selben gehen teils von den Ganglien, teils vom Strang selbst aus,
und sind zweierlei Art. Stärkere,
die paarig und in regelmäßigen
Abständen abgehen, lassen sich
zu den Schwanzmuskeln verfolgen
und sind daher wohl sicher motorisch; zahlreichere feine, reich
verästelte Nerven, die unregelmäßiger verteilt sind, wurden als
sensible gedeutet.

Ascidiae. Das larvale Nervensystem der Ascidien wird bei
der Metamorphose reduziert. Der
Caudalteil des Nervenrohrs zer-
fällt völlig, ebenso wie der gesamte
Schwanz. Auch die Sinnesblase
mit ihren Sinnesorganen löst sich
auf, ebenso der ventrale verdickte
Teil des Rumpfganglions. Der
Flimmerkanal, welcher, wie oben

Ascidien. Centralnervensystem. *A* Botryllus gouldi.
Linkseitige Ansicht des Hirnganglions mit der Flimmergrube
und Neuraldrüse. — *B* Amauroecium constellatum.
Sagittalschnitt durch das Hirnganglion, die Flimmergrube,
Neuraldrüse und den Ganglienzellenstrang (n. Metcalf 1900).
                                                      E. W.

erwähnt, linkseitig in die Sinnesblase mündet, schließt sich in seiner Fortsetzung
nach hinten zu einem Rohr ab, ebenso auch die dorsale Wand des Rumpfganglions
zu einem bald solid werdenden Strang, der die hintere Fortsetzung des Flimmerkanals bildet. Im allgemeinen erscheint daher dieser Rückbildungsprozeß wie
die Rückkehr zu einem primitiven Ausgangszustand (abgesehen von dem gänzlich
zugrunde gehenden Schwanzteil). — Etwa auf der Grenze der früheren Sinnesblase und des Rumpfganglions beginnt hierauf die Wand des wieder vereinfachten
Neuralrohrs sich zu verdicken und zu einem ansehnlichen soliden Ganglion, dem
späteren Hirnganglion der fertigen Ascidie auszuwachsen. Geht diese Verdickung,
wie gewöhnlich, aus der dorsalen Wand des Rohrs hervor, so bleibt der Flimmerkanal ventral vom Ganglion erhalten; entwickelt sich das Ganglion umgekehrt aus
der Ventralwand, so findet sich der Flimmerkanal später dorsal von ihm (Fig. 395).

Durch Auswachsen der vom Ganglion abgewendeten Wand des Flimmerkanals entsteht ferner eine, von wenigen bis zahlreichen Schläuchen gebildete Drüse, deren Secret in den Flimmerkanal entleert wird, die sog. *Neuraldrüse (Hypophysendrüse).* Der Flimmerkanal schließt sich endlich von dem unter oder über ihm liegenden Ganglion ab und trennt sich von ihm als besonderes Gebilde; doch bleibt häufig in der hinteren Region des Ganglions ein direkter Zusammenhang beider erhalten (s. Fig. 395 *A*).

Aus dem Bemerkten geht hervor, daß die Neuraldrüse ventral oder dorsal vom Gehirn liegen kann; das erstere ist der gewöhnlichere Fall; ferner, daß sie mit dem Ganglion in sehr inniger Beziehung steht, da ja ihr Ausführgang (Flimmerkanal) aus dem ursprünglichen Neuralkanal hervorgeht.

Die hintere Fortsetzung des Nervenrohrs bildet sich entweder einfach zu einem ganglienzellenreichen Strang um, der sich als sog. *Ganglienzellenstrang* (Visceralstrang) nach hinten erstreckt (z. B. bei Molgula), ventral herabsteigt und zwischen den beiden Darmleberdrüsen endigt (vgl. Fig. 395 *A*). Aus ihm sollen Nerven hervorgehen, die Ösophagus, Magen und Leber versorgen. Bei vielen Ascidien setzt sich aber die Abtrennung des Flimmerkanals noch auf diesen hinteren Teil des Neuralrohrs fort, so daß derselbe sich in einen Ganglienzellstrang und eine hintere Fortsetzung des Flimmerkanals spaltet; beide verschmelzen dann gewöhnlich in geringer bis größerer Entfernung hinter dem Ganglion zu einem gemeinsamen Strang (Fig. 395 *B*).

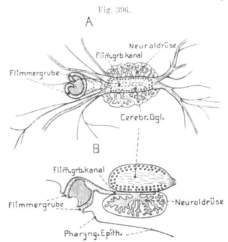

Fig. 396.

Ciona intestinalis (Ascidie). *A* Hirnganglion mit der Neuraldrüse und Flimmergrube von der Dorsalseite gesehen. *B* Sagittalschnitt durch dieselben Organe (nach SEELIGER in Bronn Kl. u. O., etwas verändert). E. W.

Das Cerebralganglion der erwachsenen Ascidien liegt demnach dorsal vom respiratorischen Darm zwischen der sog. Ein- und Ausströmungsöffnung (Fig. 286, S. 421) als ein solides Gebilde von rundlicher bis länglicher, zuweilen etwas X förmiger Gestalt. Es wird von einem aus der primären Leibeshöhle hervorgegangenen Blutraum umgeben. Ähnlich wie in den Ganglien der seither besprochenen wirbellosen Tiere bilden seine Ganglienzellen eine oberflächliche, ein- bis mehrschichtige Lage, während das Innere aus sog. Neuropil mit wenigen eingestreuten Ganglienzellen besteht (Fig. 396).

Diese eigentümliche Abweichung von den Verhältnissen bei den Vertebraten, welche sich auch am Cerebralganglion der Salpen wiederholt, könnte vielleicht daher rühren, daß das Ganglion nur aus einer der Wände des ursprünglichen Neuralrohrs hervorgeht; doch widerspricht dem seine Entwicklung bei den Salpen.

Ähnlich wie bei den Copelaten, scheinen die *peripheren Nerven* ursprünglich als ein vorderes und ein hinteres Paar vom Ganglion auszugehen, und sich dann

rasch und reichlich zu verzweigen (Fig. 396 *A*); die vorderen an der Mundregion und
dem respiratorischen Darm, die hinteren hauptsächlich an der Kloake und der
Ausströmungsöffnung. Beide Paare können jedoch an ihrem Ursprung vereinigt
sein und sich erst später trennen, oder es entspringen auch gleich vorn und hinten
mehr Nerven. Seitliche Nerven fehlen häufig ganz, finden sich jedoch namentlich
bei den Synascidien reichlicher. Auch unpaare Nerven gehen manchmal vom Ganglion ab. Die Nerven erhalten zuweilen zellige Einlagerungen. — Über den sog.
Ganglienzellenstrang wurde oben das Nötige berichtet; er scheint sehr allgemein
verbreitet zu sein. — Ähnlich dem Ganglion der Ascidien erscheint auch das von
Pyrosoma und *Doliolum*. Die Neuraldrüse ist bei beiden nur wenig entwickelt.

Thaliaceae. Das Cerebralganglion der Salpen gleicht nach Lage und Bau dem
der Ascidien (s. Fig. 397). Ein Flimmerkanal findet sich gleichfalls und geht aus

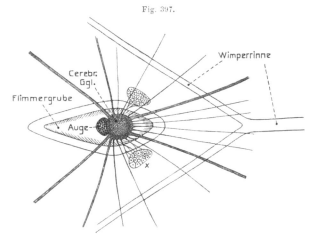

Fig. 397.

dem vorderen Ende
des Neuralrohrs her-
vor, das, wie schon
erwähnt, als eine
solide Anlage auf-
tritt, die sich erst
später blasenförmig
aushöhlt. Die Neu-
ralblase ist stets sehr
kurz, so daß ein
Rumpf- u. Schwanz-
teil wohl überhaupt
nicht mehr angelegt
werden. Jedenfalls
wurde seither, weder
bei Salpen, noch bei

Salpa cordiformis-zonata (geschlechtl. Form). Gehirn mit Flimmergrube und Wimperrinne von der Dorsalseite (Original).   E. W.

Doliolum und Pyrosoma, etwas gefunden, was dem Ganglienzellstrang der Ascidien
entsprechen könnte. — Interessant erscheint die bei vielen Salpen an der schlauchförmigen Neuralblase beobachtete, mehr oder weniger deutliche Dreiteilung, welche
gewöhnlich durch nach innen vorspringende Verdickungen der Wand bewirkt wird.
Aus dem vordersten der drei Abschnitte geht der Flimmerkanal hervor; die beiden
hinteren werden durch Verdickung ihrer Wände solid und bilden das Ganglion,
dessen feinerer Bau dem der Ascidien entspricht. Der Flimmerkanal erstreckt sich
bei einem Teil der erwachsenen Salpen noch bis zum Ganglion nach hinten, bei
andern endigt er mehr oder weniger weit vor demselben, scheint aber stets durch
zwei an ihm sich verbreitende feine Nerven mit dem Ganglion zusammenzuhängen.
Eine Neuraldrüse, die schon bei Pyrosoma und Doliolum sehr wenig entwickelt ist,
findet sich bei den Salpen nicht mehr.

Daraus zu schließen daß die Neuraldrüse hier den ventralen Teil des Cerebralganglions
bildet, wie dies geschehen (Metcalf), scheint mir wenig begründet. Dagegen findet sich zuweilen ein Paar dorsal aufsteigender schlauchartiger Ausstülpungen der Dorsalwand des

respiratorischen Darms (Pharynx, oder auch der Kloake), die sich mit einer scheibenförmigen Abplattung dem hinteren Teil des Cerebralganglions lateroventral anlegen (Fig. 397 x).
Sie wurden gelegentlich als Hörorgane, oder auch als Teile der Neuraldrüse gedeutet, da diese,
wie wir später sehen werden, bei gewissen Ascidien hintere Verbindungen mit der Kloake
besitzen kann.

Das Cerebralganglion der Salpen ist dadurch ausgezeichnet, daß sich auf
seiner Dorsalfläche ein bis drei Augengebilde finden, die aus ihm selbst hervorgehen. Das Nähere wird bei den Sinnesorganen mitgeteilt werden. — Zahlreiche
periphere Nerven strahlen in paarig symmetrischer Anordnung ziemlich allseitig
vom Ganglion aus (s. Fig. 397).

5 b. Vertebrata.

Acrania. Das Centralnervensystem der Acranier beharrt auf einer so niedrigen Entwicklungsstufe, daß es sich empfiehlt, es zunächst in einem besonderen
Abschnitt zu betrachten. Seine Einfachheit zeigt sich vor allem darin, daß eine
Hirnanschwellung des Vorderendes völlig fehlt, also, im Gegensatz zu sämtlichen
Cranioten, äußerlich kein Unterschied zwischen einem Hirn- und Rückenmark besteht. Es ist ein einheitlicher, im Querschnitt ungefähr dreieckiger Strang, der vorn
vor dem Mund verschmälert endet, so daß die Chorda ein ansehnliches Stück über
ihn vorspringt (s. Fig. 80, S. 176 u. Fig. 398). Hinten verjüngt sich das Rückenmark allmählich und endigt fast am Chordaende mit einer schwachen knopfförmi-
gen Anschwellung (Vesicula terminalis). — Etwas ventral von der Mittelachse des
Rückenmarks findet sich der Centralkanal (Fig. 399), dessen Herkunft schon bei
der allgemeinen Betrachtung des Nervensystems der Chordaten erörtert wurde.
Dieser Kanal erweitert sich im vordersten zugespitzten Teil des Nervenstrangs
zu einem ansehnlichen Hohlraum (Ventrikel), weshalb dieser Abschnitt dem Hirn
der Cranioten im allgemeinen vergleichbar erscheint (Fig. 398).

In der Ontogenese ist der Centralkanal ursprünglich sehr weit und die Wand des
Neuralrohrs nur von einer einfachen Zellschicht gebildet. Durch das Auftreten von Nervenfasermassen und die Vermehrung der Zellen verdickt sich die Wand allmählich, wobei der
Kanal eingeengt wird. Dies geschieht so, daß sich nur der Ventralteil des Kanals offen erhält, während die darüberliegende Region durch den Zusammentritt der seitlichen Wände
geschlossen wird. Aber auch im ausgebildeten Rückenmark bleibt letzterer Teil als eine
aufsteigende spaltartige Naht (Raphe) noch kenntlich (Fig. 399).
Der Centralkanal ist von einer Schicht von Epithelzellen (Ependym) ausgekleidet,
deren häufig verästelte Fortsätze durch die nervöse Masse des Rückenmarks ziehen und eine
Neuroglia bilden (Stützgewebe). — Hinten biegt das Rückenmarksrohr ursprünglich in das
Hinterende des Darmrohrs um (Canalis neurentericus), welcher Zusammenhang sich später völlig
löst. Vorn mündet es anfänglich durch den Neuroporus auf den Scheitel der Kopfregion auf.
Später wird diese Stelle linkseitig verschoben und zur sog. *Riechgrube,* indem die Öffnung
sich schließt; doch bleibt ein zur Grube gehender Fortsatz als Lobus olfactorius (s. L. impar,
Recessus neuroporicus, Fig. 398) erhalten, ja soll nach gewissen Angaben dauernd offen bleiben.

Der mit dem Craniotenhirn vergleichbare vorderste Abschnitt des Neuralrohrs läßt zwei Regionen unterscheiden; eine vordere, deren Decke dachartig abfällt, wodurch die Zuschärfung des Vorderendes entsteht, und eine hintere längere.
Die erstere umschließt den erweiterten Ventrikel.

Ihre Wand, besonders der dorsale Anteil, bleibt dünn und ist wesentlich von flimmernden Ependymzellen gebildet, mit wenig oberflächlichen Nervenfasern. — Am Hinterende
dieses Abschnitts tritt die oben erwähnte Verschmälerung des Ventrikels zu einem medianen
Spalt und dem ventralen Centralkanal ein; doch bleibt in der darauffolgenden hinteren
Hirnregion bis zum Ursprung des 5. bis 6. Nervenpaars der Dorsalrand dieses Spalts als ein
horizontaler Querspalt weit geöffnet (Fig. 389) und kann dorsal noch einige blasenartige,
hintereinanderfolgende Erweiterungen bilden. Die Eigentümlichkeiten dieser Region rechtfertigen es wohl, sie als hinteren Abschnitt dem Gehirn zuzurechnen. — Auf dem Boden des
Hirnventrikels, da wo er in den hinteren Hirnabschnitt übergeht, findet sich (wenigstens bei
jungen Individuen) eine Gruppe besonderer flimmernder Epithelzellen, die auch etwas papillenartig vorspringen kann (sog. Tuberculum posterius, auch als Sinnesorgan gedeutet).
Dicht davor wurde zuweilen eine vom Ventrikelraum in die Bodenwand herabsteigende röhrenförmige Einsenkung gefunden und mit dem *Infundibulum* der Cranioten verglichen (Fig. 398).

Auf früher Entwicklungsstufe ist die gesamte spätere Hirnregion etwas stärker angeschwollen als das darauffolgende Rückenmarksrohr, was sich später verliert. Ferner zeigt

Fig. 398

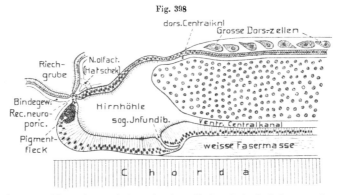

Branchiostoma (Amphioxus) lanceolatum, 4 cm lang. Vorderende des Centralnervensystems im Sagittalschnitt (n. KUPFFER 1906). Etwas abgeändert durch Eintragung der etwas linkseitig gelegenen Riechgrube
(eigenes Präparat) und des sog. Nerv. olfactorius (n. HATSCHEK 1892).   E. W.

die Decke der Hirnregion drei schwache Emporwölbungen, von denen die beiden vorderen
dem vorderen Hirnabschnitt entsprechen, die hintere dem hinteren. Auch findet sich auf
frühen Stadien eine deutliche Herabknickung des ventralen Bodens der Hirnregion, indem
sich der spätere Hirnventrikel in der Gegend des erwähnten T. posterius plötzlich ventralwärts stark erweitert. Die geschilderten Verhältnisse erinnern an die primitive Bildung des
Craniotenhirns, weshalb die vordere Hirnregion der Acranier dem sog. Archencephalon der
Cranioten, die hintere dem Deuterencephalon, speziell dem Rhombencephalon verglichen
wurde. — Aus dem Erörterten dürfte hervorgehen, daß der Hirnteil des Centralnervensystems der Acranier wahrscheinlich ziemlich rückgebildet ist, worauf auch die mangelnden
Augen und Hörorgane hinweisen; daß also die Ahnen der Acranier vermutlich einen cra-
niotenähnlicheren Hirnabschnitt besaßen.

Die nicht sehr zahlreichen Ganglienzellen des Rückenmarks gruppieren sich
um den Centralkanal (graue Substanz), namentlich dessen dorsale spaltartige Fortsetzung, und ziehen nicht selten quer durch sie hindurch. Die Hauptmasse
des Rückenmarks wird von den meist längs verlaufenden marklosen Nervenfasern gebildet (weiße Substanz). Die Ganglienzellen sind recht verschieden groß.
Vor allem findet sich eine Lage ansehnlicherer Nervenzellen in der Decke der
hinteren Hirnregion (Fig. 398). Ferner tritt im Verlauf des Rückenmarks eine

Reihe hintereinander gelagerter riesiger Ganglienzellen auf, die seltsamerweise in der Raphe des Centralkanals liegen und in beide Hälften der Medulla feine Fortsätze senden; außerdem aber je eine kolossale Nervenfaser ventralwärts.

Eine Reihe solcher Riesenzellen liegt vorn, dicht hinter dem Gehirn (bis zum 11. Spinalnerv), eine hintere Reihe reicht etwa vom 39. bis 58. Spinalnerv. Die vordere Reihe sendet ihre Riesenfasern abwechselnd nach rechts und links als zwei caudalwärts ziehende Faserstränge (hv); die hintere Reihe ihre Fasern in ähnlicher Weise oralwärts (vh). Die dem Centralnervensystem eingelagerten Sehzellen mit ihrem schwarzen Pigment sollen später bei den Sinnesorganen besprochen werden.

Die peripheren Nerven, welche vom Centralnervensystem ausgehen, werden zusammen mit denen der Cranioten besprochen werden.

Craniota. In der Kopfregion sämtlicher Cranioten ist das Vorderende des ursprünglichen Nervenrohrs zu einer besonderen Hirnanschwellung entwickelt, welcher ein, durch die Reihe sich allmählich sehr komplizierender gemeinsamer Bauplan zugrunde liegt. Der sich primitiver erhaltende, anschließende Teil des Neuralrohrs wird als *Rückenmark* (*Medulla spinalis*) bezeichnet. Beide Abschnitte gehen ganz allmählich ineinander über, da der hinterste Hirnabschnitt (Medulla oblongata) dem Rückenmark sehr ähnlich bleibt. Wir beginnen mit dem Rückenmark als dem primitiveren Abschnitt.

Rückenmark (Medulla spinalis). Das Rückenmark erstreckt sich als ein langer Strang ursprünglich durch die gesamte Rumpf- und Schwanzregion. Es liegt anfänglich der Chorda unmittelbar auf und wird von den neuralen Skeletbogen um-

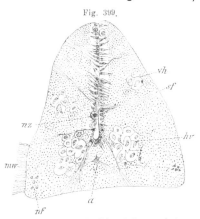

Fig. 399.

Branchiostoma (Amphioxus) lanceolatum. Querschnitt durch die mittlere Region des Rückenmarks. *a* Ausläufer einer großen Ganglienzelle. *mv* motorischer oder ventraler Spinalnerv. *nf* Nervenfasern. *nz* Nervenzelle. *sf* Stützfasern, die von den um den Centralkanal liegenden Ependymzellen ausgehen. *vh* cranialwärts u. *hv* caudalwärts ziehende kolossale Nervenfasern (n. Rhode 1888 aus Gegenbaur 1898).

schlossen, so daß es bei allen, mit ausgebildeten Wirbeln versehenen Cranioten den Rückgratkanal (Canalis spinalis) durchzieht. In regelmäßig segmentären Abständen entspringen von ihm nach beiden Seiten die sog. Spinalnerven mit je zwei Wurzeln, einer dorsalen (oder beim Menschen hinteren) und ventralen (oder vorderen). Überall wird das ursprünglich weite Lumen des primitiven Neuralrohrs durch die starke Verdickung seiner Wände, besonders der seitlichen, so eingeengt, daß sich nur sein ventraler Teil als bleibender feiner Centralkanal erhält, während der dorsal aufsteigende Teil, ähnlich wie bei Branchiostoma, jedoch viel vollständiger, geschlossen wird, und sich nur durch Gliazellen häufig als eine Art mediane Scheidewand (Septum dorsale) über dem Centralkanal noch bemerklich macht (Fig. 400). — Wie bei den Acraniern, entwickeln sich im Umkreis des Centralkanals die Ganglienzellen als sog. *graue Substanz*, während sich äußerlich die Nervenfasermassen ausbilden, welche schließlich, als sog. weiße Substanz, die graue

völlig umhüllen. Bei den *Cyclostomen* bleiben die Fasern sämtlich marklos, wie
die der Acranier, wogegen die der Gnathostomen größtenteils markhaltig werden.

So stellt das Rückenmark also im allgemeinen einen etwa zylindrischen Strang
dar, dessen Dicke in der Schwanzregion allmählich abnimmt und der am hintersten
Ende häufig in einen feinen Endfaden (Filum terminale) ausläuft, von dem in der
Regel keine Spinalnerven mehr entspringen.

> Eine sog. Vesicula terminalis (s. Acranier, S. 549) findet sich embryonal vorüber-
> gehend noch bei Haien, im ausgebildeten Zustand bei manchen Teleosteern (besonders Physo-
> stomen), entspricht aber hier nicht der eigentlichen Vesicula terminalis, da von ihr erst der
> Endfaden ausgeht, der in dem verkümmerten Caudalteil der Wirbelsäule (s. S. 317) emporsteigt.

Von der annähernd zylindrischen Form weicht das Rückenmark der *Cyclostomen* (Fig. 400, Petromyzon) erheblich ab, da es bei erwachsenen Tieren
dorsoventral stark abgeplattet, also bandförmig erscheint (s. auch Fig. 84, S. 179),
und nur einen beschränkten Teil des Rückgratkanals erfüllt. Das Band ist in
der Querrichtung gebogen, ventral konkav, dorsal konvex. Auch das Rückenmark
von *Chimaera* ist in seinem hinteren Teil bandförmig abgeplattet; das der perennibranchiaten Amphibien (Fig. 400, Siren) gleichfalls noch breiter als hoch. —
Einen wesentlichen Einfluß auf die äußere Gestalt des Rückenmarks besitzt
die Entfaltung der centralen grauen Substanz. Im bandförmigen Rückenmark
der Cyclostomen breitet sie sich vom Centralkanal ebenfalls bandförmig beiderseits aus. — Die um den Centralkanal angehäufte graue Substanz der übrigen
Wirbeltiere sendet gegen die Ursprünge der ventralen und dorsalen Spinalnervenwurzeln gerichtete, leistenartige Längserhebungen aus, welche auf dem
Querschnitt natürlich als zwei dorsale und zwei ventrale hornartige Fortsätze
erscheinen, und deshalb gewöhnlich als ventrale (oder vordere) und dorsale (oder
hintere) Hörner bezeichnet werden. Diese Erhebungen (oder Columnae) der grauen
Substanz sind jedoch nicht ganz scharf von der umgebenden weißen abgegrenzt;
feinere Züge der ersteren strahlen in der Regel durch die letztere gegen die Oberfläche aus (s. Fig. 400, Testudo, Homo). Die beiden Rückenmarkshälften werden
innerlich durch das schon oben erwähnte gliöse Septum dorsale geschieden; nicht
selten findet sich auch ein ähnliches Septum ventrale, das vom Centralkanal zur
Ventralfläche hinabsteigt.

Die Fische und Urodelen zeigen im allgemeinen nur schwach entwickelte
Dorsalhörner, die nahezu senkrecht emporsteigen; die Ventralhörner sind gut entwickelt, divergieren jedoch ziemlich stark nach außen, und bedingen daher keine
stärkeren seitlichen Erhebungen der Ventralfläche des Rückenmarks. Diese Fläche
ist daher in der Mittellinie meist nur schwach oder nicht konkav eingesenkt;
ebenso findet sich nur eine schwache Furche in der dorsalen Mittellinie, oberhalb
des Septum dorsale (Sulcus dorsalis). — Von den Amphibien ab wird die Einbuchtung in der ventralen Mittellinie stärker, was jedenfalls durch die ansehnlichere Entwicklung der Ventralhörner bedingt wird, die das beiderseitige Auswachsen des Marks veranlassen (Fig. 400). Schon bei den Anuren findet sich,
wie bei den Amnioten allgemein, eine tiefe sog. *Fissura ventralis*, die bis nahe an

den Centralkanal aufsteigt, und von einer Fortsetzung der Gefäßhaut (Pia mater) ausgefüllt wird. Im Gegensatz hierzu, dringt der Sulcus dorsalis auch bei den höheren Wirbeltieren nur wenig tief ein und ist nicht zu verwechseln mit dem Septum dorsale.

Die Erhebung der grauen Hörner bedingt auch eine Scheidung der Fasermasse der weißen Substanz in Längssträngе (Funiculi, Fasciculi), welche vorwiegend

Fig. 400.

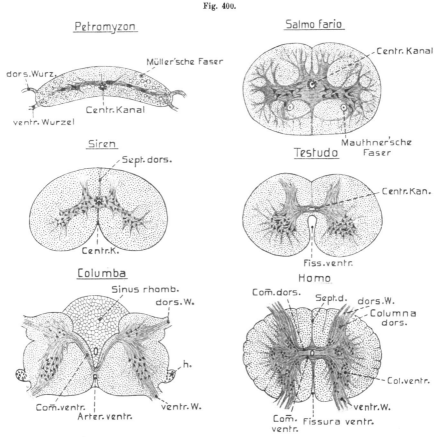

Querschnitte durch das Rückenmark verschiedener Wirbeltiere. Der Querschnitt von Columba geht durch das Lendenmark und zeigt den sog. Sinus rhomboidalis; *h* sog. HOFFMANN - KÖLLIKERscher Kern (wiederholt sich regelmäßig an den Ursprüngen der Ventralwurzeln). (Petromyzon, Salmo, Siren und Testudo n. KÖLLIKER, Gewebelehre 1896; Columba nach GADOW in Bronn Kl. u. O.; Homo nach RAUBER-KOPSCH, Anat. d. Mensch.). E. W.

aus längsgerichteten Fasern bestehen; so die beiden Dorsal- (oder Hinter-) Stränge zu den Seiten des Septum dorsale, die von cranial- und kaudalwärts ziehenden Fasern der dorsalen Nervenwurzeln gebildet werden; die Seitenstränge, die jederseits zwischen Dorsal- und Ventralhorn liegen, und die Ventralstränge zwischen den Ventralhörnern.

Seiten- und Ventralstränge werden von sog. *Associationsfasern* gebildet, die sowohl zwischen den, in verschiedenen Höhen des Marks gelegenen Zellen der Dorsalhörner, als auch

Fig. 401.

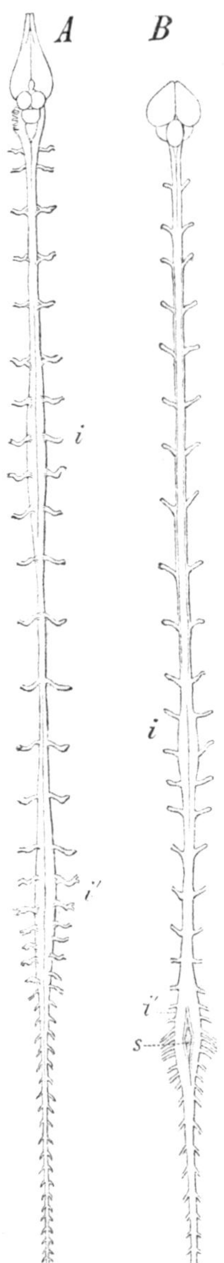

Gehirn u. Rücken-
mark v. d. Dorsal-
seite. *A* von E m y s
orbicularis (europaea)
(n. Bojanus 1819). *B* von
Gallus domesticus (n.
R.Wagner, Jc.zootom.1841).
i Intumescentia cervicalis;
i′ Intumescentia lumbalis;
s in Fig. *B* Sinus rhomboidalis (aus Gegenbaur 1898).

mit den Zellen des Hirns Beziehungen herstellen; ferner von Fasern,
die zwischen den verschiedenen Hirnteilen und den motorischen
Ganglienzellen der Vorderhörner Verbindungen vermitteln. Asso-
ciations- oder Reflexfasern gehen jedoch auch von den Dorsalhörnern
zu den Ventralhörnern und kreuzen sich dabei ventral vom Centralkanal als sog. *Commissura ventralis*, in der jedoch auch ein Teil
der Fasern der Ventralwurzeln sich kreuzt; während dies ein Teil
der Dorsalstrangfasern in einer *Commissura dorsalis* über dem
Centralkanal tut. Die erwähnten Commissuren fehlen den Cyclostomen noch; bei den Fischen findet sich unter der Ventralcommissur
noch eine ähnliche Commissura accessoria.

Die Masse der grauen und weißen Substanz und damit
auch die Dicke des gesamten Rückenmarks steht im allgemeinen im Verhältnis zur Ausbildung der Spinalnerven.
Wo letztere daher stärker werden, tritt eine Neigung zur Verdickung des Rückenmarks auf. Dies ist namentlich an den
Stellen der Fall, wo die Nerven für die Extremitäten entspringen, und um so mehr, je stärker letztere entwickelt
sind. — Die Fische und Urodelen mit ihren im ganzen
schwachen Extremitäten, ebenso diejenigen Wirbeltiere,
deren Extremitäten rückgebildet sind, zeigen keine oder
nur sehr schwache solche Anschwellungen. Bei den
übrigen Klassen treten sie gewöhnlich für beide Extremitäten
auf und werden als *Hals-* und *Lendenanschwellung* (*Intumescentia cervicalis* und *lumbalis*) bezeichnet (Fig. 401).

Ihre Stärke steht in direktem Verhältnis zu der der Extremitäten. Besonders gut entwickelt sind die Anschwellungen daher
bei den *Anuren, Cheloniern, Vögeln* und im allgemeinen auch
den *Mammaliern*. Bei den Vögeln (auch Fledermäusen) ist die
Halsanschwellung meist die ansehnlichere, bei den Straußen dagegen
die lumbale. Letztere ist auch bei starker Vergrößerung der Hinterextremitäten (z. B. Känguruh) sehr ansehnlich, war aber besonders
bei den *ornithopoden Dinosauriern* viel stärker als die vordere;
zuweilen sogar abnorm groß, wie sich aus der Erweiterung des Rückgratkanals schließen läßt.

Die Lendenanschwellung der Vögel zeigt eine besondere Eigentümlichkeit, da die Dorsalstränge in ihr seitlich auseinanderweichen,
indem sich ein gallertiges, aus dem Ependym hervorgehendes Gewebe
zwischen sie einschaltet (Fig. 400, Columba). Die hierdurch auf der
Dorsalseite der Lendenanschwellung hervorgerufene, langgestreckt
rhombische, etwas eingesenkte Grube wird als *Fossa* (oder Sinus)
rhomboidalis bezeichnet (s. Fig. 401 *B*).

Abgesehen von jenen beiden Anschwellungen erscheint das
Rückenmark gleichmäßig, namentlich fehlen segmentale, etwa den
Ursprüngen der Spinalnerven entsprechende Verdickungen fast stets.
Innerlich läßt sich zwar in den Dorsal- und Ventralhörnern eine
den Wurzeln entsprechende Kernbildung z. T. wahrnehmen. — Eine
Ausnahme findet sich bei gewissen Teleosteern, besonders der Gattung

Trigla und Verwandten, wo an der Basis der dorsalen Wurzeln der drei vordersten Spinalnerven starke ganglienartige Anschwellungen auftreten, die in Beziehung zur Innervierung der fingerförmigen freien Strahlen der Brustflosse stehen sollen. Sie werden von den angeschwollenen Dorsalhörnern gebildet.

Bei zahlreichen Wirbeltieren erstreckt sich das Rückenmark durch den gesamten Spinalkanal bis in das hinterste Ende der Schwanzwirbelsäule; wobei jedoch sein Caudalende häufig zu dem erwähnten Filum terminale verkümmert. Bei gewissen Formen, oder in ganzen Gruppen, kann jedoch im erwachsenen Zustand eine mehr oder weniger starke Verkürzung des Rückenmarks eintreten, indem sein hinterer Teil ganz verkümmert, oder das Wachstum des ganzen Rückenmarks hinter dem der Wirbelsäule zurückbleibt. — Schon gewisse Fische, namentlich eine Anzahl *gymmodonter Plectognathen,* zeigen dies auffallend, indem das Rückenmark sehr kurz bleibt (mit nur zehn bis elf Spinalnerven, Orthagoriscus). Die hinteren Spinalnerven ziehen dann im Spinalkanal als eine sog. *Cauda equina* nach hinten zu ihren ursprünglichen Austrittsstellen. — Sehr stark verkürzt ist das Rückenmark auch bei *Lophius* (Seeteufel), jedoch mit langem Endfaden. — Erheblich verkürzt erscheint es ferner bei den Anuren. Die Lumbalanschwellung (Rana) hört schon zwischen dem sechsten und siebenten Wirbel auf, aber das Filum terminale reicht bis tief in das Os coccygis. Die hinteren Spinalnerven bilden daher eine Cauda equina. — Das eigentliche Rückenmark der Mammalia erstreckt sich in der Regel bis in die Lumbal- oder Sacralregion, während der Endfaden bis in die vordere Caudalregion reicht. Die starke Zusammendrängung der Medulla ergibt sich jedoch überall durch die Bildung einer Cauda equina der hinteren Spinalnerven, die natürlich um so ansehnlicher ist, je stärker die Verkürzung. Bei gewissen Säugern (Echidna, Erinaceus, Chiropteren) bleibt das eigentliche Rückenmark sehr kurz; bei Echidna liegt sein Hinterende etwa in der Mitte der Rumpfwirbelsäule und die Cauda equina ist demnach sehr lang.

Von Interesse erscheint es, daß im Rückenmark der Anamnia über dem Centralkanal besonders große Ganglienzellen auftreten können, die jenen gleichen, welche bei den Acraniern in der hinteren Hirnregion vorkommen. Gewöhlich treten diese Zellen nur noch embryonal auf, um später zu schwinden (Chondropterygii, Dipnoi, Amphibien; auch für Reptilienembryonen werden sie angegeben). Nur bei den Petromyzonten und manchen Knochenfischen erhalten sie sich im erwachsenen Zustand. Besonders große Ganglienzellen finden sich bei den Cyclostomen jedoch auch in der Ventralregion der grauen Substanz, wie denn die ventralen Hörner sich i. d. R. durch große motorische Ganglienzellen auszeichnen, die im Bereich der elektrischen Organe von *Gymnotus* und *Malapterurus* besonders zahlreich und groß werden. — Im Rückenmark der Cyclostomen und Fische finden sich gewöhnlich besonders starke Längsfasern mit sehr dicker Markscheide. Bei den Cyclostomen sind sie (sog. MÜLLERsche Fasern) reichlich in der weißen Substanz verbreitet, mit Ausnahme der Dorsalregion (Fig. 400). Bei Chondropterygiern sollen ähnliche Fasern im Ventralstrang verlaufen. Die Dipnoer, Ganoiden und meisten Teleosteer (Fig. 400) besitzen nur zwei solch' große Fasern (MAUTHNERsche Fasern), welche auch bei Amphibienlarven und Saurierembryonen vorkommen sollen. Die erwähnten Riesenfasen wurden z. T. bis zu großen Ganglienzellen in der Medulla oblongata verfolgt, welche in Beziehung zum Labyrinth, speziell dessen statischem Teil (Vestibulum) treten. Die Vermutung liegt daher nahe, daß sie mit der Innervierung von Muskeln zu tun haben, die der Gleichgewichtserhaltung dienen.

Gehirn (Cerebrum). *Einleitung.* Dieselben Bedingungen, welche bei den Cranioten zur Entwicklung einer sich successive entfaltenden und bestimmter abgrenzenden Kopfregion führten, nämlich die ansehnliche Entwicklung der Kopfsinnesorgane (Riech-, Seh- und Hörorgane), bewirken auch die mächtige Entfaltung des Centralnervensystems zu dem sich eigenartig ausgestaltenden Gehirn. Die Anfänge seiner Bildung fanden wir schon bei den Acraniern, bei deren Vorfahren sie wahrscheinlich craniotenartiger entwickelt waren. — Das Hirn der Cranioten ist also der in besonderer Weise fortentwickelte Kopfteil des Neuralrohrs, das caudalwärts ganz allmählich in das Rückenmark übergeht. Wie wir sahen, springt die Chorda dorsalis der Acranier weit über das Vorderende des Nervenrohrs bis an die vordere Körperspitze vor. Bei den Cranioten dagegen endet sie stets in der Mittelregion der Hirnanlage, so daß ein hinterer chordaler und ein vorderer prächordaler Hirnabschnitt zu unterscheiden sind.

Sowohl in der Ontogenese als im fertigen Bau des Craniotenhirns ergeben sich eine Reihe gemeinsamer Züge, die kurz zu erörtern sind. Schon vor ihrem Abschluß erweitert sich der Vorderteil der dorsalen Neuralrinne, der zum Gehirn wird, bedeutend; auch beginnt der Abschluß der Rinne gewöhnlich in der mittleren Hirnregion und schreitet von da nach vorn und hinten fort. Die durch den Verschluß gebildete blasenförmige Hirnanlage mündet längere Zeit an der vorderen Körperspitze durch den *Neuroporus* aus, der sich später stets verschließt und vom Ectoderm ablöst; obgleich an dieser Stelle am erwachsenen Hirn niederer Formen noch ein kleiner Vorsprung des inneren Hohlraums angedeutet bleiben kann (Recessus neuroporicus). — Der prächordale Teil der Hirnblase erweitert sich nun vor dem Vorderende der Chorda hauptsächlich ventralwärts, wobei sich der Boden der Blase an der Chordaspitze gleichzeitig zu einer stark emporsteigenden Querfalte erhebt (Plica ventralis encephali, s. Fig. 402). . Der prächordale Hirnabschnitt erscheint dann gegen den chordalen ventral herabgebogen oder abgeknickt, eine Erscheinung, welche sich allmählich fast überall noch verstärkt, indem sich eine wirkliche Herabbiegung dieses vorderen Hirnabschnitts und der ganzen ihn umschließenden Kopfregion ausbildet (Hirnscheitelbeuge, Kopfbeuge). — Der prächordale Hirnabschnitt entspricht wohl sicher der Hirnblase der Acranier und kann daher wie dort als *Archencephalon* bezeichnet werden, dem sich die chordale Hirnanlage als *Deuterencephalon* anschließt.

Der so angedeutete zweiteilige Zustand der Hirnanlage kompliziert sich bald, indem sich etwa in der Grenzgegend beider Abschnitte, also der der sog. Plica ventralis, ein mittlerer Abschnitt *(Mesencephalon)* abgliedert, dessen Decke sich emporwölbt, so daß er dorsal durch eine vordere und hintere Querfurche abgegrenzt wird, während seitlich und ventral die Grenzen weniger scharf erscheinen[1]. Die so gegebenen drei Abschnitte (oder Hirnblasen) bezeichnet man als *Pros-*, *Mes-* und *Rhombencephalon* (Vorder-, Mittel- und Hinterhirnblase). In der Hirndecke werden die Grenzen der drei Blasen noch dadurch verschärft, daß sich

---

[1] Vgl. bei der folgenden allgemeinen Schilderung der Hirnbildung die Fig. 402.

allgemein am Vorderende des Mesencephalon ein Zug querer Nervenfasern ausbildet (sog. Commissura posterior), und ein ähnlicher auch am Beginn des Rhombencephalon (spätere Commissur des Kleinhirns, C. cerebelli). — Während das Mesencephalon keine weitere Differenzierung in Abschnitte erfährt, gliedern sich das Pros- und Rhombencephalon in je zwei Unterregionen, die jedoch weniger scharf gesondert sind als die drei anfänglichen Hirnblasen. Am Rhombencephalon, das sich vorn bald stark verbreitert, und daher durch die erwähnte Querfalte (Fissura rhombencephalica, Isthmus) scharf vom Mesencephalon abgegrenzt wird, hängt diese Differenzierung hauptsächlich damit zusammen, daß sich der größte Teil

Fig. 402.

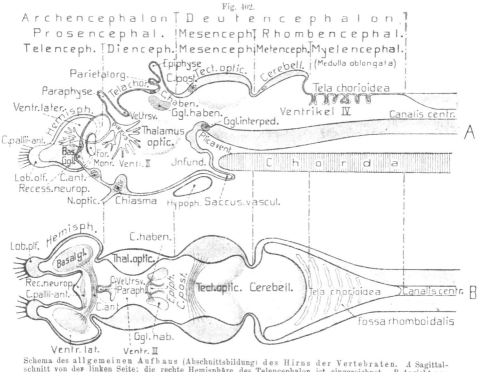

Schema des allgemeinen Aufbaus (Abschnittsbildung) des Hirns der Vertebraten. *A* Sagittalschnitt von der linken Seite; die rechte Hemisphäre des Telencephalon ist eingezeichnet. *B* Ansicht von der Dorsalseite. Statt »Deutencephalon« lies »Deuterencephalon«.　　　O. B.

seiner Decke (Dach) nicht zu nervöser Substanz entwickelt, sondern ein einschichtiges dünnes Epithel bleibt (Ependym), das mit der umgebenden, blutgefäßreichen inneren Hirnhaut (Pia) in innige Verbindung tritt, und so zu einer sog. *Tela chorioidea* wird. Von seiner Übergangsstelle ins Rückenmark an, verbreitert sich das Rhombencephalon immer mehr und erreicht vorn die größte Breite. Dies erscheint bei genauerer Untersuchung so, daß der Centralkanal des Rückenmarks sich, von der Übergangsstelle in das Rhombencephalon ab, fortgesetzt erweitert, wobei sein dorsaler Teil (Raphe) sich wieder öffnet. Die seitlichen Hälften des Rückenmarks (Lateral- und Dorsalstränge) werden dabei auseinandergedrängt und bleiben nur durch die dünne, in die Breite auswachsende Tela chorioidea verbunden.

Der erweiterte Centralkanal im Rhombencephalon wird nach dem Vorgang der menschlichen Anatomie als der *vierte Ventrikel* (Ventric. quartus) bezeichnet, und seine Bedeckung durch die Tela chorioidea als Rautengrube (Fossa rhomboidea), da die Tela am herausgenommenen Hirn gewöhnlich in den vierten Ventrikel einsinkt oder abgerissen wird, und diese Region daher grubenartig erscheint. — Nur der vorderste Teil der Rhombencephalondecke, der an das Mesencephalon grenzt, entwickelt sich fast überall nervös, zu einem verdickten queren Streif oder einer Platte, die als ein besonderer Abschnitt, das sog. *Hinterhirn* oder *Metencephalon*, von dem übrigen Rhombencephalon (dem *Myelencephalon* oder der *Medulla oblongata*) unterschieden wird. Ein scharf umschriebener ventraler Teil kommt jedoch dem Metencephalon am Boden des Rhombencephalon, wenigstens bei niederen Vertebraten, nicht zu.

Aus der ventrolateralen Region des ursprünglichen Archencephalon haben sich schon frühzeitig die beiden Augenblasen hervorgestülpt, welche die nervösen Teile der paarigen Augen samt den Augennerven bilden. Später entwickelt sich jederseits aus der vorderen Region des Archencephalon eine Ausstülpung, von deren Vorderenden die beiden Riechnerven (N. olfactorii) ausgehen, und welche daher ursprünglich wohl allein zu den Riechorganen in Beziehung standen. Bei den höheren Wirbeltieren wächst der seitliche und hintere Teil dieser Ausstülpungen stark aus, zu den sog. *Hemisphären des Grosshirns*, welchen der, den Nervus olfactorius entsendende Vorderteil als sog. *Riechlappen (Lobi olfactorii)* vorn angefügt ist. Die beiden Hemisphärenausstülpungen, zusammen mit dem zwischen ihnen liegenden Teil des ursprünglichen Prosencephalon, werden daher gewöhnlich als *Telencephalon (Vorderhirn)* unterschieden, wogegen der hintere Abschnitt des ursprünglichen Prosencephalon als sog. *Diencephalon (Zwischenhirn)* bezeichnet wird. Aus dem Bemerkten folgt jedoch, daß die Scheidung von Tel- und Diencephalon wenig scharf ist und daher auch mit Recht mehr als konventionell wie rationell betrachtet wird.

Die centrale graue Substanz des Rückenmarks setzt sich auch in das Gehirn fort und bildet hier das den Ventrikelräumen anliegende, sog. centrale Höhlengrau, in dem sich zahlreiche Anhäufungen von Ganglienzellen, sog. Kerne entwickeln können. Dazu gesellen sich jedoch, in allmählich fortschreitender Entwicklung, in verschiedenen Hirnabschnitten, besonders den Hemisphären des Telencephalon und dem Kleinhirn, oberflächliche Lagen von Ganglienzellen, sog. *graue Rinde (Cortex)*.

Wir wollen nun die fünf so unterschiedenen Hirnabschnitte, das *Myelencephalon, Met-, Mes-, Di- und Telencephalon*, von hinten nach vorn fortschreitend, in ihren gemeinsamen Zügen noch etwas eingehender betrachten.

Das *Myelencephalon* oder die *Medulla oblongata* (verlängertes Mark) des erwachsenen Hirns wurde in seinem Verhältnis zum Rückenmark, in Hinsicht auf seine den vierten Ventrikel darstellende Höhle und die von der Tela chorioidea gebildete dünne Decke (Rautengrube), schon oben besprochen. Die Länge der Medulla oblongata ist stets sehr ansehnlich, indem die große Mehrzahl der Hirnnerven (der fünfte bis zwölfte) von ihr entspringen, was ein starkes Anwachsen ihrer nervösen Masse bedingt. Es wurde erwähnt, daß die seitlichen Hälften des Rückenmarks bei der Bildung des vierten Ventrikels auseinanderweichen, so daß die sensiblen Dorsalstränge an den lateralen Rand der Fossa rhomboidea verlagert werden, während die motorischen Ventralstränge die Medianregion der Fossa bilden, und die Seitenstränge sich zwischen sie und die Dorsalstränge einschieben. Für die Nerven der M. oblongata sondern sich mehr oder weniger zahlreiche Kerne von Ganglienzellen (Nuclei), in welchen die motorischen Anteile der Nerven ihren Ursprung nehmen, oder die sensiblen enden (Fig. 434, S. 605).— Die Tela chorioidea des vierten Ventrikels wächst fast stets sehr in die Fläche, so daß sie sich mehr oder weniger stark faltet, teils quer, teils unregelmäßiger. Diese blutreichen Falten und Fortsatzbildungen, *Plexus chorioidei* (Adergeflechte), hängen in den Ventrikelhohlraum hinein, können sich jedoch auch über die Tela erheben und an der Medulla oblongata seitlich herabhängen.

Dem *Metencephalon* oder *Kleinhirn (Cerebellum)* begegneten wir oben als einer schmalen nervösen Querbrücke, welche die vorderste Region der ursprünglichen Rhombencephalondecke bildet. Dieser anfänglich schmächtige, ja vielleicht bei einzelnen Formen (Myxine, Proteus) ganz fehlende Hirnteil, kann schon bei niederen Vertebraten eine bedeutende Vergrößerung und Komplikation erfahren, mehr noch bei den höchststehenden (Vögel, Säuger). Das Cerebellum besitzt jedenfalls Beziehungen zur Regulation der Bewegungen und der Spannung (Tonus) der Bewegungsmuskeln. So fällt auf, daß es bei den gut schwimmenden Formen verschiedener Abteilungen bedeutend voluminöser ist als bei den weniger beweglichen Verwandten. — Abgesehen von verschiedenartigen Kernen grauer Substanz, die aus dem Grau um die Centralhöhle hervorgehen, kommt dem Cerebellum unter seiner äußeren Oberfläche stets eine sogenannte Rinde (Cortex), eine Lage eigentümlich gestalteter Ganglienzellen (sog. PURKINJEsche Zellen) zu. Es erscheint daher auf dem Querschnitt mehrfach geschichtet. — Erst bei höchster Entwicklung (besonders Mammalia) erhält das Kleinhirn eine starke quere commissurenartige Bildung an der Ventralseite der vordersten Region der Medulla oblongata, die sog. *Brücke (Pons Varolii)*; letztere bildet also dann gewissermaßen einen ventralen Abschnitt des Cerebellums.

In dieser Gegend erscheint der ventrale Boden der Medulla embryonal mehr oder weniger stark bauchwärts vorgewölbt, weshalb diese Stelle gewöhnlich als *Brückenbeuge* bezeichnet wird. Bei Vögeln (Fig. 416) und Säugern (Fig. 403) tritt ferner auf der Grenze zwischen der Medulla oblongata und dem Rückenmark eine Abwärtsknickung des Nervenrohrs auf, die sog. *Nackenbeuge*, welche mit der mehr oder weniger ausgesprochenen Herabknickung des Kopfs in diesen Klassen zusammenhängt.

Das *Mittelhirn* (Mesencephalon) ist bei den Anamniern und den Sauropsiden ein relativ ansehnlicher Hirnteil, der das Telencephalon ursprünglich an Größe übertrifft. Erst bei den Mammaliern tritt es sehr zurück (Corpora quadrigemina). Es bildet fast stets in seiner ganzen Wand nervöse Substanz, wodurch sich dieselbe mehr oder weniger verdickt. Dadurch wird der in ihm enthaltene Ventrikelraum eingeengt, bleibt jedoch bis zu den Vögeln hinauf noch ziemlich ausgedehnt. Bei den

Säugern verengt er sich dagegen zu einem feinen Kanal, dem sog. *Aquaeductus Sylvii*, aus welchem Grund dieser Abschnitt der Hirnhöhle nicht als besonderer Ventrikel gezählt wird. — Vom Mittelhirn entspringen die motorischen Hirnnerven III und IV (Augenmuskelnerven: Oculomotorius und Trochlearis), deren Kerne in der Bodenmasse (Haube) liegen. Die Fasern des Trochlearis nehmen einen eigentümlichen Verlauf, indem sie caudalwärts bis zur Grenze zwischen Mittel- und Kleinhirn ziehen, sich hier völlig kreuzen und dann wieder etwas nach vorn und seitlich zur dorsal gelegenen Austrittstelle des Trochlearis sich begeben. Diese Trochleariskreuzung (Decussatio N. trochlearis) bildet daher auch eine scharfe Grenzmarke zwischen Klein- und Mittelhirn. — Ganglienzellenanhäufungen (Kerne) finden sich in der ventralen und den lateralen Regionen des Mesencephalon, während die Dachregion (Tectum opticum) in ihrer ganzen Ausdehnung mit Ganglienzellen versehen ist. Von den ventralen Kernen oder Ganglien seien hier nur erwähnt die sich überall findenden beiden kleinen Ganglia oder Corpora interpeduncularia, welche sich auf der Grenze zwischen Mittelhirn und der Medulla oblongata finden, und auch äußerlich an der Ventralfläche vorspringen können; ferner die paarigen ansehnlichen gangliösen Erhebungen (Ganglia mesencephalica lateralia), die bei den meisten Vertebraten vom Boden und etwas seitlich in den Ventrikel hineinragen und ihn stark einengen. — Zum Dach des Mittelhirns (Tectum opticum) zieht der größte Teil der Opticusfasern und findet hier seine End-

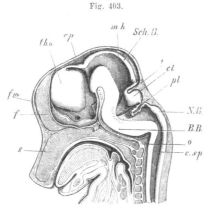

Fig. 403.

Kopf eines Embryo von Sus domestica von 2,9 cm Länge im Sagittalschnitt (Vergr. 3). *B.B.* Brückenbeuge; *N.B.* Nackenbeuge; *Sch.B.* Scheitelbeuge. *cp* Commissura posterior; *cl* Cerebellum; *f* Hirnsichel; Linie *fm* verlängert führt zu Foramen Monroi; *mh* Mittelhirn; *o* Basioccipitale; *pl* Plexus chorioideus ventric. IV; *s* Nasenscheidewand; *t* Tentorium cerebelli; *tho* Thalamus opticus (n. Kölliker, Entwicklungsgesch. 1879).

station. Das Tectum erhebt sich in der Regel als ein Paar Lappen (*Lobi optici*). An seinem Vorderende findet sich die früher schon erwähnte Quercommissur, *C. posterior*, deren Fasern sich jederseits bis in die Haubenregion des Mittelhirns erstrecken.

Da die scharfe Sonderung des *Di- und Telencephalon*, wie schon oben bemerkt, recht schwierig ist, so wollen wir beide Abschnitte gemeinsam besprechen. Die dorsale Decke des ursprünglichen Prosencephalon, aus welchem beide hervorgehen, bleibt fast in ihrer ganzen Ausdehnung dünn und epithelial, wie die Tela chorioidea des Myelencephalon. Diese Decke erstreckt sich nach vorn zwischen die Anlagen der beiden Hemisphären des Telencephalon bis zum ehemaligen Neuroporus, jedoch auch noch etwas ventral unter den Neuroporus hinab, so daß sie in eine *Lamina supra-* und *infraneuroporica* geschieden werden kann. Soweit diese dünne Lamina vorn zwischen die beiden Hemisphären des Telencephalon reicht, sie miteinander verbindend, wird sie gewöhnlich als *Lamina terminalis* bezeichnet.

Ihre dorsale Fortsetzung hinter dem Ursprung der Hemisphären bildet das Dach des Diencephalon; doch wird zuweilen (Kupffer) die dorsale Grenze des Telencephalon etwas mehr caudalwärts verlegt bis zu einer sich häufig bildenden queren Einfaltung der epithelialen Decke in den Ventrikel, dem *Velum transversum* (s. Fig. 402). Dicht vor diesem Velum bildet die Decke eine mehr oder weniger lange schlauchartige Ausstülpung, die *Paraphyse*. Dies, in der Entwicklung meist angelegte Organ, dessen Funktion nicht festgestellt ist, erhält sich bei vielen primitiven Vertebraten, geht jedoch nicht selten auch ganz ein.

Von der caudalen Region der Zwischenhirndecke entspringt stets eine ähnliche, sich dauernd erhaltende schlauchartige Ausstülpung, die sog. *Epiphyse*, welche am erwachsenen Gehirn eine sehr verschiedene Länge erreicht. Wie die ganze Tela des Zwischenhirns, tritt sie in innige Beziehung zu den Blutgefäßen der inneren Hirnhaut und erlangt durch Aufknäuelung, sowie wahrscheinlich auch Verzweigung von den Amphibien ab einen drüsenartigen Charakter (daher auch Zirbeldrüse oder Glandula pinealis genannt).

Dicht vor der Epiphyse, ursprünglich vielleicht sogar im Zusammenhang mit ihr, bildet sich bei gewissen Formen durch eine ähnliche Ausstülpung das *Parietalorgan*, das sich bei manchen Vertebraten in Form eines rudimentären Sehorgans (Parietalauge) erhalten kann.

Wie schon erwähnt, stülpen sich die Hemisphären aus der seitlichen Vorderregion des Prosencephalon aus, so daß in jede eine Fortsetzung von dessen Ventrikelraum eintritt (*Ventriculi laterales*, s. hemisphaerici). Im erwachsenen Gehirn sind die Ausstülpungsöffnungen, welche in die seitlichen Ventrikel führen, meist sehr verengt und werden als *Foramina Monroi* oder F. interventricularia bezeichnet. Der vordere Endteil des gemeinsamen Ventrikelraums des Prosencephalon, in welchen die beiden Foramina führen, wird namentlich dann, wenn die Grenze des Telencephalons etwas weiter caudal verlegt wird (s. oben), als *Ventriculus communis* oder *impar* bezeichnet. Da dieser Raum im erwachsenen Gehirn sehr klein ist und gewissermaßen mit den beiden Foramina Monroi zusammenfließt, so spricht man häufig auch nur von einem Foramen Monroi. Die gesamte Hemisphärenwand wird gewöhnlich stark nervös verdickt.

Wie wir oben sahen, treten vorn die Fäden der beiden Riechnerven zu den Hemisphären. Diese vordere Hemisphärenpartie grenzt sich mehr oder weniger scharf von der folgenden ab und steht in direktester Beziehung zum Nervus olfactorius, weshalb dieser Abschnitt *Lobus olfactorius* genannt wird. Als ein Teil der ursprünglichen Hemisphären ist er, wie diese, hohl, indem sich der Seitenventrikel ursprünglich stets in ihn erstreckt. Die Riechnervenfasern endigen großenteils im Vorderteil des Lobus, wo sie mit den Ausläufern der Ganglienzellen des Lobus zu eigentümlichen, verworrenfasrigen Körpern, den *Glomeruli*, zusammentreten (vgl. S. 511). Dieser Vorderteil des Lobus ist meist etwas angeschwollen und erhielt daher die Bezeichnung *Bulbus olfactorius*. Bei starker Längsstreckung des Gesamtlobus kann der Bulbus mit dem hinteren Lobusteil durch einen längeren stielartigen Strang zusammenhängen, weshalb dann gewöhnlich ein vorderer *Bulbus*, ein *Tractus* und ein hinterer *eigentlicher Lobus olfactorius* (in engerem

Sinn) unterschieden werden. — Wie schon betont, werden die primitivsten Hemisphären zum größten, oder doch einem sehr ansehnlichen Teil von den Lobi olfactorii gebildet, was auch dadurch erwiesen wird, daß die aus dem Bulbus hervorgehenden, sogenannten sekundären Riechfasern sich auf ihnen ausbreiten. Der
auf den Lobus folgende, ursprünglich sehr kleine Teil bildet die eigentlichen Hemisphären des Telencephalon (Großhirn) im engeren Sinne. Diese wachsen bei den
höheren Wirbeltieren immer ansehnlicher aus, sowohl nach vorn und hinten als
dorsal. So erlangen die eigentlichen Hemisphären ein immer stärkeres Übergewicht
über die Lobi olfactorii, welche schließlich sogar zu kleinen Anhängseln an ihnen
werden können. — Die Höhlen der Hemisphären werden nach dem Vorgang der
menschlichen Anatomie auch als die Ventrikel *I* und *II* bezeichnet, der Ventrikel
des Diencephalon als der *III*. — Wie bemerkt, verdickt sich die nervöse Wand
der Hemisphären, wodurch die Seitenventrikel verengt werden. Überall aber verdickt sich ihre ventrolaterale Bodenregion stärker, manchmal sogar ganz kolossal,
und steigt als das *Stamm-* oder *Basalganglion* (Corpus striatum) in den Ventrikel
empor. Im Gegensatz zu der Boden- und Seitenregion wird die Dachregion der
Ventrikel gewöhnlich als deren *Pallium* bezeichnet. — Die beiden Hemisphären,
samt den Lobi olfactorii, sind stets durch eine quere Fasercommissur, welche
sich in der Lamina terminalis entwickelt, verbunden (*Commissura anterior*). Ursprünglich bildet diese vorwiegend eine Verbindung der beiden Lobi olfactorii.
Bei den meisten Wirbeltieren tritt noch ein zweites, dorsal von der Commissura
anterior liegendes, queres Commissurensystem hinzu, welches im allgemeinen,
besonders aber in der Ontogenie, als *C. pallii anterior* bezeichnet wird. — Mit
steigender Entwicklung der Hemisphären entwickelt sich in ihrem Pallium eine
zuerst sehr kleine Region, welche durch eigentümlich gestaltete, oberflächlich gelegene Nervenzellen (Pyramidenzellen) ausgezeichnet ist. Dies ist die sog. *Rinden-
lage* oder *Cortex pallii;* jedoch ist zu bemerken, daß auch die Lobi olfactorii eine
Cortex von Nervenzellen besitzen. — Das Heranwachsen der Hemisphären bei den
höheren Wirbeltieren geschieht vor allem durch eine Vergrößerung des Palliums
und die allmähliche Ausbreitung seiner Cortexregion, welche schließlich bei den
Mammalia die gesamte Hemisphärenoberfläche überzieht.

Wie Ontogenie und vergleichende Anatomie zeigen, bildet das *Diencephalon*
oder Zwischenhirn ursprünglich einen sehr ansehnlichen Hirnabschnitt, der jedoch
in der Vertebratenreihe in dem Maße zurücktritt, als sich die Hemisphären des
Telencephalon vergrößern. Wie wir schon sahen, bleibt seine Decke in großer
Ausdehnung dünn epithelial (Ependym) und bildet, unter Anteilnahme der inneren
Hirnhaut und ihrer Blutgefäße, eine ähnliche Tela chorioidea, wie die der Medulla
oblongata. Epiphyse und Parietalorgan, welche von der Decke gebildet werden,
wurden schon oben erwähnt; ebenso daß die Paraphyse gewöhnlich zum Zwischenhirn gerechnet wird. Dicht vor deren Ursprung stülpt sich die Tela fast überall
als ein verästelter, blutreicher *Plexus chorioideus*, ähnlich der Plexusbildung der
Medulla oblongata, in den Ventrikel des Zwischenhirns ein (Plexus inferior oder
anterior). Dieser Plexus ventriculi III. sendet ferner durch die beiden Foramina

Monroi in jeden Hemisphärenventrikel meist einen ansehnlichen Zweig (Plexus hemisphaerici). Bei gewissen Formen bildet jedoch die Tela chorioidea auch dorsal gerichtete sackartige Ausstülpungen, die das Hirn mehr oder weniger überlagern können. — In der Gegend des Epiphysenursprungs (sog. Epithalamusregion) treten überall zwei relativ kleine Ganglien auf *(Ganglia habenulae)*, die sich vor der Epiphysenbasis durch eine Quercommissur verbinden (*Commissura habenulae s. superior*).

Die Seitenwände des Diencephalon verdicken sich stark nervös, wodurch der Ventrikel III eingeengt wird; sie bilden die *Thalami optici* (Sehhügel), in denen sich sekundär gewöhnlich eine größere Anzahl Kerne (Ganglien) differenzieren. Hier ziehen auch die zahlreichen Nervenfaserzüge, welche das Zwischenhirn mit den Hemisphären, dem Mittelhirn und weiter caudal gelegenen Teilen des Centralnervensystems verbinden, d. h. Züge, welche aus den Hemisphären zu den letztgenannten Regionen gehen, oder von ihnen herkommen. — Die ventrale Region des Zwischenhirns (häufig Hypothalamus genannt) entwickelt sich schon frühzeitig in der Ontogenie sehr eigentümlich, indem ihr, durch die Plica ventralis gewissermaßen abgeknickter Caudalteil sich nach hinten noch stärker trichterartig aussackt (sog. *Infundibulum, Hirntrichter*). Das blinde Ende dieses Infundibulums stülpt sich bei den Anamnia zu einem gefalteten, dünnwandigen Sack aus, der wegen reicher Umspinnung mit Blutgefäßen als *Saccus vasculosus* (Infundibulardrüse) bezeichnet wird, den Manche auch als eine Art Sinnesorgan deuten wollen. Er führt nämlich wie das Infundibulum auch Nervenfasern. — Mit der Ventralseite des Infundibulums verwächst ein drüsiges Gebilde, die *Hypophysis* (Hirnanhang, Glans pituitaria), welche bei den Gnathostomen durch eine Ausstülpung der ectodermalen Decke der embryonalen Mundhöhle entsteht, sich von dieser abschnürt und zahlreiche epitheliale Drüsenschläuche entwickelt. Hierauf verwächst sie mit dem Infundibulum, ohne daß aber eine Kommunikation mit dessen Hohlraum sicher erwiesen wäre. Im ausgebildeten Zustand sondert sich die Hypophyse häufig in mehrere hintereinander gelegene Abschnitte. Auf ihre in vieler Hinsicht interessante morphologische Auffassung soll später näher eingegangen werden. — Auch in der Hypothalamusregion treten frühzeitig zahlreiche Ganglien auf, von denen hier nur die sog. *Ganglia mammillaria* hervorgehoben werden sollen, die wahrscheinlich schon bei den Anamnia vorkommen. — Etwas vor dem Infundibulum entspringen von dem hier verdickten Zwischenhirnboden die beiden *Nervi optici*, wobei sie sich kreuzen, gewöhnlich unter Verflechtung ihrer Fasern zu einem sog. *Chiasma*.

Neuromerie. Schon an der noch nicht geschlossenen Medullarplatte der Wirbeltiere beobachtet man sehr allgemein eine Art querer Gliederung, welche durch schwache Verdickungen der Platte und dazwischenliegende zarte Querfurchen hervorgerufen wird. Diese Gliederung (sog. primäre Neuromerie) wurde nicht selten (z. B. bei Haien und Urodelen) noch weiter nach hinten in den Bereich des späteren Rückenmarks verfolgt. Auch am geschlossenen Hirnrohr tritt eine ähnliche Gliederung in hintereinanderfolgende Abschnitte (Neuromeren) durch äußere seitliche Furchen in der Regel hervor, denen innerlich vorspringende Leisten entsprechen (sekundäre Neuromerie). — Es ergab sich sogar bei den verschiedenen Klassen eine ziemlich weitgehende Übereinstimmung hinsichtlich der Beziehungen der sog. Neuromeren zu den späteren Hirnabschnitten. Die drei vordersten entsprechen dem späteren Prosencephalon, die zwei folgenden dem Mesencephalon. Auf das Rhombencephalon kommen mindestens fünf; häufig finden sich jedoch noch Andeutungen folgender, die in diese Hirnregion eingehen. Die Neuromeren des Rhombencephalon lassen sich sogar mit dessen späteren Einzelgebieten in Beziehung bringen: so scheint das erste stets zum Cerebellum gehörig, das zweite, oder die zwei folgenden fallen in das Ursprungsgebiet des fünften Hirnnervs (Trigeminus), das vierte in das des siebenten und achten (Facialis und Acusticus), das fünfte in das des neunten (Glossopharyngeus). Die Beziehungen des Nervus vagus (X) und accessorius (XI) zu etwaigen weiteren Neuromeren sind noch unklar. — Ob die sog. primäre und sekundäre Neuromerie völlig zusammenfallen, blieb noch etwas unsicher. — Hinsichtlich der morphologischen Bedeutung der Neuromerie wurde vorerst keine Übereinstimmung erzielt. Einerseits erblickt man in ihr eine wirkliche primäre Metamerie des Nervenrohrs; andererseits wird die Ansicht vertreten, daß die Erscheinung nur durch Wachstumsverhältnisse der Umgebung, besonders der Mesodermsomiten (Urwirbel), also sekundär hervorgerufen werde. Da die primäre Neuromerie, wie es scheint, sowohl vorn als hinten, auch in Regionen auftritt, wo Mesodermsomiten nicht, oder noch nicht entwickelt sind, so dürfte die erstere Ansicht wahrscheinlicher sein. — Wie wir jedoch schon hervorhoben, läßt sich am ausgebildeten Centralnervensystem der Wirbeltiere von einer solchen Neuromerie nichts mehr erkennen.

Schilderung der Hirnbildung in den einzelnen Gruppen. Im Hirn der erwachsenen Anamnia liegen sämtliche Einzelabschnitte in etwa horizontaler Ebene hintereinander, da sich die Hirnscheitelbeuge und die Kopfbeuge in den späteren Entwicklungsstadien zurückbilden, d. h. Tel- und Diencephalon sich wieder aufwärts drehen. Dagegen bleibt die Plica ventralis stets deutlich markiert, wenn auch meist stark verflacht.

Cyclostomata. Wir werfen zunächst einen Blick auf das Petromyzongehirn, da es wohl sicher ursprünglichere Verhältnisse bewahrt hat als das der Myxinoiden und deshalb die primitivsten Einrichtungen unter den Cranioten darbieten dürfte. Es zeigt (Fig. 404) noch eine ansehnliche Entfaltung des Diencephalon, an das sich seitlich und vorn die beiden Ausstülpungen des Telencephalon anschließen, welche namentlich in dorsoventraler Ausdehnung hinter dem Diencephalon stark zurückbleiben. Diese beiden Telencephalonhälften sind mehr oder weniger deutlich in einen vorderen und hinteren Lappen differenziert. Vom vorderen entspringt der N. olfactorius, er wird daher gewöhnlich als *Lobus olfactorius* bezeichnet. Sein innerer Bau entspricht jedoch dem eines Bulbus olfactorius, von welchem die sekundären Riechnervenfasern ausstrahlen, die den größten Teil des hinteren Lappen überziehen. Hieraus folgt, daß letzterer in der Hauptsache noch einem sekundären Lobus olfactorius gleich zu setzen ist; gewöhnlich wird er als Hemisphäre bezeichnet, was ja auch insofern berechtigt erscheint, als er die Anlage der Hemisphäre der höheren Wirbeltiere enthalten muß. Die gesamten Telencephalonausstülpungen repräsentieren also in der Hauptsache den primären Lobus olfactorius der höheren Cranioten. — Ihre Wände sind stark verdickt, so daß ihr Ventrikelraum, der sich mit einem vorderen Ast (Horn) in den Bulbus olfactorius, mit einem hinteren in die Hemisphärenanlage (oder den sekundären Lobus olfactorius) erstreckt, sehr eingeengt wird. Eine kleine Stelle an der Hemisphäre (auf der Figur *A* durch Punktierung angegeben) enthält Pyramidenzellen und kann daher als die erste Andeutung einer Hemisphärenrinde betrachtet werden (sie wird gelegentlich auch als Epistriatum bezeichnet). Vom Boden des hinteren Ventrikelastes erhebt sich ein schwaches *Basalganglion*. — Die ansehnliche Commissura anterior (C. ant.), welche aus Fasern des Bulbus und Lobus olfactorius (Hemisphären) hervorgeht, verläuft in der Lamina terminalis; es scheint sich ein dorsaler

Fig. 404.

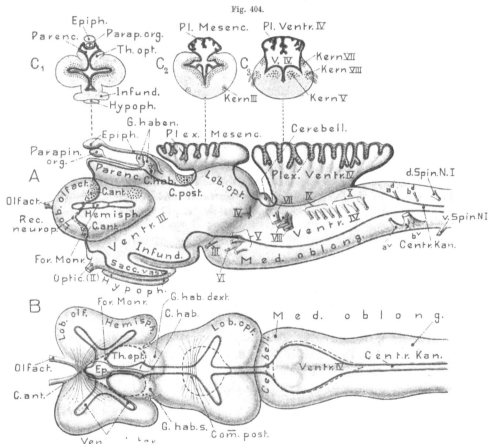

Petromyzon planeri, Gehirn etwas schematisch. Ventrikelräume (Ependym) rot eingezeichnet, *A* Hirn von links. *B* von der Dorsalseite. Die Umgrenzung der Telae des Di-, Meso- und Myelencephalon in Strichlinien angegeben. — C_1—C_3 Querschnitte des Hirns an den Stellen, welche durch die von den Figuren C_1—C_3 ausgehenden Strichlinien angedeutet sind. Die Hirnnerven sind, wie in den folgenden Figuren durch die römischen Zahlen *II*—*XII* angegeben; a_v^d und b_v^d die beiden sog. occipitalen Nerven. (n. Ahlborn 1883 konstruiert und etwas verändert). O. B. u. E. W.

und ventraler Teil an ihr unterscheiden zu lassen, so daß möglicherweise schon bei den Cyclostomen eine Commissura pallii anterior angedeutet ist. — Die Decke des *Diencephalon* bleibt bis zur Lamina terminalis nach vorn eine dünne Tela, welche sich daher zwischen die beiden Telencephalonhälften hineinerstreckt. Sie bildet vorn eine paraphysenartige Erhebung (Parencephalon); caudal entspringen von der Decke dicht hintereinander zwei ansehnliche, schlauchartige Ausstülpungen, von welchen die hintere sicher die Epiphyse ist, die vordere, deren Ende zu einem augenartigen Gebilde anschwillt, als Parietal- oder Parapinealorgan bezeichnet wird (wovon später bei den Sinnesorganen mehr). In der Gegend dieser beiden Organe liegen die Ganglia habenulae, von welchen das rechte viel größer ist als das linke, das Nervenfasern in das Parapinealorgan sendet. Diese Asymmetrie der Ganglia habenulae wiederholt sich gewöhnlich bei den Fischen. — Die Thalamusregion des Diencephalon ist stark gangliös verdickt, weshalb der dritte Ventrikel sehr eingeengt erscheint. — Am Hypothalamus finden wir ein Infundibulum (auch Lobus posterior genannt), dessen Seitenwände sich zu schwachen gangliösen *Lobi inferiores* (laterales) ausbuchten; darunter liegt eine dünnwandige Aussackung (Saccus infundibuli), die wohl dem Saccus vasculosus entspricht, jedoch der reichen Blutgefäßentwicklung entbehrt. Der Ventralwand dieses Saccus liegt die längliche, im allgemeinen einfach sackförmige Hypophyse an.

Wie wir später noch genauer sehen werden, bietet die Hypophyse der Cyclostomen großes Interesse, da sie sich nicht von der Decke der Mundhöhle abschnürt, wie die der Gnathostomen, sondern von dem blinden Hinterende eines sich in der Gegend des Neuroporus aus dem äußeren Ectoderm einstülpenden Schlauchs (Ductus neuropharyngeus, Hypophysenschlauch), welcher nach hinten bis unter das Zwischenhirn reicht und hier bei den Myxinoiden in die Mundhöhle mündet. Wahrscheinlich dürfte diese Herkunft der Hypophyse die ursprüngliche gewesen sein, und der Zustand bei den Gnathostomen ließe sich derart deuten, daß bei ihnen nur das Hinterende des ursprünglichen Ductus neuropharyngeus, d. h. die eigentliche Hypophyse, und zwar von der Mundhöhle aus, angelegt, der übrige Teil dagegen nicht mehr gebildet wird.

Das Mittelhirn bildet einen sehr ansehnlichen Hirnabschnitt mit äußerer Andeutung paariger Lobi optici und starken paarigen Bodenanschwellungen (s. auch Fig. 404, C_2). Sein Tectum ist, im Gegensatz zu allen übrigen Cranioten, dadurch ausgezeichnet, daß es eine große mittlere häutige Stelle zeigt, die sich stark dorsal erhebt, als ein ansehnlicher Telasack mit Plexusbildung. Ebenso erhebt sich auch die Tela des IV. Ventrikels über der Rautengrube zu einem noch ansehnlicheren Sack, an dessen vorderer Ursprungsgrenze sich das minimale *Cerebellum* als eine schwach verdickte quere Lamelle findet. Die *Medulla oblongata* ist ansehnlich lang.

Das Hirn der Myxinoiden ist offenbar bedeutend verändert. Seine Abschnitte sind von vorn nach hinten sehr stark zusammengedrängt und verkürzt, das Gesamthirn ist relativ kurz. Die Hemisphären des Telencephalon treten selbst ontogenetisch wenig hervor und repräsentieren jedenfalls fast ausschließlich die Lobi olfactorii, welche im erwachsenen Gehirn so innig mit dem Diencephalon verwachsen, daß eine scharfe Grenze zwischen Tel- und Diencephalon nicht besteht. Dagegen gliedert sich von den primären Lobi olfactorii die Bulbusregion als ein kurzplattenartiges Gebilde ab. — Das Mittelhirn ist relativ stark entwickelt und wird durch eine dorsale Querfalte in eine größere Vorder- und kleinere Hinterregion gesondert, sodaß, zusammen mit der mittleren dorsalen Längsfurche, eine Art Vierhügel angedeutet sind. Paraphyse und Epiphyse sind nicht sicher nachweisbar, doch dürfte letztere als sehr kurzes Gebilde vorhanden sein. Ein Kleinhirn scheint ganz zu fehlen. — Eigentümlich ist die starke Reduktion der Ventrikelräume durch Verdickung und schließliche Verwachsung der Wände, weshalb im Telencephalon nur ventral ein kleiner Ventrikelraum offen bleibt, im Diencephalon allein der Hohlraum des Infundibulum. Auch der Mittelhirnventrikel ist stark einge∍ngt und ohne Verbindung mit dem des Diencephalon. Diese Verhältnisse bedingen ferner, daß das Myxinoidenhirn nur eine Tela chorioidea der Medulla oblongata besitzt, während sie dem Tel-, Di- und Mesencephalon völlig fehlt.

Pisces. Das Hirn der Fische schließt sich ziemlich innig dem Zustand an, wie er etwa bei den Petromyzonten besteht. Das embryonale Telencephalon, dessen dorsale hintere Abgrenzung gegen das Diencephalon wir durch das Velum transversum gegeben annehmen, bildet zwei Hemisphärenausstülpungen, die sich jedoch fast überall rein nach vorn entwickeln, ohne hintere Ausbuchtung,

Fig. 405.

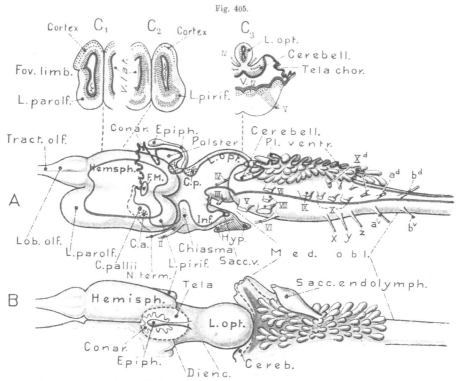

Protopterus annectens. Gehirn. Ventrikelräume rot begrenzt. *A* von links. Lamina terminalis des Telencephalon als Strichlinie angegeben. *x, y, z* die occipitalen Nerven. *B* Dorsalansicht. Die Tela des 4. Ventrikels ist in viele zottige Fortsätze erhoben, die sich mit den Saccus endolymphatici des Labyrinths verbinden. Grenzen der Telae in Strichlinien. C_1—C_3 Querschnitte in der Richtung der Strichlinien (nach BURKHARDT 1892 konstruiert). E. W.

wie sie bei Petromyzon angedeutet ist. Sie gehen daher nach hinten meist allmählich in den unpaaren Telencephalonrest über. Die Ausstülpungen repräsentieren daher wesentlich den primären Lobus olfactorius, ein paariger eigentlicher Hemisphärenteil ist an ihnen nicht scharf abgegrenzt, er findet sich vielmehr in dem meist ansehnlich auswachsenden Telencephalonrest. Man kann daher auch sagen, daß die eigentlichen Telencephalon-Hemisphären bei den Fischen (mit Ausnahme gewisser Dipnoi) am ursprünglichen Telencephalon nicht seitlich hervorgestülpt worden seien, oder sich doch nur dorsal und ventral etwas vorgewölbt haben, stets jedoch so, daß sich eine weit offene Kommunikation (Ventriculus impar) zwischen den beiden seitlichen Hälften des hinteren Telencephalonabschnitts findet, eigentliche Foramina Monroi also fehlen.

Nur die dipneumonen Dipnoer (Fig. 405) verhalten sich abweichend, da sie wohl ausgebildete Hemisphären besitzen, wie die sich zunächst anschließenden Amphibien. Die Hemisphärenausstülpungen des Telencephalon der Dipneumonen sind stark nach vorn ausgewachsen und grenzen sich auch hinten gegen das Diencephalon durch eine caudale Ausbuchtung ab. Vorn hat sich von ihnen der primäre Lobus olfactorius abgesondert. Auf diese Weise entstanden bei Protopterus und Lepidosiren zwei in ihrer größten Ausdehnung durch einen mittleren Zwischenraum (Sulcus medianus, Fissura sagittalis) gesonderte Hemisphären, die nur hinten, im Bereich der Lamina terminalis, und der hier deutlich ausgeprägten Foramina Monroi zusammenhängen. Bei allen übrigen Fischen (auch Ceratodus) findet sich dagegen die Lamina terminalis ganz vorn im Telencephalon, d. h. etwa da, wo die Lobi olfactorii ihren medianen Ursprung nehmen. — Wie Petromyzon besitzen die Fische, denen deutlich gesonderte Hemisphären fehlen, eine ansehnliche epitheliale Decke des unpaaren Telencephalon (Fig. 406), die vorn von der Lamina terminalis ausgeht, und sich hinten in die epitheliale Decke des Zwischenhirns fortsetzt. Ein mehr oder weniger entwickeltes Velum transversum kann, wie bemerkt, als Grenze zwischen Tel- und Diencephalon dienen. — Bei den *Ganoiden* (besonders Amia) und Ceratodus spricht sich dennoch eine gewisse Paarigkeit des Telencephalon darin aus, daß die epitheliale Teladecke in der dorsalen Mittellinie in den Ventrikelraum etwas eingestülpt ist. Am stärksten ist dies bei Ceratodus ausgeprägt, wo die Falte (sog. Lingula) so tief in den Ventriculus impar hinabdringt, daß sie dessen Boden fast erreicht und plexusartig kompliziert erscheint. Bei Ceratodus springen auch die beiden seitlichen Telencephalonhälften ventral stark vor, oder sind hier ventralwärts ausgestülpt, weshalb man von zwei Hemisphären reden könnte, die jedoch in ihrer ganzen Länge zusammenhängen und ineinander übergehen.

Den *Chondropterygiern* fehlt eine solche Medianfalte meist (Fig. 406), oder ist doch nur wenig ausgeprägt; völlig vermißt wird sie bei den Knochenfischen (Fig. 409 u. 410), deren Telencephalondecke daher vollkommen unpaar erscheint.

Die *primären Lobi olfactorii* entspringen in der Regel als direkte Verlängerung der vorderen Telencephalonhälften, von denen sie sich mehr oder weniger scharf absetzen können. In einzelnen Fällen kann ihr Ursprung auch etwas nach hinten und seitlich am Telencephalon verschoben sein; dies tritt bei gewissen Haien und Rochen (z. B. Lamna, Carcharias, s. Fig. 407 *A*), jedoch auch bei Ceratodus auf, während die Lobi olfactorii der dipneumonen Dipnoer sich den Hemisphären ganz vorn anschließen, jedoch an deren Dorsalhälfte (Fig. 406), was sich auch bei manchen Chrondropterygiern zeigt. — Eine Differenzierung des primären Lobus in Bulbus und sekundären Lobus spricht sich in der Regel nur in einer vorderen bulbösen Anschwellung des Lobus aus. Nur wenn der primäre Lobus sehr lang wird, wie dies bei den Chondropterygiern meist der Fall ist (Fig. 406) und sich unter den Teleostei bei den Cyprinoiden (Fig. 410), Siluroiden und Gadiden (Fig. 409) findet, tritt die Differenzierung in einen endständigen Bulbus, einen langen Tractus und einen, dem Telencephalon angefügten sekundären Lobus hervor. — Die mächtigen Bulbi der Chrondropterygier liegen der Riechschleimhaut der Nasen-

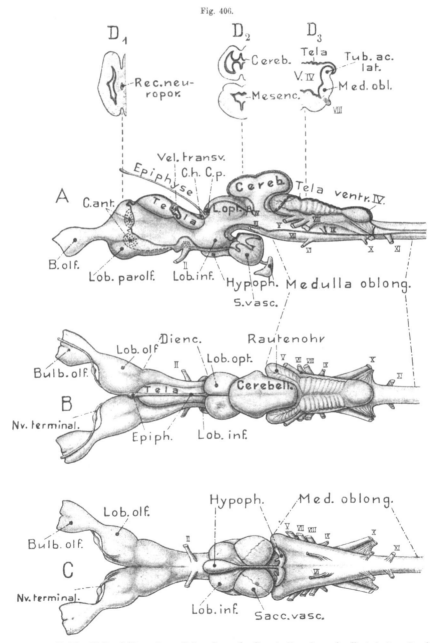

Fig. 406.

Scymnus lichia (Hai). Gehirn. *A* von links. *B* von der Dorsalseite. *C* von der Ventralseite. D_1—D_2 Querschnitte in der Richtung der Strichlinien. In Fig. *A* u. *D* die Ventrikelräume rot begrenzt. E. W.

gruben dicht an (wie bei Myxine); bei den übrigen Fischen gehen zu ihnen die
Nervi olfactorii von den Nasengruben. Recht verschieden verhalten sich die pri-
mären Lobi olfactorii hinsichtlich der in sie eindringenden Fortsetzung des
Ventrikelraums des Telencephalon.

Ihre ursprüngliche Höhlung kann sich im erwachsenen Zustand bis in die Bulbi hinein
erhalten; die Bulbi können sogar noch hohl bleiben, während die Tractus solid geworden
sind, oder letzteres gilt für beide Abschnitte. Die Wand der primären Lobi ist ursprünglich
allseitig nervös verdickt, was bei den Chrondropterygiern und den Dipneumonen allgemein
der Fall ist. Wenn sich jedoch die Tela des Telencephalon sehr ansehnlich entwickelt, wie bei
Ganoiden und Teleosteern, so kann sie sich auch auf einen Teil der sekundären Lobi, ja
bis auf die Bulbi fortsetzen, sodaß diese dorsomedial häutig erscheinen.

Die nervöse Wandverdickung der Lobi olfactorii setzt sich auch auf die ventrolaterale Wand des unpaaren Telencephalons fort und bildet hier paarige, mehr
oder weniger in den Ventriculus impar aufsteigende, sich gegen die dorsale

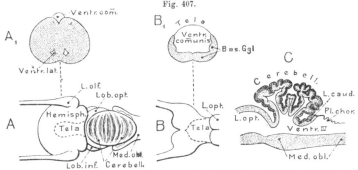

Gehirne von Plagiostomen. *A—A₁* C a r c h a r i a s l a m i a. *A* Gehirn von der Dorsalseite (n. Rohon 1878).
A¹ schematischer Querschnitt durch das Telencephalon in der Richtung der Strichlinie. *B—B₁* H e x a n c h u s
g r i s e u s. *B* Vorderer Teil des Hirns von der Dorsalseite; *B₁* Querschnitt durch das Telencephalon in der
Richtung der Strichlinie. (*A₁* und *B* nach Burkhardt 1894). — *C* L a m n a c o r n u b i c a. Schematischer
Sagittalschnitt durch das Cerebellum (n. Burkhardt 1897).   E. W.

epitheliale Decke allmählich verdünnende Anschwellungen, die *Basalganglien* oder
Corpora striata. — Bei den primitiveren Haien (Notidaniden u. a., s. Fig. 407 *B₁*)
bilden diese Ganglien nur schwache Verdickungen, so daß der Ventrikel weit
offen bleibt und dorsal von der dünnen Teladecke abgeschlossen wird. — Im allgemeinen ist jedoch bei den Haien das transversale Commissurensystem in der
Lamina terminalis (Commissura anterior im allgemeinen) sehr stark und dick
und läßt einen über dem Recessus neuroporicus und einen unter diesem liegenden Abschnitt unterscheiden (Fig. 406 *A*). Von hier ausgehend, kann auch die
Tela des Telencephalon mancher Haie caudalwärts mehr oder weniger nervös verdickt werden, ja bei einzelnen Formen (Isistius) sogar in ganzer Ausdehnung. Die
Stammganglien schwellen bei gewissen Haien ungemein an, sodaß sie median untereinander verschmelzen, ebenso auch mit der Commissura anterior, wobei der
Ventrikelraum bis auf einen geringen dorsalen und zwei paarige ventrale Reste,
die sich in die Lobi olfactorii fortsetzen, ganz schwindet (Fig. 407 *A—A₁*). Bei
den Rochen kann schließlich völlige Verdrängung des Ventrikels eintreten (z. B.
Myliobatis, Trygon), also das Telencephalon eine ganz solide Nervenmasse werden.

Die Entwicklung des Telencephalon schlägt bei den Ganoiden und Teleosteern gewissermaßen den umgekehrten Gang ein wie bei den letzterwähnten Chondropterygiern. Die Tela verbreitet sich schon bei den Ganoiden stark, so daß die Verhältnisse etwa an jene primitiver Haie erinnern (Fig. 408). Bei den Teleosteern endlich hat sich die epitheliale Decke ungemein verbreitet, sodaß sie die gesamte Dorsalseite der ansehnlichen Basalganglien überzieht, ja sie auch lateral umgreift, und erst in der seitlichen Ventralregion in sie übergeht (s. Fig. 410 C).

Fig. 408.

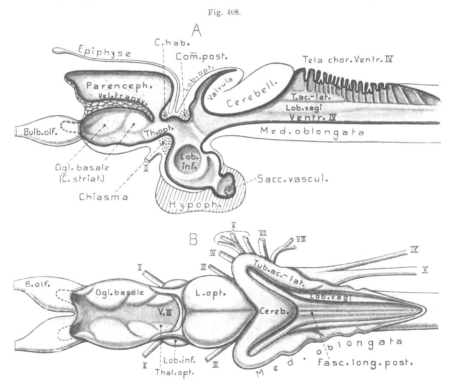

Acipenser sturio. Gehirn; etwas schematisch. *A* In der Sagittalebene halbiert; rechte Hälfte von der Medianfläche. *B* Hirn von der Dorsalseite. Das Parencephalon, Velum transversum, die Epiphyse, sowie die Tela des *IV* Ventrikels entfernt (n. JOHNSTON 1902, GORONOWITSCH 1888 u. Originalpräparat). O. B. u. E. W.

Da die epitheliale Decke bei den Ganoiden und Knochenfischen früher ganz übersehen wurde, deutete man lange Zeit die Basalganglien als die eigentlichen paarigen Hemisphären.

Das Verhalten der Teleosteer läßt sich vielleicht darauf zurückführen, daß sich die seitlichen Teile der Basalganglien flach horizontal ausbreiteten, also gewissermaßen nach außen umgeklappt werden (Exversion), unter starkem seitlichem Auswachsen der Decke; womit auch übereinstimmt, daß die Decke hier von einer dorsalen Längsfalte gar nichts zeigt. — An den Basalganglien der Ganoiden und Teleosteer, vermutlich auch der Dipnoi, läßt sich ein dorsaler bis dorsomedialer Teil unterscheiden, der häufig durch eine Furche mehr oder weniger abgegrenzt ist, das sog. *Epistriatum*, das durch die ganze Wirbeltierreihe wiederkehrt. Der übrige Teil des Stammganglions wird als Corpus striatum bezeichnet. Das Epistriatum nimmt einen Teil der sekundären Riechnervenfasern auf.

Bei den Chondropterygiern tritt in der Decke der hinteren paarigen Hemi-
sphärenteile eine kleine Partie auf, die als einfache Rinde (Cortex) gekennzeichnet
ist, ähnlich wie bei den Petromyzonten; dieselbe erhebt sich häufig als ein
Höckerpaar etwas über die Oberfläche der Decke (wie bei Petromyzon wurde sie
auch als Epistriatum gedeutet). — Die Wände der wohl ausgeprägten paarigen
Hemisphären von Protopterus und Lepidosiren sind überall nervös verdickt (siehe

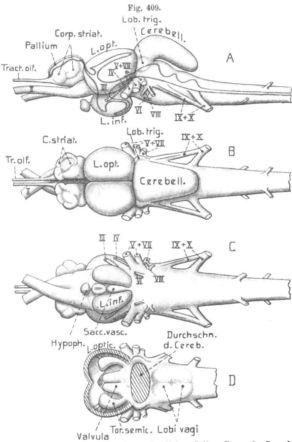

Fig. 409.

Gadus morrhua. Gehirn. A von der linken Seite. B von der Dorsalseite. C von der Ventralseite. D Mittel- und Nachhirn von der Dorsalseite. Die Decke des Mittelhirns (Tectum opticum) und das Cerebellum
sind weggenommen, sodaß die Valvula cerebelli, der sog. Torus semicircu-
laris, und die Lobi vagi zu sehen sind. O. B. u. v. Bu.

Fig. 405 C_1—C_2). Auch
findet sich, ähnlich wie
bei den Amphibien, in
ihrer Decke ein Anfang
der Rindenbildung, der
sich über einen ansehn-
lichen Teil derselben
auszudehnen   scheint.
Die Basalganglien sprin-
gen dagegen hier sehr
wenig in die Seitenven-
trikel vor. — Charak-
teristisch erscheint für
Protopterus die Sonde-
rung der Hemisphären
in einen dorsalen, mit
dem Lobus olfactorius
verbunden und einen
ventralen Teil, der vorn
und hinten etwas lappen-
artig vorspringt (Figur
405 A). Die horizontale
Furche, welche diese
Sonderung wenigstens
vorn und hinten andeu-
tet, wird Fovea limbica
oder auch Fissura endo-
rhinalis externa genannt
und ist auch bei Cera-
todus und Amia an-

gedeutet. Der vordere Lappen des ventralen Hemisphärenteils (sog. Lobus postol-
factorius Burkhardt), der wohl auch bei den Knorpelfischen z. T. angedeutet ist
(s. Fig. 406), dürfte dem sog. *Lobus parolfactorius* der höheren Wirbeltiere entsprechen; der hintere Lappen dagegen dem *Lobus piriformis* der Säugetiere (er
wurde auch als Lobus hippocampi oder temporalis bezeichnet). An diesem hinteren
Lappen findet sich ebenfalls eine Art Rindenbildung, die später weiter zu verfolgen
sein wird.

Es ist möglich, jedoch nicht sicher erwiesen, daß in die Basalganglien der Teleosteer und Ganoiden ein der Cortexdecke der Chondropterygier entsprechenden Teil eingegangen ist, der bei der sog. Exversion ventral verlagert wurde.

Die Commissura anterior, welche wesentlich aus queren Faserverbindungen des Bulbus und Lobus olfactorius, sowie der Basalganglien besteht, also dem Riechgebiet angehört, gestaltet sich, wie schon hervorgehoben wurde, bei den Chondropterygiern sehr eigentümlich; aber auch bei den übrigen Fischen, besonders den Teleosteern, lassen sich verschiedene sekundäre Anteile in ihr unterscheiden. Bei letzterer Gruppe ist sie stark caudalwärts verschoben, in die hintere Region der Basalganglien. — Bei den dipneumonen Dipnoern gesellt sich zu ihr noch eine *Commissura pallii anterior* (Fig. 405), die vielleicht schon bei den Cyclostomen angedeutet war, und welche, wie bei den höheren Wirbeltieren, wohl Verbindungen zwischen den Anfängen der Rindenbildungen des Pallium herstellt.

Das *Zwischenhirn* erstreckt sich bei den primitiveren Fischen, Chondropterygier (Fig. 406), Chondrostei (Fig. 408) und Dipnoi (Fig. 405), als ein verschmälertes Verbindungsstück zwischen dem breiteren Tel- und Mesencephalon; seine Decke ist dann auch in der Dorsalansicht deutlich sichtbar. Bei den Holocephalen scheint es abnorm lang; doch dürfte diese Verlängerung, bei Berücksichtigung der Lage der Paraphyse, sowohl auf einer Streckung des unpaaren Teils des Telencephalon, als der des Zwischenhirns beruhen. Das Zwischenhirn der Holostei und Teleostei (Fig. 409 u. 410) ist dagegen stark verkürzt, weshalb es in der Dorsalansicht wenig hervortritt und das Mittelhirn dem Telencephalon sehr nahe rückt. Wie schon bemerkt, scheint die vordere Grenze der Zwischenhirndecke durch das gewöhnlich vorhandene Velum transversum bezeichnet, vor dem sich eine, meist nur schwach entwickelte *Paraphyse* erheben kann. Die Epiphyse, welche caudal von der Decke entspringt, wird bei den Chondropterygiern gewöhnlich sehr lang; sie reicht weit nach vorn und kann mit ihrem Ende in die knorpelige Schädeldecke eindringen. Auch bei den Knorpelganoiden besitzt sie noch eine ähnliche Länge, wogegen sie bei den Holostei und Dipnoi mäßiger, bei den Teleostei meist nur schwach ausgebildet ist. — Die epitheliale Decke zwischen Velum transversum und Epiphyse erhebt sich bei den Ganoiden und Dipnoern (weniger dagegen bei den Teleostei) zu einem zuweilen (Acipenser Fig. 408, Polypterus, Ceratodus) recht ansehnlichen Sack (sog. Zirbelposter, Parencephalon), der sich nach vorn dem Telencephalon auflegen kann, und in dessen Dach die Zirbel eingebettet ist.

Bei den Knochenganoiden (Lepidosteus, Amia) bildet dieser Sack seitliche Ausstülpungen in Ein- bis Zweizahl, die bei Lepidosteus ventralwärts um das gesamte Gehirn herabwachsen können, ja sich nach hinten bis über das Rückenmark zu erstrecken vermögen.

Von der Gegend des Zirbelpolsters, bei den Chondropterygiern vom Velum transversum, gehen die Plexus chorioidei aus, die den Teleostei fehlen, und bei den Ganoiden (Acipenser, Polypterus, doch auch Ceratodus) durch zahlreiche Falten der epithelialen Decke des Telencephalon vertreten zu sein scheinen.

Bei den Haien entspringen vom Velum zwei nach vorn, in den Ventriculus impar ziehende Plexus laterales oder hemisphärici; wogegen sich bei den Dipneumona von der

Zwischenhirndecke ein Paar Plexus inferiores in den dritten Ventrikel hinabsenken, von denen die Hemisphärenplexus nach vorn abgehen. Auch das Velum transversum, sowie die gesamte Zwischenhirndecke ist zuweilen plexusartig gebildet.

Auf die bei den Fischen gerade in der Thalamusregion recht zahlreichen Nervenkerne kann hier nicht näher eingegangen werden.

Am Hypothalamus springen die bei den Cyclostomen schon angedeuteten paarigen *Lobi inferiores* (L. laterales) fast stets ansehnlich vor (Fig. 406—409), zuweilen unter Bildung eines ihnen zugehörigen Recessus des dritten Ventrikels. Von ihnen kann sich bei den Teleostei ein hinterer Teil (Lobus mammillaris) etwas

Fig. 410.

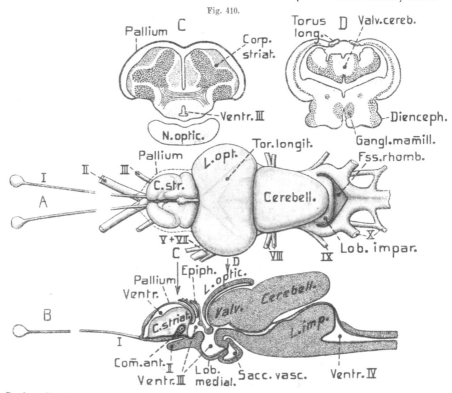

Barbus fluviatilis. Gehirn. *A* von der Dorsalseite. *B* Sagittaler Längsschnitt. *C* u. *D* Querschnitte an der Stelle der Pfeile in Fig. *B*. — Ependym rot. (*A* u. *B* Originale mit Benutzung von GOLDSTEIN 1905 *C* u. *D* nach GOLDSTEIN.) O. B. u. v. Bu.

absondern, in welchem ein Ganglion auftritt, das den *Corpora mammillaria* (candicantia) der Säuger entspricht. — Zwischen den Lobi inferiores erhebt sich ein *Lobus medialis*. Ein von diesem entspringender *Saccus vasculosus* ist fast stets vorhanden und kann bei den Chondropterygiern (Fig. 406 *C*) auch paarig entwickelt sein. Sein Epithel soll Sinneszellen enthalten.

Das *Mittelhirn* bildet fast stets einen sehr umfangreichen Abschnitt, zuweilen (Teleostei) sogar den größten. Äußerlich erhebt sich seine Decke (Tectum opticum) meist in zwei seitliche, durch eine mittlere Längsfurche gesonderte Lappen (Lobi optici, Corpora bigemina). Wenn es klein bleibt, so kann diese

Sonderung wenig deutlich sein, z. B. Acipenser, oder ganz fehlen (Protopterus, Lepidosiren). Sein Ventrikelraum ist mäßig eingeengt, hauptsächlich durch die ansehnliche Verdickung des Bodens, während die Decke im allgemeinen dünner bleibt.

Die schwächste Entwicklung des *Cerebellum* findet sich bei den Dipneumona (Fig. 405), indem es hier, ähnlich wie bei den Cyclostomen, aber auch im Anschluß an die Verhältnisse der Amphibien, nur eine wenig verdickte quere Lamelle der vorderen Rautengrubendecke bildet; es kann von dem sich darüber lagernden Mittelhirn fast völlig verdeckt werden. Schon bei *Ceratodus* wird es bedeutend länger und beträchtlich dicker; es wölbt sich dorsal empor, indem sein Ventrikelraum an der Emporfaltung teilnimmt. Letzteres Verhalten läßt sich mit dem der *Chondropterygier* vergleichen, deren Kleinhirn im allgemeinen eine bedeutende Größe erreicht (s. Fig. 406, 407 *C*). Dementsprechend bildet es einen ziemlich langgestreckten, eiförmigen bis rhombischen Körper, der durch eine starke Emporfaltung der Kleinhirnplatte entsteht, und sich oralwärts über den hinteren Teil des Mittelhirns, caudalwärts über die Vorderregion der Rautengrube ausdehnen kann. An seiner Decke findet sich stets eine mehr oder weniger deutliche Längsfurche, welche daher rührt, daß die Kleinhirndecke zwei Längsverdickungen bildet, die in den Ventrikel vorspringen, und zwischen denen die Decke dünn bleibt (Fig. 406 D_2). Andeutungen einer solch paarigen Entwicklung des Cerebellum können auch die zuerst besprochenen Formen schon zeigen. — Bei den primitivsten Chondropterygiern gesellt sich zu dieser Längsfurche noch eine Querfalte auf dem Kleinhirngipfel, indem sich die Decke hier mehr oder weniger tief in den Ventrikel einfaltet. Vor und hinter dieser Querfalte entwickeln sich bei den übrigen Chondropterygiern noch mehr oder weniger zahlreiche sekundäre (im Höchstfall 10—20), die jedoch meist weniger tief eindringen (s. Fig. 407 *A* und *C*, S. 570). Das Kleinhirn solcher Formen besitzt daher einen Bau, welcher an den bei Vögeln und Säugetieren erinnert. Eigentümlich ist, daß in diesen Fällen nicht selten eine asymmetrische Bildung der beiden Hälften auftritt (z. B. Zygäna u. a.). An der Übergangsstelle in die Tela der Rautengrube steigt die Kleinhirnplatte nochmals etwas empor und bildet einen vorderen queren Saum der Rautengrube (Caudallippe des Cerebellum, Lobus caudalis, Rautenlippe, Fig. 406 *C*).

Wesentlich anders entfaltet sich das Kleinhirn der *Ganoiden* und *Teleosteer*. Die ursprünglichsten Formen (Acipenser, Polypterus) besitzen ein Cerebellum, das aus einer schräg caudalwärts aufsteigenden Platte besteht, wie wir sie bei den Dipneumonen trafen. Schon bei Lepidosteus und Amia vergrößert sich die Platte nach hinten und wölbt sich empor, so daß deren Cerebellum etwa an die Verhältnisse von Ceratodus erinnert. Gleichzeitig ist es bei Polypterus, Lepidosteus und Amia noch ähnlich paarig verdickt wie bei den Chondropterygiern. — Die Kleinhirnplatte von Acipenser dagegen ist ganz unpaar (Fig. 408), ja besitzt sogar einen inneren medianen Kiel, der in den vierten Ventrikel vorspringt (ähnlich auch bei Ceratodus). Gleichzeitig entwickelt sich die vordere, an das Mittelhirn grenzende Übergangspartie des Kleinhirns stark, so daß sie nach vorn etwas in den Mittelhirn-

ventrikel vorspringt, eine Erscheinung, die bei Polypterus und den übrigen Knochenganoiden sehr wenig entwickelt ist. Der in den Mittelhirnventrikel vorspringende
Teil wird als *Valvula cerebelli* bezeichnet. — Die *Teleosteer* (Fig. 409 u. 410), deren
Cerebellum meist sehr voluminös wird, zeigen in der Ontogenie gleichfalls ein
emporgefaltetes Kleinhirn und eine sich stark entwickelnde Valvula. Die paarigen
lateralen inneren Verdickungen ihres Cerebellum wachsen jedoch so stark heran,
daß sie schließlich in der Mittellinie zusammenstoßen und sich vereinigen. So wird
das ursprünglich emporgewölbte Cerebellum ein solider Körper, in dem sich meist
nur noch ventral ein Rest des emporsteigenden Fortsatzes des vierten Ventrikels
erhält. Indem das Mittelhirn gleichzeitig stark nach hinten auswächst, legt sich
der eingefaltete dünne, zum Teil epitheliale Teil seiner Decke der Valvula des
Kleinhirns dicht auf und verwächst mit ihr. Auf solche Weise kommt es, daß die
Valvula der Teleosteer als ein ansehnliches Gebilde in den Mittelhirnventrikel vorspringt. Durch eine Längs- und Querfalte, die auf ihrer Oberfläche auftreten,
zeigt sie gewöhnlich zwei- bis vier paarige, tuberkelartige Erhebungen (daher
früher zuweilen als Corpora quadrigemina bezeichnet; s. Fig. 409 *D*), doch kann
ihre Bildung noch komplizierter werden (z. B. Thynnus).

Die ansehnliche Entwicklung der Valvula bei den Knorpelganoiden und Knochenfischen
scheint mit der sehr bedeutenden Ausbildung von Centren (Kernen) in den Seitenteilen
des Cerebellum zusammenzuhängen, die mit den knospenförmigen Sinnesorganen der Haut
in Beziehung stehen. Bei den erwähnten Fischen sind gerade diese Sinnesorgane sehr reich
entwickelt.

Äußerlich erscheint das Kleinhirn der Ganoiden und Teleostei meist glatt und
ungefurcht. Das der Knochenfische wird, wie erwähnt, häufig sehr groß, so daß
es sich weit über die Rautengrube nach hinten erstreckt; ja seine dorsale Erhebung kann sich auch nach vorn über das Mittelhirn ausdehnen (z. B. Silurus,
Thynnus, Malapterurus, Gymnotus).

Die *Medulla oblongata* der primitiven Fische (Chondropterygii, Ganoidei,
Dipnoi) zeichnet sich durch bedeutende Länge aus, wogegen sie bei den Teleostei gewöhnlich stark verkürzt ist. Dementsprechend ist auch die Rautengrube
der ersteren länger gestreckt; ihre Tela wird in der Regel von einer mittleren
Längsfalte und zu dieser symmetrisch angeordneten seitlichen Plexusfalten überzogen (Fig. 406 und 408). Der Boden der Rautengrube erhebt sich bei den erst
erwähnten Formen in eine Anzahl Längswülste (Lobi, s. Fig. 408 u. 411). In der
Medianlinie verlaufen die sog. *Tractus* (Fasciculi) *dorsales longi* (Eminentiae teres);
seitlich daneben je ein Längswulst, welcher durch die Kerne des Nervus vagus
und der davor entspringenden Nerven IX, VII und V hervorgerufen wird (sog. *Lobi
vagi* oder L. viscerales Johnston); äußerlich, die Seitenränder der Rautengrube
bildend, findet sich ein Längswulst, der sich nach vorn zu meist stark verdickt und am Vorderende der Medulla mehr oder weniger ausbuchtet (sog.
Rautenrohr; früher auch als Corpus restiforme, Lobus posterior oder Lobus trigemini bezeichnet). Diese Randwülste enthalten die Ursprungskerne des Hörnervs
(Acusticus) und des Seitenasts (Ramus lateralis) des Vagus; sie werden daher jetzt

gewöhnlich als *Lobi* (oder *Tubercula*) *acustico-laterales* bezeichnet. — Bei den
Chondropterygiern (Fig. 411) legen sich die erwähnten Rautenohren meist in
zahlreiche Falten oder Windungen und erscheinen so recht kompliziert. Ihre
Vorderenden biegen in die früher geschilderte Caudallippe des Kleinhirns über.

Die Rautenohren sind bei den erwähnten Fischen noch von der Kleinhirnrinde überzogen (sog. Crista cere-
bellaris), weshalb sie gelegentlich
auch dem Cerebellum zugerechnet
werden.

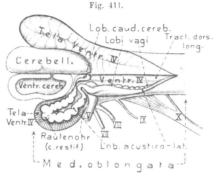

Fig. 411.

Die Lobi vagi der Chondropterygier
(Fig. 411) bestehen aus einer Reihe hintereinander gereihter, knötchenartiger Anschwellungen. — Bei den elektrischen
Rochen (Torpedo) schwellen sie zu einem
Paar mächtiger Lappen (*Lobi electrici*) an
(Fig. 412), die sich vom Boden der Rautengrube hoch erheben; von ihnen entspringen die Nervenfasern zu den Hirnnerven-
ästen, welche die elektrischen Organe
versorgen (s. vorn S. 458).

Acanthias vulgaris (Hai). Cerebellum und Medulla oblongata von der Dorsalseite. Die linke Hälfte
des Cerebellum ist abgetragen, so daß der Ventrikelraum
sichtbar ist. Auf der rechten Hälfte der Med. oblongata
ist die Tela chorioidea erhalten, auf der linken größtenteils entfernt. Die Ansatzlinie der Tela, sowie ihre Reste
auf der linken Hälfte sind rot angegeben. O. B. u. E. W.

An der Medulla oblongata der *Teleosteer* (Fig. 409 u. 410) treten die Längswülste
des Rautengrubenbodens weniger hervor. Eigentliche Rautenohren sind nicht ausgebildet und die Lobi acustico-laterales mehr ventral herabgedrängt, so daß sie
nicht deutlich hervortreten. Dies beruht darauf, daß die *Lobi vagi* häufig sehr
stark anschwellen, sich auf die Tela des vierten Ventrikels ausdehnen und bis zu
gegenseitiger Berührung, ja Verwachsung in der Mittellinie gelangen können (s.
Fig. 409 *D*). Die Fossa rhomboidea und ihre Decke erscheint dann auch stark rückgebildet oder verkürzt.

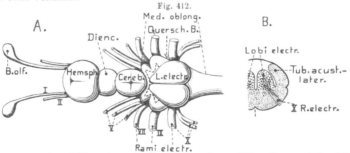

Fig. 412.

Torpedo marmorata. Gehirn. *A* von der Dorsalseite (n. ROHON 1878 u. FRITSCH 1890). *B* Querschnitt
durch die Medulla oblongata und die Lobi electrici (n. EDINGER 1908). E. W.

Bei den Cyprinoiden und Siluroiden erhebt sich vom vorderen Boden der Rautengrube,
unter dem Kleinhirn, ein starker unpaarer Lappen (*Lobus impar*), der von den sehr vergrößerten sensiblen Facialiskernen der vorderen Partie der erwähnten Lobi vagi gebildet
und daher zuweilen auch als *Lobus facialis* bezeichnet wird (Fig. 410 *A*, *B*). Dies hängt
wohl mit der reichen Entwicklung der vom Facialis versorgten Hautsinnesorgane (knospenförmigen Organe) der Kopfregion zusammen. Am Ursprung des Nervus trigeminus mancher

Teleosteer findet sich gleichfalls eine Anschwellung (Fig. 409). — Das Gehirn der Fische füllt im erwachsenen Zustand die Schädelhöhle meist nicht völlig aus. Bei den Knorpelfischen und Ganoiden tritt dies in geringerem Maß hervor, bei den Teleosteern dagegen sehr häufig. Der Raum zwischen Hirn und Schädelwand wird dann von einem Schleim- oder Fettgewebe erfüllt, das bei den Hirnhäuten genauer zu betrachten ist.

Amphibia. Das Amphibienhirn, welches wie das der höheren Vertebraten die Schädelhöhle meist völlig erfüllt, schließt sich dem der dipneumonen Dipnoi nahe an, indem sich an ihm fast alle typischen Verhältnisse des letzteren wiederholen. Wir finden daher stark vorgewachsene, langgestreckte Hemisphären mit allseitig nervöser Wand, die besonders bei den Urodelen und Gymnophionen

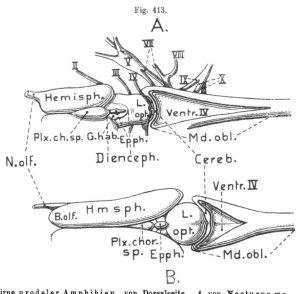

Fig. 413.

Hirne urodeler Amphibien, von Dorsalseite. *A* von Necturus maculosus (n. Osborn 1888). *B* von Molge (Triton) cristatus (nach Burkhardt 1891). P. He.

recht lang und schmal sind. Bei ersteren (Fig. 413)· wird dies anscheinend noch dadurch verstärkt, daß die Lobi olfactorii, welche sich bei den Amphibien im allgemeinen von den Hemisphären wenig absetzen, ohne deutliche Grenze in letztere übergehen. Die *Lobi* bilden hier direkte Fortsetzungen des vorderen Hemisphärenendes, und die Ventriculi laterales erstrecken sich, wie gewöhnlich, noch etwas in sie. Die Lobi der Anuren (Fig. 414) und Gymnophionen (Fig. 415) sind durch eine Querfurche etwas schärfer abgegrenzt. Eine deutliche Bulbusbildung und ein Tractus olfactorius fehlen den Amphibien. — Der einfache Riechnerv entspringt bei den Urodelen etwas lateral vom Vorderende des Lobus, wogegen die Gymnophionen und Anuren die Eigentümlichkeit zeigen, daß der Riechnerv zwei Wurzeln besitzt, von welchen die eine etwa wie die der Urodelen entspringt, während die zweite bei den Gymnophionen ventraler hervortritt, bei den Anuren dagegen auf der hinteren Lateralfläche des Lobus olfactorius. Charakteristisch für die Anuren ist ferner die mediane Verwachsung der Lobi (auf den Figuren als Bulbi bez.).

An den Hemisphären der Urodelen ist äußerlich keine deutliche Unterteilung wahrzunehmen; die der Anuren (Fig. 414 *A*) zeigen dagegen in ihrem lateralen Teil, der sich caudalwärts über das Zwischenhirn ein wenig ausdehnt, eine etwas schief nach vorn herabsteigende Furche, welche einen ventralen Teil (Pars subpallialis) von dem dorsalen Pallialteil abgrenzt. Diese Furche entspricht wohl derjenigen,

welche wir schon bei Protopterus fanden (Fovea limbica, Fissura rhinalis externa).
Bei den Gymnophionen (Fig. 415) ist sie wenig deutlich und auf die Ventralseite
der Hemisphäre verschoben, da hier der hintere lateropalliale Teil der Hemisphären
als ein kleiner Lappen ventral etwas vorspringt. Dieser Lappen, sowie die erwähnte Pars subpallialis der Anuren, entsprechen wohl dem schon bei Protopterus
angedeuteten Lobus piriformis. Die Hemisphären der Anuren sind in ihrer hinteren Region auf eine gewisse Strecke median verwachsen. Über die Ausdehnung

Fig. 414.

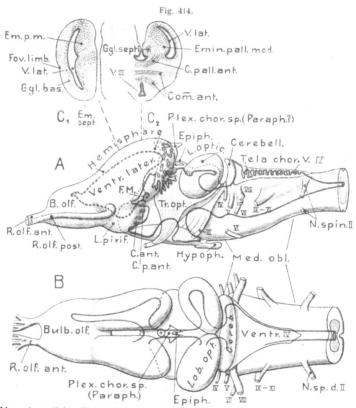

Rana. Gehirn. *A* von links. Ventrikelumgrenzung rot; Lamina terminalis, Plexus chorioideus sup. z. T.,
sowie Sagittalschnitt durch Mesencephalon in Strichlinien angegeben. *F. M.* Foramen Monroi. *B* von der
Dorsalseite. C_1—C_2 Querschnitte an den durch die beiden Strichlinien angegeben Stellen (nach GAUPP 1896).
P. He.

und die allgemeine Form der Seitenventrikel geben die Figuren Aufschluß.

Wie schon hervorgehoben, ist die gesamte Hemisphärenwand nervös verdickt, doch bleibt die seitliche äußere Wand relativ dünn (Fig. 414 C_1—C_2).
Um die Ventrikelhöhlen findet sich überall das sog. Höhlengrau. — Eine typische *Rindenbildung* (Cortex) wie bei den höheren Vertebraten besteht in dem
Deckenteil (Pallium) der Hemisphären noch nicht, d. h. es sind zwar dem lateralen, dorsalen und medialen Pallium nach außen vom Centralgrau Zellen
eingelagert, die den Pyramidenzellen der Höheren entsprechen dürften; sie bilden
jedoch noch keine geschlossene Lage wie bei den Reptilien. — *Basalganglien*

(Corpora striata) springen bei den Amphibien am Boden der Seitenventrikel nur wenig empor (Fig. 414 C_1). Dagegen ist die mediane oder septale Hemisphärenwand relativ dick; besonders bei den Anuren (Fig. 414 C_1), wo sie in Form zweier, von einer schiefhorizontalen Furche getrennter Anschwellungen in die Ventrikelhöhle hineinragt (Eminentia pallii u. Em. septalis). Wahrscheinlich repräsentieren diese Anschwellungen mit ihren gangliösen Einlagerungen die erste Andeutung der bei den Amnioten sich ansehnlicher entwickelnden Ammonshornbildung. Sie werden manchmal auch mit dem Epistriatum der Fische in Zusammenhang gebracht. — Wie bei den Dipnoi finden sich die beiden *Commissurensysteme* der Hemisphären, die *Commissura anterior* und die *Commissura pallii anterior* (Fig. 414 C_2). Diese Commissuren liegen bei den Urodelen in ziemlicher Entfernung hinter der Lamina terminalis, bei den Anuren und Gymnophionen dagegen in deren Basis. Im letzteren Fall ist daher der sog. Ventriculus impar der Hemisphäre recht klein, im ersteren dagegen ansehnlicher. Die Commissura pallii anterior (früher häufig als Corpus callosum bezeichnet) sendet ihre Fasern in die septale Hemisphärenwand; die Commissura anterior hingegen in die ventrale und laterale.

Das *Zwischenhirn* der Urodelen, besonders der Ichthyoden (Fig. 414 A), ist vom paarig entwickelten Mittelhirn sehr wenig gesondert, so daß beide wie ein gemeinsames Verbindungsstück zwischen Vorderhirn und Medulla oblongata erscheinen. Schon bei einem Teil der Salamandrinen (Fig. 413 B) und den Gymnophionen (Fig. 415) schwillt das Mittelhirn jedoch stärker an; am größten wird es bei den Anuren (Fig. 414). Überall jedoch bleibt seine Decke in der Dorsalansicht erkennbar (am wenigsten bei den Gymnophionen) und läßt die *Ganglia habenulae* fast immer deutlich wahrnehmen. — Eine mäßig große Epiphyse findet sich stets. Ihre Entwicklung verläuft bei den Anuren eigentümlich, indem ihr Endstück sich ablöst und außerhalb der Schädelhöhle als sog. Stirnorgan (Stirndrüse) erhält.

Die vordere Tela des Zwischenhirns erhebt sich stets zu einem, namentlich bei Ichthyoden und Gymnophionen (Fig. 415) ansehnlichen, gefäßreichen Gebilde (Adergeflechtknoten, Supraplexus, Plexus chorioideus superior), der sehr an das sog. Parencephalon (Polster) von Protopterus erinnert. Die Ontogenie der Amphibien scheint zu lehren, daß dies Gebilde aus der Paraphyse hervorgeht. An seiner Basis senken sich die Plexus chorioidei ein; in den dritten Ventrikel ein unpaarer bis paariger Plexus inferior, von dem bei Urodelen und Gymnophionen die beiden Hemisphärenplexus ausgehen, welche den Anuren fehlen. Nach hinten erstreckt sich ein unpaarer *Plexus medius*, der bei den Urodelen, namentlich den Ichthyoden, so lang werden kann, daß er den vierten Ventrikel fast erreicht. Wahrscheinlich entspricht dieser Plexus medius dem Velum transversum. — Die seitliche Thalamusregion des Zwischenhirns ist stark nervös verdickt. Der Hypothalamus sackt sich in einen schwach paarigen *Lobus infundibuli* aus, der im allgemeinen den Lobi inferiores der Fische entspricht; ihm schließt sich hinten die ansehnliche Hypophyse an. Ein *Saccus vasculosus* scheint den Urodelen zu fehlen oder sehr rudimentär zu sein; dagegen wurde bei den Anuren ein ansehnlicher und kompliziert gebauter beschrieben (HALLER). Nach anderen Angaben soll er jedoch den Amphibien selbst embryonal fehlen.

Die geringfügige Entwicklung des *Mittelhirns* der Ichthyoden wurde schon oben erwähnt; es bleibt hier zum Teil schmäler als das Zwischenhirn (Proteus) und ist von letzterem kaum abgesetzt. Bedeutend größer wird es schon bei vielen Salamandrinen (Fig. 413 *B*) und Gymnophionen (Fig. 415); seine Decke erhebt sich dann zu den beiden Lobi optici. — Am größten werden letztere bei den Anuren (Fig. 414), als zwei nach vorn divergierende starke Anschwellungen, zu denen die ansehnlichen Tractus optici von den Sehnerven aufsteigen. In die Lobi optici dringt jederseits ein Fortsatz der Ventrikelhöhle ein. Der hintere, gegen das Cerebellum absteigende Teil des Tectum opticum bildet bei den Anuren eine starke, schwach paarige Verdickung, die von hinten in den Ventrikel des Mittelhirns vorspringt (Fig. 414 *A*). Diese, an die Valvula cerebelli der Teleosteer erinnernde Bildung wird in der Regel, und wohl richtig, mit den sog. *Corpora quadrigemina posteriora* der Mammalia verglichen.

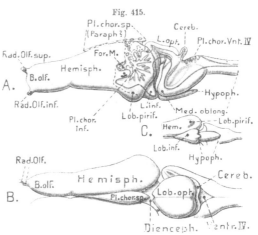

Fig. 415.

Ichthyophis glutinosus. Gehirn. *A* von links. Lamina terminalis und Tela Ventr. *III* in Strichlinien. *B* von der Dorsalseite. *C* Diencephalon mit anschließenden Teilen, von der Ventralseite (n. BURKHARDT 1891). P. He.

Die schwache Ausbildung des *Cerebellum* der meisten Amphibien verleiht ihrem Gehirn einen recht primitiven Charakter, um so mehr, als es nicht wahrscheinlich ist, daß dies von Rückbildung herrührt. In einzelnen Fällen zwar, z. B. bei Proteus und Siren, wo ein Cerebellum kaum existiert, mag Reduktion im Spiel sein. Das Kleinhirn erhebt sich daher nicht über die schon bei den Dipnoern gefundene Ausbildung. — Bei den Urodelen (Fig. 413) bildet es eine ganz schwache nervöse Verdickung des vorderen Rands der Rautengrube, bei den Ichthyoden handelt es sich sogar nicht um eine eigentliche Erhebung dieser Verdickung, vielmehr senkt sie sich in den Ventrikel hinab. Die Kleinhirnplatte der Gymnophionen (Fig. 415), Salamandrinen (Fig. 413 *B*) und Anuren (Fig. 414) dagegen steigt schief nach hinten empor und wird bei letzteren am größten und stärksten. Stets ist jedoch nur ein aufsteigender Teil entwickelt, ein hinterer absteigender fehlt, d. h. er wird durch die Tela des vierten Ventrikels gebildet. Äußerlich erscheint das Cerebellum der Anuren unpaar; bei Urodelen und Gymnophionen kann es schwach paarig sein.

Die geringe Größe des Kleinhirns bedingt, daß die *Rautengrube* mit ihrem stark entwickelten Plexus kaum verdeckt ist. Rautenohren sind meist noch gut angedeutet. Längswülste am Boden der Rautengrube treten nicht mehr so

deutlich hervor wie bei den Fischen. Dagegen sind die Seitenränder der vorderen
Region der Rautengrube bei Gymnophionen und Anuren stark wulstig verdickt,
eine Bildung, die im allgemeinen den Lobi acustico-laterales der Fische entspricht. Charakteristisch für die Gymnophionen erscheint, daß die Plica ventralis noch im erwachsenen Gehirn zwischen Mittelhirn und Medulla oblongata
hoch emporsteigt, weshalb eine sog. Brückenbeuge recht ausgesprochen erscheint.

Sauropsida. Am erwachsenen Hirn der Sauropsiden erhält sich die Brückenbeuge an der Ventralseite der Oblongata meist gut; weniger die Nackenbeuge.
Die embryonale Scheitelbeuge geht dagegen bei den Reptilien stark zurück,
weshalb die Hirnteile, ähnlich denen der Anamnier, ziemlich horizontal hintereinander liegen. Das Vogelhirn dagegen ist in der Normalstellung des Kopfs
gegen das Rückenmark herabgebogen, was durch die stark ausgeprägte Nackenbeuge ermöglicht wird (Fig. 416).

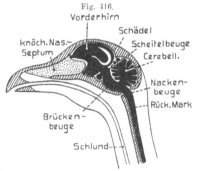

Fig. 416.

Columba. Sagittaler Längsschnitt durch den
Kopf, zur Demonstration der Hirnbeugen. E. W.

Das Hirnvolumen der Reptilien bleibt
noch mäßig, obgleich es bei den Crocodilen ziemlich zunimmt; das mancher fossiler Reptilien, so namentlich der größeren
Dinosaurier, blieb sehr klein, wie das geringe Volum ihrer Schädelhöhle beweist;
kleiner sogar als die hier sehr ansehnliche
Lendenanschwellung des Rückenmarks.
Das Vogelhirn aber gewinnt erheblich
an Umfang, so daß sein Gewicht das des
Rückenmarks übertreffen kann.

Die allmähliche Vergrößerung des Sauropsidenhirns beruht wesentlich auf
der Volumzunahme der Hemisphären, in geringerem Maß auch auf der des Cerebellum. — Die *Hemisphären* der Reptilien erscheinen in der Dorsalansicht oval bis
ungefähr dreieckig, indem sich ihr Vorderende etwas zuspitzt. Gegen das hintere
Drittel erheben sie sich im allgemeinen ziemlich stark und ihr Caudalteil (Polus
occipitalis) ragt (besonders bei den Placoiden) über das Zwischenhirn, ja auch die
vorderste Mittelhirnregion hinüber, weshalb das eigentliche Zwischenhirn, abgesehen
von dem Zirbelende, dorsal wenig sichtbar ist. Ein sog. *Lobus temporalis* erscheint
in der Regel ziemlich gut entwickelt. — Die ansehnlichen primären Lobi olfactorii
bilden die Fortsetzung der vorderen Hemisphärenenden; die Lateralventrikel erstrecken sich gewöhnlich bis in die Lobi. Der Riechnerv entspringt meist sofort
mit zahlreichen Fädchen (Fila). Eine Differenzierung des Lobus in Bulbus, Tractus und sekundären Lobus olfactorius zeigen zahlreiche Saurier, Sphenodon, sowie die Crocodile (Fig. 417 u. 418). — Die *Hemisphären* des Vogelhirns (Fig. 419)
haben im allgemeinen dieselbe Grundform, verbreitern sich jedoch nach hinten
sehr ansehnlich und werden auch höher. Ihr Occipitalteil reicht soweit nach hinten,
daß er das gleichfalls stark vergrößerte Cerebellum berührt und die beiden Lobi
optici des Mittelhirns seitlich ganz auseinander drängt, wobei sie von den beiden
Temporallappen häufig so bedeckt werden, daß sie von der Dorsalseite unsichtbar

sind. Die Temporallappen der Vögel sind in der Regel gut entwickelt und auch
seitlich durch eine etwas aufsteigende Furche einigermaßen abgegrenzt. Auf der
Dorsalfläche der Hemisphären findet sich meist eine, dem äußeren Rand parallel
ziehende schwache Furche, die *Vallecula*. — Im Gegensatz zu den Hemisphären
bleiben die Lobi olfactorii der Vögel sehr klein und entspringen etwas hinter
dem Vorderende auf der Ventralseite der Hemisphären. Wenn sie stark reduziert
sind (z. B. Aquila, Picus, Papageien), kann man sie in der Dorsalansicht nicht
mehr sehen; sie können dann auch miteinander verwachsen. — Hinter den Lobi
olfactorii springen auf der Ventralseite ein paar schwache Anschwellungen vor,
die sog. *Lobi parolfactorii*, welche auch den Reptilien schon zukommen, aber

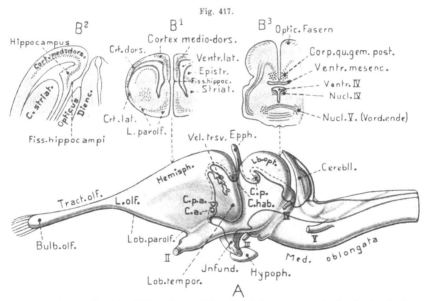

Fig. 417.

Varanus griseus (Saurier). Gehirn. *A* von links. Ventrikelumgrenzung rot. Lamina terminalis und
Sagittalschnitt durch Mesencephalon gestrichelt. *Ca.* Commissura anterior; *C.p.a.* Commiss. pallii anterior.
(Orig. mit Benutzung von EDINGER 1908). *B₁* u. *B₃* Querschnitte in der Richtung der Strichlinien. *B₂* Querschnitt durch den Caudalteil einer Hemisphäre des Telencephalon, um die Hippocampusbildung zu zeigen.
(n. EDINGER 1908 und früher). P. He.

äußerlich wenig hervortreten. Es ist möglich, daß diese Gebilde, welche bei den
Säugern genauer erwähnt werden sollen, mit den bei den Chondropterygiern und
Dipnoern ebenso bezeichneten Lobi (od. L. postolfactorii) homolog sind.

Die Hemisphärenventrikel der Reptilien sind stets spaltartig eingeengt, wegen
der starken Vergrößerung der Basalganglien (Corpora striata), die sich vom Boden
und mehr oder weniger auch von der seitlichen Hemisphärenwand erheben und
die Ventrikelhöhle fast erfüllen (s. Fig. 417 *B¹—²*, 418 *C¹*).

Die genauere Untersuchung der Faserverteilung und der Nervenzellenanhäufungen läßt
in den Basalganglien besondere Abschnitte unterscheiden, die wir schon bei den Fischen
trafen. Eine dorsale und mehr caudale Partie, welche bei den Schildkröten (und Crocodilen?)
auch durch eine horizontale mediane Furche abgesondert ist (Fig. 420 *B*), wird als Epistriatum
von dem darunter und davor liegenden Striatum unterschieden.

Die mächtigste Entwicklung erlangen die Basalganglien der Vögel (Fig. 419 D);
in ihrem vorderen Teil dehnt sich ihr Ursprung auf die ganze laterale und dorsale
Hemisphärendecke aus, so daß nur längs der medialen Hemisphärenwand noch
ein Ventrikelrest offen bleibt. Im occipitalen Hemisphärenabschnitt breitet sich
jedoch der Ventrikelraum rings um das gesamte Hinterende des Basalganglions
aus, weshalb es nach hinten frei in den Ventrikel hineinragt, was auch für die
Reptilien allgemein gilt.

Entsprechend seiner Größe ist das Basalganglion der Vögel auch innerlich recht kompliziert gebaut, indem sich ein dorsaler Teil (Hyperstriatum), ein ventraler (Mesostriatum),
sowie ein lateraler (Ectostriatum) unterscheiden lassen. Das sog. *Epistriatum* hat seine
Lage verändert, es findet sich laterobasal im Lobus temporalis.

Fig. 418.

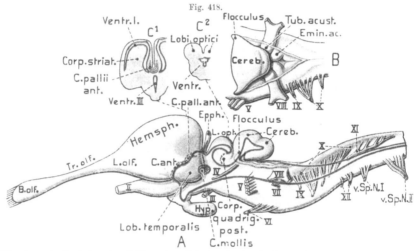

Alligator mississipiensis. Gehirn. *A* von links. Lamina terminalis gestrichelt. Ventrikelumgrenzungen
rot. *B* Cerebellum und Medulla oblongata von der Dorsalseite. C_1—C_2 Querschnitte an den von den Strichlinien angegebenen Stellen. C_1 durch den hinteren Abschnitt der linken Hemisphäre. C_2 durch den hinteren
Teil des Mesencephalon (n. Rabl-Rückhardt 1878, z. T. nach Originalpräparat etwas verändert). P. He.

Eine deutlicher geschichtete Rindenbildung mit Pyramidenzellen findet sich
im Pallium der Reptilien allgemein; sie erstreckt sich fast durch das gesamte Pallium und läßt gewöhnlich je eine Partie in der medialen, der dorsalen und der
lateralen Palliumwand unterscheiden (s. Fig. 420 B). Wegen der innigen Vereinigung des größten Teils des Pallium mit dem Basalganglion, ist bei den Vögeln nur
die mediale Cortexpartie schärfer ausgebildet. — In der caudalen Region der medialen Cortexpartie findet sich bei den Reptilien eine etwas geschwungene Längsfurche
der medialen Palliumwand, die sog. *Fissura arcuata* (F. hippocampi, auch Fovea
limbica interna gen.), welche an dieser Stelle eine schwache Einfaltung der Wand
in den Ventrikel hervorruft; auch ist hier die Medialwand meist etwas verdickt
(s. Fig. 421). Es ist dieselbe Verdickung, welche wir schon bei den Amphibien
trafen, und bei den Anuren als Eminentia septalis und pallii bezeichneten: die
erste Anlage einer Bildung, welche dem *Ammonshorn* (Hippocampus), samt
der Fascia dentata, der Mammalia entspricht. — Bei den Squamaten scheint

sie im allgemeinen besser ausgebildet zu sein als bei den Placoiden. Embryonal
tritt sie wohl schärfer hervor als bei den Erwachsenen. Diese Ammonshornbildung sendet Fasern in die allen Reptilien zukommende *Commissura pallii*
anterior, zu der sich auch zwei
vom Hypothalamus aufsteigende
Faserbündel begeben, welche
wir bei den Mammalia als die
Säulen (Columnae) des *Fornix*
wiederfinden werden. Etwas ventral von dieser Commissur findet
sich die *Commissura anterior*.
Beide Commissuren sind bei den
Sauropsiden etwas vor das Foramen Monroi verschoben, was mit
der starken Reduktion des Ventriculus impar zusammenhängt.
Die Commissura pallii der Vögel
ist stark reduziert, was damit
in Beziehung stehen dürfte, daß
ihnen die oben erwähnte Ammonshornbildung fehlt.

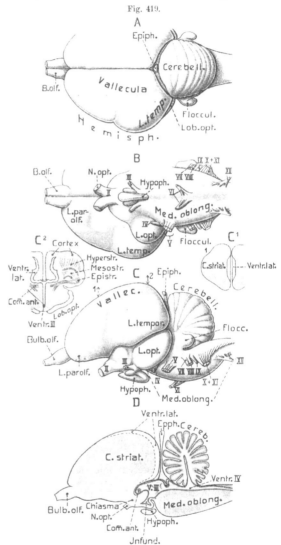

Fig. 419.

Die Saurier zeigen in der vordersten Decke des Zwischenhirns, direkt
hinter der Basis der embryonal gut
entwickelten Paraphyse, noch eine
quere Commissur (*Commissura pallii*
posterior), die ihre Fasern in die Medialwand des Schläfenlappens sendet.
Sie scheint auf diese Ordnung beschränkt zu sein.

Wie schon hervorgehoben
wurde, ist das *Zwischenhirn* der
Sauropsiden kurz und von der
Dorsalseite kaum sichtbar; nur die
mäßige bis ziemlich ansehnliche
Epiphyse tritt zwischen den Hemi-
spären und dem Mittelhirn hervor.
Eine Paraphyse, die embryonal
(speziell Saurier) gut ausgebildet
ist, läßt sich am erwachsenen

Anser domestica (Gans). Gehirn. *A* von der Dorsalseite.
B von der Ventralseite. *C* von links. *D* in der Sagittalebene
halbiert; rechte Hälfte von der Medianebene gesehen. C_1—C_2
Querschnitte durch die Hemisphären in der Gegend *1* u *2* von
Fig. *C*. (*A*, *B* u. *C* Originale; C_1 und C_2 nach EDINGER 1908).
P. He.

Gehirn wenig bemerken. — Die *Plexus*einstülpung der Tela des Zwischenhirndachs erscheint in der Dorsalansicht kurz schlitzförmig (sog. Hirnschlitz), und
die Einsenkung der seitlichen Plexus in die Lateralventrikel im Bereich des
Foramen Monroi setzt sich bei den Squamaten nach vorn auf die Medialwand der

Hemisphären als eine Furche etwas fort (Fissura chorioidea, Fig. 421). — Die
starken Thalamusanschwellungen engen den dritten Ventrikel sehr ein. Etwa in
ihrer mittleren Höhe verdicken sie sich bei den Reptilien so stark, daß sie median zusammenstoßen und bei Schlangen, Crocodilen und Schildkröten verwachsen
(Commissura mollis, Massa intermedia, s. Fig. 418; bei den Sauriern ist diese
Verwachsung nicht sicher erwiesen). Der dritte Ventrikel der Reptilien wird dadurch in einen dorsalen und ventralen Abschnitt zerlegt. — Das Ende des Infundibulums läuft, wie bei den Amnioten gewöhnlich, in einen kurzen säckchenartigen

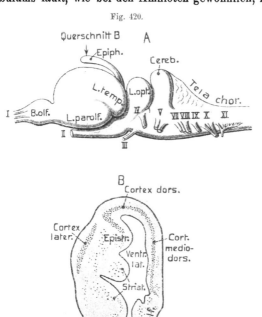

Fig. 420.

Fortsatz aus (Saccus infundibuli), dem die Hypophyse angefügt ist. Ein eigentlicher
Saccus vasculosus fehlt.

Das *Mittelhirn* ist stets
recht ansehnlich und seine
Decke meist zu paarigen Lobi
optici stark erhoben. Wie schon
erwähnt, werden diese Lobi
bei den Vögeln seitlich weit
auseinander gedrängt und ventral herabgeschoben, so daß
sie großenteils bis völlig vom
Occipitalabschnitt der Hemisphären verdeckt werden. Der
sie verbindende mittlere Teil
des Tectum bleibt relativ dünn.
— Die Ventrikelhöhle erstreckt
sich allgemein in die beiden
Lobi. — Nur die Crocodile
zeigen, ähnlich den Anuren, an
der Übergangsstelle der caudalen absteigenden Partie des
Tectum in das Cerebellum ein

Thalassochelys caretta (Carettschildkröte). Gehirn. *A* von
links (Original). *B* Querschnitt der linken Hemisphäre, etwa in
der Gegend des Pfeils auf Fig. *A* (n. EDINGER 1896). P. He.

Paar starker Verdickungen, die nach vorn in den Ventrikel vorspringen. Es sind
die sog. *Corpora quadrigemina posteriora,* welche bei fast allen übrigen Sauropsiden
nicht als Anschwellungen hervortreten. — Die Lobi optici der Schlangen (speziell
der Riesenschlangen, Fig. 421 *A*) erheben sich nur wenig; dagegen grenzt sich ihr
kleinerer hinterer Teil durch eine schwache Querfurche etwas ab und zeigt zuweilen
auch eine paarige Bildung. Dieser hintere Abschnitt entspricht wohl ebenfalls den
Corpora quadrigemina posteriora, so daß hier die Bildung des Tectum an das der
Säuger erinnert; in den Ventrikel springen jedoch diese hinteren Vierhügel nicht vor.

Unter allen Hirnabschnitten zeigt das *Cerebellum* in der Reihe der Sauropsiden die fortschreitende Entwicklung am deutlichsten. Bei den Squamaten überschreitet es im allgemeinen die bei den Amphibien (speziell Anuren) schon erlangte

Bildung nicht viel. Nur der vordere aufsteigende Abschnitt der Cerebellarfalte ist bei den *Sauriern* als eine gewöhnlich etwas konkav nach vorn gekrümmte, ziemlich dicke Platte entwickelt; der caudale, absteigende Teil bleibt noch ganz dünn als Fortsetzung der Tela des vierten Ventrikels; jedoch steigt die Cerebellumplatte ziemlich hoch empor (Fig. 417). Fast horizontal dagegen, bis wenig ansteigend, erstreckt sich die Cerebellarplatte der *Schlangen* nach hinten, so daß sie einen ansehnlichen Teil der Rautengrube überlagert (Fig. 421). — Das Kleinhirn der *Placoiden* und *Vögel* dagegen ist emporgefaltet und beide Teile der Falte sind stark nervös verdickt. Das der Chelonier (Fig. 420) ist im ganzen mäßiger entwickelt. Bei den Crocodilen dagegen wird es bedeutend ansehnlicher (Fig. 418); auf seiner Oberfläche zeigt es eine seichte quere Einfaltung, sowie an seinem lateralen Basalrand jederseits

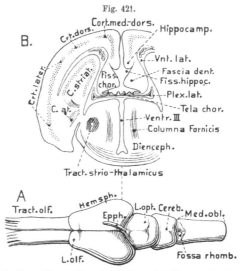

einen Vorsprung, der sich in die Ränder (Taeniae) der Rautengrube fortsetzt; diese Bildung erinnert daher etwas an das Rautenrohr der Chondropterygier. Man betrachtet diese seitlichen Vorsprünge gewöhnlich als erste Andeutung seitlicher Teile (Hemisphären) des Kleinhirns und vergleicht sie meist mit den Flocculi der Säuger. — Eine weitere Steigerung in der eingeschlagenen Richtung zeigt das Cerbellum der Vögel (Fig. 419). Wie schon früher bemerkt, wird es sehr voluminös, wobei sich seine Wände so verdicken, daß der aufsteigende Ventrikelspalt sehr eingeengt ist. Durch die Entwicklung mehr oder weniger zahlreicher Querfurchen, die bis nahe zum Ventrikelspalt eindringen können, vergrößert sich seine Oberfläche sehr. Die seitlichen Anhänge (Flocculi), die schon den Crocodilen zukommen, sind am Vogelcerebellum noch besser entwickelt.

Fig. 421.

Python (Riesenschlange). Gehirn. *A* Gehirn von **Python molurus** von der Dorsalseite. (Original). *B* Querschnitt in der Richtung der Strichlinie (Caudalregion der Hemisphäre) von **Python bivittatus** (n. Edinger 1896, etwas verändert) P. He.

Über die *Medulla oblongata* ist ohne Eingehen auf Einzelheiten wenig zu berichten. Die Bedeckung der Fossa rhomboidea hängt natürlich vom Entwicklungsgrad des Cerebellum, doch auch von seiner Stellung zur Medulla ab.

Mammalia. Die hohe Entwicklung, welche das Säugerhirn allmählich erlangt, beruht hauptsächlich auf der immer mehr zunehmenden Vergrößerung der Hemisphären des Telencephalon (Großhirn) und des Cerebellum. Gegen diese Abschnitte treten Mittel- und Nachhirn stark zurück, während das Zwischenhirn, im innigen Anschluß an die Hemisphären, sich ziemlich ansehnlich erhält. — Die Volumvergrößerung der Hemisphären rührt von einer starken und immer mehr steigenden Ausdehnung, namentlich aber auch Verdickung ihrer dorsalen Decke oder des Pallium (Episphärium, Neoencephalon) her, während der ventrale Boden oder Basalteil (auch Stammteil oder Archencephalon genannt) sich relativ wenig vergrößert. Die allmähliche Entwicklung der Großhirnhemisphären erweckt daher zunächst das Hauptinteresse. Wie bemerkt, nimmt ihr Volum, von den ursprünglichsten Formen ausgehend, immer mehr zu, indem sich das Pallium einerseits stark dorsal hervorwölbt und lateral in die Breite ausdehnt, anderseits jedoch auch nach vorn (frontalwärts) und nach hinten (caudalwärts) auswächst. Auf solche Weise kommt es, daß die Lobi olfactorii, welche bei den meisten Säugern über den Vorderrand der Hemisphären vorspringen, schließlich bei den Affen und Menschen von den stark entwickelten Frontallappen der Hemisphären ganz überdeckt werden (vgl. Fig. 423), was jedoch auch bei starker Reduktion der Lobi eintritt (Pinnipedia und Cetacea). — Das Zwischenhirn wird stets vom Caudalteil der Hemisphären überlagert, wogegen der hintere Teil des Mittelhirns bei den Aplacentaliern und vielen primitiveren Placentaliern noch unbedeckt bleibt (Fig. 423); bei Ungulaten, Carnivoren, Cetaceen und Primaten wird er aber durch die starke caudale Ausdehnung der Hemisphären ebenfalls verdeckt (Fig. 423[5, 7], 424, 430). Die Hemisphären der Simiae erstrecken sich durch allmählich steigende Entwicklung ihres Occipitallappens immer weiter über das Kleinhirn, welches sie schließlich bei den Anthropoiden und Menschen völlig überlagern können (Fig. 423[8]). — Die Breite der Hemisphären wird bei den Pinnipediern und Cetaceen besonders groß, so daß sie die Länge übertrifft.

Der dorsale oder palliale Teil der Hemisphären grenzt sich bei den palaeogenen Säugern von dem Basalteil, der wegen seiner innigen Beziehungen zu den Riechorganen auch als *Rhinencephalon* bezeichnet wird, lateral durch eine nahezu horizontale Furche ab (Fig. 422 A, C), welche vorn die seitliche Grenze des Lobus olfactorius gegen das Pallium bezeichnet, und sich von da bis zum Hinterende der Hemisphären verfolgen läßt. Der durch diese *Fissura rhinalis externa* (Fovea limbica) abgegrenzte Basalteil beginnt vorn mit den Lobi olfactorii, die sich caudalwärts in die *Tractus olfactorii* fortsetzen, und in der hinteren Region endlich in stärkere Anschwellungen übergehen, welche auch seitlich vom Zwischenhirn und ventral etwas hinabsteigen. Es sind dies die *Lobi piriformes* (od. L. hippocampi) (Fig. 422 B, 424 B).

Schon bei den Dipnoern (S. 572) und den Anuren (S. 579) fanden wir eine der Fissura rhinalis externa wohl entsprechende Furche. Bei den Sauropsiden läßt sich schwer entscheiden, ob und wo sich eine ihr homologe Furche findet. Es hängt dies ab von der Beurteilung des oben als Lobus temporalis bezeichneten Vorsprungs der Hemisphären. Derselbe könnte entweder dem Lobus piriformis oder dem später zu erwähnenden Lobus temporalis der Säuger gleichgesetzt werden. Letzteres ist jedenfalls die gewöhnliche Auffassung. — Die Vogelhemisphären zeigen jedoch häufig eine Bildung, welche der der ursprünglichen Säuger ziemlich gleicht, indem die oben als Vallecula beschriebene Furche einen dorsalen Teil der Hemisphären abgrenzt (Fig. 419), ganz ähnlich wie die Fissura rhinalis am primitiven Säugerhirn. Ließe sich daher diese Vallecula der Vögel der Fissura rhinalis der Säuger vergleichen, so müßte der Lobus temporalis des Sauropsidengehirns dem Lobus piriformis gleichgestellt werden.

Wie bemerkt, sind die *Lobi olfactorii* bei denjenigen Säugern, deren Riechorgane gut entwickelt sind, groß und entspringen, ähnlich wie bei den Vögeln, auf
der Ventralfläche des vorderen Hemisphärenendes. Ihr Distalende verdickt sich
zu dem Bulbus, der häufig recht mächtig werden kann (Fig. 422—424). Nach
hinten setzt sich jeder Lobus auf der Ventralseite der Hemisphären in Faserbündel
fort, die *Tractus olfactorii*. Bei ansehnlicher Entwicklung (macrosmatische Säuger)
ist der Lobus stets hohl, indem sich vom Hemisphärenventrikel ein enger Kanal
in ihn fortsetzt, der sich im Bulbus ansehnlich erweitert (s. Fig. 425, 426). Bei
Affen und Menschen wird der ge-
samte Lobus stark reduziert (microsmatische Säuger); das Gleiche ist im
allgemeinen bei den dauernd im Wasser
lebenden Säugern (Pinnipedia, Sirenia
und Cetacea) eingetreten; bei letzteren
lassen sich nur noch mikroskopisch
Spuren der Lobi nachweisen und die
Riechnerven sind meist völlig eingegangen. — Mit einziger Ausnahme
von Ornithorhynchus entspringen vom
Bulbus stets sofort zahlreiche Olfacto-
riusfädchen (Fila), welche die Löcher
des Ethmoids durchsetzen; Ornithorhynchus besitzt dagegen ein geschlossenes Bündel solcher Fila.

Dicht hinter jedem Tractus olfactorius und etwas mehr median tritt bei
allen Säugern mit stark entwickelten
Lobi olfactorii eine verschieden ansehnliche Anschwellung auf, nämlich
der schon bei den Sauropsiden angedeutete *Lobus parolfactorius* (Tuber-
cul. olf., Area olfactoria, Fig. 422 bis
424), der nach neueren Erfahrungen
Beziehungen zum Trigeminuskern be-

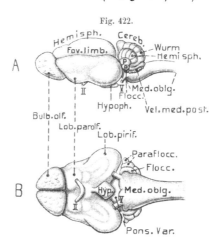

Fig. 422.

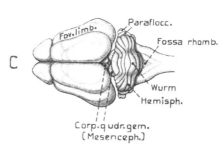

Erinaceus europaeus (Igel). Gehirn. *A* von links.
B von der Ventralseite. *C* von der Dorsalseite.
O. B. u. E. W.

sitzen soll, weshalb in ihm manchmal ein Centrum für die Gefühlsorgane der Schnauze
gesucht wird (sog. Oralsinn EDINGER). Bei den Formen mit stark rückgebildetem
Lobus olfactorius verkümmert auch der L. parolfactorius und läßt sich bei den
Primaten kaum noch in Spuren nachweisen.

Eine ganz eigenartige Bildung hat die Verbindung der Hemisphären mit dem
Zwischenhirn erlangt, was vor allem mit der caudalen Ausdehnung der Hemisphären
in Beziehung stehen dürfte. — Die starke Vergrößerung der Hemisphären bedingt
im allgemeinen auch eine ansehnliche Entwicklung des Zwischenhirns, namentlich
ein Anschwellen der Fasermassen, die aus den beiden Thalami optici und den

1. Echidna hystrix (dorsal)

Fig. 123.

2. Macropus rufus (dorsal)

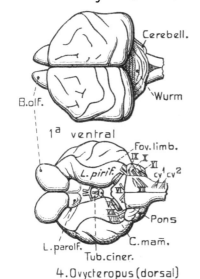

Cerebell.

Wurm

B.olf.

1ᵃ ventral

Fov.limb.

IX X

L. pirif. XI

cv¹ cv²

VI

Pons

VII

VIII

L. parolf.

C. mãm.

Tub. ciner.

Cerebell.

Wurm

Hemisph.

3. Vesperugo pipistrellus (dors.)

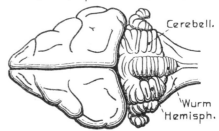

Hemisph.

Wurm

Corp. qu. gem.

4. Ovycteropus (dorsal)

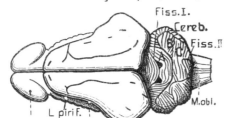

Fiss. I.

Cereb.

Fiss. II.

M. obl.

L. pirif.

ant. Fov. limb

B. olf.

4ᵃ ventral

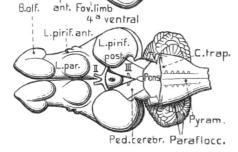

L. pirif. ant.

L. pirif. ant.

L. pirif. post.

C. trap.

L. par.

II

III

Pons

Pyram.

Ped. cerebr. Paraflocc.

5. Canis familiaris (dorsal)

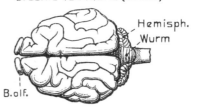

Hemisph.

Wurm

B. olf.

6. Lemur fulvus (dorsal)

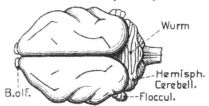

Wurm

Hemisph.

Cerebell.

B. olf.

Floccul.

7. Phocaena communis
(von links)

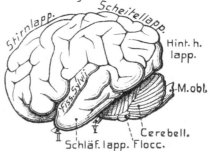

II

V

8 Simia satyrus (von links)

Scheitellapp.

Stirnlapp.

Hint. h. lapp.

Fiss. Sylvii

M. obl.

Cerebell.

Schläf. lapp. Flocc.

Hirne verschiedener Säugetiere, teils dorsal, teils ventral, teils seitlich, zur Demonstration der Entwicklung der einzelnen Abschnitte, sowie der Windungsentwicklung der Hemisphären des Großhirns. (1. u. 2. n. ZIEHEN 1897; 3. n. HALLER 1906; 4. n. G. E. SMITH 1898; 5. Original; 6. n. G. E. SMITH 1902; 7. u. 8. Originale).

v. Bu.

hinteren Hirnabschnitten durch die beiden sog. *Hirnstiele* (Pedunculi cerebri) in die Hemisphären eintreten. Bei den bisher besprochenen Vertebraten, deren Hemisphären sich caudalwärts nur wenig über das Zwischenhirn ausdehnen, bildet die Region des Foramen Monroi die Verbindungsstelle des Zwischenhirnventrikels mit den Seitenventrikeln. Indem nun der oben erwähnte Lobus piriformis, in dessen Bereich die Verbindung zwischen Thalamus und Hemisphäre fällt, lateral vom Thalamus stark ventral und caudalwärts auswächst, und, wie wir sehen werden, damit auch der hintere Teil des eigentlichen Pallium in ähnlicher Weise auswächst, dehnt sich die seitliche vordere Partie der Tela des Diencephalons, auf der Grenze zwischen Thalamus und Lobus piriformis, caudalwärts spaltartig aus (sog. Hirnspalt, Fissura chorioidea), so daß sie als ein caudalwärts konvexer bogenförmiger Spalt, vom Foramen Monroi aus, an der Medialseite des Lobus piriformis bis zu dessen Ventralende herabzieht (Fig. 427₂, 428). Durch diese *Fissura chorioidea* und das Foramen Monroi dringt der Plexus chorioideus lateralis in den Seitenventrikel ein.

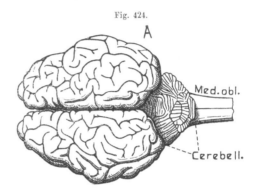

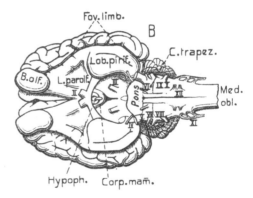

Fig. 424.

Bos taurus, juv. (Kalb). Hirn. *A* Dorsalansicht.
B. Ventralansicht. v. Bu.

Das Entstehen der Fissura chorioidea dürfte sich nur so begreifen lassen, daß gleichzeitig mit dem ventralen Auswachsen des Lobus piriformis auch die ursprüngliche Verbindungsregion zwischen Thalamus und Hemisphäre stark nach unten und hinten auswächst, sodaß die Tela des Zwischenhirns, an diesem Wachstumsprozeß teilnehmend, sich beiderseits nach hinten zur Fissura chorioidea entwickelt. Dieser Entstehungsvorgang scheint mir natürlicher als die häufig gemachte Annahme, daß bei den Säugern eine Verwachsung zwischen den Lateralflächen der Thalami und den Medialflächen der Lobi piriformes eingetreten sei. Die Ontogenie zwar soll einen solchen Vorgang erweisen, doch ist die anscheinende Verwachsung wohl eher ein Auswachsen der ursprünglichen Übergangsregion des Thalamus in den Lobus.

Wie schon oben dargelegt wurde, ergibt die Betrachtung der Hemisphären eine zunehmende dorsale Erhebung und ein Auswachsen in frontaler und caudaler Richtung. Man unterscheidet daher an ihnen einen *Frontal-* und *Parietallappen*; bei ansehnlicher Entwicklung der Occipitalregion (speciell Simiae und Mensch, Fig. 423₈) auch einen *Occipitallappen*. Diese Lappen sind jedoch in keiner Weise scharfgesondert, sondern gehen ineinander über, weshalb ihre Grenzbestimmung auch am Menschenhirn eine Sache der Konvention bleibt. Zu den genannten drei Lappen gesellt sich jedoch bei den Hemisphären, deren Caudalteil sich mehr entwickelt, noch ein *Schläfen-* oder *Temporallappen*, der von der hinteren lateralen Region des Pallium ausgeht. Den Hirnen mancher primitiverer Säuger (z. B. gewisse Insectivora Fig. 422, Rodentia, Edentata Fig. 423₄) fehlt der Temporallappen noch ganz, oder ist doch nur sehr schwach angedeutet, als ein ventrolateraler Vorsprung des Pallium über den Lobus piriformis. Meist wächst aber der Temporallappen seitlich vom Lobus piriformis mehr oder weniger stark herab, ihn in verschiedenem Grad überdeckend; wobei sich sein Ventralpol gleichzeitig etwa schief nach vorn richtet. Schon die Monotremen (Fig. 427₁) zeigen solche Verhältnisse. — Diese Vorwölbung und das Vorwachsen des Temporallappens bedingen ferner das Entstehen einer bei primitiven Gehirnen nur schwach

Fig. 425.

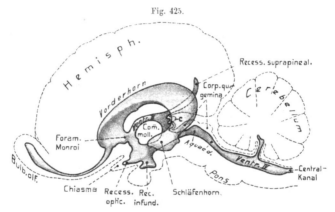

Equus caballus. Ausguß der Hirnhöhlen in die Umrisse des Hirns (Strichlinien) eingezeichnet. Ansicht von links. Es ist daher nur der linke Seitenventrikel zu sehen. Die Umrisse des verdeckten Teils des III. Ventrikels sind gestrichelt (n. Ellenberger u. Baum, Handb. d. Vgl. Anat. d. Haussäugetiere; etwas verändert).
v. Bu.

angedeuteten Furche, die von der Fissura rhinalis externa etwas schief nach hinten aufsteigt und die Vordergrenze des Temporallappens markiert (Fossa Sylvii). Bei den höheren Säugetieren (Ungulata, Carnivora, Cetacea, Primates) entwickelt sich der Temporallappen immer mächtiger, wobei er den Lobus piriformis so bedeckt, daß letzterer in der Seitenansicht nur noch wenig, oder gar nicht mehr zu sehen ist. — Endlich wird auch auf der Ventralseite des Hirns die scharfe Grenze zwischen dem Lobus piriformis und dem Temporallappen verwischt, so daß der erstere von den Windungen des Temporallappens nicht mehr bestimmt zu unterscheiden ist, obgleich er selbst bei Affen noch deutlich erkennbar bleiben kann. Im Menschenhirn wird der Lobus piriformis im allgemeinen von dem sog. Gyrus hippocampi repräsentiert. — In dem Maße, als sich der Temporallappen stärker entwickelt, wird auch die oben erwähnte Fossa Sylvii länger und tiefer. Bei höchster Entwicklung (Primaten) ist sie zu einer tiefen Grube geworden, die vom vorderen Teil des Schläfenlappens und einem herabhängenden Teil des Parietallappens

(Operculum) überdeckt wird, weshalb ihr Boden (Insula Reilii) von außen nicht mehr sichtbar ist, sondern nur die in die Grube führende *Fissura Sylvii* (s. Fig. 423₈).

Mit dem Auswachsen der Hemisphären entfaltet sich auch ihr Seitenventrikel entsprechend (Fig. 425 u. 426). Er erstreckt sich vorn bis in den Frontallappen und schickt gewöhnlich eine Fortsetzung in den Bulbus olfactorius. Dieser vordere Ventrikelabschnitt wird gewöhnlich als *Vorderhorn* bezeichnet. In dem Maße als ein Occipitallappen auswächst, setzt sich der Ventrikel als *Hinterhorn* in diesen fort und schickt ebenso eine Abzweigung in den Schläfenlappen hinab, welche diesen in seiner ganzen Länge durchzieht, das *Unter-* oder *Schläfenhorn*.

Wie bei den seither besprochenen Vertebraten wird der Ventrikelraum durch ein ansehnliches *Corpus striatum* (Basalganglion), das sich vom Boden und der lateralen Wand erhebt, stark eingeengt. Entsprechend der Längsausdehnung der Hemisphären sind die Corpora striata ebenfalls langgestreckt; ihr verschmälertes Hinterende reicht bis in das Unterhorn hinab (Fig. 426 B).

Innerlich sind die Corpora striata ziemlich kompliziert gebaut; es lassen sich zwei ansehnliche Ganglienzellmassen unterscheiden, der sog. *Nucleus caudatus*, der, dorsaler gelegen, das gesamte Corpus durchzieht, und der ventralere *Nucleus lentiformis*, der selbst wieder aus mehreren Partien besteht. Beide Kerne

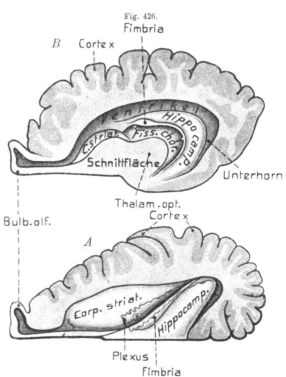

Fig. 426.

Bos taurus juv. (Kalb). *A* Rechte Hemisphäre von der Dorsalseite geöffnet; die Decke abgetragen, sodaß der Seitenventrikel, das Corpus striatum, sowie der dorsale Teil des Hippocampus zu sehen sind. Der Plexus chorioidalis des Seitenventrikels rot eingezeichnet. *B* Linke Hemisphäre von der Außenseite geöffnet, sodaß ein Teil des Corpus striatum, sowie das Unterhorn des Ventrikels mit dem Hippocampus, der Fimbria und der Fissura chorioidea zu sehen sind. O. B. u. v. Bu.

werden durch die Fasermasse der *Capsula interna* geschieden, die, vom Thalamus kommend, als sog. *Corona radiata* in das Pallium ausstrahlt. — Auch ein Repräsentant des *Epistriatum* soll sich finden, ist jedoch ganz an das Ende des Corpus striatum, ins Unterhorn verlagert, wo er den *Nucleus amygdalae* bildet.

Ein schwieriges Kapitel in der Morphologie der Säugerhemisphären bilden die Commissuren, welche mit dem Auswachsen der Hemisphären natürlich eine besondere Entfaltung erlangen. Zwar erhält sich die *Commissura anterior* (oder ventralis), welche wie bei den Sauropsiden in der Lamina terminalis liegt, wenig

verändert durch die gesamte Reihe. Bei den niederen Formen ist sie relativ
ansehnlicher (Fig. 427). Sie läßt stets zwei Portionen unterscheiden: eine vordere,
die ihre Fasern aus den Bulbi olfactorii bezieht, und eine hintere, die in Verbindung mit den Lobi (Tractus) olfactorii, den Lobi piriformes und wohl auch den
Temporallappen steht.

Die *Commissura pallii anterior*, die wir von den Dipnoern an verfolgten, er-
fährt bei den Säugern eine eigentümliche Weiterentwicklung, welche durch ihre
Verbindung mit der schon bei den Amphibien und Sauropsiden angedeuteten
Ammonshornbildung (Hippocampusformation) bedingt wird, die sich bei den
Säugern viel ansehnlicher und komplizierter entwickelt. Bei den Amphibien und
Reptilien fanden wir den sog. Hippocampus als eine gangliöse Verdickung der
medialen Hemisphärenwand, welche zuweilen durch eine seichte Furche der
Medialwand (Fissura hippocampi oder arcuata) etwas in den Lateralventrikel ein-
gestülpt war (vgl. Fig. 421, S. 587). Die Commissura pallii anterior bildete eine
Faserverbindung zwischen den Hippocampusformationen beider Hemisphären.

Die Weiterentwicklung der Hippocampusbildung der Mammalia zeigt sich
vor allem darin, daß sie, im Gegensatz zu den Sauropsiden, nicht auf die Region
der medialen Hemisphärenfläche vor der Lamina terminalis beschränkt bleibt, sondern sich auf die Medialfläche des Lobus piriformis fortsetzt, im Zusammenhang
mit dessen caudalen Auswachsen um den Thalamus, so daß sie etwa parallel
der oben erwähnten Fissura chorioidea und etwas über (dorsal) ihr, fast bis ans
Ende des L. pirif. zieht (Fig. 427$_2$). Die Fissura hippocampi wird daher bei den
Säugern sehr lang, ja läßt sich bei den Aplacentaliern bis ans Vorderende der
medialen Hemisphärenwand verfolgen (Fig. 427$_1$). Gleichzeitig ist ihre Einfaltung in die mediale Hemisphärenwand viel stärker geworden; sie springt daher
tief in den Seitenventrikel vor, als das sog. Ammonshorn (Cornu ammonis) oder
der Hippocampus (Fig. 426). Auf einem Querschnitt durch die Hippocampusformation eines primitiven Säugers (Aplacentalier), etwa in der Gegend der Lamina
terminalis (Fig. 429$_1$), finden wir die Verhältnisse noch ganz ähnlich wie bei den
squamaten Reptilien. Die Fissura hippocampi ist jedoch tiefer eingedrungen, die
Einfaltung also viel stärker und gleichzeitig etwas bogenförmig nach der Ventralseite eingerollt. — Die dorsale Lippe der Einfaltung, welche nach ihrer spiralen Einkrümmung gegen die Ventrikelhöhle schaut, entwickelt innerlich eine
besondere Rindenstruktur, mit einer mittleren Lage von Pyramidenzellen und
einer Nervenfaserlage (Alveus) auf der inneren Oberfläche. Auf der medialen
Hemisphärenfläche tritt jedoch diese Beschaffenheit der Dorsallippe in der Regel
nicht hervor, da sie hier von der gewöhnlichen Rindensubstanz des Palliums gebildet wird. Die so beschaffene Partie der Falte, welche die freie Oberfläche gegen
den Ventrikel bildet, stellt den eigentlichen Hippocampus oder das Ammonshorn
dar. — Die Ventrallippe der Fissura hippocampi und der aus ihrer Einfaltung
hervorgehende Teil erlangt eine etwas andere Beschaffenheit und wird daher
als *Fascia dentata* (auch *Gyrus dentatus*) bezeichnet. Im Gegensatz zum Hippocampus ist die Fascia dentata auf der medialen Hemisphärenfläche, am Ventralrand

der Fissura hippocampi stets frei zu sehen, während der Hippocampus nur stellenweise sichtbar sein kann (sog. Alveus externus s. Fig. 427₂). Die vom Hippocampus nach der Medialseite und vorn ziehenden Nervenfasern treten zum Teil auf der Medialfläche der Hemisphäre, am Ventralrand der Fascia dentata her-

Fig. 427.

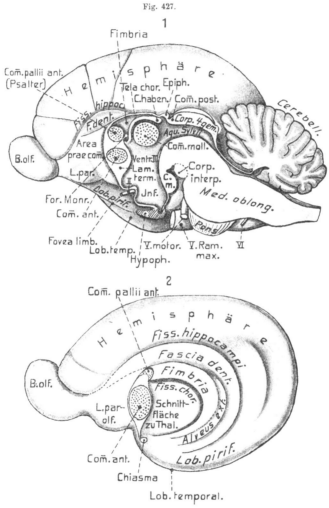

1. Ornithorhynchus paradoxus. Hirn in der Sagittalebene halbiert; rechte Hälfte von der Sagittalebene gesehen (n. G. E. Smith 1899). 2. Phascolarctus. Rechte Hemisphäre sagittal von der linken getrennt und vom Diencephalon abgelöst, sodaß die Sagittalfläche des Schläfenlappens sichtbar ist (nach G. E. Smith 1898). O. B.

vor und bilden die *Fimbria* (s. Fig. 426—429). Diese Fasern ziehen nach vorn bis zur Commissura pallii anterior, wo sie, sich teilweise kreuzend, in die andere Hemisphäre übertreten. Die Commissura pallii bildet daher bei den ursprünglichsten Säugern (Aplacentalier), wie bei den Sauropsiden, eine Commissur zwischen den beiden Hippocampi der Hemisphären.

38*

Die Verhältnisse wurden im Vorstehenden so geschildert, wie sie bei den Aplacentaliern in der vorderen Region der Hippocampusbildung erscheinen. Nun erstreckt sich aber der Hippocampus der Säuger weit nach hinten auf den Lobus piriformis, bis an dessen herabgekrümmtes Ende. Indem die Fissura hippocampi an dem Lobus bogenförmig herabsteigt, wendet sich ihr hinteres Ende schließlich wieder nach vorn, weshalb in diesem Endteil die Lagebeziehungen des Hippocampus zur Fascia dentata und Fimbria geradezu umgekehrt werden, indem hier der Hippocampus ventral, die Fascia dentata dorsal von ihm, und über letztrer die Fimbria liegt (Fig. 428).

Die Hippocampusformation bildet ein wichtiges Centrum des Rhinencephalon; zu ihr treten Faserzüge aus dem Lobus olfactorius und parolfactorius. — Schon bei den Monotremen ziehen jedoch zur Commissura pallii anterior noch weitere Nervenfasern; einmal solche, die aus der vor der Commissura anterior gelegenen *Area praecommissuralis* der medialen Hemisphärenfläche herkommen, ferner solche aus der Region des Hypothalamus (Corpora mammillaria).

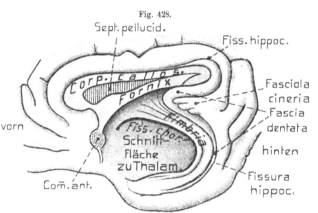

Fig. 428.

Bos taurus juv. (Kalb). Der Schläfenteil der rechten Hemisphäre durch einen Sagittalschnitt von der linken getrennt und vom Diencephalon abgelöst, sodaß die Sagittalfläche des Schläfenlappens mit Fascia dentata, Fissura hippocampi, Fimbria und ihren Beziehungen zum Corpus callosum und dem Fornix hervortreten.   O. B. u. v. Bu.

Der Sagittalschnitt der Commissura pallii, der bei den Monotremen (Fig. 427₁) rundlich erscheint, erfährt bei den meisten Marsupialiern eine dorsalwärts und nach hinten gerichtete Knickung (Fig. 427₂), so daß sich zwei Regionen unterscheiden lassen, eine dorsale und eine etwas ventralere; wobei der ventrale Abschnitt seine Fasern vom hinteren Teil der Hippocampusformation bezieht. — Die primitiven Placentalier (so namentlich Chiropteren) besitzen noch eine ähnlich gestaltete Commissura p. a., deren dorsaler, aufsteigender Teil jedoch eine sehr wesentliche Veränderung erfährt, indem in ihn Fasern aus der Palliumrinde eindringen und sich hier kreuzen. Auf solche Weise wird dieser dorsale Teil zur ersten Anlage des bei den höheren Placentaliern sich immer ansehnlicher entwickelnden *Balkens* oder *Corpus callosum.* Bei letzteren nehmen die Palliumfasern allmählich so zu, daß die Hippocampusfasern schließlich aus dem Balken völlig verschwinden und er zu einer ausschließlichen Commissur der Palliumrinde wird. In dem Maße als die Hemisphären bei den Placentaliern nach hinten auswachsen, verlängert und verdickt sich auch das Corpus callosum, wobei es etwas schief dorsocaudal aufsteigt; die Commissura anterior dagegen verkleinert sich. In demselben Maße wie der Balken, verlängert sich aber auch der ventrale Teil der ursprünglichen Commissura pallii, in welchen die Hippocampusfasern einströmen, und wird zu dem als *Gewölbe* oder *Fornix* bezeichneten Gebilde (Fig. 428, 430). — Bei den primitiveren Placentaliern bleiben Balken und Fornix noch recht kurz und sind steil dorsocaudal aufgerichtet. Je mehr sich die Hemisphären caudal ausdehnen, desto mehr verlängern sich Balken und Gewölbe und erlangen einen immer horizontaleren Verlauf, speziell der Balken. Mit dem Auswachsen des Frontallappens der Hemisphären verlängert

sich der Balken auch etwas nach vorn. Die größte Länge erreichen beide Gebilde natürlich bei den Primaten und dem Menschen. — Der Fornix bildet, wie schon bemerkt, eigentlich die Fortsetzung der beiden *Fimbrien* nach vorne; ein wirklicher querer Faseraustausch in ihm findet sich jedoch nur an einer beschränkten, etwa mittleren Stelle, die als *Psalterium fornicis* bezeichnet wird. — In dem Maße als das Corpus callosum der Placentalier nach hinten auswächst, verkümmert der ihm dorsal aufliegende Teil der ursprünglichen Hippocampusbildung zu einer ganz dünnen Lamelle (Stria longitudinalis Lancisii) und nur der hintere, im Lobus piriformis gelegene, absteigende Teil der Hippocampusbildung erhält sich dauernd in guter Entwicklung. Es läßt sich

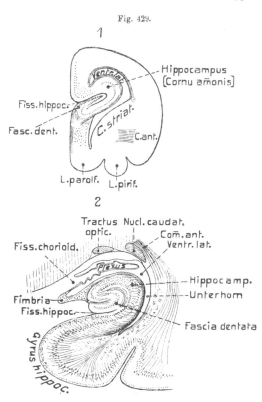

Fig. 429.

1. Ornithorhynchus paradoxus. Querschnitt durch den vorderen Teil einer Hemisphäre, etwas vor der Lamina terminalis. (n. G. E. SMITH 1898). — *2.* Mensch. Querschnitt durch den ventralen Teil des Schläfenlappens (n. EDINGER 1911). O. B.

jedoch nachweisen, daß der letztere Teil in den verkümmerten vorderen direkt übergeht. — Wie erwähnt, findet also bei der Bildung des Corpus callosum und Fornix eine schief dorsocaudal gerichtete Einknickung oder Einstülpung der ursprünglichen Commissura pallii statt. Die eingestülpte Membran zwischen Corpus callosum und Fornix, welche ja beide der Lamina terminalis angehören, wird durch die gleichfalls nach hinten auswachsenden Areae praecommissurales der medianen Hemisphärenflächen gebildet. Die beiden Verbindungsmembranen zwischen den Seitenrändern des Balkens und des Gewölbes bleiben stets dünn (enthalten jedoch auch graue Substanz) und bilden zusammen das *Septum pellucidum* (Fig. 427—429). Da

sich nun das Vorderende des höher entwickelten Balkens ventral und nach hinten
umknickt (Knie, Genu) und zugespitzt, als sog. Rostrum, bis zum Fornix zieht,
so kann bei den höheren Säugern und dem Menschen der Raum zwischen den
beiden Membranen des Septum pellucidum ganz abgeschlossen werden und stellt
dann den sog. *fünften Ventrikel* (Ventr. septi pellucidi) dar, der jedoch, wie sein
Entstehen beweist, mit den eigentlichen Ventrikeln nichts zu tun hat. — Das Hinterende des Balkens dehnt sich bei den höheren Placentaliern so stark caudalwärts
aus, daß es den dorsalen Teil der unverkümmerten Hippocampusformation nach
hinten ausbuchtet, weshalb eine Partie der letzteren das hintere Balkenende, das sich
als Splenium (Wulst) gegen den Fornix nach vorn umbiegt, unterlagert (Fig. 428).

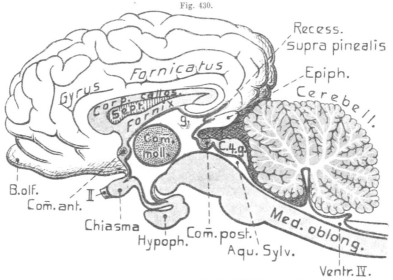

Fig. 430.

Bos taurus juv. (Kalb). Sagittalschnitt des Hirns. Die Ventrikelräume rot begrenzt. *g* Ganglion habenulae. *C. 4 g.* Corpora quadrigemina.   O. B. u. v. Bu.

Wie erwähnt, setzt sich der Fornix nach hinten in die beiden Fimbrien fort; vorn
treten die schon früher erwähnten beiden Faserzüge, welche hinter der Commissura
anterior zu den Corpora mammillaria des Zwischenhirns hinabziehen, in ihn ein und
bilden die *Fornixsäulen (Columnae fornicis)*; doch treten auch Fasern aus dem
verkümmerten Teil der Hippocampusbildung (Striae Lancisii) zum Fornix und
ziehen als Fornix longus vor der Commissura anterior zum Hypothalamus hinab. —
Die komplizierten Gestaltverhältnisse des Großhirns erschweren das Verständnis
der beschriebenen Commissurenbildungen sehr; doch hoffen wir, daß unsere Beschreibung, ergänzt durch die begleitenden Figuren, die Grundzüge verständlich
machen kann.

Die Hemisphären der Mammalia verdanken ihre mächtige Entwicklung der
immer stärkeren Vergrößerung des Pallium (auch Neopallium genannt, im Gegensatz zu demjenigen Teil der Rinde, welcher in die Hippocampusbildung eingeht, dem
sog. Archipallium). Es ist also wesentlich der dorsale und laterale Teil des Pallium

der Sauropsiden, welcher bei den Säugern so ansehnlich auswächst. Hand in Hand damit geht eine allmählich immer mächtiger werdende Verdickung des Pallium, so daß die Volumzunahme der Gesamthemisphären zum erheblichen Teil hierauf beruht (s. Fig. 426, S. 593). Die Verdickung hängt wieder zusammen mit der starken Zunahme der grauen Rinde, des Cortex, die aus zahlreichen (gewöhnlich sechs) Schichten von Pyramidenzellen besteht und das gesamte Neopallium durchzieht. Nach innen von dieser Rinde folgt die weiße aus Fasern sehr verschiedenen Verlaufs bestehende Marksubstanz (vgl. Fig. 426).

Der ungemein komplizierte Bau der Rinde ist auf den verschiedenen Teilen der Hemisphären keineswegs ganz gleich, sodaß sich zahlreiche Rindenfelder unterscheiden lassen, die wegen ihrer Beziehung zu besonderen Funktionen sehr wichtig sind, jedoch hier nicht genauer erörtert werden können. Ebensowenig kann auf die zahlreichen Associationsbahnen zwischen den verschiedenen Rindengebieten und die Zusammenhänge der Rinde mit den übrigen Hirnabschnitten näher eingegangen werden.

Die wichtige Bedeutung der Rinde für die psychische Tätigkeit folgt aus ihrer, der letzteren parallel gehenden Größenzunahme. Da derselben durch die Schädelkapsel eine gewisse Grenze gesetzt wird, oder da ein zu starkes Anschwellen der Schädelkapsel mit erheblichen sonstigen Nachteilen verknüpft wäre, so finden wir, daß die Flächenvergrößerung der Rinde bei den psychisch höher stehenden und größeren Säugern dadurch erreicht wird, daß sich die Hemisphärenoberfläche mehr oder weniger reich faltet. Auf diese Weise bilden sich auf der Oberfläche gewunden verlaufende Erhebungen (Windungen, Gyri), welche durch zwischen sie eindringende Falten (Sulci) geschieden werden (Fig. 423). Die Zahl dieser Sulci und Gyri steigert sich mit der Entwicklung der psychischen Tätigkeit immer mehr, so daß bei zahlreichen Säugern, namentlich den Anthropoiden und dem Menschen, die gesamte Hemisphärenoberfläche dicht gewunden ist (s. Fig. 423). Der Windungsreichtum hängt aber keineswegs nur mit der Steigerung der psychischen Leistung zusammen, sondern steht auch offenbar in Beziehung zur Größe der betreffenden Säuger. Wir finden wenigstens in zahlreichen Gruppen, am auffallendsten bei den Affen, daß die kleinen Formen, unbeschadet ihrer intelektuellen Fähigkeiten, sehr furchenarme Hemisphären haben, die großen dagegen furchenreiche. Andererseits wird diese Regel auch dadurch bestätigt, daß die Hemisphären großer Säuger, wie die der meisten Ungulaten, Cetaceen und anderer, fast stets reich gefurcht sind, obgleich ihre Psyche häufig recht minderwertig erscheint.

Dies Verhalten dürfte sich auch einigermaßen verstehen lassen, wenn man bedenkt, daß bei gleichen Leistungen wohl ein gewisses Verhältnis zwischen Volum und Oberfläche der Hemisphären (richtiger Cortex) bestehen muß. Da sich nun das Verhältnis zwischen Volum und Oberfläche bei Zunahme des Hirnvolums immer ungünstiger für die nur im Quadrat sich vergrößernde Oberfläche gestaltet, so läßt sich einigermaßen einsehen, daß bei großen Hemisphären dieser Ausfall durch Windungsbildungen der Oberfläche ersetzt werden muß. — Stets vorhanden ist ja die schon früher erwähnte *Fissura Sylvii*, wenn auch bei den niederen Säugern recht schwach; doch gehört sie nicht zu den eigentlichen Sulci. Letztere fehlen Ornithorhynchus noch vollständig, sind dagegen bei Echidna (Fig. 423) ziemlich reich entwickelt. Nahezu furchenlos sind auch die Gehirne kleiner Marsupialier, Edentaten, Nager,

Insectivoren, Chiroptera und Propitheci, wogegen die Ungulaten, Carnivoren, Cetaceen und
Primaten (abgesehen von sehr kleinen, z. B. Arctopitheci) reich gefurchte Hemisphären haben.
Auffallend groß ist die Windungszahl namentlich bei den wasserlebenden Pinnipediern, den
Cetaceen (bei den Sirenen dagegen sehr gering) und den größeren Affen, speziell den An-
thropoiden.

Die Hauptfurchen dringen bei reichgefurchten Hemisphären häufig sehr tief ein; neben
ihnen finden sich jedoch meist noch zahlreiche weniger tiefe Nebenfurchen, die auch im
allgemeinen weniger konstant sind. Überhaupt unterliegt die Furchen- und Windungsbildung
mancherlei Variationen, selbst bei der gleichen Art, was sich nicht selten auch darin
äußert, daß beide Hemisphären nicht genau übereinstimmen. — Da eine typisch fortschreitende Entwicklung der Sulci und Gyri durch die Reihe der Mammalia nicht zu
bestehen scheint (oder sich doch bis jetzt nicht feststellen ließ), so gehen wir hier nicht
auf eine genauere Schilderung ein, sondern beschränken uns auf die Wiedergabe einiger
Abbildungen (vgl. Fig. 423). — Wie die Figuren ergeben, erstreckt sich die Windungsbildung auch auf die Medialfläche der Hemisphären, selbst auf den ursprünglichen Lobus
piriformis, was wohl hauptsächlich bedingt, daß dieser bei höheren Placentaliern von dem
Lobus temporalis wenig scharf abzugrenzen ist. — Erwähnt werde hier nur eine auf der
Medianfläche des Occipitallappens, namentlich bei den Affen und Menschen, sich findende
Furche (Fissura calcarina), die bei diesen Formen so tief eindringt, daß sie einen in das
Hinterhorn einragenden Vorsprung, den Calcar avis, erzeugt.

Die innigen Beziehungen des *Zwischenhirns* zu den großen Hemisphären,
sowie die relativ ansehnliche Entwicklung dieses Abschnittes, wurden schon früher
erwähnt; ebenso wurde der eigentümlichen Entwicklung der epithelialen Tela
chorioidea am Dach des Zwischenhirns gedacht. Diese Tela (Lamina epithelialis)
erstreckt sich über einen relativ schmalen, nach hinten sich etwas verbreitern-
den medianen Teil des Zwischenhirndachs, vom Foramen Monroi vorn bis zur
Basis der Epiphysis hinten (Hirnschlitz) und sendet in den sie unterlagernden
dritten Ventrikel in ihrer ganzen Ausdehnung die beiden Plexus chorioidei
ventriculi *III* (Plexus medii, Fig. 431). Vom Vorderende der epithelialen Tela
gehen die beiden Fissurae chorioideae aus, die sich, wie wir schon oben sahen,
auf der Grenze zwischen den Thalami optici und den Lobi piriformes, auf der
ganzen Medialfläche dieser Loben, bis an ihr Ende erstrecken, wobei sie sich,
wie die Lobi, in der oben beschriebenen Weise um die Thalami ventralwärts
herumkrümmen (s. Fig. 427₂, S. 595). Die epitheliale Tela schließt diese Fissuren
bis an ihr Ende ab und stülpt sich in deren ganzer Ausdehnung, samt der inneren
Hirnhaut (Pia), als die Plexus chorioidei laterales in die Seitenventrikel hinein (s.
Fig. 431, 426 *A*). — Die Pia nimmt am Aufbau der Tela innigen Anteil, so daß
sie die epitheliale Tela des Hirnschlitzes mit der der Fissurae chorioideae verbindet
(Fig. 431). Es ist die Gesamtheit dieser Masse, welche das Zwischenhirndach als
dreieckige Platte in fast seiner ganzen Ausdehnung überlagert, die gewöhnlich als
Tela chorioidea bezeichnet wird.

Am Hinterende der Tela erhebt sich die *Epiphyse*, deren Größe bei den verschiedenen Formen sehr schwankt (Fig. 430). In ihrem Basalteil erstreckt sich
ein Fortsatz des dritten Ventrikels (Recessus pinealis).

Die beiden *Ganglia habenulae*, welche an den Seiten der Epiphysenbasis liegen,
bleiben klein (Fig. 430 *g*). — Dicht vor der Epiphyse erhebt sich bei manchen Säugern die

epitheliale Tela zu einer Ausstülpung (Saccus dorsalis, Recessus suprapinealis, Fig. 430), der mit der dorsalen Epiphysenwand verwachsen ist. Er ist vielleicht mit dem Parencephalon oder Epiphysenpolster niederer Formen zu vergleichen. — Eine Paraphyse tritt in der Ontogenese einzelner Säuger schwach auf, scheint sich jedoch im erwachsenen Zustand nicht zu erhalten.

Die *Thalami optici* bilden gewöhnlich ansehnliche, mit zahlreichen Kernen ausgestattete Anschwellungen, die in der Reihe der Säuger ständig an Größe zunehmen (s. Fig. 432). Wie bei den Reptilien verwachsen sie in der Sagittalebene zu einer *Massa intermedia* (oder *Commissura mollis*), die bei den primitiveren Säugern relativ größer ist (427[1], 430). In dieser Commissur findet ein wirklicher Faseraustausch statt; auch liegt in ihr, wie schon bei den Sauropsiden, ein unpaarer Kern (Nucleus reuniens). — Dicht hinter dem Chiasma der Sehnerven springt am *Hypothalamus* das *Infundibulum* vor (Fig. 425, 430), dessen gangliöse Vorderwand auch als *Tuber cinereum* bezeichnet wird. An der Basis der Caudalwand des Infundibulums findet sich eine bei den meisten Säugern unpaare gangliöse Anschwellung, das *Corpus mammillare* (C. candicans), das bei den Primaten auch äußerlich

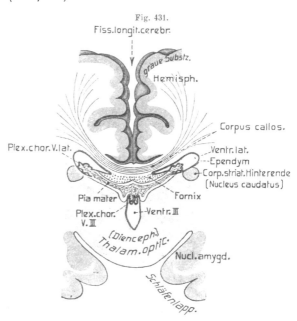

Fig. 431.

Mensch. Querschnitt durch den mittleren Teil der Hemisphären (nur zum Teil gezeichnet) und das Diencephalon. Zur Demonstration der Tela chorioidea des Diencephalon, ihrer Beziehung zur Pia mater und zu den Plexus chorioideae. Ependym rot. (n. RAUBER-KOPSCH 1912). E. W.

paarig wird. Den Corpora mammillaria entsprechende Ganglien sind schon von den Fischen ab angedeutet, treten jedoch erst bei den Säugern äußerlich hervor. — Die eigentliche *Hypophyse* heftet sich der Vorderwand des Infundibulum an, dessen hinter ihr herabsteigender Teil auch als Pars posterior der Hypophyse bezeichnet wird. — Hinter dem Thalamus, auf der Grenze gegen das Mittelhirn, treten jederseits noch zwei gangliöse Anschwellungen auf, die *Kniehöcker* (*Corpora geniculata*, s. Fig. 432[3–4]). Die mehr lateralen *Corpora geniculata lateralia* (oder *anteriora*) sind stets deutlich und auch bei den Sauropsiden innerlich schon vertreten. Sie nehmen einen Teil der Opticusfasern auf, was bei den neogenen Säugern zunimmt, so daß bei den Primaten der größere Teil der Opticusfasern zu ihnen geht; die übrigen begeben sich zum hinteren Teil des Thalamus und den vorderen Vierhügeln. Die *Corpora geniculata medialia* (oder posteriora), welche bei den Vögeln schon innerlich angedeutet sein sollen, treten bei den Monotremen äußerlich nicht hervor. Sie empfangen Fasern aus dem Kern des Hörnerven und sollen bei Säugern mit gut entwickelten Hörorganen größer sein; bei den Primaten treten sie relativ zurück.

Die geringe Größe des *Mittelhirns*, sowie die Reduktion seines Ventrikels zum *Aquaeductus Sylvii* (oder cerebri) wurde schon oben betont. Das Dach des Mittelhirns, oder die *Corpora quadrigemina* (Vierhügel), wird charakterisiert durch zwei Paar hintereinander geordneter Erhebungen, die vorderen und hinteren Vierhügel (auch Colliculi). Dieselben variieren in der Schärfe ihrer Ausprägung und ihrer relativen Größe bei den verschiedenen Säugern ziemlich (s. Fig. 432).

Fig. 432.

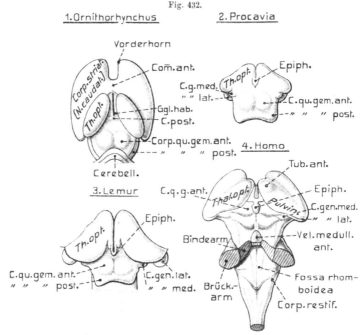

Mesencephalon verschiedener Säuger von der Dorsalseite, z. T. mit den angrenzenden Regionen. Speziell zur Demonstration der Corpora quadrigemina und geniculata. (*1.* n. ZIEHEN 1897; *2.—3.* n. G. E. SMITH 1896; *4.* n. VILLIGER 1910).   P. He.

Die Beziehung der Corpora quadrigemina anteriora zum Opticus wurde schon vorhin erwähnt; die hinteren Hügel dagegen stehen in Verbindung mit den Acusticuskernen. Wie wir sahen, waren die hinteren Vierhügel schon bei den niederen Tetrapoden angedeutet, ohne jedoch äußerlich hervorzutreten. — Auf der Ventralseite des Mittelhirns springen die starken Faserzüge, welche vom Kleinhirn und der Medulla oblongata zum Zwischenhirn und Telencephalon ziehen, als die Hirnschenkel (Crura, s. Pedunculi cerebri) hervor.

Die ansehnliche, und sich in der Reihe immer mehr steigernde Entfaltung des *Cerebellum* charakterisiert die Säuger. Wie die Hemisphären des Telencephalon erlangt auch dieser Abschnitt bei den Mammalia die bedeutendste

Größe und Komplikation. — Der allgemeine Bau des erwachsenen Cerebellum schließt sich dem der höheren Sauropsiden nahe an, indem es einen emporgewölbten, dick gangliösen Teil der Hirndecke bildet, in den sich ein Fortsatz des Ventriculus *IV* etwas erhebt (Fig. 430). Es lassen sich also ein vorderer aufsteigender und ein hinterer absteigender Teil unterscheiden.

Die Ontogenese des Cerebellum verläuft jedoch bei den Säugern etwas anders, weshalb auch die Meinung geäußert wurde: seine Übereinstimmung mit dem der höheren Sauropsiden sei nur eine konvergente, keine phyletische; die Ontogenese spreche mehr für eine Beziehung zu dem der Amphibien. — Diese Meinung stützt sich darauf, daß die Anlage des Säugercerebellum als eine sich schief dorsocaudal erhebende Platte auftritt, ohne hinteren absteigenden Teil, ähnlich dem erwachsenen Cerebellum der Amphibien. Es scheint jedoch, daß die Platte sich später weiter caudalwärts ausdehnt und emporwölbt. Bei der großen Übereinstimmung der fertigen Zustände, ist eine solche Differenz des Cerebellum der Säuger und Sauropsiden nicht wahrscheinlich.

Vorn geht die aufsteigende Kleinhirnwand durch eine sehr dünne Lamelle der Decke in das Mittelhirn über (Velum medullare anterius oder Valvula); hinten durch ein ähnliches Velum medull. posterius in die Tela der Medulla. Die Verbindung mit dem Mittelhirn bilden ferner zwei laterale Faserzüge (*Bindearme*, Brachia s. Crura conjunctiva); die Verbindung mit den Seitenteilen der Vorderregion der Medulla oblongata wird durch die *Brückenarme* (Brachia cerebelli ad pontem) und die *Corpora restiformia* hergestellt (vgl. Fig. 432₁ u. 434).

Der eigentliche Kleinhirnkörper ist stets recht voluminös, meist nahezu kugelig, und wird bei den höheren Säugern immer größer. Als charakteristische Erscheinung tritt dabei die Sonderung in einen mittleren Teil (Wurm, Vermis) und zwei seitliche (Hemisphären) hervor, welch letztere an ihrer lateralen Basis, da wo sie sich mit den Corpora restiformia verbinden, noch eine Anschwellung besitzen, die *Flocculi*. Letztere entsprechen wohl sicher den schon bei den Crocodilen und Vögeln gefundenen Seitenteilen des Cerebellum und lassen sich vielleicht auf die sog. Rautenohren der Chondropterygier zurückführen. — Die Kleinhirnhemisphären scheinen sich dagegen erst bei den Säugern entwickelt zu haben, was damit harmoniert, daß sie bei den primitiveren Gruppen noch relativ klein bleiben gegenüber dem Mittelteil oder Wurm.

Ähnlich wie das Cerebellum der Chondropterygier und der Vögel zeigt das der Säuger stets eine meist starke Oberflächenvergrößerung durch quere Faltenbildungen. Bei den niederen Gruppen sind diese Querfalten oder -furchen (Sulci oder Fissurae) weniger zahlreich; bei den höheren werden sie mit der Volumvergrößerung immer zahlreicher. Die Erscheinung ist ganz analog der Faltenbildung der Großhirnhemisphären, indem sie gleichfalls eine ansehnliche Oberflächenvergrößerung der grauen Kleinhirnrinde bewirkt. Die Querfalten dringen sehr verschieden tief ein und die tieferen sind sekundär gefaltet. — Der Sagittalschnitt des Cerebellum erhält dadurch ein eigentümliches Aussehen, indem die tiefliegende weiße Markmasse (Fasermasse) aller Falten von grauer Rinde überzogen wird und reich baumförmig verzweigt erscheint (sog. Arbor vitae, s. Fig. 430, 433₃). Ontogenetisch treten z w e i dieser Querfalten sehr früh auf und dringen auch

am erwachsenen Cerebellum am tiefsten ein. Die vordere (auch *Fissura prima*
genannt) sondert einen vorderen *Lobus anterior* ab, der bei der hohen Emporwölbung
des Cerebellums großenteils tief liegt; die hintere Furche (*Fissura secunda*) einen
Lobus posterior (vgl. Fig. 433, auch 423[4]). Der Teil zwischen diesen beiden
Lappen ist größer und bildet den *Lobus medius* (s. centralis). Letzterer wird in
der Regel durch zwei in ihm auftretende Sulci in drei hintereinander folgende
Regionen (*A, B, C*) gesondert (s. Fig. 433, 423). Der Lobus medius ist es, welcher

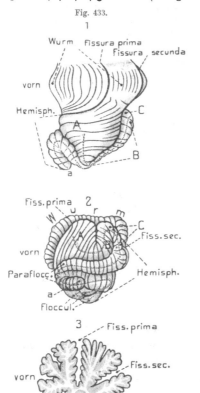

Fig. 433.

bei zunehmender Entwicklung des Cerebellum beiderseits immer stärker auswächst und die sog. Hemisphären hervorbringt. Bei den primitivsten Formen (Monotremen, primitive Insectivoren u. Rodentia)
ist dieser seitlich ausgewachsene Teil des
Mittellappens einfach quergefurcht, wie
seine dem sog. Wurm angehörige mediane
Region. — Seitlich und basal, da wo er sich
mit dem Corpus restiforme der Medulla
oblongata verbindet, findet sich stets eine
Anschwellung, welche gewöhnlich gefurcht
ist, der schon erwähnte *Flocculus* (Fig. 433,
auch 423). — Mit der höheren Entfaltung
der Hemisphären bilden sich an ihnen mehrfache schlingenförmige Windungen aus,
ähnlich den Gyri der Hemisphären, von
welchen die dorsalste, die sich dem Wurm
seitlich anlegt, den eigentlichen Hemisphären zugerechnet wird, während die
seitlich gegen den Flocculus hinabsteigenden als *Paraflocculus* bezeichnet werden
(Fig. 433 [1-3]). — Dieser Paraflocculus wird
schon bei den Marsupialiern, namentlich aber
den meisten Placentaliern, recht ansehnlich.
Bei den Anthropoiden und Menschen dagegen ist er fast völlig rückgebildet, wie denn
überhaupt das Kleinhirn dieser Formen, trotz
seiner Größe, wenigstens anscheinend, eine
ziemlich primitive Bildung darbietet.

Canis familiaris. Cerebellum. *1*. von der Dorsalseite. *2*. von links. *3*. Sagittalschnitt. *A—C* die
drei Regionen, welche Smith an den Hemisphären
unterscheidet. Der Buchstabe *a* dient nur zur
Kennzeichnung der sich entsprechenden Punkte in
den Figuren *1* u. *2*. Die punktierte rote Linie in
Fig. *1* u. *2*. soll den Verlauf der hier besonders
deutlichen Windungen der Hemisphären angeben.
                                    O. B. u. v. Bu.

Wie Fig. 433 zeigt, beruht auch die Bildung der drei Regionen im mittleren Lappen
des Cerebellum, ebenso wie die des Paraflocculus und Flocculus, wahrscheinlich nur auf den
Windungsbildungen der Seitenregionen dieses Lappens. Doch bedarf der Sachverhalt weiterer
Untersuchung.

Recht häufig treten asymmetrische Zustände am Cerebellum auf; namentlich
zeigt der Wurm nicht selten asymmetrische Verkrümmungen.

Charakteristisch für die Säuger ist ferner die Ausbildung eines starken queren Faserzugs zwischen den beiden Kleinhirnhälften an der Ventralseite der vordersten Region der Medulla oblongata. Dies ist die *Pons Varolii* (Fig. 423 u. 424). Sie besteht wesentlich aus Fasern, die von der Rinde der großen Hemisphären durch die Hirnschenkel zu ansehnlichen Ganglien in der Brückengegend herabziehen, wäh-

Fig. 434.

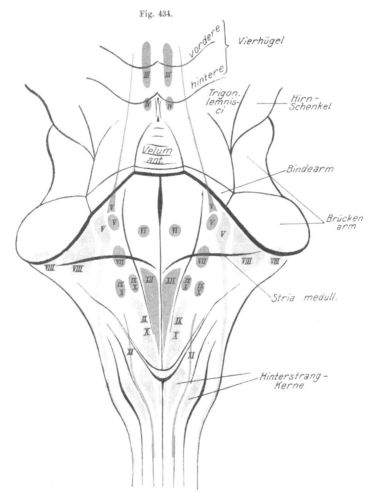

Mensch. Medulla oblongata und Mittelhirn von der Dorsalseite; Kleinhirn abgelöst. Die Kerne der Hirnnerven *III—XII* schematisch eingetragen, und zwar die Kerne der motorischen Anteile rot, der sensiblen blau (aus VILLIGER, Gehirn und Rückenmark 1910).

rend von hier Fasern ausgehen, die, sich kreuzend, zu den Kleinhirnhemisphären treten. Der Ausbildungsgrad der Brücke hängt daher sowohl von der Größe der Kleinhirnhemisphären, als von der der großen Hemisphären ab.

Die soeben besprochene Brückenbildung gehört schon als vorderster ventraler Teil zur *Medulla oblongata*. Direkt hinter der Brücke findet sich ein ihr ähnliches, jedoch etwas kürzeres Feld, das *Corpus trapezoideum* (Fig. 424), welches

von Fasern gebildet wird, die von einem Gehörkern kommen. Beim Menschen wird
es von der Brücke überlagert. Jederseits der Ventrallinie der Medulla findet sich
eine strangförmige Anschwellung, die sog. *Pyramiden* (Fig. 423, 4 a), in welchen
die Fasern aus den Ventral- und Seitensträngen des Rückenmarks zu den verschiedenen Regionen des Hirns ziehen, wobei sie sich im Verlauf der Pyramiden großenteils
kreuzen (Decussatio pyramidum). Die Pyramiden sondern das Corpus trapezoideum
in zwei Hälften. — Bei den meisten Primaten erhebt sich jederseits der Pyramiden
eine kleine Anschwellung, die Oliven(Olivae), die einen ansehnlichen Kern (Nucleus
olivaris inferior) enthalten. Bei den übrigen Säugern sind die Oliven samt ihrem
Kern weniger ausgebildet und äußerlich häufig kaum sichtbar. — Wegen der
relativen Kürze der Medulla obl. wird die Fossa rhomboidea durch das Kleinhirn
fast völlig überdeckt. — Die etwas angeschwollenen strangartigen Partien der
Medulla, welche die Ränder der Fossa bilden, setzen sich als die *Corpora restiformia*
(Strickkörper) in die Brachia ad cerebellum fort. — Etwas medial von den Corpora
restiformia findet sich am Boden der Rautengrube jederseits eine Anschwellung,
die Tubercula acustica, welche die Kerne des Acusticus einschließen, und daher
im allgemeinen den schon bei den Fischen stark ausgebildeten Lobi acustico-
laterales entsprechen. — Auf die weiteren Einzelheiten, welche der Boden der Rautengrube noch darbietet, kann hier nicht eingegangen werden; ebensowenig auf die
Anordnung der sehr zahlreichen und wichtigen Kerne in der Oblongata. Es sei auf
die Fig. 434 verwiesen, welche ihre Verteilung beim Menschen schematisch darstellt.

Periphere Nerven der Wirbeltiere.

Acrania. Es empfiehlt sich, die primitiven Verhältnisse der Acranier zuerst
zu besprechen. — Für sämtliche Wirbeltiere gilt im allgemeinen, daß jede Segmenthälfte des Körpers aus dem Centralnervensystem einen sensiblen und einen
motorischen Nerven erhält, wodurch sich die Segmentierung im Centralnervensystem deutlich ausspricht. Die sensiblen Nervenfasern treten stets an der Dorsolateralseite des Rückenmarks als ein Dorsalnerv (Wurzel) jederseits aus, dem
jedoch auch einige motorische Fasern beigemischt sein können. — Die motorischen
Fasern für die Körpermuskeln bilden in jedem Segment ein ventrales Nervenpaar
(Wurzelpaar), das ventrolateral entspringt.

Die Acranier verhalten sich darin primitiv, daß sich die dorsalen und
ventralen Nerven jeder Segmenthälfte nicht zu einem einheitlichen Spinalnerven
verbinden, wie es bei den Cranioten fast ohne Ausnahme geschieht. Da die
ersten Nervenpaare der Acranier, welche in der vorderen Region des Hirnabschnitts entspringen, Besonderheiten zeigen, so besprechen wir zunächst die
darauf folgenden dorsalen und ventralen Spinalnerven. — Die vom Rückenmark
einheitlich entspringenden Dorsalnerven treten in die Myosepten ein und steigen
in ihnen schief dorsal bis zur Cutis empor. Hier teilt sich jeder Nerv in einen dorsal aufsteigenden kürzeren und einen ventral herabsteigenden Ast (*Rami dorsales und ventrales*). Jeder dieser Rami verzweigt sich in seinem Verlauf in der
Cutis vielfach, aus welchen Verzweigungen endlich in der Dorsal- und Schwanz-

flosse, sowie den Metapleuralfalten und Mundlippen, reiche Nervenplexus hervorgehen (Rami cutanei dorsales und ventrales, vgl. Fig. 435). Etwas stärkere Zweige der Rami dorsales und ventrales wurden auch als *Rami laterales dorsales und ventrales* bezeichnet; sie scheinen sich aber von den übrigen Ästen nur wenig scharf zu unterscheiden. — Am Ventralrand des Seitenrumpfmuskels zweigt sich vom Ramus ventralis jedes Dorsalnervs ein *Ramus visceralis* ab, der zwischen dem Seitenrumpfmuskel und dem Lateralrand des Musculus transversus medialwärts nach innen tritt. Er zieht hierauf mit einem aufsteigenden Ast (Ramus ascendens)

auf der Innenfläche des Seitenrumpfmuskels dorsal empor; diese Äste treten auf die respiratorische Körperwand (Kiemensack) über und innervieren die Kiemenbogen, wobei sie durch einen Längsnerv verbunden sein sollen, der sich, wie es scheint, bis in die Region der vordersten Visceraläste verfolgen läßt (*Nervus recurrens*, *N* Fig. 435). In der Darmregion sollen die aufsteigenden Äste der Rami viscerales den Darm innervieren. — Die absteigenden Visceraläste bilden einen reichen Plexus auf der Innenfläche

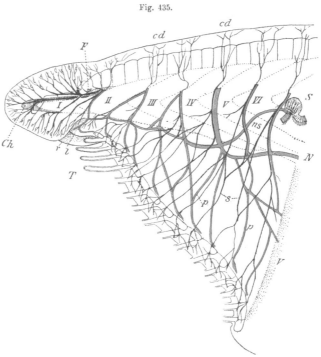

Fig. 435.

Branchiostoma (Amphioxus) lanceolatum. Vorderes Körperende von links. Die Nerven sind schwarz wiedergegeben, mit Ausnahme der Visceraläste, die braun eingezeichnet sind. *Ch* vorderes Ende der Chorda. *F* Flimmer- oder Riechgrube. *S.* Sinnesorgan, zum sog. Räderorgan gehörig. *T.* Mundcirren, größtenteils abgeschnitten. *r.* u. *l.* Die Vorderenden der rechten und linken Lippen des etwas asymmetrischen Mundes. *I—VI* Myomeren. *V* Velum. Über *I* der erste Hirnnerv; über *II* der zweite. *cd.* Rami cutanei dorsales der Spinalnerven. *s.* Rami cutanei ventrales, die unter Plexusbildung zu den Mundcirren gehen. *p.* tiefgelegener Plexus der Rami viscerales zum Sphinkter des Mundes. *N* sog. Nervus recurrens zum Plexus des Kiemendarms gehend. *ns.* Nerv zum Sinnesorgan *S.* (n. HATSCHEK 1892 aus GEGENBAUR, Vergl. Anat. d. Wirbeltiere 1898).

der beiden Transversalmuskeln, von dem wohl die Innervierung dieser Muskeln ausgeht. Demnach führen allein die Visceraläste der Dorsalnerven motorische Fasern, was auch daraus folgt, daß sie wohl die übrigen Visceralmuskeln (s. S. 425) versorgen.

Über den Ursprung der Dorsalnerven im Rückenmark ist wenig bekannt. Namentlich konnte er nicht sicher auf Zellen zurückgeführt werden. Dagegen finden sich im Verlauf der Dorsalnerven zerstreute zellige Gebilde, reichlicher, namentlich an ihrer peripheren Teilungsstelle in die Rami ventrales und dorsales. Hieraus wurde geschlossen, daß letztere

Ganglienzellenanhäufungen den *Spinalganglien* entsprechen, welche in die dorsalen Wurzeln
der Cranioten eingeschaltet sind. Dagegen wurde jedoch auch angenommen, daß die Spinal-
ganglienzellen der Acranier noch im Rückenmark selbst liegen.

Die ventralen motorischen Nerven erscheinen sehr eigentümlich, da sie fächer-
artige Faserbüschel sind (also keine eigentlich geschlossenen Nerven), die etwas
vor der Mittelregion jedes Myomers auf eine ziemlich lange Strecke aus dem Rückenmark austreten. Sie dringen sofort in die Muskelmasse des Myomers ein, wobei
sie einen Dorsalast für dessen Dorsalpartie abgeben. Der Hauptast verbreitet sich
zwischen dem früher (S. 425) erwähnten medianen Teil und dem äußeren Hauptteil des ventralen Myomerabschnitts (s. auch Fig. 81, S. 177, Fig. 288 u. 289).

Wegen dieser Besonderheiten der ventralen Wurzeln, sowie der gelegentlich beobachteten Querstreifung ihrer Fasern, wurde zuweilen angenommen, daß sie eigentlich den Muskelzellen angehörten, die wirklichen Nervenfasern dagegen ganz kurz seien; es sollte hier
ein ähnliches Verhalten der Muskelfasern zu den Nerven vorliegen, wie es S. 482 für die
Nematoden geschildert wurde. — Die Nervenfasern befestigen sich mit besonderen dreieckigen
Terminalorganen an den einzelnen Muskelzellen.

Wie oben erwähnt, sind die beiden vordersten Nerven, welche in der Region
des erweiterten Hirnventrikels entspringen, eigentümlich modifiziert und werden
daher als besondere *Hirnnerven* angesprochen.

In jüngster Zeit wurde jedoch noch ein vorderstes, ventral von der vorderen Hirnspitze
ausgehendes feines Nervenpaar beschrieben (N. terminalis, Edinger, Wolff), das ein im Kopfende liegendes schlauchförmiges Sinnesorgan (Frontalorgan) versorgen soll. In diesem Fall
wäre also das seither als erstes beschriebene Nervenpaar das zweite. Nach älteren Angaben
sollte ferner ein sehr kurzer Nerv linkseitig von der vorderen Decke des Ventrikels entspringen und sich zur etwas links liegenden Wimper- oder Riechgrube begeben (s. Fig. 398,
S. 550), doch ist seine Existenz in neuerer Zeit wohl mit Recht bezweifelt worden.

Das früher als erstes, jetzt wohl richtiger als zweites bezeichnete Hirnnerven-
paar geht aus dem ventralen Vorderende des Nervenrohrs hervor und ist rein
sensibel. Es verläuft unter Abgabe zahlreicher dorsaler und ventraler Äste bis
zum Ende der Kopfspitze (Rostrum, s. Fig. 435).

Seine Vergleichung mit einem Ramus lateralis der dorsalen Rückenmarksnerven scheint
ohne tiefere Bedeutung, wohl noch weniger aber seine Deutung als eines Komplexes mehrerer
vor der Mundöffnung gelegener rudimentärer dorsaler Nerven (R. GOLDSCHMIDT). Sein ventraler Ursprung, sowie eine kurze Fortsetzung des Hirnventrikels in seinen Anfang, ließen
ihn auch mit dem Nervus olfactorius der Cranioten vergleichen, was mehr wie zweifelhaft
erscheint.

Der sog. zweite Hirnnerv entspringt dorsal am Nervenrohr, also in der Flucht
der dorsalen Rückenmarksnerven, und verläuft direkt am Vorderrand des ersten
Myomers (Fig. 435). Er zeigt eine Sonderung in eine vordere und hintere Portion, die
zuweilen auch gesondert entspringen sollen, weshalb der Nerv manchmal als aus
zweien zusammengesetzt betrachtet wurde. Die vordere Portion ist rein sensibel
und versorgt mit ihren Ästen die hintere Rostralregion. Die hintere Portion wird
wesentlich von einem motorischen Ramus visceralis und zwei sensiblen Dorsalästen (Cutanei dorsales) gebildet. Ersterer Ast versorgt die vordere Partie der
Mundsphincteren.

Die folgenden drei dorsalen Rückenmarksnerven besitzen den oben beschriebenen typischen Bau, zeigen jedoch leichte Modifikationen, auf die hier nicht näher eingegangen werden kann. Ebenso kann eine eventuelle Vergleichung der erwähnten Nerven mit den Hirnnerven der Cranioten nicht ausgeführt werden, da sie vorerst recht unsicher erscheint. Auf die interessante Asymmetrie in der Innervierung der Mundregion und ihrer Organe sei nur kurz hingewiesen; hier greifen linkseitige Nerven auf die rechte Körperhälfte über, was jedenfalls damit zusammenhängt, daß der Mund embryonal linkseitig angelegt wird.

Das früher erwähnte Alternieren der beiderseitigen Myomerenhälften der Acranier, d. h. die Verschiebung der linkseitigen etwa um die Hälfte eines Myomers nach vorn, muß natürlich auch eine entsprechende Verschiebung der beiderseitigen dorsalen und ventralen Nervenursprünge bewirken (s. Fig. 288). Ein Querschnitt durch das Rückenmark trifft daher nie zwei dorsale oder zwei ventrale Wurzeln gleichzeitig, sondern einer ventralen der einen Seite steht eine dorsale der andern gegenüber. Wie schon erwähnt, alternieren ja die dorsalen und ventralen Wurzeln jeder Seite ebenfalls miteinander. Da letzteres auch bei den primitiven Cranioten wiederkehrt, so läßt sich schließen, daß je ein ventraler Nerv und der hinter ihm folgende dorsale zusammen einem Spinalnerv der Cranioten entsprechen.

Die Rückenmarksnerven (Spinalnerven) der Cranioten.

Wie zu erwarten, trat mit der besonderen Entwicklung der Hirnregion der Cranioten auch eine eigenartige, und im allgemeinen typische Ausbildung zahlreicher besonderer Hirnnerven ein. Ihre größte Zahl entspringt von der Medulla oblongata, welche sich als ein modifizierter Rückenmarksteil erwies. Schon deshalb ist es wahrscheinlich, daß auch ihre Nerven modifizierte Rückenmarksnerven sein werden. Wir wollen daher zunächst die Rückenmarksnerven besprechen.

Bei sämtlichen Cranioten, mit einziger Ausnahme von Petromyzon, vereinigen sich der zu einer Segmenthälfte gehörige dorsale und ventrale Spinalnerv bald nach ihrem Austritt aus dem Rückenmark zu einem gemeinsamen Spinalnerv,

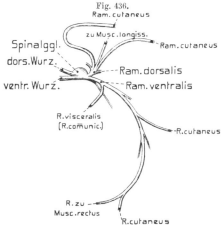

Fig. 436.

Rana. Schematische Darstellung eines Spinalnerven der Rumpfregion und seiner Verästelungen (nach GAUPP 1896).
E. W.

welcher also eine dorsale (oder hintere) und eine ventrale (oder vordere) Wurzel besitzt (s. Fig. 436). Die dorsale Wurzel bildet in ihrem Verlauf stets eine Ganglienanschwellung (*Spinalganglion*).

Die ontogenetische Entwicklung der Spinalganglien und der dorsalen Wurzeln beginnt frühzeitig am primitiven Neuralrohr, indem sich aus dessen Dorsalwand eine unpaare bis paarige Leiste erhebt (Neuralleiste), welche dann in regelmäßig metameren Abständen zu den Spinalganglien seitlich auswächst; oder indem die Anlagen der Spinalganglien als

paarige Leisten aus dem Strang, welcher das noch nicht abgelöste Neuralrohr mit dem Ectoderm verbindet, hervorwachsen. Aus den Zellen der Spinalganglienanlagen sollen die Nervenfasern,
welche die eigentlichen Dorsalwurzeln bilden, sowohl central in das Rückenmark als peripher
hervorwachsen. — Die Fasern der Ventralwurzeln dagegen wachsen aus den Ganglienzellen
der Ventralhörner hervor. Andeutungen ventraler Neuralleisten für die Bildung der Ventralwurzeln wurden nur bei den Cyclostomen beobachtet.

Die Spinalnervenwurzeln entspringen häufig nicht als einfache Stämmchen,
sondern namentlich die dorsalen als ein fächerartiges Bündel feiner Fädchen, die
sich erst allmählich zu einem geschlossenen Nerv vereinigen. Der erste oder die
beiden ersten Spinalnerven sind häufig etwas rudimentär, indem ihnen die Dorsalwurzel fehlen kann.

Wie bei den Acraniern führen die Dorsalwurzeln hauptsächlich sensible
Fasern. Erst in der Neuzeit wurde erwiesen, daß sich ihnen auch motorische in
geringer Zahl beimischen. Letztere werden als sympathische Fasern gedeutet,
die wahrscheinlich von motorischen Ganglienzellen entspringen, die im Rückenmark,
beiderseits des Centralkanals, einen kleinen Strang bilden (Nucleus paracentralis,
s. Fig. 441, Fisch). Diese Fasern begeben sich demnach durch den Sympathicus
zur Eingeweidemuskulatur. Die Ventralwurzeln dagegen führen vorwiegend motorische Fasern, welche zur Stammmuskulatur treten, doch auch sympathische Fasern,
die wie jene der Dorsalwurzel in den gleich zu erwähnenden Visceralast ziehen.

Die dorsalen und ventralen Wurzeln jedes Segments bleiben, wie erwähnt, nur
bei Petromyzon unvereint; es hat sich also der Acranierzustand hier erhalten
— Jeder dorsale und ventrale Spinalnerv teilt sich sehr bald in einen dorsalen
und ventralen Ast, von welchem sich die Zweige des dorsalen an der Haut, die
des ventralen an der Seitenrumpfmuskulatur verbreiten. Peripher können wohl
auch Verbindungen dorsaler und ventraler Nervenverzweigungen eintreten.

Bei den übrigen Cranioten (auch den Myxinoiden) verschmelzen die beiden
Wurzeln sehr bald. Viele Fische (besonders primitivere) zeigen die Vereinigung
erst außerhalb des Wirbelkanals; bei den höheren Wirbeltieren geschieht sie dagegen schon im Rückgratskanal oder doch vor dem Austritt aus ihm.

Bei den Cyclostomen, den Chondropterygiern, Ganoiden (auch bei sonstigen Fischen
nicht selten) entspringen die zusammengehörigen Wurzeln eines Segments nicht in derselben
Querebene. Bei Petromyzon nach der gewöhnlichen Annahme die dorsalen etwas kopfwärts
von den ventralen, wobei die Wurzeln in der Regel zwischen zwei neuralen Skeletbogen
hindurchtreten, die ventralen z. T. jedoch auch durch die hinteren Neuralbogen des Segments.
— Bei den Fischen dagegen liegen die Ventralwurzeln rostral, die dorsalen caudal; erstere treten
bei den Haien in der Regel durch die Neuralbogen, die letzteren durch die Intercalaria (s.
Fig. 88—90, S. 184). — Bei Ganoiden und Teleosteern herrschen in dieser Beziehung recht
wechselnde Verhältnisse, indem beide Wurzeln teils zwischen den Neuralbogen austreten,
durch eine gemeinsame oder gesonderte Öffnungen (viele Teleostei), teils durch die Bogen (z. B.
Perca), teils die dorsalen zwischen, die ventralen durch die Bogen (z. B. Cyprinus). — Die
Spinalnerven der Tetrapoden verlassen den Spinalkanal gewöhnlich durch eine zwischen den
Neuralbogen gelegene Öffnung (Foramen intervertebrale); bei einzelnen Säugern kann jedoch
das Foramen gewisser Spinalnerven den Neuralbogen durchsetzen.

Im allgemeinen teilt sich jeder Spinalnerv der Cranioten nach sehr kurzem Verlauf
in einen dorsalen und einen ventralen Ast (Ramus dorsalis und ventralis; s. Fig. 436).

Die Verhältnisse, die sich bei den Myxinoiden und den primitiveren Fischen (Haie, Störe, gewisse Knochenfische, z. B. Cyprinus) finden (s. Fig. 437), machen es wahrscheinlich, daß diese beiden Äste ursprünglich so entstanden, daß sich jeweils die Rami dorsales und Rami ventrales der beiden primitiven dorsalen und ventralen Wurzeln zu einem gemeinsamen Ramus dorsalis und ventralis vereinigten. — Bei gewissen Knochenfischen (Gadiden) finden sich sogar pro Segment je zwei dorsale Wurzeln, jede mit einem Ganglion, und ebenso zwei ventrale Wurzeln, was vielleicht so aufzufassen ist, daß hier die Spaltung jeder Wurzel in Dorsal- und Ventralast schon vor dem Austritt aus dem Rückenmark erfolgte.

Die Rami dorsales und ventrales der Spinalnerven, welche gemischte Nerven sind, begeben sich in den Myosepten zur Seitenrumpfmuskulatur und der Haut. Bei den Teleosteern treten die aufeinander folgenden Dorsaläste häufig durch längsverlaufende Rami communicantes in Verbindung.

Von jedem Ramus ventralis zweigt sich kurz nach seinem Ursprung stets ein Ästchen ab, seltner zwei bis mehr (Rami viscerales s. communicantes), welche dicht um die Wirbelsäule auf deren Ventralseite herumbiegen. Wie wir später sehen werden, geht aus ihnen das sympathische Nervensystem hervor.

Der Ramus ventralis der Fische (speziell der Teleosteer) gibt kurz nach seinem Ursprung noch einen sog. Ramus medius ab, der im Horizontalseptum zwischen dem dorsalen und ventralen Seitenrumpfmuskel verläuft, weiter außen jedoch den Fleischgräten folgt. Er versorgt besonders den dorsalen Seitenrumpfmuskel, jedoch auch die Haut. — Gewöhnlich geht vom Ursprung des Spinalnerven der Cranioten auch ein Nervenästchen aus, welches in den Spinalkanal eindringt und die Rückenmarkshäute versorgt (Ramus meningeus).

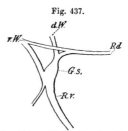

Fig. 437.

Scyllium (Hai). Dorsaler Te eines Spinalnerven. *dW* dorsale, *vW* ventrale Wurzel. *Gs* Spinalganglion. *Rd* Ramus dorsalis. *Rv* Ramus ventralis (n. v. IHERING 1878 aus GEGENBAUR 1898).

Die Ventraläste innervieren die ventrale Seitenrumpfmuskulatur, d. h. bei den Tetrapoden den aus ihr hervorgehenden Teil der Stammuskulatur, also auch die Muskulatur der Extremitäten; sie sind deshalb in der Regel stärker als die Dorsaläste. Diejenigen Ventraläste, welche die Extremitäten versorgen, zeigen stets das eigentümliche, daß sie (bzw. ihre zur Flosse gehenden Rami pterygiales) sich in ihrem Verlauf durch zwischen ihnen auftretende Anastomosen zu einem *Geflecht* (*Plexus*) verbinden, aus welchem erst die zur Gliedmaße tretenden peripheren Nerven hervorgehen.

Plexus cervicobrachialis (Geflecht der Vorderextremität). Bei den Chondropterygiern verbinden sich auf diese Weise meist eine recht erhebliche Zahl der vordersten Spinalnerven (2—10 bei Haien, bis 26 bei Rochen) zu einem Plexus der Vorderextremität (s. Fig. 438). Wie wir später sehen werden, gesellen sich demselben jedoch noch davorgelegene rudimentäre Spinalnerven bei, welche innerhalb des Schädels von der Medulla oblongata entspringen (sog. Spinooccipitalnerven). Von diesem Plexus cervicobrachialis, über dessen Verlauf bei den Fischen gleichfalls noch später zu berichten sein wird, entspringt ein mehr vorn gelegener Nervenstrang, der die sog. hypobranchiale Muskulatur versorgt und im allgemeinen von weiter vorn gelegenen Spinalnerven gebildet wird, dem jedoch auch häufig

39*

Zweige von hinteren zugeführt werden. Der Anteil des Plexus, welcher diesen Strang hervorgehen läßt (bis 25 Spinalnerven bei Rochen), wird als *Plexus cervicalis* bezeichnet; der weiter hinten gelegene Teil, an dessen Bildung sich jedoch auch eine verschiedene Zahl der Spinalnerven des Plexus cervicalis beteiligen kann, bildet den *Plexus brachialis*, welcher die Nerven zum Schultergürtel und der Brustflosse entsendet, die sich als dorsale und ventrale Äste auf deren Dorsal- und Ventralfläche verbreiten. Zu den sich nach hinten ungemein weit ausdehnenden Brustflossen der Rochen (in geringerem Grad auch der Haie) treten jedoch noch mehr oder weniger zahlreiche Zweige caudalwärts folgender Ventraläste, die an der Bildung des Plexus brachialis nicht teilnehmen.

Durch die erhebliche Zahl der zum Plexus cervicobrachialis zusammentretenden vorderen Ventraläste schließen sich die *Ganoiden* und *Ceratodus* an die Chondropterygier an (bis sechs bei Acipenser, neun bei Amia, Fig. 439₁). Bei den *Dipnoi* scheinen die Plexus cervicalis und brachialis nicht mehr verbunden zu sein. Der Plexus der Teleosteer (s. Fig. 439₂) ist meist erheblich reduziert, indem er gewöhnlich nur von den drei vordersten Spinalnerven gebildet wird, die jedoch manchmal noch mit den beiden folgenden Verbindungen eingehen. — Das Verbreitungsgebiet der Plexus cervicalis und brachialis bleibt bei allen Fischen das gleiche und erhält sich auch im wesentlichen so bei den Tetrapoden.

Die *Amphibien* besitzen noch den gemeinsamen Plexus cervicobrachialis, der bei den Urodelen gewöhnlich (s. Fig. 493₃) aus den fünf bis sechs vordersten Spinalnerven hervorgeht, bei den Anuren dagegen nur aus drei (selten vier). Beide Plexus sind gewöhnlich etwas selbständiger, d. h. weniger innig vereinigt als bei den Fischen.

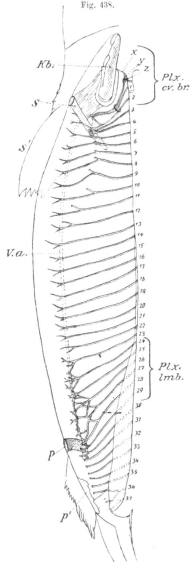

Fig. 438.

Spinax niger. Ventraläste der Spinalnerven der rechten Seite von der Innenfläche der Bauchhöhle gesehen. *x, y, z,* Occipitalnerven. *p* Beckengürtel. *p¹* Bauchflosse. *S* Schultergürtel. *S¹* Brustflosse. Die Urniere in Umrissen angedeutet. Die Nerven *1—4* gehen in den Plexus brachialis, die *24—29* in den Plexus lumbosacralis ein (n. Braus 1898 aus Gegenbaur, Vergl. Anat. d. Wirbeltiere 1898).

Die beiden Plexus der *Amnioten* haben sich vollständig von einander gesondert. Der vordere Anteil des ehemaligen Plexus cervicalis geht, wie es scheint, ursprünglich aus drei ventralen Spinalnervenwurzeln hervor und wurde in den Schädel aufgenommen, aus dessen Occipitalteil er als sog. XII. Hirnnerv (Nervus hypoglossus) austritt; er soll daher später bei den Hirnnerven besprochen werden. Da er sich mit den folgenden, ersten bis dritten eigentlichen Spinalnerven (Cervicalnerven) verbindet, so ist ein Plexus cervicalis auch hier entwickelt[1]).

Der Plexus brachialis der *Sauropsiden* umfaßt eine recht verschiedene Spinalnervenzahl, von zwei bei den Schlangen bis drei, vier und fünf bei den übrigen Reptilien; bei den Vögeln vier bis sechs. Daß sich bei den Reptilien mit verkümmerter Vorderextremität (Schlangen, schlangenartige Saurier) ein rudimentärer Plexus brachialis erhielt, ist interessant. Die Ordnungszahl der

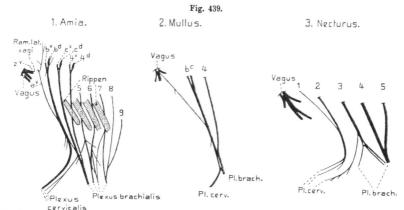

Fig. 439.

1. Amia.   2. Mullus.   3. Necturus.

Linker Plexus brachialis. *1.* Von Amia (Holosteer). *2.* Von Mullus (Teleosteer). *3.* Von Necturus (perennibranchiate Urodele). a^v, b^v, c^v, Occipitalnerven (ventrale Wurzeln), a^d, b^d, c^d, dorsale Wurzeln. *4* u. ff. die folgenden Spinalnerven (n. M. Fürbringer 1897). v. Bu.

in den Plexus brachialis eingehenden Nerven erfährt von den squamaten Reptilien an durch die Reihe der Placoiden und weiterhin bei den Vögeln eine fortschreitende caudale Verschiebung.

Bei den Sauriern beginnen die Brachialnerven mit Nr. 2, 3, 4, 5 und 6 (selten 7) der Spinalnerven; bei den Placoiden mit 6 und 7; bei den Vögeln mit 7 (Cypselus) und schließlich immer weiter caudal bis mit 22 (Cygnus). Daß diese Verschiebung durch die allmähliche Ausbildung und Verlängerung der Halsregion und die damit verbundene Rückwärtsverlagerung der Vorderextremität hervorgerufen wird, ist leicht ersichtlich.

Der Plexus brachialis der *Säuger* umfaßt gewöhnlich fünf Nerven, die vier hintersten Hals- (Cervical-) und den vordersten Thoracalnerven; er kann sich jedoch selten bis auf sieben Nerven erhöhen, oder auf vier erniedrigen. — Allge-

---

[1]) Die Unterscheidung der Spinalnerven auf Grund der Regionen der Wirbelsäule in Hals (Cervical-), Brust (Thoracal-), Lumbal-, Sacral- und Caudal (Coccygeal) -Nerven geschieht so, daß jeder hinter einem Wirbel austretende dem bezüglichen Wirbel zugerechnet wird. Da nun der erste Spinalnerv zwischen dem Schädel und dem ersten Wirbel (Atlas) austritt, so kommt auf die Halsregion ein Nerv mehr als sich Wirbel finden, bei den Mammalia also z. B. acht.

mein gilt jedoch für alle diese und sonstige Plexusbildungen, daß eine erhebliche
Variabilität, sogar bei derselben Spezies, bestehen, ja sich nicht selten auf beiden
Seiten des gleichen Individuums aussprechen kann.

Aus dem Plexus brachialis der Tetrapoden entspringen eine Anzahl teils rein
sensibler, teils gemischter Nerven, welch letztere die Muskulatur des Schultergürtels und der freien Extremität versorgen. Unter den
letzteren treten auf der Ventralseite der Extremität der
Nervus medianus und ulnaris zur Versorgung der Beugemuskeln besonders hervor, während die Dorsalseite
(Streckmuskeln) nur durch den ansehnlichen N. radialis
versorgt wird.

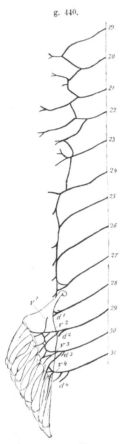

g. 440.

Plexus lumbosacralis. Die Rami pterygiales der
Ventraläste, welche zur hinteren Extremität gehen, bilden
in gleicher Weise einen Plexus lumbosacralis, so genannt,
weil er in der Regel aus Nerven der Lumbal- und Sacralregion hervorgeht. Bei den primitiven Fischen (Chondropterygii, Ganoidei und Ceratodus) gehen recht zahlreiche Nerven in ihn ein (bei Haien 3—14, letzteres bei
Chlamydoselachus, bei Acipenser bis 13, s. Fig. 440,
Holostei etwa 9—10, Ceratodus 12). Die hinteren derselben treten direkt zur Flosse; eine verschiedene Zahl
der vorderen dagegen (Haie zwei bis neun), welche noch
Zweige zur Seitenmuskulatur schicken, verbinden sich
peripher durch einen regelmäßiger bis unregelmäßiger
gebildeten Längsnerv (Collector), der sich hinten in den
Plexus der direkt zur Flosse tretenden Nerven fortsetzt.
Bei den Knochenganoiden ist dieser Collector stark ver-
kürzt, wodurch der gesamte Plexus einheitlicher wird. —
Eine kleinere oder größere Zahl auf den Plexus folgender freier Ventraläste der Chondropterygier (bis 14 Chla-
mydoselachus) senden noch Zweige zur Bauchflosse. —
Die zur Flosse tretenden Nerven teilen sich wieder in
Ventral- und Dorsaläste, welche die entsprechenden
Flossenflächen versorgen.

Acipenser sturio. Die ventralen Äste der zum *19.-31.* Wirbel gehörigen Spinalnerven, mit
dem sie vereinigenden Collector.
Das knorplige Skelet der hinteren Extremität eingezeichnet,
sowie die zur Bauchflosse gehenden dorsalen (d^1-d^3) und ventralen v^1—v^4 Nervenzweige des
Plexus (n. v. Davidoff aus
Gegenbaur, Vergl. Anat. d.
Wirbeltiere 1898).

Die Bildung des zuweilen recht langen Collectors wird meist
als ein Beweis für die allmähliche Wanderung der Hinterextremität in caudaler Richtung angesehen. — Auch auf der
dorsalen und ventralen Flossenhälfte selbst können sich Längsverbindungen der zutretenden Nerven bilden (Haie); in einen
derselben setzt sich der Collector fort.

Bei den *Teleosteern* verringert sich die Zahl der Nerven des Plexus sehr (z. B.
bis zwei bei Cyprinus). — Von Interesse ist das Verhalten derjenigen Knochenfische, deren Bauchflossen in die Region der Brustflossen vorgerückt sind; ihre
Innervierung geschieht durch weit vorn gelegene, jedoch hinter dem Plexus bra-

chialis entspringende Spinalnerven, so den vierten und fünften, dritten und vierten, oder fünften und sechsten. Ein Collector, welcher etwa auf die rostrale Wanderung dieser Bauchflossen hinwiese, findet sich nicht.

Bei den *Tetrapoden* tritt eine Collectorbildung meist nicht mehr auf, dagegen sondert sich der Plexus häufig in einen vorderen (*lumbalen* oder cruralen) und einen hinteren *sacralen* (oder ischiadischen) Anteil. Im allgemeinen bilden die Nerven der Sacralregion den Plexus, dem sich jedoch noch eine Anzahl der hinteren Lumbal- und der vorderen Caudalnerven (prä- und postsacrale Nerven) beigesellen können. Die Zahl der Nerven bleibt bei den Amphibien gewöhnlich mäßig, meist drei bis vier (bei den Urodelen zuweilen auch fünf, s. Fig. 444, S. 620). Der Plexus ist recht einheitlich, so daß sich ein lumbaler und sacraler Abschnitt nur durch den Abgang der beiden Hauptnerven der Extremität, des vorderen *N. sacralis* (s. femoralis anterior) und des hinteren *N. ischiadicus*, des stärksten Nerven der Extremität, unterscheiden lassen.

Die Zahl der am Plexus teilnehmenden Nerven erhöht sich bei den *Sauropsiden*, womit gewöhnlich auch eine schärfere Scheidung des lumbalen und sacralen Anteils verbunden ist. Beide hängen zwar meist durch einen Verbindungsnerv zusammen, können sich aber zuweilen völlig isolieren. Die *Reptilien* besitzen fünf bis sieben Nerven des Plexus, während sich ihre Zahl bei den Vögeln bis auf zehn erhöhen kann, von welchen auf den Plexus lumbalis drei (zwei) bis vier (fünf), den Plexus sacralis vier bis sechs (sieben) kommen.

Auch bei den *Säugern* gehen zahlreiche, nicht selten sämtliche Lumbal- und Sacralnerven in den Plexus ein, der bis elf Nerven aufnehmen, sich andrerseits aber bis auf fünf beschränken kann. Die beiden Abschnitte sind meist gut differenziert und der Plexus lumbalis, wie stets, besonders dadurch charakterisiert, daß von ihm als ansehnlichste Nerven der N. femoralis (s. cruralis) und der N. opturatorius ausgehen (abgesehen von untergeordneten, die zur Bauchmuskulatur ziehen), während vom Sacralplexus der stärkste Körpernerv (N. ischiadicus) entspringt. Der Femoralis versorgt Streckmuskeln, der Obturatorius und auch großenteils der Ischiadicus gehen zu Beugemuskeln der hinteren Extremität.

Von den Amphibien ab tritt caudal vom Plexus lumbosacralis noch ein kleines Geflecht auf, welches gewöhnlich durch Verbindungsschlingen mit dem Sacralplexus zusammenhängt. Dieser *Plexus pudendus* geht aus hinteren Sacral- und vorderen Caudalnerven hervor. Von ihm sondert sich zuweilen noch ein hinterster *Plexus coccygeus* ab. Die vom Plexus pudendus entspringenden Nerven versorgen namentlich die Muskeln der Kloake, des Afters, des Penis und der Vagina, die Harnblase, sowie die Haut der Analgegend.

Natürlich variiert auch der Plexus lumbosacralis sehr, wie es schon für den Brachialplexus hervorgehoben wurde. Daß die in ihn eingehenden Nerven hinsichtlich ihrer Ordnungszahl sehr verschieden sind, geht schon aus der sehr verschiedenen Ordnungszahl der Sacralwirbel hervor. Gerade die Variationen im Bereich des Plexus lumbosacralis beweisen, daß seine verschiedene Lage, wie die des Beckens und der Extremitäten, durch Wanderung des Beckens und der Extremität hervorgerufen wurde, nicht etwa durch Einschaltung neuer Wirbel (vgl. S. 215).

Sympathisches (viscerales) oder Eingeweidenervensystem.

Schon bei gewissen Wirbellosen fanden wir Teile des Centralnervensystems, die vorwiegend zur Innervierung gewisser Darmabschnitte und sonstiger Eingeweide bestimmt waren, und daher als Eingeweide- oder Darmnervensystem (häufig auch als sympathisches) bezeichnet wurden. Analoge, jedoch viel kompliziertere Einrichtungen haben sich bei Wirbeltieren entwickelt. Was bei diesen als sympathisches System bezeichnet wird, beschränkt sich keineswegs auf die Versorgung des Darms, sondern dehnt seine Beziehungen auch auf die übrigen Eingeweide, namentlich die Drüsen, den Gefäßapparat, Atmungsorgane, Geschlechtsorgane usw. aus,

Fig. 441.

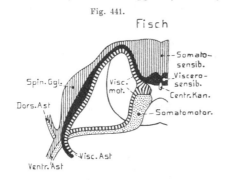

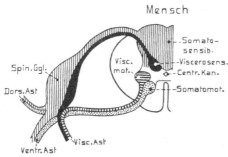

steht jedoch auch durch Vermittlung sympathischer Fasern, die sich den Spinalnervenzweigen beimischen, mit der Haut und ihren Organen in Verbindung. Die sympathischen Fasern innervieren als motorische oder excitatorische die meist glatte Muskulatur der genannten Organe oder die Drüsenzellen, nehmen andrerseits aber auch als sensible Fasern Reize aus diesen Organen auf, welche sie oder andere Organe reflektorisch erregen, d. h. gewöhnlich ohne Bewußtwerden dieses Vorgangs. Andrerseits treten jedoch aus dem Hirn und dem Rückenmark auch markhaltige motorische und sensible Fasern in die sympathischen Nerven ein. — Die im besonderen als sympathische bezeichneten Fasern, d. h. solche, welche im sympathischen System von sympathischen Ganglienzellen entspringen,

Schematische Querschnitte durch das Rückenmark eines Fisches und des Menschen, mit den Wurzeln eines Spinalnerven, um den Anteil, welchen die somatischen und die sympathischen (visceralen) Fasern an dem Aufbau der Wurzeln und den Ästen des Spinalnerven nehmen, zu zeigen (n. Johnston 1910).   v. Bu.

sind bei sämtlichen Cranioten meist durch Mangel oder ganz geringe Entwicklung des Marks ausgezeichnet; nur bei den Cyclostomen tritt dieser Unterschied nicht hervor, da ihre Nervenfasern überhaupt marklos sind. Alle diese eigentlichen sympathischen Fasern sollen wahrscheinlich motorischer Natur sein, während die sensiblen des sympathischen Systems (viscero-sensible) cerebro-spinaler Herkunft, also markhaltig sind. Letztere Fasern entspringen aus einer ventralen Partie der Dorsalhörner des Rückenmarks, den sog. Clarkschen Säulen (s. Fig. 441). Außerdem treten zum sympathischen System jedoch auch noch cerebrospinale motorische Fasern, welche aus Kernen der Ventralhörner des Rückenmarks hervorgehen, die ventral von den eben erwähnten Clarkschen Säulen liegen. Bei niederen Vertebraten ziehen derartige viscero-motorische Fasern durch beide Wurzeln der Spinalnerven, bei den Mammalia nach manchen Angaben nur in den Ventralwurzeln (s. Fig. 441). — Eine allgemeine Eigentümlichkeit der sympathischen Nerven ist, daß sich ihre Ausbreitungen gewöhnlich den arteriellen Blutgefäßen anschließen; weiterhin ihre große Neigung zur Bildung von Geflechten mit eingelagerten Ganglien. Es erscheint daher als ein besonderer Charakter dieses Systems, daß seine Nervenfasern die zu innervierenden Zellen meist nicht direkt versorgen, sondern in ihrem Verlauf durch Einschaltung von einer, vielleicht manchmal auch zwei sympathischen Ganglienzellen unterbrochen sind. Die peripheren Ausbreitungen der sympathischen Nerven verbinden sich sehr häufig mit den Verzweigungen des Nervus vagus.

Von den Ventralästen der dorsalen Spinalnerven des Branchiostoma gehen, wie früher dargelegt wurde (s. S. 607), Visceraläste aus, die, soweit bekannt, wesentlich motorischer Natur sind. Es wurde auch früher hervorgehoben, daß diese Äste längs des Dorsalrands der Peribranchialhöhle einen Längsnerv bilden, der zuweilen dem gleich zu besprechenden Hauptteil des sympathischen Systems der Cranioten, dem sog. Grenzstrang, verglichen wurde, was jedenfalls sehr problematisch erscheint.

Wir wollen nun den Aufbau des sympathischen Systems in seinen Grundzügen verfolgen.

Bei *Petromyzon* (die Myxinoiden sind in dieser Beziehung wenig erforscht) ist ein

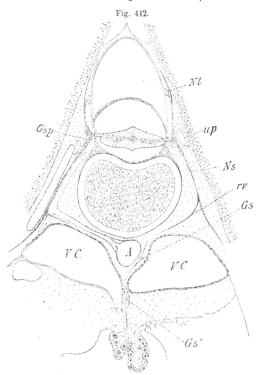

Fig. 442.

Petromyzon planeri (Larve, Ammocoetes). Querschnitt durch Chorda, Rückenmark und die angrenzenden Partien. *A.* Aorta. *Gs.* sympathisches Ganglion. *Gsp.* Spinalganglion. *Nl.* Ram. lateralis vagi. *Ns.* Spinalnerv. *VC.* Vena cava. *rv.* Visceralast. *up.* Parietalnerv (nach JULIN 1887 aus GEGENBAUR, Vergl. Anat. d. Wirbeltiere 1898).

sympathisches System einfachster Form wohl entwickelt. Von der Herzgegend ab bis nahe an den After findet man an der Dorsalwand der Leibeshöhle, ventral von der Chorda, segmental sich wiederholende kleine Ganglienpaare, die jederseits zwischen der Aorta und den Cardinalvenen liegen (Fig. 442, *Gs*). Die Ganglienpaare liegen je in der Region der Spinalnerven und jedes empfängt von den Ventralästen des zugehörigen dorsalen und ventralen Spinalnerven einen zarten Ast (*rv*), so daß also die sympathischen Ganglien einen gemischten Charakter besitzen. In der Längsrichtung sind die jederseitigen Ganglien nicht verbunden. Von ihnen entspringen Nervenfädchen, in denen auch weitere kleine Ganglien (*Gs*[1])

auftreten. Diese sympathischen Nerven treten zu den verschiedensten Eingeweiden, wo sie netzartige Geflechte mit kleinen Ganglien formieren (Herzgeflecht, Geflecht des Vorderdarms, jedoch sind solche auch in der Leber, den Urnieren und
den Genitalorganen nachgewiesen).

Das sympathische System der *Gnathostomen* erreicht eine höhere Entwicklungsstufe, indem die im Prinzip sich metamer wiederholenden, der Ventralseite
des Achsenskelets angelagerten Ganglienpaare
durch Zwischenstränge jederseits zu einem Längsnervenstrang verbunden sind, den sympathischen Grenzsträngen (Trunci sympathici). Die
beiden Grenzstränge ziehen im allgemeinen der
ganzen Wirbelsäule entlang, erstrecken sich
jedoch auch in die Schädelregion und können
hier mit den Hirnnerven in Verbindung treten,
so daß sich ein Kopf- und ein Rumpfteil des Sympathicus unterscheiden läßt. Wie schon früher
bemerkt, entspringt von jedem Ventralast der
Spinalnerven ein *Ramus visceralis* (oder R. communicans, zuweilen jedoch auch mehrere), der auf
die Ventralseite der Wirbelsäule umbiegt und hier
in das sympathische Ganglion des betreffenden
Segments übergeht. — Die Bedeutung der Grenzstränge ist jedenfalls darin zu suchen, daß die
Fasern, welche den sympathischen Ganglien durch
die Rami viscerales zugeführt werden, andrerseits
aber auch die in den Ganglien selbst entspringenden sympathischen Fasern, in benachbarte und
entferntere Segmente des Nervensystems über-
zutreten vermögen. — Von den sympathischen
Ganglien, zuweilen auch den sie verbindenden
Abschnitten der Grenzstränge, entspringen dann
die peripheren sympathischen Nerven.

Bei den *Chondropterygiern* finden sich insofern noch primitive Verhältnisse, als eigentliche
geschlossene Grenzstränge nicht entwickelt sind,
sondern an ihrer Stelle beiderseits ein Geflecht
feiner sympathischer Nerven mit eingeschalteten
meist sehr kleinen Ganglien. Ein eigentlicher Kopfteil fehlt noch völlig. — Bei den Haien (Fig. 443)
beginnt das sympathische System vorn, dicht hinter

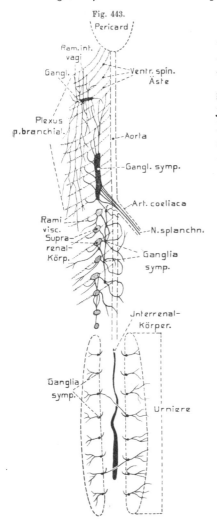

Fig. 443.

Scyllium catulus (Hai). Schemati-
sierte Darstellung des sympathischen
Nervensystems (rechte Hälfte) an d. Dorsalwand d. eröffneten Leibeshöhle (n. Chevrel
1887 konstruiert). O. B. u. v. Bu.

den Kiemen, jederseits mit einem eigentümlichen *Plexus postbranchialis*, dessen Centrum gewissermaßen von einem ansehnlichen Ganglion gebildet wird (den Rochen
fehlt dieser Plexus). Der Plexus entspringt hauptsächlich aus zahlreichen Ästchen

des Ramus intestinalis des Vagus, erhält jedoch auch Zweige vom Plexus cervicobrachialis und den ersten Spinalnerven. Er steht in Verbindung mit den Wurzeln des vordersten ansehnlichen länglichen Sympathicusganglions, welche aus
vorderen Spinalnerven entspringen. An letzteres Ganglion schließt sich jederseits,
längs der Cardinalvenen, ein feiner Längsplexus an, welcher die Visceraläste der
Spinalnerven aufnimmt, die mit eigentümlichen Körpern in Verbindung stehen,
den sog. Suprarenalkörpern, welche erst bei den Nebennieren genauer zu betrachten
sind. Diesem Längsplexus sind jederseits kleine sympathische Ganglien ziemlich unregelmäßig eingestreut. In der hinteren Rumpfregion wiederholen sich die kleinen
Ganglien ziemlich regelmäßig metamer am Innenrand der Urnieren, sind jedoch hier
nicht mehr durch einen Plexus verbunden. Ein Caudalteil des sympathischen Systems
soll völlig fehlen. — Von dem vordersten sympathischen Ganglion entspringen zahlreiche Nervenbündel, welche zusammen den *Nervus splanchnicus* bilden, der
die Arteria coeliaca begleitet und mit dem Intestinalast des Vagus anastomosiert.

Da das sympathische Nervensystem der *Teleosteer* verhältnismäßig genau
bekannt ist, schließen wir gleich einige Bemerkungen über dasselbe an. Gegenüber dem der Chondropterygier verrät es eine höhere Ausbildung dadurch, daß
sich längs der ganzen Wirbelsäule zwei kontinuierliche Grenzstränge hervorgebildet
haben, mit regelmäßig den Spinalnerven entsprechenden Ganglien, und daß sich
ferner ein gut entwickelter Kopfteil findet. Die Grenzstränge sind in der Rumpfregion gewöhnlich deutlich paarig gesondert, obgleich sie häufig durch Anastomosen zusammenhängen. Im hinteren Rumpfabschnitt vereinigen sie sich jedoch
zuweilen zu einem gemeinsamen Strang, was bei den Aalen (Apodes) für den ganzen Rumpf gilt. Der gut entwickelte Caudalabschnitt, der im Kanal der Hämalbogen verläuft und bis zur Caudalflosse reicht, erhält sich stets paarig und anastomosiert an seinem Hinterende mit einem von den Ventralästen der letzten Spinalnerven gebildeten Caudalplexus. — Der Kopfteil besteht in einer Fortsetzung
der Grenzstränge an der ventralen Schädelseite und besitzt gleichfalls eine Anzahl
Ganglien, die sich im allgemeinen den Ganglien des Nervus trigeminus, facialis,
glossopharyngeus, vagus und dem Plexus cervicobrachialis dicht anlegen und aus
ihnen Wurzeläste erhalten. Außerdem entsenden sie jedoch auch sympathische
Ästchen in diese Nerven oder ihre Äste, so z. B. zu den Branchialästen des Vagus.
Das vorderste Kopfganglion gibt auch ein Ästchen zum Ganglion ciliare. In
ähnlicher Weise senden auch die sympathischen Rumpfganglien z. T. Ästchen
in die zugehörigen Spinalnerven. Bei den Apodes ist die Zahl der sympathischen Kopfganglien auf zwei reduziert. — Vom hintersten Kopfganglion oder dem
ersten bis zweiten Rumpfganglion entspringen die Nervi splanchnici, die an der
Arteria coeliaco-mesenterica einen reichen Plexus coeliacus mit Ganglieneinlagerung
bilden, von welchem Nerven zu den verschiedensten Eingeweiden gehen, dabei auch
sekundäre Plexus bildend. An der Bildung des Plexus coeliacus sowie der sekundären beteiligen sich die Verzweigungen des Intestinalasts des Vagus reichlich.
— Von der Fortsetzung der Grenzstränge entspringen namentlich Nerven zu den
Körpermuskeln, den Nieren, Geschlechtsorganen und der Harnblase.

Die an der Aorta hinziehenden Grenzstränge der *Amphibien* erinnern bei den *ichthyoden Urodelen* durch plexusartige Bildung (zwei Stränge jederseits) zuweilen noch an die oben geschilderten Verhältnisse der Chondropterygier. Bei den *Salamandrinen* und *Anuren* (Fig. 444) werden sie dagegen zu geschlossenen Strängen. Die Fischähnlichkeit verrät sich auch darin, daß die Grenzstränge der Urodelen noch einen großen Teil des caudalen Hämalkanals durchziehen, welcher Abschnitt den Anuren natürlich fehlt. Ein Kopfteil ist in verschiedenem Grad ausgebildet,

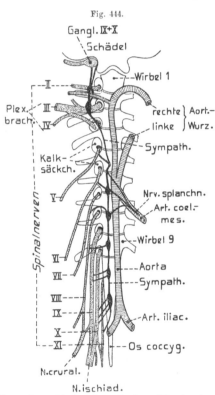

Fig. 444.

Rana. Der rechte Grenzstrang des Sympathicus in seinem Verlauf an der Ventralseite der Wirbelsäule; etwas schematisch. Daneben noch die Ventraläste der Spinalnerven, sowie deren Plexus brachialis und lumbosacralis eingezeichnet. Von den aus dem Grenzstrang entspringenden Nerven sind nur die N. splanchnici angegeben (n. Gaupp 1896; etwas vereinfacht). v. Bu.

indem die Grenzstränge der Salamandrinen vorn vom Glossopharyngeus-Vagusganglion entspringen, bei den Ichthyoden jedoch bis zum Facialisganglion ziehen können. Auch bei den Anuren stehen sie mit dem Vagusganglion und dem gemeinsamen Ganglion für die Nerven V—VII in Verbindung. — EigentümlicheVerhältnisse haben sich bei gewissen Ichthyoden (besonders Menobranchus, s. Fig. 445) gebildet, indem hier neben den beiden eigentlichen Grenzsträngen (*g*) jederseits noch ein tiefer gelegener collateraler entstanden ist (*sc*), welcher mit der Arteria vertebralis in dem Vertebralkanal verläuft, der von den beiden Wurzeln der Querfortsätze gebildet wird. Diese collateralen Stränge gehen aus accessorischen Rami communicantes collaterales (*rcc*) der spinalen Ventraläste (*nsp*) hervor und hängen mit den Hauptgrenzsträngen durch Rami intermedii (*ri*) zusammen; sie zeigen auch Ganglien und Geflechtbildung.

Die *Amnioten* sind im allgemeinen mit einem gut entwickelten Kopfteil des Sympathicus versehen, der meist von einem Paar sympathischer Ganglien in der vordersten Hals- oder der hinteren Schädelregion entspringt, die in der Regel wie bei den Säugern als *Ganglia cervicalia superiora* bezeichnet, jedoch z. T. auch anders als bei letzteren beurteilt werden. Bei Vögeln und Säugern sind sie keine primären sympathischen Ganglien, sondern Verschmelzungen vorderer sympathischer Hals- und sympathischer Hirnnervenganglien. Von diesen Ganglien erstreckt sich der Kopfteil nicht als ein einfacher Strang rostralwärts, sondern in Form von Verbindungen mit den Hirnnerven (Trigeminus, Facialis, Glossopharyngeus, Vagus,

Hypoglossus). — Auch sympathische Ganglien finden sich im Kopfteil. So gehört hierher bei den Säugern als vorderstes das *G. sphenopalatinum*, das dem Ramus maxillaris des Trigeminus zugerechnet wird, während die übrigen sog. sympathischen Ganglien, die sich bei Säugern und z. T. auch bei Niederen im Kopfteil noch finden (G. oticum, ciliare, submaxillare und sublinguale, vgl. Fig. 446, S. 628), als eigentliche sympathische Grenzstrangganglien zweifelhaft sind. Bei den Säugern wird die vordere Fortsetzung des Ganglion cervicale supremum namentlich von einem Plexus gebildet, welcher die Carotis interna umflicht.

Die eigentlichen Grenzstränge der Halsregion sind zuweilen ganz ohne Ganglien, wie meist bei den Reptilien. Bei Säugern finden sich außer dem schon erwähnten Ganglion cervicale supremum meist noch zwei Halsganglien, zuweilen auch nur eins (doch werden embryonal acht angelegt). Das hintere derselben (Ganglion cervicale inferius) kann mit einem bis mehreren der vorderen Brustganglien verschmelzen und wird dann sehr ansehnlich. — Brustganglien finden sich stets; bei den Säugern ist das vorderste besonders groß und zuweilen durch Vereinigung mehrerer gebildet. — Bauchganglien sind bei den Reptilien nicht immer deutlich entwickelt. — Daß bei den geschwänzten Formen ein Caudalteil, entsprechend dem der Urodelen, vorkommt, ist wahrscheinlich, jedoch wenig untersucht. — Eigentümlich verhalten sich die Schlangen (wenigstens Python), da hier im Rumpf ein Grenzstrang fehlt; die Rami viscerales verlaufen einzeln zu den Eingeweiden.

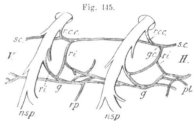

Fig. 445.

Necturus (Menobranchus) maculatus. Ein Stück des linken sympathischen Grenzstranges. *V* vorn; *H* hinten. *g* sympathische Ganglien des Hauptgrenzstrangs. *gc* Ganglion. *nsp.* ventraler Ast der Spinalnerven. *rc* Ramus communicans = visceralis. *rcc* Ramus communicans zum kollateralen Grenzstrang. *ri* Rami intermedii. *rp* Peripherer sympathischer Nerv. *sc* Kollateraler Grenzstrang (n. ANDERSON 1892 aus GEGENBAUR, Vergl. Anat. d. Wirbeltiere 1898).

Der Halsteil des Sympathicus besitzt stets nahe Beziehungen zum Vagus, ja kann sich bei Säugern mit demselben zu einem gemeinsamen Strang vereinigen. Er verhält sich bei den *Sauropsiden* eigentümlich, indem häufig jederseits oberflächliche und tiefer gelegene Stränge vorkommen. Bei den Sauriern sind die tiefen Stränge der tiefen ventralen Halsmuskulatur eingelagerte Schlingenbildungen zwischen den Rami viscerales; bei Chamaeleo bilden sie jederseits einen deutlichen Strang. — Die tiefen Stränge der *Crocodile* und *Vögel* verlaufen im Vertebralkanal mit der Arteria vertebralis und gehen in die Bruststränge über; die oberflächlichen ziehen dagegen als paarige Stränge mit den gemeinsamen Carotiden und werden, wenn sich letztere zu einer Carotis primaria vereinigen, gleichfalls unpaar. Bei den Vögeln setzt sich die Verdopplung des Grenzstrangs auf den Brustteil fort, indem dessen Ganglien durch doppelte Längsverbindungen zusammenhängen, von welchen die dorsalen durch die Rippengabelungen gehen. — Die Bildung solch tiefer Stränge der Halsregion erinnert sehr an die oben erwähnten collateralen Stränge der ichthyoden Amphibien und leitet sich vielleicht von solchen Vorläufern ab.

Die *Nervi splanchnici*, welche wir schon bei den Fischen trafen, entspringen auch bei den Tetrapoden etwa in der Region des Schultergürtels oder der Brust und begleiten die großen Darmarterien. — Wie erwähnt, ist charakteristisch für die sympathischen Nerven ihre große Neigung zur Bildung von Geflechten (Plexus) mit Ganglieneinlagerung an den verschiedenen von ihnen innervierten Organen, welche Plexus daher in den verschiedensten Körperregionen auftreten. Unter ihnen sind die des Darms auch bei den Amnioten besonders ansehnlich (Plexus coeliacus oder solaris).

Hirnnerven der Craniota.

Wir erkannten das Hirn als einen durch besondere Bedingungen modifizierten vorderen Teil des Centralnervensystems, das sich als Rückenmark nach hinten fortsetzt. Es läßt sich daher von vornherein vermuten, daß die vom Hirn entspringenden Nerven den Spinalnerven des Rückenmarks entsprechen werden. Bei den *Acraniern* erscheinen, abgesehen von dem zweifelhaften Nervus olfactorius und dem N. terminalis, nur die beiden vordersten Nervenpaare besonders modifiziert; bei den Cranioten hingegen viel mehr solcher Paare, woraus hervorgeht, daß das Craniotenhirn eine viel längere Strecke des vorderen Centralnervensystems umfaßt. Schon früher wurde hervorgehoben, daß die größte Zahl der Hirnnerven vom Myelencephalon (Medulla oblongata) entspringt, ja man darf vielleicht mit gewissem Recht sagen, daß ursprünglich sämtliche Hirnnerven, mit Ausnahme der zwei ersten, aus diesem Abschnitt hervorgingen, und daß die Beziehungen, welche der dritte (Nervus oculomotorius) und der vierte (N. trochlearis) zum Mesencephalon haben, sekundär erworben sein könnten.

Im Gegensatz zu dieser Auffassung wird jedoch auch nachzuweisen versucht, daß die Hirnnerven vom V. (Trigeminus) ab, bei der Ontogenese etwas caudalwärts verschoben werden, so daß die Anlage des sog. Ophthalmicus profundus des Trigeminus ursprünglich im Gebiet des Mesencephalon liege, die des folgenden Trigeminusanteils im Metencephalon usf.

Nicht selten wurde versucht, sämtliche Hirnnerven auf Spinalnerven oder modifizierte Anteile solcher zurückzuführen. Für die beiden vordersten, welche reine Sinnesorgannerven sind, den Riech- und Sehnerv, N. olfactorius u. N. opticus, ist eine solche Deutung wohl sicher irrig. Wie wir bei der Besprechung dieser Organe sehen werden, bildeten sie sich in innigster Beziehung mit dem vorderen Hirnabschnitt selbst, dem Archencephalon, so daß ihre nervösen Anteile eigentlich als ursprüngliche Hirnteile aufgefaßt werden müssen, was für die Augen besonders klar hervortritt. Der eigenartige Charakter der beiden ersten Nervenpaare läßt sich daher kaum bezweifeln.

Für die übrigen Hirnnerven dagegen scheint die Ableitung von Spinalnerven gerechtfertigt, wenn auch die Deutungen im Einzelnen sehr weit auseinandergehen, und von einer auch nur annähernden Übereinstimmung der Ansichten keine Rede sein kann. Die Schwierigkeiten, welche sich der Lösung dieses Problems entgegenstellen, sind auch besonders groß. Abgesehen von denjenigen, welche die technische Untersuchung selbst bietet, ergeben sich weitere aus den Modifikationen

und Umgestaltungen, welche die ursprünglichen Spinalnerven im Hirngebiet erfuhren. Es konnten einerseits Verwachsungen ursprünglich getrennter, andrerseits
auch Auflösungen anfänglich einheitlicher Nerven in gesonderte Anteile eintreten.

Es fragt sich daher zunächst, welche Kriterien besonders maßgebend sein
werden für die Erkenntnis der spinalen Natur eines Hirnnervs. — Bei den primitivsten Vertebraten (Acranier und Petromyzon) bleiben, wie früher erwähnt, die
dorsalen und ventralen Spinalnerven noch unvereinigt. Sowohl die Ontogenie als
die Vergleichung scheint nun sicher zu erweisen, daß die meisten, und gerade die
ansehnlichsten Hirnnerven rein dorsalen Spinalnerven entsprechen. Sie entspringen
ontogenetisch vom Hirn ungefähr in der Fortsetzung der Ursprünge der dorsalen
Spinalnerven, von der vorderen Verlängerung der sog. Neuralleiste, aus welcher
letztere hervorgehen. Es läßt sich daraus wohl schließen, daß in der Hirnregion
die ursprüngliche Nichtvereinigung der dorsalen und ventralen Spinalnerven erhalten blieb und die anfänglich vorhandenen ventralen Spinalnerven (oder Wurzeln) in dieser Region großenteils rückgebildet wurden. Abgesehen von rudimentären ventralen Spinalnerven, die wir später als sog. occipitale Nerven in
der hinteren Region der Medulla oblongata gewisser Fische finden werden, sind es
nur die Augenmuskelnerven (III, IV und VI), welche sowohl nach ihrer Entstehung,
als wegen ihres ventralen Austritts (abgesehen von IV) und der ventralen Lage
ihrer Kerne, sowie wegen ihrer Beziehung zu den Augenmuskeln, mit großer
Wahrscheinlichkeit als ventrale Spinalnerven gedeutet werden dürfen. Diese Reduktion der ventralen Spinalnerven in der Hirnregion hängt jedenfalls damit zusammen, daß die Myomeren der Hirn- (bzw. Kopf-) region gleichfalls großenteils
rückgebildet wurden, indem, wie früher erwähnt, die Muskulatur des Kieferkiemen-
apparats, welcher von den Hirnnerven versorgt wird, nicht aus den Myomeren,
sondern aus den beiden Seitenplatten hervorgeht, deren Innervierung durch die
dorsalen Spinalnerven geschieht. — Die Augenmuskeln entwickeln sich hingegen
nach den recht übereinstimmenden Angaben vieler Beobachter aus den drei vordersten, vor dem Gehörbläschen gelegenen Myomeren (prootischen), womit ihre
Innervierung durch ventrale Spinalnerven gut harmoniert.

Ein primitiver Dorsalnerv des Rückenmarks, wie ihn etwa die Acranier zeigen,
verläuft, wie wir früher sahen, im Septum zwischen zwei Myomeren zur Haut,
teilt sich hier in einen dorsalen und ventralen Ast, wobei an der Teilungsstelle ein
wenn auch schwaches Ganglion auftritt. Beide Äste lassen mehr oder weniger
deutlich einen nach vorn gerichteten sog. Lateralast unterscheiden, während sich
vom Ventralast noch ein R. visceralis abzweigt, der die viscerale Muskulatur versorgt (vgl. S. 607). Ähnlich verhalten sich im allgemeinen die primitiven dorsalen
Hirnnerven, wie sie bei Cyclostomen und Fischen angetroffen werden. Auch sie
teilen sich bald nach ihrem Ursprung in einen schwächeren dorsalen und einen
viel ansehnlicheren ventralen Ast. Ersterer entsendet nach vorn einen sensiblen
Ram. lateralis dorsalis und setzt sich dann als sensibler *R. cutaneus dorsalis* fort.
Der ventrale Ast zieht im allgemeinen zum Dorsalende einer Visceralspalte, wobei

sich auch die Mundspalte wie eine solche verhält. Hier teilt er sich in einen
schwächeren sensiblen vorderen Lateralast, der am vorderen (rostralen) Rand der
Visceralspalte hinabzieht (daher auch R. praetrematicus genannt) und einen
stärkeren Ast der den hinteren (caudalen) Rand der betreffenden Spalte begleitet (R. posttrematicus). Von der Teilungsstelle geht auch ein Ramus visceralis (R. pharyngeus od. palatinus) aus, welcher zum Darm tritt. Jedem typischen
spinalen Hirnnerv kommt ferner an der Teilungsstelle in den Dorsal- und Ventralast ein Ganglion zu, das im allgemeinen den Spinalganglien der dorsalen
Rückenmarksnerven entspricht.

Aus dem Bemerkten folgt, daß die typischen spinalen Hirnnerven einerseits
durch einen besonderen Verlauf charakterisiert sind, andrerseits aber durch ihre
Beziehungen zu der Mund- oder den Visceralspalten. In letzterem Verhalten spricht
sich auch eine metamere Anordnung der Nerven aus, insofern die Kiemenspalten
ebenfalls den Segmenten entsprechen, d. h. in den Zwischenräumen zwischen den
Somiten angeordnet sind, was wenigstens für die ursprünglichen Kiemenspalten
der Acranier und die der Cranioten gültig scheint. Aber die spinalen Hirnnerven
selbst zeigen sich, wenigstens in der Ontogenie der Cyclostomen (Petromyzon), metamer angeordnet, so daß der erste (Trigeminus I) auf die Grenze des ersten und
zweiten prootischen Somits fällt, die folgenden zwischen die darauf folgenden
Som¹ten. Wir finden demnach, als Kriterien zur Entscheidung über die spinale
Natur der Hirnnerven: 1) ihre metamere Beziehung zu den Somiten, 2) ihre entsprechende Beziehung zu den ursprünglich metamer geordneten Visceralspalten
und 3) ihren den ursprünglichen dorsalen Spinalnerven des Rückenmarks gleichen-
den Bau und Verlauf.

Oben wurde hervorgehoben, daß auch die Bildung eines, den Spinalganglien im allgemeinen entsprechenden Ganglions für die spinalen Hirnnerven charakteristisch erscheint.
Die Entwicklung dieser Ganglien verläuft in vieler Hinsicht abweichend von jener der eigentlichen Spinalganglien. Die Anlage der typischen spinalen Hirnnerven zieht direkt zum
Ectoderm und läuft unter diesem, also nach außen vom Mesoderm herab. Deshalb wurde
auch gelegentlich angenommen, daß diese unter dem Ectoderm und zwischen den Kiemenspalten herabziehenden Anlagen (die späteren Rami posttrematici) gar nicht die eigentlichen
Spinalnerven seien, sondern besondere Kiemenäste derselben; gleichzeitig wurden Nervenanlagen nachzuweisen gesucht, die innerhalb des Mesoderms herabzögen und auch Ganglien
bilden, welche also die eigentlichen Spinalnerven der Hirnregion darstellten. Eine solche
Annahme scheint umso weniger wahrscheinlich, als ja die Spinalnerven der Acranier
gleichfalls außerhalb der Muskulatur verlaufen und es wohl möglich ist, daß die spinalen
Hirnnerven die ursprünglichen Verhältnisse bewahrten. — Die Ganglienbildung der Hirnnerven erfolgt unter direkter Teilnahme des Ectoderms, indem die unter letzterem herabziehenden Nervenanlagen sich im allgemeinen an zwei Stellen mit besonderen Ectodermver-
dickungen (sog. Placoden) innig verbinden. Die eine dieser Verbindungsstellen liegt dorsaler
(sog. Lateralplacoden), die andere ventraler, und zwar dicht an den Dorsalenden der Kiemenspalten (daher epibranchiale Placoden oder Kiemenspaltenorgane genannt). In der Region der
Lateralplacoden entwickelt übrigens auch die Nervenanlage selbst eine Ganglienanlage, welche
sich mit der Placode innig verbindet. Lateral- und Epibranchialplacoden bilden demnach
jederseits zwei Längsreihen. Die ersteren eine dorsale, etwa in der vorderen und hinteren
Fortsetzung der Hörblase, die selbst gewöhnlich als eine eingesenkte Lateralplacode betrachtet

wird; die Epibranchialplacoden eine mehr ventrale Reihe in der Höhe der dorsalen Kiemen-spaltenenden. Später lösen sich die Anlagen der Nerven vom Ectoderm ab und nehmen einen Teil der Zellen der Placoden als Nervenzellen mit sich. Lateralplacoden scheinen sich wenigstens bei den Cyclostomen für sämtliche dorsale spinale Hirnnerven zu bilden; epibranchiale da-gegen erst vom VII. Nerv (Facialis) ab; doch differieren die Beobachtungen hierüber etwas.

Nach dem Vorgang der menschlichen Anatomie werden die Hirnnerven von vorn nach hinten gezählt, und so bei den Anamnia in der Regel zehn, bei den Amnioten zwölf Paare gerechnet, indem bei letzteren noch zwei Nerven, die bei den Anamnia weniger deutlich differenziert sind, in die Schädelhöhle aufgenommen wurden, und daher den übrigen Hirnnerven beigesellt erscheinen. Diese zwölf Nervenpaare sind von vorn nach hinten: I. N. olfactorius (der Riechnerv), II. N. opticus (der Sehnerv), III. N. oculomotorius (Augenmuskelnerv), IV. N. troch-learis (Augenmuskelnerv), V. N. trigeminus, VI. N. abducens (Augenmuskelnerv), VII. N. facialis, VIII. N. acusticus (Hörnerv), IX. N. glossopharyngeus, X. N. vagus, XI. N. accessorius Willisii, XII. N. hypoglossus.

Der *Riechnerv, Nervus olfactorius* (I) wurde schon oben als ein spezifischer Sinnesorgannerv charakterisiert, dem die Bedeutung eines spinalen Hirnnervs nicht zuerkannt werden kann, obgleich dies manchmal versucht wurde. Er tritt, wie ebenfalls schon erörtert wurde, zum Lobus olfactorius, oder, wenn dieser in Bulbus, Tractus und sekundären Lobus differenziert ist, zum Bulbus. Wenn letzterer dem Geruchsorgan sehr dicht anliegt, wie bei Cyclostomen, Chondropterygiern und ge-wissen Teleosteern, so ist der Olfactorius sehr kurz und ein geschlossener Riech-nerv gar nicht vorhanden, indem von der Riechschleimhaut zahlreiche Bündel von Nervenfasern (Fila) ausgehen, welche zum Bulbus treten.

Diese Zusammensetzung des Riechnervs aus zahlreichen, nicht fest zusammen-geschlossnen Fila wiederholt sich auch bei den Reptilien häufig und gilt fast all-gemein für die Säuger, wo die Fila durch die feinen Löcher der Siebbeinplatten treten. Nur Ornithorhynchus besitzt, wie früher erwähnt, eine einfache Öffnung für den Durchtritt jedes Olfactorius. Schon beim Gehirn wurde hervorgehoben, daß der Olfactorius der Anuren und Gymnophionen mit zwei Wurzeln entspringt. — Wie es scheint, besteht der Riechnerv stets aus marklosen Nervenfasern, be-wahrt also eine ursprünglichere Beschaffenheit.

Bei gewissen Fischen (zahlreichen *Haien* und *Rochen, Protopterus, Ceratodus* [Embryo] und *Amia*) findet sich neben jedem Olfactorius ein eigentümlicher sog. *Nervus terminalis* (oder apicalis), der sich, dicht neben ihm hinziehend, ebenfalls zur Schleimhaut der Nasen-grube begibt. In seinem Verlauf bildet er bei den Chondropterygiern ein Ganglion (siehe Fig. 406, S. 569); sein Ursprung liegt hier weit vorn am Telencephalon, dicht neben dem Re-cessus neuroporicus, bald mehr ventral, bald mehr dorsal. Bei Protopterus entspringt er dagegen aus dem Zwischenhirn. Er soll entweder nur marklose Fasern (Protopterus), oder daneben auch markhaltige führen (Chondropterygii). Daß der N. terminalis nur ein abgelöster Teil des Olfactorius sei, ist wenig wahrscheinlich; auch wurde die Vermutung aufgestellt, daß er das Rudiment eines bei den Vorfahren ansehnlicher entwickelt gewesenen Nervs bilde. Neuer-dings wurde auch bei Rana ein entsprechender Nerv beobachtet.

Der *Sehnerv, Nervus opticus* (II), geht, wie wir später sehen werden, ontogene-tisch direkt aus dem Stiel der Augenblase hervor, die sich jederseits aus dem

Diencephalon hervorstülpt, und hauptsächlich den nervösen Teil des Auges, die Netzhaut, bildet. Die Optici entspringen daher vom Boden des Zwischenhirns·vor dem
Infundibulum; doch sind ihre Fasern als Tractus opticus in die zum Mesencephalon
gehörigen Lobi optici und bei den Säugern auch zu den Corpora geniculata
lateralia des Diencephalon zu verfolgen. — Die Stärke der Optici steht natürlich
in direktem Verhältnis zur Größe der Augen; wenn diese verkümmern, reduzieren
sich auch die im allgemeinen sonst recht starken Sehnerven. — Der meist dreh-
runde, selten bandförmige Opticus wird von einer faserigen Scheide umhüllt, die
aus den Hirnhäuten hervorgeht. Er tritt gewöhnlich direkt in die Orbita zum
Grunde des Augapfels, in welchen er eindringt. Sein feinerer Bau ist meist eigenartig, indem von der bindegewebig-faserigen Scheide radiale, verzweigte Scheidewände in ihn eindringen und ihn in Faserbündel zerlegen. Bei vielen Knochenfischen
greifen diese Bindegewebsscheidewände von beiden Seiten alternierend zwischen
einander, weshalb sich der Nerv, nach Entfernung der Hülle, zu einem Band ausbreiten läßt. Auch bei den Vögeln erlangt er wegen der Beschaffenheit dieser
Septen meist eine blättrige Zusammensetzung. Besonderes Interesse besitzt
die Kreuzung der Sehnervenfasern (Chiasmabildung), welche bei den verschie-
nen Klassen in verschiedener Weise geschieht. Die Cyclostomen und Dipnoer zeigen
äußerlich keine Andeutung der Kreuzung; jeder Opticus begibt sich zum Auge
seiner Seite; es ist jedoch erwiesen, daß sich die Opticusfasern in diesen Fällen
im Hirninnern großenteils kreuzen. — Bei den meisten Wirbeltieren erfolgt
die Kreuzung dagegen erst, nachdem die Opticusfasern als freier Nerv aus dem
Zwischenhirnboden hervorgetreten sind, in einem dicht vor dem Infundibulum
gelegenen, deutlich sichtbaren *Chiasma*. Ein solches findet sich unter den Fischen
schon bei den Chondropterygiern und Ganoiden, ebenso bei allen höheren Klassen.
Der feinere Bau des Chiasmas variiert je nach den Abteilungen und dem Bau
der Sehnerven etwas, indem sich teils gröbere Faserbündel kreuzend durchflech-
ten, bald nur feinste (Säuger). Die Frage nach dem Grade der Faserkreuzung
erscheint noch immer etwas unsicher. Für die Säuger ist ziemlich sicher festgestellt, daß die Kreuzung der Fasern in den meisten Fällen keine totale ist (ausgenommen gewisse Rodentia). Bei den übrigen Klassen dagegen wird die Kreuzung
jetzt i. d. R. als eine vollständige betrachtet, was besonders für die Teleostei klar
erscheint, da sich die beiden freien Optici hier überkreuzen, ohne sich zu durch-
flechten (s. Fig. 409 C, S. 572), weshalb die Kreuzung sicher eine totale ist, wenn
nicht etwa schon im Innern des Hirns ein Faseraustausch sich zugesellt.

    Im allgemeinen scheint die Kreuzung bei dem niederen Wirbeltieren vollständiger zu
sein als bei den Säugern, und auch bei diesen umso ausgiebiger, je seitlicher die Augen gerichtet sind, also je weniger sich ihre Sehfelder überdecken.

    An dieser Stelle möge kurz erwähnt werden, daß auf der Grenze von Di- und Mesen-
cephalon der Embryonen gewisser Haie die Anlage eines sensiblen Nerven (N. thalamicus)
beobachtet wurde, die jedoch bald wieder schwindet, nachdem sie in Beziehungen zum Ramus
ophthalmicus des Trigeminus und dem Oculomotorius trat.

    Die spinalen Hirnnerven. Oben wurden die Kriterien erörtert, welche für die
Beurteilung der spinalen Natur eines Hirnnerven maßgebend zu erachten sind, und

die wir daher unsrer Betrachtung zugrunde legen müssen. Wie zu erwarten, sind
es die Verhältnisse der primitiveren Wirbeltiere (insbesondere der Cyclostomen
und Fische), welche den klarsten Aufschluß bieten, wogegen bei den höheren
Formen zahlreiche Veränderungen eingetreten, ja ganze Partien des ursprünglichen
Nervenapparats geschwunden sind. — Abgesehen von den Augenmuskelnerven
(III, IV und VI), die wir ihrer besonderen Natur wegen zuletzt betrachten wollen,
sondert man die auf den Opticus folgenden Hirnnerven, welche im allgemeinen
den Charakter dorsaler Spinalnerven darbieten, häufig in zwei Gruppen: eine vordere, die den V., VII. und VIII. Nerv umfaßt, und nach dem ansehnlichen V.
als Trigeminusgruppe bezeichnet wird, und eine hintere, die Vagusgruppe (IX.—
XI. Nerv), nach dem X. genannt; ihr schließt sich auch der XII. Nerv an, der jedoch, wie wir sehen werden, einen eigenartigen Charakter besitzt. Die Zusammenfassung der betreffenden Nerven zu den beiden Gruppen basiert hauptsächlich
darauf, daß ihre Angehörigen häufig nähere Beziehungen, Verbindungen, ja zuweilen
gemeinsame Ursprünge besitzen, also eine gewisse Zusammengehörigkeit verraten.

Trigeminusgruppe. Der bezeichnende Nerv dieser Gruppe ist der V., der
Trigeminus. Er ist meist der stärkste Hirnnerv und entspringt vom Vorderende
der Medulla oblongata. Er führt seinen Namen deshalb, weil er sich in drei
Hauptäste verzweigt, also gewissermaßen dreiteilig erscheint. Ob der Trigeminus
einem einfachen Spinalnerv entspricht, oder aus der Vereinigung zweier hervorging, ist ein noch nicht völlig gelöstes Problem, obgleich es sehr wahrscheinlich
ist, daß er aus zwei ursprünglichen Spinalnerven entstand, die zwischen dem ersten
und zweiten und zweiten und dritten Kopfsomit liegen. Manche Morphologen sind
sogar geneigt, ihn aus einer größeren Zahl ursprünglicher Spinalnerven abzuleiten,
doch ist dies wenig wahrscheinlich. — Wir betrachten zuerst seinen Bau und
seine Verbreitung bei den primitiven Wirbeltieren, besonders den Fischen (s. Fig. 445).
Der Trigeminus entspringt an dem angegebenen Ort mit zwei bis mehr Wurzeln (Portionen), die bei den Anamnia in sehr naher Beziehung zu den Wurzeln des VII. Nervs
(Facialis) stehen. Kurz nach seinem Ursprung bildet er ein einfaches oder aus
mehreren Portionen zusammengesetztes Ganglion, oder auch ein ganglöses Geflechtwerk (sog. Ganglion Gasseri oder semilunare), das einem Spinalganglion gleichgesetzt
werden darf. Von dem Ganglion entspringt in rostraler Richtung ein rein sensibler
Ast, der *Ramus ophthalmicus* (entsprechend einem Ramus lateralis dorsalis), so
genannt, weil er in die Augenhöhle eintritt, diese dorsal durchzieht und aus ihr
vorn hervortritt, um die Haut der Schnauze, sowie die Schleimhaut der Nasengrube oder Nasenhöhle zu versorgen. — Bei den Chondropterygiern und Ganoiden
treten zwei Rami ophthalmici (ein *superficialis* und ein *profundus*) durch die Augenhöhle, welche sich jedoch gewöhnlich vor dem Austritt aus letzterer vereinigen.

Bei gewissen Chondropterygiern und Polypterus besitzt der R. profundus einen vom
übrigen Trigeminus gesonderten Ursprung in der Region des Mittelhirns, wie es embryonal
auch bei Amia vorkommt. Bei letzterer Form und einzelnen Chondropterygiern kommt ihm
ein besonderes kleines Ganglion zu, das sonst mit dem gemeinsamen Trigeminusganglion
vereinigt zu sein scheint. Auch der Ramus ophthalmicus zahlreicher Reptilien besitzt ein
besonderes Ganglion.

Bei den Tetrapoden (vgl. Fig. 446) findet sich nur ein Ramus ophthalmicus, welcher dem profundus der Fische entspricht, und ein ähnliches Verbreitungsgebiet besitzt; auch an die Augendrüsen (Tränen- und Hardersche Drüse), die Conjunctiva und das obere Augenlid Zweige abgibt und sich bis zur Schnauzenspitze (bei Vögeln z. B. in den Schnabel) fortsetzt. Die Beziehungen des Ramus ophthalmicus zu dem sog. Ganglion ciliare und dem N. oculomotorius sollen erst bei letzteren erörtet werden.

Von der Fortsetzung des Trigeminus, oder auch direkt aus seinem Ganglion, zweigt sich ferner der *Ramus maxillaris* (*superior*) ab, der als sensibler Nerv die Ober- und Zwischenkieferregion versorgt und gleichfalls meist die ventrale Region der Orbita durchsetzt. Auch er erhält sich bei den Tetrapoden ähnlich und ver-

Fig. 446.

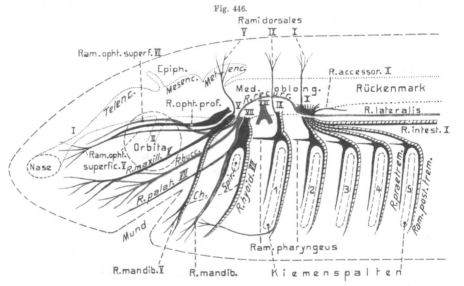

Schema der Hirnnerven und ihrer Ausbreitung bei einem ursprünglichen kiemenatmenden Wirbeltier (die Grundlage bilden etwa die Verhältnisse eines Chondropterygiers. Das sog. Lateralissystem, welches die Seitenorgane innerviert, ist rot angegeben; diejenigen Nerven und Zweige, welche auch motorische Fasern führen, sind mit gestrichelten Begleitlinien versehen; die rein sensiblen Nerven und Zweige schwarz. Die Augenmuskelnerven sind weggelassen.					O. B.

sorgt hier Teile der Gesichtshaut, den Schnabel der Vögel, die Rüsselbildungen und Barthaare der Säuger, jedoch auch die Zähne des Oberkiefers und steht mit dem Kopfteil des Sympathicus durch das häufig ausgebildete Ganglion sphenopalatinum in Verbindung. Bei den Säugern bildet seine Hauptfortsetzung der N. infraorbitalis (s. Fig. 447).

Der ansehnlichste Trigeminusast ist fast stets der *R. mandibularis* (s. maxillaris inferior), der, wie sein Name sagt, zum Unterkiefer geht und *gemischter* Natur ist[1]). Bei den Knorpelfischen noch längs der Außenseite des knorpligen

---

[1]) Auf Fig. 446 sind die motorischen Anteile der Hirnnerven durch horizontale Strichelung angedeutet; die sensiblen Haut- oder Darmnerven schwarz; die Seitenorgane versorgenden Anteile rot.

Unterkieferbogens hinziehend, tritt er mit der Verknöcherung der Mandibel in deren inneren Kanal. Seine Muskelzweige innervieren die Muskulatur des Unterkiefers, wie wir schon früher (s. S. 436) erwähnten. Die sensiblen Äste versorgen die Unterkieferhaut, die Unterkieferzähne, Bartein usw.; bei den höheren Wirbeltieren auch z. T. die Schläfenregion, Ohrgegend, die Wangenschleimhaut und die Speicheldrüsen; bei den Säugern (und schon manchen Reptilien) ebenso die Zunge (N. lingualis, vgl. Fig. 447). Dieser Ast kann gleichfalls mit dem Kopfteil des Sympathicus verbunden sein (Säuger), unter Bildung eines besonderen *Ganglion oticum* (s. Fig. 447).

Fig. 447.

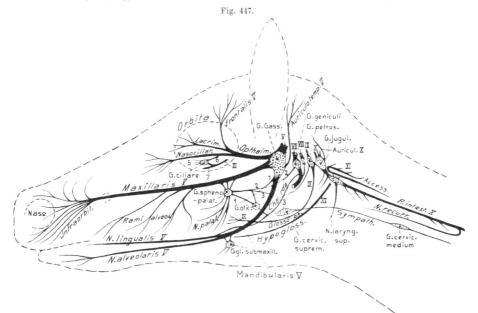

Säugetier. Schema der Hirnnerven und ihrer wichtigsten Ausbreitungen. Auch der Kopfteil des sympathischen Grenzstrangs ist teilweise dargestellt. Die Nerven *I, II, IV* und *VI* sind weggelassen. *1.* Nerv. buccinatorius *V²*. — *2.* N. petrosus superf. major. — *3.* N petros. profund. — *4.* N. auricularis post. *VII.* — *5.* Nn. ciliares. — *6.* Radix longa gangl. cil. — *7.* Ram. inf. N. oculom. O. B.

Eigenartige Verhältnisse zeigt der Trigeminus zahlreicher Knochenfische, indem von seinem Gangliengeflecht dorsale sensible Ästchen als Rami cutanei dorsales in die Schädelhöhle aufsteigen. Sie verbreiten sich entweder nur in dem das Hirn umhüllenden Fettgewebe, wobei sie zuweilen Verbindungen mit ähnlichen Dorsalästen des Vagus (X) eingehen, oder treten bei gewissen Formen auch auf die Schädeloberfläche hinaus, um sich an der Versorgung der Sinnesknospen (Geschmacksknospen) zu beteiligen. Bei einer Anzahl Teleosteer (namentlich den Gadidae) tritt ein solch sensibler Dorsalast des Trigeminus aus der hinteren dorsalen Schädelregion aus und zieht als sog. *R. lateralis trigemini* jederseits an der Basis der Dorsalflossen längs der ganzen Rückenkante hin (s. Fig. 448). Dabei steht er mit den Dorsalästen der Rückenmarksnerven durch Rami communicantes in regelmäßiger Verbindung. Von diesem Lateralis trigemini (auch R. lateralis accessorius genannt), welcher durch den Zutritt der Rami communicantes gemischter Natur wurde, gehen Nervenästchen zur Haut (Sinnesknospen) der Rückenkante und der Rückenflossen; bei gewissen Formen jedoch auch solche zu den kehlständigen Bauchflossen, zuweilen (Gadidae) auch den Brustflossen und sogar der Analflosse (s. Fig. 448). Andrerseits erhalten auch die Muskeln der Rückenflossen Ästchen der Rami laterales V. — Diese eigentümliche Ausbreitung eines Hirnnerven über den ganzen Körper ist besonders wegen der Analogie mit dem Ramus lateralis des Vagus von Interesse. Die regelmäßigen Verbindungen der Rami laterales V mit den Spinalnerven machen ihre Entstehung als sog. Collectornerven durch Schlingenbildung zwischen den Dorsalästen des Trigeminus und der Spinalnerven sehr wahrscheinlich, woran sich zuweilen auch ein dorsaler Vagusast beteiligt. Wir werden auf diese Analogie bei der Besprechuug des R. lateralis vagi nochmals zurückkommen. In neuerer Zeit wird jedoch der sog. R. lateralis V auch als zum Facialis gehörig aufgefaßt.

Oben wurde schon hervorgehoben, daß der Trigeminus jetzt gewöhnlich als ein doppelter dorsaler Hirnspinalnerv gedeutet wird, und zwar meist so, daß der Ramus ophthalmicus profundus als ein stark reduzierter vorderer (1.) Nerv, der übrige Trigeminus als ein zweiter (2.) betrachtet wird. Der R. ophthalmicus profundus wäre dann wohl einem allein erhaltenen dorsalen Lateralast des Trigeminus 1 gleichzusetzen, während der Maxillarast dem praetrematischen Ast des Trigeminus 2, der Mandibularast dessen posttrematischen und der R. ophthalmicus superficialis dessen Dorsolateralast entspräche. Gelegentlich wurde jedoch auch der Maxillarast dem Trigeminus 1 zugerechnet.

Fig. 448.

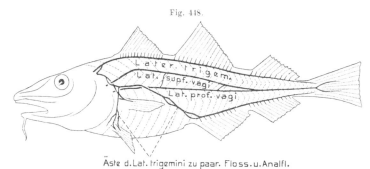

Äste d.Lat. trigemini zu paar. Floss.u.Analfl.

Gadus morrhua; von links. Der Verlauf des Ramus lateralis des Trigeminus und seiner Äste zu den paarigen Flossen, den Rücken- und Analflossen eingezeichnet; ebenso die beiden Äste des Ramus lateralis vagi (superficialis und profundus) (n. Stannius 1849).   v. Bu.

Facialis (VII). Schon oben wurde hervorgehoben, daß die Ursprünge des Trigeminus und Facialis bei den Anamnia sehr eng verbunden, die Ganglien beider sogar meist innig verwachsen sind. Ferner wird als ursprünglicher Anteil des Facialis der VIII. oder Hörnerv (N. acusticus) gedeutet, der den sensorischen Nervenzweigen (dorsolaterale Äste) zuzurechnen ist, welche die sog. Seitenorgane innervieren. Der Acusticus hat sich vom Facialis abgesondert, doch stehen seine Wurzeln mit denen des letzteren häufig noch in naher Beziehung. Bei schärferer Sonderung des Facialis vom Trigeminus, so bei den Amnioten, bildet er ein eigenes Ganglion (G. geniculi). Sein weiterer Verlauf erweist ihn als den zur ersten Visceralspalte (Spritzloch oder Spiraculum der Fische) gehörigen spinalen Hirnnerv (Fig. 446). Dementsprechend verteilt er sich bei den Fischen und den sich ähnlich verhaltenden ichthyoden Amphibien (sowie den Larven der übrigen) an den beiden ersten Visceralbogen, indem sein kurzer Ursprungsstamm (bei den Fischen Ramus hyoideo-mandibularis) einen posttrematischen gemischten *Ramus hyoideus* abgibt, der längs des Hyomandibulare und Zungenbeinbogens herabzieht, während ein praetrematischer sensibler, auch Seitenorgane innervierender *R. mandibularis* zum Unterkiefer zieht und sich in einen R. internus und externus teilen kann. Als vorderen dorsolateralen, die Seitenorgane über der Orbita versorgenden und rein sensorischen Ast finden wir bei den Fischen und den ichthyoden Amphibien einen *R. ophthalmicus superficialis facialis*, der etwa im Bereich des Ophthalmicus superficialis V hinzieht, und sich mit letzterem Nerv häufig innig vereinigt. Bei den erwähnten Amphibien scheint der entsprechende Nerv wesentlich nur vom Facialis gebildet zu werden, obgleich er zuweilen auch als Ophthalmicus superficialis trigemini aufgefaßt wurde. — Ein sensorischer Zweig, der die Seitenorgane unter dem Auge versorgen soll, erstreckt sich als *R. buccalis* längs des Oberkiefers, häufig in inniger Verbindung bis Verschmelzung mit dem R. maxillaris V, während sich ein sensibler R. palatinus zur Schleimhaut der Mundhöhle begibt.

Bei den Amnioten bilden sich die sensiblen Facialisäste meist stark oder völlig zurück (Ramus ophthalmicus superficialis facialis, R. buccalis). Dagegen bleibt der posttrematische, zum Hyoid ziehende und vorwiegend motorische Ast erhalten und versorgt Muskeln dieser Region, wie schon früher angegeben wurde (so namentlich den Depressor mandibulae, den Mylohyoideus, Stylohyoideus, Sphincter colli, Platysma myoides bei Säugern). Bei letzteren sendet er, unter verwickelter Geflechtbildung (Plexus parotideus oder Pes anserinus), an der sich auch Trigeminuszweige beteiligen, zahlreiche Äste zur Gesichtsmuskulatur, die sich, wie früher (S. 450) hervorgehoben, aus dem Sphincter colli und dem Platysma myoides entwickelte.

Als R. palatinus VII wird bei den Säugern zuweilen der sog. *N. petrosus superficialis* major aufgefaßt, der sich zum sympathischen Ganglion sphenopalatinum begibt (s. Fig. 447), zu dem auch ein Trigeminusast geht. — Ein Facialisast zieht bei den Säugern als sog. *Chorda tympani* durch die Paukenhöhle zum Boden der Mundhöhle und verbindet sich hier mit dem früher erwähnten R. lingualis trigemini. Bei niederen Wirbeltieren wurde der Vertreter der Chorda tympani zuweilen in einem R. mandibularis internus V, oder in einem Ast des R. palatinus VII gesucht, vielfach jedoch auch im R. mandibularis VII, was jedoch insofern nicht zutrifft. als die Chorda tympani von dem posttrematischen Facialisast ausgeht.

Acusticus (VIII). Daß der Hörnerv ein zum Facialis gehöriger Teil ist, folgt auch daraus, daß sein Ursprung häufig noch innig mit der Facialiswurzel verbunden ist; stets aber tritt er sehr dicht beim Facialis aus. Er entspringt bald mit einem, bald mit mehreren Wurzelbündeln, die sich vereinigen, oder gesondert zum Labyrinth treten, indem sie meist gemeinsam mit dem Facialis in das Prooticum (Petrosum) eintreten. Auch Ganglienanschwellungen treten an ihnen auf. Aus dem Nerv entwickeln sich zwei Äste, ein vorderer *Ramus vestibularis* und ein hinterer *R. cochlearis*, deren Verteilung am Gehörorgan später zu besprechen sein wird.

Vagusgruppe. Die folgenden drei Hirnnerven, der *Glossopharyngeus* (IX), *Vagus* (X) und *Accessorius* (XI) werden häufig zu einer Gruppe vereinigt, da ihre Ursprünge oft innig verbunden sind (so namentlich bei Amphibien, Crocodilen, Vögeln), indem IX und X ein gemeinsames Ganglion bilden, aus dem auch der N. accessorius (Amphibien) entspringen kann. Der letztere Nerv ergibt sich, wie wir sehen werden, als ein abgesonderter Teil des Vagus.

**

Der *N. glossopharyngeus* (IX) zeigt bei *Petromyzon* und den *Fischen* (s. Fig. 446)
alle Eigenschaften eines typischen spinalen Hirnnervs (bei den Myxinoiden wurde
ein gesonderter Glossopharyngeus vermißt). Er entspringt bei ersteren selbständig,
jedoch häufig sehr dicht beim Vagus und bildet ein Ganglion (bei Mammalia als
Ganglion petrosum bezeichnet). Sein weiterer Verlauf erweist ihn als Nerv der
ersten Kiemenspalte. Er teilt sich in einen stärkeren posttrematischen Ast, der
am 1. Kiemenbogen herabzieht und mit seinen Endverzweigungen zur Schleimhaut des Mundhöhlenbodens und der Zunge geht, und einen praetrematischen
sensiblen Ast oder *R. hyoideus*, der zum Zungenbeinbogen (auch Mundhöhle,
Pseudobranchie der Teleostei) tritt. Beide Äste schließen demnach die 1. Kiemenspalte ein. Ein sensibler Dorsalast des IX. wurde bei Petromyzon, den Haien und
gewissen Ganoiden (Larven von Amia und Polypterus) beobachtet. Ferner findet
sich wenigstens bei manchen Fischen ein *R. pharyngeus* (palatinus).

Wie schon hervorgehoben wurde, sind bei den *Amphibien* die Ganglien des IX.
und X. Nervs meist völlig verschmolzen. Der dem Glossopharyngeus entsprechende Nerv dieses Ganglions innerviert bei den Perennibranchiaten auch das auf dem
ersten Kiemenbogen stehende erste Kiemenbüschel und wie bei den übrigen Amphibien gewisse Muskeln dieser Region; er endigt in der Schleimhaut des Mundhöhlenbodens und der Zunge als N. lingualis. Ein bis mehrere *Rami pharyngei*
(palatini) können aus dem Glossopharyngeus hervorgehen. — Der Glossopharyngeus der *Amnioten* verhält sich ähnlich, indem er im allgemeinen entsprechende
Äste entsendet. Seine innigen Beziehungen zum Vagus dokumentieren sich zuweilen
durch Verbindungen mit demselben, worauf es auch wohl zurückzuführen ist, daß
bei den Sauropsiden vom Glossopharyngeus Nervenäste ausgehen können, welche bei
den Säugern dem Vagus angehören, so ein Ast zum Kehlkopf (Laryngeus superior)
und zuweilen auch Pharyngealäste. Seine Endzweige begeben sich auch bei den
Amnioten zur Zungenwurzel und bilden deren Geschmacksnerv (besonders Säuger).
Ferner versorgt er auch Muskeln des Zungenbeins und des Pharynx.

Vagus (X). Dieser ansehnliche Nerv besitzt besonderes Interesse, da er sich
als ein Komplex ebenso vieler ursprünglicher Hirnspinalnerven erweist, als
Kiemenspalten hinter der ersten folgen. Bei Cyclostomen und Fischen (s. Fig. 446)
läßt sich meist eine Sonderung der Vagusursprünge mit ihrem Ganglion in zwei
Portionen mehr oder weniger deutlich erkennen, eine vordere und mehr dorsale
Portion, welche dem Ursprung des Glossopharyngeus genähert ist, und eine hin-
tere, zuweilen mehr ventrale. Die vordere Portion verbindet sich, wie es scheint,
gewöhnlich nur ziemlich locker mit der hinteren und setzt sich in den rein sensorischen
Ramus lateralis des Vagus fort, der ähnlich wie der R. lateralis dorsalis des VII
(Ophthalmicus superficialis VII) zur Innervierung von Seitenorganen bestimmt ist. —
Die hintere Wurzelportion entspringt bei den Chondropterygiern mit zahlreichen
Wurzelfädchen, bei den übrigen Fischen mit einer beschränkten Zahl und geht in
den sog. *Truncus branchio-intestinalis* über, der gemischter Natur ist und, wie sein
Name sagt, die Kiemen, sowie einen Teil der Eingeweide versorgt. — Dieser
Truncus teilt sich in so viele sekundäre Äste als Kiemenspalten hinter der ersten

folgen. Jeder dieser Äste verhält sich so wie die zu den beiden ersten Visceralspalten tretenden Äste des VII oder IX, d. h. er teilt sich am Dorsalende der Spalte in einen R. praetrematicus, der am Vorderrand der Spalte herabzieht, und einen R. posttrematicus der am hinteren Rand hinzieht. Die Zahl dieser Kiemenäste hängt also von der der Kiemenspalten ab; sie beträgt bei Petromyzon 6, ähnlich auch 5—6 bei den Notidaniden unter den Haien, dagegen 4 bei den übrigen Fischen. — Wenn die Kiemenspalten wie bei Petromyzon und den meisten Chondropterygii in weiteren Zwischenräumen aufeinander folgen, so ist der gemeinsame Truncus branchio-intestinalis, von welchem die Kiemenäste entspringen, langgestreckt und bildet bei Petromyzon, sowie gewissen Chondropterygiern am Ursprung jedes Kiemenasts ein besonderes Ganglion (entsprechend den sog. epibranchialen Placoden), während sich bei andern Knorpelfischen eine gemeinsame längere Ganglienmasse findet. Mit der Zusammendrängung der Kiemenspalten bei den übrigen Fischen verkürzt sich der Truncus branchio-intestinalis stark und die Ganglien (mit Ausnahme des ersten) vereinigen sich zu einer gemeinsamen Masse, oder bilden ein gangliöses Geflechtwerk, wie es sich bei Knochenfischen gewöhnlich findet.

Ein dorsaler, in die Schädelhöhle aufsteigender Vagusast kommt den Cyclostomen und Fischen häufig zu; er kann sich bei gewissen Fischen auch an der Kopfhaut verbreiten, sowie Verbindungen mit dem R. dorsalis trigemini oder dem R. lateralis vagi eingehen. — Bei den Chondropterygiern entspringt ferner von jedem Ramus branchialis ein Ramus pharyngeus zur Muskulatur und Schleimhaut des Schlundes; bei den Knochenfischen sind diese Rami auf wenige (3—1) beschränkt, welche direkt vom Gangliengeflecht ausgehen.

Der Truncus branchio-intestinalis setzt sich caudalwärts, über die Kiemenregion hinaus, längs des Ösophagus als *Ramus intestinalis* fort, der Zweige zum Ösophagus und Magen, zuweilen sogar zum Anfang des Mitteldarms sendet, andrerseits auch den Herzvorhof und die Schwimmblase versorgt, wenn sich eine solche findet. Daß diese Eingeweidenerven häufig Verbindungen mit dem Sympathicus eingehen, wurde schon bei diesem erwähnt.

Besonders eigentümlich erscheint das Verhalten der beiden Rami intestinales bei *Myxine*, indem sie sich in ihrem Verlauf bald vereinigen und dann als unpaarer Nerv auf der Dorsalseite des Darms bis zum After ziehen.

Aus dem Verhalten der Kiemenäste des Vagus folgt, daß jeder derselben dem Branchialast eines ursprünglichen spinalen Hirnnerven entsprechen muß. Dies beweist, daß der Vagus kein einfacher Hirnnerv sein kann, sondern ein Komplex ebenso vieler, als er Kiemenäste entsendet. Fraglich muß aber erscheinen, ob wir den Vagus (abgesehen von seinem R. lateralis) als ein Verschmelzungsprodukt ebenso vieler vollständiger Spinalnerven zu betrachten haben, oder ob nicht die auf den ersten folgenden Kiemenäste nur rudimentäre Spinalnerven repräsentieren, welche sich dem vordersten vollständigen angeschlossen haben, unter Reduktion ihrer Wurzel. Die ontogenetischen Beobachtungen, besonders an Petromyzon, scheinen mehr für letztere Deutung zu sprechen. — Die weit caudalwärts über die Kopfregion hinaus reichende Verbreitung des R. intestinalis am Darm, Herz und Schwimmblase (oder Lunge), wie sie bei den höheren Wirbeltieren noch mehr hervortritt, wird meist und wohl mit Recht auf eine caudale Verlagerung dieser Organe zurückgeführt, womit auch der R. intestinalis und seine Ausbreitungen allmählich weiter caudalwärts geführt wurden. Immerhin könnten hierbei auch noch andere Momente im Spiel sein.

Der sensorische *R. oder N. lateralis* des Vagus findet sich bei sämtlichen Anamnia, welche Seitenorgane am Rumpf besitzen, also nicht nur den Cyclostomen (ausgenommen die Myxinoiden) und Fischen, sondern auch den ichthyoden Amphibien, Urodelen und einzelnen Salamandrinen, z. B. Molge, sowie den wasserlebenden Larven der übrigen. Nur selten ist er bei gewissen Fischen (Plectognathen) sehr rückgebildet. — Er erstreckt sich gewöhnlich bis zum Schwanzende und gibt Ästchen zu den Seitenorganen oder dem Seitenkanal ab. An seinem Ursprung entsendet er bei den Fischen gewöhnlich einen *R. opercularis*, hauptsächlich zur inneren Fläche des Kiemendeckels; häufig auch einen Ast zur hinteren Kopf- und der Schultergegend. Wenn eine Sonderung des dorsalen und ventralen Seitenrumpfmuskels besteht, wie bei den Fischen, so verläuft der häufig allein ausgebildete Hauptstamm des Lateralis stets auf der Grenze beider Muskelpartien in dem horizontalen Septum, bald tiefer zwischen der Muskulatur längs der Wirbelsäule oder den Rippen (Petromyzon, Haie, einzelne Knochenfische, besonders Anguilla), bald dagegen oberflächlich unter der Haut. Am Schwanzende tritt er jedoch gewöhnlich unter die Haut.

Wenn der Seitenkanal der Fische (speziell Teleostei), welcher Seitenorgane enthält, von dem Horizontalseptum gegen die Dorsal- oder Ventralfläche zu verlagert wird, was nicht selten vorkommt, so entwickelt sich ein sog. *R. superficialis des Lateralis*, der früher oder später von ihm abzweigt und, unter dem Seitenkanal hinziehend, diesen mit Nervenästchen versorgt (s. Fig. 448, S. 630). Er enthält zuweilen noch weitere Verstärkungen durch Zutritt von Zweigen des Hauptasts (des sog. Ramus lateralis profundus). In der Schwanzgegend vereinigen sich beide Äste wieder. — Bei gewissen Knochenfischen (z. B. Clupeiden, Cyprinoiden, auch Polypterus) kann an Stelle des früher erwähnten R. lateralis trigemini (siehe S. 629) ein besonderer Rückenkantenast des R. lateralis X (*R. lateralis superficialis superior*) treten, der die Rückenflossen versorgt.

Bei den Dipnoern und Amphibien (Ichthyoden, sowie Larven) finden sich außer dem in der Muskulatur der Seitenlinie verlaufenden Hauptstamm (profundus) in der Regel noch ein dorsaler und ein ventraler Ast des R. lat. X, die der Rücken- und Bauchlinie sehr genähert sind. — Bei den *Anuren* und *Amnioten* wurde der sog. R. auricularis des Vagus (s. Fig. 447), welcher bei den ersteren mit der Arteria cutanea zur Haut zieht, häufig als Rest des Ramus lateralis gedeutet; bei den Amnioten aber auch als ein R. cutaneus dorsalis X.

Der R. lateralis X läßt sich in ähnlicher Weise wie der des Trigeminus als durch Schlingenbildung zwischen ursprünglichen Zweigen dorsaler Spinalnerven entstanden deuten. Dies ist sehr wahrscheinlich, weil sich bei *Petromyzon* vom Dorsalast jedes dorsalen und ventralen Spinalnervs ein Verbindungszweig zum R. lateralis begibt; auch bei Haifisch-Embryonen wurden solche Verbindungen mit den dorsalen Wurzeln noch gefunden. Dies macht es sehr plausibel, daß der R.

lateralis ursprünglich aus einer solchen Schlingenbildung hervorging, sich erst nachträglich von den Spinalnerven isolierte und durch bleibenden Zusammenhang mit dem Vagus zu einem Hirnnerv von anscheinend ganz abnormer Ausbreitung wurde. Der rein sensorische R. lateralis X gehört zu den dorsolateralen sensorischen Ästen der spinalen Hirnnerven, die wir auch schon am Trigeminus und Facialis trafen. Die übereinstimmende funktionelle Bedeutung gibt diesen Ästen einen gewissen gemeinsamen Charakter, der sich auch in ihren Ursprüngen im Gehirn ausspricht. In dieser Hinsicht scheint es ferner von Bedeutung, daß sich bei den Anamnia, welche Seitenorgane besitzen, gewöhnlich eine noch weiter rostralwärts ziehende Ausbreitung des R. lateralis X darin ausspricht, daß zwischen dem Facialis- und dem Vagusganglion eine Anastomose durch einen sog. R. recurrens des Facialis hergestellt erscheint (s. Fig. 446), welche gewissermaßen durch den R. ophthalmicus superfacialis facialis auch auf den R. ophthalmicus superficialis des Trigeminus fortgesetzt wird, so daß in diesem Fall das System des Lateralis über die gesamten spinalen Hirnnerven sich rostralwärts auszudehnen scheint. — Bei dieser Gelegenheit sei erwähnt, daß sich zwischen Ästen von Hirnnerven noch vielfach lokale Anastomosen finden, die hier nicht besonders erwähnt werden können.

Bei den *kiemenlosen Wirbeltieren* gehen die Kiemenäste des Vagus natürlich sehr zurück, sollen sich jedoch wenigstens teilweis als Schlundäste (*Rami pharyngei*) erhalten, wenn dies nicht etwa die schon bei den Fischen vertretenen Schlundäste sind. In der Hauptsache erhält sich also bei diesen Vertebraten der R. intestinalis, während der R. lateralis fast oder völlig rückgebildet ist, wie wir schon oben sahen. Am Vagusursprung findet sich auch hier ein Ganglion, das bei den Mammalia als G. jugulare bezeichnet wird. Im Verlauf des R. intestinalis tritt jedoch meist ein weiteres Ganglion (G. nodosum s. trunci) auf, das gewöhnlich auf die Kiemenganglien der Rami branchiales der Fische zurückgeführt wird (vgl. Fig. 447 u. 449). In der Halsregion entspringen vom R. intestinalis einige Nerven, welche bei den Reptilien (besonders den Sauriern) noch eine deutlich metamere Anordnung zeigen, indem sie in regelmäßiger Lagebeziehung zu den hier gewöhnlich noch in

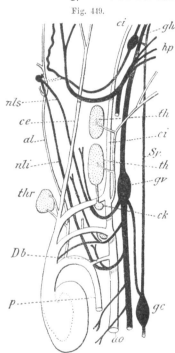

Fig. 449.

Schematische Darstellung der Halsnerven (schwarz), Arterien (weiß) und Kiemenspaltenderivate (punktiert) einer Eidechse (speziell Sphenodon). — *Db* Ductus botalli. — *Sy* Sympathicus. — *ao* Aorta. — *ce* Carotis externa. — *ci* Carotis interna. — *al* Art. laryngea inf. — *ck* Carotiskörperchen. — *gh* Ganglion petrosum (*IX*). — *gc* Ganglion cervicale des Sympathicus. — *hp* Hippoglossus. — *gv* Ganglion nodosum vagi. — *nli* N. laryngeus inferior (recurrens). — *nls* N. laryngeus superior. — *th* Thymus. — *thr* Thyreoidea. Die punktierte Anastomose zwischen N. *IX* und d. N. laryngeus superior findet sich bei Sphenodon nicht (n. VAN BEMMELEN 1889 aus GEGENBAUR, Vergl. Anat. d. Wirbeltiere 1898).

der Dreizahl vorhandenen Aortenbögen stehen (s. Fig. 449). Der vorderste dieser Äste (*nls*, motorisch-sensibel) wendet sich zum Kehlkopf und seiner Muskulatur (häufig auch dem Schlund) und wird deshalb als *R. laryngeus superior* bezeichnet. Bei den Sauriern ist sein Ursprung und ebenso das Ganglion nodosum (*gv*), von dem er ausgeht, weit in die Halsregion zurückverlegt, da hier gewöhnlich noch ein vorderer Aortenbogen (Carotisbogen) besteht, hinter dem er herumgreift, um sich zum Kehlkopf nach vorn zu wenden. Mit dem Ausfall dieses Carotisbogens bei den übrigen Amnioten entspringt der R. laryngeus superior weiter vorn und bildet daher die nach vorn gewendete Schlinge nicht mehr. — Der zweite Ast versorgt Schlund und Herz und ist bei den Säugern durch mehrere Herzästchen repräsentiert. — Der dritte Ast (*nli*, motorisch-sensibel) entspringt stets in der hinteren Halsregion und wendet sich als *R. laryngeus inferior* (R. recurrens) nach vorn zum Larynx. Diese, segmentale Anordnung verratenden drei Nervenäste sind mit der Rückwärtsverlagerung des Herzens und der Lungen jedenfalls stark caudalwärts verschoben worden, woraus sich ihr teilweis recurrenter Verlauf erklärt. — Von der Fortsetzung des R. intestinalis entspringen Zweige zur Trachea, den Bronchien und Lungen, dem Ösophagus, Magen und der Leber. Dabei bilden diese Äste vielfach Geflechte, welche mit denen des Sympathicus innige Verbindungen eingehen können. Wie schon früher erwähnt, vereinigen sich der Sympathicus und der R. intestinalis vagi in der Halsregion gewisser Säuger zu einem gemeinsamen Stamm.

Nervus accessorius Willisii (XI). Bei der Beschreibung der Muskeln, welche aus dem allgemeinen Konstriktormuskel der Knorpelfische hervorgehen, wurde schon des Musc. trapezius und seiner Innervierung durch einen Vagusast gedacht (s. S. 437). Bei den Cyclostomen ließ sich ein entsprechender Ast nicht finden. Wie der Musculus trapezius erhält sich der fragliche Nervenast bei den tetrapoden Vertebraten allgemein und isoliert sich in gewissem Grad vom Vagus, weshalb er bei den Amnioten, vor allem den Säugern, als besonderer XI. Hirnnerv gezählt wird. Bei den Amphibien verhält er sich im Allgemeinen noch wie bei den Chondropterygiern, d. h. er entspringt als Zweig vom Vagus, dessen hintere Wurzel zuweilen dem Accessorius zugerechnet wird. — Während der Ursprungskern der Accessoriusfasern bei den Amphibien noch ganz in der Medulla oblongata liegt, erstreckt er sich bei den Amnioten bis in den Anfang des Rückenmarks hinein, was zur Folge hat, daß auch aus diesem vordersten Teil des Rückenmarks Wurzelfädchen des Accessorius entspringen, welche, nach vorn ziehend und in die Schädelhöhle eintretend, sich den von der Medulla ausgehenden Wurzelfäden beigesellen, um mit ihnen vereint als Accessorius, samt dem Vagus, durch das Foramen jugulare den Schädel zu verlassen. — Bei den Sauropsiden (s. Fig. 418, 419) reichen diese vom Rückenmark entspringenden Wurzelfädchen bis zum 2. oder 3. Cervicalnerv herab, während sie bei den Säugern zahlreicher sind, so daß sie sich vom 2. bis zum 5—7. Cervicalnerv erstrecken (s. Fig. 424); mit den vordersten Cervicalnerven können sie sich auch verbinden. Dementsprechend ist der Ursprungskern des Accessorius der Mammalia sehr lang (s. Fig. 434). Die vom Rückenmark ausgehenden Wurzelfädchen liegen bei den Sauropsiden im allgemeinen in der Flucht der dorsalen Wurzeln, welche den vordersten Cervicalnerven häufig fehlen; bei den Säugern dagegen zwischen Dorsal- und Ventralwurzeln.

Wie bemerkt, innerviert der Accessorius stets den Musculus trapezius und den von ihm abgeleiteten Musculus sterno-cleido-mastoideus der Säuger.

Die Wurzelfädchen der Sauropsiden zeigen häufig eine Art segmentaler Anordnung, indem sie dem 1.—3. Cervicalnerv coordiniert sind; bei den Säugern dagegen sind sie vielfach sehr zahlreich und nur die hinteren den Cervicalnerven zuweilen coordiniert. Die Accessoriusfasern vereinigen sich bei den Sauropsiden innig mit dem Vagus; bei den Schlangen verschmelzen sie sogar völlig mit demselben, so daß kein gesonderter Accessorius besteht. Die Säuger zeigen nur eine Anastomose mit dem Vagus, weshalb ihr Accessorius am selbständigsten geworden ist.

Wie aus dem Mitgeteilten folgt, muß der Accessorius als ein aus dem ursprünglichen Vagus hervorgegangener und zu einer gewissen Selbständigkeit gelangter Nerv gedeutet werden. Die Eigentümlichkeit, daß er seine Ursprünge bei den Amnioten fortschreitend weiter nach hinten auf den Anfang des Rückenmarks ausdehnt, womit sich auch sein Ursprungskern caudalwärts verlängert, wurde verschieden beurteilt; entweder als eine allmähliche Ausbreitung seiner Ursprungsfasern nach hinten, oder gerade entgegengesetzt als ein allmähliches Vorrücken der vordersten Spinalnerven in das ursprüngliche Accessoriusgebiet, oder auch als ein sekundärer Zutritt von Nervenzweigen aus den Wurzeln der cervicalen Spinalnerven. Es sind visceralmotorische Fasern, welche der Accessorius führt, was ja auch mit seinem Verbreitungsgebiet übereinstimmt.

Der *Hypoglossus* (XII) und die *Spinooccipitalnerven.* Wie schon beim Schädel erwähnt wurde (vgl. S. 228), finden sich bei den Chondropterygiern noch einige auf den Vagus folgende zarte Hirnnerven, die den Schädel durch besondere feine Öffnungen verlassen. Diese sog. *Occipitalnerven,* deren vorderste bis unter den Vagus nach vorn rücken können, wurden daher früher als ventrale Wurzeln des letzteren gedeutet. Da der hinterste Occipitalnerv zuweilen noch eine dorsale Wurzel besitzt (Notidaniden), was auch embryonal bei anderen Chondropterygiern erwiesen wurde, so scheint sicher, daß die Occipitalnerven ursprünglich vollständige Spinalnerven waren, welche sich der Medulla oblongata innig zugesellten und in den Schädel aufgenommen wurden. Auch die Skeletelemente ihrer Segmente, soweit sie etwa ursprünglich vorhanden waren, müssen daher in die occipitale Schädelregion eingegangen sein. Die Zahl der Occipitalnervenpaare kann bis 5 betragen (hauptsächlich Notidaniden), sinkt jedoch bei den meisten Haien und den Holocephalen auf 2—3, bei den Rochen sogar auf 1 herab; ja sie fehlen letzteren häufig ganz. Die Verminderung geschah jedenfalls durch von vorn nach hinten fortschreitende Reduktion, weshalb es möglich scheint, daß die Occipitalnervenzahl bei den Urformen der Chondropterygier noch größer war. — Die Holocephalen zeigen hinter den beiden eigentlichen Occipitalnerven noch drei weitere (ebenso auch gewisse Rochen noch 1—2), die sich von den ersteren etwas unterscheiden und daher als *Occipitospinale* bezeichnet werden, während alle accessorischen Nerven zusammen auch *spinooccipitale* genannt wurden. — Nach ihrem Austritt aus dem Schädel vereinigen sich die Occipitalnerven (ebenso damit auch die occipitospinalen, wenn solche vorhanden) zu einem nach hinten ziehenden

Nervenstamm, der sich mit einer mehr oder weniger großen Zahl der folgenden freien Spinalnerven zu einem Geflecht, dem schon früher (S. 611) erwähnten Plexus cervicobrachialis vereinigt (s. Fig. 450). Bei den Chondropterygiern können sich jedoch einer bis mehrere, ja sämtliche Occipitalnerven isoliert erhalten. — Der cervicobrachiale Plexus nimmt den schon früher erwähnten eigentümlichen Verlauf, indem er am Dorsalrand der Kiemenbogen, die bei den Chondropterygiern weit nach hinten über den Schädel hinausgeschoben sind, hinzieht, hierauf hinter dem letzten Kiemenbogen zur Ventralseite herabbiegt und die hypobranchiale spinale Muskulatur (Plexus cervicalis), ferner die der Brustflosse (Plexus brachialis) innerviert, zuvor jedoch auch schon die epibranchiale spinale Muskulatur; doch gibt er im Bereich der Coracoide auch Hautzweige ab.

Fig. 450.

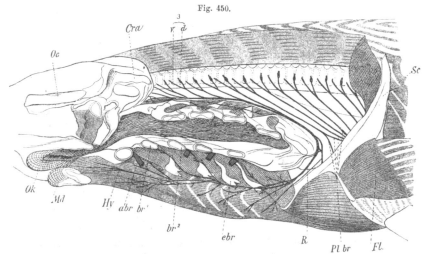

Mustelus vulgaris. Kopf und Kiemenregion von links. Die seitliche Körperwand ist abgetragen, sodaß die Pharynx- oder Kiemenhöhle eröffnet ist, und die beiden occipitalen und die spinalen Nerven frei liegen. Glossopharyngeus und Vagus sind entfernt. Muskeln und Kiemenarterien rot. *Cra* Schädel. — *Fl* Brustflosse. *Hy* Der durchschnittene Hyoidbogen. — *Ml* Mandibel. — *Oc* Auge. — *Ok* Palatoquadrat. — *Plbr* Plexus brachialis. — *R* Fortsetzung des ventral und nach vorn umbiegenden Plexus cervicalis. — *Sc* Scapulare. — *abr* erste Kiemenarterie, die folgenden sind ebenfalls angegeben. *br¹* und *br²* die durchschnittenen beiden ersten Kiemenbogen. Die Dorsalenden der vier ersten Kiemenbogen mit den Mm. arcuales dors. und den M. interbranchiales sind ebenfalls zu sehen. Ventral sind die Mm. coracobranchiales und die Fortsetzung des ventralen Rumpfmuskels bis zum Coracomandibularis sichtbar. — *ebr* Ectobranchiale. *v³d* dritter Spinalnerv mit dorsaler und ventraler Wurzel (n. M. Fürbringer 1897 aus Gegenbaur, Vergl. Anat. d. Wirbeltiere 1898).

Bei den *Cyclostomen* (s. Fig. 404, S. 565, a_v^d—b_v^d) finden sich zwei, etwas rudimentäre vorderste Spinalnerven, welche die Verbindungsmembran zwischen Schädel und dem ersten Neuralbogen (Petromyzon) durchsetzen, und dorsale wie ventrale Wurzeln besitzen. Bei Petromyzon versorgen sie die beiden praebranchialen Myomeren. — Die Vergleichung macht es wahrscheinlich, daß diese beiden Nerven noch vor den Occipitalnerven der Chondropterygier einzureihen sind, daß sich also bei den Cyclostomen spinale Nerven erhielten, welche bei ersteren nicht mehr vorkommen. — Die Ventraläste der Spinalnerven der Kiemenregion bilden bei Petromyzon einen ganz ähnlich verlaufenden Plexus cervicalis, welcher die hypobranchiale Muskulatur innerviert, wogegen sich bei den Myxinoiden kein solcher Plexus findet. Der eigentümliche Verlauf des Plexus cervicalis von Petromyzon und des entsprechenden Plexus cervicobrachialis der Chondropterygier spricht, wie schon früher angedeutet wurde, dafür, daß die rückwärtige Lage der Kiemenbogen dieser Formen durch caudale Verschiebung entstand, was bei ersterem auch ontogenetisch erwiesen ist.

Während die *Dipnoi* noch 3 Occipitalnerven besitzen (Fig. 405, S. 567, *x—z*), kommen den *Ganoiden* nur 2—1 zu; die *Teleostei* zeigen überhaupt keine mehr (fast ausnahmslos werden diese Occipitalnerven nur durch ventrale Wurzeln repräsentiert). — Dagegen treten bei den *Chondrostei* wegen der Verschmelzung zahlreicher vorderer Wirbelelemente mit dem Schädel eine große Zahl (Acipenser bis 8) occipitospinaler Nerven hinzu, welche sämtlich beide Wurzeln besitzen. Bei Dipnoi (Fig. 405, *a —b*) und Holostei dagegen kommen, ähnlich wie bei den Knochenfischen, nur 1—3 Occipitospinalnerven vor. Auch bei den letzterwähnten Fischen bildet sich unter Zutritt einer verschiedenen Zahl von Cervicalnerven ein Plexus cervicobrachialis, wobei jedoch der Cervicalteil, an dessen Bildung sich die Occipital- und Occipitospinalnerven beteiligen, schärfer vom Brachialteil geschieden ist (besonders Dipnoer). Der Cervicalplexus versorgt wieder die hypobranchiale Muskulatur.

Occipitalnerven fehlen den *Amphibien* völlig; auch die erwachsenen *Amnioten* zeigen davon jedenfalls nichts mehr (wahrscheinlich jedoch embryonal). Bei den Amphibien geht aus den Ventralästen der 2 oder 3 ersten Spinalnerven (die meisten Urodelen, Gymnophionen, einige Anuren), oder allein des 2. (meiste Anuren) ein Plexus cervicalis hervor, der bei den kiemenatmenden noch an die Verhältnisse der Fische erinnert, und sich hauptsächlich zu Zungenmuskeln (M. hyoglossus und genioglossus) begibt. Der Cervicalplexus ist von dem darauf folgenden Brachialplexus in der Regel schärfer gesondert (Ausnahme Pipa).

Die den Cervicalplexus der Amphibien repräsentierende Bildung wird bei den *Amnioten* in den Schädel einbezogen und so zu einem Hirnnerv, welcher als der XII. oder *Hypoglossus* bezeichnet wird. Seine Ursprünge reichen nie so weit zurück wie die des Accessorius. Bei den erwachsenen Sauropsiden finden sich meist drei (seltener zwei) ventrale Hypoglossuswurzeln, die sich wohl den drei ersten occipitospinalen Nerven der Fische und den vordersten Spinalnerven der Amphibien vergleichen lassen. Wenn dies richtig ist, so wäre hieraus auch wohl zu entnehmen, daß die zu ihnen gehörigen Wirbelelemente der Amphibien in den Schädel der Amnioten aufgenommen wurden (s. S. 271). Der aus diesen Wurzeln hervorgehende Nerv (Hypoglossus) bildet auch bei den Amnioten mit dem ersten oder den beiden ersten freien Spinalnerven einen Plexus cervicalis, welcher jedoch den Crocodilen fehlt; vom Plexus brachialis ist er meist völlig isoliert. Der Hypoglossus der Sauropsiden verbreitet sich mit seinen Hauptästen in der Zungenmuskulatur, sowie den Längsmuskeln zwischen Brustgürtel und Unterkiefer; untergeordnete Zweige gehen jedoch auch zu den Nackenmuskeln. Bemerkenswert erscheint, daß bei den Vögeln auch die Muskulatur des unteren Kehlkopfs (Syrinx) von ihm versorgt wird.

Auch die erwachsenen *Säuger* besitzen häufig noch drei Hypoglossuswurzeln, welche teils ventral vom Vagus, teils etwas hinter ihm, zwischen den Pyramiden und den Oliven, aus der Medulla oblongata entspringen. Die nicht selten anscheinend größere Wurzelzahl ist auf die Bildung einzelner Wurzelfädchen zurückzuführen, welche sich dann zu den eigentlichen Wurzeln vereinigen. Doch sinkt die Wurzelzahl bei nicht wenigen Säugern auf zwei, ja sogar eine herab.

Im allgemeinen dürften auch hier die drei Wurzeln den drei vordersten occipitospinalen Nerven der Fische entsprechen. Embryonal wurden jedoch zahlreichere Nerven (bis sechs) bei verschiedenen Mammaliern beobachtet, weshalb
es möglich scheint, daß ontogenetisch selbst noch einige hintere Occipitalnerven
der Fische vorübergehend auftreten. Von Interesse ist, daß bei erwachsenen Säugern nicht selten eine der Hypoglossuswurzeln noch eine dorsale Wurzel besitzt
(häufig bei Huftieren, einzelnen Carnivoren); auch embryonal wurden solch dorsale Wurzeln mit Ganglion als vorübergehende Bildungen erwiesen. Eine Plexusbildung des Hypoglossus mit dem ersten bis dritten Cervicalnerv kommt den Säugetieren gleichfalls zu. — Der Hypoglossus der Mammalia innerviert nur aus der hypobranchialen Muskulatur hervorgegangene Muskeln (M. omo- und sternohyoideus,
sternothyreoideus, thyreohyoideus, sowie die auf den gleichen Ursprung zurück-
führbaren Zungenmuskeln).

Das Mitgeteilte erweist, daß der bei den Amnioten zum XII. Hirnnerv gewordene Hypoglossus im allgemeinen dem Cervicalplexus der niederen Wirbeltiere entspricht, welcher daher
auch vielfach als Hypoglossus bezeichnet wurde. Zu betonen ist jedoch, daß die beiden Occipitalnerven der Cyclostomen nicht dem Hypoglossus gleichgesetzt werden dürfen, wie dies häufig
geschah; letzterem ließen sich nur Nerven des Cervicalplexus von Petromyzon vergleichen.

Augenmuskelnerven (III, IV und VI). Diese fast rein motorischen Nerven
stehen im Gegensatz zu den typisch spinalen Hirnnerven; ihre Beurteilung schwankt
ungemein. Selten, wie z. B. bei den Myxinoiden, sind sie ganz verkümmert. Sie
wurden vielfach als Anteile schon früher besprochener spinaler Hirnnerven (besonders des V. u. VII.), namentlich aber als diesen zugehörige ventrale Wurzeln gedeutet; andrerseits zuweilen auch als vollständige Hirnnerven, ja sogar als Komplexe
(Verschmelzungsprodukte) mehrerer solcher. Da sie im wesentlichen die Augenmuskeln innervieren, so ist deren Herkunft für ihre Beurteilung besonders wichtig.
Wie schon früher angedeutet, ergaben die ontogenetischen Untersuchungen (besonders bei Petromyzon und den Knorpelfischen), daß die Augenmuskeln aus drei
vor dem Hörorgan auftretenden Somiten hervorgehen und zwar so, daß die meisten
der Augenmuskeln (Rectus anterior, superior und inferior, sowie der Obliquus
inferior) aus dem ersten Somit, der Obliquus superior aus dem zweiten, der Rectus
posterior aus dem dritten entstehen. Hiermit harmoniert auch die Innervierung
dieser Muskeln durch die drei Nerven bei den Gnathostomen, indem der Oculomotorius (III) die aus dem ersten Somit entstehenden Muskeln, der Trochlearis (IV)
die des zweiten (Obliquus superior) und der Abducens (VI) die des dritten Somits
(Rectus posterior) versorgt.

Bei Petromyzon sind die Verhältnisse etwas unsicher, obgleich gewöhnlich angegeben
wird, daß hier auch der Rectus inferior vom Abducens innerviert werde; doch könnte der
fragliche Muskel nur ein abgetrennter Teil, des Rectus posterior sein (KOLTZOFF).

Für die Deutung der Augenmuskelnerven als ventrale Wurzeln, welche sich
am Hirn erhielten, spricht ihr Ursprung von ventralen im Hirnboden liegenden
Kernen. Der Oculomotorius und Trochlearis entspringen bei den Gnathostomen
vom Mittelhirn, der Abducens dagegen von der Medulla oblongata; da ihre Ursprünge auch ontogenetisch an diesen Stellen auftreten, so ist es zweifelhaft, ob

sie, wie häufig angenommen wird, aus der Nachhirnregion nach vorn verschoben wurden. Der Ursprung des Oculomotorius bei Petromyzon vom Vorderende der Medulla oblongata (Fig. 404) würde jedoch dafür sprechen (vgl. oben S. 622). — Während Oculomotorius und Abducens ihre ventrale Austrittsstelle bewahren, steigen dagegen die Trochlearisfasern im Mittelhirn dorsal aufwärts, kreuzen sich an dessen Decke mit denen der Gegenseite und treten dann ziemlich hoch dorsal, etwa auf der Grenze von Mittel- und Kleinhirn aus (s. z. B. Fig. 414).

Ontogenetisch treten aus der Hirnanlage Nervenzellen in den Oculomotorius ein, die auch zu einer Ganglienbildung in seinem Verlauf führen können. Dies Ganglion tritt mit einem Zweig des Ram. ophthalmicus profundus des Trigeminus in Verbindung und erhält so wohl direkt sensible Nervenfasern und Zellen aus dem Trigeminus. Andrerseits steht es mit dem Sympathicus in Zusammenhang. Bei den meisten Säugern (auch Mensch) isoliert es sich als sog. *Ganglion ciliare* mehr vom Oculomotorius, mit dem es nur durch einen seiner Äste (Radix brevis) in Verbindung bleibt (s. Fig. 447). Das Ganglion ciliare entsendet einen bis zahlreiche Ciliarnerven (gemischter Natur) für den Ciliarmuskel des Auges, den Sphincter pupillae und die Augenwände. Gewöhnlich wird es dem sympathischen System zugerechnet; seine Beziehungen zum Oculomotorius und Trigeminus sprechen sich auch darin aus, daß bei Fischen Ciliarnerven von diesen beiden Nerven ausgehen können.

Der eigentümliche dorsale Austritt des *Trochlearis* ließ sich bis jetzt nicht genügend erklären, obgleich mancherlei Versuche hierzu gemacht wurden. Bemerkenswert erscheint, daß der Trochlearis der Anamnia sensible Fasern enthält, zur Versorgung der Conjunctiva des Auges.

Der *Abducens* entspringt von der Ventralseite der Medulla, etwas vor oder hinter dem Trigeminus, mit dessen Ramus ophthalmicus er sich bei manchen Fischen und den Amphibien innig verbinden kann, weshalb er bei den meisten Anuren als ein Ast des Ramus ophthalmicus erscheint. Außer dem Musculus rectus posterior inneriviert er noch den sog. Retractor bulbi und die Nickhautmuskeln des Auges, wenn solche Muskeln vorhanden sind.

Wie schon hervorgehoben wurde, gilt heute als die verbreitetste Ansicht, daß die Augenmuskelnerven ventrale Wurzeln gewisser Hirnnerven darstellen; doch gehen die Meinungen im einzelnen weit auseinander. Der *Oculomotorius* wird meist dem spinalen Trigeminus 1. (R. ophthalmicus profundus) als ventrale Wurzel zugerechnet, doch auch gelegentlich (ebenso wie der Trochlearis) von dessen Visceralast abgeleitet. Wegen des Ganglions, das gewöhnlich an ihm auftritt, wurde er zuweilen auch als selbständiger spinaler Hirnnerv gedeutet. — Auf eine Ventralwurzel des Trigeminus 2. wird in der Regel der *Trochlearis* zurückgeführt; der *Abducens* dagegen meist in dieselbe Beziehung zum Facialis gebracht.

Hirn- und Rückenmarkshäute (Meninges).

Bei den Cranioten findet sich zwischen dem Centralnervensystem und dem Rückgratskanal oder Schädel ein häutiges, mesodermales Zwischengewebe, welches

Hirn und Rückenmark umhüllt und den Raum zwischen ihnen und dem Skelet ausfüllt. — Dies Zwischengewebe erfährt in der Wirbeltierreihe eine fortschreitende Entwicklung. Seine äußerste Lage schließt sich der Innenfläche des Knorpels oder Knochens des Axenskelets innig an und verhält sich wie ein inneres Perichondrium oder Periost desselben. Diese Lage wird daher auch häufig den Skeletteilen selbst zugerechnet und zuweilen als *Endorhachis* bezeichnet. Meist betrachtet man sie aber als eine oberflächliche Lamelle der äußeren Rückenmarkshaut, oder der sog. *Dura mater* des Menschen, und bezeichnet sie deßhalb als Außenlage der Dura oder als deren Lamina externa. Schon bei den Cyclostomen und Fischen (s. Fig. 450 *A*) findet sich in dem Zwischengewebe, dicht an der Oberfläche des Hirns oder Rückenmarks, ein feiner, von Lymphe erfüllter Spaltraum, welcher eine innerste dünne membranartige u. blutgefäßreiche Lage des Zwischengewebes von der äußeren, viel dickeren Lage trennt. Letztere Lage, deren oberflächliche Grenzmembran die vorhin erwähnte, als Periost fungierende Lamelle (Lamina externa) bildet, wird in der Regel als äußere Meninx (Ectomeninx) bezeichnet und der Dura mater der Säuger

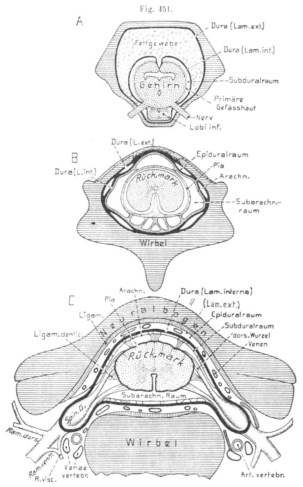

Fig. 451.

Schemata zur Darstellung der Hirn- und Rückenmarkshäute. *A* Querschnitt durch den Schädel mit Hirn eines Cyprinoiden (Barbus etwa) in der Region des Mittelhirns (nach SAGEMEHL 1884). — *B* Testudo graeca. Querschnitt durch einen Halswirbel (n. ZANDER 1899). — *C* Querschnitt durch den vierten Halswirbel des Menschen (nach RAUBER-KOPSCH, Anat. d. Menschen 1912). v. Bu.

homologisiert, der erwähnte Lymphraum daher auch *Subduralraum* genannt; doch wird die Existenz dieses Raums bei den Fischen auch geleugnet. Die blutgefäßreiche und Nerven enthaltende dünne Haut, welche das Hirn und Rückenmark direkt überzieht, kann dann als primäre Gefäßhaut oder *Meninx primitiva* bezeichnet werden (auch Endomeninx). Von ihr gehen die Blutgefäße aus, welche in die Nervensubstanz selbst eindringen. Wo tiefere Einfaltungen des Hirns bestehen, so namentlich zwischen Mittel- und Kleinhirn, da senkt sich die tiefere Lage dieser Gefäßhaut in jene Falten hinein.

Die Hauptmasse der dicken äußeren Haut (Dura mater) wird bei einem Teil der Fische und den Cyclostomen von einem Gallertgewebe gebildet (Chondropterygii, Chondrostei, Dipnoi und gewisse Teleostei, so Siluriden, Esox, Gadiden usw.), dem sich außen die periostale Lamina externa anschließt, während es innen durch eine festere Bindegewebslamelle (Lamina interna) gegen den Subduralraum abgegrenzt wird. Bei den meisten Holostei und Teleostei sind diesem Gallertgewebe viele Fettzellen eingelagert, weshalb es, namentlich im Schädel, zu einem über dem Gehirn mächtig entwickelten Fettgewebe wird, das die vom Gehirn meist nur zum kleineren Teil eingenommene Schädelhöhle erfüllt und auch reich an Nerven und Gefäßen ist. — Während dies Gewebe nach der eben vorgetragenen Auffassung einen Bestandteil der Dura mater bildet, etwa vergleichbar dem sog. Epiduralgewebe in der Dura des Säuger-Rückenmarks, betrachtet es eine andere Ansicht (*Sterzi*) als ein außerhalb der eigentlichen Dura befindliches sog. Perimeningealgewebe. Die eigentliche Dura wäre nach dieser Meinung bei den Fischen noch in der primären Gefäßhaut undifferenziert enthalten, und der oben als Subduralraum bezeichnete Lymphraum soll dem sog. Epiduralraum der Säuger gleichzusetzen sein. Ich halte die erstere Ansicht für wahrscheinlicher.

Bei den *urodelen Amphibien* erinnern die Verhältnisse der Rückenmarkshäute jedenfalls noch sehr an die der Fische, besonders durch die Ausbildung eines ähnlichen Gallert- oder Fettgewebes in der Dura, welches sich auch in die Schädelhöhle erstreckt. Bei den Anuren findet sich an seiner Stelle ein ansehnlicher Lymphraum (sog. Epi-, Peri- oder Interduralraum) und nur im vorderen Teil der Schädelhöhle noch Reste von Fettgewebe. Die der primären Gefäßhaut der Fische entsprechende Haut differenziert sich bei den Amphibien schon in zwei Lagen, indem zahlreiche kleine Lymphräume in ihr auftreten; die Anuren zeigen dies viel deutlicher als die Urodelen.

Auch die *Amnioten* zeichnen sich dadurch aus, daß in der sog. primären Gefäßhaut spaltenartige Lymphräume auftreten, wodurch sie sich in zwei Häute sondert, eine äußere dünne gefäßlose *Arachnoidea* und eine innere gefäß- und nervenreiche *Pia mater* (Fig. 451 *B, C*). Namentlich bei den Säugern (*C*) wird diese Sonderung sehr deutlich, indem der die Arachnoidea und die Pia trennende sog. *Subarachnoidalraum* weit wird. Er ist von radiären Bindegewebssträngen durchsetzt, welche ihn in mehrere Abteilungen scheiden können. Unter diesen Strängen treten bei den Säugern die lateralen sog. *Ligamenta denticulata* besonders hervor und setzen sich bis zur Dura nach außen fort, so daß an diesen Stellen die ursprüngliche Einheitlichkeit der drei Häute erhalten blieb.

Schon bei den Fischen finden sich in der primitiven Gefäßhaut drei verdickte Längsbänder, die elastische Fasern enthalten, ein ventrales in der Mittellinie, zwei laterale zwischen

den Ursprüngen der dorsalen und ventralen Wurzeln. Letztere geben in jedem Wirbel seitliche Fortsätze zu der Lamina externa der Dura (Endorhachis) ab und erinnern dadurch an
die Ligamenta denticulata der Säuger. Entsprechende Ligamente wiederholen sich im allgemeinen auch bei den höheren Formen.

Die gefäßreiche Pia senkt sich mit ihrer inneren Lage in die Vertiefungen der
Hirn- und Rückenmarksoberfläche ein, so in die Furchen der Hemisphärenoberfläche der Säuger und in die Fissura ventralis des Rückenmarks. — Wie wir schon
früher sahen, beteiligt sich die Pia der Amnioten, oder die primitive Gefäßhaut der
Anamnia, auch am Aufbau der Telae chorioideae des Gehirns und besonders der
Plexus der Hirnventrikel, indem sie mit deren Ependym innig verwächst. — Die
ebenfalls nerven- und gefäßhaltige Dura der Säuger besitzt zahlreiche Lymphräume
(sog. Epiduralräume, Fig. 451 *C*), die z. T. von Binde- und Fettgewebe erfüllt sind,
und ihre Sonderung in eine äußere (L. externa) und eine innere (L. interna) bewirken. Im Hirnteil der Dura treten solche Lymphräume nur spärlich auf; sie
bleibt hier gewöhnlich einheitlich und daher von ursprünglicher Bildung. —
Der Subarachnoidalraum dagegen erweitert sich an der Hirnbasis häufig sehr
ansehnlich zu sog. Cisternen. Er steht, wie dies wenigstens für die Säuger erwiesen ist, mit dem vierten Hirnventrikel durch drei Öffnungen in der Tela, von
jedenfalls sekundärer Entstehung, in offener Verbindung. — Sowohl die epidu-
ralen Lymphräume des Rückenmarks, als namentlich der ansehnliche subarachnoi-
dale Raum werden auch mit dem Schutze des Centralnervensystems bei den
Bewegungen der Wirbelsäule in Beziehung gesetzt, was auch teilweise zutreffen
dürfte. — Oben wurde schon hervorgehoben, daß eine etwas abweichende Auffassung die innere Lage der Säugerdura ebenfalls aus der Differenzierung der
primären Gefäßhaut der Fische abzuleiten versucht.

Die Dura der Säuger senkt sich von der Dorsalseite und vorn zwischen die
Hemisphären des Großhirns als Hirnsichel (*Falx cerebri*) hinein, welche hinten in eine
ähnliche quere Einfaltung der Dura zwischen dem großen und kleinen Hirn übergeht, das *Kleinhirnzelt* (Tentorium cerebelli). Sowohl in der Sichel als dem
Hirnzelt können Verknöcherungen auftreten, die bei starker Entwicklung des Ten-
toriums (Carnivoren und gewisse Ungulaten) oder der Falx (besonders bei Delphinen)
auch mit den Schädelknochen verwachsen können, und dann innere scheidewandartige Vorsprünge der Schädelkapsel bilden.

Die Spinalnervenwurzeln werden, soweit sie im Rückgratkanal verlaufen,
gleichfalls von Fortsetzungen der Dura scheidenartig umhüllt.

5. Kapitel: Sinnesorgane.

Einleitung.

Die Aufnahme äußerer Reize geschieht durch die Körperoberfläche, im einfachsten Falle also durch das Ectoderm. Ebenso wird aber auch das Entoderm,
wenigstens in vielen Fällen, reizaufnehmend sein können. In der Regel haben sich
für diese Funktion besondere Ectodermzellen in geeigneter Weise differenziert,
d. h. zu *Sinneszellen* entwickelt. Bei den Wirbellosen sind diese Zellen dadurch

charakterisiert, daß sie proximal in eine feine Faser auslaufen, welche alle Eigenschaften einer Nervenfaser besitzt, die sich mit dem Nervensystem verbindet; und zwar geschieht dies gewöhnlich so, daß sich zahlreiche solche Fasern zu einem Nerv vereinigen, welcher schließlich in das Centralnervensystem eintritt. In letzterem scheinen sich die ursprünglichen Sinneszellenfasern in der Regel zu verästeln und so mit einer größeren Zahl von Ganglienzellen in Zusammenhang, oder wenigstens nahe Berührung zu treten, worüber die Meinungen noch recht auseinander gehen. Auch das Distalende der ectodermalen Sinneszellen wasserlebender Wirbelloser ist meist in besonderer Weise ausgebildet, indem es ein bis zahlreiche zarte, unbewegliche, plasmatische Härchen trägt, die sich über die Epidermisoberfläche mehr oder weniger erheben. Diese *Sinneshärchen* deutet man als die eigentlich reizaufnehmenden Organellen der Sinneszellen. — Bei luftlebenden Tieren, gelegentlich aber auch anderen, können jedoch auch stark modifizierte Endigungsweisen der Sinneszellen auftreten. — Durch Vereinigung von Sinneszellen zu Gruppen, wobei aber fast stets indifferente Epidermiszellen zwischen ihnen erhalten bleiben, entstehen die komplizierteren, bis sehr hoch entwickelten Sinnesorgane, die sich ontogenetisch und vergleichend anatomisch stets von solch einfachen Zuständen lokaler, sinneszellenreicher Epidermispartien ableiten lassen.

Die einfachen Sinneszellen der Wirbellosen sind ursprünglich stets in die Epidermis ganz eingelagert, indem sich nur ihr basaler Nervenfortsatz ins Körperinnere erstreckt. Häufig wachsen sie jedoch unter die Epidermis in die Tiefe, so daß nur ihr distaler, mehr oder weniger fadenförmig ausgezogener Teil zwischen die Epidermiszellen bis zur Oberfläche tritt. So kann der eigentliche Sinneszellenkörper mehr oder weniger in die Tiefe verlagert werden, in manchen Fällen sogar sehr tief, so daß von ihm eine lange distale Faser, die den Charakter einer Nervenfaser besitzt, bis zur Epidermisoberfläche zieht. Ja, die proximale Verlagerung der Sinneszelle kann zuweilen bis zu ihrem Eintritt in das Centralnervensystem führen. Dann entsteht der Anschein, daß von letzterem Nervenfasern entspringen, welche zur Epidermis gehen und zwischen deren Zellen, ohne Verbindung mit besonderen Sinneszellen, endigen (*freie Nervenendigungen*). Solche Fälle sind bei Wirbellosen sicher erwiesen, obgleich bei ihnen solch freie Nervenendigungen im allgemeinen seltener vorkommen. Um so verbreiteter finden sie sich in der Wirbeltierepidermis und lassen sich wohl gleichfalls in der geschilderten Weise als Endigungen ursprünglich oberflächlicher Sinneszellen auffassen, die sekundär in das Centralnervensystem rückten, weshalb die zu ihnen gehörenden Sinneszellen nun meist als Ganglienzellen bezeichnet werden. — So läßt sich wohl annehmen, daß die Nervenzellen der Spinalganglien der Wirbeltiere solche in die Tiefe gerückte ursprüngliche Sinneszellen darstellen. — Die Sinneszellen der Wirbeltiere (mit einziger Ausnahme jener der Geruchsorgane) unterscheiden sich nämlich von denen der Wirbellosen auffallend, indem sie n i c h t in eine proximale Nervenfaser auslaufen, sondern von feinen Nervenfaserendigungen mehr oder weniger umsponnen werden, die sie nach der gewöhnlichen Annahme nur berühren, d. h. nur durch *Contiguität* zu ihnen in Beziehung treten. Dies abweichende Verhalten wird deshalb gewöhnlich so gedeutet, daß (abgesehen von den Geruchsorganen) in der Epidermis der Vorfahren der Vertebraten nur freie Nervenendigungen vorhanden gewesen seien, und sich erst später besondere Sinneszellen entwickelten, welche mit diesen Endigungen in Beziehung traten. — Wenn diese Auffassung richtig ist, so müßten die erwähnten Sinneszellen der Vertebraten, im Gegensatz zu den primitiven (oder primären) der Wirbellosen, als *sekundäre* bezeichnet werden, da ja aller Wahrscheinlichkeit nach die freien Nervenendigungen aus ursprünglich vorhanden gewesenen Sinneszellen hervorgegangen sind, also die mit ihnen später in Beziehung tretenden Epidermiszellen sekundärer Entstehung sein müßten.

Immerhin ließe sich dies Verhalten auch noch in anderer Weise deuten, nämlich so, daß die Sinneszellen der Vertebraten, wie die der Riechorgane, zwar primäre seien, aber keine längere proximale Nervenfaser entwickelten, vielmehr die Verbindung mit dem distalen Ausläufer einer Ganglienzelle, welche ja nach der verbreiteten Ansicht stets durch Contiguität stattfinden soll, hier oberflächlich in der Epidermis geschehe, während sie bei den Wirbellosen erst im Centralnervensystem stattfinde. Die Annahme einer Entstehung sekundärer Sinneszellen bei den Wirbeltieren hat nämlich wegen der in manchen Fällen großen Übereinstimmung ihrer Sinnesorgane mit jenen Wirbelloser etwas Mißliches. In der Tat wurden denn auch die Sehzellen der Wirbeltiere wohl aus den oben entwickelten Gründen neuerdings wieder als primäre gedeutet.

Die primitiven Sinneszellen und freien Nervenendigungen der äußeren Körperoberfläche, sowie die Gruppen ersterer, sind, soweit bekannt, häufig durch verschiedene Reize erregbar, so daß sie in gewissem Sinn einen indifferenten physiologischen Charakter besitzen. Ob von ihnen bewußte Empfindungen ausgehen, und welcher Art diese sind, läßt sich natürlich meist nicht entscheiden. Von den Wirbeltieren und speziell dem Menschen wissen wir, daß solch primitive Organe durch mechanische Einwirkungen (Druck, Berührung), Wärme, Kälte und chemische Stoffe erregt werden können, wozu sich bei Wirbellosen wohl vielfach auch das Licht gesellen kann. Daß sich die Endorgane des Menschen für diese verschiedenen Reize in besonderer Weise differenzierten, ist sicher und folgt auch schon daraus, daß ihnen besondere eigenartige Empfindungen entsprechen. Da wir für die primitivsten Endorgane ähnliches nicht voraussetzen dürfen, und wohl auch annehmen müssen, daß eine von ihnen auf verschiedenartige Reize ausgehende etwaige Empfindung gleichmäßiger Natur sein wird (anelektive Organe), so ist es wahrscheinlich, daß sich eine allmähliche Sonderung und Differenzierung der einfachen Endorgane für verschiedene Reize erst allmählich hervorbildete, womit auch die Qualität der von ihnen hervorgerufenen Empfindungen verschieden werden konnte, so daß derart differenzierte Endorgane (elektive) auf beliebige Reize dann stets nur diese besondere Empfindung vermitteln (spezifische Qualität der Empfindungen). Von solch besonders abgestimmten Endorganen der Haut ausgehend, die auf chemische Stoffe (Geruch und Geschmack), Lichtreize (Auge), Schallschwingungen (Gehör) reagierten, leiteten sich die spezifischen Sinnesorgane ab, welche allmählich zu komplizierten Bildungen wurden. Letzteres gilt besonders für die Gehör- und Sehorgane, welche deshalb zuweilen als höhere Sinnesorgane, im Gegensatz zu den übrigen, bezeichnet werden, weil sie durch Zutritt einer Reihe von Hilfsapparaten einen recht verwickelten Bau erlangen können. Eine solche Unterscheidung erscheint aber von geringer Bedeutung, da auch diese höheren Organe ursprünglich von ebenso einfachen Einrichtungen ausgehen wie die niederen.

Für einfache Endorgane der äußeren Haut bereitet die Feststellung ihrer besonderen Funktion, d. h. der ihnen »adäquaten Reize«, häufig große Schwierigkeiten, weshalb dies Problem selbst für die Wirbeltiere noch nicht völlig lösbar erscheint. Viel mehr noch gilt dies für die Wirbellosen, wozu sich gesellt, daß solche Organe, wie erwähnt, nicht selten auf verschiedene Reize reagieren. Diese Schwierigkeit läßt es daher rätlich erscheinen, jene einfachen Endorgane der Haut, für welche eine spezifische Reizbarkeit vorerst vielfach nicht sicher nachweisbar ist, als *Hautsinnesorgane* gemeinsam zu betrachten, wogegen diejenigen, für welche dieselbe feststellbar oder doch wahrscheinlich ist, bei den betreffenden Sinnesorganen zu besprechen sind. Im allgemeinen werden diese Hautsinnesorgane ja besonders durch mechanische, thermische und chemische Reize beeinflußt, wenn es auch in manchen Fällen sicher scheint, daß auch optische nicht ohne Wirkung auf sie sind.

A. Hautsinnesorgane (einschließlich Geschmacksorgane mit Ausnahme derer der Arthropoden).

Die einfachsten derartigen Organe, wie sie bei Wirbellosen weit verbreitet vorkommen, sind besonders modifizierte Epithelzellen, welche sich zwischen die gewöhnlichen Epidermiszellen, in gewissen Fällen (so bei einzelnen Cölenteraten erwiesen) aber auch die des Entoderms der Gastralhöhle einschalten. Abgesehen von ihrer Fortsetzung in eine proximale Nervenfaser, sind sie meist dadurch ausgezeichnet, daß ihr freies Distalende, welches die Epitheloberfläche erreicht, ein bis mehrere starre, leicht vergängliche plasmatische Sinneshärchen trägt; in manchen Fällen wurden jedoch auch Sinneszellen ohne solche beschrieben. Auch wurden häufig, namentlich bei *Cölenteraten* (Hydromedusen und Acalephen), mit einem Wimperhaar versehene Epidermiszellen, welche die Centralteile des Nervensystems überlagern (s. S. 466 ff.), als Sinneszellen gedeutet, ebenso auch bei manchen Mollusken.

Ob aber Zellen mit beweglichen Cilien, auch wenn sie mit einer Nervenfaser verbunden sind, tatsächlich als Sinneszellen gedeutet werden dürfen, scheint nicht ganz zweifellos, um so mehr, als schon bei gewissen *Hydroidpolypen, Hydromedusen, Acalephen* und *Actinien* besonders geartete Zellen, die teils mit einem starren Sinneshaar versehen, teils haarlos sind, als Sinneszellen beschrieben wurden; doch wurden neuerdings auch Zellen beobachtet, welche außer einer Geißel noch kurze Sinneshaare tragen. — Ebenso werden auch die an die Epitheloberfläche gerückten *Nesselzellen* der Cölenteraten, die ja einen freien, sinneshaarähnlichen Fortsatz tragen (Cnidocil, s. S. 129), häufig als Sinneszellen betrachtet, was nicht unwahrscheinlich ist, da sie sicher reizbar sind, und ihr Zusammenhang mit Nervenfasern vielfach angegeben wird.

Die einfachen Sinneszellen liegen meist völlig im Epithel, obgleich es auch vorkommt, daß sie sich mit ihrem Proximalteil unter es erstrecken. Wenn die

Körperoberfläche von dicker Cuticula überkleidet wird wie bei manchen Würmern, namentlich aber den Arthropoden, so treten besondere Modifikationen der Hautsinneszellen auf, die wir später besprechen werden. — Von den einfachen Sinneszellen kaum scharf zu unterscheiden sind die lokalen Anhäufungen solcher zu höher entwickelten, immerhin aber noch recht primitiven Sinnesorganen, welche aus wenigen bis zahlreichen Sinneszellen bestehen, die sich etwa knospenförmig der Epidermis einlagern. Im allgemeinen können solche Organe als *Sensillen* bezeichnet werden. Sie bestehen, soweit bekannt, entweder nur aus Sinneszellen, oder es nehmen auch indifferente Epithelzellen, gelegentlich sogar Drüsenzellen, an ihrem Aufbau teil.

Die im Epithel zerstreuten einfachen Sinneszellen können sich bei manchen Wirbellosen über die ganze Körperoberfläche verbreiten. Gewöhnlich finden sie sich aber besonders reichlich an solchen Körperteilen, die mit der Umgebung in nähere Beziehung treten, so Tentakeln, Körperfortsätzen und ähnlichem.

1. Coelenterata.

Bei gewissen Hydroidpolypen (z. B. *Syncoryne*, *Hydra*) wurden Sinneszellen (Fig. 452), ja sogar Gruppen solcher (2—3 Zellen, *Palpocil*) namentlich an den Tentakeln beobachtet, doch auch weiter verbreitet. Gewisse solcher Zellen (Sinnesnervenzellen, *Hydra*, *Actinien*) sollen den eigentlichen Ganglienzellen ähnlicher bleiben. Auch die Tentakel mancher *Hydromedusen* (besonders *Trachynemiden*) besitzen Längsreihen sog. Tastzellen mit langem starrem Sinneshaar, wozu sich am Umbrellarrand, an der Tentakelbasis, noch Querreihen ähnlicher Zellen als sog. *Tastkämme* gesellen können (z. B. *Rhopalonema*). — Besondere Sinneszellen mit starrem Haar wurden auch an der Subumbrella und den Tentakeln gewisser *Acalephen* (Pelagia und einzelner Hydromedusen) beschrieben (s. Fig. 452 *C—D*). — Reicher verbreitet sind haartragende Sinneszellen in der Epidermis der *Anthozoa* (besonders der *Actinaria*), vor allem wieder an den Tentakeln und der Mundscheibe, sowie im Schlundrohr (namentlich an den Siphonoglyphen); doch wurden sie auch bei einzelnen Formen im Mauerblatt und der Fußscheibe angegeben. — Besonders interessant erscheint die Verbreitung solcher Sinneszellen im *Entoderm* mancher Cölenteraten (*Hydra*, *Actinien*, gewisse *Hydromedusen*), was mit dem früher (S. 465, 469) erwähnten entodermalen Nervensystem dieser Formen übereinstimmt. Die Sinneszellen der Mesenterialfilamente der Actinien brauchten zwar nicht notwendig entodermal zu sein, da das Ectoderm am Aufbau dieser Organe teilnimmt.

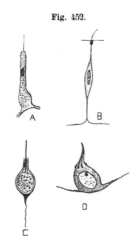

Fig. 452.

Hautsinneszellen von Cölenteraten. *A* Aus Ectoderm von Hydra (nach HADZY 1909). *B* Actinie (Bunodes); aus Schlundrohr (nach GROSELYI 1909). *C—D* Sinneszellen von Carmarina; *C* von Tentakel, *D* von Manubrium (nach KRASINSKA 1914).   C. H.

Über die Verbreitung freier Nervenendigungen in der Epidermis ist wenig bekannt, doch sollen vom subumbrellaren Nervenplexus gewisser Acalephen (Rhizostoma) viele solche Endigungen in die Epidermis aufsteigen.

2. Vermes.

Auch in der Epidermis der *Turbellarien* finden sich häufig einfache Sinneszellen mit ein oder mehreren Haaren, doch auch schon Gruppen solcher, die den Charakter von Sensillen besitzen. Die namentlich bei den *Polycladen* und manchen *Tricladen* (selten bei Rhabdocöliden, *Vorticeros*) verbreiteten Tentakel des Vorderendes werden meist als Tastorgane gedeutet; das gleiche gilt von dem zuweilen einstülpbaren Rüssel des Vorderendes einzelner Rhabdocöliden (z. B. *Alaurina*), sowie einer manchmal vorkommenden plattenartigen Verbreiterung des Vorderendes, deren Tastfunktion jedoch unsicher ist.

Die bei gewissen *Rhabdocöliden* auf der Dorsal- oder Ventralseite vorkommenden *grübchenartigen Einsenkungen* (sog. *Grübchenflecke*) scheinen als Hautsinnesorgane etwas zweifelhaft. — Bei einzelnen *Acöla* findet sich eine *laterale Sinneskante*, die jederseits vom Vorderende ziemlich weit nach hinten zieht, auch rinnenförmig eingesenkt sein kann, und Sinneszellen enthält. Diese Bildung ist deshalb interessant, weil sie in höherer Entwicklung bei den *Landtricladen* (Landplanarien) wiederkehrt. Bei vielen der letzteren umzieht die Sinneskante das Vorderende ventral als ein Band, in dem ein oder zwei Reihen wimperloser Papillen stehen, welche wohl als Tastorgane dienen. Gewöhnlich findet sich aber in dieser Sinneskante neben den Papillen noch eine Reihe eingesenkter Grübchen (*Sinnesgrübchen*), die eine größere Zahl von Sinneshaaren enthalten. Die Grübchen werden vom Centralnervensystem, die Papillen dagegen vom äußeren Nervenplexus innerviert. — Auch freie Nervenendigungen, welche vom subepithelialen Plexus (s. S. 472) durch die Epidermis aufsteigen, wurden bei Planarien beschrieben und sollen z. T. von besonderen Nervenzellen ausgehen.

Am Kopf- und Schwanzende der *Nemertinen* wurden in der Epidermis haartragende besondere Zellen beobachtet, die jedoch hinsichtlich ihrer Deutung als Sinneszellen nicht ganz sicher erscheinen. — Fernerhin findet sich an der Kopfspitze, dicht über der Rüsselöffnung zahlreicher Formen (speziell bei *Metanemertinen* [Enopla], einzelnen *Heteronemertinen* [Eupolia]) ein meist ein- und ausstülpbares Organ (*Frontalorgan*), das im eingestülpten Zustand gruben- bis etwas schlauchartig erscheint, vorgestülpt dagegen hügelartig. Es wird von zahlreichen fadenförmigen, borstentragenden Epithelzellen gebildet, die vom Cerebralganglion innerviert werden. Bei gewissen *Heteronemertinen* (z. B. *Micrura* und *Cerebratulus*) finden sich an Stelle des einfachen Organs drei kleinere von ähnlichem Bau. — Das Epithel der Frontalorgane ist frei von Drüsenzellen; doch ziehen meist Ausführgänge der Kopfdrüse (s. S. 133) durch dasselbe.

Eine eigentümliche Modifikation erfuhren die Hautsinnesorgane bei den parasitischen *Trematoden* und *Cestoden*, im Zusammenhang mit der starken cuticularen Bedeckung. Die Sinneszellen (s. Fig. 325, S. 477) sind tief in das Körperparenchym verlagert und stehen mit dem äußeren Nervenplexus in Zusammenhang. Eine feine distale Faser steigt von der Zelle bis in die Cuticula empor und durchsetzt in dieser ein kugeliges Bläschen, um an dessen Distalwand mit einem etwa

nagelförmigen, dunkleren und dichteren Stift zu endigen, welcher in der Cuticula
eingeschlossen ist; letztere kann sich über ihm papillenartig etwas erheben. Obgleich solche Endorgane über die ganze Körperoberfläche verbreitet sind, finden
sie sich bei den Trematoden doch besonders reichlich in den Saugnäpfen, namentlich dem vorderen der Distomeen (s. Fig. 323, S. 476).

Eine ähnliche Modifikation der Hautsinnesorgane scheint unter gleichen Bedingungen auch bei den *Nematóden*, besonders den parasitischen eingetreten zu
sein. Die dicke Cuticula dieser Würmer bedingt jedenfalls, daß ihnen freie plas-

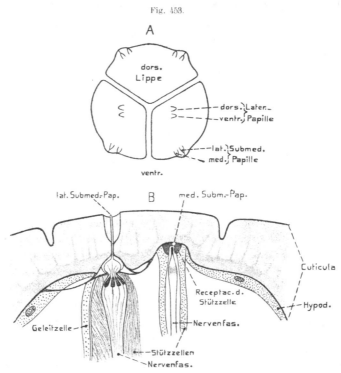

Fig. 453.

Ascaris megalocephala. Mundpapillen. *A* Die 3 Lippen von vorn gesehen mit den 6 Paar Papillen.
B Längsdurchschnitt durch die beiden Submedianpapillen (nach R. GOLDSCHMIDT 1903). v. Bu.

matische Sinneshaare fehlen, die Endorgane der Sinneszellen vielmehr entweder
in cuticulare hohle Borsten oder in nicht oder wenig erhobene Cuticularpapillen
eingeschlossen sind; doch sollen sie in gewissen Organen auch bis zur Cuticulaoberfläche treten können. — Bei den freilebenden Nematoden sind solche Cuticularborsten, die wohl sicher mit Sinneszellen in Verbindung stehen, häufig weit
über den Körper verbreitet. — Am regelmäßigsten finden sie sich in einem Kranz
um die Mundöffnung, aber in sehr verschiedener Zahl (4, 6, 8 und 10). Letztere
Borsten werden nicht selten sehr klein und stehen dann häufig auf papillenartigen
Vorsprüngen (Borstenpapillen), wie sie sich auch bei den Parasiten meist um die
Mundöffnung finden, aber der borstenartigen Fortsätze gewöhnlich entbehren. Bei

den Parasiten kann die Zahl dieser Mundpapillen bis 12 betragen (z. B. *Ascaris*, Fig. 453), wobei je zwei dicht genähert sind, so daß man von 6 Paaren sprechen kann, die sich zu je zweien auf die 3 Lippen verteilen. Bemerkenswerterweise ist der Bau dieser Mundpapillen bei *Ascaris* (wo sie am genauesten erforscht sind) keineswegs gleich. Im allgemeinen sind sie so gebaut, daß die dicke Cuticula von innen nach außen stark trichter- oder röhrenartig verdünnt ist und der nervöse Endapparat sich in diesen Trichter einlagert. Letzterer wird von den feinen distalen Endfasern gebildet, in welche die Sinneszellen, die sich in den verschiedenen Papillen in wechselnder Zahl finden, auslaufen.

So treten in die dorsalen Lateralpapillen nicht weniger als 12 Endfasern von Sinneszellen, die sich jedoch distal zu einem Endzapfen vereinigen, in die ventralen dagegen nur 2. Die 8 Submedianpapillen enthalten nur je eine Faser, wobei aber die medianen und lateralen wieder verschieden gebaut sind (s. Fig. 453 *B*). In gewissen der Papillen soll die Endfaser die Cuticula vollständig durchsetzen und frei an der Oberfläche endigen. — Der Körper der Sinneszellen der Papillen ist tief, bis in die hintere Ösophagusregion hinabgerückt Das periphere Ende der distalen Sinnesfasern bildet fast stets einen eigentümlichen stiftartigen Endapparat. — Zu jeder Papille gehören in der Regel noch gewisse accessorische Zellen, welche die Endfasern begleiten: 1. sog. *Stützzellen*, welche die distalen Enden der Fasern völlig umhüllen, und 2. meist sog. *Geleitzellen*, welche erst distal, in der eigentlichen Papille, mit dem Endapparat in nähere Beziehung treten. Diese beiden accessorischen Zellarten reichen ebenfalls weit nach hinten; die Stützzellen bis in die Region des Nervenrings, an dessen Umhüllung sich sogar die der medianen Submedianpapillen beteiligen.

Einen ähnlichen Bau zeigen die sonst bei den Nematoden vorkommenden Papillen, also die schon früher (S. 482) erwähnten Halspapillen, auf die wir bei den Geruchsorganen nochmals zurückkommen werden, und die Schwanz- (oder Anal-)papillen der Männchen, welche in meist charakteristischer Anordnung, gewöhnlich in zwei Lateralreihen, vor und hinter, oder auch nur hinter dem After stehen (s. Fig. 328, S. 482).

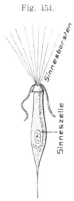

Fig. 454.

Da es bei einigen Genera (z. B. *Acanthocephalen*) papillenartige Endorgane vorkommen, wurde schon früher erwähnt (s. Fig. 330, S. 485).

Gewisse Anklänge an die Nematoden verraten die *Rotatorien*, namentlich die an ihrem Rumpfe gewöhnlich auftretenden Sinnesorgane, die meist als *Taster* bezeichnet werden, obgleich sie nur selten tasterartig über die Körperoberfläche vorspringen. In der Regel findet sich ein vorderes oder dorsales und ein hinteres oder laterales Paar solcher Organe. Das dorsale (nur *Conochilus* fehlende) liegt gewöhnlich in der Region des Cerebralganglions und ist meist unpaar, steht also in der dorsalen Mittellinie (Nackentaster oder -organ, s. die Fig. 23, S. 97 u. 329, S. 484).

A p s i l u s v o r a x. Lateraltaster (nach GAST 1900). C. H.

Da es bei einigen Genera (z. B. *Asplanchna*) paarig auftritt und, wenn unpaar, meist von einem Nervenpaar versorgt wird, so war wohl die Paarigkeit der primitive Zustand, aus dem erst der unpaare Dorsaltaster hervorging.

Die stets paarigen *Lateralorgane* (Taster, s. Fig. 454) stehen in der Seitenlinie oder -kante (zuweilen auch mehr ventral) in sehr verschiedener, meist aber

erheblicher Entfernung hinter den Nackenorganen, und springen selten tasterartig
vor. Jedes der beiderlei Organe scheint meist nur mit einer, selten zwei oder mehr
Sinneszellen versehen, die eine Anzahl freier, gewöhnlich ziemlich langer Haare
tragen.

Die beiden Organpaare erinnern etwas an die Hals- und Analpapillen der Nematoden,
wodurch vielleicht eine ursprüngliche Übereinstimmung angedeutet wird. — Auch das
Räderorgan ist häufig mit Sinneszellen versehen, wie schon daraus hervorgeht, daß zwischen
seinen Cilien zuweilen starre Tastborsten
stehen. Ferner finden sich auf dem vom
Räderorgan umschlossenen Stirnfeld manchmal Büschel von Tasthaaren, die auch beweglich sein können; oder bei einzelnen
Formen ein Paar sog. »Stirntaster«, kegelförmige Fortsätze mit distalem Sinneshaar-
büschel, welche den Dorsal- und Lateral-
tastern gleichen. — Ob sich die besprochenen
Stirnorgane den Mundorganen der Nematoden vergleichen lassen, ist vorerst kaum
zu entscheiden. — Als Tastorgan wird meist
auch der sog. *Rüssel* der *Philodinen* gedeutet, d. h. die etwas eigentümlich umgebildete vordere Körperspitze, welche Cilien
oder Borsten trägt und Sinneszellen, ja zuweilen ein besonderes kleines Ganglion
(*Callidina*) enthält. Das Organ ist mit dem
Vorderende einziehbar und tritt bei der
Ausstülpung früher als das Räderorgan hervor, wobei es tastende Bewegungen ausführt.
In gewissen Fällen soll es durch eine grubenförmige Bildung ersetzt sein.

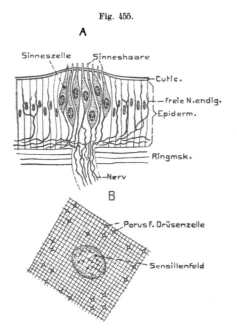

Fig. 455.

Lumbricus terrestris. *A* Querschnitt durch einen
Teil des Integuments mit einer Sensille und freien
Nervenendigungen. *B* Ein kleines Stück der ab-
gelösten Cuticula mit einem Sensillenfeld und den
Poren für den Durchtritt der Sinneshaare, sowie den
Poren für die einzelligen Hautdrüsen (nach LANGDON
1895).   v. Bu.

Anneliden. Besondere taster- und
fühlerartige Anhänge sind am Kopf
der *Polychaeten* sehr verbreitet, in Form
der *Antennen* und *Palpen* des Prostomiums sowie der *Fühlercirren* des
Metastomiums (s. Fig. 332, 334, 336 u. 339, S. 487—493). Ähnliche Organe
entspringen meist (besonders Errantia) von den Parapodien als deren *Dorsal-* und
Ventralcirrus. Endorgane von Hautnerven, die z. T. auf Papillen dieser Organe
stehen, sind mehrfach nachgewiesen worden; doch breiten sie sich auch auf der
übrigen Körperoberfläche mehr oder weniger reich aus. Im allgemeinen scheinen
aber einfache Sinneszellen in der Annelidenepidermis nicht allzu häufig zu sein,
obgleich sie bei gewissen Formen (Lumbricus, Nereis u. a.) beschrieben, doch auch
wieder bestritten wurden. Bei den *Oligochaeten, Polychaeten, Hirudineen* und *Gephyreen* finden sich hingegen sensillenartige Organe, welche aus Gruppen mehr oder
weniger zahlreicher, meist haartragender Sinneszellen bestehen (*Sinnesknospen,
becherförmige Organe, Sensillen*; s. Fig. 455). Bei *Oligochaeten* (Limicolen wie Terricolen, besonders *Lumbricus*) sind sie in der Epidermis über den ganzen Körper

verbreitet und schließen sich bei Lumbricus, wo sie ungemein zahlreich sind, den drei früher (Fig. 337, S. 491) erwähnten Ringnerven jedes Segments ungefähr an, so daß häufig von drei Ringen solcher Organe in jedem Segment die Rede ist; jedenfalls sind sie in einer vorderen und mittleren Zone der Segmente reichlicher, ebenso auch um die Mündungen der Nephridien. Bei *Lumbricus terrestris* wurden bis durchschnittlich 1000 Organe in einem Segment gezählt. Am Kopf- und Hinterende des Körpers finden sie sich reichlicher. Unter der Epidermis breitet sich ein reicher Nervenplexus aus (basiepithelialer Plexus), von dem bei *Lumbricus* (s. Fig. 455) auch freie Nervenendi-

gungen zwischen den Epidermiszellen hoch emporsteigen, die ebenso bei einzelnen *Polychaeten* (z. B. *Phyllodoce*) und *Hirudineen* erwiesen sind. Solch freie Nervenendigungen sollen sich ferner reichlich um die Borstentaschen der *Chaetopoden* verbreiten, so daß auch die Borsten als Tastorgane funktionieren können.

Die *Sensillen der Hirudineen* sind ebenfalls über den ganzen Körper verbreitet, in besonderer Größe und Zahl auf dem Prostomium, wo sich Organe finden

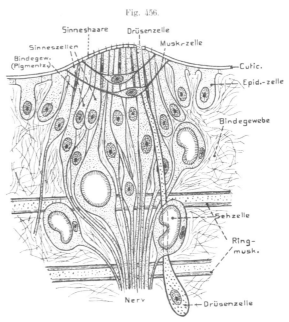

Fig. 456.

Hirudo medicinalis. Sensille aus einem Querschnitt durch den Körper. Schematisch (nach HACHLOV 1910, etwas verändert). v. Bu.

sollen, die bis viele Hunderte von Zellen enthalten. Ihre Körpersensillen sind sehr verschieden groß und insofern von jenen der Chaetopoden verschieden, als sich ihre Zellen meist recht tief unter die Epidermis in das Bindegewebe erstrecken (s. Fig. 456). Die größeren Organe sind meist dadurch ausgezeichnet, daß in ihrer Umgebung einige der später zu besprechenden Sehzellen liegen.

Diese größeren Sensillen der *Gnathobdelliden* stehen auf dem dritten Ringel der Segmente und sind in 14 Längsreihen (8 dorsalen und 6 ventralen) angeordnet. — Etwas fraglich erscheint es, ob die Blutegelsensillen nur aus Sinneszellen mit kurzen Härchen bestehen, oder ob sich dazwischen auch indifferente Zellen (Stützzellen) finden, jedenfalls ist sicher, daß Hautdrüsenzellen durch sie treten können. Nicht unwichtig erscheint, daß die Sensillen etwas vor- und rückziehbar sind, indem sich unter ihnen eine ansehnliche, sternförmige verästelte Muskelzelle findet, deren Kontraktion die Organe papillenartig vortreibt.

Die Sensillen oder becherförmigen Organe (wie auch die freien Nervenendigungen von *Lumbricus*) erstrecken sich bei den drei Ordnungen der Anneliden auch in die *Mundhöhle*, wo sie jedenfalls als Geschmacksorgane dienen. Hieraus läßt sich wohl schließen, daß die Organe der Körperoberfläche chemisch reizbar sind, wofür auch die physiologischen Versuche sprechen. — Daß sie daher auch auf dem *Rüssel der erranten Polychaeten* und *achaeten Gephyreen* reichlich vorkommen, ist begreiflich; sie stehen auf dessen Papillen, Wülsten und Rippen.

Verwandt mit den beschriebenen Sensillen, aber in mehrerer Hinsicht eigenartig, erscheinen die *Seitenorgane gewisser Chaetopoden*, welche besonders bei den *Capitelliden* genauer studiert wurden; sie kommen jedoch auch bei *Polyophthalmus*, *Glyceriden, Amphicteniden* (Pectinaria) *Spioniden*, einzelnen *Ariciiden* und einigen anderen, sowie bei gewissen Oligochaeten (Lumbriculiden) vor. Den Haupt-

Fig. 457.

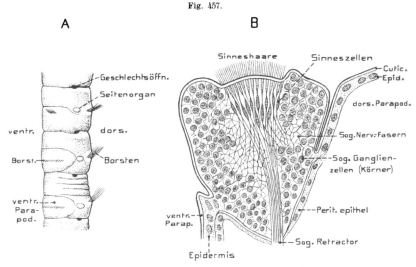

Capitellide. Seitenorgane. *A* Einige Segmente von Mastobranchus trinchesei von links, mit den Seitenorganen. — *B* Ein Seitenorgan von Notomastus fertilis im Längsschnitt (nach EISIG 1887). v. Bu.

charakter dieser Organe (Fig. 457) bildet ihre Lage in den Seitenlinien des Körpers, d. h. auf der Grenze zwischen der dorsalen und ventralen Hälfte der Längsmuskeln (s. S. 410), also auch gewöhnlich zwischen den dorsalen und ventralen Parapodienlappen. Da nun die so bestimmte Seitenlinie in den verschiedenen Körperabschnitten keineswegs genau lateral liegt, so gilt dies auch für die Seitenorgane. Weiterhin erscheint charakteristisch, daß in jedem Segment nur ein Paar der Organe auftritt, und zwar bei den *Capitelliden* (wo sie nur selten fehlen), bei *Polyophthalmus*, *Scalipregma* und den *Lumbriculiden* fast in sämtlichen Segmenten. — Es sind papillen- oder hügelartig vorspringende Gebilde, die auf ihrem Gipfel eine ansehnliche Zahl von meist ziemlich langen und feinen Sinneshaaren tragen (Fig. 457 *B*). Diese haartragende Platte ist bei den Capitelliden u. a. stets einziehbar, doch können auch die vorderen (thorakalen) Organe hier wie bei anderen Formen im Ganzen in eine sich dabei bildende Grube zurückgezogen werden. Hierzu dienen besondere Muskeln. — Über den feineren Bau der Organe läßt sich vorerst nur sagen, daß sie in der Regel von zahlreichen haartragenden Sinneszellen gebildet werden; ob sich, wie beschrieben, unter letzteren wirklich ein zellenreiches Ganglion findet, in dessen Achse bei gewissen Formen noch eine Anzahl besonders großer Ganglienzellen (oder etwa Sinneszellen?) beschrieben wurde, sowie die Art der Innervierung der Organe bedarf jedenfalls erneuter Untersuchung.

Während die Organe früher als umgebildete Dorsalcirren der ventralen Parapodien (Neuropodien) gedeutet wurden, werden sie jetzt als aus einem zwischen Neuro- und Notopodium bei manchen Polychaeten auftretenden Intercirrus entstanden betrachtet. Auf die Vergleichbarkeit der Seitenorgane mit den ebenso genannten Organen der Wirbeltiere, worauf phylogenetisch großer Wert gelegt wurde, wird später, bei der Besprechung der letzteren einzugehen sein. — Auf diese Vergleichung stützt sich namentlich die mehrfach geäußerte, jedoch vorerst nicht erwiesene Ansicht, daß die Seitenorgane der Chaetopoden als eine Art statischer Organe funktionierten.

Unsicher in ihrer Deutung sind die *Bayerschen Organe* der Rüsselegel (Rhynchobdellida), welche höchstens aus zwei Zellen, einer Sinnes- und einer unter ihr liegenden Muskelzelle bestehen. — Eine sehr eigentümliche Art vermutlicher Sinnesorgane sind ferner die *Spiralorgane* der Nereisparapodien. Es handelt sich um tiefe röhrenförmige Einsenkungen der Cuticula, um welche sich eine große Zahl langgestreckter Sinneszellen in mehreren Schraubenwindungen lagert. Da die Distalenden dieser Zellen einen lichtbrechenden Körper enthalten, so wurde vermutet, daß sie lichtempfindlich seien; was jedoch wenig sicher erscheint.

Oligomera. Die *Bryozoen* führen in ihrer Epidermis (besonders auf den Tentakeln) zahlreiche haartragende Sinneszellen. — Bei den *Chaetognathen* hingegen sind sensillenartige *Tasthügel* (Sinneshügel) von sehr verschiedener Größe über den Gesamtkörper unregelmäßig zerstreut. Sie besitzen zahlreiche lange Sinneshaare, die zuweilen aus einer Einsenkung auf dem Gipfel des Hügels hervortreten. Die in großer Zahl vorhandenen Sinneszellen scheinen unter die eigentliche Epidermis hinabgesenkt zu sein; doch ist der feinere Bau nicht genügend aufgeklärt. Auch bei dieser Gruppe verbreiten sich ähnliche Organe von mehr knospen- oder becherförmigem Bau in der Mundhöhle. — Sowohl bei den *Brachiopoden* als den *Enteropneusten* ist von Hautsinnesorganen kaum etwas Sicheres bekannt.

3. Mollusca.

Bei den Weichtieren (besonders den Lamellibranchiern und Gastropoden) sind einfache haartragende Sinneszellen in der Epidermis der freien Körperoberfläche sehr verbreitet, reichlicher wieder an vorspringenden Stellen, wie den Kopf-, Epipodial- und Mantelrandtentakeln der *Gastropoden*, doch auch an den Fußseiten

Fig. 458

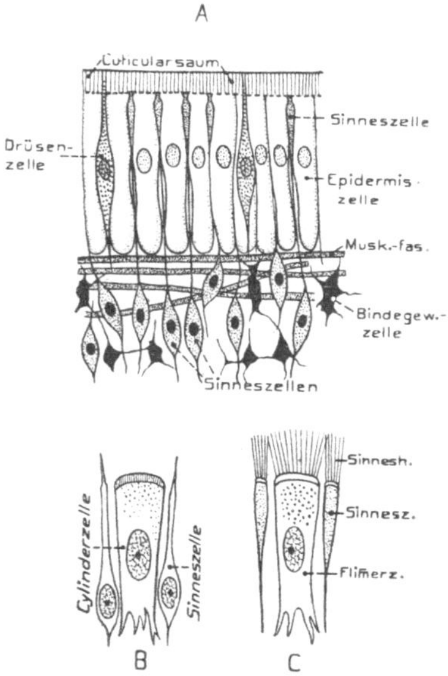

Gastropoden. Hautsinneszellen. *A—B* Helix pomatia: *A* Ein kleines Stück des Epithels vom Tentakel mit 2 Drüsenzellen und einigen Sinneszellen. *B* Eine gewöhnliche Epidermiszelle und zwei benachbarte Sinneszellen von der Rückenhaut. *C* Mytilus edulis. Eine Flimmerzelle aus der Epidermis des Mantels und zwei benachbarte Sinneszellen (nach FLEMMING 1869). Gerv.

und in der Mundgegend, an den Kiemen und dem Mantelrand der *Lamellibranchier*,
wo sich häufig papillen- bis tentakelartige Fortsätze finden, ebenso jedoch auch
an den Enden von deren Siphonen, welche ja aus dem Mantelrand hervorgehen
(Fig. 458). — Recht häufig finden sich jedoch an solchen Orten auch sensillenartige
(becherförmige) Organe, ähnlich denen der Anneliden. — Daß auch freie Nervenendigungen vorkommen, wie sie bei den *Aplacophoren* sogar aus der Cuticula erwähnt werden, scheint für gewisse Formen (speziell Pulmonaten) erwiesen.

Bei den *Aplacophoren* werden als besondere lokalisierte Hautsinnesorgane, außer Sinnesborsten, die wohl mit einfachen Sinnezellen zusammenhängen, gedeutet: das *Mundschild
von Chaetoderma* (s. Fig. 367, S. 515),

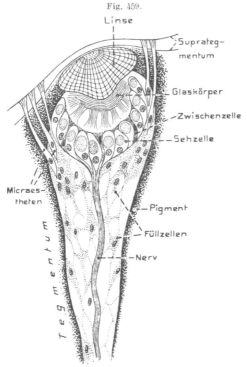

Fig. 459.

Linse

Suprateg-
mentum

Glaskörper

Zwischenzelle

Sehzelle

Micraes-
theten

Pigment

Füllzellen

Nerv

Tegmentum

Acanthopleura japonica (Placophore). Längsschnitt
durch ein Schalenauge mit mehreren Micraestheten (nach
NOVIKOFF 1907).   v. Bu.

sowie ein zuweilen flimmerndes, ein-
und ausstülpbares Frontalorgan (Sinneshügel), endlich ein caudales dorsales Organ gewisser Formen, das gleichfalls vor- und rückziehbar sein kann.

Bei *Rhopalomenia* wurden Sensillen (Sinnesknospen) am Hinterende
nachgewiesen, die sich bis in die Cuticula erheben. Auch die früher erwähnten Kalkspicula der Haut sollen
bei gewissen Formen mit Nerven versehen sein. Recht fraglich erscheinen
die Sinneskolben in der Cuticula.

An die Sinnesknospen der
Rhopalomenia erinnern die in
den Schalenplatten der *Placophoren* reichlich vorhandenen Megalaestheten (*Macraesth.*), welche
dieselben bis zur Cuticula (Periostracum) durchsetzen (s. S. 109).
Es sind dies Organe, welche aus
einer langgestreckten Knospe von
Sinneszellen bestehen, die sich,
in den Schalenplatten aufsteigend, bis zu einer äußeren kap-
penartigen Verdickung der Cuti-

cula erstrecken. Neben ihnen finden sich in dem Kanälchen der Schalenplatte
auch noch indifferente sog. *Füllzellen*, zuweilen auch *Drüsenzellen*. Im Umkreis
dieser Megalaestheten gehen vom Hauptkanal ähnliche feinere Kanälchen bis
zur Cuticulaoberfläche (*Micraesthetes*), welche nur eine einzige Zelle enthalten
(Fig. 459), und gewöhnlich als Sinnesorgane beurteilt wurden; neuerdings hat man
sie jedoch auch als eine Art Schutzorgane gedeutet, die das Periostracum erneuerten.
Später werden wir sehen, daß sich die Macraestheten gewisser Placophoren auch
zu lichtempfindlichen Organen entwickeln können.

Megalo- und Micraestheten gehen aus der Epidermis hervor, wie sich an den Seitenrändern der Schalenplatten leicht nachweisen läßt, wo bei fortschreitendem Wachstum der

Platten andauernd neue Organe aus der Epidermis entstehen. — Bei einzelnen Placophoren (Lepidopleuriden) wurden höckerartig vorspringende Sensillen (sog. Seitenorgane) an der Ventralfläche der Mantelfalte in einer Längsreihe gefunden (Zahl 7—30); sie wurden auch als Geruchsorgane gedeutet.

Sensillenartige Organe finden sich bei manchen *Muscheln* (z. B. *Cardium* usw., s. S. 837, Fig. 633) an den Tentakeln oder der Außenfläche des Atemsipho als Gruppen haartragender Sinneszellen, zu denen sich jedoch gewöhnlich indifferente Zellen gesellen und gelegentlich auch Einziehmuskeln. — Ebensolche Organe finden sich bei gewissen *Prosobranchiaten* (insbesondere rhipidoglossen Diotocardia, sog. Seitenorgane) an der Basis der Epipodialtentakel, doch auch gelegentlich am Kopf und Fuß. Sie enthalten neben Sinneszellen gleichfalls indifferente Zellen und sind ein- und ausstülpbar.

Unsicher in ihrer Bedeutung als Hautsinnesorgane blieben vorerst die in großer Zahl über die Körperoberfläche gewisser Heteropoden (*Pterotrachea*) verbreiteten kleineren und größeren scheibenartigen Gebilde.

Die knospenartigen Sensillen der Mollusken breiten sich gleichfalls auf die Umgebung des Mundes, die Rüsselspitze (Heteropoda) und die Mundhöhle aus, was auch schon bei den Placophoren vorkommt. — Ein eigentümliches Sinnesorgan (*Subradularorgan*) findet sich ferner am Mundhöhlenboden der Placophoren als eine scheibenartige, etwas paarig geteilte Erhebung, in welche vorn eine Drüse mündet. Die Sinnesscheibe besteht aus Sinnes-, Flimmer- und unbewimperten indifferenten Zellen. Die zutretenden Nerven kommen von den Subradularganglien (s. Fig. 368, S. 516). In rudimentärer Form wurde ein solches Organ auch bei gewissen *Diotocardiern* und den *Solenoconchen*-beobachtet.

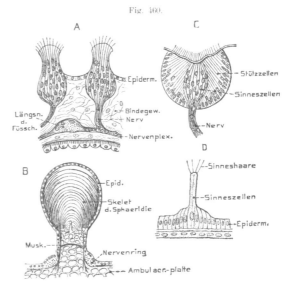

Fig. 460.

4. Echinodermata.

Einfache Sinneszellen sind nach den meisten Angaben bei den *Asterien* und *Crinoiden*, deren Radiärnerven intraepithelial liegen (s. S. 535), im Epithel der Ambulacralrinnen verbreitet und setzen

Hautsinnesorgane von Echinodermen. *A* Ophiothrix fragilis (Ophiuroide). Querschnitt durch die Wand eines Ambulacralfüßchens mit zwei Sinnesorganen. *B* Spatangus purpureus. Sphäridie im Längsschnitt (schematisch). *C* Synapta digitata. Längsschnitt durch ein Hautsinnesorgan eines Fühlers. *D* Antedon carinata. Sinnespapille eines Ambulacralfüßchens (nach HAMANN, Bronn. Kl. und Ordn.). C. H.

sich auf das unpaare fühlerartige Endfüßchen der Arme (Tentakel) fort, das sich in gleicher Weise auch bei *Ophiuroiden* findet, wogegen es den *Crinoiden (Antedon)* nur im Larvenzustand zukommt. Es wird gewöhnlich als Tastorgan gedeutet. — In ähnlicher Weise funktionieren jedoch auch die Endscheiben der Ambulacralfüßchen (*Asterien*, gewisse *Ophiuroiden*, *Echinoiden* und *Holothurien*), deren Epidermis verdickt und mit zahlreichen Sinneszellen, sowie einer terminalen Nervenplatte versehen ist, ja sogar ein besonderes Ganglion besitzen kann (s. Fig. 387, S. 536). — Daß auch die *Ambulacralpapillen* der *Holothurien*, welche modifizierte Füßchen sind, solche Sinnesscheiben tragen, da-

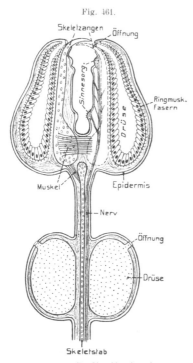

Fig. 461.

Skelelzangen
Öffnung
Sinnesorg.
Ringmusk. fasern
DRÜSE
Muskel
Epidermis
Nerv
Öffnung
Drüse
Skeletstab

Gemmiforme ♂ Pedicellarie eines regulären Seeigels. Schematische Darstellung des distalen Teils, großenteils Längsdurchschnitt. Skeletteile kreisförmig punktiert (nach HA-MANN, Bronn. Kl. und Ordn.).
v. Bu.

gegen die zu den Mundtentakeln (-fühlern) vergrößerten und verzweigten Füßchen solche an ihren Endästchen besitzen, erklärt sich aus ihrer Ableitung. Die Sinnespapillen der Fühler und der Haut der *Synaptiden* (Tastpapillen) besitzen eine ähnliche Sinnesplatte.

Etwas anders verhalten sich die Ambulacralfüßchen gewisser *Ophiuroiden* (*Ophiotrichida*), indem ihr Epithel Längsreihen von hügelartig vorspringenden Sinnesknospen enthält (s. Fig 460 *A*). Solche Knospen finden sich etwas grubenförmig eingesenkt auch an den Fühlern der Synapten (Fig. 460 *C*). Die achsiale Knospe von Sinneszellen mit kurzen Härchen (angeblich wimpernd) wird von einem dicken Mantel cilientragender Stützzellen umhüllt. — Sinnesknospenartige Gebilde stehen ferner in Längsreihen auf den Ambulacralfüßchen der *Crinoiden* (*Antedon* Fig. 460 *D*, *Pentacrinus*) als cylindrische, sich über die Oberfläche erhebende kontraktile Gebilde, die aus wenigen haartragenden Sinneszellen bestehen, jedoch auch eine Geißel besitzen sollen; ähnliche Organe tragen auch die Füßchen gewisser

Ophiuroiden (*Ophiactis*). — Knospenartige, hügelig vorspringende Endgebilde sind ferner auf der Aboralfläche, den Armseiten und Pinnulae von *Antedon* verbreitet; sie empfangen ihre Nervenfasern von dem apicalen Nervensystem (s. S. 541). — Reich an Nerven sind schließlich die eigentümlichen, als *Pedicellarien* bekannten Greiforgane der *Echinoiden*, welche sich in vier verschiedenen Formen finden, von denen nicht selten mehrere bei einer und derselben Art vorkommen. Sie funktionieren teils als Verteidigungs-, teils als Schutz- und Reinigungsorgane. Die Epidermis auf der Innenfläche ihrer drei distalen Zangen ist gewöhnlich reich an Sinneszellen (s. Fig. 461), die zwischen den indifferenten wimpernden Epithelzellen zerstreut sein können, oder sich an gewissen Stellen

mit verdicktem Epithel zu besonderen Sinnesorganen (Tasthügeln, Neuroderm-
organen) reichlich anhäufen.

Letzteres findet sich besonders bei den gemmiformen Pedicellarien (Giftzangen, s. S. 141
und Fig. 461), wo an der Innenfläche jeder Zangenbasis ein solches Sinnesorgan vorkommt,
zu dem sich bei gewissen Arten noch ein distales, sogar noch ein drittes mittleres gesellen
kann. Diese Organe sind entweder platten- oder hügelartige Epidermisverdickungen mit
zahlreichen Sinneszellen, oder können auch von einer Gruppe von Sinnesknospen gebildet
werden. Starre Haare wurden an ihren Sinneszellen zum Teil nachgewiesen. — Ob die
zweiklappigen Pedicellarien der *Asterien* ähnliche Einrichtungen besitzen, ist noch festzustellen.

Zu den Sinnesorganen sind wohl auch die bei den *Echinoiden* (ausgenommen
Cidaris) fast allgemein verbreiteten *Sphäridien* zu rechnen (s. Fig. 460 *B*), welche
sich nur in den Ambulacren, und meist nur ihrer oralen Region finden.

Es sind kleine, den Kalkstacheln ähnliche Gebilde mit kuglig angeschwollenem Distalende,
das aus besonders dichter Kalksubstanz besteht, die wie die Stacheln auf Papillen der Skeletplatten beweglich oder unbeweglich sitzen. Zuweilen sind sie in Ein- bis Mehrzahl in
eine Grube der Ambulacralplatten eingesenkt, welche sogar (Clypeastriden) gegen außen nahezu
abgeschlossen sein kann. An der Basis ihres Stiels findet sich, wie bei den Stacheln, gewöhnlich Muskulatur, sowie ein Nervenring mit Ganglienzellen, der aus dem Hautnervenplexus
hervorgeht. Die Organe sind von Wimperepithel überzogen, besondere Sinneszellen jedoch
nicht nachgewiesen. Obgleich ihre Deutung als Sinnesorgane, wie bemerkt, kaum zweifelhaft
ist, läßt sich doch ihre besondere Funktion vorerst nicht sicher beurteilen; sie wurden als
Organe des chemischen Sinns oder als statische gedeutet.

5. Chordata.

a) Tunicata.

Die Hautsinnesorgane dieser Abteilung sind im allgemeinen wenig bekannt.
In der Epidermis finden sich teils einfache Sinneszellen, teils Gruppen solcher.
Die Zellen tragen entweder starre Härchen, oder sollen auch mit Wimperhaaren
versehen sein (besonders Copelata); doch erscheint die Deutung letzterer Zellen
als Sinneszellen etwas zweifelhaft. — Bei stärkerer Entwicklung des Celluloseman-
tels ragen die peripheren Fortsätze der Sinneszellen nicht frei hervor, sondern
sind im Mantel eingeschlossen. Daß die Sinneszellen namentlich an der Einströmungsöffnung (Mund) und der Kloakenöffnung auftreten, erscheint natürlich; doch
sollen gerade die um die Einströmungsöffnung der *Ascidien* häufig vorkommenden,
tentakelartigen Anhänge nicht reizbar sein, vielmehr der Mundrand; obgleich bei
manchen (so Ciona) im Epithel der Anhänge Zellen beobachtet wurden, welche
Sinneszellen gleichen; bei anderen (Botryllus) wurden solche Zellen an der Kloakenöffnung gefunden. — Bei gewissen *Salpen* treten an der Oberlippe des Mundes
Sinneszellen mit starren Haaren auf, die mit einem Nervenplexus unter der Epidermis zusammenhängen. — Auch bei *Doliolum* finden sich in den Einschnitten
zwischen den Mundläppchen und denen der Kloakenöffnung einfache Sinneszellen
oder Gruppen weniger, und ähnliche Gruppen treten noch an einzelnen Stellen
der Körperoberfläche, sowie am Dach der Kloake und der Basis des dorsalen Stolo
prolifer der ersten ungeschlechtlichen Generation auf. — Mit diesen Organen
läßt sich vielleicht das interessante Sinnesorgan vergleichen, welches bei der

Geschlechtsgeneration von *Salpa democratica-mucronata* beiderseits dicht hinter der Mundöffnung vorkommt (Fig. 462).

Es besteht aus einer Gruppe von etwa 14 Sinneszellen, die sich in der Basis eines ziemlich langen, schlauchförmigen Fortsatzes der Manteloberfläche finden und ihre langen haarförmigen Distalfortsätze durch den Schlauch emporsenden. Die Figur erläutert den Bau der Organe näher. Ein, wie es scheint, ähnliches unpaares dorsales Organ soll sich bei der Geschlechtsgeneration gewisser Salpen rechts vom Hirnganglion finden.

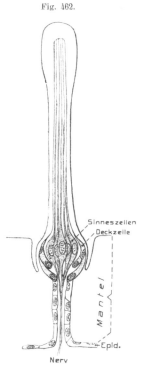

Fig. 462.

Salpa democratica-mucronata (Geschlechtsgeneration). Hautsinnesorgan (nach LEE 1891). C. H.

Sowohl an der Ober- als Unterlippe der *Copelaten* sind Zellen, die einen verklebten beweglichen Wimperschopf tragen, recht verbreitet (s. Fig. 394, S. 545); doch finden sich solche Organe auch in der Atemhöhle, in der Nähe des Vorderendes der Hypobranchialrinne. — Ein unpaares mehrzelliges Organ an der Ventralseite der Unterlippe (Oikopleura, s. Fig. 394, Sinnesorgan) wurde als eine Art Geruchsorgan gedeutet.

Die letzterwähnten Organe mit beweglichem Cilienbusch sind, wie früher erwähnt, als Sinnesorgane zweifelhaft. — Nur selten wurden bei gewissen Copelaten Zellen mit starren Borsten am Mund und Schwanz gefunden, die eher als echte Sinneszellen gelten könnten.

b) Vertebrata.

Für die Wirbeltiere erscheint die allgemeine Verbreitung freier Nervenendigungen in der Epidermis und in Schleimhäuten, soweit sie geschichtetes Epithel haben, charakteristisch. Neben ihnen treten aber in der Epidermis der wasserlebenden primitiveren Vertebraten besondere Sinneszellen auf, welche jenen der Wirbellosen recht ähnlich sind, da sie die freie Oberfläche erreichen und hier ein bis mehrere freie plasmatische Sinneshaare tragen. Im Geruchsorgan aller Vertebraten finden sich derartige Sinneszellen als primäre, von derselben Beschaffenheit wie jene der Wirbellosen; wogegen die der äußeren Haut stets den Charakter sekundärer besitzen sollen, d. h. von freien Nervenendigungen umsponnen werden. — Die Hautsinnesorgane der luftlebenden Wirbeltiere erreichen dagegen die freie Epidermisoberfläche nie mehr und sind teils durch besondere Modifikation einfacher freier Nervenendigungen entstanden, teils aus solchen, welche mit besonderen Zellen in Verbindung traten, die jedoch jetzt meist nicht als Sinneszellen angesehen werden.

Acrania. In die einschichtige Epidermis eingelagerte Sinneszellen mit einem feinen starren Sinneshaar wurden, neben freien Nervenendigungen, bei *Branchiostoma* vielfach beschrieben, ihr Vorkommen jedoch auch manchmal bezweifelt; neuere Angaben bestätigen sie jedoch (s. Fig. 463 *A—B*). Sie sollen besonders reichlich am Vorder- und Hinterende stehen, häufig auch paarweise. — An den *Mundcirren* finden sich ziemlich ansehnliche papillenartige Erhebungen, zwischen deren Zellen zahlreiche ähnliche Sinneszellen vorkommen (Fig. 463 *D*). — Dem Epithel des *Velums* und seiner Fortsätze, das die Mundhöhle vom respiratorischen Darm scheidet, sind viele knospenartige Gruppen ähnlicher Sinneszellen einge-lagert (Fig. 463 *C*), welche den bei Wirbellosen beschriebenen Sensillen der Mund-höhle gleichen und wie letztere wohl als Geschmacksorgane zu deuten sind; daß dies auch für die Cirrenorgane gilt, ist weniger wahrscheinlich. Ob die Haut-sinneszellen der Acra-nier primäre oder se-kundäre sind, scheint vorerst nicht sicher.

    Craniota. Sensil-lenartige Sinnesorgane der äußeren Haut sind bei den wasserlebenden niederen Wirbeltieren (*Cyclostomen, Fischen* und wasserlebenden er-wachsenen Urodelen, sowie den Larven der Anuren) weit verbreitet. Sie treten in zweierlei Form und Funktion auf. Die der einen Art sind

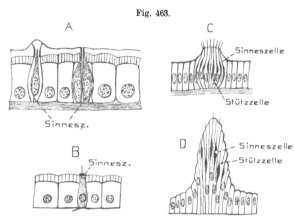

Fig. 463.

Branchiostoma lanceolatum. Sinneszellen und Hautsinnes-organe. *A—B* Vertikalschnitt durch Epidermis mit Sinneszellen (*A* nach JOSEPH 1908, *B* nach LANGERHANS 1876). — *C* Knospenförmiges Organ vom Velum. — *D* Papillenförmiges Organ von einem Cirrus (*C—D* nach MERKEL 1880).   C. H.

im allgemeinen Sinn mechanisch reizbar und zeigen Beziehungen zu den Hörorganen der Vertebraten, speziell deren statisch wirksamen Abschnitten. Es ist sehr wahr-scheinlich, daß sie auf relativ schwache Strömungen des umgebenden Wassers reagieren und den betreffenden Tieren daher hinsichtlich ihrer Haltung gegenüber solchen Strömungen nützlich sind. Dies sind die *Seitenorgane* in ihren ver-schiedenen Modifikationen (auch Nerven- oder Endhügel, Endplatten, Neuro-masten, Organe des sechsten Sinnes genannt). — Die Organe zweiter Art sind chemisch reizbar und stehen in phylogenetischer Beziehung zu den Geschmacks-organen der luftlebenden Wirbeltiere, was sich darin ausspricht, daß sie auch bei den wasserlebenden schon in der Mundhöhle auftreten. Letztere Organe werden wir daher zugleich mit den Geschmacksorganen der Wirbeltiere genauer be-trachten. Die hierher gehörigen Organe der äußeren Haut werden meist als *becherförmige Organe, Terminal- oder Endknospen* (auch als Sinnesknospen oder Geschmacksknospen) bezeichnet. — Der feinere Bau der beiderlei Organe ist recht ähnlich; dagegen soll ihre Innervierung nach den neueren Erfahrungen wesentlich verschieden sein, wenn es auch häufig dieselben Nerven sind, von denen sie ausgeht. Die Seitenorgane empfangen ihre Nervenfasern nämlich, so-weit festgestellt, aus dem Centrum in der Medulla oblongata, welches wir früher

bei den Fischen als die Lobi (Tubercula) acustico-laterales (s. S. 577) schilderten,
in welchem auch die Acusticusfasern der Hörorgane entspringen. — Die Nervenfasern der becherförmigen Organe dagegen sollen ihr Centrum in den Lobi vagi
der Fische (s. S. 577), bzw. auch dem Lobus impar (Lobus facialis) gewisser
Physostomen besitzen, dem Ort, wo auch die Fasern für die Geschmacksorgane
der Mundhöhle entspringen. — Im allgemeinen erinnern beiderlei Organe an die bei
den Wirbellosen beschriebenen Sensillen und liegen in der geschichteten Epidermis. Sie selbst aber sind im Gegensatz zu ihrer Umgebung einschichtig und, soweit bekannt, aus zweierlei Zellen zusammengesetzt: 1. *Sinneszellen*, deren
Distalenden bei den Seitenorganen in der Regel längere protoplasmatische Sinneshaare tragen, während die becherförmigen Organe nur kurze Stiftchen oder Spitzchen besitzen; 2. indifferenten oder *Stützzellen* (auch Fadenzellen genannt), welche
zwischen die Sinneszellen eingestreut sind und sich zuweilen in der Peripherie der
meist knospenförmigen Organe reichlicher finden. Die Stützzellen ziehen stets gleichförmig durch die ganze Dicke der Organe hindurch, während die Sinneszellen sich
nur bei den becherförmigen in dieser Form bis zur Basis hinab erstrecken, jene der
Seitenorgane dagegen meist birnförmig erscheinen, indem sie sich etwa in $1/3$ bis
$1/2$ der Organdicke unter der distalen Fläche zu einem feinen Faden verdünnen,
der bis zum Corium reichen kann (s. Fig. 467, S. 664 u. 475—478). Dieser Faden
wurde früher als die zutretende Nervenfaser gedeutet; die neueren Erfahrungen
zeigten jedoch, daß sich die Sinneszellen beider Organe stets wie sekundäre verhalten, daß also die zu ihnen tretenden, marklos gewordenen Nervenfasern, sich
reich verästelnd, die Sinneszellen umspinnen, ja neben ihnen auch im Sinnesepithel noch freie Endigungen bilden können, wie auch zuweilen reichlich in der die
Endorgane umgebenden Epidermis. Das Sinnesepithel der Seitenorgane gleicht demnach in manchen Punkten dem des Gehörlabyrinths. — Die die Organe umhüllenden Zellen der geschichteten Epidermis sind häufig, im Übergang zur gewöhnlichen Epidermis, etwas verlängert und bilden dann um das Organ einen Mantel,
Deckzellen (s. Fig. 475, S. 671). — Charakteristisch erscheint, daß diese Hautorgane sich durch Teilung zu vermehren vermögen, womit zusammenhängt, daß
sie häufig gruppenweise vorkommen, indem eine solche Gruppe aus einem oder
wenigen ursprünglichen Organen hervorgeht.

Seitenorgane. Wie erwähnt, sind sie bei den dauernd wasserlebenden Anamnia,
also den *Cyclostomen*, *Pisces*, *ichthyoden Amphibien*, sowie den *Larven* aller
übrigen, jedoch auch im erwachsenen Zustand bei *manchen Salamandrinen*, ja
selbst *gewissen Anuren* (Xenopus) über den ganzen Körper (Kopf und Rumpf)
verbreitet. Die ursprünglichen Seitenorgane sind, wie dies bei der vorhergehenden Erörterung vorausgesetzt wurde, frei in der Epidermis liegende Gebilde, die
deren Oberfläche erreichen, was auch bei den *Cyclostomen* (Fig. 465) und *Amphibien* (Fig. 475, S. 671) stets der Fall ist, wogegen viele Fische in dieser Hinsicht
Veränderungen erfahren haben.

Bei den *Petromyzonten* sind solche Organe über den ganzen Körper verbreitet, wenn sie auch gegen das Hinterende spärlicher und kleiner zu werden

scheinen, was mit der Erfahrung übereinstimmt, daß die Organe ontogenetisch zuerst in der Kopfregion auftreten und sich allmählich caudalwärts fortschreitend entwickeln. Es scheint, daß ihre Entstehung mit den früher (S. 624) erwähnten Lateralplacoden in

Beziehung steht, und daß speziell die Rumpforgane aus dem ectodermalen Teil der Vagusplacode, der nach hinten auswächst, hervorgehen, wobei gleichzeitig der Ra-

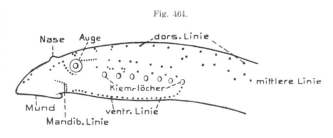

Fig. 464.

mus lateralis vagi aus dem Vagusganglion caudalwärts hervorwächst. Wenn dies zutrifft, dann dürften die Kopforgane sich wohl in ähnlicher Weise von den Lateralplacoden des 7. und 9. Nervs herleiten.

Daß die Seitenorgane der Wirbeltiere, ebenso wie die becherförmigen, an ähnliche Hautsinnesorgane der Wirbellosen lebhaft erinnern, ist sicher. Ob sie sich jedoch phylo-

Fig. 465.

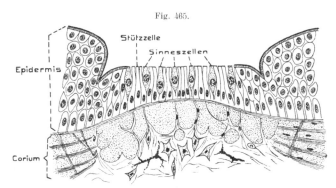

Petromyzon planeri. Längsschnitt durch ein Seitenorgan in der Nackenregion (nach MAURER 1895).
v. Bu.

genetisch von denen gewisser Wirbellosen direkt ableiten lassen, besonders den segmentweise verteilten sog. Seitenorganen gewisser Chaetopoden (s. S. 654), erscheint vorerst recht zweifelhaft, um so mehr als der Bau der letzteren noch weiterer Aufklärung bedarf. Es wurde früher, im Bestreben, die Vertebraten von Anneliden abzuleiten, gerade auf die Homologie dieser Organe in beiden Gruppen besonderer Wert gelegt.

Bei den *Myxinoiden* wurden die Organe bis jetzt nur in der Kopfregion gefunden. — Am Rumpfe, hinter der Kiemenregion der *Petromyzonten*, stehen die Organe in zwei Längsreihen, teils einzeln, teils in Gruppen von einigen (s. Fig. 464). Die dorsale Längsreihe folgt dem Ramus lateralis vagi, wie es überhaupt die Regel für die Seitenorgane des Rumpfes ist, und wird auch von diesem Nerv versorgt. — Die mittlere Reihe beginnt in der Kiemenregion mit Gruppen von Organen, die

etwas über den Kiemenöffnungen stehen. Beide Längsreihen setzen sich bis in die
Schwanzregion fort. Die Organe der Kopfregion sind etwas unregelmäßig angeordnet und bilden (abgesehen von einigen zerstreuten oberhalb des Mundes)
wohl Fortsetzungen der lateralen Reihe, die sich etwa auf die bei den Fischen
zu schildernde Supra- und Infraorbitalreihe zurückführen lassen. — In der Kiemenregion gesellt sich zu den beiden erwähnten Längsreihen noch eine ventro-

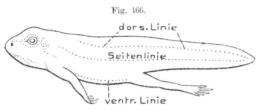

Fig. 466.

Rana (Larve v., 2,5 cm) von links. Seitenorgane als Punkte angegeben (nach MALBRANC 1876).   v. Bu.

laterale, welche dem Ver-
lauf des Plexus cervicalis
(s. S. 638, Recurrens vagi)
folgt und großenteils von
diesem, vorn jedoch auch
vom 9. und 10. Nerv innerviert wird; von ihr geht auch
eine die Unterlippe umgreifende Reihe aus. Diese ven-

trolaterale Reihe der Kiemenregion dürfte wohl der Opercularreihe der Fische entsprechen. — Die recht verschieden großen Organe (s. Fig. 465) erheben sich meist
flach hügel- oder papillenartig; die Hügel sind aber in grubenförmige Vertiefungen
etwas eingesenkt. Der feinere Bau ist der schon erwähnte mit Sinneszellen und
zahlreichen Stützzellen; unter jedem Or-
gan findet sich gallertiges Bindegewebe. —

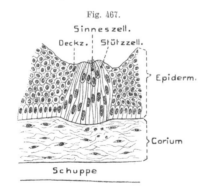

Fig. 467.

Barbus fluviatilis. Längsschnitt durch das
Seitenorgan einer Schuppe (nach MAURER 1895).
v. Bu.

Die Kopforgane der *Myxinoiden* (Bdellostoma) dagegen, die in zwei Gruppen
stehen, sind in tiefe Rinnen eingesenkt und
erreichen die Epidermisoberfläche nicht.
Gewisse Knochenfische (z. B. *Cobitis*
und andere, die *Lophobranchii*) und, wie
wir später sehen werden, auch die Amphibien schließen sich den Petromyzonten
darin an, daß ihre Seitenorgane freistehen.
Vollständig vermißt wurden die Organe bei
den Fischen sehr selten (z. B. bei Ballistes).

Die Rumpforgane folgen ursprünglich
jedenfalls dem Ramus lateralis vagi, so daß sie längs der Seitenlinie hinziehen,
welche jedoch, wie schon früher (S. 634) bemerkt wurde, keineswegs stets der Grenzlinie zwischen dem dorsalen und ventralen Seitenrumpfmuskel entspricht. Doch
findet sich die Beschränkung der Organe auf die Seitenlinien nur selten (z. B. *Syngnathus*, wo auf jeder Schuppentafel sechs bis acht Organe stehen). Bei anderen
Fischen (so *Nerophis*, *Cobitis*, *Amia*) tritt außer der lateralen Linie der Organe
jederseits noch eine Rückenlinie hervor, ähnlich wie bei Petromyzon, was wohl
Beziehungen zur Teilung des Ramus lateralis in die beiden Äste (profundus und
superficialis, s. S. 634) hat. — *Polypterus* besitzt zwischen der Lateral- und Dorsallinie noch eine dritte. Bei den *dipneumonen Dipnoi* finden sich auf dem Rumpf

freie Organe, die längs einer Seitenlinie geordnet, jedoch noch weiter über die
Haut verbreitet sind, wahrscheinlich besonders im Bereich des dorsalen und
ventralen Ramus lateralis vagi (vgl. S. 634), so daß ein gewisser Anschluß an die
Amphibien besteht, bei welchen sich (mit Ausnahme der Gymnophionen) drei
Seitenlinien finden, indem sich der lateralen noch eine dorsale und ventrale zugesellen (Fig. 466), entsprechend den hier vorhandenen drei Ästen des Ramus
lateralis. — Doch beschränken sich die Organe der Knochenfische nur selten auf
die Seitenlinie, sondern breiten sich häufig über die gesamte Rumpffläche aus, indem sie auf den meisten oder doch vielen Schuppen vorkommen; zuweilen auch in
Längslinien geordnet (so bei Fierasfer neben der Seitenlinie noch vier Reihen).
Auch auf den Schuppen finden sich häufig Gruppen von mehr oder weniger Organen,
welche bald in einer Quer-, bald in einer Längsreihe stehen. — Die freien Organe
können sich flach hügelig erheben (s. Fig. 467) oder in Grübchen, selbst Rinnen
einsenken. Sie sind häufig, besonders bei jungen Fischen, dadurch ausgezeichnet,
daß sich um den Busch ihrer Sinneshärchen eine zarte gallertige Schutzröhre erhebt (vgl. Fig. 475, S. 671, nach Analogie mit den Verhältnissen der Cristae der
Hörorgane auch *Cupula* genannt).

Es scheint zweifellos, daß die freien Organe der Seitenlinie gewisser Knochenfische ursprünglich segmental angeordnet sind, d. h., daß jedem Segment eine
Organgruppe zukommt; meist ist dieser Charakter aber verwischt, soll jedoch
ontogenetisch hervortreten können. Mehrfach wurde zwar der ursprünglich metamere Charakter der Seitenorgane völlig geleugnet.

Eben wurde darauf hingewiesen, daß die Organe der Teleosteer häufig in
Längsrinnen stehen, namentlich auf den Schuppen der Seitenlinie. Hieran schließen
sich bei Knochenfischen Zustände, wo sich diese Rinnen durch Verwachsung ihrer
Ränder geschlossen haben, so daß sich nur am Caudalende der Schuppe noch eine
äußere Öffnung des so entstandenen Kanälchens erhält. Dabei wird gleichzeitig
auf der Außenfläche jeder Schuppe häufig eine knöcherne, rinnenartige Umhüllung des Kanälchens gebildet, die endlich beim Weiterwachsen der Schuppe
zu einem Kanal in deren Knochenmasse wird. Endlich tritt bei den meisten
Fischen eine Verbindung der so entstandenen Einzelkanälchen der Seitenlinie zu
einem zusammenhängenden Kanal (*Seitenkanal*) ein, der die Schuppen überlagert oder durchsetzt und sich in der Regel in jedem Segment durch ein distales
Kanälchen nach außen öffnet. Dieser Kanal scheint sich so zu bilden, daß ursprünglich vorn und hinten geöffnete Einzelkanälchen sich in ihrem mittleren
Verlauf schließen, während gleichzeitig die beiden benachbarten Öffnungen zweier
aufeinanderfolgender Einzelkanälchen zu einer verschmelzen (Fig. 468). — Die
Endorgane der Seitenlinie sind nun auf die proximale Wand dieses Seitenkanals gerückt, sowie von der Außenwelt völlig abgesondert; und zwar findet
sich ursprünglich wohl je ein Organ zwischen zwei Kanalöffnungen, doch können
sich dieselben nachträglich vermehren. — Die Endorgane (Endhügel, -platten
oder -leisten) des Kanals werden häufig sehr groß; auch finden sich im Kanal-
epithel Schleimzellen; wie denn die Seitenkanäle früher als schleimabsondernde

gedeutet wurden. Auch bei *Ceratodus*, den *Ganoiden* (mit Ausnahme von *Poly-pterus*) und den *Chondropterygiern* finden sich die Seitenkanäle am Rumpfe. Bei primitiven Formen der Knorpelfische jedoch (wie *Chimaera*, *Heptanchus*, *Chlamy-doselache* und in der Caudalregion von *Echinorhinus* u. a.) ist der Kanal noch eine offene Rinne, welche nur durch die Schuppen ihrer Ränder einen gewissen Abschluß erhält. Bei *Chimaera* (Fig. 505,[1] S. 709) bleiben auch die Kanäle, welche sich als Fortsetzung des Seitenkanals am Kopf ausbreiten, offene Rinnen mit erweiterten Öffnungsstellen, während bei den übrigen genannten Formen, wie auch den Dipnoi und Teleostei mit freien Organen des Rumpfs, am Kopf stets geschlossene Kanäle vorkommen. — Die Seitenkanäle der *Holostei* zeigen ähn-liche Beziehungen zu den Schuppen der Seitenlinie, wie dies bei den Teleostei

Fig. 468.

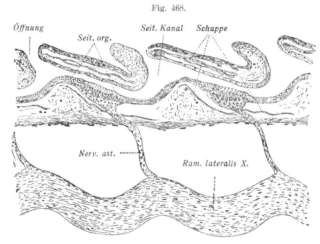

Amia calva. Horizontaler Längsschnitt durch den Seitenkanal mit den Endorganen und den äußeren Öffnungen (aus GEGENBAUR, Vergl. Anatomie, nach ALLIS 1888).

meist der Fall ist. Bei den *Chondrostei* und *Chondropterygii* sind sie unabhängig von den Knochenplatten oder Placoidschuppen, zeigen jedoch zuweilen selbstän-dige knorpelige (z. B. Chimaera) oder knöcherne ring- oder röhrenförmige Um-hüllungen, wie letzteres auch bei Teleosteern (z. B. Salmo) vorkommen kann. — Im Gegensatz zu den bei den meisten Teleosteern gefundenen Verhältnissen be-sitzen die Öffnungsröhren der Ganoiden und Chondropterygier einen komplizier-teren Bau, indem sie sich in der Regel gegen die Hautoberfläche sekundär ver-ästeln (Fig. 470, S. 668), dabei sogar nicht selten netzförmig anastomosieren und so durch mehrere bis sehr zahlreiche Poren münden.

Diese Verästelungen gehen besonders bei den *Rochen* sehr weit. — Mit der ansehn-lichen Entwicklung der Brustflossen hat sich das Seitenkanalsystem hier ungemein entfaltet (Fig. 469), indem von jedem Kanal ein ansehnlicher Seitenzweig (Pleuralkanal) in die Brust-flosse eintritt und sich, deren Seitenrand meist völlig umziehend, vorn mit den Kopf-kanälen verbindet. Von diesem Kanal tritt vorn auch eine Fortsetzung auf die Ventral-fläche der Flosse hinab, die am Flossenrand nach hinten zieht und, sich dann nach vorn wendend, gleichfalls mit den Kopfkanälen in Verbindung tritt. In den Einzelheiten herrscht große Mannigfaltigkeit. — Es ist schwer zu entscheiden, wie groß der Anteil der Kopfkanäle an der Bildung dieses Brustflossenkanalsystems der Rochen ist.

Bei allen Fischen sind die Seitenorgane auch am Kopf reich verbreitet. Einmal setzt sich der Seitenkanal stets auf den Kopf fort und erlangt hier eine verwickelte Ausbreitung, welche sich zwar im allgemeinen in ähnlicher Weise überall wiederholt, im einzelnen aber viele Modifikationen aufweist (Fig. 470). Diese Kopfkanäle treten bei den Ganoiden und Teleosteern meist in dieselbe Beziehung zu den Hautknochen des Schädels wie der Seitenkanal zu den Schuppen, indem sie wenigstens großenteils in Kanäle der Hautknochen eingeschlossen werden. Sie öffnen sich durch eine verschieden große Zahl von Distalröhrchen und Poren nach außen, die bei *Ganoiden* (Ausnahme Polypterus), *Chondropterygiern* und gewissen *Physostomen* dieselben Verästelungen zeigen, wie die Röhrchen des Seitenkanals. — Der Seitenkanal (vgl. Fig. 470 u. 471) zieht vorn meist etwas dorsal empor und tritt in die supratemporale Kopfregion (Gegend der Supraclavicularia) ein (*Postorbitalkanal*), wo er sich dorsocaudal vom Auge in zwei Kanäle spaltet, von denen der eine als *Supraorbitalkanal* über dem Auge gegen die Schnauze verläuft, der andere als *Infraorbitalkanal* unter dem Auge hinzieht. In der Schnauzenregion

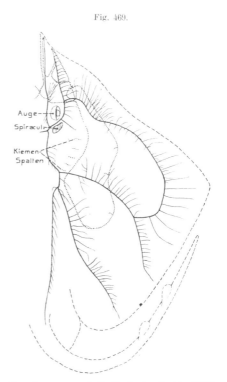

Fig. 469.

Auge
Spiraculum
Kiemen-Spalten

Uraptera agassizii (Rochen). Rechte Hälfte von der Dorsalseite, mit eingetragenem Seitenkanalsystem; die Kanäle der Ventralseite sind punktiert angegeben (nach GARMAN 1888). v. Bu.

gehen beide Kanäle meist ineinander über. In der Supratemporalregion stehen die beiden Lateralkanäle (Postorbitalkanäle) fast stets durch eine, das Schädeldach quer überziehende Commissur (*Supratemporal-* oder *Occipitalkanal*) in Verbindung; eine ähnliche Commissur kann bei Ganoiden und Chondropterygiern in der Ethmoidalregion zwischen den beiden Supraorbitalkanälen auftreten. — Mit der starken Entwicklung des Rostrums und der Rückwärtsverlagerung des Mauls bei den meisten Knorpelfischen dehnen sich die rostralen Enden der Kanäle auch auf die Ventralseite der Schnauze aus, wo sie eine charakteristische Entfaltung erlangen (Fig. 471), deren Rückführung auf die Verhältnisse der übrigen Fische bis jetzt noch nicht genügend aufgeklärt ist. Schon bei den Chondropterygiern tritt ferner ein Kanal auf, welcher vom Infraorbitalkanal nach hinten zieht und, nach

vorn umbiegend, einen Zweig zum Unterkiefer sendet (Fig. 471); es ist dies
wohl das Homologon des Hyomandibularkanals (Opercularkanal), der über dem

Fig. 470.

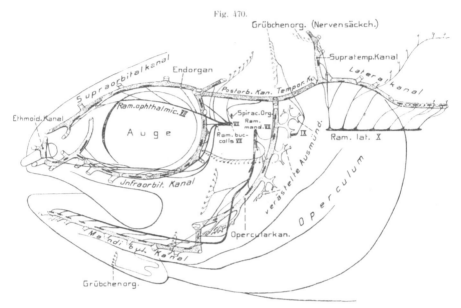

Amia calva. Kopf von links mit dem Seitenkanalsystem und den zu ihm tretenden Nerven. Die
Kanäle sind punktiert dargestellt, ihre Ausführgänge abgeschnitten gedacht, nur die des Opercular-
kanals sind in ihrer verästelten Beschaffenheit wiedergegeben. Die Endorgane in den Kanälen schwarz
angedeutet, die grübchenförmigen Organe (Nervensäckchen) als kleine Ovale (nach ALLIS 1888). C. H.

Fig. 471.

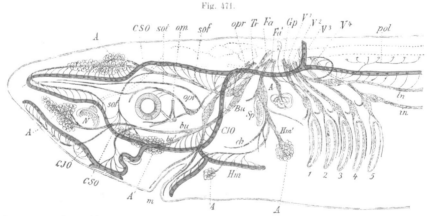

Laemargus borealis von der linken Seite. Seitenkanalsystem (blau), sowie die Kopfnerven sind
eingezeichnet. (Aus GEGENBAUR, Vergl. Anatomie n. EWART 1892). A Ampullen, A' Acusticus, Bu
N. buccalis, CJO Infraorbitalkanal, CSO Supraorbitalkanal, Fa, Fa' N. facialis, Gp N. glossopharyngeus, Hm Hyomandibularkanal, Hm' N. hymandibularis, N Riechgrube, V¹—V⁴ Vagus, Sp Spiraculum,
Tr Trigeminus, ch Zweig des N. hyomandibularis, in R. intestinalis X, ln R. lateralis X, m Mund,
om N. oculomotorius, opr und opo Ophthalmicus profundus V, pol Zweig des R. lateralis, sof Ophthalmicus superficialis VII, sot Ophthalmicus superficialis V, 1—5 Kiemenspalten.

Kiemendeckel der Ganoiden und Knochenfische zum Unterkiefer zieht und meist
mit dem Postorbitalkanal verbunden ist (Fig. 470).

Schon bei zahlreichen paläozoischen Fischen (Ganoiden, Dipnoern und Verwandten der Chondropterygii) finden sich am Schädel Reste von Kanälen und Poren, woraus hervorgeht, daß die Seitenorgane und -kanäle schon den ältesten Fischen zukamen; wie es z. B. die Fig. 138, S. 241 von *Coccosteus* zeigt, wo der Verlauf der Kopfkanäle durch punktierte Linien angedeutet ist. — Dies frühzeitige Auftreten der Kanäle hat zu der Ansicht geführt, daß die freien Organe, wie sie sich auf dem Rumpf rezenter Knochenfische und Dipnoer auch in der Seitenlinie vielfach finden, durch Rückbildung von Kanälen entstanden seien, demnach auch die oben geschilderten Übergangsstufen durch Rinnenbildung als Rückbildungsstadien zu deuten wären. Bis jetzt kann aber diese Ansicht nicht für hinreichend begründet gelten.

Freie Organe sind auch am Kopf zuweilen zerstreut, so bei einzelnen *Chondropterygiern* (Squatina, Mustelus) und ebenso bei Knochenfischen; bei Mustelus breiten sie sich auch am Rumpf dorsal aus. Bei den *Ganoiden* finden sie sich neben den Kopfkanälen in Form der sog. *Nervensäckchen* der Chondrostei und der sog. Grübchenorgane der Holostei (Pit-Organs, vgl. Fig. 470). Es sind dies Gruppen oder Reihen mehr oder weniger tief säckchenförmig eingesenkter Einzelorgane, die sich in verschiedener Verteilung am Kopf, auch seiner Ventralseite, finden.

Da der Grund der Säckchen (Stör) sich häufig in eine Anzahl Scheidewände erheben soll, so erlangen diese Organe z. T. eine gewisse Ähnlichkeit mit den gleich zu schildernden Ampullen der *Chondropterygier*.

Eine besondere Form eigentümlich modifizierter Organe sind die bei den *Chondropterygiern* allgemein verbreiteten *Ampullen oder Gallertröhren* (LORENZINIsche Ampullen). Dieselben lassen sich etwa auffassen als dicht zusammengerückte Gruppen säckchenartig eingesenkter Seitenorgane (event. aber auch unvollständig geteilter), welche sich, unter Einstülpung einer mit gallertigem Sekret erfüllten Röhre, tief in das Unterhaut-

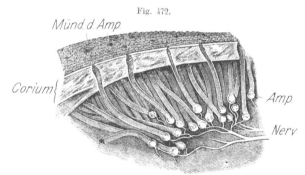

Fig. 472.

Scyllium. Eine Gruppe von Ampullen bloßgelegt (aus GEGENBAUR, Vergl. Anatomie).

bindegewebe hinabgesenkt haben und durch einen feinen bis gröberen Porus auf der Hautoberfläche münden. Die Gallertröhren werden häufig sehr lang und ziehen dann mehr oder weniger horizontal im Bindegewebe hin (s. Fig. 472). Das Proximalende der Röhre erweitert sich zu einer verschiedenen Zahl (etwa 8—30) ampullenartiger Aussackungen, die meist etwa strahlig um eine mittlere, sich schwach erhebende Achse (Centralplatte) angeordnet sind; doch finden sich auch Ampullen, bei denen diese Divertikel durch eine mehrfache Teilung der Röhre entstehen und die Centralplatte fehlt (Acanthias). Nur in diesen Aussackungen (Fig. 473 u. 474) finden sich birnförmige Sinneszellen, welche zwischen Stützzellen verteilt sind, während die Röhre von einschichtigem indifferentem Epithel ausgekleidet wird. Der Nerv tritt in der Achse zu und verteilt sich dann in den Septen zwischen den Aussackungen. — Eine vielleicht primitivere Form solcher Organe, die sich bei einzelnen Haien (*Hexanchus*) findet, besitzt keine gemeinsame Gallertröhre, sondern für jede der proximalen Aussackungen eine Verbindungsröhre mit der Oberfläche. — Die Ampullen können spärlicher und ziemlich unregelmäßig über die Kopffläche zerstreut sein. Wenn sie, wie meist, sehr zahlreich vorkommen, so häufen sich ihre Mündungen an gewissen Stellen der dorsalen und ventralen Kopffläche zu dichten Gruppen zusammen, die in regelmäßiger Verteilung auftreten (Fig. 471, S. 668); von diesen Centralpunkten strahlen dann die Gallertröhren aus, wobei jede Röhrengruppe gewöhnlich von einer festeren Bindegewebshülle umschlossen wird. — Die Ampullen der *Rochen* können sich bis in die Afterregion ausbreiten. Als modifizierte Seitenorgane werden gewöhnlich auch die sog. *Savischen Bläschen* der *Torpedo*arten gedeutet.

Fig. 473.

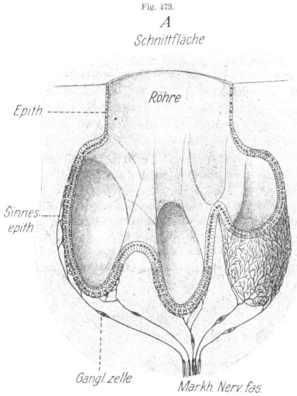

Acanthias. Längsschnitt des proximalen Endes einer Ampulle mit drei ampullären Anschwellungen (aus HESSE, Hdwb. d. Natw. kombiniert nach FORSSELL 1899 und RETZIUS 1898).

Fig. 474.

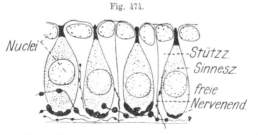

Acanthias. Sinnesepithel einer Ampulle (aus HESSE, Hdwb. d. Natw., nach RETZIUS 1898).

Es sind dies nach außen völlig abgeschlossene, mit gallertiger Flüssigkeit erfüllte Bläschen, die sich in der Region der Nasengruben ausbreiten und auch auf die Dorsalseite der Schnauze etwas übergreifen. Von der Nasalregion ziehen ventral jederseits eine kürzere und eine längere Reihe am Rande der elektrischen Organe nach hinten, letztere Reihe längs des Propterygiums (vgl. Fig. 194, S. 324). Die Reihen der Organe sind auf einem platten, sehnigen Strange befestigt. Jedes Bläschen wird von einfachem Plattenepithel ausgekleidet, das sich auf dem Bläschengrund, der an dem erwähnten Strang befestigt ist, zu Cylinderepithel verdickt. In letzterem finden sich drei runde Stellen, eine mittlere größere und zwei kleinere, mit höherem Epithel, das eingestreute haartragende Sinneszellen enthält; die Organe werden von Trigeminusästchen innerviert. Die Ontogenie scheint dafür zu sprechen, daß die Bläschen von Seitenorganen abzuleiten sind, welche sich völlig geschlossen haben. Ihre Funktion ist unbekannt.

Die Innervierung der Endorgane der Kopfkanäle und Ampullen geschieht durch Zweige des Facialis (Ramus ophthalmicus, buccalis, mandibularis), doch können sich auch Äst-chen des Glossopharyngeus und Vagus daran beteiligen (s. Fig. 470, S. 668).

Wie schon erwähnt, finden sich bei den *wasserlebenden Amphibien*, insbesondere den *Ichthyoden*, sowie den Larven der übrigen, stets Seitenorgane am Kopf und Rumpf, die entweder frei in der

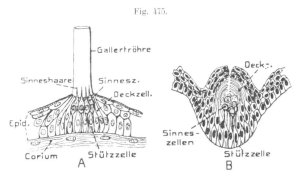

Fig. 475.

Triton. Seitenorgan (schematisch). *A* Organ der Larve mit Gallertröhre, etwa im optischen Vertikalschnitt gesehen (nach F. E. SCHULZE 1870 und MAURER 1895). — *B* Organ von der erwachsenen Landform im Vertikalschnitt (nach MALBRANC 1876 und MAURER 1895). O. B.

Hautoberfläche liegen oder sich etwas hügelig erheben, wie es bei den Larven meist der Fall ist, jedoch auch mehr oder weniger tief follikelartig eingesenkt sein können (z. B. Ichthyoden und erwachsene Salamandrinen), so daß sie dann an die Nervensäckchen der Ganoiden erinnern. Kanäle fehlen den jetzt lebenden Amphibien stets. Der allgemeine Bau der Organe gleicht dem der freien der Fische sehr, auch besitzen die der Larven häufig das freie Gallertröhrchen (Cupula) zum Schutze der Sinneshaare (Fig. 475 *A*). Die Verteilung der Organe am Kopf erinnert an jene bei den Fischen, indem sich meist eine Supra- und Infraorbitallinie, sowie auch eine zum Unterkiefer ziehende Hyomandibularlinie erkennen lassen (Fig. 466, S. 664); doch ist die Verteilung im ganzen unregelmäßiger als bei den Fischen. — Die erwachsenen Individuen zeigen am Kopf und Rumpf meist Gruppen- oder Reihenbildung der Organe; da die Vermehrung der Organe durch Teilung sicher erwiesen ist, so sind jene Gruppen oder Reihen jedenfalls auf diesen Vorgang zurückzuführen. — Am Rumpf stehen die Organe im allgemeinen jederseits in drei Laterallinien, welche besonders bei den Larven (Fig. 466), doch auch vielen Ichthyoden, deutlich hervortreten, dagegen bei den Erwachsenen (besonders Salamandrinen) weniger gut erhalten sind. Eine mittlere Reihe folgt dem Verlauf des Ramus lateralis profundus des Vagus; eine dorsale, jederseits längs der Rückenkante

hinziehende, dem Ramus lateralis superficialis (oder superior) und eine ventrolaterale dem Verlauf des Ramus lateralis inferior; letztere Reihe endigt am After,
während die beiden ersteren bis zum Schwanzende ziehen. Auch in den Seitenlinien der erwachsenen Formen stehen die Organe zuweilen in deutlichen reihenförmigen Gruppen (so *Proteus, Menobranchus, Pleurodeles* u. a.), und zwar sind diese
Gruppen in der Dorsallinie vertikal, in den beiden anderen längs gerichtet, Verhältnisse, welche an Petromyzon erinnern. Auch die Einzelorgane sind häufig
länglich oval und dann entsprechend gerichtet. Ursprünglich soll sich im Rumpf
der Urodelen auf jedes Segment nur ein Organ in jeder der drei Linien finden.

Bei den *erwachsenen Salamandrinen* erhalten sich die Organe nicht selten
(z. B. *Amblystoma, Pleurodeles, Triton, Salamandrina*, nicht dagegen *Salamandra*).
Sie senken sich jedoch während des Luftlebens meist tiefer ein (Fig. 475 *B*); indem die umgebenden Hüll- und Deckzellen die Sinneszellengruppen überwölben
und gleichzeitig verhornen, so daß nur ein enger kanalförmiger Zugang bleibt,
tragen sie zum Schutz der Organe während des Luftlebens bei. Während des
Wasserlebens, zur Fortpflanzungszeit, bildet sich der ursprüngliche Bau wieder hervor, wobei auch Regenerationsprozesse mitspielen sollen. — Unter den
erwachsenen *Anuren* ist nur eine Gattung bekannt (*Dactylethra*), die zahlreiche
follikelartig eingesenkte Organe an Kopf und Rumpf, dorsal und ventral, besitzt.
Auch hier stehen die Organe in reihenförmigen Gruppen von 3—7; am Rumpfe
lassen sich drei, ziemlich dicht benachbarte Längslinien erkennen, in welchen die
Reihen quer oder längs stehen.

Bei Amphibien und Fischen (besonders Cyprinoiden) scheint es sicher, daß die freien
Organe der Hautoberfläche degenerieren können und dabei ausgestoßen werden, was ja bei
der Metamorphose vieler Amphibien für alle Organe eintritt. An dem Ort der degenerierten Organe sollen sich bei den Cyprinoiden die kegelartigen Epidermisverhornungen auf den
Schuppen bilden, welche als *Perlorgane* bekannt sind. — Degeneration von Seitenorganen wurde
ferner namentlich bei *Cryptobranchus* bekannt; hier verbleibt an der Stelle, wo ein Organ
verschwunden ist, eine sich in die Epidermis erhebende Coriumpapille. — Andererseits wird
angegeben, daß an den Stellen der larvalen Seitenorgane der Anuren die später zu besprechenden Tastflecken (s. S. 682) auftreten, was eine gewisse Beziehung zwischen beiderlei
Organen anzeigen würde.

Die larvalen Seitenorgane der *Gymnophionen* (*Ichthyophis*) stehen am Kopf in
ähnlicher Verteilung wie bei den übrigen Amphibien, wogegen sich am Rumpf
nur eine ziemlich dorsal stehende Linie von ihnen findet.

Die Organe sind zweierlei Art: 1. sog. *Hügelorgane*, welche jenen der übrigen Amphibien gleichen und nicht bis mehr oder weniger follikelartig eingesenkt sind. Auf der Spitze
des Hügels findet sich um die Sinneshaare ein Gallertröhrchen. Die Seitenlinie enthält nur
solche Organe; 2. sog. *flaschenförmige Organe* (Fig. 476) kommen nur am Kopf vor und
erscheinen als kugelige, drüsenartig eingesenkte Follikel, in deren Grund Sinneszellen mit
Haaren stehen. Ihre Hauptauszeichnung bildet ein etwa kolbenförmiges, stark lichtbrechendes Stäbchen, das den Ausführungsgang fast erfüllt. Etwas Ähnliches soll gelegentlich
bei Fischen (Fierasfer) beobachtet sein. Daß den flaschenförmigen Organen Hörfunktion
zukomme, ist jedoch kaum anzunehmen, vielmehr dürfte das keulenförmige Gebilde wohl
nur die mechanischen Reize, welche nach der verbreiteten Ansicht von den Seitenorganen per-

zipiert werden, unterstützen. — Die wahrscheinlichste Ansicht über die Funktion der Seiten-organe überhaupt schreibt ihnen nämlich, wie oben bemerkt, Reizbarkeit durch schwache Wasserströmungen zu, so daß sie auch bei den häufigen Wanderungen der Fische entgegen Wasserströmungen in Betracht kommen.

Bei gewissen fossilen *Stegocephalen* (speziell *Labyrinthodontia*) findet sich auf der Dorsalseite des Schädels ein System von Furchen oder Rinnen, das in seinem Verlauf und seiner Beziehung zu den Schädelknochen an die Supra- und Infraorbitalkanäle der Fische erinnert. Daß diesen Furchen Seitenorgane eingelagert waren, scheint zweifellos; ob es sich aber um abgeschlossene Kanäle oder Rinnen handelte, ist zweifelhaft.

Schon S. 119 wurde hervorgehoben, daß versucht wurde, die Haare der Säuger von sich rück- und umbildenden Seitenorganen der Anamnia abzuleiten. Diese Hypothese stützt sich einmal auf das ursprüngliche Auftreten der Haare in Längsreihen, sowohl am Kopf wie Rumpf, wobei die Verteilung der ansehnlichen Tasthaare (Sinushaare) am Kopf etwas an die der Seitenorgane erinnert. Eine weitere Ähn-lichkeit wird in der häufigen Gruppenbildung der Haare (s. S. 116), sowie der Beziehung dieser Gruppen zu den Schuppengebilden gefunden, indem je eine Gruppe hinter jeder Schuppe oder auch auf ihrem freien Caudalrand steht. Dabei wird als sicher betrachtet, daß jede Haargruppe, wie die Seitenorgangruppen durch Vermehrung eines ursprünglichen Einzelorgans entstehe. — Auch die etwas knospenförmige Anlage der Haare aus der tiefen Epidermisschicht (s. Fig. 38 c, S. 115) gleicht der ontogenetischen Bildung der Seitenorgane der Amphibien. — Im einzelnen wird die Entstehung eines Haares aus einem eingesenkten Seitenorgan, wie sie sich

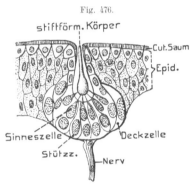

Fig. 476.

Ichthyophis glutinosus (Larve). Flaschen-förmiges Seitenorgan im Achsialschnitt (nach SARRASIN 1887). C. H.

etwa bei den zum Luftleben übergegangenen Salamandrinen oder auch alten Ichthyoden bilden, etwa folgendermaßen gedacht. Indem ein solches Organ in die Tiefe einer epidermoidalen Röhre hinabsinkt, bildet sich die Anlage des Haarfollikels (s. Fig. 38 a, S. 115) mit der äußeren Wurzelscheide. In dem verhornenden und auswachsenden eigentlichen Organ würden die Sinneszellen zu Markzellen, die sog. Stützzellen (Hüllzellen) zu den Rindenzellen, die Deck-zellen zum Oberhäutchen, während die innere Wurzelscheide aus den Epithelzellen hervor-gehe, welche das eingesenkte Seitenorgan äußerlich bedecken. Daß sich in solch eingesenk-ten Seitenorganen der Amphibien (Cryptobranchus) eine schwache Coriumpapille erheben kann, bildet gleichfalls eine Annäherung, ebenso auch die Blutgefäße, namentlich der ring-förmige Blutsinus, der sich um die eingesenkten Organe der Amphibien in der Regel findet. Wie schon früher hervorgehoben, erscheint daher diese hypothetische Ableitung der Haare recht beachtenswert, wenn sie auch weiterer Sicherung bedarf.

Becherförmige Organe und Geschmacksorgane der Wirbeltiere. Schon oben (S. 662) wurde hervorgehoben, daß der Bau dieser chemisch reizbaren Organe jenem der Seitenorgane sehr gleicht (s. Fig. 477), die Innervierung jedoch aus wesentlich anderer Quelle erfolgt. Ihrer Funktion entsprechend, finden wir sie, wie die ähnlich gebauten und funktionierenden Geschmackssensillen Wirbelloser, hauptsächlich in der Mundhöhle. Bei vielen Fischen verbreiten sie sich jedoch auch auf der äußeren Haut. Es sind knospenförmige, in die Epidermis einge-lagerte Gebilde, die sich nur selten etwas in das Corium einsenken, häufig sogar (besonders bei Fischen) nur die periphere Lage der Epidermis durchsetzen, in welchem Fall dann eine Coriumpapille zu ihnen aufsteigt. Sie bestehen aus Stütz- und Sinneszellen; letztere, welche häufig in der Achse der Knospe zusammengedrängt sind, unterscheiden sich von jenen der Seitenorgane dadurch, daß sie

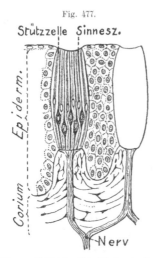

Fig. 477.

Tinca (Schleie). Schnitt durch die Gaumenschleimhaut mit zwei becherförmigen Organen (nach F. E. SCHULZE 1863, mit Benutzung von MAURER 1895). O. B.

distal ein stiftchen- bis stäbchenförmiges (selten haarförmiges) Endgebilde tragen und sich als cylindrische, wenig angeschwollne Zellen bis zur Knospenbasis erstrecken, also nicht die birnförmige distale Anschwellung der Sinneszellen der Seitenorgane zeigen. Die Innervierung geschieht nach den meisten Erfahrungen durch freie Nervenendigungen, welche die Sinneszellen, oder nach gewissen Angaben auch die Knospen umspinnen, sich jedoch auch in der Epidermis um die Organe reichlich verbreiten.

Es wurde gelegentlich behauptet, daß die becherförmigen Organe stets aus dem Entoderm hervorgingen, wie es ja für die des Vorderdarms möglich erscheint; daß dies aber für die Organe der äußeren Haut der Fische gelte, ist kaum annehmbar.

Bei den *Petromyzonten* kennt man solche Organe (besonders bei Larven und jungen Tieren) im respiratorischen Darm, wo sie sich in einer Vertikalreihe von 5—10 am Innenrand der meisten Diaphragmen, welche die Kiementaschen voneinander trennen, ausbreiten. Es sind flach schüsselförmige, etwas hügelartig vorspringende Knospen.

Hautorgane, die als Geschmacksorgane gedeutet wurden, fanden sich nur bei der Cyclostomengattung *Lampreta* in der dorsalen und ventralen Mittellinie der Kopf- und Kiemenregion; ihr Bau ist jedoch so abweichend, daß sie mit den eigentlichen Geschmacksknospen kaum vergleichbar erscheinen.

Unter den *Fischen* kommen becherförmige Organe stets in der Mundhöhle vor, gewöhnlich auch auf den Lippen. Bei *Chondropterygiern* scheinen sie sich vorwiegend auf die Mundhöhle zu beschränken. Bei vielen Knochenfischen (besonders reichlich bei *Cyprinoiden* und *Siluroiden*) aber verbreiten sie sich auch über die äußere Körperhaut und stehen besonders häufig am Kopf, vielfach auch am Rumpf bis zum Schwanze, obgleich sie nach hinten spärlicher werden. Sie finden sich meist in Ein- und Mehrzahl frei auf den Schuppen und können sich auch auf die Flossen ausdehnen. Besonders reich treten sie häufig im Umkreis der Cornea, namentlich aber an den *Barteln* der damit versehenen Knochenfische und Ganoiden (Chondrostei) auf. — Die freien Hautorgane springen meist etwas hügelartig vor, können jedoch auch schwach vertieft sein, was ebenso an den Mundhöhlenorganen vielfach beobachtet wird. — In der Mundhöhle stehen sie häufig auf papillenartigen, nicht selten ansehnlichen Erhebungen in Ein- bis Vielzahl.

Sie finden sich hier auf Falten oder Wülsten längs der Zahnreihen, doch auch auf der Zunge, sowie am Gaumen und erstrecken sich ferner in die respiratorische Darmregion bis zum Ösophaguseingang. Namentlich bei den Teleosteern finden sie sich sehr zahlreich auf häufig großen papillenartigen Fortsätzen der Innenfläche der Kiemenbogen. Wie schon oben bemerkt, stehen die becherförmigen Organe der Fische in der Regel auf einer Coriumpapille.

Hinsichtlich ihrer Innervierung ist hervorzuheben, daß sie von Ästchen des 7., 9. und 10. Hirnnervs versorgt werden. Die Organe der Mundhöhle erhalten ihre Fasern von Pharyngealästen dieser Nerven. Wie schon früher bemerkt, scheint sich das Centrum für ihre Innervierung in den sog. *Lobi vagi* (s. S. 577), bzw. dem ihnen im allgemeinen zugehörigen *Lobus impar* (Cyprinoiden) oder den sog. Lobi trigemini der Siluroiden zu finden. Auch die Geschmacksfasern sollen einem entsprechenden Centrum entstammen. Das betreffende Fasersystem wird häufig als *Communissystem* bezeichnet, im Gegensatz zu dem Acustico-lateralis-System. Die freien Rumpforgane, im besonderen die der Flossen, erhalten Nervenfasern aus dem Ramus lateralis trigemini (s. S. 629 u. Fig. 448), der jedoch, wie dort bemerkt, jetzt häufig dem Facialis zugerechnet wird. — Daß auch die freien becherförmigen Organe der Fische als Geschmacksorgane funktionieren, ist experimentell ziemlich sichergestellt.

Bei den *Amphibien*, wie den Tetrapoden überhaupt, beschränken sich die Geschmacksknospen auf die Mundhöhle; was früher auf der äußeren Haut gelegentlich von solchen Organen erwähnt wurde, bezog sich jedenfalls auf Seitenorgane. Die Geschmacksknospen der *Urodelen* erinnern nach Bau und Verbreitung sehr an jene in der Mundhöhle der Fische; sie stehen auf Papillen oder Falten der Zunge und des Gaumens bis zum Ösophaguseingang. — Die Organe der *Anuren* hingegen sind eigentümlich gestaltet, da sie zu flachen, scheibenförmigen Gebilden (Geschmacksscheiben, Endscheiben) geworden sind, die am Distalende der pilzförmigen Papillen (Papillae fungiformes) des Zungenrückens stehen, sich ferner am Gaumen bis zu den Mundwinkeln erstrecken, namentlich auch um die Vomerzähne reichlich auftreten, ebenso aber der Unterkinnlade und dem Mundhöhlenboden nicht fehlen.

Diese Geschmacksscheiben enthalten neben Sinneszellen (Stäbchenzellen) noch zweierlei Zellformen, nämlich cilienlose Cylinder- und sog. Flügelzellen, von welchen die ersteren ebenfalls mit freien Nervenendigungen in Beziehung stehen sollen. Freie Nervenendigungen treten jedoch auch zwischen die Zellen bis an die Oberfläche der Organe. — Aus verschiedenen Gründen ist aber die Bedeutung der Endscheiben als Geschmacksorgane bezweifelt und ihnen Tastfunktion zugeschrieben worden.

In der Mundhöhle der *Sauropsiden* haben sich die Geschmacksknospen meist mehr lokalisiert. Bei den *Sauriern* und *Cheloniern* schließen sie sich gleichfalls den Ober- und Unterkieferzähnen oder den Kieferleisten an, als eine ihnen median folgende Reihe. Bei *Sauriern* tritt jederseits noch eine mehr mediane Dorsalreihe auf, deren Verlauf wohl den Gaumenzähnen entspricht, sowie eine mittlere Dorsalreihe an dem weit vorn gelegenen Tuberculum pharyngeum. Auch der

Zungenrücken kann Knospen tragen, entweder an seiner Spitze (Anguis) oder auf hinteren Querfalten (Lacerta). — Ebenso führt die *Chelonierzunge* Knospen, die auf zottigen Fortsätzen (Papillen), oder um solche, oder auf unregelmäßig verlaufenden Wülsten stehen können; dazu gesellen sich weitere am Gaumen. — Daß sie den *Schlangen* nicht völlig fehlen, ist wohl sicher, Genaueres darüber aber wenig bekannt. — Dagegen sind bei den *Kroko,dilen* (*Crocodilus* und *Alligator-*Fig. 478 *B*) nur am Gaumen auf zwei Wülsten unterhalb der Pterygoidea, sowie im Ösophagus Geschmacksknospen gefunden worden, die oberflächlich eine weitere bis engere Einsenkung zeigen, eine Art *Geschmacksporus* wie bei Vögeln und Säugern.

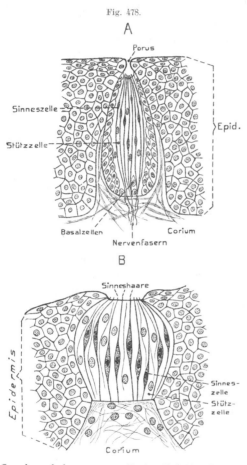

Fig. 478.

Die Knospen der *Vögel* (478 *A*) wurden erst in neuerer Zeit festgestellt. Sie finden sich hauptsächlich am weichen, drüsenreichen Gaumen zu beiden Seiten der Choane bis zum Ösophaguseingang, vereinzelter auch am davorliegenden harten Gaumen. Bei Vögeln mit schmaler Zunge (z. B. Raptatores, viele Passeres, Rasores, Gyrinae usw.) sind sie dagegen besonders am Mundhöhlenboden, zu beiden Seiten der Zunge, verbreitet, oder in der Gegend des Larynxeingangs (sog. Epiglottispapille). Bei Papageien treten sie sowohl am Ober- als Unterschnabel an

Geschmacksknospen von *Vogel* u. *Krokodil.* — Schematische Längsschnitte durch die Epidermis mit einer Geschmacksknospe. *A* Von einem Vogel. *B* Von Alligator (nach BATH 1906). v. Bu.

entsprechenden Orten auf. — Im ganzen bleibt die Zahl der Knospen gering; am größten wird sie bei Papageien (auf etwa 300 geschätzt). Sie können auch zu den Ausführgängen der Schleimdrüsen der Mundhöhle in nahe Beziehung treten, indem zwei bis drei Knospen die Drüsenmündung direkt umstehen.

Die ellipsoidisch bis cylindrisch gestalteten Knospen (Fig. 478 *A*) erreichen entweder die Schleimhautoberfläche direkt oder sind grubenartig eingesenkt, so daß nur eine feine Öffnung (Geschmacksporus) in das Grübchen führt, auf dessen Grund die Geschmacksstiftchen der Sinneszellen stehen. Außer Sinnes- und Stützzellen beteiligen sich am Aufbau der

Knospen vieler Vögel noch äußere sog. Hüllzellen, welche ähnlich den Deckzellen vieler Seitenorgane die Knospe umschließen. Auch sog. *Basalzellen* sind, wie bei *Krokodilen* und *Säugern*, vorhanden und wurden mit der Knospenregeneration in Beziehung gebracht, wogegen sie nach anderer Meinung nur die Knospenbasis umhüllende Epithelzellen seien, die sich beim Teilungsprozesse der Knospen betätigten.

Die Geschmacksknospen der Mammalier beschränken sich im wesentlichen auf den Zungenrücken, greifen aber vorn manchmal auf die Ventralfläche der Zungenspitze über. Auch am weichen Gaumen kommen sie vor (selten und vereinzelt am harten) und dehnen sich auf die Hinterfläche der Epiglottis bis in den Kehlkopf hinein aus. Je nach der Epidermisdicke sind die Knospen mehr kugelig oder cylindrisch. Sie sind sehr verschieden groß, meist etwas eingesenkt, so daß nur ein feiner Porus in das Knospengrübchen führt, wie es für die Vögel erwähnt wurde.

Es finden sich (speziell an den Papillae foliatae des Kaninchens) auch mittlere bis große Knospen, die 2—6 Poren besitzen und sich wohl als unvollständig geteilte deuten lassen. Bemerkenswert erscheint ferner, daß auch den Stützzellen der Säugerknospen neuerdings Sinneshaare zugeschrieben werden und der scharfe Unterschied der beiderlei Zellformen überhaupt bezweifelt wird.

Die Zungenknospen stehen immer auf besonderen papillösen Erhebungen, wie sie die Zunge der meisten Säuger in sehr großer Anzahl dicht überkleiden (ausgenommen Sirenia und Cetacea).

Sie fehlen völlig auf den mehr oder weniger verhornten fadenförmigen *Papillae filiformes* (auch zum Teil als coronatae und fasciculatae bezeichnet), welche am reichlichsten vorkommen und sich an ihrem Ende häufig in feine Fäden zerschlitzen.

Doch sollen diese Papillen bei menschlichen Embryonen zu gewisser Zeit Anlagen von Knospen besitzen.

In weiter Verbreitung über den Zungenrücken, bald in der Mittelgegend, bald an dessen Rändern dichter gehäuft, finden sich die *pilzförmigen Papillen* (*Papillae fungiformes*) mit in der Regel pilzhutförmig etwas verbreitertem Distalende; doch erscheint ihre Gestalt recht variabel. Alle oder viele tragen auf ihrer distalen Endfläche, zuweilen auf kleineren Sekundärpapillen, eine bis mehrere Geschmacksknospen. — Zu den Papillae fungiformes gesellen sich auf dem hinteren Teil des Zungenrückens meist noch zwei Arten komplizierterer, die *Papillae vallatae* (oder *circumvallatae*, umwallte Papillen) und die *Papillae foliatae* (Fig. 479 u. 80), welch beide durch Übergangsformen mit den Papillae fungiformes verknüpft sind. Die Papillae vallatae sind dadurch gekennzeichnet, daß die gewöhnlich cylindrische Papille in eine sie eng umgebende cylindrische Vertiefung der Oberfläche eingesenkt ist, so daß das Papillenende meist gerade mit der Zungenoberfläche abschneidet, sich zuweilen auch etwas darüber erhebt oder selten die Oberfläche nicht erreicht. Der erwähnte Wall wird gelegentlich von verschmolzenen Papillae filiformes abgeleitet. Die Knospen stehen gewöhnlich nur an der Seitenfläche der Papille in senkrechten Reihen übereinander (häufig sehr dicht gedrängt), seltener auch auf der Innenfläche des Walls und auf dem freien Papillenende. Sie sind demnach meist gegen die direkte Berührung mit Nahrungsteilchen geschützt und nur Flüssigkeiten zugänglich. Die Zahl der Papillae vallatae schwankt sehr; die darüber vorliegenden Angaben differieren aber ziemlich.

Bei den primitiveren Säugern findet sich häufig nur ein Paar (so bei *Monotremata*, einem Teil der *Insectivora*, der *Chiroptera*, *Rodentia*, den *meisten Edentata* und einzelnen *Carnivora*, selten bei *Ungulata*, *Pferd*, *Schwein*). Selten sinkt die Zahl sogar auf eine einzige herab, so bei gewissen *Rodentia* (*Muridae, Arvicolidae*). Zu dem erwähnten Paar gesellt sich recht häufig noch eine hintere unpaare Papille, so daß die drei Papillen in Form eines Dreiecks zusammengestellt sind, welcher Zustand vielleicht als die phyletische Ausgangsbildung angesehen werden darf (häufig bei *Marsupialia* Fig. 479 *A*, *Insectivora*, *Chiro-*

Fig. 479.

Fig. 480.

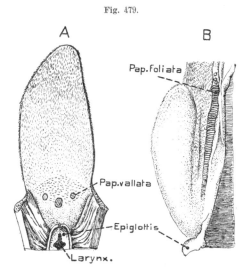

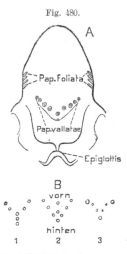

A Zunge von Phascolomys wombat. von der Dorsalseite.
B Zunge von Hydrochoerus capybara (Wasserschwein) von der rechten Seite (nach Münch 1896). C. H.

Homo. *A* Umrisse der Zunge von der Dorsalseite (nach Rauber - Kopsch, Anatomie). — *B* Anordnung der Papillae vallatae: *1* Lemur varius, *2* Macacus nemestrinus *3* Cynocephalus porcarius (nach Münch 1896). C. H.

ptera, *gewissen Edentata*, *Rodentia*, *Carnivora* [Viverridae], einzelnen *Prosimiae* und *Simiae*). Eine Vermehrung der Papillen tritt bei den meisten *Carnivora* (etwa 4—20), bei zahlreichen *Ungulata*, namentlich den *Ruminantia* (bis zu 40 u. 60, besonders *Cervidae*, *Cavicornia* und *Camelopardalis*) auf; ferner bei *Elephas* (6), den *Sirenia*, vielen *Prosimiae*, den meisten *Simiae* (Fig. 480 *B 2—3*), sowie dem *Menschen*, meist 9, variierend von 6—16); wobei die unpaare hintere Papille teils erhalten ja vermehrt wird (Prosimiae, Fig. 480 *B1*) oder auch ausfallen kann. Solch zahlreiche Papillae vallatae stehen gewöhnlich in zwei Längsreihen. Selten fehlen die Papillae vallatae ganz, so bei *Pedetes*, *Cricetus* (?) unter den *Rodentia*, den *Hyracoidea* und *Cetacea* (meistens sehr reduziert) und vielleicht noch einigen anderen.

Bei vielen Säugern gesellt sich zu den beschriebenen Papillen jederseits am hinteren Seitenrand der Zunge noch eine *Papilla foliata* (Fig. 479 *B*), d. h. ein mehr oder weniger scharf umschriebenes, meist mäßig großes Feld, auf dem sich eine verschiedene Zahl quer oder etwas schief gerichteter Falten erhebt, welche in der Regel nur auf ihren beiden Flächen Reihen von Geschmacksknospen tragen

(Fig. 481), selten nur auf einer Fläche oder am distalen Rand der Falten. Die Zahl der Falten, wie überhaupt die Größe der Papillae foliatae, schwankt sehr. Am größten und faltenreichsten werden sie bei den Rodentia; beim Menschen und vielen anderen treten sie stark zurück und fehlen den meisten Wiederkäuern und manchen anderen Formen aus verschiedenen Ordnungen ganz.

Die Zahl der Geschmacksknospen an den Papillae vallatae und foliatae ist häufig sehr, ja manchmal ungemein groß; so trägt jede der beiden Papillae vallatae des *Schweins* 4760 Knospen und beim *Rind* soll die Gesamtzahl auf den beiden Papillae vallatae etwa 3500 erreichen. Im allgemeinen ergibt sich daher, daß gerade diese Papillen besonders wirksame Geschmacksorgane sein müssen. Im Grunde des Walls der Papillae vallatae und der Falten der Papillae foliatae münden Eiweißdrüsen aus, die der übrigen Zunge fehlen.

Hinsichtlich der Innervierung der Geschmacksknospen der Tetrapoden ist hervorzuheben, daß die des Zungengrunds wohl allgemein vom *Glossopharyngeus* ihre Fasern empfangen, während jene der vorderen Zungenregion, sowie weitere, vom *Facialis*, zum Teil durch Vermittlung der Chorda tympani, innerviert werden.

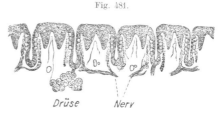

Fig. 481.

Freie Nervenendigungen und aus ihnen hervorgehende Hautsinnesorgane der Wirbeltiere. Wie schon betont wurde, sind freie Nervenendigungen in der Epidermis, sowie im geschichteten Epithel von Schleimhäuten allgemein verbreitet und treten auch im Bindegewebe reichlich auf. Gerade im letzteren führen sie zur Entstehung komplizierterer Endorgane. — Die marklos gewordenen Nervenfäserchen, welche zwischen den Zellen in der geschichteten Epidermis aufsteigen und in der Regel bis zur Oberfläche der Malpighischen Schleimschicht ziehen, wo sie mit kleinen knopfartigen Anschwellungen endigen, entspringen von einem Netz (Plexus) markhaltiger Nervenfasern im Corium. Doch wurde auch mehrfach beobachtet, daß Nervenfasern aus den weiter unten zu beschreibenden nervösen Endorganen des Coriums (so Tastkörperchen, Herbstschen Körperchen, Nervenknäueln u. a.) sich in die Epidermis fortsetzen und in ihr freie Endigungen bilden. Die in die Epidermis aufsteigenden Fäserchen verästeln sich häufig reichlich.

Ob sie bei gewissen Formen (z. B. Rana) von dicht unter der Epidermis liegenden verzweigten Sinneszellen ausgehen können, ist unsicher, da die Natur dieser Zellen zweifelhaft erscheint. Jedenfalls liegen die zugehörigen Sinneszellen meist in den Centralorganen (speziell den Spinalganglien).

Selbstverständlich erscheint ferner, daß die Menge der freien Nervenendigungen, sowohl an der Oberfläche als im Innern des Körpers an den verschiedenen Körperstellen schwankt, je nach deren Eignung für Gefühlswahrnehmungen. — Auch im Bindegewebe sind freie Endigungen dieser Art als dendritisch verzweigte oder auch netzig anastomosierende knäuelartige Bildungen weit verbreitet, sowohl im Corium (Fig. 482) als im Bindegewebe der verschiedensten Organe, in mannigfach modifizierter Ausbildung. Das Charakteristische dieser Endigungen, gegenüber den sonst im Bindegewebe verbreiteten, ist besonders, daß sie nicht weiter umhüllte, sondern gewissermaßen diffuse Endigungen darstellen. Hierher werden namentlich auch die sog. *Muskelspindeln* der Muskeln, die Endigungen in den Sehnen (*Sehnenspindeln*, Fig. 483) und noch zahlreiche weitere, die im Bindegewebe der Haut und innerer Organe vorkommen, gerechnet (so z. B. bei den Säugern

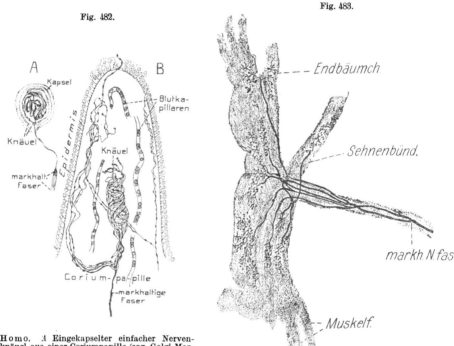

Fig. 482.

Fig. 483.

H o m o. *A* Eingekapselter einfacher Nervenknäuel aus einer Coriumpapille (sog. Golgi-Mazzonisches Körperchen). — *B* Coriumpapille mit einem uneingekapselten Nervenknäuel und Nervenfäserchenbündel, die teils frei im Bindegewebe endigen, teils bis in die Epidermis aufsteigen (nach DOGIEL 1903). O. B.

F e l i s   c a t u s. Sehnenspindel (aus HESSE, Hdwb. d. Nat. n. STÖHR, Histologie).

die sog. Ruffinischen Körperchen, die baumförmigen Endverzweigungen, die nicht eingekapselten Nervenknäuel, die papillären Nervenbüschel in den Coriumpapillen und weitere). Bei den Fischen wurden solche Endorgane im Bindegewebe der Flossen bei Rajiden beobachtet, auch aus der Schwimmblasenwand von Knochenfischen beschrieben, ebenso von Amphibien gelegentlich angegeben. — Im allgemeinen können auch die sensiblen Nerven der *Säugerhaare* zu den freien Endigungen im Bindegewebe gerechnet werden; durch diese Versorgung mit Nerven werden die Haare zu einem wichtigen Teil des allgemeinen Gefühlsapparates. Zu den gewöhnlichen Haaren (vgl. auch Fig. 484) treten von den Nervenzweigen des Coriums ein, seltener mehrere Ästchen, die am Haarbalg herab- oder hinaufziehen, und etwas proximal von der Einmündung der Talgdrüsen den Balg unter

Gabelung ringförmig umgreifen. Von diesem ungeschlossenen, die sog. Glashaut (Basalmembran der äußeren Wurzelscheide) umziehenden Ring gehen distal- und proximalwärts, der Glashaut außen anliegende und freiendigende Fäserchen ab. Nerven in der Pulpa wurden nur selten beobachtet, namentlich bei den Sinushaaren, wo sie aber wahrscheinlich zu den Pulpagefäßen treten. Ebenso scheinen nur selten einzelne Endfäserchen in das Epithel der äußeren Wurzelscheide einzudringen. — Die Schnauze vieler *Säuger* ist bekanntlich mit größeren Haaren ausgestattet, die häufig als *Spür-* oder *Tasthaare* bezeichnet werden und an anderen Körperstellen nur selten auftreten. Da die Blutgefäße des Follikels dieser Haare zu einem ansehnlichen einfachen oder cavernösen Sinus erweitert sind (Fig. 484), so werden diese Haare jetzt meist *Sinushaare* genannt. Sie sind reicher mit Nerven versehen. Außer den auf der Glashaut sich ausbreitenden, am ganzen Follikel entwickelten Nervenendigungen verschiedener Art, die sich auf die Wand und die Bälkchen des Blutsinus ausdehnen, finden sich proximal von den Talgdrüsen auch Nervenendigungen nach innen von der Glashaut, und im Epithel der äußeren Wurzelscheide Tastzellen, wie sie gleich genauer erwähnt werden sollen.

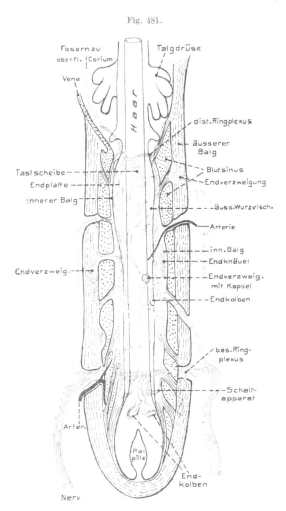

Sinushaar vom Rind mit der Nervenversorgung (schematisch nach TRETJAKOFF 1911, stark vereinfacht). Äußerer bindegewebiger Haarbalg gestrichelt, Blutsinus, sowie die abführende Vene punktiert. Arterien schwarz. Nerven, sowie deren verschiedenartige Endigungen im äußeren und inneren Haarbalg, sowie auf der Glashaut blau.   O. B.

Tastzellen und Tastflecke. Indem etwas eigenartig modifizierte freie Endigungen der geschichteten Epidermis mit einzelnen Epithelzellen in innige Beziehungen treten, entstehen die Endzellen, welche als *Tastzellen* (Merkelsche Zellen) bezeichnet werden. Schon im Epithel der Gaumenhaut des Frosches wurden ein-

zelne Zellen der tiefen Epidermislage gefunden, zu welchen ein markloses Nervenfäserchen tritt, das sich zu einer der Zelle anliegenden kreis- oder kleeblattför-
migen Tastscheibe (Meniscus) verbreitet, die wahrscheinlich durch Aufknäuelung

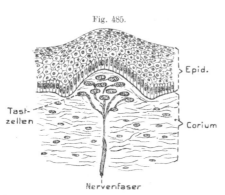

Fig. 485.

Rana. Vertikalschnitt durch das Integument mit
einèm Tastfleck (nach MERKEL 1880). C. H.

der Faser entsteht, oder auch als
plattenförmige Ausbreitung der Faser
mit neurofibrillärem innerem Knäuel
aufgefaßt wird (vgl. Fig. 488). Ob
sich, wie manchmal beschrieben wurde, Fibrillen aus der Tastscheibe in
die Tastzellen begeben, ist unsicher.
Einzelne solche Tastzellen haben sich
auch an gewissen Stellen der Säuger-
epidermis erhalten, so besonders an
wenig oder nicht behaarten Orten
(Schnauze, Lippen, Nasenöffnungen,
Unterfläche der Füße, harter Gaumen).
Es sind rundliche Zellen, die in der
Tiefe der Epidermis häufig gruppenweise vereint liegen. Selten sind sie unter die
Epidermis in das Corium gerückt, gehen jedoch sicher aus ihr hervor. Ein in
die Epidermis tretendes Nervenfäserchen versorgt gewöhnlich unter Verzweigung
eine Gruppe solcher Tastzellen, indem es an jeder einen der erwähnten Menisken

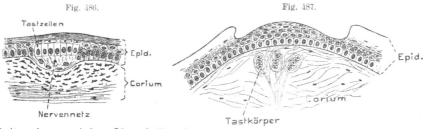

Fig. 486.

Sphenodon punctatum. Längsschnitt
durch den Tastfleck auf einer Schuppe
(nach MAURER 1895). v. Bu.

Fig. 487.

Crocodilus (jung). Längsschnitt durch Integument mit
einer Gruppe sog. Tastkörper (nach MAURER 1895). v. Bu.

bildet. Häufig sind aber auch die einzelnen Tastzellen noch durch feine Nervenfäserchen untereinander verbunden, oder es zieht von einer Tastzelle ein Nervenfäserchen zu benachbarten, so daß gewissermaßen mehrere Tastzellen traubig einer
Nervenfaser aufgereiht erscheinen. — Außer den eben geschilderten Tastzellen
wurden aus der Epidermis gelegentlich auch solche beschrieben, die von einem
Netzwerk der zutretenden Nervenfaser umsponnen sind. — Die Tastzellen selbst
werden jetzt gewöhnlich nicht mehr als wirkliche Sinneszellen beurteilt, vielmehr
wird ihnen meist eine mechanische (eventuell auch chemische) Wirkung bei der
Übertragung von Druck oder anderen Reizen zugeschrieben. — Schon bei den
Anuren (Rana, Fig. 485, Bufo) sind Gruppen solcher Tastzellen, zu verschieden
großen sog. *Tastflecken* vereint, über die Rückenfläche verbreitet (doch auch an den

Fußsohlen). Sie liegen im Corium, und die sie bedeckende, nicht selten pigmentierte Haut springt häufig etwas halbkugelig vor.

Auch die bei gewissen weiblichen Anuren zur Fortpflanzungszeit auftretenden *Brunstwarzen* scheinen solchen Tastflecken ähnliche Gebilde zu sein, obgleich dies auch bezweifelt wird und die sog. Tastzellen als Bindegewebszellen gedeutet werden. Wie früher angegeben (s. S. 672), sollen die Tastflecken bei der Metamorphose an Stelle larvaler Seitenorgane auftreten, wobei jedoch ihre Tastzellen nicht etwa aus deren Sinneszellen hervorgehen.

Den Tastflecken der Anuren ähnliche Bildungen sind bei *Reptilien* verbreitet; sie treten bei *Sauriern* (z. B. *Varanus, Lacerta, Anguis, Ascalabotae*), sehr häufig auch bei den *Schlangen* auf, entweder auf die Kopfschilder beschränkt oder über die Schuppen des ganzen Körpers verbreitet, wo sie, auch äußerlich meist als helle runde Flecke erkennbar, in Ein- bis Zweizahl, seltener in größerer Zahl am Hinterrand oder den Seitenrändern der Schuppen oder Schilder stehen. Bei den *Krokodilen* findet sich auf jeder Hornplatte ein solcher Fleck. Die Tastzellen der Reptilien liegen unter diesen Flecken in einer Coriumpapille, so daß die Epidermis über dieser Papille meist verdünnt erscheint. Bei *Sphenodon* (Fig. 486) sollen die Tastzellen noch in der tiefsten Epidermislage liegen. Die Krokodile dagegen besitzen unter jedem der etwas grubenartig eingesenkten Flecke eine Anzahl solcher Tastgebilde im Corium (Fig. 487). Da die Tastzellen in den Papillen der Reptilien häufig säulenartig übereinander gereiht

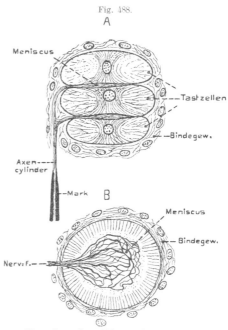

Fig. 488.

Anas (Grandrysches Körperchen). *A* Ein dreizelliges Körperchen im Längsschnitt. - *B* Eine Tastzelle mit Meniscus im Flächenschnitt. Schematisch (nach SZYMONOWICZ 1897 und DOGIEL 1904 konstruiert). O. B.

sind, so erinnern diese Endorgane etwas an die später zu schildernden Tastkörperchen, doch dürften sie wohl den gleich zu besprechenden Grandryschen Körperchen der *Vögel* näher stehen. — Eigentümlich erscheinen diese Tastorgane bei gewissen Sauriern, den *Ascalaboten*, wo sie grubenartig eingesenkt sein können, und der Grubenboden zahlreiche kleinere oder eine sehr ansehnliche Borste aus Hornsubstanz trägt. Unter dem Organ findet sich im Corium ein Tastfleck. Von besonderem Interesse aber ist, daß die Epidermiszellen, welche das Organ überlagern, in ihrer Anordnung lebhaft an ein eingesenktes Seitenorgan der Amphibien erinnern (s. S. 671), so daß eine Beziehung der Organe zu jenen Seitenorganen nicht ausgeschlossen, wenn auch nicht hinreichend erwiesen scheint.

Bei den *Vögeln* finden sich im Corium der Schnabelspitze (Ober- und Unterschnabel), sowohl außen, namentlich aber innen, ferner in der Wachshaut der
Schnabelbasis und in der Zunge bald einzelne, etwa scheibenförmige Tastzellen,
bald Gruppen von zwei bis sechs solcher, die zu einer Art Säule übereinander
geschichtet (*Grandrysche Körperchen*) und von einer zarten Bindegewebshülle umschlossen sind (Fig. 488). Die zu den einfachen Tastzellen tretende Nervenfaser
bildet an ihr den früher beschriebenen Meniscus, während an den aus zwei oder
mehr Zellen bestehenden Körperchen zwischen je zwei benachbarte Zellen ein solcher
Meniscus eingeschoben ist (Fig. 488). Jeder Meniscus soll eine Art strahlig-netziges

Fig. 489.

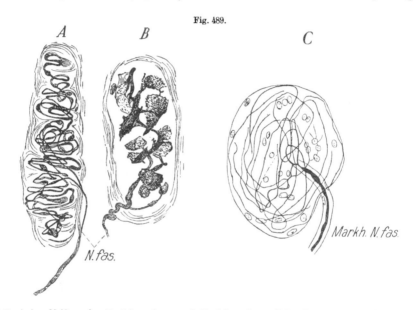

A Typisches Meißnersches Tastkörperchen. — B Tastkörperchen mit blattförmigen Endretikolaren aus
der Haut des Menschen (nach DOGIEL 1903). — C Kugliger Endkolben aus der Brustflosse eines Haies
(Scyllium) (nach WUNDERER 1908; sämtlich aus HESSE Hdwb. d. Naturw.).

Fibrillenwerk sein, mit am Rande schleifenförmig ineinander umbiegenden Fibrillen. Außerdem wird neuerdings auch ein die ganzen Körperchen umspinnendes
feines Nervennetz angegeben.

　　Als nahe verwandt mit den mehrzelligen Tastflecken und den Grandryschen
Körperchen wurden früher die *Tastkörperchen* (Meißnersche) vieler Säuger und des
Menschen erachtet, indem sie gleichfalls aus einer Gruppe von Tastzellen mit Nervenausbreitungen bestehen sollten, die aber von einer gut entwickelten Bindegewebshülle umschlossen sind (Fig. 489). Im Gegensatz zu den seither erwähnten
Endapparaten wurden daher diese, sowie die weiterhin zu schildernden als *einge-
kapselte* bezeichnet. Die Tastkörperchen sind hauptsächlich an den Volarflächen
von Hand und Fuß, jedoch auch an andern Orten verbreitet und liegen meist in
Einzahl (jedoch auch bis zu fünf bei Mensch) in den Coriumpapillen als ovale bis
längliche Körperchen. Die jetzt verbreitete Ansicht spricht ihnen jedoch Tastzellen

völlig ab, und erklärt ihren Innenkolben für einen netzigen Knäuel feiner mark-
loser Nervenfäserchen ohne eigentliche freie Enden.

Auch zu diesen Körperchen treten noch feine markhaltige Nervenfasern, die sich auf
der Oberfläche des Innenkolbens als ein feines Netzwerk ausbreiten oder auch die Nervenfasern
des Innenkolbens umflechten sollen. Die Körperchen können sich dadurch komplizieren,
daß quere bis schiefe Bindegewebssepten den Innenkolben durchsetzen, was schließlich zu
Endorganen führt, die aus einer Anzahl ein-
zelner Anschwellungen zusammengesetzt erscheinen und deshalb auch als zusammengesetzte
Tastkörperchen bezeichnet werden.

Nahe verwandt mit diesen Tastkörperchen und durch Übergangsformen verknüpft sind die sog. *Genitalkörperchen*
der Säuger, die sich in tieferen Corium-
schichten der Clitoris und der Peniseichel
finden. Als eine vereinfachte Art letzterer
werden meist die sog. »*Krauseschen Endkolben*« betrachtet, die in Schleimhäuten
der Nase, der Mundhöhle, der Conjunctiva,
wie auch der äußeren Genitalien auftreten
(vgl. Fig. 482 *A*, S. 680). Sie unterscheiden sich von den spezifischen Tast- und
Genitalkörperchen wesentlich nur durch
den einfacheren Bau des Nervenknäuels,
der in den primitivsten Endkolben sogar nur

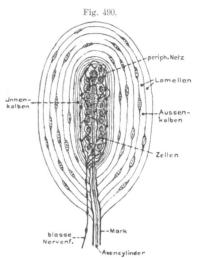

Fig. 490.

Herbstsches Körperchen von einem Vogel.
Schematischer Längsschnitt (nach SZYMONOWICZ
1897 und DOGIEL 1899). Der Hinweisstrich zu
»Innenkolben« sollte bis zu den »Zellen« reichen.
O. B.

von einer einfachen geraden Endfaser gebildet werden kann. Daß ähnliche Bildungen auch schon bei primitiven Wirbeltieren auftreten können, scheinen die Funde
bei *Haien* zu erweisen, wo im Bindegewebe der Flossen kugelige bis längliche End-
körperchen vorkommen mit innerem Nervenknäuel, jedoch sehr zarter äußerer
Hülle (s. Fig. 489 *C*).

Der Knäuel soll sich in einem inneren Gerüst netzförmig anastomosierender Zellen
ausbreiten, welches Gerüst wahrscheinlich aus der Schwannschen Scheide der zutretenden
Nervenfaser hervorgehe. Abgesehen von der nur sehr zarten Hülle erinnern diese Gebilde,
wie gesagt, an manche der Säuger.

Solchen Endkolben reiht sich nun eine Kategorie von Nervenendigungen
nahe an, die von den Reptilien an weit verbreitet auftreten und sich allmählich
ziemlich komplizieren. Soweit die Erfahrungen reichen, könnte man auch die einfachsten Endkolben diesen *Vater-Pacinischen Körperchen* als primitive Ausgangs-
bildungen zurechnen, wie es manchmal geschah. Das Bildungsprinzip letzterer
Endorgane läßt sich kurz etwa so darstellen: es handelt sich um eine gerade marklos gewordene, frei endigende Nervenfaser (Fig. 490), welche im Bindegewebe liegt
und von einer mehr oder weniger dicken und eigentümlich gebauten Hülle ge-
schichteter feiner Bindegewebslamellen, mit zwischengeschalteten Bindegewebszellen umgeben wird, so daß das Gesamtkörperchen etwa eiförmig bis zuweilen

schlauchartig erscheint. Die Komplikation im Bau dieser Endorgane beruht hauptsächlich auf der mehr oder weniger starken Entwicklung jener Hülle. — Bei
squamaten Reptilien kommen solche Körperchen teils in der Kopfhaut (Lacerta),
teils an den Lippen und in der Nähe der Zähne vor; ihre Hülle ist relativ dünn,
läßt aber schon zwei Regionen unterscheiden, eine äußere (Außenkolben) und eine
innere (Innenkolben), welch letztere die Nervenfaser direkt umgibt. — Jenen
Körperchen scheinen sich die bei den *Vögeln* weit verbreiteten *Herbstschen*
(Fig. 490) näher anzuschließen. In recht verschiedener Größe sind sie in der
ganzen Körperhaut zerstreut, besonders um die Follikel der Konturfedern, jedoch auch in größerer Tiefe, so zwischen den Muskeln und an den Gliedmaßen-
gelenken; in größerer Zahl finden sie sich auch an der Vorderseite der Jibia.
Ebenso treten sie im Schnabel und der Zunge, sowie der Mundhöhle überhaupt,
reichlich auf. Die Lamellen ihres Außen- und Innenkolbens sind meist deutlich
erkennbar und daneben noch zahlreiche Bindegewebsfibrillen. Im Innenkolben
liegt jederseits der Achsialfaser eine charakteristische Längsreihe von Zellkernen
(Zellen) in der Abplattungsebene der Nervenfaser, was auch schon bei Reptilien-
körperchen vorkommt. Es sind dies jedenfalls dem Innenkolben angehörende
Bindegewebskerne. — In zuweilen recht erheblicher Größe und reicher Verbreitung kommen die Vater-Pacinischen Körperchen bei *Säugern* vor. Wie bei
den Vögeln erstrecken sie sich bis in das Bindegewebe tiefer Körperregionen
hinab. Besonders charakteristisch erscheint, daß sie in ihrer Ausbreitung die
Nerven begleiten. Oberflächlich treten sie im Unterhautbindegewebe der Hände
und Füße, besonders deren Unterflächen, auf, breiten sich jedoch noch weiter auf
die Extremitäten und sonstige Hautstellen aus. Auch bei den Säugern finden sie
sich reichlich um die Gelenknerven, erstrecken sich aber auch auf die Periost- und
Knochennerven, sowie die der Pleura, des Bauchfells, des Mesenteriums und nicht
weniger Eingeweide. — Ihre Hülle ist dadurch ausgezeichnet, daß der Außenkolben im allgemeinen recht dick und lamellenreich wird. Die Lamellen besitzen
einen verwickelten feineren Bau, der hier nicht genauer geschildert werden kann;
zwischen ihnen finden sich mit Flüssigkeit erfüllte spaltartige Räume. Auch der
Innenkolben ist deutlich lamellös, doch ohne die beiden charakteristischen Kern-
reihen der Sauropsiden.

Blutgefäße dringen in die Kapsel ein und breiten sich zwischen den Lamellen des
Außen- und Innenkolbens als ein Capillarwerk aus. An Stelle einer einfachen Nervenfaser, wie
sie früher in der Achse des Innenkolbens beschrieben wurde, findet sich nach den neueren
Erfahrungen auch hier ein längsmaschiges Nervenfasergeflecht, in welches sich die zutretende
Nervenfaser auflöst.

In ihnen und den Herbstschen Körperchen wurde noch ein zweiter nervöser
Apparat erwiesen, der von einer feinen Faser gebildet wird, die in das Körper-
chen eindringt und sich auf der Grenze von Innen- und Außenkolben als mark-
loses Nervennetz ausbreitet. — Eine Anzahl Modifikationen der Vater-Pacinischen
Körperchen wurden bei den Säugern beschrieben und z. T. auch mit besonderen
Namen bezeichnet.

Arthropoda. Wir besprechen diese große Abteilung zuletzt, da ihre Hautsinnesorgane wegen der dicken Cuticula (Chitinpanzer) eigenartig ausgebildet sind. Sie stehen nämlich fast stets in Verbindung mit den beim Integument erwähnten (s. S. 98), die Körperfläche häufig in Menge bedeckenden Cuticularhaaren, welche daher neben ihren sonstigen Funktionen in der Regel noch die von Sinnesborsten erfüllen. Freie plasmatische Sinneshaare, wie wir sie als Endigungen der seither besprochenen Sinneszellen meist fanden, fehlen den Arthropoden durchaus oder sind doch in die cuticularen Sinnesborsten eingeschlossen. — Ähnlich wie die Hautsinnesorgane vieler anderer Wirbellosen haben sich die cuticularen Sinnesborsten der Arthropoden zu spezifischen Sinnesorganen für verschiedene Reize differenziert, indem sie wohl von einer Urform ausgingen, welche auf verschiedene Reize reagierte.

Große Verbreitung besitzen bei den meisten Gruppen die einfachen *Tastborsten*, die, wie schon ihre Anordnung meist erweist, vor allem auf Druckreize reagieren; doch läßt sich schwer feststellen, inwiefern sie auch noch anderen Reizen zugänglich sind. Ihrer Funktion entsprechend, erheben sie sich gewöhnlich mehr oder weniger hoch über die Körperfläche und stehen besonders reichlich an solchen Stellen, die mit der Umgebung in Berührung treten, also den *Fühlern, Beinen* und *sonstigen Anhängen* des Körpers (z. B. auch auf den Flügeln und den Abdominalanhängen (Cerci und Styli) der Insekten. — Mehrfach wurde angegeben, daß überhaupt zu sämtlichen Haaren und Borsten der Körperoberfläche — und viele Arthropoden, so zahlreiche Arachnoideen und Insekten, sind ja dicht behaart — Sinneszellen treten; doch läßt sich dies vorerst wohl nicht ganz allgemein behaupten. — Solche Tastborsten sind teils einfache, mit relativ dicker Cuticula versehene Gebilde, deren Länge und Form sehr variieren kann, d. h. vom langen Haar bis zur mäßigen Borste und schließlich kurz zapfenartigen Form; oder nicht selten, namentlich bei Crustaceen, kann die Borste wieder mit feineren Härchen besetzt, d. h. einfach bis doppelt gefiedert sein. — Die Befestigung der Borsten in der Cuticula ist häufig mehr oder weniger gelenkig, indem sich ihre Basis in ein Cuticulargrübchen einsenkt, unter welchem sich der die Cuticula durchsetzende Porenkanal findet; die Borstencuticula ist nur durch eine dünne Membran mit dem Rand des Porenkanals verbunden. — Wie wir früher sahen, wird die Borstencuticula von einer bis mehreren, ja zahlreichen verlängerten Hypodermiszellen abgeschieden, zu denen bei den Sinnesborsten noch eine bis mehrere Sinneszellen kommen, welche ihre zarten distalen Ausläufer in die Borste, und zwar manchmal bis zu deren Ende senden; doch ist gerade dieser Punkt vielfach noch zweifelhaft. — Im allgemeinen scheinen jedoch Borsten mit einer einzigen Sinneszelle seltener zu sein (z. B. die an den Beinen der Lepadiden, manche Borsten der Insekten und Arachnoideen); vielmehr findet sich häufiger eine etwa spindelförmige Gruppe weniger (z. B. *Phyllopoden*) bis zahlreicher Sinneszellen (z. B. *Thoracostraca*), d. h. eine Art von Sensillen, deren distale Fasern als ein Strang (Terminalstrang) die Borste durchziehen. Gewöhnlich liegt diese Sensille in geringer bis mäßiger Entfernung unter der Epidermis, doch

wurden bei Krebsen (gewissen Arthrostraken) Fälle beobachtet, welche darauf hinweisen, daß die Sinneszellen bis in die Nähe des Bauchmarks, ja in dieses selbst
verlagert sind, in welchem Falle anscheinend freie Nervenfasern in die Borste
eintreten. — Für die Tastborsten gewisser Insekten und Myriopoden mit einer
einzigen Sinneszelle wird jedoch auch angegeben, daß ihre Terminalfaser an der
Haarbasis endige. — Unter der Epidermis mancher Insekten und Crustaceen
(Astacus) wurden mehrfach reich verästelte Zellen oder ein Plexus solcher beobachtet und gelegentlich als Sinneszellen gedeutet. Dies wurde für gewisse Insektenlarven (Aeschna, Fig. 491) neu-
erdings bestätigt. Die Zellen sollen
sich namentlich unter den dünnen
Gelenkhäuten finden und ihre reich
verzweigten distalen Ausläufer an
letztere senden, während der einfache
proximale Fortsatz zum Centralnervensystem gehe. Obgleich das Verhalten
dieser Sinneszellen, wenn es wirklich
solche sind, an die freien Nervenendigungen erinnert, kann man sie doch
nur im allgemeinen mit solchen vergleichen.

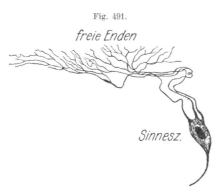

Fig. 491.

freie Enden

Sinnesz.

Libellenlarve. Sinneszelle, deren Endverzweigungen in der Epidermis frei endigen (aus HESSE,
Hdwb. d. Natw., nach ZAWARZIN 1912).

Aus modifizierten cuticularen
Sinnesborsten lassen sich bei den Arthropoden die *Geruchs-*, *Geschmacks-*, *statischen* und eventuell auch die *Hörorgane* ableiten. Morphologisch könnten letztere
daher wegen ihrer nahen Verwandtschaft mit den Tasthaaren unter den Hautsinnesorganen besprochen werden; doch erscheint es geeigneter, sie den Kapiteln
über die betreffenden Sinnesorgane einzureihen, obgleich im Einzelnen über ihre
Funktion noch mancherlei Unsicherheit besteht.

An der vorderen Körperspitze der branchiopoden *Phyllopoden*, in naher Beziehung zum
unpaaren Entomostrakenauge, und auch den Complexaugen benachbart, finden sich eigentümliche kleine Sinnesorgane, welche entweder dem Integument dicht anliegen, oder etwas
unter es verlagert sind, die *Frontalorgane*. In der Regel findet sich ein dorsales Paar
solcher Organe, die aus einer Anzahl, dem Integument eingefügter Sinneszellen ohne Sinneshaare oder sonstige Anhänge bestehen, sowie ein unpaares ventrales, von einigen Zellen gebildetes Organ, das bei *Limnadia* (s. Fig. 671, bei Auge) in einen vorderen und hinteren
Anteil gesondert ist. Die Nerven dieser Organe gehen von jenen des Entomostrakenauges
aus. Beziehungen zu letzterem zeigen sich namentlich am Ventralorgan von *Branchipus* und
Limnadia, zwischen dessen Sinneszellen stäbchenförmige Gebilde auftreten, ähnlich jenen,
die im Entomostrakenauge vorkommen. Abgesehen von einer eventuellen Lichtempfindlichkeit jener Ventralorgane, werden die Frontalorgane meist den Tastapparaten zugerechnet.

B. Geruchsorgane (einschließlich der Geschmacksorgane der Arthropoden).

Chemisch reizbare einfache Sinneszellen oder Gruppen solcher sind unter den
Hautsinnesorganen weit verbreitet. Wenn sie an besonderen Stellen lokalisiert

oder als kompliziertere Gebilde auftreten, so werden sie als Geschmacks- und Geruchsorgane unterschieden. Physiologisch stehen sich diese beiden Arten von
Organen sehr nahe, ja lassen sich häufig nicht scharf auseinander halten. Beide
reagieren ja auf chemische Stoffe, .die entweder in wäßriger Auflösung (Geschmacksorgane) oder als der Luft beigemischte (Geruchsorgane der Lufttiere) auf
sie wirken. Man hat den wasserlebenden Tieren deshalb die Geruchsorgane überhaupt abgestritten und ihre chemisch reizbaren äußeren Sinnesorgane als Geschmacksorgane oder Organe des chemischen Sinnes bezeichnet. — Nun besteht
ein Charakter der typischen Geschmacksorgane darin, daß sie sich gewöhnlich
in nächster Nähe der Mundöffnung, in der Mundhöhle oder an den die Nahrung
ergreifenden Organen finden, also nur wirksam sind, wenn sie die Nahrung berühren oder doch in deren nächste Nähe gelangen, so daß gelöste Stoffe, welche der
Nahrung anhaften oder von ihr ausgehen, zu ihnen gelangen. — Die typischen
Geruchsorgane zeichnen sich hingegen dadurch aus, daß sie auf größere, häufig
auf weite Entfernungen wirken, indem die in der Luft verbreiteten Riechstoffe,
sei es durch Diffusion, sei es gleichzeitig durch Luftströmungen zu ihnen dringen.
Das Gleiche gilt jedoch meist von den als .Geruchsorganen bezeichneten Sinnesorganen der wasserlebenden Tiere, die sich sowohl durch die Orte ihres Auftretens
als ihr sonstiges Verhalten, zum Teil auch durch das physiologische Experiment,
als Organe ergeben, welche zwar wie die Geschmacksorgane von in Wasser gelösten Stoffen gereizt werden, aber von den Nahrungskörpern oder dergleichen
nicht direkt berührt zu werden brauchen, sondern die von der Nahrung ausgehenden chemischen Stoffe auf gewisse Entfernungen zu wittern vermögen. Dies
wird aber nur die eine Seite ihrer Tätigkeit bilden; häufig wird ihre Aufgabe
wesentlich darin bestehen, daß sie auf schädliche Stoffe des umgebenden Wassers,
das ja, wie die Luft den luftlebenden Tieren, als Atmungsmedium dient, reagieren
und so die Vermeidung schädlicher Wasserregionen und das Aufsuchen günstiger
herbeiführen. So ergibt sich gerade in dieser Hinsicht eine weitgehende Analogie
zwischen den eigentlichen Luftriechorganen und jenen der Wassertiere, weshalb
ihre Zusammenfassung wohl gerechtfertigt erscheint; wozu sich weiterhin gesellt,
daß wir sowohl bei den Arthropoden als den Vertebraten den direkten Übergang
solcher Organe von wasserlebenden zu luftlebenden Formen verfolgen können,
woraus sich schließen läßt, daß ihre Funktion dabei keine prinzipielle Änderung
erfährt.

Die Geruchsorgane der Wassertiere (abgesehen von jenen der Arthropoden)
sind im allgemeinen relativ einfach gebaute, sinneszellenreiche Stellen der äußeren
Epidermis, die sich häufig gruben- bis schlauchförmig einsenken, oder auch pa-
pillen- bis wulstartig erheben. Neben Sinneszellen enthält ihr Epithel meist wimpernde Zwischen- oder Stützzellen. Letztere haben für das Funktionieren der
Organe eine wesentliche Bedeutung, da sie eine Wasserströmung längs des Organs
oder durch dasselbe hervorrufen, was für seine fortdauernde Tätigkeit nützlich,
ja notwendig erscheint.

1. Coelenterata.

Unter diesen besitzt nur die Mehrzahl der *Discomedusen* Organe, welche sich Geruchsorganen vergleichen lassen, obgleich der physiologische Versuch bis jetzt keine Beweise hierfür ergab. Sie finden sich an der Basis der Randkörper oder *Rhopalien*, also dicht bei den früher geschilderten Centralteilen des Nervensystems, die ja die Basis der Randkörper umgeben (s. S. 467). Auf der Umbrellarseite des Medusenrandes findet sich am Ursprung jeder sog. Deckplatte (s. Fig. 316, S. 467), welche das Rhopalium überlagert, eine kleinere bis größere grubenförmige, häufig strahlig bis konzentrisch gefurchte Einsenkung, die *Trichter- oder Riechgrube* (auch äußere Sinnesgrube genannt). Die dreieckige Grube ist von Nervenfilz dicht unterlagert; ihr Epithel setzt sich aus geißeltragenden Sinneszellen und wimpernden Stützzellen zusammen, doch finden sich auch spärlich Drüsenzellen.

Bei vielen Formen findet sich noch eine zweite Art ähnlicher Organe, die sich dicht am subumbrellaren Rand des Medusenschirms, an der achsialen oder inneren Seite der Rhopalien grubenförmig einsenken und daher auch innere Sinnesgruben genannt werden (s. Fig. 316, S. 467). Um sie und um den Basalteil der Randkörper breitet sich die Hauptmasse der Nervencentren aus.

Bei gewissen Formen (Rhizostoma) zeigt letztere Grube eine Neigung zur Verdoppelung, indem sich von ihrer Umbrellarfläche ein mittlerer Kiel in sie etwas hinabgesenkt; bei *Aurelia* soll die Grube in der Tat paarig geworden sein. Das Epithel der inneren Grube gleicht jenem der äußeren. Ob die innere Grube, wie es für eine Art von Cyanea angegeben wurde, durch einen vorspringenden, verdickten Epithelwulst vertreten sein kann, erscheint etwas unsicher.

2. Vermes.

Sinnesorgane, deren Bau ebenfalls auf Riechfunktion hinweist, treten bei gewissen *Plathelminthen* und *Chaetopoden* in der Kopfregion, dem Cerebralganglion sehr genähert, häufig auf. Im allgemeinen erscheinen sie als ein Paar von Grübchen bis tiefer eingesenkten Schläuchen, die von den Cerebralganglien innerviert werden und ausstülpbar sein können. Es ist wohl nicht ausgeschlossen, daß diese Organe morphologisch den einfachen Hautsinnesorganen (Seitenorganen, Seitenpapillen), wie

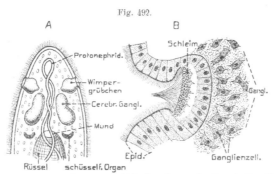

Fig. 492.

Stenostomum leucops. *A* Vorderende von der Dorsalseite mit Wimpergrübchen, schüsselförmigen Organen usw. (nach v. GRAFF 1875). — *B* Schnitt durch die Wimpergrube (nach OTT 1892). v. Bu.

sie in ähnlicher Stellung bei manchen Nemathelminthen auftreten, verwandt sind. — Unter den *Plathelminthen* begegnen wir ihnen nur bei den freilebenden *Turbellarien* und *Nemertinen*. Bei den *Rhabdocölen* sind sie sehr verbreitet als ein

Paar (selten zwei Paar bei Euporobothria v. Graff) seitlicher, etwas vor den Cerebralganglien liegender flacher Grübchen (Fig. 492), seltener schlauchartiger, zuweilen ein- und ausstülpbarer Epitheleinsenkungen. Das sie auskleidende Epithel besitzt längere Cilien als die umgebende Epidermis. Im Grunde der Grübchen
findet sich meist eine Schleimschicht, welche wohl von Drüsenzellen, die in
Verbindung mit ihnen beschrieben wurden, abgeschieden wird. Jedes Grübchen
wird von einem Ganglion unterlagert, das mit den Cerebralganglien in Verbindung stehen dürfte. Der feinere Bau der Organe ist wegen ihrer Kleinheit nur
wenig erkannt, doch kann es wohl nicht zweifelhaft sein, daß sie Sinnesorgane
darstellen. — Mit diesen Wimpergrübchen läßt sich wohl die *Wimperrinne* homologisieren, die sich bei gewissen Familien der *Allöocölen* findet. Sie erstreckt sich
in ähnlicher Lage wie die Grübchen quer über die Ventralfläche, kann jedoch lateral auf die Dorsalseite übergreifen, ja zu einer dorsal geschlossenen, den Körper
ganz umziehenden Ringfurche werden. — Ob die *Grübchenflecken*, die nur bei
wenigen Formen vorkommen, gleichfalls hierher zu ziehen sind, ist unsicher. —
Dagegen dürften die bei vielen *Süßwassertricladen* (z. B. Planaria gonocephala)
auftretenden *Auricularorgane*, die wie die Wimpergrübchen der Rhabdocölen am
Kopf liegen, homologe Gebilde sein. Es sind ein Paar länglicher bis rundlicher
Grübchen, auf deren Boden sich von einem nierenförmigen fasrigen Körper zahlreiche dicke Börstchen erheben, welche kürzer bleiben als die umgebenden Cilien.
Die Innervierung erfolgt durch den äußeren Nervenplexus.

Hohe Ausbildung und fast allgemeine Verbreitung erlangen hierhergehörige
Sinnesorgane der *Nemertinen* (Fig. 493). Es sind die *Cerebralorgane* (früher meist
Seitenorgane genannt), welche fast stets (ausgenommen Mesonemertini und einzelne andere Gattungen) zu einem Paar in der seitlichen Kopfregion liegen. Daß
sie im allgemeinen den Wimpergrübchen der Turbellarien entsprechen, scheint
sicher. Es sind flimmernde gruben- bis schlauchförmige Einsenkungen des Kör-
perepithels, welche direkt vom Cerebralganglion inerviert werden und häufig
eine bedeutende Größe erreichen. Charakteristisch erscheint ferner, daß sie in
naher Beziehung zu besonderen Einrichtungen der benachbarten Körperoberfläche
stehen, nämlich den *Kopffurchen* oder den *Kopfspalten*, die daher bei Mangel der
Cerebralorgane ebenfalls fehlen. Die *Kopffurchen* sind bei den *Protonemertinen*
nur angedeutet, dagegen bei den meisten *Mesonemertinen* (*Enopla*), doch auch gewissen Heteronemertinen (*Anopla*, Gattung *Eupolia*) als quere, etwas vor dem
Cerebralganglion liegende drüsenfreie Rinnen entwickelt, die auf der Ventral- und
Dorsalseite unterbrochen sind, aber dorsal nahe aneinanderstoßen. Das mit
längeren Cilien versehene Epithel der Furchen senkt sich meist zu zahlreichen
grübchenartigen Vertiefungen ein, welche, in einer Reihe liegend, die Kopffurche
gewissermaßen zusammensetzen. In diesen Furchen findet sich dann seitlich oder
etwas ventral die Einsenkung (Mündung) der beiden Cerebralorgane. Da die
Furchen den oben erwähnten Wimperrinnen gewisser Turbellarien sehr gleichen,
so sind sie letzteren wohl homolog. — Die *Kopfspalten* dagegen sind laterale,
längs gerichtete Furchen oder schlitzartige Einsenkungen in der Kopfregion, an

deren Caudalende, oder etwas davor, die Cerebralorgane sich einsenken (Fig. 493 *A*). Sie sind charakteristisch für zahlreiche *Heteronemertinen* (*Anopla*, früher daher auch als Schizonemertinen bezeichnet). Sie beginnen meist an der vorderen Körperspitze und erstrecken sich verschieden weit nach hinten, bis zum Gehirn oder auch noch hinter dasselbe. Ebenso verschieden ist die Tiefe ihrer Einsenkung, welche von vorn nach hinten zunimmt, und so beträchtlich werden kann, daß sie die Cerebralganglien nahezu erreichen. Ähnlich dem Kopffurchenepithel ist das der Spalten drüsen- und pigmentfrei, sowie länger bewimpert. Ob die Kopffurchen und -spalten als besondere Sinnesorgane zu deuten sind, scheint fraglich, obgleich sich unter dem Epithel der letzteren viele kleine Ganglienzellen

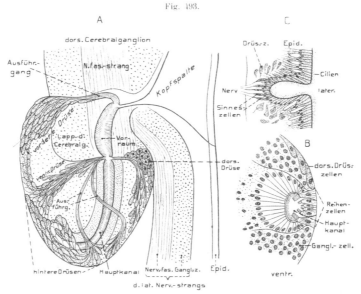

Fig. 493.

Nemertinen. Cerebralorgane. *A—B* Micrura (Cerebratulus) fasciolata. *A* Rechtes Cerebralorgan von der Dorsalseite, Totalpräparat. *B* Querschnitt durch den Hauptkanal, nebst den benachbarten Teilen des Gewebes des Cerebralorgans. — *C* Tubulanus (Carinella) annulatus, Querschnitt durch das Cerebralorgan (*A* und *C* nach DOWOLETZKY 1887; *B* nach DOWOLETZKY und BÜRGER, Bronn. Kl. und Ordn).   v. Bu.

finden, ebenso wie um die Cerebralorgane. Möglicherweise könnte man beiderlei Gebilde überhaupt den Cerebralorganen als besondere Abschnitte zurechnen.

Die Cerebralorgane liegen im allgemeinen seitlich von den Hirnganglien, können sich jedoch auch erheblich über sie hinaus, nach hinten ausdehnen. Selten (gewisse Metanemertinen) finden sie sich vor den Ganglien, sind dann aber meist klein. — Sie zeigen in der Nemertinenreihe eine aufsteigende Entwicklung. Bei den paläogenen Protonemertinen (z. B. manchen Tubulanus[Carinella]-Arten, Fig. 327, S. 479) sind es einfach becherartige Einsenkungen der Epidermis (Fig. 493 *C*), welche sich nicht in das unterliegende Gewebe erstrecken, sondern durch Höherwerden der umgebenden flimmernden Epithelzellen entstehen. Im Grunde des so gebildeten Kanals münden eine Anzahl rosettenartig gruppierter Drüsenzellen. Bei

anderen Protonemertinen (gewissen *Tubulanus*arten, *Carinina*) kompliziert sich
das im Epithel liegende Organ, indem sein Kanal länger wird und sich caudalwärts krümmt, sowie seine Epithelzellen von zahlreichen kleinen Ganglienzellen
umlagert werden. — Bei der Protonemertine *Hubrechtia*, sowie den *Meta-* und
Heteronemertinen senkt sich das Organ schlauchartig nach innen und caudal unter
die Epidermis hinab; seine Hauptmasse liegt also in der Cutis (Fig. 493 *A*). In
der Regel ist es mehr oder weniger kuglig angeschwollen, was. daher rührt, daß
der eingestülpte epitheliale Schlauch von einer großen Menge kleiner Ganglien-
und Drüsenzellen umlagert wird. Bei den Proto- und Metanemertinen liegen die
Organe in gewisser Entfernung vor oder hinter den Cerebralganglien, so daß aus
letzteren Nerven zu ihnen treten. Bei den Heteronemertinen hingegen verwachsen
sie mehr oder weniger mit dem Caudalteil der dorsalen Cerebralganglienpartie,
so daß sie wie ein hinterer Anhang dieser Hirnlappen erscheinen (Fig. 493 *A*)
und von der bindegewebigen Hülle der Cerebralganglien umschlossen werden. —
Der von flimmernden Epithelzellen gebildete Kanal des Organs läßt meist zwei
(selten bis vier) Abschnitte unterscheiden (Fig. 493 *A*), einen distalen, vorderen
und weiteren (sog. Vorraum) und einen proximalen engeren, der in der Regel länger
ist und daher im hinteren Abschnitt des kugligen Organs gekrümmt verläuft. Selten, bei gewissen *Drepanophorus*arten (Metanemertinen), kann der proximale Kanal
als langer Schlauch dem kugligen Organ hinten anhängen.

Die flimmernden Epithelzellen beider Kanalabschnitte sind ziemlich verschieden. Bei
den Heteronemertinen haben sich sogar im proximalen Kanal besondere eigentümliche
Epithelzellen differenziert, die sich als ein bandförmiger Streif längs dessen Lateralwand
hinziehen, während die Medialwand aus gewöhnlichen Flimmerzellen besteht. Dieser Lateral-
streif (s. Fig. 493 *B*) wird meist von sechs Zellreihen gebildet, von welchen die Zellen der
beiden Grenzreihen größer sind, die der zwei bis drei Paar inneren Reihen kleiner. Die
Zellen des Streifs zeichnen sich hauptsächlich dadurch aus, daß von ihnen eigentümliche
kegelförmige Fortsätze, welche möglicherweise nur verklebte Cilienbüschel sind, frei in
das Kanallumen vorspringen. Ob man sie als spezifische Sinneszellen deuten darf, scheint
fraglich, da ihre Verbindung mit Nerven unsicher ist, ja neben ihnen sogar freie Nervenendigungen beschrieben wurden. — Außer der Masse kleiner Ganglienzellen, welche den
Kanal fast völlig umhüllen und bei den Heteronemertinen mit den Zellen der dorsalen
Cerebralganglien direkt zusammenhängen, sind es Drüsenzellen, die in ansehnlicher Menge
am Aufbau der Organe teilnehmen. Häufig läßt sich eine vordere und hintere Gruppe
solcher unterscheiden (Fig. 493 *A*), von welchen letztere den proximalen Kanal mehr oder
weniger umhüllt. Bei den Heteronemertinen mündet die vordere Gruppe in den Anfang
des Vorraums, die hintere auf der Grenze zwischen den beiden Abschnitten in den Kanal;
doch können die Einmündungen der Drüsenzellen (Metanemertinen) auch weniger lokalisiert
sein. — Eine besondere Auszeichnung besitzt der Vorraum mancher Metanemertinen, indem
sich an seinem Beginn eine sackartige dorsale Ausbuchtung bildet, die namentlich bei *Drepanophorus* zu einem ansehnlichen faltigen Sack wird, der das Organ bis hinten durchzieht.

Interessanterweise findet sich bei der Protonemertinengattung *Tubulanus* (= Carinella)
ein kleines zweites Paar ähnlicher Organe in nächster Nähe der in den Laterallinien liegenden beiden Poren der Protonephridien (s. Fig. 327 *A* 1, S. 479). Es sind flache Grübchen oder
Erhebungen, die aus Wimper- und Drüsenzellen oder nur aus ersteren bestehen und mit
besonderen Muskeln versehen sind, welche wohl zu ihrer Ein- und Ausstülpung dienen. Sie
liegen dicht nach außen von den lateralen Nervensträngen; ihre Innervierung ist unbekannt.

Phylogenetisch bemerkenswert ist, daß auch bei zahlreichen *Chaetopoden*, besonders *Polychaeten*, Organe vorkommen, welche mit den Cerebralorganen der Nemertinen in jeder Hinsicht vergleichbar sind, weshalb ihre Homologie nicht zweifelhaft erscheint. Dies folgt vor allem aus ihrer ganz übereinstimmenden Beziehung zu den Hinterlappen der Cerebralganglien (vgl. S. 488). Diese *Nacken-* oder *Nuchalorgane*, wie sie gewöhnlich genannt werden, finden sich paarig oder auch unpaar auf· der Dorsal- oder Lateralfläche des Prostomiums (zuweilen lateroventral, *Capitelliden*); seltener weit vorn, meist hinter den Augen, häufig auf der Grenze zwischen Prostomium und dem ersten Segment. Wie gesagt, kommen sie vielen Familien der erranten und sedentären Polychaeten zu, ebenso den Archianneliden, nur selten dagegen den Oligochaeten (gewissen Ctenodrilus und Aeolosoma). Die Bauverhältnisse der Nuchalorgane sind viel mannigfaltiger als jene der Cerebralorgane der Nemertinen. Im morphologisch einfachsten Fall (z. B. Nereis, Dióptra) handelt es sich um ein Paar bewimperte rundliche Stellen der Epidermis auf der hinteren Dorsalfläche des Prostomiums, wo das Epithel ansehnlich verdickt und beutelartig eingesenkt ist. In anderen Fällen sind die Organe wohl durch Vereinigung unpaar geworden und finden sich dann in der dorsalen hinteren Kopfzapfenregion in Form einer Erhebung, die entweder lang kammartig erscheint und von einer Anzahl längsgerichteter Wimperrinnen durchzogen wird (s. Fig. 334, S. 488), oder als ein kugelförmiges, gestieltes Gebilde mit einer queren Wimperzone; ja in gewissen Fällen kann ein solcher Basalteil mehrere lange tentakelartige Fortsätze aussenden, die von je zwei Wimperrinnen überzogen werden. Auch als paarige tentakelartige, flimmernde Anhänge sind die Nackenorgane mehrfach beschrieben worden; da aber die gleich zu schildernden eingesenkten Organe nicht selten ausstülpbar sind, so könnte es sich in manchen Fällen auch um vorgestülpte Organe handeln. Sehr häufig haben sich nämlich, ähnlich wie bei Plathelminthen, gruben- bis schlauchartig eingestülpte, paarige Organe entwickelt, die entweder mit einer rundlichen Öffnung oder mit länglich schlitzartiger ausmünden. Einfache gruben- bis becherartige bewimperte Organe dieser Art finden sich bei den *Archianneliden* (Fig. 332, S. 487) und einzelnen *Oligochaeten*, ebenso bei gewissen *Sedentariern* (s. Fig. 333, S. 488) und auch *Dinophilus*, wie hier erwähnt sei. Häufig werden die Gruben schlauchartig und erstrecken sich dann tiefer ins Innere. In letzterem Falle ist meist auch eine Differenzierung der Schlauchwand eingetreten, indem sie nur in ihrem Grunde hohes bewimpertes Epithel besitzt, während das übrige niedrig und cilienlos bleibt. Solch eingesenkte Organe können ein- und ausstülpbar sein (Capitelliden, Polyophthalmus usw.), wozu ein besonderer Muskelapparat dient.

Die nahe Beziehung der Organe zu den Hinterlappen der Cerebralganglien tritt häufig in ähnlicher Weise wie bei den Nemertinen hervor, indem entweder Nerven von diesen Lappen zu einer Lage kleiner Zellen unter den Organen treten, die meist als Ganglienzellen gedeutet wurden, aber wahrscheinlicher die Sinneszellen sind, deren periphere Fortsätze sich zwischen die Wimperzellen erstrecken; oder die Organe verwachsen direkt mit den Hinterlappen des Hirns, so daß die erwähnten kleinen Zellen in letzteres aufgenommen wurden.

Obgleich die feineren Untersuchungen noch viel zu wünschen übrig lassen, wurden doch im Epithel der Organe gefunden: 1) Stützzellen, 2) Wimperzellen, 3) die eben erwähnten Ganglien- oder Sinneszellen, wozu sich häufig noch Drüsenzellen und an gewissen Stellen zuweilen Pigmentzellen gesellen.

Eine sehr eigentümliche Beziehung sollen die Nuchalorgane bei den *Serpuliden* und *Terebelliden* zu dem hier, in der sog. Thoracalregion jederseits ausgebildeten Verbindungsgang der Nephridien erlangt haben, indem letzterer vorn in die Nackenorgane einmünde, so daß diese zum Ausmündungsteil der Nephridialgänge geworden seien.

Ob das unpaare grubenförmige Organ, das sich bei gewissen *Tubificiden* (Bothrioneuron) auf dem Prostomium findet, hieher gehört, ist zweifelhaft.

Den Nuchalorganen der Chaetopoden scheinen die sog. Cerebralorgane (auch Hirn-, Hypophysen- oder Ocularröhren gen.) der *Sipunculiden* zu entsprechen. Bei gewissen (einzelnen Phascolosoma) sind es zwei kopfständige Röhren, die in der Mundhöhle beginnen und sich bis in die Cerebralganglien einsenken. Bei den übrigen münden sie auf der Dorsalseite der Kopfregion, dicht hinter dem Tentakelkranz (Phymosoma) und ihr Epithel, das flimmern kann, ist z. T. schwarz pigmentiert, weshalb die Organe zuweilen als Augen gedeutet wurden. Bei Sipunculus haben sich die Organe in der dorsalen Mittellinie vereinigt, indem sich wohl eine sekundäre röhrenförmige tiefe Einstülpung gebildet hat, die sich bis an die Cerebralganglien erstreckt, während sich die beiden ursprünglichen Röhren sehr reduzierten. Im Grund der röhrenförmigen Organe, der in oder am Hirn liegt, findet sich Sinnesepithel, dessen Bau jedoch nur wenig bekannt ist. Wie gesagt, ist die Homologie dieser Organe mit den Nuchalorganen der Chaetopoden recht wahrscheinlich, obgleich neben ihnen bei gewissen Sipunculiden noch besondere wimpernde Tuberkel beschrieben und als Nuchalorgane gedeutet wurden.

Eine Art Witterungsvermögen (Riechvermögen, chemische Reizbarkeit für Futterstoffe) wurde bis jetzt bei *Lumbricus*, den *Hirudineen* und gewissen Süßwasserplanarien nachgewiesen. Bei ersteren sind es jedenfalls die Sensillen der Epidermis, welche in dieser Weise funktionieren.

Unter den *Oligomeren* besitzen allein die *Chaetognathen* ein den seither besprochenen einigermaßen vergleichbares unpaares Organ, indem sich ein auf der Dorsalseite der Vorderregion, etwa auf der Grenze zwischen Kopf und Rumpf, liegendes sog. Geruchsorgan (*Coronalorgan*) findet (s. Fig. 341, S. 495). Es ist eine etwas erhöhte, rundliche bis längliche Platte, die sich nach vorn bis zwischen die Augen erstrecken kann und nach hinten manchmal weit auf den Rumpf hinabreicht. Es wird von einem Streifen kleiner Zellen gebildet, welche den gewöhnlichen, viel größeren Epidermiszellen aufsitzen, und deren mittlere 2 bis 3 Zellreihen bewegliche Cilien tragen. Diese bewimperten Zellen werden meist als die eigentlichen Sinneszellen gedeutet. Ein vom Cerebralganglion nach hinten ziehendes Nervenpaar versorgt das Organ unter reichlicher Verzweigung. Der feinere Bau bedarf noch genauerer Untersuchung.

3. Mollusca.

In diesem Stamm treten Organe, welchen Riechvermögen zugeschrieben wird, an verschiedenen Körperstellen auf. Bei den luftlebenden *Pulmonaten* funktionieren die *Kopffühler* (hintere Fühler der *Stylommatophoren*) nachweislich in solcher Weise, indem gewisse Gerüche in ziemlicher Entfernung auf sie wirken. Die Enden dieser Fühler sind reichlich mit dichten Anhäufungen von Sinneszellen ausgerüstet, deren eigentlicher Körper unter der Epidermis liegt, während ihr peripherer Fortsatz zwischen die Epidermiszellen eindringt, und hier etwas kolbig angeschwollen endigt (Fig. 494). Der ansehnliche Fühlernerv schwillt an seinem Ende zu einem Ganglion an, von dem nicht nur die Nerven dieser Sinneszellen, sondern auch der Augennerv ausgeht. — Den Süßwasser-pulmonaten fehlt das Ganglion des Fühlers und dessen Sinnes-zellen bleiben jenen der übrigen Haut ähnlich. — Auch die Kopf-fühler der *nudibranchen Opistho-branchier* sind nicht selten eigen-tümlich entwickelt, so z. B. ge-fiedert, und werden meist als *Rhinophore* bezeichnet, da ihnen gleichfalls Riechfunktion zuge-schrieben wird.

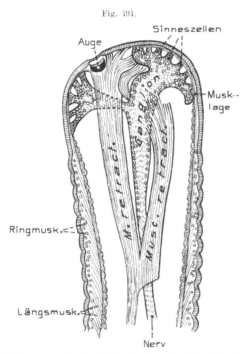

Fig. 494.

Helix pomatia. Kopffühler im Längsdurchschnitt (sche-matisch), zur Demonstration der reichen Anhäufung von Sinneszellen am Fühlerende und des zugehörigen Ganglions (nach FLEMMING 1876). Dr. A. Gerwerzhagen.

Bei vielen *Placophoren*, den *Lamellibranchiern*, *Prosobran-chiern* und *Cephalopoden* finden sich in der Nähe der Kiemen eigentümliche Organe (*Osphra-dien*), die so gelagert sind, daß der Strom des Atemwassers über sie hinstreicht, weshalb sie wohl mit Recht als Organe zu dessen Prüfung betrachtet werden. — Die Osphradien der *Lamelli-branchier* liegen dicht vor dem After und hinter den Kiemen (selten auf deren Innenseite, Nu-culidae) auf der Ventralfläche des Körpers als ein Paar schmaler Querstreifen erhöhten, flimmern-den Epithels, das häufig pigmen-tiert ist (Fig. 495). Die Organe sind also hier in den, von der Einströmungsöffnung (oder dem ventralen Sipho) kommenden Wasserstrom eingeschaltet. — Hinter ihnen, dicht neben dem After, findet sich häufig noch ein Paar papillen- bis tentakelför-

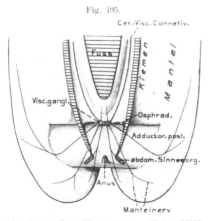

Fig. 495.

Arca barbata (Lamellibranchiate). Hintere Hälfte von der Ventralseite. Schale und Mantel auseinander geschlagen, so daß der hintere Adductor, der After, die Osphradien und die abdominalen Sinnesorgane zu sehen sind. Fuß und Kiemen abgeschnitten. Die Visceralganglien, sowie die von ihnen ausgehenden Nerven eingezeichnet. Gerw.

miger ähnlicher Organe (sog. »abdominale Sinnesorgane«) welche bei den mit Siphonen versehenen Muscheln am Proximalende des Einströmungssipho liegen sollen. Letztere Organe werden von einem Ast der hinteren, von den Visceralganglien kommenden Pallialnerven versorgt, während der Osphradiennerv direkt zum Visceralganglion geht; doch sollen seine Fasern nach gewissen Angaben bis in das Cerebralganglion zu verfolgen sein. Unter jedem Osphradium schwillt der Nerv zu einem Ganglion an, von dem die peripheren Fasern zum Sinnesepithel treten.

An die Osphradien erinnern in mancher Hinsicht auch die bei gewissen *Nuculiden* vorkommenden *Pallialorgane*; Strecken von drüsigem, Sinneszellen führendem Epithel, die paarig

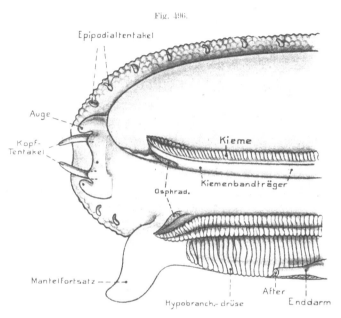

Fig. 496.

an der dorsalen Region des Sipho vorkommen; selten findet sich noch ein ähnliches Organpaar ventral vom vorderen Schließmuskel. Die Deutung als Sinnesorgane ist unsicher.

Haliotis tuberculata. Vorderende von der Dorsalseite. Schale und Manteldecke etwas rechts vom After längs aufgeschnitten und nach links und rechts umgelegt Am Vorderende der beiden Kiemenbänder sieht man die beiden Osphradien (Mit Grundlegung von SPENGEL 1881 und eigenem Präparat.) Gerw.

Organe, welche den Osphradien der Lamellibranchiaten sehr ähnlich sind, finden sich auch bei vielen *Placophoren* jederseits vom After in Einzahl. Sie sind entweder höckerartig oder länger streifenartig und reichen dann nach vorn bis neben die hintersten Kiemen. Bei den *Lepidopleuriden*, denen sie fehlen, findet sich dagegen auf der Außenkante jeder Kieme eine Strecke von Sinnesepithel, die als Geruchsorgan gedeutet wird und mit den eigentlichen Osphradien wohl phylogenetisch nicht zusammenhängt.

Die paarige Bildung solcher Osphradien, sowie ihre nahe Beziehung zu den Kiemen erhält sich noch bei den *zweikiemigen Prosobranchiaten* (*Diotocardia, Aspidobranchia*). Bei den Formen mit gut entwickelten, gefiederten Kiemen (z. B. *Haliotis*, Fig. 496) bilden die Osphradien einen Streifen erhöhten, braun pigmentierten Epithels an der Dorsalseite des doppelt gefiederten, freien Distalteils der Kiemen, die an der Dorsalwand der Mantelhöhle stehen; die Organe setzen sich noch paarig auf den befestigten proximalen Kiementeil fort. — Bei *Fissurella* tritt das Organ kaum deutlich hervor, und bei den *Docoglossen* (*Patella*), deren Kiemen stark rückgebildet sind, erscheint es als kleiner Anhang an ihrer

Lateralseite. — Mit der Rückbildung der rechten Kieme bei den meisten Prosobranchiaten ist auch das rechte Osphradium eingegangen. Das erhaltene linke
hat sich gewöhnlich von der Kieme emanzipiert und liegt an der Decke der Mantelhöhle, links von der Kieme, als selbständiges, ebenfalls häufig braun pigmentiertes Organ. Es bleibt meist kürzer als die Kieme und bildet entweder einen einfachen schmalen erhöhten Epithelstreif oder erscheint wellig, häufig aber doppelt
gefiedert (Fig. 374, S. 522 u. Fig. 497*B*), indem von einer mittleren Achsialleiste

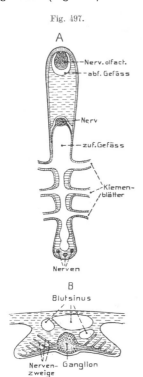

Fig. 497.

A Haliotis. Querschnitt durch
das freie Ende der Kieme mit dem
Nervus olfactorius. — *B* Ranella.
Querschnitt durch das doppelt gefiederte Osphradium. Beides schematisch. (Nach BERNARD 1890.)
                              Gerw.

beiderseits kammartig je eine Lamellenreihe ausgeht. Wegen dieser Bildung wurde das Osphradium
früher meist als die verkümmerte linke Kieme jener
Prosobranchiaten betrachtet. — Der zum Osphradium gehende Nerv zweigt sich in der Regel vom
Kiemennerv ab und bildet fast stets ein sich in der
Länge des Osphradium erstreckendes Ganglion
(s. Fig. 497*B*), von dem die Nervenfasern zu den
Sinneszellen im Flimmerepithel des Organs ziehen.

Bei den zum Luftleben übergegangenen Prosobranchiaten
ist das Osphradium meist geschwunden (*Cerithidae*, *Helicinidae*, *Cyclophoridae*), doch erhielt es sich bei *Cyclo-
stoma*. Den kiemenbesitzenden *Heteropoden* kommt es als
flimmernde Grube an der Kiemenbasis zu. — Unter den
Opisthobranchiern findet es sich bei den *Tectibranchiata*
häufig als einfaches Organ, welches dem der Monotocardier
entspricht; es breitet sich jedoch zuweilen auf die Kieme
aus, wogegen es den *Nudibranchiern* gewöhnlich fehlt. —
Ein unpaares Osphradium kommt ferner den *Pteropoden*
wohl allgemein zu. Das der *Thecosomata* liegt als quer
oder längsverlaufende flimmernde Leiste in der Regel rechtsseitig in der Mantelhöhle; bei den mit gewundener Schale
versehenen (Limacina) hingegen linksseitig. Das Organ
der *Gymnosomata*, deren Mantelhöhle rückgebildet ist, liegt
rechtsseitig, nahe dem Vorderende als eine mehr oder weniger
hufeisenartig gekrümmte Flimmerleiste. Den erwachsenen
stylommatophoren Pulmonaten fehlt es fast stets (eine Ausnahme soll *Testacella* bilden), wird jedoch embryonal angelegt; dagegen besitzen viele *basommatophore Pulmonaten*
ein kleines mit Ganglion versehenes Osphradium (*Lacaze-
Duthiersches Organ*), das selten in der Lungenhöhle, nahe
an deren Öffnung, liegt, meist etwas außerhalb der Öffnung. Es ist häufig schlauchförmig
eingestülpt, so daß das eigentliche Osphradium im Grunde des zuweilen auch gegabelten
Schlauches liegt. Nur am einfach leistenförmigen Osphradium der Prosobranchiate *Paludina*
wurde etwas Ähnliches beobachtet, indem die Leiste eine Reihe schlauchartiger Einstülpungen
besitzt, in welchen ebenfalls Sinneszellen vorkommen. — Auch die früher (S. 135) erwähnte
Hypobranchialdrüse der Prosobranchiaten enthält Sinneszellen, weshalb ihr zuweilen ebenfalls Geruchsfunktion zugeschrieben wird.

Den Osphradien der geschilderten Mollusken entsprechen jedenfalls die bei
den *tetrabranchiaten Cephalopoden* (Nautilus) in ähnlicher Weise an der Kiemen-

basis vorkommenden Organe
(Fig. 498). Zwischen den Basen der beiden Kiemenpaare
liegt jederseits eine Papille (interbranchiales Organ), während sich etwas abanal von
dem dorsalen oder abanalen
Kiemenpaar ein Organ erhebt,
das jedenfalls durch mittlere
Verwachsung zweier ähn-
licher Papillen entstand; dies
erscheint um so wahrscheinlicher, als es in verschiedenem Grad in seine beiden
Komponenten gesondert sein
kann. Diese sog. postanalen
Papillen entsprechen daher
wohl einem zweiten Osphra-
dienpaar, das mehr oder
weniger verwachsen ist. —
Beiderlei Organe besitzen
hohes flimmerndes Epithel und
empfangen Zweige vom Vis-
ceralnerv, was mit der Innervierung der Osphradien der
übrigen Mollusken übereinstimmt. — Außer den be-
schriebenen Organen finden
sich in der Augenregion von
Nautilus noch andere, welchen
ebenfalls meist Riechfunktion
zugeschrieben wird. Oral und
aboral vom Auge erhebt sich
je ein muskulöses, retractiles,
tentakelartiges Gebilde (Augententakel), das einseitig mit
einer Reihe vorspringender
Lamellen besetzt ist, deren
Epithel aus bewimperten und
unbewimperten Zellen besteht.
Die zu den beiden Augententakeln (s. Fig. 499) tretenden
Nerven entspringen von der

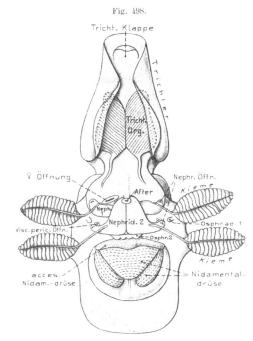

Fig. 498.

Nautilus pompilius.   Mantelhöhle geöffnet, so daß ihre
Vorderwand mit dem Trichter, den beiden Kiemenpaaren, den
Osphradien usw. zu sehen ist. (Nach WILLEY 1900.)   Gerw.

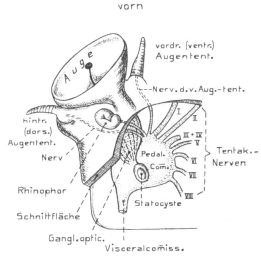

Fig. 499.

Nautilus pompilius.   Augenregion von rechts mit den
beiden Augententakeln und dem Rhinophor.   Das Auge ist etwas
nach oben herumgeklappt und ein Teil des Zentralnervensystems
frei präpariert.   Dasselbe zeigt die Statocyste, das Ganglion
opticum, sowie die Nerven zu den Augententakeln, dem Rhinophor und die Tentakelnerven I—VIII. (Nach WILLEY 1900, etwas
schematisiert.)   Gerw.

Pedalcommissur, als die dorsalsten in der Reihe der Kopftentakelnerven, weshalb es wahrscheinlich ist, daß diese Augententakel den Kopftentakeln homolog sind. Caudal (oder anal) vom Auge entspringt ein papillenartiges Gebilde, an dessen Basis sich ein ziemlich tiefer flimmernder Schlauch einsenkt. Diesem sog. *Rhinophor* wird ebenfalls Riechfunktion zugeschrieben. Der es versorgende Nerv entspringt dicht beim Nervus opticus und geht wahrscheinlich vom Cerebralganglion aus (s. Fig. 383, S. 529 u. Fig. 499). Wie nachgewiesen, vermag Nautilus seine Beute auf verhältnismäßig große Entfernungen zu wittern.

Die *Dibranchiaten* besitzen stets ein Paar Organe, welche den erwähnten Rhinophoren der Tetrabranchiaten entsprechen dürften. Sie stehen im allgemeinen lateral und etwas dorsal über den Augen (Fig. 500), am Eingang in die Mantelhöhle oder sogar ein wenig in letztere hineingerückt. Bei den *Octopoden* sind sie ein wenig nach vorn verschoben (oder nach der üblichen Bezeichnungsweise dorsal), so daß sie nahe der Stelle liegen, wo der Mantelrand in die Vor-

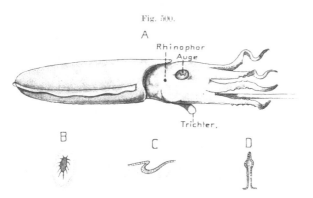

Fig. 500.

Dibranchiate Cephalopoden; Osphradien. *A—C* Sepia elegans: *A* Ganzes Tier von rechts; *B* das Osphradium von außen, stärker vergrößert, *C* Längsschnitt durch das Osphradium. — *D* Chiroteuthis, schematischer Längsschnitt durch das Osphradium. (Nach WATKINSON 1909.) Gerw.

derfläche des Eingeweidesacks übergeht. Ihrer Lage nach wären die Dibranchiatenorgane also sehr geeignet zur Prüfung des in die Mantelhöhle einströmenden Wassers, was ja auch für die Tetrabranchiaten-Osphradien gilt. Die Organe sind teils flimmernde eingesenkte Grübchen (Fig. 500 *A—C*), deren Öffnung sich wegen der muskulösen Beschaffenheit der Haut erweitern und verengern kann, wie auch die Grube sich zu vertiefen und abzuflachen vermag, ja bei gewissen Formen (besonders Octopoden) sogar mehr oder weniger ausstülpbar ist. Durch flache Gruben mit vorspringendem Rand (Loligo) gehen sie schließlich in frei über die Hautfläche sich erhebende papillenartige (gewisse Octopoden: Argonauta, Tremoctopus und Ögopsiden) bis tentakelartige (Bolitaena, Chiroteuthis Fig. 500 *D*) über. Die Organe erinnern demnach in vieler Hinsicht an die Rhinophore von Nautilus. — Das hohe Epithel der Grube oder der freien Organe besteht aus Flimmerzellen, zwischen denen sich zahlreiche nicht flimmernde finden, die einen eigentümlichen knäuelartig gebauten Körper enthalten.

Daß letztere Zellen Sinneszellen seien, ist unwahrscheinlich; sie dürften vielmehr wohl eigentümliche Drüsenzellen sein, wie sie sich auch in der Rhinophorgrube von Nautilus reichlich finden.

Zu den Rhinophoren der Dibranchiaten tritt ein Nerv, der meist direkt vom Nervus opticus abzweigt (jedoch nicht, wie S. 529 fälschlich erwähnt, von der ganglienähnlichen Anschwellung, dem Ganglion pedunculatum, sondern neben diesem). Zuweilen kann der Ursprung dieses Nervus olfactorius auch vom Nervus opticus abgerückt sein. Ob seine Fasern in letzter Instanz vom Cerebral- oder Visceralganglion entspringen, ist unsicher.

Die Rhinophore der Cephalopoden wurden wegen ihrer Lage und Innervierung zuweilen den Kopffühlern der Gastropoden homologisiert; ob dies richtig, bedürfte genauerer Feststellung. Die Muskellosigkeit der Rhinophorpapille von Nautilus spricht eher gegen eine solche Deutung.

Aus vorstehender Darlegung folgt, daß sich bei den Mollusken zweierlei Typen von Geruchsorganen finden: einmal die fühlerartigen Rhinophore, welche vom Cerebralganglion innerviert werden und dann die mit den Kiemen in Beziehung stehenden Osphradien, welche ihre Nerven von der Visceralcommissur empfangen. Wenn sich gewisse dieser Organe mit jenen der Würmer homologisieren ließen, so könnten wohl nur die Rhinophore in Betracht kommen, während die Osphradien Organe sind, die sich jedenfalls erst im Molluskenstamm hervorbildeten. — Geruchsvermögen wurde bei gewissen *Gastropoden* (*Helix*) und *Cephalopoden* physiologisch erwiesen.

4. Chordata.

a) Tunicata.

Bei der Schilderung des Nervensystems (S. 544) wurde schon der *Flimmer-* oder *Wimpergrube* (auch Flimmertrichter) gedacht, die bei allen Formen, deren Entwicklung genauer bekannt ist, an der Stelle des ursprünglichen Neuroporus aus dem vordersten Teil des Neuralkanals hervorgeht; doch scheint die Möglichkeit nicht ausgeschlossen, daß sich auch das äußere Ectoderm durch Einsenkung an ihrem Aufbau beteiligt. Da die Entwicklungsverhältnisse der Flimmergrube und des sie caudalwärts fortsetzenden Flimmergrubenkanals, sowie ihre Beziehung zum Cerebralganglion, schon früher geschildert wurden, so sei darauf verwiesen. Die Flimmergrube, welche meist als eine riechorganartige Bildung gedeutet wird (obgleich physiologische Beweise dafür fehlen), findet sich daher bei allen Tunicaten als ein unpaares Organ, und zwar in der Regel etwas vor dem Ganglion, gewöhnlich in der dorsalen Mittellinie des respiratorischen Darms (Kiemendarms), in dessen vorderster, wahrscheinlich überall ectodermaler Region. Sie steht in naher Lagebeziehung zu den paarigen Wimperbogen oder Wimperrinnen, die, wie später genauer zu schildern ist, an der Innenfläche des Kiemendarms von der ventralen Mittellinie dorsal bis in die Gegend der Grube emporsteigen, jedoch nur selten mit ihr in Verbindung zu stehen scheinen (gewisse Ascidien, Doliolum). Im einfachsten Fall (*Copelaten*; s. Fig. 394, S. 545 u. Fig. 501 *A*) ist die Grube ein etwa trichter- bis schlauchförmiges, dorsal aufsteigendes Gebilde, das mit rundlicher bis länglicher Öffnung in den Kiemendarm mündet. Sie liegt bei den Copelaten ausnahmsweise asymmetrisch, rechtsseitig neben oder vor dem Ganglion. Ihr blindes Ende kann dorsal über dem Ganglion lang kanalartig und fein zugespitzt auslaufen, wobei es sich dem dorsalen Körperepithel meist dicht anlegt.

Wie überall bestehen die Grube und der Kanal aus einem einschichtigen Epithel, dessen Zellen im distalen, die eigentliche Grube darstellenden und erweiterten Abschnitt ansehnliche Cilien oder Cilienbüschel tragen, während der kanalartige Fortsatz umbewimpert ist und manchmal nur aus wenigen Zellen besteht. Überhaupt wird das Organ der Copelaten nur von relativ wenigen Zellen gebildet. Der Zutritt eines Nervs vom Cerebralganglion zur Wimpergrube wurde mehrfach angegeben.

Einfache, ja vielleicht noch primitivere Verhältnisse finden wir bei *Doliolum*, dem sich auch die *Thaliacea* anschließen. Die Wimpergrube von *Doliolum* liegt

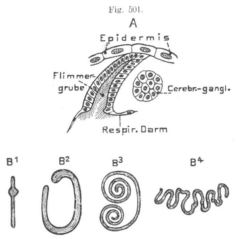

als ein trichterartiges Gebilde ziemlich weit vor dem Ganglion und öffnet sich am Dorsalende des linken Wimperbogens. Vom Hinterende der eigentlichen Grube entspringt der lange und feine unbewimperte Kanal, der ziemlich weit nach hinten zieht und in einen warzenartigen Fortsatz der vorderen Ventralfläche des Ganglions übergeht. Eigentlich nervöse Struktur wurde jedoch in der Kanalwand nicht beobachtet.

In der Ontogenese der *Salpen* scheint vorübergehend ein ähnlicher Zustand wie der von *Doliolum* aufzutreten, welcher sich später dadurch vereinfacht,

Fig. 501.

A Copelate (Oicopleura cophocerca). Längsschnitt durch die Flimmergrube und das Cerebralganglion (nach Seeliger, Bronn, Kl. u. O.). — B ¹⁻⁴ Einmündungsstellen der Flimmergrube in den respirator. Darm bei verschiedenen Ascidien in Flächenansicht: *B* ¹ Polycarpa pilella, *B* ² Ascidia falcigera, *B* ³ Cynthia cerebriformis, *B* ⁴ Ascidia translucida. (Nach HERDMAN aus Bronn, Kl. u. O.)   v. Bu.

daß der dem Kanal entsprechende, hintere Teil des Organs verschwindet, während sich der distale, bewimperte und trichterförmige Teil, die eigentliche Wimpergrube, erhält. Letztere mündet mehr oder weniger weit vor dem Ganglion aus und reicht als trichter- oder schlauchförmige Bildung entweder bis zum Ganglion nach hinten oder endet in verschiedener Entfernung vor ihm. Es wurden jedoch zarte Nerven beschrieben, die vom Ganglion zur Wimpergrube ziehen, ja sogar auf ihrer Wand einen Plexus von Nervenzellen und Fasern bilden sollen.

Das Wimperorgan der *Ascidien* und *Pyrosomen* erscheint dadurch kompliziert, daß der wohl stets vorhandene Kanal einen drüsigen Anhang, die *Neuraldrüse* besitzt, welche den seither besprochenen Formen fehlt. Die Wimpergrube öffnet sich meist in einiger Entfernung vor dem Ganglion und ist in einfachen Fällen, wie auch bei Pyrosoma, ein schief aufsteigender flimmernder Schlauch, der nach hinten gegen die Ventralfläche des Ganglion zieht. Bei *Pyrosoma*, wo der Kanal nur wenig diffenziert ist (doch ist der hintere Abschnitt wimperlos), legt sich das Organ der ventralen Hirnfläche dicht an. — Bei den *Ascidien* kompliziert

sich die Wimpergrube häufig sehr, vor allem bei den größeren Monascidien. In
der Regel bleibt sie nicht einfach trichter- oder schlauchförmig, sondern erscheint entweder seitlich komprimiert oder von vorn nach hinten zusammen-
gepreßt, so daß ihre Öffnung sowie ihr Querschnitt mehr oder weniger schlitzartig
werden. Diese Komplikation kann dadurch sehr gesteigert werden, daß sich der
Querschnitt der Grube bogen- bis schleifenartig krümmt oder selbst einrollt
(Fig. 501 $B^1—B^4$). Auf solche Weise nimmt besonders die Grubenöffnung eine
recht komplizierte, häufig asymmetrische bis unregelmäßige Form an, die sich
natürlich gegen die Übergangsteile in den Kanal vereinfachen muß. In seltenen
Fällen kann sich hieraus sogar eine Auflösung der Mündung in eine Anzahl gesonderter Öffnungen hervorbilden (*Cynthia irregularis*). Der Bau der Grube zeigt
jedoch weitgehende Variationen, selbst bei derselben Art. Ausgekleidet wird sie
stets von Flimmerepithel. — Der ihr Hinterende fortsetzende Kanal scheint nie
zu fehlen und zieht sich in verschiedener Länge, meist dicht an der Ventralfläche
des Ganglions hin, kann jedoch auch seitlich rücken, ja bei einigen Arten sogar dorsal über das Ganglion (Fig. 395, S. 546); hinten geht er zuweilen direkt in die
Gehirnmasse über (s. Fig. 395 *A*), oder vereinigt sich mit dem früher geschilderten Ganglienzellenstrang. Er wird von unbewimperten Epithelzellen gebildet.

Besonders eigentümlich verhält sich der Kanal von *Phallusia mammilata* und einigen
*Ascidia*arten, wo er auch sehr lang werden kann. Hier sendet er seitliche Ästchen aus,
die sich sekundär verzweigen können und wenigstens zum Teil durch flimmernde Erweiterungen in die Peribranchialhöhle münden. Diese Öffnungen mit der Wimpergrube zu
vergleichen, scheint aber nicht gerechtfertigt. Bei Phallusia soll sich die Öffnung der Wimpergrube im Alter rückbilden, so daß das Sekret des Kanals zur Peribranchialhöhle abgeleitet wird.

Eine *Neuraldrüse* (vgl. Figg. 395, 396, S. 546/47) tritt schon bei Pyrosoma
auf als eine kleine, von drüsigen Zellen gebildete, im Alter solide Aussackung der
ventralen Kanalwand. In ähnlicher Beschaffenheit wiederholt sie sich bei zahlreichen kleinen Ascidien, scheint aber zuweilen nur eine drüsige Stelle oder Erweiterung des Kanals zu sein, die sich an seinem Hinterende oder in seinem
Verlauf bildet. Wenn die Drüse größer und komplizierter wird, wie bei den
Monascidien, so entwickelt die aus der ventralen Kanalwand hervorgehende Ausstülpung sekundäre, zuweilen verzweigte, acinöse bis tubulöse Aussackungen, deren
Epithel gleichmäßig oder nur im Grunde der Aussackungen drüsig modifiziert erscheint. An der Bildung solch komplizierter Drüsen beteiligen sich auch das
Bindegewebe und die Blutlacunen. — Wegen der Einschaltung der Drüse in
den Kanal, läßt dieser dann gewöhnlich drei Abschnitte unterscheiden: 1) den
vor der Drüse gelegenen, 2) den mit der Drüse verbundenen und 3) den caudal
gelegenen, der häufig in den Ganglienzellenstrang übergeht.

In einzelnen Fällen scheint die Drüse rückgebildet zu werden, worauf sich selten an
ihrer Stelle accessorische Nebendrüsen entwickeln (Phallusia mammillata). Im Drüsensekret
finden sich bei den Ascidien zahlreiche abgestoßene Epithelzellen, die offenbar allmählich
zerfallen. Über die Funktion der Drüse ist Sicheres nicht ermittelt; sie wurde als Schleimdrüse oder sogar als Exkretionsorgan gedeutet. Gerade bei den Ascidien fehlen bis jetzt

Beobachtungen über die Innervation der Wimpergrube, obgleich ihre Auffassung als Riechorgan für wahrscheinlich erachtet wird, wofür, abgesehen von ihrem allgemeinen Bau, namentlich die Lage im Zustrom des Atemwassers spricht.

Auf die häufig erörterten Beziehungen der geschilderten Organe zu denen der Wirbeltiere kann erst bei letzteren eingegangen werden.

b) Vertebrata.

Acrania. Wie schon bei der Beschreibung des Nervensystems hervorgehoben
wurde (S. 549), bildet sich bei *Branchiostoma* auf dem Kopfscheitel eine flimmernde
grubenförmige Einsenkung der Epidermis, in deren Grunde der Neuroporus
mündet. Durch das Vorderende der Dorsalflosse wird diese *Koellikersche Flimmergrube* (Riechgrube) später linksseitig verschoben. Beim Erwachsenen (s. Fig. 398,
S. 550) öffnet sich der Hirnventrikel nicht mehr in der Grube nach außen, dagegen erhebt sich die dünne dorsale Decke der Hirnblase vorn zu einem kurzen
Fortsatz (Recessus neuroporicus, Lobus olfactorius), der sich zwischen die Epithelzellen des Riechgrubengrundes einzuschieben scheint. Ein besonderer Nerv (Olfactorius), der von der Hirndecke zur Grube geht, scheint nach den neueren Beobachtungen nicht zu existieren, wurde jedoch früher öfter beschrieben (s. S. 608),
ja sollte sogar zuweilen paarig vorhanden sein. Gewissen Acranierformen (*Epi-
gonichthys* und *Asymmetron*) fehlt die Grube.

Unsicher erscheint auch, ob zwischen den Wimperzellen der Grube oder in deren
Grund besondere Sinneszellen vorkommen, wie sie manche Beobachter erwähnen. Daß die
Riechgrube nach ihrer Entstehung und sonstigen Bildung jener der Tunicaten recht ähnlich
ist, läßt sich kaum leugnen; daß sie bei letzteren in den ectodermalen Vorraum des Kiemendarms gerückt ist, dürfte als sekundäre Bildung unschwer zu verstehen sein. Die Homologie der Wimpergrube der Acranier mit dem Nasenorgan der Cranioten wurde jedoch auch
geleugnet, vielmehr die bei der Mundhöhle zu besprechende *Hatschecksche Grube* mit letzterem homologisiert. Näheres hierüber später. Bemerkenswert erscheint, daß manche Individuen von *Branchiostoma* auch rechtsseitig eine ähnliche kleinere Grube besitzen sollen.

Craniota. Das Geruchsorgan der *Cyclostomen* besitzt wegen seiner in gewissem Sinne vermittelnden Stellung zwischen jenem der Acranier und dem der
Gnathostomen hohes Interesse, doch bleibt in seinen Beziehungen einteilen noch
vieles dunkel. Es wird zuerst als eine unpaare verdickte Ectodermstelle (Riechplatte oder -placode) an der vorderen Körperspitze des Embryos angelegt, und
zwar an der Stelle des geschlossenen Neuroporus oder ein wenig ventral von derselben (Myxinoiden). Diese unpaare Anlage (s. Fig. 502 *A*) sowie ihre Entstehungsweise erinnern an die Riechgrube der Acranier. Die Riechplatte verschiebt sich
dann auf die ventrale Kopffläche vor die Mundanlage und stülpt sich dorsalwärts
zu einer gruben- bis schlauchartigen Bildung ein, während sich dicht hinter ihr eine
zweite ähnliche Einstülpung entwickelt (Hypophysenanlage), welche mit der Riechgrube durch eine Längsrinne zusammenhängt. Bei den *Myxinoiden* (Bdellostoma)
ist diese Rinne viel länger als bei *Petromyzon*, so daß die beiden Einstülpungen
weit voneinander entfernt sind. Diese Rinne der *Myxinoiden* schließt sich durch
Entwicklung und Verwachsung zweier seitlicher horizontaler Falten zu einem
horizontal verlaufenden Rohr ab, das nur vorn eine Öffnung, die künftige. äußere

Nasenöffnung bewahrt. Später erhält auch das Hinterende dieser Röhre, das aus
der Hypophyseneinstülpung hervorging, eine Öffnung in den Vorderdarm. —
Bei *Petromyzon* (s. Fig. 502 *B*) dagegen rücken die, sich tiefer einsenkenden Anlagen der Nase und des Hypophysenschlauchs allmählich auf die Dorsalseite des
Kopfes hoch hinauf, wobei der Schlauch zu einer langen Röhre auswächst, die das

Hirn vorn ventral-
wärts umgreifend,
durch die Hypo-
physenöffnung der
ventralen Schädel-
fläche hindurchtritt
und zwischen Chor-
da und Schlund et-
wa bis zur zweiten
Kiementasche zieht
(s. Fig. 128, S. 228
u. 503/4), aber *kei-
ne* Öffnung in den
Schlund   erhält.

Schon früher
(S. 566) wurde her-
vorgehoben,   daß
sich die eigentliche
Hypophyse der Cy-
clostomen aus dem
Hinterende des Hy-
pophysenschlauchs
entwickelt,   woher
dessen   Bezeich-
nung stammt.

Bei den Cyclo-
stomen bildet sich
demnach auf die
geschilderte Weise

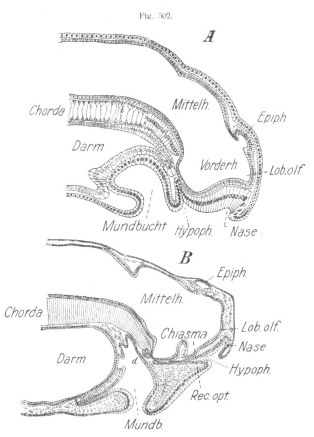

Fig. 502.

Petromyzon planeri. (Larve. Ammocoetes). Medianschnitte durch den
Kopf. *A* eben ausgeschlüpfte Larve. *B* Larve von 4 mm Länge. (Nach
KUPFFER 1894, aus GEGENBAUR. Vergl. Anat.)

als Geruchsorgan ein langes Rohr, das in seinem vorderen Teil aus der eigentlichen Naseneinstülpung, in seiner Fortsetzung aus dem Hypophysenschlauch
(Ductus nasopharyngeus, Nasengaumengang) besteht.

Bei *Petromyzon* führt die hoch auf dem Scheitel gelegene enge Nasenöffnung
(s. Fig. 503, *1* u. Fig. 504) in einen, jedenfalls durch sekundäre Einstülpung entstandenen, mäßig langen unbewimperten Vorraum (Nasenrohr), von dessen Ende
sich dorsocaudal der eigentliche, schwarzpigmentierte Nasensack ausstülpt, während
sich der Vorraum in den Hypophysenschlauch fortsetzt, dessen blindes Hinterende
etwas sackartig erweitert ist. Auf der Grenze von Vorraum und eigentlichem

Nasensack erhebt sich in das Lumen eine schief aufsteigende Klappe, welche das
Eindringen von Fremdkörpern abwehrt. — Der Nasensack wird von einer Knorpel-

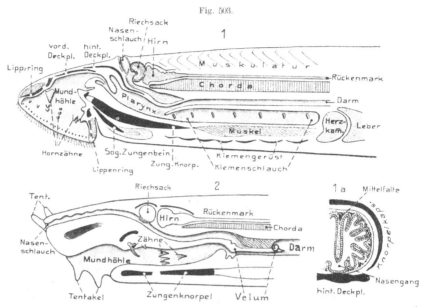

Fig. 503.

1. Petromyzon fluviatilis; *2*. Myxine glutinosa. Kopfregion in der Medianebene halbiert, rechte
Hälfte in Ansicht auf die Schnittfläche. *1 a*. Petromyzon fluviatilis, Querschnitt des Riechsacks
etwa in seiner mittleren Region.   Orig. O. B.

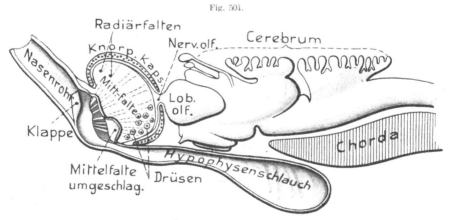

Fig. 504.

Petromyzon fluviatilis. Nasenorgan in nahezu medianem Sagitalschnitt von links gesehen. Der
Riechsack etwas linksseitig von der mittleren Hauptfalte getroffen, so daß diese in Flächenansicht zu sehen;
ihr freier Rand ist unten etwas umgeschlagen, um Einsicht in die rechte Hälfte des Sacks mit seinen Riechfalten zu gewähren, die soweit sie durch die Mittelfalte verdeckt werden, in Strichlinien angedeutet sind.
Hirn und Chorda eingezeichnet. (Nach KÄNSCH 1877, PARKER und HASWELL, sowie eigenem Präparat.)
                                                    O. B. u. v. Bu.

kapsel umschlossen, deren schon beim Schädelskelet gedacht wurde (s. Fig. 127 u.
28, S. 227/8). Sowohl die Ontogenie als der definitive Bau ergeben bei beiden Abteilungen, daß das fertige Nasenorgan eine paarige Bildung ist, indem sich aus dem

ursprünglich unpaaren Nasensäckchen zunächst zwei laterodorsale sekundäre Säcke
hervorstülpen, deren Wand hierauf durch sekundäre Ausstülpungen eine erhebliche
Zahl Längsfalten bildet, wodurch der paarige Bau wieder etwas verwischt wird
(Fig. 503, *1a* u. 504).

Die viel ansehnlichere Entwicklung der ursprünglichen Mittelfalte, welche die beiden
primitiven Nasensäcke voneinander scheidet, namentlich aber der Umstand, daß diese beiden
Säcke sich bei Petromyzon sowohl distal als proximal über die Einmündungsstelle in das
Nasenrohr vorstülpen, so daß hier die sekundären Säcke zu abgeschlossenen Ausstülpungen
werden, macht die paarige Bildung deutlich. — Sinnes- und Wimperepithel findet sich nur
im Innern der sekundären Säcke. Drüsige, follikelartige Gebilde treten bei Petromyzon am
Grunde der Nasensäcke auf.

Im Gegensatz zu den Petromyzonten liegt die Nasenöffnung der *Myxinoiden*
am vorderen Körperende dicht über der Mundöffnung (Fig. 503, *2*), womit wohl zusammenhängt, daß hier die Nasenröhre lang röhrenförmig ausgezogen ist und der
eigentliche Nasensack etwa in der Mitte des ganzen Organs liegt. Er bildet hier
nur eine relativ mäßige Anschwellung der Röhre. Die Ontogenie (*Bdellostoma*) verrät ebenfalls, daß ursprünglich zwei Nasensäcke aus der unpaaren Anlage hervorgestülpt werden; im erwachsenen Zustand ist dies wenig deutlich Die Dorsalwand des Nasensacks bildet eine mäßige Zahl von Längsfalten und enthält ein
Knorpelgerüst, während die Wand des Vorraums von zahlreichen Knorpelringen
gestützt wird; auch bei Petromyzon enthält seine Wand Knorpel. Die mit einer
Klappe versehene Mündung des Nasengaumengangs in den Schlund liegt dicht am
Vorderende des sog. Velums.

Daß der Nasensack der Cyclostomen aus einer unpaaren Anlage in eine
paarige übergeht, wird auch durch die paarigen Nervi olfactorii (S. 565) bestätigt.
Das ontogenetisch vorübergehende Vorkommen eines unpaaren Nervs hat sich nicht
bestätigt.

Die mitgeteilten Ergebnisse machen es wahrscheinlich, daß die unpaare Geruchsgrube
der Acranier, die Nasensäcke der Cyclostomen und die paarigen Nasenorgane der Gnathostomen homologe Gebilde sind. Sehr schwierig erscheint dagegen die Beurteilung des Hypophysenschlauchs. Die Verbindung des Nasenorgans mit letzterem trug jedenfalls wesentlich
dazu bei, daß seine paarige Bildung zurücktritt. Häufig wurde der Hypophysenschlauch mit
dem *Flimmergrubenkanal* der Tunicaten (s. S. 701 ff.) homologisiert und die Neuraldrüse der
letzteren der eigentlichen Hypophyse verglichen. Da jedoch die beiderlei Organe der Tunicaten wenigstens in ihrem Hauptteil aus dem Neuralrohr selbst hervorgehen, so können sie
schwerlich mit dem Hypophysenschlauch der Cyclostomen identifiziert werden. Ob sich bei
den Acraniern etwas mit ihnen Vergleichbares findet, soll später bei der Mundhöhle erörtert
werden. Wahrscheinlich dürfte es sein, daß die Entwicklung und das spätere Verhalten des
Ductus nasopharyngeus der Myxinoiden die primitivere Bildung darstellt.

Gnathostomen. Die höheren Wirbeltiere unterscheiden sich durch die stets
scharf ausgeprägte Paarigkeit ihrer Nasenorgane (Amphirhinie) von den Acraniern
und Cyclostomen (Monorhinie). Die Organe treten schon embryonal fast stets als
paarige Riechplatten am vorderen Kopfende auf, rechts und links vom ehemaligen
Neuroporus.

Immerhin wurde bei gewissen Fischen (*Spinax, Polypterus*) eine unpaare Riechplatte gefunden, aus der durch seitliche Verdickungen erst die paarigen Anlagen entstehen, weshalb deren Herleitung aus ursprünglicher Monorhinie durch Vermittlung cyclostomenartiger Zustände nicht unmöglich scheint. Vielleicht läßt sich damit auch die Verbindung der Nasengrubenanlagen von *Ceratodus* durch eine Querfurche in Zusammenhang bringen. Daß die paarige Sonderung der Organe bei den Erwachsenen auch eine ontogenetisch doppelte Anlage hervorrufen konnte, und daß die Nervi olfactorii paarig wurden, ist unschwer begreiflich; schon bei den Cyclostomen ist die Paarigkeit der Riechnerven verständlich, ja notwendig, da ihre Fasern von den Riechzellen entspringen und diese auf die beiden Riechsäcke verteilt sind, was die Paarigkeit der Nerven hervorrufen mußte. — Die gelegentlich versuchte Homologisierung der paarigen Geruchsorgane mit einer vordersten Kiemenspalte wurde bald verlassen; dagegen wird ihre Vergleichung mit einer der früher bei den Hirnnerven beschriebenen Placoden (s. S. 624), ja sogar der Augenlinse, die häufig gleichfalls als eine epibranchiale Placode angesprochen wird, noch vielfach festgehalten. Daß aber eine Beziehung der Nasen- und Ohrgrube zur Linsengrube bestehe, ist doch recht unwahrscheinlich, da die Linse zweifellos ein Organ ist, das sich selbständig im Dienste der paarigen Augen entwickelte.

Ein weiterer Charakter aller Gnathostomen ist ferner, daß die Geruchsorgane keine Beziehung mehr zu einem Hypophysenschlauch oder der Hypophyse besitzen.

Nur in der Ontogenie von Acipenser und der Amphibien finden sich eigentümliche Verhältnisse, indem hier die Hypophyseneinstülpung auf der Dorsalseite des Kopfes dicht am Neuroporus entsteht und, ähnlich dem Hypophysenschlauch von Petromyzon, um das Vorderhirn ventralwärts herumgreift, um durch eine Öffnung in den Vorderdarm zu münden. Nur dieser hintere Teil des Schlauchs bleibt erhalten und wird unter Abschnürung vom Darm zur Hypophyse. Diese Ähnlichkeit mit den Cyclostomen ließe sich, wie schon S. 566 bemerkt, so deuten, daß sich bei den Gnathostomen nur der hintere, zur Hypophyse werdende Teil des Hypophysenschlauchs der Cyclostomen erhält und daher die Ausstülpungsöffnung der Hypophyse bei ihnen der Einmündungsstelle in den Darm bei Myxinoiden entspräche; doch steht dem entgegen, daß die Hypophyse der Gnathostomen sich stets aus dem Ectoderm des späteren Mundhöhlendaches entwickelt. — Jedenfalls muß aber der Hypophysenschlauch bei den Gnathostomen seine Verbindung mit den paarig auseinandergetretenen Nasenorganen aufgegeben haben, was sich aus dem erwähnten Vorgang in gewissem Grade erklären ließe.

Die Geruchsorgane der Fische beharren auf einer primitiven Entwicklungsstufe, indem sich die Riechplatten einfach zu einer Riechgrube vertiefen, welche nur in gewissen Fällen und auf besondere Weise eine Verbindung mit der Mundhöhle erlangen kann. Die anfänglich etwas lateral, zwischen den Augen und der vorderen Kopfspitze, auftretenden Organe verlagern sich bei fast allen *Chondropterygiern* und den *Dipnoi* dauernd auf die Ventralseite der Schnauze vor den Mund, was wohl in Rücksicht auf die Cyclostomenentwicklung einen ursprünglichen Zustand darstellt. — Bei *Ganoiden* und *Teleosteern* rücken sie dagegen aus der ursprünglichen Lage auf die dorsale Schnauzenfläche (nur bei den fossilen Ganoiden *Osteolepidae* scheinen sie ventral verblieben zu sein). — Wie schon früher (S. 225) erörtert wurde, bildet sich um jede Riechgrube eine Knorpelkapsel, die sich mit der ethmoidalen Schädelregion vereinigt, so daß die Riechorgane in Gruben oder Kapseln des Primordialcraniums eingelagert und bei den Teleosteern von Knochen mehr oder weniger geschützt werden; sie liegen hier in der Regel etwa zwischen den Nasalia und den Pleuroethmoidea.

Die Geruchsorgane der *Chondropterygier* und *Dipnoer* bieten besonderes Interesse, weil sie die nächsten Beziehungen zu denen der Tetrapoden zeigen. Wie bemerkt, liegen sie bei den Chondropterygiern fast stets auf der Ventralfläche der Schnauze, in geringer oder ansehnlicherer Entfernung vor dem queren Mund (Fig. 505, 2a, 3). Wenn letzterer, wie bei den *Holocephalen* (Fig. 505, 1) und *Chlamydoselache*, an das Vorderende der Schnauze rückt (oder letztere nur wenig über den Mund vorspringt), so liegen die Organe ebenfalls vorn, dicht über dem Mund und sind bei den *Holo-*

Fig. 505.

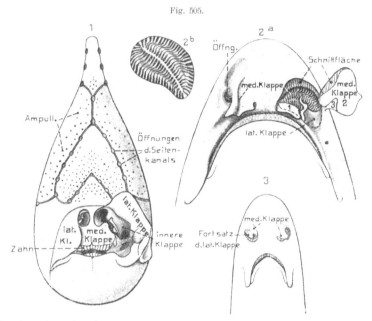

Chondropterygier, Geruchsorgane. *1.* Chimaera monstrosa, Kopf von vorn. Die laterale Klappe des linken Geruchsorgans ist nach außen umgeschlagen, so daß man in die zuführende Region hineinsieht. *2.* Scyllium stellare. *2a.* Kopf von der Ventralseite. Rechts Geruchsorgan in seiner unveränderten Beschaffenheit, der Eingang in die Nasengrube durch die Medialklappe fast völlig verdeckt. — Links die Medialklappe innen und vorn abgeschnitten (Schnittfläche schraffiert) und nach außen umgeklappt, so daß man in der Tiefe den Boden der Grube erblickt. Der Umfang der Grube ist durch eine punktierte Linie angegeben. — 1) Klappenartiger Fortsatz am Oralrand der Nasengrube; 3) ähnlicher Fortsatz an der Medialklappe (2). — *2b.* Der Boden der Nasengrube in ganzer Ausdehnung und in derselben Lage wie auf *2a*, stärker vergrößert, um die Riechfalten und ihre Anordnung zu zeigen. — *3.* Mustelus laevis (jung). Kopf von der Ventralseite; die mediale Klappe der rechten Nasengrube umgeschlagen.   O. B.

cephalen nahe zusammengerückt, was an die Verhältnisse der Tetrapoden erinnert. Bei *Chlamydoselache* sind sie, ähnlich wie bei *Ganoiden*, dorsolateral verschoben. — Wenn die Nasengruben weit vor dem vorderen Mundrand liegen (zahlreiche Haie, z. B. *Mustelus*, Fig. 505, 3), so zeigen sie keinerlei Beziehungen zum Mund; wenn sie dagegen letzterem nahe rücken (viele Haie, Rochen, Holocephala), so zieht von ihrer Mündung eine Rinne gegen die Seiten des vorderen Mundrands und mehr oder weniger deutlich in die Mundhöhle hinein (Fig. 505, 2a). Die Nasengrube ist etwa quer bis schief oval und ihre äußere Mündung stets mehr oder weniger von einer ringförmigen Hautfalte überdeckt, die sich im Umkreis ihres Eingangs entwickelt. — Bei den *Chondropterygiern* vergrößert sich der mediane Teil dieser Falte (Klappe)

45*

meist stark und legt sich lateralwärts klappenartig über den Naseneingang mehr
oder weniger hinüber. Wenn eine Nasenmundrinne vorhanden ist, so wachsen
die beiden Medianlappen zusammenhängend gegen den vorderen Mundrand aus
(Fig. 505,*1*, *2a*), so daß ihre Seitenteile die Rinnen überdecken. Diese Lappen
erinnern dann lebhaft an den später zu beschreibenden Stirnnasenfortsatz der Amnioten (vgl. Fig. 514, S. 717).

Auch eine laterale Nasenklappe entwickelt sich bei den Chondropterygiern
mehr oder weniger und wird zuweilen ziemlich kompliziert. Bei *Chimaera* (Fig. 505, *1*),
mit ihren dicht zusammengerückten Nasengruben ist diese laterale Klappe groß und
kompliziert; sie legt sich medianwärts über die mittlere, so daß die Nasenrinne durch
sie noch mehr abgeschlossen wird und
gleichzeitig viel tiefer in die Mundhöhle
hineinführt. Die erwähnten Klappenbil-
dungen können besondere Knorpel enthalten, sowie eine eigene Muskulatur besitzen.

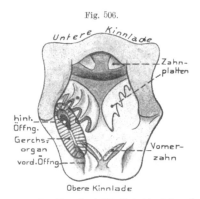

Fig. 506.

Ceratodus Forsteri. Die Unterkinnlade aufgehoben, so daß man von vorn und etwas ventral in das geöffnete Maul sieht, auf dessen
vorderer Dachregion sich die beiden Öffnungen
der Geruchsorgane finden. Das linke Geruchsorgan ist rot eingezeichnet. Orig. O. B.

An jene Verhältnisse der Chondropterygier schließen sich die der *Dipnoer* an.
Die ursprünglich dicht vor der Mundanlage auf der ventralen Schnauzenfläche
liegenden Anlagen der Nasengruben rücken
später nach hinten an das Dach der
Mundhöhle selbst, wobei sich längs der
Mittelregion der rinnenförmigen Grube jederseits eine Hautfalte entwickelt, durch
deren Verwachsung der Grubeneingang in
eine vordere Öffnung, die an der Ventralfläche der Oberlippe liegt, und eine hintere
am Dach der Mundhöhle, etwas vor dem Palatopterygoid gelegene, geschieden wird
(Fig. 506). Daß diese verwachsenden Falten den Klappen der Chondropterygier
entsprechen, ist wohl sicher; andererseits zeigen jedoch die Dipnoer auch Anschlüsse
an die *Ganoiden* und *Teleosteer*.

Wie bemerkt, sind bei beiden letzteren Gruppen die Nasengruben auf die
Dorsalseite der Schnauze in die Ethmoidalregion gerückt und ihre Mündung ist, wie
die der Dipnoer, fast immer durch eine mittlere Hautbrücke in zwei Öffnungen gesondert, eine vordere und eine hintere, von welchen die erstere zum Ein-, die
letztere zum Austritt des Wassers dient. Nur einigen *Pharyngognathen*, *Scom-
beresociden*, sowie *Gasterosteus*, fehlt diese Einrichtung; sie haben nur eine einzige
Nasenöffnung. Da die Nasengruben häufig längsoval bis sogar röhrenförmig werden,
so liegen die beiden Öffnungen hintereinander, und zwar bei verschiedenen Formen
in recht verschiedener Entfernung, teils dicht beieinander (z. B. *Acipenser*, *Salmo*
Fig. 508, *Gadus* Fig. 507 und viele andere), bis auch sehr weit entfernt, d. h. die
vordere dann dicht am dorsalen Mundrand, die hintere vor bis oberhalb des Auges
(z. B. bei *Polypterus*, den *Apoden* Fig. 507 usw.; bei gewissen *Apoden* kann die

hintere Öffnung in die Oberlippe gerückt sein, ja sogar in die Mundhöhle münden).
— Wenn die Öffnungen weit auseinander gerückt sind, so liegen sie an den beiden
Enden der röhrenförmig verlängerten
Grube oder richtiger Höhle; wenn sie
dicht stehen etwa über der mittleren Region der Grube (Fig. 507). — Die Öffnungen können mit Hautfortsätzen versehen sein, ja sich sogar röhrenförmig
erheben, entweder nur die vordere (z. B.
Anableps) oder beide (*Apoden*, Fig. 507).
Vordere und hintere Öffnung sind
manchmal recht verschieden gebaut.

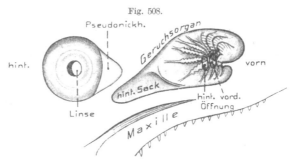

Die frühere Annahme, daß bei der
dorsalen Verlagerung der Nasengrube eine
Umkehr ihres Vorder- und Hinterendes ein-
trete, so daß die vordere Öffnung dann der
ursprünglich hinteren entspreche, hat sich
nicht bestätigt; die Ansicht, daß die hintere
Öffnung der äußeren Nasenöffnung der Tetrapoden entspräche, die vordere der Choane
ist daher auch unrichtig.

Der feinere Bau der Nasengruben
erinnert an die Verhältnisse der Cyclostomen, indem sich der Grubenboden
stets in eine Anzahl Schleimhautfalten
(Schneidersche Falten) erhebt, die sich in sehr verschiedener Zahl, bei lang röhrenförmigen Gruben gewisser Teleosteer namentlich in sehr großer, finden können
(besonders *Apoden*, weniger *Solea*, *Siluroiden*). Diese, nur in seltenen Ausnahme-
fällen verkümmerten
Falten (Fig. 505, *2b*,
506—508) stehen in
jeder Grube meist quer
zu einem vom Boden
aufsteigenden mittle-
ren Längsseptum (das
selten mehr quer ge-
richtet ist), so daß das
Septum gefiedert er-
scheint. Bei den *Tele-
osteern* reicht das Sep-
tum vorn in der Regel
bis zu der oralen Lippe der vorderen Öffnung und steigt hier häufig senkrecht
empor. Wenn die Grube rundlich wird, so verkürzt sich das Längsseptum stark,
so daß die Falten eine mehr radiäre Anordnung erlangen (z. B. *Esox*, *Cottus* u. a.).

Die Falten können sich durch Entwicklung sekundärer fiederartiger Fältchen
komplizieren und sind häufig noch dadurch ausgezeichnet, daß sich ihr mittlerer
Teil stärker erhebt, wodurch jederseits vom Septum eine Art Längswulst entsteht
(Fig. 505, 2 b). Das Wimper- und Riechepithel findet sich wie bei den Cyclostomen auf den Seitenflächen der Falten.

Bei nicht wenigen Knochenfischen kann sich die Nasengrube komplizieren, indem ihr
hinterer Teil nach vorn oder gegen das Auge nach hinten (*Salmo*, *Clupea* u. a.) in einen
faltenlosen, häufig recht ansehnlichen, accessorischen Blindsack auswächst (Fig. 508), oder gleichzeitig in einen dorsalen und ventralen (die meisten *Acanthopterygii*, *Clupea* u. a.). Diese
Säcke sollen bei gewissen Formen Schleim absondern (z. B. *Pleuronectiden*), in vielen Fällen
aber durch Erweiterung und Verengerung bei den Mundbewegungen zum Ein- und Ausströmen des Wassers der Nasenorgane beitragen. — Daß die Nasen der Fische die Witterung der Nahrung vermitteln, wurde für gewisse Haie und Teleosteer erwiesen; doch wird
es auch für zahlreiche geleugnet. Wahrscheinlich dürfte es sich besonders um eine Prüfung
des Atemwassers handeln.

Tetrapoda. Die Beziehungen der Geruchsorgane zur Mundhöhle, die wir
schon bei den Dipnoi, aber auch in eigentümlicher Ausbildung bei vielen Chondropterygiern fanden, setzte sich auf die Tetrapoden fort und bewirkte hier, daß
die Riechorgane allmählich eine wichtige Bedeutung für die Respiration erlangten,
indem sie bei geschlossenem Maul die Zufuhr von Wasser in die Mundhöhle zu
den Kiemen oder von Luft zu den Lungen ermöglichen. Überall finden wir daher
eine äußere Öffnung jedes Organs (Apertura externa, Narina) und eine innere
(Apertura interna oder Choane), welche in die Mundhöhle führt. Ontogenetisch
bildet sich dieser Zustand in ähnlicher Weise wie bei den erwähnten Fischen,
indem sich am hinteren Rand der ursprünglichen Nasengruben eine Rinne bildet,
die bis zum Mundhöhlendach führt. Indem sich die Ränder dieser Rinne in ihrer
mittleren Region schließen, entstehen die beiden Öffnungen, welche also denen der
Fische homolog sind. Bei den Amnioten werden wir auf diese Verhältnisse noch
näher eingehen.

Nur bei den Amphibien (und z. T. auch den Säugern) scheint der Entwicklungsgang
sekundär modifiziert, indem die Rinne bei den Gymnophionen als eine solide Einfaltung
des Ectoderms angelegt wird, welche sich erst später öffnet; bei den übrigen Amphibien
dagegen wächst die Nasengrubenanlage caudal aus und die Choanen brechen sekundär durch.
Die Besonderheit, daß die Choanen der Urodelen und Anuren im Bereich des Entoderms
entstehen, nicht wie sonst in dem des Ectoderms des Mundhöhlendaches, ist wohl gleichfalls
als sekundär zu beurteilen.

Eine gemeinsame Eigentümlichkeit der Tetrapoden ist ferner, daß die *Tränen-
nasengänge* in die Nasenhöhlen münden. — Die ursprünglich sehr einfachen Organe
komplizieren sich in der Tetrapodenreihe bedeutend, wie die folgende Besprechung
ergeben wird.

Die Organe der *primitiven Amphibien* (Ichthyoden, besonders *Perennibranchiaten*) bleiben sehr einfach; ihre Narinen liegen seitlich am Kopf in der
Oberlippe (z. T. sogar noch ventral gerichtet), während sich die Choanen ebenfalls noch ziemlich weit vorn finden (speziell Proteus), so daß die etwa schlauch-

artigen längsgerichteten Nasenhöhlen verhältnismäßig kurz bleiben (Fig. 509).
Bei den übrigen Amphibien rücken die Narinen auf der Dorsalseite der Schnauze
näher zusammen und die Choanen etwas weiter nach hinten; innen und hinten
umrahmt von den Vomeres und den Palatina, außen von den Maxillen. Die Ableitung von den Verhältnissen der Dipnoer ergibt, daß das Dach der etwa schlauchförmigen Nasenhöhlen ursprünglich mit
Riechepithel, der Boden mit indifferentem
Cylinderepithel bekleidet sein mußte. —
An die Narinen schließt sich bei den Amphibien allgemein ein, je nach ihrer
Lage, etwas schief nach innen auf- oder
absteigendes Eingangsrohr (*Atrium, Ve-*
stibulum) an, das jedenfalls durch sekundäre Einsenkung entstand, da es von geschichtetem Plattenepithel ausgekleidet
wird. — Der Nasenschlauch erfährt im
Laufe seiner Entwicklung eine Drehung
um seine Längsachse, wodurch das ur-

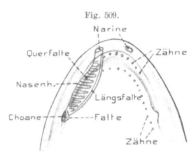

Fig. 509.

Necturus (Menobranchus lateralis). Gaumendach von der Ventralseite gesehen; die rechte
Nasenhöhle, sowie ihre Falten schematisch rot
eingezeichnet. (Original mit Benutzung v. ANTON
1912.)   O. B.

sprüngliche Dach mit dem Riechepithel die mediale, das indifferente Epithel die
dorsolaterale Seite einnimmt. Auf dieser Stufe verharrt etwa das Geruchsorgan von
Proteus und *Necturus* (Menobranchus, Fig. 509) unter den Perennibranchiaten; doch
breitet sich die Riechschleimhaut hier zum Teil weiter aus, so daß sie bei Proteus
die mittlere Region des Nasensacks
völlig auskleidet. Von der Riechschleimhaut erhebt sich eine lateroventrale
Längsfalte, von der jederseits Querfalten
ausgehen, die sich ringförmig verbinden
und selbst wieder gefaltet sein können;
in den so entstehenden vertieften Feldern finden sich die Riechzellen in Form
von *Riechknospen* (siehe später S. 733).
In den Falten kann sich mehr oder
weniger Knorpel entwickeln, so daß eine
eigentümliche, durchbrochene Knorpel-

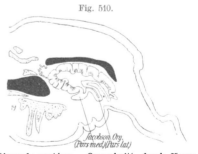

Fig. 510.

Siren lacertina. Querschnitt durch Nasenhöhle und Jacobsonsches Organ (nach SEYDEL
1895 aus GEGENBAUR vergl. Anat.).

kapsel entsteht. Die Gesamtbildung des Geruchsorgans der Proteiden erinnert
daher noch an die der Dipnoer. — Bei der Perennibranchiate *Siren* erfährt das
Organ eine wesentliche Weiterentwicklung, indem sich etwa vom Boden der hinteren Hälfte des Nasensacks eine längsgerichtete sackförmige Ausstülpung (*unterer*
Blindsack, Jacobsonsches Organ) bildet, welche durch eine offene Rinne, die bis zur
Choane nach hinten zieht, mit dem eigentlichen Nasensack (Haupthöhle) kommuniziert (Fig. 510). Das Vorderende dieser Ausstülpung wächst etwas nach vorn aus,
so daß es einen mit der Haupthöhle nicht mehr direkt zusammenhängenden vordersten Teil des Blindsacks darstellt. Da sich dieser untere Blindsack etwa auf der

medioventralen Grenze des Riechepithels ausstülpt, so erstreckt sich letzteres auch auf die Medialseite des Sacks. — Ein ähnlicher unterer Blindsack tritt bei allen übrigen Amphibien auf und entwickelt sich ursprünglich stets an ähnlicher Stelle, d. h. medioventral; wegen der oben erwähnten Drehung des Organs um seine Längsachse verschiebt sich jedoch die rinnenartige Ausstülpung des Blindsacks an den ventrolateralen Rand des Nasensacks, d. h. es ist eigentlich die ganze Zone des hier gelegenen indifferenten Epithels, die sich gegen den Oberkieferrand ausstülpt.

Auf diese Weise entsteht bei den *Salamandrinen* (ähnlich jedoch auch schon bei den *Derotremen* unter den Ichthyoden, speziell *Cryptobranchus*) eine ventro-

Fig. 511.

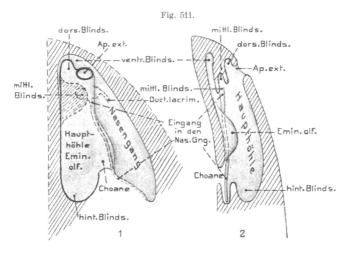

Rana. Schema der Nasenhöhle (nach den Querschnitten von Seydel und Gaupp konstruiert). — *1.* Ansicht von der Dorsalseite. [Der mittlere Blindsack, sowie der in ihn mündende Ductus lacrimalis durch Strichlinien angegeben, ebenso der enge spaltartige Eingang in den seitlichen Nasengang. Die Verengerung der Nasenhöhle in der Region des mittleren Blindsacks ist fein schraffiert angedeutet. (Vgl. Fig. 512.) — *2.* Mediane Ansicht. Die Verengerung in der vorhin erwähnten Gegend ist hier nicht angedeutet.   O. B.

laterale Rinne, die sich von der Narine bis zur Choane erstreckt, und nur selten (z. B. *Siredon*) in ihrer mittleren Region, wo sie auch Riechepithel führt (das jedoch hier von dem der Haupthöhle völlig abgetrennt ist) eine blinde, nach vorn gerichtete Aussackung bildet, ähnlich Siren. Die erwähnte Nasenrinne (seitlicher Nasengang) setzt sich jedoch bei den Salamandrinen auch auf der Lateralseite der Choane am Dach der Mundhöhle caudalwärts noch eine gewisse Strecke fort, wo sie, ebenso wie die Choane, von einer an ihrem lateralen Rand vorspringenden Hautfalte (Gaumenfortsatz oder -falte) mehr oder weniger überdeckt wird. Letztere Bildung ist, wie wir später finden werden, die erste Andeutung des bei den Amnioten sich viel höher entwickelnden sekundären Gaumendaches und der sekundären Choane. Die Schleimhautfalten der *Perennibranchiaten* haben sich bei den *Derotremen* noch im vorderen Teil der Nasenhöhle schwach erhalten, doch finden sich außer der Längsfalte nur mediale Nebenfalten; den übrigen Amphibien fehlen sie. Gelegentlich wird angenommen, daß die Region der lateralen Nebenfalten von Proteus bei den übrigen Amphibien in die seitliche Nasenrinne oder das sog. Jacobsonsche Organ übergehe.

Viel komplizierter wird der Nasensack der *Anuren* und schließt sich näher an die Verhältnisse von Siren an als an jene der Salamandrinen. Die, im Zusammenhang mit der Kopfform, in ihrer Mittelregion sich stark verbreiternde und abflachende Nasenhöhle (s. Schema Fig. 511) bildet zunächst an ihrer lateralen Ventralfläche einen sehr ansehnlichen unteren Blindsack, der sich seitlich gegen den Oberkiefer hinabsenkt (seitlicher Nasengang, s. Fig. 512). Er steht durch eine enge Nasenrinne, die sich nahezu von der Choane bis etwa an die Narine erstreckt, mit der Haupthöhle in Verbindung, indem der Zusammenhang mit letzterer durch eine auf der Grenze zwischen beiden von der Dorsalwand herabsteigende Längsfalte eingeengt wird. Das Vorderende dieser Nasenrinne setzt sich jedoch noch beträchtlich über die vordere Grenze ihres Zusammenhangs mit der Haupthöhle fort als eine vorn blind geschlossene Aussackung (ventraler Blindsack im engeren Sinne oder Jacobsonsches Organ, s. Fig. 511—12). Diese Aussackung trägt auf ihrer vorderen mediodorsalen Wand Riechepithel. Die vorderste Region des

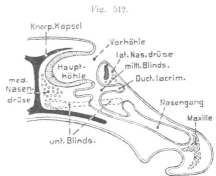

Fig. 512.

Rana. Querschnitt durch die rechte Nasenhöhle in der Region des mittleren Blindsacks und der Narine; der davor gelegene ventrale Blindsack ist in Strichlinien angedeutet; der seitliche Nasengang, der sich erst weiter hinten so ansehnlich entwickelt, mit eingezeichnet. Knorpel schwarz; Knochen gekreuzt schraffiert.
O. B.

Verbindungsschlitzes zwischen dem ventralen Blindsack und der Haupthöhle erweitert sich medial und etwas lateral und springt gleichfalls nach vorn blindsackartig vor (mittlerer Blindsack). Im letzteren mündet lateral der Tränennasengang, der bei den Salamandrinen etwa in die mittlere Region der lateralen Nasenrinne, bei Siren etwas vor dem unteren Blindsack lateral einmündet (den Ichthyoden fehlt er zum Teil, so Proteus, Necturus und Cryptobranchus). Das vorderste Ende der Haupthöhle der Anuren springt blindsackartig in die Schnauzenregion vor die Narine vor (dorsaler Blindsack), so daß in dieser Gegend drei Blindsäcke übereinander liegen. Auf mancherlei sekundäre Aussackungen dieser vorderen Region der Nasenhöhle, sowie auf die sehr komplizierte knorplige Nasenkapsel, kann nicht eingegangen werden.

Die *Gymnophionen* (Fig. 513) zeigen eigenartige Verhältnisse, indem der untere Blindsack (Jacobsonsches Organ), der als rinnenartige Aussackung angelegt wird, sich von vorn nach hinten fortschreitend, vom Boden der Haupthöhle ablöst und nur noch etwas vor der Choane oder an deren Medialrand in die Nasenhöhle mündet, also von letzterer fast völlig isoliert wurde. Der Ductus lacrimalis mündet vorn in die Lateralseite des unteren Blindsacks, was ja aus seiner Einmündung bei den übrigen Amphibien verständlich wird. Vom Boden der

Haupthöhle erhebt sich ein Längswulst, der sie in einen medialen und lateralen
Teil sondert. Diese Bildung entspricht wohl der bei den Anuren schwach entwickelten *Eminentia olfactoria* (s. Fig. 511).

Eine aus zahlreichen Schläuchen bestehende *Drüse* mündet bei den Amphibien in den
unteren Blindsack, den sie medial und ventral umlagert; sie wird als *untere Nasendrüse*
oder *Jacobsonsche Drüse* (auch Glandula nasalis medialis, Fig. 512 u. 513) bezeichnet. —

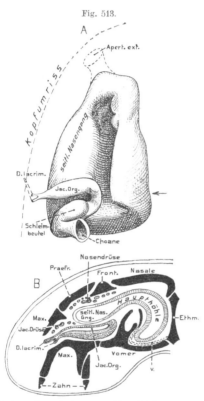

Fig. 513.

Ichthyophis glutinosus. Nasenhöhle mit Jacob-
sonschem Organ. — *A* Rekonstruktion der rechten
Nasenhöhle nach Schnitten; Ansicht von der Ventralseite in den Kopfumriß eingezeichnet. — *B* Querschnitt durch die linke Kopfhälfte in der Gegend
des Pfeils in Fig. *A*. Die Verbindung (*v.*) des Endteils des Lateralflügels des Ethmoids mit dem mittleren Teil ist in Strichlinien angedeutet. Riechepithel schraffiert; Knochen schwarz (nach SARASIN
1887—90 etwas verändert).   O. B.

Bei den *Anuren* und *manchen Urodelen*
findet sich ferner eine tubulöse *Glandula
nasalis externa* (auch vordere oder laterale
Nasendrüse), die auf der Grenze zwischen
Vestibulum und Haupthöhle mündet (s.
Fig. 512).

Amniota. Das Geruchsorgan
der Amnioten entwickelt sich im allgemeinen ursprünglicher als das der
Amphibien, wobei recht auffallende
Anklänge an den fertigen Zustand gewisser Fische auftreten. Die primitiven Nasengruben, welche ursprünglich lateral liegen, rücken bald mehr
an das Vorderende (Fig. 514), indem
sich zwischen ihnen ein gegen die
Mundanlage herabsteigender Lappen
(Stirnnasenfortsatz) bildet, dessen
laterale Ränder direkte Fortsetzungen
des die Nasengruben umziehenden
Wulstes sind. Gleichzeitig wachsen
die beiden Oberkieferfortsätze rechts
und links hervor, welche später die
Seitenwände der Mundhöhle bilden.
Zwischen dem Stirn- und jedem der
Oberkieferfortsätze bildet sich so eine
von der Nasengrube absteigende
Rinne, die Nasenrinne, die an das
Mundhöhlendach umbiegt. Indem
schließlich die Stirnnasen- und die
Oberkieferfortsätze jederseits und

untereinander verwachsen, bilden sich die Nasenhöhlen mit äußerer und innerer
Öffnung, welche durch den sogenannten primären Gaumen von der Mundhöhle
gesondert werden. Demnach vollzieht sich die Entwicklung ganz so, wie es die
vergleichende Anatomie der Nasenorgane der Fische erwarten ließ; ja, wenn
wir z. B. die fertigen Organe von Chimaera (s. Fig. 505, 1, S. 709) mit Fig. 514
vergleichen, so erinnern sie geradezu auffallend an dies Entwicklungsstadium der
Amnioten. Die schon bei gewissen Amphibien aufgetretene Verlängerung der pri-

mären Choanen in caudaler Richtung vermittels einer Rinne und einer Längsfalte
des seitlichen Mundhöhlendaches (Gaumenfalte oder -fortsatz) tritt bei den Amnioten
gewöhnlich viel stärker hervor und führt endlich, indem diese Falten in der Mittellinie miteinander verwachsen können, zu einer röhrenförmigen, mehr oder weniger
ansehnlichen caudalen Verlängerung (Ductus
nasopharyngeus) der primären Nasenhöhlen,
sowie zur Bildung sekundärer Choanen und
eines sekundären Gaumens.

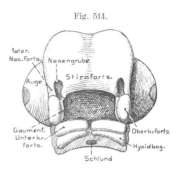

Fig. 514.

Reptilia. Die Nasenhöhlen der Reptilien
sind im allgemeinen geräumiger als jene der
Amphibien, was mit der Gesamtform der
Schnauze harmoniert, welche bedeutend höher
wird (Squamata, Cheloniae), wobei sich auch
die Nasenhöhle dorsal stärker erhebt. Bei den
Crocodilen (Fig. 517, S. 718) mit ihrer stark
verlängerten Schnauze wird die Nasenhöhle
zwar sehr lang, bleibt aber wegen Abplattung

Homo. Embryokopf von vorn (nach den
Lehrbüchern von KÖLLIKER und O. HERT-
WIG).   O. B.

der Schnauze niedrig. — Die primären Choanen finden sich an ähnlicher Stelle wie
jene der Amphibien, d. h. zwischen Vomer, Palatinum und Maxillare. Die der Squamaten sind lang schlitzförmige Spalten, welche weit vorn beginnen, da der primäre
Nasenboden (primärer Gaumen) sich stark verkürzt und sich gleichzeitig in die

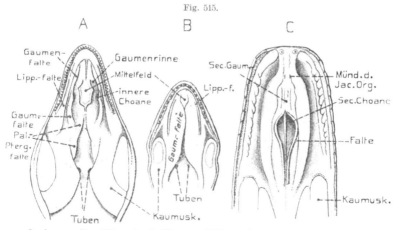

Fig. 515.

Gaumendach von Reptilien (nach GÖPPERT 1901). *A* Lacerta viridis. — *B* Chamaeleo
spec. — *C* Python tigris.   O. B.

Mundhöhle herabsenkt. Durch die an der Lateralseite der primären Choanen auftretenden *Gaumenfalten*, die meist weit nach hinten ziehen (Fig. 515), wird eine
seitliche Nasenrinne, gewissermaßen eine Fortsetzung der primären (inneren) Choanen
gebildet, wobei letztere von diesen Falten stark überlagert werden. Die Nasenrinnen
erinnern an die Fortsetzung der seitlichen Nasengänge der Amphibien, denen sie
wohl auch entsprechen. Die Ausbildung des Jacobsonschen Organs bei den Squa-

maten, das als eine mediale Ausstülpung der Nasenhöhle, etwa am Vorderende der primären Choane entsteht (s. Fig. 520, S. 720), bewirkt eine Veränderung der letzteren, indem durch eine quere Hautfalte, welche etwa am Dorsalrand der Ein-

Fig. 516.

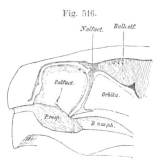

Testudo. Sagittalschnitt durch den Vorderkopf; das Nasalseptum fortgenommen (aus GEGENBAUR, Vergl. Anatomie, nach SEYDEL 1896).

mündung des Jacobsonschen Organs in das Vorderende der Nasenrinne auftritt, dies Organ völlig von der Nasenhöhle abgetrennt wird, wobei sich gleichzeitig ein sekundärer Boden der Nasenhöhle bildet, welcher auf eine Strecke weit die primäre Choane gegen die Nasenrinne abschließt und so die primäre Choane verkürzt. — Die beiden Gaumenfalten der Saurier bilden, wenn sie besonders lang werden und stark gegen die Mittellinie des Mundhöhlendachs vorspringen, zwischen sich eine Art Längsrinne, welche demnach die Andeutung eines Nasenrachengangs darstellt. Bei manchen Sauriern (*Scincoiden*, gewisse *Chamaeleo*arten, Fig. 515 B) sind die Gaumenfalten in ihrem vorderen Teil sogar so stark entwickelt, daß sie sich in der Mittellinie aneinanderlegen und, wenn auch ohne Verwachsung, einen Nasenrachengang formieren. Die *Ophidier* endlich

Fig. 517.

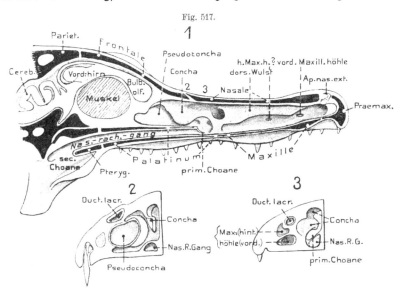

Alligator mississipiensis. *1.* Kopf median halbiert, linke Hälfte mit der Ansicht auf die Schnittfläche. Knochen schwarz. — *2.* und *3.* Zwei Querschnitte durch die rechte Kopfhälfte in der Region 2 und 3 auf Fig. *1*; Ansicht von vorn.   Orig. O. B.

(Fig. 515 C) zeigen auf eine kurze Strecke eine Verwachsung der Vorderregion der Gaumenfalten, so daß ein kurzer Nasenrachengang und wirkliche sekundäre Choanen gebildet werden. Das Nasenseptum setzt sich durch diesen Ductus nasopharyngeus bis nahe an sein Hinterende fort. Der vor dem Ductus gelegene Teil der Gaumenfalten verkümmert bei den Ophidiern und gewissen Sauriern stark, so daß die Nasenrinne vorn fehlt und die Jacobsonschen Organe weit vorn in der Gegend des Vorderendes der primären Choane, sowie des Ductus lacrimalis direkt in die Mundhöhle führen (Fig. 515 C).

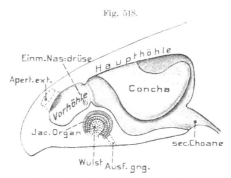

Fig. 518.

Lacerta. Längsschnitt durch den Kopf; rechte Nasenhöhle geöffnet und von der Medianseite gesehen. Etwas schematisch. Narine und Ausführgang des Jacobsonschen Organs in Strichlinien angedeutet (nach LEYDIG 1872, etwas verändert).
O. B.

Einen durch die Verwachsung der Gaumenfalten gebildeten Nasenrachengang besitzen die *Placoiden* stets, doch bleibt er bei den *Cheloniern* (Fig. 516) kurz, wird aber (was auch bei Sauriern angedeutet sein kann) von ventral absteigenden Lamellen der Palatina vorn knöchern umhüllt (siehe Fig. 165, S. 287). Bei dieser Bildung muß auch eine Stellungsänderung der primären Choanen eine Rolle spielen, indem die ventrale Region der Nasenhöhlen sich ventral vertiefte und die primären Choanen daher eine mehr senkrechte Stellung zum Dach der Mundhöhle erlangten, wogegen sie bei den *Squamaten* durch einen ähnlichen Vorgang schief von vorn nach hinten aufsteigen. — Eine ganz außerordentliche Länge erreichen, wie früher schon geschildert (S. 287), die Ductus nasopharyngei der *Crocodile*, so daß die sekundäre Choane nahezu unter das Hinterhauptsloch, dicht an den

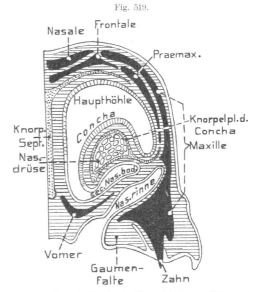

Fig. 519.

Lacerta. Querschnitt durch die rechte Nasenhöhle (nach BORN 1879). O. B.

Kehlkopf, verschoben wird (Fig. 517). Daß dieser Ductus der Crocodile eine paarige Bildung ist, nicht einfach, wie eigentlich zu erwarten, rührt daher, daß sich die Gaumenfalten bei ihrer Verwachsung auch mit dem primären Gaumendach vereinigen und so ein den Ductus durchziehendes Septum bilden. Physiologisch hängt die Entwicklung des Ductus nasopharyngeus jedenfalls mit der Sicherung der Respiration bei geschlossenem Mund zusammen.

Ein Nasenvorhof (Atrium), wie er schon den Amphibien zukommt, ist bei

den Reptilien meist ausgebildet und tritt besonders bei den *Sauriern* (s. Fig. 518
und *Schildkröten* (Fig. 516) als engerer Anfangsteil der Nasenhöhle deutlich hervor, indem sich die anschließende Haupthöhle plötzlich stark erweitert. Den
Schlangen fehlt der Vorhof und auch bei den *Crocodilen* unterscheidet er sich
nicht deutlich von der Haupthöhle. Während sein vorderer Teil stets von Pflasterepithel ausgekleidet ist, kann der hintere auch Cylinderepithel besitzen. — Die
Haupthöhle erweitert sich, wie bemerkt, meist stark dorsalwärts, doch auch in
seitlicher Richtung und wird nach hinten allmählich höher. Ihr blind geschlossenes
Hinterende erstreckt sich gewöhnlich mehr oder weniger über die primäre Choane
hinaus. Besonders lang wird es bei den Crocodilen (Fig. 517), wo der hintere Teil

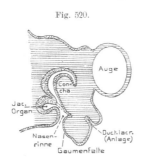

Fig. 520.

Lacerta. Embryo. Querschnitt
durch Nasenhöhle mit der Anlage des Jacobsonschen Organs,
des Ductus lacrimalis usw. (nach
BORN 1879). O. B.

der Haupthöhle über den Nasenrachengang bis zur
Vorderwand der eigentlichen Hirnkapsel reicht. Re-
lativ klein bleibt dagegen meist die Haupthöhle der
Schildkröten.

Von der Lateralwand der Haupthöhle senkt
sich ein ungefähr lamellenartiger, längsverlaufender
Auswuchs in die Haupthöhle hinab, die *Muschel*
(*Concha*). Es ist dies eine mehr oder weniger gegen
die Medialseite gekrümmte Lamelle (Fig. 518 u. 519),
in welche ein Fortsatz der Knorpelkapsel der Nasenhöhle eintritt. Gut ausgebildet ist die Muschel besonders bei den *Squamaten* (Fig. 518), wo sie fast
durch die ganze Haupthöhle zieht. Bei den verschie-

denen Formen wechselt ihre Gestalt ziemlich. Durch ihr Vorspringen in die Nasenhöhle markieren sich verschiedene Abteilungen derselben mehr oder weniger scharf.

Die embryonale Anlage der Muschel tritt nicht als ein Einwuchs in die Nasenhöhle,
sondern als eine lateralwärts gerichtete Krümmung der dorsalen Partie der Haupthöhle auf
(Fig. 520). Bei den Amphibien scheint die Andeutung einer solchen Bildung, freilich ohne
knorpelige Einlagerung, schon durch die Längsfalte gegeben zu sein, welche namentlich bei
den Anuren den seitlichen Nasengang von der Haupthöhle abgrenzt.

Die *Crocodile* (Fig. 517) besitzen eine entsprechende Muschelbildung (Hauptmuschel) in der mittleren Region der Nasenhöhle, etwa da, wo sich der Eingang
in den Ductus nasopharyngeus (prim. Choane) findet. Nach vorn setzt sie sich am
Dach der Nasenhöhle als ein flacher Vorsprung fort, der fast bis an die Narinen
reicht. Etwas hinter und lateral von dieser Hauptmuschel wölbt sich die Lateralwand der Nasenkapsel als ein muschelähnlicher Vorsprung in die Nasenhöhle
hinein. Dieser Wulst (Pseudoconcha, Fig. 517, *1—2*) wurde häufig ebenfalls als
Muschel beschrieben, namentlich deshalb, weil sich der Nervus olfactorius vorzüglich an ihm und dem benachbarten Septum ausbreitet. Die Pseudoconcha unterscheidet sich jedoch wesentlich von der eigentlichen Muschel, indem sie dadurch
gebildet wird, daß sich in ihr ein ansehnlicher, vom Knorpel der Nasenkapsel um-
schlossener luftführender Hohlraum (Sinus) findet, der in der Gegend der Hauptmuschel mit der Nasenhöhle kommunizieren soll.

Die *Chelonier* zeigen an Stelle der Muschel nur einen flachen wulstartigen Vorsprung in die Haupthöhle, der nach vorn in eine Falte ausläuft (Fig. 516). Ihre Haupthöhle bleibt relativ klein, besonders bei den Seeschildkröten, wo sie an ihrer Dorsalwand noch eine bis zwei blinde Aussackungen mit Riechepithel bebesitzt. Am Beginn der Haupthöhle findet sich bei den Seeschildkröten eine ventrale Aussackung, auf die wir später zurückkommen werden, da sie als Jacobsonsches Organ gedeutet wurde.

Das Riechepithel breitet sich bei den Reptilien im allgemeinen an der dorsalen und medialen Wand der Haupthöhle, sowie an der Muschel aus; auf die Verhältnisse der *Crocodile* wurde soeben hingewiesen.

Größere *Nasendrüsen* mit einheitlichen Ausführgängen stehen mit dem Vorhof in Verbindung oder münden, wo dieser fehlt (Ophidia), an den Narinen aus. Eine *Glandula nasalis externa* (lateralis, auch obere genannt) ist bei *Squamaten* und *Cheloniern* ansehnlich entwickelt und lagert sich bei den ersteren meist in die Muschel ein (Fig. 519). Die Chelonier besitzen gewöhnlich noch eine *Glandula medialis* (auch untere genannt), die vorn in der Gegend des sog. Jacobsonschen Organs mündet. — Bei den *Crocodilen*, wo die Verhältnisse, besonders im erwachsenen Zustand, noch etwas unsicher sind, scheint nur eine Drüse vorhanden zu sein, die nach der Ausmündung am Septum, dicht bei den Narinen, sowie ihrer Lage dorsal von der knorpligen Nasenkapsel, wohl der *Gl. externa* entsprechen dürfte. — Der *Tränennasengang* mündet bei den Crocodilen (Fig. 517, *2—3*) etwa in der Mittelregion des vorderen muschelähnlichen Wulstes am Boden der Nasenhöhle aus. — Dagegen zeigen die Squamaten die Eigentümlichkeit, daß der Tränenkanal ursprünglich dicht neben dem Jacobsonschen Organ in die oben beschriebene Nasenrinne mündet, die hinten bis zur Choane führt. Bei den Schlangen und gewissen Sauriern (Ascalaboten) erhält sich dieser Zustand, wogegen bei den übrigen die Einmündung nach hinten auf die Choane verschoben ist. Die Tränendrüse hat daher im ersteren Fall ihre Beziehung zur Nasenhöhle ganz aufgegeben.

Nebenhöhlen der Nase, die wie bei den Vögeln und Säugern durch Ausstülpung aus den Nasenhöhlen entstehen und kein Riechepithel führen, sind bei den Crocodilen ansehnlich entwickelt, als zwei hintereinander in das Maxillare eingelagerte, langgestreckte Sinus (Fig. 517, *3*), von denen der vordere nahe dem Eingang der Nasenhöhle, der hintere etwas weiter caudalwärts in die Nasenhöhle mündet. Die Saurier besitzen selten eine laterale Nebenhöhle.

Vögel. Die Nasenhöhlen der Vögel schließen sich in mancher Hinsicht denen der primitiveren Reptilien, speziell jenen der Saurier an, haben sich jedoch eigentümlich kompliziert.

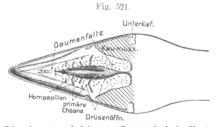

Fig. 521.

Phasianus colchicus. Gaumendach in Ventralansicht, die Gaumenfalten etwas auseinandergezogen, sodaß die Choanen sichtbar sind.
Orig. v. Bu.

Primitiv erscheint namentlich, daß kein gegen die Mundhöhle abgeschlossener *Ductus nasopharyngeus* besteht, sondern die Gaumenfalten die primäre Choane sowie die Nasenrachenrinne nur überlagern, ohne in der Mittellinie zu verwachsen (s. Fig. 521). Der Mangel eines Jacobsonschen Organs dürfte eher als eine Vereinfachung zu deuten sein, da eine vorübergehende, schwache Anlage desselben embryonal vorzukommen scheint. Die primären Choanen liegen zwischen dem

Vomer, den Palatina und den Gaumenfortsätzen der Maxillen (s. Fig. 159, S. 278 u. Fig. 521) sehr dicht nebeneinander und sind häufig gegen das Mundhöhlendach wenig scharf abgegrenzt. — Die rundlichen bis schlitzförmigen Narinen (Fig. 522), welche mit einer *Klappe* (*Operculum*) versehen sein können, finden sich meist in der mittleren Region des Schnabels, können aber bis an seine Spitze (*Apteryx*) oder auch nahe an seine Basis rücken. Hiervon, wie von der Schnabellänge überhaupt, hängt die Länge der Nasenhöhlen ab. Die Narinen gewisser Vögel (z. B. mancher Eulen) werden sehr eng, ja es kommt vor (Sulaarten), daß sie sich verwachsend schließen, die Nasenhöhlen also nur von den Choanen aus zugänglich sind. Das meist knorpelige, doch hinten vom knöchernen Mesethmoid fortgesetzte Septum mancher Vögel ist an seinem Vorderende von einem Loch durchbrochen (Nares perviae); zuweilen verknöchert auch das Septum in ganzer Ausdehnung.

Fig. 522.

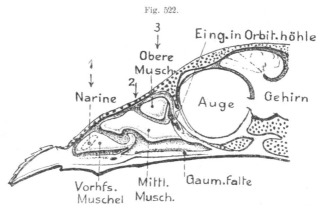

Phasianus colchicus. Sagittalschnitt durch den Kopf, etwas rechtsseitig vom Nasenseptum. Ansicht der rechten Nasenhöhle von innen mit den 3 Muscheln. Knochen punktiert. Narine in Strichlinien angegeben. Orig. C. H.

Der vorderste Teil der Nasenhöhle (s. Fig. 522) erweist sich als *Vorhof*, der dadurch kompliziert ist, daß von seiner Seitenwand in ihn ein einfacher bis komplizierter, lamellenförmiger und muschelartiger Vorsprung hineinragt (gewöhnlich als *Vorhofsmuschel* bezeichnet; s. Fig. 522 u. 523, *1*); er fehlt nur wenigen Formen (z. B. *Gypogeranus*). Wie der übrige Vorhof ist diese Muschel mit Pflasterepithel bekleidet. — Etwas dorsal und caudal von ihr springt in die Haupthöhle von deren Lateralwand stets eine ansehnliche Lamelle vor, welche sich ventralwärts krümmt und einrollt (s. Fig. 522 u. 523, *2*), wobei die Windungen bis auf $2^{1}/_{2}$ steigen können. Diese ansehnlichste, *mittlere* oder *primäre Muschel* ist ontogenetisch mit Riechepithel bekleidet, das aber später von indifferentem Wimperepithel ersetzt wird. — Endlich tritt im dorso-caudalen Winkel der Haupthöhle meist noch eine dritte muschelartige Bildung auf (obere oder sekundäre Muschel), welche sich von den beiden ersten dadurch unterscheidet, daß sie nicht von einer Lamelle mit eingelagertem Knorpel, sondern durch eine Einbuchtung der lateralen Knorpelwand der Nasenhöhle gebildet wird, hervorgerufen von einem luftführenden

Sinus. Dieser Sinus der oberen Muschel hängt mit dem *Orbitalsinus* (-höhle), der sich in der vorderen Region der Orbitalhöhle findet und weiterhin auch mit einem *Kiefersinus* (-höhle) (s. Fig. 523, *3*) zusammen. Der Orbitalsinus kommuniziert durch eine spaltförmige Öffnung mit der Nasenhöhle am Hinterende der mittleren Muschel (s. Fig. 522). — Nur die obere Muschel, oder wenn sie fehlt (z. B. Columba), die ihr entsprechende Stelle der Nasenhöhle besitzt Riechepithel, daher auch ihre Bezeichnung als »Riechwulst«. Ihre Bildung erinnert an die Pseudoconcha der Crocodile, obgleich eine Homologie nicht sicher erscheint.

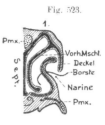
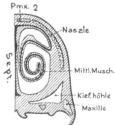
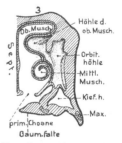

Fig. 523.

Eine ansehnliche, doch recht verschieden große *Drüse* mündet mittels eines Ausführgangs medial in den Vorhof. Nach ihrer Entwicklung dürfte sie der medialen oder septalen Drüse der Amphibien und Reptilien entsprechen; manchen Vögeln scheint aber auch eine Glandula externa zuzukommen.

Mammalia. Wie schon bei der Besprechung des Schädels erwähnt (S. 293 u. 301), werden die Nasenhöhlen der Säuger, die keine scharf abgegrenzte Vorhöhle zeigen, sehr geräumig, erstrecken sich weit nach hinten bis unter die vordere Region der Hirnschädelbasis, ähnlich wie bei den Crocodilen, und erheben sich gleichzeitig nach hinten ansehnlich (vgl. Fig. 174 *C*, S. 298). Ihr blinder hinterer Abschnitt wird von den Ethmoidea abgeschlossen, die ja, wie früher erwähnt, durch ihre besondere Entwicklung an der komplizierten Bildung der Höhlen teilnehmen.

Im Gegensatz zu den Sauropsiden steht das Geruchsvermögen der Säuger meist auf hoher bis sehr hoher Stufe, weßhalb es die übrigen Sinne häufig an Feinheit übertrifft. Wie schon beim Gehirn (s. S. 589) hervorgehoben, unterscheidet man macro- und microsmatische Säuger, je nach dem Entwicklungsgrade des Geruchsvermögens und der entsprechenden Komplikation der Riechorgane. — Die Geruchsorgane entstehen ontogenetisch wie bei den übrigen Amnioten. Die Eigentümlichkeit, daß die primären Choanen (mit Ausnahme von *Echidna*) anfänglich geschlossen sind und erst später durchbrechen, erscheint, wie bei den Amphibien, als sekundäre Modifikation.

Gallus domesticus. 3 Querschnitte durch die rechte Nasenhöhle in der Gegend der Pfeile *1—3* auf Fig. 522. Knorpel schwarz; Knochen punktiert. Orig. C. H.

Ähnlich wie bei den placoiden Reptilien, wird bei sämtlichen Säugern durch Verwachsung der Gaumenfalten ein Nasenrachengang gebildet, was schon beim Schädel hervorgehoben wurde (S. 304). Das Nasenseptum setzt sich caudalwärts bis nahe an die sekundären Choanen fort und der unpaare Vomer stützt das Septum durch seine absteigende Lamelle. Im allgemeinen bleibt der Nasenrachengang kürzer als bei den Crocodilen, die Choanen liegen daher meist in der Mittelregion des

Gaumendachs; doch können sie auch weiter nach hinten verlagert werden, so bei *Monotremen*, *Cetaceen* und namentlich *Myrmecophaga*, wo sie, unter Beteiligung der Palatina und Pterygoidea an der Umschließung des Ductus nasopharyngeus, nahe ans Hinterhauptsloch gerückt sind. Der blinde Caudalteil der Nasenhöhlen erstreckt sich aber bei den Säugern gewöhnlich noch weit hinter die Choanen

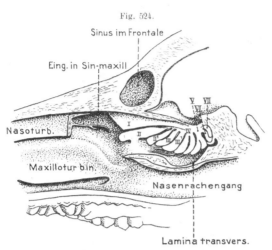

Fig. 524.

Sinus im Frontale

Eing. in Sin-maxill

Nasoturb.

Maxilloturbin.

Nasenrachengang

Lamina transvers.

Sus scrofa domestica. 3/4 Jahr alt. Caudaler Teil der rechten Nasenhöhle durch einen Sagittalschnitt des Schädels geöffnet. Ein mittleres Stück des Nasoturbinale ist weggeschnitten (nach PAULLI 1900).   v. Bu.

Fig. 525.

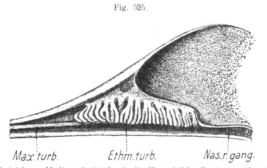

Max.turb.   Ethm.turb.   Nas.r.gang.

Echidna. Medianschnitt durch die Nasenhöhle, Septum entfernt (aus GEGENBAUR, Vergl. Anatomie).

Wie schon beim Schädel bemerkt, beruht die Komplikation der Nasenhöhlen auf der ansehnlichen Entwicklung der *Muscheln*, womit eine bedeutende Vergrößerung der Schleimhautoberfläche der Höhlen verbunden ist. Die Muscheln sind ursprünglich längsgerichtete oder schief absteigende Schleimhautfalten, welche von der lateralen und dorsalen Höhlenwand gegen das Septum vorspringen. Doch entstehen sie auch hier weniger durch Erhebung der Schleimhaut als durch Ausbuchtungen der Nasenhöhlenwand, zwischen welchen die Muschelfalten stehen bleiben. Alle Muscheln besitzen ontogenetisch anfänglich Sinnesepithel; im erwachsenen Zustand dagegen beschränkt sich dieses auf das caudale blinde Ende der Nasenhöhle (hinterer Blindsack), sodaß die Muscheln nur noch in dieser Region, gewisse aber auch gar kein Riechepithel mehr tragen. — Von der knorpligen Nasenkapsel aus entwickeln sich zur Stütze der Schleimhautmuscheln Knorpellamellen (*Turbinalia*), die sie durchziehen und schließlich verknöchern, sowie mit benachbarten Knochen verschmelzen, worauf die knöchernen Muscheln als Auswüchse dieser Knochen erscheinen. — In der Vorderregion der Nasenhöhle finden sich regelmäßig zwei solcher Muscheln (s. Fig. 174 *C* u. *D*, S. 298 u. Fig. 524): eine meist sehr ansehnliche ventrale, deren Knochenlamelle mit dem Maxillare verwächst, und welche daher gewöhnlich als *Kiefermuschel* oder *Maxilloturbinale* bezeichnet wird. Diese Muschel ist auf den vor der Choane gelegenen Teil der Höhle beschränkt und besitzt kein Riechepithel. — Dorsal von ihr findet sich eine sehr langgestreckte Muschel, die caudal bis in die ethmoidale Regio olfactoria reicht und sich knöchern, sowohl mit dem Nasale als dem lateralen Ethmoid verbindet, das *Nasoturbinale*, das aber bei gewissen Formen stark rückgebildet ist. Im hinteren, blindgeschlossenen Teil der Nasenhöhlen endlich tritt eine verschiedene Zahl kleinerer Muscheln auf, deren knöcherne Lamellen sich wie das Nasoturbinale sämtlich mit dem seitlichen Ethmoid vereinigen, so daß sie als Auswüchse desselben erscheinen; sie sind alle, wenigstens in ihrem hinteren Teil, mit Riechepithel versehen. Letztere Muscheln werden daher als *Ethmoturbinalia* bezeichnet. Das Nasoturbinale, welches sich als dorsalste oder oberste Muschel über sie hinzieht, wird ihnen in der Regel als besonders modifiziertes Ethmoturbinale I zugerechnet.

Hinsichtlich ihrer Entwicklung sollen sich das Maxillo- und Nasoturbinale dadurch von den eigentlichen Ethmoturbinalia unterscheiden, daß sie sofort an der Lateralwand der Nasenhöhlen entstehen, die letzteren dagegen ursprünglich und successive an der dorsalen Region des Septums und erst später durch Verschiebung an die Lateralwand gelangen. Daher werden die beiden erstgenannten Muscheln zuweilen auch als laterale von den letzteren oder den septalen, die auch etwas früher angelegt werden, unterschieden.

Je nach ihrer Verlaufsrichtung liegen die Ethmoturbinalia entweder mehr übereinander, wie bei den meisten Säugern, oder mehr hintereinander (z. B. Monotremen [Fig. 525] und Primaten). Im allgemeinen hängt dies mit der Stellung des Ethmoids zusammen, zu dessen Siebplatte die Muscheln etwa senkrecht ziehen; steht daher die Siebplatte annähernd vertikal, so ziehen die Muscheln längs und stehen übereinander (Fig. 524), steht dagegen die Platte stark schief oder nahezu horizontal, so steigen die Muscheln abwärts und folgen hintereinander (Fig. 525, 529).

Wenn sich nur eine kleinere Zahl von Ethmoturbinalia findet, so sind sie meist von ähnlichem Bau und erstrecken sich auch in ungefähr gleicher Ausdehnung von der Dorsolateralwand der Nasenhöhle gegen das Septum, so daß sie die hintere Nasenhöhle stark erfüllen. In diesem Fall sind daher die Ethmoturbinalia bei Betrachtung der sagittal aufgeschnittenen Höhle sämtlich zu sehen. Deshalb hat man die sich so verhaltenden Ethmoturbinalia *Hauptmuscheln* oder, da sie das Septum fast erreichen, *Endoturbinalia* genannt. Sie werden von der Dorsal- gegen die Ventralseite gezählt, also das Nasoturbinale als I., das darauf folgende Endoturbinale als II. und so fort bezeichnet (Fig. 524 u. 526). — Es scheint, daß für die placentalen Säuger im allgemeinen fünf Endoturbinalia typisch sind, welche jedoch in gleich zu schildernder Weise vermindert oder vermehrt werden können. Bei den meisten Säugern tritt nämlich eine bedeutende Vermehrung der Ethmoturbinalia auf, indem sich in den Zwischenräumen der Endoturbinalia sekundäre Turbinalia bilden, die meist kleiner bleiben, namentlich weniger weit gegen das Septum vorspringen. Letztere werden deshalb *Ectoturbinalia* ge-

nannt (Fig. 526 *B 1—6*); sie sind an der aufgeschnittenen Nasenhöhle fast nie
direkt sichtbar, da sie von den Endoturbinalia verdeckt werden (daher auch als
Conchae obtectae bezeichnet). Die Zahl dieser Ectoturbinalia ist sehr verschieden.

Einzelnen Formen (*Ornithorhynchus*, vielen *Primaten*) fehlen die Ectoturbinalia ganz
(wohl durch Reduktion). Bei anderen finden sie sich in geringer Zahl (so 2—3, *Insectivora* usw.), können sich aber, namentlich bei *Ungulaten* und *Elephas*, ungemein vermehren,
bei ersteren bis auf 31. Bei hoher Zahl der Ectoturbinalia sind sie häufig selbst wieder
verschieden groß, so daß sich zwei Arten: größere (sog. mediale) und kleinere (sog. laterale)
unterscheiden lassen.

Die Ethmoturbinalia sind im einfachsten Falle etwas gekrümmte Lamellen.
In der Regel werden sie jedoch komplizierter, indem sich der freie Rand der La-

Fig. 526.

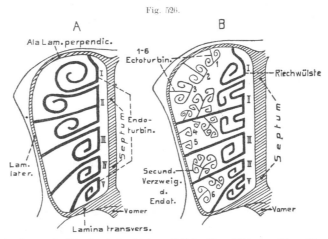

Schematische Querschnitte durch den hinteren Teil der Nasenhöhle von Säugetieren mit den
Ethmoturbinalia, dicht vor der Siebplatte und parallel mit ihr. — *A* Einfacher Bau, nur Endoturbinalia (*I—V*) ausgebildet, teils mit einfacher, teils mit doppelter Aufrollung (Riechwülste). — *B* Komplizierterer Bau. Zu den 5 Endoturbinalia haben sich 6 Ectoturbinalia (*1—6*) gesellt; die Endoturbinalia
(*II* und *IV*) mit sekundären und tertiären Verzweigungen; *II*. und *V*. Riechwulst mit Längsfurchen
(nach PAULLI 1900).   v. Bu.

melle ventral umbiegt und in verschiedenem Grad einrollt (Fig. 527). Am Distalende des Ethmoturbinale ist diese Einrollung stets blind geschlossen. Noch
komplizierter wird der freie Rand der Muschellamellen häufig dadurch, daß er
sich in zwei Blätter spaltet, von denen sich das eine ventral, das andere dorsal aufrollt (Fig. 526). Durch diese Bildungen erscheinen die gegen das Septum
schauenden freien Ränder der Ethmoturbinalia als *Riechwülste* verdickt. Es
kommt auch häufig vor, daß sich ein Endoturbinale in seinem Verlauf gegen das
Septum in zwei Blätter spaltet und jedes derselben einen frei sichtbaren Riechwulst bildet; daher rührt es, daß die Zahl der Riechwülste größer sein kann als
die der Endoturbinalia (z. B. bei *Carnivora*: 4 Endot. und 5 R.W., und ähnliches mehr). — Diese Spaltung von Endoturbinalien in zwei Blätter (Riechwülste)
kann sich selbst bis auf die laterale Höhlenwand vertiefen, was eine Vermehrung
der Endoturbinalia hervorruft, die namentlich bei den Ungulaten (s. Fig. 527, auch

Echidna Fig. 525, *Edentata*) vorkommt, bei welchen sich bis zu acht finden
können. Andererseits dürfte die Reduktion der Endoturbinalia auf 4, wie sie vielen
Placentaliern (so *Insectivora*, *Chiroptera*, *Carni-
vora*, *Rodentia*) eigen ist, auf der Verwachsung
zweier benachbarter der ursprünglichen 5 (nämlich von II und III) beruhen.

Einzelne Endoturbinalia gewisser Säuger
können sich ferner sehr komplizieren, indem
ihre Basallamelle auf einer oder beiden Flächen
seitliche Lamellen aussendet, die sich ebenfalls
aufzurollen vermögen, jedoch das Medianende
der Endoturbinalia nicht erreichen, also hier nicht
sichtbar sind (Fig. 526 B). Selbst tertiäre Lamellen können sich zuweilen von solch sekundären erheben und die Komplikation steigern.

Eine analoge Komplikation, sogar in noch
viel höherem Grade, erlangt häufig das *Maxilloturbinale*. Diese, des Riechepithels entbehrende
Muschel, welche der ventralen, respiratorischen
Nasenhöhlenregion angehört, funktioniert hauptsächlich als Staubfänger und Erwärmer der
Atemluft. Dementsprechend kompliziert sie sich
häufig sehr, indem sich ihre Lamelle unter Aufrollung vielfach baumförmig teilt, so daß schließ-

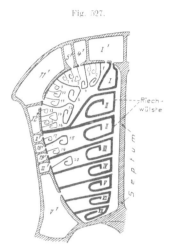

Fig. 527.

Sus scrofa domestica. Schematischer Querschnitt durch die Ethmoturbinalia und die Nasenhöhle dicht vor
und parallel zur Siebplatte; 7 Endoturbinalia und 20 Ectoturbinalia. *I'—V'* und
4', 5', 11', 12', 18', 19', sogen. Cellulae
ethmoidales, luftführende Ausstülpungen der Nasenhöhle zwischen den Muscheln. Nasoturbinale *(I)* ist von *I'* aus
lufthaltig aufgetrieben (nach PAULLI
1900).   v. Bu.

lich (besonders bei *Carnivoren*, namentlich *Pinnipediern*) ein äußerst verwickeltes
Labyrinthwerk entsteht, in dessen engen Gängen die einströmende Luft filtriert
und erwärmt wird.

Eine eigentümliche Veränderung erfahren gewisse Endoturbinalia mancher Säuger, indem ihre Basallamelle durch von der Nasenhöhle eindringende Lufträume wulstartig aufgebläht wird (Fig. 527), wie wir ähnliches schon bei Crocodilen und Vögeln trafen. Diese
Pneumaticität der Endoturbinalia beruht, wie wir später sehen werden, teils auf dem Eindringen von Fortsätzen der sog. Nebenhöhlen der Nase, teils aber auf dem Eindringen besonderer Aussackungen der Haupthöhle in die Basallamellen.

Wie schon bemerkt, ist das *Nasoturbinale* das längste und dorsalste Endoturbinale, welches weit nach vorn, ja zuweilen bis nahe zur äußeren Nasenöffnung
zieht. Nur sein hinterster, in der olfactorischen Region liegender Abschnitt besitzt Riechepithel. Bei Reduktion des Geruchsorgans (microsmatische Säuger),
besonders bei den *Primaten*, wird auch das Nasoturbinale allmählich reduziert,
ist jedoch bei den Prosimiern (Fig. 528) und Simiern (Fig. 529) in der Regel noch
ziemlich entwickelt, bei Anthropoiden und dem Menschen dagegen völlig oder fast
völlig eingegangen (der beim Menschen zuweilen angedeutete Agger nasi, sowie
der Processus uncinatus des Siebbeins werden auf Reste des Nasoturbinale zurückgeführt).

Die Reduktion der Nase spricht sich bei den *Primaten* sowohl in der Rückbildung
der Ectoturbinalia, die schon bei Prosimiern nur noch als zwei stark reduzierte auftreten,
bei den Primaten aber meist völlig fehlen, als der der Endoturbinalia aus. Letztere sinken
von 5 bis auf 2 herab. Auch dem Menschen kommen gewöhnlich nur zwei besser ausgebildete zu (mittlere und obere Muschel der menschlichen Anatomie), obgleich noch bis zu
5 angelegt werden können. Die Endoturbinalia der Primaten sind gleichzeitig einfache,
nicht oder nur sehr wenig aufgerollte Lamellen. Die schon früher beim Schädel (s. S. 294)
erörterte steile Aufrichtung der Gesichtsknochen der Primaten, insbesondere der Anthropoiden und dec Menschen, bewirkt, daß das Ethmoid (speziell dessen Lamina cribrosa) sich
immer horizontaler umlagert. Damit ist auch eine Veränderung im Richtungslauf der Ethmoturbinalia verbunden, indem diese nun einen absteigenden, ja einen schief caudalwärts absteigenden Verlauf annehmen. Damit muß die Lagerung der Endoturbinalia zueinander
insofern geändert werden, als nun das sonst oberste oder zweite Endoturbinale (abgesehen

Fig. 529.

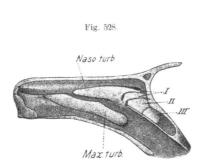

Fig. 528.

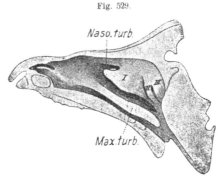

Lemur catta. Rechte Nasenhöhle von innen
(aus GEGENBAUR, Vergl. Anatomie, nach SEYDEL
1891).

Cynocephalus mormon. Rechte Nasenhöhle von
innen (aus GEGENBAUR nach SEYDEL 1891).

vom Nasoturbinale) sich unter das dritte schiebt und so fort; die mittlere Muschel des
Menschen entspricht also einem der Zahl nach niederen Ethmoturbinale der meisten Säuger
und die obere, sowie die gelegentlich vorhandene oberste (Santorinsche), solchen höherer Zahl.

Die weitest gehende Reduktion der Nasenorgane erfuhren die *Cetaceen*, im Zusammenhang mit dem ausschließlichen Wasserleben. Wie schon beim Schädel hervorgehoben (S. 302
u. 304) rücken ihre Narinen weit auf den Scheitel hinauf (besonders Denticeti), wo sie
sich als eine unpaare (Denticeti) oder zwei dicht zusammengerückte paarige Öffnungen
(Mysticeti) finden. Bei den Zahnwalen wird der Verlauf der Nasenhöhlen so ein senkrechter,
bei den Bartenwalen ein schräg nach hinten absteigender. Die Turbinalia der ersteren sind
im erwachsenen Zustand ganz eingegangen, bei letzteren wenigstens in der Jugend in geringer
Zahl beobachtet worden. Bei erwachsenen Cetaceen ist der Nervus olfactorius fast stets
völlig reduziert und die Lamina cribrosa undurchbohrt; die Riechfunktion der Organe ist
also geschwunden und allein die respiratorische übrig geblieben.

Nicht sicher gelöst ist die Frage nach der Homologie der Säugermuscheln
mit denen der Sauropsiden. In der Regel wird das Maxilloturbinale mit der
Sauropsidenmuschel (Hauptmuschel) verglichen; doch wird dies auch bezweifelt.
Die Ethmoturbinalia der Säuger scheinen demnach im allgemeinen Bildungen eigener Art zu sein, welche eventuell an den sog. Riechwulst der Crocodile und die
obere Muschel der Vögel erinnern.

Nebenhöhlen der Säugernase. Für die allermeisten placentalen Säuger (sowie vereinzelte Marsupialia, so Phascolarctos) ist charakteristisch, daß nachembryonal von den Nasenhöhlen in die sie begrenzenden Knochen Ausstülpungen eindringen, die von der Schleimhaut der Nasenhöhlen ausgekleidet werden. Diese Nebenhöhlen erlangen zuweilen eine erstaunliche Ausdehnung. Ihre allmähliche Entwicklung geschieht unter Resorption der Knochen. Alle Nebenhöhlen sind lufterfüllt, und die Schädelknochen werden so häufig in großer Ausdehnung pneumatisch. 'Von diesen Nebenhöhlen (oder Sinus) sind jedoch zwei zu unterscheiden, welche direkte Fortsetzungen des blinden Caudalendes der Nasenhöhle (Regio olfactoria) bilden, nämlich der ventral gelegene, in das Praesphenoid sich erstreckende *Sphenoidal-* (oder *Keilbein-) Sinus* und der höher gelegene *eigentliche Frontalsinus,* der in das Stirnbein tritt (s. Fig. 524, S. 724). Diese beiden Höhlen enthalten zuweilen Fortsetzungen ventraler oder dorsaler Ethmoturbinalia und charakterisieren sich so als direkte Ausbreitungen des Nasenhöhlengrundes. Da auch von verschiedenen der weiterhin zu erwähnenden Nebenhöhlen Fortsätze in die Stirnbeine eindringen können, so ist das, was gemeinhin als Frontalsinus beschrieben wurde, recht verschiedener Natur und nicht mit dem eben erwähnten Frontalsinus zu verwechseln. — Von den eigentlichen Nebenhöhlen ist am konstantesten die *Kieferhöhle* (Maxillarsinus, Highmore's Höhle), so genannt, weil sie sich in der Regel besonders im Maxillare verbreitet, aber bei ansehnlicher Pneumatisation (so besonders Ungulata und Proboscidea) auch in die angrenzenden Knochen (Lacrimale, Palatinum, Jugale, doch auch Prae- und Basisphenoid, Frontale und Nasoturbinale) eintreten kann.

Sie fehlt den Pinnipediern und Cetaceen, welche überhaupt keine Nebenhöhlen besitzen; sonst ist sie nur vereinzelt reduziert. Eigentümlich erscheinen solche Fälle (z. B. *Dicotyles, Hippopotamus*), wo der Kiefersinus sich überhaupt nicht im Maxillare, sondern nur in angrenzenden Knochen verbreitet.

Der spaltartige Eingang in die Kieferhöhle liegt dicht am Vorderrand des seitlichen Ethmoids, zwischen diesem und dem Nasoturbinale, im sog. mittleren Nasengang, d. h. dem Gang zwischen Maxilloturbinale und den Ethmoturbinalia; während sich die Mündung des Ductus lacrimalis im unteren Gang findet (s. Fig. 524, S. 724).

Bei den *perissodactylen Ungulaten* tritt vor dem Maxillarsinus noch ein besonderer Oberkiefersinus auf (Sinus malaris), dessen Eingang etwas vor dem des Kiefersinus liegt.

Während sich bei zahlreichen, namentlich kleineren Säugern (so *Insectivora*, meisten *Rodentia, Chiroptera*, einem Teil der *Edentata* usw.) die Nebenhöhlen auf den Kiefersinus beschränken, tritt besonders bei den *Ungulaten*, den *fissipeden Carni-voren*, auch dem *Menschen*, ein von der Regio olfactoria ausgehendes System weniger bis zahlreicher Nebenhöhlen (im allgemeinen als *Cellulae ethmoidales* bezeichnet) auf, deren Eingänge in den Zwischenräumen der Ethmoturbinalia liegen (Fig. 527, S. 727). Sie umhüllen die Regio olfactoria dorsal und lateral, können sich aber bei Ungulaten und Proboscidiern von hier aus mehr oder weniger in den Schädelknochen ausbreiten, so daß sie (vor allem bei *Rhinoceros* und *Elephas*) in zahlreiche Knochen, selbst bis in die Occipitalia und das Basisphenoid eindringen (Fig. 530); sogar die Knochenzapfen der Wiederkäuer (Ossa cornua) werden von ihnen aus pneumatisiert. Die einzelnen Höhlen sind gegeneinander abgeschlossen; bei Elephas zeigen sie das Besondere, daß von ihren Wänden viele Lamellen vorspringeh, welche ihnen einen zelligen Charakter verleihen.

Auf einzelne besondere Nebenhöhlen kann hier nicht eingegangen werden; erwähnt sei nur, daß auch das Septum pneumatisch werden kann (*Dicotyles*) und bei gewissen Formen (z. B. *Hystrix, Choloepus*) sogar vom Pharynx aus luftführende Höhlen in die Schädelknochen eindringen. — Ebenso sei auf die paarigen (Spritzsäcke), oder unpaarigen Nebenhöhlen kurz hingewiesen, welche sich bei den Zahnwalen aus dem distalen Teil der Nasenhöhle entwickelt haben.

Die Pneumatisation nimmt im allgemeinen mit der Größe der Formen zu; bei kleinen beschränkt sie sich sehr, kann sogar vereinzelt ganz schwinden, ebenso auch bei dauerndem Wasserleben (Pinnipedia, Cetacea). Sie ermöglicht eine Vergrößerung der Knochen ohne erhebliche Gewichtszunahme; zur Geruchsfunktion hat sie keine Beziehungen.

Außer den kleinen *Bowmanschen Drüsen* (s. Fig. 532, S. 733) finden sich auch bei Säugern größere Nasendrüsen. Am verbreitetsten ist eine *laterale*, recht

Fig. 530.

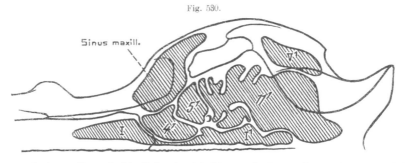

Sinus maxill.

Sus scrofa domestica. Rechte Hälfte des Schädels von der Dorsalseite mit den pneumatischen Höhlen (schraffiert), die in derselben Weise bezeichnet sind wie auf Fig. 527. (Nach PAULLI 1900.) v. Bu.

verschieden große, deren Ausführgang weit vorn, in der Endregion des Nasoturbinale im unteren Nasengang mündet (*Stenosche Drüse*). Sie dehnt ihre tubulösen Verzweigungen häufig in das Maxilloturbinale und die Kieferhöhle aus. Daß sie der lateralen Drüse niederer Wirbeltiere entspricht, ist recht wahrscheinlich, denn der Umstand, daß ihre erste Anlage in der Region des vordersten Sinnesepithels auftritt, läßt sich unschwer durch Verschiebung erklären. Dem Menschen fehlt sie. Seltener findet sich noch eine *septale Drüse* (z. B. gewisse *Rodentia, Chiroptera*).

Jacobsonsches Organ. Schon bei den Nasenhöhlen der *Amphibien* und *Sauropsiden* (speziell der *Squamata*, hier selten fehlend, z. B. Chamaeleo) wurde ein besonderer Abschnitt derselben erwähnt, der sich bei den *Gymnophionen* und *Squamaten* von den eigentlichen Höhlen ganz abtrennt und eine eigene Einmündung in die Mundhöhle erlangt. Er wird überall von einem besonderen Zweig des Nervus olfactorius versorgt. Es sind dies die *Jacobsonschen Organe.* — Was bei den *Cheloniern* und *Amphibien* als Homologon desselben gedeutet und schon früher kurz geschildert wurde (s. S. 713 u. 721), speziell der seitliche Nasengang der Amphibien, wird jedoch in seiner Homologie mit den Jacobsonschen Organen der Squamaten und

Mammalia vielfach bestritten. — Die Organe der *Squamaten* sind, wie früher angedeutet, ein Paar etwa kugliger, seltener schlauchförmiger Gebilde, die ventral von den eigentlichen Nasenhöhlen, in der Region zwischen Vor- und eigentlicher Nasenhöhle, überdeckt von den *Ossa septomaxillaria* (sog. Conchae, vgl. S. 276) liegen. Das Lumen jedes ursprünglich bläschenförmigen Organs (s. Fig. 518, S. 719) wird von einem halbkugligen ventralen Vorsprung (Jacobsonschen Wulst) spaltartig stark eingeengt. Ein von der knorpligen Nasenkapsel ausgehender Fortsatz bildet den Hauptteil dieses Vorsprungs. Die dorsale Wand des Organs besteht aus Riechepithel, der Wulst hingegen ist von indifferentem Epithel überzogen. — Den *Mammalia* kommt das Organ ursprünglich allgemein zu, wenn es auch bei gewissen Formen im erwachsenen Zustand verkümmert (so bei *Pinnipedia*, *Cetacea*, gewissen *Chiroptera*, *catarrhinen Affen* und dem *Menschen*). Ansehnlich entwickelt findet es sich besonders bei den *Monotremen* (speziell Echidna), *Marsupialia*, *Rodentia* und *Ungulata*. Ontogenetisch tritt es frühzeitig an demselben Ort auf, wie bei den Reptilien (mediale Wand der Nasenrinne), als eine rinnenartige mediale Ausstülpung (vgl. Fig. 520), die sich hierauf von vorn und hinten oder auch nur von hinten aus abschnürt, so daß sich in der mittleren Region oder vorn eine Mündung in die Nasenrinne erhält. Beim Abschluß der Nasenrinne von der Mundhöhle und der Bildung des Ductus nasopharyngeus erhält sich am Boden der Nasenhöhlen, da wo die Jacobsonschen Organe münden, eine feine kanalartige Verbindung der Nasenhöhlen mit der Mundhöhle, die beiden *Stensonschen Gänge* (am knöchernen Schädel durch die *Canales incisivi* repräsentiert, die zwischen Praemaxillen und Maxillen liegen). Demnach münden die Jacobsonschen Organe fast aller Säuger in diese Gänge, welche wohl als Reste der primären Choanen angesehen werden dürfen.

Die ursprünglich am nasalen Ende dieser Gänge liegende Einmündung der Jacobsonschen Organe rückt bei vielen Säugern tiefer gegen die Mundhöhle hinab. Bei Rückbildung der Jacobsonschen Organe verkümmern in der Regel auch die Stensonschen Gänge, können sich jedoch auch erhalten (Catarrhina, gewisse Chiroptera, ebenso in Rudimenten beim Menschen). Zuweilen vereinigen sich die oralen Teile der Stensonschen Gänge zu e i n e m Kanal; gelegentlich (gewisse Ungulata, Equidae) schwindet dieser orale Teil, so daß sich nur die nasalen Abschnitte der Gänge als trichterförmige Einsenkungen am Nasenhöhlenboden erhalten, in welche die Jacobsonschen Organe münden. Die Organe können sich jedoch auch von den Stensonschen Gängen emanzipieren und vor ihnen in die Nasenhöhle münden (*Rodentia*, gewisse *Edentata*).

Im Gegensatz zu denen der Saurier sind die Jacobsonschen Organe der Säuger schlauchförmig und liegen jederseits dicht an der Basis des Nasenseptums, wobei ihre Mündung sich entweder etwas hinter ihrem Vorderende findet (*Ornithorhynchus* und gewisse *Marsupialia*), so daß ein vorderer Recessus des Organs besteht, oder an ihrem Vorderende (*Placentalia*).

Das Organ der *Monotremen* wird von einer knorpligen Hülle völlig umschlossen (Cartilago paraseptalis, Jacobsonscher Knorpel, Fig. 531), die eine Fortsetzung der basalen und lateralen knorpligen Nasenkapsel ist; bei den übrigen Säugern ist dieser Knorpel meist weniger vollständig. An jedes der Organe von *Ornithorhynchus* legt sich mediodorsal das S. 302 erwähnte *Os paradoxum*. In das

Organ der Monotremen springt von seiner lateralen Wand ein etwas muschelartig gekrümmter, gefäß- und drüsenreicher Wulst vor, in welchen sich auch der Knorpel erheben kann (Fig. 531 *A*); er trägt indifferentes Wimperepithel, die Medialseite des Organs dagegen Riechepithel. Die Homologie dieses Wulstes mit jenem der Squamaten wurde bestritten, aber wohl mit Unrecht. Den übrigen Säugern fehlt der Wulst oder ist doch nur schwach angedeutet.

Außer dem Olfactoriusast geht auch ein Trigeminusästchen zum Jacobsonschen Organ. — Eine *Jacobsonsche Drüse* wurde bei einer Anzahl Säuger beobachtet, doch bedarf ihre Homologie mit jener der Amphibien und Reptilien näheren Beweises. Charakteristisch für die Mammalia erscheint ferner, daß noch zahlreiche kleine Drüschen in das Organ münden (auch auf dem Wulst der Monotremen), ähnlich wie bei Gymnophionen. — Funktionell hat das Jacobsonsche Organ wohl eine ähnliche Bedeutung wie das eigentliche Geruchsorgan, obgleich sich über seine Besonderheit vorerst kaum Sicheres sagen läßt.

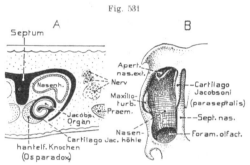

Fig. 531

A Ornithorhynchus. Querschnitt durch die Nasenhöhle mit dem Jacobsonschen Organ. Schematisch. (Nach SYRMINGTON 1891.) — *B Echidna.* Nasenknorpel eines Embryos in Ventralansicht (nach SEYDEL 1899).   O. B.

Äußere Nase der Mammalia. In verschiedenen Abteilungen der Säuger hat sich selbständig ein mehr oder weniger rüsselartiger Fortsatz der Schnauze gebildet, welcher die dicht zusammenstehenden äußeren Nasenöffnungen trägt und seiner inneren Beschaffenheit nach an die Vorhöhle der niederen Formen erinnert. Derartiges findet sich namentlich bei Tapiren, Schweinen, gewissen Insectivoren, einem catarrhinen Affen (Nasalis) und am höchsten entwickelt im Rüssel von Elephas. — Im allgemeinen darf auch die äußere Nase des Menschen hierher gerechnet werden, ebenso wie die aufblähbaren, etwas rüsselartigen Nasenhöhlenenden, die bei gewissen Antilopen (speziell *Saiga*) und männlichen Pinnipediern (besonders *Cystophora*) vorkommen. — Das Knorpelpaar, welches gewöhnlich die äußeren Nasenöffnungen seitlich stützt (Cartilagines alares) trägt auch zur Stütze dieser Rüsselbildungen bei, wozu sich jedoch noch weitere Knorpelbildungen, ja auch Verknöcherungen gesellen können (s. S. 302). Gerade dem ansehnlichsten Rüssel, dem des Elephanten, fehlen aber besondere Skeletgebilde, er ist rein muskulös, mit sehr kompliziertem Bau. — Die Muskulatur, welche sich zur Bewegung solcher Rüsselgebilde, oder zum Verschluß der Nasenöffnungen bei wasserlebenden Säugern entwickelt hat, jedoch schon bei gewöhnlicher Nasenbildung angedeutet ist, geht aus der Gesichtsmuskulatur hervor und wird daher vom Facialis versorgt. Auf die Besonderheiten der äußeren Nase gewisser *Chiropteren* (Blattnasen) kann hier nicht näher eingegangen werden.

Riechepithel. Das eigentliche Riechepithel unterscheidet sich häufig schon äußerlich vom indifferenten Epithel der Nasenhöhlen durch Pigmentierung, so schwarze bei *Cyclostomen* und *Amphibien* (Chromatophoren im Bindegewebe), gelbe bis bräunliche bei *Amnioten* (Pigment in den Stützzellen). Es ist ferner dadurch ausgezeichnet, daß es zwischen indifferenten Zellen (Stützzellen, Zwischenzellen), die meist Cilien tragen, *Riechzellen* mit einem Besatz feiner, kurzer bis längerer, und wohl meist unbeweglicher Sinneshärchen führt (Fig. 532 *B*). Mor-

phologisch sind die Riechzellen alle gleich; nach physiologischen Versuchen am
Menschen scheint es jedoch möglich, daß Verschiedenheiten zwischen ihnen bestehen. Die proximalen Enden der Riechzellen setzen sich in feine marklose
Nervenfasern fort, die in ihrer Gesamtheit den Nervus
olfactorius formieren und sich im Bulbus olfactorius
zu den früher (s. S. 561) erwähnten Glomeruli begeben. Im Riechepithel finden sich jedoch auch freie
Endigungen von Trigeminusfasern, ebenso wird das
indifferente Epithel der Nasenhöhlen von solchen innerviert.

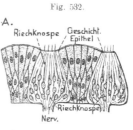

Zahlreiche *Teleosteer* und *ichthyode Amphibien*, sowie
gewisse *Salamandrinen*-(Triton) zeigen eine Komplizierung,
indem ihre Riechzellen zu sehr verschieden großen und
häufig auch eingesenkten Knospen vereinigt sind (Fig. 532 *A*),
welche an die früher beschriebenen becherförmigen Organe
(Endknospen) erinnern. Die Knospen sind in der Regel
durch geschichtetes Epithel voneinander geschieden. — Wie
die ontogenetischen Erfahrungen ergaben, ist aber diese
Bildung der Riechschleimhaut wohl sicher eine sekundäre
und deutet nicht auf eine Ableitung der Riechorgane von
becherförmigen Hautsinnesorganen hin. Die Angabe, daß
ähnliche knospenförmige Bildungen auch in der Riechschleimhaut der Säuger vorkommen, hat sich nicht bestätigt.

5. Geruchs- und Geschmacksorgane der Arthropoda.

Sie sind bei fast allen Klassen mehr oder weniger sicher erwiesen und, wie schon früher hervorgehoben, in verschiedenem Grade modifizierte Sinnesborsten. In der Regel stehen sie auf den Fühlern,
welche ja auch als besonders geeigneter Ort für sie
erscheinen. Daß die Funktion der Riechborsten von
jener der gewöhnlichen Sinnes- oder Tastborsten ab-
weicht, spricht sich meist deutlich darin aus, daß
sie von letzteren überragt werden, also durch feste

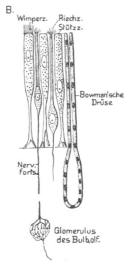

A **Trigla** (Teleosteer). Durchschnitt durch die Riechschleimhaut mit zwei Riechknospen (nach
BLAUE 1884). — B Schema des gewöhnlichen Riechepithels (z. B.
Säuger) mit einer Bowmanschen
Drüse. Der Fortsatz der Riech-
zelle ist unterbrochen gezeichnet,
um seinen Übergang in einen Glo-
merulus des Lobus olfactorius anzudeuten. C. H.

Körper nicht mechanisch reizbar erscheinen, oder sogar in Gruben eingesenkt,
die Körperoberfläche nicht erreichen, sowie daß gewisse Organe ihren Borsten-
charakter völlig verloren haben. Daß in der Tat die Fühler, häufig wohl auch die
Palpen, mit Geruchsvermögen ausgestattet sind, ist sowohl für Krebse als Insekten physiologisch erwiesen. Immerhin ist die Funktion mancher der hier zu
erwähnenden Organe wohl eine abweichende.

Wie die Tastborsten stehen auch die Riechborsten (Aesthetica) mit Sinneszellen und zwar, soweit genauer bekannt, gewöhnlich mit einer Gruppe solcher
(Sensille) in Verbindung, deren Terminalstrang die Borsten bis an ihr Ende durch-

zieht. Bei Decapoden können die Sensillen sämtlicher Riechhaare einer Antenne
zu einem gemeinsamen Körper vereint sein, von dem die Terminalstränge ausgehen. — Häufig, besonders bei Crustaceen und zahlreichen Insekten, tragen die
Fühler der Männchen viel mehr Riechhaare als jene der Weibchen, was mit ihrer
Funktion gut harmoniert; auch bei manchen im Dunklen lebenden Crustaceen
(Höhlen- und Tiefseeformen) wurde ihr rei-
cheres Vorkommen erwiesen.

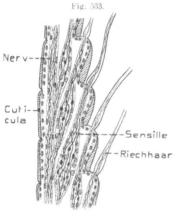

Riechhaare von Crustaceen. Squilla
(Heuschreckenkrebs).   Längsschnitt durch
einen Teil der 1. Antenne mit 4 Riechhaaren
(nach v. RATH 1896).   v. Bu.

Bei den *Krebstieren* finden sich die
Riechhaare in mäßiger bis größerer Zahl
fast ausschließlich auf den ersten Antennen
(bei Decapoden an deren Außengeißel), selten
auch einige auf den zweiten; häufig sind sie
gruppenweise lokalisiert. Es sind zapfenartige bis cylindrische oder haarartige, an
ihrem Ende zuweilen knöpfchenartig verdickte
Gebilde ohne gelenkige Einpflanzung in die
Cuticula (s. Fig. 533). Ihr Basalteil besitzt
in der Regel eine stärkere Cuticula, der
Endteil eine zarte; daß aber das Distalende
ungeschlossen sei, der Terminalstrang also
hier ganz offen liege, ist unwahrscheinlich;
vielmehr scheint das Riechborstenende aller Arthropoden von einer sehr feinen,
leicht durchgängigen Cuticularmembran abgeschlossen zu sein.

Die luftatmenden *Myriopoden* und *Insekten* tragen auf ihren beiden Fühlern
meist eine große Menge solcher Organe, welche besonders bei den Insekten häufig
in erstaunlicher Zahl auftreten und eine auffallend verschiedenartige Differenzierung erlangen können. — Die Riechborsten der *Myriopoden* bleiben im allgemeinen spärlicher und sind von zweierlei Form. Erstens ansehnlichere zapfen-
bis kegelartige Gebilde, *Geruchskegel*, die sich am Distalende des letzten Fühler-
glieds, meist in geringer Zahl erheben (bei *Diplopoden* in der Regel 4), und
kleinere ähnliche, gewöhnlich mehr cylindrische Gebilde, welche sowohl am Endglied, als auch vorhergehenden Gliedern zerstreut oder gruppenweise vorkommen
(Zapfen oder blasse Cylinder). Daß das Distalende der Kegel geöffnet sei, ist, wie
gesagt, unwahrscheinlich. Zu jedem Kegel gehört ein typisches nervöses Endorgan, das aus einer spindelförmigen Gruppe zahlreicher Sinneszellen besteht,
deren Distalfasern bis in die Kegelspitze ziehen und hier zusammen ein etwas
eigentümliches, ungefähr stiftartiges Terminalorgan bilden. Proximal von der
Sinneszellengruppe findet sich eine Anhäufung größerer Zellen, die entweder als
Ganglien- oder als Sinneszellen, oder als nicht nervöse, sog. Begleitzellen, welche
den zutretenden Nervenast nur umhüllen, gedeutet wurden. Auch die Zapfen
oder blassen Cylinder stehen mit Sinneszellen in Verbindung, doch ist ihr histologischer Bau weniger bekannt.

Schon die *Protracheata* (Peripatus) tragen auf ihrer Körperoberfläche, besonders reichlich an den Beinen, kegelartige Sinnesorgane, deren histologischer Bau dem der Geruchskegel der Myriopoden ähnlich zu sein scheint. Daß sie spezifische Geruchsorgane seien,
ist jedoch wegen ihrer Verbreitung wenig wahrscheinlich; eher dürften sie Tastkegel darstellen. Immerhin spricht ihre Ähnlichkeit mit den Riechkegeln der Myriopoden für einen
phylogenetischen Zusammenhang.

Insekten. Wie schon bemerkt, erlangen die Geruchsorgane der *Insektenfühler*
eine hohe und gleichzeitig sehr verschiedenartige Entwicklung. Ihre Zahl wird
häufig außerordentlich groß (so besonders bei *Hymenopteren*, *Coleopteren* und

Fig. 531.

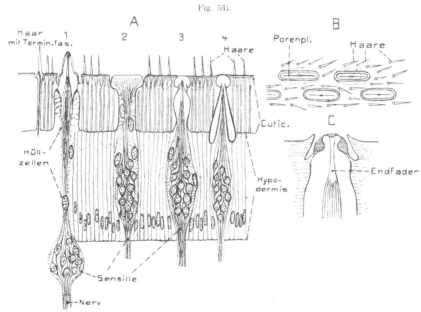

Verschiedene Sinneshaare von den Antennen der Hymenopteren (etwa Vespa). *A* Achsial-
schnitte (schematisch). *1* Zapfenorgan. *2* Porenplatte im Längsschnitt. *3* Champagnerpfropfartiges
Organ. *4* Flaschenförmiges Organ. *B* Kleines Stück der Antennenoberfläche mit dichtstehenden
Porenplatten. *C* Eine Porenplatte im Querschnitt; stärker vergrößert. O. B. u. v. Bu.

Lepidopteren); wobei, wie erwähnt, die männlichen Fühler, die sich auch nicht
selten durch bedeutendere Größe, reichere Entfaltung der Oberfläche durch Fie-
derung u. dgl. auszeichnen, bevorzugt sind.

So wurden die Organe (speziell die sog. Porenplatten) bei *Apis* an einem männlichen
Fühler auf etwa 15000, am weiblichen nur auf 2000 geschätzt; beim Maikäfer (Melolontha)
soll ihre Zahl auf einem männlichen Fühler sogar etwa 50000, auf dem des Weibchens nur
etwa 8000 betragen. Damit harmoniert die Erfahrung, daß das Witterungsvermögen der
Männchen für die Weibchen, besonders bei Schmetterlingen, ein ganz erstaunliches sein kann.

Die einfachsten Organe erinnern lebhaft an die Riechborsten oder Zapfen der
Crustaceen und Myriopoden, indem sie stab- bis kegelartige, sich auf der An-
tennenfläche frei erhebende Anhänge darstellen (*Sensillae styloconicae*), wie sie namentlich bei den primitiveren Ordnungen vorkommen, doch auch den höheren

nicht fehlen (Fig. 535 C). An solch freie Kegel (Zapfen) schließen sich jene eng an, welche in verschiedenem Grade in grübchenförmige Vertiefungen der Antennenoberfläche eingesenkt sind, sog. *Grubenkegel* (Fig. 534 A, 535 C) mit dickerer (solide) oder dünner Wand (hohle Grubenkegel). Bei diesen kann der Geruchskegel entweder noch mehr oder weniger frei aus dem Grübchen hervorragen (*S. basiconicae*) oder sich nur bis zu dessen Öffnungsrand erheben, sich schließlich auch nur auf den Grund der Grube beschränken (*S. cœloconicae* Fig. 535 B), so daß er die Mündung nicht erreicht. Es kommt auch vor, daß ein sich frei erhebender Kegel von einem cuticularen Borstenkranz umgeben ist (Fig. 535 A) oder daß sich (namentlich *Lepidoptera*) in der Grube ein bis mehrere Kränze solch solider Chitinbörstchen um den basalen Kegel erheben (Fig. 535 B). — Ähnlich erscheinen

Fig. 535.

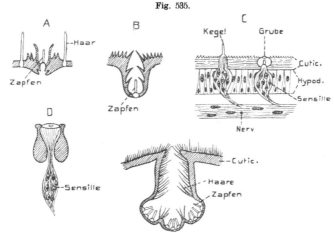

Verschiedene Sinneshaare von der Antenne der Insekten im Achsialschnitt. *A* Aglia tau (Lepidoptere). Grubenorgan. *B* Vanessa urticae (Lepidoptere). Grubenorgan. *C* Gomphocercus rufus (Acridier) ein Kegel und ein Grubenorgan. *D* Cetonia aurata (Coleoptere). Porenplatte. *E* Musca vomitoria. Zusammengesetzte Grube mit zahlreichen Zapfen. (*A—D* nach v. RATH 1888, *E* nach RÖHLER 1908.)   O. B.

ferner jene Organe, welche gewöhnlich als *champagnerpfropfartige* bezeichnet wurden (s. Fig. 534 A, 3) und sich speziell bei *Hymenopteren* finden; bei ihnen erhebt sich etwa in der mittleren Höhe des Grübchens ein ringförmiger Chitinwall, so daß die Gestalt des Grübchens ungefähr an die eines Champagnerpfropfs erinnert. — Aus den Grubenkegeln gingen jedenfalls die sog. *flaschenförmigen* Organe (*S. ampullaceae*) hervor (Fig. 534 A, 4), indem sich das distale eigentliche Grübchen in einen die Cuticula durchsetzenden Porenkanal fortsetzt, der sich proximal in ein langes, tief unter die Hypodermis reichendes, feines Chitinröhrchen verlängern kann, auf dessen etwas erweitertem Proximalende sich erst der sehr dünnwandige Kegel erhebt. — Eine weitere sehr eigentümliche Modifikation der Organe bilden die sog. *Porenplatten* oder *Membrankanäle* (*S. placoideae*, auch kelchförmige Organe gen.), welche sich etwa von jenen Grubenkegeln ableiten lassen, deren Kegel sich bis zur Distalöffnung der Grube erhebt. Wird ein solcher Kegel lang und in der Fühlerachse meist schmal verlängert, dabei gleichzeitig so niedrig, daß er als eine dickere Chitinplatte mit feinem Längsschlitz die Grube nahezu ausfüllt und nur durch eine sehr feine eingesenkte Chitinhaut mit dem Grubenrand zusammenhängt, so entsteht eine solche Porenplatte (Fig. 534 *A, 2, B* u. *C*). Der Umriß der Porenplatten schwankt jedoch in der Flächenansicht zwischen kreisrund und oval bis lang spaltartig, wie letzteres namentlich bei *Hymenopteren* vorkommt, bei denen und den *Coleopteren* (Fig. 535 *D*) solche Organe häufig massenhaft auftreten. Namentlich finden sich gelegentlich auch feine Poren- und Membrankanäle, die äußerlich nur von einer sehr zarten Chitinmembran abgeschlossen sind.

Bei einem und demselben Insekt können gleichzeitig verschiedenartige Organe auf den Antennen vorhanden sein, so z. B. bei *Hymenopteren* und *Käfern* freie Geruchskegel, Grubenkegel und Porenplatten und bei ersteren auch champagnerpfropfartige und flaschenförmige Organe. — Interessant erscheint ferner, daß sich bei gewissen Insekten, so vor allem auf dem großen dritten Fühlerglied der *brachyceren Dipteren*, auch kompliziertere Organe entwickeln können, indem sich mehrere bis zahlreiche benachbarte Geruchskegel in eine gemeinsame säckchenartige Einstülpung einsenken und ein zusammengesetztes Organ bilden (Fig. 535 *E*), wie sie in Ein- bis Vielzahl, meist neben einfachen Geruchskegeln, auf einem Fühler vorkommen können; ja es finden sich auch Organe, welche aus der gemeinsamen Einstülpung mehrerer solcher Gruppen mit vielen Kegeln hervorgingen. Ähnlich vergesellschaftete Gruben finden sich auch bei manchen Käfern (z. B. Melolontha) und Lepidopteren.

Hinsichtlich ihres feineren Baus stimmen die Organe der Insekten im allgemeinen mit jenen der Myriopoden nahe überein. Zu jedem tritt eine spindelförmige Sinneszellengruppe, die von einem Ast des Antennennervs innerviert wird (s. Fig. 534 *A*); ferner ziehen in jeden Porenkanal oder dessen Fortsetzung in den Kegel ein bis mehrere verlängerte Hypodermiszellen (Hüllzellen, auch Neurolemmzellen), welche eine Art Scheide um die Sensille bilden. Ob sich eventuell Organe mit nur einer Sinneszelle finden, wie es besonders für die Porenplatten z. T. angegeben wird, scheint zweifelhaft, wäre aber jedenfalls ungewöhnlich.

Der so verschiedenartige Bau der beschriebenen Fühlerorgane der Insekten macht es wahrscheinlich, daß sie nicht sämtlich derselben Sinnesfunktion dienen. Daß die freien, sowie die Grubenkegel als Geruchsorgane zu deuten sind, erscheint wohl sicher. Zweifelhaft ist dies jedoch für die häufig so zahlreichen Porenplatten wegen ihrer ziemlich dicken, terminalen Chitinplatte, die aber einen mittleren nur sehr dünn geschlossenen Schlitz besitzt; sie wurden gelegentlich für mechanisch, besonders durch Luftbewegungen (auch Luftwiderstand) reizbare Gebilde erklärt. — Auch die Funktion der tief eingesenkten flaschenförmigen Organe ist wenig sicher, aber ihre gelegentliche Auffassung als Hörorgane doch unwahrscheinlich, da sie von den charakteristischen Hörorganen der Insekten völlig abweichen.

Ähnliche Organe, speziell freie Kegel und Gruben mit kleinen oder zum Teil auch fehlenden Kegelchen, finden sich gewöhnlich auch auf der *ersten und zweiten Maxille* (Unterlippe) der Insekten, und zwar sowohl auf deren Laden (resp. Glossen und Paraglossen der Unterlippe) als den Palpen. Sie breiten sich

auch auf der Ventralseite der Oberlippe (und dem Epipharynx), sowie auf dem
von der Unterlippenfläche sich in die Mundhöhle erhebenden *Hypopharynx* aus.
Häufig sind sie am Ende der Palpen oder Laden in einem besonderen Feld reichlicher vereinigt, so namentlich auch am Distalende der Glossen und Paraglossen
der Hymenopteren (wo letztere besser ausgebildet) und auf der Dorsalseite der
Zungenbasis dieser Formen. — Auch die Rüsselspitze der *Rhynchoten* und *Dipteren*
trägt häufig solche Organe. Selbst zusammengesetzte Organe können sich auf dem
Ende der Maxillar- und Unterlippenpalpen bei *Dipteren* und *Lepidopteren* finden. —
Daß diese Organe, besonders jene der Mundhöhle, zum Teil als Geschmacksorgane
funktionieren, scheint um so sicherer, als das physiologische Experiment das
Geschmacksvermögen mancher Insekten außer Zweifel stellt. Wegen ihrer großen
Übereinstimmung mit den Geruchsorganen mußten sie hier besprochen werden. —
Von den *Crustaceen* ist kaum etwas Sicheres über Geschmacksorgane bekannt.

Nur wenige Fälle scheinen bis jetzt bei Insekten beobachtet (Ameisen, einzelnen Käfern, Aeschnalarve), wo sich Geruchskegel und Porenplatten auch an
gewissen Stellen des Thorax, des Abdomens und der Beine finden.

Arachnoideen. Nur bei relativ wenigen Formen dieser Klasse wurden Organe
beobachtet, welche jenen der Insektenfühler gleichen. Um so auffallender erscheint es daher, daß die eigentümlichen *Solifugen* (Wüstenspinnen) am Endglied ihrer Maxillarpalpen (Pedipalpen) und dem des ersten Beinpaares zahlreiche Organe besitzen, deren Bau, insofern die chitinösen Teile in Betracht kommen, teils den *champagnerpfropfartigen*, teils den *Flaschenorganen* der Insekten
sehr gleicht. Die ersteren stehen auf den Tastern, zum Teil sogar in gemeinsamer Grube. Ob sich diese Ähnlichkeit auch auf den nervösen Endapparat erstreckt, ist bis jetzt unsicher.

Den Riechorganen werden gewöhnlich auch die zahlreichen Endorgane an
den sog. *Kämmen der Skorpione* zugerechnet; doch könnten sie auch als Tastorgane funktionieren, die mit dem Geschlechtsleben in Beziehung stehen.

Wie die Ontogenese lehrt, sind die Kämme umgebildete Extremitäten des zweiten Ab-
dominal(Rumpf)-Segments, d. h. ein Paar lanzettförmiger platter Anhänge, deren Caudalrand
eine dichte Reihe blattförmiger Anhänge trägt, welche an die Zähne eines Kamms erinnern.
Auf letzteren findet sich endständig je ein ovales Feld mit zahlreichen cylindrischen Zapfen,
zu denen je ein Sensillenorgan gehört, ähnlich dem der Riechkegel der Insekten. Außerdem
finden sich an den Kämmen noch lange Sinnesborsten mit Sensille, sowie einzellige Sinnesorgane ohne Cuticularborste.

Eigentümliche Sinnesorgane, welche sich vielleicht ebenfalls hierher stellen
lassen, sind die sog. *fächerförmigen Organe (Malleoli, Raquettes)* der *Solifugen*, die
sich in Fünfzahl auf der Ventralseite der Basalglieder (Coxa und 1. Trochanter)
des vierten Beinpaares finden.

Jedes Organ hat etwa die Gestalt eines gestielten Fächers. Im Proximalteil des Fächers
finden sich in seiner ganzen Ausdehnung zahlreiche, dicht nebeneinanderliegende Sensillen,
deren Terminalstränge in ihrer distalen Fortsetzung ein zusammenhängendes Band bilden und
deren Einzelfasern endlich am freien Distalrand des Fächers in zwei alternierende Reihen von
dunkleren Endspitzen auslaufen, die in einer schmalen, schwach eingesenkten Rinne des Fächer-

rands, an der hier sehr zarten Cuticula endigen. Bemerkenswert erscheint, daß in den Einzelfasern, etwas proximal von ihren distalen Enden Körperchen vorkommen, welche an die
Stifte der Scolopophorzellen der Insekten (s. S. 793 ff.) erinnern. — Der Bau der Organe ist
namentlich wegen des eigentümlichen Verhaltens der Hypodermis im Fächer recht kompliziert
und konnte daher nur angedeutet werden.

Endlich wäre noch zu erwähnen, daß sich im distalen Glied der Maxillarpalpen der
Solifugen eine langkegelförmige, tief eingesenkte Tasche findet, die ausgestülpt und durch
besondere Muskeln wieder eingezogen werden kann. An ihrer Ventralfläche enthält diese
Tasche ein Feld mit zahlreichen, die Cuticula durchsetzenden Nervenendigungen ohne besondere
Borsten, wie es scheint. Daß es sich um ein Sinnesorgan handelt, ist wohl sicher, wahr-
scheinlich um ein chemisch reizbares.

Die beiden (oder sogar drei) dicht nebeneinander liegenden, grübchen- bis bläschenartigen
Einsenkungen mit zarten Sinnesborsten am distalen Glied des ersten Beinpaares gewisser
Milben (Ixodidae oder Zecken) erinnern gleichfalls an Riechorgane; es scheint, daß zu jeder
Borste eine Sensille gehört. Unsicherer sind die bei den Weibchen dieser Milben an der
dorsalen Basis der Maxillarpalpen vorkommenden Porenfelder mit Sinneszellen.

Auch die sog. *leierförmigen Organe,* welche auf der Körperoberfläche der
Arachnoideen recht verbreitet sind, werden neuerdings als Geruchsorgane gedeutet (vermißt wurden sie vollständig bei den meisten *Acarinen*, gewissen *Opilioniden* und den den letzteren ähnlichen *Ricinuleen*).

Im einfachsten Fall erscheinen diese Gebilde als schmale schlitzförmige Einsenkungen
in der Cuticula, welche in charakteristischer Weise etwas neben ihrer Mitte eine kreisförmige
Erweiterung besitzen. Jeder Schlitz vertieft sich zu einer schmalen, komprimierten, in der
Breitenansicht etwa becherförmigen Höhle, welche sich bis zur Innenfläche der Cuticula hinabsenkt und hier mit dem Terminalfortsatz einer ansehnlichen Sinneszelle verbunden ist. Bei
den *Skorpionen, Solifugen, Opilioniden* und *Acarinen* finden sich nur solch einfache
Organe, zum Teil am Körper, zum Teil an den Extremitäten. Bei den *Pseudoskorpionen,
Pedipalpen* und *Araneinen* treten noch kompliziertere Organe auf, indem mehrere bis zahlreiche solche Schlitze, etwa parallel und dicht nebeneinander, auf einem besonderen Cuti-
cularfeld stehen; außer ihnen finden sich dann gewöhnlich noch einfache Schlitze. Die zusammengesetzten Organe stehen in geringer Zahl an den Extremitäten gewisser Pedipalpen,
in viel größerer an denen der Araneinen, wogegen sich auf deren eigentlichem Körper, speziell
der Ventralseite des Cephalon (auch der Spinnwarzen), nur einfache Schlitze finden.

Die hohe Zahl und Entwicklung der leierförmigen Organe, besonders bei den jagenden
Araneinen, spricht für ihre physiologische Bedeutung, die jedoch noch weiterer Aufklärung
bedarf. — Ob sie morphologisch den an den Coxen des zweiten bis fünften Extremitäten-
paars des Cephalon von *Limulus* und den Scheeren des ersten bis sechsten des Weibchens
sich findenden Organen vergleichbar sind, erscheint zweifelhaft. Diese haben etwa den Bau
der von den Insektenfühlern bekannten Porenplatten, sollen jedoch nur je eine einzige
Sinneszelle besitzen, was etwas zweifelhaft erscheint. Sie wurden als Geschmacksorgane
gedeutet. — Dagegen dürften die über die Körperoberfläche weit verbreiteten vielzelligen
angeblichen Sinnesorgane des *Limulus* wohl sicher Drüsen sein. Auch das vor dem Mund
gelegene sog. Riechorgan des *Limulus* erscheint recht unsicher.

C. Statische Organe (Gleichgewichtssinnesorgane) und Hörorgane.

Die Zusammenfassung dieser Organe in einem Kapitel scheint gerechtfertigt,
weil ihre Funktionen bei den Vertebraten in verschiedenen Abschnitten eines und
desselben Organs vereinigt sind, und es auch vorerst nicht ganz ausgeschlossen er-

scheint, daß die jetzt als statische Organe erwiesenen, wenigstens in manchen Fällen, auch von Tonschwingungen gereizt werden können. Bis vor kurzem wurden die statischen Organe der Wirbellosen als Hörorgane gedeutet. Erst die neuere Zeit wies nach, daß sie wohl fast allgemein, oder doch in erster Linie, von der Haltung des tierischen Körpers im Raum, sowie von den Körperbewegungen affiziert werden, und infolgedessen auf reflektorischem Wege die Haltung wie die Bewegungen zu regulieren vermögen, ganz abgesehen von etwaigen Empfindungen, welche mit ihrer Reizung verbunden sein könnten. Schädigung oder Zerstörung der statischen Organe ruft daher Störungen der normalen Haltung und der Bewegungen hervor, womit jedoch nicht selten auch Herabsetzung der Spannung (Tonus) der Bewegungsmuskulatur verbunden ist, sowie Störung oder Aufhören der bei der Lageveränderung zahlreicher Tiere auftretenden sog. kompensatorischen Augen- oder Kopfbewegungen, welche die Erhaltung der Augen in der Normallage anstreben.

Mit Ausnahme der Insekten, erscheint heute die statische Funktion der früher als Hörorgane der Wirbellosen gedeuteten Gebilde gesichert. Bei den Vertebraten sind es, wie erwähnt, gewisse Abschnitte des Hörorgans, welche als statische funktionieren. Aber die allmähliche Entwicklung des eigentlichen Hörteils des Organs in der Vertebratenreihe macht es wahrscheinlich, daß es ursprünglich rein oder vorwiegend statisch funktionierte, und der zum Hören eingerichtete Teil sich erst sekundär entfaltete. Wir beginnen mit der Betrachtung der rein statischen Organe.

Das allgemeine Bauprinzip derselben gründet sich zunächst auf die Schwerewirkung; es besteht nämlich darin, daß Sinneszellen durch den Druck frei schwebender, oder doch der Schwere folgender Körperchen, gereizt werden. Da nun bei verschiedener Körperhaltung zur Schwererichtung verschiedene Sinneszellen gedrückt oder gereizt werden können, so muß der Erfolg ein entsprechend verschiedener sein, und eine Regulation der Körperhaltung eintreten können, wenn die nervösen Beziehungen zur Körpermuskulatur so eingerichtet sind, daß diese bei der Reizung verschiedener statischer Sinneszellen in geeigneter Weise reflektorisch funktioniert. — Andererseits können jedoch die schweren Körperchen auch bei den Bewegungen des Tieres Reize auf die Sinneszellen ausüben, indem sie entweder den beginnenden Körperbewegungen nicht sofort folgen und dadurch gegen die sich bewegenden Sinneszellen drücken, oder umgekehrt bei plötzlichem Stillstehen des Körpers noch einige Zeit in Bewegung bleiben und dabei ähnlich wirken.

Das Vorkommen statischer Organe in der Tierreihe ist auffallend unregelmäßig, weshalb sich vorerst ein bestimmtes Verbreitungsprinzip nicht erkennen läßt. Von vornherein erscheint zwar begreiflich, daß sie sich bei frei beweglichen Formen finden und daher auch unter dem Einfluß der Festheftung häufig verkümmern.

Unter den *Cölenteraten* begegnen wir ihnen bei zahlreichen frei schwimmenden *Hydromedusen* und *Acalephen*, sowie regelmäßig bei den *Ctenophoren*. In der Reihe der Würmer finden sie sich häufiger bei *Turbellarien*, vereinzelt bei *Nemertinen* und gewissen *Polychaeten* (besonders grabenden Sedentariern). Fast stets vorhanden sind sie im großen Stamm der *Mollusken*, wo sie nur den *Amphineuren* völlig fehlen. — Den *höheren Krebsen* (*Thoracostraca*) kommen sie häufig zu. Dagegen treten sie unter den *Echinodermen* allein bei gewissen Holothurien auf. — Regelmäßig finden sich statische Organe eigentümlicher Art bei den *copelaten Tunicaten* und den ihnen ähnlichen *Ascidienlarven*, bei den übrigen erwachsenen Tunicaten dagegen nur ganz vereinzelt. — Unter den *Vertebraten* fehlen sie den *Acrania* und sind bei den *Craniota*, wie bemerkt, Teile der Hörorgane. Das vereinzelte Auftreten in manchen Gruppen macht es recht wahrscheinlich, daß die Organe vielfach selbständig entstanden sein dürften, wofür auch ihr verschiedenartiger Bau spricht.

Abgesehen von den Wirbeltieren, lassen sich im allgemeinen etwa folgende Hauptformen der Organe unterscheiden: 1) Kleine, sich auf der Oberfläche frei beweglich erhebende klöppelartige Gebilde (tentakelartig), deren freies Ende innerlich durch eine Konkretion (*Statolith*) beschwert ist, wodurch sie auf Sinneshaare ihrer Umgebung drücken, oder die selbst Sinneshaare tragen, welche an ihrer Umgebung Widerstand erfahren können. Sie vermögen sich auch unter die Körperoberfläche einzusenken und liegen dann in geschlossenen Bläschen (*Statocysten*). Organe dieser Kategorie finden sich bei *Trachymedusen* und *Acalephen*. 2) Das Ectoderm der Körperoberfläche bildet grübchenförmige Einsenkungen mit Sinneszellen und frei beweglichen oder an der Wand befestigten Statolithen, welche jedoch auch durch Fremdkörperchen, die von außen aufgenommen werden, ersetzt werden können. Solch offene Statocysten senken sich häufig tiefer ins Körperinnere ein, wobei sich ein nach außen geöffneter Einstülpungskanal erhalten kann, oder sie lösen sich als geschlossene Bläschen vom Ectoderm ab und enthalten dann einen *Statolithen* oder zahlreiche kleine *Statoconien*, welche von den Zellen der Blasenwand abgesonderte, meist aus kohlensaurem Kalk bestehende, sphärokristallinische oder kristallinische Gebilde sind. Diese Statolithengebilde sind gewöhnlich frei in der wäßrigen Flüssigkeit (*Statolymphe*) der Cyste suspendiert und dann häufig in zitternder Bewegung. Derartige Organe finden sich bei den *vesiculaten Hydromedusen* (*Leptomedusen*), den *Würmern, Mollusken, Holothurien* und gewissen *Tunicaten* (*Doliolum*). Auch die sich hoch komplizierenden statisch-akustischen Organe der Wirbeltiere gehören prinzipiell hierher. 3) Ähnlich erscheinen im allgemeinen die statischen Organe der *malacostraken Krebse*, nämlich als teils geöffnete, teils geschlossene Statocysten, aber von den seither erwähnten dadurch verschieden, daß sie innerlich von Cuticula ausgekleidet und ihre Sinneshaare keine gewöhnlichen, sondern cuticulare Haare sind, wie sie für die Arthropoden charakteristisch erscheinen. 4) Das eigentümliche statische Organ, welches sich in der Hirnblase der *Copelaten* und *Ascidienlarven* unter den Tunicaten findet.

1. Coelenterata.

Ein Teil der *Trachymedusen* (*Aegininen*) zeigt einfache Verhältnisse, indem sich (Fig. 536) auf der randlichen Umbrella, etwas über dem Ursprung des Velums und außen vom umbrellaren Nervenring radiär angeordnete, kleine, freie Kölbchen in zum Teil sehr großer (mit dem Wachstum sich vermehrender) Zahl erheben. Jedes Kölbchen entspricht einem schwach entwickelten Tentakel und entspringt von einer polsterartigen Verdickung oder stärker vorspringenden Papille, welche durch Erhöhung des Epithels und Anschwellung des äußeren Nervenrings gebildet wird. Wie ein Tentakel besteht es aus äußerem Ectoderm und einer soliden Achse von Entodermzellen, die sich bis auf zwei reduzieren können. Ein oder zwei distale Entodermzellen scheiden innerlich je eine Statolithenkonkretion aus, die nur in seltenen Fällen (so der Süßwassermeduse *Limnocodium*) fehlen soll. Sowohl im Ectoderm des Basalpolsters als dem des Kölbchens finden sich Sinnes-

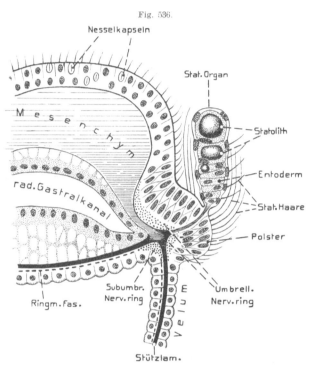

zellen, die mit dem äußeren Nervenring verbunden sind und lange starre Sinneshaare tragen. — Auch gewisse *Trachynemiden* (z. B. *Aglaura*) besitzen noch solch freie Kölbchen; bei anderen (z. B. *Rhopalonema, Geryoniden* u. a.) werden sie, vom angrenzenden Integument ringförmig umwachsen, zu fast oder ganz geschlossenen Bläschen, die sich bei den *Geryoniden* ziemlich tief in die Schirmgallerte einsenken, nach innen von dem randlichen

Fig. 536.

Cunina lativentris (Trachymeduse). Radialschnitt durch den Schirmrand mit einem statischen Kölbchen (nach O. und R. HERTWIG 1878).
E. W.

Nesselwulst (Fig. 537), selten sich schlauchartig tief in das Velum erstrecken.(z. B. Limnocodium). In die von einer flachen Epithelwand gebildete Statocyste (Lithocyste) springt das Kölbchen mit seinen langen Sinneshaaren vor.

Die freien statischen Kölbchen der *Acalephen*, welche nur einem Teil der primitiven Formen (Stauromedusen) fehlen, wurden schon früher (S. 467), bei der Besprechung des Nervensystems, erwähnt. Es sind die dort nach Vorkommen, Zahl und allgemeiner Bildung besprochenen *Randkörper* oder *Rhopalien*, ebenfalls gewöhnlich als verkürzte Randtentakel gedeutet (was jedoch auch geleugnet wird), welche je in eine Art Höhle hinabhängen, die von der Deckplatte (Trichterplatte) überdacht und bei den *Discomedusen* seitlich von den beiden Ephyralappen begrenzt wird. In das Rhopalium setzt sich das Entoderm fort, samt einem von ihm umschlossenen Gastralgefäß. Das distale Entoderm des Rhopaliums ist eigentümlich syncytial netzförmig umgebildet und scheidet in seinen Zellen zahlreiche Kriställchen aus (Calciumsulfat), die den sog. Kristallsack bilden. Wie wir schon oben fanden, breitet sich unter dem Epithel der Rhopalien eine Nervenfaserschicht aus, die eine direkte Fortsetzung des Zentralteils des Nervenapparats an der Basis jedes Rhopaliums bildet. Das basale Epithel des Rhopaliums ist reich an flimmernden Sinneszellen, die bei gewissen Formen auch längere Sinneshaare tragen sollen (*Nausithoë*).

Die statischen Organe der *Leptomedusen* (zu den Campanulariden gehörig, häufig *Vesiculatae* genannt), neben denen sich selten auch Ocellen finden (z. B. *Tiaropsis, Staurostoma*), sind nach Lage und Entstehung von jenen der Trachy-

medusen so verschieden, daß sie jedenfalls selbständig entstanden sein müssen. Sie gehören der Subumbrella an und finden sich, dicht einwärts vom Ursprung des Velums, als im primitiven Zustand (z. B. Mitrocoma) flach grubenförmige Epitheleinsenkungen (Fig. 538). Ihr Hauptcharakter besteht darin, daß sie nur aus dem Ectoderm hervorgehen, indem sowohl ihre Sinnes- als Statolithenzellen ectodermaler Herkunft sind. An der umbrellaren Grubenwand finden sich eine, bis eine ganze Querreihe (bei *Mitrocoma* sogar zwei benachbarte Querreihen) frei in die Grube vorspringender Zellen, die in sich je einen Statolithen abscheiden. Die an diese Statolithzellen proximal

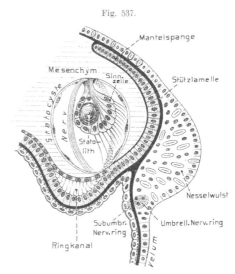

Fig. 537.

Carmarina hastata (Trachymeduse). Radialschnitt durch den Schirmrand mit einer Statocyste und Mantelspange (nach O. und R. HERTWIG 1878). E. W.

angrenzenden Zellen sind zu eigentümlichen Sinneszellen entwickelt, von welchen sich stets mehrere (bis 8) dicht an eine der Konkrementzellen anschmiegen und sie mit ihren Sinneshaaren umgreifen. Die Innervierung der Sinneszellen geschieht jedenfalls vom subumbrellaren Nervenring aus, obgleich dies nicht direkt erwiesen ist. Bei zahlreichen Leptomedusen (z. B. *Obelia, Aequorea* usw.) senken sich diese statischen Gruben tief nach außen in die Schirmgallerte ein und schließen sich endlich zu Statocysten ab, welche sogar am Ursprung des Velums häufig umbrellar stark bläschenartig vorspringen (s. Fig. 539). Die Zahl der Statolithzellen kann recht verschieden sein (eine bis sehr zahlreiche), und da zu jeder dieser Zellen eine Sinneszellengruppe gehört, so schwankt auch deren Anzahl erheblich. — Auch diese Organe sind, dem Radiärbau entsprechend, am Rand des Medusenschirms verteilt, teils an der Basis der Tentakel, teils zwischen denselben, an Zahl sehr variierend und mit dem Wachstum gewöhnlich zunehmend (bis 600 bei Aequorea z. B.).

Die Deutung der geschilderten Organe der Hydromedusen und Acalephen als statische
wurde durch das physiologische Experiment bis jetzt nicht sicher bestätigt; im Gegenteil

Fig. 538.

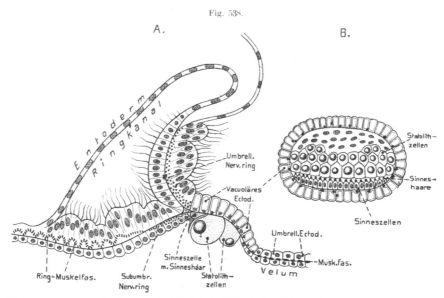

Mitrocoma annae (Leptomeduse). *A* Radialschnitt durch den Schirmrand mit einem statischen Organ
im Durchschnitt. — *B* Ansicht des statischen Organs von der Umbrellarseite; das umbrellare Epithel
(vacuoläres Ectoderm) im optischen Durchschnitt (nach O. und R. HERTWIG 1878).   E. W.

scheinen die vorliegenden Versuche gegen ihre statische Funktion zu sprechen. Jedenfalls
kann das Problem einstweilen noch nicht als sicher gelöst gelten. Für die *Acalephen* wurde
nachzuweisen gesucht, daß
durch die Reizung der Rhopalien die Bewegungen der
Meduse ausgelöst werden.

Fig. 539.

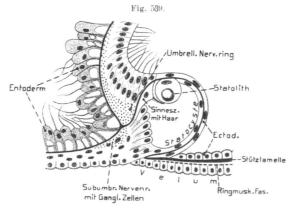

Aequorea forskali (Leptomeduse). Radialschnitt durch den Schirmrand und eine Statocyste (nach O. und R. HERTWIG 1878). E. W.

Ctenophora. Sta-
tische Organe eigener
Art und Entstehung
sind die der Cteno-
phoren, welche sich
nur in Einzahl auf dem
Apex (aboralen Pol)
dieser eigentümlichen
Metazoen finden. Schon
dieser Umstand läßt sie
sowohl von jenen der

seither besprochenen Cölenteraten, als auch denen der meisten übrigen Metazoen sehr verschieden erscheinen. Das statische Organ erhebt sich am Apicalpol
als eine durchsichtige halbkugelige Blase (s. Fig. 22, *1*, S. 96 u. Fig. 540), die
bei den Beroiden und Saccaten frei vorspringt, bei den übrigen Ctenophoren von

lappigen Körperfortsätzen der Umgebung stark überwachsen und daher mehr oder weniger tief eingesenkt ist. Die gewöhnlich länglich ovale Blase erhebt sich über einer stark verdickten Epithelplatte, die früher meist als das centrale Nervensystem gedeutet wurde, deren fein-fadenförmige, bewimperte Epithelzellen jedoch keine Verbindung mit Nervenfasern erkennen lassen. Die Blase selbst sitzt dem etwas abgesonderten, wulstartigen Rand der Epithelplatte auf. Ihre Wand besteht wahrscheinlich nur aus sehr langen verklebten Cilien. Ursprünglich entsteht nämlich die Blase aus der Verwachsung von vier Platten, welche an die Ruder- oder Kammplättchen erinnern. Die von der Blase umschlossene Flüssigkeit enthält einen ansehnlichen Statolith, der von vier aufsteigenden, S-förmigen Federn getragen wird, deren Enden sich etwas in ihn einsenken. Die vier Federn stehen in den vier Radien der Ctenophore und sind gleichfalls je ein Büschel verlängerter und verklebter Cilien. — Der Statolith setzt sich aus vielen einzelnen Konkrementen (angeblich Calciumphosphat) zusammen, von denen jedes in einer Zelle liegt; es sind dies losgelöste Zellen der Epithelplatte, die schon vor ihrer Ablösung die Konkremente

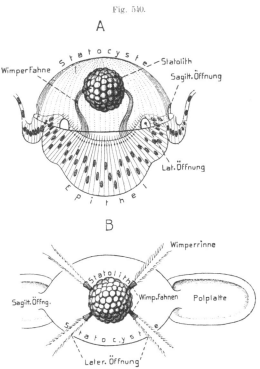

Fig. 540.

Ctenophore (etwa Callianira).' Schema der Statocyste. *A* Laterale Ansicht; Epithel im optischen Durchschnitt; die Statocyste körperlich, doch der optische Durchschnitt ihrer Wand eingezeichnet. — *B* Die Statocyste in Apicalansicht mit den Polplatten und dem Anfang der Wimperrinnen (nach R. HERTWIG 1880 und CHUN 1880 konstruiert). E. W.

abzuscheiden beginnen. — Die Statocyste ist nicht ganz geschlossen, sondern zeigt an ihrer Basis sechs Öffnungen (Fig. 540 *B*), von welchen zwei sagittal, die vier anderen radial liegen. Durch die ersteren setzt sich die Wimperung auf die sog. Polplatten fort, die häufig als Geruchsorgane gedeutet wurden. Durch die vier radialen Öffnungen verlaufen je zwei schmale Cilienstreifen (Wimperrinnen), die an der Basis der vier Federn, beginnend, nach ihrem Durchtritt durch die Blasenöffnungen auseinander weichen und zu den ersten Ruderplättchen der beiden Reihen eines Radius ziehen. Bei den Lobaten setzen sie sich aber auch zwischen die aufeinanderfolgenden Ruderplättchen jeder Reihe fort, sie untereinander verbindend.

Trotz des bis jetzt noch unsicheren Nervensystems wurde gerade für die Ctenophoren die Beziehung des statischen Apparats zur Körperhaltung und den Bewegungen als leicht ersichtlich dargestellt und durch Versuche als erwiesen betrachtet. Von der Haltung des Körpers soll der Druck oder Zug, welchen der Statolith auf die vier Federn ausübt, abhängen; beim Schwimmen ist nämlich der Mundpol der Ctenophoren in der Regel gegen die Wasseroberfläche gerichtet. In einer von der senkrechten abweichenden Körperhaltung würden daher die verschiedenen Federn in verschiedener Weise und verschiedenem Grade gereizt, was durch die Wimperrinnen auf die Ruderplättchenreihen wirke und deren Tätigkeitsgrad reguliere, wodurch endlich die Körperhaltung geregelt werde. Neuere Versuche haben jedoch diese Deutungen nur teilweise bestätigt, so daß auch die statische Funktion des Ctenophorenorgans nicht als einwandsfrei erwiesen erachtet werden kann.

Ziemlich abweichend erscheint die Cyste der stark umgebildeten Ctenophoren *Ctenoplana* und *Coeloplana*, indem sie eine offene, flimmernde, eingesenkte Grube von Beutelgestalt bildet, in der sich der von vier Federn gestützte Statolith findet. Eine eigentliche Blase scheint zu fehlen, wenn sie nicht (Coeloplana) durch eine Art querer Scheidewand in der Grube vertreten wird. — Bei Coeloplana wurden in Verbindung mit den vier Federn vier Ganglien beschrieben, die aber bei Vergleich mit denen der Ctenophoren ziemlich zweifelhaft erscheinen. Bei der hierhergehörigen *Tjalfiella* ist das Organ rudimentär.

2. Vermes.

Wie schon früher erwähnt, besitzen relativ nur wenige Würmer Statocysten, die stets dem Typus der eingesenkten offenen oder geschlossenen bläschenförmigen Organe angehören. Unter den *Plathelminthen* finden sie sich ziemlich häufig bei den *Turbellarien*, so stets den *Acoelen* und nicht wenigen *Rhabdocoeliden*, fehlen dagegen den *Dendrocoelen* stets (abgesehen von einer unsicheren Angabe); nur vereinzelt treten sie bei den *Nemertinen* auf (Gattung *Ototyphlonemertes*).

Die Organe liegen dem Cerebralganglion stets dicht an, manchmal sogar in ihm, und zwar interessanterweise bei den Turbellarien fast immer als ein unpaares Gebilde, meist dicht an der Ventralseite des Ganglions, selten (*Haplodiscus*) auf dessen Dorsalseite. Ob sie bei gewissen Rhabdocoeliden auch zu einem Paar vorkommen wie bei den Nemertinen, scheint nicht ganz sicher. Bei letzteren sind sie in die Dorsalseite des ventralen Knotens des Cerebralganglions eingebettet (vgl. S. 479). Die gelegentliche Angabe, daß bei gewissen Nemertinen auch mehrere Paare vorkommen können, scheint zweifelhaft. — Die Statocysten sind stets völlig abgeschlossene, relativ kleine Bläschen, deren Entstehung aus dem Ectoderm kaum zweifelhaft ist. Wegen ihrer Kleinheit läßt sich der feinere Bau schwierig feststellen. Die von einem sehr flachen Epithel gebildete Cystenwand enthält nur wenige Kerne (zwei bei Acoelen, zahlreichere bei Nemertinen), um die noch eine bis zwei feine cuticulare Hüllen vorkommen können (Basalmembran). Cilien oder Sinneshaare wurden am Epithel nicht beobachtet. — Die Statolymphe, welche in gewissen Fällen (*Acoelen*) etwas rötlich bis violett gefärbt ist, enthält einen, wohl aus Calciumkarbonat bestehenden Statolith von recht verschiedenartiger Form, der jedoch, wie es scheint, wohl stets ein Sphärit ist, seltener (gewisse Nemertinen) aus kleineren Sphäriten besteht; doch wurden auch mehrere Statolithen bei Nemertinen angegeben. Zitternde Bewegungen des Statoliths, wie sie sonst bei Gegenwart von Cilien meist vorkommen, wurden vermißt. — Von der Innervierung ist wenig bekannt; bei den Acoelen treten zwei kurze Nerven von rechts und links zur Cyste, ja sollen sie bei gewissen Formen brückenförmig umgreifen und gewissermaßen tragen. Diese Nerven treten zu einer eigentümlichen Zelle (Statolithzelle), welche der Cystenwand äußerlich anliegt, und von der in einzelnen Fällen feine Fädchen zur Wand verfolgt wurden. Genaueres über diese Zelle und ihre Funktion ist jedoch nicht bekannt. — Was von einem

Cestoden (*Octobothrium*) als Hörorgan beschrieben wurde, ist selbst als Sinnesorgan zweifelhaft. — Ebenso scheint auch die von einer zweifelhaften *Gastrotriche* (*Philosyrtis*) erwähnte unpaare Statocyste vorerst unsicher.

Unter den *Anneliden* kommen nur einem Teil der *sedentären Polychaeten* Statocysten zu, was vermutlich mit deren Bohrvermögen im Meeresboden in Beziehung steht, speziell mit dem vertikal abwärts gehenden Einbohren; doch finden sie sich in dieser Gruppe ziemlich unregelmäßig und nicht allzu häufig.

Den *Arenicoliden* fehlen sie zwar selten und liegen zu einem Paar im ersten Segment (sog. Peristomium); häufig sind sie ferner bei den *Sabelliden* im ersten borstentragenden Segment (zweites Segment), und zwar gewöhnlich zu einem Paar; doch können sich bei gewissen Myxicolaarten auch mehrere Paare in diesem Segment finden. Vereinzelt treten sie bei gewissen *Ariciidae* und *Terebellidae* auf, bei letzteren im zweiten Segment, während sie sich bei den ersteren in mehreren vorderen Segmenten (5—6 ja bis 23 und mehr) paarig wiederholen. Auch für einzelne andere Formen liegen noch Angaben vor, die wir übergehen, da ihre Sicherheit gering ist.

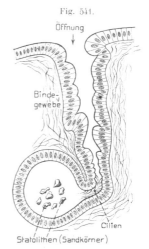

Fig. 541.

Arenicola marina. Statocyste im Längsschnitt (schematisch) (nach FAUVEL 1907). E. W.

Die Organe sind im ursprünglichsten Fall offene, durch Einsenkung der Epidermis entstandene schlauch- bis flaschen- oder retortenförmige Gebilde, deren Epithel wenigstens in ihrem kanalartigen äußeren Abschnitt flimmern kann (*Ariciidae*, *Arenicola marina* Fig. 541, gewisse *Terebellidae* und *Sabellidae*). Weiterhin finden sich auch ganz abgeschlossene Cysten ohne Kanal (gewisse *Arenicolidae*, häufig *Sabellidae*). Statolithen finden sich wohl stets und sind bei Formen mit geöffnetem Kanal kieselige Fremdkörper, in den geschlossenen Cysten dagegen secernierte kuglige Gebilde, die aus organischer Substanz bestehen sollen (?), in Ein- oder Vielzahl auftreten und sich in zitternder Bewegung befinden. Die einschichtige Epithelwand der Statocysten läßt meist Sinnes- und Zwischenzellen unterscheiden, von denen letztere häufig, jedoch nicht stets, Cilien tragen. Sinneshaare wurden bis jetzt nicht sicher nachgewiesen. — Die zu den Statocysten tretenden Nerven entspringen fast stets vom Bauchmark, nicht vom Cerebralganglion; bei *Arenicola* vom Schlundconnectiv. — Die genauere Erforschung der Organe läßt noch viel zu wünschen übrig.

Das Paar statocystenähnlicher Organe, die sich gewöhnlich im Prostomium der Archiannelide *Protodrilus* finden, sind sehr einfach gebaut, da sie nur aus einer einzigen Zelle bestehen, in deren ansehnlicher Vacuole ein Statolith, an einem faserigen Stiel (ob Sinneshaare?) befestigt, liegt. Die Organe sind entweder der Hypodermis oder dem Cerebralganglion eingelagert; ein Nerv tritt von letzterem zu dem erwähnten faserigen Stiel.

In der Gruppe der *Oligomeren* besitzt nur die Brachiopodengattung *Lingula* ein Paar Statocysten (im Larvenzustand auch die verwandte *Discina*, der erwachsenen fehlen sie jedoch). Diese linsenförmigen geschlossenen Bläschen liegen lateral an der Dorsalfläche, dicht

oral vom Ursprung des vorderen Dissepiments (sog. Gastroparietalband). Ihr hohes Epithel
ließ weder Cilien noch besondere Sinneszellen sicher erkennen. Die Cyste enthält zahlreiche kleine Statoconien, die sich zitternd bewegen; sie sollen aus organischer Substanz
bestehen.

3. Mollusca.

Wie schon erwähnt, sind die Statocysten in diesem Phylum fast allgemein
verbreitet, da sie nur den *Amphineuren* fehlen. Ein plausibler Grund für ihr regel-
mäßiges Vorkommen dürfte vorerst kaum anzugeben sein. Stets findet sich nur
ein Paar der Organe, deren ontogenetische Entstehung durch Einstülpung des
Ectoderms überall festgestellt wurde. Interessant ist ihre Lage, indem sie ursprünglich wohl stets in der Nähe der Pedalganglien in die Fußmuskulatur eingebettet sind, diesen Ganglien häufig ganz dicht anliegend, ja bei Gastropoden
und Lamellibranchiaten manchmal in ihre Oberfläche etwas eingesenkt. Bei der
häufigen Verlagerung der Pedalganglien nach vorn in die Nähe der Cerebralganglien, wandern auch die Statocysten mit und finden sich dann in der Kopfregion. Obgleich der Nervus staticus in vielen Fällen von den Pedalganglien
ausgeht, so läßt sich doch häufig nachweisen, daß er weiter vorn vom Cerebropedalconnectiv abzweigt und, mit letzterem nur lose verbunden, zu den Cerebralganglien zieht; in allen genauer erforschten Fällen wurde sicher festgestellt,
daß er seinen eigentlichen Ursprung im Cerebralganglion hat. Bei den *Hetero-*
poden und gewissen *Opisthobranchiern* (den meisten Nudibranchia) entspringen
die beiden Statocystennerven direkt vom Cerebralganglion und treten, ohne Beziehungen mit den Cerebropedalconnectiven einzugehen, zu den Statocysten, die
hier in die Kopfregion vorgerückt sind.

Der ursprünglichste Bau der Statocysten erhielt sich bei einer Anzahl primitiver Muscheln (*Protobranchia*: *Nucula*, *Leda*, *Solenomya*, *Arca*, manchen *Myti-*
lidae und gewissen *Pectenarten*), deren Organe noch einen langen flimmernden Einstülpungskanal besitzen, der sich in der dorsalen Fußregion seitlich nach außen
öffnet (s. Fig. 542 *A*). Bei *Yoldia* wird dieser Kanal im Alter geschlossen. — Die
Statocysten der übrigen Lamellibranchier sind zu geschlossenen kugligen Bläschen
geworden, die den Pedalganglien dicht anliegen oder sogar in sie eingesenkt
sein (z. B. *Galeomma*), aber auch etwas seitlich von ihnen liegen können.

Bei den *Gastropoden* wurde bis jetzt kein Rest des Einstülpungskanals gefunden, während die dibranchiaten Cephalopoden einen solchen besitzen (Koellikerscher Kanal), der jedoch nicht mehr nach außen geöffnet ist. Die relativ großen
Cysten der *Cephalopoden* sind mit den Pedalganglien kopfständig geworden und
liegen bei *Nautilus* dem Ursprung der Pedalcommissur jederseits an (s. Fig. 383,
S. 529) und dem Kopfknorpel auf. Bei den *Dibranchiaten* dagegen sind sie ganz
dicht nebeneinander und ventral unter die Visceralganglien gerückt, sowie in den
Kopfknorpel eingeschlossen, ähnlich wie die Hörbläschen der Vertebraten in die
Schädelwand. — Der feinere Bau der meist kugligen Statocysten bei *Lamelli-*
branchiaten, *Solenoconchen* und *Gastropoden* ist, soweit bekannt, recht einfach
(s. Fig. 542 u. 543). Die häufig ziemlich dünne, manchmal jedoch auch dickere

Epithelwand soll zuweilen nur von einer einzigen Art bewimperter Epithelzellen gebildet werden und ist äußerlich von einer etwas dichteren Bindegewebshülle umschlossen. Gewöhnlich, wahrscheinlich aber immer, lassen sich in ihr zwei bis mehr Zellformen unterscheiden. Erstens solche, die auf ihrem inneren Ende ein Cilienbüschel tragen, oder doch bewimpert sind, und zweitens zwischen ihnen cilienlose Stützzellen; doch wird für gewisse Formen angegeben, daß auch die Zwischenzellen bewimpert seien. Da die ersterwähnten Zellen mit Nervenfasern in Verbindung stehen und besondere Sinneszellen neben ihnen nicht nachweisbar sind, so werden sie als Sinneszellen aufzufassen sein, gleichgültig, ob ihre Cilien

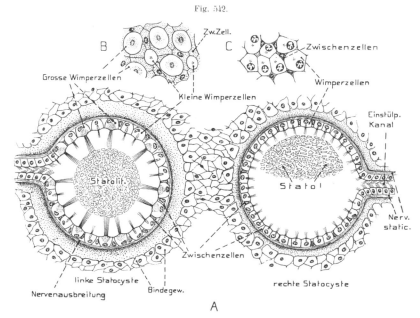

Fig. 542.

Pecten inflexus. Statocysten. *A* Horizontalschnitt durch die beiden verschieden gebauten Statocysten eines Tieres. — *B* und *C* Flächenansicht der Epithelwand der beiden Cysten.
Orig. v. Bu.

beweglich oder starr erscheinen. Meist sind diese wimpertragenden Zellen viel größer als die Stützzellen und senden bei manchen Gastropoden, vielleicht auch gewissen Muscheln (Cyclas), seitlich strahlige Ausläufer aus, die zwischen den Stützzellen hinziehen und die Sinneszellen netzförmig untereinander verbinden (Fig. 543). Die Stützzellen sind häufig stark vacuolisiert und wenig scharf voneinander gesondert. — Bei den *Heteropoden*, deren relativ große und leicht zu untersuchende Statocysten am besten bekannt sind, verdickt sich das dorsale Epithel der Cystenwand, gegenüber der Zutrittsstelle des Nerv. staticus zu einem ansehnlichen rundlichen Feld, der sog. *Macula statica* (s. Fig. 543). Auch für andere Gastropoden wurde eine solche Macula angegeben, jedoch neuerdings wieder geleugnet. Auf diese Macula der Heteropoden konzentrieren sich die eigentlichen Sinneszellen, die zweierlei Art sind. Im Zentrum der Macula steht nämlich eine sehr große Sinneszelle und um diese in 3—5 Kreisen kleinere, welche gegen die Peripherie der Macula an Größe abnehmen. Diese Sinneszellen tragen je ein Büschel kurzer Sinneshaare, die nur schwach, wenn überhaupt beweglich sind.

Es sei hier eingeschaltet, daß große und kleine Wimpersinneszellen auch in der linken Statocyste der Pectenarten mit geöffnetem Kanal (s. Fig. 542) über die ganze Cystenwand

Fig. 543.

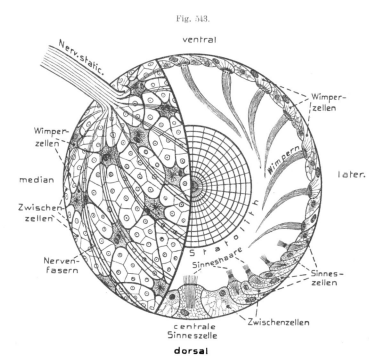

Pterotrachea (Heteropode). Schema der Statocyste (nach TSCHACHOTIN 1908 konstruiert). Linke Hälfte mit erhaltener Wand; zeigt den Zutritt des Nervus staticus und dessen Ausbreitung über die Cystenwand, sowie deren Zellen in Flächenansicht. — Rechte Hälfte zeigt den Durchschnitt der Cystenwand durch die Mitte der Macula statica. Die Wimperbüschel der Wimperzellen in Ruhestellung, in welcher der Statolith frei in der Cyste schwebt. O. B. und E. W.

verteilt sind. Bei den Arten mit geschlossenem Kanal sind die kleinen Zellen cilienlos geworden.

In dem viel dünneren Epithel der übrigen Cystenwand der *Heteropoden* finden sich gleichfalls bewimperte Zellen (sog. Wimperborstenzellen (s. Fig. 543), deren Cilienbüschel viel länger sind und gegen die Nervenzutrittsstelle an Größe zunehmen. Letztere Cilienbüschel können sich heftig schlagend bewegen und fixieren dabei den Statolithen in exzentrischer, der Macula genäherter Lage. Auch zu diesen Zellen treten Nervenfäserchen. Der Nerv, der, wie erwähnt, an dem der Macula entgegengesetzten Pol (etwa Ventralpol) der Cyste tritt, verteilt sich auf deren Wand in 12—16 meridian ziehende Bündel, die sich zu den Sinneszellen der Macula begeben (Fig. 543).

Die Statocysten der *Heteropoden* (Fig. 544) sind in der Leibeshöhle an mehreren bindegewebigen Strängen ziemlich frei aufgehängt, von denen der medianwärts zur Cyste tretende auch etwas kontraktil sein soll und wahrscheinlich den Spannungszustand der Cystenwand zu ändern vermag. Auch bei gewissen Gastropoden (Paludina) wurden an der Cystenwand zarte Muskelfasern beschrieben. — Für die übrigen Gastropoden und Lambellibranchier ist über die Nervenverbreitung an der Wand nur wenig bekannt. Bei zahlreichen Gastropoden aber findet sich ein sehr eigentümlicher Bau des Nervs, indem sich die Statocystenhöhle in ihn fortsetzt, er also hohl ist: dies läßt sich namentlich daran erkennen, daß die Statoconien bei leichtem Druck oft tief in ihn eindringen. Da der Nervus staticus auch bei *Pecten* den Einstülpungskanal umhüllt (Fig. 542), so ist es wahrscheinlich, daß der in den Nerv eindringende Kanal der Gastropoden dem Einstülpungskanal entspricht.

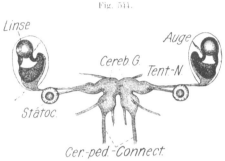

Fig. 544.

Pterotrachea. Cerebralganglien mit den N. optici und statici, den Augen und Statocysten in natürlicher Lage. Cerebropedal-Connectiv, Pigment der Augenblase, Linse, Ganglion opticum (aus GEGENBAUR, Grundriß der vergleichenden Anatomie 1878).

Die Statolithenverhältnisse zeigen bedeutende Verschiedenheiten, indem sich teils zahlreiche Statoconien, teils ein einziger ansehnlicher Statolith findet. Die durch einen Kanal geöffneten Statocysten der Muscheln verhalten sich wie die ähnlichen Organe der Anneliden, indem sie kleine unregelmäßige Fremdkörper (Kieselgebilde) enthalten, die durch organische Substanz verklebt sind.

Im allgemeinen tritt besonders bei den Lamellibranchiern hervor, daß die palaeogenen Formen (*Filibranchia*) zahlreiche kleine Statoconien führen, die neogenen (*Eulamellibranchia* und *Septibranchia*) dagegen einen Statolithen. Auch die Gastropoden verraten Ähnliches; so besitzen die primitiveren Prosobranchier (*Aspidobranchia*) und viele *Ctenobranchia* Statoconien, doch von letzteren auch nicht wenige einen Statolithen (*Heteropoda* u. a.). Die meisten *Opisthobranchier*, *Pteropoden*, *Pulmonaten* und *Solenoconchen* haben fast stets Statoconien. — Selten finden sich bei gewissen Muscheln und Gastropoden neben einem großen Statolithen noch zahlreiche Statoconien (z. B. *Saxicava*, *Anatinaceae*, *Cerithiden*). Die Larven besitzen, wie es scheint, regelmäßig nur einen einzigen Statolithen, so daß die Vermehrung zu Statoconien erst allmählich eintritt.

Statolith und Statoconien bestehen aus Calciumkarbonat und etwas organischer Substanz (Conchiolin). Der erstere ist ein charakteristischer, meist rein kugliger, doppeltbrechender Sphärokristall (Sphärit); er zeigt gewöhnlich deutlich konzentrische Schichtung und Radiärstreifung. Auch die Statoconien sind meist sphäritische Gebilde von verschiedener Form (kuglig, ellipsoidisch, wetzsteinförmig); häufig treten auch Verwachsungen einfacher Statoconien zu Doppel- und Mehrfachbildungen auf. Eigentliche Kriställchen scheinen sich nur selten zu finden.

Einige Besonderheiten seien noch kurz erwähnt. So besteht bei sämtlichen untersuchten *Pectenarten* eine Ungleichheit der beiden Statocysten, indem die linke einen großen Statolithen enthält (Fig. 542), die rechte dagegen zahlreiche Statoconien. Der Statolith wie die Statoconien sind bei geöffnetem Kanal von Kieselsplittern gebildet, bei geschlossenem von Sphärokristallen. Auch enthält die rechte Statocyste bei den Formen mit geöffnetem Kanal nur eine Art von Wimperzellen, die linke dagegen große und kleine. Wahrschein-

lich dürfte diese Verschiedenheit der Statocysten bei den asymmetrischen Muscheln verbreiteter sein. *Ostrea* sollen Statolithen ganz fehlen und die Statocysten von *Solenomya* im
Alter schwinden.

Cephalopoden. Die Lage der kugligen Statocyste von *Nautilus* wurde schon
oben (S. 748) erwähnt. Über ihren feineren Bau ist nur bekannt, daß sie zahlreiche kleine wetzsteinförmige Statoconien enthält. — Wie hervorgehoben wurde,
liegen die verhältnismäßig großen Statocysten der *Dibranchiaten* im Ventralteil
des Kopfknorpels unterhalb der Visceralganglien dicht nebeneinander, so daß sie
nur durch ein dünnes längsgerichtetes Knorpelseptum geschieden sind (Fig. 545).
Ihre Form ist nicht kuglig, sondern mehr oder weniger unregelmäßig ellipsoidisch

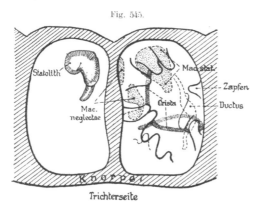

Fig. 545.

Sepia officinalis. Die beiden Statocysten in aboraler Ansicht (schematisch). In der rechten die Zapfen, die Maculae
und die Crista eingezeichnet. Die Zapfen der aboralen Wand
dicker konturiert. In der linken Statocyste nur der Statolith
eingezeichnet (nach HAMLYN-HARRIS 1903).   C. H.

bis parallelopipedisch, mit
abgeplatteten Medianwänden,
wenn die beiden Cysten sehr
genähert sind. Die Cystenwand der Decapoden liegt dem
umgebenden Knorpel dicht an;
bei den Octopoden ist dies nur
dorsal der Fall, da wo der Nerv
zutritt, sonst ist sie vom Knorpel durch einen ziemlich weiten, mit Flüssigkeit (Perilymphe)
erfüllten Raum getrennt. Zahlreiche blutgefäßhaltige Bindegewebszüge durchziehen den
Perilymphraum und befestigen
die Cysten am Knorpel. —

Während die Wand der Octopodencyste innerlich ziemlich glatt und ohne Vorsprünge ist (abgesehen von einem, etwa an ihrer oralen Dorsalseite befindlichen
Bindegewebswulst) springen bei den Decapoden (Fig. 545) zahlreiche (6—12)
zapfenartige Knorpelfortsätze, welche die Wand einstülpen, in die Cyste vor und
verleihen ihr ein unregelmäßiges Aussehen. Gewisse dieser »Zapfen« stehen
in Beziehung zur Crista statica, andere scheinen auch den Statolith in seiner
Lage zu erhalten. — Von der lateralen Statocystenwand entspringt der schon
früher erwähnte Rest des Einstülpungskanals, der mit flimmerndem Epithel
ausgekleidet ist (Koellikerscher Kanal). Bei den Octopoden liegt er im Perilymphraum; bei den Decapoden verläuft er dagegen im Knorpel. Schon oben
wurde erwähnt, daß er nach den neueren Erfahrungen blind endigt, nicht nach
außen geöffnet ist.

Im Gegensatz zu den einfachen Statocysten der seither besprochenen Mollusken erscheinen die der Dibranchiaten komplizierter, indem sich die Sinneszellen
auf einzelne verdickte Wandzellen konzentrieren, während die übrige Wand aus
niedrigem cilienlosem Epithel besteht; nur in der Umgebung der Einmündungsstelle des Koellikerschen Kanals breitet sich die Bewimperung auch an der Wand

aus. Von solchen Endigungsstellen des statischen Nervs sind zwei allgemein verbreitet, einmal die an der Oralwand liegende *Macula statica*, von etwa ovaler bis tränenförmiger Gestalt, und dann die *Crista statica* (Fig. 545). Letztere ist eine lange schmale verdickte Epithelleiste von eigentümlich schraubigem Verlauf. Sie beginnt in der Gegend der Macula an der Dorsalwand der Cyste, zieht von da aboralwärts und gegen die Lateralwand, steigt an letzterer auf die Ventralwand hinab und wendet sich an dieser median- und etwas aboralwärts. Auf solche Weise beschreibt die Crista einen Schraubenumgang. Bei den Octopoden ist ihr Verlauf zusammenhängend, bei den Decapoden dagegen weist sie zwei Unterbrechungen auf, die durch gewisse der oben erwähnten Zapfen bedingt sein können; auch die beiden Cristaenden werden von je einem Zapfen bezeichnet.

Die Decapoden besitzen an der Median-
wand der Statocyste noch zwei kleinere
maculaartige Stellen (mit Sinneszellen),
welche hintereinander liegen und im Gegensatz zur Hauptmacula (Macula princeps)
als *Maculae neglectae* (anterior und posterior) bezeichnet werden. — Die Maculae (Fig. 546 *A*) bestehen aus größeren
Sinneszellen mit starren Härchen und cilienlosen schmalen Stützzellen, die erstere
voneinander sondern und an der freien
Epithelfläche eine Art cuticularer Membrana terminalis bilden; im Centrum der
Macula princeps befindet sich eine Stelle,
welcher die Sinneszellen fehlen. — Die
Crista (Fig. 546 *B*) ist eine Epithelver-
dickung, die zwischen den Stützzellen
zweierlei Arten von Sinneszellen enthält,

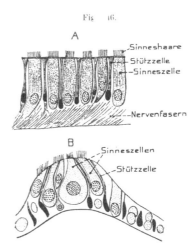

Sepia officinalis. Statisches Organ.
A Querschnitt eines kleinen Teils der Macula
statica. — *B* Querschnitt durch die Crista statica
(nach HAMLYN-HARRIS). C. H.

nämlich eine einfache (Decapoden) oder doppelte (Octopoden) mittlere Reihe großer, und beiderseits von dieser noch einige Reihen kleiner. — Der Nervus staticus teilt sich gewöhnlich sofort in drei Äste, von welchen einer die Maculae, die beiden andern die Crista versorgen.

Auf der Macula princeps liegt stets ein ansehnlicher *Statolith*, dessen Gestalt im allgemeinen kegelförmig, meist aber ziemlich unregelmäßig und asymmetrisch ist (Fig. 545). Mit der Kegelbasis ruht er der Macula auf, wobei sich die Sinneshärchen in kleine Höhlen seiner Basalfläche einsenken. Eigentümlicherweise ist der Statolith nur teilweise verkalkt; sein basaler Teil besteht aus organischer Substanz, der apicale dagegen (jedoch häufig etwas einseitig) aus radiärstrahligem kohlensaurem Kalk. Bei den Octopoden soll dieser Kalkteil aus relativ losen prismatischen Elementen bestehen. — Wie schon oben bemerkt, tragen bei gewissen Decapoden (besonders Loligo) einzelne Zapfen dazu bei, den Statolith in seiner Lage zu erhalten. — Den Maculae neglectae der Decapoden liegen spindel- bis nadelförmige *Statoconien* auf, die durch eine gallertige Masse zusammengehalten werden. Auf der Crista finden sich keine festen Gebilde.

Leider ist über die physiologische Bedeutung der an die Wirbeltiere erinnernden verschiedenen Endorgane in der Statocyste der Dibranchiaten Näheres nicht bekannt.

4. Echinodermata.

Unter den *Echinodermen* begegnen wir Statocysten nur bei gewissen grabenden *Holothurien*. Wie es scheint, finden sie sich allgemein bei mehreren Gattungen der apoden *Synaptiden* (Familie) und der verwandten Gattung *Rhabdomolgus*, ferner bei den pedaten Tiefseeholothurien der Familie der *Elpidiidae*. Die *Synaptiden* zeigen je ein Paar Cysten an den Austrittsstellen jedes Radiärnerven aus dem Kalkring des Schlunds. Bei den *Elpidiiden* dagegen ist die Anordnung der Cysten fast stets bilateral geworden, indem diese sich nur längs der oralen Region der beiden dorsalen (Bivium) und der beiden seitlichen ventralen Radiärnerven (Trivium) finden, und zwar an den ersteren meist nur je eine, an den letzteren dagegen häufig eine größere Zahl (bis 40) hintereinander gereihter Cysten.

Hinsichtlich der ectodermalen oder mesodermalen Entstehung der Organe bestehen Differenzen; jedenfalls wäre das Letztere sehr auffallend und ist daher vorerst unwahrscheinlich. — Die Organe sind im Bindegewebe eingelagerte, kleine kuglige Bläschen mit einfacher dünner Epithelwand, an der weder Cilien noch Sinneshaare sicher erwiesen sind. Sie liegen entweder den Radiärnerven dicht an oder sind durch einen kurzen, den statischen Nerv einschließenden Stiel an ihnen befestigt. Die Endolymphe enthält fast stets mehrere, manchmal sehr viele Statoconien (bis über 100 bei gewissen Elpidiiden) von länglicher (Elpidiiden) oder kugliger (Synaptiden) Gestalt. Bei den ersteren sind es sicher geschichtete Konkretionen; bei den letzteren, wo um jede Statoconie eine plasmatische, mit einem Kern versehene Hülle vorkommt, wurden sie auch für flüssig (Vacuole) gehalten, was aber wohl irrig sein dürfte. Es scheint demnach, daß jede Statoconie noch in ihrer Bildungszelle liegt. Zitternde Bewegungen der Statoconien finden sich, werden aber wohl nur Molekularbewegungen sein. Die statische Bedeutung der Organe ist durch Versuche wahrscheinlich gemacht worden.

5. Chordata.

a) Tunicata.

Eigentümlich liegen die Verhältnisse in dieser Gruppe, da hier zweierlei statische Organe auftreten können. Die erste Art, welche sich den seither besprochenen anreiht, und ebenso den statisch-akustischen der Wirbeltiere, findet sich allein bei dem mit den Thaliaceae verwandten *Doliolum* und seltsamerweise auch nur bei der ersten ungeschlechtlichen Generation (Amme). Ebenso merkwürdig erscheint das unpaare, linksseitige Vorkommen dieser Statocyste zwischen dem 3. und 4. Ringmuskel, etwa in halber Körperhöhe.

Die geschlossene, aber durch Einstülpung des Epithels entstehende Cyste hat eine äußerst dünne Epithelwand, welche sich an der Nervenzutrittsstelle zu einer Art runder Macula verdickt, in der zwei größere Zentralzellen zu unterscheiden sind. Weder Cilien noch Sinneshärchen wurden bekannt. Der einfache Statolith ruht mit etwas ausgehöhlter Fläche der Macula auf und soll sich in verdünnten Säuren nicht lösen.

Die zweite Art statischer Organe findet sich dauernd bei den Copelaten und vorübergehend bei den ihnen ähnlichen Ascidienlarven. Wie das Auge ist es der sog. Sinnesblase des Cerebralganglions eingelagert. — Bei den *Copelaten* bildet die Sinnesblase selbst das statische Organ und wurde daher schon früher (S. 545) geschildert. — Das Organ der Ascidienlarven verhält sich etwas anders. Hier (s. Fig. 393, S. 544) ruht auf dem ventralen Boden der Sinneshirnblase ein kugliges Gebilde, unter welchem die Epithelwand etwas verdickt ist. Es geht aus einer Zelle der Hirnwand hervor, die an ihrem freien Ende eine starke Pigmentanhäufung zeigt und mit ihrem stielförmigen Basalteil zwischen die Epithelzellen der Verdickung (Macula statica) eingefügt ist. Von den Zellen der Macula sollen Sinneshärchen entspringen. Eine Concretion wurde in der Statolithenzelle nicht gefunden.

Obgleich es wahrscheinlich ist, daß hier wirklich ein statisches Organ vorliegt, so fehlt doch noch viel zu seiner genaueren Kenntnis. Interessant erscheint, daß das früher erwähnte Auge und das statische Organ aus einer gemeinsamen pigmentierten Anlage an der Dorsalwand des vorderen Neuralrohres hervorgehen sollen und sich erst später durch Wachstumsvorgänge von einander sondern und verlagern.

b) Statisch-akustische Organe der Vertebrata.

Wie schon früher erwähnt, vereinigen sich im Hörorgan der Wirbeltiere die statische und akustische Funktion. Es ist deutlich zu verfolgen, wie sich der der Hörfunktion dienende Teil (Cochlea, Schnecke) erst allmählich entwickelt und zu hoher Komplikation vervollkommnet. Ob jedoch die niederen Formen (besonders die Fische), welchen dieser Abschnitt fehlt, ganz taub sind, ist eine noch umstrittene Frage, obgleich das Hören gewisser Fische sicher erwiesen scheint; jedenfalls steht es aber in dieser Abteilung auf sehr niederer Stufe.

Ob das vollständige Fehlen des statisch-akustischen Organs bei den *Acraniern* ursprünglicher Natur ist oder auf Rückbildung beruht, läßt sich vorerst nicht entscheiden. Das Vorkommen statischer Organe bei den Tunicaten spricht eher in letzterem Sinne.

Die Organe der Wirbeltiere gehören im allgemeinen zu den im Vorhergehenden besprochenen eingestülpten Cystenorganen und bieten daher mit jenen mancher Wirbellosen (besonders Mollusken) gewisse Analogien, welche aber sicher nur Konvergenzen sind. Das *Hörorgan*, wie wir es der Einfachheit wegen künftighin nennen wollen, ist immer paarig und entsteht beiderseits in der hinteren Kopfregion, zu den Seiten des Metencephalon (Medulla oblongata), da wo der 8. Hirnnerv (Acusticus) von letzterem entspringt. Hier verdickt sich das Ectoderm zu einer Hörplatte, die sich bald nach innen und etwas ventral als ein Hörbläschen einstülpt, das durch einen kürzeren oder längeren Einstülpungskanal nach außen mündet (Fig. 547 *A*). Es scheint, daß dieser Kanal (der spätere *Ductus endolymphaticus*) überall angelegt wird; aber nur bei den Plagiostomen bleibt er vollständig, samt der äußeren Ausmündung, dauernd erhalten; sonst schließt er sich stets vom Ectoderm ab und endigt daher blind.

Daß das spätere Hörbläschen gelegentlich (Dipnoi) solid angelegt und später hohl wird, ist eine Modifikation, der wir auch bei der Bildung des Rückenmarks begegneten. — Schon bei

den Hirnnerven (S. 624) wurde erwähnt, daß die plattenförmige erste Anlage des Hörbläschens gewöhnlich als eine der sog. Lateralplacoden gedeutet wird, d. h. jener ursprünglichen
Hautsinnesorgane, von welchen sich das zum Nervus acustico-facialis gehörige als Hörorgan
weiter entwickle.

Der geschilderte, einfach bläschenförmige Zustand mit Ductus endolymphaticus
erhält sich bei keinem lebenden Cranioten dauernd; stets tritt höhere Komplika-

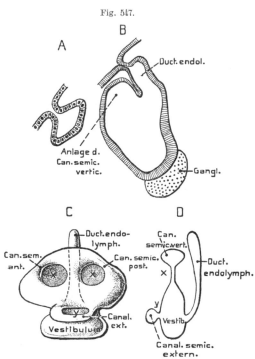

Fig. 547.

tion ein, deren allmählicher
Verlauf sich in der Cra-
niotenreihe noch verfolgen
läßt. — Zunächst sei her-
vorgehoben, daß die dorsolaterale Region des Bläs-
chens allmählich dorsalwärts
mehr oder weniger empor-
wächst (Fig. 547 B), was zur
Folge hat, daß die Einmündungsstelle des Ductus endolymphaticus auf die mediale
Bläschenwand verschoben
wird, wo sie sich am aus-
gebildeten Organ stets findet. — Wie wir schon bei
der Schilderung der Schädel-
entwicklung fanden (S. 225),
tritt im Umfang des Hör-
bläschens frühzeitig Knorpel auf; später verschmilzt
die so gebildete knorplige
Hörkapsel mit den Para-
chordalia und wird in die
Lateralwand der Labyrinthregion des Primorialcraniums
aufgenommen. Wenn deren
Verknöcherung eintritt, wird
auch der Knorpel des Hör-
bläschens ganz oder teil-

Schemata zur Entwicklung des Labyrinths der Gnathostomen. A Querschnitt durch ein eben eingestülptes Hörbläschen. — B Weiter entwickeltes Stadium mit Anlage des Ductus
endolymphaticus und des Vestibulum; Ganglion acusticum angedeutet. — C und D Schemata zur Bildung der 3 halbzirkelförmigen Kanäle. — C In lateraler Ansicht, x die Stellen, wo sich die
Wände genähert haben, später verwachsen und durchbrechen,
was zur Ablösung der beiden vertikalen Kanäle führt. y die Ab-
lösungsstelle des horizontalen Kanals. — Der Querschnitt D ist
so gedacht, daß er durch eine der Stellen x (Fig. C) geht, die Stelle y,
sowie den Ductus endolymphaticus zeigt, was ja nicht ganz möglich, da letzterer zwischen den beiden Stellen x liegt (mit Benutzung von R. KRAUSE 1901 in O. HERTWIG, Entw. d. Wirbt.).
O. B. u. C. H.

weise durch Knochen ersetzt; so bildet sich ein *knorpliges* oder *knöchernes*
Labyrinth um das Hörbläschen oder das *häutige Labyrinth* aus. Vor allem beteiligt sich das Prooticum am Einschluß des Hörbläschens, doch können auch
benachbarte Schädelknochen daran teilnehmen. — Während das primitive Hörbläschen von mesodermalem Gewebe dicht umschlossen wird, tritt in letzterem
im Umfang des Bläschens allmählich eine Einschmelzung in geringerem oder
größerem Maße auf. Dadurch entstehen lympherfüllte Räume (Perilymphräume,

im Gegensatz zu dem Endolymphraum im Bläschen), durch welche sich zwischen dem häutigen und dem knorpligen oder knöchernen Labyrinth Bindegewebszüge ausspannen, die von der Knorpel- oder Knochenwand zum häutigen Labyrinth ziehen. — Indem sich die Medialwand des Bläschens verdickt, tritt sie mit dem Distalende des Nervus acusticus in Verbindung, wobei letzterer, dieser Wand dicht anliegend, eine Ansammlung von Ganglienzellen (*Ganglion acusticum*) bildet (Fig. 547ʹ*B*). So entsteht an der Medialwand eine besondere, sinneszellenführende Nervenendigungsstelle (*Macula acustica communis*), wodurch das Organ zu einem Sinnesorgan wird, in welchem, ähnlich wie bei Wirbellosen, Statolithen oder Statoconien auftreten.

Wie bemerkt, bleibt das Hörorgan nie auf so einfacher Stufe stehen, sondern zeigt stets eine Differenzierung der Nervenendstelle in mehrere, unter gleichzeitiger Entwicklung eigentümlicher, aus der Dorsalwand des Bläschens hervorgehender bogenförmiger Anhänge, der sog. *halbkreisförmigen Kanäle (Canales semicirculares)*. — Den einfachsten Verhältnissen begegnen wir bei den *Myxinoiden* unter den Cyclostomen (Fig. 548). Bei ihnen hat sich an der Dorsal-

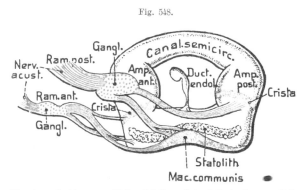

Fig. 548.

Myxine glutinosa. Linkes häutiges Labyrinth in dorso-medialer Ansicht; Nerven und Macula braun (nach RETZIUS 1881). C. H.

wand des etwas schief nach außen geneigten Labyrinthbläschens ein in rostrocaudaler Richtung verlaufender, dorsal aufsteigender halbkreisfömiger Kanal gebildet, der vorn und hinten in das Bläschen (das nun gewöhnlich als *Vestibulum* bezeichnet wird) einmündet. Jede der beiden Einmündungsstellen ist etwas angeschwollen zu einer *Ampulle*, und in jeder Ampulle findet sich eine leisten- oder bandförmige Partie höheren Epithels mit Sinneszellen (*Cristae acusticae*, besser *staticae*), die quer zur Kanalachse ziehen und die Ampulle nicht völlig umgreifen. Ontogenetisch entstehen diese Cristae als eine Ablösung von der ursprünglichen Macula acustica communis. Auf der Ventralwand des Vestibulums zieht eine langgestreckte Macula acustica hin, gewöhnlich *Macula communis* genannt, der eine Statolithenscheibe aufliegt; wogegen die Cristae keine solche besitzen.

Das Hörorgan der *Petromyzonten* hat schon eine höhere Ausbildungsstufe erreicht, indem sich an Stelle des einen halbkreisförmigen Kanals der Myxinoiden zwei finden, ein vorderer (oraler) und ein hinterer (caudaler); das Verständnis des Hörorgans ist jedoch ziemlich schwierig. Das bei Myxine schlauchartige ursprüngliche Vestibulum erscheint recht kompliziert (Fig. 549 u. 550); aus seiner Dorsalregion hat sich eine etwa kugelförmige Partie hervorgewölbt (sog. Com-

missur), von welcher zwei Bogengänge ausgehen, die etwas lateral- und ventralwärts hinabsteigen, wobei sie dem Vestibulum dicht aufliegen. Der gemeinsame
Ursprungsteil der beiden Bogengänge steht durch eine weite Öffnung mit dem, im
besonderen als Vestibulum bezeichneten Teil in Verbindung, der durch eine quer-

Fig. 549.

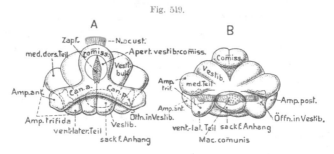

Petromyzon fluviatilis. Häutiges Labyrinth mit N. acusticus. — *A* Ansicht des linken Labyrinths
von der Dorsolateralseite. — *B* Ansicht des rechten Organs von der Ventromedialseite (nach RETZIUS 1881).
v. Bu.

verlaufende oberflächliche Furche, welcher innerlich eine Leiste (Crista frontalis)
entspricht, in eine orale und eine caudale Kammer unvollständig geschieden wird

Fig. 550.

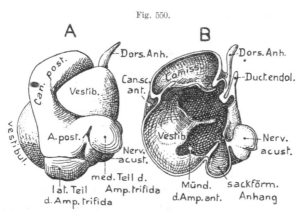

(vgl. Fig. 550 *B*). —
Die ventralen Enden
der beiden Bogen-
gänge sind etwas am-
pullär angeschwollen
und enthalten je eine
Crista acustica. Sie
münden in die beiden
Vestibularkammern,
wobei sie aber gleich-
zeitig medial- und
ventrolateralwärts
noch je eine ansehn-
liche Aussackung bil-
den (auch Sacculi ge-
nannt), welche ge-

Petromyzon fluviatilis. Linkes Labyrinth. *A* Ansicht von Caudalseite. — *B* Dasselbe durch einen Querschnitt halbiert, Ansicht der
oralen Hälfte von hinten in die Höhlung (Rekonstruktionen aus Schnitten,
nach R. KRAUSE 1906).   O. B.

meinsam mit der zwischen ihnen liegenden eigentlichen Ampulle häufig als
Ampulla trifida bezeichnet werden. An der Ventralseite des Vestibulums findet
sich ferner eine etwas asymmetrisch liegende sackförmige Ausstülpung (sackförmiger Anhang), an deren Medialwand eine Macula acustica liegt, die jedoch noch
je einen Ausläufer in die medialen Anschwellungen der beiden Ampullae trifidae
sendet, von denen der vordere ansehnlicher ist, sowie eine grubenförmige Vertiefung aufweist (s. Fig. 549 *B*).

Es dürfte vorerst kaum möglich sein, in diesen Differenzierungen des Vestibulums der
Petromyzonten diejenigen wiederzuerkennen, welchen wir bei den Gnathostomen begegnen

werden; jedenfalls ist dies zurzeit nicht sicher ausführbar. Es sei nur kurz erwähnt, daß der sackförmige Anhang der Lagena der Fische, der mediale Anhang der vordern Ampulla trifida dem Recessus utricularis und die grubenförmige Vertiefung dem Sacculus verglichen wurde.

Sicher ist, daß die beiden halbkreisförmigen Bogengänge der Petromyzonten dem einzigen der Myxinoiden entsprechen, indem ein mittlerer Teil des letzteren im Zusammenhang mit der dorsalen Vestibulumwand blieb; ein Verhalten, welches sich bei allen Gnathostomen wiederholt. Im Hinblick hierauf erscheint daher das Hörorgan der Neunaugen als eine Zwischenstufe zwischen jenem der Myxinoiden und dem der Gnathostomen, welches sich jedoch in einseitiger Weise modifiziert hat.

Am häutigen Labyrinth sämtlicher *Gnathostomen* finden wir also die beiden aufsteigenden oder vertikalen Bogengänge wieder, den vorderen und hinteren. Da sie stets in mehr oder weniger winklig zueinanderstehenden Ebenen verlaufen, und zwar der hintere der Querebene (beim Menschen etwa der Frontalebene) annähernd parallel, der vordere dagegen der Median- oder Sagittalebene, so werden sie auch als frontaler (hinterer) und sagittaler (vorderer oder oberer) unterschieden. Fast stets münden beide Gänge durch einen gemeinsamen Abschnitt (*Sinus superior utriculi*) in den mittleren Dorsalteil des Vestibulums (z. B. Fig. 553 *B*, S. 761); ihre anderen Enden dagegen sind zu Ampullen (Ampulla anterior oder posterior) mit den Cristae entwickelt. Die Erhebung der vertikalen Bogengänge ist sehr verschieden; ursprünglich gering, wird sie häufig sehr ansehnlich. Zu diesen beiden Gängen tritt nun bei allen Gnathostomen noch ein dritter, horizontaler (lateraler oder äußerer), der mit seiner Ampulle (*A. lateralis* oder *exterior*) dicht hinter oder ventral von der Ampulla anterior entspringt und in einer annähernd horizontalen Ebene, lateral vom Vestibulum, nach hinten zieht, um in der Regel in den erwähnten Sinus superior utriculi einzumünden. Die Ampulle dieses Bogengangs besitzt gleichfalls eine Crista. Die Lagebeziehungen der drei Bogengänge zueinander stehen physiologisch zweifellos mit den Raumempfindungen in direktem Zusammenhang.

Die Ontogenese der Gänge verläuft etwas verschieden; bei den meisten Gnathostomen durch bogenartige Ausbuchtung der Wand des Vestibulums an den Stellen, wo die Bogengänge entstehen, und darauf folgende Verwachsung der beiden Wände dieser Ausbuchtungen an den Stellen wo die Bogengänge sich später vom Vestibulum ablösen (Fig. 547 *C—D*, S. 756), worauf schließlich hier Resorption und Durchbruch der Wände erfolgt. Daß sich für die beiden vertikalen Gänge eine gemeinsame Ausbuchtung bildet, die später an zwei Stellen durchbricht, bestätigt ihre Homologie mit dem einzigen Gang der Myxinoiden. — Als eine Modifikation der Entwicklung (Teleostei und Amphibia) erscheint es, daß die Bogengänge nicht durch Ausbuchtung entstehen, sondern derart, daß sich die Vestibulumwände an zwei gegenüberliegenden Stellen einstülpen (oder hier eine Scheidewand hereinwächst) und sich, nachdem diese Einstülpungen miteinander verwuchsen, der Durchbruch für jeden Gang bildet. — Der horizontale Bogengang tritt häufig etwas später auf als die vertikalen, was seinem phylogenetisch späteren Entstehen entspricht.

Die Macula acustica erfährt bei allen Gnathostomen eine Sonderung in mehrere getrennte Endigungsstellen, womit sich frühzeitig eine Differenzierung des

Vestibulums in eine Anzahl Unterabschnitte verbindet. Die drei Bogengänge münden in den dorsalen Teil des Vestibulums (Pars superior), und zwar fast stets so, daß sich, wie erwähnt, die mittleren Enden der beiden vertikalen Gänge zu

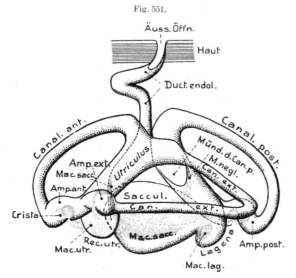

Fig. 551.

Acanthias vulgaris. Linkes häutiges Labyrinth von der Lateralseite
(nach Retzius 1881).　　　Stud. Schellmann.

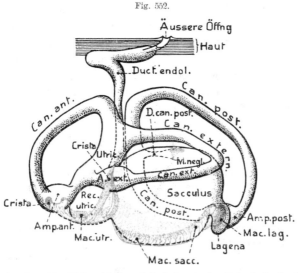

Fig. 552.

Raja clavata. Linkes häutiges Labyrinth von der Lateralseite (nach
Retzius 1881).　　　Sch.

einem gemeinsamen aufsteigenden röhrenförmigen Abschnitt des dorsalen Vestibulums vereinigen. Diese Pars superior sondert sich durch eine etwa horizontale Einschnürung in sehr verschiedenem Grade vom Ventralteil des Vestibulums (Pars inferior) ab, mit welchem der Ductus endolymphaticus verbunden bleibt. Der dorsale Teil, von welchem die Bogengänge entspringen, wird nun als *Utriculus* bezeichnet. An seiner vorderen Medialwand, dicht hinter oder etwas ventral von der Ampulla lateralis, findet sich eine *Macula utriculi* (Fig. 555), die meist in einer schwachen, nach vorn und medial gerichteten Ausstülpung des Utriculus, dem *Recessus utriculi*, liegt. In der Gegend der ursprünglich weiten

Einmündung des Utriculus in die Pars inferior des Vestibulums bildet sich eine besondere kleine Endigungsstelle, die *Macula neglecta* (Fig. 553), welche auch doppelt auftreten kann (Fig. 555, S. 762). Sie liegt in der Regel im Utriculus selbst, rückt aber bei den Amphibien in die Pars inferior (Sacculus) hinab. Diese Pars inferior besitzt an ihrer Medialwand stets zwei besondere Maculae, eine oralwärts gelegene, die *Macula sacculi*, und eine mehr caudale, die *Macula lagenae*. Erstere ist gewöhnlich größer und in eine ansehnliche, häufig recht große ventrale Aussackung der Pars inferior eingelagert, den *Sacculus* (Fig. 553). Auch für die Macula lagenae ist fast stets eine solche Ausbuchtung vorhanden, welche als ein Anhang des Sacculus erscheint, die *Lagena* (oder Lagena cochleae, s. Fig. 551 u. 555). — Erst bei den *Salamandrinen* unter den Amphibien tritt eine wichtige Komplikation dieser Lagena auf, indem sich an ihrer Medialwand, etwas über der Macula lagenae, eine kleine besondere Nervenendigungsstelle absondert, die *Papilla basilaris*, welche sich bei den anuren

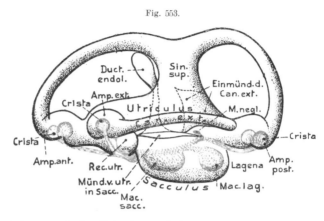

Fig. 553.

Acipenser sturio. Linkes häutiges Labyrinth von der Lateralseite (nach RETZIUS 1881). Sch.

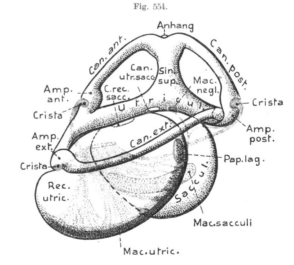

Fig. 554.

Protopterus annectens. Linkes Labyrinth von der Lateralseite (nach RETZIUS 1881). Sch.

Amphibien und Amnioten einer besonderen Aussackung der Lagena einlagert (s. Fig. 571, S. 773), der *Pars basilaris lagenae*. Die Pars basilaris ist die erste Anlage des eigentlichen Hörteils des Labyrinths und wächst bei den höheren Sauropsiden und Säugern immer stärker röhrenförmig aus, wobei sie die Lagena an ihrem blinden Ende trägt. Das sich so bildende Organ ist die *Cochlea* oder *Schnecke*, deren lang bandförmige Papilla basilaris zum *Cortischen Organ* wird, dem speziellen Endapparat für die Hörwahrnehmungen.

Da die Cochlea sich etwa auf der Grenze von Sacculus und Lagena hervorbildet, so
harmoniert dies im allgemeinen mit den Ergebnissen physiologisch-biologischer Beobachtungen an gewissen Kno-
chenfischen, die es wahr-
scheinlich machten, daß
sich der Sitz ihres Hör-
vermögens im Sacculus
findet.

Fig. 555.

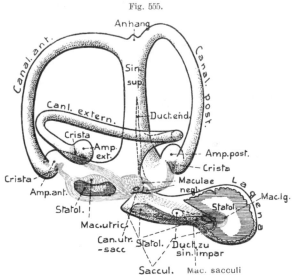

Idus idus. Linkes Labyrinth von der Lateralseite (nach RETZIUS 1881).
Sch.

Im folgenden sol-
len die einzelnen Be-
standteile des häuti-
gen Labyrinths durch
die   Gnathostomen-
reihe etwas genauer
verfolgt werden.

Die drei *Bogen-
gänge* erheben sich bei
vielen primitiven For-
men, wie *Ganoiden*
(Fig. 553), *Dipnoern*
(Fig. 554), *manchen
Teleosteern, Urodelen*
(Fig. 557), *Gymno-
phionen, Cheloniern*
nur wenig. Bei den
Chondropterygiern
(Fig. 551/52) und den
meisten *Teleosteern*
(Fig. 555) ragen sie
stärker empor, was in
noch größerem Maße
den höheren *Sauro-
psiden,* namentlich aber
den *Vögeln* (Fig. 560)
und den meisten *Säu-
gern* (Fig. 562) zu-
kommt. — Bei *Chi-
maera,* den *Knochen-
ganoiden* und *Knochen-
fischen* ist das häutige
Labyrinth medial ge-

Fig. 556.

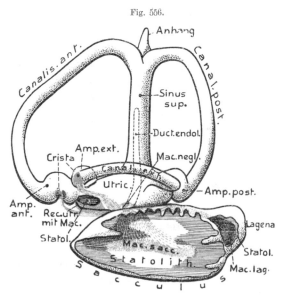

Perca fluviatilis.   Linkes Labyrinth von der Lateralseite (nach
RETZIUS 1881).   Sch.

gen die Schädelhöhle nicht knorplig oder knöchern, sondern nur häutig abgegrenzt,
so daß die vertikalen Bogengänge hier (besonders Knochenfische) anscheinend frei
in die Schädelhöhle hineinragen. — Wenn die Bogengänge besonders groß werden,

wie bei höheren Rep-
tilien, Aves und Mam-
maliern, dann ist der
vordere vertikale meist
viel größer und steigt
höher empor als der
hintere; dies tritt auf-
fallend bei den Vögeln
(Fig. 560) hervor, wo
auch der horizontale
Gang stark schief nach
hinten aufsteigt. Wenn
letzterer Gang groß wird,
wie bei vielen *Chondro-
pterygiern* und *Vögeln*,
so tritt er mit seiner
hinteren Umbiegungs-
stelle meist durch die
Ausbuchtung des hin-
teren vertikalen Kanals
caudalwärts hindurch.
— Die mittleren Enden
der beiden Vertikal-
gänge münden, wie be-
merkt, gewöhnlich in
den vom Utriculus auf-
steigenden Sinus supe-
rior, in dessen Basis sich
auch das Hinterende
des horizontalen Kanals
öffnet. Dieser Sinus
steigt meist um so höher
empor, je mehr sich die
vertikalen Bogengänge
erheben. Bei den Vö-
geln ist auch die Ein-
mündungsstelle des Ho-
rizontalkanals am Sinus
superior stark empor-
gerückt, in die Nähe
des Zusammenflusses
beider Vertikalgänge.

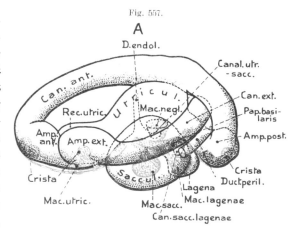

Fig. 557.

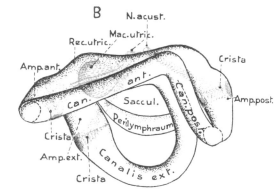

Salamandra maculosa. Linkes Labyrinth. *A* Lateralansicht.
B Dorsalansicht (nach RETZIUS 1881). Sch.

Fig. 558.

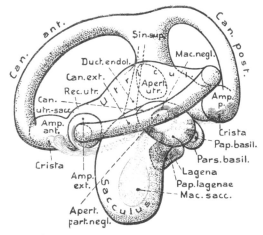

Rana esculenta. Linkes Labyrinth in Lateralansicht (nach
RETZIUS 1881). Sch.

Eigentümlich abgeändert erscheinen die Verhältnisse bei *Haien* und *Rochen*; wogegen *Chimaera* sich den übrigen Fischen anschließt. Bei ersteren (Fig. 551 u. 552, S. 760) hat sich nämlich der hintere Bogengang ganz vom Sinus superior abgelöst und ist zu einem in sich geschlossenen Kanal geworden, der einerseits durch seine Ampulla posterior, andererseits durch eine Öffnung oder einen kurzen Kanal (*Ductus posterior*, Fig. 552) in den hinteren Teil des Sacculus mündet. Das Hinterende des horizontalen Kanals dagegen vereinigt sich mit dem vorderen vertikalen zu einer Art Sinus superior utriculi. Dies Verhalten dürfte vielleicht so entstanden sein, daß eine Spaltung des ursprünglichen Sinus superior in eine vordere und hintere Partie eintrat. — Bei den Fischen findet sich an der Einmündungsstelle der beiden vertikalen Gänge in den Sinus superior häufig ein zipfelförmiger Anhang (s. Fig. 556), der namentlich bei *Chimaera* ansehnlich wird.

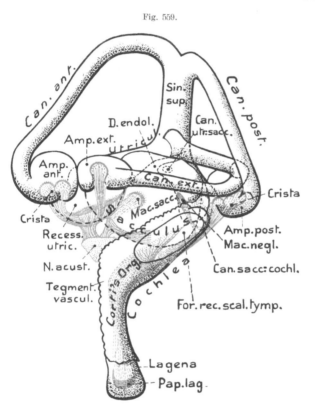

Fig. 559.

Alligator mississipiensis. Linkes Labyrinth von der Lateralseite (nach RETZIUS 1884).				Sch.

Der *Utriculus* ist eine meist längsgestreckte röhrenförmige Bildung, die in ihrer dorsalen Mitte als Sinus superior emporsteigt, und auf ihrer medialen Vorderseite die oben als *Recessus utriculi* erwähnte, meist mäßige Aussackung bildet, welche die *Macula utriculi* enthält, und dicht neben oder etwas ventral von der Ampulla anterior liegt.

Wie bemerkt, ist der Recessus meist nur schwach entwickelt, zuweilen sogar sehr wenig; besonders groß wird er bei den *Dipnoern* (Fig. 554, S. 761). Er kann auch mit der vorderen und lateralen Ampulle in direkter Verbindung stehen; selten (Chondropterygii) besitzt er auch eine Mündung in den Sacculus.

Die Pars inferior des Vestibulums setzt sich als *Sacculus* durch eine horizontale Einschnürung vom Utriculus ab und bildet ursprünglich einen einheitlichen sackartigen ventralen Anhang, der durch eine spaltartige weite Öffnung (Canalis utriculo-saccularis) mit dem Utriculus kommuniziert (Ganoiden, Dipnoer, Chimaera).

Fig. 560.

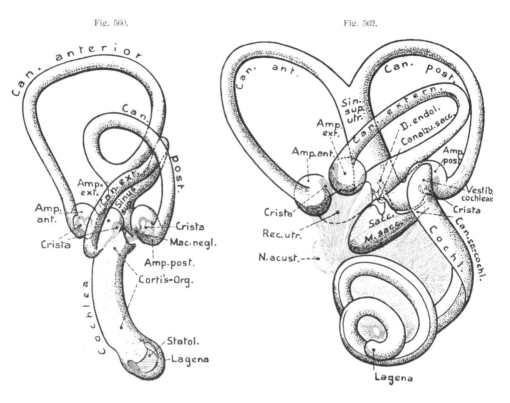

Columba domestica. Linkes Labyrinth von der Lateralseite (nach RETZIUS 1884). Sch.

Fig. 562.

Lepus cuniculus. Linkes Labyrinth von der Lateralseite (nach RETZIUS 1884). Sch.

Fig. 561.

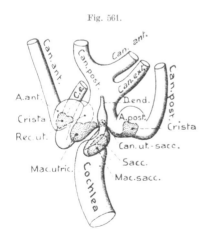

Columba domestica. Centraler Teil des rechten Labyrinths von der Medialseite; zur Demonstration der Verbindung von Sacculus und Cochlea (Canalis sacculo—cochlearis) (nach RETZIUS 1884, etwas verändert). v. Bu.

Fig. 563.

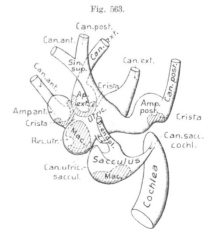

Homo. Centraler Teil des rechten Labyrinths von der Medialseite; zur Demonstration der Verbindung von Utriculus und Sacculus, sowie des letzteren mit der Cochlea (etwas schematisiert, nach RETZIUS 1884). v. Bu.

Bei primitiven Formen (Chimaera) enthält der Sacculus noch eine einheitliche Macula; bei allen übrigen hat sich diese in eine vordere, gewöhnlich größere *Macula sacculi* und die in der Caudalregion gelegene *Macula lagenae* gesondert. Trotz dieser Differenzierung ihrer Maculae kann die Pars inferior äußerlich noch einheitlich sein (Knorpelganoiden, Fig. 553, Dipnoi, Fig. 554), ist aber in diesen Fällen (besonders Dipnoi) recht groß. Sonst sackt sich ihre caudale Wand mit der Macula lagenae zu einer besonderen, hinten angefügten Ausbuchtung aus, so daß die Pars inferior nun zwei Teile: den vorderen Sacculus und die hintere *Lagena* unterscheiden läßt (Fig. 555/56). — Bei den Fischen bleibt die Lagena fast stets viel kleiner als der Sacculus und ist in recht verschiedenem Grad von ihm gesondert; manchmal ist sie nur eine kleine (Holostei und manche Teleostei) bis ansehnlichere Ausbuchtung seines Hinterendes, häufig aber auch vom Sacculus stark abgeschnürt, so daß bei den Teleostei die Verbindungsöffnung zwischen beiden Abschnitten (Canalis sacculo-lagenalis) meist ziemlich eng wird. — Auch die, wie erwähnt, ursprünglich weite Verbindungsöffnung zwischen Utriculus und Sacculus kann sich bei den Teleostei sehr verengern, ja bei vielen völlig schließen Bei gewissen (besonders Physostomi) verlängert sie sich zu einem engen Kanal, so daß der Sacculus samt der Lagena vom Utriculus ventral stark abrückt.

Etwas Ähnliches wiederholt sich nur bei den Mammalia allgemein (Fig. 562 u. 563), und der so gebildete *Canalis utriculo-saccularis* wird bei ihnen besonders dadurch charakterisiert, daß sich der Ursprung des Ductus endolymphaticus, welcher sich sonst am dorsalen Teil des Sacculus findet, auf ihn verschoben hat.

Bemerkenswert erscheint, daß bei gewissen *Physostomen* (speziell *Cyprinoiden* und *Siluroiden*), die, wie später auszuführen ist, eine eigentümliche Beziehung der Schwimmblase zu den Labyrinthen besitzen, diese durch einen querverlaufenden röhrenförmigen Gang, der die beiden Sacculi miteinander verbindet, kommunizieren. Das Genauere über diese Einrichtung soll später bei der Schwimmblase geschildert werden.

Schon bei anuren Amphibien sendet der Sacculus einen dorsalen Fortsatz lateral vom Utriculus empor, während medial ein ähnlicher schwächerer vom Ursprung des Ductus endolymphaticus gebildet wird. Die Reptilien zeigen diese laterale Umfassung des Utriculus durch den Sacculus noch ansehnlicher, wogegen der Vogelsacculus (Fig. 561) sehr klein bleibt, der der Säuger (Fig. 563) ebenfalls nur mäßig entwickelt ist und den Utriculus nicht umfaßt.

Auf der Grenze von Utriculus und Sacculus, der Utriculo-Saccularöffnung angelagert, findet sich, wie schon bemerkt, mit Ausnahme der allermeisten Säuger (nur bei *Echidna* wurde sie noch gefunden), fast stets eine kleine *Macula neglecta*, die bei gewissen Ganoiden und Knochenfischen in zwei gesondert sein kann, bei einigen Teleostei und Holostei jedoch vermißt wurde. Gewöhnlich liegt sie im Utriculus; nur bei Plagiostomen und Amphibien ist sie in den Canalis utriculo-saccularis oder den Sacculus gerückt, was ja auch erklärlich scheint, da sie, wie bemerkt, der Grenzregion beider angehört.

Auch bei den *Gymnophionen* wurden zwei Endigungsstellen in der Nähe des Canalis utriculo-saccularis beschrieben, eine im Utriculus und eine im Sacculus, welche demnach wohl beide den Maculae neglectae entsprechen.

Wie schon hervorgehoben, tritt in der kleinen Lagena der *Salamandrinen*, etwas oberhalb der Macula lagenae, erstmals eine besondere Endigungsstelle auf, die *Papilla basilaris*, welche jedenfalls durch Differenzierung der Macula lagenae entstand. Bei den *Anuren* (Fig. 558) wird sie ansehnlicher und lagert sich einer besonderen kleinen Aussackung der basalen Lagenaregion ein, der *Pars basilaris lagenae*. Die Wand der Aussackung ist dick, mit Ausnahme einer kreisrunden Stelle ihrer Medianseite, welche sehr dünn bleibt und daher als *Membrana basilaris* bezeichnet wird. — Bei den *Amnioten* wächst diese Pars basilaris samt der Membrana basilaris immer mehr aus und entwickelt sich so zur *Schnecke* oder *Cochlea*. Die Pars basilaris der sich ursprünglicher verhaltenden *Reptilien* (*Cheloniae* und *Squamata*) bleibt im allgemeinen mäßig groß und schnürt sich vom Sacculus stark ab, so daß nur eine enge Öffnung oder ein kurzer Kanal (*Canalis sacculo-cochlearis* oder *reuniens*) die Kommunikation herstellt. Die eigentliche Lagena bildet dann den meist wenig abgesetzten Endteil der Pars basilaris oder Cochlea; die Papilla basilaris vergrößert sich in dem Maße, wie die Cochlea auswächst, und mit ihr auch die Membrana basilaris, auf welche die Papille gerückt ist. Beide werden bei dem etwa dorsoventralen Auswachsen der Cochlea länglich elliptisch bis bandförmig. Bei einigen Sauriern sondern sich Papille und Basalmembran in zwei Partien, eine dorsale und ventrale.

Die Cochlea der *Crocodile* (Fig. 559) und *Vögel* (Fig. 560) verlängert sich so stark, daß sie etwa dieselbe Höhe wie das übrige Labyrinth erreicht. Sie wird so zu einem schlauchförmigen Gebilde, das sich in seinem ventral gerichteten Verlauf etwas nach hinten krümmt und auch ein wenig schraubig gedreht ist. Der lagenare Endteil schwillt meist etwas an. Der gleichfalls schwach aufgeblähte Basalteil steht durch einen engen Canalis sacculo-cochlearis mit dem Sacculus in Verbindung (Fig. 561). Der häutige Schneckenkanal (*Ductus cochlearis*) ist mediolateral ziemlich stark abgeplattet und seine Medialwand zur streifenförmigen *Membrana basilaris* verdünnt, längs der sich die *Macula cochleae* (*Papilla basilaris, Cortisches Organ*) erstreckt. In das Basalende der Schnecke setzen sich die Macula und die Membrana basilaris nicht fort, wogegen sich im Distalende (Lagena) die Macula lagenae findet. — Bei den Sauropsiden tritt eine eigentümliche Befestigung der häutigen Schnecke an dem sie umschließenden knöchernen Kanal auf, indem sich an dem Vorder- und Hinterrande des letzteren eine knorplige Längsleiste bildet (Fig. 566 u. 567, S. 770), an welcher der Ductus cochlearis so befestigt ist, daß die Membrana basilaris zwischen beiden Leisten ausgespannt erscheint. Diese Leisten, sowie der Ductus cochlearis, scheiden also den Perilymphraum um die Schnecke in zwei, einen medialen (*Scala tympani*) und einen lateralen (*Scala vestibuli*), die am Distalende der Schnecke ineinander übergehen, und von welchen der laterale mit den Perilymphräumen um das übrige Labyrinth zusammenhängt. Wir kommen auf diese Verhältnisse später zurück.

Die Schnecke der *Monotremen* bleibt auf einer ähnlichen Entwicklungsstufe stehen wie jene der Crocodile und Vögel. Bei den übrigen *Säugern* wächst sie dagegen sehr lang aus, indem sie sich nach vorn und etwas nach außen ein-

krümmt (Fig. 562); sie rollt sich also schneckenhausartig auf, wobei der Apex
der Schnecke lateral und etwas nach vorn schaut. Die Zahl der Windungen kann
von $1\frac{1}{2}$ (Cetaceen) bis auf etwas über 4 (Mensch etwa 3) steigen. Natürlich
macht auch der knöcherne Schneckenkanal diese Windungen mit, ebenso wie die
Achsialleiste (in bezug auf die Schneckenachse) oder *Lamina spiralis ossea*, an
welcher sich der Ductus cochlearis heftet, da er abachsial der Wand des knöchernen Schneckenkanals direkt anliegt (Fig. 568, S. 771). Die Macula lagenae, welche
sich bei den Monotremen noch findet, ist bei den ditremen Mammaliern geschwunden; nur das sehr schwach angeschwollene Distalende des Ductus cochlearis, in
welches das lange Cortische Organ nicht mehr eintritt, wird als Lagena bezeichnet.
Wir kommen auf diese Verhältnisse bei dem Cortischen Organ nochmals zurück.

Ductus endolymphaticus. Das Hervorgehen dieses Kanals aus dem Einstül-
pungskanal des ursprünglichen Hörbläschens wurde früher geschildert (S. 755).
Am fertigen Labyrinth entspringt er stets von der medialen dorsalen Region des
Sacculus und steigt dorsal empor.

> Er scheint, mit Ausnahme gewisser Teleosteer, allgemein verbreitet zu sein. Für
> letztere Abteilung wird jedoch die Homologie des an der gleichen Ursprungsstelle sich fin-
> denden Kanals mit dem Ductus endolymphaticus der übrigen Cranioten häufig bezweifelt.
> Er soll nämlich hier nicht aus dem Einstülpungskanal hervorgehen, sondern sich relativ
> spät und selbständig bilden; dennoch dürfte es seine sonstige Übereinstimmung sehr wahr-
> scheinlich machen, daß er dem Ductus endolymphaticus entspricht.

Bei den *Chondropterygiern* (Fig. 551 u. 552, S. 760) steigt der Ductus im
Knorpelschädel vertikal hoch empor, bildet eine Ausbiegung nach vorn, die häufig
sackartig erweitert ist (Saccus endolymphaticus) und mündet schließlich auf der
Kopfoberfläche aus. Hier erhielt sich also sein ursprünglicher Charakter. —
Bei allen übrigen Wirbeltieren endigt er blind, fast stets (ausgenommen Teleostei und Holostei) jedoch mit einer schwachen, zuweilen aber sehr mächtigen
Anschwellung, einem *Saccus endolymphaticus*. — Der Ductus tritt durch eine
Öffnung oder einen Kanal in der medialen Schädelwand (*Aquaeductus vestibuli*)
in die Schädelhöhle ein, so daß der Saccus endolymphaticus seitlich vom Hirn liegt
und gewöhnlich mit den Hirnhäuten (besonders der Dura mater) in innige Verbindung tritt. Häufig (so Mammalier und manche andere) bleibt der Saccus sehr
klein. In gewissen Fällen kann er dagegen auffallend groß werden. So liegt bei
Protopterus (Dipnoi) jederseits von der Medulla oblongata ein ansehnlicher Saccus,
von dem ein System netzartig verzweigter Kanäle ausgeht, welche die Tela chorioidea überspinnen und sich in zahlreiche Divertikel erheben. Die Systeme der
beiden Sácci bleiben jedoch voneinander getrennt (Fig. 405 *a* u. *b*, S. 567, die
jedoch in bezug hierauf nicht ganz richtig ist, ebenso nicht ihre Erklärung). —
Ähnlich große endolymphatische Säcke wiederholen sich bei den *Amphibien*, und
ihre Endolymphe enthält hier gewöhnlich bedeutende Mengen von Kalkkarbonat-
kriställchen. Bei den Urodelen liegen die beiden Säcke seitlich vom Hirn, schieben sich aber manchmal auch etwas dorsal über dasselbe. Besonders groß werden
sie bei den Anuren (s. Fig. 572, S. 774).

Die beiden gelappten Säcke senden hier (Rana) dorsale und ventrale Fortsätze aus, welche, in die Dura eingelagert, das Hirn umgreifen und dorsal zusammenstoßen; doch bleibt der für gewisse Urodelen und Rana gelegentlich angegebene Zusammenfluß beider zweifelhaft. Von jedem Sack zieht bei Rana ein hinterer dorsaler Fortsatz über die Tela chorioidea der Medulla oblongata; beide Fortsätze legen sich dicht aneinander und setzen sich über dem Rückenmark durch den Spinalkanal bis zum 7. Wirbel fort. Dabei senden sie nach rechts und links durch die Foramina intervertebralia Queräste zum 1.—10. Spinalganglion, welche diese Ganglien als drüsige, säckchenartige Bildungen umhüllen (Kalksäckchen) und wie die Kanäle Kalkkristalle enthalten.

Ähnliche große Säcke kommen unter den *Sauriern* bei gewissen *Ascalaboten* vor; sonst bleiben sie bei den Sauropsiden meist mäßig groß.

Bei den erwähnten *Ascalaboten* tritt jeder Ductus aus der hinteren seitlichen Schädelregion aus und verlängert sich, vielfach gewunden, bis in die Nacken- oder Schultergegend,

Fig. 564.

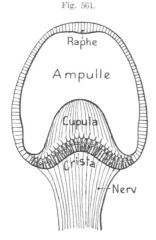

Schematischer Schnitt durch eine **Ampulle** mit ihrer Crista (nach RETZIUS 1884). C. H.

Fig. 565.

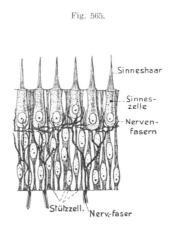

Schematischer Schnitt durch die **Macula** (oder Critsa) eines Wirbeltiers (nach RETZIUS 1884). C. H.

wo er zu einem ansehnlichen gelappten Saccus anschwillt; auch in die Orbita kann sich ein Fortsatz nach vorn erstrecken und den Augenbulbus mehr oder weniger umhüllen. Die Säcke und ihre Verzweigungen sind von Kristallbrei erfüllt. — Über die physiologische Bedeutung der erwähnten abnormen Vergrößerungen und Ausbreitungen der Saccus endolymphatici ist kaum Sicheres bekannt.

Der feinere Bau der Nervenendigungsstellen der Cristae und Maculae ist ein sehr übereinstimmender. Sie bestehen aus Sinneszellen und viel zahlreicheren Zwischenzellen (Stützzellen, Fadenzellen). Während das einschichtige Epithel des häutigen Labyrinths im allgemeinen niedrig, plattenförmig bis cylindrisch bleibt, verdickt es sich an den Endstellen beträchtlich und erlangt hier einen anscheinend mehrschichtigen Charakter, was aber nur daher rührt, daß die Kerne der fadenartigen Stützzellen in sehr verschiedener Höhe liegen und die Sinneszellen sich etwa nur durch das obere Viertel bis die obere Hälfte der Epithelhöhe einsenken (Fig. 564 u. 565). Der Bau der Sinneszellen erinnert an den von Flimmerzellen; sie sind etwa birnförmig und tragen an ihrem freien Ende ein Büschel feiner bis etwas gröberer starrer Sinneshaare, die meist zu einem lang-kegelförmigen Fortsatz verklebt sind. Die im Epithel netzartig ausgebreiteten,

Fig. 566.

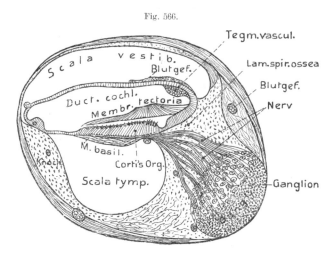

Alligator mississipiensis. Querschnitt der Cochlea etwas distal von ihrer Mitte (nach Retzius 1884). Hörzellen schwarz. Sch.

marklos gewordenen Nervenfasern umspinnen schließlich die Basalenden der Sinneszellen; doch sollen sich gelegentlich auch freie Nervenendigungen im Epi-thel finden. — Auf den Maculae utriculi, sacculi und lagenae findet sich stets eine *Statolithenbildung*, über die später näher berichtet werden soll. Auf den Cristae fehlt sie (nur für Myxine wurde sie gelegentlich angegeben); diesensitzt eine eigentümliche, im Querschnitt kuppelförmige und fein längs gestreifte Masse (Cupula, s. Fig. 564) auf, in welche sich die Sinneshaare einsenken; häufig wurde diese Cupula aber als Kunstprodukt gedeutet.

Fig. 567.

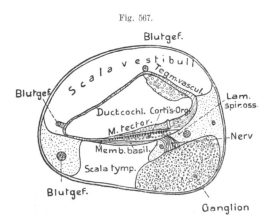

Columba domestica. Querschnitt der Cochlea etwas distal von ihrer Mitte. Hörzellen schwarz (nach Retzius 1884). Sch.

Eine besondere Darstellung erfordert der kompliziertere Bau des Endorgans der Amnioten-cochlea, des *Cortischen Organs*. Sein Vorläufer, die Papilla basilaris der Amphibien, be-sitzt im allgemeinen noch den Bau gewöhnlicher Maculae.

In dem zu einem langen Band ausgewachsenen Cortischen Organ der *Crocodile* (Fig. 566) und *Vögel* (Fig. 567) finden sich zwischen den Stützzellen zahlreiche Längs-

reihen von Sinneszellen, die bei den Vögeln sämtlich gleich sind. Bei den Crocodilen
haben sie sich zu zwei Arten differenziert, nämlich größere, die in einigen Längsreihen
dem Caudalrand des Cortischen Organs angehören und zahlreichere kleinere, die sich durch
das übrige Organ erstrecken. Damit scheinen Verhältnisse angebahnt, wie sie sich bei

Fig. 568.

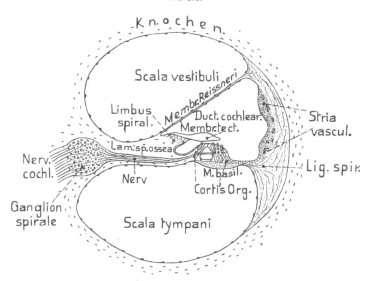

Homo. Schematischer Querschnitt durch die Cochlea und ihre Umgebung (mit Benutzung von Stöhr,
Histologie nach Retzius 1884). v. Bu.

Fig. 569.

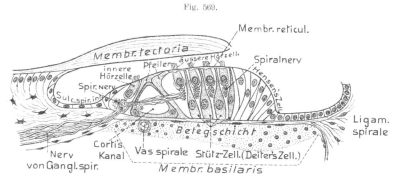

Schematischer Querschnitt durch das Cortische Organ eines Säugers, speziell Mensch. (Hauptsächlich nach Retzius 1884.) v. Bu.

den Säugern finden. Letztere (Fig. 568 u. 569) zeigen das Eigentümliche, daß die Epithel-
verdickung, welche, auf der oben erwähnten bindegewebigen Membrana basilaris aufruhend,
das Cortische Organ bildet, näher dem gegen die Schneckenachse schauenden Rand (Vorderrand) eine kanalartige Unterbrechung zeigt, die schon bei den Crocodilen (Fig. 566) angedeutet ist (Cortischer Kanal oder Tunnel). Hierdurch wird das Organ in einen schmäleren
achsialen und einen breiteren abachsialen Streif gesondert. Dies spricht sich auch darin

aus, daß der erstere meist nur eine Längsreihe von Sinneszellen enthält (selten stellenweise zwei), der abachsiale dagegen meist drei, seltener vier (doch können sich in dieser Beziehung bei demselben Tier an verschiedenen Stellen der Schnecke einige Abweichungen finden). Der Cortische Kanal wird achsial und abachsial von einer Reihe eigentümlich modifizierter Stützzellen begrenzt (Fig. 569), deren Körper zum größten Teil zu cuticularen pfeilerartigen Gebilden umgeformt sind, so daß nur an ihrer Basis noch ein Plasmarest mit dem zugehörigen Zellkern verbleibt. Die achsialen oder inneren Pfeiler sind zahlreicher als die äußeren. Da die beiden Pfeilerreihen konvergieren und ihre distalen, abachsial umgekrümmten Enden (Ruder) sich übereinanderschieben, so schließen sie den Cortischen Kanal völlig ab.

Die drei Stützzellenreihen (*Deitersche Zellen*), welche sich zwischen die drei abachsialen Hörzellenreihen einschieben, besitzen gleichfalls eigentümlich modifizierte cuticulare, plattenförmige Distalenden (*Phalangen*), die, zusammenstoßend, eine Art Rahmenwerk (Membrana reticularis) bilden, in welchem die Distalenden der Hörzellen befestigt sind. — Die vom *Ganglion cochleae* (G. spirale), das in der Schneckenachse verläuft, ausgehenden Nervenäste treten zwischen die Zellen des achsialen und abachsialen Streifs des Cortischen Organs ein und ziehen hier als sog. Spiralstränge noch eine Strecke längs, um allmählich die Nervenfasern für die Hörzellen abzugeben. — Die früher erwähnte *Membrana basilaris* enthält eine mittlere Lage mit zahlreichen eingelagerten quer (achsial—abachsial) ziehenden Fasern, die sich gegen das Schneckenende allmählich verlängern, da die Breite des Ductus chochlearis apicalwärts allmählich zunimmt. Die *Helmholtz*sche Annahme, daß diese Fasern durch ihre verschiedene Länge die Wahrnehmung der Tonhöhen vermitteln, ist immer noch nicht völlig gesichert; ihre Richtigkeit wird sogar von manchen direkt geleugnet; doch sprechen gewisse Versuchsergebnisse dafür.

Die Papilla basilaris cochleae und das sich aus ihr entwickelnde Cortische Organ besitzt nie Statolithengebilde, wird dagegen von einer eigentümlichen cuticularen *Membrana tectoria* überlagert, welche von den, an die achsiale Seite des Cortischen Organs anstoßenden Epithelzellen des Limbus spiralis abgesondert wird. Diese Membran wird bei den Amphibien und Sauropsiden von zahlreichen Löchern (oder Kanälchen) durchsetzt, bei den Säugern von einer feinfaserigen Masse gebildet.

Wie schon bemerkt, teilt sich der *Nervus acusticus* früher oder später in zwei Äste, die sich unter reicher Weiterverzweigung zu den verschiedenen Endstellen begeben, was bei den Anamniern in der Weise geschieht, daß der vordere oder obere Ast (*Ramus vestibuli*) die vordere und laterale Ampulle und die Macula recessus utriculi versorgt, der hintere (häufig *Ramus cochleae* genannt) die hintere Ampulle, die Maculae sacculi, neglecta und lagenae. Die Papilla basilaris, welche sich bei den Amphibien entwickelt, erhält einen Ast des Ramus cochleae. Mit der hohen Entwicklung der Pars basilaris bei den Amnioten verstärkt sich dieser Ramus cochleae sehr und nimmt zahlreiche Ganglienzellen in sich auf, ein besonderes Ganglion cochleae (G. spirale der Säugerschnecke) bildend. Eine scharfe Scheidung der zu den statischen Organen und zu dem eigentlichen Hörorgan (Cochlea, Macula neglecta) ziehenden Nervenfasern besteht nicht.

Stato- oder *Otolithenbildungen* finden sich, wie erwähnt, auf den Maculae utriculi (Lapillus der Teleostei), sacculi (Sagitta der Tel.) und lagenae (Asteriscus der Tel.), und zwar gewöhnlich in Form scheibenartiger Gebilde, die in der Regel aus Massen kleiner Kalkgebilde (Aragonit), seltener Kriställchen, bestehen, und von einer gallertigen Masse zusammengehalten werden. Bei einem Chondropterygier (*Rhina*) mit offenem Ductus endolymphaticus sollen diese Otoconien jedoch, ähnlich manchen Wirbellosen, durch Sandkörnchen ersetzt sein. — Bei den *Holostei* und *Teleostei* bilden sich dagegen kristallinisch-sphärische, harte und feste Statolithen von häufig sehr bedeutender Größe und geschichtetem Bau (Fig. 555 u. 556, S. 762); die Zahl ihrer Schichten wächst mit dem Alter.

Die allgemeine Beschaffenheit sowie die Entstehung der *perilymphatischen Räume* um das häutige Labyrinth wurde schon früher (S. 756) erörtert. Diese Räume umgreifen nicht das gesamte Labyrinth, vielmehr heftet sich namentlich dessen mediale Wand an das skelet-

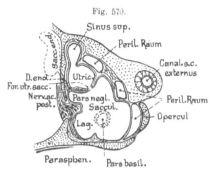

Fig. 570.

Rana. Querschnitt durch das Gehörorgan, etwa in der mittleren Region des Labyrinths. Der Ductus endolymphaticus mit seinem Saccus, der etwas weiter vorn liegt, sowie die Pars basilaris, die etwas weiter hinten liegt, sind mit Strichlinien einge- zeichnet (nach GAUPP, FROSCH 1904). O. B.

töse Labyrinth mehr oder weniger direkt an; auch sind die Bogengänge an letzterem befestigt. Die den Peri- lymphraum durchsetzenden binde- gewebigen Züge zerlegen ihn in ver- schiedene Abteilungen, von welchen einer an der Lateralseite der cen- tralen Labyrinthregion besonders an- sehnlich ist (Spatium sacculi, Cisterna vestibuli). Von den Amphibien an entspringt von diesem Raum, etwa in der mittleren Region des Labyrinths ein Kanal (Ductus perilymphaticus, s. Fig. 557 B, S. 763), der etwa ho- rizontal caudalwärts zieht, auf die mediale Seite des Labyrinths um- biegt, und schließlich durch eine Öffnung in die Schädelwand tritt, um sich mit den subarachnoidalen Lymphräumen um das Hirn zu ver- binden. In seinem Verlauf tritt die- ser Ductus perilymphaticus entweder direkt oder durch einen von ihm aus- gehenden Fortsatz in nahe Bezieh- ungen zur Pars basilaris der Lagena, indem er sich der Membrana basi- laris dicht anlegt (Fig. 570 u. 571). Wenn nun bei den Crocodilen, Vö-

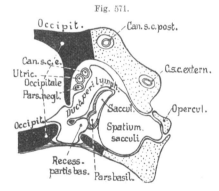

Fig. 571.

Rana. Querschnitt durch das Gehörorgan, etwas weiter nach hinten als Fig. 570, durch die Pars basi- laris, um den Verlauf des Ductus perilymphaticus und seine Beziehung zur Pars basilaris zu zeigen (nach GAUPP, FROSCH 1904). O. B.

geln und Säugern die Pars basilaris zum Schneckenkanal auswächst, so stülpt sie den sie überlagernden Ductus perilymphaticus gleichzeitig gewissermaßen vor sich her, oder die Cochlea wächst in den sich ventral ausstülpenden Ductus peri- lymphaticus hinein, wobei sie ihn, in Gemeinschaft mit dem entsprechenden Knor- pelrahmen, in welchem die Membrana basilaris ausgespannt ist, in einen lateralen absteigenden Kanal (Scala vestibuli) und einen medialen aufsteigenden (Scala tympani scheidet (s. Fig. 566—68), die nur am Distalende der Schnecke inein- ander übergehen (Helicotrema). — Die Scala vestibuli steht daher an der Schnecken- basis (an ihrem Proximalende) mit dem Perilymphraum des übrigen Labyrinths in

49*

Verbindung, wogegen die Scala tympani an diesem Ort durch einen Lymphgang (Canaliculus s. aquaeductus cochleae) mit den subarachnoidealen Lymphräumen zusammenhängt.

Accessorische, schallleitende Teile des Hörorgans. Den Fischen fehlen solche Einrichtungen völlig. Bei allen übrigen Wirbeltieren sind sie im allgemeinen vorhanden, aber bei gewissen stark rückgebildet. Sämtliche Tetrapoden besitzen an der Lateralwand der knorpligen oder knöchernen Ohrkapsel eine nur häutig geschlossene kleine Stelle, die sich gegen den ansehnlichen lateralen Perilymphraum wendet. Diese Stelle wird als *Foramen* oder *Fenestra vestibuli* (ovalis) be-

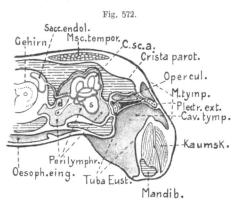

Fig. 572.

Rana. Schema eines Querschnitts durch den Kopf in der Region der Paukenhöhle. Schädel schraffiert; Knorpel des Gehörkanals punktiert. Das häutige Labyrinth ist in Wirklichkeit viel größer, namentlich springen die halbzirkelförmigen Kanäle viel stärker vor und ragen in das Schädelskelett hinein, was hier der Einfachheit wegen nicht dargestellt werden konnte. Die Perilymphräume, die dunkel getönt sind, als gleichmäßiger Raum um das Labyrinth angegeben, was gleichfalls nicht der Wirklichkeit entspricht, da sie sehr kompliziert gestaltet sind. *d* der sog. Ductus perilymphaticus; *s* Sacculus. (Mit Benutzung von Gaupp, Frosch 1904, konstruiert.) O..B.

zeichnet, und ihre Verschlußmembran vermag durch die Schwingungen, in welche sie versetzt wird, die Perilymphe zum Schwingen zu bringen und so schließlich die Hörzellen zu reizen. — Die Amnioten besitzen etwas caudal und ventral von der Fenestra vestibuli, an der Basis der Cochlea stets noch eine zweite ähnliche Stelle, welche gegen den Lymphraum der Scala tympani gewendet ist und mit dem Endorgan des Ductus cochlearis, dem Cortischen Organ, in Beziehung steht, die *Fenestra cochleae* (s. rotunda, s. triquetra). Es ist wahrscheinlich, daß die Entstehung der beiden Fenster anfänglich mit der eines luftführenden, schallleitenden Apparats Hand in Hand ging, weshalb die bei Amphibien und Reptilien vorkommenden Fälle, wo zwar das eine oder die beiden Fenster vorhanden sind, der schallleitende Luftraum dagegen fehlt, wahrscheinlich auf dessen nachträglicher Rückbildung beruhen. — Der luftführende Raum, das *Mittelohr*, tritt zuerst bei den meisten Anuren auf, als eine ansehnliche Höhle (*Paukenhöhle, Cavum tympani*), die hinter dem Schädelsuspensorium und dem Paraquadrat, nach außen von der knorplig-knöchernen Ohrkapsel liegt, und durch einen meist weiten, ventral absteigenden Gang (*Tuba Eustachii*) in die Mundhöhle führt (Fig. 572). Nach außen wird die Paukenhöhle durch eine von der übrigen Kopfhaut mehr oder weniger abweichende Membran abgeschlossen, das *Paukenfell* (Trommelfell, *Membrana tympani*). Gegen diese Höhle schaut demnach die bei den Anuren allein vorhandene Fenestra vestibuli und bei den Amnioten auch die Fenestra cochleae. Mit Ausnahme gewisser Reptilien (Ophidier, Amphisbaeniden unter den Sauriern) findet sich die Paukenhöhle bei allen Amnioten in prinzipiell gleicher Bildung; d. h. sie mündet innen in die Mundhöhle und wird nach außen durch das Paukenfell abgeschlossen. — Von letzterem zieht zur Fenestra vestibuli stets ein knorpliges bis knöchernes Skeletgebilde, das im allgemeinen als *Columella auris* bezeichnet wird und die Funktion hat, die Schwingungen des Trommelfells auf die Schlußmembran der Fenestra vestibuli zu übertragen. Dies Hörskelet ist eine Bildung, welche ursprünglich der Paukenhöhlenwand nur äußerlich anlag, sich dann aber, unter faltenartiger Einstülpung der die Höhle auskleidenden Schleimhaut mehr oder weniger in sie einsenkte. — Obgleich nun die Paukenhöhle den Cyclostomen und Fischen fehlt, so ist doch sicher, daß sie aus einer schon bei den ursprünglichen Fischen bestehenden Bildung hervorging, nämlich der ersten Visceralspalte, deren dorsaler Teil, zwischen Mandibular- und Hyoidbogen liegend, sich bei den Chondropterygiern und Ganoiden meist als Spritzlochkanal (Spiraculum) erhielt.

Die Ontogenie beweist dies wohl sicher, da die Paukenhöhle in direkter oder etwas modifizierter Weise aus dem dorsalen Teil der bei sämtlichen Tetrapoden embryonal auftretenden ersten Visceralspalte entsteht. Diese Spalte (Schlundtasche) ist meist, wenn auch nur vorübergehend, nach außen geöffnet, verschließt sich aber dann äußerlich, und aus dieser Verschlußstelle bildet sich das Paukenfell hervor. Natürlicherweise muß sich die äußere Spaltregion stets zur Paukenhöhle erweitern, was manchmal (Amphibien) durch eine modifizierte solide, sich erst später aushöhlende Anlage von der ersten Visceralspalte aus geschieht. Auch die vorübergehende Rückbildung der Spalte, wie sie bei den Säugern eintreten soll, kann nicht dahin ausgelegt werden, daß ihre Paukenhöhle eine selbständige Neubildung der Mundhöhle sei. Für die Ableitung der Paukenhöhle von der Spritzlochspalte wird auch angeführt, daß der Spritzlochkanal mancher Rochen eine besondere Ausbuchtung zur Labyrinthregion der Schädelwand sendet.

Wenn wir zunächst die *Paukenhöhle*, welche mit Flimmerepithel ausgekleidet sein kann, etwas genauer verfolgen, so ist nochmals hervorzuheben, daß sie den *Urodelen* und *Gymnophionen*, sowie gewissen *Anuren* (Pelobatidae, Bombinator, Rhinoderma, Phryniscus, Brachycephalus) fehlt; dasselbe wiederholt sich bei den *Schlangen* und *Amphisbaenen*.

Die Paukenhöhle der *Amphibien* und *Sauropsiden* wird meist nur medial und dorsal knöchern umschlossen, sonst von Muskeln umgrenzt. Die der *Chelonier* besitzt eine ausgedehntere Knochenwand, da das bei den übrigen Sauropsiden die Paukenhöhle vorn begrenzende Quadrat die Höhle hier dorsal, ventral und caudal umwächst, wobei gleichzeitig ein äußerer, vom Paukenfell lateral abgeschlossener Teil der Höhle von einem inneren mehr oder weniger gesondert sein kann, bis auf einen feinen Kanal, durch den die Columella tritt (vgl. S. 282 u. Fig. 161, S. 281 u. Fig. 166, S. 288). Bei den Crocodilen, Vögeln und Säugern wird die knöcherne Umgrenzung der Paukenhöhle viel vollständiger, was bei den Säugern teilweise auf der ansehnlichen Entwicklung des Paraquadrats zum Tympanicum beruht (vgl. hierüber S. 299).

Das Paukenfell schließt die Höhle nach außen ab, als eine bei den Anuren, Sauriern und Cheloniern in der Kopfoberfläche liegende dünnere, meist halbdurchsichtige, kreisrunde bis ovale Haut. Bei den Anuren befestigt es sich durch einen vom Quadrat abstammenden Knorpelsaum am Hinterrand des Paraquadrats (Fig. 573); dieser nur selten (Bufo) fehlende Saum setzt sich als geschlossener Ring um die ganze Membran fort.

Das Paukenfell besteht äußerlich aus einer Fortsetzung der Körperhaut, innerlich aus der die Paukenhöhle auskleidenden Fortsetzung der Mundhöhlenschleimhaut. Zwischen beiden Lagen liegt noch eine dünne, strahlig-faserige Bindegewebshaut, welche auch glatte Muskelfasern enthalten kann; letztere Membran wird häufig als das eigentliche Paukenfell angesehen.

Indem bei zahlreichen *Anuren*, gewissen *Sauriern* (so vielen *Agamiden, Chamaeleonten*, besonders grabenden Formen) die äußere Lage des Paukenfells sich verdickt und die Beschaffenheit der äußeren Körperhaut annimmt, läßt sich das Paukenfell äußerlich nicht mehr von der Kopfhaut unterscheiden (verstecktes Paukenfell); natürlich fehlt es auch allen Formen, die keine Paukenhöhle mehr besitzen.

Die sich zunächst darbietende Auffassung wäre, daß das Paukenfell nur eine äußere Verschlußmembran der ersten Visceralspalte darstellt. Demgegenüber wurde jedoch die Ansicht ausgesprochen, daß es auf rudimentäre knorplige Kiemenstrahlen zurückzuführen sei, die sich am Palatoquadrat mancher *Chondropterygier* (Spritzlochknorpel, vgl. S. 248) erhalten haben, und welche bei den Rochen eine Art Klappe im Spritzlochkanal stützen können. Mir scheint diese Beziehung vorerst wenig gesichert.

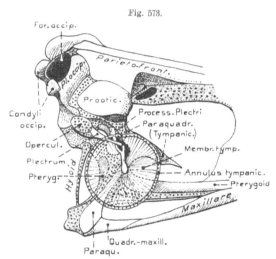

Fig. 573.

For. occip.
Parieto-Front.
Prooot.
Prootic.
Condyli occip.
Process. Plectri
Paraquadr.
(Tympanic.)
Opercul.
Membr. tymp.
Plectrum
Pteryg.
Hyoid
Annulus tympanic.
Pterygoid
Maxillare
Quadr.-maxill.
Paraqu.

Rana. Hinterer Teil des Schädels rechtsseitig und etwas von hinten und dorsolateral mit der Columella auris (Operculum und Plectrum). Der knorplige Annulus tympanicus mit dem in ihm ausgespannten Trommelfell, an dem sich das Plectrum befestigt, eingezeichnet (nach GAUPP 1904, etwas verändert). O. B.

Wie bemerkt, öffnen sich die Paukenhöhlen durch die *Tuben* in den hinteren Abschnitt der Mundhöhle. Bei den *Anuren* bleiben diese Gänge kurz und weit; bei den Sauriern läßt sich sogar von eigentlichen Tuben kaum reden. Die Tubengänge der aglossen *Anuren*, der *Chelonier, Crocodile* und *Säuger* (mit Ausnahme von *Ornithorhynchus*) werden länger und enger. Gewöhnlich münden sie durch getrennte Öffnungen in die Mundhöhle; bei den *Aglossen*, den *Crocodilen* und *Vögeln* sind jedoch die beiden Öffnungen zu einer unpaaren vereinigt.

Eigentümlich kompliziert erscheinen die Tuben der *Crocodile* (Fig. 574), indem von der gemeinsamen Rachenöffnung außer den beiden eigentlichen Tuben (p) noch zwei mediale Kanäle (q, r) emporsteigen, die sich unter Gabelung mit den beiden Paukenhöhlen verbinden. — Bei gewissen *Säugern* (Pferd) kann sich das innere Tubenende zu einem ansehnlichen Luftsack erweitern. — Die häufig etwas unregelmäßige Gestalt der Paukenhöhle kann zur Entwicklung von Aussackungen (Nebenhöhlen) Veranlassung geben (schon Sauria), die sich sogar in die Knochen, welche die Höhle umgrenzen, ausbreiten. Dies findet sich in reicher

Entwicklung bei den *Crocodilen,* wo solch luftführende Fortsetzungen in das Quadrat, das Supraoccipitale, Parietale, sogar das Articulare des Unterkiefers eindringen, wobei in dem Supraoccipitale eine Kommunikation beider Höhlen hergestellt wird. — Die *Vögel* zeigen Fortsetzungen ins Quadrat und den Unterkiefer, während sich bei den *Säugern* solche in das Squamosum, Perioticum (namentlich in dessen Pars mastoidea) erstrecken können, wo sie die Cellulae mastoideae bilden. Auch durch scheidenartige knöcherne Einwüchse wird die Paukenhöhle mancher Säuger in Zellen oder Kammern geteilt (z. B. Pferd).

Fig. 574.

Crocodilus. Tubae Eustachii in ihrem komplizierten Verlauf. Ansicht von hinten auf den Schädel (aus GEGENBAUR, Vergl. Anatomie nach OWEN).
O. B.

Wie wir fanden, liegt das Paukenfell der niederen Tetrapoden (Amphibien, Saurier) oberflächlich. Bei vielen Sauriern senkt es sich jedoch mehr oder weniger stark in die Tiefe, wobei es gleichzeitig durch eine vordere und hintere Hautfalte, in verschiedenem Maße überlagert wird. So bildet sich die Anlage eines äußeren Gehörgangs. Bei gewissen Sauriern (*Scincoiden, Geckoniden*) wird die äußere Öffnung der Einsenkung sehr klein, schlitzartig und kann sich bei manchen Scincoiden (*Anguis* gewöhnlich) sogar völlig schließen. So entsteht eine zweite Art von versteckter Paukenfell. — Auch bei *Sphenodon* erklärt sich das Fehlen des Paukenfells wohl in solcher Weise, doch ist die äußere Paukenhöhle hier stark reduziert. — Ein mäßig tiefer äußerer Gehörgang mit weiter distaler Mündung entwickelt sich bei *Crocodilen* und *Vögeln,* weshalb ihr Paukenfell äußerlich weniger sichtbar ist. — Viel länger wird jedoch der äußere Gehörgang der *Säuger.*

Er entsteht aus dem ventralen Teil der ersten Kiemenfurche; phylogenetisch jedenfalls mehr durch laterales Hervorwachsen der Umgebung des ursprünglichen Paukenfells als durch Einsenkung. Eigentümlich erscheint, daß sich das mediale Ende des Gehörgangs ursprünglich ventral unter die Anlage der Paukenhöhle schiebt, weshalb das zwischen beiden entstehende Paukenfell anfänglich nahezu horizontal liegt (was bei Monotremen dauernd besteht) und sich erst später aufrichtet. Das Paukenfell der Mammalier ist fast stets gegen die Paukenhöhle zu schwach konkav eingesenkt (Fig. 582, S. 783). So findet es sich auch noch bei den *Zahnwalen,* während es bei den *Bartenwalen* eine eigentümliche Umbildung erfährt, indem es sich nach außen in den äußeren Gehörgang schlauchartig vorstülpt.

Wie schon früher bemerkt (vgl. S. 249), befestigt sich der Paukenfellrand der Säuger an dem ursprünglich unvollständig ringförmigen Tympanicum (Fig. 583, S. 783). In dem Maße wie sich der äußere Gehörgang verlängert, kann dieser Ring um den letzteren nach außen zu einer Röhre anwachsen (Fig. 582), an deren Bildung sich gewöhnlich noch das Squamosum beteiligt. Das äußere Ende des Gehörgangs ist jedoch von Knorpel umhüllt.

Im Zusammenhang mit dem dauernden Wasserleben hat sich der äußere Gehörgang der *Cetaceen* (ähnlich auch der der *Sirenia*) sehr verengt und ist mehr oder weniger von Sekret oder Epithelablösungen verstopft; nur sein innerer Teil erweitert sich in verschiedenem Grad. Jedenfalls dient der äußere Gang hier nicht mehr als Leitapparat der Schallwellen, sondern diese gelangen vermutlich durch die Tuben zur Paukenhöhle und dem Paukenfell. Eine Annäherung an diesen Zustand läßt sich schon bei den mehr oder weniger an das Wasserleben angepaßten Säugern verfolgen.

Ein *Gehörskelet* findet sich bei sämtlichen Tetrapoden, auch denen, welchen die Paukenhöhle fehlt; wenn auch in diesem Falle häufig etwas rückgebildet. Bei den *Amphibien* und *Sauropsiden* wird der Gesamtapparat meist als *Columella auris* bezeichnet, obwohl er keineswegs immer ein einheitliches Gebilde ist. Wie schon hervorgehoben, liegt er ursprünglich der Paukenhöhlenwand nur dicht an und senkt sich erst durch Einfaltung in sie ein.

Es werde hier gleich betont, daß der Columellarapparat der *Amphibien* und *Sauropsiden* vergleichend anatomisch meist von dem dorsalsten Teil des ursprünglichen Hyoidbogens abgeleitet wird. Da nun bei allen Tetrapoden das Hyomandibulare der Fische nicht mehr als solches vorhanden ist, und das Schädelsuspensorium, an welchem der Unterkiefer gelenkt, in der Regel nur vom Palatoquadrat abgeleitet wird, so wird das Hyomandibulare meist als derjenige Teil des Hyoidbogens gedeutet, aus welchem der Columellarapparat hervorgegangen sei Daß dieser Ansicht gewisse Bedenken gegenüberstehen, wurde schon früher (S. 270) betont, und wird für die *Amphibien* gleich etwas näher auszuführen sein.

Die Columella auris der *Urodelen* besteht im einfachsten Fall aus einem knorpligen bis knöchernen rundlichen Plättchen (*Operculum*), welches der Fenestra vestibuli aufliegt. Gewöhnlich setzt sich dies Operculum auf seiner Außenseite in ein knorpliges bis knöchernes Stielchen fort, das sich nach vorn oder außen bis zur Caudalseite des knorpligen Suspensoriums (Palatoquadrat) oder bis zum Paraquadrat erstrecken kann (s. Fig. 147, S. 261), bei gewissen Formen sogar mit dem ersteren knorplig verschmilzt. In anderen Fällen ist der distale Teil dieses Fortsatzes nur durch ein Band vertreten oder fehlt ganz.

Komplizierter wird der Apparat meist bei den mit einer Paukenhöhle versehenen *Anuren* (z. B. *Rana*, Fig. 573, S. 776). Er besteht aus zwei in proximodistaler Richtung aufeinander folgenden Teilen, von denen der proximale, der sich der Fenestra vestibuli aufsetzt, als *Stapes* oder *Operculum* bezeichnet wird, der distale als *Plectrum* oder *Extracolumellare*.

Das Operculum liegt als eine ovale knorplige Platte auf dem caudalen Teil der Fenestra vestibuli und ist mit dem Plectrum durch Bindegewebe verbunden. Letzteres ist meist langgestreckt stielförmig und schiebt sich mit seinem knorpligen Proximalende unter das Operculum. Hierauf folgt ein verknöcherter proximaler Teil des Plectrums (seltener zwei Verknöcherungen *Bufo*, *Dactylethra*) und schließlich ein knorpliger distaler Abschnitt, der am Paukenfell bis zu dessen Mitte hinabsteigt. Nahe seinem proximalen Beginne steigt vom knorpligen äußeren Teil des Plectrums meist ein Fortsatz nach vorn und innen auf, der zur knorpligen Ohrkapsel (an die sog. Crista parotica) tritt und in sie übergeht. Das Distalende des äußeren Plectrumabschnitts kann sich manchmal zu einer großen knorpligen Scheibe verbreitern (manche *Frösche*, *Pipa*), welche fast das ganze Paukenfell erfüllt. Fehlt die Paukenhöhle, so bildet sich der Apparat zuweilen etwas zurück; doch findet sich das Operculum stets.

Eigentümlich verhalten sich die *Gymnophionen* (*Ichthyophis*), indem das kurze, großenteil verknöcherte Columellargebilde, das von einem Loch zum Durchtritt einer Arterie durchbohrt wird, mittels eines Gelenks mit einem hinteren Fortsatz des Quadrats artikuliert (Fig. 575).

Die Ontogenie hat die morphologische Bedeutung des Columellarapparats der Amphibien bis jetzt wenig aufgeklärt. Bei Urodelen, Anuren und Gymnophionen ließen sich keine Beziehungen zum Dorsalende des Hyoidbogens feststellen, vielmehr entsteht das Operculum entweder als selbständige Verknorplung in der Membran der Fenestra vestibuli oder als Ablösung vom vorderen knorpligen Rand derselben (Urodelen). Der Stiel der Urodelen und das Plectrum bilden sich erst später, doch tritt das

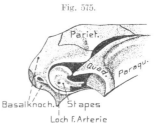

Fig. 575.

letztere bei den Anuren, wo es als selbständiger Knorpel entsteht, ebenfalls vorübergehend in Berührung mit dem Palatoquadrat, von dem es sich später ablöst und die Verbindung mit der Paukenmembran eingeht. Obgleich also die Ontogenie keine direkten Beziehungen zum Hyoid erweist, wird dennoch gewöhnlich an der Ableitung des Columellarapparats von letzterem festgehalten. Bedeutsam erscheint jedenfalls die überall bleibend oder vorübergehend bestehende Verbindung mit dem Palatoquadrat, was ja für die mögliche Deutung des Columellarapparats als Hyomandibulare wichtig ist. Da jedoch die Frage, ob das Hyomandibulare der Fische bei der Ausbildung der Autostylie erhalten

Ichthyophis. Hinterende des Schädels von rechts, um die Artikulation des Stapes mit dem Processus oticus des Suspensoriums zu zeigen (nach Sarasin 1887/93.) C. H.

blieb oder sich mit dem Palatoquadrat vereinigte, unsicher erscheint, so kann auch die Herkunft des Columellarapparats nicht bestimmt entschieden werden. Wäre letzteres der Fall, so ließen sich etwa dem Hyomandibulare angefügte knorplige Kiemenstrahlen oder das auf solche rückführbare sog. Operculum der Dipnoer für die Ableitung heranziehen (vgl. S. 270), deren Lagebeziehungen den Anforderungen gleichfalls entsprechen würden.

Der *Columellarapparat der Sauropsiden* erinnert insofern an jenen der Anuren, als er auch aus zwei Stücken besteht, einem proximalen, das der Fenestra

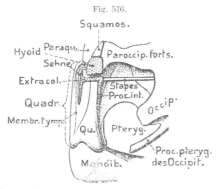

Fig. 576.

Uromastix spinipes (Saurier). Paukenhöhle mit den angrenzenden Knochen von hinten eröffnet; Caudalende des Pterygoids abgebrochen. Vom Zungenbeinbogen ist nur das Dorsalende erhalten, das sich an den Paroccipitalfortsatz befestigt. Paukenfell als Strichlinie schematisch eingezeichnet (nach Versluys 1899, etwas verändert). v. Bu.

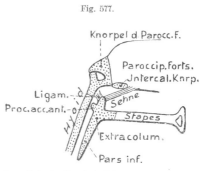

Fig. 577.

Ascalabote (Saurier). Schematische Darstellung der linken Columella auris in ihrer Beziehung zum Schädel und Hyoid. Ansicht von hinten (nach Versluys 1904). v. Bu.

ovalis aufsitzt (*Stapes*) und einem distalen (*Extracolumella*), dessen Distalende zum Paukenfell zieht und sich ihm einlagert oder anheftet. Zwischen beiden Teilen besteht bei vielen *Sauriern*, *Sphenodon* und *jugendlichen Crocodilen* ein Gelenk, das jedoch nur wenig oder nicht beweglich ist. Bei den übrigen fehlt es;

doch wäre nicht unmöglich, daß die gelenkige Sonderung ursprünglich weiter verbreitet war, also den primitiven Zustand darstellt.

Der *Stapes* (s. Fig. 576 u. 577) ist im allgemeinen lang stielförmig, also gewöhnlich
der längere Teil, und sein der Fenestra vestibuli aufsitzendes Proximalende fast stets zu
einer ovalen bis kreisförmigen Platte erweitert. Er ist stets verknöchert, nur sein das
Gelenk bildendes Distalende besitzt häufig (Sauria) eine knorplige Epiphyse. Nahe der Fuß-
platte ist er bei manchen Sauriern (gewisse *Ascalabotae*, Fig. 577) und einzelnen Vögeln
(z. B. *Dromaeus, Onocrotalus*) durchbohrt zum Durchtritt einer Arterie (ähnlich wie bei
Gymnophionen).

Die *Extracolumella* bleibt stets knorplig (manchmal verkalkt) und zieht gewöhnlich
als horizontale Fortsetzung des Stapes bis zur Mitte des Paukenfells, wo sie sich bei den
Sauriern in einen dorsalen (Pars
superior) und ventralen (Pars inferior) Fortsatz am Trommelfell
verlängert (Fig. 576/7 u. 584,
S. 786), denen sich häufig auch
noch einige schwächere accessorische Processus zugesellen. Diese
Fortsätze liegen meist in dem
Paukenfell selbst. Außerdem entspringt bei den Sauriern vom
Proximalende der Extracolumella

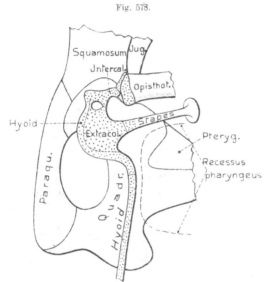

Fig. 578.

Sphenodon. Linke Columella, linkes Hyoid und die umgebenden Teile des Schädels von hinten gesehen, um die Beziehungen zwischen der Columella und dem Hyoid zu zeigen
(nach VERSLUYS 1899).   v. Bu.

Fig. 579.

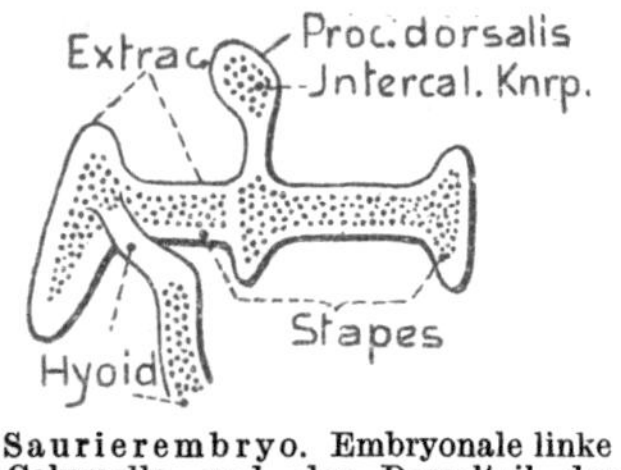

Saurierembryo. Embryonale linke
Columella und der Dorsalteil des
Hyoids, von hinten gesehen. Ver-
knorpelte Partien punktiert, vorknorp-
lige weiß. (Schematisch, nach VERS-
LUYS 1904.)   v. Bu.

häufig ein ventral absteigender *Processus internus* (Fig. 576 u. 584, S. 786), der sich zur
Medialfläche des Quadrats erstreckt und mit dessen Periost verbindet; er kann bis zum Pterygoid-
ende des Quadrats hinabreichen. An derselben Stelle geht ontogenetisch von der Anlage der
Saurier-Extracolumella ein Dorsalfortsatz ab (Fig. 579), der sich an das Distalende des
Paroccipitalfortsatzes des Schädels heftet und hier einen Knorpel (Intercalare) bildet, der
sich dem Schädel anfügt (Fig. 577). Der übrige Teil dieses Processus dorsalis wird zu einem
Band oder geht ein. Dieser Dorsalfortsatz hat eine gewisse Ähnlichkeit mit dem Processus
ascendens des Anurenplectrums und wäre daher vielleicht auf ihn zurückzuführen. Charakteristisch für die Saurier ist ferner, daß das Dorsalende des Hyoidbogens im vorknorpligen
Stadium mit der späteren Extracolumella zusammenhängt (Fig. 579), obgleich sich eine
knorplige Verbindung nie herstellt. Später löst sich aber diese Verbindung, und das Dorsalende des knorpligen Hyoidbogens schiebt sich bei gewissen Formen höher hinauf und heftet
sich an das Lateralende des Paroccipitalfortsatzes, mit dessen Knorpel es verwachsen kann
(Fig. 577).

Eigentümliche Verhältnisse bilden sich bei *Sphenodon* (Fig. 578), indem hier ein dauernder knorpliger Zusammenhang zwischen der Extracolumella und dem Hyoidbogen besteht. Derselbe ist wahrscheinlich so entstanden, daß das Dorsalende des Hyoids; unter Lösung seiner ursprünglichen Verbindung mit der Extracolumella, an deren Lateralseite emporrückte und dann mit ihr, sowie dem sich knorplig erhaltenden Processus dorsalis (Intercalare, s. oben) verwuchs, wodurch sich das hier in der Extracolumella befindliche Loch erklärte. Wenn diese Ansicht zutrifft, so wäre also der Zusammenhang der Extracolumella mit dem Hyoidbogen bei Sphenodon kein ursprünglicher.

Die Extracolumella der *Vögel* (Fig. 580) erinnert ziemlich an jene von Sphenodon, da sie ebenfalls das erwähnte, charakteristische Loch besitzt. Sie sendet einen mehr oder weniger ansehnlichen Ventralfortsatz (Infrastapediale) durch die Paukenhöhle, der sich bei embryonalen Ratiten bis oder nahe bis zum Unterkiefer verfolgen ließ. Dieser Fortsatz wird daher jetzt gewöhnlich als vom Hyoidbogen abstammend gedeutet, obgleich er dem

Fig. 580.

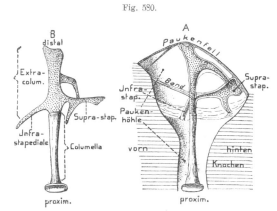

Gallus domesticus. Columella. — *A* Rechte Paukenhöhle dorsal geöffnet, sodaß der Columellarapparat in seiner natürlichen Lage, sowie seine Befestigung am Paukenfell sichtbar ist. Das Infrastapediale angedeutet, obgleich es in genau dorsaler Ansicht nicht sichtbar ist. Die Figur zeigt die Befestigung der Extracolumella am Paukenfell, sowie die des proximal gerichteten Fortsatzes des Suprastapediale am Ventralrand des Paukenfells. — *B* Der rechte Columellarapparat in der Ansicht von der Caudalseite.   Originalpräp. fec. et delin. C. H.

Processus internus der Saurier gleicht. — Letztere Verhältnisse erinnern an die recht eigentümlichen der *Crocodile*. Deren Extracolumella (Fig. 581) besitzt im jugendlichen Zustand einen Dorsalfortsatz, der sich dem Quadrat und Paraoccipitalfortsatz anlegt (sog. Suprastapediale, Parker) und einen nach außen gerichteten Fortsatz (Extrastapediale = Extracolumella), der zum Paukenfell zieht. Vom Distalteil dieses Extrastapediale geht ein Fortsatz (Infrastapediale) ventro-caudal ab, der sich mit einem Knorpelbogen verbindet, welcher embryonal bis zum Articulare des Unterkiefers hinabreicht und in dieses übergeht. Nach Vergleich mit den Verhältnissen der Saurier kann dieser Bogen wohl nur das Hyoid sein, und der Fortsatz der Extracolumella, an welchem er entspringt, entspricht daher nicht dem Processus internus der Saurier. Im Alter schwinden übrigens der Processus dorsalis und der Infrastapedialfortsatz und sind nur noch durch Schleimhautfalten vertreten.

Daß eine Verbindung des Hyoidbogens mit der Anlage des Columellarapparats bei den Sauropsiden bestehen kann, ist demnach sicher. Dennoch dürfte sich hieraus nicht bestimmt ergeben, daß die Columella einen dorsalen Teil dieses Bogens darstellt. Im allgemeinen scheint nämlich der Columellarapparat der Sauropsiden jenem der Amphibien zu entsprechen, worauf auch die wohl ursprünglich stets vorhandene Beziehung zum Quadrat hinweist. — Entwicklungsgeschichtlich bestehen noch bedeutende Zweifel über die Entstehung des Stapes der Sauropsiden, welcher teils vom Dorsalende des Hyoidbogens, teils dagegen von der Labyrinthkapsel abgeleitet wird, ähnlich wie bei den Amphibien; selbst für den gesamten Columellarapparat wird letztere Möglichkeit von manchen behauptet, ja sogar die Ansicht vertreten, daß der Columellarapparat der Amnioten dem der Amphibien nicht homolog sei.

Das Distalende der *Schildkröten*-Extracolumella verbreitert sich ähnlich wie bei gewissen Anuren zu einer im Paukenfell gelegenen ansehnlichen kreisrunden Platte, welche fast das ganze Paukenfell erfüllt.

Die Reptilien mit reduzierter Paukenhöhle zeigen eine gewisse Rückbildung der Columella. An den sehr kurzen Stapes der *Amphisbaeniden* schließt sich eine lange fadenförmige knorplige sog. Extracolumella (vielleicht Hyoidbogen?) an, die lateral vom Quadrat und Unterkiefer weit nach vorn zieht. — Der Apparat der *Ophidier* ist klein und heftet sich mit seinem Distalende an die Hinterseite des Quadrats an. Er soll zuweilen auf ein knöchernes Operculum beschränkt sein; bei gewissen Formen (*Stenostomata*) wurde er sogar ganz vermißt.

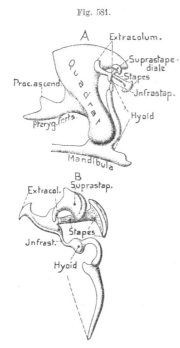

Fig. 581.

Crocodilus palustris. *A* Embryo von 3,7 cm Länge. Linkes Quadrat, Mandibel und Hyoid nebst Columellarapparat, von außen. — *B* Embryo von 11,2 cm Länge. Columellarapparat und Hyoidbogen in gleicher Ansicht. Der Stapes schon zum Teil verknöchert (nach PARKER 1884).
v. Bu.

Besondere Schwierigkeiten bietet die Deutung den Einrichtungen der *Mammalia*, wo sich eine Kette von drei gelenkig verbundenen Knöchelchen zwischen Fenestra vestibuli und Paukenfell ausspannt (Fig. 582 u. 583). Dieselben werden von innen nach außen als *Stapes* (*Steigbügel*), *Incus* (*Amboß*) und *Malleus* (*Hammer*) bezeichnet. Der *Stapes* bleibt meist ziemlich klein und setzt sich mit seinem verbreiterten Fußblatt dem ovalen Fenster auf. Sein Name bezieht sich darauf, daß er fast stets, ähnlich wie die Columella der *Gymnophionen*, *Geckonen* und einiger Vögel, von einem Loch durchbrochen wird, durch welches die *Arteria stapedialis* tritt. Doch kann diese Durchbrechung zuweilen verkümmern, ja sogar fehlen (*Monotremen* Fig. 583, *gewisse Marsupialia*, *einzelne Edentata* und *Cetacea*). — Der Bau des *Incus* ist recht gleichförmig, indem von seinem gedrungenen Körper, der durch eine ansehnliche Gelenkgrube mit dem Malleus artikuliert, zwei Fortsätze entspringen, von welchen sich einer (*Processus longus* des Menschen) zum Stapes begibt und mit ihm gelenkt, während der andere (*Proc. brevis*) nach hinten in die Paukenhöhle zieht und sich durch ein Band an deren Wand befestigt. In der Jugend bildet sich am Ende des Processus longus eine besondere kleine Verknöcherung (*Os lenticulare*), welche später mit ihm verwächst und daher nicht als selbständiges Element angesehen wird. — Der *Malleus* zeigt größere Formverschiedenheiten. Von seinem Körper- oder Kopfteil, welcher mit

dem Incus gelenkt, entspringt ventralwärts stets ein mehr oder weniger ansehnlicher Fortsatz, der in das Paukenfell eintritt und bis zu seiner Mitte hinabsteigt
(*Handgriff* oder *Manubrium mallei*); allein bei den Cetaceen ist er sehr rückge-

Fig. 582.

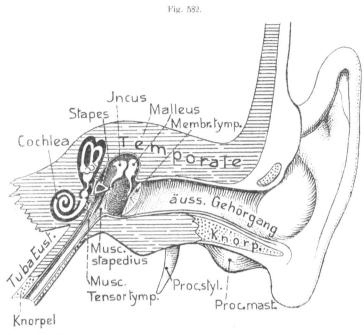

Homo. Schema des linken Gehörorgans nach verschiedenen Darstellungen kombiniert. Der äußere Gehörgang, die Paukenhöhle und die Tuba durch einen Querschnitt durch das Temporale geöffnet; Ansicht von vorn. Die Perilymphräume und das knöcherne Labyrinth schwarz, das häutige
Labyrinth weiß. In der Paukenhöhle die Gehörknöchelchen, sowie die M. M. stapedius und Tensor tympani angegeben; die feine Sehne des letzteren zieht zur Basis des Hammergriffs. 1 Fenestra vestibuli
(ovalis); 2 Fenestra cochleae (rotunda). Knochen schraffiert; Knorpel punktiert.   O. B.

bildet. Weniger konstant ist
ein etwa vom Ursprung des
Manubrium ausgehender,
rostral gerichteter, meist
schlanker Fortsatz, der *Processus folii* (s. gracilis, s. anterior), der zur Pauken-
höhlenwand, an die Grenze
zwischen Tympanicum und
Perioticum, geht (Fig. 583).

Bei primitiven Säugern
(*Aplacentalia*, doch auch *Insectivora, Chiroptera*) ist der Proc.
folii sehr groß und häufig stark
kreisförmig gekrümmt. Bei den
Aplacentaliern tritt er zum un-

Fig. 583.

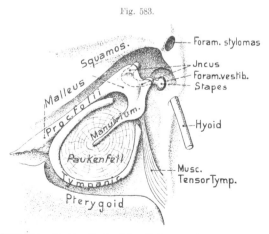

Echidna. Rechtes Paukenfell mit der umgebenden Schädelregion von der Ventralseite, samt den Gehörknöchelchen usw.
(zum Teil nach HUXLEY 1869). O. B. u. v. Bu.

geschlossenen Tympanicum und trägt zu dessen Vervollständigung bei (Fig. 583). Sehr verkümmert ist er bei vielen *Affen, Halbaffen,* den *Phociden, Edentaten,* auch *Cetaceen* z. T. —
Eine feste Verbindung zwischen Malleus und Incus tritt bei *Monotremen* (Fig. 583) auf und
führt im Alter zur Verwachsung, ebenso bei den *hystricomorphen Rodentia* (z. B. *Hystrix,
Cavia* u. a.); wogegen der Malleus der *Cetaceen* mit dem Tympanicum durch den Proc.
folii verwächst; die Gehörknöchelchen letzterer Gruppe (ähnlich auch die der Sirenia) sind
im allgemeinen groß, plump und aus dichter Knochenmasse gebildet. Eigentümlicherweise
hängt der Hammer der *Cetaceen* mit dem Paukenfell nicht direkt zusammen, sondern bei
den *Denticeten* mit einem spornartigen Fortsatz der Mitte des Paukenfells; bei den *Mysti-
ceten* dagegen, deren Paukenfell die oben (S. 777) erwähnte schlauchförmige Vorstülpung
zeigt, zieht vom Hammer ein langes Band zum Distalende dieser Vorstülpung; es soll aus
einer Einfaltung des Paukenfells hervorgehen.

Die morphologische Deutung der Säuger-Hörknöchelchen ist bis jetzt nicht zu übereinstimmenden Ergebnissen gelangt. Vier Deutungsversuche namentlich stehen sich gegenüber:

1) Ihre Ableitung vom Columellarapparat der Sauropsiden; d. h. die Rückführung des
Stapes auf den der Sauropsiden (worüber ja allgemeine Übereinstimmung besteht) und die
des Incus und Malleus auf die Extracolumella. Das Quadrat der Sauropsiden sucht diese
Ansicht entweder im Tympanicum der Säuger oder läßt es mit dem Gelenkteil des Squamosum
verschmelzen.

2) Die Ableitung des Incus von der Extracolumella der Sauropsiden, des Malleus
vom Quadrat.

3) Die Ableitung des Incus vom Quadrat, des Malleus vom Articulare des Unterkiefers der Sauropsiden. Diese Ansicht ist wohl die verbreitetste.

4) Eine Art Kombination der Ansichten 1 und 2. Am Aufbau des Hammers und
Amboß sollen sich Teile des dorsalen Quadratendes beteiligen, mit denen aber solche der
Extracolumella der Sauropsiden verwachsen seien. Es gehe nämlich der Proc. longus des
Amboß aus dem sog. Proc. internus der Sauropsiden-Extracolumella, das Manubrium des
Hammers aus einem der accessorischen Fortsätze der Extracolumella (Proc. accessorius anterior, s. Fig. 577, S. 779) hervor, da sich nach dieser Meinung die ontogenetische Entstehung des Manubriums aus dem Dorsalende des Hyoidbogens erweisen lasse. Der mittlere Teil des Quadrats verkümmere, sein distaler Unterkiefergelenkteil scheine sich dagegen
mit dem Squamosum als dem Knorpelüberzug seiner Gelenkfläche zu vereinigen.

Die unter 2—4 angeführten Deutungen stützen sich auf die sehr wichtige ontogenetische Tatsache, daß die vorknorplige Anlage des Incus und Malleus mit jener des Kieferbogens direkt zusammenhängen und sich erst später von ihm durch Resorption des verbindenden Teils isolieren. Aus dem dorsalsten Teil der gemeinsamen Anlage bildet sich
durch selbständige Verknorplung der Amboß, distal daran anschließend der Hammer, der
auch noch knorplig mit dem Mandibularbogen zusammenhängt. Aus diesem Grund wurden
der Incus, oder der Incus samt Malleus, von der unter 2 und 3 angeführten Ansicht vom
Mandibularbogen abgeleitet. Der dorsale Teil des Hyoidbogens steht oder tritt in der vorknorpligen Anlage mit jener des Stapes in Verbindung, letztere aber mit jener des Amboß,
worauf der Stapesknorpel selbständig verknöchert. Das Dorsalende des Zungenbeinbogens
verbindet sich später mit der knorpligen Ohrkapsel und geht die früher (S. 309) geschilderte Weiterentwicklung ein. — Das Problem erscheint nun noch dadurch kompliziert,
daß, wie oben betont, bei den Crocodilen eine Verbindung der Extracolumella mit dem
knorpligen Unterkiefer besteht, welche doch unmöglich auf den Kieferbogen bezogen werden
kann, da der Palatoquadratknorpel neben ihr vorhanden ist. Andererseits scheint es ausgeschlossen, daß die Verbindung des Mandibularbogens mit der Stapesanlage der Säuger
einem Teil des Hyoidbogens entspreche, da dieser sich anscheinend vollständig daneben
vorfindet. Die Deutung dieser Knorpelverbindung bei den Mammaliern als Palatoquadrat-
anteil des Kieferbogens erscheint daher wohl als die annehmbarste. — Dann erhebt sich aber

die weitere Frage, ob in diesem Fall Incus und Malleus aus dem Kieferbogen hervorgingen. Die Deutung, welche dies annimmt, also, wie hervorgehoben, den Hammer vom Articulare des Unterkiefers ableitet, muß die schwierige Hypothese machen, daß sich bei den Vorfahren der Säuger ein ganz neues Unterkiefergelenk gebildet habe, unter Lösung des Articulare aus dem Verband des ursprünglichen Unterkiefers. Diese Annahme hat nun so viel Unwahrscheinliches und wird durch vergleichend anatomische Tatsachen so wenig gestützt, daß nur absolut zwingende Gründe ihre Berechtigung erweisen könnten. Da aber schon bei den Sauropsiden eine Zweiteilung des Columellarapparats vorkommt, so scheint die Ableitung des Incus von der Extracolumella nicht ausgeschlossen. — Die nahen Beziehungen, welche das Quadrat der Sauropsiden zur Paukenhöhle und dem Paukenfell besitzt, machen es unschwer begreiflich, daß dieser Knochen seine ursprüngliche Funktion aufgab und unter Verkleinerung in die Paukenhöhle rückte. Auch die Form des Hammers bei den primitiven Säugern (namentlich Monotremen, s. Fig. 583, S. 783) erinnert in mancher Hinsicht an das Reptilienquadrat; doch erhebt sich hier eine neue Schwierigkeit, indem der erwähnte Proc. folii des Malleus, der bei den primitiven Säugern besonders groß ist und bei Vergleichung des Hammers mit dem Quadrat dem eigentlichen Körper des letzteren bei den Sauropsiden entsprechen müßte, nach den ontogenetischen Erfahrungen als ein selbständiger Deckknochen entstehen und sich erst später mit dem eigentlichen Hammer vereinigen soll. — Der Proc. folii wird daher bei der Deutung des Hammers als Articulare auf einen Deckknochen des Unterkiefers (Postoperculum der Saurier, s. S. 291) zurückzuführen gesucht, was aber vorerst noch recht zweifelhaft erscheint. Eine Entstehung des Hammers und Incus aus zwei Quellen nimmt auch die 4. Ansicht an.

Die Columella und das Paukenfell können mit kleinen *Muskeln* verbunden sein, die teils Spannung, teils Erschlaffung des Paukenfells bewirken, oder auch noch in anderer Weise funktionieren.

Eigentümlich erscheint, daß von der äußeren Fläche des Operculums der *Anuren-Columella* Muskelfasern ausgehen, die sich dem *Musculus levator scapulae superior* beigesellen, der am Schädel in der Gegend der Fenestra vestibuli entspringt und zur Ventralseite der Scapula zieht.

Bei den mit einer Paukenhöhle versehenen *Sauropsiden* treten solche Muskeln häufig auf. So besitzen die *Ascalaboten* (Sauria) einen solchen der vom Paroccipitalfortsatz des Schädels ausgeht und sich an einen Fortsatz der Extracolumella (Proc. accessorius posterior) heftet. Er gehört zur Facialismuskulatur und soll als Erschlaffer (Laxator) des Paukenfells wirken. Bei andern Sauriern wurde er in der Anlage beobachtet, geht jedoch später ein. — Zum Muskelapparat ist weiterhin eine bei *Sauriern* und *Sphenodon* allgemein verbreitete Sehne zu rechnen, die vom Ventralende der Pars inferior der Extracolumella entspringt und längs des Trommelfells aufsteigt, sich hierauf dorsal und medial wendet und zum Paroccipitalfortsatz oder dem oben erwähnten sog. Intercalarknorpel zieht (s. Fig. 576, S. 779). Diese Sehne bildet vielleicht den Rest eines besonderen, früher vorhanden gewesenen Muskels. Die *Crocodile* besitzen einen vom Squamosum, Paroccipitalfortsatz und Pleuroccipitale zum hinteren dorsalen Quadranten des Paukenfells ziehenden *Musculus tensor tympani*, der vom Facialis innerviert wird und sich embryonal am Dorsalfortsatz der Extracolumella (Suprastapediale) befestigt. Er dürfte dem bei *Geckonen* vorkommenden Muskel homolog sein. Auch bei *Cheloniern* wurden Muskeln, die sich zur Columella begeben, nachgewiesen. — Den *Vögeln* kommt ebenfalls ein M. tensor tympani zu, der, vom Schädel entspringend, sich ursprünglich am sog. Infrastapediale befestigen soll, später aber seine Insertion auf das Paukenfell verlegt.

Den *Säugern* kommen allgemein zwei Muskeln zu (s. Fig. 582, S. 783): einmal ein vom Trigeminus versorgter *Tensor tympani*, der, hauptsächlich am Perioticum entspringend, von vorn durch die Paukenhöhle zur Ursprungsstelle des Hammergriffs tritt; zweitens ein *Mus-*

culus stapedius (den Monotremen fehlend), der in der Gegend der Fenestra ovalis beginnt
und sich zum Distalende des Stapes begibt; er wird vom Facialis innerviert.

Schon bei den anuren Amphibien zieht der Ram. hyomandibularis des Facialis unter
der medialen Schleimhaut der Paukenhöhle, dorsal von der Columella, von vorn nach hinten.
Er gibt dann den Ramus mandibularis internus ab, welcher meist mit der *Chorda tympani* der Amnioten homologisiert wird (s. S. 631). Letztere (s. Fig. 447, S. 629) tritt
in ähnlicher Abzweigung vom Hauptstamm des Facialis frei durch die Paukenhöhle ventralwärts, von deren Schleimhaut überzogen, um sich nach Eintritt in den Unterkiefer mit einem
Ast des Ramus mandibularis des Trigeminus (R.
lingualis) zu vereinigen. Ihr Verlauf in der
Paukenhöhle ist etwas verschieden, wie es für die
Saurier auf Fig. 584 angedeutet ist.

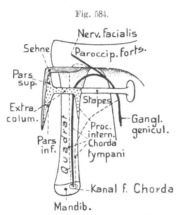

Fig. 584.

Sauria. Schema des Verlaufs der Chorda
tympani. Linkes Quadrat und Columella von
hinten; die eine Modifikation des Verlaufs der
Chorda ist ausgezogen dargestellt, die beiden
anderen dagegen in Strichlinien (nach VERS-
LUYS 1899 kombiniert). v. Bu.

Äußeres Ohr (Ohrmuschel). Ein solches
Organ findet sich als ein die Schallwellen
auffangender und konzentrierender Apparat
nur bei den Säugern. Zwar begegnen wir
schon bei den *Crocodilen* einer vom Dorsalrand der äußeren Öffnung des Gehörgangs
entspringenden, deckelartigen Hautfalte,
welche eine Verknöcherung enthält und mit
einem Muskel versehen ist; doch fungiert
sie wesentlich als Schutzklappe. — Auch
die ansehnliche klappenartige vertikale
Hautfalte, welche sich bei gewissen *Vögeln*
(besonders *Eulen*) am Vorderrand der äußeren Ohröffnung findet, hat wohl eine ähn-
liche Bedeutung. Zu ihr gesellt sich hinter der Öffnung zuweilen noch eine halbkreisförmige Falte, die mit ansehnlicheren Federn besetzt sein kann (z. B. Bubo).

Bei den *Säugern* wächst der Rand der Öffnung des Gehörgangs ringförmig und
vor allem dorsal mehr oder weniger empor, wodurch eine äußere Ohrmuschel
(Auricula auris) entsteht, die im allgemeinen eine schief abgestutzt trichterförmige
Gestalt besitzt.

Bei den *Monotremen* ist sie noch kaum entwickelt; bei den übrigen Säugern kann
sie zuweilen rüdimentär werden oder ganz eingehen (so bei wasserlebenden Carnivoren,
Pinnipediern, Sirenen, Cetaceen), bei unterirdisch lebenden oder grabenden, so Talpa und Verwandten, sowie gewissen Nagern und einzelnen Edentaten, wie Manis. Besonders groß wird
die Ohrmuschel namentlich bei gewissen nächtlichen Säugern, so *Chiropteren* und anderen.
Bei ersteren erreicht auch die am vorderen Rand der Höröffnung sich erhebende Hautfalte,
der *Tragus*, zuweilen eine außerordentliche Größe. Erst bei den Affen nimmt die Ohrmuschel allmählich die flache Gestalt und Ausbreitung an, welche sie beim Menschen besitzt, und zeigt zuweilen auch die Einrollung (Helix) des freien Muschelrands, die dem
menschlichen Ohr eigentümlich ist, bei welch letzterem die sonst gewöhnliche dorsale Zu-
spitzung der Muschel meist ganz schwindet.

Die Ohrmuschel wird von einer inneren Knorpelplatte gestützt, welche ihre äußere
Form im allgemeinen wiederholt und auf deren Einzelabschnitte nicht näher eingegangen
werden kann, Fig. 587 gibt eine ungefähre Vorstellung davon. Am Eingang in den äußeren
Gehörgang hängt der Muschelknorpel mit dem schon früher erwähnten Knorpel des distalen

Teils dieses Gangs zusammen. Die Vergleichung innerhalb der Säugerreihe lehrt, daß der Muschelknorpel sich aus dem des Gangs allmählich entwickelte. — Die Verhältnisse bei den *Monotremen* (speziell *Echidna*, Fig. 585), welchen eine freie Ohrmuschel fehlt,

Fig. 585.

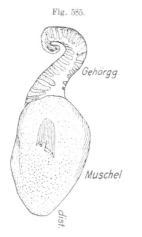

Fig. 586.

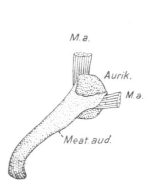

Echidna. Linker äußerer Gehörgang mit dem Knorpelskelet und der Auricula (punktiert) in Medialansicht (aus GEGENBAUR, Vergl. Anatomie, nach G. RUGE 1897).

Ornithorhynchus. Rechter äußerer Gehörgang mit dem Knorpelskelet der Auricula und ihren beiden Muskeln (*M. a.*) in Lateralansicht (aus GEGENBAUR, Vergl. Anatomie, nach RUGE 1897).

lassen erkennen, daß der Ohrknorpel ursprünglich mit dem Dorsalende des Hyoidbogens zusammenhing, jedenfalls aus ihm hervorging und sich um den äußeren Gehörgang ausbreitete, ja sich sogar an dessen Distalende schon muschelartig verbreiterte, bevor eine eigentliche Ohrmuschel hervorwuchs. Bei Echidna gabelt sich das Dorsalende des Hyoidbogens auf eine kurze Strecke, indem sich das mediale Gabelende an das sog. Mastoid, etwas hinter dem Tympanicum, ansetzt (vgl. Fig. 173, S. 296), während der nach vorn gehende Ast ein wenig ventral vom Trommelfell eine kreisförmige Knorpelplatte in der Ventralwand des proximalen Gehörgangendes bildet. Diese Platte verbindet sich nun durch einen zarten kurzen Knorpelstrang mit dem etwa bandförmigen Knorpel des äußeren Gehörgangs (Fig. 585), von dessen beiden Rändern zahlreiche Knorpelfäden ausgehen, die den Gang quer umgreifen, sich aber nicht zu geschlossenen Ringen vereinigen. Auch die nicht unansehnliche knorplige Ohrmuschel am Distalende des

Fig. 587.

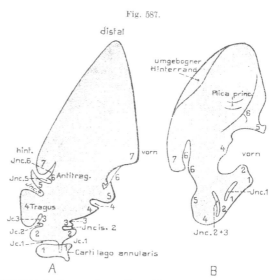

Ohrmuschelknorpel von Säugetieren. Der Knorpel aufgerollt und in einer Fläche ausgebreitet. — *A* Allgemeines Schema des Knorpels bei ditremen Mammalia. — *B* Bei Mensch (nach BOAS 1907). C. H.

Bütschli, Vergl. Anatomie.

50

Gangs ist wohl aus einigen solchen Knorpelfortsätzen hervorgegangen. — Schon bei *Ornitho-rhynchus* (Fig. 586) ist der Zusammenhang zwischen dem Hyoidbogen und dem Ohrknorpel nur noch durch Bänder angedeutet. Der Gangknorpel erscheint hier nahezu röhrenförmig ohne Fortsätze, jedoch mit schlitzartigem Spalt in ganzer Länge, also rinnenförmig. — Die übrigen Säuger zeigen keinen Zusammenhang zwischen dem Gangknorpel und dem Hyoidbogen mehr, der erstere ist relativ sehr kurz, so daß er wie ein Anhang des Muschel-knorpels erscheint (Fig. 587 *A*). Letzterer hat die rinnenförmige Gestalt bewahrt und läßt häufig noch mehrere (bis 7) ähnliche halbringförmige Knorpelfortsätze erkennen, wie sie Echidna so zahlreich besitzt. Die distalen dieser Fortsätze gehören schon dem Basalteil der eigentlichen knorpligen Ohrmuschel an, und der vierte, vom Proximalrande gezählt, bildet den *Tragus*. Einige proximale vordere und hintere Fortsätze können an ihren Enden zuweilen verwachsen, so daß die zwischen ihnen befindlichen Einschnitte dann als geschlossene Spalten (*Incisurae Santorini* des Menschen, Fig. 587 *B*) erscheinen. — Bei vielen Säugern haben sich ein (selten zwei) proximale halbringförmige Stücke des Gangknorpels (Cartilago annularis) völlig abgetrennt.

Die Entwicklung der Ohrmuschel der Säuger erscheint eigentümlich, indem sie (spec. Mensch) von je drei höckerartigen äußeren Erhebungen ausgeht, die sich auf dem Kiefer- und Zungenbeinbogen finden; dazu gesellt sich noch eine hinter ihnen und eine dorsal von ihnen auftretende Hautfalte. Auch bei den Sauropsiden wurden Andeutungen solcher Höcker beobachtet. Auf das Nähere der Entwicklung einzugehen, ist hier nicht der Ort, um so mehr als es nicht zu allgemeinen Schlüssen führte.

Die häufig reiche Muskulatur zur Bewegung und Stellungsänderung der Ohrmuschel, wodurch ihre Wirksamkeit wesentlich gesteigert wird, ist schon bei den *Monotremen* ange-deutet und geht aus der vom Facialis innervierten Gesichtsmuskulatur hervor (s. Fig. 304, S. 451). Sie kann hier nicht näher besprochen werden.

6. Statische und Hörorgane der Arthropoda.

Wir betrachten diese Abteilung gesondert, weil ihre Organe eigenartiger Natur sind, auch wenn ihr Bau bei den Crustaceen dem der früher besprochenen Statocysten prinzipiell gleicht.

Statocysten finden sich bei den *höheren Crustaceen,* vor allem den *Decapoden* und den *Mysideen* unter den Schizopoden.

Einzelne *Amphipoden* (Familien der *Oxycephalidae* und *Lycaeidae*) und *Isopoden,* (*Tanais, Anthura*) besitzen ähnliche Organe; ganz vereinzelt und etwas zweifelhaft tritt ein statocystenähnliches Organ bei einem *Copepoden* (*Centropages*) auf.

Das Charakteristische dieser Statocysten besteht darin, daß sie innerlich von der Chitincuticula ausgekleidete Einstülpungen der Epidermis sind und die in ihnen befindlichen Gefühlshaare eigenartige Chitinhaare, welche die Stelle der seither gefundenen Sinneshärchen vertreten. Ähnliche Haare sollen sich bei *Decapoden, Schizopoden* und gewissen *Amphipoden* auch frei auf der Körperober-fläche finden, namentlich an den Fühlerpaaren, doch zuweilen auch an der Schwanzflosse. Wegen der Übereinstimmung im Bau solch freier Haare mit jenen der Statocysten ist es wahrscheinlich, daß auch sie ähnlich den letzteren funk-tionieren. Das Vorkommen freier statischer Haare an verschiedenen Körper-stellen macht es verständlicher, daß Statocysten an recht verschiedenen Orten auf-treten können.

Bei den *Decapoden* findet sich ein solches Organ stets im Basalglied der ersten Antennen (Fig. 588); ähnlich bei gewissen *Amphipoden* ein Paar dorsal vom Cerebralganglion. — Das Statocystenpaar der *Mysideen* hingegen liegt im Innenast der hintersten Abdominalbeine (Schwanzflosse, Fig. 590 *A*); bei dem Isopoden *Anthura* dagegen im hintersten Segment (Telson). Die Männchen des Isopoden *Tanais* sollen eine Cyste im Scherenfuß besitzen; früher wurde jedoch eine in der Antenne beschrieben. — Die verschiedene Lage bedingt natürlich auch eine verschiedene Innervierung; der Nerv der antennalen Organe sowie der freien Antennenhaare entspringt von dem der ersten Antenne oder selbständig vom Hirn; die Schwanzorgane werden vom letzten Abdominalganglion innerviert.

Genauer bekannt sind nur die Statocysten der *Decapoden* und *Schizopoden*. Die ersteren entstehen durch eine Hauteinstülpung auf der Dorsalseite des Basalglieds der ersten Antenne (selten etwas lateral) und bewahren bei den *Macruren* (Fig. 588) fast stets eine dorsale, kleinere bis größere, rundliche bis schlitzartige, weitere bis sehr enge Öffnung. Diese Öffnung kann von Haaren oder durch eine sie deckelartig überragende Hautfalte geschützt werden. — Die Organe der meisten *Brachyuren* sind dagegen anscheinend geschlossen, indem sich die Ränder der Einstülpungsöffnung ganz dicht zusammenlegen; jedenfalls ist jedoch der Verschluß keine wirkliche Verwachsung, da auch die Chitinauskleidung solch geschlossener Cysten, wie jene der offnen, bei der Häutung abgelöst und erneut wird. Kurz nach der Häutung sind daher auch die *Brachyuren*-Cysten geöffnet, ebenso im Larvenzustand. — Die Cysten der *Anomuren* sind teils offen, teils geschlossen. — Die

50*

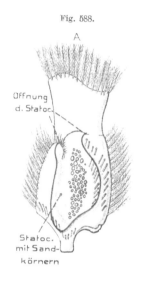

Fig. 588.

Öffnung d. Statoc.

Statoc. mit Sandkörnern

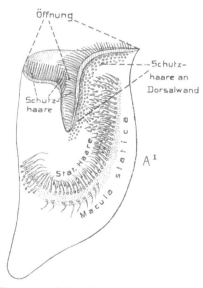

Öffnung

Schutzhaare an Dorsalwand

Schutzhaare

Stat. haare

Macula statica

A^1

Homarus, Statocyste. — *A* Das Basalglied der rechten 1. Antenne von der Dorsalseite; die Statocyste mit ihren Fremdkörpern rot. — A^1 Statocyste herauspräpariert in Dorsalansicht; von den Schutzhaaren an der dorsalen Eingangswand der Statocyste ist nur die Basis gezeichnet. Die Macula statica auf der Ventralwand in der Durchsicht eingetragen. Orig. O. B.

Schwanzcysten von *Mysis* und *Anthura* (ebenso die von *Tanais*) haben gleichfalls
noch eine feine Öffnung, und die Häutung der Cyste wurde bei *Mysis* sicher beobachtet.

Die Organe der *Decapoden* sind z. T. recht groß, so daß sie das Basalglied der
Antenne ganz erfüllen, z. T. kleiner bis verhältnismäßig sehr klein, und ihre Ge-

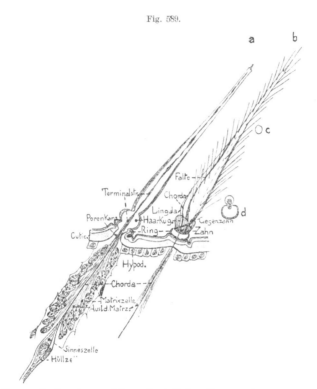

Fig. 589.

Decapode Crustacee. Schema der statischen Haare aus der Statocyste.
a Ein solches Haar im Längsschnitt mit der Sinneszelle und den Bildungszellen (Matrixzellen). — *b* Ein ebensolches Haar in Oberflächenansicht mit
der zutretenden Chorda, die sich an der Lingula befestigt, und den Ausläufern der Bildungszellen. — *c* und *d* Querschnitte des Haars an den betreffenden Stellen; *d* zeigt die beiden charakteristischen Längsfalten, sowie
den Terminalstrang.   Orig. v. H. KINZIG.

stalt ist entweder re-
gelmäßig sackartig
oder durch innere
Vorbuchtungen un-
regelmäßiger (na-
mentlich *Brachy-
uren*). Die besonde-
ren statischen Haare,
welche zu den gleich
zu erwähnenden Sta-
tolithen in Beziehung
treten, sind bei den
Macruren und *Schi-
zopoden* meist in
einer bogigen bis
nahezu kreisförmi-
gen Reihe auf einem
verdickten Epithel-
polster (Macula) der
Ventralwand ange-
ordnet, welche Reihe
aus einer bis meh-
reren Unterreihen
nicht immer glei-
cher Haare besteht
(Fig. 588 *A*[1]). Ne-
ben solch statischen
Haaren können auch
noch weitere, die keine direkten Beziehungen zu den Statolithen haben, vorkommen. Dies gilt namentlich für die *Brachyuren*, denen Statolithen fehlen. Bei
letzteren finden sich drei Gruppen verschiedenartiger Borsten: geknickte, fadenförmige und sehr zahlreiche kleine gestreckte (Gruppenhaare).

Der Bau der typischen statischen Haare ist charakteristisch (Fig. 589). Ihr
etwas kuglig angeschwollener und sehr gelenkig befestigter Basalteil (Haarkugel) zeigt meist innerlich eine einseitige, zahnartige eingefaltete Chitinverdickung
(Zahn), während an der Gegenseite, etwas distal von der Haarkugel, eine verdickte Längsleiste (Lingula) hinzieht. Die Lingula steht in Zusammenhang
mit zwei Längsfalten des Haarschafts, die ziemlich weit gegen das Haarende

reichen und hier allmählich verstreichen, wodurch der Querschnitt des basalen Haarabschnitts eine eigentümliche Gestalt erhält (Fig. 589 d). Die Haare sind mit feinen

Härchen ziemlich dicht besetzt (gefiedert) und entweder gerade gestreckt, gebogen oder in ihrem Verlauf scharf geknickt. Unter jedem Haar senkt sich die Hypodermis schlauchartig ein; es sind dies die Bildungs- oder Matrixzellen des Haars, die distal sämtlich je einen zarten Terminalfortsatz entsenden, welche Fortsätze sich zu einem Terminalstrang vereinigen, der bis zur Haarspitze zu verfolgen ist. Am proximalen Ende des Matrixzellenschlauchs liegt die Sinneszelle des Haars, die einen distalen feinen Fortsatz entsendet, der in der Achse des Terminalstrangs hinzieht und sich wahrscheinlich an der erwähnten Lingula der Haarbasis anheftet. In diesem Fortsatz der Sinneszelle verläuft ein feiner chitinöser Faden (sog. Chorda), der sich ebenfalls an der Lingula anheftet. Von diesem typischen Bau finden sich bei den verschiedenen Haarformen einzelne Abweichungen, doch scheint die Haarkugel stets charakteristisch ausgeprägt zu sein.

Mit Ausnahme der meisten *Brachyuren* enthält die Cyste *Statolithengebilde*, die bei den offenen meist Fremdkörper (Sandkörner u. a.) sind, welche natürlich bei jeder Häutung entfernt und wieder neu aufgenommen werden.

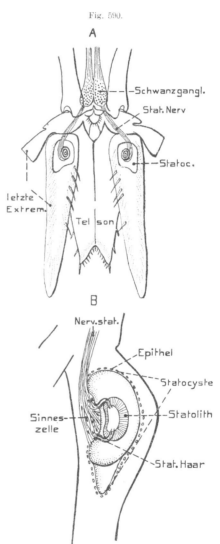

Fig. 590.

Mysis relicta. *A* Schwanzflosse von der Dorsalseite mit den Statocysten (nach SARS Crust. norweg.). — *B* Statocyste im Endopodit des letzten Beinpaars (Schematisch; nach HENSEN 1863 und BETHE 1895). C. H.

Auf solche Weise lassen sich daher auch besonders geartete feine Teilchen (z. B. Eisenteilchen) als Statolithen einführen, was bei den Macruren Gelegenheit zu interessanten physiologischen Versuchen über die Funktion der Statocysten bot, da Eisenteilchen der Wirkung magnetischer Kräfte unterworfen werden können.

Gewisse Cysten (*Mysideen* Fig. 590 *B*, eine *Hippolyte, Sergestiden, Amphion*) enthalten einen einzigen (selten zahlreiche, *Lithoderma*) kugligen bis linsen-

förmigen Statolith, der wohl überall ein Abscheidungsprodukt ist und bei *Mysis*
aus einem Kern organischer Substanz und einem Mantel besteht, der wesentlich
Fluorcalcium enthält; doch wird auch dieser Statolith bei der Häutung entfernt
und neu gebildet. Die statischen Haare von *Mysis* dringen in den Statolith bis
zum Kern ein. Auch bei *Macruren* reichen sie manchmal zwischen die Statolithen-
körperchen, die hier durch das Sekret von Hautdrüsen, welche auf der Cystenwand münden, zu einer Masse vereinigt sein können.

Anzuführen wäre noch, daß bei einigen Gattungen von *Landisopoden* (Onisciden),
bei welchen die Augen verkümmert oder ganz rückgebildet sind (z. B. *Titanethes*, *Platy-
arthrus* u. a.), in den sich etwas kegelförmig erhebenden Kopfecken, hinter der Fühlerbasis,
je ein Organ vorkommt, das wegen seines Baues, sowie auf Grund physiologischer Experi-
mente, als Statocyste gedeutet wurde. Es ist ein kugliges bis eiförmiges, aus wenigen
ansehnlichen Zellen bestehendes Gebilde, zu dem vom Cerebralganglion ein Nerv tritt. Die
Zellen umschließen eine bis mehrere Höhlen, in denen sich kleine Kalkkonkremente finden
sollen. Der Mangel irgendwelcher spezifischer Sinneszellen und der typischen Sinneshaare
der Crustaceen sowie einer cuticularen Auskleidung der Höhlen läßt jedoch die Deutung
der Organe als Statocysten zweifelhaft erscheinen.

Arachnoidea. Verschieden lange, in becherförmige Grübchen eingepflanzte, zuweilen
keulenförmige Haare, die sich an den Extremitäten der *Arachnoideen* (ausgen. *Solifugen*,
Opilioniden und viele *Acarinen*) finden und mit Nerven verbunden sind, wurden als Hör-
haare gedeutet; doch erscheint dies unsicher, ja wird sogar direkt geleugnet und z. B. den
Araneinen von manchen jedes Hörvermögen abgesprochen. — Ihre Verbreitung über den
Körper ist recht verschieden; so finden sie sich bei den *Skorpionen* und *Pseudoskorpionen*
nur auf den Endgliedern der Palpen, den *Araneinen* auf Palpen und Beinen, den *Pedipalpen* nur auf letzteren und den *Acarinen* auf vorderen Rumpfregion.

Unsicher in seiner physiologischen Bedeutung erscheint ferner ein Sinnesorgan, das
bei vielen *Myriopoden* jederseits zwischen den Antennen und den Augen liegt, das sog.
Tömösvarysche oder *Schläfenorgan*. Im einfachen Fall ist es eine runde bis hufeisenförmige Grube, zu deren von der Cuticula ausgekleidetem Boden der früher erwähnte Nerv
(s. Fig. 349, S. 502) tritt und sich an dem hier befindlichen Sinnesepithel verbreitet. —
Bei den *Diplopoden* wird das Organ häufig komplizierter, indem sich die Grube zu einer
Röhre vertieft, von deren Boden sich ein zapfenartig aufsteigender Fortsatz erheben kann,
der das Sinnesepithel enthält. Genaueres über das letztere ist nicht bekannt. Jedenfalls
ist die Deutung als Hörorgan wenig wahrscheinlich. — Nur bei einigen *Chilopoden* (z. B.
Lithobius) soll sich in der Mitte des Grubenbodens eine Öffnung in der Cuticula finden, so
daß die Sinneszellen hier direkt mit der Außenwelt in Berührung treten würden.

Ein bei *apterygoten Insekten* vorkommendes, ähnlich gelagertes und gebautes Organ
(*postantennales Organ*) wird dem eben beschriebenen der Myriopoden meist homologisiert.

Was bei gewissen *Insekten* als statische Organe beschrieben wurde, bedarf noch weiterer
Aufklärung und soll daher nur kurz erwähnt werden. Das bei einer Generation von *Phyl-
loxera* und bei einer *Chermes* (Rindenlaus) an der Basis der Vorderflügel beschriebene Paar
sog. Statocysten, welche einen glänzenden runden Statolith enthalten, erscheint vorerst sehr
zweifelhaft. Der Statolith soll durch spangenartige Vorsprünge an der Bläschenwand befestigt
sein, und letztere trägt eigentümliche Nervenendigungen, aber keine statischen Haare.

Sicherer erscheint das bei gewissen *Wasserwanzen* (*Nepiden*) beobachtete Organ. Die
Larven dieser Wanzen besitzen an jedem Seitenrand der ventralen Abdominalfläche eine
Längsrinne, durch welche die Luft von der Atemröhre des Hinterendes zu den in ihr liegenden
Stigmen geleitet wird. Diese Rinne wird von einer ventralwärts umgeschlagenen Falte des
abdominalen Seitenrands bedeckt, sowie durch zahlreiche Borsten, die von ihren beiden

Rändern entspringen, noch weiter abgeschlossen. Im dritten bis sechsten Abdominal-segment zeigt die erwähnte Deckfalte kleine Ausschnitte, die grubenartig vertieft sind (Sinnes-gruben) und an deren Rand kleinere Borsten (Sinnesborsten) stehen. — Bei der Imago gehen, unter Verlust der Rinne und der Deckfalte, aus den drei hinteren dieser Organe eigentüm-liche Gebilde hervor, welche dicht medial von den Stigmen der betreffenden Segmente liegen. Es sind dies etwa ovale plattenförmige Stellen des ventralen Integuments, die randlich von einem verdickten Chitinring umschlossen werden. An ihrem medialen Rand und auf der ganzen Fläche der Platte entspringen zahlreiche, an ihrem Ende quer schildartig verbreiterte Borsten (Schildborsten und Säulenborsten), die sich mit diesen Enden zu einer Art Deck-membran zusammenfügen, welche die ganze Platte überlagert, und zwischen welcher und der Plattenfläche ein Luftraum bleibt. Außerdem trägt die Platte zwischen den eigentümlichen Säulenborsten zahlreiche feine kegelförmige Börstchen, die mit je einer Sinneszelle verbunden sind und daher als Sinnesborsten aufgefaßt werden. — Die Wirkungsweise der Organe wird darin gesucht, daß die Luft in den Atemrinnen der Larven oder den Organen der Imago bei verschiedener Körperhaltung durch ihren Auftrieb im Wasser in verschiedener Weise auf die Endorgane wirke und so zur Regulation der Körperhaltung, namentlich aber der Regu-lation des Aufsteigens an die Wasseroberfläche bei der Atmung, beitrage, indem sich die Nepiden ausgesprochen negativ geotropisch verhalten.

Die chordotonalen und tympanalen Organe der Insekten.

Organe ganz besonderer Art sind bei den Insekten weit verbreitet und wohl in gewissen Fällen sicher von Schallwellen erregbar, was namentlich dann zweifellos scheint, wenn die Organe komplizierter gebaut sind und die betreffenden Insekten Töne hervorbringen können; immerhin bieten die physiologischen Versuche über diese Organe, selbst bei den Töne produzierenden Insekten, noch so zahlreiche Widersprüche, daß kein abschließendes Urteil möglich ist und ihre Deutung als Hörapparat der festen physiologischen Grundlage noch entbehrt. Im allge-meinen sind die Versuche über das Hörvermögen der Insekten so widerspruchs-voll, daß sich kaum in einem einzigen Fall sicher sagen läßt, ob die beobachteten Reaktionen wirklich von Tonschwingungen hervorgerufen wurden, im Sinne der Wirbeltierhörorgane oder durch einfache mechanische Reizung. Es scheint jedoch, daß die Kritik der modernen Physiologie etwas über das Ziel hinausschießt, wenn sie, seit dem Aufkommen der Statocystenlehre, die früheren Erfahrungen über Tonreaktionen bei Wirbellosen fast völlig verwirft.

Es ist wahrscheinlich, daß solche Organe einfachster Art ursprünglich über den ganzen Insektenkörper verbreitet waren, oder sich doch die Möglichkeit ihrer Bildung auf den ganzen Körper erstreckte. Charakteristisch ist, daß ihre Endorgane nicht mit Chitinhaaren in Verbindung stehen, sondern von Sinneszellen gebildet werden, deren Distalenden in eigentümlicher Weise differenziert sind, und die entweder noch bis an die Innenfläche der Cuticula reichen oder sich auch von ihr vollständig abgelöst und in die Tiefe verlagert haben. Die typische Bildung eines solchen Endorgans (Endschlauch, Scolopophor) ist folgende (Fig. 591): Die etwa ei- bis spindelförmige, meist ansehnliche Sinneszelle läuft distal in einen Faden aus, dessen Ende zu einem stiftartigen, etwa doppelkegelförmigen, manchmal auch endwärts abgestutzten Gebilde anschwillt (sog. Stift oder Stiftkörper, Scolops).

Der Stift besitzt eine ziemlich derbe (angeblich chitinöse) Wand und distalwärts eine
eigentümliche Endverdickung (Endknopf), häufig auch rippenartige Längsverdickungen seiner
Wand.   Achsial verläuft in dem Endfaden der Sinneszelle eine Fibrille, die durch die helle
Innensubstanz des Stifts bis zum Endknopf zieht und sich bei gewissen Scolopophoren auch
noch bis in die zuretende Nervenfaser verfolgen läßt. An manchen Stiften wurde beobachtet,
daß ihre Endspitze als ein feiner Faden oder ein Fadenbündel bis zur Körpercuticula reicht,
wogegen in anderen Fällen eine solche Fortsetzung sicher zu fehlen scheint.

Ein allgemeiner Charakter der Scolopophoren besteht ferner darin, daß ihr
peripheres Ende von einer besonderen *Hüllzelle* umschlossen wird (Fig. 591),

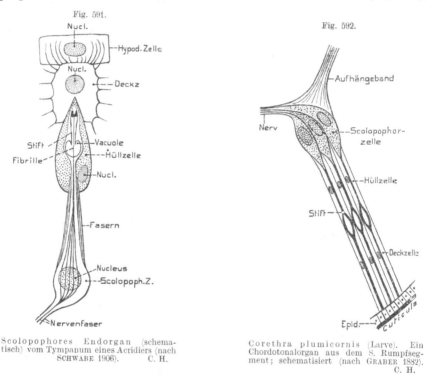

Scolopophores Endorgan (schematisch) vom Tympanum eines Acridiers (nach
        SCHWABE 1906).   C. H.

Corethra plumicornis (Larve).   Ein
Chordotonalorgan aus dem 8. Rumpfsegment; schematisiert (nach GRABER 1882).
                                    C. H.

die es entweder samt dem Stift einschließt, oder letzterer tritt über die Hüllzelle
distal hinaus, liegt aber auch dann nicht frei, weil der Hüllzelle distal stets noch
eine dritte Zelle aufsitzt, die *Deck-* oder *Kappenzelle*, welche das Distalende des
Scolopophors bildet, und bei den Organen, welche die Cuticula erreichen, zwischen
die Hypodermiszellen eindringt, sei es direkt, sei es mit feinen von ihr ausgehenden Fortsätzen. — Viele Scolopophor-Organe zeigen noch eine weitere
Komplikation, indem von den Sinneszellen besondere faserig-strangförmige Zellen
entspringen, die zum Integument ziehen und so eine Art zweites Aufhängeband
herstellen (Fig. 592); sie können gleichzeitig eine zarte faserige Umhüllung der
Sinneszellen bilden.   Vielleicht gehören hierher auch die besonderen keulen-
förmigen und accessorischen Zellen, die bei den Hymenopteren die Verbindung
zwischen den Deckzellen und der Hypodermis herstellen.

Selbst das einfachste Chordotonalorgan, das nur eine einzige Sinneszelle enthält, ist also recht kompliziert gebaut, da es mindestens aus drei Zellen besteht: *Sinnes-*, *Hüll-* und *Deckzelle*, welche jedenfalls sämtlich aus der Hypodermis hervorgegangen sind; wogegen die Aufhängezellen möglicherweise mesodermaler Natur sind.

Meist sind jedoch die Chordotonalorgane komplizierter, indem sich Gruppen oder Bündel solcher Scolopophoren in sehr verschiedener Zahl zu einem kegel- bis fächerförmigen Organ vereinigen, aus welchem schließlich durch Zutritt accessorischer Einrichtungen die höher entwickelten *tympanalen* Organe hervorgehen.

Die weite Verbreitung der Scolopophororgane über den Körper zeigt sich namentlich an den sog. *Rumpforganen,* die besonders bei Larven (*Dipteren, gewisse Blattwespen, Lepidopteren,* einzelne *Käfer* [*Dytiscus*]) in regelmäßiger segmentaler Anordnung an zahlreichen Segmenten (besonders des Abdomens) vorkommen, meist als ein Paar in jedem Segment, seltener in mehreren und sogar verschieden gebauten Paaren. — Sehr verbreitet sind die Organe in den *Beinen.* Selten treten sie im Femur (*Pediculus, Phthirius*) und den Tarsen (Larve von *Dytiscus, Melolontha* und *Mystacides*) auf. Sehr häufig finden sie sich als sog. *subgenuale Organe* in der Tibia, etwas distal vom Femorotibialgelenk, und zwar wohl stets in allen drei Beinpaaren. Allgemein verbreitet scheinen sie hier bei den typischen *Orthopteren* (*Blattiden, Bacillus, Acridiiden, Locustiden* und *Grylliden*). Ebenso wurden sie bei einer Perlide (*Isopteryx*) und der Neuroptere *Mystacides* erwiesen. Bei den *Forficuliden,* den Larven der *Ephemeriden, Libelluliden,* sowie den *Termiten* wurden ähnlich gelagerte Organe beobachtet, die jedoch meist keine typischen Stifte enthalten sollen. Relativ ansehnliche Subgenualorgane der drei Beinpaare sind ferner wohl für die *Hymenopteren* allgemein charakteristisch.

In der Basis der beiden Flügelpaare zahlreicher Insekten (besonders nachgewiesen bei den *Lepidopteren,* den Hinterflügeln gewisser *Coleopteren,* sowie den zu *Halteren* [Schwingkölbchen] reduzierten Hinterflügeln der *Dipteren*) finden sich meist in mehrfacher Zahl Chordotonalorgane (*Lepidopteren* 3—4, *Dipteren* 2). Daneben treten auf den Flügeln der meisten Insekten, wie auch den Halteren, eine große Menge ähnlicher, aber doch erheblich abweichender Organe (Poren- oder Kuppelorgane) auf, welche wohl nicht zu den chordotonalen in engerem Sinne gerechnet werden dürfen.

Fast stets enthält die Basis der Insektenfühler ein ansehnliches Sinnesorgan (*Johnstonsches Organ*), dessen Sinneszellen sich zwar durch etwas weniger kräftig ausgebildete Stifte von den typischen Chordotonalorganen unterscheiden, das aber jedenfalls mit ihnen nächstverwandt ist. Mit Ausnahme der *Apterygoten* wurde es bei allen Ordnungen gefunden, bei den Orthopteren zwar in etwas abweichender Ausbildung. Das Organ liegt als eine ringförmige Masse von meist sehr zahlreichen Scolopophoren im zweiten Glied der Fühler und heftet sich distal an die Gelenkhaut zwischen diesem und dem dritten. Es empfängt seine Nerven vom Fühlernerv, der gewissermaßen durch das Organ tritt. Das Gesamtorgan wird von zahlreichen, dicht stehenden einzelnen Scolopophorenbüscheln gebildet, die distal entweder in Porenkanäle der erwähnten Gelenkhaut eintreten (z. B. Coleopteren, Hymenopteren, Lepidopteren) oder sich, wenn die Organe sehr umfangreich sind (Dipteren), an fadenartige Chitinfortsätze befestigen, die von der Gelenkhaut ins Innere vorspringen. Bei den Dipteren ist das Organ häufig besonders groß und zeigt bei Culiciden und Chironomiden auch Geschlechtsunterschiede, da das der Männchen größer ist. Sein Hervorgehen aus der Hypodermis wurde ontogenetisch erwiesen.

Über die *Ontogenese* der Chordotonalorgane ist im allgemeinen wenig bekannt; da aber die Subgenualorgane der Hymenopteren in allen ihren Bestandteilen aus einer Einsenkung der Hypodermis hervorgehen, so ist die Ableitung vom Ectoderm wohl allgemein sehr wahrscheinlich.

Die *Tympanalorgane* gewisser Insekten entstehen aus den Rumpforganen; so bei den *Acridiiden* (Schnarrheuschrecken), bei einzelnen *Wasserwanzen* (*Corixa* und *Sigara*) und nicht wenigen *Lepidopteren*. Aus den Subgenualorganen dagegen haben sie sich bei den *Grylliden* (Grillen) und namentlich den *Locustiden* (Laubheuschrecken) entwickelt. — Es erscheint wichtig, daß gerade die Männchen der genannten Orthopteren (selten auch die Weibchen) gewöhnlich Töne hervorbringen.

Bei dieser Gelegenheit werde erwähnt, daß das Zirpen der *Acridier* so geschieht, daß eine stärkere Längsrippe der Chitinhaut an der Innenseite des Oberschenkels des dritten Beinpaares eine Reihe zähnchenartiger Fortsätze trägt. Indem diese *Stridulationsleisten* rasch über die Flügeldecken oder die beiden Seitenränder der Rückenplatte des Prothorax (Tettigidae), hin- und herbewegt werden, wobei sie sich an einer stärker vorspringenden Längsader der Decken reiben, entstehen die Töne. — Bei den *Grillen* und *Locustiden* findet sich an der Basis der Flügeldecken eine stärker entwickelte Querader, die auf ihrer Ventralseite eine Reihe zahnartiger Vorsprünge besitzt (Schrillader). Indem diese über eine Ader (Schrillkante, Saite) am Innenrand der andern Flügeldecke hin- und herbewegt wird, bilden sich die Geräusche. Die Grillen können so abwechselnd beide Flügeldecken übereinander bewegen, da diese gleich gebaut sind; dagegen sind die beiden Decken der Locustiden ungleich, nur die linke (doch bei manchen Formen auch umgekehrt) besitzt auf ihrer Ventralseite eine Schrillader, welche auf der Schrillkante der rechten Decke geigt und dabei eine an letztere angrenzende, größere, dünnhäutige Flügelzelle (Spiegel, Speculum, Tympanum) in Schwingungen versetzt. Dem Weibchen fehlt der Tonapparat nicht völlig, ist aber schwächer oder in anderer Art ausgebildet.

Bekanntlich bringen vereinzelte Insekten der verschiedensten Abteilungen Geräusche oder Töne hervor, und zwar auf recht verschiedene Weise. Einerseits als Reibungsgeräusche, wie bei den erwähnten Orthopteren, wobei sich recht verschiedene Körperteile gegeneinander zu reiben vermögen. Häufig, besonders bei den Dipteren, werden jedoch die brummenden Töne durch die raschen Bewegungen der Flügel oder angeblich auch durch Ausströmen der Luft aus den Stigmenöffnungen erzeugt. — Am merkwürdigsten erscheint das Stimmorgan der männlichen *Cicaden*, die bekanntlich z. T. laut »singen«, bei welchen jedoch Gehörorgane nicht bekannt sind. Die Stimmorgane der Cicaden liegen seitlich am ersten Abdominalring als ein Paar ungefähr ovaler dünner Membranen (Trommelfelle), welche nach Lage und Beschaffenheit dem Trommelfell der Acridiiden gleichen. Diese Trommelfelle sind mit zahlreichen Querfalten versehen und werden häufig von einer deckelartigen Hautfalte, welche von hinten und dorsal über sie vorspringt, mehr oder weniger bedeckt; so kommen sie in eine Art Höhle zu liegen. Auf der Ventralseite des Abdomens finden sich zwischen den beiden Trommelfellen noch zwei ansehnliche dünnhäutige, rundliche Stellen (Spiegel), die gleichfalls von zwei Deckplatten (Schuppen), welche vom hinteren Rand des letzten Brustsegments ausgehen, überlagert werden. Zwischen den Spiegeln entspringen innerlich die schräg dorsolateral aufsteigenden beiden Muskeln, welche sich mit einer eigentümlichen Sehne am Dorsalrand der entsprechenden Trommelfelle anheften, und deren Kontraktionen letztere in Schwingungen versetzen. Die gelegentlich geäußerte Ansicht, daß die Töne durch die hintersten Bruststigmen hervorgebracht würden, ist jedenfalls unrichtig. — Das Abdomen der Männchen enthält zwei große Tracheenblasen, die sich wohl irgendwie als Resonanzapparate an der Tonbildung beteiligen.

Die Eigentümlichkeit der erwähnten *Tympanalorgane* besteht darin, daß ihr Chordotonalorgan, oder ein Teil desselben, mit einer aus dem Integument hervorgegangenen dünnen Membran (*Trommelfell, Tympanum*) in Beziehung tritt. Das paarige Organ der *Acridier* liegt jederseits im ersten Abdominalsegment über der Coxa des dritten Beinpaares in Form einer etwa ovalen, dünnen Chitinmembran, deren Längsachse nahezu dorsoventral steht (Fig. 593). Jedes Trommelfell wird

Fig. 593.

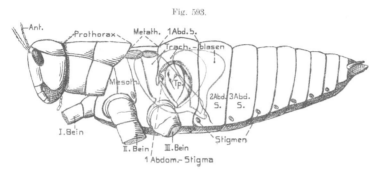

Mecosthetus grossus (Acridier). Von links, mit dem Tympanum (*Tp.*). Die unter diesem liegenden 3 Tracheenblasen sind blau angegeben (nach SCHWABE 1906). C. H.

von einem leistenförmig verdickten Chitinring fast vollständig umschlossen. Dicht vor ihm findet sich das Stigma des ersten Abdominalsegments. Dennoch dürfte das Organ vielleicht dem Metathorax angehören, da es vom dritten Thoracalganglion innerviert wird, und das Trommelfell ist wohl aus einer Einsenkung der Gelenkhaut zwischen drittem Brust- und erstem Abdominalsegment in das erste Abdominalsegment entstanden. Nahe seinem Centrum zeigt das Trommelfell einige Chitinverdickungen (Fig. 594). Am dorsalsten einen soliden Chitinzapfen (*stielförmiges Körperchen*), der ziemlich tief ins Körperinnere vorspringt; etwas ventral davon eine hohle zapfenartige, nach außen geöffnete Chitineinstülpung (*Zapfen*). Von letzterem zieht schief nach hinten und ventralwärts eine eingesenkte Falte, die an ihrem Vorderrand von einer leistenartigen Ausstülpung (*rinnenförmiges Körperchen*) begleitet wird. Etwas caudal von den eben beschriebenen Ge-

Fig. 594.

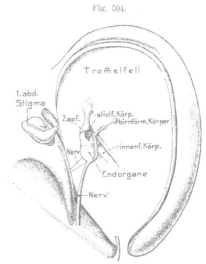

Mecosthetus grossus (Acridier). Das rechte Tympanum von der Innenseite gesehen (nach SCHWABE
1906). C. H.

bilden findet sich eine kleine Verdickung des Trommelfells (*birnförmiges Körperchen*). Bei manchen Arten steigen von der Gegend des Hüftgelenks des dritten Beinpaares zwei Muskeln auf, die sich vorn und hinten am Trommelfellrand befestigen; besonderen Einfluß auf die Bewegungen des Tympanums scheinen sie jedoch nicht zu besitzen. — Das nervöse Endorgan, welches nach dem Typus der

Chordotonalorgane gebaut ist, heftet sich innen an das stielförmige, zapfenför-
mige und birnförmige Körperchen an als ein im allgemeinen birn- bis becherförmiges Gebilde (Fig. 595), welches sich jedoch distal in zwei Abschnitte sondert,
von denen der eine zum Zapfen, der andere zum stielförmigen Körper geht; von
letzterem zweigt ein kleiner Abschnitt zum birnförmigen Körperchen ab. Am
rinnenförmigen Körper finden sich keine Scolopophoren, dagegen zahlreiche Endorgane, die den früher beschriebenen Geruchsorganen der Insekten gleichen.

Der *Nerv*, welcher, wie hervorgehoben, vom letzten Thoracalganglion ausgeht, gibt,
bevor er zum Tympanalorgan tritt, einen Zweig zum ersten Abdominalstigma und einen zum
Herz ab. Zu dem rinnenförmigen Körperchen tritt ein besonderer feiner Nerv. — Das

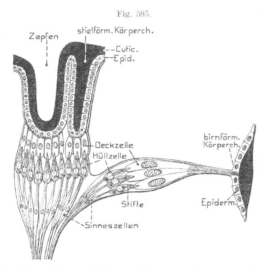

Fig. 595.

Acridier. Schema der Nervenendigungen am Tympanum; im
Querschnitt durch dieses dargestellt (nach SCHWABE 1906 konstruiert).   O. B. u. C. H.

Tympanalorgan tritt in innige Beziehungen zu ansehnlichen Tracheenblasen (Fig. 593), wie sie sich
im Abdomen der Acridier regelmäßig in den stigmenführenden
Segmenten paarweise wiederholen.
Dicht am ersten Abdominalstigma
entspringt die erste Blase, welche
das Trommelfell direkt unterlagert.
Nach innen lagern sich dieser
Tracheenblase zwei noch größere
an, die beide zum zweiten Abdominalsegment gehören. So erscheint das Trommelfell mit seinem
Endorgan gewissermaßen zwischen
zwei Lufträumen, d. h. der umgebenden Luft und der äußeren
Tracheenblase, ausgespannt, was für
einen hohen Grad von Schwing-
fähigkeit jedenfalls vorteilhaft ist.

Ein ähnlich gelagertes Tympanalorgan findet sich bei den
Wasserwanzen *Corixa* und *Sigara* dicht vor jedem metathoracalen Stigma. Es wird (speziell
Corixa) von einer etwas schief quer gelagerten kleinen trommelfellartigen, annähernd ovalen
Membran gebildet, die in ihrer mittleren Region eine hügelartige Erhebung besitzt, von der
noch ein freier kolbenartiger, nach hinten und etwas nach innen gerichteter Fortsatz entspringt. Auf der Spitze des Hügels finden sich zwei schwache kuppelartige Erhebungen, zu
denen je ein einzelner Scolopophor tritt. Es liegt also ein sehr einfaches oder vereinfachtes
Organ vor. *Corixa* kann Töne erzeugen.

Hier schließen sich ferner Organe an, welche bei gewissen *Lepidopteren* (*Noctuinen*
[Eulen], *Arctiinen* [Bären], *Geometriden* [Spanner] und *Pyraliden* [Zünsler]) weit verbreitet sind, dagegen nur von einem Tagfalter (*Coenonympha*) angegeben werden. Ihre
Beschreibung und Abbildung ist bis jetzt noch ungenügend und schwer verständlich, weshalb
nur Weniges über sie berichtet werden soll. Es findet sich stets ein Paar solcher Organe,
entweder an der Ventralseite der beiden ersten Abdominalsegmente (*Pyraliden, Geometriden*) oder lateral am Metathorax, und zwar etwas hinter der Basis der Hinterflügel,
auf der Grenze von Metathorax und Abdomen (*Noctuinen*). Die Organe werden entweder
von einem freiliegenden Trommelfell gebildet (gewisse *Pyraliden*) oder einem durch Einstülpung der Cuticula eingesenkten (*Geometriden*, gewisse *Pyraliden*), wogegen sie bei den

Noctuinen von einer von hinten nach vorn ziehenden deckelartigen Bildung überlagert werden. Dem Trommelfell schließt sich auch hier stets die äußere Wand einer es unterlagernden Tracheenblase innig an. Der Scolopophorenapparat besteht aus einem Strang weniger Sinneszellen, der sich etwa an die Mitte des Trommelfells heftet, durch die Tracheenblase hindurchzieht und ein vom Bauchmark zutretendes Nervenästchen erhält. Aus dem Bemerkten geht hervor, daß die Organe dieser Lepidopteren jenen der Acridier recht ähnlich, jedoch viel einfacher sind.

Wahrscheinlich stehen sie in näher Beziehung zu den schon oben (S. 795) von der Basis der Flügel zahlreicher Schmetterlinge erwähnten. Wie dort bemerkt, finden sich letztere in der Regel in mehrfacher Zahl (3—4) und ziehen von der dorsalen dicken Cuticula der Flügel an die ventrale dünne als strangartige Gebilde hinab. Bei gewissen Tagschmetterlingen (*Satyridae*) heften sich ihre Distalenden an eine verdünnte trommelfellartige Bildung der ventralen Flügelfläche. In diesem Fall werden die Organe ferner von einer ansehnlich angeschwollenen Tracheenblase umschlossen, die sich mit dem Trommelfell innig verbindet. Derartige Organe haben demnach ebenfalls eine gewisse Ähnlichkeit mit den Tympanalorganen erlangt.

Das *Tympanalorgan* der *Locustiden* und *Grylliden* ist jedenfalls aus dem so verbreiteten Subgenualorgan der Tibien hervorgegangen, das schon bei gewissen Orthopteren (so *Bacillus*) eine Differenzierung in zwei Abschnitte zeigt, nämlich einen proximalen, nahe am Kniegelenk gelegenen, und einen etwas distal davon befindlichen. Beide Abschnitte, die aus einer mäßigen Zahl von Scolopophoren bestehen, sind etwa fächerförmig gestaltet und befestigen sich distal an einer Chitinvorwölbung der caudalen Tibiafläche.

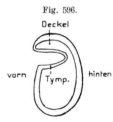

Fig. 596.

Gryllotalpa. Querschnitt durch die Tibia, um die besondere Bildung des Tympanums und des Deckels zu zeigen (nach GRABER 1876).
C. H.

Bei den *Grylliden* und *Locustiden* sind die Organe des ersten Beinpaares viel größer, wobei sich gleichzeitig meist ein besonderer Trommelfellapparat an der ersten Tibia entwickelt hat. Derselbe kommt jedoch nicht sämtlichen Arten beider Abteilungen zu, wobei wichtig erscheint, daß er namentlich den Formen fehlt, welche keine Tonapparate besitzen. — Die Trommelfellbildung der Grylliden ist sehr verschieden.

Teils findet sich nur ein längliches Trommelfell an der Vorder- oder Hinterfläche der Tibia, teils je eines an den beiden Flächen, die entweder gleich groß sind, oder es bleibt das vordere viel kleiner als das hintere (z. B. *Gryllus*). Zuweilen senkt sich das vordere Trommelfell in die Tibia stark ein (z. B. *Gryllotalpa*, Fig. 596), so daß es nahezu quer zur Beinachse steht und dann von einer deckelartigen Falte schützend überlagert wird.

Die Locustiden besitzen stets zwei gleiche Trommelfelle, ein vorderes und ein hinteres, die entweder frei und unbedeckt in der Oberfläche der Tibia liegen oder je von einer, sich aus dem ventralen Trommelfellrand hervorstülpenden integumentalen Deckelfalte teilweise bis völlig überlagert werden (Fig. 597 u. 598).

Die Deckel beider Trommelfelle sind entweder gleich (Locusta, Decticus) oder ungleich, indem bald der hintere, bald der vordere größer ist; auch kann der hintere gewissen Formen fehlen.

Das distale Endorgan, welches wir schon bei Bacillus fanden, ist an den Tympanalorganen der Grylliden und Locustiden sehr ansehnlich entwickelt und tritt in nahe Beziehung zu einer der tibialen Tracheen. Der Haupttracheenstamm des Beines spaltet sich nämlich beim Eintritt in die Tibia in einen vorderen und hinteren (s. Fig. 596 u. 597), wie es auch bei anderen Orthopteren, sowie vielen sonstigen

Fig. 597.

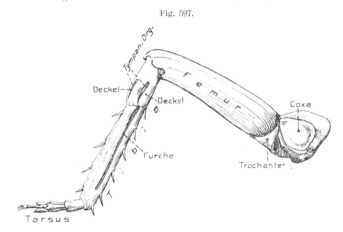

Decticus verrucivorus (Locustide). Linkes Vorderbein, etwas von hinten und dorsal gesehen; zur Demonstration der Tympanalorgane. Orig. C. H.

Fig. 598.

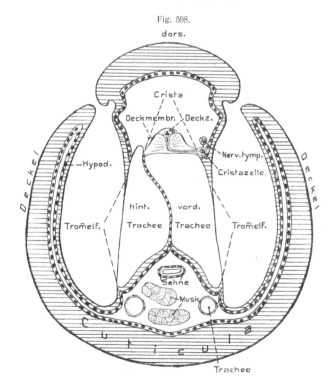

Decticus (Locustide). Querschnitt durch die Tibia des Vorderbeins mit der Crista usw. (nach v. ADELUNG 1892 und SCHWABE 1906). C. H.

Insekten vorkommt. Diese beiden Tracheenstämme vereinigen sich bei den Grylliden und Locustiden am Distalende der Tibia wieder zu einem gemeinsamen. Sie legen sich so dicht aneinander, sowie an die Hypodermis des einen oder der beiden Trommelfelle, daß sie das Lumen der Tibia in zwei Kanäle teilen, einen dorsalen oder äußeren, in welchem sich die Endorgane finden, und einen ventralen oder inneren, der besonders Muskeln enthält (s. Fig. 598). Das distale Endorgan lagert sich nun der Dorsalfläche der vorderen Trachee auf. — Bei den *Grillen* bleiben die Endorgane auf einer primitiveren Stufe stehen. Das proximale, welches gewöhnlich als Subgenualorgan im engeren Sinne (auch Supratympanalorgan) bezeichnet wird, zieht als ein fächerförmiges Bündel von Scolopophoren quer durch den Dorsalkanal der Tibia und heftet sich distal etwas dorsal vom hinteren Trommelfell an die Tibiawand. In seiner Distalregion finden sich noch einige unregelmäßig gelagerte Scolopophoren. — Das viel größere distale Organ (Trachealorgan) liegt, wie bemerkt, auf der Dorsalwand der vorderen Trachee und enthält viel mehr Scolopophoren. Diese ruhen mit ihrer

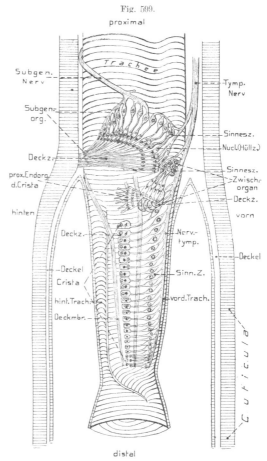

Fig. 599.

Decticus (Locustide). Schema des Tympanalorgans von der Dorsalseite gesehen (nach Schwabe 1906, etwas vereinfacht).
C. H.

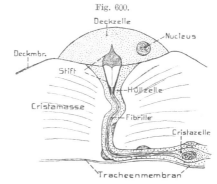

Fig. 600.

Decticus. Querschnitt durch die Crista (nach v. Adelung 1892 und Schwabe 1906). C. H.

proximalen Partie der Trachea auf und heften sich mit ihrem Distalende der dorsalen Tibiawand an, indem sie zusammen ein etwa kegelförmiges Bündel bilden. Dabei nehmen jedoch diese Scolopophoren einen etwas verschiedenen Verlauf. Die proximalen oder basalen liegen bis auf ihren Distalteil der Tracheenwand auf und sind etwa tarsalwärts gerichtet; die distalen dagegen bilden eine längsgestreckte Gruppe, in der sich die einzelnen Scolopophoren quer zur Längsachse des Beins anordnen, während ihr Distalteil sich senkrecht auf der dorsalen Tracheenwand erhebt. Die Scolopophoren des Trachealorgans werden von einer zarten sog. Deckmembran umschlossen.

Von den Verhältnissen der Grillen lassen sich jene der *Locustiden* als eine Weiterbildung ableiten (Fig. 598 u. 599). Das subgenuale Organ (Supratympanalorgan) besitzt etwa dieselbe Lage und ähnlichen Bau. Das Trachealorgan dagegen hat sich stark verändert, hauptsächlich dadurch, daß sein, bei den Grillen schon wesentlich verschiedener Distalteil zu einem schmalen, band- oder leistenförmigen Gebilde (*Crista*) ausgewachsen ist, welches nur aus einer einzigen längsgerichteten Reihe von Scolopophoren besteht, die distalwärts immer kleiner werden (Fig. 599). Diese Crista bildet ein langes schmales Dreieck. Ihre Scolopophoren haben die ursprüngliche Verbindung mit der Hypodermis ganz verloren, und die zu ihnen gehörigen Sinneszellen liegen in einer Reihe längs der vorderen Tibialwand und senden ihre Ausläufer (umgeben von der Hüllzelle) quer zur dorsalen Mittellinie der vorderen Trachee; hier richten sich dieselben senkrecht empor und bilden die Endstifte, welche je von einer Deckzelle überlagert werden (Fig. 600). Diese Deckzellen sind es eigentlich, welche in der Flächenansicht die eigentümliche Crista formieren. Wie bemerkt, liegen die Deckzellen tief unter der Epidermis, ohne Verbindung mit ihr. Beiderseits von den sich erhebenden Scolopophorenenden findet sich noch eine protoplasmatische feinstreifige Masse (Cristamasse) mit spärlich eingestreuten Zellkernen und einer äußeren Membran (Deckmembran), wodurch wohl eine Art Stütze der Crista gebildet wird. — Das proximale Ende des Trachealorgans, das schon bei den Grillen eine abweichende Anordnung seiner Scolopophoren zeigte, hat sich bei den Locustiden zu einem etwas unregelmäßigen Scolopophorenhaufen am proximalen Cristaende entwickelt, dessen feinerer Bau schwer zu beschreiben ist (s. Fig. 599). Charakteristisch für dies sog. *Zwischenorgan* erscheint aber, daß die Deckzellen seiner Scolopophoren, obgleich sie ziemlich tief unter dem Integument liegen, doch mit der dorsalen Tibiafläche durch einen faserigen Strang verbunden sind, der wohl aus faserig ausgewachsenen Hypodermiszellen hervorgegangen ist.

Zum Subgenualorgan der besprochenen Orthopteren tritt ein Nerv (Subgenualnerv), der sich in der Kniegegend vom Beinnerv abzweigt; ein zweiter Nerv (Tympanalnerv) versorgt das Trachealorgan der Grillen, das Zwischenorgan sowie die Crista der Locustiden, gibt jedoch proximal auch einige Fasern zum Subgenualorgan ab. Dieser Tympanalnerv ist wohl gleichfalls ein Zweig des Beinnervs. Der Beinnerv spaltet sich, nach Abgang des Subgenualnervs, in einen Tibial- und einen Tarsalnerv.

Daß die Tympanalorgane dem Hören dienen, dürfte kaum fraglich sein; weshalb es wahrscheinlich ist, daß auch die einfacheren Chordotonalorgane von Schallschwingungen er-

regt werden. Merkwürdig, und bis jetzt ganz unaufgeklärt, bleibt jedoch vorerst die Differenzierung der tympanalen Organe in verschiedene Abschnitte, die, wie wir bei den Subgenualorganen der Orthopteren sahen, allmählich so ansehnliche Fortschritte macht, aber schon an
den Tympanalorganen der Acridier angedeutet ist. — Auch die Halteren der Dipteren enthalten zwei etwas verschiedene Chordotonalorgane. — Es wäre daher immerhin möglich, daß
diese differenten Organe auch verschieden funtionierten, wobei natürlich neben der eigentlichen Hörfunktion zunächst die statische in Betracht käme. — Für letzteres spräche wohl,
daß die Chordotonalorgane vielleicht mit den Endorganen in den statischen Haaren der

Crustaceen Ähnlichkeit
haben, und daß ferner
bei den Insekten noch
Endorgane vorkommen,
welche eine gewisse
Verwandtschaft mit den
chordotonalen besitzen,
und deren Funktion sich
wohl der statischen
nähert.

Es sind dies die
papillen- oder *kuppel-
förmigen Organe,* wel-
che sich, wie oben be-
merkt, an der Flügel-
basis vieler Insekten
finden und namentlich
auf den zu Schwing-
kölbchen (Halteren) re-
duzierten Hinterflügeln
der Dipteren reich ent-
wickelt sind.

Diese Sinnesor-
gane der Flügel (*Sin-
neskuppeln* oder -*pa-
pillen*) sind bei den
Lepidopteren am ge-
nauesten bekannt, wo
sie allgemein vorkom-

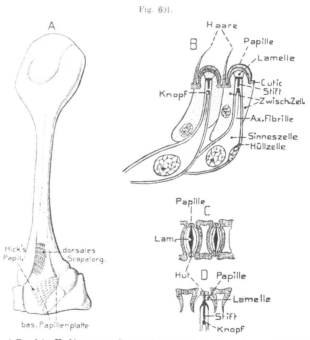

Fig. 601.

A Rechte Haltere von Sarcophaga in Dorsalansicht. — B Ventrale
scapale Papillen von Eristalis im Längsschnitt. — C—D Calliphora,
dorsale scapale Papillen: C Im Tangentialschnitt durch den inneren
Teil der Papille. — D Sogen. Querschnitt durch eine Papille, senkrecht zu
der Lamelle in C (nach PFLUGSTAEDT 1910).   C. H.

men, ebenso von den *Halteren* der Dipteren, doch wurden sie auch bei Coleopteren gefunden. In beiden Fällen stehen sie besonders zahlreich an der Flügelbasis, und zwar in
Gruppen oder Feldern dicht zusammengehäuft, verbreiten sich aber bei den *Lepidopteren*
noch am Rand der ventralen Flügelfläche meist in kleinen Gruppen von 2—6, sowie auf der
Dorsalfläche an den Flügeladern. Wie bemerkt, findet sich jedoch bei den Lepidopteren
die Hauptanhäufung an der Flügelbasis, und zwar auf der Dorsalfläche als *Subcostalgruppe*,
an der Ventralfläche als *Costalgruppe*. Jede Gruppe besteht selbst wieder aus 2—3, ja
sogar 4 Untergruppen.

An den *Halteren* liegen ähnliche Verhältnisse vor, doch finden sich hier nur die Basal-
gruppen der Dorsal- und Ventralfläche, und zwar auf ersterer ein proximales *Basalorgan*
und etwas distal davon ein dorsales *Scapalorgan* (Fig. 601 A), dem auf der Ventralseite ein
ventrales gegenübersteht. — Hierzu gesellt sich auf beiden Flächen noch eine kleine Gruppe
sog. *Hicks'scher* Papillen. — Die Sinneskuppeln unterscheiden sich von den Chordotonalorganen,
mit denen sie in vieler Hinsicht übereinstimmen, dadurch, daß sie den allgemeinen Charakter der Hautsinnesorgane der Insekten mehr bewahrt haben, indem sie kuppel- oder

papillenförmige cuticulare Erhebungen sind, in welche, wie bei den Borsten, durch die Cuticula ein Poren- oder Membrankanal führt; sie erinnern also an niedrig gewordene haarartige Gebilde. Dieser Bau ist noch gut ausgesprochen an den Scapalorganen der Halteren (Fig. 601 *B*) und den Randkuppeln der Lepidopteren; doch sind letztere in Grübchen eingesenkt, weshalb sie sich über die Oberfläche nicht oder wenig erheben. Die Papillen dagegen sind in beiden Fällen sehr flache niedere Erhebungen ohne Grübcheneinsenkung. In den Gruppen oder Feldern stehen die Einzelorgane, besonders jene der Halteren, sehr dicht gehäuft, wobei die Papillen länglich oval erscheinen und in regelmäßigen Reihen dicht nebeneinander geordnet sind (Fig. 601 *A*). Zwischen diesen Reihen sind zahlreiche ansehnliche Tasthaare mit je einer Sinneszelle eingeschaltet. Die Kuppeln der *Lepidopteren* dagegen sind kreisrund. — Zu jeder Kuppel oder Papille gehört eine ansehnliche Sinneszelle, deren Distalende sich in eine Endfaser verlängert, die in den Kanal der Kuppel eintritt und sich direkt an deren Cuticula befestigt (Fig. 601 *B—D*); letztere zeigt namentlich an den länglichen Papillen der Halteren eigentümliche Differenzierungen, welche hier nicht näher besprochen werden können. — Das Distalende der Sinneszelle besitzt stets eine stiftartige, einfachere bis kómpliziertere Bildung, ähnlich den Chordotonalstiften; doch wurden neuerdings auch kleine stiftartige Gebilde am Ende der Terminalfaser in gewöhnlichen Sinnesborsten gelegentlich beobachtet. — Zwischen die Sinneszellen schieben sich Hypodermiszellen in verschiedner Zahl ein; bei den dicht stehenden Organen der Halteren meist nur wenige, die den Charakter wirklicher Hüllzellen annehmen können, da die Endfaser der Sinneszelle sie geradezu durchsetzt.

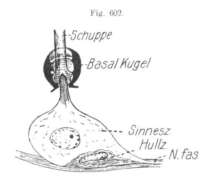

Fig. 602.

Lepidoptere (Chimabacche). Sinneszelle einer Sinnesschuppe vom Flügelrand (nach VOGEL 1911 aus HESSE Hdwb. d. Naturw.).

Obgleich die Funktion der Kuppelorgane nicht sicher ermittelt ist, so läßt sich doch nach Versuchen an den Halteren wohl sagen, daß sie in irgendeiner wichtigen Beziehung zur Flugbewegung stehen, da ein geordneter Flug nach Wegnahme der Halteren nicht mehr möglich ist. — Kuppelförmige Organe wurden auch am Kopf und Thorax gewisser *Käfer* beschrieben (*Dytiscus*) und sind hier tief in Cuticulargrübchen eingesenkt. — Die Schmetterlingsflügel besitzen noch eine weitere Form von Hautsinnesorganen, nämlich *Sinnesschuppen* (Fig. 602), die gleichfalls zur allgemeinen Gruppe der Stiftorgane zu gehören scheinen. Es sind modifizierte, lange und schmale, also etwas haarartige Schuppen, die namentlich auf den Flügeladern, besonders der Randader, doch an gewissen Flügelstellen auch außerhalb der Adern stehen. Ihre Einpflanzung ist eigentümlich, da ihre Basis eine Anschwellung (Alveole) besitzt, wie sie ähnlich an gewissen Haaren vorkommt. Zu jeder Schuppe tritt eine Sinneszelle (mit Hüll- oder Matrixzelle), deren kurzer Dorsalfortsatz mit Stiftbildung bis in die Basalanschwellung der Schuppe reicht. — Daß diese Organe möglicherweise durch Luftströmungen reizbar und daher für die Flugbewegung wichtig sind, erscheint als eine beachtenswerte Vermutung.

Ein unpaares, an der Dorsalseite des hinteren Kopfabschnitts der *Ephemeriden* (Eintagsfliegen, Larven und Erwachsene) liegendes eigentümliches Organ (*Palménsches Organ*) wurde vermutungsweise als statisches gedeutet. Über seinen Bau läßt sich in Kürze sagen, daß es aus dem Vereinigungspunkt von vier Tracheenzweigen hervorgeht, also selbst eine kleine Tracheenblase ist, die sich aber dadurch eigentümlich kompliziert, daß sich bei den successiven Häutungen die nacheinander gebildeten Chitinintimae in diesem Bläschen, das gelegentlich jedoch auch als solid geschildert wurde, erhalten, wodurch es einen konzentrisch geschichteten Bau erhält.   Doch werden die konzentrischen Chitinlamellen durch die Einmündungsstellen der vier Tracheen unterbrochen.   Vom Cerebralganglion zieht ein unpaarer Nerv zum Hinterrand des Kopfs, der bei dem Imago dicht unter dem Organ verläuft. — Wie bemerkt, ist die Deutung dieses Organs als statisches recht unsicher, doch nicht unmöglich.

Ein Paar ähnlich gebauter Organe, doch ohne deutliche Beziehung zu Tracheen, findet sich bei gewissen *Phasmiden* (Bacillus) in Zusammenhang mit den beiden seitlichen Nerven des früher (S. 512) besprochenen Eingeweidenervensystems (s. Fig. 347, S. 501). Bei den meisten Insektenordnungen wurden an dem gleichen Ort, d. h. an diesen Nerven, zwei hintere Ganglien beschrieben (Ganglia pharyngealia posteriora oder G. allata), die wegen der gleichen ontogenetischen Entstehung, nämlich als Einstülpungen an der Basis der 1. Maxillen, den erwähnten Phasmidenorganen jedenfalls entsprechen und auch nach ihrem Bau — es sind gewöhnlich einfache Zellanhäufungen — sicher keine Ganglien sind. Die Versuche sprachen jedoch nicht für die statische Funktion der Phasmidenorgane.

Ebenso unsicher erscheint das bei einer *Tabanidenlarve* (Diptere) gefundene Organ, das ganz hinten (Grenze vom 8. und 9. Segment) liegt. Es hat eine entfernte Ähnlichkeit mit dem Palmenschen Organ, da es sich aus einigen (bis 7) hintereinander gereihten Blasen aufbaut, die sich bei den successiven Häutungen vermehren und auch ineinander geschachtelt zu sein scheinen. Die vorderste, jüngste Blase mündet durch einen Ausführgang weit hinten aus. In jede Blase hängt ein Paar birnförmiger dunkler Körper hinein, die je von einer Zelle gebildet werden und daher Cuticularhaaren vergleichbar sein sollen. Nerven und Muskeln treten an das Organ heran. — Es wurde zuerst als ein Hörorgan (oder statisches) gedeutet, in neuerer Zeit aber als ein tonerzeugendes. — Zweifelhafter Natur sind auch die zwei Paare bläschenförmiger Organe, die am Hinterende der Larve und der Imago von *Ptychoptera contaminata* L. (Diptere) gefunden wurden.

D. Sehorgane.

Einleitung und allgemeine Morphologie der Augen.

Bei der Besprechung der Stigmen gewisser Protozoen (S. 80) wurde schon erwähnt, daß nicht wenige Einzellige lichtreizbar sind.

Wenn dies auch vorzüglich für chromatophorenhaltige und mit einem Stigma versehene gilt, so wurde doch ähnliches auch bei einzelnen farb- und stigmenlosen Arten (so bei gewissen *Bacterien, Pelomyxa* und manchen *Amöben*, einer *Bodoart, Chilomonas* zuweilen, *Pleuronema chrysalis* und *Stentor coeruleus*) beobachtet. Soweit feststellbar, äußert sich diese Reizbarkeit durch Beeinflussung der Bewegungsorganellen, wodurch sich die Organismen entweder der Lichtquelle nähern oder von ihr entfernen. Daß die Stigmen, welche in früherer Zeit häufig als eine Art einfachster Augen gedeutet wurden, nicht als wirklich lichtreizbare (percipierende) Organellen funktionieren, obgleich dies auch jetzt noch häufig behauptet wird, wurde ebenfalls schon betont (s. S. 80).

Es erscheint daher leicht begreiflich, daß auch primitive, in der Epidermis der Metazoen auftretende Sinneszellen lichtreizbar sein können, was auch daraus hervorgeht, daß zahlreiche niedere, doch auch höhere augenlose Metazoen oder solche, welchen die Augen weggenommen wurden, auf plötzliche Belichtung oder Verdunkelung (Beschattung) oder auch auf beiderlei Reize durch Bewegungen reagieren.

Ob sich in diesen Fällen stets besondere Sinneszellen finden, die vorwiegend von Licht reizbar sind, oder ob Sinneszellen vorliegen können, welche von verschiedenartigen Reizen (darunter auch Licht) in ähnlicher Weise erregt werden, läßt sich einstweilen wohl nicht bestimmt sagen, da sich ja morphologisch nicht unterscheidbare Sinneszellen hinsichtlich ihrer Reizbarkeit verschieden verhalten könnten.

Jedenfalls steht aber fest, daß bei gewissen Metazoen, welche ähnliche Reaktionen auf Belichtung zeigen, besonders gebaute lichtempfindliche Zellen vorkommen. Ein gutes Beispiel hierfür bieten die *Lumbriciden* (Regenwürmer, s. Fig. 603), in deren Epidermis, zwischen den gewöhnlichen Zellen, eigenartig geformte eingelagert sind, welche die Oberfläche nicht erreichen; die gleichen Zellen treten bei gewissen Arten auch unter der Epidermis auf, namentlich im Prostomium und im hintersten Segment, welch beide auch viel reicher an ihnen sind. Sie schließen sich hier, zu Gruppen vereint, dem Verlauf der Nervenver-

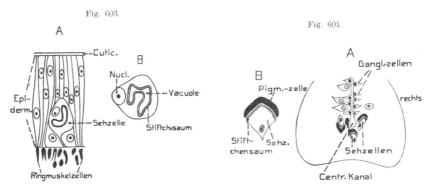

Fig. 603.

Fig. 604.

Lumbricus castaneus. *A* Schnitt durch die Epidermis mit einer Sehzelle. — *B* Eine Sehzelle stärker vergrößert (nach HESSE 1896). v. Bu.

Branchiostoma (Amphioxus) lanceolatum. *A* Querschnitt des Rückenmarks in der Gegend des 5. Segments. — *B* Eine Sehzelle mit zugehöriger Pigmentzelle (nach HESSE 1898). v. Bu.

zweigungen an, ja kommen auch im Cerebralganglion selbst vor. Jedenfalls stammen alle diese Zellen vom Ectoderm ab. Ihre Lichtempfindlichkeit läßt sich sowohl aus ihrem Bau, der später zu betrachten ist, als ihrer Verteilung recht sicher erschließen; wir dürfen sie deshalb als *Sehzellen* bezeichnen, womit nicht mehr als ihre Lichtreizbarkeit ausgesprochen werden soll. — Ähnliches findet sich bei den *Hirudineen*, wo Sehzellen unter der Epidermis im Parenchym zerstreut auftreten, besonders in nächster Umgebung der schon früher geschilderten Sensillen (Fig. 456, S. 653); sie sind ebenso gebaut wie die Sehzellen der Blutegelaugen. — Auch die aus einzelnen Sehzellen bestehenden, jedoch teilweise von Pigment umhüllten einfachen Augen mancher *Turbellarien*, *Trematoden* und *Polychaeten* ließen sich hierher ziehen, sollen aber erst später, im Zusammenhang mit den komplizierteren Augengebilden dieser Würmer, besprochen werden.

Ein weiteres interessantes Beispiel zerstreuter lichtempfindlicher Zellen bietet *Branchiostoma*. Die Sehzellen, welche denen gewisser Plathelminthen gleichen, liegen hier im Innern des Rückenmarks, rechts und links, sowie ventral von dessen Centralkanal (Fig. 604). Sie beginnen erst im dritten bis vierten Segment und sind in annähernd segmentalen Gruppen angeordnet. Jede Zelle wird teilweise von

einer becherförmigen Pigmentzelle umhüllt, ähnlich wie es die vorhin erwähnten
einfachen Plathelminthenaugen zeigen; doch kann diese Umhüllung einzelnen
Zellen fehlen. — Auch die beim Nervensystem der Acranier früher erwähnten
großen dorsalen Zellen der hinteren Hirnregion (s. S. 550) zeigen den charakteristischen Bau der Sehzellen, jedoch ohne Pigment, wogegen der Pigmentfleck der
Hirnspitze aus gewöhnlichen cylindrischen Pigmentzellen besteht.

Wenn sich in der Epidermis gewisser Körperstellen eine größere Anzahl
Sehzellen entwickelt, so entstehen Sehorgane einfachster Art. In solchen Fällen
bilden sich jedoch meist nicht alle Epidermiszellen der betreffenden Stelle zu Sehzellen aus, vielmehr werden letztere durch zwischengeschaltete gewöhnliche
Epithelzellen (Zwischenzellen, Stützzellen, indifferente Zellen) voneinander gesondert. Häufig bilden die Zwischenzellen, welche die einzelnen Sehzellen zunächst umgeben, reichlich Pigment, so daß das Licht nur in annähernd achsialer
Richtung in die Sehzellen dringen kann. Es sei aber gleich bemerkt, daß auch in
den Sehzellen Pigment auftreten kann, was für nicht wenige einfachere und
kompliziertere Augen gilt.

Über dem Distalende einer solchen Sehzellengruppe kann sich ein lichtbrechender, linsenartiger Körper bilden, sei es durch Verdickung der äußeren
Cuticula, sei es unter der Cuticula durch Abscheidung der Sehzellen selbst. Derartige Sehorgane, die einfache Umbildungen der Epidermis darstellen und wegen
ihrer Pigmentierung früher häufig *Augenflecke* genannt wurden, können am besten
als *epidermale Platten-* oder *Flächenaugen* bezeichnet werden (*Platyommen*,
Fig. 605 *A*). Sie bilden jedenfalls den phylogenetischen Ausgangspunkt der meisten höher entwickelten Sehorgane. — Sicher sind solch einfachste Augengebilde selbständig in verschiedenen Gruppen aufgetreten; so bei manchen *Cölenteraten (Medusen)*, *Asterien*, bei manchen *Anneliden* und sogar primitivsten *Insekten*. Ein solch epidermoidales Plattenauge kann zuweilen in verschiednem Grad
über die Epidermisfläche emporgewölbt sein; viel häufiger aber senkt es sich bei
seiner Weiterentwicklung napf- bis grubenförmig nach innen ein. Auf diese
Weise bildeten sich die nach außen geöffneten *Becher-* oder *Grubenaugen* (*Bothri-
ommen*, Fig. 605 *B*), wie sie weiterverbreitet bei *Cölenteraten*, einzelnen *Chaetopoden* und *primitiven Gastropoden* vorkommen und in diesen Gruppen wohl
phylogenetisch selbständig entstanden. In solchen Fällen fehlt die Cuticula über
der sich einsenkenden lichtempfindlichen Epithelschicht oder stülpt sich mit dem
Epithel als eine sehr dünne Membrana limitans ein. Bei andern in ähnlicher
Weise entstehenden Augen beteiligt sich dagegen die Cuticula nicht an der Einstülpung, sondern zieht geschlossen über die Augenöffnung hinweg (*Asterien*,
Ocellen oder *Ommatidien* der *Myriopoden*, *Arachnoiden* und *Insekten*). Durch
linsenförmige bis kuglige Verdickung der das Auge abschließenden Cuticula bildet sich in diesen Fällen gewöhnlich eine das Licht konzentrierende Linse aus.
Das Grubenauge kann einen kleinen inneren Hohlraum besitzen oder auch nicht,
indem sich dann die distalen Enden der Sehzellen fast berühren. Im ersteren
Falle kommt es häufig zur Abscheidung einer durchsichtigen, stärker licht-

brechenden Masse, welche die Höhlung erfüllt und als *Glaskörper (Emplem)* bezeichnet wird (Fig. 605 *B*).

Die physiologische Bedeutung des eingesenkten Grubenauges und ähnlicher, etwas anders entstehender Bildungen dürfte darin zu suchen sein, daß es im Zusammenwirken mit den sonstigen Sinnesorganen und der Beweglichkeit, die Möglichkeit der Orientierung über den Ort der Lichtquelle bietet; indem wegen der Pigmentierung nur die annähernd in der Grubenachse einfallenden Lichtstrahlen zu voller Wirkung gelangen, scheint diese Befähigung gegeben.

In den verschiedensten Abteilungen entwickeln sich derartige, durch Einstülpung gebildete einfache Augen mehr blasenartig, d. h. annähernd kugelförmig, mit weitem inneren Hohlraum (*Blasenauge, Cystidomma*), wobei sich natürlich die Einstülpungsöffnung stark verengt, ja gewöhnlich sogar völlig schließt (Fig. 605 *C*). Dem ersteren begegnen wir z. B. bei der ansehnlichen Augenblase von *Nautilus*. Bei gewissen solcher Augenbildungen schließt sich zwar die Einstülpungsöffnung, hängt aber mit der Epidermis noch direkt zusammen und ist daher dauernd kenntlich (zahlreiche *errante Polychaeten*). Meist löst sich jedoch die eingestülpte Augenblase von der sich über ihr schließenden Epidermis ab und wird durch zwischenwachsendes Mesoderm häufig von ihr gesondert (Mittelaugen von *Charybdea* unter den Acalephen, viele *Gastropoden, dibranchiate Cephalopoden*, gewisse *Muscheln*, so Pecten usw, *Protracheata*). Das Innere der Augenblase wird dann von einem durch Abscheidung gebildeten, durchsichtigen Glaskörper ausgefüllt, zu dem sich häufig ein lichtbrechender Körper als *Linse* gesellt, welche jedoch recht verschiedener Herkunft sein kann. Diese Linse bildet einen wichtigen Teil des Sehapparats, indem sie einerseits das auffallende Licht auf eine kleinere Fläche konzentriert und seine Wirkung damit verstärkt, andererseits aber bei genügenden Bedingungen auf der lichtempfindlichen Schicht ein Bild der Umgebung zu entwerfen vermag, dessen mehr oder weniger genaue Wahrnehmung von der Beschaffenheit dieser Schicht, namentlich der Zahl und Feinheit der in ihr vorhandenen Sehzellen abhängt. Auch die Wahrnehmung bewegter Gegenstände wird durch die Linse erleichtert werden.

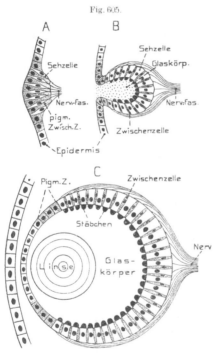

Fig. 605.

Schemata einfacher Augenbildungen. — *A* Einfaches epidermales Plattenauge (Ocellus). — *B* Eingesenktes Grubenauge. — *C* Abgeschloßnes Blasenauge, unter der Epidermis, mit Linse.　v. Bu.

Es ist leicht verständlich, daß in einem derartigen Blasenauge nicht die gesamte Wand lichtempfindlich sein wird, sondern nur ein gewisser Teil, eben der,
auf welchen die von der Linse gesammelten Strahlen fallen. Dieser Anteil enthält daher allein Sehzellen und bildet eine verdickte lichtempfindliche Haut
(*Netzhaut* oder *Retina*). Im übrigen Teil der Wand bleiben die Zellen niedriger
und sind meist stark pigmentiert, zur Abhaltung seitlich auffallenden Lichts.
Auch die Retina kann häufig pigmentierte Zwischenzellen enthalten zur optischen
Isolierung der einzelnen Sehzellen. — Die weitere Ausbildung solcher Blasenaugen hängt von der Lage der Linse ab. Letztere kann entweder im Innern
der Blase entstehen (*Gastropoda*, *Polychaeta*, *Protracheata*) und ist dann stets
ein nichtzelliges Abscheidungsprodukt, ähnlich dem Glaskörper, zuweilen sogar
direkt durch dessen Verdichtung entstanden. In solchen Augen muß natürlich die distale Blasenwand (sog. innere Cornea), ebenso wie die darüberliegende
äußere Haut, durchsichtig bleiben, um dem Licht Zutritt zu gewähren. Die Pigmentierung der Blasenwand hört deshalb in gewisser Entfernung vom distalen
Pol auf, wodurch eine Art Pupille gebildet wird. — In seltenen Fällen kann sich
jedoch die distale Blasenwand selbst als Linse verdicken, indem ihre Zellen stark
auswachsen und so eine zellige linsenartige Anschwellung bilden. Eine solche
Linse findet sich in den eigentümlichen Mittelaugen der Acalephe *Charybdea*
(Fig. 608 *B*, S. 814) und ist im Parietalauge der Wirbeltiere (Fig. 666, S. 869)
angedeutet. In gewisser Hinsicht wäre auch die Linse der *dibranchiaten Cephalopoden* hierher zu rechnen.

Schließlich kann die Linse auch außerhalb der Augenblase, distal von ihr,
entstehen und zwar entweder zellig oder cuticulär. Der erstere Fall liegt sehr klar
bei denjenigen Blasenaugen vor, welche sich am Mantelrand gewisser Muscheln
(*Pecten* [Fig. 632, S. 835], *Spondylus* usw.) finden. Die Lage dieser Linse, distal
von der Augenblase, macht es verständlich, daß das von ihr konzentrierte Licht
auf die distale Blasenwand fällt, dagegen in jenen Augen, deren Linse aus der
distalen Augenblasenwand hervorgeht oder in der Augenblase liegt, auf die Innenseite der proximalen Blasenwand, die Retina. In letzterem Falle trifft das Licht
also auf die distalen Enden der Sehzellen, gerade so wie im Platten- oder Grubenauge, während sich die proximalen Sehzellenenden in Nervenfasern fortsetzen, die
sich im Nervus opticus sammeln. Letzterer geht also in diesem Falle von der proximalen Retina aus oder breitet sich, von innen kommend, an ihr aus, wie man
gewöhnlich sagt. Wenn aber, wie bei den erwähnten Muschelaugen, die distale
Blasenwand zur Retina wird, so liegen die Verhältnisse grade umgekehrt, indem
die Sehzellen dieser Wand ihre ursprünglichen Distalenden gegen das Centrum
der Augenblase richten, ihre proximalen dagegen dem eintretenden Licht zu;
die Sehnervenfasern, welche von den ursprünglichen Proximalenden der Sehzellen
ausgehen, müssen sich hier zwischen Linse und Retina einschieben. Das Licht
tritt also zunächst durch diese Ausbreitung des Sehnervs und trifft dann erst auf
die percipierenden Sehzellenenden. Derartige Augen, in welchen sich die Sehzellen vom Licht abwenden, werden »*invertierte*« genannt, im Gegensatz zu den

seither besprochenen, bei welchen die Sehzellen ihre freien Distalenden dem Licht zukehren; letztere Augen wären daher als »*convertierte*« zu bezeichnen (häufig auch *vertierte* genannt). — Entsprechenden invertierten Augen, hervorgegangen aus einer Augenblase, deren Distalwand zur Retina wurde, da sich eine äußere, jedoch cuticulare Linse entwickelte, begegnen wir ferner in den Hauptaugen der *Arachnoideen;* doch kann ihr invertierter Charakter sehr zurücktreten.

Besonders ausgeprägt ist die Inversion in den paarigen Augen der *cranioten Wirbeltiere,* welche sich gleichfalls als Blasenaugen entwickeln, aber nicht direkt aus dem Ectoderm, sondern aus demjenigen Teil desselben, welcher sich als Hirnanlage eingestülpt hat. Auf der Grenze des Tel- und Diencephalon buchtet sich jederseits gegen die Lateralwand des Kopfs eine Augenblase hervor, welche durch einen stielartig verengten Teil mit dem Hirn in Zusammenhang bleibt (Fig. 638, S. 842). Eine zellige Linse entsteht distal von der Augenblase durch Verdickung und spätere bläschenförmige Einstülpung des äußeren Ectoderms (Fig. 639, S. 842). Die Verhältnisse liegen also ähnlich wie bei dem besprochenen Muschelauge. Auch in diesem Fall wird daher die distale Augenblasenwand zu der invertierten Retina, während sich die dünnbleibende Proximalwand zu einem pigmentierten Epithel entwickelt, wie später genauer darzulegen ist. — Auch das Parietalauge der Wirbeltiere geht aus einer dorsalen Ausstülpung der Hirnblase (Diencephalon) hervor.

Die Verhältnisse bei den Tunicaten, besonders den *Ascidienlarven*, welche an der dorsalen Decke ihrer Hirnblase ein später schwindendes Sehorgan besitzen, dessen Sehzellen gegen das Blaseninnere gerichtet sind (s. Fig. 393, S. 544), ebenso auch jene der *Thaliaceae,* welche auf der Dorsalseite ihres soliden Cerebralganglions (s. Fig. 397, S. 548) eigentümliche einfache Augenbildungen tragen, dürften es wahrscheinlich machen, daß auch die Augen der Cranioten von ähnlichen Anlagen ausgingen, welche in der Wand der Hirnblase lagen und erst im Laufe der phylogenetischen Weiterentwicklung gegen die Kopfoberfläche vorwuchsen, indem sie sich zu Augenblasen ausstülpten.

Wir kehren nochmals zum Becher- oder Grubenauge zurück, zu welchem Typus, wie wir fanden, auch die *Ocelli* oder *Ommatidien* (auch *Stemmata* gen.) der Arthropoden gehören, bei welchen die äußere Cuticula über die Gruben- oder Becheröffnung hinwegzieht und hier fast stets zu einer cuticularen Linse verdickt ist (Fig. 606). Bei den becherartig gestalteten Augen dieser Art füllt die Linse die Becherhöhle meist völlig aus. Derartige Augenbildungen können sich jedoch komplizieren, indem sich zwischen die Retina und die Linse eine besondere, durchsichtige Zellage

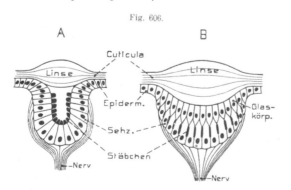

Fig. 606.

Schemata einfacher Augenbildungen (Ocelli mit cuticularer Linse). — *A* Einfaches Becherauge ohne Glaskörperzellen. — *B* Ocellus mit einer Schicht von Glaskörperzellen. v. Bu.

einschiebt, welche meist als Glaskörper bezeichnet wird und wohl ähnlich wie
der Glaskörper des Vertebratenauges funktioniert, sich aber auch an der Sekretion
der Cuticula (Cornea, Linse) beteiligt. Diese Glaskörperzellen gehen stets aus der
ectodermalen Augenanlage hervor und zwar meist so, daß die Sehzellen aus der
ursprünglich einschichtigen Anlage heraustreten und sich allmählich tiefer ins
Innere senken, während die Glaskörperzellen unterhalb der Cuticula oder Linse
als besondere Schicht zurückbleiben. Auf solche Weise differenziert sich die ursprünglich einfache Anlage in zwei verschieden funktionierende Zellschichten.
In gewissen dieser Ocellen bildet sich der Glaskörper jedoch etwas abweichend,
nämlich durch allseitiges oder einseitiges Auswachsen der distalen Zellen des
Gruben- oder Becherauges, die sich so als Glaskörper zwischen die Linse und
den tieferen Retinaanteil des eingesenkten Epithels schieben.

Die nach dem geschilderten Typus gebauten einfachen Arthropodenaugen
können sich erheblich vereinfachen, so daß sie nur aus verhältnismäßig wenigen
Zellen bestehen; dann treten sie aber meist in größerer Zahl an den Kopfseiten
auf. Bei dieser Vereinfachung wird die Bildung der Augen durch Einstülpung
undeutlich, da eine Einstülpung weniger Zellen von einer Verschiebung derselben
in die Tiefe nur schwer zu unterscheiden ist. Es ist recht wahrscheinlich, daß
durch dichtes Zusammenrücken einer großen Zahl solch stark vereinfachter Augen
die ansehnlichen paarigen *Facetten- oder Complexaugen* der Krebse und Insekten
entstanden. Dies sind Augen, welche aus einer meist großen Menge einzelner,
wenigzelliger und dicht nebeneinander gestellter, divergierender Einzelaugen zusammengesetzt sind. Im allgemeinen besteht jedes Einzelelement (*Omma, Ommatidium*) eines solchen Auges aus einer Gruppe weniger Sehzellen (*Retinula*),
über welche die durchsichtige äußere Cuticula (*Cornea*, Hornhaut) hinwegzieht,
und welche gegen die benachbarten Gruppen durch zwischengelagerte faserartige
Pigmentzellen optisch isoliert ist. Die cuticulare Cornea kann über jeder Retinula
linsenartig verdickt sein (*Cornealfacette*). Indem die Retinulae von der Cornea
weg und tiefer ins Innere hinabrücken, bildet sich zwischen Cornea und Retinula
jedes Einzelauges ein besonderer lichtbrechender Körper aus, der *Kristallkegel*, welcher ein Abscheidungsprodukt von meist vier oberflächlichen Hypodermiszellen des Einzelauges ist. Die besondere Ausgestaltung solcher Complexaugen wird sehr mannigfaltig. — Im Gegensatz zu ihnen können die früher beschriebenen Augengebilde der Arthropoden mit einfacher Linse und ohne Zusammensetzung aus Retinulae, als *Simplexaugen* zusammengefaßt werden.

Schon unter den epidermoidalen Plattenaugen finden sich Gebilde, welche eine gewisse
Analogie mit den Complexaugen der Arthropoden darbieten und sich ihnen daher auch
funktionell nähern müssen. Dies sind die Kiemenaugen der *Serpulaceen* (Polychaeten) und
ähnliche am Mantelrand gewisser Muscheln, welche sich aus zahlreichen, dicht gestellten einzelnen Sehzellen, die eine Pigmentumhüllung und einen lichtbrechenden Körper besitzen, aufbauen. Phylogenetisch haben sie jedoch mit den Complexaugen der Arthropoden nichts zu tun.

Oben wurde hervorgehoben, daß bei Lumbriciden und Hirudineen pigmentfreie Sehzellen unter der Epidermis vorkommen, die sicher vom Ectoderm her-

stammen. Es ist nun wahrscheinlich, daß die einfachen bis komplizierteren
Augen der *Plathelminthen*, *Hirudineen* und gewisser *sedentärer Polychaeten* aus
derartigen Sehzellen hervorgingen, wobei meist für alle diese Bildungen der invertierte Charakter gilt. — Auch gewisse Augenbildungen anderer Formen
schließen sich diesem Typus an. — Schon bei einzelnen *Hydromedusen* und
Acalephen treten solch primitive Augengebilde auf, welche sich von den gewöhnlichen dadurch unterscheiden, daß sich die aus der Epidermis hervorgegangenen
Sehzellen einwärts gegen das Entoderm wenden, dessen Zellen eine Pigmenthülle um die nach innen gerichteten freien Enden der Sehzellen bilden. Ähnlich
müssen wir wohl die erste Entstehung der *Plathelminthenaugen* beurteilen, welche
meist tief unter der Epidermis im Bindegewebe (Parenchym) liegen und fast immer
ausgesprochen invers sind. Größere Augen dieser Art sind mehr- bis vielzellig,
kleinere wenig- bis einzellig, dann aber auch meist zahlreicher vorhanden. Gehen
wir von den einzelligen Augen dieser Art aus, ohne damit behaupten zu wollen,
daß sie auch phylogenetisch die ältesten seien, so finden wir sie von einer Sehzelle gebildet, welche teilweis von einer mesodermalen Pigmentzelle umhüllt wird.
Die Nervenfaser tritt an der nicht umhüllten Stelle zur Sehzelle, und da das
Licht nur hier zutreten kann, so muß es die Nervenfaser durchsetzen, um zum
freien Sehzellenende zu gelangen; die Augen sind also invers. Die komplizierteren derartigen Augen bestehen aus mehreren bis vielen Sehzellen von derselben
Anordnung und mit vielzelliger Pigmenthülle. — Prinzipiell ähnlich erscheinen die
Hirudineen-Augen, indem mehr oder weniger Sehzellen von eigentümlichem Bau
durch eine mesodermale Pigmentzellenhülle umfaßt werden. Auch bei ihnen tritt
der Sehnerv ursprünglich an der pigmentfreien Stelle zu den Sehzellen, also invers,
doch kommen bei den gnathostomen Hirudineen höher entwickelte Augen vor,
welche durch eine Umwendung (Reversion) der Sehzellen den inversen Charakter
verloren haben; ähnliches scheint auch bei gewissen Landplanarien eingetreten zu
sein (*Rhynchodesmiden*).

Augen vom Bau der einzelligen der Plathelminthen kommen auch bei den
sedentären Polychaeten zahlreich vor und sind meist der Oberfläche der Hirnganglien eingelagert. Ebenso dürften die wenig entwickelten Augengebilde der
Annelidenlarven, *Rotatorien* und *Nematoden* den gleichen Charakter besitzen. —
Auch die eigentümlichen Rückenaugen gewisser *pulmonaten Gastropoden* (*Oncidiidae*) scheinen dem Typus der inversen Becheraugen anzugehören, was nur die
Ontogenie endgültig zu entscheiden vermag. — Interessanterweise treten inverse
mehrzellige Augen ähnlicher Bildung auch bei gewissen *Oligomeren* (*Chaethognatha*)
auf und als das sog. *Entomostraken*- oder *Naupliusauge* bei den entomostraken
Crustaceen, sowie den Larven und Erwachsenen mancher Malacostraken; sie sind
ebenfalls ganz unter die Epidermis gerückt und liegen in der Nähe der Cerebralganglien. Die Haupteigentümlichkeit letzterer Augen ist, daß sie durch eine Verwachsung mehrerer inverser Einzelaugen entstanden zu sein scheinen.

Aus vorstehender Übersicht geht jedenfalls hervor, daß sich Augengebilde
ähnlicher Art in verschiedenen Stämmen unabhängig voneinander entwickelten,

weshalb ein phylogenetischer Zusammenhang kaum über die größeren Abteilungen hinaus festzustellen sein dürfte. Ein Vergleich der Linsenaugen von Charybdea, der Gastropoden, Polychaeten, des Pecten, Peripatus und der Wirbeltiere zeigt klar, daß alle diese Augen selbständig, ohne direkten phylogenetischen Zusammenhang entstanden sein müssen. Diese Schlußfolgerung wird noch dadurch unterstützt, daß bei denselben Tierarten häufig verschiedenartig gebaute Augen gleichzeitig vorkommen. Die Entwicklung der Augen konnte demnach sogar bei derselben Form verschiedene Wege einschlagen.

Übersicht des Baus der Sehorgane bei den einzelnen Metazoengruppen.

Im folgenden wollen wir die Morphologie der Sehorgane in den einzelnen Gruppen etwas genauer betrachten, ohne Rücksicht auf die schon in der allgemeinen Übersicht dargelegten Kategorien der Organe.

1. Coelenterata.

Sehorgane kommen nur einem Teil der *Hydromedusen* und gewissen *Acalephen* zu. Unter den ersteren finden sie sich bei den meisten *Anthomedusen* (oder Ocellatae) am Schirmrand oder an den Tentakelbasen (Fig. 607) als meist

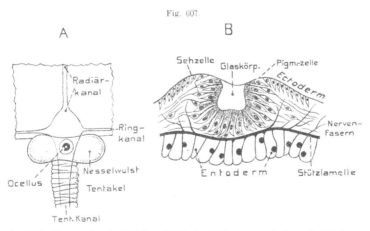

Fig. 607.

Sarsia mirabilis (Anthomeduse). *A* Kleines Stück des Schirmrands mit einem Tentakel und Ocellus von der subumbrellaren Seite gesehen. — *B* Querschnitt durch einen Ocellus (nach LINKO 1900).
v. Bu.

sehr einfach gebaute Augenflecke (Ocellen), wogegen sie bei den *Acalephen* an den *Randkörpern* (*Rhopalien*) stehen, die verkümmerte Tentakel sind (s. Fig. 316, S. 467). . Die Augen finden sich an den Rhopalien teils in Ein-, teils in Zweizahl, teils in größerer Zahl (6 bei Charybdea, Fig. 608), und dann an demselben Rhopalium von verschiedenem Bau. Bei beiden Gruppen liegen sie also in unmittelbarer Nähe des centralen Nervensystems. Sie können sich entweder auf der äußeren oder der inneren (achsialen) Seite der Tentakel oder

Randkörper finden; in letzterem Fall werden die Tentakel der Hydromedusen gewöhnlich apicalwärts aufgekrümmt getragen, so daß die Augenorgane dennoch nach außen gerichtet sind. — Die Organe gewisser Hydromedusen und Acalephen sind einfachster Art, nämlich ein lichtempfindlicher Epidermisfleck, also ein epitheliales Plattenauge, das aus Seh- und pigmentierten Zwischenzellen besteht; Pigment rot, braun bis schwarz (z. B. *Catablema*, *Aurelia*, s. Fig. 316, S. 467, converses Auge). Derartige Organe springen manchmal etwas konvex nach außen vor; häufiger sind sie jedoch wenig bis tiefer grubenförmig eingesenkt (Fig. 607), wobei die Einstülpungshöhle gewöhnlich von einem durchsichtigen Glaskörpersekret erfüllt wird, das teils als Schutz, teils als lichtbrechendes Medium dienen

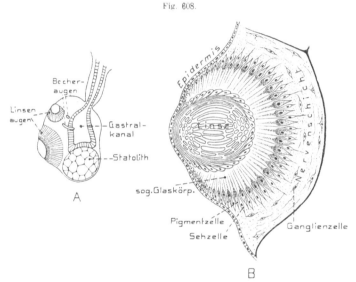

Fig. 608.

Charybdea marsupialis (Beutelqualle). *A* Rhopalium in seitlicher Ansicht. — *B* Längsschnitt durch das distale Linsenauge (nach SCHEWIAKOFF 1889).   v. Bu.

mag. Sowohl bei einzelnen Hydromedusen (*Lizzia*) als bei gewissen Acalephen wurde über dem wenig vertieften Sehepithel eine halbkuglige cuticulare Linse beschrieben, jedoch bei den ersteren Formen auch als Glaskörpersekret gedeutet.

Im Gegensatz zu diesen einfachen Augen der meisten Medusen kommen auffallenderweise bei den *Beutelquallen* unter den Acalephen (*Charybdea*) sehr komplizierte vor. An den vier Rhopalien der Charybdea (Fig. 608) finden sich in der Regel je sechs Augen, nämlich zwei mediale ansehnliche und zwei Paar kleinere seitliche. Letztere sind einfache Grubenaugen; das distale fällt jedoch dadurch auf, daß es eine ziemlich ansehnliche, quer spaltartige Grube·darstellt. Die beiden Medianaugen besitzen dagegen den Bau hochentwickelter Blasenaugen von interessanter Modifikation, was sich namentlich an dem größeren distalen erkennen läßt (Fig. 608 *B*). Die ansehnliche, jedenfalls durch Einstülpung entstandene Augenblase liegt dicht unter der äußeren Epidermis und enthält eine große kuglige Linse. Diese besteht aus langgestreckten, z. T. faserartigen Zellen, die sich im allgemeinen in bogigem Verlauf um die Linsenachse gruppieren; sie erinnert daher an die Linse des paarigen Vertebratenauges. Die Linsenzellen sind durch Auswachsen der Zellen der distalen Augenblasenwand entstanden; die Linse ist also ein Produkt der Augenblase, und ihre äquatorialen Zellen gehen direkt in die angrenzenden der Augenblase über. Letztere sind zunächst nur Pigmentzellen, welche eine Art Iris bilden. Gegen die proximale Wand werden sie allmählich höher und bilden die Retina, indem zwischen ihnen schwach pigmentierte Sehzellen auftreten. Zwischen die Retina und die proximale Linsenfläche schiebt sich eine homogene Substanz ein, welche gewöhnlich als Glaskörper bezeichnet wird.

Sie kann jedoch mit größerem Recht noch zur Retina gezogen werden, weil die Sehzellen mit distalen faserbis stäbchenartigen Fortsätzen durch sie hindurch bis zur Linse reichen, und auch die Pigmentzellen ähnliche Fortsätze bis dorthin senden. Diese Fortsätze der Retinazellen scheinen jedoch in eine homogene Substanz eingebettet zu sein, die wohl ein glaskörperartiges Sekret ist (sogar dreierlei verschiedene Zellen wurden in der Retina beschrieben). In die zur Retina tretenden Nervenfasern sind Ganglienzellen eingelagert, was auch für die einfacheren Cölenteratenaugen meist angegeben wird. — Der Bau der Blasenaugen von Charybdea erweist klar, daß sie sich in ganz selbständiger Weise innerhalb der Gruppe entwickelt haben müssen.

Fig. 609

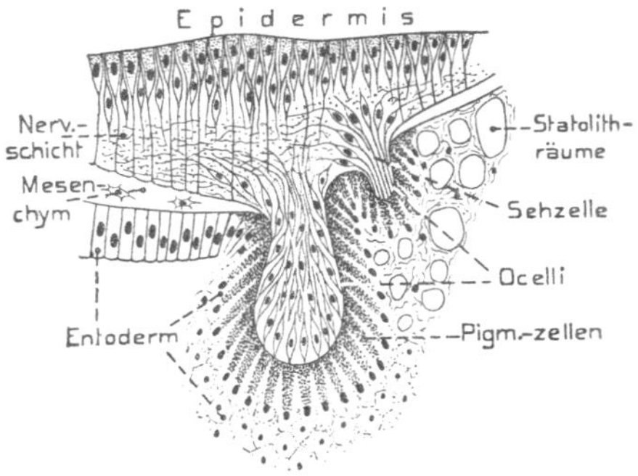

Aurelia aurita (Acalephe). Längsschnitt durch die beiden invertierten Ocellen auf der Subumbrellarseite der Rhopalien (nach SCHEWIAKOFF 1889). v. Bu.

Interessanterweise kommen bei gewissen Hydromedusen (Tiaropsis) und Acalephen (besonders Aurelia) auch inverse Augen vor. Bei *Aurelia* (Fig. 609) finden sich zwei solcher Augen auf der Achsialseite der Rhopalien (s. Fig. 316, S. 467), während das der Abachsialseite ein converses Plattenauge ist. — Die Augen von *Tiaropsis* zeigen sämtlich den inversen Bau. Die Sehzellen solcher Augen gehen von der tiefen Grenzfläche der Epidermis aus und wenden sich nach innen, dem Entoderm zu. Die zutretenden Nervenfasern, welche in der Tiefe der Epidermis verlaufen, verbinden sich daher mit den äußeren Enden der Sehzellen. Die Sehzellengruppe wird nach innen von einer Lage pigmentierter Entodermzellen umhüllt. Es ist wahrscheinlich, daß diese invertierten Sehzellen aus interstitiellen Zellen hervorgegangen sind, die in der Tiefe der Epidermis lagen, von welchen wir ja auch die Nervenzellen abzuleiten versuchten (s. S. 469).

2. Echinodermata.

Wir reihen die Besprechung der Augen dieser Gruppe hier an, da sie ebenso einfach sind wie jene der meisten Cölenteraten und ähnlich gebaut. Bei *Asterien* und *Echinoideen* ließ sich eine allgemeine Lichtempfindlichkeit der Epidermis nachweisen, was bei deren Reichtum an Sinneszellen verständlich erscheint. Eigentliche Augengebilde finden sich jedoch nur bei den meisten *Asterien* auf der Oralseite der äußersten Armenden. Hier ist die Epidermis polsterartig verdickt. Direkt über (apical von) diesem Augenpolster entspringt das unpaare Endfüßchen, der Fühler. Bei gewissen Asterien (z. B. *Astropecten*, Fig. 610 *A*) erscheint das ganze Epithel des Augenpolsters rot, da es ziemlich dicht von rot pigmentierten Sinneszellen durchsetzt wird, von demselben Bau wie die Sehzellen der gleich zu erwähnenden Augengruben anderer Formen; es handelt sich also um ein epitheliales Plattenauge. Stellenweise kann sich jedoch das Epithel auch bei Astropecten

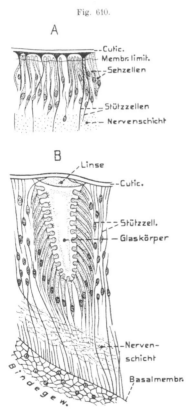

Fig. 610.

A

-- Cutic.
Membr. limit.
-- Sehzellen

-- Stützzellen

-- Nervenschicht

B

Linse

-- Cutic.

-- Stützzell.

-- Glaskörper

-- Nerven-
schicht

Basalmembr.

Bindegew.

Asteriae. Augen. *A* Astropecten. Querschnitt durch eine kleine Partie des Augenpolsters. — *B* Asterias glacialis. Achsialschnitt durch ein Auge (nach PFEFFER 1901).
                                    v. Bu.

unter der Cuticula schon etwas grubenförmig einsenken, was bei anderen Gattungen
regelmäßiger und tiefer geschieht (z. B.
Luidia) und zur Bildung von Augenbechern
überleitet, die für die übrigen Asterien charakteristisch sind. Bei letzteren (Fig. 610 *B*)
hat sich das Epithel zu tief becherförmigen Augengruben eingesenkt, welche in
großer Zahl (50—180) über das Polster
zerstreut sind. Die pigmentierten Sehzellen finden sich nur in diesen Augenbechern, welche sogar ausschließlich aus
ihnen bestehen sollen, ohne Einschaltung
indifferenter Stützzellen. Die äußere Cuticula zieht über die Öffnungen der Augenbecher glatt hinweg. Eine etwas höhere
Ausbildung können solche Augen endlich
dadurch erreichen, daß sich der Unterseite der Cuticula, die den Augenbecher verschließt, eine linsenförmig verdickte, stark lichtbrechende Masse anlegt
(Fig. 610 *B*). Ob diese als eine tiefe Lage
der Cuticula aufzufassen ist, erscheint
etwas zweifelhaft, weil die an die Augenbecher angrenzenden faserartigen Epithelzellen (Stützzellen) mit ihren Distalenden in die Randregion der Linse eindringen, also an ihrem Aufbau teilnehmen
sollen. — Die Höhle des Augenbechers
wird von einer gallertartigen durchsichtigen Glaskörpermasse erfüllt. — Die Sehzellen sind langgestreckt und von verschieden rotem Pigment (zu den Lipo-
chromen gehörend) erfüllt. Ihr gegen die Augenbecherhöhle gerichtetes Distal-
ende wird von einem pigmentfreien, stark lichtbrechenden, stäbchenförmigen Fortsatz gebildet. In der Basalregion dieser Stäbchen zieht durch die gesamte Retina (auch im epithelialen Plattenauge) eine zarte Membran, die Membrana limitans. — Die Nervenfasern, welche zum Augenpolster, den Augengruben so-

wie dem terminalen Ambulacralfüßchen ziehen, sind die des ambulacralen Radiär-nervs, welchem ja die Augengruben gewissermaßen eingelagert sind.

Der rot pigmentierte Fleck, der sich bei manchen *Echinoiden* auf den nach ihm be-nannten fünf Ocellarplatten findet, wurde vielfach als einfaches Sehorgan gedeutet; die neueren Untersuchungen konnten dies nicht bestätigen. — Ebenso sind die zahlreichen sog. Augen-organe, welche bei den regulären *Diadematiden* (besonders *Diadema setosum*) über den ganzen Körper verbreitet vorkommen, sicherlich keine solchen, sondern Leuchtorgane, und sollen daher bei diesen näher betrachtet werden.

3. Vermes.

a) Converse Augen der Würmer.

Auch bei den Würmern können wir die Augen von einfachsten Anfängen bis zu hoher Ausbildung verfolgen.

Plattenaugen. Sehr einfache, ganz in der Epidermis liegende paarige Seh-organe finden sich am Kopf einzelner limicolen Oligochaeten, von welchen die der *Stylaria lacustris* am besten bekannt sind. Das Auge (s. Fig. 611) besteht aus wenigen (5—6) annähernd birnförmigen Sehzellen, die in einer Querreihe über-einander liegen und nach innen sowie caudal von einer Pigmentzellenlage umgeben sind. Die sehr einfachen Seh-zellen enthalten ein sog. *Phaosom* und mehrere Vacuolen; ihre Innervierung ist kaum bekannt. — Besonderes Inter-esse verdienen die Plattenaugen gewis-ser sedentärer Polychaeten, der *Serpu-lacea.* Es handelt sich hier ebenfalls um epitheliale Gebilde, die jedoch das Eigentümliche zeigen, daß sie aus mehr oder weniger isolierten einzelnen Seh-zellen bestehen, welche in verschie-

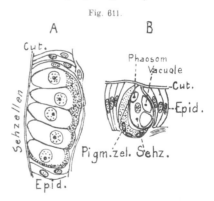

Fig. 611.

Stylaria lacustris (Nais proboscidea). *A* Auge auf einem Querschnitt durch das Vorderende des Wurms. — *B* auf einem Horizontalschnitt (nach HESSE 1902). O. B.

denem Grad zu Gruppen (Augenflecken) vereinigt sind. Solche Augenflecke kommen bei gewissen Gattungen in der Seitenregion der Körpersegmente vor; ge-wöhnlicher finden sie sich jedoch an den für die Serpulaceen charakteristischen kopfständigen Kiemenfäden. Hier sind sie gruppen- bis reihenweis über die Fäden verteilt, oder finden sich auch als ein einziges Augengebilde am Ende jedes Fadens (*Branchiomma*, Fig. 612 *A*). — Jede einzelne, etwa langkegelförmige Sehzelle er-streckt sich in der Regel durch die gesamte Höhe der Epidermis. Sie wird von einigen pigmentierten Epithelzellen in ihrer ganzen Länge umhüllt (Fig. 612 *B—C*). Meist sind auch noch weitere Epithelzellen zwischen die einzelligen Augen ein-geschaltet, doch können sich letztere auch so zusammendrängen (*Sabella, Branchi-omma*), daß nur Pigmentzellen zwischen den Sehzellen vorkommen.

Bei gewissen Formen wölbt sich die Cuticula über jeder Sehzelle linsenartig empor (Fig. 612), wodurch, in Verbindung mit der darunterliegenden Substanz, eine Konzentration des Lichts bewirkt wird. In jeder Sehzelle bildet sich nämlich distal ein stark lichtbrechender Körper (sog. Linse), der sich entweder der Cuticula dicht anlegt oder etwas unter ihr liegt. Auf die feineren Einzelheiten der Sehzellen kann nicht eingegangen werden.

Wenn die Sehzellen solcher Augen dicht zusammengedrängt sind wie bei *Sabella* und *Branchiomma*, so wölbt sich das so gebildete Gesamtauge stark konvex empor, was

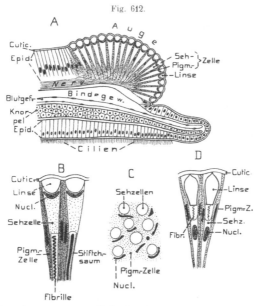

Fig. 612.

bei Branchiomma (Fig. 612 *A*) besonders auffällt, deren Augen die Enden der Kiemenfäden kuglig umfassen. Indem jeder Einzelsehzelle solcher Augen ein besonderer lichtbrechender Apparat zukommt, nähern sie sich in ihrem Bau, jedenfalls aber auch ihrer Funktion. den Complexaugen der Arthropoden, obgleich ihre Bildung klar erweist, daß sie eine selbständige Entwicklung genommen haben müssen.

Rein epithelial ist auch das augenartige Gebilde, welches sich bei der epitoken Form des eigentümlichen Palolowurms (*Eunice viridis*) in jedem Segmente der hinteren Körperhälfte, ventral vom Bauchmark findet. Die verdickte, an dieser Stelle mit dem Bauchmark direkt zusammenhängende Epidermis dieser Bauchaugen besteht aus Sinnes- und Zwischenzellen; die angrenzende Epidermis ist pigmentiert. Die Cuticula erscheint über jedem Organ

Complexaugen von Polychaeten. — *A—C* Branchiomma vesiculosum. *A* Längsschnitt durch das Ende eines Kiemenfadens mit einem Auge. — *B* Zwei Einzelaugen stärker vergrößert im Achsialschnitt. — *C* Querschnitt durch einen Teil des Auges. — *D* Zwei Einzelaugen von Sabella reniformis im Achsialschnitt (nach HESSE 1899).   v. Bu.

schwach linsenartig verdickt. Die Funktion der Organe bleibt vorerst noch unsicher, wenngleich ihr Bau am meisten für Lichtempfindlichkeit spricht.

Gruben-, röhren-, becherförmige und Blasenaugen. Bei manchen *Serpulaceen* finden sich außer den Kiemenaugen noch ein bis zwei Paar kopfständiger Augen; ähnliche kommen bei anderen Sedentariern (*Chaetopteriden* und Verwandten) vor.

Diese Gebilde sind zuweilen (*Ranzania* mit zwei Augen) einfache *Gruben-* oder *Becheraugen*, wie wir ihnen bei Cölenteraten und Echinodermen begegneten; nur setzt sich die Cuticula in die Becherhöhle fort und füllt sie völlig aus. Auch die vier Augen von *Siphonostoma* sind schief zur Oberfläche eingesenkte, noch offene Becheraugen ohne innere Höhle, mit der Eigentümlichkeit, daß nur die eine Seitenwand des Bechers als Sehepithel entwickelt ist, die andere dagegen aus durchsichtigen, faserartigen Epithelzellen besteht, welche, der ersteren sich dicht auflagernd, fast an einen Glaskörper oder eine linsenförmige Bildung erinnern. — Bei anderen Gattungen (z. B. *Branchiomma*, *Spirographis*) sind solche Augen zu langröhrenförmigen, tief ins Innere eindringenden Gebilden geworden, an welchen gleichfalls nur die eine Wand aus Sehzellen, die andere aus Pigmentzellen besteht.

Schließlich können sich solch eingestülpte Augen von der Epidermis ablösen und als blasenartige ins Innere rücken (so die zahlreichen Kopfaugen von *Chaetopterus*).

Die fast stets zu ein bis zwei Paaren vorhandenen Kopfaugen der *erranten
Polychaeten* (s. Fig. 613 bis 616) sind ebenfalls eingestülpte *Blasenaugen*, welche
nahezu bis völlig abgeschlossen erscheinen und daher dicht unter der Epidermis
liegen, ja zuweilen gewis-
sermaßen noch in ihr.
Meist erhält sich noch ein
enger Einstülpungskanal
(Fig. 613), der von einer
Fortsetzung der Cuticula
erfüllt wird, welche all-
mählich in die stark lichtbrechende, faserige Glas-
körpermasse übergeht, die
die Augenblase erfüllt. —
Fast ganz abgeschlossen
sind die Augen von *Nereis*
(Fig. 614); vollständig von
der Epidermis abgelöst
die großen Augenblasen
von *Alciopa* (Fig. 615). —
Die Retina, welche aus dem
größeren Teil der proxi-

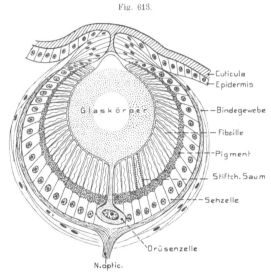

Fig. 613.

Phyllodoce laminosa. Kopfauge im Achsialschnitt (nach HESSE
1899). v. Bu.

malen Blasenwand hervorgeht, besteht aus stark pigmentierten Zwischenzellen
und schwächer bis nicht pigmentierten Sehzellen (Fig. 614). Letztere setzen

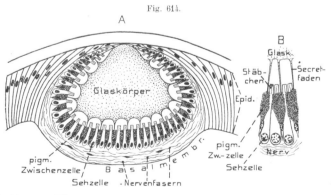

Fig. 614.

Nereis cultrifera. *A* Hinteres Kopfauge im Achsialschnitt. — *B* Ein Teil der Retina stärker vergrößert (nach HESSE 1899). v. Bu.

sich an ihrem Distalende in ein stäbchenartiges Gebilde fort, wie es auch bei
den eingesenkten Augen der sedentären Polychaeten vorkommt. In diesem Stäbchen verläuft ein feiner achsialer Faden (*Neurofibrille*). Die Zwischen- oder

Sekretzellen, welche zuweilen nur spärlich vorkommen sollen, sondern einen feinen Faden ab, der in den faserigen Glaskörper übergeht, weshalb dieser als Sekretionsprodukt jener Zellen angesehen wird. — Bei *Phyllodoce* (Fig. 613) findet sich im Centrum der Retina eine einzige große Drüsenzelle, die den Glaskörper abscheidet.

Abnorme Größe und hohe Entwicklung erreichen die paarigen Blasenaugen der pelagischen *Alciopiden* (Fig. 615 u. 616). Die beiden Augen springen als ansehnliche kuglige Gebilde an den Kopfseiten stark vor. Wie erwähnt, hat sich die große Augenblase von der Epidermis völlig abgelöst, doch liegt ihre dünne distale, aus etwa faserartigen Zellen bestehende Wand (innere Cornea) der dünnen durchsichtigen Epidermis (äußere Cornea) dicht an. Der an-

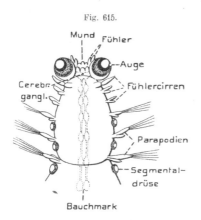

Fig. 615.

Alciopa cantrainei. Vorderende von der Ventralseite mit den großen Augen (nach GREEFF 1876). v. Bu.

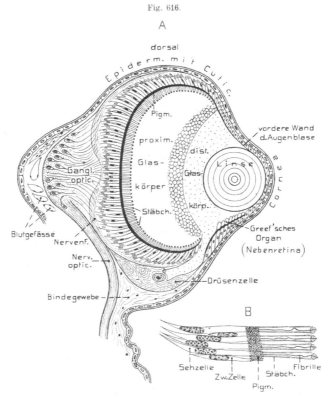

Fig. 616.

Vanadis formosa. *A* Auge im dorsoventralen Achsialschnitt. — *B* Einige Seh- und Zwischenzellen stärker vergrößert (nach HESSE 1899). v. Bu.

schließende dünnwandige .Teil der Blase besteht aus flachen pigmentierten Zellen (Iris), welche in die stark verdickte proximale Retina übergehen. Das Innere der Blase erscheint komplizierter, indem sich ein distaler und proximaler Teil unterscheiden lassen, die von einer dünnen Quermembran getrennt werden. Im distalen Teil liegt eine stark brechende, konzentrisch geschichtete Linse und eine substanzreichere Glaskörpermasse; der proximale Teil dagegen ist von einer wasserreicheren ähnlichen Masse erfüllt. Der distale Glaskörper, und daher wohl auch die Linse, werden, ähnlich wie bei Phyllodoce, von einer ein- bis mehrkernigen großen Drüsenzelle abgeschieden, die ventromedial in den vorderen Blasenabschnitt mündet. Der proximale Glaskörper dagegen ist ein Produkt der Zwischenzellen der Retina, von denen jedoch auch angegeben wird, daß sie bei Erwachsenen schwinden. Die distalen Sehzellenenden (und wohl auch die der Zwischenzellen) sind pigmentiert; die ersteren setzen sich über die pigmentierte Zone als ansehnliche röhrenartige Stäbchen mit Neurofibrille und distalem Endknöpfchen fort (Fig. 616 *B*).

Mit der hohen Entwicklung des Alciopidenauges harmoniert, daß der vom Cerebralganglion zutretende Nerv am Hintergrund der Augenblase ein ansehnliches Ganglion opticum bildet; in geringerer Ausbildung kann ein solches auch an den einfacheren Augen mancher Errantia auftreten (z. B. den Vorderaugen von Nereisarten).

Eine sehr eigentümliche Bildung findet sich etwas distal von der Einmündungsstelle der Glaskörperdrüse des Alciopidenauges, ungefähr in der Gegend des Linsenäquators. Hier ist eine Anzahl Zellen der Blasenwand stark fadenartig verlängert, und ragt, kolbig vorspringend, in die Blase hinein (Fig. 616 *A*). Die Bedeutung dieser Einrichtung scheint etwas zweifelhaft; doch ist man geneigt, diese Zellen gleichfalls als Sehzellen zu deuten, und die von ihnen gebildete Gruppe als eine sog. »*Nebenretina*« (lentikuläre Retina), d. h. eine besondere Netzhaut, welche für das Fernsehen adaptiert ist, wie sie auch in anderen Augen gelegentlich auftritt. — Physiologische Versuche haben ergeben, daß das Auge in der Ruhe auf die Ferne eingestellt ist und aktiv auf die Nähe accomodiert. Das geschieht in sehr merkwürdiger Weise dadurch, daß durch Muskelkontraktion der am ventralen Fläche des Auges liegende Drüse zusammengedrückt und so .eine gewisse Menge ihres Sekrets in den vorderen Glaskörperraum eingepreßt wird. Dadurch wird die Linse von der Retina entfernt und der Cornea genähert. — Die Sehnerven erfahren am Cerebralganglion eine teilweise Kreuzung (*Chiasma*).

b) Inverse Augen der Würmer.

Die hier zu schildernden, sehr einfachen bis höher entwickelten Augen sind bei den *Plathelminthen* ungemein verbreitet, kommen auch bei *sedentären Polychaeten* vor und sind ebenso für die *Hirudineen* charakteristisch. Auch die bei manchen *Nemathelminthen* (Rotatorien und freilebenden Nematoden) auftretenden, sehr kleinen und einfachen Augen dürften diesem Typus angehören. — Derartige Augen finden sich bei den Plathelminthen gewöhnlich am Kopfende, in der Gegend der Cerebralganglien, und zwar in recht verschiedener Zahl.

Bei den kleinen *rhabdocoelen Turbellarien* meist in geringer Zahl (zwei, vier, sechs, doch auch ein unpaares); auch die *Tricladen* besitzen manchmal nur ein Augenpaar, doch können sich auch sehr zahlreiche kleine finden, was bei den *Polycladen* Regel ist. Bei letzteren sind sie meist in Gruppen angeordnet, rücken bei gewissen Formen auch auf die Tentakel, ja können sich längs des Körperrands weit nach hinten erstrecken, ihn sogar völlig umsäumen, was auch bei den meist sehr vieläugigen Landtricladen vorkommen kann, deren Augen sich zuweilen sogar über den ganzen Rücken und selbst die Seitenränder der Bauchfläche verbreiten. — Bei den *Nemertinen* schwankt die Zahl der kopfständigen Augen sehr (etwa von 2 bis 50). — Während die monogenen *Trematoden* (Polystomeen) noch ein bis zwei Paar Augen besitzen können, sind sie bei den erwachsenen *Digenea* (Distomeen) fast stets geschwunden, wogegen sie bei Larven und Cercarien nicht selten erhalten blieben. Unter den *Cestoden* sind nur bei *Phyllobothrienlarven* zwei Augenflecke beobachtet worden.

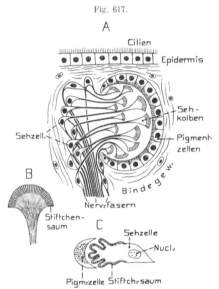

Fig. 617.

Auge von Plathelminthen. *A* Euplanaria gonocephala. Ein Auge im Achsialschnitt. — *B* Ein Endkolben stärker vergrößert. — *C* Tristomum papillosum (Trematode), einzelliges Auge (nach Hesse 1897). v. Bu.

Die Augen liegen fast stets unter der Epidermis im Körperparenchym, selten noch in der Tiefe der Epidermis, was für ihr Hervorgehen aus dieser wichtig scheint. Manchmal sind sie so tief eingesenkt, daß sie den Cerebralganglien direkt aufsitzen.

Der Bau der Plathelminthenaugen (Fig. 617) ist recht einförmig, da sie, wie schon früher bemerkt, nur aus einer einzigen oder aus wenigen bis zahlreichen Sehzellen bestehen, die von einer becherförmigen Pigmentlage umgeben sind, und deren ursprünglich distales Ende vom zutretenden Licht abgewendet ist. Diese Hülle wird von einer bis zahlreichen mesodermalen Pigmentzellen gebildet. Natürlich richtet sich die Zahl der Seh- und Pigmentzellen im allgemeinen nach der Augengröße. Kleine, aber meist in größerer Zahl vorhandene Augen sind daher ein- bis wenigzellig, größere, in geringerer Zahl vertretene, komplizierter gebaut; doch finden sich auch zahlreiche Abweichungen von dieser Regel. Bemerkenswert erscheinen die beiden Doppelaugen von *Temnocephala*, die aus zwei einander opponierten Sehzellen bestehen, zwischen welche eine doppelbecherförmige Pigmentzelle eingeschaltet ist.

Das X-förmige Auge der Larve des *Leberegels* (*Distomum hepaticum*) wird von vier Pigmentzellen gebildet. Jederseits zwischen zweien derselben liegen zwei Sehzellen, die je einen dichteren Binnenkörper enthalten. Die Fortsätze dieser Sehzellen sollen nach kurzem Verlauf durch den Spalt zwischen den beiden Pigmentzellen ihrer Seite in das Cerebralganglion treten. Wenn diese Darstellung zutrifft, so verhielte sich also dies Auge, obgleich es jenem der übrigen Plathelminthen sehr ähnlich erscheint, nicht invers, sondern convers.

Die Sehzellen, deren proximaler, den Kern enthaltender Teil aus dem Pigment-becher mehr oder weniger hervorragt, um hier die Nervenfaser abzugeben, sind ziemlich verschiedenartig: Im einfachsten Fall erscheinen sie kuglig bis kolbig; häufig werden sie cylindrisch, wobei ihr percipierendes freies Ende sich kolbig bis fächerartig verbreitert (Fig. 617 A, B); nicht selten ist auch das, auf die Kern-region folgende freie Zellende lang faserartig ausgezogen und schwillt schließlich zu einem becher-, kolben- oder cylinderartigen Sehkolben an. Die besondere Diffe-renzierung dieses freien Endteils, der sich auch als Stäbchenteil bezeichnen ließe, wird später genauer zu betrachten sein. — Zwischenzellen finden sich nicht, was für die inversen Augen der Würmer und ähnliche Sehorgane allgemein gilt.

Merkwürdig erscheint daher, daß im Auge gewisser Nemertinen (*Drepanophorus*) außer den erwähnten Sehzellen noch fein faserartige vorkommen, die in der Achse des becher-förmigen Auges ein Bündel bilden; auch diese Zellen werden als lichtempfindliche gedeutet.

Bei verschiedenen Plathelminthen wurden häufig noch einige helle Zellen beschrieben, die außerhalb des Augenbechers in der Gegend des Nervenabgangs liegen und als licht-brechende Linsenzellen funk-tionieren sollen. Die wirkliche Existenz solcher Zellen scheint jedoch unsicher, obgleich ihr Hervorgehen aus mesoderma-len Parenchym- oder Ecto-dermzellen leicht zu verstehen wäre. Dagegen ist wohl mög-lich, daß die frei aus dem Becher hervorragenden proxi-malen Sehzellenenden, welche in ihrer Gesamtheit häufig eine halbkuglig abgerundete Masse bilden und von einer zarten

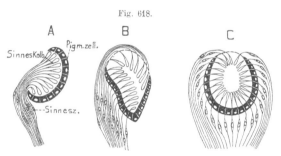

Fig. 618.

Schematischer Versuch der Ableitung des conversen Tricladenauges (*C*) aus dem inversen der übrigen Turbellarien (*A*) (nach HESSE 1902).
v. Bu.

Membran (die auch gelegentlich als zellig angegeben wurde) gegen das umgebende Parenchym abgeschlossen sein können, linsenartig zu wirken vermögen. — Die Nerven der kopf-ständigen Augen begeben sich zu den Cerebralganglien, die der übrigen zum Hautnervenplexus.

Einen von den Augen der übrigen Plathelminthen auffallend abweichenden Bau zeigen die in Zweizahl vorhandenen gewisser Landplanarien (d. h. die Mehrzahl der zur Familie der *Rhynchodesmiden* gehörigen). Nach den vorliegenden Untersuchungen sollen diese sog. *Retinaaugen* (Fig. 618 *C*) etwa ellipsoidisch gestaltete, von einer einschichtigen blasenartigen Pigmentzellenschicht bis auf den distalen Pol umschlossene Organe sein, die ziemlich dicht unter der Epidermis liegen. Die etwas spindelförmigen Sehzellen liegen im Umkreis der Pigmentschicht und treten, faserartig verdünnt, zwischen den Pigmentzellen hindurch, um im Innern des Auges zu stäbchenartigen langen Gebilden (*Sekretprismen*) anzuschwellen, die in radiärer Zusammengruppierung das ganze Innere der Pigmentblase erfüllen. Das Auge soll in einer ganglionartigen Anschwellung des zum Cerebralganglion gehenden Sehnervs ein-gebettet sein. Demnach wären diese Augen, im Gegensatz zu denen der übrigen Plathel-minthen, convers; es scheint aber wohl sicher, daß ihr Bau noch nicht hinreichend aufgeklärt ist, und daß sie sich wahrscheinlich aus einer ursprünglich inversen Anlage hervorgebildet haben, so etwa, wie es die Fig. 618 *A — C* erläutert.

Die *Hirudineen*-Augen reihen sich denen der Plathelminthen nahe an, weichen jedoch im Bau ihrer eigentümlichen Sehzellen erheblich ab, wie später (S. 896) ge-

nauer zu erörtern sein wird. Phylogenetisch könnten sie daher mit jenen der
Plathelminthen nur in den ersten Anfängen verknüpft sein. Sie finden sich meist
kopfständig zu einem bis mehreren (etwa bis vier) Paaren; nur *Piscicola* besitzt auch
am hinteren Saugnapf fünf Augenpaare. — Schon früher wurde hervorgehoben, daß
im Parenchym der Blutegel vielfach isolierte, pigmentfreie Sehzellen zerstreut
vorkommen, und daß sich namentlich um die Sensillen meist einige solche
Zellen finden (s. Fig. 456, S. 653). Bei *Pontobdella* repräsentieren sie allein
den lichtempfindlichen Apparat. — Die einfachen Augen der *Rhynchobdelliden*
(Fig. 619, *A—B*) bestehen aus einer Gruppe solcher Sehzellen, welche ähnlich wie
die der Plathelminthen von einer mesodermalen Pigmentzellenschale umhüllt werden, die jedoch bei *Branchellion* sehr unvollständig bleibt. Von den dem Licht
zugewendeten Enden der rundlichen, bis etwa cylindrischen Sehzellen gehen die
Nervenfasern ab, sodaß der inverse Charakter klar ausgesprochen erscheint. —

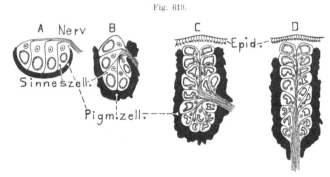

Fig. 619.

Schematische Ableitung des conversen Hirudineenauges (etwa Hirudo *D*) aus dem inversen
(etwa Clespine *A*, Nephelis *B*) (nach HESSE 1902).   v. Bu.

Bei den *Gnathobdelliden* (Fig. 619, *C* u. *D*) ändert sich der Bau insofern, als die
Sehzellen nicht mehr eine einschichtige Lage bilden, sondern einen etwas unregelmäßigen Haufen, der schließlich bei *Hirudo* und Verwandten zu einem lang-
zapfenförmigen Gebilde wird, in welchem viele Sehzellen übereinander gehäuft
sind. Die Pigmentzellenschicht umhüllt diesen Zapfen becherartig; der Sehnerv tritt im Bechergrunde ein und steigt in der Augenachse empor, um sich an
die Sehzellen zu verteilen. Letztere Augen sind also convers. Daß sie jedoch
aus der inversen Bildung der Rhynchobdelliden, welche bei der Gnathobdellide
Nephelis noch besteht, hervorgegangen sind, läßt sich deutlich verfolgen. Es geschah dies durch starke Vermehrung der Seh- und Pigmentzellen, die allmählich
den Sehnerv umfaßten, etwa so, wie es die Fig. 619 erläutert.

Die Beziehungen der Sehzellen zu den Sensillen spricht sich auch an den Augen häufig
dadurch aus, daß eine Sensille dicht neben dem Auge liegt und ihre Nervenfasern in den
Sehnerv schickt. — Daß die Augen der Hirudineen aus der Zusammengruppierung zerstreuter
Sehzellen hervorgingen, kann kaum zweifelhaft sein, dagegen bleibt es unsicher, ob die Sehzellen aus den Sinneszellen der Sensillen abgeleitet werden dürfen.

Auf eine wirkliche Verwandtschaft mit den Plathelminthen dürften die bei zahlreichen

sedentären Polychaeten vorkommenden, meist sehr einfachen und kleinen Inversaugen hinweisen, die am Kopf häufig in großer Zahl auftreten (z. B. bei *Capitelliden*, vielen *Serpulaceen*,
Terebelliden), oder größer und dann in geringerer Zahl (2—4 bei *Spionidae* und *Ariciidae*).
Bei *Polyophthalmus* und *Armandia* kommen solche Augen nicht
nur am Kopf, sondern auch paarweise an zahlreichen Segmenten vor.

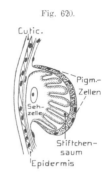

Fig. 620.

Alle solche Augen bestehen fast immer aus einer Sehzelle, welche meist von einer Pigmentzelle umscheidet wird.
Nur vereinzelt (*Chone, Dialychone*) wurde ein mehrzelliges Auge
dieser Art gefunden, das bei ersterer Gattung dem der Gnathobdelliden gleicht, bei letzterer eine Gruppe von Sehzellen
ohne Pigment darstellt. — Kopfständige Augen dieser Art können
noch im Epithel liegen (*Capitelliden*), meist sind sie jedoch in
die Oberfläche der Cerebralganglien aufgenommen worden. Die
Sehzellen sind gewöhnlich einfach rundlich, selten (Segmentaugen
von Polyophthalmus und Armandia) mit fingerartigen percipierenden Fortsätzen versehen (Fig. 620).

Polyophthalmus pic-
tus (Polychaete). Einzelliges
Seitenauge (nach HESSE 1899).
v. Bu.

Sowohl die paarigen Kopfaugen von *Ophryotrocha* als
auch die Augengebilde der *Chaetopodenlarven* (Trochophora)
und die der Nemathelminthen (*Rotatoria*, freilebende *Nematoden*),
sowie *Dinophilus* dürften solch einfache inverse Augen sein, ähnlich den im Vorstehenden
beschriebenen.

Kompliziertere Kopfaugen des vorliegenden Typus treten unter den *oligomeren Wür-*
mern bei den *Chaetognathen* auf (vgl. Fig. 341, S. 495). Jedes der beiden Augen besteht jedoch (*Spadella*, Fig. 621) aus nicht weniger als fünf eng vereinigten Einzelaugen, von wel-

Fig. 621.

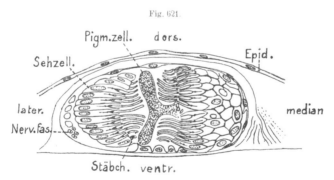

Spadella hexaptera (Chaetognathe). Auge auf einem Querschnitt durch das Tier (nach HESSE 1902).
O. B.

chen das größte die laterale Augenhälfte allein bildet, während die mediale Hälfte aus zwei
übereinanderliegenden Paaren besteht. Im Centrum des Auges liegen die Pigmentzellen, welche
zu einem gemeinsamen Pigmentkörper vereinigt sind, der die distalen Regionen der Einzelaugen nur unvollständig voneinander sondert. Zu jedem Einzelauge gehören ziemlich
zahlreiche, etwa cylindrische Sehzellen, die eine einschichtige Retina bilden. Ihre freien
percipierenden Enden sind dem Pigment zugewendet und tragen je ein stark lichtbrechendes Stäbchen, das sich noch eine Strecke weit in die Zelle fortsetzt (Knauf) und in eine
Neurofibrille ausläuft. Jedes der beiden Augen wird von einer dünnen zelligen Membran
umhüllt. Wie wir später (S. 873) sehen werden, erinnern die Chaetognathenaugen an die
Larven- oder Entomostrakenaugen der Crustaceen.

4. Mollusca.

a) Converse Augen der Mollusken.

Epitheliale Plattenaugen der Lamellibranchiata. Gewisse Muscheln (*Arca* und *Pectunculus*) besitzen am vorderen und hinteren Mantelrand (an der Mittelfalte, Fig. 622 *A*) zahlreiche Augengebilde, die halbkuglig vorspringen. Ihr feinerer Bau gleicht ungemein dem der früher beschriebenen Kiemenaugen der Serpulaceen (besonders denen von Sabella und Branchiomma, s. Fig. 612, S. 818).

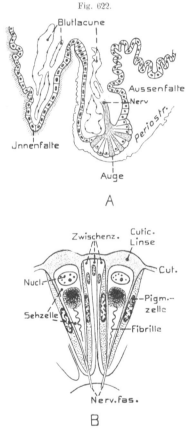

Fig. 622.

Arca noae (Lamellibranchiate.) *A* Querschnitt des Mantelrands mit einem Auge (nach HESSE 1900). — *B* Längsschnitt durch 2 Sehzellen, nebst Zwischen- und Pigmentzellen (nach CARRIÈRE 1889 und HESSE 1900 kombiniert). v. Bu.

Wir verzichten daher auf eine genauere Schilderung und verweisen auf die Fig. 622.

Gruben- und Blasenaugen. Offene, recht primitive Grubenaugen finden sich ebenfalls am Mantelrand gewisser Muscheln (*Lima*arten, bei *Arca* am Byssusausschnitt des Mantels); sie stehen (Lima) im Grunde der Einsenkung zwischen der Außen- und Mittelfalte des Mantelrands als mehr oder weniger tiefe, becherförmige Gruben mit weiter, von Glaskörpermasse erfüllter Höhle. Ihre Retina besteht aus Sehzellen, deren stäbchenartige Enden sich ein wenig in den Glaskörper erheben, und pigmentierten Zwischenzellen, welche an der Stäbchenbasis endigen. — Nicht wenige primitivere Muscheln besitzen am Ursprung des vordersten Fadens der inneren Kiemen ein ähnliches Grubenauge (*Kiemenauge*). In diesen Fällen zeigt häufig jede Schalenklappe eine durchsichtige Stelle über dem Auge.

Den *Gastropoden* kommt in der Regel ein Paar Kopfaugen zu, die seltener Gruben-, meist Blasenaugen sind. Sie stehen fast immer an den Kopffühlern (bei Opisthobranchiaten und Stylommatophoren am hinteren Paar) und zwar entweder an deren Basis oder höher, bis an der Spitze (Stylommatophora). Bei den Prosobranchiaten finden sie sich meist auf einem besonderen äußeren Fortsatz der Tentakelbasis (Augenstiel), der selten länger als der Tentakel werden kann.

Den einfachsten Bau zeigen die Augen der docoglossen Prosobranchiaten (Patella, Fig. 623), wo sie offene Grubenaugen sind, deren Höhle von einer Membran ausgekleidet wird, die entweder als von den Stäbchen der Sehzellen gebildet, oder als Fortsetzung der äußeren Cuticula gedeutet wurde. — Zahlreiche primitivere Prosobranchiaten besitzen noch Blasenaugen mit äußerer Öffnung (*Haliotidae*, *Pleurotomaria*, *Trochidae*, *Stomatellidae* und *Delphinulidae*). Ihre Blasenhöhle wird von einer durchsichtigen Glaskörpermasse erfüllt. — Die Blasenaugen der übrigen Gastropoden endlich sind völlig geschlossen und ihr Bau erinnert sehr an die geschlossenen der Polychaeten. Wir können sie daher kurz behandeln. — Die durchsichtige dünne Epidermis vor dem Auge bildet die äußere Cornea (Fig. 624); zwischen diese und die dünne, durchsichtige Distalregion der Augenblase (innere Cornea) schiebt sich eine schwache Bindegewebslage ein. An die innere Cornea schließt sich ein nur aus pigmentierten Zellen bestehender Teil der Augenblase an (Iris), während die dickere Retina den Hintergrund der Blase bildet. Im Augeninnern findet sich eine Glaskörpermasse, welche bei zahlreichen Formen eine stärker lichtbrechende kuglige, zuweilen konzentrisch geschichtete Linse enthält, die jedenfalls aus einer Verdichtung des Glaskörpers hervorgeht.

Derartige Augen können auch mehr oder weniger rückgebildet sein, was bei *Opisthobranchiaten* und *Pteropoden*, aber auch sonst zuweilen vorkommt, indem sie klein werden und die Sehzellenzahl beträchtlich abnimmt. Sie liegen häufig tiefer unter der Oberfläche. Verkümmerung der Augen tritt auch bei grabenden, subterranen und Tiefseegastropoden, sowie natürlich auch bei den Parasiten auf.

Die Retina besteht immer aus Seh- und Zwischenzellen,

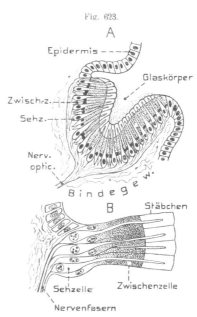

Fig. 623.

Patella (Prosobranchiate). *A* Längsschnitt durch das Becherauge. — *B* Einige Seh- und Zwischen-(Pigment-)zellen der Retina eines solchen Schnitts stärker vergrößert (nach HILGER 1885).
v. Bu.

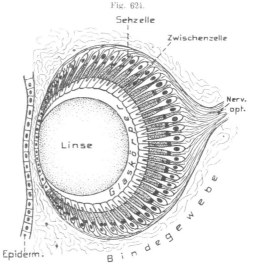

Fig. 624.

Schema eines geschloßnen Blasenauges einer Prosobranchiate (etwa Murex). (Vgl. HILGER 1885.) v. Bu.

die beide pigmentiert sein können; häufig beschränkt sich das Pigment jedoch auf die Zwischenzellen, seltener sollen nur die Sehzellen pigmentiert sein. Der zu-weilen faserige Glaskörper ist ein Produkt der Zwischenzellen.

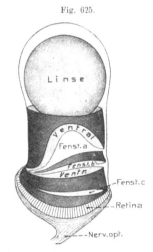

Fig. 625.

Pterotrachea coronata (Hete-ropode). Rechtes Auge von der Dor-salseite (nach HESSE 1900).
v. Bu.

Besondere Größe und einen sehr eigentüm-lichen Bau erlangen die Augen der pelagischen *Heteropoden* (Fig. 544, S. 751). Sie liegen ziemlich tief unter der Haut und zwar jedes in einem be-sonderen Blutraum, der von einer bindegewebigen Hülle umschlossen wird. Von der Wand dieses Raums treten einige Muskeln zu verschiedenen Stellen der Augenblase, welche daher recht be-weglich ist. Die Form der Blase erscheint wegen ihrer kegelartigen Verlängerung in der Augenachse sehr eigentümlich (s. Fig. 626) und erinnert an die der *Teleskopaugen* der Tiefseecephalopoden und -fische, sowie an das Vogelauge. Die distale Blasenregion umschließt die ansehnliche kuglige Linse eng und springt daher selbst kuglig gewölbt vor; der darauf folgende Teil der Blase dagegen ist dorsoventral stark ab-geplattet. Die Retina, welche den proximalen Grund der Augenblase einnimmt, erscheint da-her quer bandförmig (Fig. 626 *B*). Die mitt-lere, stark pigmentierte Blasenregion (*Pigment-haut, präretinuläre Mem-bran*) zeigt meist die Eigentümlichkeit, daß das Pigment strecken-weise fehlt, wodurch in ihr ein bis zwei fenster-artige seitliche Zutritts-stellen für das Licht ent-stehen.

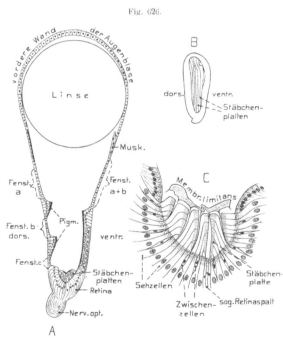

Fig. 626.

Pterotrachea coronata, Auge. — *A* Dorsoventraler Achsialschnitt durch ein Auge. — *B* Die Retina mit den horizontalen Reihen von Stäbchenplatten in Flächenansicht. — *C* Der Durchschnitt der Retina in derselben Ansicht wie Figur *A*, stärker vergrößert (*A* nach HESSE 1900, *B* und *C* nach GRENACHER 1886).   v. Bu.

Die schmal band-förmige Retina ist sehr eigentümlich gebaut, in-dem sich ihre Zellen in eine Anzahl etwa parallel ziehender Längsleisten erheben (Fig. 626 *B* u. *C*); dieselben werden dadurch gebildet, daß einige Reihen von Sehzellen verlängert sind und ihre Distalenden gleichzeitig gegen die Medianebene des Auges umgebogen erscheinen, sodaß die Enden dieser Zellen annähernd parallel der Augenachse übereinanderliegen (Fig. 626 *C*). Das Distalende dieser Sehzellen trägt eine Anzahl feiner Blättchen, die wohl zusammen einem stäbchenartigen Gebilde entsprechen. Da nun die Sehzellenenden in jeder Leiste eine senkrecht übereinanderstehende Reihe bilden, liegen diese Plättchen auch in entsprechenden Reihen übereinander und sind mehr oder weniger verwachsen, weshalb die Plättchen einer Reihe in ihrer Gesamtheit auch als zusammengesetzte Stäbchen (*Rhabdome*) gedeutet wurden. Die funktionelle Bedeutung der Retinaleisten hat man deshalb auch so aufgefaßt, daß sie ein gleichzeitiges Sehen von Punkten ermöglichten, die sich in verschiedener Entfernung vom Auge befinden. — Sowohl in der eigentlichen Retina als der Pigmentregion des Auges kommen zahlreiche Ganglienzellen vor, deren Bedeutung vorerst wenig sicher erscheint. — Die Sehzellen führen in ihrem Distalende reichlich Pigment, wogegen die faserartigen Zwischenzellen (*Limitanszellen*, Fig. 626 *C*), welche zwischen den Retinazellen vorkommen, unpigmentiert sind; sie scheiden eine stellenweise ziemlich dicke Membran ab, welche die Retinaleisten überdeckt (Membr. limitans); doch soll auch Bindegewebe zwischen die Retinazellen eindringen. Der Glaskörper ist feinfaserig.

Eine sehr eigenartige Bildung findet sich bei den mit Fensterbildung versehenen Augen, nämlich nicht pigmentierte *Nebensehzellen*. Diese sind zwischen den Pigmentzellen der Pigmenthaut verteilt, namentlich an den Stellen, welche den erwähnten Fenstern gegenüberstehen, wo sie *Nebenretinae* bilden. Da die Linse und die Augenachse oral gerichtet sind, so könnten diese Nebenretinae namentlich dorsal und ventral zutretendes Licht percipieren. — Eine analoge Nebenretina wurde

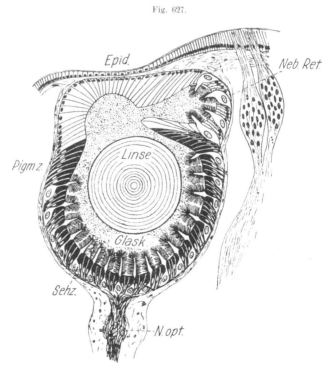

Fig. 627.

Limax maximus. Achsialschnitt durch das Auge mit der Nebenretina (aus HESSE 1902).

bis jetzt unter den Mollusken nur bei einer Pulmonate (*Limax maximus*, Fig. 627) angetroffen, wo sie sich in einer besonderen nach vorn und ventral gerichteten, pigmentfreien,
grubenförmigen Ausbuchtung der Augenblase findet, etwa auf der Grenze zwischen Iris
und innerer Cornea (vgl. auch das Alciopidenauge, S. 820).

Cephalopoden. Die ebenfalls zum Blasentypus gehörigen Cephalopodenaugen
sind auffallend groß, weshalb sie (besonders bei den Dibranchiaten) einen sehr ansehnlichen Teil des Kopfes bilden; sehr selten werden sie rudimentär (so Cirro-
thauma).

Die *Nautilusaugen* (Fig. 628, vgl. auch Fig. 31, S. 105 u. Fig. 499, S. 699)
bleiben viel primitiver als jene der Dibranchiaten, da sie, wie erwähnt, offene
Blasenaugen darstellen, welche sich an den Kopfseiten auf einem kurzen Stiel
frei erheben. Die distale, etwa drei-
eckige Augenfläche ist eben und zeigt
in ihrem Centrum das kleine Ein-
stülpungsloch; von ihm geht eine flimmernde Rinne nach dem Analrand
dieser Fläche. Die etwa halbkuglige
innere Augenhöhle enthält keinen Glaskörper, ist vielmehr von Meerwasser
erfüllt. Ihre Distalregion wird von
pigmentiertem Flimmerepithel mit einzelligen Drüsen ausgekleidet, die proximale Wand dagegen verdickt sich ansehnlich zur Retina. — Die Erzeugung
eines sehr lichtschwachen Bildes könnte
in diesem Auge daher nur mittels der
etwa 1—2 mm weiten Öffnung geschehen.

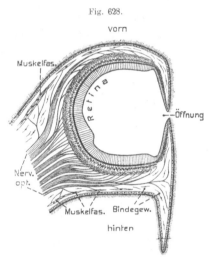

Fig. 628.

Nautilus, Auge. Schematischer Achsialschnitt
(nach Hensen aus Bronn, Kl. und Ordn.). v. Bu.

Im Gegensatz zu diesen einfachen
Verhältnissen bei Nautilus erlangt das
Dibranchiatenauge (Fig. 629) einen sehr komplizierten Bau, welcher dem des Vertebratenauges gleichkommt. — Die durch Einstülpung des Ectoderms gebildete
große Augenblase schließt sich von der Epidermis vollständig ab, doch bleibt ihre
dünne Distalwand in naher Berührung mit ihr. Die Blase wird von einer mesodermalen Hülle umschlossen, die jedoch zwischen ihrer Distalwand und der
Epidermis sehr dünn bleibt. Um den übrigen Teil der Blase erlangt sie eine ansehnliche Stärke (hier zuweilen *Chorioidea* genannt) und entwickelt sogar eine
mittlere Knorpelschicht, die besonders in der äquatorialen Blasenregion stärker
wird (Äquatorialknorpel). Die proximale Blasenwand bildet die sehr dicke *Retina*,
deren Mitte sich das früher (Fig. 385, S. 531) erwähnte mächtige Ganglion opticum
dicht anlegt und seine Nervenfaserzüge durch die bindegewebige Hülle zur Retina
sendet. Die Augenblase samt dem Ganglion opticum lagern sich in die früher geschilderten seitlichen Aushöhlungen (Orbiten) des Kopfknorpels ein (Fig. 70, S. 164)

und werden bei gewissen Formen auch durch den Augendeckknorpel geschützt. Das Innere der Augenblase ist von wäßriger Flüssigkeit erfüllt.

Die Distalwand der Blase verdickt sich zu einer ansehnlichen Linse von eigentümlicher Beschaffenheit. Wie erwähnt, liegt die distale, sehr dünne ·Blasenwand der ebenfalls dünnen Epidermis dicht an, indem sich ursprünglich nur eine zarte Mesodermlage zwischen beiden befindet. Im Umkreis dieser Region verdicken sich die beiden Epithellagen, nämlich die der Blasenwand, sowie das Ectoderm durch Bildung von Radiärfalten ansehnlich zu einem ringförmigen Wulst (Corpus epitheliale, Corpus ciliare), welcher sich am Linsenäquator befestigt, so daß dieser am Corpus epitheliale gewissermaßen aufgehängt er-

Fig. 629.

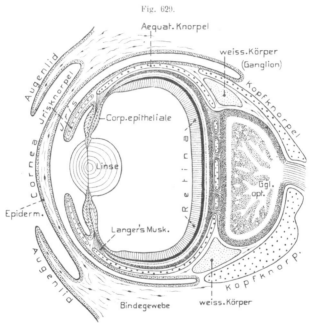

Dibranchiater Cephalopode. Schematischer Achsialschnitt durch ein Auge. (Mit· Benutzung von HENSEN 1865.)   O. B. u. v. Bu.

scheint. Es läßt sich also am Epithelkörper ein äußerer (epidermaler) und ein innerer (aus der Augenblase hervorgehender) Teil unterscheiden, welche beide durch eine dünne Bindegewebsscheidewand getrennt werden. Diese Scheidewand setzt sich als faseriges, dünnes Septum durch die ganze Linse fort und sondert sie in eine kleinere distale und eine größere proximale Hälfte, welche sich gegenseitig zur Kugel ergänzen. — Die Linsensubstanz selbst besteht aus feinen Fasern von cuticularer Beschaffenheit, die sich in konzentrischen Lamellen anordnen. — Die Ontogenie lehrt nun, daß diese Fasern durch Auswachsen der Epithelzellen des Corpus epitheliale entstehen, und zwar die des äußeren Linsensegments aus dem epidermalen, die des inneren aus dem inneren oder Blasenteil

des Corpus. Bei der Linsenbildung ziehen sich die Epithelzellen aus der Linsenregion auf das Corpus epitheliale zurück, weshalb das Linsenseptum, wie bemerkt, nur von dem zarten Bindegewebe zwischen Epidermis und Augenblase
gebildet wird. Am Corpus epitheliale vermehren sich die Linsenfasern bildenden
Epithelzellen der beiden Lagen sehr bedeutend, weshalb sie sich zu den radiären
Falten einstülpen, welche auf der Proximalfläche des Corpus auch oberflächlich
hervortreten.

Im Umkreise des Distalrands des erwähnten Corpus epitheliale erhebt
sich die äußere Körperhaut zu einer ringförmigen pigmentierten Falte, der *Iris*,
welche sich über die Linse legt und in ihrem Centrum eine bei verschiedenen Formen etwas verschieden gestaltete Öffnung, die *Pupille*, offen läßt. Im Umkreis
der Irisfalte bildet sich dann eine zweite Ringfalte der Haut, welche sich über
die Iris lagert und entweder weit geöffnet bleibt (Oigopsidae) oder nur eine enge
Öffnung besitzt, ja auch zuweilen völlig geschlossen ist (Myopsidae). Letztere
Hautfalte, welche, soweit sie die Iris und Pupille überdeckt, durchsichtig bleibt,
wird nach Analogie mit dem Wirbeltierauge als *Cornea* bezeichnet. Die Einfaltung der Haut zwischen Iris und Cornea stülpt sich sehr tief, ja tiefer als die
eigentliche Augenblase ins Körperinnere ein, weshalb sich an dem Auge eine
durch diese Faltenhöhle gesonderte innere und äußere Kapsel unterscheiden
lassen.

Weitere Bildungen bewirken noch besondere Komplikationen. — So kann durch eine
dritte im Umkreis der Cornealfalte sich erhebende Falte eine Art *Augenlid* gebildet
werden, welches das Auge teilweise oder vollständig kreisförmig (besonders Octopoden)
umzieht. — Nach außen von der Knorpelschicht der inneren Augenkapsel findet sich eine
Muskellage; auch die äußere Augenkapsel ist muskulös. Ferner entspringen vom Distalrand des Äquatorialknorpels radiär Muskelfasern (Langerscher Muskel), die zum Corpus
epitheliale ziehen. Sie dienen zur Accommodation, indem sie bei ihrer Kontraktion den
hinter der Linse gelegnen Bulbusraum verkleinern, wobei die intraoculare Druckerhöhung
die Linse etwas nach vorn schiebt, also für die Nähe einstellt. In der Ruhe ist nämlich,
entgegen früherer Meinung, das Auge fern- oder schwach weitsichtig. Außer diesen Muskelfasern sind noch ringförmige und schief verlaufende vorhanden. — Die *Iris* ist ebenfalls mit ringförmigen, zur Verengerung der Pupille dienenden Muskelfasern (*Sphincter*)
versehen. Endlich enthält sie auch Knorpel, sowie zwei silberglänzende Häute (*Argenteae
externa* und *interna*), die sich bis tief in die Bulbuswand hinab erstrecken. — In der
Umgebung des Ganglion opticum findet sich eine weiße, drüsenartig erscheinende Masse
(weißer Körper), die einen nicht unbeträchtlichen Teil des Bulbus bildet und neuerdings als
ein accessorisches Ganglion, zur Versorgung der Bulbuswand, gedeutet wird (zu diesem
Ganglion begeben sich die Nervi optici inferior und superior, s. Fig. 384, S. 530). — Blutgefäße beteiligen sich reichlich am Aufbau der Bulbuswand, ja bei den Dibranchiaten ist
sogar die Basalregion der Retina gefäßreich.

Der Bau der Cephalopodenretina erscheint ziemlich kompliziert, weshalb er nur in
den Grundzügen angedeutet werden kann (Fig. 630). Die Netzhaut ist sehr dick, aber
doch nur eine einschichtige Lage hoher Zellen. Diese sind zweierlei Art: Sehzellen und
Zwischenzellen (Limitanszellen). Letztere erzeugen an ihren Distalenden eine die Augenhöhle begrenzende, ziemlich dicke Membrana limitans, wogegen die proximale Grenzfläche
der Retina von einer zarten Basalmembran umschlossen wird. Bei Nautilus (Fig. 630 *A*)
stützen sich die Basen beider Zellarten auf diese Basalmembran; bei den Dibranchiaten

hingegen wachsen die Proximalenden der Sehzellen durch die Basalmembran proximal hindurch in das angrenzende Bindegewebe, woher es kommt, daß Bindegewebe mit Blutgefäßen in die Basalregion der Retina gelangt (Fig. 630 *B*). Die Sehzellen und Limitanszellen von Nautilus sind in ihrem Proximalteil pigmentiert; da, wo das Pigment aufhört, findet sich eine feine Grenzmembran, welche die basale Region der Retina von der distalen oder Stäbchenregion abgrenzt. Die allein pigmentierten Sehzellen der Dibranchiaten (Fig. *B*)

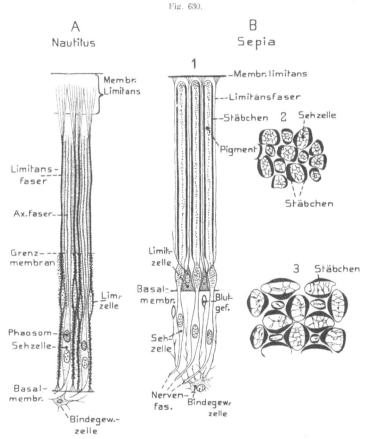

Fig. 630.

Retina von Cephalopoden. *A* Nautilus, Längsschnitt durch einige Seh- und Limitanszellen. — *B* Dibranchiata: *B¹* Längsschnitt durch einige Seh- und Limitanszellen von Sepia officinalis; *B²* u. *B³* Querschnitte durch die Stäbchenregion von Eledone moschata; *B²* durch die proximale, *B³* durch die mittlere Region (nach MERTON 1904). v. Bu.

zeigen das Eigentümliche, daß sie sich distal von der Basalmembran spindelförmig verdicken (sog. *Stäbchensockel*). Bei Nautilus dagegen setzen sich die Sehzellen als fadenartige plasmatische Gebilde bis nahe an die Limitans fort. — Die Limitanszellen von Nautilus enthalten eine bis einige Fasern von jedenfalls stützender Funktion; in der Stäbchenregion der Retina scheint das Plasma der Limitanszellen zu einer Art Zwischensubstanz zu verschmelzen, während die Limitansfasern diese Substanz durchsetzen und sich distal, an der Limitans, in ein Faserbüschel zerspalten. — Den Dibranchiaten fehlt eine solche Zwischensubstanz in der Stäbchenregion; die Sehzellen liegen vielmehr hier sehr dicht zusammen. Die Limitanszellen bilden aber auch hier einige Fasern, welche, sich distal verzweigend, zwischen den Sehzellen aufsteigen und wahrscheinlich gleichfalls bis zur Limitans ziehen. — Besonders charakteristisch für die Dibranchiaten ist, daß jeder langgestreckte Stäbchenteil einer Sehzelle zwei etwa rinnenförmige, sog. cuticulare Stäbchengebilde hervorbringt (Fig. *B, 2* u. *3*), wobei sich gewöhnlich vier solcher Stäbchenrinnen der vier aneinandergrenzenden Sehzellen so zusammengruppieren, daß sie auf dem Querschnitt eine etwa viereckige Figur bilden (Fig. *B, 3*). — In der Retina gewisser Dibranchiaten (z. B. Sepia) wurde ein querer Streif beobachtet, innerhalb dessen die Stäbchengebilde feiner und länger sind; bei gewissen Tiefseeformen dagegen eine ähnliche grubenartige Stelle. Wie bei Wirbeltieraugen werden diese Stellen als solche schärfsten Sehens beurteilt. — Vorwanderung des Pigments in die distale Region der Retina im belichteten Auge wurde bei Dibranchiaten erwiesen.

Die Augen gewisser Tiefseedibranchiaten sind ähnlich wie jene des Nautilus gestielt (Fig. 631) und einige Gattungen von Tiefseeoctopoden besitzen kegelförmig verlängerte *Teleskopaugen*, wie wir sie schon bei den Heteropoden kennen lernten (S. 828).

Placophora. Kurz erwähnen müssen wir die eigentümlichen *Rückenaugen*, die in großer Anzahl auf den Schalenplatten gewisser *Placophoren* (Subfamilien *Toniciinae, Liliophorinae* und *Chitoninae*) vorkommen. Diese Organe sind interessant, weil sie sich deutlich als teilweise oder vollständige Umbildungen der Hautsinnesorgane (Megalaestheten) dar-

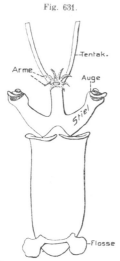

Fig. 631.

Bathothauma lyromma. (Tiefseecephalopode.) Dorsalansicht (nach CHUN 1910).
O. B.

stellen, welche wir in den Schalenplatten der Placophoren verbreitet fanden (S. 656). — Ein solches Auge (Fig. 459, S. 656), welches aus der Umbildung einer Megalaesthete entsteht (auch extrapigmentäres Auge genannt) besitzt etwa den Charakter eines mehr oder weniger eingesenkten Gruben- bis Becherauges, das in der äußeren Lage der Schalenplatte (sog. *Tegmentum*), dicht unter der äußeren Oberfläche liegt. Die Höhlung des Bechers wird von einer Linse teilweise erfüllt, die wie die Schalenplatte verkalkt ist und von einer oder wenigen Epidermiszellen, ähnlich wie die Kalkstacheln der Placophoren, abgesondert wird. Äußerlich ist die Linse vom Periostracum überzogen. Die Becher- oder Grubenwand (*Retina*) besteht aus kurz cylindrischen Sehzellen, die sich proximal in Nervenfasern fortsetzen. Letztere verlaufen als ein Faserbündel durch die Röhre, welche das Tegmentum oder auch das Articulamentum durchsetzt und bis zur darunter liegenden Epidermis reicht. Außerdem finden sich in der Retina noch sehr schmale Zwischenzellen, die sich in das Füllgewebe fortsetzen (netzförmig verästelte Zellen ectodermaler Herkunft, welche die eben erwähnte Röhre erfüllen). Die wandständigen Füllzellen bilden Pigment, welches das Tegmentum im Umfang des Auges färbt und seitlichen Lichtzutritt verhindert. Die Distalenden der vorhin erwähnten Zwischenzellen erweitern sich an der distalen Retinalfläche beträchtlich und sondern hier einen fein radiärfaserigen Glaskörper ab, der sich zwischen Linse und Retina einschiebt.

Die kleinen Augen, auch intrapigmentäre Augen genannt, welche nur aus einem Teil einer Megalaesthete hervorgehen (einzelne *Callochiton* und *Chiton*), bilden sich seitlich an den Megalaestheten hervor, höher oder tiefer, indem einige von deren Sinneszellen zu Sehzellen werden. Letztere lagern sich als pigmentierte Zellen unter ein linsenartiges Gebilde, das aus dem Tegmentum hervorgeht (Callochiton), oder als unpigmentierte Sehzellen unter eine Linse, welche das Absonderungsprodukt einer besonderen Zelle ist. Die letzterwähnten Augen werden von einigen pigmentierten Füllzellen umlagert. Ein Glaskörper fehlt den kleinen Augen völlig. Alle Teile der Rückenaugen der Placophoren gehen dem-

nach aus der Epidermis hervor, und beim Wachstum treten fortgesetzt neue Augen an den
Seitenrändern der Schalenplatten auf.

.b) Inverse Augen der Mollusken.

a) *Lamellibranchiata.* Invertierte Augen von ziemlich hoher Ausbildung
kommen am Mantelrand gewisser Lamellibranchiaten vor und zwar an den Enden
eines Teils der tentakelartigen Gebilde, welche sich an diesem Ort meist finden.
Bei *Pectiniden* und *Spondyliden* sind sie am besten ausgebildet und am ganzen
Mantelrand entwickelt, jedoch gewöhnlich von recht verschiedener Größe. Ihre Zahl
ist an beiden Mantelrändern manchmal recht verschieden, indem sich bei Pectiniden, welche mit der rechten Seite festgeheftet sind, am rechten Mantel viel weniger
oder keine finden. — Bei gewissen *Cardiumarten* (*Cardium muticum* und *edule*)
tragen die Tentakel in der Umgebung der Siphonenöffnungen Augen von ähnlichem
Typus.

Die genauest bekannten und hoch entwickelten *Pectenaugen* seien hier zunächst
erwähnt (Fig. 632). Das an der Tentakelspitze liegende Auge geht aus einer

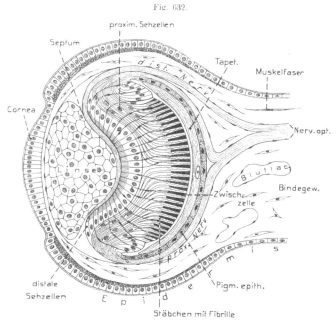

Fig. 632.

Pecten. Ein Mantelrandauge im Achsialschnitt. Schematisch. (Zum Teil nach HESSE 1900 und
BÜTSCHLI 1886 kombiniert.)   O. B. u. v. Bu.

Augenblase hervor, welche durch Einstülpung des Ectoderms entsteht .und sich
völlig abschnürt. Indem distal von der Blase, durch Vermehrung der Epidermiszellen eine zellige Linse entsteht, wird die distale Blasenwand zu einer dicken und
ursprünglich jedenfalls rein *inversen Retina*, während die sehr dünn bleibende
proximale Wand ein flaches Pigmentepithel bildet. Im Bereich der Linse bleibt

die Epidermis durchsichtig (sog. Cornea), während sich die angrenzende Epidermis, im Umfang der Augenblase, pigmentiert und seitliches Licht abhält. Die Linse des erwachsenen Auges besteht aus zahlreichen rundlichen bis polygonalen Zellen und liegt der ungefähr schüsselförmigen Retina dicht an; doch schiebt sich zwischen beide ein bei Pecten nichtzelliges, bei Spondylus zelliges, dünnes Septum. — Die *Netzhaut* erscheint sehr eigentümlich, da ihre distale Region von einer Lage cylindrischer Zellen gebildet wird, die einen distalen, längsgestreiften, stäbchenartigen Saum tragen, welcher sich also gegen die Linse richtet. Diese Zellen werden deshalb als distale Sehzellen gedeutet, obgleich ihre Verbindung mit Nervenfasern noch etwas unsicher ist. Zu dieser Zellenlage gesellt sich proximal eine viel höhere, die aus langgestreckten fadenförmigen Sehzellen besteht, welche von der randlichen Peripherie der Retina ausgehen und, gegen deren Centrum ziehend, invers umbiegen. Ihre gegen den Augenhintergrund schauenden freien Enden sind zu plasmatischen stäbchenartigen Gebilden entwickelt, die eine achsiale Fibrille enthalten.— Die Ontogenie erweist, daß diese proximale Sehzellenlage vom Rand der ursprünglichen Retina über die distale Zellenlage allmählich herüberwächst, was mit dem fertigen Bau gut übereinstimmt. Zwischen den proximalen Sehzellen liegen Zwischenzellen, welche sich auch zwischen die distalen Sehzellen erstrecken.

Diese Zwischenzellen sollen nach einer der Auffassungen ebenfalls Sehzellen sein, die sich in die *Zwischensubstanz* zwischen den Stäbchen erstrecken und sich mit dem distalen Nerv verbinden. Es ist aber doch recht unwahrscheinlich, daß das Pectenauge dreierlei Sehzellen besäße.

Die Nerven, welche zu den Augen treten, sollen direkt vom Visceralganglion ausgehen, nicht vom Mantelrandnerv, wie früher angenommen wurde. Das zutretende Nervenästchen teilt sich dicht am Auge in zwei Zweige; der eine zieht um das Auge herum und breitet sich auf der distalen Retinafläche unter dem Septum aus; seine Fasern sollen sich mit den distalen Sehzellen und Zwischenzellen verbinden; der andere Zweig verbreitet sich am Rand der Retina und steht mit den proximalen Sehzellen in Verbindung.

Zwischen Retina und Pigmentepithel findet sich eine dünne, metallisch (rötlich bis blau) reflektierende Lage (*Tapetum*), die von einer einzigen Zelle gebildet werden soll.

Demnach besäßen die Augen der Pectiniden und Spondyliden insofern einen sehr eigentümlichen Charakter, als sie zwei Sehzellenlagen enthielten, eine converse und eine inverse. Daß aber die converse Bildung der distalen Lage auf nachträglicher Umlagerung (Reversion) der Zellen beruht, dürfte wohl sicher sein.

Die *Cardiumaugen* sind von ähnlichem Typus, jedoch einfacher gebaut, besonders bei Cardium edule; wo aber wohl Verkümmerung vorliegt. *Cardium muticum* (Fig. 633) zeigt eine Augenblase, deren Distalwand eine viel einfachere Retina bildet, da ihr die distale converse Sehzellenlage fehlt, wenn man nicht ihren Vertreter in einer Masse radiärer durchsichtiger Zellen suchen will, die sich als sog. Glaskörper zwischen Linse und Retina einschaltet; doch ist dies wenig wahrscheinlich. Die Retina läßt Seh- und Zwischenzellen deutlich erkennen. Ein Hauptunterschied von den erstbesprochenen Augen besteht darin, daß bei Cardium muticum das Pigment, welches die Augenblase umhüllt, nicht in der Epidermis

liegt, sondern in einer unter
ihr befindlichen Zellenlage,
welche also wohl dem Mesoderm angehört; wogegen es
sich bei Cardium edule so verhält wie bei Pecten, aber
weniger ausgedehnt ist. Ein
wahrscheinlich bindegewebiges
Tapetum unterlagert die Proximalwand der Augenblase (die
sog. *Chorioidea*).

Oncidiidae. Die eigen-
tümlichen inversen Rückenaugen der *pulmonaten Onci-
diiden* (Fig. 634) gehören
einem ganz anderen Typus
an; sie sind jedenfalls nicht
aus Augenblasen hervorgegangen. Sie verbreiten sich über
den Rücken dieser Pulmonaten,
wo sie in Gruppen von etwa
1—6 auf Hautpapillen stehen,
und können mehr oder weniger
aus- und eingestülpt werden,
wozu besondere Muskeln dienen. Jedes Auge besteht aus
einer Cornea, d. h. der durch-

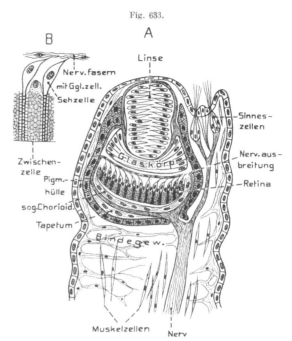

Fig. 633.

Cardium muticum (Lamellibranchiate). *A* Medianer Längsschnitt durch einen augentragenden Siphonaltentakel. — *B* Ein
kleiner Teil der Retina stärker vergrößert (nach ZUGMAYER 1904).
v. Bu.

Fig. 634.

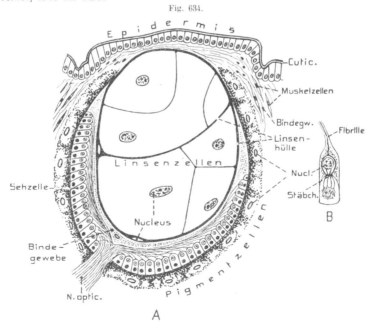

Oncidium verruculatum. *A* Achsialschnitt durch ein Rückenauge. — *B* Eine Sehzelle stärker vergrößert (nach STANSCHINSKY 1908). v. Bu.

53*

sichtigen Epidermis über ihm; ferner einer Linse, welche von einer bis zahlreichen großen
durchsichtigen Zellen gebildet wird, deren Zahl selbst bei derselben Spezies variieren kann.
Die Linse wird proximal von einer Retina umfaßt, die bei den gut entwickelten Augen
aus einer einschichtigen Lage inverser cylindrischer Sehzellen besteht, und diese Retina
wird ihrerseits wieder von einer Pigmentzellenlage umhüllt. Der Sehnerv tritt durch den
proximalen Pol der Pigmenthülle zur Retina, um sich zwischen letzterer und der Linse aus-
zubreiten, so daß der inverse Charakter klar hervortritt. — Bei gewissen Arten ist jedoch die
Retina sehr unregelmäßig gebaut, indem sie aus polygonalen, mehr- bis vielschichtig über-
einandergelagerten Sehzellen besteht, was solche Augen denen der gnathobdelliden Hirudineen
ähnlich erscheinen läßt. Wahrscheinlich dürften die Oncidienaugen auch ähnlich jenen der
Blutegel entstanden sein, nämlich durch Zusammengruppierung einzelner, aus dem Ectoderm
eingewanderter Sehzellen, während die Linsenzellen vermutlich aus mesodermalen Schleimzellen hervorgehen, und sich die Pigmenthülle von Pigmentzellen ableitet, welch beide Zellformen im Hautbindegewebe zahlreich vorkommen.

5. Chordata.

Für die typischen Augengebilde der Chordaten gilt als gemeinsamer Charakter, daß sie aus dem Hirnteil des eingestülpten Nervenrohrs hervorgehen. Im
Einzelnen läßt sich jedoch zurzeit ein Vergleich zwischen den Augen der Tunicaten und Vertebraten kaum durchführen, obgleich dies mehrfach versucht wurde.

5a. Tunicata.

Nur bei verhältnismäßig wenigen Formen sind Sehorgane mit Sicherheit erwiesen. Sie finden sich regelmäßig bei erwachsenen *Thaliaceae* und *Pyrosomen*,
sowie den Larven der *Ascidien*. Das Organ letzterer läßt etwaige Beziehungen
zu den Vertebratenaugen am deutlichsten erkennen und soll deshalb zunächst geschildert werden. Das *Auge der Ascidienlarve* liegt am hinteren Abschnitt der
dorsalen Decke der Hirnblase, in die es ventralwärts etwas vorspringt (Fig. 393,
S. 544). Es wird von einer größeren Zahl cylindrischer Zellen zusammengesetzt,
die zusammen einen halbkugeligen Körper bilden, dessen Centrum in der Grenzfläche der Hirnhöhle liegt. Die freien Zellenenden sind schwarz pigmentiert; doch
wird auch vermutet, daß die Zellen zweierlei Natur seien, d. h. Seh- und Zwischenzellen. Der nach der Hirnhöhle gerichteten freien Endfläche dieser Retina sitzt
eine durchsichtige Linse auf, welche aus mehreren Zellen oder Abschnitten (eigentliche kuglige Linse und 1—2 Menisken) bestehen soll, von denen aber nur eine
die eigentliche Linse bilde. Natürlich geht das Auge mit der Hirnblase später
völlig zugrunde.

Die gewöhnliche Ansicht ist, daß das Licht durch den Körper der Larven zu diesem
Auge trete; neuere Erfahrungen zeigten jedoch, daß die Linse so gerichtet ist, daß äußeres
Licht direkt von vorn und etwas dosral auf die Linse fällt, das Auge der erwachsenen Larven
demnach etwas verdreht ist. Die Frage, ob die paarigen Wirbeltieraugen von diesem Ascidienauge
ableitbar seien, wurde teils bejaht, teils geleugnet. Die Schwierigkeit, die in der Paarigkeit der
Craniotenaugen beruht, suchte man durch den Nachweis zu umgehen, daß die Sinnesblase der
Ascidienlarve ein einseitig und zwar rechtsseitiges Gebilde sei, die entsprechende linke Blase
dagegen verkümmert. Gelegentlich wurde das Auge auch dem Parietalorgan der Cranioten
verglichen, oder beiderlei Augen der Cranioten von den Augengebilden der Thaliaceae abzuleiten versucht.

Die *Augengebilde der Thaliaceae* und der *Pyrosoma* liegen in der Oberfläche des Cerebralganglions, das, wie früher erwähnt (s. Fig. 397 S. 548), solide ist. Seltsamerweise liegt das wenig bekannte, jedenfalls relativ einfach gebaute Auge von Pyrosoma auf der Ventralseite der hinteren Ganglionregion, wo es sich etwas hügelig erhebt, wogegen die Salpenaugen der Dorsalseite des Ganglions angehören und zwar im allgemeinen deren Vorderregion. Sie sind bei den beiden Generationen: der ungeschlechtlichen solitären (Ammen) und der geschlechtlichen Kettengeneration stets verschiedenartig gebaut. — *Das Auge der Solitärsalpen* (Fig. 635) ist stets unpaar und von hufeisenförmig gekrümmter Form, wobei die Öffnung des Huf-

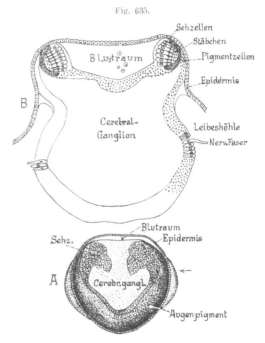

Fig. 635.

eisens oralwärts schaut. Es springt über die dorsale Ganglionfläche etwas wulstartig vor, was namentlich für die Enden des Hufeisens gilt, welche sich zuweilen auch als freie Fortsätze verlängern können. Bei zahlreichen Formen wird es von annähernd cylindrischen Sehzellen gebildet, die in der mittleren (hinteren) Region des hufeisenförmigen Gebildes nahezu senkrecht oder etwas radiär auf der Hirnoberfläche stehen, wobei die Nervenfasern aus dem Hirninnern zu den proximalen Sehzellenden ziehen. Caudalwärts und etwas dorsal wird dieser Teil des Augenwulsts von Pigmentzellen bedeckt, welche, wie die Pigmentzellen der Salpen- und Pyrosomenaugen überhaupt, wohl aus ectodermalen Zellen der Hirnanlage hervorgehen. Zwischen den

Salpa, Auge der ungeschlechtlichen Generation. — *A* Salpa africana-maxima, Cerebralganglion von der Dorsalseite mit dem hufeisenförmigen Auge (nach GÖPPERT 1893). — *B* Cyclosalpa pinnata. Querschnitt durch das Cerebralganglion und das hufeisenförmige Auge, etwa in der Gegend des Pfeils auf Fig. *A* (nach METCALF 1893). O. B.

peripheren Sehzellenden finden sich Bildungen, die verdickten Zellwänden gleichen und als recipierende Elemente (Stäbchen, Rhabdome) gedeutet werden. — Wenn diese Auffassung zutrifft, so hätte dieser mittlere Teil des hufeisenförmigen Auges eine etwas eigentümliche Beschaffenheit, da sein caudaler von Pigmentzellen bedeckter Teil eine inverse, der orale, von Pigment unbedeckte dagegen eine converse Bildung besäße. — In den Seitenarmen des Hufeisens wird dies anders, indem sich die Sehzellen hier so drehen, daß sie etwas horizontal und lateralwärts gerichtet sind, wobei die Pigmentzellenschicht gleichfalls lateral nach außen rückt (Fig. 635, *B*). Die zutretenden Nervenfasern steigen daher auf der medialen Seite der Hufeisenarme empor, um sich mit den Sehzellen zu verbinden; diese Teile des Auges sind daher ausgesprochen invers.

Die Augenbildungen der *Kettensalpen* (Fig. 636) sind viel komplizierter und bei den einzelnen Arten recht verschieden. Im allgemeinen gilt, daß sich das Auge als freier zapfenartiger Fortsatz von der Ganglionoberfläche erhebt, selten rein dorsalwärts, meist vom Vorderende des Ganglions oralwärts oder zuweilen sogar etwas ventral herab-

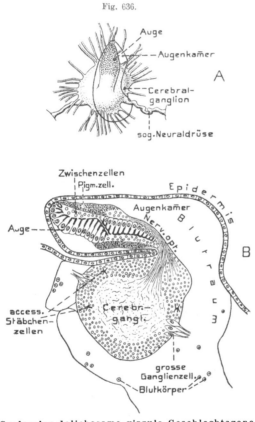

Fig. 636.

Cyclosalpa dolichosoma-virgula. Geschlechtsgeneration. *A* Cerebralganglion mit Augen von der Dorsalseite. — *B* Medianschnitt durch das Cerebralganglion mit dem Auge (nach METCALF 1905).	v. Bu.

biegend; wobei der Augenzapfen häufig etwas schief nach vorn gerichtet und mehr oder weniger asymmetrisch ist. Er erscheint dadurch merkwürdig, daß er meist zwei differente Regionen unterscheiden läßt, eine basale und eine apicale, deren Unterschied sich zunächst in der verschiedenen Lage der Pigmentzellenschicht ausspricht; diese liegt in der Basalregion ventral bis oralwärts (Fig. 636, *B*), in der apicalen dagegen dorsal. Diese beiden Pigmentzonen hängen jedoch gewöhnlich beiderseits durch schief aufsteigende Verbindungen zusammen. In beiden Regionen sind die Sehzellen so gestellt, daß ihre stäbchentragenden Enden gegen die Pigmentschicht gerichtet sind. In der Basalregion ist der Nervenzutritt sicher invers; wahrscheinlich gilt dies aber auch für die Apicalregion, obgleich das schwerer feststellbar erscheint. Die Sehzellen erfahren also in ihrem Verlauf von der Basis gegen den Apex eine vollständige Umkehr. Bei einer Reihe von Salpen sondern sich die beiden Augenregionen schärfer von einander und erscheinen wie zwei getrennte Augen auf gemeinsamem Stiel, ja es kann das basale paarig werden, und sich vom apicalen noch ein Teil absondern (Mittelauge), so daß sich vier Augengebilde unterscheiden lassen (*Cyclosalpa pinnata*). — Wie bemerkt, sind wahrscheinlich alle Augen der Kettensalpen invers. — In den Retinazellen gewisser Formen finden sich eigentümliche Einschlüsse (*Phao-

some) und zwischen der Retina und der Pigmentzellenhülle meist noch Zellen, welche wahrscheinlich Fortsätze zwischen die Sehzellen senden und daher als Zwischenzellen aufzufassen sind.

Nicht bei allen Salpen wird aber die Retina von einer einfachen Schicht cylindrischer Sehzellen gebildet; vielmehr gibt es nicht wenige, deren Sehzellen rundlich bis unregelmäßig sind und in mehrfachen Schichten übereinanderliegen. — Das Auge wird an den Stellen, wo es nicht der Hypodermis oder dem Hirn direkt anliegt, von einem Blutraum umschlossen, der gegen den das Hirn umgebenden Blutsinus nahezu abgeschlossen ist. Gewöhnlich wird das hufeisenförmige Auge der Solitärformen als die phylogenetisch ursprünglichere Bildung angesehen, von welcher die komplizierten Augen der Kettensalpen abzuleiten seien; was aber vorerst noch etwas problematisch erscheint. — Zurzeit scheint es kaum möglich, einen begründeten Vergleich zwischen den Salpenaugen und jenen der Wirbeltiere auszuführen.

Bei manchen Kettensalpen liegt etwas hinter dem Auge auf der Dorsalseite des Ganglions eine Retinazellengruppe ohne Pigment und von eigenartigem conversem Charakter. — Ferner kommen bei manchen 2—4 oder noch mehr kleine pigmentlose Gruppen solcher Zellen im Innern des Ganglions, aber nahe an seiner Oberfläche vor. Ob sie wirklich als lichtempfindliche Organe funktionieren, ist fraglich; doch erscheint ihr Vorkommen in Rücksicht auf die Verhältnisse von Branchiostoma nicht ohne Interesse.

Die meist gelb-rötlichen Pigmentflecke, welche sich bei den *Ascidien* häufig am Rande des Munds (Einströmungsöffnung) und der Kloakalöffnung finden (s. Fig. 286 *A*, S. 422, wo sie als Punkte zwischen den Lappen dieser Öffnungen angedeutet sind), besitzen annähernd den Bau schwach vertiefter Becheraugen und werden von mesodermalen Pigmentzellen unterlagert. Die Gruben sind vom Cellulosemantel ausgefüllt.

5 b. Craniota, Lateralaugen.

Einleitung und Ontogenese.

Wie früher erörtert wurde, geht die erste Anlage des Craniotenauges nicht vom äußeren Ectoderm, sondern von der Hirnanschwellung des Neuralrohrs aus. Schon vor deren Einstülpung tritt häufig auf dem Teil der Neuralplatte, welcher zum Prosencephalon wird, ein Paar grubenartiger Vertiefungen auf (s. Fig. 637), die sogar vorübergehend pigmentiert sein können. Indem sich die Hirnanlage abschnürt, werden aus diesen *Augengruben* ein Paar *Augenblasen*, die auf der Grenze zwischen Tel- und Diencephalon entspringen (Fig. 638, 640), jedoch mit ihrem größeren Anteil von letzterem. Sie wachsen distal bald soweit hervor, daß sich ihre Distalwand dem Ectoderm anlegt. Die Binnenhöhle der Augenblase kommuniziert natürlich mit dem Ventrikelraum des Prosencephalon.

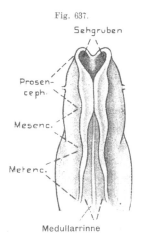

Fig. 637.

Sehgruben

Prosen-
ceph.

Mesenc.

Metenc.

Medullarrinne

Gallus domesticus. Kopfregion eines Embryo (Anfang des 2. Tages) von der Dorsalseite (nach DURSY, aus FRORIEP 1905). v. Bu.

Ursprünglich entspringt die Augenblase aus der Lateralwand des Prosencephalon, ja nach Manchen sogar anfänglich von dessen Dorsalregion. Indem sich aber die Decke des Prosencephalon zwischen den Augenblasen bald stark dorsal emporwölbt, verschiebt sich die Verbindung mit den Augenblasen in seine Ventralregion, in.dem sie sich gleichzeitig verengt und so zum Stiel der Augenblase wird.

Das einschichtige äußere Ectoderm, an welches sich die Distalwand der Blase anlegt (nur bei den Mammalia schiebt sich zwischen beide vorübergehend eine dünne Mesodermschicht), verdickt sich hierauf mäßig zur ersten Anlage der späteren Linse. Diese Anlage (*Linsenplatte*) stülpt sich dann gegen die distale Augenblasenwand grubenartig ein (Fig. 639) und schnürt sich endlich als ein nun unter dem Ectoderm liegendes hohles *Linsenbläschen* ab. Im weiteren Verlauf der Entwicklung wachsen die einschichtigen Zellen der Proximalwand dieses Bläschens zu hohen Cylinderzellen aus, wodurch sich diese Wand so ansehnlich verdickt, daß sie das Lumen des Bläschens verdrängt; schließlich werden ihre Zellen lang faserartig (*Linsenfasern*) und bilden später die eigentliche Linsensubstanz, während die Distalwand des Linsenbläschens stets ein dünnes einschichtiges Epithel bleibt (*vorderes Linsenepithel*).

Die Linsenanlage wurde mehrfach als die vorderste sog. Epibranchialplacode (s. S. 624) gedeutet, da sie etwa in die Nähe derselben fällt; doch erscheint diese Deutung sehr unsicher.

In dem Maße wie sich das Linsenbläschen einsenkt, flacht sich die distale Augenblasenwand, welche sich allmählich stark verdickte, ab und legt sich endlich der Proximalwand dicht an, womit das ursprünglich meist weite Lumen der Blase auf einen engen spaltförmigen Raum reduziert wird. Indem gleichzeitig der Umschlagsrand der so entstandenen beiden Blätter der Blase distalwärts auszuwachsen beginnt, wird sie zu einem nach außen geöffneten Becher, in dessen

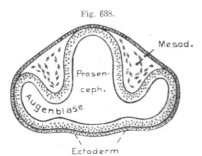

Fig. 638.

Gallus domesticus. Embryo vom 2. Tag. Querschnitt durch den Vorderkopf mit den Augenblasen (nach FRORIEP 1905). v. Bu.

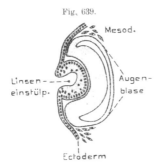

Fig. 639.

Lacerta agilis. Embryo mit 27 Urwirbeln. Horizontalschnitt durch die Linseneinstülpung und die eingestülpte Augenblase (nach RABL 1899). v. Bu.

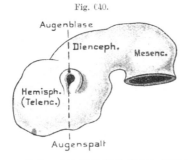

Fig. 640.

Homo. Embryo vom Ende der 4. Woche. Modell des Vorder- bis Mittelhirns mit der Augenblase, von links (nach FRORIEP 1905). v. Bu.

Höhle. die Linse eingesenkt ist (vgl. Fig. 639 Die verdickte Distalwand dieses Augenbechers wird später zur lichtempfindlichen Netzhaut (*Retina*), während aus der sich stets als dünnes Epithel erhaltenden Proximalwand das *Pigmentepithel* der Retina hervorgeht. Aus dieser Entstehung der Retina folgt notwendig ihr inverser Charakter.

Auch die Ventralwand des Augenstiels, welche direkt in die distale Becherwand übergeht, verdickt sich wie letztere und wird später zum *Sehnerv*, welcher sich also direkt in die Retina fortsetzt. An dieser Übergangsstelle findet sich demnach kein freier Umschlagsrand der beiden Blätter des Augenbechers; die Folge hiervon wird sein, daß bei der Becherbildung an dieser Stelle kein distales Auswachsen des Umschlagrands stattfindet, weshalb hier in der entstehenden Augenbecherwand eine spaltartige Unterbrechung bleibt (Fig. 641). Dieser »*Augenspalt*«
erstreckt sich also von der Übergangsstelle des Stiels in den Augenbecher längs der ganzen Ventralseite des letzteren bis zu seinem Distalrand. Der Spalt ist wichtig, weil durch ihn eine Blutgefäßschlinge, und damit auch Mesoderm, in die Becherhöhle eintreten und zu verschiedenartigen Bildungen führen können. Auf späteren Stadien schließt sich jedoch der Spalt durch Verwachsung seiner Ränder fast stets völlig. In der Linsenregion bleibt der distale Teil des Retinablatts ein dünnes einschichtiges Epithel (*Pars caeca retinae*), das mit dem Pigmentepithelblatt am Aufbau des gleich zu besprechenden *Ciliarkörpers* und der *Iris* teilnimmt (s. Fig. 642). — In dem Raum zwischen Linse und Retina entwickelt sich allmählich eine gallertige, wasserreiche und durchsichtige Masse, der *Glaskörper* (Corpus vitreum).

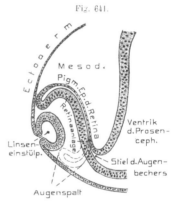

Fig. 641.

Gallus domesticus. Embryo (vom Ende des 3. Tages). Querschnitt durch die Anlage des Augenbechers. Das spätere Auswachsen zum vollständigen Augenbecher unter Bildung des Augenspalts ist durch die gestrichelten Linien angedeutet (nach FRORIEP 1905, etwas verändert).
v. Bu.

Er geht teils aus feinfaserigen Fortsätzen der späteren Stützzellen der Retina hervor, namentlich aber aus denen der eben erwähnten Pars caeca (ectodermaler Teil des Glaskörpers). — Dazu gesellen sich jedoch noch mesodermale Elemente (Bindegewebs- und Wanderzellen), welche sich von dem mit der Gefäßschlinge in den Glaskörperraum eintretenden Mesoderm ablösen.

Die so gegebene Augenanlage umkleidet sich zum Schutz und zu anderen Funktionen mit einer bindegewebigen (mesodermalen) Hülle, wodurch ein abgeschlossener *Augapfel* (Bulbus oculi) entsteht; diese Hülle differenziert sich weiterhin in zwei Lagen. Die äußere umgibt als geschlossene Bildung den gesamten Augapfel. Distal schließt sie sich als durchsichtige *Hornhaut* (Cornea) dem geschichteten Epithel der äußeren Haut so dicht an, daß ein Corium als selbständige Bildung hier meist nicht unterscheidbar ist. Diese Cornea (Fig. 642) geht im übrigen Teil des Bulbus in die fibrillär bindegewebige, undurchsichtige und blutarme *Sclera* (Sclerotica, harte Haut) über, die wesentlich Schutz- und Stützgebilde

ist. — Die innere bindegewebige Hülle, die *Chorioidea* (Gefäß- oder Aderhaut),
besitzt stets blutgefäßreiche und stark schwarz pigmentierte Schichten. Sie umhüllt das Auge nicht völlig, sondern erstreckt sich nur soweit nach vorn wie der
ursprüngliche Augenbecher, mit dessen äußerer Wand (Pigmentepithel der Retina)
sie eng verwächst. — Der Umschlagsrand des Augenbechers, samt dieser Chorioidea, wachsen nun distal von der Linse gegen die Augenachse aus und bilden
ein ringförmiges, vorhangartiges Diaphragma, die *Regenbogenhaut* (*Iris*) mit einer
achsialen Öffnung (*Pupille*). An der Bildung der proximalen Iriswand beteiligen
sich demnach die beiden Blätter (Pars caèca) des vorderen Augenbecherrands. —

Fig. 642.

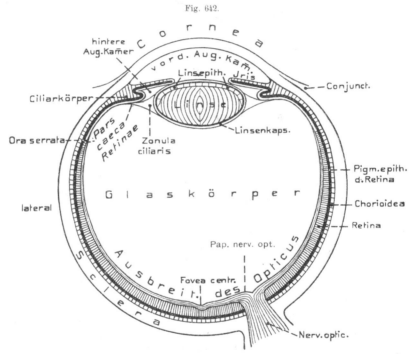

Schema des Wirbeltierauges (speziell Säugetier). Im Horizontalschnitt.　v. Bu.

Weiterhin wachsen jedoch in der Region des späteren Linsenäquators faltenartige,
radiär gerichtete Fortsätze (Processus ciliares) der Chorioidea, samt der Pars caeca,
gegen die Linse vor, an die sie sich anlegen können; sie bilden in ihrer Gesamtheit den *Ciliarkörper* (Corpus ciliare, Fig. 642). — Zwischen Iris und Hornhaut
bleibt ein von wässeriger Flüssigkeit (*Humor aqueus*, Lymphe) erfüllter Raum
(*vordere Augenkammer*). Ein viel engerer ähnlicher Raum zwischen der Iris und
Linse wird als *hintere Augenkammer* bezeichnet.

　　　Wir wollen in folgendem die Augen der Cranioten sowohl in ihrer Gesamtbildung als im Bau ihrer Einzelteile etwas genauer betrachten.

　　　Allgemeines über den Bulbus. Die *Bulbusgröße* schwankt sehr, doch läßt sich
unter sonst gleichen Bedingungen erkennen, daß sie nicht in gleichem Maße wie

die Körpergröße zunimmt, also die größeren Vertebraten im allgemeinen relativ
kleinere Augen besitzen. In allen Klassen, ausgenommen bei Vögeln, finden wir
jedoch Formen mit sehr kleinen, ja verkümmerten Augen. Letzteres tritt, wie
auch unter den Wirbellosen, bei im Dunkeln lebenden Arten auf (Höhlentiere,
Tiefseetiere, unterirdisch lebende).

Die Augen fast aller *Cyclostomen* sind klein, ja bei den halbparasitischen Myxinoiden
sehr stark verkümmert (nur bei den Männchen von *Geotria chilensis* wurden ansehnliche,
teleosteerähnliche Augen gefunden). — Die *Fische* besitzen im allgemeinen mittelgroße Augen,
doch kommen unter den Teleosteern auch solche mit sehr kleinen und sogar blinde vor, deren
Augen rudimentär sind (blinde Höhlenfische, Amblyopsidae und andere). Die im allgemeinen
kleinen *Amphibienaugen* sind bei den *Perennibranchiaten* am schwächsten entwickelt, bei
dem höhlenbewohnenden Proteus und den subterranen Gymnophionen rudimentär. — Auch
die Augen der Reptilien bleiben mäßig, bei einigen
Sauriern und *Ophidiern* (Typhlopidae) selbst klein
bis rudimentär; wogegen die *Vögel* durchweg verhältnismäßig große besitzen. Hinter ihnen bleiben
die der *Mammalia* relativ zurück und sind bei
subterranen Formen (so *Talpidae* und *Spalacidae*,
der Cetacee. *Platanista*) stark verkümmert.

Die bei fast sämtlichen Wirbeltieren (jedoch
mit gewissen Ausnahmen) seitlich gerichteten Augenachsen wenden sich bei den Primaten nach vorn. —
Bei manchen Knochenfischen (z. B. *Uranoscopus*,
gewisse *Tiefseefische*, Fig. 643) können die Augen
ganz auf die Dorsalseite des Kopfes rücken und

Fig. 643.

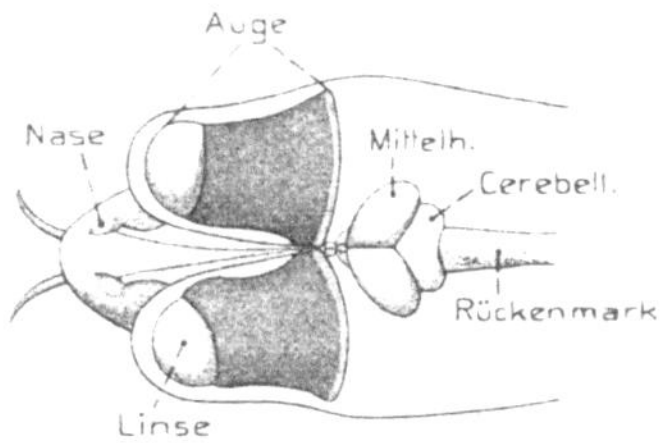

Giganturaindica (Tiefseeknochenfisch).
Kopfende von der Dorsalseite (nach BRAUER
1908). v. Bu.

sehr genähert sein. Besonders seltsam ist die Verlegung beider Augen auf eine Seite, wie sie
bei den *Pleuronectiden* durch Überwanderung des einen Auges (bald rechtes, bald linkes) auf
die andere Seite auftritt.

Die Bulbusgestalt darf im allgemeinen als annähernd kugelig bezeichnet
werden, doch weicht der distale, von der Cornea gebildete Abschnitt häufig ab,
da er stärker oder schwächer gekrümmt sein kann als der übrige Bulbus (auffallend z. B. bei den Chondropterygiern, Fig. 645). Der Bulbus weicht von der
Kugelgestalt häufig auch dadurch ab, daß die Augenachse kleiner bleibt als der
Querdurchmesser, seine Gesamtform daher ellipsoidisch wird (*Kurzaugen*, brachy-
skope Augen), wobei jedoch auch der vertikale und horizontale Durchmesser
etwas verschieden sein können. — Bei gewissen Formen, so namentlich bei vielen
Vögeln, kann sich die Bulbusgestalt erheblich modifizieren, indem die hier stark
gewölbte Cornea (Fig. 651 C, S. 857) durch einen mehr oder weniger steil kegelförmigen Mittelteil mit dem proximalen Bulbusabschnitt zusammenhängt, was bei
den Nachtraubvögeln (Eulen) am meisten ausgeprägt ist. Solche Augen erinnern
daher an ähnlich gestaltete, die wir schon bei den Heteropoden (S. 828) und Tiefseecephalopoden (S. 834) trafen (*Teleskopaugen*). Anscheinend ähnlich gestaltete
Teleskopaugen finden sich auch bei nicht wenigen *Tiefseefischen* (Fig. 644).

Doch sind letztere keineswegs durch eine einfache Verlängerung der Augenachse entstanden. Dies folgt schon daraus, daß die Achse dieser röhrenartig verlängerten Augen nicht
lateral gerichtet ist, wie die der gewöhnlichen Fischaugen, sondern entweder dorsal oder

rostral (Fig. 643), oder diesen Richtungen doch genähert erscheint. Gleichzeitig liegen die beiden parallel gerichteten Augen sehr dicht nebeneinander, indem sie nur von einer dünnen Scheidewand getrennt werden. Diese Fische besitzen daher, im Gegensatz zu den gewöhnlichen, das Vermögen des binocularen Sehens, ähnlich dem Menschen. — Daß jedoch derartige Augen nicht etwa durch einfache Drehung und Verlängerung der Augenachsen entstanden, ergibt ihre Ontogenese. Auf frühen Stadien besitzen sie etwa den Bau normaler Augen; aus dieser Form gehen dann die dorsal gerichteten dadurch hervor, daß sie in ihrer dorsalen Querachse stark emporwachsen, wogegen die rostral gerichteten durch ähnliches Auswachsen in der rostralen Querachse entstehen. Daß dabei auch gewisse Verschiebungen und Verdrehungen der einzelnen Augenteile stattfinden (Fig. 644), ist begreiflich, kann jedoch hier nicht ge-

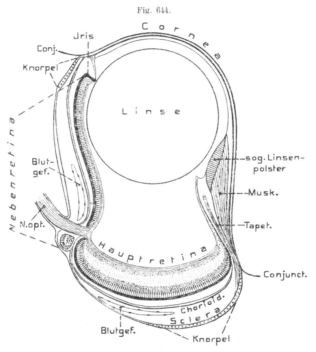

Fig. 644.

Disomma anale (Tiefseeknochenfisch). Achsialschnitt durch das Auge (Querschnitt durch den Kopf) (nach BRAUER 1908).   v. Bu.

nauer erörtert werden. Auf die übrigen Besonderheiten dieser Teleskopaugen wird am geeigneten Ort einzugehen sein. — Kurz erwähnt sei, daß bei den Larven eines Tiefseefisches (*Stylophthalmus*) ungemein langgestielte, gewöhnliche Augen vorkommen, die sich seitlich erheben, und in deren Stiel sogar ein Knorpelfortsatz des Schädels tief hineinreicht. Auf späteren Stadien werden die Stiele kürzer und scheinen endlich ganz zu verschwinden.

Der Bulbus der rudimentären Augen, wie sie in den verschiedenen Klassen (s. S. 845) auftreten, ist in der Regel mehr oder weniger stark verkleinert und meist auch tiefer in das Körperinnere versenkt, indem das Corium und manchmal auch subcutanes Bindegewebe zwischen ihn und die Epidermis eindringen.

Cornea (Hornhaut). Wir fanden früher (S. 843), daß die Hornhaut den distalen durchsichtigen Abschnitt des Bulbus bildet und aus einer Fortsetzung der äußeren Epidermis, sowie dem eigentlichen mesodermalen Cornealgewebe (Sub-

stantia propria corneae) besteht. Da sie fast stets mehr oder weniger nach außen
gewölbt ist und stärker lichtbrechend (Brechungsindex ca. 1,36—1,38), nimmt sie
bei den luftlebenden Formen an der Bilderzeugung teil und zwar bei Vögeln
und Säugern in sehr erheblichem Grad. — Bei den wasserlebenden Vertebraten
kommt diese Wirkung kaum zur Geltung, weil der Brechungsindex des Wassers
den der Cornea nahezu erreicht, ja der des Seewassers ihn etwas übertrifft. Für
solche Tiere ist daher die äußere Corneaform ziemlich gleichgültig, woher es rührt,
daß ihre Hornhaut häufig sehr wenig gekrümmt bis eben, ja sogar unregelmäßig
ist (Fische, Fig. 645, Wassersäuger, Fig. 652); doch kommen bei den Fischen
auch stark vorgewölbte Corneae vor
(z. B. Tiefseefische, Fig. 644). —
Auch der relative Durchmesser der
Cornea schwankt im Vergleich mit dem
Bulbusdurchmesser beträchtlich, etwa
zwischen nahezu gleichem Durchmesser
mit dem Bulbus bis zu einem Drittel
des letzteren. Da der Humor aqueus,
welcher die vordere Augenkammer erfüllt, nahezu denselben Brechungsindex
wie die Cornea besitzt, so kommt weder
die Form der proximalen Corneafläche,
noch ihre Dicke für die Bildgebung
wesentlich in Betracht, vielmehr scheinen diese Verhältnisse hauptsächlich

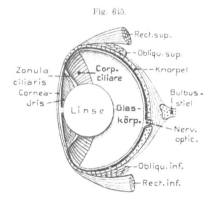

Fig. 645.

Lamna cornubica (Haifisch). Auge durch vertikalen Meridionalschnitt halbiert (nach FRANZ 1905,
etwas verändert). v. Bu.

durch ihre Funktion als Schutzorgan, auch gegen äußeren Druck, bedingt.

Das *Corneaepithel* gleicht im allgemeinen der Epidermis, ist also mehrschichtig und
bei den luftlebenden Formen äußerlich verhornt; die Verhornung kann sogar auf die Schleimschicht übergehen, deren Zellen äußerlich verhornen (gewisse Pinnipedier und Cetaceen). —
Der bindegewebige Teil der Cornea (Substantia propria) geht proximal in die Sclera über
und besteht aus fibrillärem, in zarten Lamellen übereinander geschichtetem Bindegewebe.
Nur bei primitiven Vertebraten (Cyclostomen, zahlreiche Fische), wie erwähnt aber auch
häufig bei rudimentären Augen, beteiligt sich das Corium der angrenzenden Haut (Conjunctiva,
Bindehaut) am Aufbau der Hornhaut, indem es sich zwischen das Epithel und die Substantia
propria einschiebt, wobei die Grenze zwischen letzterer und dem Corium undeutlich werden kann.

Die *Linse* ist der für die Bilderzeugung wichtigste Augenteil und daher nur
bei rudimentären Augen in verschiedenem Grad rückgebildet, ja sogar geschwunden
(Myxinoiden; jedoch embryonal noch angelegt). Wir fanden früher (S. 844), daß
sie der proximalen Irisfläche dicht anliegt, weshalb ihr mittlerer distaler Teil
durch die Pupille mehr oder weniger in die vordere Augenkammer vorspringt. Bei
wasserlebenden Formen liegt die Linse im allgemeinen der Cornea näher als bei
luftlebenden. Die Linsengestalt ist natürlich für ihre Funktion im allgemeinen
maßgebend und schwankt etwa zwischen der einer Kugel und der eines Rotations-
ellipsoids, dessen Achse mit der Augenachse zusammenfällt; diese Achse ist die
kürzere, weshalb solche Linsen in verschiedenem Grad abgeflacht erscheinen.

Kugelförmige Linsen finden wir bei *Petromyxon* und nicht -wenigen Fischen, besonders *Teleosteern*; annähernd kugelige bei den *Amphibien* (besonders Urodelen), einzelnen *Reptilien* (z. B. Platydactylus und nicht wenigen Schlangen), sowie größeren *Pinnipediern* und *Cetaceen* (Fig. 652, S. 858) unter den Mammalia.   Die Flachlinsen (Fig. 651) sind entweder proximal und distal gleich gekrümmt, recht häufig aber beide Flächen verschieden stark gewölbt; die distale ist dann meist flacher als die proximale, doch kommt auch das Gegenteil vor. Da bei solchen Flachlinsen wesentlich nur die achsiale Region optisch wirksam ist, so können ohne tiefere Störung auch sonstige Unregelmäßigkeiten der Gestalt auftreten, so Abweichungen des Äquators von der Kreisform (Schwalben, Cypselus) und Sonstiges.

Daß sich kugelige Linsen besonders bei wasserlebenden Formen finden, ist im Hinblick auf die Unwirksamkeit ihrer Cornea begreiflich; ebenso steht aber die Kugelform auch in Beziehung zum Dunkelleben, da derartige Linsen relativ größere Lichtmengen zu konzentrieren vermögen. Dazu kann sich gleichzeitig eine relativ ansehnliche Vergrößerung der Linse, sowie ihr auffallend starkes Hervorragen in die vordere Augenkammer gesellen, unter starker bis völliger Rückbildung der Iris, sodaß die gesamte distale Linsenhälfte dem Licht exponiert wird. Dieser extreme Fall tritt bei den typischen *Teleskopaugen* der Tiefseefische ein (s. Fig. 644, S. 846). Es kann aber nicht als allgemeine Regel gelten, daß die Kugellinsen stets relativ groß sind. Außer von der Gestalt hängt das Brechungsvermögen vom Brechungsindex der Linsensubstanz ab, der in der Wirbeltierlinse von der Oberfläche bis zum Centrum allmählich oder zuweilen auch sprungweise zunimmt (etwa von 1,38 bis 1,4 und 1,5), was bewirkt, daß der Brechungsindex der Gesamtlinse bedeutend vergrößert wird, weshalb sogar vollkommen plane Linsen wirksam sein können.

Wir fanden früher (S. 842), daß die Linse aus dem Ectoderm durch Einstülpung hervorgeht, wobei sich aus der Distalwand des Linsenbläschens das stets dünn bleibende Linsenepithel bildet, während die sich verdickende Proximalwand die eigentliche Linsensubstanz liefert, indem ihre Zellen zu langen Fasern auswachsen. Auf der Linsenoberfläche bildet sich eine feine strukturlose oder zuweilen geschichtete Umhüllungsmembran, die *Linsenkapsel*. Das Linsenepithel erhält sich auch im erwachsenen Zustand als einfache, meist flache Zellenschicht, die bis zum Linsenäquator und noch verschieden weit auf die Proximalfläche reicht, indem ihre Zellen an dieser Grenze, unter zunehmender Verlängerung, in die Linsenfasern übergehen (Fig. 646). Gewisse Besonderheiten dieses Epithels sollen später erwähnt werden. — Die Zellen der proximalen Linsenwand wachsen im allgemeinen in achsialer Richtung zu langen Fasern aus, wobei

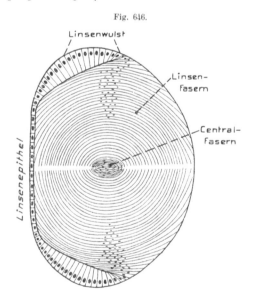

Fig. 646.

Linsenwulst

Linsen-fasern

Central-fasern

Linsenepithel

Linse von Lacerta im achsialen Durchschnitt. (Schematisch nach RABL 1899.)   v. Bu.

die oberflächlicheren Fasern, je mehr sich die Linse vergrößert, um so länger
werden und sich gleichzeitig in der Richtung der Linsenmeridiane krümmen. Auf
solch einfachem Bau bleibt jedoch die Substantia propria der Linse selten stehen
(so bei *Petromyxon*). Bei den übrigen Wirbeltieren wird sie komplizierter, indem
nur die erst gebildeten und daher kürzesten, und central gelegenen Fasern (kernlose Centralfasern) diese Anordnung bewahren, die oberflächlicheren dagegen, also
die Hauptmenge der Fasern (Hauptfasern), sich so anordnen, daß sie radiär zur
Linsenachse gestellte Lamellen zu-
sammensetzen, was auf einem Querschnitt der Linse (Fig. 647) deutlich
hervortritt. Diese Lamellenbildung ist
schon in der äquatorialen Grenzregion
des Linsenepithels, aus welchem ja der
Zuwachs an Linsenfasern hervorgeht,
angedeutet, indem sich dessen Zellen in
meridionalen Reihen anordnen. Zwischen
den Centralfasern und den Radiärlamellen findet sich eine Übergangszone (Über-
gangsfasern), in welcher sich die Anordnung zu Radiärlamellen allmählich
ausbildet.

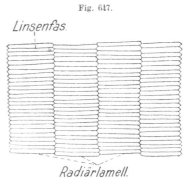

Fig. 647.

Schlange. Kleiner Teil eines Äquatorialschnitts
durch die Linse, um die Radiärlamellen der
Linsenfasern zu zeigen. (Aus PÜTTER, Org. d. Aug.
nach RABL 1899.)

Die Zahl solcher Radiärlamellen ist ungemein verschieden (von 100, gewisse Amphibien,
bis über 4000, gewisse Fische und Säuger) und steht in keiner direkten Beziehung zur
Linsengröße; auch kann die Lamellenzahl gegen die Oberfläche zunehmen (Mammalia) oder
nicht (Sauropsida).

Die Linsenfasern, welche vom Äquator gegen die Linsenpole ausstrahlen, können mit
ihren Enden in eigentümlicher Weise zusammenstoßen, so daß auf der vorderen und hinteren
Linsenfläche eigentümliche Zusammenstoßungslinien (Nähte) entstehen; bei den Chondropterygiern und Amphibien bilden sich so eine vordere vertikale und eine hintere horizontale
Naht, bei den Mammalia dagegen meist zahlreichere, sternförmig ausstrahlende.

Das oben erwähnte Linsenepithel verdickt sich in der Regel gegen den Äquator ein wenig; diese Verdickung wird bei den ·*Sauropsiden* (mit Ausnahme der
Ophidier) sehr stark und bildet den sog. *Linsen-* oder *Ringwulst*, der häufig auf
die proximale Linsenfläche übergreift (Fig. 646). Die Epithelzellen können hier
sogar faserartig werden. Die Verhältnisse der *Vögel* vor allem erweisen, daß die
Bildung des Ringwulsts mit der Accomodation in Beziehung steht, indem er die
Druckübertragung des Ciliarkörpers auf die Linse vermitteln dürfte (vgl. S. 858).

Die rudimentären Augen zeigen eine mehr oder weniger starke Rückbildung der Linse,
welche einerseits darauf beruht, daß sie auf einer früheren Entwicklungsstufe stehen bleibt,
andrerseits auf weitergehender Degeneration, die bei *Myxine*, gewissen *Blindfischen* und
zuweilen *Proteus* zu völligem Verlust führen kann. Die degenerierte Linse kann noch ein
Epithel und einfach geordnete Linsenfasern (Centralfasern) unterscheiden lassen (*Typhlopiden*,
zuweilen auch *Talpa*) oder es sind die Zellen der Substantia propria nicht mehr faserartig,
sondern rundlich bis polygonal (*Talpa* gewöhnlich, *Gymnophionen* [*Siphonops*]); schließlich

findet sich als Linse nur noch ein unregelmäßiges Häufchen von Zellen (so gewisse *Ambly-opsiden* [Blindfische] und jugendlicher Proteus); beim erwachsenen Proteus geht die Linse durch Eindringen von Bindegewebe allmählich zugrunde.

Über den *Glaskörper* (Corpus vitreum) und seine Entstehung wurde schon oben (S. 843) berichtet, weshalb hier einige kurze Bemerkungen genügen dürften. Wie hervorgehoben, besitzt er einen verworren feinfaserigen Bau mit Einlagerung von Bindegewebs- und Wanderzellen. Das Ganze ist durchtränkt von Flüssigkeit (Humor vitreus). Seine Oberfläche gegen die Retina entwickelt sich durch Verdichtung des Faserwerks zu einer *Membrana hyaloidea posterior*, welche sich auch auf den Ciliarkörper und die Hinterfläche der Iris fortsetzt. Die Vorderfläche des Glaskörpers wird von einer ähnlichen Membran (*Membrana hyaloidea anterior, s. terminalis*) begrenzt. — Am Linsenäquator befestigen sich bei fast allen Wirbeltieren Fasern, die vom Ciliarkörper ausgehen und mit diesem sehr innig vereinigt sein können (Vögel). Sie sind ähnlicher Natur wie die Glaskörperfasern und bilden zusammen einen Aufhängeapparat der Linse (*Zonula ciliaris* oder *Zonula Zinnii*, s. Fig. 642, S. 844).

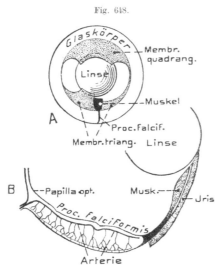

Fig. 648.

Thynnus vulgaris (Thunfisch). — *A* Augenlinse von innen bloßgelegt. mit der Zonula (Membrana quadrangularis und triangularis), sowie dem Proc. falciformis und dem Retractormuskel der Linse (Campanula Halleri). — *B* Der Processus falciformis mit dem Muskel, der Iris und Linse (Fragment), in seitlicher Ansicht. Die Blutgefäße des Processus sind angedeutet (nach H. VIRCHOW 1882, etwas verändert).
C. H.

Die Fische haben nur selten (*Chondropterygii*) eine zusammenhängende Zonula; gewöhnlich (besonders *Teleostei*) ist die Zonula beiderseits unterbrochen (Fig. 648), so daß sich nur ein dorsaler Teil (*Membrana quadrangularis, Ligamentum suspensorium*) als ein häufig viereckiges Band und ein ventraler Teil (*Membrana triangularis*) erhält. Auch bei den *Chondropterygiern* ist der dem Ligamentum suspensorium entsprechende Dorsalteil stärker entwickelt. — Der Glaskörper rudimentärer Augen ist häufig sehr reduziert, indem ihm geformte Bestandteile zuweilen fast fehlen; auch kann der Raum zwischen Linse und Retina sehr eingeengt werden (z. B. *Proteus, gewisse Blindfische*). Andererseits wandert jedoch in manche dieser Augen Bindegewebe reichlich ein und tritt an Stelle des Glaskörpers (*Myxine, Proteus*).

Retina. Die Entwicklung der Retina aus der Innenwand des Augenbechers lernten wir schon oben kennen, wobei sich ergab, daß der Sehnerv die Netzhaut durchbohrt und sich auf ihrer Innenseite ausbreitet. Hieraus, wie aus der Gesamtentstehung der Retina, folgte der inverse Charakter des paarigen Auges. — Die ausgebildete Wirbeltierretina erreicht eine bedeutende Dicke, was namentlich daher rührt, daß sie nicht allein von den eigentlichen Sehzellen gebildet wird, welche nur eine äußere (proximale) Lage bilden, sondern daß sich zwischen die Sehnerven-

und die Sehzellenschicht noch Nervenzellen einschieben, weshalb alles das, was sich auf diese Weise zur Sehzellenschicht hinzugesellt, auch als Hirnteil der Retina bezeichnet wird. Dieser Teil ist dem bei Wirbellosen mehr oder weniger entwickelten *Ganglion opticum* gleichzusetzen. Die eigentliche Retina (*Pars optica retinae*) breitet sich an der Augenwand so weit aus wie der Sehnerv; peripher verdünnt sie sich allmählich und endigt etwas hinter (proximal) der Äquatorialgegend der Linse (*Ora serrata* oder *terminalis*, Fig. 642, S. 844). Wie erwähnt, setzt sich jedoch die ursprüngliche innere Augenbecherwand von hier aus als einfache Zellschicht auf den Ciliarkörper (*Pars ciliaris retinae*) und die Hinterfläche der Iris fort (*Pars iridica retinae*).

An der Eintrittsstelle des Opticus, die gewöhnlich nicht genau central im Augengrund liegt (Fig. 642), fehlen natürlich die Sehzellen (*Blinder Fleck*); auch kann der Sehnerv hier etwas papillenartig in die Augenhöhle vorspringen (*Papilla nervi optici*). Etwa im Retinacentrum findet sich ein meist kleines Feld (*Area centralis*), in welchem die Sehzellen sehr verfeinert und besonders zahlreich sind; bei den *Primaten* ist es gelblich pigmentiert (*Macula lutea*) und in der Mitte vertieft (*Fovea centralis*, Fig. 642). Die Area kann rund bis streifenförmig sein, ja es können sogar zwei Areae auftreten (Vögel und gewisse Säuger), selbst drei (einzelne Vögel). Die Area bildet den Ort genauesten Formen- und Farbensehens.

Der feinere Bau der Retina ist sehr kompliziert, weshalb er hier nur in seinen Grundzügen angedeutet werden kann. — Zunächst sei hervorgehoben, daß fast die gesamte Dicke der Netzhaut von *Zwischenzellen* (*Stützzellen*, *Müller'sche Stützfasern*) durchsetzt wird (s. Fig. 649), deren innere (centrale) Enden eine die Netzhaut gegen den Glaskörper abgrenzende *Membrana limitans interna* bilden, während ihre äußeren (proximalen) Enden eine *Membrana limitans externa* erzeugen, über welche jedoch die percipierenden Endteile der Sehzellen (Stäbchen, Zapfen) hinausragen. Die Stützzellen senden seitlich zahlreiche feine horizontale Fortsätze in die Retina. — Die Schicht der eigentlichen Sehzellenkörper liegt direkt nach innen von der Membrana limitans externa. Eine spindelförmig angeschwollene Partie des Sehzellenkörpers (Korn) enthält den Kern, weshalb die gesamte Region dieser Anschwellungen auch häufig als *äußere Körnerschicht* bezeichnet wird. Sind die in einfacher Schicht übereinander stehenden Endteile der Sehzellen dick, so können die zugehörigen *Körner* ebenfalls in einfacher Schicht Raum finden, werden die ersteren dagegen dünner und liegen sie dicht zusammen, so müssen sich die Körner in verschiedener Höhe anordnen, um Raum zu finden, weshalb fast ausnahmslos zwei bis zahlreiche Körnerlagen vorkommen. Ganz besonders steigert sich die Zahl der Körnerlagen bei gewissen Säugern (Pinnipediern und Cetaceen), wo bis 30 gezählt wurden. Bei diesen, wie manchen andern Säugern ergab sich, daß die Zahl der Körner häufig jene der Stäbchen und Zapfen beträchtlich übertrifft.

Wie bemerkt, werden die percipierenden Endelemente der Sehzellen als *Stäbchen* und *Zapfen* unterschieden, doch ist eine scharfe Sonderung beider

kaum überall durchzuführen. Die typischen Zapfen bleiben meist erheblich kürzer
als die Stäbchen und sind daher zwischen deren Basalregion eingeschaltet.

Die Sehelemente der *Cyclostomen* sind sämtlich zapfenartig oder doch wenig verschieden.
Auch bei den *Chondropterygiern* treten die Unterschiede der mehr stäbchenartigen Elemente noch wenig hervor, wogegen sie bei den übrigen Wirbeltieren in der Regel bestimmter
ausgeprägt sind. Die *Reptilien* besitzen meist überwiegend zapfenartige Elemente, ja

Fig. 649.

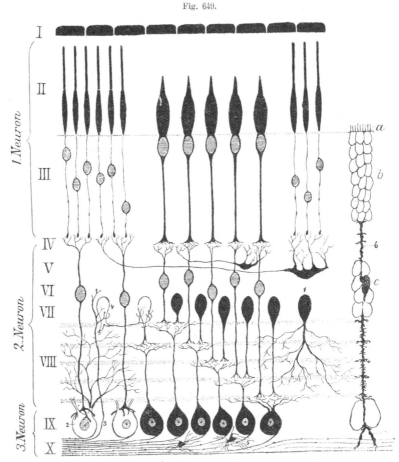

Schematischer Durchschnitt durch die menschliche Retina. *I* Pigmentepithel, *II* Stäb-
chen- und Zapfenschicht, *III* Körper der Sehzellen (äußere Körner), *IV* äußere plexiforme Schicht,
V Schicht der horizontalen Zellen, *VI* Schicht der bipolaren Zellen (innere Körner), *VII* Schicht der
Amakrinen (1 u. 4), *VIII* Innere plexiforme Schicht, *IX* Ganglienzellenschicht, *X* Opticusfaserschicht.
Rechts eine Stützzelle (*a* Faserkorb, *b* seitliche Buchten, *c* Kern). (Nach GREEFF aus PÜTTER 1908.)

solche finden sich bei manchen ausschließlich (namentlich für die *Chelonia* und *Sauria*
angegeben); ebenso ist auch die Vogelretina gewöhnlich reicher an Zapfen. Wichtig erscheint
die Verteilung der beiderlei Elemente, wo sie sich deutlich unterscheiden lassen, besonders
bei den Säugern. Hier finden sich in der Area viel weniger Stäbchen als in der peripheren
Retinaregion, in der Fovea centralis sogar nur Zapfen in sehr großer Zahl. Hieraus und
aus anderem schloß man, daß den Zapfen, neben ihrer allgemeinen Bedeutung für den

Sehakt, insbesondere, die Farbenwahrnehmung zukomme, während die Stäbchen farbenblind
jedoch für schwache Lichtintensitäten empfindlicher als die Zapfen seien. Die periphere
Netzhautregion diene daher hauptsächlich für die Bewegungswahrnehmungen und das Sehen
im Dämmerlicht. Damit stimmt im allgemeinen überein, daß die Stäbchen bei nächtlich
lebenden Vertebraten vorherrschen, während deren Zapfen spärlich oder ziemlich verkümmert
sind. Jedenfalls bestehen aber in diesen Dingen noch mancherlei Unsicherheiten. — Im allgemeinen nimmt die Zahl der Sehelemente und damit die Sehschärfe bei den *höheren
Wirbeltieren* ungemein zu; Berechnungen nach der Dicke der Elemente ergeben etwa 2500
(Spelerpes) bis 1 400 000 (Mus decumanus) auf den Quadratmillimeter der Retina. Die Gesamtzahl der Stäbchen wurde in der Retina des Menschen auf 130 Millionen, die der Zapfen
auf 7 Millionen geschätzt. Direkte Zählungen ließen auf den Quadratmillimeter 76000
(Testudo graeca) bis 680 000 (Syrnium aluco) Stäbchen und Zapfen feststellen. Für die
Beurteilung der Sehschärfe haben derartige vergleichende Zählungen immerhin nur beschränkten Wert.

Die zapfenartigen Elemente zahlreicher Vertebraten enthalten in ihrem Innenglied eine
aus flüssigem Fett bestehende Kugel (*Ölkugel*), welche durch Lipochromfarbstoffe häufig gelb
bis rot gefärbt ist.

Physiologisch scheint die Bedeutung dieser Ölkugel wesentlich in einer Absorption
gewisser Lichtsorten (vorwiegend also der blauen) zu bestehen, was sich bei Vögeln und
Schildkröten in einer Verkürzung des wahrgenommenen Spektrums am kurzwelligen Ende zeigt.
Zapfenkugeln finden sich bei *Protopterus*, vielen *anuren Amphibien*, zahlreichen *Sauriern*
und *Cheloniern*, den *Vögeln* und *Marsupialiern*. Die Kugeln sind entweder farblos, bei
vielen Sauropsiden dagegen (Sauria, Chelonia, Aves, ebenso den Marsupialia) meist gelb und
rot, seltener grün bis blau gefärbt; doch finden sich außer den gefärbten meist gleichzeitig
auch ungefärbte Kugeln.

Die feinfaserig ausgezogenen Enden der Sehzellen treten mit den peripheren
Ausläufern einer Lage von Ganglienzellen (*Bipolaren, innere Körnerschicht,*
Fig. 649) in Verbindung. Dies geschieht etwas verschieden, indem die Sehzellen-
faser entweder knöpfchenartig endet (besonders die der Stäbchenzellen) und dann
gleichzeitig in Mehrzahl mit den Ausläufern einer Ganglienzelle zusammenhängt,
oder indem sie sich wurzelartig auflöst und mit den verzweigten Ausläufern einer
einzigen Bipolaren verbindet. Auf die Frage, ob diese Verbindungen durch Übergang oder Berührung geschehen, gehen wir nicht näher ein. — In der Grenzregion
zwischen Sehzellen und Bipolaren finden sich auch horizontal verlaufende Nervenzellen mit wurzelartig verzweigten Ausläufern, die wahrscheinlich dazu bestimmt
sind, nervöse Verbindungen von Sehzellen untereinander herzustellen. — Die
massenhafte Entwicklung fein verzweigter nervöser Ausläufer in dieser Retinaregion gab Veranlassung, sie als *äußere reticuläre* oder *plexiforme* Schicht zu bezeichnen. — Die bipolaren Ganglienzellen verbinden sich durch ihre wurzelartig
verzweigten centralen Ausläufer mit den ebenso beschaffenen, proximal aufsteigenden
Fortsätzen einer zweiten Lage von Ganglienzellen (*Ganglienzellenschicht*), die
direkt unter (proximal oder außen von) der Opticusfaserschicht liegt. Außerdem finden sich in der centralen (inneren) Region der inneren Körnerschicht noch
mehr oder weniger zahlreiche Nervenzellen, welche den oben erwähnten horizontalen Zellen funktionell entsprechen, die *Amakrinen*, welche durch ihre reich
verzweigten Ausläufer Verbindungen zwischen den nervösen Elementen dieser

Region herstellen. Auf die verschiedenen Formen, welche sich unter diesen Amakrinen unterscheiden lassen, gehen wir hier nicht näher ein. — Auf solche Weise
kommt es zwischen der Schicht der Bipolaren (inneren Körnerschicht) und der
Ganglienzellenschicht zur Bildung einer *inneren reticulären* oder *plexiformen Schicht*,
in welche jedoch auch direkt, ohne Vermittelung von Ganglienzellen, einzelne
Nervenfasern der Opticusfaserlage aufsteigen können. — Ein Blick auf Fig. 649
ergibt die Aufeinanderfolge der Retinaschichten, die bei allen Wirbeltieren große
Übereinstimmung zeigen, deutlicher als ihre nochmalige Aufzählung.

    Auf die Retinabeschaffenheit der rudimentären Augen einzugehen, würde zu weit führen.
— Besonders eigentümliche Verhältnisse zeigt die Netzhaut der *Teleskopaugen der Tiefseefische* (s. Fig. 644, S. 846). Bei diesen, wie früher erwähnt, in einer der Quer-
achsen stark verlängerten Augen hat sich die Netzhaut in zwei verschiedene Partieen differenziert, nämlich eine *Hauptretina*, welche viel dicker und stäbchenreicher, sowie weiter
von der Linse entfernt ist, und eine dünnere *Nebenretina*, die sich medial von der Linse
findet und ihr viel näher liegt. Beide Retinae sind durch eine Falte oder einen Einschnitt
mehr oder weniger voneinander gesondert. Die Gesamtverhältnisse weisen darauf hin, daß
die Hauptretina das eigentliche Objektsehen vermittelt, während die Nebenretina, welche
wahrscheinlich keine scharfen Bilder, wenigstens nicht solche naher Objekte empfängt, hauptsächlich dem Bewegungswahrnehmen dient. Einer ähnlichen Bildung begegneten wir schon
bei den *Heteropoden* (s. S. 829). Bei einigen Teleskopaugen (z. B. bei *Winteria, Opistho-
proctus* u. a.) ist eine eigentümliche Differenzierung an der Nebenretina eingetreten,
indem sich eine streifenförmige Partie derselben rinnenartig ausgestülpt hat. An diesem
Teil fehlt ferner das die Retina umhüllende Pigment; weshalb hier die seltsame Erscheinung
auftritt, daß das Licht durch das so gebildete Fenster direkt von außen auf die Sehelemente
fallen kann, diese Stelle des Auges also wieder convers geworden ist.

    Wie wir erfuhren, entsteht aus der Außenwand des ursprünglichen Augen-
bechers, die stets ein dünnes Epithel bleibt, das *Pigmentepithel der Retina*
(Tapetum nigrum), indem ihre Zellen braunschwarzes, meist kristallinisches Pigment (Fuscin) hervorbringen, das nur in gewissen Fällen fehlt. Die Pigmentepithel-
zellen bilden fast stets Fortsätze, welche sich zwischen die Sehelemente erstrecken
(Fig. 649); bei stärkerer Belichtung wandert das Pigment, namentlich bei niederen
Vertebraten (besonders Fischen) in diese Fortsätze hinein, um die Lichtreizung
der percipierenden Elemente abzuschwächen. — In pigmentfreien Retinaepithel-
zellen werden bei gewissen *Teleosteern, Krokodilen* (unsicher bleibt das früher
beschriebene Vorkommen bei Struthio), körnig-kristallinische Einschlüsse (bei
Fischen Guaninkalk) abgeschieden, die stark reflektieren und einen leuchtenden
Augengrund (*retinales Tapetum*) hervorrufen, ähnlich der gewöhnlicheren derartigen
Bildung in der Chorioidea, von welcher gleich die Rede sein wird.

    Umhüllungshäute des Bulbus und ihre Erzeugnisse. Wie wir früher fanden,
dienen zum Schutz des eigentlichen optischen Apparats die *innere* oder *Gefäßhaut*
(Aderhaut, *Chorioidea*) und die äußere *Sclera*, deren als Cornea entwickelter Teil
schon besprochen wurde (s. Fig. 642, S. 844). Die *Chorioidea* bleibt im allgemeinen
dünn, selten (große Haie) wird sie dicker. Sie ist in gewissen Lagen durch Reichtum an Pigment und Blutgefäßen ausgezeichnet. Ihre Fortsetzung in die Linsenregion bildet, unter Beteiligung der beiden Epithellagen des Augenbechers, den

Ciliarkörper und die Iris. — Der *Ciliarkörper* (*Corpus ciliare*) wird von einer kleineren oder größeren Zahl sehr gefäßreicher Falten gebildet, die da beginnen, wo der optische Teil der Retina aufhört, und, allmählich höher werdend (Processus ciliares), bis zum Äquator oder sogar der Distalfläche der Linse (Sauropsiden) ziehen, sich zuweilen auch auf die Proximalwand der Iris fortsetzen. Bei stärkerer Entwicklung (namentlich *Vögel* und *Säuger*) reichen die Falten nach innen bis oder nahezu bis zum Äquator der Linse und können, sich bei den Sauropsiden an deren Kapsel heftend, zu ihrer Befestigung beitragen.

Unter den *Fischen* besitzen die *Chondropterygii* und *Chondrostei* einen schwach entwickelten Ciliarkörper; den *Teleostei* fehlt er fast stets. Auch bei *Amphibien* und *Reptilien* ist er im allgemeinen schwach ausgebildet, stärker nur bei den *Placoiden*; bei *Vögeln* und *Säugern* erlangt er seine höchste Entwicklung, sowohl in bezug auf die Zahl (bis über 100) wie die Höhe seiner Falten und Fortsätze.

Wie wir schon fanden, besteht die *Iris* aus einer Fortsetzung der bindegewebigen Chorioidea, der sich proximal die doppelte Epithellamelle des Augenbecherrands als stark pigmentierte Schicht auflagert. — Die wegen ihrer Pigmentierung als Blende (Diaphragma) wirkende Iris umschließt die Pupillaröffnung, die meist centrisch liegt und häufig regelmäßig kreisrund ist.

Doch ist sie nicht selten abweichend gestaltet, so elliptisch bis spaltartig (meist nächtliche Tiere) mit horizontalem, seltner vertikalem längerem Durchmesser, gelegentlich aber auch birnförmig (z. B. Pinnipedier). Die Pupille des Teleosteers *Anableps* ist sogar durch zwei vorn und hinten vorspringende Lappen in eine dorsale und ventrale Öffnung geteilt. — Auch die Cornea dieses Fisches wird durch einen pigmentierten Querstreif der Conjunctiva in eine dorsale und ventrale Hälfte geteilt. Diese Zweiteilung soll damit zusammenhängen, daß jener Cyprinodont den Dorsalteil des Kopfes gewöhnlich über Wasser hält, so daß das Auge gleichzeitig für das Sehen in Luft und Wasser adaptiert ist. Bei verschiedenen Gruppen können vorhangartig vom dorsalen Pupillenrand herabhängende Fortsätze, zur Abblendung des aus der Höhe einfallenden Lichts, auftreten, wie sie analog auch den Sepien zukommen. So bei den *Rochen* das *Operculum pupillare*; *Pleuronectiden*, *Hyrax*: Umbraculum; bei den *Artio-* und *Perissodactylia* die *Flocculi* oder *Granula iridis* (auch Corpus nigrum) am dorsalen, zuweilen auch ventralen Rand. Bei Zahnwalen bildet die Iris ein stark muskulöses von oben her in die Pupille einragendes Operculum. — Stark bis nahezu völlig rückgebildet ist die Iris im *Teleskopauge* der *Tiefseefische* (s. Fig. 644, S. 846).

Die sehr verschiedene Irisfarbe rührt von Pigmentzellen ihres chorioidealen Anteils und der Pars iridica retinae her. — In der Iris der Fische und Amphibien kommt häufig eine silberglänzende Schicht (*Argentea*) vor, die sich bei ersteren auch in die eigentliche Chorioidea fortsetzen kann. — Überall ist die Pupille erweiterungs- und verengerungsfähig, indem die Iris Radiär- und Ringmuskelfasern enthält (*Dilatator* und *Sphincter*). Dieser Muskelapparat ist bei den Fischen nur schwach entwickelt, sonst fast immer gut. Die aus dem Ectoderm (äußere Wand des Augenbechers) hervorgehenden Muskelfasern sind nur bei den *Sauropsiden* quergestreift. Der Sphincter beschränkt sich meist auf den Pupillenrand, der Dilatator erstreckt sich durch die gesamte Iris.

Die *Chorioidea* enthält bei nicht wenigen Vertebraten als besondere Lage ein *Tapetum*, wie wir es in analoger Weise schon oben aus dem Pigmentepithel der Retina gewisser Formen hervorgehen sahen. Dies chorioideale Tapetum, welches sich nicht immer über den gesamten Augengrund ausdehnt, kommt bei *Chondropterygii, Chondrostei, gewissen Teleostei* und *zahlreichen Mammalia* (Ungulata, Carnivora, Cetacea und Prosimiae) vor. Es liegt nach außen vom Pigmentepithel der Retina, welches in diesen Fällen wenig oder kein Pigment enthält.

Das Tapetum besteht bei den erwähnten Fischen, den *Carnivoren* und *Prosimiern*, aus polygonalen oder viereckigen Zellen, die entweder in einer Schicht, bei den gesamten Säugern aber mehr- bis vielschichtig angeordnet sind, und reflektierende Plättchen oder Kriställchen enthalten (*Tapetum cellulare* oder *cellulosum*). — Bei den übrigen Säugern sind die Zellen in den Schichtflächen faserig ausgewachsen (*Tapetum fibrosum*), sollen jedoch gleichfalls kristallhaltig sein (ob stets?). — Die physiologische Bedeutung des Tapetums, welches das einfallende Licht in verschiedenem Farbenton zurückwirft und daher ein Leuchten des Augengrundes bewirkt, wird in einer Verstärkung der Retinareizung durch das vom Tapetum reflektierte Licht gesucht.

Von der *Gefäßschlinge*, welche durch den früher erwähnten Augenspalt in den Glaskörperraum tritt, können eigentümliche Bildungen ausgehen. Bei zahlreichen *Teleosteern* (auch *Stör* und gewisse *Rajiden*) erhebt sich durch den sich nicht völlig schließenden Augenspalt eine meist unpigmentierte gefäßreiche Leiste (*Processus falciformis*) in den Glaskörper, mit dem sie fest verbunden ist (Fig. 648, S. 850); beiderseits wird sie von einer aufsteigenden Epithelfalte der beiden Spaltränder begleitet. Vorn reicht dieser Processus bis zur Membrana triangularis; ihre Länge und Höhe variiert sehr, und von ihrem Proximalende kann sich ein fingerförmiger, gefäßreicher Fortsatz in den Glaskörper erstrecken. Vom Distalende des Processus falciformis entspringt ein meist plattenförmiger muskulöser Fortsatz (*Campanula Halleri, Retractor lentis*, s. Fig. 648, Muskel), der in der Membrana triangularis liegt und schief nasalwärts gegen den Linsenäquator aufsteigt, an dem er sich etwas nasal durch eine Sehne befestigt. Häufig ist der Processus falciformis so reduziert, daß sich nur sein distalster Teil als Stiel jenes Muskels erhält (*Haie, Cyprinoiden, Pleuronectiden, Syngnathiden*). Zuweilen soll der Muskel auch fehlen (z. B. *Conger*). Seine glatten Muskelfasern sind gleichfalls ectodermaler Herkunft. Bei den Teleosteern nähert die Kontraktion des Linsenmuskels die Linse der Retina, verschiebt sie jedoch auch etwas nasal; da nun das Teleosteerauge im Ruhezustand für die Nähe eingestellt ist (myop), so dient der Muskel hier zur Accommodation auf die Ferne.

Eine Ausnahme macht der eigentümliche *Periophthalmus koelreuteri*, der auch auf dem Strande, außerhalb des Wassers, nach Beute jagt. Seine Augen sind in der Ruhe weitsichtig bis auf die Ferne eingestellt (hyper- oder emmetrop) und werden auf die Nähe accommodiert; doch ist nicht bekannt, wie dies geschieht. — Bei den *Chondropterygiern* und *Ganoiden* wurden bis jetzt keine Accommodationsvorgänge beobachtet.

Eine an den Processus falciformis erinnernde Bildung findet sich bei gewissen Reptilien (sog. *Zapfen* und *Polster*), sowie den Vögeln (*Pecten, Kamm, Fächer*). Beiderlei Gebilde gehen wenigstens in ihrer Anlage ebenfalls vom Augenspalt und der durch ihn eintretenden Gefäßschlinge aus. Bei den *Reptilien* (Fig. 650) handelt es sich um ein zapfen- bis kegel- oder fingerförmiges, meist pigmentiertes Gebilde (zahlreiche Saurier), welches sich von der Papille des Sehnervs aus in den Glaskörper mehr oder weniger erhebt und sehr gefäßreich ist. Bei manchen *Schlangen* (z. B. *Boa, Coluber* etc.) sowie den *placoiden Reptilien* findet sich an der gleichen Stelle nur eine polsterartige Erhebung. — Den *Vögeln* kommt fast allgemein (Ausnahme *Apteryx?*) ein viel stärker entwickeltes solches Gebilde zu, das sich in der Erstreckung des ur-sprünglichen Augenspalts, meist aber nur in seiner mittleren Region, als eine ziem-lich hoch aufsteigende, stark pigmentierte Längsfalte in den Glaskörper erhebt. Der Hauptcharakter dieses Pecten oder Fä-chers (s. Fig. 651), dem er auch seinen Namen verdankt, ist seine wellige Faltung (vergleichbar etwa einer Krause oder einem Wellblech), wobei die Faltenzahl recht verschieden ist (ca. 3—30). Am freien Rand des Pecten sind die Falten meist zu einer. sog. *Brücke* verwachsen. Eine Befestigung des distalen Pecten-

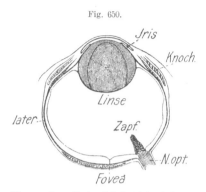

Fig. 650.

Chamaeleo. Horizontalschnitt durch das Auge (aus GEGENBAUR, Vergl. Anat. nach H. MÜLLER 1872).

randes an der Linse, die mehrfach angegeben wurde, scheint nicht zu bestehen. Der Pecten ist sehr gefäßreich; die zuführende Arterie verläuft an seinem Basal-rand und geht aus der embryonalen Gefäßschlinge hervor; von ihr steigen zahl-reiche Capillargefäße auf; im Processus falciformis der Fische verläuft dagegen die zuführende Arterie am freien Rand.

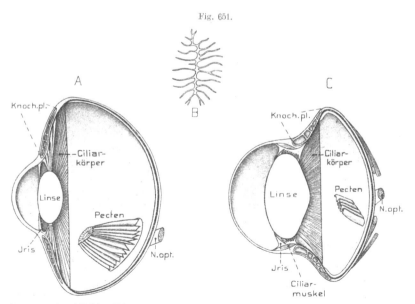

Fig. 651.

Vogelaugen. *A* und *B* Struthio camelus. *A* Rechtes Auge, Verticalschnitt. Temporale Hälfte. — *B* Querschnitt durch den Pecten (nach FRANZ 1909 und SÖMMERING 1818 bei LEUCKART 1876). — *C* Athene noctua, Auge, Horizontalschnitt; ventrale Hälfte (nach FRANZ 1907). v. Bu.

Ontogenetisch geht die Pectenanlage ebenfalls von der Gefäßschlinge aus, welche samt etwas Mesodermgewebe durch den Augenspalt eintritt. Das eigentliche spätere Pectengewebe hingegen ist wesentlich ectodermaler Herkunft, indem die beiden Blätter des Augenbechers, welche den Augenspalt begrenzen, um die mesodermale Anlage emporwachsen und sie ganz überziehen; letztere tritt daher im ausgebildeten Fächer sehr zurück. Daß aber der Pecten ein Sinnesorgan sei, dazu bestimmt, vom intraocularen Druck gereizt zu werden, ist wenig wahrscheinlich, da das Pectengewebe aus dem Stützgewebe der Retina (Glia) hervorgeht. Wegen seines Gefäßreichtums wurde ihm, wie auch dem Ciliarkörper, teils die Funktion eines Ausgleichorgans für die intraocularen Druckschwankungen, wesentlich aber die eines Ernährungsorgans für den Glaskörper zugeschrieben. — Daß der Zapfen oder das Polster der Reptilien dem Pecten homolog sind, ist sehr wahrscheinlich; unsicherer, wenn auch nicht ausgeschlossen, bleibt dies für den Proc. falciformis der Fische.

Sclera. Bevor wir dem Ciliarmuskelapparat einige Worte widmen, soll die äußere Hüllhaut des Auges, die Sclera, kurz besprochen werden. Wie bemerkt, besitzt sie wesentlich Stütz- und Schutzfunktion, was sich in ihrem Bau deutlich ausspricht, an dem Bindegewebe, häufig sogar Knorpel und Knochen teilnehmen, dagegen nur wenig Blutgefäße. Distal geht sie, wie hervorgehoben, in die Cornea über, proximal in die bindegewebige Scheide des Sehnerven (s. diese, S. 626). Ihre Dicke bleibt im allgemeinen mäßig, doch kann sie bei gewissen Vertebraten (größere Säuger: so Cetacea [Fig. 652], Elephas etc.) am Augengrund sehr bedeutend werden. Sehr verbreitet tritt in der Sclera eine verstärkende Knorpelschicht auf, weshalb man deren völliges Fehlen, wie es sich bei *Cyclostomen,* *einigen Teleosteern* und *urodelen Amphibien*

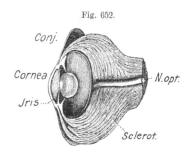

Fig. 652.

Balaena mysticetus (Auge). Horizontalschnitt. (Aus GEGENBAUR, Vergl. Anat. nach SÖMMERING 1818.)

(z. B. *Salamandra*), den *Schlangen*, sowie den allermeisten *Säugern* findet, in der Regel als Rückbildung beurteilt. Deshalb aber die Sclera als eine ursprünglich rein knorplige Bildung zu betrachten und sie gar vom Schädelknorpel ableiten zu wollen, scheint doch sehr gewagt.

Bei ansehnlicher Entwicklung des Knorpels, wie z. B. bei den *Chondropterygiern* (s. Fig. 645, S. 847) dehnt er sich (häufig verkalkt) durch die gesamte Sclera bis zum Beginn der Cornea aus. Ähnlich verhalten sich im allgemeinen auch die *Chondrostei* und *Dipnoi*, meist auch die *Anuren* und *Sauropsiden*, obgleich sich der Knorpel nicht selten auf den Augengrund oder noch in anderer Weise beschränken kann. — Bei den *Knochenfischen* ist die Knorpelkapsel häufig in mehrere Partien zerlegt. Nur bei den *monotremen Säugern* bleibt der Knorpel noch erhalten und zwar bei *Echidna* als Kapsel, bei *Ornithorhynchus* nur als ein Plättchen.

Schon bei *Acipenser* findet man dorsal und ventral in der Conjunctiva einen zarten Knochenbogen, aber ohne direkte Beziehung zur Sclera; wogegen bei den *Teleosteern* nasal und temporal in der Sclera ein Knochenplättchen recht verbreitet auftritt (am größten bei gewissen Scombriden); diese Plättchen liegen ursprünglich dem Knorpel auf, treten jedoch später an seine Stelle.

Die Knochenplättchen von Acipenser erinnern an den Kranz von Hautknöchelchen, der bei fossilen Ganoiden die Orbita eng umzieht (s. Fig. 138, 3, S. 241). Dies ist um so mehr der Fall, als sich bei den *stegocephalen Amphibien*, den *Sauria* (s. Fig. 653), *Cheloniae*, gewissen ausgestorbenen Reptilienordnungen (*Ichthyopterygia, Pterosauria*) und den *Vögeln* (Fig. 651) ein vollständiger Ring von meist ansehnlichen Knochenplättchen im distalen Teil der Sclera findet, der bei den Vögeln den Verbindungsteil des Bulbus stützt (*Scleroticalring*). Daß die schuppenförmigen Knochenplättchen, welche diesen Ring zusammensetzen, Hautknochen sind, scheint sicher. Physiologisch steht der Scleroticalring wohl hauptsächlich in Beziehung zu dem von den Ciliarmuskeln gebildeten Accomodationsapparat. Eine geringfügige Verknöcherung der Sclera umkreist bei vielen Vögeln die Eintrittsstelle des Sehnervs mehr oder weniger.

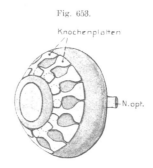

Fig. 653.

Lacerta viridis. Auge mit den Scleroticalplatten in halbseitlicher Ansicht. Orig. C. H.

Ciliarmuskel (Accommodationsmuskel). Der bei den Fischen die Accommodation bewirkende Linsenmuskel wurde schon oben (S. 856) erwähnt. Doch findet sich schon bei den *Teleostei* auch ein M. tensor chorioideae, der vom Cornealrand zur Chorioidea zieht, sich jedoch an der Accommodation nicht beteiligen soll. Den übrigen Wirbeltieren dient hierzu ein besonderer Muskelapparat, welcher sich in der Region des Ciliarkörpers zwischen die Chorioidea und Sclera einschiebt und in sehr verschiedenem Grad entwickelt ist, am stärksten bei Vögeln und Säugern. Nicht stets ließ sich jedoch wirkliche Accommodation nachweisen trotz des Vorhandenseins eines schwachen Ciliarmuskels.

So wurde sie vermißt bei Selachiern, einzelnen *Urodelen* und bei gewissen *Sauriern* und *Schlangen*; meist sind es Dunkeltiere, welche dies Verhalten zeigen. — Der Ciliarmuskel besteht zunächst aus meridional bis

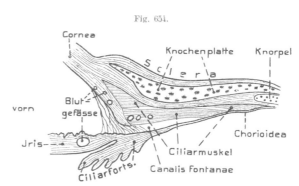

Fig. 654.

Gallopavo meleagris (Truthahn). Meridionalschnitt durch die Augenwand in der Gegend der Grenze von Sclera und Cornea. Die Ciliarmuskeln rot, Crampton'scher, Müller'scher, Brücke'scher Muskel (nach LEUCKART 1876). v. Bu.

radiär gerichteten, bei *Sauropsida* quergestreiften Fasern, die in der Gegend der Cornea-Scleragrenze, etwa an der Irisbasis entspringen und mehr oder weniger weit gegen den Augengrund ziehen, wo sie sich an der Chorioidea befestigen; bei gewissen Säugern konnten sie sogar bis zum Augengrund verfolgt werden. Bei starker Entwicklung kann der Muskel in mehrere Portionen gesondert sein, so bei *Vögeln* (Fig. 654), wo eine vordere, sich an die Cornea heftende

(*Crampton'scher Muskel*) von einer hinteren (*Brücke'scher Muskel*) differenziert ist, ja häufig sogar noch der hinterste Teil der letzteren als besonderer Muskel angesehen wurde. Zu diesen Fasern gesellen sich bei gewissen Formen auch äquatorial bis schief verlaufende, so an der Iris-basis mancher *Amphibien* und *Schlangen*, während bei gewissen *Säugern* (besonders auch dem Menschen) solche Fasern noch weiter verbreitet sind. Bei den *Amphibien* gesellen sich zu dem eigentlichen Ciliarmuskel (*M. tensor chorioideae*), der jedoch nasal und temporal unter-brochen ist, noch Muskeln, welche vom Ciliarkörper nach vorn zur Cornea-Scleragrenze ziehen; ein ventraler solcher *M. protractor lentis* findet sich bei den *Urodelen* und *Anuren*, zu dem sich bei den letzteren noch ein dorsaler gesellt. Fraglich erscheint es, ob sich der ventrale mit dem Retractor lentis der Fische vergleichen läßt. — Ein eigentümlicher, vom Ciliarkörper quer nasalwärts ziehender Muskel wurde bei Sauriern und Schildkröten ge-funden.

Der bei den Primaten besonders ausgiebige Accommodationsvorgang der *Mammalia* ver-läuft so, daß die Kontraktion des Ciliarmuskels das Befestigungsband der Linse (Zonula) vor-schiebt, oder zugleich durch die Kontraktion der Ringfasern eine Verkleinerung des Durch-messers der Zonulabasis eintritt, wodurch die Linse entspannt wird, da sie im Ruhezustand samt ihrer Kapsel durch den radiären Zug der Zonula unter einer gewissen Spannung steht. Durch Aufhebung desselben muß daher die Linsenkrümmung (besonders distal) zunehmen und eine Accommodation für die Nähe eintreten. — Bis in die neueste Zeit wurde auch den allermeisten *Sauropsiden* ein entsprechender Accommodationsvorgang zugeschrieben. Ein-gehende Untersuchungen ergaben aber, daß die hier z. T. recht ausgiebige Accommodation wohl überall durch eine stärkere Hervorwölbung der distalen Linsenregion geschieht, welche da-durch bewirkt wird, daß die Ciliarfortsätze einen Druck auf die distal vom Äquator gele-gene Linsenpartie ausüben, was seinerseits wieder durch die Ciliarmuskulatur und die Ring-muskulatur der peripheren Irisregion hervorgerufen wird. Je ausgiebiger die Accommodation, um so weicher ist bei den Sauropsiden im allgemeinen auch die *Linse*. — Ausnahmsweise soll ein ähnlicher Accommodationsvorgang auch bei gewissen Säugern (*Lutra*) vorkommen, im Zu-sammenhang mit dem Sehen in Luft und Wasser, was überhaupt ausgiebige Accommodation erfordert. Die Accomodation der *Amphibien* und gewisser *Schlangen* dagegen soll so ge-schehen, daß die Linse durch den M. protractor lentis (Amphibien) nach vorn verschoben, also ihre Entfernung von der Retina vergrößert wird, was ebenso wirkt wie die stärkere Krümmung der Linse bei den Mammaliern. Immerhin bestehen über die Wirkungsweise der Ciliarmuskeln bei der Accommodation noch mancherlei Zweifel.

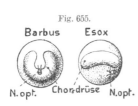

Fig. 655.

Barbus   Esox

N. opt.   Chordrüse   N. opt.

A u g e v o n B a r b u s und E s o x
von hinten gesehen, um die Chorioidealdrüse zu zeigen.
v. Bu.

Die *Blutgefäße des Auges* lassen sich unterscheiden in solche, welche die Bulbuswand und solche, welche die inneren Teile: Glaskörper, Processus falciformis, Pecten und zuweilen auch die Retina versorgen. Die Gefäße der Tetrapoden kommen sämtlich oder doch zum größten Teil aus einer Arteria ophthal-mica, die gewöhnlich ein Ast der Carotis interna ist, oder es gesellt sich dazu noch eine zweite Ophthalmica aus der Carotis externa (viele Säuger). Bei den Fischen ist der Ursprung der Augengefäße eigentümlich und soll daher erst später besprochen werden. Die Vorderregion des Bulbus, besonders die Iris und Irisregion, kann jedoch auch von anderen Gefäßen versorgt werden. Daß sich die Bulbusgefäße vorwiegend in der Chorioidea verbreiten, wurde schon hervorgehoben. — Zahlreiche Knochenfische (auch Amia unter den Holostei) besitzen eine besondere Eigentümlichkeit der in den Augengrund tretenden Arteria ophthalmica magna, in-dem diese sich zwischen Sclera und Chorioidea plötzlich zu einem sog. Wundernetz kapillar auflöst, aus welchem dann die Chorioidealgefäße hervorgehen. Auch die rückkehrenden Venen erleiden an dieser Stelle eine entsprechende Auflösung. Diese Bildung wird als *Chorioideal-drüse* bezeichnet (Fig. 655) und kann so stark entwickelt sein, daß sie um die Eintrittsstelle des Sehnervs eine wulstige Anschwellung bildet. Die Hypothese, daß das Gefäßwerk der Chorioidealdrüse in Beziehung zu einer ehemaligen Kieme stehe, ist unwahrscheinlich.

Die *inneren Blutgefäße* gehen wahrscheinlich sämtlich aus der embryonalen Gefäßschlinge hervor, welche durch den Augenspalt in den Glaskörper eindrang. Sie scheint bei den meisten Vertebraten ebenfalls ein Ast der ursprünglichen Arteria ophthalmica zu sein, bei den Fischen aber eigenen Ursprungs. Bei vielen niederen Vertebraten: *Holostei, zahlreiche Teleostei* (jedoch nicht den Acanthopterygii), *Anura* und *Ophidia* gehen aus ihr bleibende *Gefäße des Glaskörpers* hervor, die sich auf dessen Oberfläche in der Membrana hyaloidea verbreiten. — Aus der Schlinge leiten sich auch die Gefäße des Processus falciformis, des Zapfens und Kamms ab, bei Vögeln unter vorheriger doppelter Wundernetzbildung. — Der zuführende Teil (Arterie) der embryonalen Gefäßschlinge der *Säuger* wird bei der Entwicklung des Augenspalts vom Sehnerv umschlossen und tritt daher als *Arteria centralis retinae* in ihn ein. Embryonal entwickelt sie gleichfalls Glaskörpergefäße und setzt sich, nach Durchbohrung der Retina, durch den Glaskörper bis zur Linse fort, um sich als ein Gefäßwerk auf deren Proximalfläche zu verbreiten, und, ihren Äquator umgreifend, auch die vordere Linsenfläche zu überziehen. Dieser ganze Gefäßapparat des Glaskörpers und der Linse der embryonalen Säuger bildet sich aber später völlig zurück. Dagegen gehen von der Arteria centralis retinae der meisten Säuger (nicht bei *Monotremen* und einigen *Ditremen*, z. B. *Cavia*) Gefäße aus, welche sich in der Opticusfaserschicht der Retina verbreiten. Den übrigen Vertebraten fehlen solche Netzhautgefäße mit seltenen Ausnahmen (z. B. *Anguilla, Muraena* unter den Fischen, wo sie von den Glaskörpergefäßen ausgehen).

Der Augenbulbus liegt in der *Orbita* (Augenhöhle), die, wie wir schon beim Schädel sahen, in sehr verschiedenem Grad von Knorpel oder Knochen umschlossen wird. Erst bei den höchst stehenden Säugern (*Affen* und *Mensch*) wird die knöcherne Orbita vollständig. Wo ein solch knorpliger oder knöcherner Abschluß fehlt, findet sich eine bindegewebige, häufig auch muskulöse Membran (*Orbitalmembran*), welche die Umschließung vervollständigt. — Der Bulbus erfüllt meist nur den äußeren Teil der Orbita, indem sich noch die Bulbus- und Lidmuskulatur, die Augendrüsen, sowie Binde- und Fettgewebe in sie einlagern. — Bemerkenswert erscheint, daß bei den meisten *Chondropterygiern* vom Grunde der Orbita ein knorpliger Fortsatz (*Bulbusstiel*) entspringt, dessen Distalende sich häufig schüsselförmig ausbreitet (Fig. 645, S. 847); auf ihm bewegt sich der Bulbus. — Bei den übrigen Fischen findet sich statt dessen häufig eine bandartige Bildung (*Tenaculum*), welche den Bulbus am Orbitalseptum befestigt.

Augenlider. Die an die Corneaperipherie anschließende äußere Haut ist meist deutlich als *Bindehaut* (*Conjunctiva*) entwickelt, welche in der Regel weicher und durchsichtiger bleibt als die gewöhnliche Haut. Meist kommt es im Umfang der Conjunctiva zur Bildung einer ringförmigen Hautfalte, der Augenlidfalte, welche mehr oder weniger über die Cornea, bis zu vollständigem Verschluß, herübergezogen werden kann. Meist sind der dorsale und ventrale Teil dieser Falte stärker entwickelt, so daß sich ein dorsales und ventrales Lid unterscheiden lassen, die äußerlich von der gewöhnlichen Haut, innerlich von der *Conjunctiva palpebrarum* überkleidet sind, welch letztere zuweilen besondere histologische Eigentümlichkeiten zeigt.

Unter den Fischen besitzen nur die *Chondropterygier* (Fig. 656) zwei derartige Lider in guter Entfaltung. — Bei den übrigen Fischen findet sich gewöhnlich eine circuläre Augenlidfalte, die jedoch häufig dorsal und ventral, oder nasal und temporal (vorn und hinten) stärker entwickelt ist. Sie kann auch stellenweise bis gänzlich rudimentär werden. Bei gewissen Knochenfischen (z. B. Clupea und Salmo [Fig. 508, S. 711]) entspringt von der Innenfläche des vorderen Augenlids eine ansehnliche Hautfalte, die einen Teil der vorderen Cornea überzieht und nach Bau und Lage an die später zu erwähnende Nickhaut der Chondropterygier erinnert (sie wurde daher auch als *Pseudonickhaut* oder *Extrapalpebralfalte*

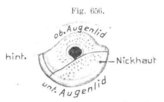

Fig. 656.

Galeus canis (Haifisch) rechtes Auge mit den Augenlidern.   O. B.

bezeichnet). — Die Lidfalten der *urodelen Amphibien*, besonders der Ichthyoden, sind, wenn überhaupt, sehr schwach entwickelt, wogegen die *Anuren* ein schwaches oberes und ein sehr ansehnliches unteres Lid besitzen. Letzteres ist dadurch bemerkenswert (Fig. 657), daß das eigentliche untere Lid eine mäßig erhobene Falte darstellt, von deren innerem, freiem Rand eine halbdurchsichtige, etwas dünnere ansehnliche Membran ausgeht, die im zurückgezogenen Zustand größtenteils zwischen dem ventralen Lid und der Cornea eingefaltet liegt, aber dorsalwärts über die ganze Cornea herübergezogen werden kann. Diese meist als *Nickhaut* bezeichnete Membran ist also eine Fortsetzung des unteren Lids und unterscheidet sich dadurch von der gleich zu besprechenden eigentlichen Nickhaut. — Die beiden Lider der übrigen Wirbeltiere sind häufig etwas ungleich entwickelt; so ist bei den *Sauropsiden* (besonders *Sauriern* und *Vögeln*) das untere in der Regel größer und beweglicher (Ausnahme Krokodile), während dasselbe für das obere der *Säuger* gilt. — Eigentümlich erscheint die circuläre Bildung der ansehnlichen Lidfalte mit enger Öffnung bei den *Chamaeleontiden.* — Den *Ascalaboten* und *Amphisbaeniden* (Sauria), sowie den *Schlangen* fehlen die Lider scheinbar; dagegen findet sich bei ihnen eine durchsichtige geschlossene Membran (sog. *Brille*), welche die gesamte Cornea in einigem Abstand überlagert, ähnlich etwa wie die sog. Cornea der Cephalopoden (s. S. 832) die Linse. Diese Membran wird gewöhnlich vom unteren Augenlid abgeleitet, welches mit dem Rest des oberen über der Cornea völlig verwachsen ist, was um so wahrscheinlicher ist, als bei gewissen Sauriern das untere Lid ganz oder teilweis durchsichtig erscheint und über die gesamte Cornea emporgezogen werden kann. Die Ansicht, daß die Schlangenbrille die Nick-

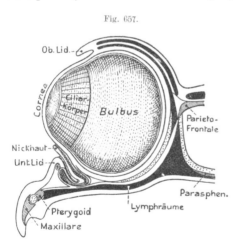

Fig. 657.

Rana esculenta. Auge mit Umgebung vertical halbiert, zur Demonstration der Lider, besonders der sog. Nickhaut; Knorpel punktiert; Knochen schraffiert; Lymphräume schwarz (nach GAUPP, Frosch 1904).
v. Bu.

haut repräsentiere, scheint weniger begründet. Neuerdings wurde beobachtet, daß bei nicht wenigen grundbewohnenden Fischen (so *Gobiiden, Cottus* u. a.) eine an die Schlangenbrille erinnernde äußere durchsichtige Haut den Bulbus überzieht, welche Haut durch einen mit Flüssigkeit erfüllten Hohlraum von der distalen Verschlußmembran des Bulbus (Fortsetzung der Sclera) geschieden ist. — Es scheint aber sicher, daß diese Einrichtung nichts mit der Schlangenbrille zu tun hat, sondern durch Differenzierung und Sonderung der Cornea samt Conjunctiva corneae in zwei Lagen entstand.

Die Lider können von einer *Knorpeleinlagerung* gestützt werden, so das untere vieler *Sauropsiden* (besonders Sauria, hier zuweilen auch knöchern, und Vögel), während bei den

Säugern eine verdichtete Bindegewebsbildung (Tarsus) um die Talgdrüsen (Tarsaldrüsen), die häufig auch als Knorpel beschrieben wurde, den Rand beider Lider stützt. — Bei *Sauriern* und *Krokodilen* dienen auch die in verschiedener Zahl am Dorsalrand der Orbita vorkommenden Hautknöchelchen (Ossa supraorbitalia, s. Fig. 157B, S. 274) zur Stütze des oberen Lids.

Schon bei einigen *Haien* (z. B. Mustelus, Galeus, Carcharias) findet sich außer den zwei geschilderten Lidern noch ein drittes, die *Nickhaut* (*Membrana nictitans, Palpebra tertia*, s. Fig. 656) als eine dünnere bis dickere, wenig ˙durchsichtige Hautfalte, die sich im inneren ˙(vorderen) Augenwinkel, im Grunde der Einfaltung der Augenlider (*Fornix*), aus der Conjunctiva erhebt und sich längs des Grundes der unteren Lidfalte, schief abfallend, noch mehr oder weniger weit gegen den äußeren Augenwinkel erstreckt. Ob diese Nickhaut der Haie jener der Tetrapoden streng homolog ist, erscheint etwas unsicher. — Sie kann mehr oder weniger nach oben und gegen den äußeren Augenwinkel über die Cornea herübergezogen werden. — Den *Amphibien* fehlt diese Haut, da ihr, wie schon bemerkt (s. S. 862), die sog. Nickhaut der Anuren wahrscheinlich nicht entspricht. — Den *Sauropsiden* kommt sie allgemein zu (ausgenommen den mit der Brille versehenen Schlangen und Sauriern) und ist bei den *Vögeln* besonders stark entwickelt. — Auch die *Nickhaut mancher Säuger* (besonders der Huftiere) ist noch recht ansehnlich, bei den *Primaten* kommt sie jedoch nur rudimentär, als *Plica semilunaris*, im vorderen inneren Augenwinkel vor. Die Nickhaut der Säuger (und gewisser Saurier) wird durch eine nicht unansehnliche Knorpeleinlageruug gestützt, die selbst den Affen und manchen Menschen nicht fehlt.

Zur Bewegung der Lider dient eine besondere Muskulatur.

Schon bei den Haien existiert ein Retractor der beiden Augenlider, gewöhnlich als *Retractor palpebrae superioris* bezeichnet, der von hinten zu ihnen tritt. Zu ihm gesellt sich bei den mit einer Nickhaut versehenen noch ein *Levator membranae nictitantis*, der von der hinteren Schädelregion mit einer Sehne zur Nickhaut zieht. Beide Muskeln haben jedenfalls mit den Lidmuskeln der ·Tetrapoden nichts · zu tun, da sie sich nicht von den Bulbusmuskeln, sondern vom Constrictor superficialis dorsalis (s. S. 436) ableiten und vom Trigeminus innerviert werden. — Von den *Sauropsiden* ab besteht die Lidmuskulatur meist in einem Verengerer oder Schließer (*Musculus orbicularis*), der die Lidspalte ringförmig umzieht, jedoch auch noch im Umkreis der Orbita ausgebreitet sein kann und sich, wenigstens bei den Säugern, von der Gesichtsmuskulatur ableitet. — Hierzu gesellen sich bei den Sauropsiden gewöhnlich noch Rückzieher (*Depressor* und *Levator*) der beiden Lider, die in der Orbita entspringen, während den Säugern meist nur einer des oberen Lids zukommt (bei Elephas auch des unteren; bei den Sauria meist nur einer des unteren). Wahrscheinlich leiten sich die Lidmuskeln von den gleich zu besprechenden geraden Muskeln des Bulbus ab, was sich bei den *Cetaceen* und gewissen Carnivoren (besonders *Pinnipediern*) deutlich ausspricht, indem hier sämtliche Recti Fortsetzungen in die beiden Augenlider senden. — Der Muskelapparat der Nickhaut wird bei den Bulbusmuskeln besprochen werden.

Bulbusmuskeln. Zur Bewegung des Bulbus in der Orbita dient ein besonderer Muskelapparat, der bei sämtlichen Cranioten recht übereinstimmend gebaut, und nur bei den rudimentären Augen mehr oder weniger rückgebildet ist, ja ganz fehlen kann (*Myxinoiden*). Auch die Teleskopaugen der Tiefseefische sind unbeweglich und ihre Muskulatur manchmal defekt. — Schon früher (S. 640) wurde die Entwicklung dieser Muskeln aus den drei vordersten Kopfsomiten erwähnt, sodaß wir darauf verweisen dürfen. — Bei sämtlichen Cranioten finden sich 6 Bulbusmuskeln (s. Fig. 658), die von der Orbitalwand entspringen, und sich etwas innen vom Äquator an den Bulbus anheften. Es sind dies die 4 *geraden Muskeln* (*Recti*), die im allgemeinen vom Hintergrund der Orbita ausgehen und in der Richtung der Augenachse verlaufen: ein dorsaler oder oberer (*Rectus superior*), ein ventraler oder unterer (*Rectus inferior*), ein vorderer oder innerer (*Rectus anterior oder internus*) und ein hinterer oder äußerer (*Rectus posterior oder externus*). Diese Muskeln können den Bulbus um seine dorsoventrale und transversale Achse rotieren oder ihn auch bei gleichzeitiger Kontraktion retrahieren. Wie wir früher sahen (S. 640), werden die drei erstgenannten Muskeln vom Nervus oculomotorius, der Rectus posterior dagegen vom Nervus abducens versorgt; auch wurde schon darauf hingewiesen, daß über die Bedeutung des Rectus inferior bei den Cyclostomen gewisse Zweifel bestehen, da er vom Nervus abducens versorgt wird.

Fig. 658.

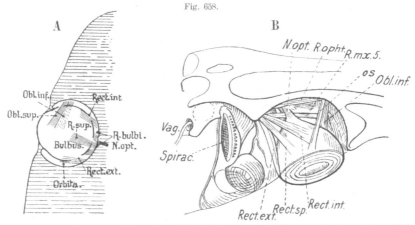

A Schema der Augenmuskeln eines Wirbeltiers; linker Bulbus von der Dorsalseite. B Muskeln des rechten Auges von Centrophorus crepidalbus. A Orig. B (aus GEGENBAUR, Vergl. Anat.)   O. B.

Bei den meisten Wirbeltieren entspringen die geraden Muskeln in der Umgebung der Durchtrittsstelle des Nervus opticus im Orbitalgrund; bei den Fischen dagegen ist ihr Ursprung meist ziemlich weit von dieser Stelle auf die caudale Region der Orbita gerückt (Fig. 658 B); bei gewissen Knochenfischen (besonders Physostomen) sind ihre Ursprünge sogar mehr oder weniger tief in den beim Schädel erwähnten Augenhöhlenkanal (Myodom) verlegt (s. S. 240). Auch bei den Sauriern ist die Insertion der meisten Recti stark ventral verlagert.

Zu den geraden Muskeln gesellen sich stets noch zwei schiefe, der *Obliquus inferior* (Nervus oculomotorius) und *superior* (Nervus trochlearis). Beide entspringen an der nasalen (vorderen oder inneren) Orbitalwand, ihrem Außenrand mehr genähert oder weiter innen, und ziehen schief zur Augenachse, der erstere zur ventralen Bulbuswand, der letztere zur dorsalen. Die beiden schiefen Muskeln können den Bulbus um die Augenachse rotieren.

Der *Obliquus superior der Säuger* erfährt eine Veränderung, welche bei den Mono-tremen (*Echidna*) noch in der Hervorbildung begriffen ist, indem hier ein ansehnlicher Teil des Muskels seinen Ursprung tiefer in den Orbitalgrund verlegt hat und sich erst distal mit dem äußeren Anteil, der seine ursprüngliche Befestigung bewahrte, vereinigt, indem er an dieser Stelle durch eine Sehnenschlinge tritt. Schon bei *Ornithorhynchus* ist aber der äußere Teil ganz geschwunden, wie bei allen übrigen Säugern; der Obliquus superior ent-springt daher bei letzteren ganz im Orbitalgrund neben den geraden Muskeln und tritt außen an der *Nasalseite* der Orbita durch eine verknorpelte Sehnenschlinge (Trochlea), wodurch er erst den schiefen Verlauf zur Dorsalwand des Bulbus erhält.

Von den Amphibien an gesellt sich zu den geschilderten Bulbusmuskeln noch ein *Rückzieher des Bulbus* (*Retractor bulbi, Musculus choanoides*), der im Grunde der Orbita, innerhalb der Recti entspringt und, den Nervus opticus umhüllend, zum Bulbus zieht. Er retrahiert den Augapfel in die Orbita; bei den *Ophidia* und den *Primaten* ist er rückgebildet.

Bei manchen Formen (*Anuren, Cheloniern, Säugern*) ist der Retractor in drei bis vier Portionen gesondert, was, ebenso wie seine Innervierung durch den Oculomotorius und Abducens (Säuger), dafür spricht, daß er durch Abgliederung aus den geraden Muskeln hervor-ging, oder, wenn er nur vom Abducens innerviert wird, allein aus dem Rectus externus, mit dem er zuweilen auch noch zusammenhängt (z. B. *Krokodile*). Eigentümlich erscheint die enorme Entwicklung des Retractor bulbi bei den *Cetaceen* und einzelnen *Pinnipediern* (z. B. Trichechus), obgleich deren Augen wenig beweglich sein sollen. Es wurde daher sogar vermutet, daß dieser mächtige Muskelapparat hier als Wärmequelle diene.

Der Retractor der *Anuren* besitzt auch die Funktion, die sog. Nickhaut (un-teres Augenlid) über die Cornea heraufzuziehen.

Dies wird dadurch erreicht, daß an der Ventralfläche des Bulbus eine Sehne (Nick-hautsehne) etwa quer hinzieht (s. Fig. 659) und mit ihren Enden, die seitlich aufsteigen, zu dem inneren und äußeren Ende der Nickhaut tritt. Diese Sehne ist in eigentümlicher Weise (z. T. auch direkt) mit dem Retractor verbunden, der so bei jeder Rückziehung des Bulbus die Nickhaut über das Auge emporzieht. Das Herab-ziehen der Nickhaut bewirkt ein kleiner beson-derer Muskel (Depressor membranae nictitantis).

Komplizierter erscheint der Muskel-apparat der *Sauropsidennickhaut.* Zu ihrer Bewegung dient ein besonderer Muskel (*Musculus pyramidalis*), der bei den *Kro-kodilen* (Fig. 660), *Schildkröten* (Fig. 661) und *Vögeln* (Fig. 662) von der nasalen (medialen) Hinterwand des Bulbus ent-springt und dorsal vom Nervus opticus zur Temporalseite zieht, um die er mit seiner langen Sehne auf die Vorderfläche des

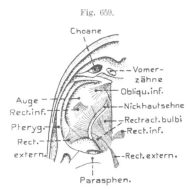

Fig. 659.

Rana esculenta. Rechtes Auge von der Gaumenseite freigelegt, mit den Augenmuskeln und der Nickhautsehne. Rectus externus (late-ralis) und inferior durchgeschnitten und zu-rückgeschlagen (nach GAUPP, Frosch 1904). v. Bu.

Bulbus herumgreift; hier verbindet er sich mit dem temporalen Nickhautende. Bei seiner Kontraktion wird demnach die Nickhaut temporalwärts über das Auge gezogen. Da dieser Muskel bei gewissen Reptilien noch mit dem Retractor bulbi zusammenhängt, so läßt er sich aus diesem ableiten (Innervation durch den Nervus abducens). Der Pyramidalis der *Schildkröten* (Fig. 661) sendet noch einen Zweig zum unteren Augenlid. — Bei den *Vögeln* (Fig. 662) kompliziert sich die Einrichtung dadurch, daß die lange Sehne des Pyramidalis durch die röhrenförmige Sehnenschlinge eines besonderen platten Muskels tritt (*Musculus quadratus* oder *bursalis*, N. abduc.), welcher an der Hinterwand der dorsalen Bulbushälfte entspringt. Daß dieser Muskel bei seiner Kontraktion die Wirkung der Nickhautsehne unterstützen muß, ist klar. — Ein offenbar diesem *M. quadratus* entsprechender

Fig. 660.

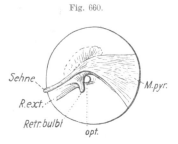

Alligator. Bulbus von innen mit den Augenmuskeln (aus GEGENBAUR Vgl. Anat.).

Fig. 662.

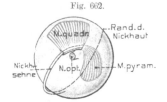

Anas. Linker Bulbus von innen zur Demonstration der Nickhautmuskeln (nach GEGENBAUR, Vergl. Anatomie verändert).   v. Bu.

Fig. 661.

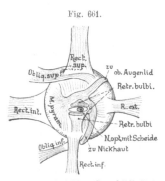

Chelone viridis (Seeschildkröte). Rechter Bulbus von innen; die Augenmuskeln von ihren Ansätzen an der Orbita abgelöst und ausgebreitet.
Orig. O. B.

Fig. 663.

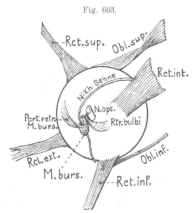

Lacerta viridis. Linkes Auge von innen mit den Muskeln. M. rect. int. zurückgeschlagen um den Opticus, sowie den M. bursalis und den Retr. bulbi, die beide in dieser Ansicht stark verkürzt erscheinen, zu zeigen (nach M. WEBER 1877).   O. B.

Muskel (Portio retrahens M. bursalis) entspringt bei den *Sauriern* (Fig. 663) von der temporalen Hinterwand des Bulbus, vereinigt sich aber in der Gegend der Nickhautsehne (Lacerta) mit einem vom Orbitalgrund, neben dem Retractor bulbi entspringenden Muskel (M. bursalis), dessen Distalende die Nickhautsehne schlingenartig umfaßt und sie nebst der Nickhaut bei seiner Kontraktion vorzieht.

Offenbar sind diese beiden Muskeln, die vom N. abducens versorgt werden, Teile eines einheitlichen; doch fragt es sich, ob sie ursprünglich aus einem wie bei den Vögeln beschaffenen M. quadratus hervorgingen, indem dieser sich verlängerte und sekundär im Orbitalgrund inserierte, oder, was wahrscheinlicher, ob der Zustand bei den Sauriern der primitivere ist, welcher noch auf die Ableitung des Quadratus vom Retractor bulbi hinweist.

Bei den *Säugern*, denen besondere Nickhautmuskeln fehlen, soll der Retractor bulbi dies Lid bewegen, indem er bei seiner Kontraktion den Nickhautknorpel in eigentümlicher Weise verschiebe und damit auch die Nickhaut.

Augendrüsen fehlen den *Fischen* völlig. Bei den übrigen Wirbeltieren entwickeln sich dagegen aus der Conjunctiva des Lidfaltengrundes (Fornix) Hautdrüsengebilde, welche bei den *urodelen Amphibien* im Grunde der unteren Lidfalte zahlreich vorkommen. — Aus ihnen geht bei den *Anuren* und *Gymnophionen* meist eine ansehnlichere, an der Nasalseite des Bulbus liegende Drüse (*Hardersche Drüse*) hervor, welche durch einen Haupt- und mehrere Nebenausführgänge (Anuren) im vorderen Augenwinkel, an der Innenfläche des unteren Lids mündet. — Die *Sauropsiden* und *Mammalier* besitzen meist am gleichen Ort diese, in der Regel tubulöse Drüse, die gewöhnlich mit einem einzigen Ausführgang (bei Mammalia auch mehreren) versehen ist, welcher an der inneren Nickhautfläche mündet. Dadurch steht die Hardersche Drüse in naher Beziehung zur Nickhaut und ist auch bei den Sauropsiden mit gut entwickelter Nickhaut meist sehr ansehnlich (Fig. 664 A), größer als die gleich zu erwähnende Tränendrüse.

Die meist recht große Augendrüse der *Schlangen* (s. Fig. 664 B), welche sich häufig noch außerhalb der Orbita caudalwärts ausbreitet, wird wegen ihrer Mündung am vorderen Augenwinkel jetzt gewöhnlich als Hardersche Drüse gedeutet, während sie früher als Tränendrüse galt. Sie breitet sich ventral vom Bulbus aus, ähnlich wie bei manchen Sauriern.

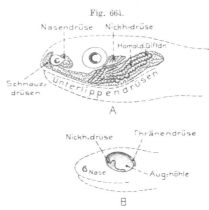

Fig. 664.

A Tropidonotus natrix (Ringelnatter). Kopf von links. Unterlippendrüsen (einschl. sogen. Schnauzendrüsen), Nasendrüse und Nickhautdrüse. — B Lacerta agilis. Kopf von links. Auge herausgenommen, um die Tränen- und Nickhautdrüse zu zeigen (nach LEYDIG 1873). v. Bu.

Der Entwicklungsgrad der Harderschen Drüse der *Mammalia* entspricht in der Regel jenem der Nickhaut; sie ist daher bei Affen und Menschen rückgebildet, doch ihre Anlage ontogenetisch noch nachweisbar. Das Sekret der Harderschen Drüse ist meist mehr fettiger Natur.

Von den *Sauropsiden* an findet sich (ausgenommen bei Schlangen) auch im hinteren (äußeren) Augenwinkel eine Drüse, die *Tränendrüse*, mit gewöhnlich wässerigem Sekret. Ihre meist zahlreichen feinen Ausführgänge münden in der Regel auf der Innenseite des oberen oder auch beider Lider. Bei gewissen *Schildkröten (Seeschildkröten)* wird sie sehr groß. Bei manchen *Säugern* bleibt sie dagegen sehr klein (z. B. *Elephas*).

Daß sie den Cetaceen fehle, wie häufig angegeben wird, scheint unrichtig; vielmehr sollen bei ihnen sowohl die Hardersche als die Tränendrüse ansehnlich entwickelt sein, jedoch gleichartig ausgebildet und längs des gesamten oberen Lides ausgebreitet, so daß hier gewissermaßen ein vereinfachter Zustand vorliege.

Die Sekrete der beiden Drüsen werden durch einen feinen Kanal, den *Tränennasengang* (Ductus nasolacrimalis) in die Nasenhöhle abgeleitet. Ontogenetisch geht er aus der Epidermis zwischen Auge und Nasengrube hervor, ursprünglich also wohl aus einer offenen Rinne zwischen Auge und Nase.

Er beginnt meist im inneren Augenwinkel (bei den Anuren in der Mitte des unteren Lids) und zwar in der Regel mit zwei feinen, runden bis spaltförmigen Öffnungen (*Tränenpunkte*), die sich in zwei Kanälchen fortsetzen, aus deren Zusammenfluß (manchmal unter Anschwellung zu einem sackartigen Teil) der Tränenkanal entsteht. Er durchsetzt in seinem weiteren Verlauf gewisse Schädelknochen (besonders das Lacrimale, welches nach ihm benannt wurde) und mündet schließlich in die Nasenhöhle, was an ziemlich verschiedenen Stellen geschehen kann (s. bei Geruchsorganen).

Die ansehnliche Nickhautdrüse der *Schlangen* mündet direkt in den Anfang des Tränenkanals, weshalb ihr Sekret wahrscheinlich gar keine Beziehungen mehr zum Auge besitzt, sondern an der Einmündungsstelle der Jacobsonschen Organe in die Mundhöhle abfließt (s. S. 719; Annäherungen an diesen Zustand zeigen schon manche *Saurier*); die Drüse der Schlangen hat also ihre Funktion geändert und scheint wesentlich die Rolle einer Speicheldrüse übernommen zu haben. — Die Augenlider der *Mammalia* sind ziemlich reich mit Hautdrüsen versehen. In die Bälge der Cilien (*Augenwimpern*), die jedoch nicht allen Säugern zukommen, münden Talg- und Schweiß-(Knäuel-)drüsen, und an dem inneren freien Rand der Lider findet sich eine Reihe ansehnlicher modifizierter Talgdrüsen, die *Meibom schen* oder *Tarsaldrüsen*. Auf der Conjunctiva der Augenlider können ferner kleinere Drüschen von ähnlicher Funktion wie die Tränendrüse auftreten.

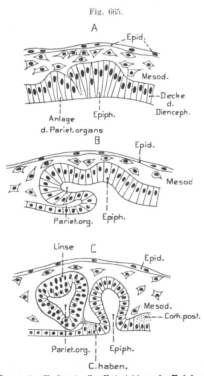

Fig. 665.

La c e r t a (Embryo). Zur Entwicklung der Epiphyse und des Parietalorgans. — *A* Embryo von 3 mm. — Medianschnitt durch die Decke des Diencephalon; rechte Anlage des Parietalorgans und der Epiphyse. — *B* Ebenso etwas älter. — *C* Parietalorgan und Epiphyse haben sich gesondert und der Nerv. parietalis ist angelegt (Embryo v. 7 mm) (nach NOVIKOFF 1910). v. Bu.

5c. Unpaare Augen der Craniota.

Pineal- und Parapinealorgane oder -augen.

Bei der Schilderung des Schädels der *Stegocephalen*, *Rhynchocephalen* (Sphenodon) und *Saurier* wurde hervorgehoben (s. S. 267 und 276), daß zwischen den beiden Parietalia in der Regel eine kleine Öffnung bleibt (Foramen parietale, Scheitelloch), welche auch den meisten ausgestorbenen Reptilienordnungen zukommt, und sogar bei *Ornithorhynchus* gelegentlich angetroffen wurde. Die *Saurier* und *Rhynchocephalen* zeigen, daß sich in dem das Scheitelloch erfüllenden Bindegewebe, seltener etwas über oder unter dem Foramen ein Organ findet, dessen Bau lebhaft an ein Auge erinnert, um so mehr als auch das über ihm

liegende Gewebe: Bindegewebe, Corium, Epidermis, sowie die Hornschuppe (Cornealschuppe
pigmentfrei und durchsichtig bleiben (*Scheitelfleck*), das Organ also dem Licht zugänglich
ist. Unter den Sauriern fehlt das Organ den *Geckoniden* und vereinzelten anderen Formen.
Nur selten hat sich das Scheitelloch über ihm knöchern geschlossen. — Daß auch den ausgestorbenen Reptilien, sowie den Stegocephalen, welche ein solches Scheitelloch besaßen,
ein entsprechendes Organ zukam, kann nicht zweifelhaft sein.

Bei den Sauriern und Rhynchocephalen wird das Organ gewöhnlich als *Parietalauge*
(auch Parietalorgan) bezeichnet, zuweilen auch als Parapinealorgan, aus Gründen, die sich
im Folgenden ergeben werden. Wir wollen dies Parietalauge zuerst etwas genauer betrachten,
weil es bei den genannten Reptilien am besten ausgebildet ist, und besprechen anschließend
eine ähnliche Bildung bei niederen Wirbeltieren. — Wie die Seitenaugen der Vertebraten
entsteht es durch Ausstülpung der Hirnblase und zwar aus der Decke des Diencephalon,
dicht vor der Epiphyse (Fig. 665 A-B). Es ist aber bis jetzt noch strittig, ob es sich wirklich ganz
unabhängig von der Epiphyse bildet, oder ob beide Organe aus einer gemeinsamen Anlage
hervorgehen; in welchem Fall das Parietalauge also eine aus der rostralen Wand der ursprünglichen Epiphysenausstülpung entstehende Bildung wäre. Immerhin sprechen die neueren

Erfahrungen mehr für seine selbständige Entstehung, dicht vor der Epiphyse. Die ausgestülpte Anlage
schnürt sich hierauf als ein geschlossenes Bläschen vom Zwischenhirndach ab und liegt ihm dicht auf
(Fig. 665 *C*); seine Proximalwand
schickt dann bald Nervenfasern in
die Hirndecke zu der sich hier bildenden Commissura habenularis. Indem der so angelegte Nerv des Organs
(*Parietalnerv*) auswächst, entfernt sich
das Parietalauge allmählich von der
Hirndecke und gelangt schließlich an
seinen oben erwähnten, definitiven
Ort (Fig. 666).

Das Auge erscheint als eine
Blase, deren Gestalt jedoch recht
variabel ist, sogar bei einer und derselben Art. Bald erscheint sie annähernd kugelig, bald etwas schlauchartig längsgestreckt, bald mehr oder
weniger, bis recht stark abgeplattet.
Die distale, gegen die Außenwelt
schauende Wand besteht aus einer
Schicht durchsichtiger, selten etwas

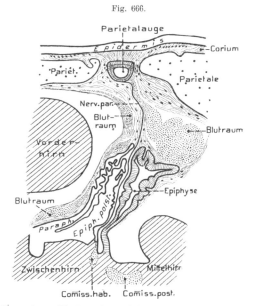

Fig. 666.

Lacerta agilis (erwachsen). Schematischer Medianschnitt
durch die Scheitelregion des Kopfes mit dem Parietalauge
(nach NOVIKOFF 1910). v. Bu.

pigmentierter, langgestreckter Zellen (Fig. 667). In der Regel ist diese Wand mehr oder weniger
linsenförmig verdickt, plankonvex bis bikonvex, seltener beiderseits flach; nur vereinzelt
(z. B. *Chamaeleo*) ist ihr Bau von dem der Proximalwand nicht wesentlich verschieden. —
Die letztere oder die *Retina*, von welcher der Parietalnerv ausgeht, ist ebenfalls meist stark
verdickt und setzt sich aus unpigmentierten Sinneszellen zusammen, welche durch eingeschaltete braun pigmentierte Zwischen- oder Stützzellen voneinander gesondert werden
(Fig. 667; für *Sphenodon* wird jedoch angegeben, daß das Pigment nicht in, sondern zwischen den Zellen liege und von außen in die Retina eingewandert sei). Die Zwischenzellen
durchsetzen die gesamte Wanddicke, um sich proximal an eine zarte Membrana limitans
externa zu befestigen. Die Sehzellen reichen etwa nur bis zum basalen Drittel der Retina

hinab, wo sie in Nervenfasern umbiegen, die zusammen eine horizontale Faserschicht bilden, der auch bipolare Ganglienzellen in mäßiger Menge eingelagert sind. — Die ins Blasenlumen schauenden freien Sehzellenenden sind in feine Fortsätze verlängert, die Cilienbüscheln gleichen; doch tragen auch die Linsenzellen ähnliche, kürzere Fortsätze. Beiderlei Fortsätze gehen in ein die Blasenhöhle durchziehendes feines Netzwerk über (Glaskörper), welches das Lumen ganz erfüllt, oder einen centralen Raum freiläßt. Im Glaskörper finden sich auch einige verästelte Zellen, welche als eingewanderte Bindegewebszellen gedeutet werden. — Der Parietalnerv, welcher embryonal meist vorhanden ist, wurde im erwachsenen Zustand nur bei einigen Arten (*Anguis, Lacerta, Sphenodon*) beobachtet. Er zieht caudalwärts bis zur Epiphyse und an dieser hinab; seine Fasern treten zwischen die der Commissura habenularis ein (s. Fig. 402, S. 557 u. Fig. 666), wo sie sich entweder zum rechten (Anguis, Lacerta) oder zum linken (Sphenodon) Ganglion habenulae verfolgen ließen.

Im allgemeinen macht das Parietalauge einen mehr oder weniger rudimentären Eindruck, was sich auch in der verhältnismäßig großen Variabilität seiner Bauverhältnisse, selbst bei einer und derselben Art, ausspricht. Dennoch läßt sich nicht leugnen, daß es bei gewissen erwachsenen Sauriern wohl noch zu funktionieren vermag, wenn auch nur zur Wahrnehmung verschiedener Lichtintensitäten. Die Beobachtung, daß das Pigment der Stützzellen auf hell und dunkel durch Wanderung reagiert, spricht wenigstens einigermaßen hierfür.

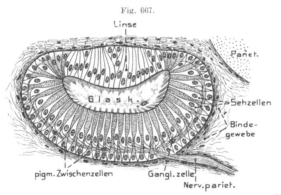

Fig. 667.

Linse

Pariet.

Glask.

Sehzellen

Binde-
gewebe

pigm. Zwischenzellen   Gangl. zelle
                    Nerv. pariet.

Anguis fragilis. Schema eines Sagittalschnitts durch das Parietalauge (nach NOVIKOFF 1910).   v. Bu.

Bei gewissen Sauriern (vielleicht auch *Sphenodon*) findet man außer dem Parietalorgan ein oder zuweilen auch mehrere *Nebenparietalorgane*; häufiger bei Embryonen als bei Erwachsenen. Diese, meist etwas unregelmäßigen, bläschenförmigen, gelegentlich auch soliden Organe sind teils der Epiphyse, teils dem Parietalorgan genähert oder liegen auch zwischen beiden. Sie gehen aus Ausstülpungen eines dieser beiden Organe hervor und können mit ihnen manchmal dauernd zusammenhängen. Wie zu erwarten, sind sie in Größe, Form und Bau recht variabel. Ihre Ähnlichkeit mit dem Parietalorgan spricht sich meist nur darin aus, daß die distale Wand dünner und unpigmentiert erscheint, die proximale dicker und pigmentiert; weiter geht die Übereinstimmung nicht. — Vergleichend anatomisch läßt sich aus dem Vorkommen der Nebenorgane, die wegen ihrer Variabilität und ihres unregelmäßigen Auftretens lebhaft an Mißbildungen erinnern, kaum etwas entnehmen, es sei denn, daß ihr Hervorgehen, auch aus der Epiphyse, darauf hinweise, daß auch letztere bei den Vorfahren der Saurier ein entsprechendes Sehorgan bildete, wie wir es bei den Petromyzonten als Pinealorgan noch antreffen werden.

Unter den übrigen Wirbeltieren besitzen nur die *Petromyxontiden* ähnliche Organe; im Gegensatz zu den besprochenen Reptilien jedoch zwei, die, dicht bei einander liegend, gleichfalls aus der Zwischenhirndecke hervorgehen. Wir haben dieser beiden Organe schon bei der Schilderung des Petromyzonhirns kurz gedacht (s. S. 565, Fig. 404); das hintere ist die Epiphyse, das dicht davorliegende das sog. *Parapinealorgan* (s. Fig. 668). Die Epiphyse der Petromyzonten zeichnet sich dadurch aus, daß ihr freies Ende, welches zu einer abgeflachten Blase erweitert ist (*Pinealorgan*), einen Bau zeigt, der lebhaft an den des Parietalauges erinnert. Der ursprünglich hohle Epiphysenstiel wird später solid und entwickelt sich zu einem Nerv (*Nervus pinealis*), welcher das Pinealorgan mit der Hirndecke verbindet; seine Fasern treten in die Commissura posterior ein und gehen möglicherweise zum rechten Ganglion habenulae. Am Pinealorgan, das einen mehr oder weniger abgegrenzten caudalen, in den Pinealnerv übergehenden Teil (*Atrium*) erkennen läßt, ist ebenfalls eine durchsichtige distale Wand (*Pellucida*) von einer proximalen, retinaartigen zu unterscheiden. Erstere ist selten (*Petromyzon marinus*) ein wenig linsenartig verdickt, häufig auch nach innen unregelmäßig gefaltet. Die Retina erinnert sehr an jene des Parietalauges der Saurier, da sich gleichfalls Sinneszellen, Zwischenzellen (Stützzellen), Ganglienzellen (letztere besonders reichlich im Atrium) und eine Nervenfaserschicht finden. Die freien Enden der Sinneszellen springen ziemlich tief in das flache Lumen des Organs vor. — Statt des dunklen Pigments findet sich in den Zwischenzellen eine undurchsichtig weiße, körnige Substanz (möglicherweise Calciumphosphat), die auch in den Ganglienzellen vorkommt, ja sich bis in die Retina ausbreiten kann. Der Hohlraum des Pinealorgans wird von einem ähnlichen Netzwerk (Glaskörper) erfüllt wie im Parietalauge (auch als Syncytium aufgefaßt), das aus Fortsätzen der Pellucid- und Sinneszellen hervorgeht, und sich im Centrum des Lumens zu einer protoplasmatischen Masse gewissermaßen verdichten kann (*Petromyzon fluviatilis*). Aus allem ergibt sich eine weitgehende Übereinstimmung zwischen dem Pinealorgan der Petromyzonten

und dem Parietalauge. — Das Organ liegt der häutigen Schädeldecke dicht an; die es überlagernde Haut (Corium und Epidermis) ist ziemlich durchsichtig, so daß ein Scheitelfleck schon äußerlich erkennbar ist.

Unterhalb der vorderen Hälfte des Pinealorgans findet sich das *Parapinealorgan* (Fig. 668), das gleichfalls aus einer sich abschnürenden Ausstülpung der Dience-

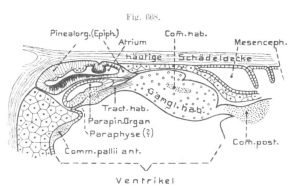

Fig. 668.

Petromyzon planeri, Larve (Ammocœtes). Längsschnitt durch die Decke des Vorder- bis Mittelhirns, mit Pineal- und Parapinealorgan (nach STUDNITZKA 1892).   v. Bu.

phalondecke, dicht vor der Epiphyse, hervorgeht. aber mit seiner Proximalwand stets in direkter Verbindung mit der Hirndecke bleibt. Es variiert in Form und Größe erheblich. Im allgemeinen besitzt es gleichfalls die Form einer stark abgeflachten Blase mit verdickter proximaler und dünner distaler Wand. Die erstere zeigt ähnliche Bauverhältnisse wie die Retina des Pinealorgans, entbehrt aber des weißen Pigments völlig. Die von dem Organ ausgehenden Nervenfasern ließen sich bis zum linken Ganglion habenulae verfolgen. — Nach seiner Lage zur Epiphyse, sowie seiner Entstehung, muß das Parapinealorgan der Petromyzonten dem Parietalauge der Reptilien entsprechen, doch kommen wir auf diese Beziehungen nochmals zurück.

Die *Myxinoiden* besitzen nichts dem Pineal- oder Parapinealorgan Vergleichbares; dagegen ließ sich in der Ontogenese von *Amia* und *einiger Teleosteer* (z. B. Salmo) die Anlage eines Parapinealorgans als eine Ausstülpung der Decke des Diencephalon (ganz ähnlich jener des Parietalauges der Saurier) beobachten; es schwindet aber bald wieder. — Nur bei den *anuren Amphibien* (ausgenommen Hyla) findet sich ein Organ, welches dem Pinealorgan der Petromyzonten vergleichbar scheint, nämlich das *Stirnorgan* (*Stirndrüse, Corpus epitheliale*); es geht aus dem bläschenförmig erweiterten Epiphysenende hervor, löst sich jedoch vom Epiphysenstiel ab und wandert dicht unter das Corium der Stirnhaut außerhalb des Schädels, wo es mitten zwischen den Augen liegt. Das ursprünglich vorhandene Lumen geht im erwachsenen Zustand meist verloren, so daß das Organ ein solides, zelliges, von einer

bindegewebigen Kapsel umgebenes Gebilde darstellt, dessen meist pigmentlose Zellen keine
weitere Differenzierung zeigen. Ein zarter Nerv (Nervus pinealis) geht von ihm aus und
tritt zum Epiphysenende, so daß er als der umgebildete ursprüngliche Verbindungsstrang
zwischen beiden Organen anzusehen ist. Da die Haut über dem Stirnorgan wenig oder kein
Pigment enthält, so zeigen auch die Anuren einen Scheitelfleck mehr oder weniger deutlich.
Es scheint demnach wohl sicher, daß das Stirnorgan als ein stark rückgebildetes Pinealauge
aufzufassen ist. — An der Epiphyse der übrigen Wirbeltiere wurde bis jetzt nichts von
einem solchen Organ gefunden.

Die Beziehungen zwischen Parapineal- und Pinealorgan wurden verschieden gedeutet
teils als die zweier homonomer, hintereinander folgender Organe, teils dagegen als die eines
Paars zusammengehöriger, also eines rechten und linken, welche allmählich hintereinander
verschoben wurden. Letztere Meinung, die in neuerer Zeit an Boden gewonnen hat, gründet
sich hauptsächlich auf die Beziehung beider Organe zu den beiden Ganglia habenulae, ihren
ähnlichen Bau, sowie das oben erwähnte Hervorgehen von Nebenparietalorganen aus der Epiphyse von Sauriern. Da das Pinealorgan nur einen Endabschnitt der Epiphyse repräsentiert,
so wäre letztere selbst als der dem Parapinealorgan (Parietalauge) zugehörige Partner zu
betrachten. Man hat dies um so mehr betont, als die Epiphyse der Saurier in ihrer Wand
eine ähnliche Differenzierung der Ependymzellen in Sinnes- und Stützzellen aufweisen
kann, wie sie für die Retina des Parietalauges charakteristisch ist.

Von einer Homologie der Scheitelsehorgane der Wirbeltiere mit den paarigen Augen
zu reden, hat vorerst jedenfalls geringe Bedeutung; schon der sehr eigentümliche Bau der
Scheitelorgane, die unter sämtlichen Sehorganen nur mit jenen der *Charybdea* Analogien bieten
(s. S. 814), läßt eine solche Vergleichung zweifelhaft erscheinen. — Ebenso kann auch der
Versuch, diese Organe mit den Augengebilden der *Tunicaten* (Larvenauge der Ascidien,
Salpenaugen) in phylogenetische Beziehungen zu setzen, vorerst nur zu sehr problematischen
Vermutungen führen.

6. Arthropoda.

Wir besprechen die Augen dieser Gruppe an letzter Stelle, weil sie viel Eigentümliches bieten und sich in ihrer höchsten Entwicklung zu dem seltsamen Typus
der Complexaugen erheben, der bei den seither betrachteten Tieren nur andeutungsweise auftrat. Wie gewisse schon behandelte Gruppen besitzen auch die Arthropoden Augen von verschiedenem Typus, welche bei manchen Formen sogar gleichzeitig vorhanden sein können. — Sehorgane sind bei den Arthropoden allgemein
verbreitet, doch kommt, wie auch sonst, unter dem Einfluß besonderer Lebensverhältnisse (Aufenthalt im Dunkeln, in Höhlen, der Tiefsee oder unterirdisch, durch
Parasitismus [z. B. bei Cirripedien, Copepoden, Amphipoden; Milben]) Rückbildung
der Augen nicht allzuselten vor, wobei alle Grade der Reduktion bis zu völligem
Schwund verfolgt werden können.

a. *Blasenauge der Protracheata.* Vollkommen isoliert stehen die einfachen paarigen
Kopfaugen der *Protracheaten* (*Peripatus*; Fig. 669), indem sie den Typus der Blasenaugen
bei erranten Polychaeten und Mollusken in naher Übereinstimmung wiederholen und wie
letztere durch Einstülpung und Ablösung einer ectodermalen Augenblase entstehen, mit einer
secernierten Linse in ihrem Inneren. Die Übereinstimmung ist so groß, daß wir auf eine
genauere Beschreibung verzichten; es werde nur hervorgehoben, daß die Sehzellen mit langen
stäbchenartigen Fortsätzen von eigentümlichem Bau versehen sind, die bis zur Linse reichen,
und daß Zwischenzellen in der Retina nicht sicher erwiesen sind.

b. *Das unpaare Medianauge* (Larven- oder Entomostrakenauge, Naupliusauge) ist bei den erwachsenen entomostraken Crustaceen sehr allgemein verbreitet,

so bei den *Phyllopoden* und *Ostracoden* meist neben den paarigen oder unpaaren Complexaugen, bei den *Copepoden* (auch den Parasiten zum Teil) in der Regel ohne letztere und ebenso bei den *Thoracica* unter den Cirripedien, wo die im Larven-zustand vorhandenen Complexaugen sich rückbilden, das Medianauge sich dagegen mehr oder weniger degeneriert erhält. Daß dies Organ bei den primitiven Krebsen wohl allgemein verbreitet war, erweist das ge-wöhnliche Vorkommen eines kleinen Median-auges bei den Larven der Thoracostraken, denen es jedoch im erwachsenen Zustande häufig fehlt; doch soll es sich bei nicht wenigen mehr oder weniger verkümmert er-halten. Das Medianange liegt meist ziem-lich tief unter der Hypodermis, rostral oder ventral vom Cerebralganglion, dem es zu-weilen auch direkt aufruht. Wie wir schon früher sahen (S. 825), besteht es ähnlich dem Chaetognathenauge aus einer Gruppe von meist drei, seltener vier (meiste Bran-chiopoden), ja sogar fünf (gewisse *Cope-poden* der Familie der Asterocheri-nae, deren Lateralaugen in je ein vorderes und hinteres geteilt sind), dicht zusammenstoßenden, inversen, becherförmigen Einzelaugen, welche jenen der Plathelminthen in mancher Hinsicht gleichen. — Drei Einzel-augen sind nämlich so zusammen-geordnet (Fig. 670), daß dorsal nebeneinander zwei seitlich gerich-tete liegen (Seitenaugen), das dritte unpaare dagegen ventral unter den ersteren, nach der Bauchseite schauend. Letzteres Auge wird bei den meisten Branchiopoden durch das sich einsenkende Pigment in zwei hintereinanderliegende Becher gesondert (Fig. 670 *C*). Die drei Augenbecher sind fast stets so dicht zusammengerückt, daß ihre roten bis schwarzen Pigmenthüllen zu einer gemeinsamen Masse ver-

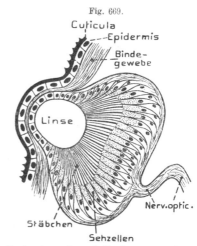

Fig. 669.

Peripatus edwardsii. Auge im achsialen Durchschnitt (nach CARRIERE 1885). v. Bu.

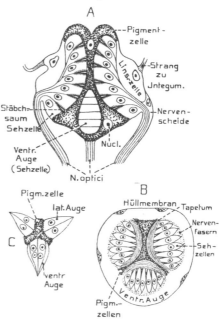

Fig. 670.

Entomostrakenauge. *A* Querschnitt des Auges von Cypris crassa (Ostracode) (nach NOVIKOFF 1908). — *B* Querschnitt des Auges von Cypridina mediterranea. — *C* Querschnitt des Auges von Daphnia pulex (*B* und *C* nach CLAUS 1891). v. Bu.

schmelzen; in der Dorsalansicht erscheinen sie daher wie ein x förmiger Pigmentfleck; selten (z. B. bei der Ostracode *Notodermas*) sind die Einzelaugen etwas auseinandergerückt, wobei jedoch die Pigmenthüllen im Zusammenhang bleiben (ähnlich paarig auseinandergerückt ist auch das Medianauge von *Balanus*). — Jedes
Einzelauge besteht aus einer Anzahl ungefähr cylindrischer, pigmentfreier Sehzellen, die ihre freien Enden der Pigmenthülle zukehren, wogegen ihre Außenenden
in die Nervenfasern übergehen.

Doch wurde für *Copepoden*augen (besonders Eucalanus) neuerdings mehrfach angegeben,
daß sie convers innerviert würden, was jedoch im Hinblick auf die übrigen Entomostraken
recht fraglich erscheint.

Die Nervenfasern ziehen meist als drei (oder zwei, Branchiopoden) gesonderte
Nerven zum Vorderende des Cerebralganglions (Archencephalon). Die Sehzellenzahl schwankt mit der Größe des Medianauges beträchtlich und kann sich (*Cladoceren* und *Copepoden*) auf wenige reduzieren. — Auf den sich berührenden Seitenflächen der inneren (proximalen) Endregion der Sehzellen bilden sich in der Regel
cuticulare Säume aus, welche meist als Stäbchen bezeichnet werden (Fig. 670 *A*).
Bei *Apus* wurde auch eine rhabdomartige Bildung zwischen den Sehzellen beschrieben.
Im Plasma finden sich häufig stärker brechende Einschlüsse. — Die Pigmentmasse
zwischen den Einzelaugen besteht aus zahlreichen bis wenigen Zellen (so nur zwei
bei Artemia und den Ostracoden), die selten auch pigmentfrei sein können.

Die Seh- und Pigmentzellen scheinen sicher aus der Hypodermis hervorzugehen, und
die Frage, ob die Einzelaugen phylogenetisch ursprünglich gesondert waren, oder ob sie nachträglich durch Sonderung einer gemeinsamen Anlage durch die Pigmentzellen entstanden,
ist nicht scharf entschieden.

Zwischen Pigmenthülle und Sehzelle schiebt sich bei den *Ostracoden*
(Fig. 670 *B*) *Argulus, gewissen Branchiopoden* und *Cladoceren* (angeblich auch der
Copepode Eucalanus) eine besondere Lage ein, die als reflektierendes *Tapetum* dient
und bei den Ostracoden aus schüppchenartigen Gebilden, bei den Branchiopoden (be-
sonders Limnadia) aus eigentümlich gewundenen Fortsätzen der Pigmentzellen be-
steht; auch im ersteren Fall scheint sie ein Produkt der Pigmentzellen zu sein. —
Jedes Einzelauge der Ostracoden ist meist mit einem lichtbrechenden Körper (Linse,
Fig. 670 *A*) versehen, der aus wenigen durchsichtigen Zellen besteht, welche den
Sehzellen außen direkt aufliegen; bei der Branchiopode *Artemia* besitzen nur die
Seitenaugen zuweilen eine Linsenzelle, die noch in der Hypodermis liegt, weshalb die
Herleitung der Linsenzellen aus der Hypodermis wahrscheinlich ist. — Bei gewissen
Copepoden wurde auch eine cuticulare oder corneale Linse (auch *Sekretlinsen* ge-
nannt) beschrieben. Überhaupt bieten die Medianaugen dieser Gruppe zahlreiche
Eigentümlichkeiten, welche genauere Untersuchung verdienen.

Bei *Gigantocypris* scheint die über den seitlichen Augen vorgewölbte Cuticula und die
unter ihr befindliche Flüssigkeit als dioptrischer Apparat zu dienen. Das Medianauge dieser
Form ist überhaupt recht abweichend gebaut und jedenfalls noch nicht hinreichend aufgeklärt.

Das Medianauge wird häufig durch bindegewebige Stränge am Integument befestigt.
Da es bei manchen Formen beweglich ist (z. B. den *Calaniden* unter den Copepoden), so
dürften diese Stränge zuweilen muskulös sein. — Ebenso merkwürdig, wie interessant er-

scheint es, daß bei gewissen wasserlebenden *Dipterenlarven* (*Chironomidae*) an den Kopfseiten ein bis zwei Paar kleiner, wenig zelliger Augen von inversem Bau vorkommen. Dies
unvermittelte Auftreten in einer isolierten Gruppe läßt kaum eine andere Auffassung zu,
als daß es sich hier um selbständig entstandene Organe handelt; eine· Erscheinung, die wir
gerade für die Seh- nnd andere Sinnesorgane vielfach anzunehmen gezwungen sind. Auch
bei verwandten Dipteren (*Culiciden, Corethra* usw.) finden sich ein bis zwei Paar Larvenaugen, möglicherweise von ähnlichem Bau, doch reicher an Sehzellen. Diese Larvenaugen
erhalten sich häufig auch bei der Imago ventral von den Complexaugen und wurden bei
zahlreichen Formen gefunden, wo sie im Larvenzustand nicht genauer bekannt sind.

c. Die *Ocellen* (Stemmata, Punktaugen, Ommatidien, Larvenaugen, Simplexaugen) der Arthropoden haben, wie wir früher fanden (s. S. 810), den gemeinsamen
Charakter, daß sie fast ausnahmslos eine einfache cuticulare Linse und eine einheitliche Retina besitzen, welche nicht oder doch nur andeutungsweise durch

Fig. 671.

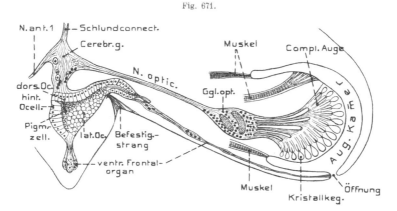

L i m n a d i a (Branchiopode). Kopfende von rechts mit Entomostraken- und Complexauge, sowie
Frontalorgan, schematisch (nach NOVIKOFF 1905, etwas verändert). v. Bu.

zwischengeschaltete pigmentierte Zellen in eine Anzahl Sehzellengruppen (Einzelaugen) gesondert wird Da jedoch die Complexaugen aus der Vereinigung einer
größeren Anzahl einfacherer Ocellen hervorgingen, so ist natürlich die Grenze
zwischen den beiden Organen nicht ganz scharf zu ziehen.

Den *Crustaceen* fehlen solche Ocellen; bei den *Tracheaten* dagegen sind sie
allgemein verbreitet, ebenso auch bei den *Palaeostraken* (Poecilopoden und Merosto-
meen). Entweder bilden sie bei den betreffenden Formen die einzigen Sehorgane,
oder neben ihnen tritt noch ein Paar lateraler Complexaugen auf (Palaeostraca,
Insecta). Das erstere findet sich bei den *Arachnoideen* und *Myriopoden*, sowie gewissen auf niederer Stufe verharrenden Insekten manchen *Poduriden* (Apterygota), *Aphaniptera* (ein Paar), *Coccidae, Mallophaga*, den Männchen von *Strepsipteren*
(*Xenos*, etwa 50 Ocellen, die, dicht zusammenstehend, jederseits am Kopf eine Art
Complexauge bilden). — Viele Insekten besitzen außer den paarigen Complexaugen noch Ocellen auf dem Kopfscheitel als *Stirn*- oder *Scheitelaugen*; doch
fehlen sie bald hier bald dort, namentlich bei nicht fliegenden Formen.

Häufig finden sich die Stirnaugen der Insekten in Dreizahl, ein unpaares und zwei
paarige, in einem Dreieck angeordnet (manche *Apterygota*, die meisten *Orthoptera* und
viele *Neuroptera*, fast stets bei *Hymenoptera*, einzelne *Rhynchota* [Cicada, Phytophthires] und
Diptera; selten auch vier bei gewissen Cocciden). Doch treten sie auch in Zweizahl auf
durch Verkümmerung des unpaaren (gewisse *Orthoptera*, [so Blatta, Gryllotalpa,] *Diptera*, *Lepidoptera*, einzelne *Käfer*, die meisten *Rhynchota*); ein einziger Stirnocellus kommt gewissen
Käfern (*Dermestidae*), *Lepidopteren* und *Poduriden* zu.

Daß die Ocellen phylogenetisch ältere Gebilde sind als die Complexaugen
folgt daraus, daß sie, wie bemerkt, bei den *Arachnoideen* und *Myriopoden* die einzigen Sehorgane bilden und bei letzteren an den Kopfseiten in größerer Zahl
(4, 6, 8 bis sehr zahlreich) stehen, da, wo sich sonst die Complexaugen finden.
Das letztere wiederholt sich bei zahlreichen Insektenlarven, was ebenfalls die
phylogenetische Ursprünglichkeit der Ocellen erweist.

Auch bei diesen Larven treten sie in recht verschiedener Zahl auf, so als ein Paar
(Larven von *Phryganiden* und *Tenthrediniden*, viele *Dipteren*, einzelne *Käfer*); in vier-
bis achtfacher Zahl bei den Larven gewisser *Neuropteren* (Myrmeleo u. a.), der *Lepidopteren*,
gewisser *Käfer* und der *Strepsipteren*.

Nur zwei scheitelständige kleine Ocellen besitzen die *Palaeostraca*, was auch bei
Milben, *Pseudoscorpioniden* und vielen *Opilioniden* vorkommt; doch erhöht sich ihre
Zahl manchmal auf vier (Obisium, Hydrachnidae [auch zum Teil fünf], wobei letztere
Familie häufig eine paarweise Vereinigung der Augen zu Doppelaugen zeigt). — Vier
auf einem scheitelständigen Hügel nahe zusammengerückte Ocellen sind den *Pantopoden*
eigen, ebenso gewissen *Opilioniden*, deren beide Augenpaare verschieden groß sind, eine Erscheinung, die bei den Arachnoideen mit zahlreichen Ocellen verbreitet ist. Bei den *Solifugen* steigt die Ocellenzahl auf vier und sechs, bei den meisten *Pedipalpen* und *Araneinen*
auf acht (selten sechs) und kann sich schließlich bei *Scorpionen* und einzelnen *Pedipalpen*
bis zwölf erheben. — Im allgemeinen sind bei Anwesenheit zahlreicher Ocellen die beiden
vorderen mittleren wesentlich anders gebaut als die übrigen und werden deshalb als *Hauptaugen* (Frontaugen, invertierte Augen) den übrigen
(Seiten- oder *Nebenaugen*, convertierte) entgegen-
gestellt, wie wir noch genauer erfahren werden.
Letztere sind bei den Solifugen stark rudimentär.

Die Ocellen gehen aus der Umbildung
einer beschränkten Hypodermisstelle hervor, indem sich deren Zellen zu Sehzellen
entwickeln, sich aber gleichzeitig mehr oder
weniger becherförmig einsenken und durch
stärkere Chitinsecretion eine linsenförmig,
nach innen oder auch zugleich nach außen
vorspringende cuticulare Verdickung hervorbringen, welche als Linse funktioniert.
Gewissen Ocellen, die jedoch wahrscheinlich nur vereinfachte Bildungen sind, kann

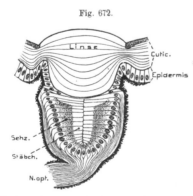

Fig. 672.

Heterostoma australicum (Myriopode).
Achsialschnitt durch einen Ocellus (nach
GRENACHER 1880).   v. Bu.

eine solche Linse fehlen, indem die Cuticula (Cornea) das Auge unverdickt überzieht
(Ocellen gewisser *Poduriden* [*Machilis*,] zahlreicher *Orthopteren*). Ganz vereinzelt
(bei der Neuroptere *Osmylus*) zeigt die Cornea eine Facettierung ähnlich jener des

Complexauges. — Daß die Sehzellen selbst die Linse abscheiden können, ist wenig wahrscheinlich; vielmehr geschieht dies wohl überall von besonderen, wenig veränderten Hypodermiszellen (*corneagenen Zellen*, *Glaskörperzellen*), welche verschieden angeordnet sind. Sehr deutlich tritt dies an den Ocellen der *Myriopoden* und den lateralen gewisser Käferlarven (*Dytiscus*, *Acilius*) auch den Nebenaugen gewisser Spinnen (s. Fig. 672, 673) hervor. Die Hypodermis hat sich hier meist tief becher- bis schlauchförmig eingesenkt und die Becherzellen sind gewöhnlich sämtlich zu Sehzellen entwickelt. Die Zellen aber, welche den peripheren Rand

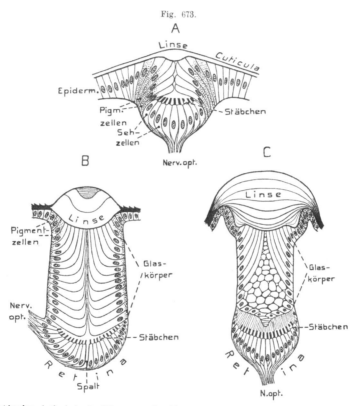

Fig. 673.

Schematische Achsialschnitte von Ocellen. *A* Larve von Dytiscus. — *B* Larve von Acilius (Wasserkäfer). — *C* von Salticus (Spinne), (nach GRENACHER 1879). v. Bu.

oder die periphere Region des Bechers bilden und an die Cuticula grenzen, sind mehr oder weniger verlängert, bis faserförmig, sowie derart gegen die Augenachse gerichtet, daß sie unterhalb der Linse zusammenstoßen, wodurch der Becher eigentlich zu einer schlauchförmigen Augenblase wird. Letztere Zellen sind es, welche die Linse abscheiden und gleichzeitig als eine Art Glaskörper deren lichtbrechende Wirkung verstärken können. — In gewissen Fällen (z. B. *Lithobius*) können jedoch diese corneagenen Zellen nur in sehr geringer Zahl vorhanden sein, zuweilen sogar ganz fehlen.

Ähnlich verhalten sich auch die *Nebenaugen* (convertierte Augen) der *Araneinen*, bei denen lang faserartige Hypodermiszellen allseitig oder einseitig zwischen die etwa napfförmige Retina und die Linse als eine Glaskörperlage hineinwachsen (Fig. 677, S. 880). Auch die Augenbecher der *Pantopoden* sind durch das Zusammenwachsen der faserartig verlängerten Glaskörperzellen fast ganz geschlossen (Fig. 678 B, S. 881).

In gewissen Fällen (so bei der erwachsenen Larve von Dytiscus) findet sich unter der Linse ein von den Glaskörperzellen abgeschiedener, etwa uhrglasförmiger, gallertiger Glaskörper. Auch sind die Retinazellen des Augengrundes hier in zwei Reihen besonders großer differenziert.

Fig. 674.

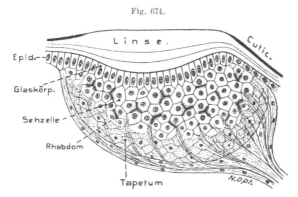

Periplaneta orientalis (Küchenschabe). Querschnitt durch einen seitlichen Stirnocellus (nach LINK 1908). v. Bu.

Fig. 675.

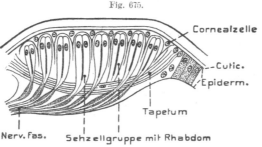

Machilis (Apterygote). Querschnitt durch einen Stirnocellus (nach HESSE 1901). v. Bu.

Anders verhalten sich die *Nebenocellen der Scorpione* (Fig. 679 A, S. 882), sowie die Ocellen der *Hydrachniden*, welche beide, soweit bekannt, keine Glaskörperlage besitzen. Da jedoch zwischen ihren Sehzellen pigmentierte indifferente Zellen (*interneurale Zellen*; bei Scorpio, doch auch geleugnet) eingeschaltet sind, so dürften diese wohl die Linse abscheiden. — Die *Stirnocellen* der Insekten (Fig. 674, 676) und *gewisse Lateralocellen* ihrer Larven (Tenthrediniden) besitzen zwischen Linse und Retina stets eine Lage von *Glaskörperzellen*, als ein einschichtiges und meist ziemlich flaches durchsichtiges Epithel, das peripher direkt in die Hypodermis übergeht. Die Ontogenese erwies, daß diese Zellenlage durch Sonderung der ursprünglich einfachen Hypodermislage entsteht, indem sich die Sehzellen, welche anfänglich zwischen den Glaskörperzellen liegen, in die Tiefe zurückziehen.

Die gelegentlich ausgesprochene Ansicht, daß Glaskörper- und Retinalage der im vorhergehenden erwähnten Insektenocellen aus den Wänden einer Augenblase entständen, was in der Tat für die invertierten Hauptocellen der Scorpione und Araneinen zutrifft, hat sich nicht bestätigt. — Auch vergleichend anatomisch läßt sich die Entstehung der Glaskörperschicht verfolgen, indem sie bei manchen Insektenocellen von der Retina noch wenig scharf gesondert ist, ja in gewissen einfachen Fällen (*Machilis*, Fig. 675) die Corneal- oder Glaskörperzellen noch zwischen die Retinazellen eingelagert sind. Immerhin ist zu beachten, daß es sich möglicherweise z. T. auch um eine veränderte Entwicklung handeln könnte und die Glaskörperzellen ursprünglich durch Einwachsen, also ähnlich einer Einstülpung entstanden seien, wie bei den Nebenocellen von Spinnen, denen der Käferlarven und den accessorischen Ocellen der Coccidenmännchen, wo dieser Vorgang beobachtet wurde.

Die Glaskörperschicht gewisser Insekten (*Acridier*, *Ephemeriden*) wird ausnahmsweise recht dick und beteiligt sich dann an der Lichtbrechung, indem sie die flache Cornea zu einer Art Linse ergänzt. Bei gewissen Ephemeriden (*Cloëon*, Fig. 676, *Baëtis*) hat sich die Glaskörpermasse unter der Cornea sogar zu einer zelligen Linse umgestaltet, unter welcher jedoch von einigen Beobachtern noch eine Glaskörperschicht angegeben wird. Völligen Mangel des Glaskörpers zeigen die seitlichen Ocellen der männlichen *Cocciden*, doch handelt es sich jedenfalls um Vereinfachung, da das dorsale und ventrale Paar accessorischer Ocellen den Glaskörper besitzt.

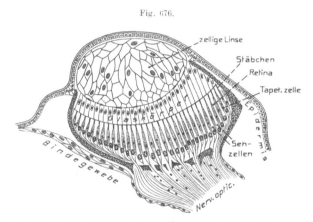

Fig. 676.

Cloëon (Eintagsfliege). Achsialschnitt durch einen Stirnocellus mit zelliger Linse (nach HESSE 1901). v. Bu.

Eine niedrige Lage corneagener Zellen kommt auch den Medianocellen von *Limulus* (Fig. 683, S. 885) zu und ist wohl gleichen Ursprungs wie jene der Insekten.

Die Hypodermiszellen, welche den Linsenrand umgeben, sind in der Regel stark pigmentiert, wodurch eine Art *Iris* gebildet wird; sie wird häufig noch dadurch vervollständigt, daß auch die Cuticula im Umkreis der Linse dunkel pigmentiert ist (s. Fig. 672, 673, S. 876, 877), ja die pigmentierte Cuticula kann sich sogar mehr oder weniger tief um das Auge einsenken. —

Die *Retina* besteht aus mehr oder weniger Sehzellen, deren freie Enden bei den zunächst zu betrachtenden conversen Ocellen dem Licht zugewandt sind, während ihre proximalen Enden in die Nervenfaser übergehen. In den Ocellen der meisten *Insekten*, der *Arachnoideen* und *Pantopoden* liegen die meist cylindrischen Sehzellen in einfacher Schicht nebeneinander, so daß sie etwa gegen den Mittelpunkt der Linse konvergieren. — In den mehr schlauchförmig becherartigen Ocellen der *Myriopoden* (Fig. 672) und *gewisser Käferlarven* (z. B. *Dytiscus*, Fig. 673 A) bewahren nur die im Bechergrund stehenden Zellen diese Richtung, wogegen die seitlichen quer zur Augenachse gestellt sind und ihre stäbchenartigen Enden also quer zum einfallenden Licht verlaufen. Auf die Natur der stäbchenartigen Endelemente gehen wir nicht näher ein, da hierüber später berichtet werden wird; hervorzuheben ist aber, daß die Sehzellen des Bechergrundes der *Myriopoden* häufig von denen der Seitenwand etwas abweichen, indem sie entweder eigenartige Stäbchenelemente besitzen oder ihnen eigentliche Stäbchen fehlen.

Die *Retina* bietet noch mancherlei Eigentümliches, wovon hier besonders hervorgehoben werde, daß sie in den Stirnocellen der meisten *Orthopteren* nicht aus einer einfachen Sehzellenschicht, sondern aus mehreren Lagen polygonaler bis rundlicher Zellen besteht (Fig. 674, S. 878). — Die Retinazellen der Stirnaugen zahl-

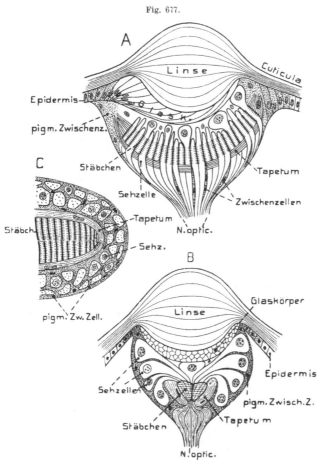

Fig. 677.

reicher *Libellen* dagegen sind ungleich, indem regelmäßig verteilte Gruppen längerer, mit distal gelegenen Kernen, mit Gruppen kürzerer abwechseln, deren Kerne proximal liegen; auf solche Weise kommen scheinbar zwei Sehzellenschichten zustande, die für gleichzeitiges Sehen in verschiedener Entfernung eingerichtet zu sein scheinen. —

In den Stirnocellen der Wespen (besonders *Vespa crabro*) ist der an den Linsenäquator stoßende Retinarand, wie es scheint, zu einer Art *Nebenretina* differenziert, welche auf Fernsehen eingerichtet sein dürfte.

Tegenaria domestica Cl. (Hausspinne). Converses Mittelauge. *A* Sagittaler Achsialschnitt. — *B* Querer Achsialschnitt. — *C* Schnitt quer zur Augenachse (nach WIDMANN 1908).   v. Bu.

Die Sehzellen in den *Nebenaugen* der *Spinnen* (Fig. 677) sind so gruppiert, daß sie die beiden Hälften des im Querschnitt meist etwas ovalen Ocellus einnehmen, und zwar besteht jede Hälfte im Auge der Sedentariae (auch Hydrachniden unter den Milben) aus einer einzigen Sehzellenreihe, bei den Vagabundae dagegen aus zahlreichen Zellen. Eigentümlicherweise können diese beiden Typen auch in einem Auge vereinigt sein (Mittelauge der zweiten Reihe von Epëira), indem die laterale Hälfte der Retina

nach dem ersten Typus, die mediale nach dem zweiten gebaut ist. Eine ähnliche
Sonderung der Retinazellen in zwei einreihige Hälften zeigt auch das *Pantopodenauge* (Fig. 678). —

Zwischen die Retinazellen der Araneinen sind häufig Zwischenzellen (Stützzellen) eingeschaltet, deren Körper und Kerne meist proximal liegen; sie können
pigmentiert oder unpigmentiert sein. — In den Nebenaugen der *Spinnen* und nicht
wenigen Stirnaugen von Insekten (*Machilis*, zahlreiche *Orthopteren*) enthalten diese
Zellen sämtlich oder teilweise körnige bis kristallinische Einschlüsse und bilden
daher ein reflektierendes *Tapetum*. Daß sie gleichfalls besonders differenzierte Ecto-
derm- und nicht Mesodermzellen sind, dürfte sicher sein. — In den beiden Typen

Fig. 678.

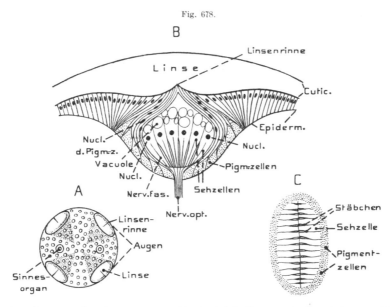

Pantopodenauge (Nymphon). — *A* Augenhügel mit 4 Ocellen, von der Dorsalseite. — *B* Schematischer horizontaler Achsialschnitt durch ein Auge. — *C* Querschnitt durch die Retina und die Stäbchen
(nach SOKOLOFF 1911). v. Bu.

der convertierten Nebenocellen der Spinnen besitzen die Tapetumzellen entsprechend dem Netzhautbau eine recht verschiedenartige Anordnung, wovon die Figuren 677 *A-C* das Wichtigste erkennen lassen.

Besonderes Interesse bietet die Retina in den *Ocellen* der *Xiphosuren*, *Scor-
pione*, den *Hauptaugen* der *Pedipalpen* und den *Stirnaugen* der *Insekten* wegen der
gewöhnlich ausgesprochenen Gruppenbildung ihrer Sehzellen und der dadurch
bedingten Entwicklung zusammengesetzter stäbchenartiger Gebilde (Rhabdome)
(Fig. 679). Da die invertierten Hauptocellen der Scorpione und Pedipalpen
Ähnliches zeigen, so berücksichtigen wir sie hier ebenfalls. — Ein allgemeiner
Charakter der *Arachnoideen*- und fast aller *Insektenocellen* ist nämlich, daß die
Sehzellen an ihren seitlichen Flächen meist distal, zuweilen jedoch auch tiefer,
alveoläre cuticuläre Säume bilden, welche als percipierende Elemente gedeutet

werden. Wenn die Sehzellen nicht durch Zwischenzellen voneinander gesondert sind, so können diese Säume im ganzen Umfang der Seitenfläche der Sehzellen

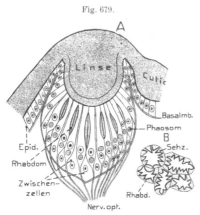

auftreten und die benachbarten sich dann zu einer Art Netzwerk (im Querschnitt) vereinigen (invertierte Hauptocellen der Sedentariae, Fig. 698 a, S. 897).

Bei völliger Sonderung der Sehzellen durch Zwischengewebe, wie in den Haupt- und Nebenocellen der vagabunden Spinnen, bildet jede Sehzelle an ihren Seitenflächen zwei sich gegenüberstehende Säume oder Stäb-chen (Fig. 698 c); wogegen die Sehzellen jeder der beiden Reihen in den Nebenocellen der Sedentariae sich seitlich berühren und hier einen gemeinsamen Saum oder Stäb-chen bilden (Fig. 698 b, S. 897). Ähnliches zeigen auch die Augen der Pantopoden (Fig. 678 c). — Sind Zwischenzellen einge-lagert, so rufen sie Unterbrechungen in den Säumen hervor.

Fig. 679.

Euscorpio. Converses Lateralauge — *A* Schematischer Achsialschnitt (nach LANKESTER und BOURNE 1883). — *B* Querschnitt durch die Retina, um die Rhabdome zu zeigen (nach HESSE 1901). v. Bu.

Wenn sich dagegen *Sehzellen-gruppen* bilden, was mit und ohne Zwischenzellen geschehen kann, so bildet jede solche Gruppe an den sich berührenden Seitenflächen ihrer Zellen ein zusammen-hängendes derartiges Saumgebilde (Fig. 698 d-h.) Die Zahl der zu einer Gruppe vereinigten Sehzellen ist ziemlich verschieden, worüber später Genaueres.

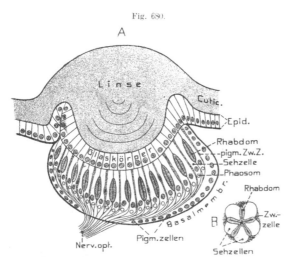

Fig. 680.

Auf der Grenze von Glaskörper und Retina findet sich in gewissen *Insekten-ocellen* (Diptera, Phryganiden) eine zarte, aus ganz flachen Zellen bestehende Membran (*präretinale Membran*), die vielfach als bindegewebig angesehen wird. — Gegen die Leibeshöhle wird der ge-samte Bulbus häufig von einer pigmentierten Zellen-lage (Pigmenthülle, *post-retinale Membran*) umkleidet (besonders ausgeprägt bei manchen *Myriopoden* und *Insekten*), welche wenigstens bei letzteren hypodermaler Natur zu sein scheint.

Euscorpio. Inverses Medianauge. *A* Achsialschnitt eines Auges. — *B* Querschnitt durch eine Sehzellengruppe mit Rhabdom (nach LANKESTER 1883). v. Bu.

Invertierte Ocellen, Hauptocellen der Arachnoideen. Die vorderen mittleren Ocellen der *Scorpione* und *Araneinen*, ebenso die beiden Augen der *Opilioniden* und wohl auch die Hauptocellen der *Pedipalpen* und *Solifugen* entwickeln sich nicht in der früher angegebenen Weise, sondern durch etwas schief nach innen gerichtete Einstülpung einer Augenblase, welche sich später von der Epidermis ablöst.

Wie oben (S. 876 u. 77) bemerkt, wurde diese Entstehung auch für die Stirnaugen einzelner Insekten mehrfach angegeben, ist jedoch nach den sonstigen Erfahrungen unwahrscheinlich. Umgekehrt wurde jedoch die Bildung der Hauptaugen der Scorpione durch Einstülpung neuerdings geleugnet und andrerseits behauptet, daß die Nebenaugen der Araneinen invers und daher den Hauptaugen der Scorpione homolog seien. Da sich diese Ansicht jedoch nur auf die Lage der Stäbchen und nicht auf die Ontogenese stützt, so kann sie vorerst nicht als begründet erachtet werden.

In den erwähnten Fällen entwickelt sich die distale Wand der abgeflachten Augenblase zur Retina, da sie von dem durch die Linse konzentrierten Licht zunächst getroffen wird; die Proximalwand bleibt dünn und wird zu einer postretinalen Membran, teilweise auch zu pigmentierten Zwischenzellen der Retina. In den *Scorpionaugen* (Fig. 680) scheint sie wesentlich das sog. *intrusive pigmentierte Gewebe* zu bilden, das wohl fälschlich auch als Bindegewebe gedeutet wurde. Die distal von der Augenblase liegende Hypodermis bildet sich zum Glaskörper um (*corneagene Lage*). Besonderes Interesse erweckt die Retina, welche, ihrer Entstehung nach, eine inverse sein müßte, diesen Charakter aber meist nicht mehr zeigt, vielmehr in der Regel rein convers gebildet ist, indem der Sehnerv von innen zutritt und, die postretinale Membran durchsetzend, sich mit den proximalen Sehzellenenden verbindet (Fig. 680 A). — Die Verhältnisse in den Hauptocellen der *Sedentariae* lassen aber erkennen, daß diese converse Bildung jedenfalls durch eine Umformung (Reversion) der Sehzellen entstand. In letzteren Augen (Fig. 681) tritt nämlich der Sehnerv dorsal ein, ja breitet sich in der Ontogenese ursprünglich zwischen der distalen Augenblasenwand und der Glaskörper-

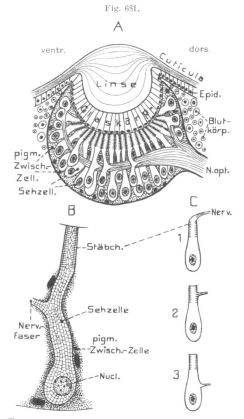

Tegenaria domestica Cl. (Hausspinne). Inverses Auge (Hauptauge). — *A* Sagittaler Achsialschnitt des Auges. — *B* Eine Sehzelle in gleicher Ansicht, stärker vergrößert. — *C* 1—3. 3 Schemata zur Ableitung der Sehzellen aus dem inversen Ausgangszustand durch allmähliches Anwachsen des Distalendes, der Zelle (2—3), (nach WIDMANN 1908). v. Bu.

schicht aus. Im erwachsenen Auge durchsetzen seine Fasern die Retina etwa in
ihrer mittleren Höhe und verbinden sich mit den Sehzellen ziemlich in der Mitte
ihrer Seitenwand (681 B). Dies ist so zu deuten, daß sich die Nervenfasern ursprünglich mit den Distalenden der Sehzellen verbanden, worauf letztere distal
auswuchsen, und an diesen Distalenden die Stäbchen bildeten (Fig. 681 C 1-3). Die
vollständige Reversion der Sehzellen bei den *vagabunden Spinnen* und *Scorpionen*
entstand wahrscheinlich so, daß der proximal vom Nervenfaserzutritt befindliche
Teil der ursprünglichen Zellen ganz verkümmerte, während der distale sich stärker
entwickelte, wodurch die Sehzellen den rein conversen Charakter erlangten.
Charakteristisch für die *Hauptocellen* der Spinnen (Fig. 681) ist, daß die Sehzell-
kerne proximal von den Stäbchengebilden liegen (*postbacillär*), in den *Nebenocellen*
dagegen (Fig. 677, S. 880) distal von ihnen (*präbacillär*). Im übrigen gleicht der
Bau der Retina jener der convertierten Augen sehr; das Tapetum fehlt jedoch
den Hauptocellen stets.

Die Hauptocellen der *Araneinen* sind durch den Besitz von Muskeln ausgezeichnet,
die sich entweder in Zweizahl, vom Integument entspringend (dorsal und ventral), an den
Bulbus ansetzen (Vagabundae), oder nur in Einzahl (dorsal). Ungemein kompliziert wird
dieser Apparat bei *Salticus*, wo sich nicht weniger als sechs Muskeln zu jedem Hauptauge
begeben, zwei dorsale und vier ventrale. Die Muskeln bewirken teils eine Richtungsveränderung
der Augenachse, teils dienen sie auch zur Accommodation. — Auch das vordere Paar der
Hydrachnidenaugen besitzt einen Muskel, der sich an die Linse heftet und bei seiner Kontraktion die Augenachse ventral richtet.

Nach Fertigstellung des Manuskriptes erschienene Untersuchungen zeigen, daß die Anordnung der Rhabdome im Hauptauge der Scorpione eine inverse ist. Die Sehzelle zeigt
einen der Linse zugewandten scharfen Knick, von dem aus, sowohl der rhabdomtragende,
als auch der den Kern enthaltende und die Nervenfaser entsendende Teil der Zelle nebeneinander von der Linse fortziehen, sodaß also beide Enden gegen die Oberfläche des Auges
(proximal) schauen. Ferner scheint sich für die Nebenaugen der Araneidae durch ein ähnliches Verhalten der beiden Abschnitte der Sehzelle und durch eine entsprechende Art des
Nervenursprungs ein inverser Bau zu ergeben. Auch die Augen der Pseudoscorpione sollen
invers sein. Die Haupt- und rudimentären Nebenaugen der Solifugen, die Augen der Phalangiden und Hauptaugen der Arachniden sollen convers sein.

Die *lateralen Ocellen* mancher Insektenlarven (*Neuroptera, Lepidoptera*) der
Strepsipterenmännchen und der *Myriopoden* treten in größerer Zahl auf (s. S. 875)
und nähern sich in ihrem Bau den Einzelelementen der Complexaugen z. T. sehr,
was bei der Myriopode *Scutigera* besonders hervortritt.

Bevor wir diese Augen näher besprechen, mögen jedoch die Lateralaugen der *Xiphosuren* und *Strepsipteren* erwähnt werden, die gewöhnlich als Complexaugen angeführt werden.
Das Seitenauge von *Limulus* (Fig. 682) wird von einer großen Zahl nahe zusammenstehender
Einzelocellen gebildet, welche insofern ursprünglicher erscheinen als die früher (S. 875) er-
wähnten Medianocellen, als ihnen ein Glaskörper fehlt, doch wirken die Distalenden der
Epidermiszellen als ein solcher (Fig. 682 A). Jedes Einzelauge liegt im Grund einer trichter-
förmigen Einsenkung der Hypodermis und eine etwa kegelförmige Verdickung der Cuticula
füllt die Trichterhöhle aus; äußerlich bleibt die Cuticula (Cornea) glatt, ohne Facettenbildung.
Jede Sehzellengruppe besteht aus 10—15 radiär angeordneten Zellen, die an ihrer achsialen
Fläche einen cuticularen Saum (Rhabdomer, Stäbchen) bilden.

Achsial treten die Zellen nicht dicht zusammen, sondern lassen einen sich distal verjüngenden, pfriemenförmigen Raum zwischen sich, welcher von einem centralen Rhabdomer ausgefüllt wird, das von einer excentrisch zwischen den Sehzellen liegenden pigmentfreien Zelle ausgeht (Fig. 682 *B*). Zwischen den Sehzellen finden sich Zwischenzellen, deren ectodermale Natur wahrscheinlich ist. Ob die Seitenaugen der Xiphosuren phylogenetisch mit den Complexaugen der Crustaceen zusammenhängen, dürfte nach ihrem Bau zweifelhaft erscheinen. — Die fossilen Trilobiten besaßen jedenfalls ganz ähnliche Augen, vielfach mit deutlich facettierter Cornea.

Eine analoge Augenbildung findet sich, wie schon oben erwähnt, bei den Männchen der *Strepsipteren*, wo lateral am Kopf nicht weniger als etwa 50 solcher Ocellen dicht zusammenstehen. Jeder Ocellus besitzt, ähnlich wie bei Limulus, eine sich tief einsenkende Corneallinse, die auch nach außen convex vorgewölbt ist, und unter welcher sich, abgesehen von der eingesenkten Hypodermis, einige kleine Zellen finden (corneagene Zellen) und schließlich eine becherförmige Gruppe von über 50 Sehzellen, die zwischen ihren distalen Partien einen netzförmig zusammenhängenden Stäbchensaum abscheiden. Daß diese Augen eine Häufung von Ocellen, nicht aber ein wirkliches Complexauge darstellen, erscheint klar.

Die *Lateralocellen der Insektenlarven* und der *Scutigera* (Fig. 684—686) zeigen im allgemeinen den Bau der oben geschilderten conversen, relativ einfachen Ocellen mit verhältnismäßig wenig Sehzellen (zahlreicher noch bei *Neuropteren*, ca. 30—40 bei *Myrmeleo* und *Sialis*, bei *Scutigera* etwa 12—16; dagegen bei *Lepidopteren* und *Phryganiden*

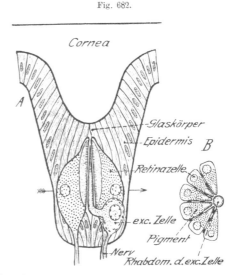

Fig. 682.

Limulus polyphemus. Complexauge (schematisch). — *A* Achsialschnitt durch ein Ommatidium. Cornea viel dicker als gezeichnet. — *B* Querschnitt durch ein Ommatidium mit Rhabdom (nach Demoll 1914). C. H.

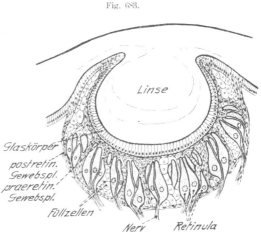

Fig. 683.

Limulus polyphemus Ocellus. — Etwas schematisierter Achsialschnitt (nach Demoll 1914). C. H.

meist nur 7, ähnlich wie in den Einzelelementen der Complexaugen). Einige an die Cuticularlinse angrenzende Hypodermiszellen schieben sich als corneagene Zellen unter diese, während im Umkreis der Linse einige pigmentierte Zellen als

Hüllzellen (*Mantelzellen*) um die Retina in die Tiefe wachsen. Die corneagenen Zellen oder auch besondere, unter ihnen befindliche Zellen scheiden proximalwärts einen eigenartigen lichtbrechenden Körper aus (*Kristallkörper* oder *-kegel*), welcher distal von der Retina liegt und aus einigen radiär zusammengestellten Segmenten besteht, die wahrscheinlich von je einer Zelle abgeschieden sind. Auch

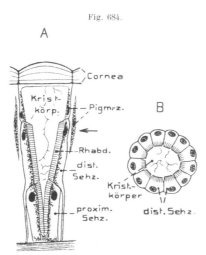

Fig. 684.

Scutigera coleoptrata (Myriopode). Complexauge. — *A* Ein Ommatidium im Achsialschnitt. — *B* Querschnitt durch eine Retinula in der Richtung des Pfeils auf Fig. *A* (*A* nach GRENACHER 1880, *B* nach HESSE 1901). v. Bu.

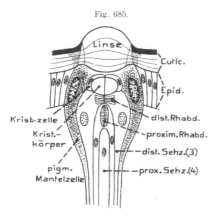

Fig. 685.

Gastropacha, Larve (Lepidoptere). Achsialschnitt durch einen Ocellus, schematisch (nach PANKRATH 1890, und HESSE 1901). v. Bu.

bei *Scutigera* (Fig. 684) findet sich unterhalb der Cuticularlinse ein ähnlicher Körper, dessen Ursprung aber nicht genau bekannt ist. Charakteristisch für die hierher gehörigen Augen erscheint schließlich, daß die Sehzellen (ausgenommen Neuropteren, Fig. 686) in zwei Kränzen, einem distalen und einem proximalen angeordnet sind (bei *Lepidopteren* [Fig. 685] und *Phryganiden* drei distale und vier proximale Zellen, bei *Scutigera* [684 B] etwa neun und drei), wobei jede dieser Zellgruppen ein besonderes Stäbchen (Rhabdomer) bildet. — Die sehr zahlreichen Ocellen von *Scutigera* sind so dicht zusammengerückt, daß ihre Cuticularlinsen zusammenstoßen und die Retinae der Einzelaugen nur von wenigen faserartigen Pigmentzellen gesondert werden. Der Gesamtbau einer solchen Ocellengruppe stimmt daher mit dem der Complexaugen nahe überein, weshalb das Entstehen letzterer aus nahe zusammengerückten, zahlreichen einfachen Ocellen sehr wahrscheinlich ist.

d. *Complexaugen* (facettierte oder Fächeraugen) *der Insekten und Crustaceen.*

Wie wir sahen, finden sich die Complexaugen schon in einfacher Ausbildung bei den *Palaeostraken*; gut ausgebildet sind sie namentlich bei den meisten Trilobiten, wo sie nur selten (*Harpes*) durch zwei Ocellen jederseits vertreten werden. Auch die Augen des Myriopoden *Scutigera* erheben sich, wie bemerkt, auf eine ähnliche Entwicklungsstufe.

Allgemein verbreitet waren sie jedenfalls ursprünglich bei den *Crustaceen* und *Insekten*; die relativ wenigen Fälle, in denen sie in beiden Gruppen fehlen, betreffen Formen, welche teils durch Kleinheit, teils durch Parasitismus rückgebildet sind, oder im Dunkeln leben (siehe auch S. 872).

Wie wir fanden, bestehen nahe Beziehungen zwischen den Ocellen und Complexaugen, weshalb auch manche Augengebilde, die zu den Complexaugen gezogen werden, mit demselben Recht als aggregierte Ocellen aufgefaßt werden könnten. Hierher gehören die Complexaugen der *apterygoten Insekten* und der *Isopoden*, bei welchen die Einzelaugen (*Ommen, Ommatidien, Facettenglieder*) noch so weit voneinander entfernt sind, daß eine gemeinsame facettierte Cornea fehlt. Die typischen Facettenaugen sind dadurch charakterisiert, daß ihre Einzelelemente so dicht zusammenrücken, daß sie nur von wenigen Zwischenzellen geschieden werden. — Die Differenzierung ihrer Cuticula (Cornea) in den Einzelommen zugehörige *Facetten* (Linsen) ist kein notwendiger Charakter, da er den Complexaugen vieler *Krebse* (*Phyllopoden, Ostracoden, Amphipoden,* manchen *Thoracostraken*) ganz fehlt. — Gewöhnlich wird die Zahl der Ommen, und daher auch die Größe der Complexaugen sehr bedeutend, so daß sie bei vielen Insekten (hier bis zu 30000 bei *Necrophorus* gezählt), doch auch Crustaceen die ganzen Kopfseiten einnehmen. Andererseits kann jedoch ihre Zahl auch sehr abnehmen, was wohl auf Reduction beruht, so bei gewissen Apterygoten auf fünf bis zwölf, bei *Asellus* auf vier, ja bei *Copepoden* und *Pediculiden* bis auf ein Omma, welches daher auch als Simplexauge betrachtet werden könnte, wenn sein Bau

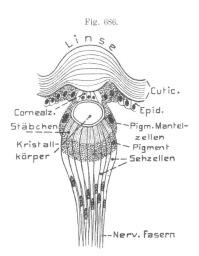

Fig. 686.

Myrmeleo (Larve). Schematischer achsialer Durchschnitt eines Ocellus (nach HESSE 1901). v. Bu.

es nicht als Abkömmling eines Complexauges erwiese. — Die große Übereinstimmung der Complexaugen bei Crustaceen und Insekten weist darauf hin, daß sie recht frühzeitig aufgetreten sein müssen, und scheint ferner dafür zu sprechen, daß ihre Modifikationen, welche namentlich bei gewissen Insekten vorkommen, auf Um- oder Rückbildung beruhen. Dies ist um so wahrscheinlicher, weil solche Modifikationen keineswegs bei primitiven, sondern bei spezialisierten oder rückgebildeten Insektengruppen auftreten.

Der Bau eines typischen Ommas oder Facettengliedes ist ungefähr derselbe, den wir schon bei den aggregierten Seitenocellen der *Scutigera*, sowie der *Lepidopteren-* und *Phryganidenlarven* fanden. Jedes Omma besitzt in der Regel äußerlich eine cuticulare Linse (*Facette*), die meist nach außen und innen gewölbt ist; doch kann die äußere oder innere Wölbung auch fehlen (Fig. 691, S. 890), ja sogar beide (s. Fig. 689, S. 889), wie wir schon für zahlreiche Krebse hervorhoben. Wenn die Einzellinsen (Facetten) direkt zusammenstoßen, wie das meist der Fall ist, so bilden sie hexagonale, seltener mehr viereckige Feldchen (gewisse Decapoden; Fig. 689 *B*[1]). In der Masse der Corneasubstanz treten häufig Grenzlinien zwischen den benachbarten Facetten hervor; auch kann die Cornea auf den Facettengrenzen pigmentiert sein, wodurch schon eine optische Isolierung der Facetten bewirkt wird. Die Cuticularsubstanz der Facetten ist nicht selten geschichtet.

In der Ontogenese wird die Cornea ursprünglich von der Hypodermis gleichmäßig unterlagert, aus der sich dann später die einzelnen Ommen samt ihren Zwischenzellen hervorbilden. Bei den *Crustaceen* erhält sich auch direkt unter der Cornea im allgemeinen eine Lage flacher durchsichtiger Hypodermiszellen, welche in der Regel unter jeder Facette in Zweizahl vorhanden sind (*corneagene Zellen*, Fig. 688 A, bei *Branchipus* jedoch zu sechs [Fig. 689 A u. A^1, Cz], ebenso bei den *Amphipoden* gewöhnlich in größerer Zahl).

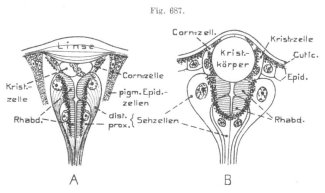

Fig. 687.

Complexaugen apterygoter Insekten. — *A* Lepisma. — *B* Orchesella, je ein Ommatidium im Achsialschnitt (nach HESSE 1901). v. Bu.

Den meisten Insekten fehlen die corneagenen Zellen anscheinend; doch finden sie sich noch bei primitiven Formen (gewissen *Thysanuren*, z. B. Machilis, Embia; den Ephemeriden) in Zweizahl und in ganz ähnlicher Lage unter jeder Facette (Fig. 687). Bei den übrigen Insekten haben sie sich vom Mittelpunkt der Facette zurückgezogen und sind gewöhnlich tiefer ins Innere hinabgewachsen, indem sie den gleich zu erwähnenden Kristallkegel mehr oder weniger umhüllen; sie enthalten hier in der Regel Pigment. Diese beiden charakteristischen Pigmentzellen der Insekten werden als *Hauptpigmentzellen* bezeichnet (nur in den Frontaugen der Ephemeriden wurden sie vermißt).

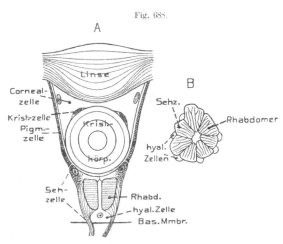

Fig. 688.

Aega (Isopode). Complexauge. — *A* Achsialschnitt durch ein Ommatidium. — *B* Querschnitt durch eine Retinula (nach HESSE 1901). v. Bu.

Unter jeder Facette eines typischen Ommas findet sich gewöhnlich ein stark lichtbrechendes, meist kegelförmiges Gebilde, der *Kristallkegel* oder *-körper* (Conus), welcher dem Auge der Crustaceen nie fehlt. Im Zusammenhang mit der sehr verschiedenen Länge der Ommen ist er bald kürzer (sehr kurz bei gewissen Brachyuren), bald länger und gestreckter. Obgleich er, wie bemerkt, meist die Form eines sich proximal verjüngenden Kegels besitzt, kann er zuweilen auch gedrungener, ja sogar kugelig werden (so bei *Isopoden*, z. B. *Aega*, Fig. 688 A, und gewissen *Apterygoten*, z. B. *Orchesella*,. Fig. 687 B). — Der Kristallkegel wird fast stets von vier besonderen Zellen (*Kristallzellen*) erzeugt, die ursprünglich zwischen die corneagenen Zellen eingeschaltet waren, dann aber unter letztere hinabrückten oder von ihnen überlagert wurden (*Crustaceen*, Fig. 688, 689), wogegen, wie erwähnt, die Corneagenzellen der meisten Insekten als Hauptpigment-

zellen in die Tiefe rückten, weshalb die Kristallzellen hier direkt
unter der Facette liegen (Fig. 690,
691). Aweichungen von der Vierzahl der Kristallzellen sind selten;
so finden sich bei den *Cladoceren*
und gewissen *Branchiopoden* fünf,
bei den *Arthrostraken* meist nur
zwei. — Der Kristallkegel entsteht im Innern der Kristallzellen
(Fig. 689), indem diese eine stark
lichtbrechende Substanz abscheiden, die allmählich so zunehmen
kann, daß sie das gesamte Zellinnere erfüllt. Daher kommt es,
daß auch die fertigen Kristallkegel meist noch deutlich aus
ebensoviel zusammengefügten
Segmenten bestehen, als Kristallzellen vorhanden sind. Vom
Plasma der Zellen erhalten sich
häufig nur geringe Reste, die sich
mit ihren Kernen (sog. Semper-
sche Kerne) am Distalende des
Kegels finden.

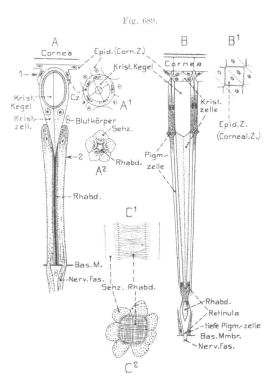

Fig. 689.

Complexauge von Crustaceen. — *A—A₂* Branchipus.
— *A* Ein Ommatidium im Achsialschnitt, *A₁* und *A₂* Querschnitte durch ein Ommatidium in der Region der Pfeile 1
und 2 auf Figur *A. Cz* auf Fig. A Cornealzellen (nach Novikoff 1905). — *B* Homarus vulgaris. Ein Ommatidium im
Achsialschnitt (nach Parker 1889); *B¹* Cornealfacetten mit
Cornealzellen in Flächenansicht. — *C¹* und *C²* Palaemon
squilla; *C¹* Achsialschnitt durch eine Retinula; *C²* Querschnitt durch eine solche mit Rhabdom, um die Struktur
des Letzteren zu zeigen (nach Hesse 1901).   v. Bu.

Reste der Zellen bleiben jedoch auch im Umfang des Kegels häufig als eine Art Scheide oder Hülle erhalten. Doch kommt es auch vor, daß der Conus sich nur im Distalteil der sehr lang gewordenen Kristallzellen bildet, so daß deren Proximalteile sich, unter allmählicher Verschmälerung, noch tief hinab bis zu den Retinulae fortsetzen (was namentlich in sehr langgestreckten Ommen von *Decapoden* [Fig. 689] und *Lepidopteren* [Fig. 691] auftritt). Andrerseits kann sich bei manchen Decapoden die Kegel-bildung auf den Proximalteil der Kristallzellen beschränken. — In gewissen Fällen zeigt der Kristallkegel dichtere innere Partien und nach den Untersuchungen an manchen Insekten und Crustaceen nimmt sein Lichtbrechungsvermögen von der Oberfläche gegen die Achse zu, was für seine Wirkungsweise im dioptrischen Apparat des Auges von besonderer Wichtigkeit ist. Er bildet nämlich auf diese Art eine optische Vorrichtung, welche ähnlich einer Linse wirkt; d. h., er vermag ein umgekehrtes verkleinertes Bild äußerer Gegenstände zu entwerfen (*Linsencylinder*). Auch die Cornealfacetten zeigen eine ähnliche Zunahme ihres Bréchungsvermögens gegen die Achse und wirken daher ebenso, wenn auch gleichzeitig als gewöhnliche Linsen.

Typische Kristallkegel (*eucone Augen*) finden sich, wie bemerkt, bei den *Crustaceen* fast überall (ausgenommen *Apseudes* unter den *Isopoden* und gewisse *Brachyuren*, z. B. *Pinnotheres* und eine *Cyclodorippe*), nicht immer dagegen bei den Insekten. Von letzteren besitzt sie ein Teil der *Apterygota* (z. B. *Machilis*), die *Orthoptera, Neuroptera*, ein Teil der *Coleoptera* (z. B. *Lamellicornia*,

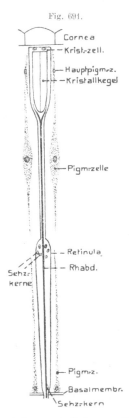

Fig. 691.

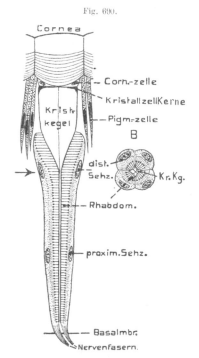

Fig. 690.

Periplaneta orientalis, Complexauge. — *A* Ein Ommatidium im Achsialschnitt — *B* Querschnitt durch die Retinula in der Richtung des Pfeils auf Fig. *A* (nach HESSE 1901). v. Bu.

Macroglossa stellatarum (Lepidoptere). Complexauge. Ein Ommatidium im Achsialschnitt (nach JOHNAS 1911). v. Bu.

Carabidae u. a.), die *Hymenoptera* und *Lepidoptera* (mit Ausnahme der Gattung *Adela*), die *Homoptera* (speziell *Cicaden*) unter den Rhynchota, von den *Diptera* nur gewisse *Culicidae* (so *Corethra*). — Dagegen findet sich bei manchen *Apterygoten* (z. B. *Lepisma*), zahlreichen *Coleopteren* (ausgenommen viele *Pentameren*), den nematoceren Dipteren (*Longicornia*), *Forficula* (*Dermaptera*) und den *hemipteren Rhynchoten* ein viel einfacherer Augenbau, indem Kristallkegel ganz fehlen (Fig. 692). Die Ommen bleiben daher hier relativ kurz.

Die vier gut ausgebildeten Kristallzellen dieser Augen liegen zwar direkt unter der Cornealfacette, und ihnen schließen sich die beiden Hauptpigmentzellen seitlich, oder etwas tiefer gerückt, an; nach innen folgt aber direkt die Retinula. Solche Augen werden daher als *acone* bezeichnet, zu denen auch die der oben erwähnten Crustaceen zu rechnen wären.

Bei anderen *pentameren Käfern (Malacodermata, Elateridae u. a.)* sowie zahlreichen *brachyceren Dipteren* bildet die innere Fläche der Facetten einen meist ansehnlichen kegelförmigen Fortsatz (*Processus corneae, Pseudoconus*), an dessen Grund die Kristallzellen und die Hauptpigmentzellen liegen (Fig. 694). Dieser Fortsatz wurde früher als der mit der Facette verwachsene Kristallkegel gedeutet. Nach neueren Untersuchungen ist er ein Corneagebilde, und hat jedenfalls die Funktion des eigentlichen Conus übernommen. An seiner Erzeugung beteiligen sich wohl hauptsächlich die Kristall- und Hauptpigmentzellen. Bei manchen brachyceren Dipteren (so *Muscidae, Tabanidae* [Fig. 693] u. a.) scheint der Pseudoconus rudimentär geworden zu sein, indem seine Stelle von einer weichen Masse oder Flüssigkeit eingenommen wird.

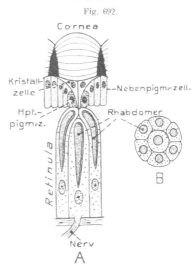

Fig. 692.

Tipula (Diptere), Acones Complexauge. — *A* Längsschnitt durch ein Ommatidium. — *B* Querschnitt durch eine Retinula (nach GRENACHER 1879). v. Bu.

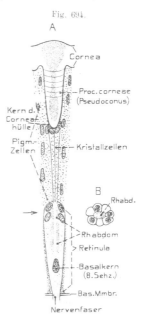

Fig. 694.

Lampyris (Leuchtkäfer, Complexauge). — *A* Ein Ommatidium im Achsialschnitt. — *B* Querschnitt durch den Distalteil einer Retinula in der Region des Pfeils auf Fig. *A* (nach KIRCHHOFFER 1908). v. Bu.

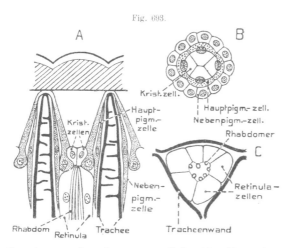

Fig. 693.

Pseudocones Complexauge von Tabaniden (Bremsen). — *A* Haematopota. ♂ Achsialschnitt durch die Cornea und das Distalende eines Ommatidiums (nach DIETRICH 1909). — *B* Tabanus. Querschnitt eines Ommatidiums in der Höhe der Kristallzellen. — *C* Querschnitt durch eine Retinula (*B—C* nach GRENACHER 1879). Sch.

Im allgemeinen werden die Augen mit solchem Processus corneae, sowie die letzt-erwähnten als *pseudocone* bezeichnet.

Das für einzelne Brachyuren (so *Ocypoda ceratophthalma* Pall.) erwähnte Vorkommen pseudoconer Auge scheint sich nicht zu bestätigen.

Angesichts der weiten Verbreitung der euconen Augen bei Crustaceen und Insekten dürfte es wahrscheinlich sein, daß die aconen und pseudoconen aus ersteren durch Rückbildung entstanden sind, worauf auch ihre Verbreitung unter den Insektenabteilungen hinweist; obgleich das acone Auge bei dieser Reduktion wieder einen recht ursprünglichen Charakter annahm.

Die *Retinula*, welche den basalen Abschluß jedes Ommas bildet, besteht aus einer Anzahl meist strahlenförmig um die Ommaachse gruppierter, mehr oder we-niger langer Sehzellen, deren Distalende häufig etwas kolbig angeschwollen ist. In neuerer Zeit wird vielfach angenommen, daß ursprünglich überall acht vor-handen gewesen seien, eine Zahl, die sich in der Insektenretinula häufig findet (so zahlreiche *Käfer*, gewisse *Neuroptera*, die *Hymenoptera*, die meisten *Lepido-ptera*, *Rhynchota*). Nicht selten finden sich jedoch auch nur sieben, was wohl auf der Reduktion einer Zelle beruht (so *Apterygota*, *Orthoptera* soweit bekannt, ge-wisse *Lepidoptera*); doch wurde in einzelnen Fällen (Lepidoptera) auch Vermeh-rung auf zehn gefunden. Viel variabler ist die Sehzellenzahl der *Crustacea*.

So finden sich bei einzelnen *Isopoden* (*Oniscus*) 14, bei den *Thoracostraken* und *Leptostraken* gewöhnlich sieben (manchen *Isopoden* auch sechs), doch soll bei den *Thoraco-straken* nach gewissen Angaben noch eine rudimentäre achte vorhanden sein. — Die *Am-phipoden* und *Phyllopoden* sowie *Argulus* besitzen meist fünf (doch liegt eine Angabe vor, daß bei *Apus* ursprünglich acht vorhanden seien, von denen eine bis einige rudimentär werden; meist sieben). Nur vier Retinulazellen zeigen gewisse *Isopoden* (*Serolis*). — Es muß daher einstweilen dahingestellt bleiben, ob sich die Zahl der Sehzellen auch bei den Crustaceen von acht ursprünglichen ableiten läßt. Da auch bei den Insekten gelegentlich einige Sehzellen rudimentär werden, so wäre die Vereinfachung, wie sie nicht wenige Cru-staceen zeigen, wohl möglich.

Die Anordnung der Sehzellen in distale und proximale, der wir schon im lateralen Larvenauge gewisser Insekten und bei Scutigera begegneten, wiederholt sich noch bei den *Apterygoten* (vier distale und drei proximale, Fig. 687, S. 888) und gewissen *Orthopteren* (z. B. *Embia*, *Periplaneta*, Fig. 690, S. 890).

Wahrscheinlich ist jedoch auch die bei nicht wenigen Insekten (*Coleopteren*, *Neuropteren*, *Rhynchoten*, *Dipteren*, *Lepidopteren*) sich findende Eigentümlichkeit, daß sieben oder sechs der Retinulakerne distal, einer oder zwei dagegen in der Basalregion liegen (wobei die achte Zelle häufig rudimentär wird) eine entsprechende Erscheinung. Bei den Crustaceen findet sich kaum etwas Ähnliches. — Gelegentlich findet sich bei einzelnen Insekten (so gewisse Hymenopteren) auch eine ganz unregelmäßige Verteilung der acht Kerne.

Die Retinulazellen sind meist pigmentiert und bilden gewöhnlich alle an ihrer Achsialfläche ein *Rhabdomer* (Stäbchen). Diese Rhabdomere können ganz gesondert bleiben (Fig. 692 A u. B, S. 891), was namentlich in den aconen und pseudoconen *Dipterenaugen* häufig vorkommt. Dabei kann zwischen den Retinulazellen ein achsialer Hohlraum bleiben oder dieser dadurch ausgefüllt werden, daß sich eine der Sehzellen bis in die Achse erstreckt und sie auf eine längere Strecke durch-zieht. — Meist aber stoßen die Rhabdomere achsial zusammen und verwachsen mehr oder weniger zu einem gemeinsamen *Rhabdom* (Fig. 689 *B, C*, S. 889, Fig. 690, 691). Doch kommt es auch vor, daß nicht sämtliche Retinulazellen Rhabdomere bilden (so manche *Käfer*), wo das Rhabdom also nur von einer geringeren Zellenzahl (sechs bis sieben) erzeugt wird. Die rudimentäre achte Sehzelle gewisser *Insekten* kann manchmal ein besonderes Rhabdomer bilden, das sich mit dem Rhabdom nicht verbindet. — Charakteristisch für die *thoracostraken Krebse* ist die Zusammensetzung ihres Rhabdoms aus nur vier Segmenten, obgleich sich an seiner Bildung sieben Retinulazellen beteiligen (Fig. 689 C^2), ebenso sein Aufbau aus zahlreichen übereinandergeschichteten horizontalen Plättchen (Fig. 689 C^1).

Die einzelnen Ommen werden fast stets durch pigmentierte, faserartige Zwischenzellen (*Nebenpigmentzellen*) von einander isoliert, die in recht verschiedener Zahl auftreten; ihre Ableitung von Hypodermiszellen läßt sich ontogenetisch und vergleichend anatomisch erweisen. Die distalen dieser Nebenpigmentzellen (das *Irispigment*) reichen nämlich in der Regel noch bis zur Cornea und umhüllen den Kristallkegel; tiefere in der Region der Retinulae oder der Rhabdome liegende Pigmentzellen bilden das *Retinapigment*, das selten ganz fehlt.

Bei nächtlichen Tieren wandert das Irispigment bei starker Belichtung in die Tiefe, während das Retinapigment der Krebse unter diesen Verhältnissen meist in die Distalregion der Rhabdome tritt; auf diese Weise wird der Lichtzutritt abgeschwächt. — Das Irispigment (oder auch eine besondere Substanz) kann bei gewissen *Decapoden* gleichzeitig als *Tapetum* funktionieren, indem die Zellen sowohl lichtreflectierende als auch fluorescierende Einschlüsse enthalten. — Außer diesem Tapetum besitzen viele *Decapoden* an der Basis der Ommen noch ein tief gelegenes, von je zwei Zellen gebildetes; selbst im Ganglion opticum kann eine reflektierende Schicht auftreten. — Vielen *Nacht-* und *Tagschmetterlingen* kommt ebenfalls ein tief gelegenes, stark leuchtendes Tapetum zu, welches jedoch von einem Geflecht zahlreicher, zwischen die Ommen eindringender *Tracheen* gebildet wird, die das Licht total reflektieren. — Tracheen treten auch zwischen die Ommen der Dipteren und Libellen ein, dienen jedoch hier durch ihre Totalreflektion zu deren optischer Isolierung (s. Fig. 693 A, S. 891).

Den Abschluß der Retinulaelage gegen das Körperinnere bildet eine Fortsetzung der Basalmembran der Hypodermis, die von den zahlreichen Nervenfasern, welche aus dem großen Ganglion opticum (s. S. 509) zu den Sehzellen treten, durchsetzt wird (daher auch *gefensterte Membran, Membrana fenestrata* genannt).

Die Ausgestaltung der Complexaugen bietet im Einzelnen viele Besonderheiten, welche hier nur angedeutet werden können. Sie werden namentlich bei den *Insekten* und manchen *Crustaceen* häufig sehr groß, so daß sie die gesamten Kopfseiten einnehmen, ja auf dem Scheitel zusammenstoßen können. Die einzelnen Ommen divergieren dann natürlich sehr bedeutend, und der Divergenzwinkel ist recht verschieden, sogar in den verschiedenen Regionen des Auges; ebenso auch die Größe der Facetten. — Bei den *Cladoceren* verschmelzen sogar die beiden Augen auf dem Scheitel zu einem einzigen, was auch bei gewissen *Amphipoden* und *Cumaceen* vorkommt. Schon bei einem Teil der *Branchiopoden* (z. B. *Limnadia*, Fig. 671, S. 875) sind sie dicht zusammengerückt. Gleichzeitig wird das Scheitelauge der Branchiopoden und Cladoceren von einer durchsichtigen Hautfalte überwachsen, so daß es in einem bei letzteren ganz abgeschlossenen Raum liegt (was sich auch bei Argulus findet), in dem es durch besondere Muskeln meist recht beweglich erscheint. — Erhebung des Complexauges auf einen besonderen stielförmigen Fortsatz der Kopfseiten findet sich schon bei gewissen *Entomostraca* (*Branchipus*; selten auch gewissen *Trilobiten*) und ist namentlich für die *Leptostraca* und zahlreiche *Thoracostraca* (*Schizopoda, Stomatopoda* und *Decapoda*) charakteristisch, wo dieser Augenstiel beweglich ist. — Bei den Insekten ist die Bildung (unbeweglicher) Augenstiele sehr selten (so bei der Diptere *Diopsis*).

Von Interesse erscheint die seltene Sonderung der Complexaugen in einen dorsalen und ventralen Abschnitt, was sich bei verschiedenen *Insekten* (so *Cerambyciden*, *Vespiden*) darin aussprechen kann, daß das Auge durch eine vordere Einbuchtung nierenförmig wird. — Bei gewissen *Lamellicorniern* (Coleoptera) wächst von vorn eine Leiste der Cuticula in die Cornea hinein und kann das Auge völlig in ein dorsales und ventrales teilen (*Geotrupes*, ähnlich auch *Gyrinus* und *Tetrops*). Eine wesentliche Bauverschiedenheit der beiden Augenabschnitte scheint aber zu fehlen. — Viele andere Insekten zeigen dagegen einen recht verschiedenen Bau der dorsalen und ventralen Augenregion, die sich dann häufig durch verschiedene Färbung und Wölbung charakterisieren, so daß das Auge von einer horizontalen Furche in ein dorsales, meist größeres *Front-* (oder *Scheitel-*) und ein *Lateralauge* geschieden wird. In gewissen Fällen (Ephemeriden, *Cloë*, zahlreiche *Diptera*, *Ascalaphus* [Neuroptera]) beschränkt sich diese Differenzierung auf die Männchen, bei anderen (viele *Diptera*, *Hydrocores*) tritt sie in beiden Geschlechtern auf.

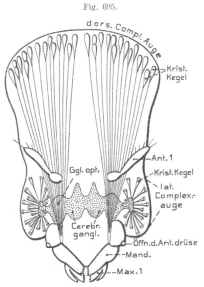

Fig. 695.

Phronima sedentaria (Amphipode). Kopf von vorn, um die Differenzierung der Complexaugen in einen dorsalen und lateralen Teil zu zeigen (nach CLAUS 1879 vereinfacht). v. Bu.

Dieselbe Erscheinung kommt auch bei *Crustaceen* vor; in geringem Grad im unpaaren Auge gewisser *Cladoceren* (*Polyphemiden*), ferner bei der *Amphipode Phronima* (nebst Verwandten) und einer Anzahl schwimmender *Tiefseedichelopoden* (früher zu Schizopoden gestellt) und *Amphipoden*. In diesen Fällen zeichnet sich das Frontauge durch mehr oder weniger starke Verlängerung seiner Ommen aus, die manchmal (besonders *Phronima* [Fig. 695] und gewisse *Dichelopoden*) eine ganz abnorme Entwicklung erreichen und dann relativ wenig divergieren. Weiterhin wird das Frontauge durch mehr oder weniger starke Rückbildung bis völligen Mangel des Pigments charakterisiert, was sowohl für die Retinula- als auch für die Pigmentzellen in verschiedenem Grade gilt; zuweilen auch (Dichelopoden) durch sehr starke Wölbung der Corneafacetten. — Auch das *Ganglion opticum* kann, dieser Differenzierung des Auges entsprechend, eine Zweiteilung zeigen. — Eine besondere Eigentümlichkeit besitzen die stark verlängerten Ommen der Frontaugen gewisser

Cladoceren (z. B. *Bythotrephes*), indem die Nervenfasern zu den Distalenden der Retinulazellen treten, was jedenfalls daher rührt, daß die Proximalenden der Sehzellen stark ausgewachsen sind. Erwähnenswert ist schließlich die eigentümliche Differenzierung des Facettenauges der *Ampelisciden* unter den *Amphipoden*. Hier ist dasselbe in drei Partien gesondert, eine dorsale, eine ventrale und eine mittlere. Besonders bemerkenswert erscheint aber, daß die so entstandenen dorsalen und ventralen Augen eine einfache cuticulare Linse besitzen, welche den mittleren fehlt.

Kurz zu erwähnen sind noch die paarigen Augen, die neben dem Medianauge bei gewissen marinen *Copepoden* vorkommen (*Corycaeiden* und *Pontelliden*). Es dürfte wahrscheinlich sein, daß sie stark rückgebildete Complexaugen darstellen, wie es für die der *Pontelliden* meist zugegeben wird, während die der *Corycaeiden*, oder sogar die sämtlicher Copepoden, auch als Vertreter der lateralen Teile des Medianauges gedeutet werden. Die Corycaeidenaugen (Fig. 696) besitzen je eine ansehnliche biconvexe Linse, die jedoch nicht rein cuticularer Natur zu sein scheint, sondern deren Hauptteil von einer besonderen, unter der Cuticula gelegenen Masse gebildet wird. In mäßiger bis sehr bedeutender Entfernung hinter dieser, im Vorderende liegenden Linse findet sich ein kegelförmiger bis ellipsoidischer Kristallconus (*Sekretlinse*), an den sich eine schmale, wohl überall aus drei Zellen bestehende, stark pigmentierte Retinula mit drei Rhabdomeren anschließt, die bei *Copilia* (Fig. 696) sehr lang und gleichzeitig fast rechtwinklig gegen die Medianebene des Tieres abgeknickt ist. Der Sehnerv tritt nicht proximal in die Retinula, sondern nahezu in oder vor der Mitte ihrer Länge ein, ähnlich wie es im Frontauge der Polyphemiden vorkommt. Von der Retinula ziehen zahlreiche Fäden, die wahrscheinlich großenteils nervös sind, zum Äquator der Linse; doch heftet sich auch ein Muskel an die Retinula, welche samt dem Kristallkegel sehr beweglich ist.

Das paarige Auge der *Pontelliden* kann mit einer (Pontellina) oder zwei cuticularen Linsen (Anomalocera) versehen sein. Die Retinulae liegen dicht unter der Linse; Kristallkegel finden sich wohl ebenfalls. Seltsam erscheint, daß unter der einfachen Linse von Pontellina vier, unter der doppelten von Anomalocera drei Retinulae (Becher) sich finden sollen, von denen jede nur aus zwei Sehzellen besteht; doch bedürfen diese Augen genauerer Untersuchung. Eine eigentümliche Rückbildung haben auch die Complexaugen der großen Ostracode *Gigantocypris* erfahren; es würde jedoch zu weit führen, darauf näher einzugehen, um so mehr, als ihre Untersuchung nicht ausreichend ist.

Obgleich wir oben fanden, daß die Complexaugen der Tracheaten durch eine Aggregation einfach gebauter lateraler Ocellen entstanden sein dürften, so läßt sich doch die Frage erheben, ob dies überall, namentlich auch bei den Crustaceen, der Fall war. In dieser Hinsicht scheint von Bedeutung, daß auch in der Retina der mit einfacher Linse versehenen Simplexaugen retinulaartige Gruppen und Rhabdombildung häufig auftritt und andererseits die Facettenbildung der Cornea den Krebsen vielfach fehlt. Es ließe sich daher erwägen, ob nicht der Urzustand der Ocellen und Complexaugen der Arthropoden ein ähnlicher war, indem eine Hypodermisstrecke mit unfacettierter Cornea und Gruppenbildung von Sehzellen den Ausgangspunkt bildete, die dann durch Entwicklung einer einzigen ansehnlicheren Linse zu einem Simplexauge, oder durch tiefergehende Isolierung der Gruppen (Retinulae) und die meist auftretende Bildung von Einzellinsen und Kristallkegeln zu einem Complexauge werden konnte.

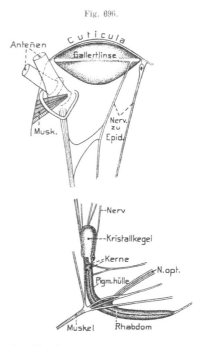

Fig. 696.

Copilia (Copepode). Rechtes Seitenauge von der Ventralseite. Die Entfernung zwischen der Linse und dem Ommatidium ist durch Weglassung des mittleren Teils der verbindenden Stränge verkürzt dargestellt (nach GRENACHER 1879). v. Bu.

Es ist hier natürlich nicht der Ort, auf die *optischen Verhältnisse* der Arthropodenaugen, insbesondere auf das Zustandekommen eines von der Retina wahrnehmbaren Bildes, näher einzugehen. Daß im *Simplexauge* von der Cuticularlinse ein umgekehrtes Bild auf der Retina entworfen und von dieser, entsprechend der Zahl ihrer lichtempfindlichen Elemente, mehr oder weniger deutlich wahrgenommen werden kann, analog allen Linsenaugen, ist begreiflich. — Im *Facettenauge* dagegen kommt es zur Wahrnehmung eines aufrechten Bilds und zwar in etwas verschiedener Weise. Entweder so, daß die Lichtstrahlen, welche von einem in der Verlängerung der Ommenachsen gelegenen kleinen Objektbezirk auf die betreffende

Facette fallen, auf der Retinula (bzw. dem Rhabdom) zu einem Lichtpunkt vereinigt werden, so daß also jedes Omma einen sehr kleinen Bezirk des Objekts wahrnimmt (*Appositionsbild*) — oder so, daß auch die von einem Punkt des Objekts auf die benachbarten Facetten fallenden Strahlen des Objektsbezirks sämtlich zu einem Bildpunkt vereinigt werden, weshalb derartige Corneae samt Kegel in der Tat ein aufrechtes Bild des äußeren Gegenstands in der Region der Retinulae entwerfen (*Superpositionsbild*). Bedingung für das Zustandekommen eines solchen Bilds ist, daß kein Pigment, welches sich zwischen die Spitzen der Kristallkegel und die Rhabdome einschaltet, die Vereinigung der von benachbarten Kegeln kommenden Strahlen verhindert. Da wir schon fanden, daß das Pigment sich verschieben kann, so erscheint es möglich, daß manche Complexaugen, je nach der Pigmentverteilung bald Appositions-, bald Superpositionsbilder geben können. Letztere kommen ihrer größeren Helligkeit wegen namentlich für Dunkeltiere oder Dämmerlicht in betracht. — Die Complexaugen scheinen aber im allgemeinen besonders geeignet für Wahrnehmungen von Bewegungen und, im weiteren Sinne, von Veränderungsvorgängen an den Objekten.

7. Allgemeiner Bau der Sehzellen.

Es fällt auf, daß die Sehzellen eigentlich nie den Bau der sonst so verbreiteten haartragenden Sinneszellen besitzen. Dagegen zeigen ihre freien Enden oder auch Teile ihrer Oberfläche, welche jedoch keineswegs immer dem einfallenden Licht zugewendet zu sein brauchen, meist eigenartige Differenzierungen, von welchen daher gewöhnlich angenommen wird, daß sie die lichtreizbaren (percipierenden) Partien seien. Diese erscheinen bei den Wirbellosen häufig in Form eines äußeren Saums, der senkrecht zur Zelloberfläche gestreift ist (*Stiftchensaum*), und in seinem Verhalten zum Zellkörper erhebliche Verschiedenheiten bietet. So findet sich ein solcher Saum bei zahlreichen *Plathelminthen* (Fig. 617, S. 822) und in den ähnlichen inversen Augen *sedentärer Anneliden* (Fig. 620, S. 825), und sitzt dem freien Ende der cylindrischen oder fächer- bis kolbenförmig gestalteten, gelegentlich auch in fingerartige Fortsätze verlängerten Sehzellenden als niedere bis ansehnlich hohe Bildung auf.

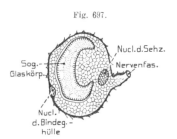

Fig. 697.

Sog.-Glaskörp.
Nucl.d.Sehz.
Nervenfas.
Nucl. d.Bindeg.-hülle

Hirudo. Sehzelle aus der Umgebung einer Tonsille (nach HACHLOV 1910). v. Bu.

Wenn der Fortsatz eine cylindrische Verlängerung der Zelle darstellt, wurde er häufig auch als Stäbchen bezeichnet. Ganz ähnlich verhalten sich auch die Sehzellen von *Branchiostoma* (Fig. 604, S. 806). Ebenso wird den Sehzellen der *Asterien* (Fig. 610, S. 816) und der *Gastropoden* (Fig. 626; S. 828) ein solcher, bei letzteren manchmal fächerartig ausgebreiteter Endsaum zugeschrieben. — Nach der gewöhnlichen Auffassung besteht ein solcher Saum aus dicht gestellten feinen Stäbchen oder Härchen, in welchen man die percipierenden Elemente der Sehzellen erblickt, d. h. eigentlich die Enden der in der Zelle in Ein- oder Mehrzahl verlaufenden *Neurofibrillen*, welche nach dieser Ansicht natürlich als die nervős leitenden Teile gelten. Der Stiftchensaum besitzt jedoch große Ähnlichkeit mit dem Endsaum der Wimperzellen, andererseits jedoch auch mit den Cuticularsäumen von Darmepithelzellen. Er dürfte daher wohl wie die letzteren Säume als plasmatisches Differenzierungsprodukt des freien Sehzellenendes zu deuten sein. — Da nun ähnliche Säume von Arthropoden-Sehzellen, welche gleichfalls als Stäbchensaum aufgefaßt wurden, sicher nicht den erwähnten Bau besitzen, sondern wie das Plasma einen alveolären, so scheint es, daß es sich in allen Stäbchensäumen im Grunde nur um eine besondere, saumartige Differenzierung des alveolären Plasmas der Zelloberfläche handelt; an dessen Aufbau bei einzelnen Formen vielleicht auch eine Art feiner Sinneshärchen teilnehmen könnte.

Recht eigentümlich erscheinen die Sehzellen der *Hirudineen* (Fig. 697), in deren Innerem sich ein bis mehrere ansehnliche Vacuolen finden, die bald regelmäßiger, bald unregelmäßiger gestaltet sind, indem ihre Wand einen bis mehrere Fortsätze ins Vacuoleninnere sendet. Die Vacuolenwand wird von einem zarten ähnlichen Saum gebildet, wie er soeben beschrieben wurde. Es ist deshalb wahrscheinlich, daß der Saum hier ins Zellinnere verlagert wurde, was sich möglicherweise durch eine Einstülpung der Zelloberfläche verstehen ließe, obgleich die Entwicklung davon nichts zeigte. — Eine gewisse Ähnlichkeit mit dieser Bildung besitzen auch die Sehzellen der *Oligochaeten* (Lumbriciden und Naideen), welche gleichfalls ein vacuolenartiges Gebilde enthalten, das bei den Lumbriciden sehr verschiedenartig gestaltet sein kann (Fig. 603, S. 806); doch werden diese Einschlüsse auch den später zu erwähnenden *Phaosomen* gleichgestellt.

Häufig hat sich ein Stiftchensaum nicht am freien Ende der Sehzellen, sondern an ihren Seitenrändern differenziert. Dergleichen findet sich schon in den eigentümlichen complexen Kiemenaugen der sedentären Anneliden (besonders *Branchiomma*, Fig. 612 B, S. 818), deren Sehzellen im Basalteil einen oberflächlichen Stäbchensaum zeigen. — Besonders verbreitet aber tritt die Bildung seitlicher Säume an den Sehzellen der *Arthropoden* auf, wo wir sie schon in der obigen Schilderung als Stäbchengebilde erwähnten. Zwar finden sich

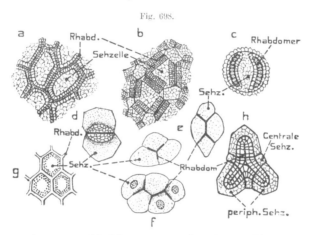

Fig. 698.

Querschnitt durch Sehzellen und Rhabdome von Arachnoideen und Insekten. — *a* Prosthesima terrestris (Araneine), Querschnitt durch einen Teil der Retina eines inversen Auges. — *b* Tegenaria domestica (Araneine), Querschnitt eines Teils der Retina eines inversen Auges. — *c* Lycosa agricola (Araneine) Querschnitt einer Sehzelle des inversen Auges. — *d* Perla (Afterfrühlingsfliege), Querschnitt einer Sehzellengruppe aus dem Larvenocellus. — *e* Calopteryx (Libelle), 2 Sehzellengruppen vom Scheitelocellus. — *f* Psophus (Schnarrheuschrecke), Sehzellengruppe aus Scheitelocellus. — *g* Syrphus (Schwebfliege), Querschnitt eines Teils der Retina eines Scheitelauges. — *h* Leiobunum (Opilionide), Sehzellengruppe aus einem Ocellus (*a—c* nach WIDMANN 1908; *d—e* und *g* nach REDICORZEW 1900; *f* nach LINK 1909; *h* nach PURCELL 1894).   C. H.

auch hier Säume, welche den freien Sehzellenenden als stäbchenartige Verlängerungen aufsitzen, so besonders in den Ocellen der *Myriopoden* und den Lateralocellen mancher *Insektenlarven* (Coleoptera, Neuroptera [s. Fig. 673, S. 877, 686, S. 886]). Die Regel ist jedoch, daß sich die Säume sowohl in den Ocellen der *Arachnoideen* als in den *Stirnocellen*, in den *Lateralocellen* der *Lepidopteren*- und *Tenthredinidenlarven*, wie in den Complexaugen, an den Seitenrändern der langgestreckten Sehzellen finden. Verhältnismäßig selten bildet sich auf diese Weise ein Saum im ganzen Umfang der Oberfläche des dem Licht zugewendeten Endteils der Sehzelle, wobei gleichzeitig die Säume der aneinanderstoßenden Sehzellen zu einem gemeinsamen Netz- oder Fächerwerk zwischen den Zellen verwachsen erscheinen (Nebenaugen gewisser *Sedentariae* (Fig. 698 b) und der *Pedipalpen*, Ocellen der *Solifugen*; Stirnocellen einzelner *Dipteren*, so Syrphus). Bei andern invertierten Augen von Sedentariae treten solche Säume nur an den drei bis vier, oder sogar sechs zusammenstoßenden Seitenflächen der Sehzellen auf (Fig. 698 b), und die sich berührenden Säume der benachbarten Zellen sind zu einem stäbchenartigen Gebilde verwachsen. — Wenn die Sehzellen solcher Ocellen durch Zwischenzellen ganz voneinander gesondert sind, so finden sich an ihrer Seitenfläche nur zwei im Querschnitt etwa bogenförmige Stäbchen (Rhabdomeren, Fig. 698 c), wie sie ähnlich auch in den Sehzellen der Nebenaugen der *vagabunden Araneinen* vorkommen, während sich in den Nebenaugen vieler *Sedentariae* zwischen dem mittleren Teil je zweier Sehzellen ein plattenförmiges solches Stäbchen entwickelt (ähnlich auch bei den *Pantopoden*, Fig. 678 C, S. 881). — Wenn die Säume oder Stäbchengebilde sich an oder in jeder Zelle als gesondertes Gebilde finden, bezeichnet man sie als *Rhabdomere*, wogegen die gleichzeitig von zwei benachbarten Zellen gebildeten, also verwachsenen, den Namen *Rhabdome* verdienen. Ähnliche, von zwei Sehzellen erzeugte Rhabdombildungen finden sich auch in den Stirnocellen mancher Insekten (z. B. *Syrphus*, Fig. 698 g); gewöhnlich kommt es in ihnen aber, wie auch in den Ocellen der *Scorpione*, *Opilioniden*, Hauptocellen der *Pedipalpen* und in den Medianocellen von *Limulus* zu den schon früher erwähnten Gruppenbildungen von Sehzellen, indem sich bei Insekten zwei bis vier, seltener sogar fünf und acht Sehzellen zur Bildung eines Rhabdoms vereinigen (Fig. 698 e-f), das auf ihren zusammenstoßenden Seitenflächen entsteht, und im Querschnitt daher meist drei- bis mehrstrahlig erscheint. — Bei den *Scorpionen* zeigen namentlich die Hauptaugen die Gruppenbildung (5) sehr deutlich (Fig. 680 B, S. 882), obgleich sie auch den Lateralocellen (Fig. 679 B, S. 882) nicht fehlt, jedoch weniger ausgesprochen und unregelmäßiger ist (Gruppen von zwei bis zehn Sehzellen). Die Rhabdome der Medianocellen sind daher meist fünfstrahlig. — Die *Opilioniden* (Fig. 698 h) besitzen Gruppen von vier (selten fünf) Sehzellen, von welchen sich eine achsiale zwischen den drei übrigen findet. Die peripheren Zellen bilden an ihrer Achsialseite oberflächliche Rhabdomere, die centrale dagegen ein im Zellinnern gelegenes, etwas verschiedenes, das mit den drei peripheren zu einem strahligen Rhabdom verwächst. — Seltsam ist, daß bei gewissen Opilioniden (Acantholophusgruppe) die distalen Enden der benachbarten Rhabdome netzförmig untereinander verwachsen, was an die oben erwähnten Verhältnisse bei gewissen Insekten und Araneinenocellen erinnert.

Die Säume oder Stäbchen der *Araneinen* und *Opilioniden* zeigen besonders deutlich, daß sie nicht aus Stiftchen bestehen, sondern alveolär gebaut sind, mit quer verlaufender Alveolenanordnung, worauf die Streifung und vermeintliche Stiftchenbildung beruht. Auch die Rhabdome der Pantopoden- und Insektenocellen zeigen zum Teil Andeutungen dieses Baues, woraus wohl geschlossen werden darf, daß den Rhabdomeren der Arthropoden dieser Bau überhaupt eigen ist, und sie daher besser als Cuticularsaum aufgefaßt werden dürften (was jedoch auch geleugnet wird). Oben (S. 881) wurde schon darauf hingewiesen, daß die Rhabdomere und Rhabdome in den Complexaugen der Arthropoden ähnlich gebaut sind wie jene der Simplexaugen. Ihr Querschnitt ist recht verschiedenartig, häufig sogar an demselben Rhabdom in verschiedener Höhe. Zuweilen bleiben die Rhabdomere noch völlig gesondert, meist aber sind sie zu einem im Querschnitt mehrstrahligen, doch auch kreisförmig bis viereckigen Rhabdom verwachsen, an dem die Zusammensetzung aus mehreren Rhabdomeren häufig noch zu erkennen ist (Fig. 689, 690). — Eigentümlich erscheint der Bau der Rhabdome vieler *Crustaceen* (*Thoracostraca*, Fig. 689 C¹, C², S. 889, *Cladocera*), welche eine *Plättchenstruktur* zeigen, indem das Rhabdom aus mehr oder weniger zahlreichen übereinander geschichteten Plättchen zusammengesetzt ist, die (*Astacus* u. a.) noch eine Zusammensetzung aus zwei Hälften, zeigen, deren Grenzlinien sich jedoch in den alternierenden Plättchen rechtwinklig kreuzen. Jedes Plättchen ist senkrecht zu dieser Grenzlinie (auch zur Zelloberfläche) fein gestreift, so daß sich die Streifung in den alternierenden Plättchen ebenfalls kreuzt.

Zu den cuticularsaumartigen Gebilden sind jedenfalls auch die der Sehzellen der *dibranchiaten Cephalopoden* zu rechnen, welche sich, wie früher bemerkt (S. 833), an der Oberfläche des peripheren Endteils oder des Stäbchenteils der Sehzellenoberfläche als zwei rinnenförmige Bildungen finden, und zuweilen auch eine feine Querstreifung (Plättchenstruktur) zeigen (Fig. 630 S. 833). Soweit Genaueres darüber bekannt ist, dürften hierher auch die

Stäbchengebilde im *Medianauge der Crustaceen* gehören, die sich zwischen den Enden der Sehzellen als eine Art Grenzsaum entwickeln. Die Stäbchengebilde der Salpenaugen scheinen sich ähnlich zu verhalten. Ob auch die cuticularen Säume gewisser Polychaeten-augen (namentlich Alciopiden, Fig 616, S. 820) hierher gehören, welche die gesamte Ober-fläche des stäbchenartigen Endteils der Sehzellen umkleiden und ihnen daher einen röhren-artigen Charakter erteilen, scheint fraglich.

Manche Sehzellen lassen jedoch gar keinen solchen Saum erkennen, sondern besitzen nur ein etwas cylindrisch oder fädig verlängertes freies Ende, welches als *plasma-tisches Stäbchen* bezeichnet wurde. Der-artige Sehzellen finden sich in den *Mantel-augen* der Muscheln (Fig. 632, S. 835) bei manchen *Polychaeten* (Fig. 613, 14, S. 819), im allgemeinen auch bei den Cölenteraten. In solchen Fällen, jedoch auch bei manchen anderen Sehzellen, wurde eine die Achse durchziehende Fibrille beobachtet, die als Neurofibrille gedeutet wurde; sie geht bei Alciope (Fig. 616 B, S. 820) an ihrem Distalende in ein knöpfchenartiges Ge-bilde über, das dem Stäbchenteil der Zelle aufsitzt. Bei gewissen Sehzellen der In-sektenocellen und namentlich bei denen der dibranchiaten Cephalopoden wurde auch das Eindringen einer Neurofibrille ins Innere der Sehzellen beobachtet.

Zu den plasmatischen Stäbchengebil-den ohne Cuticularsaum lassen sich im allgemeinen auch die Sehzellenden der *cranioten Wirbeltiere* rechnen, die, wie schon erwähnt, meist als *Stäbchen* und *Zapfen* unterschieden werden (s. S. 851). Diese häufig längsgestreiften, von einer feinen Membran umhüllten Endgebilde (s. Fig. 699,) ragen proximal über die Membrana limitans externa hinaus und sind dem den Kern enthaltenden Zell-körper (*äußere Körner*) entweder direkt aufgesetzt, oder durch einen fadenartig verschmälerten Teil der Zelle mit ihm ver-bunden. Auf die Schwierigkeit der scharfen morphologischen Unterscheidung von Stäb-chen und Zapfen wurde schon früher hin-gewiesen. In der Regel besteht jedes solche Gebilde aus einem *Innen-* und *Außenglied*. Letzteres ist bei den Stäbchen meist

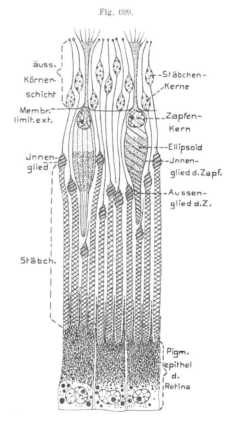

Fig. 699.

Chondrostoma nasus (Knochenfisch). Schema-tischer Längsschnitt durch die Sehzellenregion der Retina. Linker Zapfen nur längs gestreift, rechter nur spiral gestreift (nach HESSE 1904). v. Bu.

länger und mehr cylindrisch, bei den Zapfen kürzer und langkegelförmig; doch kann die Länge der Außenglieder der Stäbchen unter dem Einfluß der Belichtung variieren, während ähnliches an den Innengliedern der Zapfen beobachtet wurde. An den doppelbrechenden Außengliedern wurde häufig eine quere Streifung, d. h. eine *Plättchenstruktur* beobachtet oder auch eine schraubig verlaufende oberflächliche Faserung, welche auf Neurofibrillen be-zogen wurde, und sich noch auf die tieferen Gebiete der Sehzellen fortsetzen kann (Fig. 699). — Das Innenglied, welches häufig dicker als das Außenglied und mehr oder weniger ellipsoi-

disch ist, setzt sich nicht scharf gegen den Zellkörper (Außenkorn) ab und ist eigentlich
nur als ein Teil desselben zu betrachten. Eine feine Längsstreifung, welche am Basalteil
der Innenglieder häufig vorkommt, wird im wesentlichen auf zarte Fortsätze der Membrana
limitans oder der früher (S. 851) erwähnten Stützzellen zurückgeführt, welche die Innenglieder
teilweise umhüllen (sog. *Faserkörbe*). — Die Außenglieder der Stäbchen sind meist rötlich bis
rotviolett gefärbt (*Sehpurpur*), doch kommen bei den Fröschen zwischen derart gefärbten auch
grüne vor. Bei Wirbellosen wurde nur selten eine rötliche Färbung der percipierenden Teile
der Sehzellen beobachtet, so bei gewissen *Süßwasserplanarien*, *Polystomum*, namentlich
aber in den Stäbchen gewisser *dibranchiater Cephalopoden*: Sepia, Loligo. Doch ist nur
im letzteren Fall sicher erwiesen, daß der Farbstoff durch Licht verändert wird, wie der
Sehpurpur der Wirbeltiere. Der periphere Teil des Innenglieds der Stäbchen und Zapfen
ist gewöhnlich von einer stark färbbaren Masse erfüllt, die häufig wenig scharf abgegrenzt
ist (*Ellipsoid*, *linsenförmiger Körper*, Fadenapparat der Säugerstäbchen); distal von ihr
liegt bei den Reptilien meist ein ellipsoidischer bis paraboloidischer Körper (*Paraboloid*).
Letztere Bildung erinnert an die gleich zu erwähnenden *Phaosome* mancher Wirbellosen. —
Die *Ölkugeln*, welche in den Zapfen häufig auftreten, wurden schon oben (S. 853) erwähnt. —

Im Plasma der Sehzellen gewisser Wirbelloser finden sich zuweilen besondere Einschlüsse,
die als *Phaosome* (*Phaosphären*) bezeichnet wurden. Schon oben (S. 817) wurden sie aus
den Sehzellen der *Oligochaeten* erwähnt (Fig. 611), doch scheint es bei diesen etwas
zweifelhaft, ob es sich um derartige Gebilde handelt. — Solche stark lichtbrechende Einschlüsse
wurden ferner in den Sehzellen der *Scorpione* (Fig. 680, S. 832), *Opilioniden* und *Pedipalpen*.
in der Nähe des Kerns, meist in Einzahl, gefunden. — Auch die *Nautilussehzellen* enthalten häufig ein ähnliches Gebilde (Fig. 630 *A*, S. 833), das eine eigentümlich schraubig-
alveoläre Struktur besitzt. Phaosomartige Einschlüsse finden sich endlich in den Sehzellen
mancher *Salpen* und *Placophoren*. — Was im Medianauge der Crustaceen als Binnenkörper
der Sehzellen beschrieben wurde, dürfte eher mit der Tapetumbildung zu tun haben. — Daß
die Phaosome bei der Lichtperception mitwirken, und daher etwa inneren Stäbchenbildungen vergleichbar seien, ist unwahrscheinlich, um so mehr, als bei den Scorpionen auch in
anderen Gewebezellen ähnliche Einschlüsse vorkommen. Die Unterscheidung einer besonderen
Kategorie phaosomhaltiger Sehzellen scheint daher nicht angezeigt.

Daß die Sehzellen in vielen Fällen teilweis bis ganz pigmentiert sind, wurde schon früher
erwähnt, ebenso aber, daß auch völlig pigmentfreie häufig vorkommen. Nicht selten beschränkt
sich die Pigmentierung auf die äußere Region der Zelle, während die achsiale farblos bleibt.

6. Kapitel. Leuchtorgane.

Einleitung.

Wenn wir die in der Tierwelt weitverbreiteten Organbildungen, die Licht
hervorbringen, an dieser Stelle, gewissermaßen als Anhang zu den Sinnesorganen,
besprechen, so geschieht dies mehr aus einem Verlegenheitsgrund. Schon bei den
Hautdrüsen wurde gelegentlich (S. 126) auf das Vorkommen solcher Organe von
drüsenartigem Bau hingewiesen; dennoch wäre es nicht ganz korrekt gewesen, die
Leuchtorgane an jener Stelle zusammenhängend zu behandeln, da sich unter ihnen
auch solche finden, welche nicht den Charakter eigentlicher Hautdrüsen darbieten.
Es steht eben außer Zweifel, daß die Leuchtorgane in ihrer Gesamtheit keine einheitliche morphologische Gruppe bilden, sondern phylogenetisch verschiedener und
selbständiger Entstehung sind, wie etwa die Schalen- und Skeletbildungen der
Wirbellosen. Demnach ist es der physiologische Charakter, welcher sie miteinander verbindet, was bei der weiteren Betrachtung festzuhalten ist.

Das Vermögen der Lichterzeugung ist in der Organismenwelt weit verbreitet und keineswegs auf das Tierreich beschränkt, sondern tritt sowohl bei einzelligen Protisten, als typischen Pflanzen (besonders Mycelien von *hyphomyceten Pilzen*, doch auch erwachsenen) nicht selten auf. —

Unter den Protisten begegnen wir ihm bei zahlreichen Bakterienarten und nicht wenigen Protozoen, so namentlich relativ schwach bei marinen *Dinoflagellaten* (*Ceratium*, *Prorocentrum Pyrodinium*, *Peridinium*, *Blepharocysta*), besonders intensiv aber bei der marinen *Cystoflagellate*, *Noctiluca* und der verwandten, bis jetzt jedoch noch ungenügend bekannten *Pyrocystis*. Auch manche *Radiolarien* leuchten (speziell die koloniebildenden *Sphaerozoen*, doch auch einzelne andere). —

Schon aus diesen Erfahrungen folgt, daß das Leuchtvermögen der Metazoen an gewisse Zellen geknüpft sein wird, und daß dies Vermögen wohl in verschiedenartigen Zellen selbständig hervortreten konnte, vorausgesetzt, daß dem Organismus dadurch ein Vorteil erwuchs oder zum mindesten kein Nachteil. — Die Erfahrung lehrt denn auch, daß sich Leuchtvermögen bei den verschiedensten Metazoengruppen hervorbilden konnte, ja bei vereinzelten Gattungen einer größeren Abteilung oder selbst bei einzelnen Arten.

Dies erweist schon, daß sich das Vermögen in den einzelnen Abteilungen, ja vielleicht bei einzelnen Formen kleinerer Gruppen selbständig hervorgebildet haben muß, und daß die Leuchtorgane der verschiedenen Gruppen demnach nur analoger Natur sind, daß Homologien hier eine untergeordnete Rolle spielen. — Die Erfahrung lehrt ferner, daß es Zellen verschiedener Herkunft sein können, in denen sich Lichtproduktion entwickelte, wenn auch im allgemeinen die Ectodermzellen (Epidermiszellen) voranstehen. Doch scheint sicher, daß auch Entodermzellen diese Fähigkeit erlangten, selbst die Gonaden und Eizellen können leuchten. Ob sich noch andere Gewebszellen daran zu beteiligen vermögen, ist unsicher, obgleich es für Nervenzellen gelegentlich angegeben wurde. Jedenfalls liegen keine Angaben vor, daß sichere Bindegewebs- oder Muskelzellen leuchten. — Die weite Verbreitung leuchtender Bakterien hat gewiß vielfach Irrtümer über das Leuchten mancher Tiere hervorgerufen, indem sich teils auf ihrer Oberfläche, teils parasitisch in ihrem Innern Leuchtbakterien ansiedeln können, oder auch nur zufällige Verunreinigung mit solchen vorliegt. Eine erhebliche Anzahl älterer Angaben erscheint daher recht unsicher. Auch andere, durch eigentümliche Lichtreflexion hervorgerufene Phänomene wurden gelegentlich mit wirklichem Leuchten verwechselt.

Im allgemeinen scheint sicher, daß das Licht von einer in den leuchtenden Zellen gebildeten organischen Substanz ausgeht, die eben die Eigenschaft besitzt, unter gewissen Bedingungen zu leuchten. Es ist demnach nicht das eigentliche Protoplasma, welches phosphoresciert, sondern die von ihm hervorgebrachte Leuchtsubstanz. Über deren Natur liegen jedoch bestimmte Erfahrungen nicht vor, höchstens unsichere Vermutungen. Daß aber in der Tat eine solch anscheinende Unabhängigkeit des Leuchtens von dem eigentlichen Leben der Zelle besteht, folgt daraus, daß das Leuchten häufig noch einige Zeit andauert, nachdem die Leuchtzellen völlig zerstört (zerdrückt, zerrieben) wurden; wie auch das Leuchtvermögen

bei manchen toten und rasch ausgetrockneten Organismen bei trockener Aufbe-
wahrung lange erhalten bleiben kann, um wieder für einige Zeit hervorzutreten,
wenn man sie befeuchtet. Dazu gesellen sich noch weitere Gründe.

Für gewisse Leuchttiere (*Pholas,*) wurde auch nachzuweisen versucht, daß
das Leuchten erst durch das Zusammentreten zweier Substanzen, von welchen die
eine als eine Art Enzym wirke, entstehe. Doch läßt sich mit Recht bezweifeln, ob
Derartiges allgemeiner gilt. — Daß zu den Bedingungen des Leuchtens Sauerstoff-
gegenwart und -mitwirkung gehört, ließ sich in gewissen Fällen (Leuchtkäfer usw.)
sicher erweisen, wurde jedoch in anderen nicht bestätigt. Da diese Feststellungen
jedoch sehr subtiler Natur sind, so läßt sich vorerst wohl nicht behaupten, daß die
Phosphorescenz in den letzteren Fällen ganz ohne Sauerstoffmitwirkung geschähe.

In den meisten Fällen (Protozoen wie Metazoen) zeigt sich sehr deutlich, daß
das Leuchten nur auf verschiedene, den Körper treffende Reize eintritt, und bei
Metazoen eine direkte oder indirekte Beziehung zum Nervenapparat existieren
muß. Andererseits verläuft aber das Leuchten der Bakterien und Pilze ganz unabhängig von Reizen und daher auch kontinuierlich, was bei Tieren unter gewissen
Einwirkungen gleichfalls eintreten kann. — Natürlich ist das hervorgebrachte Licht
von sehr verschiedener Intensität, was ja schon von der Größe der Organismen
oder ihrer Leuchtorgane abhängt; seine Farbe ist ziemlich verschieden, meist weiß
bis bläulich oder grünlich, doch auch rötlich; soweit genauer untersucht, ist das
Spectrum stets kontinuierlich. — Nur in seltenen Fällen (*Beroë*) ließ sich eine Hemmung des Leuchtvermögens durch vorhergehende Belichtung beobachten.

Bei den einfacheren leuchtenden Metazoen sind kaum besondere Leuchtorgane
aufzufinden. Bei andern sehen wir die Lichtentwicklung an einzellige bis mehrzellige drüsenartige Organe des Integuments geknüpft, welche an recht verschiedenen Körperstellen auftreten können und deren Leuchtsekret zuweilen auch entleert wird. Bei höheren Formen (*Arthropoden, Cephalopoden, Fischen*) können
sich schärfer umschriebene Organe ausbilden, an welchen sich zu den lichtprodu-
zierenden drüsigen Zellen noch ein das Licht nach außen reflektierender Teil (*Reflektor*) und sogar ein es konzentrierender linsenartiger Apparat gesellen kann,
wodurch die Organe eine gewisse Ähnlichkeit mit einfachen Augen erhalten und
deshalb früher mehrfach als solche gedeutet wurden. Im Folgenden sollen die
einzelnen Metazoengruppen hinsichtlich ihres Leuchtvermögens und ihrer Leuchtorgane kurz besprochen werden; da eine weitergreifende Homologie der Organe
nicht besteht, so ist diese Art der Besprechung die gegebene.

Betrachtung der einzelnen Gruppen.

Spongiae. Was gelegentlich über leuchtende Schwämme und Schwammlarven berichtet
wurde, ist zu unsicher, um berücksichtigt zu werden.

1. Coelenterata.

Bei den marinen Cölenteraten tritt das Leuchtvermögen in sämtlichen Gruppen
auf, doch bieten der derzeitige Stand unserer Kenntnisse und die systematischen,

wie sonstigen Unsicherheiten der älteren Mitteilungen keine Möglichkeit, die Verbreitung genauer festzustellen.

Sicher ist, daß eine Anzahl *Hydroidpolypen* (besonders *Campanulariden*: so Arten von *Campanularia, Obelia, Clytia*, doch auch *Sertularia* und *Plumularia* usw.) diffus leuchten; ebenso auch deren *Medusen* (speziell erwiesen für *Obelia, Clytia, Thaumantias,* ? *Tiara, Phialidium* [Dianaea Lam.], *Mesonema* (Aequoride), *Turris*; sowie die *Trachymedusen Liriope, Cunina* und *Geryonia*).

Ebenso wurden auch leuchtende *Siphonophoren* beobachtet, so nach PANCERI *Abyla* und *Praya*. — Unter den *Acalephen* sind als leuchtend namentlich *Pelagia*arten (*phosphorea* Esch. und *noctiluca* Pér. Ls.) bekannt; doch werden noch weitere Gattungen angegeben. — Am genauesten studiert wurde das Leuchten gewisser *Octokorallen*, nämlich der *Pennatuliden*, unter denen es weit verbreitet scheint; die eingehenderen Untersuchungen beschränken sich jedoch auf die Gattung *Pennatula* (besonders *Pennatula phosphorea* Ellis und *rubra* Boh. [granulosa Lam.]). Über die etwaige weitere Verbreitung unter den Octo- und Hexakorallen ist wenig Sicheres bekannt. — Über die *Ctenophoren* wird später Näheres berichtet werden.

Bei den *Hydroidpolypen* soll der gesamte Körper leuchten und der Sitz des Vermögens im Ectoderm sein; bei Reizung eines Polypen schreitet das Leuchten auf die benachbarten Individuen der Kolonie fort. Auch bei den *Hydromedusen* und den *Acalephen* leuchtet zuweilen die gesamte Körperoberfläche (besonders *Pelagia*), bei andern leuchten nur Teile derselben, so die Tentakel, bzw. deren basale Anschwellungen, oder das Velum (z. B. *Cunina moneta*). In diesen Fällen geht das Leuchten jedenfalls vom Ectoderm aus; doch ist die Frage nicht sicher entschieden, ob der Inhalt der Ectodermzellen leuchtet oder eine auf ihrer Oberfläche abgeschiedene Substanz (Schleim). — Bei größeren Hydromedusen dagegen leuchten die radiären Gastralkanäle, ja sogar die Gonaden; in ersterem Fall muß die Lichtentwicklung also vom Entoderm ausgehen. — Ebenso sollen bei Pelagia die inneren Teile auf starke Reizung leuchten.

Wie bemerkt, besitzen zahlreiche *Pennatuliden* (Seefedern) ein intensives Leuchtvermögen. Es sind die Einzelpolypen der Kolonien, welche leuchten und zwar sowohl die tentakeltragenden als die tentakellosen Zooide. Das Licht tritt in acht Längsstreifen auf, die sich dem Schlundrohr entlang bis zu den sog. Mundpapillen erstrecken; es liegt also nahe, den Sitz des Leuchtens in den acht Gastralsepten zu suchen, doch scheint dies etwas zweifelhaft, da sich nach den einzigen, aber recht unvollständigen Untersuchungen, die Leuchtstreifen als Verdickungen an der Außenwand des Schlundrohrs zwischen den Septen finden sollen. Demnach scheint wohl das Entoderm zu leuchten.

Bei den Pennatuliden wurden interessante Untersuchungen über das Fortschreiten des Leuchtens längs der Kolonie bei lokaler Reizung angestellt; doch ist hier nicht der Ort, auf diese physiologischen Fragen näher einzugehen.

Zahlreiche *Rippenquallen* (Ctenophoren) strahlen bei Reizung intensives Licht aus, so namentlich die Arten der Genera *Beroë, Pleurobrachia*, einzelne *Lobaten* (*Mnemia, Mnemiopsis, Eucharis, Callianira, Bolina*) und *Taeniaten* (*Cestus*). Das Leuchten tritt längs der acht gastralen Rippengefäße auf, welche unter den gewöhnlich voll ausgebildeten acht Reihen von Ruderplättchen hinziehen (s. Fig. 22,

S. 96). Daß aber das Licht mit den Ruderplättchen selbst nicht zusammenhängt, wie neuere Darstellungen vermuten ließen, scheint sicher, da auch das Leuchten längs solcher Gefäße auftritt, welche nicht von Ruderplättchen begleitet werden; so bei *Cestus* an den vier lateralen Rippengefäßen, deren Ruderplättchen fast völlig verkümmert sind, sowie an den sog. Magengefäßen; in ähnlicher Weise bei *Beroë forskali* auch an den Gefäßnetzen, welche die acht Rippengefäße untereinander verbinden. — Das Licht geht von den Entodermzellen der Gastralgefäße (speziell Rippengefäße) aus. An diesen finden sich ein oder zwei Streifen hoher vakuoliger Entodermzellen (*Gefäßwülste*), welche jedenfalls die Leuchtorgane sind, weshalb auch an jedem Rippengefäß meist zwei Leuchtstreifen auftreten (z. B. Beroë). Ebenso scheinen jedoch die Gonaden, welche den Gefäßen beiderseits anliegen, Leuchtvermögen zu besitzen, was um so wahrscheinlicher ist, als sie vielfach vom Entoderm hergeleitet werden. — Schon die *Eier* mancher Ctenophoren leuchten; bei andern tritt das Leuchten erst während der Entwicklung des Embryo auf.

Bemerkenswert erscheint die mehrfache Erfahrung, daß das Leuchtvermögen der Ctenophoren (speziell *Beroë* und *Mnemiopsis*) bei Belichtung aufhört und sich in der Dunkelheit erst nach einiger Zeit wieder einstellt; eine Erscheinung, die bei den sonstigen Leuchttieren nicht vorkommt, da diese im Dunkeln, ja selbst im mäßigen Tageslicht, sofort leuchten.

2. Vermes.

Sichere Erfahrungen über Leuchtvermögen von Würmern liegen nur für die *Chaetopoden* vor, denn die vereinzelten Angaben über *Turbellarien, Rotatorien* und *Oligomeren* sind zweifelhaft.

Unter den marinen *Polychaeten* sind leuchtende Formen recht verbreitet, wenn auch meist wenig genau studiert.

Hierher gehören namentlich gewisse *Syllideen* (*Odontosyllis* Gr., *Pionosyllis*), einzelne *Amyditeen* (*Photocharis* Ehrb.), nicht wenige *Polynoina* (Familie *Aphroditidae*, speziell *Polynoë*arten und *Acholoë*), gewisse *Tomopteris, Nereis, Heteronereis* (?), zahlreiche *Chaetopteriden* (speziell *Chaetopterus*), einzelne *Terebellidae* (*Polycirrus* Gr.) und *Cirratuliden* (*Heterocirrus* Gr.); auch leuchtende Larven wurden gelegentlich beobachtet.

Soweit bekannt, scheint das Leuchten fast stets auf Reizung einzutreten, welche auch durch die Eigenbewegungen der Tiere bewirkt werden kann. Ferner scheint sicher, daß das Licht stets von dem schleimigen Sekret gewisser epidermaler Leuchtdrüsen ausgeht. Das Leuchten wurde entweder nur an gewissen Körperstellen beobachtet, so z. B. den Cirren, Parapodien, Kopftentakeln oder den Elytren von *Polynoë*, sowie der nahe verwandten *Acholoë*; auch bei dem genauer untersuchten röhrenbewohnenden *Chaetopterus* leuchten gewisse Körperstellen besonders oder doch stärker, wie dies Fig. 700 zeigt, auf der die leuchtenden Partien braun angegeben sind. Bei starker Reizung breitet sich jedoch hier wie auch bei andern Formen das Licht weiter über den Körper aus (schon die Larve leuchtet). Das Licht geht hier von dem leuchtenden Schleim aus, der von drüsig modifizierten Epidermiszellen abgeschieden wird. Es sind mehr oder weniger umfangreiche Strecken der Epidermis, deren Zellen sich, abgesehen von sehr zarten fadenförmigen

Zwischen- oder Stützzellen, zu Leuchtzellen differenziert haben, so daß die Gesamtheit
dieser Leuchtzellen an den betreffenden Körperstellen als Leuchtorgane erscheinen,
um so mehr, als abgesehen von den Tentakeln und den Endspitzen der dorsalen Parapodien des hinteren Körperabschnitts die Leucht-
zellen sich durch sehr ansehnliche Höhe von den
gewöhnlichen Epidermiszellen unterscheiden, weshalb sich die Leuchtorgane als vorspringende, auf
ihrer Oberfläche meist stark gewulstete weißliche
Anschwellungen kennzeichnen. Besonders eigentümlich verhalten sich jedoch die der dorsalen
Parapodien des Hinterleibs, indem sich zwar ein
Teil der Epidermis auf der Medialseite des Para-
podiums zu solchem Leuchtepithel entwickelt hat,
der Hauptteil der Leuchtorgane aber durch das
ectodermale Epithel der Endbahnen der Nephridien
gebildet wird, das sich direkt in jenes äußere
Leuchtepithel der Oberfläche fortsetzt. — Die
Leuchtdrüsenzellen der Epidermis sind, wie gesagt,
sehr hohe prismatische Zellen, deren Plasma dicht
von Kügelchen erfüllt wird, und die in ihrer Basis
häufig unregelmäßige, stark färbbare Körper enthalten. Jede Zelle besitzt an ihrem freien Ende
einen Entleerungsporus. Mit Schleimfarben tin-
gieren sich die Leuchtzellen sehr stark. Der abgeschiedene Schleim bewahrt nach der Vermischung
mit Seewasser sein Leuchtvermögen bei mechanischer Erregung noch lange.

Bei den *Polynoinen*, wo die schuppenartigen
Elytren der Dorsalseite allein leuchten, pflanzt sich
bei starker Reizung das Leuchten einer Elytra auf
die übrigen fort; die Elytren sind die umgebildeten
Dorsalcirren zahlreicher Parapodien. —

Besondere Leuchtorgane wurden neuerdings
auf der Dorsalseite der Elytren von *Acholoë* beschrieben, während im Gegensatz dazu eine frühere
Untersuchung das Leuchtvermögen in zahlreiche
einzellige Drüsen der ventralen Elytrenfläche von

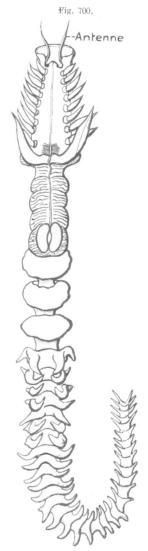

Fig. 700.

Chaetopterus variopedatus
Clap. (Polychaete.) Ansicht von der
Dorsalseite; die leuchtenden Partien
sind braun angegeben; nach Alko-
holpräparat.   O. B.

Polynoë verlegte. Die dorsalen Leuchtorgane der
Acholoëelytren (s. Fig. 701 *A*) sollen sich als zahl-
reiche papillenförmig vorspringende Gebilde auf
der caudalen Hälfte der Elytren finden (s. Fig. 701 *B*). In den achsialen Kanal jeder
Papille mündet eine Gruppe von Drüsenzellen, deren Sekret beim Austritt ins
Wasser leuchte. Obgleich die Elytren reich an Nerven sind, ließ sich die Inner-

vierung der Papillen nicht sicher erweisen. — Die frühere Ansicht, welche das Leuchten auf die Ventralseite der Elytren verlegt, erklärte die Leuchtpapillen für nervöse Endorgane; wogegen die neuere die angeblichen Leuchtdrüsen der ventralen Elytrenfläche als Querschnitte von Muskeln deutet. Vorerst ist kaum bestimmt zu entscheiden, welche Ansicht richtiger erscheint.

Bestimmte Leuchtorgane wurden ferner bei den pelagischen *Tomopteris* als *rosettenförmige Organe* beschrieben, die sich in Einzahl entweder an den beiden Flossenlappen der Parapodien oder nur an dem ventralen finden, aber auch auf die Parapodien selbst gerückt sein können, ja an der Bauchseite des Wurms aufzutreten vermögen.

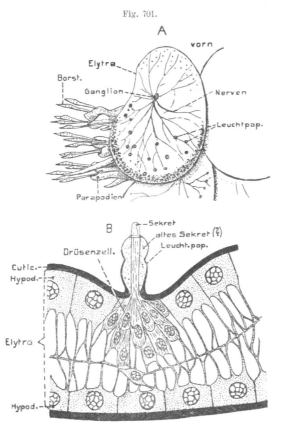

Fig. 701.

Acholoë astericola (Polychaete). — *A* eine Elytra von der Dorsalseite mit den Leuchtpapillen. — *B* ein Teil einer Elytra mit einer Leuchtpapille im Achsialschnitt (etwas schematisch), (nach KUTSCHERA 1909). C. H.

Der Bau der Organe ist wenig aufgeklärt; es sind kugelige kleine Gebilde, die aus einer Anzahl rosettenförmig zusammengepreßter schlauchartiger Körper bestehen, deren Distalenden gelbliches bis bräunliches, wohl fettartiges Sekret enthalten. Nervenzutritt wird angegeben. Eine äußere Mündung wurde nicht beobachtet. Obgleich Tomopteris sicher leuchtet, so fehlt doch der Nachweis, daß das Leuchten von den beschriebenen Organen ausgeht. — Es wurde auch versucht, die fraglichen Organe als Augen zu deuten und ihnen ein linsenartiges distales Gebilde zugeschrieben, was jedoch mit· ihrer Auffassung als Leuchtorgane nicht unvereinbar wäre.

Bei *Odontosyllis enopla* scheint das Leuchten zur Anlockung der Geschlechter, die beide phosphorescieren, bei der Fortpflanzung zu dienen; das Licht der Weibchen soll kontinuierlich, das der Männchen intermittierend sein; auch die Eier sollen einige Zeit nach ihrer Ablage leuchten.

Im allgemeinen sehen wir daher, daß die Erfahrungen über die Leuchtorgane und das Leuchtvermögen der Polychaeten noch recht spärlich sind.

Oligochaeta. Obgleich aus älterer wie neuerer Zeit zahlreiche Beobachtungen über intensives Leuchten von Regenwürmern (*Lumbriciden*) vorliegen, so wurde bis jetzt doch nicht hinreichend aufgeklärt, ob deren Leuchten wirklich ein eigenes, oder durch bakterielle oder

Pilzinfektion erzeugtes ist. Bis jetzt wurden vier Arten festgestellt (*Henlea ventriculosa* d. Ud. *Photodrilus phosphoreus* Giard. *Microscolex modestus* Rosa und *dubius* Rosa, die aber wahrscheinlich als in Europa eingeschleppte zu betrachten sind), bei denen in der wärmeren Jahreszeit Leuchten des ganzen Körpers regelmäßig vorzukommen scheint. Bei *Henlea* soll das Hinterende stärker leuchten. Gelegentlich, aber nicht konstant, wurden auch leuchtende *Allobophora foetida* (Savigny) beobachtet. Nach den meisten Beobachtungen scheint es sich um leuchtenden Schleim zu handeln, welcher von der Oberfläche der Tiere abgeschieden wird, weshalb auch Gegenstände, die mit ihnen in Berührung kommen, einige Zeit leuchten. Daß das Leuchten bei mechanischer Reizung auftritt oder dadurch vermehrt wird, dürfte daher auf Verstärkung der Schleimabsonderung beruhen. — Besondere Leuchtorgane fehlen; nur bei *Photodrilus* sollen es eigenartige Drüsen (wohl einzellige) um den Ösophagus sein, welche das Leuchten bewirken; und für *Henlea* wird direkt angegeben, daß es der von den vorn und hinten besonders reichlich vorhandenen Hautdrüsen abgesonderte Schleim sei, der leuchte. Frühere Beobachter berichteten mehrfach, daß besonders die Clitellarregion leuchte, was bei deren Reichtum an einzelligen Hautdrüsen verständlich wäre. — Auch für gewisse *Enchytraeus*arten wurde Leuchten angegeben.

Gewissen *Oligomeren* scheint Phosphorescenz sicher zuzukommen; so einzelnen *Bryozoen* (gewissen *Membranipora-* und *Flustra*arten; wahrscheinlich ist sie jedoch weiter verbreitet). Von leuchtenden *Sagitta*arten (Chaetognathen) wurde mehrfach berichtet, ebenso von gewissen *Enteropneusten* (speziell *Ptychodera minuta* Kowal. sp.). In keinem dieser Fälle liegen aber genauere Untersuchungen über die Grundlagen der Erscheinung vor.

3. Arthropoda.

Crustaceen. Leuchtende marine Crustaceen wurden in zahlreichen Abteilungen angetroffen; aus dem Süßwasser dagegen ist bis jetzt keine Form bekannt. Es sind häufig Tiefseebewohner und in der Regel einzelne Gattungen, welchen Leuchtvermögen zukommt; ja selbst nur einzelne Arten einer Gattung.

Einer Anzahl mariner *Copepoden* aus den Familien der *Centropagiden* und *Oncaeiden* kommen neben gewöhnlichen einzelligen Hautdrüsen an verschiedenen Körperstellen auch solche zu, die ein gelb-grünliches, nach dem Austritt in das Wasser leuchtendes Sekret absondern, das zuweilen mit ziemlicher Kraft ausgestoßen werden kann. Neben einfachen solchen Drüsen finden sich auch gepaarte (*Heterochaeta*), welche durch einen gemeinsamen Porus münden. Zahl und Verteilung der Leuchtdrüsen wechselt sehr. Sie finden sich vom Kopf bis zur Furca des Hinterendes, ihre Zahl erreicht etwa 17 und 18, bei *Oncaea conifera* sogar etwa 70. — Leuchtende Naupliuslarven wurden gleichfalls beobachtet; die Organe treten also jedenfalls frühzeitig auf.

Unter den marinen *Ostracoden* (Schalenkrebsen) wurden in den wärmeren Meeren einige Leuchtformen gefunden. Am bekanntesten ist die pelagische Untergattung *Pyrocypris* G. W. Müll.; doch leuchten wohl auch gewisse *Cypridinen* und einzelne *Halocypridinen* (*Conchoecia*, sowie eine große Form aus dem japanischen Meer). — Als *Leuchtdrüsen* funktionieren Gruppen einzelliger Drüsen, die in der Oberlippe liegen (bei Pyrocypris 3, bei der großen Halocypridine nur eine); sie ergießen ihr Sekret in ein distales Reservoir, aus dem mehrere auf zapfenförmigen Fortsätzen der Oberlippe gelegene Öffnungen nach außen führen. Auch hier kann das Leuchtsekret hervorgespritzt werden, wozu eine besondere Muskulatur dient.

Die beiden sog. *Reflektororgane*, die sich bei der riesigen Ostracode *Gigantocypris*
G. W. Müll. am Kopf finden, sind als Leuchtorgane vorerst unsicher. — Was über leuchtende
Amphipoden (Orchestia, Talitrus) und *Isopoden* (Porcellio) berichtet wurde, ergab sich bei
genauerer Untersuchung (speziell *Talitrus*) als Infektion mit Leuchtbakterien, die sich auch
auf ·andere Individuen und Arten übertragen ließen.

Den *Leuchtdrüsen* der *Ostracoden* schließen sich die gewisser *Schizopoden*
(Gnathophausia) an; hier liegen die paarigen Drüsen jedoch in den zweiten Maxillen
und münden an deren Lateralseite auf einer knopfartigen Hervorragung durch eine

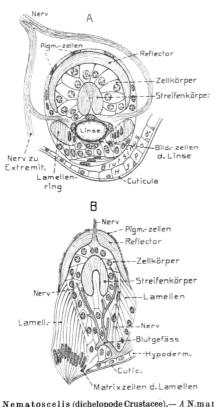

Fig. 702.

einfache Öffnung aus. Die Drüse
besitzt ein Reservoir, in welches zwei
Drüsenschläuche münden, die einer
Gruppe einzelliger Drüsen gleichen.
Auch diese Drüsen stoßen fädiges
Sekret aus, dessen Leuchten direkt
beobachtet wurde.

Die höchst entwickelten Leuchtorgane (*Photosphären, Photophoren*)
treten in der mit den Schizopoden
nahe verwandten, ihnen früher zugerechneten Unterordnung der *Dichelopoda* auf, besonders bei einigen Tief-
seegattungen. Bei dem bekanntesten
Genus *Euphausia* wurden die Organe
zuerst beobachtet, jedoch lange für
Augen gehalten. Bei dieser Gattung
und einigen anderen findet sich in
jedem Augenstiel ein Organ, ferner je
eines an den Basen des zweiten und
siebenten Thoracal-Fußpaars und
schließlich je ein unpaares in der
Ventrallinie der vier ersten Abdominalsegmente. Die Gattung *Stylocheiron*
dagegen besitzt nur ein thoracales
Paar und ein unpaares am ersten
Abdominalsegment. Die Organe (s.
Fig. 702), über welche die Cuticula

Nematoscelis (dichelopode Crustacee).— *A* N.man-
tis, thoracales· Leuchtorgan, Achsialschnitt. —
B N.rostrata, ebenso (nach CHUN 1896). v. Bu.

etwas vorgewölbt ist, sind entweder mehr ellipsoidisch (*Augenorgan, B*) oder
annähernd kugelig (*A*). Die ersteren hängen mit der Hypodermis noch zusammen, die letzteren ·hingegen liegen etwas nach innen von ihr in einem Blutsinus. — Jedes Organ enthält etwa in seinem Centrum einen ziemlich verschieden gestalteten, halbkugeligen bis kugeligen oder ellipsoidischen sog. *Streifenkörper*, der aus annähernd parallel und achsial gestellten oder radiär angeordneten
stark lichtbrechenden Lamellen.besteht, die vielleicht selbst wieder aus stäbchen-

artigen Gebilden zusammengesetzt sind. Dieser Körper wird gewöhnlich als das eigentlich Leuchtende gedeutet, doch scheint dies etwas unsicher, da sich die ihn umhüllenden Zellen wahrscheinlich an dem Vorgang beteiligen. Der Streifenkörper wird nämlich von einer im allgemeinen einschichtigen Lage blasser großkerniger Zellen bis auf seinen Distalpol umhüllt, und diese Zellen sind ihrerseits wieder von einem kontinuierlichen oder zweihälftigen (Augenorgane) Mantel umgeben, der aus feinen konzentrischen Lamellen besteht. Dieser Reflektor fungiert jedenfalls als Spiegel, der das Licht nach außen wirft. — In den *Rumpforganen* (*A*) liegt distal vom Streifenkörper ein homogenes linsenförmiges bis kugeliges Gebilde, das den Augenorganen fehlt. Es wird von einigen sehr flachen Zellen umhüllt, die es jedenfalls abscheiden. Daß letzterer Teil als Linse zur Konzentration des ausgestrahlten Lichts dient, scheint zweifellos. — Vor der Linse wird die Photosphäre durch eine Zellmasse abgeschlossen, die sich auch proximalwärts über den Reflektor als eine dort mit rotem Pigment erfüllte Lage fortsetzt und den Austritt des Lichts gegen das Körperinnere verhindert. Von der distalen Zellmasse aus können sich auch einige Zellen in die Achse des Streifenkörpers erheben. Um die Linse entwickelt sich ferner ein Ring ähnlicher Lamellen wie jene des Streifenkörpers; er wird gelegentlich als ein zweiter Reflektor oder Refraktor gedeutet, und scheint von Zellen erzeugt zu werden, die seinem achsialen Rand anliegen. Ob den distal von der Linse liegenden Zellen, welche jenen um den Streifenkörper recht ähnlich sind, ebenfalls Leuchtvermögen zukommt, wie auch behauptet wurde, scheint fraglich. — Zu jedem Organe tritt ein *Nerv*, der entweder am proximalen Pol (Augenorgane) oder seitlich, zwischen Streifenkörper und Linse eindringt; wie er sich weiter verteilt, ist zweifelhaft. — Auch *Blutgefäße* treten in die Photosphären ein (s. Fig. 702 *B*). — Die Rumpforgane stehen ferner mit *Muskeln* in Verbindung, welche sie zu drehen vermögen, und zwar ist sowohl die Achsenrichtung der einzelnen Organe etwas verschieden als ihre Drehungsrichtung.

Daß die Photosphären der Dichelopoden aus dem Ectoderm hervorgehen, ist wegen des Zusammenhangs der äußeren Zellen der Augenorgane mit der Hypodermis wahrscheinlich. — Eigentümlich erscheint, daß bei den Larven (Euphausia) die Augenorgane zuerst auftreten und zunächst nur aus dem Streifenkörper sowie einigen ihn umhüllenden Zellen bestehen, während sich die übrigen Teile erst später bilden.

Die Bedeutung der Organe dürfte hauptsächlich in der Anlockung von Beutetieren bestehen, weniger in der Erleuchtung des Gesichtsfelds, wozu vor allem die Augenorgane etwas beizutragen vermögen.

Bei einzelnen Arten von *Tiefseedecapoden*, so *Sergestes* (Familie *Penaeiden*, zwei Arten), *Acanthephyra* und *Hoplophorus* (Fam. *Caridae*, je zwei Arten) wurden Leuchtorgane gefunden, bei einer der Sergestesarten das Leuchten auch direkt beobachtet. Bei *Sergestes* treten die Organe in großer Zahl an der Bauchseite und den Extremitätenanhängen auf, so daß bis 150, ja mehr gezählt wurden. Am eigentümlichsten erscheint, daß auch im Innern der Kiemenhöhle, an der Innenseite des Kiemendeckels, eine Längsreihe von Organen steht. Bei *Acanthephyra* und *Hoplophorus* finden sich 12 größere Organe, je eines an der Basis der Abdominalbeine. Die Organe sind überall so gerichtet, daß ihr Licht ventralwärts fällt. — Sie sind

erkennbar an ihrem blauen Pigment, und daher ist es wahrscheinlich, daß bei
Acanthephrya noch zahlreiche blau pigmentierte, jedoch sonst nicht besonders ausgezeichnete Flecke der Körperoberfläche (etwa 133) ebenfalls zu leuchten vermögen. —
Die höher entwickelten Organe besitzen eine cuticulare biconvexe bis concav-convexe Linse, unter welcher sich eine Schicht niederer (Sergestes. Fig. 703) bis

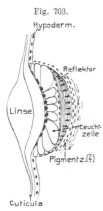

Fig. 703.
Hypoderm.

Reflektor

Linse

Leuchtzelle

Pigmentz.(?)

Cuticula

Sergestes (decapode
Crustacee). Achsialschnitt
durch ein Leuchtorgan
(nach KEMP 19lt). O. B.

hochcylindrischer Hypodermiszellen findet. Bei Sergestes
enthalten diese Zellen das blaue Pigment, bei Acanthephrya
dagegen findet es sich in der Linse. — Während sich bei
ersterer Gattung unter den Hypodermiszellen, die aller
Wahrscheinlichkeit nach leuchten, ein fasriger Reflektor
mit eingelagerten Zellkernen findet, fehlt ein solcher bei
Acanthephrya. Bei letzterer soll ein starker Nerv direkt
zum Proximalpol der Hypodermisverdickung treten, doch
ist diese Deutung etwas zweifelhaft. Auch die Organe von
Sergestes scheinen von Nerven versorgt zu werden. Eine
etwas unregelmäßige Zellanhäufung am Proximalteil der
Organe ist vielleicht eine Pigmenthülle.

Für gewisse *Decapoden* (*Aristheus coruscans* und *Heterocarpus alphonsi*) wird angegeben, daß das Sekret der Antennendrüse
phosphoresciere, wogegen *Polycheles phosphoreus* möglicherweise
leuchtende Hautdrüsen, ähnlich denen der Copepoden, besitzt. Das
häufig erwähnte Leuchten der Decapodenaugen war in den meisten Fällen wohl nur eine
Wirkung des bei den Augen erwähnten Tapetums (s. S. 893).

Myriopoden   Seit alter Zeit wurden leuchtende *Myriopoden* erwähnt. Die genauere
Verfolgung ergab, daß es sich um einige *Geophiliden* (unter den Chilopoden) handelt. Für
Chilognathen liegen nur unsichere Angaben über *Julus* vor. — Die beiden bekanntesten
leuchtenden Geophiliden sind die europäische *Scolioplanes cranipes* C. Koch sp. und die
nordafrikanische *Orya barbarica* Gerv., doch werden noch einige andere Arten erwähnt. Ob
diese Formen andauernd leuchten, ist zweifelhaft; es scheint vielmehr, daß dies nur zeitweise
der Fall ist. Nach den nicht allzu genauen Untersuchungen dürfte sicher sein, daß es einzellige, auf der ganzen Ventralseite verbreitete Hautdrüsen sind, die auf den Sterniten (Bauchplatten) und den sich anschließenden sog. Epimeriten (Coxen) ausmünden, welche leuchtenden Schleim abscheiden, der beim Kriechen als leuchtende Spur zurückbleibt. Bei *Orya*
wurden gelgentlich auch die Analdrüsen für die Leuchtorgane erklärt. Bei dieser Form
soll der Schleim eiweißartige Kügelchen enthalten, die bald in Kristalle übergehen. — Trotz
aller dieser Erfahrungen ist doch noch zweifelhaft, ob das Leuchten der erwähnten Myriopoden nicht nur von Bakterieninfektion oder auch vom Fressen leuchtender Pilze herrührt
wofür namentlich sprechen würde, daß es keine regelmäßige Erscheinung ist.

Insecta.   Über leuchtende Insekten verschiedenster Ordnungen liegen eine
große Zahl unsicherer Angaben vor, da die betreffenden Fälle nicht näher untersucht und der Sitz des Leuchtens nicht genauer ermittelt wurde, weshalb die
Möglichkeit infektiösen Leuchtens vielfach besteht. Genauer untersucht wurden
nur die bekannten Leuchtkäfer. Über die sonstigen Angaben soll daher hier nur
kurz Einiges berichtet werden.

Von *Apterygoten* werden gewisse *Thysanuren* und *Poduriden* als leuchtend erwähnt.
Die Fälle können jedoch nicht alle als sicher betrachtet werden. Unter den *Orthopteren*

im weiteren Sinn wurden *Gryllotalpa*, sowie gewisse *Ephemeriden* (Eintagsfliegen): *Caenis*, *Telaganodes*, leuchtend beobachtet. Auch leuchtende Termitenhügel wurden erwähnt. Seltsam erscheint die mehrfache und alte Behauptung, daß der große Stirnaufsatz des südamerikanischen sog. *Laternenträgers* (*Fulgora*, eine *Cicade*) leuchte, was jedoch wohl sicher irrig ist; sonstige Angaben über leuchtende Rhynchoten liegen nicht vor.

In der Ordnung der *Dipteren* wurden mehrfach total leuchtende Larven, ja auch Imagines von *Chironomiden* (speziell *Chironomus*) und einzelner *Pilzmücken* beobachtet. Das näher Bekannte macht es sehr wahrscheinlich, daß es sich um eine Infektion mit Leuchtbakterien handelte. — Ebensowenig können die vorliegenden Berichte über leuchtende *Raupen* (Lepidoptera) für deren autonomes Leuchtvermögen sprechen, da gerade diese Larven häufig Pilzinfektionen ausgesetzt sind. Wie gesagt, bleiben daher nur gewisse Käfer (Coleoptera) als zweifellose und sehr interessante Fälle von Leuchtvermögen bestehen.

Coleoptera. Leuchtende Käfer treten besonders in drei Familien auf: *Lampyridae*, *Elateridae* und *Telephoridae*. Das Leuchten des Carabiden *Physodera* ist nicht hinreichend festgestellt. In der ersterwähnten Familie gibt es eine große Zahl von Gattungen und Arten mit leuchtorganartigen Bildungen, doch wurde das Leuchten nur bei einer beschränkten Anzahl direkt erwiesen, so besonders bei europäischen und amerikanischen Vertretern der Gattungen *Lampyris* Geoffr., *Phosphaenus* Lap., *Luciola* Lap., den amerikanischen Formen *Photinus* und *Lecontia*, sowie den ceylonischen *Harmatelia* und *Dioptoma*, von welchen *Lampyris* und *Phosphaenus* auch bei uns vorkommen, Luciola in Südeuropa. — Unter den nahverwandten Telephoriden wurden die Gattungen *Phengodes* Illig. (N.-Amerika) und *Zarhipis* (Südamerika) leuchtend beobachtet. Das intensivste Leuchtvermögen besitzen gewisse *Elateriden* Südamerikas, speziell Arten der Gattung *Pyrophorus* Illig, besonders *Pyrophorus noctilucus* (L.). — Bei den Leuchtkäfern, die sich, so weit bekannt, durch nächtliche Lebensweise auszeichnen, leuchten in der Regel nicht nur die Imagen, sondern auch die Larven und Puppen, selbst die Eier, was für Lampyris-, Lamprophorus-, gewisse Luciola-, Photinus- und Pyrophorusformen festgestellt wurde.

Während bei *Pyrophorus* Männchen und Weibchen geflügelt sind (s. Fig. 704 *B*), sind bei den Weibchen von *Lampyris* (s. Fig. 705), *Luciola italica* und *Phosphaenus*, sowie den erwähnten *Telephoriden* die Flügel sehr bis nahezu völlig verkümmert, so daß sie nicht zu fliegen vermögen; bei *Phosphaenus hemipterus* gilt

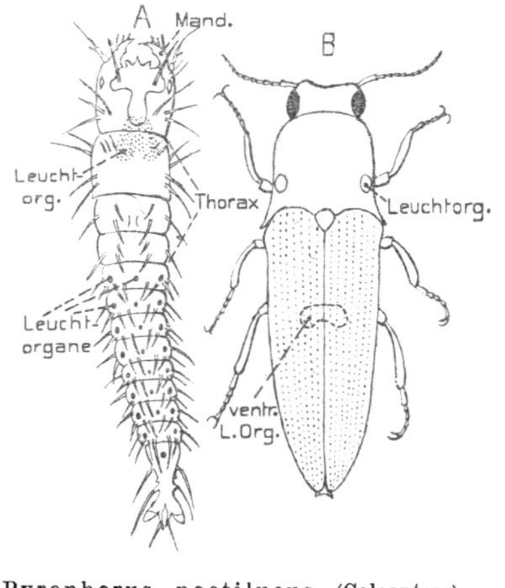

Fig. 704.

Pyrophorus noctilucus (Coleoptere). — *A* Larve von der Dorsalseite; die abdominalen Leuchtorgane sind als schwarze Punkte angegeben. — *B* Imago von Dorsalseite; die Lage des ventralen Leuchtorgans ist punktiert angedeutet (*A* nach DUBOIS 1898; *B* Orig.). O. B.

dies für beide Geschlechter. In diesen Fällen tritt ziemlich klar hervor, daß das Leuchten im Dienst der Geschlechtsfunktion steht, d. h. das gegenseitige Aufsuchen

der Geschlechter erleichtert. — Wie bemerkt, besitzen auch die *Larven* Leuchtorgane, wobei mehrfach hervortritt, daß sich die Organe der Larven weiter über den
Körper verbreiten als bei den zugehörigen Imagen. So zeigt die Larve von *Lampyris* (Lamprorhiza) *splendidula* an den Abdominalsegmenten 2—8 jederseits ein
kleines Organ, die von *Phengodes* außer einem Dorsalorgan auf der Grenze von Kopf
und Prothorax, 10 Paar leuchtende laterale Punkte auf den folgenden Segmentgrenzen. — Ähnlich verhält sich auch die *Pyrophorus*larve (Fig. 704 A.), welche
gleichfalls ein zweilappiges dorsales Kopforgan besitzt und auf jedem der acht ersten
Abdominalsegmente ein Paar seitlicher kolbig hervorragender Leuchtpunkte, zu
denen sich noch je ein medianer gesellt, von dem es aber zweifelhaft ist, ob er ein
selbständiges Organ dar-
stellt. — Andererseits kann
sich die Zahl der Organe
gewisser Larven stark re-
duzieren, so besitzen die von
Lampyris noctiluca und
Phosphaenus nur ein Paar
lateroventraler Organe am
8. Abdominalsegment. —
Die Imagen der einheimi-
schen Lampyrisformen zei-
gen beträchtliche Verschiedenheiten der Organe in den
beiden auch sonst so differenten Geschlechtern. Die
Organe beschränken sich
jedoch in der Regel auf die
hintere Ventralregion des
Abdomens. Bei den *Weib-
chen* von *Lampyris splendidula* (Fig. 705) gleicht die Verteilung der Organe
jener der Larven, da sich die lateralen paarigen, sog. *knollenförmigen Organe*
am 2. bis 6. Bauchsegment erhalten, zu denen sich aber am 7. Segment noch ein
ansehnliches unpaares Organ gesellt und am 6. noch ein Paar kleiner, am 3. ein
kleines unpaares in der Mittellinie. — Bei den *Weibchen* der *Lampyris noctiluca* hingegen finden sich am 6. und 7. Segment des Abdomens zwei ansehnlich breite unpaare Organe, am 8. ein Paar kleinere und gelegentlich am
5. noch einige kleine Leuchtflecke. — Bei den Lampyrismännchen sind die
Organe im allgemeinen spärlicher; bei *L. spendidula* zwei ansehnliche unpaare
am 6. und 7. Segment (Fig. 705), bei *L. noctiluca* nur ein Paar am 8. — Bei
den Männchen von *Luciola italica* und *africana* leuchtet die Ventralseite des
6. und 7. Segments, die Weibchen dagegen besitzen ein Paar Leuchtflecke am 5.
Die Männchen von *Photinus marginellus* haben im 6. und 7. Segment je ein Paar
Leuchtflecke, die Weibchen nur eine unpaare Leuchtplatte im 6. Segment, *Phot.*

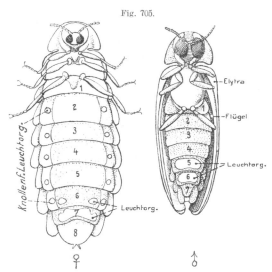

Fig. 705.

Lampyris splendidula, ♀ und ♂ von der Ventralseite
(mit Benutzung von BONGARDT 1903).   O. B.
Bei ♂ sind die Nummern der Abd. segm. je um eine Zahl zu erhöhen.

marginellatus im 6. und 7. Segment; die sonstigen Arten dieser Gattung zeigen ähnliches Verhalten. Bei den Männchen der oben erwähnten ceylonischen Formen sollen sich auch auf dem Thorax Leuchtorgane finden. — Wesentlich verschieden erweisen sich die *Pyrophorusarten*, da beide Geschlechter die gleichen Leuchtorgane besitzen (Fig. 704 *B*). Ein Paar steht dorsal auf den hinteren Seitenecken des Prothorax; dazu gesellt sich ein abdominales ansehnliches unpaares Ventralorgan, das auf der Gelenkhaut zwischen Metathorax und erstem Abdominalsegment liegt. Im Ruhezustand ist dies Bauchorgan unsichtbar, da die Gelenkhaut eingefaltet ist; beim Flug tritt es dagegen hervor, da die Käfer dabei ihren Hinterleib emporheben und die Gelenkhaut ausstülpen. Dies Bauchorgan ist ungefähr dreieckig und beim Männchen mit einer mittleren Quer- und Längsfurche.

Im allgemeinen ist der feinere Bau der Leuchtorgane der Coleopteren ziemlich übereinstimmend und einfach. Sie bestehen aus einer mehr oder weniger dicken Zellplatte oder -masse, die sich entweder der Hypodermis direkt anschließt oder etwas unter ihr liegt. Die Organe werden gewöhnlich vom Fettkörper mehr oder weniger eingehüllt und scheinen nur ausnahmsweise eine besondere Hülle zu besitzen. Fast stets bestehen sie aus zwei Lagen: einer durchsichtigeren äußeren, die von den eigentlichen Leuchtzellen gebildet wird (Leuchtlage), und einer undurchsichtigen weißen, welche gegen die Leibeshöhle schaut (Uratlage, Fig. 706).

Jede Lage wird von einigen Zellschichten gebildet; die Leuchtzellenlage ist in der Regel die dickere. Häufig bleibt die Cuticula über den Organen durchsichtig, so daß letztere auch an nichtleuchtenden oder toten Tieren erkennbar sind. — Die undurchsichtige Lage, welche nur den knollenförmigen Organen der Lampyris splendidula-Weibchen fehlt, verdankt ihre Beschaffenheit der massenhaften Einlagerung rundlicher Konkretionen (Sphärolithen) oder Kriställchen im Zellplasma,

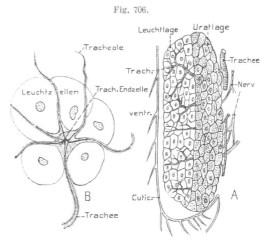

Fig. 706.

Lampyris splendidula ♂. — *A* Längsschnitt durch eins der Leuchtorgane: Schematisch (auf Grund einer Figur von M. SCHULTZE 1865). — *B* Tracheen und Zelle aus der Uratlage (nach BONGARDT 1903).   O. B.

die aus harnsaurem Ammoniak (Lampyris) oder anderen harnsauren Salzen (Pyrophorus) bestehen, wie sie sich ja auch in den Fettkörperzellen der Insekten häufig finden. Diese Lage wirkt jedenfalls als Reflektor, der das Licht zurückwirft, und so seine Intensität verstärkt. In den Lateralorganen von Lampyris- und Phosphaenuslarven, sowie den Thoracalorganen von Pyrophorus liegt die *Uratlage* ventral oder ventrolateral von der *Leuchtlage*, sodaß das Licht dorsalwärts

geworfen wird. Gewöhnlich folgen beide Lagen dicht aufeinander ohne ganz
scharfe Grenze, so daß häufig Übergänge zwischen ihren Zellen vermutet wurden,
obgleich dies unwahrscheinlich ist; in den Thoracalorganen von Pyrophorus
soll sich jedoch nach gewissen Angaben ein Blutraum zwischen sie schieben. —
In die Uratlage dringen Tracheen ein, die sich unter feiner Verzweigung, die
Zellen umspinnend, darin verbreiten. Je nach der Lage der einzelnen Organe
entspringen sie von verschiedenen Stigmen. — Die *Leuchtlage* besteht aus durchsichtigeren Zellen von teils unregelmäßig rundlicher bis polygonaler oder auch
vereinzelt mehr schlauchförmiger Gestalt und ziemlich verschiedener Größe. Doch
wird auch angegeben (*Photinus*), daß Zellgrenzen kaum erkennbar seien. Ihr Plasma
enthält keine gröberen Granulationen, dagegen große Mengen feiner, die gewöhnlich
als der eigentliche Leuchtstoff angesehen werden, deren Natur verschieden beurteilt
wurde; auch Pigment soll sich bei Pyrophorus darin finden. Die Zellen dieser

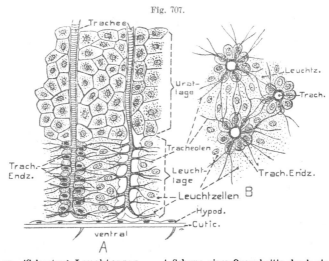

Fig. 707.

Photinus sp. (Coleoptere) Leuchtorgan. — *A* Schema eines Querschnitts durch einen Teil eines
Leuchtorgans. — Schema eines Flächenschnitts durch die Leuchtlage mit 3 Tracheenstämmchen, nebst
umgebenden Tracheenendzellen und Tracheolen (nach TOWNSHEND 1904).   O. B.

Lage sind entweder unregelmäßig angeordnet (*Lampyris, Pyrophorus*) (Fig. 706),
oder mit einer gewissen Regelmäßigkeit, welche durch die aus der Uratlage in sie
eindringenden Tracheen bedingt wird (*Photinus*, Fig. 707 *A* u. *B*). Im allgemeinen
sind es dickere Tracheenstämmchen, die aus der Uratlage in ziemlich regelmäßigen Abständen senkrecht zur Oberfläche in die Leuchtlage treten und sich
unter Abgabe zahlreicher seitlicher Äste oder unter mehr büschelig dichotomischer
Verzweigung verteilen; doch ist der Reichtum an Tracheenverzweigungen in der
Leuchtschicht meist größer als in der Uratschicht. In der letzteren kommt es dabei
zu keiner Differenzierung der Zellmasse in besondere Abschnitte, und diese
fehlt auch, soweit bekannt, im allgemeinen in der Leuchtlage der Lampyrisarten
und bei Pyrophorus. Die feinsten noch mit Spiralfaden versehenen Tracheenästchen zerteilen sich schließlich in beiden Lagen der Lampyrisorgane plötzlich

in eine Anzahl (3—7) feinster, nicht mehr mit Spiralfaden versehener und mit
Flüssigkeit erfüllter Röhrchen (*Tracheolen, Capillaren*, s. Fig. 706 *B*) die, auf den
Zellgrenzen verlaufend, die Zellen unter Anastomosenbildung reichlich umspinnen,
jedoch nach den meisten Angaben nicht in sie eindringen, was aber neuerdings
für Photinus bestimmt behauptet wird, aber wohl sicher unrichtig ist. Dabei zeigt
sich namentlich in den Organen der Männchen und den ventralen der Lampyris
splendidula das Eigentümliche, daß an dieser Auflösungsstelle der Tracheenästchen
in die Tracheolen eine der umhüllenden Epithelzellen (Matrixzellen) der Tracheen
zu einer großen Zelle anschwillt, die eben so viele Fortsätze aussendet, als sich
Tracheolen finden, welche in diesen Fortsätzen verlaufen (Fig. 706 *B*). Es sind dies
die sog. *Tracheenendzellen*, welche sich mit Osmiumsäure stark schwärzen. Auch
die Uratschicht der Lampyris soll, wie gesagt, solche Zellen enthalten, die ja im
Insektenkörper weit verbreitet sind. In der Leuchtlage von Pyrophorus fehlen
diese Tracheenendzellen dagegen völlig.

Bei *Luciola* und *Photinus* findet sich eine eigentümliche Differenzierung der
Leuchtlage (Fig. 707). Ihre Zellen sind im allgemeinen in vertikalen Reihen angeordnet, die in regelmäßigen Abständen von den aus der Uratschicht eindringenden vertikalen Tracheenstämmchen durchsetzt werden. Letztere geben
allseits kleinere horizontal ziehende Ästchen ab, welche schließlich in wenige
(2—4) Tracheolen zerfallen. Um diese Tracheenstämmchen findet sich eine Lage
besonderer Zellen, von Tracheenendzellen nämlich, in denen die Auflösung der
Tracheenästchen zu Tracheolen geschieht (Fig. 707 *B*). Auf solche Weise kommt
es, daß die Leuchtlage dieser Formen aus zahlreichen nicht leuchtenden cylindrischen Gebilden zusammengesetzt erscheint, die aus den Tracheenstämmchen
mit ihren Verästelungen und den Endzellen bestehen, zwischen welche sich dann
die Leuchtzellen einschieben.

Die zu den Organen tretenden Tracheen werden von *Nervenästchen* begleitet,
welche sich, ebenso wie die ersteren, reichlich in ihnen verästeln, und, wie für
Lampyris angegeben wird, sowohl die Tracheenendzellen als die Leuchtzellen innervieren sollen. — Auch *Muskeln* treten mit den Organen häufig in Verbindung.
So werden die Ventralorgane von Lampyris und Photinus von den dorsoventralen
Muskeln des Abdomens durchsetzt. Auch die von Pyrophorus stehen mit Muskeln
im Zusammenhang.

Dies Verhalten ist um so wichtiger, als die Frage, ob das Leuchten direkt unter der
Herrschaft des Nervensystems steht, oder ob dessen sicher erwiesener Einfluß ein indirekter
ist, d. h. eventuell durch Vermittlung der Atemorgane oder durch Muskeltätigkeit geschieht,
vorerst noch zweifelhaft erscheint.

Die Ontogenie der Leuchtorgane ist nicht genügend aufgeklärt; jedoch wurde für Lampyris gelegentlich angegeben, daß ihr Zellmaterial aus der Hypodermis hervorgehe; doch kann
dies nicht als gesichert gelten.— Die häufig ausgesprochene Vermutung, daß die Organe modifizierte Teile des Fettkörpers, also mesodermale Gebilde seien, scheint möglich; da ihre
Zellen ja in mancher Hinsicht an jene des Fettkörpers erinnern, und das Leuchtvermögen in
den verschiedensten Zellen auftreten kann; auch wurde diese Ansicht neuerdings für Lampyris
noctiluca ontogenetisch zu erweisen versucht.

4. Mollusca.

Leuchtende Weichtiere sind nur in der Abteilung der Cephalopoden in größerer Zahl bekannt. Unter den *Opisthobranchiaten* ist die eigentümliche pelagische *Phyllirhoë bucephalum* Pér. durch Leuchtvermögen ausgezeichnet. Das Licht geht von zahlreichen kleinen bis etwas größeren Punkten aus, die über die Oberfläche des ganzen Körpers und die Tentakel zerstreut, besonders reichlich aber an der Dorsal- und Ventralkante des stark komprimierten Körpers angehäuft sind. Die neueren Erfahrungen ergaben, daß es jedenfalls in einzelligen Hautdrüsen entsteht, die sich ähnlich Schleimzellen verhalten, und daß jeder der kleinen leuchtenden Punkte einer solchen einzelligen Drüse entspricht; während die größeren Leuchtpunkte von Gruppen solcher (bis zu 20) gebildet werden (Fig. 708). Diese Schleimzellen entsprechen in ihrer Verbreitung den Leuchtpunkten, worauf sich ihre Deutung als Leuchtzellen hauptsächlich stützt. Es scheint, daß sie sich mit Ausläufern feiner Hautnervenfasern verbinden, woraus sich erklären würde, daß sie früher dem Nervensystem selbst zugerechnet wurden. — In geringerer Zahl findet sich eine zweite Art einzelliger Hautdrüsen, die nach ihren Reaktionen als Eiweißdrüsen angesprochen wurden. Ob sich auch letztere vielleicht am Leuchtvorgang beteiligen, konnte vorerst nicht sicher entschieden werden. Da das Sekret der beiden Drüsenarten auf der Körperoberfläche hervortritt, so handelt es sich bei Phyllirhoë wahrscheinlich um extracelluläres Leuchten, obgleich bis jetzt leuchtender Schleim auf der Körperoberfläche nicht beobachtet wurde.

Fig. 708.

Phyllirhoë bucepha-lum (Opisthobranchiate). Zwei mehrzellige Leucht-drüsen der Haut (nach TROJAN 1910). C. H.

Die sonstigen Erfahrungen über leuchtende *Gastropoden* sind recht unsicher; sie beziehen sich auf einzelne *Opisthobranchiatenformen* (so *Glaucus, Tethys, Placmophorus*), gewisse *Pteropoden* und einzelne *Heteropoden* (*Pterotrachea*). Für letztere scheint die Beobachtung ziemlich sicher, und zwar soll der Eingeweideknäuel (Nucleus) schwach leuchten.

Unter den *Lamellibranchiaten* finden sich leuchtende Formen in der Gattung *Pholas* (besonders *Pholas dactylus*), den bekanntesten Bohrmuscheln. Sie zeigen das Eigentümliche, daß ihre Leuchtorgane, schon wegen der versteckten Lebensweise der Tiere, dann aber auch wegen ihrer Lage, äußerlich gar nicht sichtbar sind, so daß jedenfalls nur der ausgestoßene Schleim leuchtet und entweder als Abschreckungsmittel gegen Feinde oder auch zur Anlockung kleiner, als Nahrung verwerteter Organismen dient. — Die leuchtenden Organe finden sich an verschiedenen Stellen der Mantellappen (s. Fig. 709). So leuchtet der freie Mantelrand des Fußschlitzes, indem sich hier eine etwa hufeisenförmige, oralwärts geöffnete schwach wulstartige Verdickung findet (*Lippenorgan*, s. Fig., Leuchtorg. 1). Etwas hinter dem Fuß, ungefähr in der Mittelregion des Körpers, liegt auf der Innenfläche jedes Mantellappens ein annähernd drei- bis viereckiges, schwach vorspringendes und querfaltiges Leuchtorgan (*Mantelorgan*, s. Fig., Leuchtorg. 2); schließlich ein weiteres Paar jederseits auf der dorsalen Innenfläche des ventralen oder Einströmungssipho (Branchialsipho), dem Septum aufgelagert, welches diesen Sipho von dem über ihn hinziehenden Analsipho scheidet (*Siphonalorgan*, Leuchtorg. 3). Letztere Organe bilden jederseits einen schmalen, schwach vorspringenden Längswulst, der den ganzen Sipho durchzieht, sich jedoch längs der Basis der beiden Kiemenpaare bis in die Gegend der Mantelorgane fortsetzt. Auch diese beiden Wülste sind oberflächlich fein quergefaltet. Ob sich das Leuchtvermögen vielleicht noch weiter auf die Innenfläche des Mantels verbreitet, ist etwas unsicher, jedoch nicht sehr wahrscheinlich.

Äußerlich sind die Organe mit Flimmerepithel bekleidet, in dem eine große Menge einzelliger Drüsen ausmünden. Mehr oberflächlich liegen zahlreiche Schleimdrüsen, wie sie auf der Innenfläche des Mantels weit verbreitet sind; tiefer hinab reichen viele langgestreckte *Leuchtdrüsen*, welche sich durch ihr spezifisches Sekret, das zahlreiche eigentümliche eiweißartige Granulationen einschließt, auszeichnen. Daß letztere Drüsen die eigentlichen Leuchtdrüsen sind, folgt daraus, daß sie nur in den Leuchtorganen vorkommen. Die Drüsenanhäufungen werden von Längs- und Quermuskeln unterlagert, wozu sich auch zarte Muskelfasern gesellen, die senkrecht durch die Drüsenmasse bis zur Epidermis aufsteigen; die Kontraktion dieser Muskulatur trägt jedenfalls zur Entleerung des Sekrets bei. — Die Leuchtorgane werden ferner reichlich mit *Blut* versorgt, das sich in Lakunen unter ihnen ausbreitet. Auch *Nerven* treten zu ihnen, doch ließ sich ihre Endigungsweise vorerst nicht sicher ermitteln. Die beiden vorderen Organe erhalten ihre Nerven von den Mantelrandnerven, die Siphonalorgane dagegen durch die beiden Septalnerven aus dem Visceralganglion.

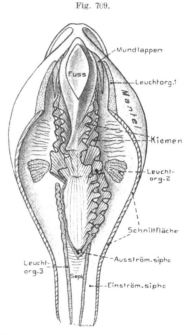

Fig. 709.

Pholas dactylus (Muschel). Leuchtorgane. Tier von der Ventralseite. Schale entfernt. Der Mantel und seine Verlängerung in den Einströmungssipho in der Ventrallinie aufgeschnitten; Schnittflächen schraffiert. Die hintere Hälfte des rechten Kiemenpaars an der Basis abgeschnitten, so daß das Leuchtorgan 3 deutlicher zu sehen. Orig. O. B. und v. Bu.

Physiologische Versuche ergaben, daß die Siphonalorgane unter dem Einfluß der Visceralganglien stehen, und zwar funktionieren letztere als Hemmungscentren, so daß nach dem Durchschneiden des Nerven einer Seite das entsprechende Siphonalorgan konstant schwach leuchtet. Sonst tritt unter normalen Verhältnissen das Leuchten nur bei Reizung auf.

Daß es der abgesonderte Schleim mit seinen Granulationen ist, der leuchtet, unterliegt keinem Zweifel; er bewahrt seine Leuchtkraft nach Vermischung mit Wasser und sogar nach Filtration. — Der leuchtende Schleim von Pholas diente zu eingehenderen Untersuchungen über die in ihm enthaltenen Leuchtsubstanzen. Obgleich diese Versuche bisher zu keinen recht klaren Ergebnissen führten, so scheint aus ihnen doch hervorzugehen, daß die Lichtentwicklung erst beim Zusammenwirken zweier Substanzen entsteht (ursprünglich *Luciferin* und *Luciferase* genannt), oder daß die leuchtfähige Substanz erst bei diesem Vorgang gebildet wird, und daß ihr Leuchten auf Oxydation beruht.

Cephalopoda. Unter den *Decapoden*, besonders Tiefseeformen, sind Leuchtorgane weit verbreitet und erlangen meist eine hohe Entwicklung, wogegen sie bei *Octopoden* noch nie gefunden wurden. Eine erhebliche Zahl (etwa 25) Gattungen der *oigopsiden Decapoden* sind mit solchen Organen ausgerüstet, während sie unter den *Myopsiden* bis jetzt nur bei *Sepiola, Heteroteuthis* und *Rossia* gefunden wurden. Das Leuchten der Organe wurde aber vorerst nur bei zwei Arten von *Histioteuthis* und einer von *Thaumatolampas*, sowie den Myopsiden *Sepiola* und *Heteroteuthis* beobachtet, für sämtliche übrigen Arten nur aus der Ähnlichkeit der

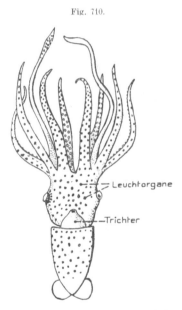

Fig. 710.

Colliteuthis hoylei (Tiefseecephalopode). Von der Ventralseite; die Leuchtorgane als schwarze Punkte angegeben (nach CHUN 1910).   O. B.

Organe erschlossen. — Im einfachsten Fall (*Sepiola*) findet sich ein Paar Leuchtorgane in der Mantelhöhle, die dem Tintenbeutel jederseits dicht an- oder aufliegen. Bei *Heteroteuthis* sind diese beiden Organe zu einem unpaaren verschmolzen. — Unter den *Oigopsiden* dagegen treten sie gewöhnlich in größerer bis sehr ansehnlicher Zahl auf. Sie sind häufig verschieden groß und nicht selten auch recht verschieden gebaut, so daß sich bei derselben Art 2 bis mehr, ja bis 10 (Thaumatolampas) Kategorien von Organen unterscheiden lassen. Sie stehen teils frei auf der äußeren Haut, indem sie gewöhnlich etwas papillenartig hervorragen und zwar teils als äußere Hautorgane auf dem ganzen Eingeweidesack (oder Mantel, Fig. 710) in regelmäßigeren bis unregelmäßigen Längsreihen, doch auch auf dem Trichter, dem Kopf und den Armen und zuweilen auch auf der Dorsalseite der Flossen [1]). Die Ventralregion ist meist reicher an Organen als die dorsale, was auch an den Armen hervortritt, indem die beiden Ventralarme im allgemeinen bevorzugt erscheinen. — An den Tentakeln stehen die Organe in einer bis mehreren Längsreihen in geringer bis hoher Zahl. Eine besondere Kategorie bilden die Augenorgane (Fig. 711—712), welche auf dem vorspringenden Teil des Auges stehen und zwar fast ausschließlich auf dessen Ventralseite in sehr verschiedener Zahl, so bei den *Cranchiidae* 5—13 (Fig. 711); bei *Pterygoteuthis* (Fig. 712) kann ihre Zahl an jedem Augenbulbus sogar bis auf 20, in drei Reihen angeordnet, steigen. Den *Cranchiiden* kommen fast ausnahms-

---

[1]) Wir orientieren den Cephalopodenkörper hier in der alten Weise, d. h. bezeichnen die Trichterseite als ventrale, den Kopf als voin, die Spitze des Eingeweidesacks als hinten.

los nur solche Augenorgane zu; sonst finden sie sich häufig auch neben anderen
Leuchtorganen. — Eigentümlich ist, daß sich bei nicht wenigen Formen auch an
der Dorsalwand der Mantelhöhle Leuchtorgane (*Ventralorgane*) finden, bis zu 8
und 10 (Fig. 711). Zwei stehen gewöhnlich rechts und links, etwas hinter dem
After (*Analorgane*), zwei weitere je an der Kiemenbasis, zu denen sich dann noch
sonstige paarige bis unpaare zwischen Anal- und Kiemenorganen oder weiter
hinten gesellen können. Auch dem Tintenbeutel können solche Organe aufliegen;
letztere erinnern daher in ihrer Lage
an jene der Myopsiden.

Wie schon hervorgehoben, ist
der Bau der Organe recht verschieden, einfach bis ziemlich kompliziert.
Im ersteren Fall (*Myopsiden*) bilden

Fig. 711.

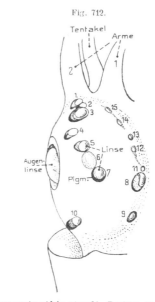

Fig. 712.

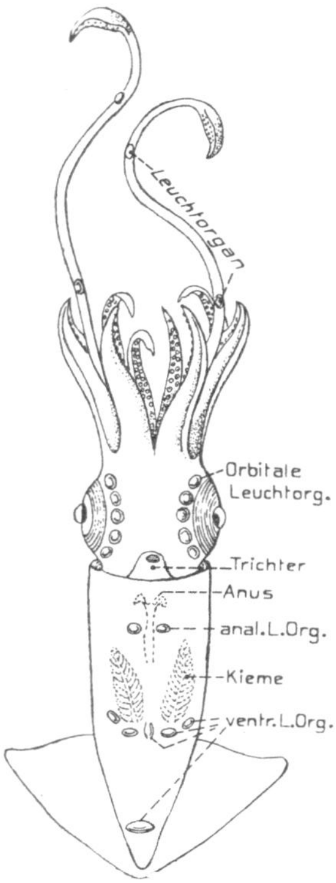

Thaumatolampas diadema. Von der Ventralseite, Lage der Kiemen und des Afters punktiert angegeben (nach CHUN 1910).   O. B.

Pterygoteuthis giardi. Rechtes Auge von
der Ventralseite mit den Augenleucht-
organen (nach CHUN 1910).   O. B.

sie mehrzellige Hautdrüsen, die mit einer Öffnung jederseits des Afters münden.
Jede Drüse besteht (Sepiola) aus einigen (3—5) Schläuchen. Bei *Heteroteuthis
dispar* (Rüpp.) sind, wie bemerkt, die beiden Drüsen zu einem unpaaren mittleren
Organ zusammengetreten, ihre beiden Mündungen jedoch erhalten. Bei dieser
Art wurde das Ausstoßen leuchtenden Schleims auf Reizung beobachtet; bei
Sepiola rondeletti jedoch nicht.   Die Drüse der letzteren Form wird von einer
irisierenden Schicht mantelartig umhüllt, die wohl als Reflektor dient; da beide
Organe gewissermaßen in den Tintenbeutel eingesenkt sind, so wirkt dieser gleich-
zeitig wie eine schwarze Pigmentumhüllung.

Sehr einfach erscheinen auch die Augenorgane der *Cranchiiden* (Fig. 713), die ebenfalls einen dickwandigen einfachen Drüsenschlauch darstellen, dessen Leuchtzellen in die angrenzende Epidermis übergehen, und der zuweilen noch ein spaltartig eingesenktes Lumen besitzt; wenn letzteres schwindet, so bildet das Organ einen eingesenkten soliden Zellhaufen. Die Leuchtzellen haben hier, wie bei den noch zu schildernden Organen, den drüsigen Charakter verloren. Ein feinfaserig zelliger Reflektor umhüllt auch die Leuchtzellenmasse der Cranchiiden.

Der verschieden gestaltete Leuchtzellenkörper der übrigen Cephalopoden ist stets von der Epidermis abgelöst und mehr oder weniger tief ins Innere ver-

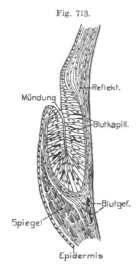

Fig. 713.

Mündung

Reflekt.

Blutkapill.

Blutgef.

Spiegel

Epidermis

Cranchio rubra. Achsial-schnitt durch ein Leuchtorgan, etwas schematisch (nach Chun 1910). O. B.

senkt. Wenn die Leuchtzellen scharf begrenzt sind, erscheinen sie polyedrisch bis schlauchförmig, ja faserartig, häufig vacuolig, in der Regel aber ohne besondere Einschlüsse (abgesehen von selten vorkommenden stäbchenartigen Gebilden). Vielfach sind sie aber nicht mehr scharf gesondert, sondern teilweise bis völlig zu einem Syncytium verschmolzen, so daß der Leuchtkörper von einer plasmatischen kernhaltigen Masse gebildet wird. Auch faserige Differenzierung und faserige Auflösung der Zellen kommt vor. Bei gewissen Formen (*Abralia, Abraliopsis*) finden sich in der Mitte des Leuchtkörpers ein oder zwei stark licht-brechende Gebilde, die aus der Verschmelzung und Umwandlung von Zellen, unter Kernverlust, entstehen sollen.

Sehr häufig wird der Leuchtkörper auf seiner Proximalfläche von einer Pigmentlage umhüllt, die von Zellen hervorgebracht wird, aber auch aus Chromato-phoren bestehen kann. An den Organen des Tinten-beutels wird sie durch diesen ersetzt (wie schon von den Myopsiden erwähnt); an den Augenorganen kann sie auch durch das Retina-pigment vertreten werden. Das Licht solcher Organe kann daher nur an der pigmentfreien Außenstelle austreten und strahlt daher in gewisser Richtung zum Tierkörper. — Zwischen die Pigmenthülle und den Leuchtkörper schiebt sich häufig eine glänzende, irisierende Lage ein, das *Tapetum* oder der *Reflektor*, welcher das Licht nach außen wirft (Fig. 714). Dieser Reflektor kann aus mehreren Lagen körniger Zellen bestehen oder auch aus *Schuppenzellen*, die ein schuppenartiges, den Nucleus umfassendes, stark lichtbrechendes Gebilde enthalten. Andererseits kann der Reflektor jedoch auch von zahlreichen feinen Lamellen gebildet werden oder von feinfaserigem Gewebe, ohne oder mit Schuppen-zellen. Solche Schuppenzellen können sich jedoch auch zwischen den Leucht-körper und die äußere Haut einschieben, so daß sie den ersteren nahezu umhüllen (Fig. 714). Diese äußere Partie der Schuppenzellen hat dann wohl eine linsenartige Wirkung zur Konzentration des austretenden Lichts. Ein linsenartiges Gebilde wird jedoch bei gewissen Organen an demselben Ort auch von Fasern gebildet, die in großer Zahl, etwa senkrecht gegen die Körperoberfläche gerichtet sind und wohl aus Zellen hervorgegangen sein dürften; ja es finden sich sog. *linsenartige Körper*, die aus einem Maschenwerk von Bindegewebe bestehen oder aus verschiedenen Gewebspartien (Schuppenzellen, Lamellen und Bindegewebe) zusammengesetzt sind; selbst Muskulatur soll sich daran beteiligen können. —

Bei *Calliteuthis* und *Histioteuthis* findet sich ferner eine Einrichtung vor dem Organ, welche als reflektierender Spiegel für das austretende Licht dienen soll.

Blutgefäße dringen reichlich in die Organe, besonders den Leuchtkörper, ein, dessen Zellen von wundernetzartigen Ausbreitungen der Gefäße umsponnen werden. Ebenso wurde eine reiche *Innervierung* des Leuchtkörpers festgestellt. Die zutretenden Nervenäste verzweigen sich innerhalb des Leuchtkörpers reich. — Durch nahes Zusammenrücken zweier

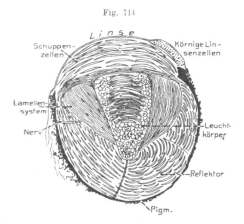

Fig. 711

Pterygoteuthis. Achsialschnitt durch ein Leuchtorgan (nach CHUN 1910). O. B.

Organe kommt es vereinzelt zur Bildung von *Doppelorganen*; selbst mehrere Organe können sich inniger vereinigen.

Über die Funktion der Organe ist natürlich wenig bekannt, doch läßt sich aus ihrem Bau und ihrem Verhalten Einiges erschließen. So ist es wahrscheinlich, daß die verschieden gebauten Organe auch verschiedenartiges Licht ausstrahlen, wie sie denn auch am toten Tiere schon eine verschiedene Farbe (rot bis blau) zeigen. Wahrscheinlich dürfte die Farbe des ausgesendeten Lichts auch durch die besonderen Strukturverhältnisse der Linse und des Reflektors modifiziert werden. In gewissen Fällen scheint dabei auch eine dem Organ vorgelagerte Chromatophorenschicht mitzuwirken. — Die biologische Bedeutung der Organe wird teils in der Anlockung von Nahrungstieren, teils in der Anlockung und Erkennung beim Geschlechtsakt gesucht, wozu ja die vielfach charakteristische Anordnung der Organe, sowie ihr verschiedenfarbiges Licht beitragen mag.

5. Echinodermata.

Die zuverlässigsten Angaben über Leuchtvermögen beziehen sich auf gewisse *Ophiuren* und *Echinoiden*, wogegen die Behauptung, daß auch die interessante Tiefseeasterie *Brisinga* und eine verwandte Form (*Odinia*) leuchten, vorerst nicht genügend sicher erscheint.

Unter den *Ophiuroideen* wurde die Erscheinung bei einer Anzahl Arten verschiedener Genera festgestellt, so namentlich *Amphiura, Ophiopsila, Ophiacantha* und *Ophioscolex*; genauere Untersuchungen liegen jedoch nur über die beiden ersten Gattungen vor. Der Sitz des Leuchtens findet sich bei gewissen Formen nur an den Stacheln der Seiten- oder Ambulacralplatten (*Amphiura filiformis* Müll sp.), während bei *Ophiopsila annulosa* Sars sp. außer den Stacheln auch die Seiten- und Bauchplatten leuchten, bei den übrigen Ophiopsila-Arten dagegen nur die proximale Region der Seitenplatten. — Den Sitz des Leuchtens bilden, wie dies besonders für *Ophiopsila* ziemlich sicher erwiesen scheint, lang schlauch-förmige einzellige Drüsen, die sich recht tief unter die Körperoberfläche, bis in das tiefere Bindegewebe, ja das Skeletgewebe erstrecken. — Die mehrfach wiederkehrende Angabe, daß auch die Ambulacralfüßchen zu leuchten vermögen, ließ sich nicht sicher erweisen. — Das auf Reiz eintretende Leuchten pflanzt sich von den gereizten Stellen auf dem Arm fort und hängt insofern mit dessen Radiär-nerv zusammen, als bei seiner Durchschneidung das Fortschreiten des Reizes über die Schnittstelle hinaus aufhört. — Obgleich Angaben vorliegen, daß beim Leuch-ten ein Schleim auf die Körperoberfläche abgeschieden werde, von welchem die Erscheinung ausgehe, so sprechen doch manche Erfahrungen gegen diese Ansicht; die Lichtentwicklung scheint vielmehr in den Drüsenzellen selbst zu geschehen und nur selten etwas Sekret auszutreten. — Ob die Leuchtzellen ectodermaler oder vielleicht mesodermaler Herkunft sind, wurde bis jetzt nicht festgestellt; das erstere ist wohl wahrscheinlicher.

Unter den regulären *Echinoideen* finden sich interessanterweise Formen mit höher entwickelten, eigentümlichen Leuchtorganen, die, wie es auch sonst ge-schah, ursprünglich für Augen gehalten wurden. Es sind dies gewisse *Diadema-tidae*, speziell *Diadema setosum* Gray und *Asteropyga*, bei welchen gutes Leucht-vermögen festgestellt wurde, das sich in fünf meridionalen Bändern über die Körper-oberfläche hinzieht. Auf dieser finden sich bei *Diadema setosum* zahlreiche blaue größere und kleinere Punkte, die, von den Genitalplatten ausgehend, in zahlreichen Reihen über die Interambulacren verlaufen, sich jedoch auch etwas auf die Am-bulacren ausdehnen. Diese Punkte sind höchst wahrscheinlich die Leuchtorgane und wurden, wie oben bemerkt, zuerst als Augen gedeutet. — Jedes Organ be-steht aus einer Schicht senkrecht gegen die Oberfläche gerichteter durchsichtiger prismenartiger Gebilde, die unter der hier verdünnten Epidermis liegen und deren proximales Ende von schwarzem Pigment umhüllt ist. Die blaue Farbe soll eine Strukturfarbe sein. Jedes Prisma wird von einer Anzahl blasig-vacuoliger Zellen gebildet. Unterlagert wird das Organ von einem Nervenplexus, der dem allge-meinen Hautplexus angehört. Wenn die Deutung als Leuchtorgane, wie sehr wahrscheinlich, richtig ist, so dürften die Prismenzellen wohl die drüsigen Leucht-zellen darstellen, obgleich keinerlei Ausführgänge an ihnen beobachtet wurden, wie sie den einzelligen Hautdrüsen der Diadema zukommen. — Daß sich die Organe aus der Epidermis entwickeln, ist ziemlich sicher.

6. Chordata.

6a. *Tunicata*. Intensives Leuchtvermögen besitzen die *Pyrosomen* (Feuer-walzen), jene freibeweglichen interessanten Kolonien, welche entweder den Ascidien oder den Thaliaceen genähert werden; sie gehören zu den prächtigsten Leuchttieren des Meeres. Das Licht wird bei den meisten Arten von einem Paar verhältnismäßig kleiner Organe der Einzelindividuen hervorgebracht, die als annähernd linsenförmige Gebilde nicht weit hinter dem Mund (Einströmungsöffnung) jederseits liegen, etwas nach außen oder über jedem sog. Flimmerbogen, die vom Vorderende der Hypobranchialrinne jederseits zur Dorsallinie des respiratorischen Darms emporziehen. Nur bei *Pyrosoma agassizi* haben die Organe eine abweichende, verästelte Gestalt, auch besitzt diese Art noch ein zweites ventrales Paar solcher Gebilde an der Kloakenöffnung (Ausströmungsöffnung). Die Organe (besonders die gewöhnlichen vorderen) besitzen keine Hülle und liegen in einem Blutsinus, der den vorderen Teil des respiratorischen Darms umzieht (Peripharyngeal- oder Pericoronalsinus). Sie bestehen aus wenigen Schichten kugliger bis birnförmiger oder unregelmäßiger Zellen von eigentümlichem Bau. Jede Zelle (Fig. 715) enthält nämlich einen rundlichen, oberflächlich gelagerten Nucleus, daneben aber noch einen mäandrisch gewundenen Strang (fraglich jedoch, ob ganz kontinuierlich), der fast das gesamte Plasma durchzieht und recht kernähnlich ist, namentlich viel feine Körnchen von nucleinähnlicher Beschaffenheit enthält. Nach neueren Erfahrungen soll dieser Strang das eigentlich Leuchtende sein, während es früher meist in fettigen Einschlüssen des Plasmas gesucht wurde.

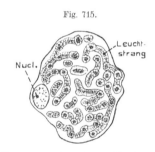

Fig. 715.

Pyrosoma giganteum. Leuchtzelle (nach JULIN 1912). C. H.

Da nun die bei den Tunicaten um die Eizelle vorkommenden und bei der Entwicklung in den Embryo eindringenden Zellen, die *Testazellen*, bei den Pyrosomen ganz denselben Bau besitzen und außerdem leuchten, so wurde die Ansicht aufgestellt, daß die Leuchtorgane der Pyrosomen aus jenen Testazellen hervorgehen, also aus Zellen, welche garnicht aus der Eizelle selbst entstehen, da die Testazellen von den Follikelzellen des Ovariums abgeleitet werden. Im Gegensatz dazu steht die Meinung, welche die Testazellen bei den Salpen im Embryo allmählich resorbiert werden läßt; doch wurde gerade die Frage nach der Natur und dem Verbleib dieser Zellen recht verschieden beantwortet und kann auch nicht als sicher entschieden betrachtet werden. — Ein Zusammenhang der Organe mit Nerven ließ sich nicht erweisen, obgleich Nerven dicht an ihnen vorbeiziehen. — Die frühere Angabe, daß die Leuchtzellen häufig degenerierten und sich aus Blutzellen ergänzten, konnte in neuerer Zeit nicht bestätigt werden.

Das Leuchten tritt auch bei den Pyrosomen gewöhnlich erst auf Reizung ein, obgleich auch schwaches spontanes Leuchten angegeben wird. Die Lichtfarbe soll selbst bei dem gleichen Individuum zuweilen recht variabel sein, von gelblich durch grünlich und blau bis rot. Wie bei den kolonialen Pennatuliden pflanzt sich das Leuchten bei Reizung eines Individuums durch die ganze Kolonie fort, wobei jedoch mancherlei Eigentümlichkeiten auftreten, so z. B. daß auch entfernte Stellen aufzuleuchten vermögen, ohne die dazwischen befindlichen. Da keine Nerven zu den Organen zu treten scheinen, so muß die Leitung des Reizes auf andere Weise geschehen. Es wurde darauf hingewiesen, daß die Kloakalmuskeln der Einzeltiere durch faserartige Zellstränge (Mantelfasern) mit denen ihrer Nachbarn verbunden sind, und daß durch diese Stränge (welche vielleicht selbst kontraktil sind) der Reiz übertragen oder Kontraktionen der Tiere ausgelöst werden, die zu ihrem Leuchten

führen. — Bemerkenswert ist die Erfahrung, daß auch starke Belichtung gewöhnlich als Reiz
wirkt, der Leuchten hervorruft.

Neuerdings wurde festgestellt, daß das Paar *Lateralorgane* der beiden
Generationen von *Cyclosalpa pinnata*, welche als länglich bandförmige oder in
mehrere hintereinander gereihte Abschnitte geteilt, in der hinteren dorsalen
Körperhälfte liegen, gleichfalls, neben Blutzellen, die charakteristischen Leuchtzellen der Pyrosomen enthalten und Leuchtvermögen besitzen. Diese Lateralorgane, welche in den Blutstrom eingeschaltet sind, d. h. eigentlich dem Blutsinus-
system angehören, sind von einem Netzwerk feiner Bindegewebszellen durchsetzt,
in dessen Maschen die Blut- und Leuchtzellen liegen. Früher wurden sie deshalb
für blutbildende Organe gehalten.

Die Angaben über leuchtende *Copelaten*, bei denen eigentümlicherweise die Chorda
Licht aussenden soll, über *Salpen*, deren Eingeweideknäuel (Nucleus) schwach leuchte, und
über einzelne *Ascidien* (so *Ciona intestinalis* und eine *Botryllus*-Art) sind zu unsicher,
um genauer erörtert zu werden. Besondere Leuchtorgane wurden bei diesen Formen nie beobachtet, und es kann vorerst nicht als ausgeschlossen gelten, daß in diesen Fällen andere,
mikroskopische Leuchtorganismen mitwirkten.

6b. *Vertebrata.* In der Wirbeltierreihe sind es allein die *Fische*, welche
Leuchtorgane besitzen.

Alles, was sonst gelegentlich über Leuchten bei Amphibien, Reptilien und gewissen
Vögeln berichtet wurde, bezog sich jedenfalls teils auf bakterielle Verunreinigung oder Infektion, teils (Vögel) auf den eigentümlichen und lebhaften Glanz gewisser Federn oder auf
Reflexerscheinungen, wie das Leuchten der an den Schnabelwülsten befindlichen Papillen
bei den Nestjungen von *Poëphila Gouldiae.*

Unter den Fischen wurden Leuchtorgane bei einer ansehnlichen Zahl von
Gattungen (70 mit 241 Spezies) der *Chondropterygier* und *Teleosteer* erwiesen.
Wie bei den Cephalopoden und thoracostraken Crustaceen (Dichelopoda) sind es
fast nur Tiefseeformen, welche leuchten. Dies Vermögen hat sich in recht verschiedenen Abteilungen sicherlich ganz selbständig entwickelt, ebenso, wie wir
die elektrischen Organe bei weit entfernten Abteilungen auftreten sahen. Unter
den Knorpelfischen wurden bis jetzt nur bei Haien der *Spinaciden*-Familie (7 Gattungen, darunter allein genauer bekannt *Spinax niger* und *Etmopterus*-Arten)
Leuchtorgane gefunden. — Unter den *Physostomen* finden sich zahlreiche Leuchtfische in den Familien der *Stomiatidae* (18 Genera), der *Sternoptychidae* (17 Genera) und der *Scopelidae* (4 Genera). Hinsichtlich einer Form der *Apoden* (Aale)
bestehen Zweifel. Relativ spärlicher finden sich Leuchtorgane bei den *Physoclysten*. Sie sind bekannt bei den Gattungen *Anomalops* und *Photoblepharon*
(Familie *Carangidae* oder besondere Fam. *Anomalopsidae*), *Porichthys* (Fam. *Ba-
trachidae*) und schließlich von zahlreichen Formen der Familie (auch Unterordnung)
der *Pediculati.* — Hervorgehoben muß aber werden, daß das Leuchten nur bei
einer geringen Zahl der erwähnten Fische direkt beobachtet wurde, daß vielmehr,
wie bei den Cephalopoden, nur aus dem Besitz ähnlicher Organe mit Recht auf
dies Vermögen geschlossen wurde. So fehlt z. B. für alle Pediculaten, denen
Leuchtorgane zugeschrieben werden, bis jetzt der direkte Nachweis, so daß für

diese immerhin gewisse Zweifel nicht ganz ausgeschlossen erscheinen. Das wäre um so eher möglich, als auch einer Anzahl von Tiefseefischen Leuchtorgane zugeschrieben wurden, die sich bei genauerer Vergleichung als Gebilde ergaben, die dem Seitenliniensystem (s. S. 664) angehören und daher hinsichtlich ihrer Leuchtfähigkeit zweifelhaft erscheinen.

Die Leuchtorgane der Fische sind fast stets scharf umschriebene, verschieden gestaltete, fleckenartige Gebilde, die, in oder dicht unter der Haut liegend, gewöhnlich in ansehnlicher Zahl über den Körper, häufig vom Kopf bis zum Schwanz-

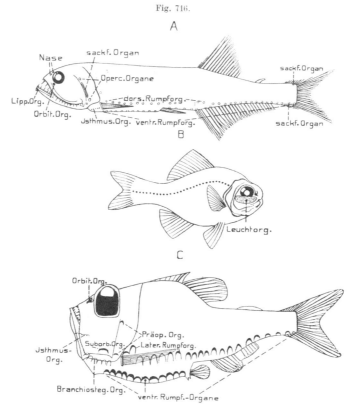

Fig. 716.

Leuchtfische (Teleostei). — *A* Gonostoma denudatum Raf. — *B* Photoblepharon palpebratus Bodd. sp. — *C* Argyropelecus affinis Garm. — (*A* und *C* nach BRAUER 1906, *B* nach STECHE 1909). Gerw.

ende, verbreitet sind (s. Fig. 716 *A* u. *C*). Äußerlich sind sie teils als weißliche bis gelbliche Flecke oder vielfach auch wegen ihres schwarzen Pigments mehr oder weniger leicht zu erkennen, besonders die größeren Organe. Seltner treten sie in beschränkter Zahl auf, so bei den beiden erwähnten Anomalopsiden nur dicht unter jedem Auge ein längliches, ansehnliches Organ (Fig. 716 *B*). — Bei den *Haien* (*Spinaciden*) verbreiten sie sich als punkt- bis strichartige kleine Gebilde über den Gesamtkörper, vom Kopf bis zur Schwanzflosse; in größrer Menge auf der Ventralseite, wo nur beschränkte Bezirke von ihnen frei bleiben. Auch bei den *Teleosteern* (abgesehen von den Pediculaten) ist die Zahl der Organe meist ansehnlich bis sehr groß und ihre Verbreitung über den Körper recht verschieden; doch herrscht im allgemeinen die Tendenz zur Anordnung in Längsreihen vor (Fig. 716), wobei sich die Reihen der größeren Organe gewöhnlich auf die Bauchhälfte beschränken. — Ähnlich wie bei den Cephalopoden finden sich häufig bei einer und derselben Art recht verschiedene Organe, die in Größe, Gestalt, Richtung und Bau stark differieren. Die kleinen und einfachst gebauten Organe (*Stomiatidae*) sind nicht selten über den ganzen Körper zerstreut und können sich auch auf die Flossen erstrecken. Größere finden sich in verschiedener Anordnung auf dem Kopf, namentlich in der Nähe der Augen, als Orbital-, Sub-, Supra- und Antorbitalorgane; auch kleinere Organe können sich, das Auge umziehend, dazu gesellen. Leuchtorgane finden sich ferner nicht selten am Ober- und Unterkiefer, am Mundwinkel, dem Bartfaden (Bartel), auf dem Präoperculum (Opercularorgane), der Kiemenhaut (Branchiostegalorgane); hieran schließen sich dann die Reihen der Rumpforgane. Zuweilen neigen die Organe zur Bildung von Gruppen (speziell *Sternoptychidae*), indem sie sich in verschiedener Zahl dicht zusammenlegen, ja sogar mehr oder weniger miteinander verschmelzen. — Bei *Neoscopelus* (Familie der Scopelidae) findet sich sogar in der Mundhöhle, an den Seitenrändern der Zunge, je eine Reihe. — Eigenartig verhalten sich schließlich die *Pediculaten*, bei denen ein Leuchtorgan am Ende des sog. Tentakels, d. h. des langen freien vordersten Strahls der vorderen Rückenflosse liegt, welche Flosse hier zu einem oder einigen solch freier fadenartiger Strahlen aufgelöst oder reduziert ist. Dazu gesellen sich bei *Ceratias* vor dem Beginn der hinteren Rückenflosse noch einige warzen- oder karunkelartige Organe. — Bei den Formen mit zahlreichen Organen läßt sich verfolgen, daß sie sich allmählich vermehren, indem anfänglich nur ein bis wenige Organe vorhanden sind, die übrigen mit dem Wachstum successive auftreten.

Wie bemerkt, sind die Organe recht verschieden gebaut, von äußerst einfacher bis zu sehr komplizierter Bildung. Stets scheint jedoch sicher erwiesen, daß ihr wichtigster Bestandteil (d. h. die *eigentlichen Leuchtzellen*) aus der Epidermis hervorgeht, wozu sich aber bei den komplizierten Organen noch zahlreiche, dem Mesoderm entstammende Teile gesellen. Die Organe erlangen so häufig einen verwickelten Bau, der im Prinzip jenem gleicht, den wir schon bei den Cephalopoden und Dichelopoden fanden, so daß hier ein Beispiel weitgehender Konvergenz vorliegt, hervorgerufen durch übereinstimmende Anforderungen und dadurch bedingte Vorteile.

Den einfachsten Leuchtorganen begegnen wir wohl bei den *Spinaciden* (näher erforscht nur bei Spinax niger Fig. 717 und Etmopterus), wo sie etwa halbkuglige, in das Corium vorspringende Epidermisverdickungen darstellen, deren tiefste Zellen (2—5 Lagen) blasig vacuolär angeschwollen, radiär zusammen gruppiert und sekrethaltig sind. Es sind dies jedenfalls die eigentlichen Leuchtzellen, während die distal gelegenen Zellen, zwischen welchen auch größere, drüsige Schleimzellen (sog. *Linsenzellen*) eingeschaltet sind, möglicherweise eine linsenartige Wirkung ausüben. Unterlagert werden die Organe von schwarzen Pigmentzellen des Coriums und einem sie umfassenden Blutsinus. — Eine sehr einfache Form der Organe ist ferner bei den *Stomiatiden* (speziell *Chauliodus*) meist in großer Zahl über den Körper verbreitet bis auf die unpaaren Flossen, wo sie sich längs der Flossenstrahlen ausdehnen, und ebenso auf der Bartel. Es sind kuglige bis ellipsoidische Zellgruppen ohne irgendwelche accessorischen Teile, die nach außen von den Schuppen im Corium liegen und mit der Epidermis, aus der sie jedenfalls hervorgingen, nicht mehr zusammenhängen. Zuweilen enthält die Zellgruppe in ihrem Centrum einen Sekretballen.

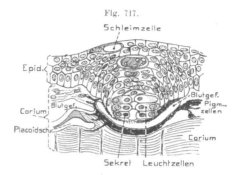

Fig. 717.

Spinax niger (Haifisch). Ein Leuchtorgan im Achsialschnitt (nach JOHANN 1899) O. B

Eine Anzahl Leuchtorgane hat den charakteristischen Bau einer mehrzelligen Hautdrüse, was sehr auffällt, weil wir früher fanden (s. S. 127), daß sonstige mehrzellige Hautdrüsen gerade den Fischen völlig fehlen. Ein Beispiel hierfür bieten die becherförmigen Organe gewisser *Sternoptychidae*, speziell jene von *Gonostoma elongatum* (Fig. 718). Es handelt sich um eine kuglige Drüse mit mäßigem Lumen und ziemlich langem Ausführgang. Die genauere Betrachtung zeigt, daß die dicke Drüsenwand nicht einfach ist, sondern von zahlreichen, radiär angeordneten, etwa schlauchförmigen lumenlosen Acini gebildet wird, die vom Centrallumen oder -sinus ausstrahlen. Umhüllt wird der kuglige Drüsen- oder Leucht-

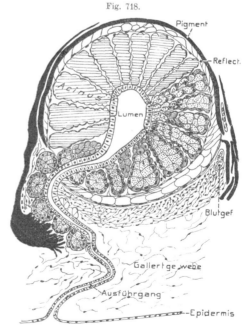

Fig. 718.

Gonostoma elongatum (Tiefseeknochenfisch). Ein Leuchtorgan der ventralen Rumpfreihe (vgl. Fig. 716) im Achsialschnitt. Die Acini sind links nur in Umrissen angegeben, rechts dagegen die Zellen eingezeichnet (nach BRAUER 1908). O. B.

körper von einer Lage faserartiger Bindegewebszellen, welche als Reflektor dienen, und dieser Reflektor ist wiederum von einer Schale schwarzer Pigmentzellen umgeben, so daß nur die distale Region des Drüsenkörpers den Lichtaustritt gestattet. — Schon bei anderen Gonostomaarten, ebenso den übrigen Sternoptychiden besitzt der Ausführgang, insofern er nicht, wie häufig, ganz geschwunden ist, keine Öffnung mehr, sondern endet nach kürzerem oder längerem Verlauf blind (Fig. 719) und ist auch häufig ohne Lumen. Ebenso verengt sich das Lumen der Leuchtdrüsen sehr und schwindet häufig völlig, so daß die kuglige Drüse ein solides Gebilde wird, das entweder noch ähnlich wie bei Gonostoma gebaut ist oder nur aus einer einfachen Schicht radiär gestellter, langer Leuchtzellen besteht, endlich aber auch (*Triplophos, Sternoptyx*) in zahlreiche kleine, unregelmäßig geformte Gruppen von Leuchtzellen zerfallen kann, die, in zwischengeschaltetes Bindegewebe eingebettet, den Leuchtkörper zusammensetzen. Wahrscheinlich leiten sich diese Gruppen von Leuchtzellen von der Acinibildung ab, die wir bei Gonostoma fanden, indem die Drüse sich allmählich, in die Acini zerfallend, auflöste. Zwischen die Acini oder auch die radiären Leuchtzellen dringt Bindegewebe ein, woher es wohl auch kommt, daß unter Rückbildung des Ausführgangs Bindegewebe mit Blutgefäßen in das Rudiment des Drüsenlumens eindringen und es erfüllen kann. — Ein Reflektor und die Pigmenthülle finden sich bei den geschilderten geschlossenen Organen ähnlich wie bei den erst beschriebenen mit Ausführgang; aber es gesellt sich hierzu, distal vom Leuchtkörper, noch ein mäßig großer bis sehr ansehnlicher Zellkörper, welcher der Öffnung der Pigmentschale eingelagert ist und entweder aus einer Lage zylindrischer Zellen

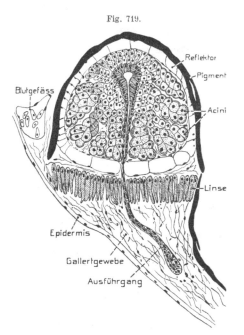

Fig. 719.

Cyclothone microdon (Tiefseeknochenfisch). — *A* ein Leuchtorgan der Branchiostegalhaut im Achsialschnitt (nach BRAUER 1908). O. B.

(Fig. 719) oder aus zahlreichen polyedrischen Zellen besteht. Auf die mannigfachen Verschiedenheiten und Differenzierungen, welche dieser Körper darbieten kann, gehen wir nicht näher ein; erwähnt sei nur, daß seine Zellen sprödes Sekret, in einem Fall sogar stäbchenartige Bildungen, enthalten können. Der Körper dient offenbar als lichtbrechende Linse für die austretenden Strahlen. Die Zellen dieser Linse gehen zweifellos aus der gleichen Quelle hervor, wie jene des Leuchtkörpers, und in manchen Fällen dürften vermutlich die stark veränderten Zellen des ursprünglichen Ausführgangs zur Bildung der Linse wesentlich beitragen. — Zwischen den Linsenkörper und die äußere Haut schaltet sich meist eine Anhäufung von gallertigem Bindegewebe (*Gallertkörper*) ein, das sich auch noch weiter um das

Organ ausbreiten kann. Auch der Gallertkörper wurde gelegentlich als lichtbrechendes Gebilde gedeutet.

Ähnliche geschlossene Organe sind auch bei den *Stomiatidae* als sog.
flaschenförmige sehr verbreitet (Fig. 720), eine Bezeichnung, die sich auf ihre
Gestalt bezieht, da sie zwischen dem Leuchtkörper und der Linse mehr oder
weniger stark ringförmig ein-
geschnürt sind (*A, B*), was
auch bei den Sternoptychiden
schon angedeutet ist. Eine
Abweichung zeigen diese Organe darin, daß ihr Linsenkörper meist aus zwei Ab-
schnitten besteht, welche sich
aus etwas verschiedenen Zellen aufbauen, einem cen-
tralen oder proximalen und
einem peripheren oder distalen Teil. Der Reflektor, welcher wie gewöhnlich aus faserartigen Zellen besteht (*C, D*)
breitet sich hier nur um den
Linsenkörper, nicht jedoch
den Leuchtkörper aus, setzt
sich aber, wie auch bei den
Sternoptychiden, häufig einseitig noch eine erhebliche Strecke über das eigentliche Organ distal
fort, so daß dieser Abschnitt des Reflektors etwa
wie ein schräg vor das Organ gestellter Spiegel
wirken muß. — Außer diesen flaschenförmigen
Organen finden sich bei den Stomiatiden in großer
Zahl noch einfachere, *schalen-* oder *becherförmige*,
von sehr verschiedener Größe. Wie ihre Benennung andeutet, sind sie etwas verschieden
gestaltet, im allgemeinen kleiner als die flaschenförmigen und darin einfacher, daß ein Reflektor
fehlt und keine Einschnürung zwischen Leucht-
und Linsenkörper besteht, sondern die Linsen-
zellen die Höhlung des schalen- bis becherförmig vertieften, aus radiär gestellten
Zellen zusammengesetzten Leuchtkörpers ausfüllen (Fig. 721). Ähnlich erscheinen
im allgemeinen auch die Organe des Batrachiden *Porichthys*.

Fig. 720.

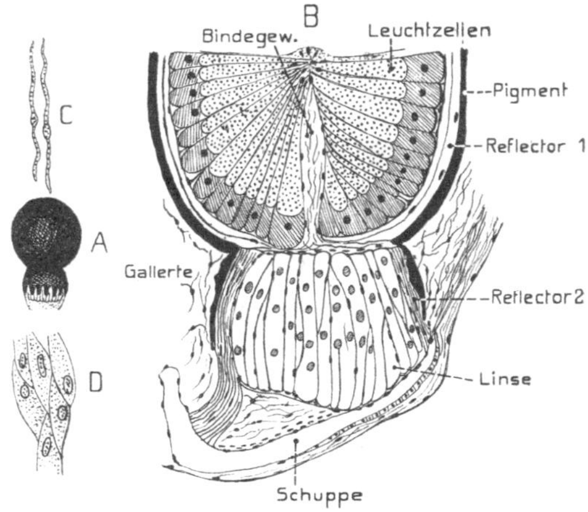

A—B Ichthyococcus ornatus (Tiefseeknochenfisch). —
A ein Leuchtorgan von der Branchiostegalmembran in toto.
— *B* Rumpforgan im Achsialschnitt, die proximale Hälfte nicht
gezeichnet. — *C—D* Photichthys. Reflektorzellen. —
C im Durchschnitt; *D* von der Fläche (nach BRAUER 1908).
O. B.

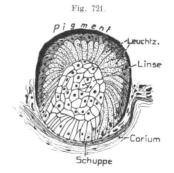

Fig. 721.

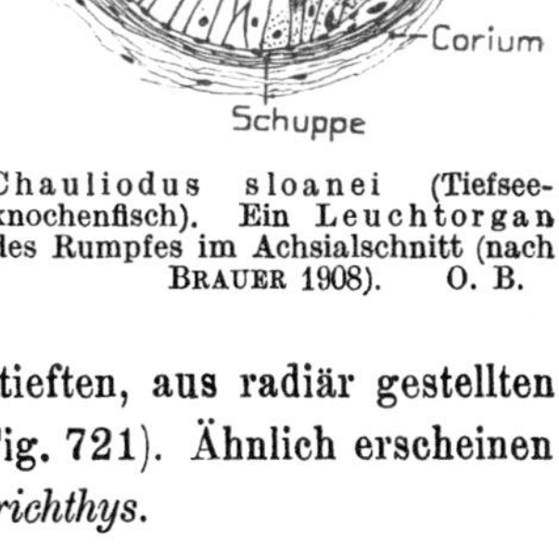

Chauliodus sloanei (Tiefseeknochenfisch). Ein Leuchtorgan
des Rumpfes im Achsialschnitt (nach
BRAUER 1908). O. B.

Einiger sehr abweichender Organbildungen sei hier noch kurz gedacht. So treten bei
Gonostoma elongatum (Sternoptychiden) am Ausführgang gewisser der Drüsenorgane eigentümliche, vielfach gelappte Erweiterungen oder Anhänge auf. Sie sind innerlich von ein-

schichtigem, sehr flachem Epithel ausgekleidet. An gewissen Körperstellen (präcaudal,
s. Fig. 716 A) finden sich nun derartige vielbuchtige, lang sackförmige Gebilde ohne Ausführgang und eigentlichen Drüsenkörper, doch mit Reflektor und einer Pigmentkappe an einem
Ende. Es scheint wohl sicher, daß es sich hier um ein rudimentär gewordenes Organ handelt. Sehr eigentümlich ist auch der Bau der sub- und postorbitalen Organe gewisser
Stomiatiden. Sie erscheinen etwa wie eine kuglige Drüse ohne Ausführgang, deren einschichtige Zellwand viele schlauchartige Einfaltungen ins Innere erfahren hat, welche sich
zum Teil auch ablösten und nun als ein verschlungenes Schlauchwerk das Innere erfüllen.

Relativ einfach, jedoch sehr mannigfaltig in ihrer äußeren Gestaltung sind
die Organe der *Scopelidae*. Im allgemeinen lassen sich unterscheiden: *drüsen-,
becher-* und *flaschenförmige Organe*, welchen eine zellige Linse stets fehlt, die
also nur aus Leuchtkörper, Reflektor, Pigmenthülle und Gallertmasse bestehen.
Sie liegen meist sehr oberflächlich im Corium. Die Organe von *Neoscopelus* sind
gut entwickelte Drüsen mit geöffnetem Ausführgang und acinös verzweigtem
Drüsenkörper. Die des Rumpfs liegen dicht unter den Schuppen, was für die
Organe der Scopeliden überhaupt gültig erscheint. — Die Organe von *Myctophum*
hingegen (Fig. 722) haben den Drüsencharakter völlig verloren, da ein Ausführgang fehlt und der recht verschieden gestaltete Leuchtkörper kein Lumen mehr
besitzt.

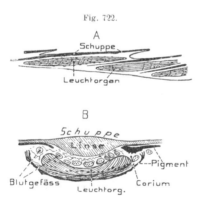

A *Myctophum warmingi* (Tiefseeknochenfisch, Längsschnitt durch einige Leucht-
schuppen. — B *Myctophum macro-
pterum*. Längsschnitt durch ein Analorgan
(nach BRAUER 1908).   O. B.

Die Gestalt dieser Organe ist
teils plattenförmig (*Leuchtplatten*), bald
schließen sie sich den einzelnen Schuppen, sie dicht unterlagernd, an (*Leucht-
schuppen*, Fig. *A*), bald sind sie flach
schüsselförmig und unterlagern dabei
ebenfalls je eine Schuppe (Fig. *B*), bald
tiefer becherförmig eingesenkt. Die Einsenkung wird durch Entwicklung eines
gallertigen Bindegewebes hervorgerufen,
welches den Leuchtkörper in sich aufnimmt und ihn gewöhnlich allseitig umschließt, während er proximal vom fasrigen
Reflektor und dem Pigment umhüllt wird.
Die Leuchtkörperzellen sind flach lamel-
lenartig und entweder senkrecht zur Ober-
fläche gerichtet oder ihr parallel in vielen Lagen angeordnet, wobei die den Leuchtkörper meist zahlreich durchsetzenden Blutkapillaren ihn häufig in säulenartig
zusammengestellte Partien sondern. Als Ersatz für die fehlende zellige Linse
findet sich an manchen, die Schuppen unterlagernden Organen von Myctophum
(Fig. 722 *B*), wahrscheinlich aber auch bei Neoscopelus und ähnlich schon bei
der Sternoptychide *Diplophos* eine linsenartige Verdickung der Schuppe über dem
Leuchtorgan.

Den Charakter einfacher Hautdrüsen zeigen auch die beiden Augenorgane
der *Anomalopsiden* (Fig. 716 *B*). Die ansehnlichen, länglich bandartigen Organe
bestehen aus einer großen Zahl senkrecht zur Oberfläche gestellter Drüsenschläuche,

von denen je eine Gruppe von etwa 8—10 durch einen gemeinsamen Gang ausmünden soll. Bei der Sekretion sollen die Zellen eingehen und der Ersatz am
Grunde der Schläuche stattfinden. Der gemeinsame Reflektor jedes Organs besteht aus platten Zellen, die ihren Glanz Guanineinschlüssen verdanken. Ein
Pigmentmantel sowie Knorpelgewebe umhüllt die Organe.

Eine einfache Hautdrüse von meist kugliger, zuweilen jedoch auch verzweigter Form, mit kurzem Ausführgang ist auch das vermutliche Leuchtorgan,
welches sich am Ende des Tentakels gewisser Pediculaten findet. Ein Reflektor
nebst Pigmenthülle ist vorhanden und spricht für seine Deutung als Leuchtorgan.
— Auch die sog. Karunkeln vor der hinteren Rückenflosse von *Caertia* enthalten
je eine kuglige Drüse.

Blutgefäße treten häufig reichlich zu den höher entwickelten Organen und dringen bis
in den Leuchtkörper ein. — Hinsichtlich der *Innervierung* verhalten sich die Organe recht
verschieden; meist scheinen sie keine eigentliche Nervenversorgung zu besitzen; bei gewissen
Formen aber sind Nerven bis in den Leuchtkörper verfolgt worden, doch ist ihre feinere
Endigung nicht näher bekannt. — Auch *Muskelfasern* können zu manchen Organen treten
und ihre Stellungsveränderung bewirken. — *Anomalops* vermag das Augenorgan ventralwärts gegen die Augenhöhle herabzudrehen, so daß der Lichtaustritt nach außen verhindert
wird; bei *Photoblepharon* hingegen kann eine schwarze Hautfalte, welche einem unteren
Augenlid gleicht, über das Organ heraufgezogen werden. Diese beiden Leuchtfische weichen
darin ab, daß ihre Organe kontinuierlich leuchten, die der übrigen Fische, soweit bekannt,
erst bei Reizung.

Oben wurde hervorgehoben, daß bei den *Sternoptychidae* häufig zwei bis mehr Organe
zu Gruppen dicht zusammentreten, wobei der Pigmentmantel und der Reflektor der Organe
zu einer gemeinsamen Umhüllung verschmelzen können. In manchen Fällen erstreckt sich
die Verschmelzung auch auf die Leuchtkörper selbst, während die Linsen und etwaige rudimentäre Ausführgänge gesondert bleiben.

Wie schon bemerkt, entstehen Leuchtkörper, Linse und Ausführgang aus
dem Ectoderm, was wohl für sämtliche Organe gilt. Da nun manche Leuchtorgane der *Sternoptychiden, Scopeliden, Anomalopsiden* und *Pediculaten* als offene
Hautdrüsen erscheinen, von denen sich wenigstens bei der ersterwähnten Familie die geschlossenen Organe gut ableiten lassen, so liegt es nahe, die Gesamtheit der Organe auf Hautdrüsen zurückzuführen. Gegen diese Ansicht ließe sich
eventuell geltend machen, daß mehrzellige Hautdrüsen sonst bei den Fischen ganz
fehlen, die phyletische Ableitung der Leuchtorgane von solchen also ausgeschlossen erscheint. Die Organe mancher Formen ließen sich ebenso leicht als
einfache Ablösungen von der tiefen Epidermisschicht, ohne eigentlichen ehemaligen Drüsencharakter, auffassen. Daher wäre es wohl möglich, daß die Organe nur in gewissen Fällen und Gruppen den Drüsencharakter erlangten, in
anderen ihn dagegen nie besaßen. Entleerung eines Leuchtsekrets wurde bis jetzt
auch bei den offenen Leuchtdrüsen nie sicher festgestellt.

Die biologische Bedeutung der Leuchtorgane der Fische dürfte ähnlich zu beurteilen
sein wie bei den Cephalopoden, so daß von einer besonderen Erörterung abgesehen werden kann.

Printed in the United States
By Bookmasters